최신 출제기준 & 산업안전보건법 반영!

합격Easy 한 권으로 끝내는
산업안전기사

성영선 저

필기 기본서

▶ 무료 강의

- 출제 빈도 높은 항목별 우선순위 문제 수록
- CBT 온라인 과년도 기출문제 무료 제공(2017~2022년)
- 실전 모의고사 10회 제공
  (CBT 최종모의고사 5회 + CBT 온라인 모의고사 5회)
- CBT 최종모의고사 5회 무료 동영상 강의 제공

미디어몬 검색
CBT 온라인 모의고사
5회분 무료 제공

https://cafe.naver.com/anjeun

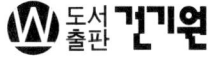

일러두기

본 교재는 오로지 산업안전기사 자격증 취득을 위한 목적으로 만들어졌습니다.

본 교재의 구성은 기존 약 15년간의 기출문제의 내용들을 한국산업인력공단에서 제시된 최근 변경된 출제기준의 순서에 따라 체계적인 이론으로 정리하고, 반드시 공부해야 하는 기출문제는 우선순위 문제로 구성하였으며, 기출문제에 선별된 문제와 신유형의 문제로 모의고사를 만들어 자체적으로 실력을 확인 할 수 있도록 하였습니다.

❶ 교재내용 : 최근 출제기준을 완벽하게 반영한 기출문제 중심의 이론과 문제로, 수험생의 합격을 위한 최적의 교재
- 약 15년간의 과년도 기출문제를 기반으로 하여 이론과 문제를 구성함으로 수험서로서 최적화 하였습니다.
- 한국산업인력공단의 출제기준의 주요 항목과 세부 항목들을 주요 장으로 하여 편집하였습니다.

❷ 이론부문 편성 : 가능한 한 간단하고 최소화할 수 있도록 편성
- 최근 출제기준 내용을 이론으로 정리하여 체계적으로 구성함으로써 안전을 전공하지 않은 수험생에게도 쉽게 공부할 수 있도록 하였습니다.
- 이론 설명은 가능한 한 간단하면서도 명확하게 하고, 최소화하여 공부 시간을 줄일 수 있도록 차별화하였습니다.

❸ 우선순위 문제 : 가장 출제 빈도가 높은 기출 문제를 우선순위 문제로 선별
- 우선순위 문제는 항목별로 출제 빈도가 높은 문제를 선정하였습니다.
- 최근 출제기준과 과년도의 문제를 비교 분석하여 동일문제, 유사문제가 반복되는 출제유형의 빈도수를 바탕으로 우선순위를 선별하였습니다.

❹ 계산 문제 : 반복하여 출제되는 계산문제는 별도로 정리하여 공부하도록 함
- 계산문제는 대부분 공식만 알면 풀 수 있는 문제이므로 이론부문에서 예문으로 두거나 별도로 수록함으로써 종합적으로 정리하여 공부할 수 있도록 하였습니다.
- 문제풀이도 쉽게 이해할 수 있도록 상세히 하였습니다.

| 일러두기 |

❺ 모의고사 문제 : 기출문제에서 선별된 문제로 자체적으로 실력을 확인
- 가장 최근의 과년도 기출문제에서 선별된 문제로 모의고사를 만들어 자체적으로 실력을 확인 할 수 있게 하였습니다.
- 본 교재에서는 5회분의 모의고사를 수록하였으며, 추가 5회분은 미디어몬 홈페이지 (www.mediamon.co.kr)에서 무료로 공부할 수 있습니다.

  ∗ 「과년도 기출문제」는 "미디어몬 홈페이지" → "온라인 모의고사"에서
  　무료로 응시할 수 있습니다.

  ∗ 최근 과년도 동영상(해설 풀이) 1회분 무료로 제공합니다.

❻ 법령관련 문제 : 관련 법령은 이론과 문제 해설에서 가능한 한 상세히 수록
- 대다수 많은 문제가 산업안전보건법과 관련법령에서 출제됩니다.
- 법령 조문을 가능한 한 상세히 수록하여 이해도를 높이고, 유사한 문제가 나와도 틀리지 않게 공부할 수 있도록 하였습니다.

　본 교재는 안전을 전공히지 않은 수험생에게도 쉽게 이해될 수 있노록 편성하고, 가능한 한 간단하면서도 명확하게 하여 쉽게 공부할 수 있도록 차별화하였습니다. 필기 공부는 반복 학습이 최선입니다. 본 교재는 쉽게 반복해서 공부할 수 있도록 편성하였으므로 본 교재를 수험서로 활용하여 합격의 영광을 누리시길 바랍니다.

편저자 성영선

 # 시험의 기본정보

❶ 산업안전기사 시험 기본정보

가. 시험일정(해당 연도 전년 12월에 시험일정 공고)
  - 매년 3회 실시 : 제1회, 제2회, 제3회차 실시

나. 시험시행기관명 : 한국산업인력공단
  - 실시기관 홈페이지 : http://www.q-net.or.kr

다. 취득방법

관련학과		대학 및 전문대학의 안전공학, 산업안전공학, 보건안전학 관련학과
시험과목	필기(6과목)	1. 산업재해 예방 및 안전보건교육 2. 인간공학 및 위험성 평가·관리 3. 기계·기구 및 설비 안전 관리 4. 전기설비 안전관리 5. 화학설비 안전관리 6. 건설공사 안전 관리
	실기	산업안전관리실무
검정방법 및 합격기준	필기 문제문항	객관식 4지 택일형 과목당 20문항(전체 120문제)
	필기 시험시간	시험시간 전체 180분(3시간, 과목당 30분) - 컴퓨터 시험(CBT)으로 시행
	필기 합격기준	과목당 100점을 만점으로 하여 40점 이상, 전과목 평균 60점 이상 합격 (6과목 중 40점 미만 과락 과목이 있으면 불합격됨)
	실기 시험방법	복합형 100점[필답형(55점) + 작업형(45점)]
	실기 필답형	주관식 시험으로 14문항 정도이며 1문항이 3~6점 배점(부분 점수 있음) - 시험시간 1시간 30분
	실기 작업형	컴퓨터 영상자료를 이용하여 시행(말, 글없음)하며 9문항 정도 - 시험시간 1시간 정도
	실기 합격기준	필답과 작업형 시험을 합하여 100점을 만점으로 60점 이상이면 최종 합격

❷ 응시절차

순서	응시절차	절차안내
1	원서접수	인터넷접수(www.Q-net.or.kr)
2	필기원서 접수	필기 접수 기간 내 수험원서 인터넷 제출 사진(6개월 이내에 촬영한 반명함판 사진파일(.jpg), 수수료 : 정액 시험장소 본인 선택 (선착순)
3	필기시험	수험표, 신분증, 필기구(흑색 사인펜 등) 지참 - 별도 문제풀이용 연습지 제공(퇴실시 반납)

순서	응시절차	절차안내
4	합격자 발표	인터넷(www.Q-net.or.kr) - 시험 당일 응시 종료 즉시 득점 및 합격(예정) 여부 확인 가능
5	실기원서접수	실기접수기간 내 수험원서 인터넷 제출 사진(6개월 이내에 촬영한 반명함판 사진파일(.jpg), 수수료 : 정액 시험일시, 장소 본인 선택(선착순)
6	실기시험	수험표, 신분증, 필기구, 수험지참준비물 준비
7	최종합격자발표	인터넷(www.Q-net.or.kr)
8	자격증발급	증명사진 1매, 수험표, 신분증, 수수료 지참

❸ 기사 응시자격 〈국가기술자격법 시행령〉

등급	응시자격
기 사	1. 산업기사 등급 이상의 자격을 취득한 후 응시하려는 종목이 속하는 동일 및 유사 직무 분야에서 1년 이상 실무에 종사한 사람 2. 기능사 자격을 취득한 후 응시하려는 종목이 속하는 동일 및 유사 직무 분야에서 3년 이상 실무에 종사한 사람 3. 응시하려는 종목이 속하는 동일 및 유사 직무 분야의 다른 종목의 기사 등급 이상의 자격을 취득한 사람 4. 관련학과의 대학졸업자 등 또는 그 졸업예정자 5. 3년제 전문대학 관련학과 졸업자 등으로서 졸업 후 응시하려는 종목이 속하는 동일 및 유사 직무 분야에서 1년 이상 실무에 종사한 사람 6. 2년제 전문대학 관련학과 졸업자 등으로서 졸업 후 응시하려는 종목이 속하는 동일 및 유사 직무 분야에서 2년 이상 실무에 종사한 사람 7. 동일 및 유사 직무 분야의 기사 수준 기술훈련과정 이수자 또는 그 이수예정자 8. 동일 및 유사 직무 분야의 산업기사 수준 기술훈련과정 이수자로서 이수 후 응시하려는 종목이 속하는 동일 및 유사 직무 분야에서 2년 이상 실무에 종사한 사람 9. 응시하려는 종목이 속하는 동일 및 유사 직무 분야에서 4년 이상 실무에 종사한 사람 10. 외국에서 동일한 종목에 해당하는 자격을 취득한 사람

❹ 연도별 합격 현황

종목명	연도	필기			실기		
		응시	합격	합격률(%)	응시	합격	합격률(%)
산업안전 기사	2023	80,253	41,014	51.1	52,776	28,636	54.3
	2022	54,200	26,032	47.8	32,473	15,681	48.3
	2021	41,704	20,205	48.4	29,571	15,310	51.8
	2020	33,732	19,655	58.3	26,012	14,824	57

산업안전기사[필기] 출제기준

가. 적용기간 : 2024. 1. 1.~2026. 12. 31.
나. 직무내용 : 제조 및 서비스업 등 각 산업현장에 소속되어 산업재해 예방계획의 수립에 관한사항을 수행하며, 작업환경의 점검 및 개선에 관한 사항, 사고사례 분석 및 개선에 관한 사항, 근로자의 안전교육 및 훈련 등을 수행하는 직무이다.

필기 과목명	문제수	주요항목	세부항목
산업재해 예방 및 안전보건 교육	20	1. 산업재해예방 계획수립	1. 안전관리 2. 안전보건관리 체제 및 운용
		2. 안전보호구 관리	1. 보호구 및 안전장구 관리
		3. 산업안전심리	1. 산업심리와 심리검사 2. 직업적성과 배치 3. 인간의 특성과 안전과의 관계
		4. 인간의 행동과학	1. 조직과 인간행동 2. 재해 빈발성 및 행동과학 3. 집단관리와 리더십 4. 생체리듬과 피로
		5. 안전보건교육의 내용 및 방법	1. 교육의 필요성과 목적 2. 교육방법 3. 교육실시 방법 4. 안전보건교육계획 수립 및 실시 5. 교육내용
		6. 산업안전관계법규	1. 산업안전보건법령
인간공학 및 위험성 평가 · 관리	20	1. 안전과 인간공학	1. 인간공학의 정의 2. 인간-기계체계 3. 체계설계와 인간요소 4 인간요소와 휴먼에러
		2. 위험성 파악 · 결정	1. 위험성 평가 2. 시스템 위험성 추정 및 결정
		3. 위험성 감소 대책 수립 · 실행	1. 위험성 감소대책 수립 및 실행
		4. 근골격계질환 예방관리	1. 근골격계 유해요인 2. 인간공학적 유해요인 평가 3. 근골격계 유해요인 관리
		5. 유해요인 관리	1. 물리적 유해요인 관리 2. 화학적 유해요인 관리 3. 생물학적 유해요인 관리
		6. 작업환경 관리	1. 인체계측 및 체계제어 2. 신체활동의 생리학적 측정법 3. 작업 공간 및 작업자세 4. 작업측정 5. 작업환경과 인간공학 6. 중량물 취급 작업
기계 · 기구 및 설비 안전 관리	20	1. 기계공정의 안전	1. 기계공정의 특수성 분석

필기 과목명	문제수	주요항목	세부항목
		2. 기계분야 산업재해 조사 및 관리	2. 기계의 위험 안전조건 분석 1. 재해조사 2. 산재분류 및 통계 분석 3. 안전점검·검사·인증 및 진단
		3. 기계설비 위험요인 분석	1. 공작기계의 안전 2. 프레스 및 전단기의 안전 3. 기타 산업용 기계 기구 4. 운반기계 및 양중기
		4. 기계안전시설 관리	1. 안전시설 관리 계획하기 2. 안전시설 설치하기 3. 안전시설 유지·관리하기
		5. 설비진단 및 검사	1. 비파괴검사의 종류 및 특징 2. 소음·진동 방지 기술
전기설비 안전관리	20	1. 전기안전관리 업무수행	1. 전기안전관리
		2. 감전재해 및 방지대책	1. 감전재해 예방 및 조치 2. 감전재해의 요인 3. 절연용 안전장구
		3. 정전기 장·재해 관리	1. 정전기 위험요소 파악 2. 정전기 위험요소 제거
		4. 전기 방폭 관리	1. 전기방폭설비 2. 전기방폭 사고예방 및 대응
		5. 전기설비 위험요인 관리	1. 전기설비 위험요인 파악 2. 전기설비 위험요인 점검 및 개선
화학설비 안전관리	20	1. 화재·폭발 검토	1. 화재·폭발 이론 및 발생 이해 2. 소화 원리 이해 3. 폭발방지대책 수립
		2. 화학물질 안전관리 실행	1. 화학물질(위험물, 유해화학물질) 확인 2. 화학물질(위험물, 유해화학물질) 유해 위험성 확인 3. 화학물질 취급설비 개념 확인
		3. 화공안전 비상조치 계획·대응	1. 비상조치계획 및 평가
		4. 화공 안전운전·점검	1. 공정안전 기술 2. 안전 점검 계획 수립 3. 공정안전보고서 작성심사·확인
건설공사 안전관리	20	1. 건설공사 특성분석	1. 건설공사 특수성 분석 2. 안전관리 고려사항 확인
		2. 건설공사 위험성	1. 건설공사 유해·위험요인파악 2. 건설공사 위험성 추정·결정
		3. 건설업 산업안전보건관리비 관리	1. 건설업 산업안전보건관리비 규정
		4. 건설현장 안전시설 관리	1. 안전시설 설치 및 관리 2. 건설공구 및 장비 안전수칙
		5. 비계·거푸집 가시설 위험방지	1. 건설 가시설물 설치 및 관리
		6. 공사 및 작업종류별 안전	1. 양중 및 해체 공사 2. 콘크리트 및 PC 공사 3. 운반 및 하역작업

차례

* 일러두기 ··· ii
* 시험의 기본정보 ·· iv
* 출제기준 ·· vi

제1부 | 산업재해예방 및 안전보건교육

제1장 산업재해예방 계획수립
1. 안전 및 안전관리 ·· 1-3
   ❖ 항목별 우선순위 문제 및 해설 (1) ··· 1-9
2. 안전보건관리 체제 및 운용 ··· 1-11
   ❖ 항목별 우선순위 문제 및 해설 (2) ··· 1-23
3. 무재해운동 등 재해예방활동 기법 ·· 1-26
   ❖ 항목별 우선순위 문제 및 해설 (3) ··· 1-31

제2장 안전보호구 관리 및 안전보건표지
1. 보호구 및 안전장구 관리 ·· 1-34
2. 안전보건표지 ·· 1-46
   ❖ 항목별 우선순위 문제 및 해설 ··· 1-54

제3장 산업안전심리
1. 산업심리와 직업적성 ··· 1-56
2. 인간의 특성과 안전과의 관계 ··· 1-61
   ❖ 항목별 우선순위 문제 및 해설 ··· 1-70

제4장 인간의 행동과학
1. 조직과 인간행동 ··· 1-73
2. 재해빈발성 및 행동과학 ··· 1-77
3. 집단관리와 리더십 ··· 1-82
4. 생체 리듬과 피로 ··· 1-88
   ❖ 항목별 우선순위 문제 및 해설 ··· 1-92

제5장 안전보건교육의 내용 및 방법
1. 교육의 필요성과 목적 ·· 1-96
2. 교육심리학의 이해 ··· 1-100
3. 안전보건교육계획 수립 및 실시 ··· 1-105
   ❖ 항목별 우선순위 문제 및 해설 (1) ··· 1-106
4. 교육내용 ··· 1-108
5. 교육방법 ··· 1-111
6. 교육실시 방법 ··· 1-116
   ❖ 항목별 우선순위 문제 및 해설 (2) ··· 1-121

제2부 인간공학 및 위험성평가 · 관리

제1장 안전과 인간공학
1. 인간공학의 정의 ··· 2-3
2. 인간-기계 체계 ··· 2-5
3. 체계설계와 인간요소 ·· 2-10
4. 인간 요소와 휴먼 에러 ··· 2-14
   ❖ 항목별 우선순위 문제 및 해설 ·· 2-19

제2장 위험성 파악 · 결정
1. 위험성평가 ·· 2-24
2. 화학설비에 대한 안전성 평가(safety assessment) ···················· 2-33
3. 신뢰도 계산 ·· 2-36
4. 유해위험방지계획서(제조업) ··· 2-37
   ❖ 항목별 우선순위 문제 및 해설 ·· 2-40

제3장 시스템 위험성 추정 및 결정
1. 시스템 안전 ·· 2-42
2. 시스템 위험분석기법 ·· 2-44
   ❖ 항목별 우선순위 문제 및 해설 (1) ··· 2-49
3. 결함수 분석(FTA : Fault Tree Analysis) ································· 2-51
4. 컷셋(cut set)과 패스셋(path set) ··· 2-55
   ❖ 항목별 우선순위 문제 및 해설 (2) ··· 2-59

제4장 작업환경관리
1. 인간계측 및 체계제어 ·· 2-62
2. 신체활동의 생리학적 측정법 ··· 2-67
3. 작업공간 및 작업자세 ·· 2-71
4. 근골격계질환 예방관리 및 중량물 취급작업 ······························· 2-75
   ❖ 항목별 우선순위 문제 및 해설 ··· 2-80

제5장 작업환경과 인간공학
1. 작업환경조건과 인간공학 ·· 2-84
   ❖ 항목별 우선순위 문제 및 해설 ··· 2-96

제6장 정보입력표시
1. 시각적 표시장치 ·· 2-99
2. 청각적 표시장치 ·· 2-104
3. 촉각 및 후각적 표시장치 등 ··· 2-108
4. 관련 법칙 ··· 2-109
   ❖ 항목별 우선순위 문제 및 해설 ··· 2-112

제7장 설비의 유지관리
1. 기계설비의 고장 유형 ·· 2-115
2. 보전성 공학 ··· 2-116
   ❖ 항목별 우선순위 문제 및 해설 ··· 2-122

제3부 기계·기구 및 설비 안전관리

제1장 기계공정의 안전
1. 기계의 위험 및 안전조건 ·· 3-3
2. 기계의 방호 ··· 3-9
3. 안전율 ·· 3-13
   ❖ 항목별 우선순위 문제 및 해설 ··· 3-17

제2장 기계분야 산업재해 조사 및 관리

1. 재해조사 ··· 3-20
2. 산재 분류 및 통계분석 ·· 3-25
   ❖ 항목별 우선순위 문제 및 해설 (1) ·· 3-36
3. 안전점검 · 검사 · 인증 및 진단 ·· 3-40
   ❖ 항목별 우선순위 문제 및 해설 (2) ·· 3-51

제3장 공작기계 위험요인 분석 및 안전시설 관리

1. 절삭가공기계의 종류 및 방호장치 ·· 3-53
2. 소성가공 및 방호장치 ·· 3-65
   ❖ 항목별 우선순위 문제 및 해설 ·· 3-66

제4장 프레스 및 전단기 위험요인 분석 및 안전시설 관리

1. 프레스 재해방지의 근본적인 대책 ·· 3-69
2. 금형의 안전화 ·· 3-76
   ❖ 항목별 우선순위 문제 및 해설 ·· 3-78

제5장 기타 산업용 기계기구 위험요인 분석 및 안전시설 관리

1. 롤러기(roller) ··· 3-81
2. 원심기 ··· 3-84
3. 아세틸렌 용접장치 및 가스집합 용접장치 ··· 3-84
4. 보일러 및 압력용기 ·· 3-91
5. 산업용 로봇(industrial robot) ··· 3-97
6. 목재가공용 기계 등 ·· 3-100
   ❖ 항목별 우선순위 문제 및 해설 ·· 3-104

제6장 운반기계 및 양중기 위험요인 분석 및 안전시설 관리

1. 지게차 ··· 3-108
2. 구내운반차 ·· 3-112
3. 컨베이어(conveyor) ··· 3-112
4. 크레인 등 양중기 ·· 3-115
   ❖ 항목별 우선순위 문제 및 해설 ·· 3-125

제7장 설비진단 및 검사

1. 비파괴검사의 종류 및 특징 ……………………………………………… 3-129
2. 진동방지기술 ……………………………………………………………… 3-132
3. 소음방지기술(소음방지대책) …………………………………………… 3-133
   ❖ 항목별 우선순위 문제 및 해설 ……………………………………… 3-134

제4부 전기설비 안전관리

제1장 전기안전관리 업무수행

1. 전기의 위험성 …………………………………………………………… 4-3
2. 전기설비 및 기기 ………………………………………………………… 4-9
   ❖ 항목별 우선순위 문제 및 해설 (1) ………………………………… 4-13
3. 전기안전관리 ……………………………………………………………… 4-15
   ❖ 항목별 우선순위 문제 및 해설 (2) ………………………………… 4-26

제2장 감전재해 및 방지대책

1. 감전재해 예방 및 조치 ………………………………………………… 4-28
2. 감전재해의 요인 ………………………………………………………… 4-30
3. 절연용 안전장구 ………………………………………………………… 4-31
4. 누전차단기의 감전예방 ………………………………………………… 4-32
5. 아크 용접기 ……………………………………………………………… 4-38
   ❖ 항목별 우선순위 문제 및 해설 ……………………………………… 4-43

제3장 정전기 장·재해 관리

1. 정전기 위험요소 파악 ………………………………………………… 4-47
2. 정전기 위험요소 제거 ………………………………………………… 4-54
   ❖ 항목별 우선순위 문제 및 해설 ……………………………………… 4-61

제4장 전기 방폭 관리

1. 전기방폭설비 …………………………………………………………… 4-64
2. 전기방폭 사고예방 및 대응 …………………………………………… 4-67
3. 방폭설비의 공사 및 보수 ……………………………………………… 4-72
   ❖ 항목별 우선순위 문제 및 해설 ……………………………………… 4-78

제5장 전기설비 위험요인 관리

1. 전기화재의 원인 …………………………………………………………… 4-80
2. 접지공사 ……………………………………………………………………… 4-82
3. 피뢰설비 ……………………………………………………………………… 4-92
4. 화재경보기 …………………………………………………………………… 4-94
5. 화재대책 ……………………………………………………………………… 4-96
   ❖ 항목별 우선순위 문제 및 해설 ………………………………………… 4-97

제5부 화학설비 안전관리

제1장 화재·폭발 검토(1)

1. 연소 …………………………………………………………………………… 5-3
2. 소화 원리 이해 ……………………………………………………………… 5-11
   ❖ 항목별 우선순위 문제 및 해설 ………………………………………… 5-18

제2장 화재·폭발 검토(2)

1. 폭발의 원리 및 특성 ………………………………………………………… 5-21
2. 폭발방지대책 수립 ………………………………………………………… 5-29
   ❖ 항목별 우선순위 문제 및 해설 ………………………………………… 5-39

제3장 화학물질 안전관리 실행

1. 위험물, 유해화학물질 확인 ………………………………………………… 5-42
2. 위험물, 유해화학물질 유해 위험성 확인 ………………………………… 5-53
   ❖ 항목별 우선순위 문제 및 해설 ………………………………………… 5-68

제4장 화학물질 취급설비 개념 확인

1. 화학설비의 종류 및 안전기준 ……………………………………………… 5-72
2. 건조설비의 종류 및 재해형태 ……………………………………………… 5-79
3. 공정안전기술 ………………………………………………………………… 5-82
   ❖ 항목별 우선순위 문제 및 해설 ………………………………………… 5-95

제5장 화공 안전운전·점검(공정안전)

1. 공정안전 일반 ··· 5-98
2. 공정안전보고서 작성심사·확인 ································· 5-100
    ❖ 항목별 우선순위 문제 및 해설 ····························· 5-103

제6부 건설공사 안전관리

제1장 건설공사 특성, 위험성 및 산업안전보건관리비

1. 건설공사 안전관리 고려사항 ····································· 6-3
2. 유해위험방지계획서 ·· 6-10
3. 건설공사 지반의 안전성 ·· 6-12
4. 건설업 산업안전보건관리비 관리 ······························· 6-21
    ❖ 항목별 우선순위 문제 및 해설 ····························· 6-28

제2장 건설현장 안전시설 관리

1. 추락재해 및 대책 ··· 6-31
2. 낙하, 비래재해 대책 ··· 6-37
    ❖ 항목별 우선순위 문제 및 해설 (1) ······················· 6-38
3. 붕괴재해 및 대책 ··· 6-40
    ❖ 항목별 우선순위 문제 및 해설 (2) ······················· 6-58

제3장 건설공구 및 장비 안전수칙

1. 건설장비 ·· 6-62
2. 안전수칙 ·· 6-65
    ❖ 항목별 우선순위 문제 및 해설 ····························· 6-72

제4장 비계·거푸집 건설 가(假)시설 위험방지

1. 가설구조물의 특징(유의사항) ···································· 6-75
2. 비계 ··· 6-75
    ❖ 항목별 우선순위 문제 및 해설 (1) ······················· 6-83
3. 작업통로 ·· 6-86
4. 거푸집 및 동바리 ··· 6-90
    ❖ 항목별 우선순위 문제 및 해설 (2) ······················· 6-97

제5장 양중 및 해체공사 안전

1. 해체용 기구의 종류 및 안전수칙 ·· 6-99
2. 양중기의 종류 및 안전수칙 ··· 6-102
   ❖ 항목별 우선순위 문제 및 해설 ·· 6-112

제6장 건설 구조물공사 안전

1. 건설 구조물공사 안전 ·· 6-114
2. 철골공사 안전 ··· 6-122
3. 프리캐스트 콘크리트(PC : Precast Concrete) ······························· 6-130
   ❖ 항목별 우선순위 문제 및 해설 ·· 6-132

제7장 운반 및 하역작업 안전

1. 운반작업 ·· 6-135
2. 하역작업 ·· 6-136
   ❖ 항목별 우선순위 문제 및 해설 ·· 6-141

제7부 CBT 최종모의고사

- 제 1 회 CBT 최종모의고사 ·· 7-2
- 제 2 회 CBT 최종모의고사 ·· 7-30
- 제 3 회 CBT 최종모의고사 ·· 7-58
- 제 4 회 CBT 최종모의고사 ·· 7-86
- 제 5 회 CBT 최종모의고사 ·· 7-114

산업안전기사 필기 합격을 향한 합격이지의 Easy한 사용법

STEP 1 | 합격이지 산업안전기사 필기 교재 인증

① QR 코드로 [합격이지 교재 인증] 빠른 이동
② [글쓰기] 클릭
③ 양식에 맞춰 글 작성

STEP 2 | CBT 온라인 기출문제 및 모의고사 이용법

① 미디어몬에서 산업안전기사 필기 온라인 기출문제 무료 응시
② 미디어몬에서 가입한 이메일 주소로 쿠폰 전달
③ 쿠폰 확인 후 CBT 온라인 실전 모의고사 무료 구매
  ※ CBT 온라인 모의고사 이용 시 **로그인 및 PC 사용 권장**

STEP 3 | 미디어몬 쿠폰 사용법

① 온라인 강의 쿠폰 사용법
② 미디어몬 CBT 온라인 실전 모의고사 쿠폰 사용법

STEP 4 | 합격이지 산업안전기사 필기 무료 강의

① QR 코드로 스캔하여 [산업안전기사 필기] 빠른 이동
② 합격이지 산업안전기사 필기의
   무료 강의로 모두 다 함께 학습!

미디어몬
CBT 온라인 실전 모의고사 응시방법

인터넷 주소창에 https://mediamon.co.kr/을 입력하여 미디어몬 홈페이지에 접속

❶ 홈페이지 우측 상단에 있는 [**회원가입**] 또는 [**로그인**]을 클릭하여 네이버 로그인

❷ 우측 상단에 있는 [**온라인모의고사**]를 클릭

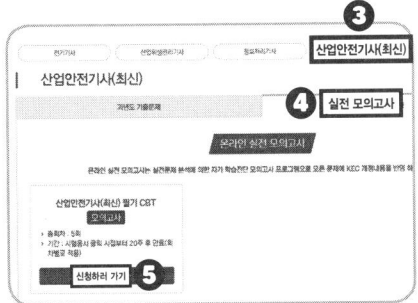

❸ [**기사**] – [**산업안전기사(최신)**] 선택 후

❹ [**실전 모의고사**] 탭 클릭

❺ 산업안전기사(최신) 필기 CBT
[**모의고사**] – [**신청하러 가기**] 클릭

❻ [**전체선택**] 클릭

❼ [**주문하기**] 클릭

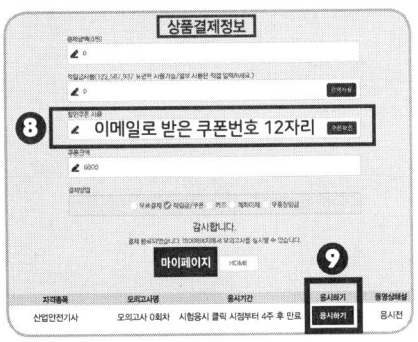

❽ [**상품결제정보**] 창의 → 할인 쿠폰 사용에서
→ [**이메일로 받은 쿠폰번호 12자리**] 쿠폰번호 입력 후
→ 쿠폰확인 클릭 → [**사용가능한 쿠폰입니다**]
안내 확인 후 [**결제**] 클릭

❾ [**마이페이지**]로 접속하여 원하는 회차에 [**응시하기**] 클릭

합격Easy
산업안전기사 필기

 🔒 **교재 인증[등업] 방법**

카페 바로가기

01 산단기 안전 학습지원센터 카페에 가입
(https://cafe.naver.com/anjeun)

02 아래 공란에 닉네임 기입 후 **QR-코드 촬영**

03 게시판 목록 중 **[합격이지 교재 인증]**에 게시

카페 닉네임

- 중고도서 지운 흔적 등 중복기입(인증) 불가
- 볼펜, 네임펜 등 지워지지 않는 펜으로 크게 기입

📌 **주의 사항**

✅ 교재 인증 시 CBT 온라인 실전 모의고사 5회를 볼 수 있습니다.
✅ 교재 인증 시 [산단기] – [무료강의] 게시판 목록에서 무료강의 시청 가능
✅ 카페 닉네임 변경 시 등급 변경에 대한 불이익을 받을 수 있습니다.
✅ 카페 내 공지사항은 반드시 필독해 주세요!

PART 01

산업재해예방 및 안전보건교육

✏️ **항목별 이론 및 우선순위 문제**

1. 산업재해예방 계획수립
2. 안전보호구 관리 및 안전보건표지
3. 산업안전심리
4. 인간의 행동과학
5. 안전보건교육의 내용 및 방법

Chapter 01 산업재해예방 계획수립

1. 안전 및 안전관리

(1) 안전과 위험의 개념

(가) 위험 : 인적·물적 손상이나 손실을 가져 올 수 있는 불안전 상태 또는 상황
- 잠재적인 손실이나 손상을 가져올 수 있는 상태나 조건

> **리스크(risk)**
> 리스크는 재해 발생가능성과 재해 발생 시 그 결과의 크기의 조합(combination)으로 위험의 크기나 정도를 의미한다.

(나) 사고 : 불안전한 행동이나 상태가 선행되어 작업 능률을 저하시키며, 직접 또는 간접적으로 인명의 손상이나 재산상의 손실을 가져올 수 있는 사건

(다) 아차사고(near accident) : 인명상해(인적 피해)·재산손실(물적 피해)이 없는 사고
- 사고가 일어나더라도 손실을 전혀 수반하지 않는 재해

(라) 재해 : 사고의 결과로서 생긴 인명의 상해를 말함. 때론 재해가 사고를 포함하여 인명의 상해와 재산상의 손실을 함께 하는 경우

(마) 산업재해 : 노무를 제공하는 자가 업무나 작업에 기인하여 사망 또는 부상하거나 질병에 걸리는 것

> **산업안전보건법상 산업재해의 정의(법 제2조 제1호)**
> 산업재해 : 노무를 제공하는 자가 업무에 관계되는 건설물·설비·원재료·가스·증기·분진 등에 의하거나 작업 또는 그 밖의 업무로 인하여 사망 또는 부상하거나 질병에 걸리는 것

(바) 중대재해 : 산업재해 중 사망 등 재해의 정도가 심하거나 다수의 재해자가 발생한 경우로서 다음의 어느 하나에 해당하는 재해
〈시행규칙 제3조〉

---

memo

(예문) 안전관리를 "안전은 ( )을(를) 제어하는 기술"이라 정의할 때 다음 중 ( )에 들어갈 용어로 예방 관리적 차원과 가장 가까운 용어는?
① 위험   ② 사고
③ 재해   ④ 상해
(풀이) 안전: 사고가 없는 상태 또는 사고의 위험이 없는 상태(안전은 위험을 제어하는 기술)
⇒ 정답: ①

하인리히의 안전론
① 안전은 사고예방(accidenent prevention)이다.
② 사고 예방은 물리적 환경과 인간 및 기계의 관계를 통계하는 과학이자 기술이다.

중대산업재해: 산업재해 중 다음의 어느 하나에 해당하는 결과를 야기한 재해

〈중대재해 처벌 등에 관한 법률〉
가. 사망자가 1명 이상 발생
나. 동일한 사고로 6개월 이상 치료가 필요한 부상자가 2명 이상 발생
다. 동일한 유해요인으로 급성중독 등 대통령령으로 정하는 직업성 질병자가 1년 이내에 3명 이상 발생

1) 사망자가 1명 이상 발생한 재해
2) 3개월 이상의 요양이 필요한 부상자가 동시에 2명 이상 발생한 재해
3) 부상자 또는 직업성 질병자가 동시에 10명 이상 발생한 재해

> **참고**
>
> ※ 중대재해 발생 보고〈산업안전보건법 시행규칙 제67조〉
>   ① 사업주는 중대재해가 발생한 사실을 알게 된 경우에는 지체 없이 관할지방고용노동관서의 장에게 보고
>   ② 보고방법 : 전화, 팩스 또는 그 밖의 적절한 방법
>   ③ 보고내용 : 발생개요 및 피해사항, 조치 및 전망, 그 밖의 중요한 사항
> ※ 산업재해 발생 보고〈산업안전보건법 시행규칙 제73조〉
>   산업재해로 사망자가 발생하거나 <u>3일 이상</u>의 휴업이 필요한 부상을 입거나 질병에 걸린 사람이 발생한 경우에는 해당 산업재해가 발생한 날부터 <u>1개월 이내</u>에 산업재해조사표를 작성하여 관할 지방고용노동관서의 장에게 제출함(전자문서에 의한 제출을 포함)

(사) 안 전 : 사고가 없는 상태 또는 사고의 위험이 없는 상태

(아) 안전관리(safety management)의 정의 : 재해예방대책 추진 → 생산성 향상, 손실방지

재해로부터 인간의 생명과 재산을 보호하기 위한 계획적이고 체계적인 제반 활동(안전은 위험을 제어하는 기술)

안전보건관리계획 수립 시 고려 사항
① 타 관리계획과 균형이 되어야 한다.
② 안전보건의 저해요인을 확실히 파악해야 한다.
③ 계획의 목표는 점진적으로 높은 수준의 것으로 한다.
④ 경영층의 기본 방침을 명확하게 근로자에게 나타내야 한다.
⑤ 수립된 계획은 안전보건관리활동의 근거로 활용된다.

[그림] 안전관리의 정의

※ 안전제일(safety first) : 게리(E. H. Gary)는 1900년대 초 미국 U.S.스틸의 회장으로서 "안전제일(safety first)"이란 구호를 내걸고 사고예방활동을 전개한 후 안전의 투자가 결국 경영상 유리한 결과를 가져온다는 사실을 알게 하는 데 공헌함.

※ 위험물 제어(control)
재해는 물론 일체의 위험요소를 사전에 발견, 파악, 해결함으로써 근원적으로 산업재해를 예방, 근본적 위험 요소의 제거를 위하여 노력함.

※ 안전관리의 PDCA 사이클 : 계획(Plan)-실행(Do)-확인(Check)-조처(Action)
① Plan : 목표달성을 위한 계획
② Do : 계획에 따라 실시
③ Check : 실시 결과의 확인, 분석, 검토
④ Action : 확인 결과 적절한 조처

※ 안전사고와 생산공정과의 관계 : 안전사고란 생산공정이 잘못되었다는 것을 암시하는 잠재적 정보지표이다.

※ fail-safe의 정의 : 작업방법이나 기계·설비의 결함으로 인하여 사고가 발생치 않도록 설계 시부터 안전하게 하는 것(작업방법이나 기계설비에 결함이 발생되더라도 사고가 발생되지 않도록 이중, 삼중으로 제어하는 것)

※ fool proof 기능 : 작업자의 오동작 등 조작하는 순서의 잘못에 대응하여 사고나 재해를 방지하는 기능(인간의 착각, 착오, 실수 등 인간과오의 방지 목적)

※ risk taking : 객관적인 위험을 작업자 나름대로 판정하여 위험을 수용하고 행동에 옮기는 것(위험을 알면서도 시도하는 것)

> 제조물 책임
> 제조업자가 제조한 제조물의 결함으로 인하여 생명·신체 또는 재산에 손해를 입은 자에게 그 손해를 배상하여야 하는 책임
>
> ※ 제조물책임법상 결함의 종류
> ① 설계상의 결함
> ② 제조상의 결함
> ③ 경고 표시상의 결함

〈※ 산업안전보건법에서 정의한 용어 – 산업안전보건법〉

<u>제2조(정의)</u>
1. "산업재해"란 노무를 제공하는 자가 업무에 관계되는 건설물·설비·원재료·가스·증기·분진 등에 의하거나 작업 또는 그 밖의 업무로 인하여 사망 또는 부상하거나 질병에 걸리는 것을 말한다.
2. "중대재해"란 산업재해 중 사망 등 재해 정도가 심하거나 다수의 재해자가 발생한 경우로서 고용노동부령으로 정하는 재해를 말한다.
3. "근로자"란 「근로기준법」에 따른 근로자를 말한다.
    (*「근로기준법」: "근로자"란 직업의 종류와 관계없이 임금을 목적으로 사업이나 사업장에 근로를 제공하는 자를 말한다.)
4. "사업주"란 근로자를 사용하여 사업을 하는 자를 말한다.
5. "근로자대표"란 근로자의 과반수로 조직된 노동조합이 있는 경우에는 그 노동조합을, 근로자의 과반수로 조직된 노동조합이 없는 경우에는 근로자의 과반수를 대표하는 자를 말한다.
12. "안전·보건진단"이란 산업재해를 예방하기 위하여 잠재적 위험성을 발견하고 그 개선대책을 수립할 목적으로 조사·평가하는 것을 말한다.
13. "작업환경측정"이란 작업환경 실태를 파악하기 위하여 해당 근로자 또는 작업장에 대하여 사업주가 유해인자에 대한 측정계획을 수립한 후 시료(試料)를 채취하고 분석·평가하는 것을 말한다.

> 도급인과 수급인 정의
> 7. "도급인"이란 물건의 제조·건설·수리 또는 서비스의 제공, 그 밖의 업무를 도급하는 사업주를 말한다. 다만, 건설공사 발주자는 제외한다.
> 8. "수급인"이란 도급인으로부터 물건의 제조·건설·수리 또는 서비스의 제공, 그 밖의 업무를 도급받은 사업주를 말한다.

(2) 안전보건에 관한 이론

▷ 하인리히(H.W. Heinrich)
▷ 버드(F.E. Bird Jr.)
▷ 아담스(E. Adams), 웨버(D.A. Weaver)

(가) 하인리히와 버드의 재해구성비율

1) 하인리히의 1 : 29 : 300 재해법칙

사고 330건이 발생했을 때 무상해사고 300건, 경상해 29건, 중상해 1건의 재해가 발생한다는 이론

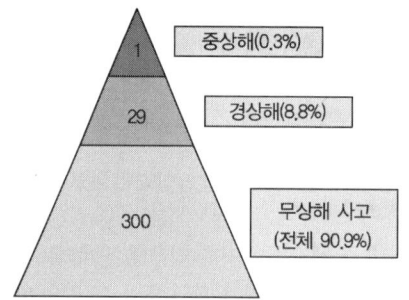

1 : 29 : 300 법칙
[중상해 : 경상해 : 무상해사고]

※ 중상해비율=(1건/전체 330건)×100=0.3%

> **예문** 하인리히의 재해구성비율에 따라 경상사고가 87건 발생하였다면 무상해사고는 몇 건이 발생하였겠는가?
>
> **해설** 하인리히의 1 : 29 : 300 재해법칙[중상해 : 경상해 : 무상해사고]
> 경상사고 87건/29=3배 ⇨ 무상해사고 300×3배=900건

2) 버드의 1 : 10 : 30 : 600 법칙

하인리히 이론을 수정하고, 사고 641건 중 중상해, 경상해(물적, 인적 사고), 물적손실 사고, 무상해·무손해 아차사고가 1 : 10 : 30 : 600 비율로 발생한다는 이론

하인리히 법칙(Herbert William Heinrich, 1886~1962)

① 1920년대 미국 여행자 보험회사에 근무하면서 약 7,500건의 사고 분석
② 1명의 사상자의 발생 이전에 경상자 29명이 발생하고, 또 그 이전에 무상해 사고 300건이 발생한다는 이론
③ 큰 재해는 우연히 발생하는 것이 아니라 그전에 징후가 있음으로, 아무리 사소한 문제일지라도 방치하면 중대재해로 이어질 수 있다는 이론

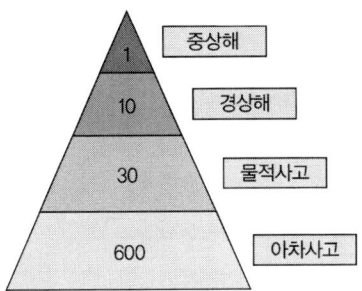

1 : 10 : 30 : 600 법칙
[중상해 : 경상해 : 물적만의 사고 : 무상해·무손실 사고]

(나) 재해발생 모형(mechanism)

1) 하인리히의 도미노 연쇄 이론(domino sequence)

산업재해는 사회적 환경, 개인적 결함, 불안전 상태 등 5단계의 요소가 상관적·연쇄적으로 작용하여 발생하게 되며, 어느 한 가지만 제거해도 재해가 예방된다는 이론

① 제1단계 : 사회적 환경, 유전적 요소(선천적 결함) – 기초원인(간접원인)
② 제2단계 : 개인적인 결함(인간의 결함) – 2차 원인
③ 제3단계 : 불안전행동 및 불안전상태 – 직접원인
④ 제4단계 : 사고
⑤ 제5단계 : 상해 – 재해

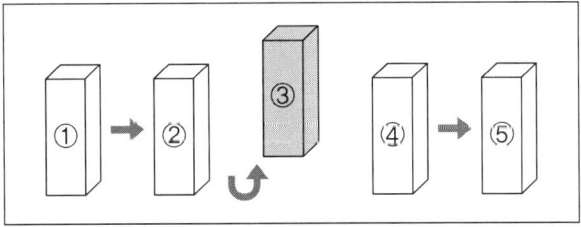

2) 버드의 도미노 연쇄 이론

① 제1단계 : 제어(통제)의 부족(관리의 부족)
② 제2단계 : 기본원인(기원)
③ 제3단계 : 직접원인(징후 – 인적, 물적 원인)
④ 제4단계 : 사고(접촉)
⑤ 제5단계 : 상해(손실)

* 버드(Bird)가 사건을 방지하기 위해 제기한 직전의 사상 : 기준 이하의 행동(substandard acts, 불안전행동) 및 기준 이하의 조건(substandard conditions, 불안전상태)

3) 이론별 분류

구 분	하인리히	버드	아담스	웨버
제1단계	사회적 환경, 유전적 요소 (선천적 결함)	제어(통제)의 부족 (관리의 부족)	관리구조요인 (관리적 결함)	유전과 환경요인
제2단계	개인적인 결함 (인간의 결함)	기본원인 (기원)	작전적 에러 (경영자, 감독자 행동)	인간의 결함
제3단계	불안전행동 및 불안전상태 (직접원인)	직접원인 (징후 - 인적, 물적 원인)	전술적 에러 (불안전한 행동, 조작)	불안전한 행동과 상태
제4단계	사고	사고(접촉)	사고	사고
제5단계	상해	상해(손실)	상해 또는 손실	재해(상해)

작전과 전술
① 작전: 군사적 목적을 이루기 위해 필요한 조치나 방법을 강구함
② 전술: 작전 목적을 수행함에 있어 병력 등을 운영하는 기술

CHAPTER 01 항목별 우선순위 문제 및 해설 (1)

01 안전관리를 "안전은 ( )을(를) 제어하는 기술"이라 정의할 때 다음 중 ( )에 들어갈 용어로 예방 관리적 차원과 가장 가까운 용어는?

① 위험 ② 사고
③ 재해 ④ 상해

해설 안전 : 사고가 없는 상태 또는 사고의 위험이 없는 상태 (안전은 위험을 제어하는 기술)

02 다음 중 잠재적인 손실이나 손상을 가져올 수 있는 상태나 조건을 무엇이라 하는가?

① 위험 ② 사고
③ 상해 ④ 재해

해설 위험 : 인적·물적 손상이나 손실을 가져올 수 있는 불안전상태 또는 상황(잠재적인 손실이나 손상을 가져올 수 있는 상태나 조건)

03 다음 중 "Near Accident"에 관한 내용으로 가장 적절한 것은?

① 사고가 일어난 인접지역
② 사망사고가 발생한 중대재해
③ 사고가 일어난 지점에 계속 사고가 발생하는 지역
④ 사고가 일어나더라도 손실을 전혀 수반하지 않는 재해

해설 아차사고(near accident) : 인명상해(인적 피해)·재산손실(물적 피해)이 없는 사고

04 위험을 제어(control)하는 방법 중 가장 우선적으로 고려되어야 하는 사항은?

① 개인용 보호장비를 지급하여 사용하게 한다.
② 근본적 위험요소의 제거를 위하여 노력한다.
③ 안전교육을 실시하고, 주의사항과 위험표지를 부착한다.
④ 위험을 줄이기 위하여 보다 개선된 기술과 방법을 도입한다.

해설 위험을 제어(control)
근본적 위험요소를 사전에 제거함으로써 위험을 제어함.

05 다음 ( ) 안에 알맞은 것은?

> 사업주는 산업재해로 사망자가 발생하거나 ( )일 이상의 휴업이 필요한 부상을 입거나 질병에 걸린 사람이 발생한 경우 해당 산업재해가 발생한 날부터 1개월 이내에 산업재해조사표를 작성하여 관할 지방고용노동관서의 장에게 제출하여야 한다.

① 3 ② 4
③ 5 ④ 7

해설 산업재해 발생 보고
산업재해로 사망자가 발생하거나 3일 이상의 휴업이 필요한 부상을 입거나 질병에 걸린 사람이 발생한 경우에는 산업재해가 발생한 날부터 1개월 이내에 산업재해조사표를 작성하여 관할 지방고용노동관서의 장에게 제출함(전자문서에 의한 제출을 포함)

정답 01.① 02.① 03.④ 04.② 05.①

06 산업안전보건법령상 중대재해에 해당하지 않는 것은?

① 사망자가 2명 발생한 재해
② 부상자가 동시에 7명 발생한 재해
③ 직업성 질병자가 동시에 11명 발생한 재해
④ 3개월 이상의 요양이 필요한 부상자가 동시에 3명 발생한 재해

[해설] 중대재해
1) 사망자가 1명 이상 발생한 재해
2) 3개월 이상의 요양이 필요한 부상자가 동시에 2명 이상 발생한 재해
3) 부상자 또는 직업성 질병자가 동시에 10명 이상 발생한 재해

07 어느 사업장에서 해당 연도에 600건의 무상해 사고가 발생하였다. 하인리히의 재해발생 비율 법칙에 의한다면 경상해의 발생 건수는 몇 건이 되겠는가?

① 29건   ② 58건
③ 300건 ④ 330건

[해설] 하인리히의 1 : 29 : 300 재해법칙[중상해 : 경상해 : 무상해사고]
무상해사고 600건/300=2배
⇨ 경상해 29×2배=58건

08 다음 중 버드(Bird)의 사고 발생 도미노 이론에서 직접원인은 무엇이라고 하는가?

① 통제   ② 징후
③ 손실   ④ 위험

[해설] 버드의 도미노이론
① 제1단계 : 제어(통제)의 부족(관리의 부족)
② 제2단계 : 기본원인(기원)
③ 제3단계 : 직접원인(징후)
         - 인적, 물적 원인
④ 제4단계 : 사고(접촉)
⑤ 제5단계 : 상해(손실)

09 다음은 재해발생에 관한 이론이다. 각각의 재해발생 이론의 단계를 잘못 나열한 것은?

① Heinrich 이론 : 사회적 환경 및 유전적 요소→개인적 결함→불안전한 행동 및 불안전한 상태→사고→재해
② Bird 이론 : 제어(관리)의 부족→기본원인(기원)→직접원인(징후)→접촉(사고)→재해(손실)
③ Adams 이론 : 기초원인→작전적 에러→전술적 에러→사고→재해
④ Weaver 이론 : 유전과 환경→인간의 결함→불안전한 행동과 상태→사고→재해(상해)

[해설] 재해발생 모형(mechanism)

구분	하인리히	버드	아담스	웨버
제1단계	사회적 환경, 유전적 요소 (선천적 결함)	제어(통제)의 부족 (관리의 부족)	관리구조 요인	유전과 환경요인
제2단계	개인적인 결함	기본원인 (기원)	작전적 에러 (경영자, 감독자 행동)	인간의 결함
제3단계	불안전 행동 및 불안전 상태	직접원인 (징후)	전술적 에러 (불안전한 행동, 조작)	불안전한 행동과 상태
제4단계	사고	사고	사고	사고
제5단계	상해	상해	상해 또는 손실	재해 (상해)

정답 06.② 07.② 08.② 09.③

2. 안전보건관리 체제 및 운용

가 안전보건관리 조직

(1) 안전관리 조직 형태

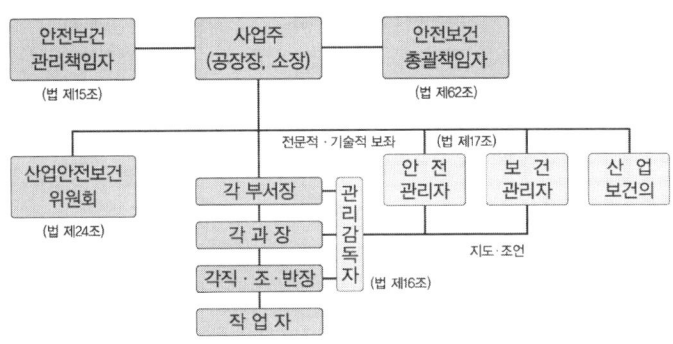

[그림] 안전보건관리 조직체계

* "Line"과 "Staff"의 주요 직책명
  ① Line : 안전보건관리책임자, 관리감독자, 안전보건총괄책임자
  ② Staff : 안전관리자, 보건관리자, 산업보건의

(가) 라인(Line)형 – 직계식

안전보건관리 업무가 계획에서부터 실시에 이르기까지 생산 라인을 통하여 이루어지도록 편성된 조직
(※ 근로자 100인 미만 사업장에 적합)

(나) 스태프(Staff)형 – 참모식

안전보건 업무를 관장하는 스태프를 별도로 구성하여 운영하는 조직
(※ 근로자 100인 이상~1,000인 미만 사업장에 적합)

(다) 라인-스태프(Line-staff) 혼합형 – 직계 참모식

라인이 안전보건 업무를 주관·수행하고, 전문 스태프를 별도로 구성하여 안전보건대책수립 및 라인의 안전보건업무지도·지원(안전스태프가 안전에 관한 업무를 수행하고 라인의 관리 감독자에게도 안전에 관한 책임과 권한이 부여 – 우리나라 산업안전보건법에 의해 권장)
(※ 근로자 1,000인 이상 사업장에 적합)

① 라인형과 스태프형의 장점을 취한 절충식 조직 형태이며 대규모(1,000명 이상) 사업장에 적용
② 단점 : 명령계통과 조언, 권고적 참여가 혼동되기 쉬움

[표] 라인/스태프형 조직의 장단점

구 분	장 점	단 점
라인형 (100인 미만 사업장에 적합)	① 안전에 대한 지시, 전달이 용이(신속히 수행) ② 명령계통이 간단, 명료 ③ 참모식보다 경제적	① 안전에 관한 전문지식이 부족하고 기술의 축적이 미흡(안전에 대한 정보 불충분) ② 안전정보 및 신기술 개발이 어려움 ③ 라인에 과중한 책임이 물림
스태프형 (100~1,000인 미만 사업장에 적합)	① 안전에 관한 전문지식, 기술 축적 용이 ② 안전정보 수집 신속, 용이 ③ 경영자의 조언 및 자문 역할	① 안전과 생산을 별개로 취급(안전지시가 용이하지 않음 - 생산부서와 유기적인 협조 필요) ② 생산 라인은 안전에 대한 책임, 권한 미미(거의 없음) ③ 생산부서와 마찰이 일어나기 쉬움(권한 다툼이나 조정 때문에 통제수속이 복잡해지며 시간과 노력이 소모됨)
라인-스태프 혼합형 (1,000인 이상 사업장에 적합)	① 안전지식 및 기술 축적 가능 ② 안전지시 및 전달이 신속·정확 ③ 안전에 대한 신기술의 개발 및 보급이 용이 ④ 안전활동이 생산과 분리되지 않으므로 운용이 쉬움(조직원 전원을 자율적으로 안전활동에 참여시킬 수 있다.)	① 명령계통과 지도·조언 및 권고적 참여가 혼동되기 쉬움 ② 스태프의 힘이 커지면 라인이 무력해짐 ③ 스태프의 월권행위의 경우가 있으며, 라인이 스태프에 의존 또는 활용치 않는 경우가 있다.

(2) 사업주의 의무〈산업안전보건법 제5조〉

사업주는 다음의 사항을 이행함으로써 근로자의 안전 및 건강을 유지·증진 시키고 국가의 산업재해 예방정책을 따라야 함
① 산업안전보건법령으로 정하는 산업재해 예방을 위한 기준
② 근로자의 신체적 피로와 정신적 스트레스 등을 줄일 수 있는 쾌적한 작업환경의 조성 및 근로조건 개선
③ 해당 사업장의 안전 및 보건에 관한 정보를 근로자에게 제공

(3) 산업안전보건법의 안전관리자〈산업안전보건법 제17조〉

1) 산업안전보건법의 안전관리자의 업무〈시행령 제18조〉

① 산업안전보건위원회 또는 안전·보건에 관한 노사협의체에서 심의·의결한 업무와 해당 사업장의 안전보건관리규정 및 취업규칙에서 정한 업무
② 위험성평가에 관한 보좌 및 지도·조언
③ 안전인증대상기계 등과 자율안전확인대상기계 등 구입 시 적격품의 선정에 관한 보좌 및 지도·조언
④ 해당 사업장 안전교육계획의 수립 및 안전교육 실시에 관한 보좌 및 지도·조언
⑤ 사업장 순회점검·지도 및 조치의 건의
⑥ 산업재해 발생의 원인 조사·분석 및 재발 방지를 위한 기술적 보좌 및 지도·조언
⑦ 산업재해에 관한 통계의 유지·관리·분석을 위한 보좌 및 지도·조언
⑧ 법 또는 법에 따른 명령으로 정한 안전에 관한 사항의 이행에 관한 보좌 및 지도·조언
⑨ 업무수행 내용의 기록·유지
⑩ 그 밖에 안전에 관한 사항으로서 고용노동부장관이 정하는 사항

2) 사업장 종류, 규모에 따른 안전관리자 수

사업장 종류	규모(상시근로자)	안전관리자 수
제조업, 운수업 등	500명 이상	2명 이상
	50명 이상 500명 미만	1명 이상
통신업, 도매 및 소매업, 서비스업 등	1,000명 이상	2명 이상
	50명 이상 1,000명 미만	1명 이상

3) 안전관리자 등(안전보건관리담당자)의 증원·교체임명 명령(지방고용노동관서의 장) 〈시행규칙 제12조〉

① 해당 사업장의 연간재해율이 같은 업종의 평균재해율의 2배 이상인 경우
② 중대재해가 연간 2건 이상 발생한 경우(전년도 사망만인율이 같은 업종의 평균 사망만인율 이하인 경우는 제외)
③ 관리자가 질병이나 그 밖의 사유로 3개월 이상 직무를 수행할 수 없게 된 경우
④ 법령에 규정된 화학적 인자로 인한 직업성 질병자가 연간 3명 이상 발생한 경우

안전관리자 업무
안전에 관한 기술적인 사항에 관하여 사업주 또는 안전보건관리책임자를 보좌하고 관리감독자에게 지도·조언하는 업무

건설업 규모에 따른 안전관리자 수

규모	수
50억 원 이상(관계수급인은 100억 원 이상)~120억 원 미만(토목공사업 150억 원)	1명
120억 원 이상(토목공사업 150억 원)~800억 원 미만	1명
800억 원 이상~1,500억 원 미만	2명
1,500억 원 이상~2,200억 원 미만	3명
2,200억 원 이상~3,000억 원 미만	4명
3,000억 원 이상~3,900억 원 미만	5명
3,900억 원 이상~4,900억 원 미만	6명
4,900억 원 이상~6,000억 원 미만	7명
6,000억 원 이상~7,200억 원 미만	8명
7,200억 원 이상~8,500억 원 미만	9명
8,500억 원 이상~1조원 미만	10명
1조원 이상 [매 2,000억 원(2조 원 이상부터는 매 3,000억 원)마다 1명씩 추가]	11명 이상

안전관리자 선임 보고
선임하거나 안전관리전문기관에 위탁한 날부터 14일 이내(안전관리자를 늘리거나 교체한 경우에도 동일)

안전보건관리담당자 〈법 제19조〉: 안전 및 보건에 관하여 사업주를 보좌하고 관리감독자에게 지도·조언하는 업무를 수행(안전관리자 또는 보건관리자가 있거나 선임해야 하는 경우 제외)

(1) 안전보건관리담당자의 선임 : 상시근로자 20명 이상 50명 미만인 다음의 사업장에 1명 이상 선임
① 제조업
② 임업
③ 하수, 폐수 및 분뇨 처리업
④ 폐기물 수집, 운반, 처리 및 원료 재생업
⑤ 환경 정화 및 복원업

(2) 안전보건관리담당자의 업무
① 안전보건교육 실시에 관한 보좌 및 지도·조언
② 위험성 평가에 관한 보좌 및 지도·조언
③ 작업환경측정 및 개선에 관한 보좌 및 지도·조언
④ 각종 건강진단에 관한 보좌 및 지도·조언
⑤ 산업재해 발생의 원인 조사, 산업재해 통계의 기록 및 유지를 위한 보좌 및 지도·조언
⑥ 산업 안전·보건과 관련된 안전장치 및 보호구 구입 시 적격품 선정에 관한 보좌 및 지도·조언

(4) 안전보건관리책임자의 업무〈산업안전보건법 제15조〉

사업주는 사업장을 실질적으로 총괄하여 관리하는 사람에게 해당 사업장의 다음의 업무를 총괄하여 관리하도록 하여야 함
① 사업장의 산업재해 예방계획의 수립에 관한 사항
② 안전보건관리규정의 작성 및 변경에 관한 사항
③ 안전보건교육에 관한 사항
④ 작업환경측정 등 작업환경의 점검 및 개선에 관한 사항
⑤ 근로자의 건강진단 등 건강관리에 관한 사항
⑥ 산업재해의 원인 조사 및 재발 방지대책수립에 관한 사항
⑦ 산업재해에 관한 통계의 기록 및 유지에 관한 사항
⑧ 안전장치 및 보호구 구입 시 적격품 여부 확인에 관한 사항
⑨ 그 밖에 근로자의 유해·위험 방지조치에 관한 사항으로서 고용노동부령으로 정하는 사항(위험성평가의 실시에 관한 사항과 안전보건규칙에서 정하는 근로자의 위험 또는 건강장해의 방지에 관한 사항 : 시행규칙 제9조)

(5) 안전보건총괄책임자 직무〈법62조, 시행령 제53조〉

도급인은 관계수급인 근로자가 도급인의 사업장에서 작업을 하는 경우, 안전보건관리책임자를 도급인의 근로자와 관계수급인 근로자의 산업재해를 예방하기 위한 업무를 총괄하여 관리하는 안전보건총괄책임자로 지정하여야 함(안전보건관리책임자를 두지 아니하여도 되는 사업장에서는 그 사업장에서 사업을 총괄하여 관리하는 사람을 안전보건총괄책임자로 지정하여야 함)
① 위험성평가의 실시에 관한 사항
② 작업의 중지
③ 도급 시 산업재해 예방조치
④ 산업안전보건관리비의 관계수급인 간의 사용에 관한 협의·조정 및 그 집행의 감독
⑤ 안전인증대상기계 등과 자율안전확인대상기계 등의 사용 여부 확인

> **안전보건총괄책임자 지정대상사업〈시행령 제52조〉**
>
> 관계수급인에게 고용된 근로자를 포함한 상시 근로자가 100명(선박 및 보트 건조업, 1차 금속 제조업 및 토사석 광업의 경우에는 50명) 이상인 사업 및 관계수급인의 공사금액을 포함한 해당 공사의 총공사금액이 20억 원 이상인 건설업을 말함

(6) 관리감독자의 업무 내용〈산업안전보건법 시행령 제15조〉

① 사업장 내 관리감독자가 지휘·감독하는 작업과 관련된 기계·기구 또는 설비의 안전·보건 점검 및 이상 유무의 확인
② 관리감독자에게 소속된 근로자의 작업복·보호구 및 방호장치의 점검과 그 착용·사용에 관한 교육·지도
③ 해당 작업에서 발생한 산업재해에 관한 보고 및 이에 대한 응급조치
④ 해당 작업의 작업장 정리·정돈 및 통로확보에 대한 확인·감독
⑤ 사업장의 안전관리자, 보건관리자, 안전보건관리담당자, 산업보건의의 지도·조언에 대한 협조(전문기관 위탁인 경우 해당 사업장 담당자에 대한 협조)
⑥ 위험성평가에 관한 업무(유해·위험요인의 파악에 대한 참여, 개선조치의 시행에 대한 참여)
⑦ 그 밖에 해당 작업의 안전·보건에 관한 사항으로서 고용노동부령으로 정하는 사항

> 관리감독자의 업무
> 사업주는 사업장의 생산과 관련되는 업무와 그 소속 직원을 직접 지휘·감독하는 직위에 있는 사람에게 산업 안전 및 보건에 관한 업무를 수행하도록 함

나 산업안전보건법상의 법적 체제

(1) 산업안전보건위원회〈법 제24조〉

1) 구성대상 사업〈산업안전보건법 시행령 제34조 [별표 9]〉

산업안전보건위원회를 구성해야 할 사업의 종류 및 사업장의 상시 근로자 수

사업의 종류	상시 근로자 수
1. 토사석 광업 2. 목재 및 나무제품 제조업: 가구 제외 3. 화학물질 및 화학제품 제조업: 의약품 제외(세제, 화장품 및 광택제 제조업과 화학섬유 제조업은 제외한다) 4. 비금속 광물제품 제조업 5. 1차 금속 제조업 6. 금속가공제품 제조업: 기계 및 가구 제외 7. 자동차 및 트레일러 제조업 8. 기타 기계 및 장비 제조업(사무용 기계 및 장비 제조업은 제외한다) 9. 기타 운송장비 제조업(전투용 차량 제조업은 제외한다)	50명 이상
10. 농업 11. 어업 12. 소프트웨어 개발 및 공급업 13. 컴퓨터 프로그래밍, 시스템 통합 및 관리업 14. 정보서비스업	300명 이상

> 산업안전보건위원회
> 사업주는 사업장의 안전 및 보건에 관한 중요 사항을 심의·의결하기 위하여 사업장에 근로자위원과 사용자위원이 같은 수로 구성되는 산업안전보건위원회를 구성·운영하여야 함

사업의 종류	상시 근로자 수
15. 금융 및 보험업 16. 임대업: 부동산 제외 17. 전문, 과학 및 기술 서비스업(연구개발업은 제외한다) 18. 사업지원 서비스업 19. 사회복지 서비스업	
20. 건설업	공사금액 120억 원 이상 (「건설산업기본법 시행령」 [별표 1]에 따른 토목공사업에 해당하는 공사의 경우에는 150억 원 이상)
21. 제1호부터 제20호까지의 사업을 제외한 사업	100명 이상

2) 구성(노사 동수로 구성)〈시행령 제35조〉

구 성	내 용

근로자
위원
	1. 근로자대표
	2. 근로자대표가 지명하는 1명 이상의 명예산업안전감독관
	  (위촉되어 있는 사업장의 경우)
	3. 근로자대표가 지명하는 9명 이내의 근로자
	  (명예감독관이 지명되어 있는 경우 그 수를 제외)

사용자
위원
	1. 해당 사업의 대표자(사업장의 최고책임자)
	2. 안전관리자 1명
	  (안전관리전문기관에 위탁 시 해당 사업장 담당자)
	3. 보건관리자 1명
	  (보건관리전문기관에 위탁 시 해당 사업장 담당자)
	4. 산업보건의(선임되어 있는 경우)
	5. 해당 사업의 대표자가 지명하는 9명 이내의 사업장 부서의 장

명예산업안전감독관〈산업안전보건법 제23조〉
산업재해 예방활동에 대한 참여와 지원을 촉진하기 위하여 근로자, 근로자 단체, 사업주 단체 및 산업재해 예방 관련 전문 단체에 소속된 사람 중에서 명예산업안전감독관을 위촉할 수 있음 (사업장의 재해예방활동에 대한 근로자의 참여를 활성화하기 위하여 소속 근로자 등에서 장관이 임명)

산업안전보건위원회의 위원장
위원 중에서 호선(互選)하며, 근로자위원과 사용자위원 중 각 1명을 공동위원장으로 선출할 수 있음

3) 산업안전보건 위원회의 심의 또는 의결사항

① 사업장의 산업재해 예방계획의 수립에 관한 사항
② 안전보건관리규정의 작성 및 변경에 관한 사항
③ 안전보건교육에 관한 사항
④ 작업환경측정 등 작업환경의 점검 및 개선에 관한 사항
⑤ 근로자의 건강진단 등 건강관리에 관한 사항
⑥ 산업재해의 원인 조사 및 재발 방지대책수립에 관한 사항 중 중대재해에 관한 사항
⑦ 산업재해에 관한 통계의 기록 및 유지에 관한 사항
⑧ 유해하거나 위험한 기계·기구·설비를 도입한 경우 안전 및 보건 관련 조치에 관한 사항

⑨ 그 밖에 해당 사업장 근로자의 안전 및 보건을 유지·증진시키기 위하여 필요한 사항

4) 회의 결과 등의 주지

산업안전보건위원회의 위원장은 산업안전보건위원회에서 심의·의결된 내용 등 회의 결과와 중재 결정된 내용 등을 사내방송이나 사내보, 게시 또는 자체 정례조회, 그 밖의 적절한 방법으로 근로자에게 신속히 알려야 함.

(2) 건설공사 안전 및 보건에 관한 협의체(노사협의체)〈법 제75조〉

1) 설치 대상 : 공사금액이 120억 원(토목공사업은 150억 원) 이상인 건설업

2) 노사협의체의 구성 : 근로자위원과 사용자위원이 같은 수로 구성〈시행령 제64조〉

① 근로자위원
  ㉠ 도급 또는 하도급 사업을 포함한 전체 사업의 근로자대표
  ㉡ 근로자대표가 지명하는 명예산업안전감독관 1명. 다만, 명예산업안전감독관이 위촉되어 있지 않은 경우에는 근로자대표가 지명하는 해당 사업장 근로자 1명
  ㉢ 공사금액이 20억 원 이상인 공사의 관계수급인의 각 근로자대표

② 사용자위원
  ㉠ 도급 또는 하도급 사업을 포함한 전체 사업의 대표자
  ㉡ 안전관리자 1명
  ㉢ 보건관리자 1명(보건관리자 선임대상 건설업으로 한정)
  ㉣ 공사금액이 20억 원 이상인 공사의 관계수급인의 각 대표자

③ 노사협의체의 근로자위원과 사용자위원은 합의하여 노사협의체에 공사금액이 20억 원 미만인 공사의 관계수급인 및 관계수급인 근로자대표를 위원으로 위촉할 수 있음

④ 노사협의체의 근로자위원과 사용자위원은 합의하여 「건설기계관리법」에 따라 등록된 건설기계를 직접 운전하는 사람을 노사협의체에 참여하도록 할 수 있음

3) 노사협의체의 운영 등

노사협의체의 회의는 정기회의와 임시회의로 구분하되, 정기회의는 2개월마다 노사협의체의 위원장이 소집하며, 임시회의는 위원장이 필요하다고 인정할 때에 소집(회의 결과를 회의록으로 작성하여 보존)

산업안전보건위원회의 회의
① 회의는 정기회의와 임시회의로 구분하되, 정기회의는 분기마다 산업안전보건위원회의 위원장이 소집하며, 임시회의는 위원장이 필요하다고 인정할 때에 소집
② 회의는 근로자위원 및 사용자위원 각 과반수의 출석으로 시작하고 출석위원 과반수의 찬성으로 의결

노사협의체 협의사항
① 산업재해 예방방법 및 산업재해가 발생한 경우의 대피방법
② 작업의 시작시간 및 작업 및 작업장 간의 연락방법
③ 그 밖의 산업재해 예방과 관련된 사항

※ 공사도급인이 노사협의체를 구성·운영하는 경우에는 산업안전보건위원회 및 도급사업안전 및 보건에 관한 협의체를 각각 구성·운영하는 것으로 봄 〈법 제75조〉

(3) 도급사업에 있어서 협의체 구성(도급사업 안전 및 보건에 관한 협의체)
〈시행규칙 제79조〉

1) 구성 및 운영

① 협의체는 도급인인 사업주 및 그의 수급인인 사업주 전원으로 구성
② 협의체는 매월 1회 이상 정기적으로 회의를 개최하고, 결과를 기록·보존하여야 함.
③ 협의사항
   ㉠ 작업의 시작 시간
   ㉡ 작업 또는 작업장 간의 연락 방법
   ㉢ 재해발생 위험이 있는 경우 대피 방법
   ㉣ 작업장 위험성평가의 실시에 관한 사항
   ㉤ 사업주와 수급인 또는 수급인 상호간의 연락 방법 및 작업공정의 조정

(4) 안전보건관리규정 작성, 게시·비치

1) 작성 대상 : 상시 근로자 100명 이상(농업, 어업, 정보서비스업 등 10개 업종은 상시 근로자 300명 이상)

– 안전보건관리규정을 작성하여야 할 사업의 종류 및 상시 근로자 수

[별표 2]〈산업안전보건법 시행규칙 제25조〉

사업의 종류	상시 근로자 수
1. 농업 2. 어업 3. 소프트웨어 개발 및 공급업 4. 컴퓨터 프로그래밍, 시스템 통합 및 관리업 5. 정보서비스업 6. 금융 및 보험업 7. 임대업: 부동산 제외 8. 전문, 과학 및 기술 서비스업(연구개발업은 제외한다) 9. 사업지원 서비스업 10. 사회복지 서비스업	300명 이상
11. 제1호부터 제10호까지의 사업을 제외한 사업	100명 이상

도급사업 시의 작업장의 순회점검 〈시행규칙〉
제80조(도급사업 시의 안전·보건조치 등)
도급인은 작업장을 다음 각호의 구분에 따라 순회점검하여야 한다.
1. 다음 각 목의 사업: 2일에 1회 이상
   가. 건설업
   나. 제조업
   다. 토사석 광업
   라. 서적, 잡지 및 기타 인쇄물 출판업
   마. 음악 및 기타 오디오물 출판업
   바. 금속 및 비금속 원료 재생업
2. 제1호 각 목의 사업을 제외한 사업: 1주일에 1회 이상

도급사업 시의 작업장에 대한 정기 안전·보건점검 〈시행규칙〉
제82조(도급사업의 합동 안전·보건점검)
정기 안전·보건점검의 실시 횟수는 다음 각호의 구분과 같다.
1. 다음 각 목의 사업의 경우: 2개월에 1회 이상
   가. 건설업
   나. 선박 및 보트 건조업
2. 제1호의 사업을 제외한 사업: 분기에 1회 이상

2) 작성내용〈산업안전보건법 제25조〉
   ① 안전·보건 관리조직과 그 직무에 관한 사항
   ② 안전·보건교육에 관한 사항
   ③ 작업장 안전 및 보건관리에 관한 사항
   ④ 사고 조사 및 대책수립에 관한 사항
   ⑤ 그 밖에 안전·보건에 관한 사항

3) 안전보건관리규정의 작성 기한〈산업안전보건법 시행규칙 제25조〉
   ① 사업주는 안전보건관리규정을 작성하여야 할 사유가 발생한 날부터 30일 이내에 안전보건관리규정을 작성하여야 함(변경할 사유가 발생한 경우에도 같음)
   ② 사업주가 안전보건관리규정을 작성하는 경우에는 소방·가스·전기·교통 분야 등의 다른 법령에서 정하는 안전관리에 관한 규정과 통합하여 작성할 수 있음

4) 안전보건관리규정의 작성·변경 절차〈산업안전보건법 제26조〉
   안전보건관리규정을 작성하거나 변경할 때에는 산업안전보건위원회의 심의·의결을 거쳐야 함(산업안전보건위원회가 설치되어 있지 아니한 사업장의 경우에는 근로자대표의 동의를 받아야 함)

다 안전보건개선계획의 수립 등

(1) 안전보건개선계획의 수립·시행 명령〈산업안전보건법 제49조〉

고용노동부장관은 산업재해 예방을 위하여 종합적인 개선조치를 할 필요가 있다고 인정할 때에는 사업주에게 그 사업장, 시설, 그 밖의 사항에 관한 안전보건개선계획의 수립·시행을 명할 수 있음.

1) 대상 사업장
   ① 산업재해율이 같은 업종의 규모별 평균 산업재해율보다 높은 사업장
   ② 사업주가 필요한 안전조치 또는 보건조치를 이행하지 아니하여 중대재해가 발생한 사업장
   ③ 연간 직업병 질병자가 2명 이상 발생한 사업장
   ④ 법령(법 제106조)에 따른 유해인자의 노출 기준을 초과한 사업장

2) 안전보건개선계획을 수립할 때에의 심의

안전보건개선계획을 수립할 때에는 산업안전보건위원회의 심의를 거쳐야 함(산업안전보건위원회가 설치되어 있지 아니한 사업장의 경우에는 근로자대표의 의견을 들어야 함)

3) 제출 및 검토 : 사업주는 안전보건개선계획서 수립·시행 명령을 받은 날부터 60일 이내에 관할 지방고용노동관서의 장에게 제출(전자문서에 의한 제출을 포함)하여야 함(지방노동관서의 장이 안전보건개선계획서를 접수한 경우에는 접수일부터 15일 이내에 심사하여 사업주에게 그 결과를 알려야 함)

4) 안전보건개선계획서 내용 : 시설, 안전·보건관리체제, 안전·보건교육, 산업재해 예방 및 작업환경의 개선을 위하여 필요한 사항이 포함

5) 안전보건진단을 받아 안전보건개선계획 수립·시행명령을 할 수 있는 사업장
〈산업안전보건법 시행령 제49조〉

① 산업재해율이 같은 업종 평균 산업재해율의 2배 이상인 사업장
② 사업주가 필요한 안전조치 또는 보건조치를 이행하지 아니하여 중대재해가 발생한 사업장
③ 직업성 질병자가 연간 2명 이상(상시근로자 1천 명 이상 사업장의 경우 3명 이상) 발생한 사업장
④ 작업환경 불량, 화재·폭발 또는 누출사고 등으로 사회적 물의를 일으킨 사업장

(2) 근로시간 연장의 제한으로 인한 임금저하 금지(유해·위험작업에 대한 근로시간 제한)〈산업안전보건법 제139조〉

유해하거나 위험한 작업으로서 높은 기압에서 하는 작업 등(잠함(潛艦) 또는 잠수작업 등 높은 기압에서 하는 작업)에 종사하는 근로자에게는 1일 6시간, 1주 34시간을 초과하여 근로하게 해서는 안 됨

(3) 유해·위험작업에서의 근로자의 건강 보호를 위한 조치〈산업안전보건법 시행령 제99조〉

(다음의) 유해하거나 위험한 작업에 종사하는 근로자에게 필요한 안전조치 및 보건조치 외에 작업과 휴식의 적정한 배분 및 근로시간과 관련된 근로조건의 개선을 통하여 근로자의 건강 보호를 위한 조치를 하여야 함

1. 갱(坑) 내에서 하는 작업
2. 다량의 고열물체를 취급하는 작업과 현저히 덥고 뜨거운 장소에서 하는 작업
3. 다량의 저온물체를 취급하는 작업과 현저히 춥고 차가운 장소에서 하는 작업
4. 라듐방사선이나 엑스선, 그 밖의 유해 방사선을 취급하는 작업
5. 유리·흙·돌·광물의 먼지가 심하게 날리는 장소에서 하는 작업
6. 강렬한 소음이 발생하는 장소에서 하는 작업
7. 착암기 등에 의하여 신체에 강렬한 진동을 주는 작업
8. 인력으로 중량물을 취급하는 작업
9. 납·수은·크롬·망간·카드뮴 등의 중금속 또는 이황화탄소·유기용제, 그 밖에 고용노동부령으로 정하는 특정 화학물질의 먼지·증기 또는 가스가 많이 발생하는 장소에서 하는 작업

(4) 서류의 보존〈법 제164조〉

보존 연수	보존 서류
3년	① 산업재해의 발생원인 등 기록 ② 관리책임자·안전관리자·보건관리자 및 산업보건의의 선임에 관한 서류 ③ 안전·보건상의 조치 사항으로서 고용노동부령으로 정하는 사항을 적은 서류 ④ 화학물질의 유해성·위험성 조사에 관한 서류 ⑤ 작업환경측정에 관한 서류 ⑥ 건강진단에 관한 서류
2년	산업안전보건위원회, 노사협의체의 회의록

(5) 산업재해가 발생한 때에 사업주가 기록·보존하여야 하는 사항
〈산업안전보건법 시행규칙 제72조〉

산업재해가 발생한 때에는 다음의 사항을 기록·보존하여야 함(산업재해 조사표 사본을 보존하거나 요양신청서의 사본에 재해 재발방지 계획을 첨부하여 보존한 경우에는 제외)

1. 사업장의 개요 및 근로자의 인적사항
2. 재해 발생의 일시 및 장소
3. 재해 발생의 원인 및 과정
4. 재해 재발방지 계획

공정안전보고서의 안전운전
계획에 포함하여야 할 세부
내용〈시행규칙 제50조〉
① 안전운전지침서
② 설비점검·검사 및 보수
   계획, 유지계획 및 지침서
③ 안전작업허가
④ 도급업체 안전관리계획
⑤ 근로자 등 교육계획
⑥ 가동 전 점검지침
⑦ 변경요소 관리계획
⑧ 자체감사 및 사고조사
   계획
⑨ 그 밖에 안전운전에 필
   요한 사항

(6) 건강진단의 실시〈시행규칙 제197조 등〉

사무직 2년에 1회(그 외 1년에 1회), 특수건강진단 대상업무는 유해인자별 정한 시기 및 주기에 따라 정기적으로 실시

1) 일반건강진단 : 상시 사용하는 근로자의 건강관리를 위하여 사업주가 주기적으로 실시하는 건강진단. 사무직 2년에 1회(그 외 1년에 1회)

2) 특수건강진단 : 다음에 해당하는 근로자의 건강관리를 위하여 사업주가 실시하는 건강진단.
   ① 특수건강진단 대상 유해인자에 노출되는 업무에 종사하는 근로자
   ② 건강진단 실시 결과 직업병 소견이 있는 근로자로 판정받아 작업 전환을 하거나 작업장소를 변경하여도, 해당 판정의 원인이 된 유해인자에 대한 건강진단이 필요하다는 의사의 소견이 있는 근로자

3) 배치전건강진단 : 특수건강진단 대상업무에 종사할 근로자에 대하여 배치 예정업무에 대한 적합성 평가를 위하여 사업주가 실시하는 건강진단.

4) 수시건강진단 : 특수건강진단 대상업무로 인하여 해당 유해인자에 의한 직업성 천식, 직업성 피부염, 그 밖에 건강장해를 의심하게 하는 증상을 보이거나 의학적 소견이 있는 근로자에 대하여 사업주가 실시하는 건강진단.

5) 임시건강진단 : 다음에 해당하는 경우에 특수건강진단 대상 유해인자 또는 그 밖의 유해인자에 의한 중독 여부, 질병에 걸렸는지 여부 또는 질병의 발생 원인 등을 확인하기 위하여 지방고용노동관서의 장의 명령에 따라 사업주가 실시하는 건강진단.
   ① 같은 부서에 근무하는 근로자 또는 같은 유해인자에 노출되는 근로자에게 유사한 질병의 자각·타각 증상이 발생한 경우
   ② 직업병 유소견자가 발생하거나 여러 명이 발생할 우려가 있는 경우
   ③ 그 밖에 지방고용노동관서의 장이 필요하다고 판단하는 경우

CHAPTER 01 항목별 우선순위 문제 및 해설 (2)

01 다음 중 일반적으로 사업장에 안전관리조직을 구성할 때 고려할 사항과 가장 거리가 먼 것은?

① 조직 구성원의 책임과 권한을 명확하게 한다.
② 회사의 특성과 규모에 부합되게 조직되어야 한다.
③ 생산조직과는 동떨어진 독특한 조직이 되도록 하여 효율성을 높인다.
④ 조직의 기능이 충분히 발휘될 수 있는 제도적 체계가 갖추어져야 한다.

해설 사업장에 안전관리조직을 구성할 때 고려할 사항
생산조직과 밀접한 조직이 되어야 한다.

02 다음 중 안전관리조직의 특성에 관한 설명으로 옳은 것은?

① 라인형 조직은 중·대규모 사업장에 적합하다.
② 스태프형 조직은 권한 다툼의 해소나 조정이 용이하여 시간과 노력이 감소된다.
③ 라인형 조직은 안전에 대한 정보가 불충분하지만 안전지시나 조치에 대한 실시가 신속하다.
④ 라인·스태프형 조직은 대규모 사업장에 적합하나 조직원 전원의 자율적 참여가 어려운 단점이 있다.

해설 안전관리조직의 특성
① 라인형 조직은 100인 미만 사업장에 적합
② 스태프형 조직은 생산부서와 마찰이 일어나기 쉽고 권한다툼이나 조정 때문에 시간과 노력이 소모됨
③ 라인-스태프형 조직은 대규모 사업장에 적합하고 조직원 전원을 자율적으로 안전활동에 참여시킬 수 있음

03 다음 중 산업안전보건법령상 안전관리자의 업무에 해당하지 않는 것은?

① 해당 사업장 안전교육계획의 수립 및 안전교육 실시에 관한 보좌 및 조언·지도
② 안전분야의 산업재해에 관한 통계의 유지·관리·분석을 위한 보좌 및 조언·지도
③ 도급 사업에 있어 수급인의 산업안전보건관리비의 집행 감독과 그 사용에 관한 수급인 간의 협의·조정
④ 안전보건관리규정 및 취업규칙 중 안전에 관한 사항을 위반한 근로자에 대한 조치의 건의

해설 안전관리자 업무
① 산업안전보건위원회 또는 안전·보건에 관한 노사협의체에서 심의·의결한 업무와 해당 사업장의 안전보건관리규정 및 취업규칙에서 정한 업무
② 위험성평가에 관한 보좌 및 지도·조언
③ 안전인증대상기계 등과 자율안전확인대상기계 등 구입 시 적격품의 선정에 관한 보좌 및 지도·조언
④ 해당 사업장 안전교육계획의 수립 및 안전교육 실시에 관한 보좌 및 지도·조언
⑤ 사업장 순회점검·지도 및 조치의 건의
⑥ 산업재해 발생의 원인 조사·분석 및 재발 방지를 위한 기술적 보좌 및 지도·조언
⑦ 산업재해에 관한 통계의 유지·관리·분석을 위한 보좌 및 지도·조언
⑧ 법 또는 법에 따른 명령으로 정한 안전에 관한 사항의 이행에 관한 보좌 및 지도·조언
⑨ 업무수행 내용의 기록·유지
⑩ 그 밖에 안전에 관한 사항으로서 고용노동부장관이 정하는 사항

정답 01. ③ 02. ③ 03. ③

04 다음 중 산업안전보건법령상 안전보건총괄책임자의 직무에 해당하지 않는 것은?

① 중대재해발생 시 작업의 중지
② 도급사업 시의 안전 · 보건 조치
③ 해당 사업장 안전교육계획의 수립 및 실시
④ 수급인의 산업안전보건관리비의 집행 감독 및 그 사용에 관한 수급인 간의 협의 · 조정

해설 안전보건총괄책임자 직무
① 위험성평가의 실시에 관한 사항
② 작업의 중지
③ 도급 시 산업재해 예방조치
④ 산업안전보건관리비의 관계수급인 간의 사용에 관한 협의 · 조정 및 그 집행의 감독
⑤ 안전인증대상기계 등과 자율안전확인대상기계 등의 사용 여부 확인

05 산업안전보건법상 지방고용노동관서의 장이 사업주에게 안전관리자나 보건관리자를 정수 이상으로 증원하게 하거나 교체하여 임명할 것을 명령할 수 있는 사유에 해당하는 것은?

① 사망재해가 연간 1건 발생한 경우
② 중대재해가 연간 1건 발생한 경우
③ 관리자가 질병의 사유로 3개월 이상 해당직무를 수행할 수 없게 된 경우
④ 해당 사업장의 연간재해율이 같은 업종의 평균재해율의 1.5배 이상인 경우

해설 안전관리자 등의 증원 · 교체임명 명령(지방노동관서의 장)
① 해당 사업장의 연간재해율이 같은 업종의 평균재해율의 2배 이상인 경우
② 중대재해가 연간 2건 이상 발생한 경우(전년도 사망만인율이 같은 업종의 평균 사망만인율 이하인 경우는 제외)
③ 관리자가 질병이나 그 밖의 사유로 3개월 이상 직무를 수행할 수 없게 된 경우
④ 법령에 규정된 화학적 인자로 인한 직업성 질병자가 연간 3명 이상 발생한 경우

06 다음 중 산업안전보건법령상 안전보건관리규정에 포함 되어 있지 않은 내용은? (단, 기타 안전보건관리에 관한 사항은 제외한다.)

① 작업자 선발에 관한 사항
② 안전 · 보건교육에 관한 사항
③ 사고 조사 및 대책수립에 관한 사항
④ 작업장 보건관리에 관한 사항

해설 안전보건관리규정 작성내용
① 안전 · 보건 관리조직과 그 직무에 관한 사항
② 안전 · 보건교육에 관한 사항
③ 작업장 안전관리에 관한 사항
④ 작업장 보건관리에 관한 사항
⑤ 사고 조사 및 대책수립에 관한 사항
⑥ 위험성 평가에 관한 사항
⑦ 그 밖에 안전 · 보건에 관한 사항

07 산업안전보건법상 산업안전보건위원회의 구성에 있어 사용자 위원에 해당하지 않는 것은?

① 안전관리자
② 명예산업안전감독관
③ 해당 사업의 대표자가 지명한 9인 이내 해당 사업장 부서의 장
④ 보건관리자의 업무를 위탁한 경우 대행기관의 해당 사업장 담당자

해설 구성(노사 동수로 구성)

구성	내용
근로자 위원	1. 근로자대표 2. 근로자대표가 지명하는 1명 이상의 명예산업안전감독관(위촉되어 있는 사업장의 경우) 3. 근로자대표가 지명하는 9명 이내의 근로자(명예산업안전감독관이 지명되어 있는 경우 그 수를 제외)
사용자 위원	1. 사업의 대표자(사업장의 최고책임자) 2. 안전관리자 1명(안전관리전문기관에 위탁 시 해당 사업장 담당자) 3. 보건관리자 1명(보건관리전문기관에 위탁 시 해당 사업장 담당자) 4. 산업보건의(선임되어 있는 경우) 5. 사업의 대표자가 지명하는 9명 이내의 사업장 부서의 장

정답 04. ③ 05. ③ 06. ① 07. ②

08 다음 중 산업안전보건위원회의 심의 또는 의결사항이 아닌 것은?

① 산업재해 예방계획의 수립에 관한 사항
② 근로자의 건강진단 등 건강관리에 관한 사항
③ 안전장치 및 보호구 구입 시의 적격품 여부 확인에 관한 사항
④ 중대재해의 원인조사 및 재발방지대책의 수립에 관한 사항

해설 산업안전보건위원회 심의·의결사항
① 사업장의 산업재해 예방계획의 수립에 관한 사항
② 안전보건관리규정의 작성 및 변경에 관한 사항
③ 안전보건교육에 관한 사항
④ 작업환경측정 등 작업환경의 점검 및 개선에 관한 사항
⑤ 근로자의 건강진단 등 건강관리에 관한 사항
⑥ 산업재해의 원인 조사 및 재발 방지대책수립에 관한 사항 중 중대재해에 관한 사항
⑦ 산업재해에 관한 통계의 기록 및 유지에 관한 사항
⑧ 유해하거나 위험한 기계·기구·설비를 도입한 경우 안전 및 보건 관련 조치에 관한 사항
⑨ 그 밖에 해당 사업장 근로자의 안전 및 보건을 유지·증진시키기 위하여 필요한 사항

09 다음 중 산업안전보건법령상 안전보건 총괄책임자 지정 대상사업으로 상시근로자 50명 이상 사업의 종류에 해당하는 것은?

① 서적, 잡지 및 기타 인쇄물 출판업
② 음악 및 기타 오디오물 출판업
③ 금속 및 비금속 원료 재생업
④ 선박 및 보트 건조업

해설 안전보건 총괄책임자 지정 대상사업
수급인과 하수급인에게 고용된 근로자를 포함한 상시근로자가 100명(선박 및 보트 건조업, 1차 금속 제조업 및 토사석 광업의 경우에는 50명) 이상인 사업 및 수급인과 하수급인의 공사금액을 포함한 해당 공사의 총공사금액이 20억 원 이상인 건설업

10 다음 중 산업안전보건법상 사업주가 안전·보건조치의무를 이행하지 아니하여 발생한 중대재해가 연간 1건이 발생하였을 경우 조치하여야 하는 사항에 해당하는 것은?

① 보건관리자 선임
② 안전보건개선계획의 수립
③ 안전관리자의 증원
④ 물질안전보건자료의 작성

해설 안전보건개선계획의 수립·시행 명령
고용노동부장관은 산업재해 예방을 위하여 종합적인 개선조치를 할 필요가 있다고 인정할 때에는 사업주에게 그 사업장, 시설, 그 밖의 사항에 관한 안전보건개선계획의 수립·시행을 명할 수 있음
1) 대상 사업장
① 산업재해율이 같은 업종의 규모별 평균 산업재해율보다 높은 사업장
② 사업주가 필요한 안전조치 또는 보건조치를 이행하지 아니하여 중대재해가 발생한 사업장
③ 연간 직업병 질병자가 2명 이상 발생한 사업장
④ 법령(법 제106조)에서 정하여 고시한 유해인자의 노출기준을 초과한 사업장

3. 무재해운동 등 재해예방활동 기법

(1) 무재해운동의 이념 : 인간존중의 이념에서 출발

(2) 무재해운동의 (이념) 3대 원칙

 (가) 무(zero)의 원칙 : 재해는 물론 일체의 잠재요인을 적극적으로 사전에 발견, 파악, 해결함으로써 산업재해의 근원적인 요소들을 제거(근본적으로 위험 요인 제거, 뿌리에서부터 산업재해를 제거)

 (나) 선취(안전제일, 선취해결)의 원칙 : 잠재위험요인을 사전에 미리 발견하고 파악, 해결하여 재해를 예방(위험요인을 행동하기 전에 예지하여 해결)

 (다) 참가의 원칙 : 근로자 전원이 참가하여 문제해결 등을 실천

(3) 무재해운동 추진의 3요소(3기둥)

 ① 최고경영자의 안전경영자세
 ② 관리감독자의 적극적인 안전보건 활동
  (안전관리의 라인화)
 ③ 직장 자주 안전보건활동의 활성화
  (근로자)

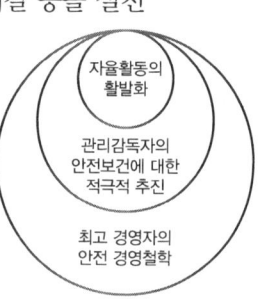

[그림] 무재해운동 추진의 3요소(3기둥)

(4) 무재해운동 개시〈사업장 무재해운동 추진 및 운영에 관한 규칙〉

 (가) 무재해의 정의 : 무재해운동 시행 사업장에서 근로자가 업무에 기인하여 사망 또는 4일 이상의 요양을 요하는 부상 또는 질병에 이환되지 않는 것
  * 요양 : 부상 등의 치료를 말하며 재가, 통원 및 입원의 경우를 모두 포함.

 (나) 무재해운동 추진에 있어 무재해로 보는 경우(무재해로 인정)〈사업장 무재해운동 추진 및 운영에 관한 규칙〉
  ① 업무수행 중의 사고 중 천재지변 또는 돌발적인 사고로 인한 구조행위 또는 긴급피난 중 발생한 사고
  ② 출·퇴근 도중에 발생한 재해
  ③ 운동경기 등 각종 행사 중 발생한 재해
  ④ 천재지변 또는 돌발적인 사고 우려가 많은 장소에서 사회통념상 인정되는 업무수행 중 발생한 사고

⑤ 제3자의 행위에 의한 업무상 재해
⑥ 업무상 질병에 대한 구체적인 인정기준 중 뇌혈관질병 또는 심장질병에 의한 재해
⑦ 업무시간 외에 발생한 재해. 다만, 사업주가 제공한 사업장 내의 시설물에서 발생한 재해 또는 작업개시전의 작업준비 및 작업종료 후의 정리정돈과정에서 발생한 재해는 제외한다.
⑧ 도로에서 발생한 사업장 밖의 교통사고, 소속 사업장을 벗어난 출장 및 외부기관으로 위탁교육 중 발생한 사고, 회식중의 사고, 전염병 등 사업주의 법 위반으로 인한 것이 아니라고 인정되는 재해

(다) 무재해 1배수 목표시간 계산(재해율 기준)

$$\text{무재해 목표시간(1배수)} = \frac{\text{연간 총근로시간}}{\text{연간 총재해자 수}} = \frac{\text{연평균 근로자 수} \times \text{1인당 연평균 근로시간}}{\text{연간 총재해자 수}} = \frac{\text{1인당 연평균 근로시간} \times 100}{\text{재해율}}$$

　※ 연평균 근로시간은 고용노동부 사업체 임금근로시간 조사자료를, 재해율은 최근 5년간 평균 재해율을 적용

(5) 안전활동 기법

(가) 지적 확인 : 작업 전에 작업공정 요소요소의 안전 여부를 인체의 오감을 모두 동원하여 확인하고 "…, 좋아!" 등의 구호를 외침으로 안전을 확인하는 활동
(작업자가 위험작업에 임하여 무재해를 지향하겠다는 뜻을 큰소리로 호칭하면서 안전의식수준을 제고하는 기법)
- 인간의 실수를 없애기 위해 눈, 손, 입 그리고 귀를 이용하여 작업 시작 전에 뇌를 자극시켜 안전을 확보하기 위한 기법)

[그림] 지적 확인

지적 확인
오관의 감각기관을 총동원하여 작업의 정확성과 안전을 확인

지적 확인과 정확도(인간실수의 발생률) : 지적 확인을 할 경우 하지 않는 것보다 3배 이상 인간 실수를 줄일 수 있음.
① 지적 확인한 경우 : 0.8%
② 확인만 하는 경우 : 1.25%
③ 지적만 하는 경우 : 1.5%
④ 아무 것도 하지 않은 경우 : 2.85%

"지적 확인"이 불안전 행동 방지에 효과가 있는 이유
① 긴장된 의식의 강화
② 대상에 대한 집중력의 향상
③ 자신과 대상의 결합도 증대
④ 인지(cognition) 확률의 향상

(나) 터치 앤드 콜(touch and call)

① 피부를 맞대고 같이 소리치는 것으로 전원의 스킨쉽(skinship)이라 할 수 있음
② 팀의 일체감, 연대감을 조성할 수 있고 대뇌 구피질에 좋은 이미지를 불어 넣어 안전활동을 하도록 하는 것임
③ 현장에서 팀 전원이 각자의 왼손을 맞잡아 원을 만들어 팀 행동목표를 지적 확인하는 것을 말함

> 위험예지훈련
> ① 직장이나 작업의 상황 속 잠재 위험요인을 도출한다.(자신의 작업으로 실시)
> ② 직장 내에서 소수 인원의 단위로 토의하고 생각하며 이해한다.
> ③ 행동하기에 앞서 위험 요소를 예측하고 해결하는 것을 습관화하는 훈련이다.(반복 훈련)
> ④ 위험의 포인트나 중점 실시 사항을 지적 확인한다.(사전에 준비)

[그림] 터치 앤드 콜(touch and call)

(다) 위험예지훈련

1) 브레인스토밍(brain-storming)으로 아이디어 개발

① 브레인스토밍(brain-storming) : 다수의 팀원이 마음 놓고 편안한 분위기 속에서 공상과 연상의 연쇄반응을 일으키면서 자유롭게 아이디어를 대량으로 발언하여 나가는 방법(토의식 아이디어 개발 기법)
② 브레인스토밍 4원칙
  ㉠ 비판금지 : 타인의 의견에 대하여 장·단점을 비판하지 않음.
  ㉡ 자유분방 : 지정된 표현방식을 벗어나 자유롭게 의견을 제시
  ㉢ 대량발언 : 사소한 아이디어라도 가능한 한 많이 제시하도록 함.
  ㉣ 수정발언 : 타인의 의견에 대하여는 수정하여 발표할 수 있음

> 위험예지훈련
> ① 감수성 훈련
> ② 집중력 훈련
> ③ 문제해결 훈련

> Brain storming
> 6~12명의 구성원으로 타인의 비판 없이 자유로운 토론을 통하여 다량의 독창적인 아이디어를 이끌어내고, 대안적 해결안을 찾기 위한 집단적 사고기법

2) 위험예지훈련 제4단계(4라운드) - 문제해결 4단계

① 제1단계(1R) : 현상파악 - 위험요인 항목 도출
② 제2단계(2R) : 본질추구 - 위험의 포인트 결정 및 지적 확인
③ 제3단계(3R) : 대책수립 - 결정된 위험 포인트에 대한 대책수립
④ 제4단계(4R) : 목표설정 - 팀의 행동 목표설정 및 지적 확인(가장 우수한 대책에 합의하고, 행동계획을 결정)

> 본질추구
> 문제점을 발견하고 중요 문제를 결정

  ※ 위험예지훈련의 방법 : ① 사전에 준비한다. ② 단위 인원수를 적게 한다.
    ③ 자신의 작업으로 실시한다. ④ 반복 훈련한다.

> 《(예시) 위험예지훈련 4라운드》
> 〈도해〉 사다리 사용하여 도장작업
> - 3명 중 2명은 2개의 사다리에서 각자 작업
> - 1명은 지상에서 보조 작업
> (1) 1R 현상파악: brain storming으로 잠재위험요인 찾음(5~7가지)
>   ① 사다리 작업 시 사다리가 넘어져서 떨어진다.
>   ② 바닥에 흩어져 있는 자재 때문에 걸려서 넘어진다.
>   ③ ---
> (2) 2R 본질추구: 중요 위험요인을 골라 빨간색으로 ○표하고, 그중에 더 위험한 요인(2~3가지)에 대해 ◎표하여 밑줄 친 후 지적 확인함(~해서 ~ㄴ다. ~때문에 ~된다. 좋아!)
> (3) 3R 대책수립: ◎의 위험에 대해 2~3가지 대책수립(중요대책은 ※표, 밑줄)
>   1-① <u>2인 1조로 하여 작업한다.</u>(※)
>   ② ---
>   2-① <u>정리·정돈하여 통로 확보한다.</u>(※)
>   ② ---
> (4) 4R 목표설정: 팀의 행동 목표설정 및 지적 확인
>   사다리 작업 시 2인 1조로 하여 작업하고, 자재는 정리정돈하여 작업하자. 좋아! (1회)(~해서, ~하여, ~하자. 좋아!)
> (5) 원 포인트 지적 확인: 2인 1조, 정리·정돈. 좋아! (3회)
> (6) 터치 앤드 콜: 무재해로 나가자. 좋아! (1회)
> (7) 박수

(라) 위험예지 응용기법의 종류

1) 원 포인트(one point) 위험예지훈련

위험예지 4R 중 2R, 3R, 4R을 모두 one point로 요약하여 실시하는 TBM 위험예지훈련. 흑판이나 용지를 사용하지 않고 기호나 메모를 사용하지 않고 구두로 실시.

2) T.B.M 위험예지훈련 : 현장에서 그때 그 장소의 상황에서 즉응하여 실시하는 위험예지활동으로 즉시즉응법이라고도 함(Tool Box Meeting).

① 현장에서 그때 그 장소의 상황에 즉응하여 실시한다(작업 장소에서 원형의 형태를 만들어 실시한다).
② 10명 이하의 소수가 적합하며, 통상 작업 시작 전, 후 시간은 10분 정도가 바람직하다.
③ 사전에 주제를 정하고 자료 등을 준비한다.
④ 결론은 가급적 서두르지 않는다.
⑤ 근로자 모두가 말하고 스스로 생각하고 "이렇게 하자"라고 합의한 내용이 되어야 한다.

> **TBM 활동의 5단계 추진법**
>
> ① 제1단계 : 도입 – 인사, 건강 확인, 체조 등
> ② 제2단계 : 점검정비 – 복장, 보호구, 공구, 자재 등
> ③ 제3단계 : 작업지시 – 작업 내용과 작업 지시사항 전달
> ④ 제4단계 : 위험예지훈련 – one point위험 예지 훈련 실시
> ⑤ 제5단계 : 확인 – 지적 확인, touch and call

3) 삼각 위험예지훈련 : 보다 빠르고 보다 간편하게, 명실공히 전원 참여로 말하거나 쓰는 것이 미숙한 작업자를 위하여 개발한 것

4) 1인 위험예지훈련 : 한 사람 한 사람의 위험에 대한 감수성 향상을 도모하기 위한 삼각 및 원 포인트 위험예지훈련을 통합한 활용기법

5) 자문자답 위험예지훈련 : 한 사람, 한 사람이 스스로 위험요인을 발견, 파악하여 단시간에 행동목표를 정하여 지적 확인을 하며, 특히 비정상적인 작업의 안전을 확보

6) 시나리오 역할연기 훈련 : 작업 전 5분간 미팅의 시나리오를 작성하여 멤버가 그 시나리오에 의하여 역할연기를 함으로써 체험 학습하는 기법

> **안전행동 실천운동(5C 운동)**
>
> ① 복장단정(Correctness)   ② 정리정돈(Clearance)
> ③ 청소청결(Cleaning)   ④ 점검확인(Checking)
> ⑤ 전심전력(Concentration)

CHAPTER 01 항목별 우선순위 문제 및 해설 (3)

01 무재해운동에 관한 설명으로 틀린 것은?
① 제3자의 행위에 의한 업무상 재해는 무재해로 본다.
② "요양"이란 부상 등의 치료를 말하며 입원은 포함되나 재가, 통원은 제외한다.
③ "무재해"란 무재해운동 시행사업장에서 근로자가 업무에 기인하여 사망 또는 4일 이상의 요양을 요하는 부상 또는 질병에 이환되지 않는 것을 말한다.
④ 업무수행 중의 사고 중 천재지변 또는 돌발적인 사고로 인한 구조행위 또는 긴급피난 중 발생한 사고는 무재해로 본다.

해설 무재해의 정의 : 근로자가 업무로 인하여 사망 또는 4일 이상의 휴업을 요하는 부상 또는 질병에 이환되지 않는 것
  * 요양 : 부상 등의 치료를 말하며 재가, 통원 및 입원의 경우를 모두 포함.

02 다음 중 무재해운동의 기본이념의 3원칙과 가장 거리가 먼 것은?
① 무(zero)의 원칙
② 관리의 원칙
③ 참가의 원칙
④ 선취의 원칙

해설 무재해운동의 (이념) 3대원칙
  (가) 무(zero)의 원칙 : 재해는 물론 일체의 잠재요인을 사전에 발견하고 파악, 해결함으로써 산업재해의 근원적인 요소들을 제거
  (나) 선취(안전제일, 선취해결)의 원칙 : 잠재위험요인을 사전에 미리 발견하고 파악, 해결하여 재해를 예방
  (다) 참가의 원칙 : 근로자 전원이 참가하여 문제해결 등을 실천

03 무재해운동 추진의 3대 기둥으로 볼 수 없는 것은?
① 최고경영자의 경영자세
② 노동조합의 협의체 구성
③ 직장 소집단 자주 활동의 활발화
④ 관리감독자에 의한 안전보건의 추진

해설 무재해운동 추진의 3요소(3기둥)
  (가) 최고경영자의 안전경영자세
  (나) 관리감독자의 적극적인 안전보건 활동(안전관리의 라인화)
  (다) 직장 자주 안전보건활동의 활성화(근로자)

04 다음 중 TBM(Tool Box Meeting) 위험예지훈련의 진행방법으로 가장 적절하지 않은 것은?
① 인원은 10명 이하로 구성한다.
② 소요시간은 10분 정도가 바람직하다.
③ 리더는 주제의 주안점에 대하여 연구해 둔다.
④ 오전 작업 시작 전과 오후 작업종료 시 하루 2회 실시한다.

해설 T.B.M 위험예지훈련 : 현장에서 그때 그 장소의 상황에서 즉응하여 실시하는 위험예지활동으로 즉시즉응법이라고도 함(Tool Box Meeting).
  ① 현장에서 그때 그 장소의 상황에 즉응하여 실시한다(작업 장소에서 원형의 형태를 만들어 실시한다).
  ② 10명 이하의 소수가 적합하며, 통상 작업 시작 전, 후 시간은 10분 정도가 바람직하다.
  ③ 사전에 주제를 정하고 자료 등을 준비한다.
  ④ 결론은 가급적 서두르지 않는다.
  ⑤ 근로자 모두가 말하고 스스로 생각하고 "이렇게 하자"라고 합의한 내용이 되어야 한다.

정답 01. ② 02. ② 03. ② 04. ④

05 다음 중 위험예지훈련의 기법으로 활용하는 브레인스토밍(Brain Storming)에 관한 설명으로 틀린 것은?

① 발언은 누구나 자유분방하게 하도록 한다.
② 타인의 아이디어는 수정하여 발언할 수 없다.
③ 가능한 한 무엇이든 많이 발언하도록 한다.
④ 발표된 의견에 대하여는 서로 비판을 하지 않도록 한다.

해설 브레인스토밍(brain-storming)으로 아이디어 개발 : 다수의 팀원이 마음 놓고 편안한 분위기 속에서 공상과 연상의 연쇄 반응을 일으키면서 자유롭게 아이디어를 대량으로 발언하여 나가는 방법(토의식 아이디어 개발 기법)
〈브레인스토밍 4원칙〉
① 비판금지 : 타인의 의견에 대하여 장·단점을 비판하지 않음
② 자유분방 : 지정된 표현방식을 벗어나 자유롭게 의견을 제시
③ 대량발언 : 사소한 아이디어라도 가능한 한 많이 제시하도록 함.
④ 수정발언 : 타인의 의견에 대하여는 수정하여 발표할 수 있음

06 위험예지훈련 4라운드(Round) 중 목표설정 단계의 내용으로 가장 적당한 것은?

① 위험 요인을 찾아내고, 가장 위험한 것을 합의하여 결정한다.
② 가장 우수한 대책에 대하여 합의하고, 행동계획을 결정한다.
③ 브레인스토밍을 실시하여 어떤 위험이 존재하는가를 파악한다.
④ 가장 위험한 요인에 대하여 브레인스토밍 등을 통하여 대책을 세운다.

해설 위험예지훈련 제4단계(4라운드) - 문제해결 4단계
① 제1단계(1R) : 현상파악 - 위험요인 항목 도출
② 제2단계(2R) : 본질추구 - 위험의 포인트 결정 및 지적 확인
③ 제3단계(3R) : 대책수립 - 결정된 위험 포인트에 대한 대책수립
④ 제4단계(4R) : 목표설정 - 팀의 행동 목표설정 및 지적 확인(가장 우수한 대책에 합의하고, 행동계획을 결정)

07 다음 중 안전관리에 있어 5C 운동(안전행동 실천운동)에 해당하지 않는 것은?

① 정리정돈(Clearance)
② 통제관리(Control)
③ 청소청결(Cleaning)
④ 전심전력(Concentration)

해설 안전행동 실천운동(5C 운동)
① 복장단정(Correctness)
② 정리정돈(Clearance)
③ 청소청결(Cleaning)
④ 점검확인(Checking)
⑤ 전심전력(Concentration)

08 위험예지훈련에 대한 설명으로 옳지 않은 것은?

① 직장이나 작업의 상황 속 잠재 위험요인을 도출한다.
② 행동하기에 앞서 위험요소를 예측하는 것을 습관화하는 훈련이다.
③ 직장 내에서 최대 인원의 단위로 토의하고 생각하며 이해한다.
④ 위험의 포인트나 중점실시 사항을 지적 확인한다.

해설 위험예지훈련에 대한 설명
① 직장이나 작업의 상황 속 잠재 위험요인을 도출한다.
② 직장 내에서 소수 인원의 단위로 토의하고 생각하며 이해한다.
③ 행동하기에 앞서 위험요소를 예측하고 해결하는 것을 습관화하는 훈련이다.
④ 위험의 포인트나 중점실시 사항을 지적 확인한다.

정답 05. ② 06. ② 07. ② 08. ③

09 T.B.M 활동의 5단계 추진법의 진행순서로 옳은 것은?

① 도입 → 위험예지훈련 → 작업지시 → 점검정비 → 확인
② 도입 → 작업지시 → 위험예지훈련 → 점검정비 → 확인
③ 도입 → 확인 → 위험예지훈련 → 작업지시 → 점검정비
④ 도입 → 점검정비 → 작업지시 → 위험예지훈련 → 확인

해설 TBM 활동의 5단계 추진법
① 제1단계 : 도입 – 인사, 건강 확인, 체조 등
② 제2단계 : 점검정비 – 복장, 보호구, 공구, 자재 등
③ 제3단계 : 작업지시 – 작업 내용과 작업 지시사항 전달
④ 제4단계 : 위험예지훈련 – one point 위험예지훈련 실시
⑤ 제5단계 : 확인 – 지적 확인, Touch And Call

정답 09. ④

Chapter 02 안전보호구 관리 및 안전보건표지

1. 보호구 및 안전장구 관리

(1) 안전보호구

(가) 안전인증 대상 보호구의 종류〈산업안전보건법 시행령 제74조〉

① 추락 및 감전 위험방지용 안전모
② 안전화
③ 안전장갑
④ 방진마스크
⑤ 방독마스크
⑥ 송기마스크
⑦ 전동식 호흡보호구
⑧ 보호복
⑨ 안전대
⑩ 차광(遮光) 및 비산물(飛散物) 위험방지용 보안경
⑪ 용접용 보안면
⑫ 방음용 귀마개 또는 귀덮개

[표] 보호구의 종류

보호구의 종류	구분	적용 작업 및 작업장
머리보호구	안전모	물체의 낙하 또는 비래, 추락 및 감전에 의한 머리의 위험이 있는 작업장
발 보호구	안전화	물체의 낙하·충격 또는 물·기름·화학약품 등으로부터 발 또는 발등에 위험이 있는 작업장
호흡용 보호구	방진마스크	분체작업, 연마작업, 광택작업, 배합작업
	방독마스크	유기용제, 유해가스, 미스트, 흄발생작업장
	송기마스크	저장조, 하수구 등 청소 및 산소결핍 위험작업장
	전동식 호흡보호구	전동기 작동에 의해 여과된 공기를 안면부에 공급하는 보호구

보호구의 종류	구분	적용 작업 및 작업장
방음 보호구	귀마개, 귀덮개	소음발생작업장
눈 및 안면 보호구	보안경	눈에 해로운 자외선, 적외선 또는 강렬한 가시광선이 노출되는 작업장
	보안면	유해한 자외선, 강렬한 가시광선 또는 적외선의 노출과 열에 의한 화상, 또는 용접 파편에 의한 안면, 머리부 및 목 부분 등의 위험이 노출된 작업장
보호복	화학물질용 보호복	화학물질이 피부를 통하여 인체에 흡수의 위험이 있는 사업장
	방열복	고열발생 작업장
손 보호구	안전장갑	전기에 따른 감전위험이 있거나 액체상태의 유기화합물이 피부를 통하여 인체에 흡수되는 노출되어 있는 작업장
추락 보호구	안전대	추락의 위험이 있는 고소 작업장

(나) 자율 안전확인 대상 보호구〈산업안전보건법 시행령 제77조〉

1) 안전모, 보안경, 보안면(안전인증대상은 제외)

2) 자율안전확인 제품표시의 붙임〈보호구 자율안전확인 고시 제11조〉

자율안전확인 제품에는 자율안전확인 표시(마크) 외에 다음의 사항을 표시한다.
① 형식 또는 모델명
② 규격 또는 등급 등
③ 제조자명
④ 제조번호 및 제조연월
⑤ 자율안전확인 번호

> **보호구 안전인증 제품표시의 붙임〈보호구 안전인증 고시〉**
>
> 안전인증제품에는 안전인증 표시(마크) 외에 다음의 사항을 표시
> ① 형식 또는 모델명   ② 규격 또는 등급 등   ③ 제조자명
> ④ 제조번호 및 제조연월   ⑤ 안전인증 번호

(다) 보호구가 갖추어야 할 구비 요건

① 착용이 간편할 것
② 작업에 방해가 안 될 것
③ 유해·위험 요소에 대한 방호성능이 충분할 것

방열두건의 사용 구분
〈보호구 안전인증 고시 [별표2]〉

차광도 번호	사용 구분
#2~#3	고로강판가열로, 조괴(造塊) 등의 작업
#3~#5	전로 또는 평로 등의 작업
#6~#8	전기로의 작업

※ 방열두건: 내열원단으로 제조되어 안전모와 안면 렌즈가 일체형으로 부착되어 있는 형태의 두건

④ 재료 품질의 우수할 것
⑤ 구조와 끝마무리 양호할 것
⑥ 외관상 보기가 좋을 것
⑦ 금속부에는 적절한 방청처리를 하고 내식성일 것

(2) 안전보호구의 종류 및 특성

(가) 안전모〈보호구 안전인증 고시〉

1) 안전모의 종류

안전모 종류 구분
① A: 낙하, 비래
② B: 추락
③ E: 감전(전기)

종류	사용구분	내전압성
AB	물체의 낙하, 비래, 추락에 의한 위험을 방지 또는 경감	비내전압성
AE	물체의 낙하, 비래에 의한 위험을 방지 또는 경감하고 머리부위 감전에 의한 위험을 방지	내전압성
ABE	물체의 낙하, 비래, 추락에 의한 위험을 방지 또는 경감하고 머리부위 감전에 의한 위험을 방지	내전압성

✻ 낙하방지용(A) : 물체의 낙하/비래
✻ 내전압성이란 7,000V 이하의 전압에 견디는 것을 말함.

2) 안전모의 성능시험(기준)

내관통성 시험
질량 450g의 철제 추를 높이 3m에서 자유낙하 시켜 관통거리 측정

항목	시험성능기준
내관통성	AE, ABE종 안전모는 관통거리가 9.5mm 이하이고, AB종 안전모는 관통거리가 11.1mm 이하이어야 한다.
충격흡수성	최고전달충격력이 4,450N을 초과해서는 안 되며, 모체와 착장체의 기능이 상실되지 않아야 한다.
내전압성	AE, ABE종 안전모는 교류 20kV에서 1분간 절연파괴 없이 견뎌야 하고, 이때 누설되는 충전전류는 10mA 이하이어야 한다.
내수성	AE, ABE종 안전모는 질량증가율이 1% 미만이어야 한다. 질량 증가율(%)= $\frac{담근\ 후의\ 질량 - 담그기\ 전의\ 질량}{담그기\ 전의\ 질량} \times 100$
난연성	모체가 불꽃을 내며 5초 이상 연소되지 않아야 한다.
턱끈풀림	150N 이상 250N 이하에서 턱끈이 풀려야 한다.

✻ 안전모의 시험성능기준의 항목(자율안전확인대상 안전모의 시험성능기준 항목)
① 내관통성 시험
② 충격흡수성 시험
③ 난연성 시험
④ 턱끈풀림

3) 안전모 각부의 명칭

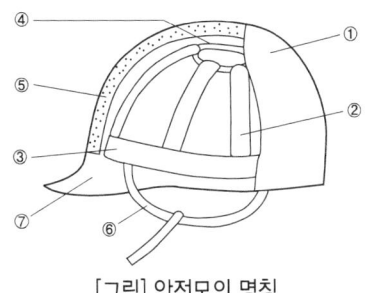

[그림] 안전모의 명칭

번호	명 칭	
①	모체	
②	착장체	머리받침끈
③		머리고정대
④		머리받침고리
⑤	충격 흡수재	
⑥	턱끈	
⑦	챙(차양)	

4) 안전모의 일반구조

① 안전모는 모체, 착장체 및 턱끈을 가질 것

② 착장체의 머리고정대는 착용자의 머리부위에 적합하도록 조절할 수 있을 것

③ 착장체의 구조는 착용자의 머리에 균등한 힘이 분배되도록 할 것

④ 모체, 착장체 등 안전모의 부품은 착용자에게 상해를 줄 수 있는 날카로운 모서리 등이 없을 것

⑤ 모체에 구멍이 없을 것(착장체 및 턱끈의 설치 또는 안전등, 보안면 등을 붙이기 위한 구멍은 제외한다)

⑥ 턱끈은 사용 중 탈락되지 않도록 확실히 고정되는 구조일 것

⑦ 안전모의 착용높이는 85mm 이상이고 외부수직거리는 80mm 미만일 것

⑧ 안전모의 내부수직거리는 25mm 이상 50mm 미만일 것

⑨ 안전모의 수평간격은 5mm 이상일 것

⑩ 머리받침끈이 섬유인 경우에는 각각의 폭이 15mm 이상이어야 하며, 교차지점 중심으로부터 방사되는 끈폭의 총합은 72mm 이상일 것

⑪ 턱끈의 폭은 10mm 이상일 것

(나) 호흡용 보호구

1) 방진마스크 : 일반분진, 미스트, 용접흄 등에 의한 호흡기 보호

① 구비조건

㉠ 흡기밸브는 미약한 호흡에 대하여 확실하고 예민하게 작동하도록 할 것

㉡ 쉽게 착용되어야 하고 착용하였을 때 안면부가 안면에 밀착되어 공기가 새지 않을 것

㉢ 여과재는 여과성능이 우수하고 인체에 장해를 주지 않을 것

안전모의 거리

1. 착용높이 : 안전모를 머리모형에 장착하였을 때 머리고정대의 하부와 머리모형 최고점과의 수직거리

2. 외부수직거리 : 안전모를 머리모형에 장착하였을 때 모체외면의 최고점과 머리모형 최고점과의 수직거리

3. 내부수직거리 : 안전모를 머리모형에 장착하였을 때 모체내면의 최고점과 머리모형 최고점과의 수직거리

4. 수평간격 : 모체 내면과 머리모형 전면 또는 측면간의 거리

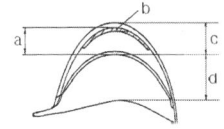

(a) 내부수직거리
(b) 충격흡수재
(c) 외부수직거리
(d) 착용높이

[그림] 안전모의 거리 및 간격 상세도

ㄹ. 분진포집효율(여과효율)이 높고 흡기·배기 저항이 낮을 것
ㅁ. 가볍고 시야가 넓을 것
ㅂ. 사용적(사용 용적: 유효공간)이 적을 것
ㅅ. 안면부 여과식 마스크는 여과재를 안면에 밀착시킬 수 있어야 할 것
ㅇ. 머리끈은 적당한 길이 및 탄력성을 갖고 길이를 쉽게 조절할 수 있을 것

② 사용조건 : 산소농도 18% 이상인 장소에서 사용

③ 사용장소에 따른 방진마스크의 등급

등급	특급	1급	2급
사용 장소	• 베릴륨등과 같이 독성이 강한 물질들을 함유한 분진 등 발생장소 • 석면 취급장소	• 특급마스크 착용장소를 제외한 분진 등 발생장소 • 금속 흄 등과 같이 열적으로 생기는 분진 등 발생장소 • 기계적으로 생기는 분진 등 발생장소(규소 등과 같이 2급 방진마스크를 착용하여도 무방한 경우는 제외)	• 특급 및 1급 마스크 착용장소를 제외한 분진 등 발생장소

배기밸브가 없는 안면부 여과식 마스크는 특급 및 1급 장소에 사용해서는 안 된다.

④ 방진마스크 성능기준(시야)

형태		시야(%)	
		유효시야	겹침시야
전면형	1안식	70 이상	80 이상
	2안식		20 이상

⑤ 방진마스크의 형태(반면형)

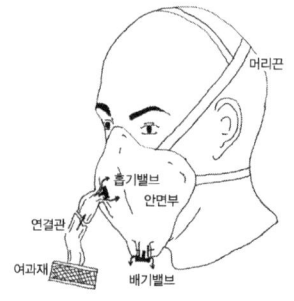

[그림] 격리식 반면형

방진마스크 여과재분진 등 포집효율〈보호구 안전인증 고시〉

형태 및 등급		염화나트륨(NaCl) 및 파라핀 오일(Paraffin oil) 시험(%)
분리식	특급	99.95 이상
	1급	94.0 이상
	2급	80.0 이상
안면부 여과식	특급	99.0 이상
	1급	94.0 이상
	2급	80.0 이상

• 전면형 : 안면부 전체(눈, 코, 입)를 덮을 수 있는 구조
• 반면형 : 입, 코를 덮을 수 있는 구조

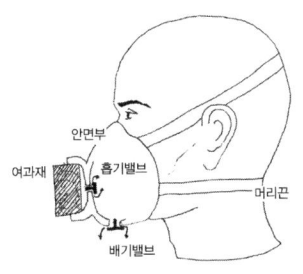
[그림] 직결식 반면형

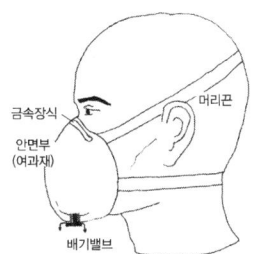
[그림] 안면부 여과식

2) 방독마스크

① 등급 및 사용장소(성능기준)

등급	사용장소
고농도	가스 또는 증기의 농도가 100분의 2(암모니아에 있어서는 100분의 3) 이하의 대기 중에서 사용하는 것
중농도	가스 또는 증기의 농도가 100분의 1(암모니아에 있어서는 100분의 1.5) 이하의 대기 중에서 사용하는 것
저농도 및 최저농도	가스 또는 증기의 농도가 100분의 0.1 이하의 대기 중에서 사용하는 것으로서 긴급용이 아닌 것

※ 비고 : 방독마스크는 산소농도가 18% 이상인 장소에서 사용하여야 하고, 고농도와 중농도에서 사용하는 방독마스크는 전면형(격리식, 직결식)을 사용해야 한다.

방독마스크의 시험성능기준 항목

① 안면부 흡기저항　② 정화통의 제독능력　③ 안면부 배기저항
④ 안면부 누설률　⑤ 배기밸브 작동　⑥ 시야
⑦ 불연성　⑧ 강도, 신장률 및 영구변형률　⑨ 불연성
⑩ 음성 전달판　⑪ 투시부의 내충격성　⑫ 정화통 질량
⑬ 정화통 호흡저항　⑭ 안면부 내부의 이산화탄소 농도

② 방독마스크 정화통(흡수관)종류와 시험가스

종류	시험가스	정화통 외부측면 표시색
유기화합물용	시클로헥산(C_6H_{12})	갈색
할로겐용	염소가스 또는 증기(Cl_2)	회색
황화수소용	황화수소가스(H_2S)	회색
시안화수소용	시안화수소가스(HCN)	회색
아황산용	아황산가스(SO_2)	노란색
암모니아용	암모니아가스(NH_3)	녹색

※ 복합용의 정화통은 해당가스 모두 표시(2층 분리), 겸용은 백색과 해당가스 모두 표시(2층 분리)

> 유기화합물용 방독마스크 시험가스의 종류
> 시클로헥산, 디메틸에테르, 이소부탄

❋ 방독마스크의 흡수제(정화제)의 종류와 사용조건
  ① 유기용제용(유기화합물용, 유기가스용) 방독마스크 : 활성탄
  ② 일산화탄소용 방독마스크 : 호프카라이트
  ③ 암모니아용 방독마스크 : 큐프라마이트
  ④ 할로겐가스용 방독마스크 : 소다라임

③ 방독마스크에 관한 용어의 설명〈보호구 안전인증 고시 제13조〉
  1. 파과 : 대응하는 가스에 대하여 정화통 내부의 흡착제가 포화상태가 되어 흡착능력을 상실한 상태
  2. 파과시간 : 어느 일정농도의 유해물질 등을 포함한 공기를 일정 유량으로 정화통에 통과하기 시작부터 파과가 보일 때까지의 시간
  3. 파과곡선 : 파과시간과 유해물질 등에 대한 농도와의 관계를 나타낸 곡선
  4. 전면형 방독마스크 : 유해물질 등으로부터 안면부 전체(입, 코, 눈)를 덮을 수 있는 구조의 방독마스크
  5. 반면형 방독마스크 : 유해물질 등으로부터 안면부의 입과 코를 덮을 수 있는 구조의 방독마스크
  6. 복합용 방독마스크 : 두 종류 이상의 유해물질 등에 대한 제독능력이 있는 방독마스크
  7. 겸용 방독마스크 : 방독마스크(복합용 포함)의 성능에 방진마스크의 성능이 포함된 방독마스크

④ 방독마스크의 선정 방법
  ㉠ 가볍고 시야를 가리지 않을 것
  ㉡ 착용자 자신이 스스로 안면과 방독마스크 안면부와의 밀착성 여부를 수시로 확인할 수 있을 것
  ㉢ 머리끈은 적당한 길이 및 탄력성을 갖고 길이를 쉽게 조절할 수 있는 것
  ㉣ 정화통 내부의 흡착제는 견고하게 충진되고 충격에 의해 외부로 노출되지 않을 것

3) 송기마스크와 공기호흡기
  ① 송기마스크 : 산소농도가 18% 미만, 유독가스, 고농도의 분진, 작업강도가 크거나, 장시간 작업에 의한 질식, 중독 예방
  ② 공기호흡기 : 격리된 장소, 행동반경이 크거나 공기의 공급장소가 멀리 떨어진 경우에는 공기호흡기를 지급함

[그림] 송기마스크
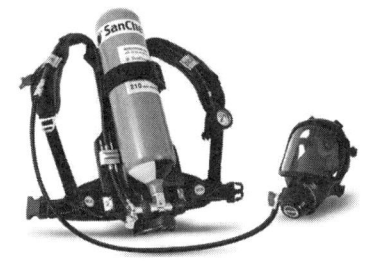
[그림] 공기호흡기

(다) 귀마개와 귀덮개

1) 구비조건

① 귀의 구조상 외이도에 잘 맞을 것(내이도 아님)
② 귀마개를 착용할 때 귀마개의 모든 부분이 착용자에게 물리적인 손상을 유발시키지 않을 것
③ 사용 중에 쉽게 빠지지 않을 것
④ 귀마개는 사용수명 동안 피부자극, 피부질환, 알레르기반응 혹은 그 밖에 다른 건강상의 부작용을 일으키지 않을 것
⑤ 귀마개 사용 중 재료에 변형이 생기지 않을 것
⑥ 귀마개를 착용할 때 밖으로 돌출되는 부분이 외부의 접촉에 의하여 귀에 손상이 발생하지 않을 것
⑦ 사용 중 심한 불쾌함이 없을 것

2) 종류 및 등급 등

종류	등급	기호	성능
귀마개	1종	EP-1	저음부터 고음까지를 차음하는 것
	2종	EP-2	주로 고음을 차음하고, 저음(회화음 영역)은 차음하지 않음
귀덮개		EM	

3) 방음용 귀마개 또는 귀덮개와 관련된 용어의 정의〈보호구 안전인증 고시 제32조〉

방음용 귀마개 또는 귀덮개에서 사용하는 용어의 뜻

1. 방음용 귀마개(ear-plugs) : 이하 "귀마개"라 한다. 외이도에 삽입 또는 외이 내부·외이도 입구에 반 삽입함으로써 차음 효과를 나타내는 1회용 또는 재사용 가능한 방음용 귀마개를 말한다.

2. 방음용 귀덮개(ear-muff) : 이하 "귀덮개"라 한다. 양쪽 귀 전체를 덮을 수 있는 컵(머리띠 또는 안전모에 부착된 부품을 사용하여 머리에 압착될 수 있는 것)을 말한다.
3. 음압수준 : 음압을 다음 식에 따라 데시벨(dB)로 나타낸 것을 말하며 적분평균소음계(KS C 1505) 또는 소음계(KS C 1502)에 규정하는 소음계의 "C" 특성을 기준으로 함

(라) 보안경

　유해광선이나 비산물, 분진 등으로부터 눈을 보호하기 위한 것

1) 차광보안경 : 자외선, 적외선 및 강렬한 가시광선 등으로부터 눈을 보호

※ 〈보호구 의무안전인증 고시〉
〈표〉 사용구분에 따른 차광보안경의 종류

종류	사용구분
자외선용	자외선이 발생하는 장소
적외선용	적외선이 발생하는 장소
복합용	자외선 및 적외선이 발생하는 장소
용접용	산소용접작업에서처럼 자외선, 적외선, 강렬한 가시광선이 발생하는 장소

※ 〈보호구 자율안전확인 고시〉
〈표〉 사용구분에 따른 보안경의 종류

종류	사용구분
유리보안경	비산물로부터 눈을 보호하기 위한 것으로 렌즈의 재질이 유리인 것
플라스틱보안경	비산물로부터 눈을 보호하기 위한 것으로 렌즈의 재질이 플라스틱인 것
도수렌즈보안경	비산물로부터 눈을 보호하기 위한 것으로 도수가 있는 것

2) 일반보안경 : 작업 중 발생되는 비산물로부터 눈을 보호

(마) 절연장갑

1) 절연장갑의 등급별 색상(* 등급별 사용전압 참조)

등급	00급	0급	1급	2급	3급	4급
색상	갈색	빨간색	흰색	노란색	녹색	등색

2) 절연장갑의 등급별 최대사용전압

등급	최대사용전압		비고
	교류(V, 실효값)	직류(V)	
00	500	750	
0	1,000	1,500	
1	7,500	11,250	
2	17,000	25,500	
3	26,500	39,750	
4	36,000	54,000	

* 직류는 교류값에 1.5를 곱해준다.

(바) 안전대

1) 안전대의 종류

종류	사용구분
벨트식	1개 걸이용
안전그네식	U자 걸이용
안전그네식	안전블록
	추락방지대

* 비고 : 추락방지대 및 안전블록은 안전그네식에만 적용함.

2) 안전대의 일반구조 등

① 안전블록이란 안전그네와 연결하여 추락발생 시 추락을 억제할 수 있는 자동잠김 장치가 갖추어져 있고 죔줄이 자동적으로 수축되는 장치를 말한다.

② 안전대 벨트의 두께는 2mm 이상일 것

③ 안전블록의 줄은 합성섬유로프, 웨빙, 와이어로프이어야 하며, 와이어로프인 경우 최소지름이 4mm 이상일 것

④ 고정된 추락방지대의 수직구명줄은 와이어로프 등으로 하며 최소지름이 8mm 이상일 것

3) 안전대의 각 부품(용어)에 관한 설명〈보호구 안전인증 고시 제26조〉

안전대에서 사용하는 용어의 뜻

1. 벨트 : 신체지지의 목적으로 허리에 착용하는 띠 모양의 부품
2. 안전그네 : 신체지지의 목적으로 전신에 착용하는 띠 모양의 것으로서 상체 등 신체 일부분만 지지하는 것은 제외
4. 죔줄 : 벨트 또는 안전그네를 구명줄 또는 구조물 등 그 밖의 걸이설비와 연결하기 위한 줄모양의 부품
5. D링 : 벨트 또는 안전그네와 죔줄을 연결하기 위한 D자형의 금속 고리

추락방지대가 부착된 안전대의 구조〈보호구 안전인증 고시〉

1) 추락방지대를 부착하여 사용하는 안전대는 신체지지의 방법으로 안전그네만을 사용하여야 하며 수직구명줄이 포함될 것
2) 수직구명줄에서 걸이설비와의 연결부위는 훅 또는 카라비너 등이 장착되어 걸이설비와 확실히 연결될 것
3) 유연한 수직구명줄은 합성섬유로프 또는 와이어로프 늘이어야 하며, 구명줄이 고정되지 않아 흔들림에 의한 추락방지대의 오작동을 막기 위하여 적절한 긴장수단을 이용, 팽팽히 당겨질 것
4) 죔줄은 합성섬유로프, 웨빙, 와이어로프 등일 것
5) 고정된 추락방지대의 수직구명줄은 와이어로프 등으로 하며 최소지름이 8mm 이상일 것
6) 고정 와이어로프에는 하단부에 무게추가 부착되어 있을 것

6. 각링 : 벨트 또는 안전그네와 신축조절기를 연결하기 위한 사각형의 금속 고리

7. 버클 : 벨트 또는 안전그네를 신체에 착용하기 위해 그 끝에 부착한 금속장치

8. 추락방지대 : 신체의 추락을 방지하기 위해 자동잠김 장치를 갖추고 죔줄과 수직구명줄에 연결된 금속장치

9. 훅 및 카라비너 : 죔줄과 걸이설비 등 또는 D링과 연결하기 위한 금속장치

10. 보조훅 : U자걸이를 위해 훅 또는 카라비너를 지탱벨트의 D링에 걸거나 떼어낼 때 추락을 방지하기 위한 훅

11. 신축조절기 : 죔줄의 길이를 조절하기 위해 죔줄에 부착된 금속의 조절장치

13. 안전블록 : 안전그네와 연결하여 추락발생시 추락을 억제할 수 있는 자동잠김장치가 갖추어져 있고 죔줄이 자동적으로 수축되는 장치

15. 수직구명줄 : 로프 또는 레일 등과 같은 유연하거나 단단한 고정줄로서 추락발생시 추락을 저지시키는 추락방지대를 지탱해 주는 줄 모양의 부품

16. 충격흡수장치 : 추락 시 신체에 가해지는 충격하중을 완화시키는 기능을 갖는 죔줄에 연결되는 부품

19. U자걸이 : 안전대의 죔줄을 구조물 등에 U자 모양으로 돌린 뒤 훅 또는 카라비너를 D링에, 신축조절기를 각링 등에 연결하는 걸이 방법

20. 1개걸이 : 죔줄의 한쪽 끝을 D링에 고정시키고 훅 또는 카라비너를 구조물 또는 구명줄에 고정시키는 걸이 방법

안전대의 완성품 및 각 부품의 동하중 시험 성능기준 〈보호구 안전인증고시〉
• 충격흡수장치
① 최대전달충격력은 6.0kN 이하이어야 함
② 감속거리는 1,000mm 이하이어야 함

4) 안전대의 죔줄(로프)의 구비조건

1. 충격, 인장강도에 강할 것
2. 내마모성이 높을 것
3. 내열성이 높을 것
4. 완충성이 높을 것
5. 습기나 약품류에 침범 당하지 않을 것
6. 부드럽고, 되도록 매끄럽지 않을 것

(사) 안전화〈보호구 안전인증 고시 제5조〉

1) 안전화 구분

안전화에서 사용하는 용어의 뜻

1. 중작업용 안전화 : 1,000밀리미터의 낙하높이에서 시험했을 때 충격과 (15.0 ±0.1)킬로뉴턴(KN)의 압축하중에서 시험했을 때 압박에

대하여 보호해 줄 수 있는 선심을 부착하여, 착용자를 보호하기 위한 안전화

2. 보통작업용 안전화 : 500밀리미터의 낙하높이에서 시험했을 때 충격과 (10.0 ±0.1)킬로뉴턴(KN)의 압축하중에서 시험했을 때 압박에 대하여 보호해 줄 수 있는 선심을 부착하여, 착용자를 보호하기 위한 안전화

3. 경작업용 안전화 : 250밀리미터의 낙하높이에서 시험했을 때 충격과 (4.4 ±0.1)킬로뉴턴(KN)의 압축하중에서 시험했을 때 압박에 대하여 보호해 줄 수 있는 선심을 부착하여, 착용자를 보호하기 위한 안전화

2) 안전화 종류〈보호구 안전인증 고시〉 : 가죽제 안전화, 고무제 안전화, 정전기 안전화, 발등안전화, 절연화, 절연장화, 화학물질용안전화
   - 고무제안전화의 사용 장소에 따른 구분 : 일반용, 내유용

3) 고무제 안전화의 구비조건〈보호구 성능검정 규정 제37조〉
   안전화의 일반구조는 다음에서 규정하는 조건을 만족하여야 함
   1. 안전화는 방수 또는 내화학성의 재료(고무, 합성수지 등)를 사용하여 견고하게 만들어지고 가벼우며 또한 착용하기에 편안하고, 활동하기 쉬워야 함
   2. 안전화는 물, 산 또는 알칼리 등이 안전화 내부로 쉽게 들어가지 않도록 되어 있어야 하며, 또한 겉창, 뒷굽, 테이프 기타 부분의 접착이 양호하여 물, 기름, 산 또는 알칼리 등이 새어 들지 않도록 하여야 함
   3. 안전화 내부에 부착하는 안감, 안창포 및 심지포(안감 및 기타포)에 사용되는 메리야스, 융 등은 사용목적에 따라 적합한 조직의 재료를 사용하고 견고하게 제조하여 모양이 균일하도록 할 것(분진발생 및 고온 작업장소에서 사용되는 안전화는 안감 및 기타를 부착하지 아니할 수 있음)
   4. 겉창(굽포함), 몸통, 신울 기타 접합부분 또는 부착부분은 밀착이 양호하며, 물이 새지 않고 고무 및 포에 부착된 박리고무의 부풀음 등 흠이 없도록 할 것
   5. 선심의 안쪽은 포, 고무 또는 플라스틱 등으로 붙이고 특히, 선심 뒷부분의 안쪽은 보강되도록 할 것
   6. 안쪽과 골씌움이 완전하도록 할 것
   7. 부속품의 접착은 견고하도록 할 것

가죽제 안전화의 성능시험 방법〈보호구 안전인증 고시〉
은면결렬시험, 인열강도시험, 내부식성시험, 인장강도시험 및 신장률, 내유성시험, 내압박성시험, 내충격성시험, 박리저항시험, 내답발성시험

* 절연화 시험방법 : 내전압실험

2. 안전보건표지〈산업안전보건법 시행규칙〉

(1) 안전·보건 표지의 종류와 형태

안전·보건표지의 종류와 형태

1. 금지표지	101 출입금지	102 보행금지	103 차량통행금지	104 사용금지	105 탑승금지	106 금연
107 화기금지	108 물체이동 금지	2. 경고표지	201 인화성 물질경고	202 산화성 물질경고	203 폭발성 물질경고	204 급성 독성 물질경고
205 부식성 물질경고	206 방사성 물질경고	207 고압 전기경고	208 매달린 물체경고	209 낙하물경고	210 고온경고	211 저온경고
212 몸균형 상실경고	213 레이저광선 경고	214 발암성·변이원성·생식독성·전신독성·호흡기 과민성 물질경고	215 위험장소 경고	3. 지시표지	301 보안경 착용	302 방독마스크 착용
303 방진마스크 착용	304 보안면 착용	305 안전모 착용	306 귀마개 착용	307 안전화 착용	308 안전장갑 착용	309 안전복 착용

	401 녹십자 표지	402 응급구호 표지	403 들것	404 세안장치	405 비상용 기구	406 비상구
4. 안내표지					비상용 기구	

407 좌측 비상구	408 우측 비상구	5. 관계자 외 출입금지	501 허가대상물질 작업장	502 석면취급/해체 작업장	501 금지대상물질의 취급 실험실 등
			관계자 외 출입금지 (허가물질명칭) 제조/사용/보관 중 보호구/보호복 착용 흡연 및 음식물 섭취 금지	**관계자 외 출입금지** 석면 취급/해체 중 보호구/보호복 착용 흡연 및 음식물 섭취 금지	**관계자 외 출입금지** 발암물질 취급 중 보호구/보호복 착용 흡연 및 음식물 섭취 금지

6. 문자추가시 예시문	▶ 내 자신의 건강과 복지를 위하여 안전을 늘 생각한다. ▶ 내 가정의 행복과 화목을 위하여 안전을 늘 생각한다. ▶ 내 자신의 실수로써 동료를 해치지 않도록 안전을 늘 생각한다. ▶ 내 자신이 일으킨 사고로 인한 회사의 재산과 손실을 방지하기 위하여 안전을 늘 생각한다. ▶ 내 자신의 방심과 불안전한 행동이 조국의 번영에 장애가 되지 않도록 하기 위하여 안전을 늘 생각한다.

(2) 안전·보건표지의 종류별 색채

안전·보건표지의 종류별 용도, 사용 장소, 형태 및 색채

분류	종류	용도 및 사용 장소	사용 장소 예시	형태 기본 모형 번호	형태 안전·보건 표지 일람표 번호	색채
금지 표지	1. 출입금지	출입을 통제해야할 장소	조립·해체 작업장 입구	1	101	바탕은 흰색, 기본 모형은 빨간색, 관련 부호 및 그림은 검은색
	2. 보행금지	사람이 걸어 다녀서는 안 될 장소	중장비 운전 작업장	1	102	
	3. 차량통행 금지	제반 운반기기 및 차량의 통행을 금지시켜야 할 장소	집단보행 장소	1	103	
	4. 사용금지	수리 또는 고장 등으로 만지거나 작동시키는 것을 금지해야 할 기계·기구 및 설비	고장난 기계	1	104	
	5. 탑승금지	엘리베이터 등에 타는 것이나 어떤 장소에 올라가는 것을 금지	고장난 엘리베이터	1	105	
	6. 금연	담배를 피워서는 안 될 장소		1	106	
	7. 화기금지	화재가 발생할 염려가 있는 장소로서 화기 취급을 금지하는 장소	화학물질 취급 장소	1	107	
	8. 물체이동 금지	정리 정돈 상태의 물체나 움직여서는 안 될 물체를 보존하기 위하여 필요한 장소	절전스위치 옆	1	108	
경고 표지	1. 인화성 물질 경고	휘발유 등 화기의 취급을 극히 주의해야 하는 물질이 있는 장소	휘발유 저장 탱크	2	201	바탕은 노란색, 기본모형, 관련 부호 및 그림은 검은색
	2. 산화성 물질 경고	가열·압축하거나 강산·알칼리 등을 첨가하면 강한 산화성을 띠는 물질이 있는 장소	질산 저장탱크	2	202	

	3. 폭발성 물질 경고	폭발성 물질이 있는 장소	폭발물 저장실	2	203	다만, 인화성 물질 경고, 산화물질 경고, 폭발성물질 경고, 급성독성물질 경고, 부식성물질 경고 및 발암성·변이원성·생식독성·전신독성·호흡기과민성 물질 경고의 경우 바탕은 무색, 기본 모형은 빨간색(검은색도 가능)
	4. 급성독성 물질 경고	급성독성 물질이 있는 장소	농약 제조·보관소	2	204	
	5. 부식성 물질 경고	신체나 물체를 부식시키는 물질이 있는 장소	황산 저장소	2	205	
	6. 방사성 물질 경고	방사능물질이 있는 장소	방사성 동위원소 사용실	2	206	
	7. 고압전기 경고	발전소나 고전압이 흐르는 장소	감전우려지역 입구	2	207	
	8. 매달린 물체 경고	머리 위에 크레인 등과 같이 매달린 물체가 있는 장소	크레인이 있는 작업장 입구	2	208	
	9. 낙하물체 경고	돌 및 블록 등 떨어질 우려가 있는 물체가 있는 장소	비계 설치장소 입구	2	209	
	10. 고온 경고	고도의 열을 발하는 물체 또는 온도가 아주 높은 장소	주물작업장 입구	2	210	
	11. 저온 경고	아주 차가운 물체 또는 온도가 아주 낮은 장소	냉동작업장 입구	2	211	
	12. 몸균형 상실 경고	미끄러운 장소 등 넘어지기 쉬운 장소	경사진 통로 입구	2	212	
	13. 레이저 광선 경고	레이저광선에 노출될 우려가 있는 장소	레이저실험실 입구	2	213	
	14. 발암성·변이원성·생식독성·전신독성·호흡기 과민성물질 경고	발암성·변이원성·생식독성·전신독성·호흡기과민성 물질이 있는 장소	납 분진 발생장소	2	214	
	15. 위험장소 경고	그 밖에 위험한 물체 또는 그 물체가 있는 장소	맨홀 앞 고열 금속 찌꺼기 폐기장소	2	215	
지시표지	1. 보안경 착용	보안경을 착용해야만 작업 또는 출입을 할 수 있는 장소	그라인더작업장 입구	3	301	바탕은 파란색, 관련 그림은 흰색
	2. 방독마스크 착용	방독마스크를 착용해야만 작업 또는 출입을 할 수 있는 장소	유해물질작업장 입구	3	302	
	3. 방진마스크 착용	방진마스크를 착용해야만 작업 또는 출입을 할 수 있는 장소	분진이 많은 곳	3	303	

	4. 보안면 착용	보안면을 착용해야만 작업 또는 출입을 할 수 있는 장소	용접실 입구	3	304	
	5. 안전모 착용	헬멧 등 안전모를 착용해야만 작업 또는 출입을 할 수 있는 장소	갱도의 입구	3	305	
	6. 귀마개 착용	소음장소 등 귀마개를 착용해야만 작업 또는 출입을 할 수 있는 장소	판금작업장 입구	3	306	
	7. 안전화 착용	안전화를 착용해야만 작업 또는 출입을 할 수 있는 장소	채탄작업장 입구	3	307	
	8. 안전장갑 착용	안전장갑을 착용해야 작업 또는 출입을 할 수 있는 장소	고온 및 저온 물 취급작업장 입구	3	308	
	9. 안전복 착용	방열복 및 방한복 등의 안전복을 착용해야만 작업 또는 출입을 할 수 있는 장소	단조작업장 입구	3	309	
안내 표지	1. 녹십자표지	안전의식을 북돋우기 위하여 필요한 장소	공사장 및 사람들이 많이 볼 수 있는 장소	1 (사선 제외)	401	바탕은 흰색, 기본 모형 및 관련 부호는 녹색, 바탕은 녹색, 관련 부호 및 그림은 흰색
	2. 응급구호 표지	응급구호설비가 있는 장소	위생구호실 앞	4	402	
	3. 들것	구호를 위한 들것이 있는 장소	위생구호실 앞	4	403	
	4. 세안장치	세안장치가 있는 장소	위생구호실 앞	4	404	
	5. 비상용기구	비상용기구가 있는 장소	비상용기구 설치장소 앞	4	405	
	6. 비상구	비상출입구	위생구호실 앞	4	406	
	7. 좌측비상구	비상구가 좌측에 있음을 알려야 하는 장소	위생구호실 앞	4	407	
	8. 우측비상구	비상구가 우측에 있음을 알려야 하는 장소	위생구호실 앞	4	408	
출입 금지 표지	1. 허가대상 유해물질 취급	허가대상유해물질 제조, 사용 작업장	출입구 (단, 실외 또는 출입구가 없을 시 근로자가 보기 쉬운 장소)	5	501	글자는 흰색 바탕에 흑색 다음 글자는 적색 -○○○제조/ 사용/보관 중
	2. 석면취급 및 해체·제거	석면 제조, 사용, 해체·제거 작업장		5	502	-석면취급/ 해체 중
	3. 금지유해 물질 취급	금지유해물질 제조·사용설비가 설치된 장소		5	503	-발암물질 취급 중

※ 안전보건표지 종류
   (1) 금지표지 : 1. 출입금지 2. 보행금지 3. 차량통행금지 4. 사용금지 5. 탑승금지 6. 금연 7. 화기금지 8. 물체이동금지
   (2) 경고표지 : 1. 인화성물질 경고 2. 산화성물질 경고 3. 폭발성물질 경고 4. 급성독성물질 경고 5. 부식성물질 경고 6. 방사성물질 경고 7. 고압전기 경고 8. 매달린물체 경고 9. 낙하물 경고 10. 고온 경고 11. 저온 경고 12. 몸균형 상실 경고 13. 레이저광선 경고 14. (생략) 15. 위험장소 경고
   (3) 지시표지 : 1. 보안경 착용 2. 방독마스크 착용 3. 방진마스크 착용 4. 보안면 착용 5. 안전모 착용 6. 귀마개 착용 7. 안전화 착용 8. 안전장갑 착용 9. 안전복 착용
   (4) 안내표지 : 1. 녹십자표지 2. 응급구호표지 3. 들것 4. 세안장치 5. 비상용 기구 6. 비상구 7. 좌측비상구 8. 우측비상구

※ 안전보건표지 분류 및 색채

분류	색채
금지표지	바탕은 흰색, 기본 모형은 빨간색, 관련 부호 및 그림은 검은색
경고표지	• 바탕은 노란색, 기본 모형, 관련 부호 및 그림은 검은색 • 바탕은 무색, 기본 모형은 빨간색(검은색도 가능) : 인화성물질 경고, 산화성물질 경고, 폭발성물질 경고, 급성독성물질 경고, 부식성물질 경고 및 발암성·변이원성·생식독성·전신독성·호흡기과민성 물질 경고의 경우
지시표지	바탕은 파란색, 관련 그림은 흰색
안내표지	바탕은 흰색, 기본 모형 및 관련 부호는 녹색 바탕은 녹색, 관련 부호 및 그림은 흰색
관계자외 출입금지표지	글자는 흰색바탕에 흑색 다음 글자는 적색 – ○○○제조/사용/보관 중 – 석면취급/해체 중 – 발암물질 취급 중

(3) 안전·보건표지의 색채, 색도 기준 및 용도

안전·보건표지의 색채, 색도 기준 및 용도

색채	색도 기준	용도	사용례
빨간색	7.5R 4/14	금지	정지신호, 소화설비 및 그 장소, 유해행위의 금지
		경고	화학물질 취급장소에서의 유해·위험 경고
노란색	5Y 8.5/12	경고	화학물질 취급장소에서의 유해·위험경고 이외의 위험경고, 주의표지 또는 기계방호물
파란색	2.5PB 4/10	지시	특정 행위의 지시 및 사실의 고지
녹색	2.5G 4/10	안내	비상구 및 피난소, 사람 또는 차량의 통행표지
흰색	N9.5		파란색 또는 녹색에 대한 보조색
검은색	N0.5		문자 및 빨간색 또는 노란색에 대한 보조색

먼셀기호
• 7.5R(색상) 4(명도)/14(채도)
 – 읽기 : 4의 14
• R: Red, Y: Yellow, PB: Purple Brown, G: Green, N: Neutral(무채색)

※ 안전·보건표지의 제작〈산업안전보건법 시행규칙 제40조〉
① 안전·보건표지는 그 표시내용을 근로자가 빠르고 쉽게 알아볼 수 있는 크기로 제작하여야 한다.
② 안전·보건표지 속의 그림 또는 부호의 크기는 안전·보건표지의 크기와 비례하여야 하며, 안전·보건표지 전체 규격의 30퍼센트 이상이 되어야 한다.
③ 안전보건표지는 쉽게 파손되거나 변형되지 않는 재료로 제작해야 한다.
④ 야간에 필요한 안전·보건표지는 야광물질을 사용하는 등 쉽게 알아볼 수 있도록 제작하여야 한다.

(4) 안전·보건표지의 기본 모형

<u>안전·보건표지의 기본 모형</u>

번호	기본 모형	규격 비율(크기)	표시사항
1		$d \geq 0.025L$ $d_1 = 0.8d$ $0.7d < d_2 < 0.8d$ $d_3 = 0.1d$	금지
2		$a \geq 0.034L$ $a_1 = 0.8a$ $0.7a < a_2 < 0.8a$	경고
		$a \geq 0.025L$ $a1 = 0.8a$ $0.7a < a_2 < 0.8a$	

번호	기본 모형	규격 비율(크기)	표시사항
3	(원형 그림, d_1, d)	$d \geq 0.025L$ $d_1 = 0.8d$	지시
4	(사각형 그림, b_1, b, b_2, b)	$b \geq 0.0224L$ $b_2 = 0.8b$	안내
5	(직사각형 그림, e_2, h_2, h, ℓ_2, ℓ)	$h < l$ $h_2 = 0.8h$ $l \times h \geq 0.0005L_2$ $h - h_2 = l - l_2 = 2e_2$ $l/h = 1, 2, 4, 8$ (4종류)	안내
6	A B C 모형 안쪽에는 A, B, C로 3가지 구역으로 구분하여 글씨를 기재한다.	1. 모형크기(가로 40cm, 세로 25cm 이상) 2. 글자크기(A: 가로 4cm, 세로 5cm 이상, B: 가로 2.5cm, 세로 3cm 이상, C: 가로 3cm, 세로 3.5cm 이상)	관계자외 출입금지
7	A B C 모형 안쪽에는 A, B, C로 3가지 구역으로 구분하여 글씨를 기재한다.	1. 모형크기(가로 70cm, 세로 50cm 이상) 2. 글자크기(A: 가로 8cm, 세로 10cm 이상, B, C: 가로 6cm, 세로 6cm 이상)	관계자외 출입금지

(참고)
1. L=안전·보건표지를 인식할 수 있거나 인식해야 할 안전거리를 말한다(L과 a, b, d, e, h, l은 같은 단위로 계산해야 한다).
2. 점선 안쪽에는 표시사항과 관련된 부호 또는 그림을 그린다.

CHAPTER 02 항목별 우선순위 문제 및 해설

01 안전모의 성능시험에 해당하지 않는 것은?

① 내수성 시험   ② 내전압성 시험
③ 난연성 시험   ④ 압박 시험

해설 안전모의 성능시험(기준)

항목	시험성능기준
내관통성	AE, ABE종 안전모는 관통거리가 9.5mm 이하이고, AB종 안전모는 관통거리가 11.1mm 이하이어야 한다.
충격흡수성	최고전달충격력이 4,450N을 초과해서는 안 되며, 모체와 착장체의 기능이 상실되지 않아야 한다.
내전압성	AE, ABE종 안전모는 교류 20kV에서 1분간 절연파괴 없이 견뎌야 하고, 이때 누설되는 충전전류는 10mA 이하이어야 한다.
내수성	AE, ABE종 안전모는 질량증가율이 1% 미만이어야 한다.
난연성	모체가 불꽃을 내며 5초 이상 연소되지 않아야 한다.
턱끈풀림	150N 이상 250N 이하에서 턱끈이 풀려야 한다.

02 방독마스크의 선정 방법으로 적합하지 않은 것은?

① 전면형은 되도록 시야가 좁을 것
② 착용자 자신이 스스로 안면과 방독마스크 안면부와의 밀착성 여부를 수시로 확인할 수 있을 것
③ 머리끈은 적당한 길이 및 탄력성을 갖고 길이를 쉽게 조절할 수 있는 것
④ 정화통 내부의 흡착제는 견고하게 충전되고 충전에 의해 외부로 노출되지 않을 것

해설 방독마스크의 선정 방법
① 가볍고 시야가 넓을 것
② 착용자 자신이 스스로 안면과 방독마스크 안면부와의 밀착성 여부를 수시로 확인할 수 있을 것
③ 머리끈은 적당한 길이 및 탄력성을 갖고 길이를 쉽게 조절할 수 있는 것
④ 정화통 내부의 흡착제는 견고하게 충전되고 충전에 의해 외부로 노출되지 않을 것

03 다음 중 산소결핍이 예상되는 맨홀 내에서 작업을 실시할 때 사고 방지 대책으로 적절하지 않은 것은?

① 작업 시작 전 및 작업 중 충분한 환기 실시
② 작업 장소의 입장 및 퇴장 시 인원점검
③ 방독마스크의 보급과 착용 철저
④ 작업장과 외부와의 상시 연락을 위한 설비 설치

해설 방독마스크 : 산소농도 18% 이상인 장소에서 사용
- 공기호흡기나 송기마스크 등의 착용

04 다음 중 보호구에 관한 설명으로 옳은 것은?

① 차광용 보안경의 사용구분에 따른 종류에는 자외선용, 적외선용, 복합용, 용접용이 있다.
② 귀마개는 처음에는 저음만을 차단하는 제품부터 사용하며, 일정 기간이 지난 후 고음까지를 모두 차단할 수 있는 제품을 사용한다.
③ 유해물질이 발생하는 산소결핍지역에서는 필히 방독마스크를 착용하여야 한다.
④ 선반작업과 같이 손에 재해가 많이 발생하는 작업장에서는 장갑 착용을 의무화한다.

정답 01.④ 02.① 03.③ 04.①

해설 **귀마개 종류**

형식	종류	기호	적요
귀마개	1종	EP-1	저음부터 고음까지를 차음하는 것
	2종	EP-2	고음만을 차음하는 것

* 방독마스크 : 산소농도 18% 이상인 장소에서 사용
* 선반작업 중 장갑이 말려들 위험이 있어 장갑 착용 금지

05 벨트식, 안전그네식 안전대의 사용구분에 따른 분류에 해당하지 않는 것은?

① U자 걸이용 ② D링 걸이용
③ 안전블록 ④ 추락방지대

해설 **안전대의 종류**

종류	사용구분
벨트식 안전그네식	1개 걸이용
	U자 걸이용
안전그네식	안전블록
	추락방지대

* 비고 : 추락방지대 및 안전블록은 안전그네식에만 적용함.

06 다음 중 산업안전보건법령상 안전 · 보건표지에 있어 금지 표지의 종류가 아닌 것은?

① 금연 ② 접촉금지
③ 보행금지 ④ 차량통행금지

해설 **안전 · 보건 표지의 종류와 형태**
금지표지 : 출입금지, 보행금지, 차량통행금지, 사용금지, 탑승금지, 금연, 화기금지, 물체이동금지

07 산업안전보건법령에 따라 작업장 내에 사용하는 안전 · 보건표지의 종류에 관한 설명으로 옳은 것은?

① "위험장소"는 경고표지로서 바탕은 노란색, 기본모형은 검은색, 그림은 흰색으로 한다.

② "출입금지"는 금지표지로서 바탕은 흰색, 기본모형은 빨간색, 그림은 검은색으로 한다.
③ "녹십자표지"는 안내표지로서 바탕은 흰색, 기본모형과 관련 부호는 녹색, 그림은 검은색으로 한다.
④ "안전모착용"은 경고표지로서 바탕은 파란색, 관련 그림은 검은색으로 한다.

해설 **안전 · 보건표지의 종류**
① 금지표지(출입금지 등) : 바탕은 흰색, 기본 모형은 빨간색, 관련 부호 및 그림은 검은색
② 경고표지 : 바탕은 노란색, 기본 모형, 관련 부호 및 그림은 검은색
③ 지시표지(안전모착용 등) : 바탕은 파란색, 관련 그림은 흰색
④ 안내표지(녹십자표지 등) : 바탕은 흰색, 기본 모형 및 관련 부호는 녹색, 바탕은 녹색, 관련 부호 및 그림은 흰색
⑤ 출입금지표지(허가대상유해물질 취급) : 글자는 흰색, 바탕에 흑색

08 산업안전보건법령상 안전 · 보건표지의 색채별 색도 기준이 올바르게 연결된 것은? (단, 순서는 색상 명도/채도이며, 색도 기준은 KS에 따른 색의 3속성에 의한 표시방법에 따른다.)

① 빨간색 – 5R 4/13
② 노란색 – 2.5Y 8/12
③ 파란색 – 7.5PB 2.5/7.5
④ 녹색 – 2.5G 4/10

해설 **안전 · 보건표지의 색채별 색도 기준**
① 빨간색 – 7.5R 4/14(금지, 경고)
② 노란색 – 5Y 8.5/12(경고)
③ 파란색 – 2.5PB 4/10(지시)
④ 녹색 – 2.5G 4/10(안내)

정답 05.② 06.② 07.② 08.④

Chapter 03 산업안전심리

memo

1. 산업심리와 직업적성

(1) 모럴 서베이(morale survey)

근로자의 근로 의욕·태도 등에 대한 측정 – 근로의욕조사, 사기조사(士氣調査), 태도(態度)조사

① 근로자의 심리, 욕구를 파악하여 불만을 해소하고 노동의욕 고취(주로 질문지나 면접에 의한 태도, 의견조사가 중심)
② 근로자의 사기 및 근로의욕 저해요인, 불평불만 원인, 조직의 불건전성의 원인을 파악하고 대책수립하여 발전 방향 모색

(가) 모럴 서베이의 방법

① 통계에 의한 방법 : 사고 상해율, 생산성, 지각, 조퇴, 이직 등을 분석하여 파악하는 방법
② 사례 연구법 : 경영 관리상의 여러 가지 제도에 나타나는 사례에 대해 연구함으로써 현상을 파악하는 방법
③ 관찰법 : 근로자의 근무 실태를 계속 관찰함으로써 문제점을 찾아내는 방법
④ 실험연구법 : 실험 그룹과 통제 그룹으로 나누고 정황, 자극을 주어 태도 변화를 조사하는 방법
⑤ 태도조사법(의견조사) : 질문지법, 면접법, 집단토의법, 문답법, 투사법에 의해 의견을 조사하는 방법

> 투영법(투사법)
> 직접질문이 아닌 우회질문을 통해 응답자의 태도를 추정하는 조사방법

(나) 모럴 서베이의 효용

① 근로자의 정화(catharsis)작용을 촉진시킨다.
② 경영관리를 개선하는 데에 대한 자료를 얻는다.
③ 근로자의 심리 또는 욕구를 파악하여 불만을 해소하고, 노동의욕을 높인다.

> **카운슬링(counseling)의 순서**
> 장면 구성 → 내담자와의 대화 → 의견 재분석 → 감정 표출 → 감정의 명확화
> • 개인적 카운슬링의 방법 : ① 직접적인 충고 ② 설득적 방법 ③ 설명적 방법

> **면접 결과에 영향을 미치는 요인**
> ① 지원자에 대한 긍정적 정보보다 부정적 정보가 더 중요하게 영향을 미친다.
> ② 면접자는 면접 초기와 마지막에 제시된 정보에 의해 많은 영향을 받는다.
> ③ 한 지원자에 대한 평가는 바로 앞의 지원자에 의해 영향을 받는다.
> ④ 지원자의 성(性)과 직업에 있어서 전통적 고정관념은 지원자와 면접자 간의 성(性)의 일치 여부보다 더 많은 영향을 미친다.

(2) 적성 및 직업 적성(직업적성검사)

(가) 적성의 요인(적성의 기본요소)

① 지능 ② 직업 적성(기계적 적성과 사무적 적성) ③ 흥미 ④ 인간성(성격)

(* 인간의 적성을 발견하는 방법 : ① 적성 검사 ② 계발적 경험 ③ 자기이해)

> **시스템 설계자가 통상적으로 하는 평가방법**
> * 적성 : 일에 대한 잠재적 능력
> * 직업 적성(기계적 적성과 사무적 적성)
>   ① 기계적 적성 : 기계적 이해, 공간의 시각화, 손과 팔의 솜씨(단순한 운동적 섬세성, 지각적, 공간적 적성, 기계적 추리)
>   ② 사무적 적성 : 지각의 정확도(단어나 수를 다루는 능력으로서 지각적 속도와 정확성)

> 작업자들에게 적성검사를 실시하는 가장 큰 목적: 작업자의 생산능률을 높이기 위함.

(나) 직업 적성과 관련된 설명(직업적성검사)

① 사원선발용 적성검사는 작업행동을 예언하는 것을 목적으로도 사용한다.
② 직업 적성검사는 직무 수행에 필요한 잠재적인 특수능력을 측정하는 도구이다.
③ 직업 적성검사를 이용하여 훈련 및 승진대상자를 평가하는 데 사용할 수 있다.
④ 직업 적성은 장기적 직업훈련을 통해서 개발이 가능하므로 신중하게 사용해야 한다.

(다) 직무 적성검사의 특징(심리검사의 구비조건, 심리검사의 특징)

① 타당성(validity) : 검사도구가 측정하고자 하는 것을 실제로 측정하는 것
② 객관성(objectivity) : 채점자의 편견, 주관성 배제(측정의 결과에 대해 누가 보아도 일치되는 의견이 나올 수 있는 성질 : 채점의 객관성)
③ 표준화(standardization) : 검사자체의 일관성과 통일성을 표준화
④ 신뢰성(reliability) : 검사응답의 일관성(반복성) – 측정하고자 하는

• 표준화: 검사의 실시, 채점, 해석까지의 과정과 절차의 표준화(외적 변인들에 영향을 받지 않도록 하는 것)
• 신뢰성: 검사가 정확하게 측정되고 있으며 일관성을 가지고 있는지의 여부
• 규준: 의미해석을 위한 기준이 되는 자료

예측(예언)변인과 준거변인
예 대학은 수능점수로 선발: 수능점수가 높은 학생이 추후 학과점수도 높을 것으로 봄. ⇨ 수능점수: 예언변인, 학과점수: 준거변인 ① 예언변인: 다른 변인의 값을 예언하는 용도로 사용되는 변인 ② 준거변인: 예언변인으로 예측하고자 하는 변인

구인(구성요인): 측정하려고 하는 것의 심리적 특성에 있을 것이라고 가정하는 심리적 요인
예 리더십 측정 • 리더십의 심리적 특성을 이루는 심리적 요인: 목표달성능력, 통솔력, 인간관계능력, 목적의식 등

안면 타당도: 수검자가 검사내용을 얼마나 타당하게 생각하고 있는지의 정도
• 전문가가 아닌 수검자에게 검사내용의 타당도를 알아보는 것(*내용 타당도: 전문가에 의해 타당성 결정)

심리적 개념을 일관성 있게 측정하는 정도
⑤ 규준(norms) : 검사결과를 해석하기위한 비교의 틀

(라) 타당도(타당성)

① 준거관련 타당도(criterion-related validity) : "예측변인이 준거변인과 얼마나 관련되어 있느냐"를 나타낸 타당도(검사도구의 측정결과가 준거가 되는 다른 측정결과와 관련이 있는 정도)-기준 타당도(경험)

  ㉠ 예측 타당도(예언적 타당도) : 미래의 측정결과와 연관성(수능점수와 대학입학 후 학과점수)
  ㉡ 동시 타당도(공인(共因) 타당도) : 현재의 다른 측정결과와 연관성 (유전자검사와 새로운 유전자 검사)

② 내용 타당도(content validity) : 평가도구가 그것이 평가하려고 하는 내용(목표)을 얼마나 충실히 측정하고 있는가를 논리적으로 분석·측정하려는 것

③ 구성개념 타당도(construct validity)(구인 타당도) : 인간의 정의적 특성을 이루고 있다고 가정한 구인(구성요인)들이 실제로 그 특성을 나타내고 있는지의 여부를 타당성 검증하는 것(수렴 타당도, 변별 타당도)
 - 측정하고자 하는 추상적 개념(이론)이 측정도구에 의해 제대로 측정되는지의 여부

④ 안면 타당도(face validity) : 피검사자들이 검사문항을 얼마나 친숙하게 느끼느냐에 의해 판단되는 것

(* 합리적 타당성을 얻는 방법 : 구인 타당도, 내용 타당도/경험적 타당성 : 준거관련 타당도)

(마) 직업적성검사 항목

① 지능(IQ) ② 형태식별능력 ③ 운동속도 ④ 시각과 수동작의 적응력 ⑤ 손작업 능력

※ 측정된 행동에 의한 심리검사로 미네소타 사무직 검사, 개정된 미네소타 필기형 검사, 벤 니트 기계 이해검사가 측정하려고 하는 심리검사의 유형 – 적성검사(aptitude test)

(바) 노동부 일반직업적성검사 구성요소(11가지 검사종목)

검사종목(11개)	검출되는 적성(7개)		측정방식
공구비교검사	(P)형태지각		
형태비교검사			
명칭비교검사	(Q)사무지각		지필검사

검사종목(11개)	검출되는 적성(7개)		측정방식
종선기입검사	(K)운동조절		
타점속도검사			
기호기입검사			
평면도 판단검사	(S)공간판단력	(G)일반지능: 학습능력	
입체도 판단검사			
어휘검사	(V)언어능력		
산수응용검사	(N)산수능력		
계산검사			

* 시각적 판단검사 : 형태 비교검사, 공구 판단검사, 명칭 판단검사, 평면도 판단검사, 입체도 판단검사

(사) 심리검사 종류와 내용에 관한 설명

① 기계적성 검사 : 기계적 원리들을 얼마나 이해하고 있는지와 제조 및 생산 직무에 적합한지를 측정한다.
② 성격 검사 : 제시된 진술문에 대하여 어느 정도 동의하는지에 관해 응답하고, 이를 척도점수로 측정한다.
③ 지능 검사 : 인지능력이 직무수행을 얼마나 예측하는지 측정한다.
④ 신체능력 검사 : 근력, 순발력, 전반적인 신체 조정 능력, 체력 등을 측정한다.
⑤ 정직성검사 : 정직성이나 진실성을 나타내는 지필검사이다.
⑥ 상황판단검사 : 피검사자가 직면할 문제의 상황에 대해 판단 능력을 측정하기 위한 검사이다.

(아) 적성배치 시 기본적으로 고려할 사항 : 자아실현의 기회 부여로 근무의욕 고취와 재해사고의 예방에 기여하는 효과를 높이기 위해 적성배치가 필요

① 적성검사를 실시하여 개인의 능력파악
② 직무평가를 통하여 자격수준 결정
③ 인사관리의 기준에 원칙을 준수
④ 객관적인 감정요소 따름

> 적성배치 시 작업자의 특성: 연령, 태도, 업무경력, 성별 등

> 직무평가의 방법
> 직무에 대한 내용과 특징, 난이도, 책임 등을 평가하여 등급을 정하는 일.
> ① 서열법: 직무를 평가하여 직위에 서열을 정하여 나열하는 방법
> ② 분류법: 미리 정해진 등급기준표에 따라 등급을 분류하는 방법
> ③ 요소비교법: 기준 직무의 적정 보수액을 정하여 비교 평가하는 방법
> ④ 점수법: 직무의 구성요소에 점수를 정하여 평가하는 방법

(3) **직무분석**

① 직무확대 : 직무영역의 양적 확대, 수행하는 과제수의 증가
② 직무확충(직무와 개인 간의 관계에 관심) : 통제, 재량권의 질적 확대, 자유, 독립성, 책임의 증대(수직적 직무권한 확대)
③ 직무분석(job analysis) : 직무에서 수행하는 과업과 직무를 수행하는데 요구되는 인적 자질에 의해 직무의 내용을 정의하는 공식적 절차(직무수행에 관련된 직무분석 정보가 직무확대와 직무확충을 위해 활용)

직무수행평가에 대한 효과적인 피드백의 원칙
① 직무수행 성과에 대한 피드백의 효과가 항상 긍정적이지는 않다.
② 피드백은 개인의 수행 성과뿐만 아니라 집단의 수행 성과에도 영향을 준다.
③ 긍정적 피드백을 먼저 제시하고 그 다음에 부정적 피드백을 제시하는 것이 효과적이다.
④ 직무수행 성과가 낮을 때, 그 원인을 능력 부족의 탓으로 돌리는 것보다 노력 부족 탓으로 돌리는 것이 더 효과적이다.

작업표준의 구비조건
① 작업의 실정에 적합할 것
② 생산성과 품질의 특성에 적합할 것
③ 표현은 구체적으로 나타낼 것
④ 다른 규정 등에 위배되지 않을 것
⑤ 이상 시의 조치에 대해 기준을 정해 둘 것

(가) **직무분석 방법** : 면접법, 관찰법, 설문지법, 중요사건법
　① 면접법 : 자료의 수집에 많은 시간과 노력이 들고, 정량화된 정보를 얻기가 힘들다.
　② 관찰법 : 직무의 시작에서 종료까지 많은 시간이 소요되는 직무에는 적용이 곤란하다.
　③ 설문지법 : 많은 사람들로부터 짧은 시간 내에 정보를 얻을 수 있고, 관찰법이나 면접법과는 달리 양적인 정보를 얻을 수 있다.
　④ 중요사건법 : 중요사건에 대한 정보를 수집하므로 해당 직무에 대한 단편적인 정보를 얻을 수 있다.(직무 행동 중 중요하거나 가치 있는 것에 대한 정보를 수집하여 분석)

(나) **직무기술서와 직무명세서**
　직무분석에서 직무기술서와 직무명세서를 작성하며 직무기술서는 직무에 대한 정보를 기술한 문서이고 직무명세서는 직무를 수행하기 위해 요구되는 인적 요건을 작성한 문서임.

　1) 직무기술서 : 분석대상이 되는 직무에서 어떤 활동이나 과제가 이루어지고 작업조건이 어떠한지를 기술한 문서
　　- 직무의 직종, 수행되는 과업, 직무수행 방법, 직무수행에 필요한 장비 및 도구

　2) 직무명세서 : 직무를 성공적으로 수행하는 데 필요한 인적 요건들을 명시한 문서
　　- 작업자에게 요구되는 적성, 지식, 기술, 능력, 성격, 흥미, 가치, 태도, 경험, 자격요건 등

(다) **허즈버그(Herzberg)의 직무확충 원리**
　① 자신의 일에 대해서 책임을 더 지도록 한다.
　② 직무에서 자유를 제공하기 위하여 부가적 권위를 부여 한다.
　③ 전문가가 될 수 있도록 전문화된 과제들을 부과한다.

(라) **직무수행에 대한 예측변인 개발 시 작업표본(work sample)의 제한점**
　① 주로 기계를 다루는 직무에 효과적이다.
　② 훈련생보다 경력자 선발에 적합하다.
　③ 실시하는데 시간과 비용이 많이 든다.

> **직무수행 준거가 갖추어야 할 바람직한 3가지 일반적인 특성**
> ① 적절성 ② 안정성 ③ 실용성

행동기준평정척도(Behaviorally-Anchored Rating Scale, BARS)

직무수행평가를 위해 개발된 척도로 직무상에 나타나는 행동을 평가의 기준(anchor)으로 제시하여 피평가자의 행동을 평가하는 방법(척도상의 점수에 그 점수를 설명하는 구체적 직무행동 내용이 제시)

- 동작 실패의 원인이 되는 조건 중 작업 강도와 관련된 것: 작업량, 작업속도, 작업시간
- 특정 과업에서 에너지 소비수준에 영향을 미치는 인자: 작업방법, 작업속도, 도구 등

(4) 인사관리

(가) 목적 : 사람과 일과의 관계

(나) 인사관리의 주요기능

① 조직과 리더십
② 선발(시험 및 적성검사)
③ 배치
④ 작업분석 및 업무평가
⑤ 상담 및 노사 간의 이해

2. 인간의 특성과 안전과의 관계

(1) 사고요인이 되는 정신적인 요소
(정신상태 불량으로 일어나는 안전사고 요인)

① 안전의식의 부족
② 주의력 부족
③ 방심과 공상
④ 그릇됨과 판단력 부족
⑤ 개성적 결함
  ㉠ 지나친 자존심과 자만심
  ㉡ 다혈질 및 인내력의 부족
  ㉢ 약한 마음
  ㉣ 감정의 장기 지속성(감정의 불안정)
  ㉤ 경솔성
  ㉥ 과도한 집착성 또는 고집
  ㉦ 배타성
  ㉧ 태만(나태)
  ㉨ 도전적 성격
  ㉩ 사치성과 허영심

  ※ 생리적 현상 : 극도의 피로, 근육운동의 부적합, 육체적 능력의 초과, 신경계통의 이상, 시력 및 청각의 이상

(2) 안전심리의 5대 요소 : 동기(motive), 기질(temper), 감정(feeling), 습성(habit), 습관(custom)

① 동기 : 능동적인 감각에 의한 자극에서 일어난 사고의 결과로서 사람의 마음을 움직이는 원동력이 되는 것
② 기질 : 감정적인 경향이나 반응에 관계되는 성격의 한 측면
③ 감정 : 생활체가 어떤 행동을 할 때 생기는 주관적인 동요를 뜻함.

생활체
독립생활을 하는 생물

④ 습성 : 한 종에 속하는 개체의 대부분에서 볼 수 있는 일정한 생활양식으로 본능, 학습, 조건반사 등에 따라 형성

⑤ 습관 : 성장과정을 통해 형성된 특성 등

> **망상인격**
> 자기 주장이 강하고 빈약한 대인관계를 가지고 있는 성격의 소유자로 사소한 일에 있어서도 타인이 자신을 제외했다고 여겨 악의를 나타내는 인격(편집성 인격)

(3) 인간의 착오요인

인지과정 착오	판단과정 착오	조치과정 착오
① 생리·심리적 능력의 한계	① 자기 합리화	① 잘못된 정보의 입수
② 정보량 저장의 한계	② 정보부족	② 합리적 조치의 미숙
③ 감각 차단 현상	③ 능력부족	
④ 정서적 불안정	④ 작업조건 불량	

* 착오의 메커니즘(mechanism) : ① 위치의 착오 ② 패턴의 착오 ③ 형(形)의 착오 ④ 순서의 착오 ⑤ 기억의 틀림
* 감각차단현상 : 단조로운 업무가 장시간 지속될 때 작업자의 감각기능 및 판단능력이 둔화 또는 마비되는 현상
* 안전수단이 생략되어 불안전행위를 나타내는 경우
  ① 의식과잉이 있을 때 ② 피로하거나 과로했을 때 ③ 주변의 영향이 있을 때

(4) 인간의 착각

(가) 착각에 관한 설명(* 착각을 일으키는 조건 : 인간 측의 결함, 기계 측의 결함, 환경조건이 나쁨, 정보의 결함)

① 착각은 인간 측의 결함에 의해서 발생한다.
② 착각은 기계 측의 결함에 의해서 발생한다.
③ 환경조건이 나쁘면 착각은 쉽게 일어난다.
④ 정보의 결함이 있으면 착각이 일어난다.
⑤ 착각은 인간의 노력으로 고칠 수 없다.

(나) 인간의 착각현상(운동의 시지각)

1) 가현운동(β 운동) : 객관적으로 정지하고 있는 대상물이 급속히 나타나거나 소멸하는 것으로 인하여 일어나는 운동으로 마치 대상물이 운동하는 것처럼 인식되는 현상(영화 영상의 방법)

— 객관적으로는 움직이지 않는데도 움직이는 것처럼 느껴지는 심리적인 현상

대뇌의 human error로 인한 착오요인
① 인지과정 착오
② 판단과정 착오
③ 조치과정 착오

인간의 오류 모형에서 착오(mistake)의 발생원인 및 특성
상황을 잘못 해석하거나 목표에 대한 이해가 부족한 경우 발생한다.

착오, 착각, 착시
① 착오(mistake): 사람의 인식과 객관적 사실이 일치하지 않는 것. 착각하여 잘못함.
② 착각(illusion): 사물이나 사실을 실제와 다르게 지각하거나 생각함.
③ 착시: 착각 중 시각에 일어나는 것

2) 유도운동 : 두 대상 사이의 거리가 변화할 때 움직이지 않는 것이 움직이는 것처럼 느껴지는 현상

   (플랫폼의 열차가 출발할 때 정지된 반대편 열차가 움직이는 것 같은 현상)

3) 자동운동 : 암실에서 정지된 소광점을 응시하면 광점이 움직이는 것 같이 보이는 현상

   - 자동운동이 생기기 쉬운 조건 : ① 광점이 작을 것 ② 대상이 단순할 것 ③ 광의 강도가 작을 것 ④ 시야의 다른 부분이 어두울 것

> 유도운동
> 실제로 움직이지 않지만, 어느 기준의 이동에 의하여 움직이는 것처럼 느껴지는 착각 현상

(5) 부주의

※ 부주의 : 목적수행을 위한 행동전개과정 중 목적에서 벗어나는 심리적, 신체적 변화의 현상

(가) 의식의 레벨(Phase) 5단계 : 의식의 수준 정도

1) Phase 0 : 무의식 상태로 행동이 불가능한 상태 – 수면

2) Phase Ⅰ : 의식수준의 저하로 인한 피로와 단조로움의 생리적 상태(사고발생 가능성이 높음)-피로, 졸음, 술취함.

   - 심신이 피로하거나 단조로운 작업을 반복할 경우 나타나는 의식수준의 저하 현상(의식이 몽롱한 상태)

3) Phase Ⅱ : 의식은 정상이며 때때로 의식의 이완상태 – 안정, 휴식, 정상적 작업

   - 의식수준이 정상적 상태이지만 생리적 상태가 휴식

4) Phase Ⅲ : 외시의 신뢰도가 가장 높은 상태(명료한 상태) – 적극 활동

   - 의식수준이 정상이지만 생리적 상태가 적극적일 때에 해당

5) Phase Ⅳ : 과긴장 상태. 주의의 작용은 한곳에 집중되어서 판단이 불가능 – 패닉

   - 돌발사태의 발생으로 인하여 주의의 일점 집중 현상이 일어나는 경우

> 주의(attention)의 일점집중현상에 대한 대책 : 위험예지훈련

(나) 부주의의 원인

1) 의식의 단절 : 지속적인 의식의 흐름에 단절이 생기고 공백의 상태가 나타나는 것. 특수한 질병이 있는 경우(의식수준 : Phase 0 상태)

2) 의식의 우회 : 의식의 흐름이 옆으로 빗나가 발생하는 경우로 작업 도중의 걱정, 고뇌, 욕구 불만 등에 의해 발생(의식수준 : Phase 0 상태)

3) 의식수준의 저하 : 혼미한 정신 상태에서 심신이 피로나 단조로운 반복작

업 등의 경우에 일어나는 현상(의식수준 : Phase Ⅰ 상태 이하)

4) 의식의 과잉 : 작업을 하고 있을 때 긴급 이상상태 또는 돌발사태가 되면 순간적으로 긴장하게 되어 판단능력의 둔화 또는 정지상태가 되는 것 (의식이 한 방향으로만 집중). 지나친 의욕에 의해서 생기는 부주의 현상(의식수준 : Phase Ⅳ 상태)

(다) 인간의식의 레벨(level)에 관한 설명

① 24시간의 생리적 리듬의 계곡에서 tension level은 낮에는 높고 밤에는 낮다.
② 피로 시의 tension level은 저하 정도가 크지 않다.
③ 졸았을 때는 의식상실의 시기로 tension level은 0이다.

(라) 부주의의 발생 원인과 대책

1) 외적 원인과 대책

① 작업 환경조건 불량 : 환경정비
② 작업 순서의 부적합 : 작업 순서의 정비, 인간공학적 접근
③ 기상조건
④ 높은 작업강도

2) 내적 원인과 대책

① 소질적 문제 : 적성배치
② 의식의 우회 : 상담(counseling)
③ 경험, 미경험자 : 안전교육

> **부주의에 의한 사고방지대책**
>
> ① 정신적 측면의 대책 사항 : 안전의식제고, 주의력 집중 훈련, 스트레스 해소, 작업의욕 고취
> ② 기능 및 작업측면의 대책 : 적성배치, 표준 작업의 습관화, 안전작업 방법의 습득, 작업조건의 개선과 적응력 향상
> ③ 설비 및 환경 측면의 대책 : 표준작업 제도 도입, 설비 및 작업환경의 안전화, 긴급 시 안전작업 대책수립

(마) 부주의에 대한 설명

① 부주의라는 말은 불안전한 행위뿐만 아니라 불안전한 상태에도 통용된다.
② 부주의라는 말은 결과를 표현한다.
③ 부주의는 무의식적 행위나 의식의 주변에서 행해지는 행위에 나타난다.

인간의 행동의 내적 요인과 외적 요인
① 외적 요인(지각선택에 영향을 미침):
대비(contrast),
재현(repetition),
강조(intensity)
② 내적 요인:
개성(personality)

(바) 억측판단 : 부주의가 발생하는 경우로 경보기가 울려도 기차가 오기까지 아직 시간이 있다고 판단하여 건널목을 건너가는 행동
① 정보가 불확실할 때
② 희망적인 관측이 있을 때
③ 과거의 성공한 경험이 있을 때
④ 초조한 심정

> **억측판단**
> 자동차를 운전할 때 신호가 바뀌기 전에 신호가 바뀔 것을 예상하고 자동차를 출발시키는 행동

(6) 주의(attention)

(가) 주의(attention)에 관한 설명
① 의식작용이 있는 일에 집중하거나 행동의 목적에 맞추어 의식수준이 집중되는 심리상태를 말한다.
② 주의력의 특성은 선택성, 변동성, 방향성으로 표현된다.
③ 여러 종류의 자극을 지각할 때 소수의 특정한 것을 선택하여 집중하는 특성을 갖는다.
④ 주의는 장시간에 걸쳐 집중을 지속할 수 없다.
⑤ 주의는 동시에 2개 이상의 방향에 집중하지 못한다.
⑥ 주의의 방향과 시선의 방향이 일치할수록 주의의 정도가 높다.

(나) 주의의 특성
① 방향성 : 한 지점에 주의를 집중하면 다른 곳에의 주의는 약해짐(동시에 2개 이상의 방향에 집중하지 못함)
② 변동성(단속성) : 장시간 주의를 집중하려 해도 주기적으로 부주의와의 리듬이 존재(장시간 동안 집중을 지속할 수 없음)
③ 선택성 : 여러 자극을 지각할 때 소수의 특정 자극에 선택적 주의를 기울이는 경향(인간은 한 번에 여러 종류의 자극을 시각·수용하지 못함을 말함.)

> **선택성**
> 인간의 주의력은 한세가 있어 여러 작업에 대해 선택적으로 배분된다.

(다) 인간의 vigilance현상에 영향을 미치는 조건(주의상태, 긴장상태, 경계상태)
① 검출능력은 작업 시작 후 빠른 속도로 저하된다. (30~40분 후 검출능력은 50으로 저하)
② 오래 지속되는 신호는 검출률이 높다.
③ 발생빈도가 높은 신호일수록 검출률이 높다.
④ 불규칙적인 신호에 대한 검출률이 낮다.

착시현상

① Hering의 착시: 중앙이 벌어져 보임(휘어져 보임)
② Helmholz의 착시: a는 세로로 길어 보이고 b는 가로로 길어 보임(쪼개진 길이의 선에 의해 직사각형으로 보임)
③ Köhler의 착시: 우선 평행의 호를 보고 이어 직선을 본 경우에 직선은 호와의 반대방향에 보이는 현상
④ Müller-Lyer의 착시: 선 a와 b는 그 길이가 동일한 것이지만, 시각적으로는 선 a가 선 b보다 길어 보임
⑤ Zöller의 착시: 수직선인 세로의 선이 굽어보임
⑥ Poggendorf의 착시: a와 c가 일직선이지만 b와 c가 일직선으로 보임

게슈탈트(Gestalt)의 법칙
감각 현상이 하나의 전체적이고 의미 있는 내용으로 체계화되는 과정을 의미하는 것

(7) 착시현상(Illusions)

① 헤링(Hering)의 착시

② 헬호츠(Helmholz)의 착시

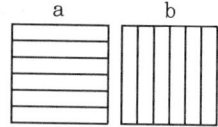

③ 쾰러(Köhler)의 착시

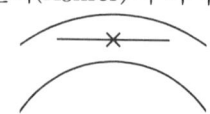

④ 뮬러-라이어(Müller-Lyer)의 착시

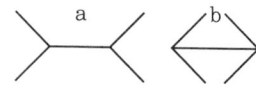

⑤ 졸러(Zöller)의 착시

⑥ 포겐도르프(Poggendorf)의 착시

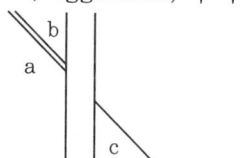

(8) 지각 조직화, 집단화 원리

(군화의 법칙(群花의 法則)-게슈탈트(Gestalt)의 법칙 : 형태를 지각하는 방법 혹은 그 법칙)

1) 지각 조직화(perceptual organization) : 주의집중 과정을 통해 관심의 대상이 선정되면 그 대상을 구성하는 요소를 보다 큰 단위로 조직화하는 과정이 전개됨.

2) 지각 집단화의 원리 : 관심 대상의 구성요소를 묶어 하나의 통합된 형태로 지각하려는 강한 경향성을 가지고 있으며 일정한 원리를 따라 전개
   ① 근접성의 원리(law of proximity) : 서로 가까이 위치한 것끼리 묶는 경향성
      - 사물을 인지할 때, 가까이에 있는 물체들을 하나의 그룹으로 묶어 인지한다는 법칙(근접의 법칙)
   ② 유사성의 원리(law of similarity) : 비슷한 속성을 가진 요소끼리 묶는 경향성
      - 서로 비슷한 것끼리는 떨어져 있더라도 하나로 묶어서 인지한다는 법칙. 사각형은 사각형끼리, 원은 원끼리 묶어서 지각(동류의 법칙)
   ③ 연속성의 원리(law of continuation) : 부드럽게 연속된 형태로 지각하는 경향성

- 어떤 형상들이 방향성을 가지고 연속되어 있을 때 이것을 연속을 따라 함께 인식된다는 원리(연속의 법칙)
④ 폐쇄성의 원리(law of closure) : 불완전한 형태를 하나의 통합된 완전한 형태로 지각하는 경향성(완결성의 원리)
- 불완전한 형태를 완전한 형태로 인지하려는 심리(폐합의 법칙)
⑤ 단순성의 원리(law of simplicity) : 특정 대상을 지각할 때 가능한 한 가장 '좋은(good)' 형태로 지각(최선의 법칙)

(9) 기타 이론과 해설

가) 간결성의 원리 : 작업장의 정리정돈 태만 등 생략행위를 유발하는 심리적 요인

나) 리스크 테이킹(risk taking)의 빈도가 가장 높은 사람 : 안전태도가 불량한 사람
- 리스크 테이킹(risk taking) : 객관적인 위험을 자기 나름대로 판단하고 결정하여 행동에 옮기는 것(위험을 알면서도 시도하는 것)

다) 인간이 환경을 지각(perception)하여 행동으로 실천되기까지의 과정 : 선택(감지) → 조직화(의미 부여) → 해석(의미 해석)

라) ECRS의 원칙(작업방법의 개선원칙) : 작업자 자신이 자기의 부주의 이외에 제반 오류의 원인을 생각함으로써 개선하도록 하는 과오원인 제거 기법
① 제거(Eliminate)
② 결합(Combine)
③ 재조정(Rearrange)-재배치
④ 단순화(Simplify)

마) 호손(l lawthorne) 연구 : 물리적 작업환경 이외의 심리적 요인(인간관계)이 생산성에 영향을 미친다는 것을 알아냈다.
① 조명강도를 높이니 생산성이 향상되었으나 이후 조명강도를 낮추어도 생산성은 계속 증가하는 것을 확인함.
② 작업자의 작업능률(생산성 향상)은 물리적인 작업조건보다 심리적 요인(인간관계)에 의해 영향을 미치게 된다는 것

바) 인간의 착상심리
① 얼굴을 보면 지능 정도를 알 수 있다.
② 아래턱이 마른 사람은 의지가 약하다.
③ 인간의 능력은 태어날 때부터 동일하다.
④ 눈동자가 자주 움직이는 사람은 정직하지 못하다.

후광 오류: 직무수행평가 시 평가자가 특정 피평가자에 대해 구체적으로 잘 모름에도 불구하고 모든 부분에 대해 좋게 평가하는 오류

대상물에 대해 지름길을 사용하여 판단할 때 발생하는 지각의 오류

* 휴리스틱(Heuristics): 제한된 정보만으로 즉흥적·직관적으로 판단·선택하는 의사결정 방식(판단의 지름길을 택함)
① 초두 효과(Primacy effect): 가장 처음의 정보가 기억에 오래 남는 현상(첫인상)
② 최근 효과(Recency effect): 가장 최근의 정보가 기억에 오래 남는 현상(최빈 효과, 마지막 효과)
③ 후광효과(halo effect): 한 가지 특성에 기초하여 그 사람의 모든 측면을 판단하는 인간의 경향성(용모가 좋은 사람은 능력도 뛰어나고 성격도 좋을 것이라고 생각하게 되는 경향)

사) 후광 효과 : 한 가지 특성에 기초하여 그 사람의 모든 측면을 판단하는 인간의 경향성(용모가 좋은 사람은 능력도 뛰어나고 성격도 좋을 것이라고 생각하게 되는 경향)

아) 테일러(F. W. Taylor)의 과학적 관리법
① 시간 – 동작 연구를 적용하였다.
② 생산의 효율성을 상당히 향상시켰다.
③ 인센티브를 도입함으로써 작업자들을 동기화시킬 수 있다.
* 테일러 : 시간연구를 통해서 근로자들에게 차별성과급제를 적용하면 효율적이라고 주장한 과학적 관리법의 창시자

자) 휴먼 에러에 관한 분류
1) 심리적 행위에 의한 분류(Swain의 독립행동에 관한 분류)
① omission error(생략 에러) : 필요한 작업 또는 절차를 수행하지 않는데 기인한 에러
– 부작위 오류
② commission error(실행 에러) : 필요한 작업 또는 절차를 불확실하게 수행함으로써 기인한 에러 – 작위 오류
③ extraneous error(과잉행동 에러) : 불필요한 작업 또는 절차를 수행함으로써 기인한 에러
④ sequential error(순서 에러) : 필요한 작업 또는 절차의 순서 착오로 인한 에러
⑤ time error(시간 에러) : 필요한 직무 또는 절차의 수행의 지연(혹은 빨리)으로 인한 에러

2) 원인의 수준(level)적 분류
① primary error(1차 에러) : 작업자 자신으로부터 발생한 과오
② secondary error(2차 에러) : 작업 형태나 조건의 문제에서 발생한 에러. 어떤 결함으로부터 파생 하여 발생
③ command error(지시 에러) : 요구된 기능을 실행하고자 하여도 필요한 물건, 정보, 에너지 등의 공급이 없기 때문에 작업자가 움직이려고 해도 움직일 수 없으므로 발생하는 과오

차) 라스무센(Rasmussen)의 인간행동 세 가지 분류

1) 지식 기반 행동(knowledge-based behavior) – 부적절한 분석이나 비정형적인 의사 결정 형태

   여러 종류의 자극과 정보에 대해 심사숙고하여 의사를 결정하고 행동을 수행하는 것. 문제를 해결할 수 있는 행동수준의 의식수준
   ① 생소하거나 특수한 상황에서 발생하는 행동이다.
   ② 부적절한 추론이나 의사결정에 의해 오류가 발생한다.

2) 규칙 기반 행동(rule-based behavior) – 행동 규칙에 의거한 형태

   경험에 의해 판단하고 행동규칙 등에 따라 반응하여 수행하는 의식수준

3) 숙련 기반 행동(skill-based behavior) : 반사 조작 수준 – 가장 숙련도가 높은 자동화된 형태

   오랜 경험이나 본능에 의하여, 의식하지 않고 행동으로 생각 없이 반사 운동처럼 수행하는 의식수준

CHAPTER 03 항목별 우선순위 문제 및 해설

01 모럴 서베이(morale survey)의 주요 방법 중 태도조사법에 해당하는 것은?

① 사례연구법 ② 관찰법
③ 실험연구법 ④ 문답법

해설 모럴 서베이의 방법
① 통계에 의한 방법 : 사고 상해율, 생산성, 지각, 조퇴, 이직 등을 분석하여 파악하는 방법
② 사례 연구법 : 경영 관리상의 여러 가지 제도에 나타나는 사례에 대해 연구함으로써 현상을 파악하는 방법
③ 관찰법 : 근로자의 근무 실태를 계속 관찰함으로써 문제점을 찾아내는 방법
④ 실험연구법 : 실험 그룹과 통제 그룹으로 나누고 정황, 자극을 주어 태도 변화를 조사하는 방법
⑤ 태도조사법(의견조사) : 질문지법, 면접법, 집단토의법, 문답법, 투사법에 의해 의견을 조사하는 방법

02 다음 중 직무분석을 위한 자료수집 방법에 대한 설명으로 틀린 것은?

① 관찰법은 직무의 시작에서 종료까지 많은 시간이 소요되는 직무에는 적용이 곤란하다.
② 면접법은 자료의 수집에 많은 시간과 노력이 들고, 정량화된 정보를 얻기가 힘들다.
③ 설문지법은 많은 사람들로부터 짧은 시간 내에 정보를 얻을 수 있고, 관찰법이나 면접법과는 달리 양적인 정보를 얻을 수 있다.
④ 중요사건법은 일상적인 수행에 관한 정보를 수집하므로 해당 직무에 대한 포괄적인 정보를 얻을 수 있다.

해설 중요사건법 : 중요사건에 대한 정보를 수집하므로 해당 직무에 대한 단편적인 정보를 얻을 수 있음

03 다음 중 안전심리의 5대 요소에 관한 설명으로 틀린 것은?

① 동기는 능동적인 감각에 의한 자극에서 일어난 사고의 결과로서 사람의 마음을 움직이는 원동력이 되는 것이다.
② 기질이란 감정적인 경향이나 반응에 관계되는 성격의 한 측면이다.
③ 감정은 생활체가 어떤 행동을 할 때 생기는 객관적인 동요를 뜻한다.
④ 습성은 한 종에 속하는 개체의 대부분에서 볼 수 있는 일정한 생활양식으로 본능, 학습, 조건반사 등에 따라 형성된다.

해설 안전심리의 5대 요소 : 동기, 기질, 감정, 습성, 습관
– 감정 : 생활체가 어떤 행동을 할 때 생기는 주관적인 동요를 뜻함

04 다음 중 부주의에 의한 사고 방지에 있어서 정신적 측면의 대책 사항과 가장 거리가 먼 것은?

① 적응력 향상
② 스트레스 해소
③ 작업의욕 고취
④ 주의력 집중 훈련

해설 정신적 측면의 대책 사항
① 주의력 집중 훈련 ② 스트레스 해소
③ 작업의욕 고취

05 부주의 발생현상 중 질병의 경우에 주로 나타나는 것은?

① 의식의 우회   ② 의식의 단절
③ 의식의 과잉   ④ 의식 수준의 저하

정답 01. ④ 02. ④ 03. ③ 04. ① 05. ②

해설) 의식의 단절 : 지속적인 의식의 흐름에 단절이 생기고 공백의 상태가 나타나는 것. 특수한 질병이 있는 경우(의식수준 : Phase 0 상태)

06 다음 중 주의(attention)에 대한 설명으로 틀린 것은?

① 의식작용이 있는 일에 집중하거나 행동의 목적에 맞추어 의식수준이 집중되는 심리상태를 말한다.
② 주의력의 특성은 선택성, 변동성, 방향성으로 표현된다.
③ 여러 종류의 자극을 지각할 때 소수의 특정한 것을 선택하여 집중하는 특성을 갖는다.
④ 한 자극에 주의를 집중하여도 다른 자극에 대한 주의력은 약해지지 않는다.

해설) 주의(attention)에 관한 설명
① 주의는 장시간에 걸쳐 집중을 지속할 수 없다.
② 주의는 동시에 2개 이상의 방향에 집중하지 못한다.
③ 주의의 방향과 시선의 방향이 일치할수록 주의의 정도가 높다.

07 주의(attention)의 특징 중 여러 종류의 자극을 자각할 때, 소수의 특정한 것에 한하여 주의가 집중되는 것을 무엇이라 하는가?

① 선택성   ② 방향성
③ 변동성   ④ 검출성

해설) 주의의 특성
① 방향성 : 한 지점에 주의를 집중하면 다른 곳에의 주의는 약해짐.
② 변동성(단속성) : 장시간 주의를 집중하려 해도 주기적으로 부주의의 리듬이 존재
③ 선택성 : 여러 자극을 지각할 때 소수의 현란한 자극에 선택적 주의를 기울이는 경향

08 인지과정 착오의 요인이 아닌 것은?

① 정서 불안정
② 감각차단 현상
③ 작업자의 기능미숙
④ 생리·심리적 능력의 한계

해설) 인간의 착오요인

인지과정 착오	판단과정 착오	조치과정 착오
① 생리·심리적 능력의 한계 ② 정보량 저장의 한계 ③ 감각 차단 현상 ④ 정서적 불안정	① 자기 합리화 ② 정보부족 ③ 능력부족 ④ 작업조건 불량	① 잘못된 정보의 입수 ② 합리적 조치의 미숙

09 인간의 특성에 관한 측정검사에 대한 과학적 타당성을 갖기 위하여 반드시 구비해야 할 조건에 해당하지 않는 것은?

① 주관성   ② 신뢰도
③ 타당도   ④ 표준화

해설) 직무 적성검사의 특징(심리검사의 구비조건)
(가) 타당성(validity) : 측정하고자 하는 것을 실제로 측정하는 것
(나) 객관성(objectivity) : 채점자의 편견, 주관성 배제
(다) 표준화(standardization) : 검사자체의 일관성과 통일성의 표준화
(라) 신뢰성 : 검사응답의 일관성(반복성)
(마) 규준(norms) : 검사결과를 해석하기위한 비교의 틀

10 인간의 착각현상 중 버스나 전동차의 움직임으로 인하여 자신이 승차하고 있는 정지된 자가용이 움직이는 것 같은 느낌을 받거나 구름 사이의 달 관찰시 구름이 움직일 때 구름은 정지되어 있고, 달이 움직이는 것처럼 느껴지는 현상을 무엇이라 하는가?

① 자동운동   ② 유도운동
③ 가현운동   ④ 플리커현상

해설) 유도운동
두 대상 사이의 거리가 변화할 때 움직이지 않는 것이 움직이는 것처럼 느껴지는 현상(플랫폼의 열차가 출발할 때 정지된 반대편 열차가 움직이는 것 같은 현상)

정답) 06. ④ 07. ① 08. ③ 09. ① 10. ②

11 의식수준 5단계 중 의식수준의 저하로 인한 피로와 단조로움의 생리적 상태가 일어나는 단계는?

① Phase Ⅰ   ② Phase Ⅱ
③ Phase Ⅲ   ④ Phase Ⅳ

해설 의식의 레벨(Phase) 5단계 : 의식의 수준 정도
1) Phase 0 : 무의식 상태로 행동이 불가능한 상태
2) Phase Ⅰ : 의식수준의 저하로 인한 피로와 단조로움의 생리적 상태(사고발생 가능성이 높음)
3) Phase Ⅱ : 의식은 정상이며 때때로 의식의 이완 상태
4) Phase Ⅲ : 의식의 신뢰도가 가장 높은 상태(명료한 상태)
5) Phase Ⅳ : 과긴장 상태. 주의의 작용은 한곳에 집중되어서 판단이 불가능

12 신호등이 녹색에서 적색으로 바뀌어도 차가 움직이기까지 아직 시간이 있다고 생각하여 건널목을 건넜을 경우 이는 어떠한 부주의에 속하는가?

① 억측판단   ② 의식의 우회
③ 생략행위   ④ 의식수준의 저하

해설 억측판단
부주의가 발생하는 경우로 경보기가 울려도 기차가 오기까지 아직 시간이 있다고 판단하여 건널목을 건너가는 행동

정답 11. ① 12. ①

Chapter 04 인간의 행동과학

1. 조직과 인간행동

(1) 집단 내 인간관계 관리기법

(가) 소시오메트리(sociometry) : 구성원 상호간의 선호도(호감과 혐오)를 기초로 집단 내부의 동태적 상호관계를 분석하는 방법. 집단의 구조, 동료관계, 인간관계, 집단구성원의 사기 등 측정(사회측정법)
(집단 구성원들 간의 공식적 관계가 아닌 비공식적인 관계를 파악하기 위한 방법)

① 소시오메트리 연구조사에서 수집된 자료들은 소시오그램과 소시오매트릭스 등으로 분석한다.
② 소시오그램(sociogram)은 집단 내의 하위 집단들과 내부의 세부집단과 비세력집단을 구분하여 도표로 알기 쉽게 표시한다(집단 내의 친소관계, 소집단분포분석-집단 내의 인간관계 측정).
③ 소시오매트릭스(sociomatrix)는 소시오그램에서 나타나는 집단 구성원들 간의 관계를 수치에 의하여 계량적으로 분석(표)할 수 있다.

(나) 그리드 훈련(grid training) : 경영자의 리더십을 함양시킴으로써 인간관계의 개선을 도모할 수 있도록 개발된 훈련 기법(인간관계, 관리능력 육성)

(다) 집단역학, 집단역동(group dynamics) : 조직의 정체성을 탈피하여 동태적으로 상호 작용 하는 집단의 특성을 설명하고, 집단행동의 유효성을 높이기 위해 등장한 개념

(라) 감수성 훈련(sensitivity training) : 소집단 모임의 상호작용을 통하여 인간관계에 대한 이해와 기술을 향상시키고자 하는 사회성 훈련기법

> **참고**
>
> ※ 인간의 행동 변화에 있어 가장 변화시키기 어려운 것 : 집단의 행동 변화
> - 집단의 행동 변화 > 개인의 행동 변화 > 개인의 태도 변화 > 지식의 변화
> ※ 테크니컬 스킬즈(technical skills) : 사물을 인간에게 유리하게 처리하는 능력
> ※ 소시얼 스킬즈(social skills) : 인간과 인간의 의사소통을 원활히 처리하는 능력

---

memo

(예문) 어느 부서의 직원 6명의 선호관계를 분석한 결과 다음과 같은 소시오그램이 작성되었다. 이 부서의 집단응집성 지수는 얼마인가? (단, 그림에서 실선은 선호관계, 점선은 거부 관계를 나타낸다.)

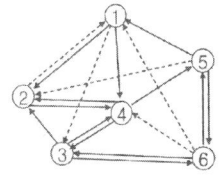

(풀이) 소시오그램(sociogram)
: 집단 내 구성원들 간의 선호, 무관심, 거부 관계를 나타낸 도표
⇨ 집단응집성 지수: 집단 내에서 가능한 두 사람 간의 상호관계의 수와 실제의 수를 비교하여 구함.

$$= \frac{\text{실제 상호관계의수}}{\text{가능한 상호관계의수}(=_nC_2)}$$
$$= 4/_6C_2 = 4/15 = 0.27$$

(※ 6명으로 구성된 집단에서 소시오그램을 사용하여 조사한 결과, 긍정적인 상호관계를 맺고 있는 4쌍이 있고, 가능한 총수는 $_6C_2$이다.)

(2) 집단에서의 인간관계 메커니즘(mechanism)

(가) 일체화 : 심리적 결합

(나) 동일화(Identification) : 타인의 행동 양식이나 태도를 투입시키거나 타인에게서 자기와 비슷한 점을 발견

(다) 공감 : 동정과 구분

(라) 커뮤니케이션(communication) : 언어, 몸짓, 신호, 기호

(마) 모방(imitation) : 인간관계 메커니즘 중에서 남의 행동이나 판단을 표본으로 하여 그것과 같거나 또는 그것에 가까운 행동 또는 판단을 취하려는 것(직접모방, 간접모방, 부분모방)

(바) 암시(suggestion) : 타인으로부터 판단이나 행동을 무비판적으로 근거 없이 받아들이는 것

(사) 역할학습 : 유희(시장놀이 등)

(아) 투사(projection 투출) : 자기 속에 억압된 것을 타인의 것으로 생각하는 것(안 되면 조상 탓)

> 집단과 인간관계에서 집단의 효과
> ① 동조 효과
> ② 견물(見物) 효과
> ③ 시너지 효과
>
> * 시너지 효과: 집단이 가지는 효과로 두 개 이상의 서로 다른 개체가 힘을 합쳐 둘이 지닌 힘 이상의 효과를 내는 현상

> **참고**
>
> * 집단행동
>   ① 비통제의 집단행동 : 모브(mob), 패닉(panic), 모방(imitation), 심리적 전염(mental epidemic)
>   ㉠ 패닉(panic)-공황(恐慌) : 두려움이나 공포로 어찌할 바를 모르는 심리적 불안 상태(이상적인 상황 하에서 방어적인 행동 특징을 보이는 집단행동)
>   ㉡ 모브(mob) : 폭동 등 범죄적 양상을 띠게 되는 군중의 심리적 특성(공격적인 행동 특징을 보이는 집단행동 – 합의성이 없고, 감정에 의해서만 행동하는 특성)
>   ② 통제가 있는 집단행동 : 관습, 유행, 제도적 행동
> * 동조 효과 : 집단의 압력에 의해 다수의 의견을 따르게 되는 현상

(3) 집단(group)의 특성

① 1차 집단과 2차 집단 : 사회 구성원 간에 맺어진 인간관계 특성에 따라 구분(쿨리)

㉠ 1차 집단 : 구성원 간에 친밀한 접촉을 토대로 자연스럽게 이루어진 집단(가족, 친구, 놀이 집단 등)

ⓒ 2차 집단 : 어떤 목적을 위해 인위적으로 형성된 집단(회사, 정당, 이익 집단 등)
② 공식집단(formal group)과 비공식집단(informal group)
　ⓐ 공식집단 : 공통목표를 지향하며 성문화(成文化)된 규범에 의해 공적으로 정해져 있는 집단(회사나 관공서, 군대처럼 의도적으로 설립되어 능률성과 과학적 합리성을 강조하는 집단)
　ⓑ 비공식집단 : 자연적으로 성립되고 형식화되어 있지 않은 집단(친구 그룹 등)
③ 성원집단(membership group) : 개인이 구성원으로 소속하여 있는 집단
④ 준거집단 : 특정 개인이 어떤 상태의 지위나 조직 내 신분을 원하는데 아직 그 위치에 있지 않은 사람들이 표준으로 삼는 집단(자신이 실제로 소속된 집단이 아닌 개인의 행동이나 판단의 기준이 되는 집단)
⑤ 세력집단 : 집단에서 중요한 역할을 하는 핵심구성원들의 집단

(4) 집단의 기능과 갈등

(가) 집단의 기능 : ① 응집력 발생 ② 집단의 목표설정 ③ 집단 의사결정 ④ 행동의 규범 존재
　1) 집단 내에 머물도록 하는 내부의 힘을 응집력이라 한다.
　2) 규범은 집단을 유지하고 집단의 목표를 달성하기 위해 만들어진 것이며 불변적인 것은 아니다.
　3) 집단이 하나의 집단으로서의 역할을 수행하기 위해서는 집단 목표가 있어야 한다.

(나) 집단의 응집성이 높아지는 조건 : 함께 보내는 시간이 많을수록

(다) 집단 간의 갈등 요인
　1) 깁슨(Gibson) : ① 상호의존성 ② 목표의 차이 ③ 인식의 차이
　2) 듀브린(A.J.Dubrin) : ① 상호의존성 ② 목표의 차이 ③ 제한된 자원에의 경쟁 ④ 역할갈등 ⑤ 개인적인 차이

(라) 집단 간 갈등의 해소방안
　① 공동의 문제 설정 ② 상위 목표의 설정 ③ 집단간 접촉 기회의 증대
　④ 사회적 범주화 편향의 최소화(범주화가 진행되지 못하게 함)

(마) 인간의 집단행동 가운데 통제적 집단행동 : 관습, 유행, 제도적 행동
　- 비통제적 집단행동 : 패닉, 모브, 모방, 심리적 전염

조직 형태의 특성

1) 매트릭스형 조직: 기능에 따라 수직적으로 편성된 직능조직과 별개로 주요 과업을 전담 수행하는 수평조직을 두는 이중 조직체계
　① 기업 환경의 변화가 다양해지고 급속해짐에 따라 능동적으로 대응할 수 있는 조직 형태
　② 중규모 형태의 기업에서 시장 상황에 따라 인적 자원을 효과적으로 활용하기 위한 형태
2) 프로젝트(Project) 조직: 특정한 사업목표를 달성하기 위하여 일시적으로 필요 자원을 동원하는 조직형태
　① 과제별로 조직을 구성하며 혁신적·비일상적인 과제의 해결을 위한 시간적 유한성을 가진 일시적이고 잠정적인 조직
　② 목적 지향적이고 목적 달성을 위해 기존의 조직에 비해 효율적이며 유연하게 운영될 수 있음
　③ 플랜트, 도시개발 등 특정한 건설 과제를 처리(특정 과제를 수행하기 위해 필요한 자원과 재능을 여러 부서로부터 임시로 집중시켜 문제를 해결하고, 완료 후 다시 본래의 부서로 복귀하는 형태)
3) 위원회 조직: 조직 내에 의견을 수렴하고 조정하기 위해 설치
4) 사업부제 조직: 사업부별로 독립성을 인정하고 권한과 책임을 위양함으로써 책임 경영하는 조직 형태

태도(attitude)의 3가지 구성요소: 조직 구성원의 태도는 조직성과와 밀접한 관계가 있음
① 인지적(cognitive) 요소: 특정대상에 대한 주관적 지식, 신념요소
② 정서적(affective) 요소: 대상에 대한 선호도를 표현하는 감정적인 요소(느낌)
③ 행동 경향(behavioral) 요소: 행동하려는 의도, 행동 성향

(5) 조직 내 의사소통망의 유형

① 수레바퀴형(wheel type) : 조직 내의 중심인물에 정보가 집중되는 의사소통망(가장 구조화되고 집중화된 유형)

② 사슬형(연쇄형, chain type) : 수직적으로 의사소통이 이루어지는 유형(엄격한 계층 관계가 존재하는 의사소통망)

③ Y형(Y type) : 대다수 구성원을 대표하는 리더가 있는 경우의 유형(라인과 스태프의 혼합집단)

④ 원형(circle type) : 구성원 사이에 정보가 자유롭게 전달되는 유형(수평적이고 분산된 의사소통망)

⑤ 완전연결형(상호연결형, all channel type) : 원형이 확장된 유형. 모든 구성원들과 자유롭게 의사소통을 할 수 있는 유형(가장 바람직한 유형)

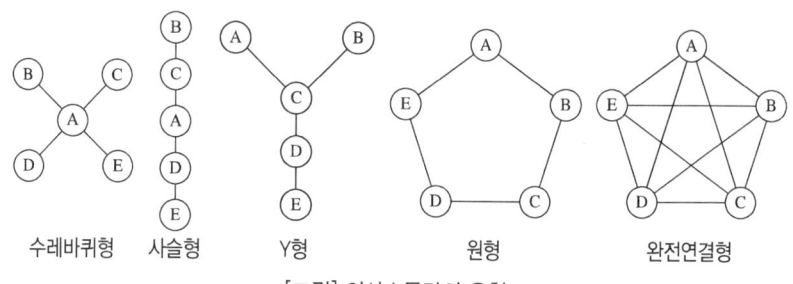

[그림] 의사소통망의 유형

조하리의 창(Johari's Windows)

나와 타인과의 관계 속에서 내가 처한 상태와 개선점을 보여주는 분석틀 (의사소통의 심리구조를 4영역)
① 나도 알고 다른 사람도 아는 – 열린 창(open area)
② 나는 알지만 다른 사람은 모르는 – 숨겨진 창(hidden area)
③ 나는 모르지만 다른 사람은 아는 – 보이지 않는 창(blind area)
④ 나도 모르고 다른 사람도 모르는 – 미지의 창(unknown area)

레윈의 3단계 조직변화모델: 조직의 변화가 해빙(unfreeze), 변화(change), 재동결(refreeze)단계 과정을 통해서 이루어지는 3단계 모델 제시
① 해빙(unfreeze)단계: 조직 변화 준비단계로 변화의 필요성을 인식하고 수용하는 단계
② 변화(change)단계: 새로운 변화를 시도하고 발전하는 단계
③ 재동결(refreeze)단계: 변화가 조직 내에 안정화되고 강화시키는 단계

(6) 인간의 사회적 행동의 기본 형태

(가) 협력(cooperation) : 조력, 분업

(나) 대립(opposition) : 공격, 경쟁

(다) 도피(escape) : 고립, 정신병, 자살

(라) 융합(accomodation) : 강제, 타협, 통합

(7) 인간의 행동특성

(가) 레윈(Lewin.K)의 법칙 : 인간행동은 사람이 가진 자질, 즉 개체와 심리학적 환경과의 상호 함수관계에 있다고 정의함

(나) $B = f(P \cdot E)$

B : Behavior(인간의 행동)
P : Person(개체 : 연령, 경험, 심신 상태, 성격, 지능, 소질 등)
E : Environment(심리적 환경 : 인간관계, 작업환경 등)
f : function(함수관계 : P와 E에 영향을 주는 조건)

2. 재해빈발성 및 행동과학

(1) Y·G 성격검사(Yatabe-Guilford) : 질문에 대하여 3지선다(예, 아니오, 어느 쪽도 아님)로 회답하는 방식

(가) A형(평균형) : 조화적, 적응적
(나) B형(우편형) : 정서불안정, 활동적, 외향적(부적응, 적극형)
(다) C형(좌편형) : 안전, 비활동적, 내향적(소극형)
(라) D형(우하형) : 안전, 적응, 적극형(활동적, 사회적응)
(마) E형(좌하형) : 불안정, 부적응, 수동형

> 야다베-길퍼드(知田部-Guilford) 성격검사(Y-G검사)
> 질문지법으로 120개 항목의 질문을 통해 외적 조건에 대해 어떤 반응을 나타내는지 판정

(2) 재해 누발자의 유형

(가) 상황성 누발자 – 주변 상황
① 작업이 어렵기 때문에
② 기계·설비의 결함이 있기 때문에
③ 심신에 근심이 있기 때문에
④ 환경상 주의력의 집중 혼란
(나) 습관성 누발자 – 재해의 경험, 슬럼프(slump)상태
(다) 소질성 누발자 – 개인의 능력(지능, 성격, 시각기능)
(라) 미숙성 누발자 – 기능미숙, 환경에 익숙지 못함.

> **사고 경향성 이론**
> ① 어떠한 사람이 다른 사람보다 사고를 더 잘 일으킨다는 이론이다.
> ② 사고를 많이 내는 여러 명의 특성을 측정하여 사고를 예방하는 것이다.
> ③ 검증하기 위한 효과적인 방법은 다른 두 시기 동안에 같은 사람의 사고기록을 비교하는 것이다.

> 사고 경향성 이론
> 통계적인 사실로서 사고 발생에 연결되기 쉬운 개인적인 성격(지속적인 개인의 심리적 특성)을 가지고 있는 사람이 있다는 이론

> **안전사고와 관련하여 소질적 사고 요인**
> ① 지능
> ② 성격
> ③ 시각기능(시각기능에 결함이 있는 자에게 재해가 많으며 시각기능은 반응속도보다 반응의 정확도에 관계가 있음)

(3) 동기부여 이론

(가) 데이비스(K. Davis)의 동기부여 이론(등식)

　(동기부여 등식이론 : 동기부여를 등식으로 표시)

　① 인간의 성과×물질의 성과 = 경영의 성과
　② 지식(knowledge)×기능(skill) = 능력(ability)
　③ 주위상황(situation)×인간태도(attitude) = 동기유발(motivation)
　④ 인간의 능력(ability)×동기유발(motivation) = 인간의 성과(human performance)

(나) 맥그리거(Douglas McGregor)의 X 이론과 Y 이론

1) X · Y 이론 : 상반되는 인간본질을 가정하여 X · Y 이론 제시

X 이론	Y 이론
인간은 본래 게으르고 태만하여 남의 지배 받기를 즐긴다.	인간은 부지런하고 근면, 적극적이며 자주적이다
인간불신감	상호신뢰감
성악설	성선설
물질욕구(저차원 욕구)	정신욕구(고차원 욕구)
명령통제에 의한 관리	목표통합과 자기통제의 의한 자율관리
저개발국형	선진국형

2) X · Y 이론의 관리처방

X 이론	Y 이론
경제적 보상 체제의 강화 권위주의적 리더십의 확립 면밀한 감독과 엄격한 통제 상부 책임제도의 강화 조직구조의 고층성	민주적 리더십의 확립 분권화와 권한의 위임 목표의 의한 관리 직무확장 자체평가제도의 활성화 비공식적 조직의 활용

> **Y 이론의 가정**
> ① 현대 산업사회와 같은 여건 하에서 일반 사람의 지적 잠재력은 부분적으로 밖에 활용되지 못하고 있다.
> ② 대부분 사람들은 조건만 적당하면 책임뿐만 아니라 그것을 추구할 능력이 있다.
> ③ 목적에 투신하는 것은 성취와 관련된 보상과 함수 관계에 있다.
> ④ 근로에 육체적, 정신적 노력을 쏟는 것은 놀이나 휴식만큼 자연스럽다.

(다) 매슬로우(Abraham Maslow)의 욕구 5단계 이론

1) 1단계 : 생리적 욕구(physiological needs) – 인간의 가장 기본적인 욕구(의식주 및 성적 욕구 등)
   – 인간이 충족시키고자 추구하는 욕구에 있어 가장 강력한 욕구

2) 2단계 : 안전의 욕구(safety needs) – 자기 보전적 욕구(안전과 보호, 경제적 안정, 질서 등)

3) 3단계 : 사회적 욕구(love and belonging needs) – 소속감, 애정욕구 등

4) 4단계 : 존경의 욕구(esteem needs) – 다른 사람들로부터도 인정받고자 하는 욕구(존경받고 싶은 욕구, 자존심, 명예, 지위 등에 대한 욕구)

5) 5단계 : 자아실현의 욕구(self-actualization needs) – 잠재적 능력을 실현하고자 하는 욕구
   – 편견 없이 받아들이는 성향, 타인과의 거리를 유지하며 사생활을 즐기거나 창의적 성격으로 봉사, 특별히 좋아하는 사람과 긴밀한 관계를 유지하려는 인간의 욕구에 해당

> **매슬로우(Maslow)의 욕구 5단계 이론**
> ① 욕구의 발생은 단계별 구분이 명확하게 나누어지는 것이 아니고 서로 중첩되어 나타난다.
> ② 각 단계의 욕구는 "만족 또는 충족 후 진행"의 성향을 갖는다.
> ③ 대체적으로 인생이나 경력의 초기에는 안전의 욕구가 우세하게 나타난다.
> ④ 궁극적으로는 자기의 잠재력을 최대한 발휘하여 하고 싶은 일을 실현하고자 한다.
> ⑤ 인간의 생리적 욕구에 대한 의식적 통제가 어려운 것(순서) : 호흡의 욕구→안전의 욕구→해갈의 욕구→배설의 욕구

허즈버그(Herzberg)의 위생·동기이론

1) 위생요인: 직무 불만족의 요인과 관계가 있으며, 위생요인의 충족은 직무에 대해 불만족이 감소되지만 직무 만족을 가져 오지는 못함
2) 동기요인: 직무에 대한 만족의 요인이며, 동기요인이 충족하게 되면 직무에 대해 만족하고 일에 대한 긍정적인 태도를 갖게 함
① 인정은 상사 등으로 부터의 칭찬, 신임, 수용, 보상 등
② 성취는 목표의 달성 등
③ 책임은 간섭 없이 재량권을 가지며 결과에 대해 책임을 짐
④ 발전은 지위나 직위의 변화 등

아담스(Adams)의 형평이론 (equity theory)

자신의 노력과 그 결과로 얻는 보상이 준거가 되는 다른 사람과 비교하여 불공정하다고 인식될 때 동기가 유발된다고 주장함. 처우의 공평성에 대한 사람들의 지각과 신념이 직무형태에 영향을 미친다고 봄.
① 작업동기는 자신의 투입대비 성과 결과와 준거인물의 투입대비 성과 결과를 비교한다.
② 투입(input)이란 보상을 기대하면서 기여하는 것으로 일반적인 자격, 교육수준, 노력 등을 의미한다.
③ 성과(outcome)란 보상으로 받게되는 급여, 지위, 인정 및 기타 부가 보상 등을 의미한다.
④ 지각에 기초한 이론이므로 자기 자신을 지각하고 있는 사람을 개인(person)이라 한다.
(개인이 다른 사람과 비교하여 자신을 어떻게 지각하는지에 따라 동기가 결정됨)

> **매슬로우(Maslow)의 욕구이론에 관한 설명**
> ① 행동은 충족되지 않은 욕구에 의해 결정되고 좌우된다.
> ② 위계(位階)에서 생존을 위해 기본이 되는 욕구들이 우선적으로 충족되어야 한다.
> ③ 개인은 가장 기본적인 욕구로부터 시작하여 위계상 상위 욕구로 올라가면서 자신의 욕구를 체계적으로 충족시킨다.

(라) 알더퍼(Alderfer)의 ERG 이론

　1) 생존(Existence) 욕구(존재 욕구) : 매슬로우의 생리적 욕구, 물리적 측면의 안전 욕구

　2) 관계(Relation) 욕구 : 매슬로우의 대인관계 측면의 안전 욕구, 사회적 욕구, 존경의 욕구

　3) 성장(Growth) 욕구 : 매슬로우의 자아실현의 욕구

(마) 허츠버그(Herzberg)의 위생·동기이론

　1) 위생요인(유지 욕구) : 인간의 동물적 욕구, 매슬로우의 생리적, 안전, 사회적 욕구와 유사

　2) 동기요인(만족 욕구) : 자아실현. 매슬로우의 자아실현 욕구와 유사

> **동기·위생이론에서 직무동기를 높이는 방법**
> ① 위생요인 : 급여의 인상, 감독, 관리규칙, 기업의 정책, 작업조건, 승진, 지위
> ① 동기요인 : 상사로부터의 인정, 자율성 부여와 권한 위임, 직무에 대한 개인적 성취감, 책임감, 존경, 작업자체

(바) 강화이론(스키너) : 인간의 동기에 대한 이론 중 자극, 반응, 보상의 세 가지 핵심변인을 가지고 있으며, 표출된 행동에 따라 보상을 주는 방식에 기초한 동기이론

　(* 그 외 아담스의 형평이론, 브롬의 기대이론, 로크의 목표설정이론)

(4) 로스(Ross)의 동기유발요인

　① 안정(security)　　　　② 기회(opportunity)
　③ 참여(participation)　　④ 인정(recongnition)
　⑤ 경제(economic)　　　⑥ 성과(accomplishment)
　⑦ 부여권한(power)　　　⑧ 적응도(conformity)
　⑨ 독자성(independence)

욕구이론

구분	Maslow의 욕구단계이론	Herzberg의 2요인	Alderfer의 ERG이론
제1단계	생리적 욕구	위생 요인	생존 욕구(Existence)
제2단계	안전의 욕구		
제3단계	사회적 욕구	동기 요인	관계 욕구(Relation)
제4단계	존경의 욕구		성장 욕구(Growth)
제5단계	자아실현의 욕구		

브룸의 기대이론
기대감(Expectancy, 열심에 따른 높은 성과의 기대), 수단성(Instrumentality, 직무 수행 결과로써 보상), 유의성(Valence, 직무 결과에 대해 개인의 가치)의 세 가지 요인이 동기 부여를 결정

✱ 성취동기이론 : 맥클레랜드(McClelland)

✱ Tiffin의 동기유발요인에 있어 공식적 자극 : ① 소극적 – 해고, 특권박탈 / ② 적극적 – 승진, 작업계획의 선택

✱ 동기부여(motivation)에 있어 동기가 가지는 성질
  ① 행동을 촉발시키는 개인의 힘을 뜻하는 활성화
  ② 일정한 강도와 방향을 지닌 행동을 유지시키는 지속성
  ③ 노력의 투입을 선택적으로 한 방향으로 지향하도록 하는 통로화

✱ 동기부여 요인 : 직무만족이 긍정적인 영향을 미칠 수 있고, 그 결과 개인 생산능력의 증대를 가져오는 인간의 특성을 의미하는 용어

✱ 직무동기 이론 중 기대이론에서 성과를 나타냈을 때 보상이 있을 것이라는 수단성을 높이려면 유의해야 할 점
  ① 보상의 약속을 철저히 지킨다.
  ② 신뢰할만한 성과의 측정방법을 사용한다.
  ③ 보상에 대한 객관적인 기준을 사전에 명확히 제시한다.

자기효능감(self-efficacy)과 자아 존중감(self-esteem)
① 자기 효능감(self-efficacy) : 어떤 과업을 성취할 수 있는 자신의 능력에 대한 스스로의 믿음, 평가. 자신의 능력으로 성공적 수행이 가능하다는 자기 자신에 대한 신념이나 기대감 (특정한 과업에 대한 스스로의 믿음과 관련된 개념)
② 자아 존중감(self-esteem) : 자신이 가치가 있는 소중한 존재이고 긍정적인 존재로 평가(자기 자신에 대한 광범위하고 포괄적인 평가를 의미)

✱ 인간의 동작에 영향을 주는 요인(인간의 동작특성)
  ① 외적 조건
    ㉠ 대상물이 동적 성질에 따른 소서(동석 조건)
    ㉡ 높이, 폭, 길이, 크기 등의 조건(정적 조건)
    ㉢ 기온, 습도 조명, 소음 등의 조건(환경 조건)
  ② 내적 조건 : 근무경력(경험), 적성, 개성, 생리적 조건(피로, 긴장 등) 등의 조건

✱ 작업동기에 있어 행동의 3가지 결정 요인 : ① 능력 ② 동기 ③ 상황적 제약조건

✱ Super. D. E의 역할이론 : ① 역할 연기(role playing) ② 역할 기대(role expectation) ③ 역할 조성(role shaping) ④ 역할 갈등(role conflict)
  – 역할 갈등 : 작업에 대하여 상반된 역할이 기대되는 경우(원인 : 역할 부적합, 역할 마찰, 역할 모호성)
  – 역할 연기(role playing) : 자아탐구의 수단인 동시에 자아실현의 수단이라 할 수 있는 것

역할 과부하
조직에 의한 스트레스 요인으로 역할 수행자에 대한 요구가 개인의 능력을 초과하거나 주어진 시간과 능력이 허용하는 것 이상을 달성하도록 요구받고 있다고 느끼는 상황

3. 집단관리와 리더십

리더십(leadership)의 특성
① 민주주의적 지휘 형태
② 부하와의 좁은 사회적 간격
③ 밑으로부터의 동의에 의한 권한 부여
④ 개인적 영향에 의한 부하와의 관계유지

특성이론(특질접근법)
통솔력이 리더 개인의 특별한 성격과 자질에 의존한다고 설명하는 이론

(1) **리더십(leadership)** : 집단구성원에 의해 선출된 지도자의 지위·임무
  ① 어떤 특정한 목표달성을 지향하고 있는 상황하에서 행사되는 대인간의 영향력
  ② 공통된 목표달성을 지향하도록 사람에게 영향을 미치지는 것
  ③ 주어진 상황 속에서 목표 달성을 위해 개인 또는 집단 의 활동을 미치는 과정

(2) **리더십의 이론**

(가) **특성이론** : 리더의 성격 특성을 연구. 리더의 기능수행과 지위, 획득 유지가 리더 개인의 성격·자질에 의존한다고 주장(특질접근법)
  – 성공적인 리더는 어떤 특성을 가지고 있는가를 연구 : ① 육체적 특성 ② 지능 ③ 성격 ④ 관리능력

(나) **행동이론** : 리더가 취하는 행동에 역점을 두고 설명하는 이론(행동접근법)
  – 리더와 부하와의 관계를 중심으로 리더의 행동 형태를 연구

(다) **상황이론** : 리더가 처해있는 상황을 강조하고 분석하는 것으로 상황에 근거해 리더의 가치가 판단(상황접근법)
  – 상황에 적합한 효과적인 리더십 행동을 개념화한 연구

(3) **리더십(leadership) 과정에서의 구성요소와의 함수관계**
  – 리더십의 유효성(有效性)을 증대시키는 1차적 요소와 관계

$$L = f(l \cdot f_1 \cdot s)$$

L : 리더십(Leadership), f : 함수(function), l : 리더(leader), f_1 : 멤버, 추종자 집단(follower), s : 상황적 변수(situational variables)

> **리더십을 결정하는 주요한 3가지 요소**
> ① 리더의 특성과 행동
> ② 부하의 특성과 행동
> ③ 리더십이 발생하는 상황의 특성

> **성공적인 리더가 가지는 중요한 관리기술**
> ① 집단의 목표를 구성원과 함께 정한다.
> ② 구성원이 집단과 어울리도록 협조한다.
> ③ 자신이 아니라 집단에 대해 많은 관심을 가진다.

(4) 리더가 가지고 있는 세력(권한)의 유형(French와 Raven)

- 조직이 지도자에게 부여한 권한 : 강압적 권한, 보상적 권한, 합법적 권한
- 지도자 자신이 자신에게 부여한 권한 : 전문성의 권한, 준거적 권한

① 강압적 세력(coercive power) : 부하들이 바람직하지 않은 행동을 했을 때 처벌할 수 있는 권한
② 보상적 세력(reward power) : 보상을 줄 수 있는 권한(승진, 휴가, 보너스 등)
③ 합법적 세력(legitimate power) : 조직의 공식적 권력구조에 의해 주어진 권한을 의미
④ 전문적 세력(expert power) : 리더가 전문적 기술, 독점적 정보 정도에 의해 전문적 권한이 결정
⑤ 참조적 세력, 준거적 세력(referent power, attraction power) : 리더의 생각과 목표를 동일시하거나 존경하고자 할 때의 권한
※ 위임된 권한 : 지도자가 추구하는 계획과 목표를 부하직원이 자신의 것으로 받아들여 자발적으로 참여하게 하는 리더십의 권한

(5) 리더십의 유형

(가) 리더의 행동스타일 리더십

1) 직무 중심적 리더십 : 생산과업을 중시, 공식권한과 권력에 의존, 부하들을 치밀하게 감독
2) 부하 중심적 리더십 : 부하와의 관계를 중시, 부하에게 권한을 위임, 자유재량을 많이 줌

(나) 민주적 리더와 독재적 리더

1) 민주적 리더십의 리더 : 민주적, 인간적이며 집단중심. 조직구성원들의 의사를 종합하여 결정한다.
   - 조직구성원들과의 사회적 간격이 좁다(유대관계 원활).
2) 독재적 리더십의 리더 : 권위주의적, 개인중심. 리더가 단독으로 의사결정한다.
   - 조직구성원들과의 사회적 간격 넓다(유대관계 원활하지 못함).

(다) 허시(Hersey)와 브랜차드(Blanchard)의 상황적 리더십의 4가지 종류

1) 지시적 리더십(telling leadership) : 관계↓, 과업↑(주도적 리더) 일방적 의사소통, 리더 중심의 의사결정

레윈의 리더십의 유형
① 독재적 리더십(authoritative) : 일 중심형으로 업적에 대한 관심은 높지만 인간관계에 무관심한 리더십 타입(권위적, 권력형)
② 민주적 리더십(democratic) : 이상형
  - 구성원들과 조직체의 공동목표, 상호의존관계 강조
  - 상호신뢰적이고 상호존경적 관계에서 구성원을 통한 과업달성
③ 자유방임적 리더십(laissez-faire) : 업적보다는 부하들의 의사결정

교환적 리더십과 변혁적 리더십
① 교환적 리더십(transactional leadership, 거래적 리더십) : 목표를 실행하고 그에 따르는 보상을 약속함으로써 부하를 동기화하려는 리더십(리더와 구성원 간의 교환 거래 관계에 바탕을 둔 리더십)
② 변혁적 리더십(transformational leadership, 변환적 리더십) : 리더가 부하에게 비전(vision)을 제시하고, 목표 달성을 위한 성취 의지와 자신감을 고취시키므로 부하의 가치관과 태도의 변화를 통해 성과를 이끌어내려는 리더십

상황적 리더십
① 지시적 리더십(지시형, directing): 지시와 명령을 내리고 과업수행 감독
② 설득적 리더십(코치형, coaching): 지시·명령 및 감독하고 결정사항을 설명하며, 제안을 받아들이는 리더십
③ 참여적 리더십(지원형, supporting): 과업에 대한 노력을 지원하고 의견을 반영하여 책임을 나누는 리더십
④ 위임적 리더십(위임형, delegating): 의사결정과 책임을 위임하는 리더십

부하의 행동에 영향을 주는 리더십: 모범, 제언, 설득, 강요
① 모범: 리더의 모범에 의해 부하로 하여금 자신의 행위에 영향을 가져오게 하는 것
② 제언: 의견을 제시하여 부하로 하여금 자신의 행위에 영향을 가져오게 하는 것
③ 설득: 제언보다 더 직접적인 방법. 조언, 설명, 보상조건 등의 제시를 통한 적극적인 방법
④ 강제: 상벌을 중심으로 강제성을 수반하는 것. 승진 또는 해임을 이용하여 부하로 하여금 자신의 행위에 영향을 가져오게 하는 강제적 방법

2) 설득적 리더십(selling leadership) : 관계↑, 과업↑
   쌍방적 의사소통, 공동의사결정
3) 참여적 리더십(participating leadership) : 관계↑, 과업↓
   부하와의 원만한 관계 유지, 부하의 의견를 의사결정에 반영
4) 위임적 리더십(delegating leadership) : 관계↓, 과업↓ (위양적(유도적) 리더십)
   부하들 자신의 자율적 행동, 자기 통제에 의존하는 리더
   ✱ 셀프 리더십 : 부하들의 역량을 개발하여 부하들로 하여금 자율적으로 업무를 추진하게 하고, 스스로 자기조절 능력을 갖게 만드는 리더십

(라) 경로-목표이론(R. J. House's Path-goal theory) : 리더의 행동이 어떻게 구성원의 동기를 유발하는지 설명하는 이론

1) 리더가 취할 수 있는 행동
   ① 지시적(directive) 리더 : 구체적인 지침, 작업 일정을 제공하고 직무를 명확히 해주는 리더 행동
   ② 지원적(supportive) 리더 : 부하와의 상호 만족스러운 인간관계를 강조하면서 지원적 분위기 조성하는 리더 행동
   ③ 참여적(participative) 리더 : 부하에게 자문을 구하고 의견을 반영하며 정보를 공유하는 리더 행동
   ④ 성취지향적(achievement oriented) 리더 : 도전적인 작업 목표를 설정하고 성취동기를 유도하는 리더 행동

2) 상황적 변수
   ① 부하의 특성에 따라
      ㉠ 능력(ability) : 부하의 능력이 우수하면 지시적 리더행동은 효율적이지 못하다.
      ㉡ 통제위치(locus of control) : 내적 통제성향을 갖는 부하는 참여적 리더행동을 좋아하고, 외적 통제성향인 부하는 지시적 리더행동을 좋아한다.
      ㉢ 욕구 및 동인(needs and motives) : 부하의 내면을 지배하는 욕구의 유형에 따라 리더의 행동은 영향 받게 된다.
   ② 과업 환경요소에 따라
      ㉠ 부하의 과업(task) : 과업이 구조화되어 있으면 지원적, 참여적 행동이 효율적이고, 비구조적일 때는 지시적 리더가 효과적이다.
      ㉡ 작업집단(work group) : 집단이 미성숙 단계일 경우 지시적 리더, 성숙된 경우 집단의 규범에 따른 지원적, 참여적 리더가 효과적이다.

(마) 피들러(Fiedler)의 상황리더십 이론 : 리더의 특성이나 행위가 주어진 상황조건에 따라 달라진다는 상황이론으로 리더의 성격적 특성과 리더십 상황의 호의도 와의 적합성(match) 정도에 따라 집단의 성과가 나타난다는 이론

1) 리더십 스타일 : LPC척도(Least Preferred Co-worker. 설문지)로 리더의 특성을 과업동기와 관계동기로 나누어 측정함.
  ① 관계지향적 리더(relationship-oriented style) : LPC점수가 높을수록 관계지향형 리더
    - 집단구성원들과 긴밀한 인간관계를 통한 과업목표 달성에 관심을 가짐.
    ㉠ 우호적이며 가까이 하기 쉽다.
    ㉡ 어떤 결정에 대해 자세히 설명해 준다.
    ㉢ 집단구성원들을 동등하게 대한다.)
  ② 과업지향적 리더(task-oriented style) : LPC 점수가 낮을수록 과업지향형 리더
    ㉠ 직무 수행에 우선적인 관심을 가지며 집단구성원들에게 과업지향적 행동을 강조
    ㉡ 과업을 수행하기 위하여 리더는 권위적, 지시적, 성취 지향적인 특성을 가짐

2) 상황적 요인 : 리더십 상황을 측정하는 상황변수
  ① 리더-구성원 관계(Leader Member-Relations : LMR)
  ② 과업구조(Task Structure : TS) : 과업의 목표, 달성방법 및 성과 기준 등이 분명하게 명시되어 있는 정도
  ③ 직위 권력(Position Power : PP)

(바) 관리그리드(managerial grid) 이론에서의 리더의 행동유형과 경향

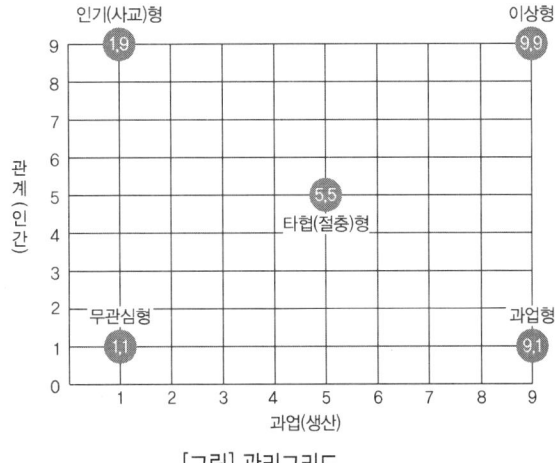

[그림] 관리그리드

관리그리드(관리격자이론)는 관리격자(바둑판 모양)를 활용하여 두 가지 (인간, 과업) 차원에 기초하여 리더십 이론을 전개
- 리더의 인간(=관계)에 대한 관심도와 생산(=과업)에 대한 관심에 따라 리더의 행동유형을 분류

1) (1.1)형 : 무관심형
   ① 생산과 인간에 대한 관심이 모두 낮은 무관심 유형
   ② 리더 자신의 직분을 유지하는 데 필요한 최소 노력만 투입

2) (1.9)형 : 인기형
   ① 인간에 대한 관심은 매우 높고, 생산에 대한 관심은 낮은 유형
   ② 구성원 간의 만족한 관계와 친밀한 분위기 조성에 역점

3) (9.1)형 : 과업형
   ① 생산에 대한 관심은 매우 높고, 인간에 대한 관심은 낮음 유형
   ② 인간적 요소보다 과업 수행의 능력을 최고로 중시

4) (5.5)형 : 타협형
   ① 과업이 능률과 인간적 요소를 절충(중간형)
   ② 적당한 수준의 성과를 지향하는 유형

5) (9.9)형 : 이상형
   ① 구성원들에게 조직체의 공동목표, 상호의존관계를 강조
   ② 상호신뢰적이고 상호존경적 관계에서 구성원을 통한 과업달성

(6) 헤드십(head-ship)

(가) 헤드십 : 임명된 지도자로서 권위주의적이고 지배적임

(나) 헤드십(head-ship)의 특성

1) 권한의 근거는 공식적이다(공식적인 규정에 의거하여 권한의 귀속 범위가 결정된다).
2) 권한행사는 임명된 헤드이다.(권한의 부여는 조직으로부터 위임받음)
3) 지휘 형태는 권위주의적이다.
4) 상사와 부하와의 관계는 지배적이다.
5) 부하와의 사회적 간격은 넓다(관계 원활하지 않음).

리더십(leadship)과 헤드십(headship)

구분	리더십(leadship)	헤드십(headship)
권한 근거	개인능력	법적 또는 공식적
권한 행사	선출된 리더	임명된 헤드
지휘 행태	민주주의적	권위주의적
권한 귀속	집단목표에 기여한 공로 인정	공식적인 규정에 의거 결정

관료주의의 기본적 특성

피라미드 구조의 명령계통(상명하복(上命下服)의 질서정연한 체제)
① 사전에 설정된 절차와 규칙(모든 직위의 권한과 임무는 문서화된 법규에 의하여 규정)
② 전문화에 기초한 노동의 분업(관료로서의 직업은 잠정적인 직업이 아니라 일생 동안 종사하는 전임직업)
③ 기술적 능력에 기초한 승진과 선정(임무수행에 필요한 전문적 훈련을 받은 사람들이 관료로 채용)
④ 인간관계에 있어서는 비인격성으로 구성(법규의 적용에 있어서 공평무사한 비개인성(非個人性)을 유지)

기업조직의 원칙

㉮ 책임과 권한의 원칙 : 지시에 따라 최선을 다해서 주어진 임무나 기능을 수행하는 것
㉯ 권한위양의 원리 : 책임을 완수하는데 필요한 수단을 상사로 부터 위임 받은 것
  - 조직의 권한과 책임, 기능의 한계를 명확히 하는 데 기여
㉰ 지시 일원화의 원리 : 언제나 직속 상사에게서만 지시를 받고 특정 부하직원들에게만 지시하는 것
㉱ 전문화의 원리 : 조직의 각 구성원이 가능한 한 가지 특수 직무만을 담당하도록 하는 것
  - 불필요한 절차의 생략과 신속한 의사 결정에 기여

(7) 비공식 집단

① 비공식 집단은 조직구성원의 태도, 행동 및 생산성에 지대한 영향력을 행사한다.
② 가장 응집력이 강하고 우세한 비공식 집단은 수평적 동료 집단이다.
③ 혼합적 혹은 우선적 동료집단은 각기 상이한 부서에 근무하는 직위가 다른 성원들로 구성된다.
④ 비공식 집단은 관리영역 밖에 존재하고 조직도상에 나타나지 않는다.
※ 비공식 집단의 활동 및 특성 : 직접적이고 빈번한 개인 간의 접촉을 필요로 한다.

친구를 선택하는 일반적인 기준에 대한 경험적 연구에서 검증된 사실

(Dickens & Perlman, 1981)
① 우리는 우리를 좋아하는 사람을 좋아한다.
② 우리는 우리와 유사한 태도를 지닌 사람을 좋아한다.
③ 우리는 우리와 유사한 성격을 지닌 사람을 좋아한다.
④ 우리는 신체적으로 매력적인 사람을 좋아한다.
⑤ 우리는 우리 곁에 가까이 사는 사람을 좋아한다.
⑥ 우리는 우리와 나이가 비슷한 사람을 좋아한다.
⑦ 우리는 같은 성(性)을 가진 사람과 친구가 된다.

4. 생체 리듬과 피로

(1) 피로(fatigue)

(가) 피로(fatigue) : 신체의 변화, 스스로 느끼는 권태감 및 작업 능률의 저하 등을 총칭

① 급성 피로란 피로 증상이 1개월 이내 지속된 경우이며, 대부분 생리적인 피로 증상이거나 일시적인 경우들이 많아서 저절로 회복되는 경우(정상피로, 건강피로)

② 정신피로는 정신적 긴장에 의해 일어나는 중추신경계의 피로로 사고활동, 정서 등의 변화가 나타난다.

③ 만성피로(chronic fatigue, 慢性疲勞) : 피로가 매일 조금씩 장기간 축적되어 일어나는 피로이며, 축적(蓄積)피로라고도 함(* 정상피로 : 축적되지 않은 피로).

> 피로에 의한 정신적 증상 주의력이 감소 또는 경감된다.

(나) 피로의 종류

① 육체적 피로와 정신적 피로(피로의 현상 - 근육피로, 중추신경의 피로, 반사운동신경피로)
  ㉠ 육체적 피로 : 육체적인 운동의 결과로 나타나는 피로(근육피로)
  ㉡ 정신적 피로 : 단순한 작업의 반복이나 고도의 지적(知的) 작업을 장시간 계속할 때 생기는 피로

② 주관적 피로, 객관적 피로, 생리적 피로
  ㉠ 주관적 피로 : 스스로 피곤하다고 느끼는 자각증상
  ㉡ 객관적 피로 : 작업량 또는 질의 저하로 나타남
  ㉢ 생리적 피로 : 생리 상태를 검사. 인체 각 기능이나 물질 변화에 의해 나타남

> **생리적 피로와 심리적 피로**
> ① 생리적 피로는 근육조직의 산소고갈로 발생하는 신체능력 감소 및 생리적 손상이다.
> ② 심리적 피로는 계속되는 작업에서 수행감소를 주관적으로 지각하는 것을 의미 한다.
> ③ 작업 수행이 감소하더라도 피로를 느끼지 않을 수 있고, 수행이 잘 되더라도 피로를 느낄 수 있다.

> **피로 단계**
>
> 잠재기, 현재기, 진행기, 축적피로기 등 대체로 4단계로 구분
> ① 잠재기 : 외적으로 능력이 저하되고 지각하지 못하는 시기
> ② 현재기 : 능력 저하, 피로증상 지각, 이상발한, 구갈, 두통, 탈력감(허탈감)이 있고, 특히 관절이나 근육통이 수반되어 신체를 움직이기 귀찮아지는 단계
> ③ 진행기 : 회복 곤란, 본인 의지와 관계없이 작업 중단(수일간 휴식 필요)
> ④ 축적피로기 : 만성피로, 일종의 질환으로 발전(수개월, 수년 요양 필요)

(다) 피로(fatigue)의 측정 방법(검사항목)

1) 생리학적 방법 : 근력, 근활동, 인지역치(認知閾値), 반사역치(反射閾値), 대뇌피질 활동, 호흡순환 기능
   - 피로의 검사방법에 있어 인지억제를 이용한 생리적 방법 : 점멸융합주파수(flicker fusion frequency)

2) 심리학적 방법 : 변별역치(辨別閾値), 동작분석, 행동기록, 정신작업, 연속반응시간, 피부저항, 전신자각 증상, 집중 자각증상

3) 생화학적 방법 : 혈색소 농도, 혈액 수분, 응혈 시간, 부신피질 등

4) 자각적 방법과 타각적 방법

> **작업자의 정신적 피로를 관찰할 수 있는 변화**
>
> 작업동작 경로의 변화, 작업태도의 변화, 사고활동의 변화
> - 육체적 피로를 관찰할 수 있는 변화 : 대사기능의 변화, 감각기능, 순환기능, 반사기능 등의 변화

> **점멸융합주파수(Flicker Fusion Frequency, 플리커 검사)**
>
> CFF(Critical Flicker Fusion Frequency) 값. 빛이 점멸하는데도 연속으로 켜있는 것 같아 보이는 주파수. 정신적 피로도, 휘도, 암조응 상태인지 여부에 영향을 받음.
> ① 피로의 정도를 측정하는 검사. 정신적으로 피로하면 주파수 값이 내려감(중추신경계의 정신적 피로도의 척도로 사용).
> ② 피로의 측정 분류 시 감각기능검사(정신·신경기능검사)의 측정대상 항목으로 가장 적합

(라) 피로회복 대책

① 휴식과 수면(가장 효과적인 방법)
② 충분한 영양(음식)섭취
③ 산책 및 가벼운 운동

심폐검사 방법의 피로 판정 검사
① 스텝 테스트(step test): 일정한 높이의 발판을 이용하여 운동한 후에 맥박, 혈압을 측정하는 심폐기능 검사
② 슈나이더 테스트(Schneider's test): 누운 자세에서 직립 자세로 옮겼을 경우 등의 맥박, 혈압의 변화 등에 의해서 검사하는 것

④ 음악감상, 오락 등으로 기분 전환

⑤ 목욕, 마사지 등 물리적 요법

> **허세이(Alfred Bay Hershey)의 피로회복법**
> ① 신체의 활동에 의한 피로 : 기계의 사용을 배제한다.
> ② 단조감·권태감에 의한 피로 : 작업의 가치를 부여 한다. 동작의 교대방법을 가르친다. 휴식 부여한다.
> ③ 질병에 의한 피로 : 보건상 유해한 작업환경을 개선한다.
> ④ 환경과의 관계에 의한 피로 : 작업장에서의 부적절한 관계를 배제한다.

(2) 생체 리듬(바이오리듬) : 인간의 생리적 주기 또는 리듬에 관한 이론

(가) 생체 리듬 구분

종류	곡선표시	영역	주기
육체 리듬 (physical)	P, 청색, 실선	식욕, 소화력, 활동력, 지구력 등이 증가 (신체적 컨디션의 율동적 발현)	23일
감성 리듬 (sensitivity)	S, 적색, 점선	감정, 주의력, 창조력, 예감, 희로애락 등이 증가	28일
지성 리듬 (intellectual)	I, 녹색, 일점쇄선	상상력, 사고력, 판단력, 기억력, 인지력, 추리능력 등이 증가	33일

생체 리듬의 위험일
(+)리듬에서 (−)리듬으로 또는 (−)리듬에서 (+)리듬으로 변화하는 점을 0 또는 위험일이며 이 시점이 가장 위험한 시기

스트레스의 요인
1) 내부적 자극요인: 스트레스 주요 원인 중 마음 속에서 일어나는 내적 자극요인
① 자존심의 손상
② 업무상 죄책감
③ 현실에서의 부적응
2) 외부적 자극 요인
① 대인관계 갈등
② 가족의 죽음, 질병
③ 경제적 어려움

(나) 생체 리듬의 곡선표시방법 : 구체적으로 통일되어 있으며 색 또는 선으로 표시하는 두 가지 방법이 사용

(다) 위험일 : 안정기(+) 와 불안정기(−)의 교차점

(라) 생체 리듬과 피로현상

① 생체상의 변화는 하루 중에 일정한 시간간격을 두고 교환된다.

② 혈액의 수분과 염분량 : 주간에 감소하고 야간에 증가

③ 체온, 혈압, 맥박수 : 주간에 상승하고 야간에 저하

④ 야간에는 소화분비액 불량, 체중이 감소

⑤ 야간에는 말초운동 기능이 저하, 피로의 자각증상이 증가

⑥ 생체 리듬에서 중요한 점은 낮에는 신체활동이 유리하며, 밤에는 휴식이 더욱 효율적이라는 것이다.

⑦ 몸이 흥분한 상태일 때는 교감신경이 우세하고 수면을 취하거나 휴식을 할 때는 부교감신경이 우세하다.

(3) 스트레스

1) 스트레스에 대한 설명
   ① 스트레스는 환경의 요구가 지나쳐 개인의 능력한계를 벗어날 때 발생한다(개인과 환경과의 불균형, 부적합 상태).
   ② 스트레스 요인에는 소음, 진동, 열 등과 같은 환경 영향뿐만 아니라 개인적인 심리적 요인(불안, 피로, 좌절 및 분노)들도 포함한다.
   ③ 사람이 스트레스를 받게 되면 감각기관과 신경이 예민해진다(맥박, 혈압, 혈류, 혈당, 호흡 등도 증가).
   ④ 순기능 스트레스는 스트레스의 반응이 긍정적이고, 건전한 결과로 나타나는 현상이다.
   ⑤ 스트레스는 직무 몰입과 생산성 감소의 직접적인 원인이 된다.

2) 직무로 인한 스트레스 : 동기부여의 저하, 정신적 긴장 그리고 자신감 상실과 같은 부정적 반응을 초래

3) 산업스트레스의 요인 중 직무특성과 관련된 요인 : 작업속도, 근무시간, 업무의 반복성, 작업교대

4) 작업스트레스에 대한 연구 결과
   ① 조직에서 스트레스를 일으키는 대부분의 원인들은 역할 속성과 관련되어 있다.
   ② 스트레스는 분노, 좌절, 적대, 흥분 등과 같은 보다 강렬하고 격앙된 정서 상태를 일으킨다.
   ③ 내적통제형의 근로자들이 외적통제형의 근로자들보다 스트레스를 덜 받는다.
   ④ A유형의 근로자들이 B유형의 근로자들보다 스트레스를 많이 받는다.

   * A형 행동유형(TABP : Type A Behavior Pattern) : 시간의 절박감과 경쟁적 성취욕이 강하고 공격적, 경쟁적, 적대적이고 참을성이 없는 유형(B형 행동유형 : A형 유형과 반대되는 행동유형)
     ① 직무스트레스의 주요 원천이다. 관상동맥성 심장병(CHD)에 걸릴 확률이 높다.
     ② 미국의 프리드먼(Friedman)과 로젠만(Rosenman)이 분류한 3가지 행동유형(A형, B형, C형 행동유형)

스트레스(stress) 중 환경이나 외부를 통해서 영향을 주는 요인: 직장에서의 대인관계 갈등과 대립
① 대인관계 갈등
② 죽음, 질병
③ 경제적 어려움

스트레스의 반응에 대하여 개인적 차이가 이유가 되는 것: 성(性)의 차이, 강인성의 차이, 자기 존중감의 차이 등
(* 작업시간의 차이는 개인적 차이의 이유가 아님.)

개인적 차원에서의 스트레스 관리 대책
① 긴장 이완법
② 적절한 운동
③ 적절한 시간관리

NIOSH의 직무스트레스 모형에서 직무스트레스 요인
① 작업요인 - 작업속도
② 조직요인 - 관리유형
③ 환경요인 - 조명과 소음
④ 완충작용요인 - 대응능력
* NIOSH(National Institute for Occupational Safety and Health): 미국국립산업안전보건연구원

CHAPTER 04 항목별 우선순위 문제 및 해설

01 매슬로우의 욕구단계이론에서 편견 없이 받아들이는 성향, 타인과의 거리를 유지하며 사생활을 즐기거나 창의적 성격으로 봉사, 특별히 좋아하는 사람과 긴밀한 관계를 유지하려는 인간의 욕구에 해당하는 것은?

① 생리적 욕구
② 사회적 욕구
③ 자아실현의 욕구
④ 안전에 대한 욕구

해설 자아실현의 욕구(self-actualization needs)
잠재적 능력을 실현하고자 하는 욕구

02 데이비스(K. Davis)의 동기부여이론 등식으로 옳은 것은?

① 지식×기능 = 태도
② 지식×상황 = 동기유발
③ 능력×상황 = 인간의 성과
④ 능력×동기유발 = 인간의 성과

해설 데이비스(K. Davis)의 동기부여이론(등식)
① 인간의 성과×물질의 성과 = 경영의 성과
② 지식(knowledge)×기능(skill) = 능력(ability)
③ 상황(situation)×태도(attitude) = 동기유발(motivation)
④ 능력(ability)×동기유발(motivation) = 인간의 성과(human performance)

03 헤드십(headship)의 특성에 관한 설명으로 틀린 것은?

① 상사와 부하의 사회적 간격은 넓다.
② 지휘형태는 권위주의적이다.
③ 상사와 부하의 관계는 지배적이다.
④ 상사의 권한 근거는 비공식적이다.

해설 헤드십(head-ship)의 특성
① 권한의 근거는 공식적이다.
② 부하와의 사회적 간격은 넓다(관계 원활하지 않음)

04 ERG(Existence Relation Growth)이론을 주장한 사람은?

① 매슬로우(Maslow)
② 맥그리거(McGregor)
③ 테일러(Taylor)
④ 알더퍼(Alderfer)

해설 알더퍼(Alderfer)의 ERG 이론
1) 생존(Existence) 욕구 : 매슬로우의 생리적 욕구, 물리적 측면의 안전 욕구
2) 관계(Relation) 욕구 : 매슬로우의 대인관계 측면의 안전 욕구, 사회적 욕구, 존경의 욕구
3) 성장(Growth) 욕구 : 매슬로우의 자아실현의 욕구

05 다음 중 리더십(Leadership)에 관한 설명으로 틀린 것은?

① 각자의 목표를 위해 스스로 노력하도록 사람에게 영향력을 행사하는 활동
② 어떤 특정한 목표달성을 지향하고 있는 상황하에서 행사되는 대인간의 영향력
③ 공통된 목표달성을 지향하도록 사람에게 영향을 미치지는 것
④ 주어진 상황 속에서 목표 달성을 위해 개인 또는 집단의 활동을 미치는 과정

해설 리더십(Leadership)
조직에서 공동의 목표달성을 위해 사람에게 영향을 미치지는 것

정답 01.③ 02.④ 03.④ 04.④ 05.①

06 리더십에 있어서 권한의 역할 중 조직이 지도자에게 부여한 권한이 아닌 것은?

① 보상적 권한
② 강압적 권한
③ 합법적 권한
④ 전문성의 권한

해설 조직이 지도자에게 부여한 권한 : 강압적 권한, 보상적 권한, 합법적 권한
- 지도자 자신이 자신에게 부여한 권한 : 전문성의 권한, 준거적 권한

07 다음 중 레윈(Lewin.K)에 의하여 제시된 인간의 행동에 관한 식을 올바르게 표현한 것은? (단, B는 인간의 행동, P는 개체, E는 환경, f는 함수관계를 의미한다.)

① $B = f(P \cdot E)$
② $B = f(P+1)B$
③ $P = E \cdot f(B)$
④ $E = f(B+1)P$

해설 레윈(Lewin.K)의 법칙 : 인간행동은 사람이 가진 자질, 즉 개체와 심리학적 환경과의 상호 함수관계에 있다고 정의함

$$B = f(P \cdot E)$$

B : Behavior(인간의 행동)
P : Person(개체 : 연령, 경험, 심신 상태, 성격, 지능, 소질 등)
E : Environment(심리적 환경 : 인간관계, 작업환경 등)
f : function(함수관계 : P와 E에 영향을 주는 조건)

08 다음 중 맥그리거(Douglas McGregor)의 X 이론과 Y 이론에 관한 관리 처방으로 가장 적절한 것은?

① 목표에 의한 관리는 Y 이론의 관리 처방에 해당된다.
② 직무의 확장은 X 이론의 관리 처방에 해당된다.
③ 상부책임제도의 강화는 Y 이론의 관리 처방에 해당 된다.
④ 분권화 및 권한의 위임은 X 이론의 관리 처방에 해당

해설 X · Y 이론의 관리처방

X 이론	Y 이론
• 경제적 보상 체제의 강화	• 민주적 리더십의 확립
• 권위주의적 리더십의 확립	• 분권화와 권한의 위임
• 면밀한 감독과 엄격한 통제	• 목표의 의한 관리
• 상부 책임제도의 강화	• 직무확장
• 조직구조의 고층성	• 자체평가제도의 활성화
	• 비공식적 조직의 활용

09 다음 중 인간관계 관리기법에 있어 구성원 상호간의 선호도를 기초로 집단 내부의 동태적 상호관계를 분석하는 방법으로 가장 적절한 것은?

① 소시오메트리(sociometry)
② 그리드 훈련(grid training)
③ 집단역할(group dynamic)
④ 감수성 훈련(sensitivity training)

해설 소시오메트리(sociometry) : 집단의 구조, 동료관계, 인간관계, 집단구성원의 사기 등 측정(사회측정법)
(집단 구성원들 간의 공식적 관계가 아닌 비공식적인 관계를 파악하기 위한 방법)

10 집단에 있어서의 인간관계를 하나의 단면(斷面)에서 포착하였을 때 이러한 단면적(斷面的)인 인간관계가 생기는 기제(機制)와 가장 거리가 먼 것은?

① 모방   ② 암시
③ 습관   ④ 커뮤니케이션

해설 집단에서의 인간관계 메커니즘(mechanism)
(가) 일체화 : 심리적 결합
(나) 동일화(identification) : 타인의 행동 양식이나 태도를 투입시키거나 타인에게서 자기와 비슷한 점을 발견

정답 06.④ 07.① 08.① 09.① 10.③

(다) 공감 : 동정과 구분
(라) 커뮤니케이션(communication) : 언어, 몸짓, 신호, 기호
(마) 모방 : 직접 모방, 간접 모방, 부분 모방
(바) 암시 : 타인으로부터 판단이나 행동을 무비판적으로 근거 없이 받아들이는 것
(사) 역할학습 : 유희
(아) 투사(Projection 투출) : 자기 속에 억압된 것을 타인의 것으로 생각 하는 것

11 다음 중 집단(group)의 특성에 대하여 올바르게 설명한 것은?

① 1차 집단(primary group) – 사교집단과 같이 일상생활에서 임시적으로 접촉하는 집단
② 공식 집단(formal group) – 회사나 군대처럼 의도적으로 설립되어 능률성과 과학적 합리성을 강조하는 집단
③ 성원 집단(membership group) – 특정 개인이 어떤 상태의 지위나 조직 내 신분을 원하는데 아직 그 위치에 있지 않은 사람들의 집단
④ 세력 집단 – 혈연이나 지연과 같이 장기간 육체적, 정서적으로 매우 밀접한 집단

해설 집단(group)의 특성
① 1차 집단 : 구성원 간에 친밀한 접촉을 토대로 자연스럽게 이루어진 집단(가족, 친구, 놀이 집단 등)
② 성원집단(membership group) : 개인이 구성원으로 소속하여 있는 집단
③ 세력집단 : 집단에서 중요한 역할을 하는 핵심구성원들의 집단

12 다음 중 상황성 누발자 재해유발원인과 거리가 먼 것은?

① 작업이 어렵기 때문
② 주의력이 산만하기 때문
③ 기계설비에 결함이 있기 때문
④ 심신에 근심이 있기 때문

해설 재해 누발자의 유형
(가) 상황성 누발자 – 주변 상황
 ① 작업이 어렵기 때문에
 ② 기계·설비의 결함이 있기 때문에
 ③ 심신에 근심이 있기 때문에
 ④ 환경상 주의력의 집중 혼란
(나) 습관성 누발자 – 재해의 경험, 슬럼프(slump) 상태
(다) 소질성 누발자 – 개인의 능력
(라) 미숙성 누발자 – 기능미숙, 환경에 익숙지 못함

13 다음 중 피로(fatigue)에 관한 설명으로 가장 적절하지 않은 것은?

① 피로는 신체의 변화, 스스로 느끼는 권태감 및 작업 능률의 저하 등을 총칭하는 말이다.
② 급성피로란 보통의 휴식으로는 회복이 불가능한 피로를 말한다.
③ 정신피로는 정신적 긴장에 의해 일어나는 중추신경계의 피로로 사고활동, 정서 등의 변화가 나타난다.
④ 만성피로란 오랜 기간에 걸쳐 축적되면 일어나는 피로를 말한다.

해설 급성 피로
피로 증상이 1개월 이내 지속된 경우이며, 대부분 생리적인 피로 증상이거나 일시적인 경우들이 많아서 저절로 회복되는 경우(정상피로, 건강피로)

14 다음 중 피로검사 방법에 있어 심리적인 방법의 검사항목에 해당하는 것은?

① 호흡순환기능
② 연속반응시간
③ 대뇌피질 활동
④ 혈색소 농도

해설 피로(fatigue)의 측정 방법(검사항목)
1) 생리학적 방법 : 근력, 근활동, 인지역치(認知閾値), 반사역치(反射閾値), 대뇌피질 활동, 호흡순환 기능
2) 심리학적 방법 : 변별역치(辨別閾値), 동작분석, 행동기록, 정신작업, 연속반응시간, 피부저항, 전신자각 증상, 집중자각증상
3) 생화학적 방법 : 혈색소농도, 혈액수분, 응혈시간, 부신피질 등

정답 11. ② 12. ② 13. ② 14. ②

15 다음 중 생체 리듬(Biorhythm)의 종류에 해당하지 않는 것은?

① 지적 리듬 ② 신체 리듬
③ 감성 리듬 ④ 신경 리듬

해설 **생체 리듬(바이오리듬)** : 인간의 생리적 주기 또는 리듬에 관한 이론

〈생체 리듬 구분〉

종류	곡선표시	영역	주기
육체 리듬 (Physical)	P, 청색, 실선	식욕, 소화력, 활동력, 지구력 등이 증가(신체적 컨디션의 율동적 발현)	23일
감성 리듬 (Sensitivity)	S, 적색, 점선	감정, 주의력, 창조력, 예감, 희로애락 등이 증가	28일
지성 리듬 (Intellectual)	I, 녹색, 일점쇄선	상상력, 사고력, 판단력, 기억력, 인지력, 추리능력 등이 증가	33일

정답 15. ④

Chapter 05 안전보건교육의 내용 및 방법

memo

1. 교육의 필요성과 목적

(1) 학습(교육)지도의 원리

① 직관의 원리 : 구체적 사물을 제시하거나 경험시킴으로써 효과를 볼 수 있다는 원리(사물을 직접 접하고 실제로 해보는 것)
② 자기활동의 원리(자발성의 원리) : 학습자 자신이 자발적으로 학습에 참여하는 데 중점을 둔 원리
③ 개별화의 원리 : 학습자 각자의 요구와 능력 등에 알맞은 학습활동의 기회를 마련하여 주어야 한다는 원리
④ 사회화의 원리 : 학교에서 배운 것과 사회에서 경험한 것을 교류시키고 공동 학습을 통해서 협력적이고 우호적인 학습을 진행하는 원리
⑤ 통합의 원리 : 학습을 총합적인 전체로서 지도하는 원리. 동시학습원리

(2) 교육지도의 8원칙(안전교육의 원칙)

(가) 피교육자 중심의 교육 : 상대방의 입장에서 교육

(나) 동기부여 : 동기부여를 위주로 한 교육을 실시

(다) 반복 : 지식은 반복에 의해 기억되고 신속 정확한 동작 가능케 함.

(라) 쉬운 것부터 어려운 것을 중심으로 실시하여 이해를 도움.

(마) 한 번에 하나씩을 교육

(바) 인상의 강화 : 중요점의 재강요 등 인상을 강화시키는 수단 강구

(사) 오감(5관)의 활용

  1) 오감의 교육효과

  ① 시각효과 : 60%   ② 청각효과 : 20%
  ③ 촉각효과 : 15%   ④ 미각효과 : 3%
  ⑤ 후각효과 : 2%

2) 이해도
① 귀 : 20% ② 눈 : 40% ③ 귀 + 눈 : 60%
④ 입 : 80% ⑤ 머리 + 손, 발 : 90%

3) 감각 기능별 반응시간
① 청각 : 0.17초 ② 촉각 : 0.18초 ③ 시각 : 0.2초
④ 미각 : 0.29초 ⑤ 통각 : 0.7초

(아) 기능적인 이해를 돕도록 함 : 기술교육과정에서 가장 중요한 것은 기능적인 이해를 증진시키는 것임.

> **참고**
>
> * 의사소통 과정의 4가지 구성요소 : 발신자(sender), 수신자(receiver), 메시지(message), 채널(channel)
> * 학습에 대한 동기유발 방법
>   ① 내적동기 유발방법
>   ㉠ 학습자의 요구 수준에 맞는 적절한 교재의 제시
>   ㉡ 지적호기심의 제고
>   ㉢ 목표의 인식
>   ㉣ 성취의욕의 고취
>   ㉤ 흥미 등의 방법
>   ② 외적동기 유발방법
>   ㉠ 학습결과를 알게 하고 성공감, 만족감을 갖게 할 것
>   ㉡ 적절한 상벌에 의하여 학습의욕을 환기시킬 것
>   ㉢ 경쟁심을 이용할 것
> * 안전교육방법 중 동기유발 요인에 영향을 미치는 요소(데이비스 동기부여이론 참조)
>   ① 책임 ② 참여 ③ 성과 ④ 안정 ⑤ 기회 ⑥ 인정
> * 인간행동변화의 선개과정 : ① 자극 ② 욕구 ③ 핀단 ④ 행동

> 작업 시 정보 회로의 순서
> 표시 → 감각 → 지각 → 판단 → 응답 → 출력 → 조작

(3) 학습의 목적과 성과

(가) 학습목적의 3요소 : 학습목적에 반드시 포함 사항
① 목표
② 주제
③ 학습정도 : 인지, 지각, 이해, 적용(학습 정도의 4요소)

1) 교육목적에 관한 설명
① 교육목적은 교육이념에 근거한다.
② 교육목적은 개념상 이념이나 목표보다 광범위하고 포괄적이다.
③ 교육목적의 기능으로는 방향의 제시, 교육활동의 통제 등이 있다.

> 교육의 목적: 교육을 통해 이루고자 하는 것(예: 자아실현, 안전의식 고취)
> 〈교육목적의 기능〉
> ① 교육과정 방향 제시(교육내용, 방법)
> ② 교육행위의 의미와 가치 인식
> ③ 교육 결과 평가 기준

교육이란 "인간행동의 계획적 변화"로 정의할 때 인간의 행동을 의미하며 내현적, 외현적 행동 모두 포함

④ 교육목적은 교육목표의 상위 개념으로 전체적인 경우의 방향 제시를 의미한다.

✱ 안전교육의 목적 : ① 기계설비의 안전화(설비와 물자) ② 작업환경의 안전화 ③ 인간행동의 안전화 ④ 의식의 안전화(인간정신)

✱ 안전교육의 목적 : ① 생산성 및 품질향상 기여 ② 직·간접적 경제적 손실방지 ③ 작업자를 산업재해로부터 미연방지

교육의 본질적 면에서 본 교육의 기능

① 개인 완성으로서의 기능 : 개인의 발전을 돕는 기능
② 문화전달과 창조적 기능 : 문화유산을 전달하고 창조하는 기능
③ 사회적 기능 : 사회의 유지와 존속(보수적 기능) 및 사회 진보와 혁신의 기반을 조성(진보적 기능)하는 기능

목표설정 이론에서 밝혀진 효과적인 목표의 특징

① 목표는 측정 가능해야 한다.
② 목표는 구체적이어야 한다.
③ 목표는 그 달성에 필요한 시간의 제한을 명시해야 한다.
✱ 안전교육의 목표 : 작업에 의한 안전행동의 습관화

(나) 학습성과 : 학습목적을 세분하여 구체적으로 세부목적을 결정
① 주제와 학습정도가 포함
② 학습목적에 적합하고 타당
③ 구체적으로 서술
④ 수강자의 입장에서 기술

(4) **학습의 전개** : 주제를 논리적으로 적용하여 체계화함.
① 쉬운 것부터 어려운 것으로 실시
② 간단한 것에서 복잡한 것으로 실시
③ 많이 사용하는 것에서 적게 사용하는 순으로 실시
④ 전체적인 것에서 부분적인 것으로 실시
⑤ 미리 알려진 것에서 점차 미지의 것으로 실시
⑥ 과거에서 현재, 미래의 순으로 실시

(5) **학습 정도(level of learning)의 4단계(4요소)**
① 인지(to acquaint)   ② 지각(to know)
③ 이해(to understand)   ④ 적용(to apply)

(6) 교육형태별 분류

분류구분	교육형태
교육의도별 분류	형식적 교육, 비형식적 교육
교육성격별 분류	일반교육, 교양교육, 특수교육
교육방법별 분류	시청각교육, 실습교육, 방송통신교육
교육장소별 분류	가정교육, 학교교육, 사회교육
교육내용별 분류	실업교육, 직업교육, 고등교육

* 존 듀이(John Dewey)가 주장하는 대표적인 형식적 교육 : 학교안전교육
〈존 듀이〉: 실제 생활의 문제해결 과정에 관심을 두는 실용주의에 기초한 교육이론과 방법을 주장
① 교육이란 경험의 끊임없는 개조(改造)이며 미숙한 경험을 지적인 기술과 습관을 갖춘 경험으로 발전시키는 것
② 학생들에게 여러 가지 경험에 참여시킴으로서 창조력을 발휘할 수 있도록 하고
③ 학교는 이 일을 위한 현실사회의 모델이고 사회개조의 모체가 되는 것임.

* 창의력을 발휘하기 위한 3가지 요소 : ① 전문지식 ② 상상력 ③ 내적 동기
 - 창의력 : 문제를 해결하기 위하여 정보나 지식을 독특한 방법으로 조합하여 참신하고 유용한 아이디어를 생성해 내는 능력

* 학업 성취에 직접적인 영향을 미치는 요인 : 준비도(readiness), 동기유발(motivating), 기억과 망각(memory, forgetting), 개인차

* 인지(cognition)학습 : 의식을 전환시키는 것
 - 보호구의 중요성을 전혀 인식하지 못하는 근로자를 교육을 통해 의식을 전환시켜 보호구 착용을 습관화하도록 함.

타일러(Tyler)의 학습경험선정의 원리
① 동기유발(흥미)의 원리
② 기회의 원리
③ 가능성의 원리
④ 일경험 다목적 달성의 원리
⑤ 전이(파급효과)의 원리

> ### 교육의 3요소
> ① 교육의 주체(교육자) – 강사
> ② 교육의 객체(피교육자) – 수강자(학습의 주체)
> ③ 교육의 매개체(교육 내용) – 교재, 시청각 매체

> ### 교육훈련 프로그램을 만들기 위한 단계
> ① 분석단계 : 요구분석을 실시, 근로자가 자신의 직무에 대하여 어떤 생각을 갖고 있는지 조사, 직무평가를 실시한다.
> - 가장 우선 실시 : 요구분석 실시
> ② 설계단계 : 분석과정에서의 결과물로 설계
> ③ 개발단계 : 프로그램 제작
> ④ 실행단계 : 개발된 프로그램 적용 및 관리
> ⑤ 평가단계 : 프로그램 평가

교육계획서의 수립 단계
① 1단계: 교육의 요구사항 파악
② 2단계: 교육내용의 결정
③ 3단계: 교육실행을 위한 순서, 방법, 자료의 검토
④ 4단계: 실행 교육계획서 작성

> **엔드라고지 모델에 기초한 학습자로서의 성인의 특징**
>
> ✱ 엔드라고지(andragogy) : 성인들의 학습을 돕기 위한 기술과 과학
> ① 성인들은 왜 배워야 하는지에 대해 알고자 하는 욕구를 가지고 있다.
> ② 성인들은 자기 주도적으로 학습하고자 한다.
> ③ 성인들은 많은 다양한 경험을 가지고 학습에 참여한다.
> ④ 성인들은 학습을 하려는 강한 내·외적 동기를 가지고 있다.
> ⑤ 성인들은 문제 중심적으로 학습하고자 한다.
> ⑥ 성인들은 과제 중심적으로 학습하고자 한다.
> (✱ 성인학습의 원리 : ① 자발학습의 원리 ② 상호학습의 원리 ③ 참여교육의 원리)

2. 교육심리학의 이해

> **교육심리학의 연구방법**
>
> ① 투사법 : 의식적으로 의견을 발표하도록 하여 인간의 내면에서 일어나고 있는 심리적 상태를 사물과 연관시켜 인간의 성격을 알아보는 방법
> ② 관찰법 : 자연적 관찰법, 계통적 관찰법, 실험적 관찰법
> ③ 실험법 : 자연적 실험법, 교육실험법, 임상적 실험법, 실험실적 실험법
> ④ 검사법 : 발달검사, 지능검사, 적성검사 등
> ⑤ 면접법
> ⑥ 질문지조사법

(1) 파지와 망각

(가) 파지(retention) : 과거의 학습경험을 통해서 학습된 행동이 현재와 미래에 지속되는 것(획득된 행동이나 내용이 지속되는 것 : 간직, 보존되는 것)

(나) 망각 : 경험한 내용이나 학습된 행동을 다시 생각하여 작업에 적용하지 아니하고 방치함으로써 경험의 내용이나 인상이 약해지거나 소멸되는 현상

- 에빙하우스(Ebbinghaus)의 연구결과 : 망각률이 50%를 초과하게 되는 최초의 경과시간은 1시간

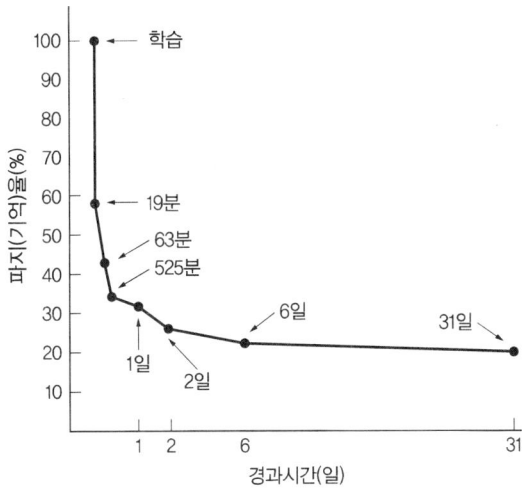

[그림] 에빙하우스의 망각곡선

(다) 인간이 기억하는 과정 : 기명 → 파지 → 재생 → 재인(재생이나 재인이 안 되면 망각)

① 기명(memorizing) : 사물의 인상을 마음속에 간직하는 것
② 파지(retention) : 과거의 학습경험을 통해서 학습된 행동이 현재와 미래에 지속되는 것
③ 재생(recall) : 사물의 보존된 인상을 다시 의식으로 떠오르는 것
④ 재인(recognition) : 과거에 경험하였던 것과 비슷한 상태에 부딪쳤을 때 떠오르는 것

(2) 자극과 반응(Stimulus & Response)이론 : S-R 이론

(가) 파블로프(Pavlov)의 조건반사설(반응설) : 후천적으로 얻게 되는 반사작용으로 행동을 발생시키는 것

〈조건반사설에 의한 학습이론의 원리〉

① 시간의 원리 : 조건자극(파블로프의 개 실험의 종소리)은 무조건자극(음식물)과 시간적으로 동시에 혹은 조금 앞서서 주어야 한다는 것
② 강도의 원리 : 나중의 자극이 먼저의 자극보다 강도가 강하거나 동일하여야만 조건반사가 성립
③ 일관성의 원리 : 조건자극은 일관된 자극이어야 함.
④ 계속성의 원리: 자극과 반응 간에 반복되는 횟수가 많을수록 효과가 있음.

파블로프(Ivan Pavlov, 1849~1936 러시아의 심리학자)
조건반사에 관한 개의 실험
① 종소리와 함께 먹이 주는 것을 반복하면, 먹이를 주지 않고 종소리(조건)만으로도 개가 침(반응)을 흘림
 - 무조건 반사(반응): 개에게 주어지는 먹이(본능적 반응: 침을 흘리는 것)
 - 조건반사: 종소리
② 어떤 조건을 형성함으로써 반응을 유발시킬 수 있음
③ 환경을 조성하고 적절한 강화를 제공하면 학습된 행동을 유발시킬 수 있음

| 손다이크의 고양이 실험: 레버를 누르면 탈출할 수 있는 상자에 고양이를 가두고, 탈출 시간을 확인하는 실험 (상자 밖에는 먹이를 둠)
- 처음 실험에서는 고양이가 우연히 레버를 밟고 나오는 시간이 많이 소요했으나, 실험이 반복될수록 시간이 짧아짐

(나) 손다이크(Thorndike)의 시행착오설 : 시행과 착오의 과정을 통해 특정한 자극과 반응이 결합됨으로써 학습이 발생하는 것(맹목적 시행을 반복하는 가운데 자극과 반응이 결합하여 행동하는 것)

1) 상자 안의 고양이 : 우연히 지렛대를 밟아 문이 열림(시행반복으로 습득).

2) 학습의 법칙
① 효과의 법칙(결과의 법칙) : 학습은 단순한 반복으로가 아닌 학습의 성취에 보상을 줌으로써 강화
② 준비성의 법칙 : 학습할 준비가 되어 있어야 함
③ 연습의 법칙(빈도의 법칙) : 학습은 연습을 통해 향상되고 행동변화되며 장시간 유지됨.

> **참고**
>
> ※ 스키너(Skinner)의 조작적 조건형성이론, 거스리(Guthrie : 구뜨리에)의 접근적 조건화설
> ※ Skinner의 "강화의 원리" : 적극적 강화(정적 강화)는 어떤 자극에 대하여 유쾌한 자극을 주어서 반응을 촉진시키는 것이며 소극적 강화(부적 강화)는 어떤 자극에 대한 불쾌한 자극을 제거하여 반응을 촉진시켜 것을 의미한다.
> (※ 강화 : 어떤 자극에 대한 반응이 일어나는 확률을 증가시키는 과정)
> ① 정적강화란 반응 후 음식이나 칭찬 등의 이로운 자극을 주었을 때 반응발생률이 높아지는 것이다.
> ② 부적강화란 반응 후 처벌이나 비난 등의 해로운 자극이 주어져서 반응발생률이 감소하는 것이다.
> ③ 처벌은 더 강한 처벌에 의해서만 그 효과가 지속되는 부작용이 있다.

인지적 학습이론
학습은 인지구조의 성립 또는 반응으로 보는 견해

(3) 형태이론 : 인지적 학습이론

쾰러의 통찰설 〈침팬지 실험〉
① 천장에 바나나가 매달려 있는 우리 안의 침팬지에게 가는 것과 굵은 대나무 막대기 제시
② 막대기로 바나나를 따 먹으려고 여러 번 시도하나 실패
③ 포기한 듯이 막대기를 가지고 놀다가 어느 순간에 가는 막대기를 굵은 것에 꽂아 길게 만들어 성공함
④ 내적, 외적의 잔체구조를 새로운 시점에서 파악하여 행동(아하 현상)

생활공간: 행동을 일으키는 요인, 개체 내에 성립하고 있는 주관적 공간

(가) 쾰러(Kohler)의 통찰설(insight theory) : 학습목표를 포함하는 문제 사태를 전체적으로 이해하고 그것을 분석하여 인지함으로써(통찰) 목표달성을 위한 행동과 결부시켜 재구성, 재구조화 하는 것(문제해결은 해결과정에서 생기는 통찰에 의해 이루어지는 것)

(나) 레윈(Lewin)의 장설(場 이론, field theory) : 학습에 해당하는 인지구조(인식형태, 사고방식)의 성립 및 변화는 심리적 생활공간에 의함(생활공간: 환경 영역, 내적, 개인적 영역, 내적 욕구동기 등)

(다) 톨만(Tolman)의 기호형태설(sign-gestalt theory) : 학습자의 머릿속에 인지적 지도 같은 인지구조를 바탕으로 학습하려는 것

✽ 교육심리학의 정신분석학적 대표 이론
① Freud의 심리 성적발달 이론
② Jung의 성격 양향설
③ Erikson의 심리 사회적 발달 이론

(4) 학습의 전이

(가) 학습의 전이 : 학습한 결과가 다른 학습이나 반응에 영향을 주는 것으로 특히 학습효과를 설명할 때 많이 쓰이는 용어

(나) 학습 전이의 조건
① 학습자의 태도 요인 : 학습자의 태도에 따라
② 학습자의 지능 요인 : 학습자의 지능에 따라
③ 학습 자료 등의 유사성의 요인 : 선행학습과 후행학습의 유사성에 따라
   (✽ 훈련 상황이 실제 작업장면과 유사할 때)
④ 학습 정도의 요인 : 선행학습의 정도에 따라
⑤ 시간적 간격의 요인 : 선행학습과 후행학습의 시간 간격에 따라

(다) 교육훈련의 전이 타당도를 높이기 위한 방법
① 훈련 상황과 직무상황 간의 유사성을 최대화한다.
② 훈련 내용과 직무내용 간에 튼튼한 고리를 만든다.
③ 피훈련자들이 배운 원리를 완전히 이해할 수 있도록 해 준다.
④ 피훈련자들이 훈련에서 배운 기술, 과제 등을 가능한 풍부하게 경험할 수 있도록 해 준다.

(라) 훈련 전이(transfer of training) : 훈련 기간에 학습된 내용이 실무 상황으로 옮겨져서 사용되는 정도
① 훈련생은 훈련 과정에 대해서 사전정보가 많을수록 왜곡된 반응을 보이지 않을 것이다.
② 훈련 상황이 가급적 실제 상황과 유사할수록 전이 효과는 높아진다.
③ 실제 직무수행에서 훈련된 행동이 나타날 때 보상이 따르면 전이 효과는 더 높아진다.

(5) 적응기제(適應機制, adjustment mechanism)의 종류 : 자기 방어를 통해 내적 긴장을 감소시켜 환경에 적응토록 함.

(가) 방어적 기제(행동)
① 보상 ② 합리화 ③ 투사 ④ 승화

(나) 도피적 기제(행동)
① 고립 ② 억압 ③ 퇴행 ④ 백일몽

학습 전이의 이론
① 형식도야설: 두뇌기능의 능력을 길러 주는 수학, 논리학 등을 학습함으로 전이를 증진
② 동일요소설: 선행과 후행학습에 동일 요소가 있을 때 전이를 증진
③ 일반화설: 일반적 원리(개념)가 유사할 때 전이를 증진
④ 형태이조설: 인지구조의 상태가 유사할 때 전이를 증진

적응기제의 종류

(1) 방어적 기제(행동)
　① 보상 : 자신의 결함을 다른 것으로 보상받기위해 자신의 감정을 지나치게 강조(작은 고추가 맵다)
　　　– 자신의 결함과 무능에 의하여 생긴 열등감이나 긴장을 해소시키기 위하여 장점과 같은 것으로 그 결함을 보충하려는 행동
　② 합리화 : 현실왜곡을 통해 현재 자신의 처지에 적합한 구실을 찾아내어 정당성(합리성)의 근거로 삼으려는 무의식적 노력(부적응행동이나 실패를 정당화함)
　③ 투사(projection) : 스트레스와 불안을 일으키는 자신의 감정, 사고를 타인에게 있는 것처럼 전가시킴으로써 자신을 방어하는 방법(안 되면 조상 탓)
　　　– 자신조차도 승인할 수 없는 욕구를 타인이나 사물로 전환시켜 바람직하지 못한 욕구로부터 자신을 지키려는 것
　④ 승화 : 원초적이며 용납될 수 없는 충동을 허용하는 방향으로 나타내는 방법(열등감을 극복하여 훌륭한 학자가 됨)

(2) 도피적 기제(행동)
　① 고립 : 실제 감정으로부터 자신을 고립시키는 것(사랑하는 사람의 죽음을 친구와 기쁘게 지내면서 슬픔을 느끼지 않는 것)
　　　– 키가 작은 사람이 키 큰 친구들과 같이 사진을 찍으려 하지 않는다.
　② 억압 : 의식에서 용납하기 어려운 충동 등을 무의식속에 눌러 놓는 것. 무엇을 잊고 더 이상 행하지 않겠다는 통속적인 해결(실수, 기억상실)
　③ 퇴행 : 심한 스트레스 등에 의해 현재의 발달단계 보다 후퇴하는 것(동생이 태어난 후 대소변을 못 가림)
　　　– 동생이 태어나자 형이 된 아이가 말을 더듬는다.
　④ 백일몽 : 비현실 세계를 상상하는 것. 헛된 공상

＊ 동일화(identification) : 다른 사람의 행동 양식이나 태도를 투입시키거나 다른 사람 가운데 자기의 비슷한 점을 발견하는 것(과부 사정은 과부가 안다. 아버지의 성공을 자신의 성공인 것처럼 자랑하며 거만한 태도를 보인다.)

＊ 합리화의 유형 중 투사형 : 자기의 실패나 결함을 다른 대상에게 책임을 전가시키는 유형으로 자신의 잘못에 대해 조상 탓을 하거나 축구 선수가 공을 잘못 찬 후 신발 탓을 하는 등에 해당하는 것

3. 안전보건교육계획 수립 및 실시

(1) 안전교육 계획수립 및 추진에 있어 진행 순서

교육의 필요점 발견 → 교육 대상 결정 → 교육 준비(내용, 방법, 강사, 교재 등) → 교육 실시 → 교육의 성과를 평가

(2) 안전교육의 기본방향

① 안전 작업(표준안전작업)을 위한 안전교육
② 사고 사례 중심의 안전교육
③ 안전 의식 향상을 위한 안전교육

(3) 안전·보건교육계획의 수립 시 고려할 사항

① 현장의 의견을 충분히 반영
② 대상자의 필요한 정보를 수집
③ 안전교육시행체계와의 연관성을 고려
④ 정부 규정에 의한 교육에 한정하지 않음.

(4) 안전교육계획 수립 시 포함하여야 할 사항

① 교육목표(교육 및 훈련의 범위)
② 교육의 종류 및 교육대상
③ 교육의 과목 및 교육내용
④ 교육기간 및 시간
⑤ 교육장소와 방법
⑥ 교육담당자 및 강사
⑦ 소요예산 산정

> **안전교육의 필요성**
>
> ① 재해현상은 무상해사고를 제외하고, 대부분이 물건과 사람과의 접촉점에서 일어난다.
> ② 재해는 물건의 불안전한 상태에서 의해서 일어날 뿐만 아니라 사람의 불안전한 행동에 의해서도 일어날 수 있다.
> ③ 현실적으로 생긴 재해는 그 원인 관련요소가 매우 많아 반복적 실험을 통하여 재해환경을 복원하는 것이 불가능하다.
> ④ 재해의 발생을 보다 많이 방지하기 위해서는 인간의 지식이나 행동을 변화시킬 필요가 있다.

CHAPTER 05 항목별 우선순위 문제 및 해설 (1)

01 안전보건교육의 교육지도 원칙에 해당하지 않는 것은?

① 피교육자 중심의 교육을 실시한다.
② 동기부여를 한다.
③ 5관을 활용한다.
④ 어려운 것부터 쉬운 것으로 시작한다.

[해설] 안전보건교육의 교육지도 원칙 : 쉬운 것부터 어려운 것을 중심으로 실시하여 이해를 도움

02 다음 중 학습을 자극(Stimulus)에 의한 반응(Response)으로 보는 이론에 해당하는 것은?

① 손다이크(Thorndike)의 시행착오설
② 퀠러(Kohler)의 통찰설
③ 톨만(Tolman)의 기호형태설
④ 레윈(Lewin)의 장설 이론(Field theory)

[해설] 자극과 반응(Stimulus & Response) 이론 : S-R 이론
① 파블로프(Pavlov)의 조건반사설(반응설)
② 손다이크(Thorndike)의 시행착오설
③ 스키너(Skinner)의 조작적 조건형성이론
④ 거스리(Guthrie : 구뜨리에)의 접근적 조건화설
〈형태이론 : 인지적 학습이론〉
① 퀠러(Kohler)의 통찰설(insight theory)
② 레윈(Lewin)의 장설(field theory)
③ 톨만(Tolman)의 기호형태설(sign-gestalt theory)

03 다음 중 학습목적을 세분하여 구체적으로 결정한 것을 무엇이라 하는가?

① 주제
② 학습목표
③ 학습 정도
④ 학습성과

[해설] 학습성과 : 학습목적을 세분하여 구체적으로 세부목적을 결정

① 주제와 학습 정도가 포함
② 학습목적에 적합하고 타당
③ 구체적으로 서술
④ 수강자의 입장에서 기술

04 학습 정도(level of learning)란 주제를 학습시킬 범위와 내용의 정도를 뜻한다. 다음 중 학습정도의 4단계에 포함되지 않는 것은?

① 인지(to recognize)
② 이해(to understand)
③ 회상(toto recall)
④ 적용(to apply)

[해설] 학습 정도(level of learning)의 4단계(4요소)
① 인지(to acquaint)
② 지각(to know)
③ 이해(to understand)
④ 적용(to apply)

05 자신에게 약점이나 무능력, 열등감을 위장하여 유리하게 보호함으로써 안정감을 찾으려는 방어적 적응기제에 해당하는 것은?

① 보상　　② 고립
③ 퇴행　　④ 억압

[해설] 적응기제
① 보상 : 자신의 결함을 다른 것으로 보상받기 위해 자신의 감정을 지나치게 강조(작은 고추가 맵다)
② 고립 : 실제 감정으로부터 자신을 고립시키는 것(사랑하는 사람의 죽음을 친구와 기쁘게 지내면서 슬픔을 느끼지 않는 것)
③ 억압 : 의식에서 용납하기 어려운 충동 등을 무의식속에 눌러 놓는 것. 무엇을 잊고 더 이상 행하지 않겠다는 통속적인 해결(실수, 기억상실)
④ 퇴행 : 심한 스트레스 등에 의해 현재의 발달단계보다 후퇴하는 것(동생이 태어난 후 대소변을 못 가림)

정답 01.④ 02.① 03.④ 04.③ 05.①

06 다음 중 학습 전이의 조건과 가장 거리가 먼 것은?

① 학습자의 태도 요인
② 학습자의 지능 요인
③ 학습 자료의 유사성의 요인
④ 선행학습과 후행학습의 공간적 요인

해설 학습 전이의 조건
① 학습자의 태도 요인 : 학습자의 태도에 따라
② 학습자의 지능 요인 : 학습자의 지능에 따라
③ 학습 자료 등의 유사성의 요인 : 선행학습과 후행학습의 유사성에 따라
④ 학습 정도의 요인 : 선행학습의 정도에 따라
⑤ 시간적 간격의 요인 : 선행학습과 후행학습의 시간 간격에 따라

07 학습지도의 원리에 있어 다음 설명에 해당하는 것은? (학습자가 지니고 있는 각자의 요구와 능력 등에 알맞은 학습활동의 기회를 마련해주어야 한다는 원리)

① 직관의 원리
② 자기활동의 원리
③ 개별화의 원리
④ 사회화의 원리

해설 학습(교육)지도의 원리
① 직관의 원리 : 구체적 사물을 제시하거나 경험시킴으로써 효과를 볼 수 있다는 원리
② 자기활동의 원리(자발성의 원리) : 학습자 자신이 스스로 자발적으로 스스로 학습에 참여하는 데 중점을 둔 원리
③ 개별화의 원리 : 학습자 각자의 요구와 능력 등에 알맞은 학습활동의 기회를 마련하여 주어야 한다는 원리
④ 사회화의 원리 : 학교에서 배운 것과 사회에서 경험한 것을 교류시키고 공동 학습을 통해서 협력적이고 우호적인 학습을 진행하는 원리
⑤ 통합의 원리 : 학습을 총합적인 전체로서 지도하는 원리. 동시학습원리

08 기억과정에 있어 "파지(retention)"에 대한 설명으로 가장 적절한 것은?

① 사물의 인상을 마음속에 간직하는 것
② 사물의 보존된 인상을 다시 의식으로 떠오르는 것
③ 과거의 경험이 어떤 형태로 미래의 행동에 영향을 주는 작용
④ 과거의 학습 경험을 통하여 학습된 행동이나 내용이 지속되는 것

해설 파지(retention) : 과거의 학습경험을 통해서 학습된 행동이 현재와 미래에 지속되는 것(획득된 행동이나 내용이 지속되는 것: 간직, 보존되는 것)
* 재인 : 과거에 경험하였던 것과 비슷한 상태에 부딪쳤을 때 떠오르는 것
* 재생 : 사물의 보존된 인상을 다시 의식으로 떠오르는 것
* 기명 : 사물의 인상을 마음속에 간직하는 것

정답 06.④ 07.③ 08.④

4. 교육내용〈산업안전보건법 시행규칙〉

(1) 산업안전·보건 관련 교육과정별 교육시간 [별표 4]

(가) 근로자 안전·보건교육

교육과정	교육대상		교육시간
가. 정기교육	1) 사무직 종사 근로자		매반기 6시간 이상
	2) 그 밖의 근로자	가) 판매업무에 직접 종사하는 근로자	매반기 6시간 이상
		나) 판매업무에 직접 종사하는 근로자 외의 근로자	매반기 12시간 이상
나. 채용 시 교육	1) 일용근로자 및 근로계약기간이 1주일 이하인 기간제근로자		1시간 이상
	2) 근로계약기간이 1주일 초과 1개월 이하인 기간제근로자		4시간 이상
	3) 그 밖의 근로자		8시간 이상
다. 작업내용 변경 시 교육	1) 일용근로자 및 근로계약기간이 1주일 이하인 기간제근로자		1시간 이상
	2) 그 밖의 근로자		2시간 이상
라. 특별교육	1) 타워크레인 신호작업을 제외한 특별교육대상 작업에 종사하는 일용근로자 및 근로계약기간이 1주일 이하인 기간제근로자		2시간 이상
	2) 타워크레인 신호작업에 종사하는 일용근로자 및 근로계약기간이 1주일 이하인 기간제근로자		8시간 이상
	3) 일용근로자 및 근로계약기간이 1주일 이하인 기간제근로자를 제외한 근로자		가) 16시간 이상(최초 작업에 종사하기 전 4시간 이상 실시하고 12시간은 3개월 이내에서 분할하여 실시 가능) 나) 단기간 작업 또는 간헐적 작업인 경우에는 2시간 이상
마. 건설업 기초안전·보건교육	건설 일용근로자		4시간 이상

관리감독자 안전보건교육

교육과정	교육시간
가. 정기교육	연간 16시간 이상
나. 채용 시 교육	8시간 이상
다. 작업내용 변경 시 교육	2시간 이상
라. 특별교육	16시간 이상 (최초 작업에 종사하기 전 4시간 이상 실시하고, 12시간은 3개월 이내에서 분할하여 실시 가능) 단기간 작업 또는 간헐적 작업인 경우에는 2시간 이상

(나) 안전보건관리책임자 등에 대한 교육

교육대상	교육시간	
	신규교육	보수교육
가. 안전보건관리책임자	6시간 이상	6시간 이상
나. 안전관리자, 안전관리전문기관의 종사자	34시간 이상	24시간 이상
다. 보건관리자, 보건관리전문기관의 종사자	34시간 이상	24시간 이상
라. 재해예방 전문지도기관의 종사자	34시간 이상	24시간 이상
마. 석면조사기관의 종사자	34시간 이상	24시간 이상
바. 안전보건관리담당자	–	8시간 이상
사. 안전검사기관, 자율안전검사기관의 종사자	34시간 이상	24시간 이상

(다) 검사원 성능검사교육

교육과정	교육대상	교육시간
성능검사교육	–	28시간 이상

(2) 교육대상별 교육내용 [별표 5]

1. 근로자 안전보건교육

    가. 근로자 정기교육

교육내용	• 산업안전 및 사고 예방에 관한 사항 • 산업보건 및 직업병 예방에 관한 사항 • 위험성 평가에 관한 사항 • 건강증진 및 질병 예방에 관한 사항 • 유해·위험 작업환경 관리에 관한 사항 • 산업안전보건법령 및 산업재해보상보험 제도에 관한 사항 • 직무스트레스 예방 및 관리에 관한 사항 • 직장 내 괴롭힘, 고객의 폭언 등으로 인한 건강장해 예방 및 관리에 관한 사항

    나. 관리감독자 정기교육(※)

교육내용	• 산업안전 및 사고 예방에 관한 사항 • 산업보건 및 직업병 예방에 관한 사항 • 위험성 평가에 관한 사항 • 유해·위험 작업환경 관리에 관한 사항 • 산업안전보건법령 및 산업재해보상보험 제도에 관한 사항 • 직무스트레스 예방 및 관리에 관한 사항 • 직장 내 괴롭힘, 고객의 폭언 등으로 인한 건강장해 예방 및 관리에 관한 사항 • 작업공정의 유해·위험과 재해 예방대책에 관한 사항 • 사업장 내 안전보건관리체제 및 안전·보건조치 현황에 관한 사항 • 표준안전 작업방법 결정 및 지도·감독 요령에 관한 사항 • 현장근로자와의 의사소통능력 및 강의능력 등 안전보건교육 능력 배양에 관한 사항 • 비상시 또는 재해 발생 시 긴급조치에 관한 사항 • 그 밖의 관리감독자의 직무에 관한 사항

특별안전보건교육 내용

3. 밀폐된 장소(탱크 내 또는 환기가 극히 불량한 좁은 장소를 말한다)에서 하는 용접작업 또는 습한 장소에서 하는 전기 용접 작업
- 작업순서, 안전작업방법 및 수칙에 관한 사항
- 환기설비에 관한 사항
- 전격 방지 및 보호구 착용에 관한 사항
- 질식 시 응급조치에 관한 사항
- 작업환경 점검에 관한 사항
- 그 밖에 안전·보건관리에 필요한 사항

15. 건설용 리프트·곤돌라를 이용한 작업
- 방호장치의 기능 및 사용에 관한 사항
- 기계, 기구, 달기체인 및 와이어 등의 점검에 관한 사항
- 화물의 권상·권하 작업방법 및 안전작업 지도에 관한 사항
- 기계·기구에 특성 및 동작 원리에 관한 사항
- 신호방법 및 공동작업에 관한 사항
- 그 밖에 안전·보건관리에 필요한 사항

22. 굴착면의 높이가 2미터 이상이 되는 암석의 굴착작업
- 폭발물 취급 요령과 대피 요령에 관한 사항
- 안전거리 및 안전기준에 관한 사항
- 방호물의 설치 및 기준에 관한 사항
- 보호구 및 신호방법 등에 관한 사항
- 그 밖에 안전·보건관리에 필요한 사항

39. 타워크레인을 사용하는 작업에서 신호업무를 하는 작업
- 타워크레인의 기계적 특성 및 방호장치 등에 관한 사항
- 화물의 취급 및 안전작업방법에 관한 사항
- 신호방법 및 요령에 관한 사항
- 인양 물건의 위험성 및 낙하·비래·충돌재해 예방에 관한 사항
- 인양물이 적재될 지반의 조건, 인양하중, 풍압 등이 인양물과 타워크레인에 미치는 영향
- 그 밖에 안전·보건관리에 필요한 사항

다. 채용 시 교육 및 작업내용 변경 시 교육

교육내용	• 산업안전 및 사고 예방에 관한 사항 • 산업보건 및 직업병 예방에 관한 사항 • 위험성 평가에 관한 사항 • 산업안전보건법령 및 산업재해보상보험 제도에 관한 사항 • 직무스트레스 예방 및 관리에 관한 사항 • 직장 내 괴롭힘, 고객의 폭언 등으로 인한 건강장해 예방 및 관리에 관한 사항 • 기계·기구의 위험성과 작업의 순서 및 동선에 관한 사항 • 작업 개시 전 점검에 관한 사항 • 정리정돈 및 청소에 관한 사항 • 사고 발생 시 긴급조치에 관한 사항 • 물질안전보건자료에 관한 사항

라. 특별교육 대상 작업별 교육〈[별표 5] 제1호 라목〉

	작업명	교육내용
공통내용	제1호부터 제39호까지의 작업	다목과 같은 내용
개별내용	1. 고압실 내 작업(잠함공법이나 그 밖의 압기공법으로 대기압을 넘는 기압인 작업실 또는 수갱 내부에서 하는 작업만 해당한다)	• 고기압 장해의 인체에 미치는 영향에 관한 사항 • 작업의 시간·작업 방법 및 절차에 관한 사항 • 압기공법에 관한 기초지식 및 보호구 착용에 관한 사항 • 이상 발생 시 응급조치에 관한 사항 • 그 밖에 안전·보건관리에 필요한 사항
	2. 아세틸렌 용접장치 또는 가스집합 용접장치를 사용하는 금속의 용접·용단 또는 가열작업(발생기·도관 등에 의하여 구성되는 용접장치만 해당한다)	• 용접 흄, 분진 및 유해광선 등의 유해성에 관한 사항 • 가스용접기, 압력조정기, 호스 및 취관두 등의 기기점검에 관한 사항 • 작업방법·순서 및 응급처치에 관한 사항 • 안전기 및 보호구 취급에 관한 사항 • 화재예방 및 초기대응에 관한 사항 • 그 밖에 안전·보건관리에 필요한 사항
	34. 밀폐공간에서의 작업	• 산소농도 측정 및 작업환경에 관한 사항 • 사고 시의 응급처치 및 비상 시 구출에 관한 사항 • 보호구 착용 및 사용방법에 관한 사항 • 밀폐공간작업의 안전작업방법에 관한 사항 • 그 밖에 안전·보건관리에 필요한 사항

(* 제3호~제39호 중 부분 생략)
5. 액화석유가스·수소가스 등 인화성 가스 또는 폭발성 물질 중 가스의 발생장치 취급 작업
6. 화학설비 중 반응기, 교반기·추출기의 사용 및 세척작업
7. 화학설비의 탱크 내 작업

11. 동력에 의하여 작동되는 프레스기계를 5대 이상 보유한 사업장에서 해당 기계로 하는 작업
12. 목재가공용 기계(둥근톱기계, 띠톱기계, 대패기계, 모떼기기계 및 라우터만 해당하며, 휴대용은 제외한다)를 5대 이상 보유한 사업장에서 해당 기계로 하는 작업
14. 1톤 이상의 크레인을 사용하는 작업 또는 1톤 미만의 크레인 또는 호이스트를 5대 이상 보유한 사업장에서 해당기계로 하는 작업
15. 건설용 리프트·곤돌라를 이용한 작업
17. 전압이 75V 이상인 정전 및 활선작업
18. 콘크리트 파쇄기를 사용하여 하는 파쇄작업(2미터 이상인 구축물의 파쇄작업만 해당한다)
19. 굴착면의 높이가 2미터 이상이 되는 지반 굴착(터널 및 수직갱 외의 갱 굴착은 제외한다)작업
20. 흙막이 지보공의 보강 또는 동바리를 설치하거나 해체하는 작업
22. 굴착면의 높이가 2미터 이상이 되는 암석의 굴착작업
38. 가연물이 있는 장소에서 하는 화재위험작업
39. 타워크레인을 사용하는 작업 시 신호업무를 하는 작업

25. 거푸집 동바리의 조립 또는 해체작업
- 동바리의 조립방법 및 작업 절차에 관한 사항
- 조립재료의 취급방법 및 설치기준에 관한 사항
- 조립 해체 시의 사고 예방에 관한 사항
- 보호구 착용 및 점검에 관한 사항
- 그 밖에 안전·보건관리에 필요한 사항

5. 교육방법

(1) 안전보건교육의 3단계

(가) 지식-기능-태도교육

1) 지식교육(제1단계) : 강의, 시청각교육을 통한 지식의 전달과 이해

2) 기능교육(제2단계) : 시범, 견학, 실습, 현장실습교육을 통한 경험 체득과 이해(작업방법, 취급 및 조작행위를 몸으로 숙달시키는 단계)
① 교육대상자가 그것을 스스로 행함으로 얻어짐.
② 개인의 반복적 시행착오에 의해서만 얻어짐.
  * 기능교육의 3원칙 : ① 순비 ② 위험 작업의 규제 ③ 안전작업 표준화

3) 태도교육(제3단계) : 작업동작지도, 생활지도 등을 통한 안전의 습관화 (올바른 행동의 습관화 및 가치관을 형성)

> 참고
>
> * 태도교육을 통한 안전태도 형성요령(안전태도교육 과정의 올바른 순서)
>   ① 청취한다.   ② 이해, 납득시킨다.
>   ③ 모범(시범)을 보인다.   ④ 평가(권장)한다.
>   ⑤ 칭찬한다.   ⑥ 벌을 준다.
> * 인간의 안전교육 형태에서 행위의 난이도가 높아지는 순서(시간의 소요가 짧은 시간부터 장시간 소요되는 순서) : 지식 → 태도 변형 → 개인 행위 → 집단 행위
> * 안전교육 훈련기법에 있어 태도 개발 측면에서 가장 적합한 기본교육 훈련방식 : 참가방식

새로운 기술과 학습에서의 연습 방법

① 교육훈련과정에서는 학습자료를 한꺼번에 묶어서 일괄적으로 연습하는 방법을 집중연습이라고 한다.
② 충분한 연습으로 완전학습한 후에도 일정량 연습을 계속하는 것을 초과학습이라고 한다.
③ 기술을 배울 때는 적극적 연습과 피드백이 있어야 부적절하고 비효과적 반응을 제거할 수 있다.
④ 새로운 기술을 학습하는 경우에는 일반적으로 집중연습보다 배분연습이 더 효과적이다.

※ 연습방법 : 전습법(whole method, 全習法) 과 분습법(分習法)

(1) 전습법(집중연습) : 기술과제를 한 번에 전체적으로 학습하는 방법
① 망각이 적다.
② 반복이 적다.
③ 연합이 생긴다.
④ 시간과 노력이 적다

(2) 분습법(배분 연습) : 기술요소를 몇 부분으로 나누어 학습하는 방법
① 길고 복잡한 학습에 알맞다.
② 학습이 빠르다.
③ 주의의 범위가 적어서 적당하다.

(나) 단계별 교육내용

1) 지식교육(제1단계)
   ① 안전의식의 향상
   ② 안전에 대한 책임감 주입
   ③ 안전규정의 숙지
   ④ 기능, 태도교육에 필요한 기초 지식을 주입
   ✽ 지식교육 : 작업의 종류나 내용에 따라 교육 범위나 정도가 달라지는 이론교육 방법

2) 기능교육(제2단계)
   ① 전문적 기술기능   ② 안전 기술기능
   ③ 방호장치 관리기능   ④ 점검·검사장비기능

3) 태도교육(제3단계)
   ① 작업동작 및 표준작업방법의 습관화(직장규율과 안전규율)
   ② 공구·보호구 등의 관리 및 취급태도의 확립
   ③ 작업 전후의 점검, 검사요령의 정확화 및 습관화
   ④ 작업지시·전달·확인 등의 언어태도의 습관화 및 정확화

> **인간의 행동특성에 있어 태도에 관한 설명**
> ① 인간의 행동은 태도에 따라 달라진다.
> ② 한번 태도가 결정되면 장시간 동안 유지된다.
> ③ 태도의 기능에는 작업적응, 자아방어, 자기표현 등이 있다.
> ④ 태도는 행동결정을 판단하고 지시하는 내적 행동체계라고 할 수 있다.
> ⑤ 개인의 심적 태도교정보다 집단의 심적 태도교정이 용이하다.

(2) **교육진행**

(가) 교육진행 4단계

(강의안 구성 4단계, 안전교육 지도안의 4단계, 교육방법의 4단계, 교육훈련의 4단계, 작업지도교육 단계)

① 제1단계 : 도입(준비) – 학습할 준비를 시킨다(동기유발).
   관심과 흥미를 가지고 심신의 여유를 주는 단계(강의법에서의 내용 : ㉠ 주제의 단원을 알려준다. ㉡ 수강생의 주의를 집중시킨다. ㉢ 동기를 유발한다.)

② 제2단계 : 제시(설명) – 작업을 설명한다(강의식 교육지도에서 가장 많은 시간이 할당되는 단계).

상대의 능력에 따라 교육하고 내용을 확실하게 이해시키고 납득시키는 설명 단계

③ 제3단계 : 적용(응용) – 작업을 시켜본다.

과제를 주어 문제해결을 시키거나 습득시키는 단계

④ 제4단계 : 확인(총괄, 평가) – 가르친 뒤 살펴본다.

교육내용을 정확하게 이해하였는가를 테스트하는 단계

> 적용단계
> 과제를 주어 문제해결을 시키거나 습득시키는 단계. 지식을 실제의 상황에 맞추어 문제를 해결해 보고 그 수법을 이해시키는 단계(토의식 교육지도에 있어서 가장 시간이 많이 소요되는 단계)

(나) 교육진행 4단계별 시간

교육진행 4단계	강의식(1시간)	토의식(1시간)
제1단계 : 도입(준비)	5분	5분
제2단계 : 제시(설명)	40분	10분
제3단계 : 적용(응용)	10분	40분
제4단계 : 확인(총괄, 평가)	5분	5분

* 기술 교육(교시법)의 4단계
  ① preparation → ② presentation → ③ performance → ④ follow up
* 강의계획의 4단계 : 학습목적과 학습성과의 선정 → 학습자료의 수집 및 체계화 → 교수방법의 선정 → 강의안 작성
* 안전 교육 시 강의안의 작성 원칙 : ① 구체적 ② 논리적 ③ 실용적 ④ 용이성

> 안전교육 시 강의안 작성의 5원칙
> ① 구체성 ② 논리성
> ③ 명확성 ④ 실용성
> ⑤ 독창성

강의안 작성 방법

① 조목열거식 : 안전교육의 강의안 작성에 있어서 교육할 내용을 항목별로 구분하여 핵심 요점사항만을 간결하게 정리하여 기술하는 방법
② 시나리오식
③ 혼합형 방식

학습경험(교육내용) 조직의 원리

① 계속성의 원리 : 학습자의 경험 속에 정착되기 위해서는 일정기간 반복학습이 이루어져야 한다는 원리
② 계열성의 원리 : 선행경험에 기초하여 다음의 교육내용이 전개되면서 점차적으로 심화되도록 조직하는 것이며, 계열성은 수준을 달리한 동일 교육내용의 반복적 학습을 뜻함.
③ 통합성의 원리 : 여러 영역에서 학습하는 내용들이 학습과정에서 서로 통합되어 학습이 되도록 해야 한다는 원리
④ 균형성의 원리 : 여러 가지 학습경험들 사이에 균형이 유지되어야 한다는 원리
⑤ 다양성의 원리 : 학습자의 요구가 충분히 반영되어 다양하고 융통성 있는 학습활동을 할 수 있도록 조직
⑥ 건전성의 원리(보편성의 원리) : 건전한 민주시민으로서 가치관, 이해, 태도, 기능을 가질 수 있는 학습경험을 조직

(3) 교육훈련 평가

(가) 교육훈련 평가의 목적
　① 작업자의 적정배치를 위하여
　② 지도 방법을 개선하기 위하여
　③ 학습지도를 효과적으로 하기 위하여

(나) 교육훈련 평가의 4단계(커크패트릭, kirkpatrick) : 반응(만족도) → 학습(학업성취도) → 행동(현업적용도) → 결과(성과도)

　(※ 교육훈련 평가방법의 종류 : ① 관찰법 ② 면접법 ③ 자료분석법 ④ 테스트법)

(다) 교육프로그램의 타당도를 평가하는 항목 : 교육 타당도, 전이 타당도, 조직 내 타당도, 조직 간 타당도
　① 교육 타당도 : 교육목표의 달성을 나타내는 것
　② 전이 타당도 : 교육에 의해 작업자들의 직무수행이 어느 정도나 향상되었는지를 나타내는 것(훈련에 참가한 사람들이 직무에 복귀한 후에 실제 직무수행에서 훈련효과를 보이는 정도를 나타내는 것)
　③ 조직내 타당도 : 같은 조직의 다른 집단에서도 교육효과를 나타내는 것
　④ 조직 간 타당도 : 다른 조직에서도 교육효과를 나타내는 것

(라) 학습평가의 기본적인 기준(학습평가 도구의 기준) : 타당성, 객관도, 실용성, 신뢰도
　① 타당성 : 측정하고자 하는 것을 실제로 측정하는 것
　② 객관도 : 측정의 결과에 대해 누가 보아도 일치되는 의견이 나올 수 있는 성질
　③ 실용성 : 쉽게 적용
　④ 신뢰도 : 응답의 일관성(반복성) – 정확한 응답

(4) 기술교육 진행방법(기술교육의 형태)

(가) 하버드학파의 5단계 교수법
　1) 제1단계 : 준비시킨다(preparation).
　2) 제2단계 : 교시한다(presentation).
　3) 제3단계 : 연합한다(association).
　4) 제4단계 : 총괄한다(generalization).
　5) 제5단계 : 응용시킨다(application).

(나) 존 듀이(J.Dewey)의 사고 과정 5단계

1) 제1단계 : 시사를 받는다(suggestion).
2) 제2단계 : 머리(지식화)로 생각한다(intellectualization).
3) 제3단계 : 가설을 설정한다(hyphothesis).
4) 제4단계 : 추론한다(reasoning).
5) 제5단계 : 행동에 의하여 가설을 검토한다(preparation).

> **교육지도의 5단계**
> ① 제1단계 : 원리의 제시
> ② 제2단계 : 관련된 개념의 분석
> ③ 제3단계 : 가설의 설정
> ④ 제4단계 : 자료의 평가
> ⑤ 제5단계 : 결론

(5) 교육훈련방법

(가) OJT(On the Job Training) 교육: 코칭, 직무순환, 멘토링 등

현장중심교육으로 직속상사가 현장에서 일상업무를 통하여 개별교육이나 지도훈련을 하는 형태

(나) Off JT(Off the Job Training) 교육: 강의법 등

계층별 또는 직능별 등과 같이 공통된 교육대상자를 현장 외의 한 장소에서 집체교육훈련을 실시하는 교육형태

(다) OJT 교육과 Off JT 교육의 특징

OJT 교육의 특징	Off JT 교육의 특징
㉮ 개개인에게 적절한 지도훈련이 가능하다.	㉮ 다수의 근로자에게 조직적 훈련이 가능하다.
㉯ 직장의 실정에 맞는 실제적 훈련이 가능하다.	㉯ 훈련에만 전념할 수 있다.
㉰ 즉시 업무에 연결될 수 있다.	㉰ 외부 전문가를 강사로 초빙하는 것이 가능하다.
㉱ 훈련에 필요한 업무의 지속성이 유지된다.	㉱ 특별교재, 교구, 시설을 유효하게 활용할 수 있다
㉲ 효과가 곧 업무에 나타나며 결과에 따른 개선이 쉽다.	㉲ 타 직장의 근로자와 지식이나 경험을 교류할 수 있다.
㉳ 훈련 효과에 의해 상호 신뢰 및 이해도가 높아진다(상사와 부하간의 의사소통과 신뢰감이 깊게 된다).	㉳ 교육 훈련 목표에 대하여 집단적 노력이 흐트러질 수도 있다.

※ 집합교육 : 교육 전용 시설 또는 그 밖에 교육을 실시하기에 적합한 시설에서 실시하는 교육 방법

교육훈련을 통하여 기업의 차원에서 기대할 수 있는 효과
① 리더십과 의사소통기술이 향상된다.
② 작업시간이 단축되어 노동비용이 감소된다.
③ 직무만족과 직무충실화로 인하여 직무태도가 개선된다.

(6) 기업 내 정형교육

(가) TWI(Training Within Industry)

직장에서 제일선 감독자(관리감독자)에 대해서 감독능력을 높이고 부하 직원과의 인간관계를 개선해서 생산성을 높이기 위한 훈련방법

〈교육내용〉

① 작업방법 훈련(Job Method Training : JMT) – 작업개선 방법
② 작업지도훈련(Job Instruction Training : JIT)
  - 작업지도, 지시(작업 가르치는 기술)
  : 직장 내 부하 직원에 대하여 가르치는 기술과 관련이 가장 깊은 기법
③ 인간관계 훈련(Job Relations Training: JRT)
  - 인간관계 관리(부하통솔)
④ 작업안전 훈련(Job Safety Training: JST) – 작업안전

(나) MTP(Management Training Program) : TWI보다 약간 높은 계층의 관리자를 대상으로 하며 관리부분에 더 중점을 둠.

- FEAF(Far East Air Forces)라고도 하며, 10~15명을 한 반으로 2시간씩 20회(총 40시간)에 걸쳐 훈련하고, 관리의 기능, 조직의 원칙, 조직의 운영, 시간관리, 훈련의 관리 등을 교육 내용으로 한다.

(다) ATT(American Telephone & Telegram)

> ATT: 한 번 훈련을 받은 관리자는 그 부하인 감독자에 대해 지도원이 될 수 있는 교육방법

대상 계층이 한정되어 있지 않고 진행 방법은 토의식으로 유도자가 결론을 내려가는 방식

- ATT 교육 훈련 기법의 내용 : ① 인사관계 ② 고객관계 ③ 근로자의 향상

(라) ATP(Administration Training Program) : CCS(Civil Communication Section)

정책의 수립, 조직, 통제 및 운영으로 되어 있으며, 강의법에 토의법이 가미됨.

6. 교육실시 방법

(1) **강의법** : 다수의 수강자를 짧은 교육시간에 비교적 많은 교육내용을 전수하기 위한 방법

① 많은 내용을 체계적으로 전달할 수 있다(난해한 문제에 대하여 평이하게 설명이 가능하다).

② 다수를 대상으로 동시에 교육할 수 있다(다수의 인원에서 동시에 많은 지식과 정보의 전달이 가능하다).
③ 전체적인 전망을 제시하는 데 유리하다.
④ 강의 시간에 대한 조정이 용이하다.
⑤ 수업의 도입이나 초기단계에 유리하다.
⑥ 다른 방법에 비해 경제적이다.

> **강의식의 단점**
> ① 학습내용에 대한 집중이 어렵다.(집중도나 흥미의 정도가 낮다.)
> ② 학습자의 참여가 제한적일 수 있다.(강사의 일방적인 교육으로 피교육자는 참여 불가능).
> ③ 학습자 개개인의 이해도를 파악하기 어렵다.(기능적, 태도적 내용 교육이 어렵다.)
> ④ 강사의 일방적인 교육내용을 수동적 입장에서 습득하게 된다.
> ⑤ 교육 대상 집단 내 수준차로 인해 교육의 효과가 감소할 가능성이 있다.
> ⑥ 상대적으로 피드백이 부족하다.

* 강의법에서 도입단계의 내용 : ① 주제의 단원을 알려준다. ② 수강생의 주의를 집중시킨다. ③ 동기를 유발한다.

(2) 토의식 교육방법

(가) 토의식 교육방법

1) 포럼(forum) : 새로운 자료나 교재를 제시하고, 문제점을 피교육자로 하여금 제기하도록 하거나 의견을 여러 가지 방법으로 발표하게 하여 청중과 토론자 간 활발한 의견 개진과 합의를 도출해가는 토의방법(깊이 파고들어 토의하는 방법)

- forum discussion: 한 사람 또는 여러 사람이 의견을 제시 또는 발표한 후 청중과 토론하는 방식(자유토론)

2) 심포지엄(symposium) : 몇 사람의 전문가에 의하여 과제에 관한 견해를 발표한 뒤 참가자로 하여금 의견이나 질문을 하게하는 토의법

- symposium: 특정한 주제에 대해 몇 사람의 전문가가 다른 측면에서 강연식으로 의견을 발표하고 토론하는 방식

3) 패널 디스커션(panel discussion) : 패널 멤버(해당분야에 정통한 전문가 4~5명)가 피교육자 앞에서 자유로이 토의하고 뒤에 피교육자 전원이 참가하여 사회자의 사회에 따라 토의하는 방법

4) 버즈 세션(buzz session) : 6-6 회의라고도 하며, 참가자가 다수인 경우에 전원을 토의에 참가시키기 위한 방법으로 소집단을 구성하여 회의를 진행시키는 방법(소집단으로 구분하고, 각각 자유토의를 행하여 의견을 종합하는 방식)

- 버즈 세션: 6-6 회의라고도 하며, 6명씩 소집단으로 구분하고, 집단별로 각각의 사회자를 선발하여 6분간씩 자유토의를 행하여 의견을 종합하는 방법

5) **사례연구법**(case method, case study) : 먼저 사례를 제시하고 문제적 사실들과 상호관계에 대하여 검토하고 대책을 토의하는 방법

> **사례연구법의 장점**
> ① 의사소통 기술이 향상된다.
> ② 문제를 다양한 관점에서 바라보게 된다.
> ③ 현실적인 문제에 대한 학습이 가능하다.
> ④ 흥미가 있고 학습동기를 유발할 수 있다.
> ⑤ 강의법에 비해 실제 업무 현장에의 전이를 촉진한다.

6) **자유토의법**(free discussion method) : 참가자는 고정적인 규칙이나 리더에게 얽매이지 않고 자유로이 의견이나 태도를 표명하며, 지식이나 정보를 상호 제공, 교환함으로써 참가자 상호간의 의견이나 견해의 차이를 상호작용으로 조정하여 집단으로 의견을 요약해 나가는 방법

> **토의법**
> 안전교육의 방법 중 전개단계에서 가장 효과적인 수업방법
>
> **토의식**(discussion method)
> 알고 있는 지식을 심화시키거나 어떠한 자료에 대해 보다 명료한 생각을 갖도록 하는 경우 실시하는 가장 적절한 교육방법

(나) 토의법의 특징
① 개방적인 의사소통과 협조적인 분위기 속에서 학습자의 적극적 참여가 가능하다.
② 집단 활동의 기술을 개발하고 민주적 태도를 배울 수 있다.
③ 준비와 계획 단계뿐만 아니라 진행 과정에서도 많은 시간이 소요된다.

(다) 교육방법 중 토의법이 효과적으로 활용되는 경우
① 피교육생들의 태도를 변화시키고자 할 때
② 인원이 토의를 할 수 있는 적정 수준(10~20명 정도)일 때
③ 피교육생들 간에 학습능력의 차이가 비슷하고 학습능력이 높을 때 효과적임.
④ 피교육생들이 토의 주제를 어느 정도 인지하고 있을 때

* 현장의 관리감독자(안전지식과 안전관리에 대한 경험을 갖고 있는 사람)교육을 위한 적절한 교육방식이다.
* 팀워크가 필요한 경우에 적합하다.

(3) **프로그램 학습법**(programmed self- instruction method) : 학생이 자기 학습속도에 따른 학습이 허용되어 있는 상태에서 학습자가 프로그램 자료를 가지고 단독으로 학습하도록 하는 교육방법(Skinner의 조작적 조건형성 원리에 의해 개발된 것으로 자율적 학습이 특징이다.)

(가) 장점
① 학습자의 학습 과정을 쉽게 알 수 있다.

② 지능, 학습속도 등 개인차를 충분히 고려할 수 있다.
③ 매 반응마다 피드백이 주어지기 때문에 학습자가 흥미를 가질 수 있다.
④ 수업의 모든 단계에서 적용이 가능하다.
⑤ 수강자들이 학습이 가능한 시간대의 폭이 넓다.
⑥ 한 강사가 많은 수의 학습자를 지도할 수 있다.

(나) 단점
① 여러 가지 수업 매체를 동시에 다양하게 활용할 수 없다.
② 한 번 개발된 프로그램 자료는 개조하기 어렵다.
③ 교육 내용이 고정화되어 있다.
④ 개발비가 많이 들어 쉽게 적용할 수 없다.
⑤ 수강생의 사회성이 결여되기 쉽다.

(4) **역할연기법(role playing)** : 참가자에 일정한 역할을 주어 실제적으로 연기를 시켜봄으로써 자기의 역할을 보다 확실히 인식할 수 있도록 체험 학습을 시키는 교육방법(절충능력이나 협조성을 높여 태도의 변용에도 도움)

① 집단 심리요법의 하나로서 자기 해방과 타인 체험을 목적으로 하는 체험활동을 통해 대인관계에 있어서의 태도변용이나 통찰력, 자기이해를 목표로 개발된 교육기법
② 관찰에 의한 학습, 실행에 의한 학습, 피드백에 의한 학습, 분석과 개념화를 통한 학습

> **역할연기법**
> 인간관계 훈련에 주로 이용되고, 관찰능력을 높이므로 감수성이 향상되며, 자기의 태도에 반성과 창조성이 생기고, 의견 발표에 자신이 생기며 표현력이 풍부해진다.

(5) **실연법** : 수업의 중간이나 마지막 단계에 행하는 것으로써 언어학습이나 문제해결 학습에 효과적인 학습법(학습한 것을 실제에 적용)

> **실연법**
> 안전교육방법 중 학습자가 이미 설명을 듣거나 시범을 보고 알게 된 지식이나 기능을 강사의 감독 아래 직접적으로 연습하여 적용할 수 있도록 하는 교육방법

(6) **모의법(simulation method) 교육** : 실제의 장면이나 유사한 상황을 만들어 놓고 학습토록 하는 교육방법
① 시간의 소비가 많다.
② 시설의 유지비가 높다.
③ 학생 대 교사의 비율이 높다.
④ 단위시간당 교육비가 많다

(7) **문제법(problem method)** : 생활하고 있는 현실적인 장면에서 해결방법을 찾아내는 것으로 지식, 기능, 태도, 기술 등을 종합적으로 획득하도록 하는 학습방법

(8) 면접(interview) : 파악하고자 하는 연구과제에 대해 언어를 매개로 구조화된 질의응답을 통하여 교육하는 기법

(9) 시청각 교육 : 교육 대상자 수가 많고, 교육 대상자의 학습능력의 차이가 큰 경우 집단안전 교육방법으로서 가장 효과적인 방법

> **시청각적 교육방법의 특징**
> ① 교재의 구조화를 기할 수 있다.
> ② 대규모 수업체제의 구성이 쉽다.
> ③ 학습의 다양성과 능률화를 기할 수 있다.
> ④ 학습자에게 공통경험을 형성시켜 줄 수 있다.
> ⑤ 교수의 평준화를 기할 수 있다.

> 구안법의 장·단점
> ① 창조력이 생긴다.
> ② 동기부여가 충분하다.
> ③ 현실적인 학습방법이다.
> ④ 시간과 에너지가 많이 소비된다.

(10) 킬페트릭의 구안법(project method) : 학습자 스스로 계획하고 구상하여 문제를 해결하고 지식과 경험을 종합적으로 체득시키려는 학습 지도 방법

① 학습 목표설정(목적) → ② 계획 수립 → ③ 실행(활동) 또는 수행 → ④ 평가

(11) 컴퓨터 보조수업(computer assisted instruction, CAI) : 컴퓨터를 수업매체로 활용하여 학습 내용을 제시하며, 상호작용적으로 학습하고 결과를 평가하는 수업 형태

① 학습과정이 개별화되어 개인차를 최대한 고려할 수 있다.(학습자의 반응에 따라 적합한 과제를 선정하여 제시할 수 있다.)
② 흥미롭고 다양한 학습경험을 제공할 수 있어 학습자가 능동적으로 참여하고, 실패율이 낮다.
③ 교사와 학습자가 시간을 효과적으로 이용할 수 있다.
④ 학생의 학습과 과정의 평가를 과학적으로 할 수 있다.

> **브레인스토밍(brain-storming)(집중발상법)으로 아이디어 개발**
>
> 가) 브레인스토밍(brain-storming) : 다수(6~12명)의 팀원이 마음놓고 편안한 분위기 속에서 공상과 연상의 연쇄반응을 일으키면서 자유분망하게 아이디어를 대량으로 발언하여 나가는 방법(토의식 아이디어 개발 기법)
> 나) 브레인스토밍 4원칙
> ① 비판금지 : 타인의 의견에 대하여 장·단점을 비판하지 않음.
> ② 자유분방 : 지정된 표현방식을 벗어나 자유롭게 의견을 제시
> ③ 대량발언 : 사소한 아이디어라도 가능한 한 많이 제시하도록 함.
> ④ 수정발언 : 타인의 의견에 대하여는 수정하여 발표할 수 있음.

CHAPTER 05 항목별 우선순위 문제 및 해설 (2)

01 안전교육 방법 중 강의식 교육을 1시간 하려고 할 경우 가장 시간이 많이 소비되는 단계는?

① 도입 ② 제시
③ 적용 ④ 확인

해설 교육진행 4단계 : 도입-제시-적용-확인
 * 제시(설명) : 강의식 교육지도에서 가장 많은 시간이 할당되는 단계

02 안전교육 중 제2단계로 시행되며 같은 것을 반복하여 개인의 시행착오에 의해서만 점차 그 사람에게 형성되는 교육은?

① 안전기술의 교육
② 안전지식의 교육
③ 안전기능의 교육
④ 안전태도의 교육

해설 지식-기능-태도교육
 1) 지식교육(제1단계) : 강의, 시청각교육을 통한 지식의 전달과 이해
 2) 기능교육(제2단계) : 시범, 견학, 실습, 현장실습교육을 통한 경험 체득과 이해
  ① 교육대상자가 그것을 스스로 행함으로 얻어짐.
  ② 개인의 반복적 시행착오에 의해서만 얻어짐.
 3) 태도교육(제3단계) : 작업동작지도, 생활지도 등을 통한 안전의 습관화(올바른 행동의 습관화 및 가치관을 형성)

03 인간의 안전교육 형태에서 행위의 난이도가 점차적으로 높아지는 순서를 올바르게 표현한 것은?

① 지식→태도변형→개인행위→집단행위
② 태도변형→지식→집단행위→개인행위
③ 개인행위→태도변형→집단행위→지식
④ 개인행위→집단행위→지식→태도변형

해설 인간의 안전교육 형태에서 행위의 난이도가 높아지는 순서 : 지식→태도변형→개인행위→집단행위

04 다음 중 존 듀이(Jone Dewey)의 5단계 사고과정을 올바른 순서대로 나열한 것은?

① 행동에 의하여 가설을 검토한다.
② 가설(hypothesis)을 설정한다.
③ 지식화(intellectualization)한다.
④ 시사(suggestion)를 받는다.
⑤ 추론(reasoning)한다

① ④→①→②→③→⑤
② ⑤→②→④→①→③
③ ④→③→②→⑤→①
④ ⑤→③→②→④→①

해설 존 듀이(J.Dewey)의 사고과정 5단계
 1) 제1단계 : 시사를 받는다(suggestion).
 2) 제2단계 : 머리(지식화)로 생각한다(intellectualization).
 3) 제3단계 : 가설을 설정한다(hyphothesis).
 4) 제4단계 : 추론한다(reasoning).
 5) 제5단계 : 행동에 의하여 가설을 검토한다(preparation).

05 OFF J.T(Off the Job Training) 교육방법의 장점으로 옳은 것은?

① 개개인에게 적절한 지도훈련이 가능하다.
② 훈련에 필요한 업무의 계속성이 끊어지지 않는다.
③ 다수의 대상자를 일괄적, 조직적으로 교육할 수 있다.

정답 01.② 02.③ 03.① 04.③ 05.③

④ 효과가 곧 업무에 나타나며, 훈련의 좋고 나쁨에 따라 개선이 용이하다.

해설 OJT 교육과 Off JT 교육의 특징

OJT 교육의 특징	Off JT 교육의 특징
㉮ 개개인에게 적절한 지도훈련이 가능하다.	㉮ 다수의 근로자에게 조직적 훈련이 가능하다
㉯ 직장의 실정에 맞는 실제적 훈련이 가능하다.	㉯ 훈련에만 전념할 수 있다.
㉰ 즉시 업무에 연결될 수 있다.	㉰ 외부 전문가를 강사로 초빙하는 것이 가능하다.
㉱ 훈련에 필요한 업무의 지속성이 유지된다.	㉱ 특별교재, 교구, 시설을 유효하게 활용할 수 있다.
㉲ 효과가 곧 업무에 나타나며 결과에 따른 개선이 쉽다.	㉲ 타 직장의 근로자와 지식이나 경험을 교류할 수 있다.
㉳ 훈련 효과에 의해 상호 신뢰 이해도가 높아진다.(상사와 부하 간의 의사소통과 신뢰감이 깊게 된다.)	㉳ 교육 훈련 목표에 대하여 집단적 노력이 흐트러질 수도 있다.

06 주로 관리감독자를 교육대상자로 하며 직무에 관한 지식, 작업을 가르치는 능력, 작업방법을 개선하는 기능 등을 교육 내용으로 하는 기업 내 정형교육은?

① TWI(Training Within Industry)
② MTP(Management Training Program)
③ ATT(American Telephone Telegram)
④ ATP(Administration Training Program)

해설 TWI(Training Within Industry)
직장에서 제일선 감독자(관리감독자)에 대해서 감독 능력을 높이고 부하 직원과의 인간관계를 개선해서 생산성을 높이기 위한 훈련방법

07 안전교육의 방법 중 TWI(Training Within Industry for supervisor)의 교육내용에 해당하지 않는 것은?

① 작업지도기법(JIT)
② 작업개선기법(JMT)
③ 작업환경 개선기법(JET)
④ 인간관계 관리기법(JRT)

해설 TWI(Training Within Industry)
① 작업방법(개선)훈련(Job Method Training: JMT) – 작업개선 방법
② 작업지도훈련(Job Instruction Training: JIT) – 작업지도, 지시(작업 가르치는 기술)
직장 내 부하 직원에 대하여 가르치는 기술과 관련이 가장 깊은 기법
③ 인간관계 훈련(Job Relations Training: JRT) – 인간관계 관리(부하통솔)
④ 작업안전 훈련(Job Safety Training: JST) – 작업안전

08 강의법의 장점으로 볼 수 없는 것은?

① 강의 시간에 대한 조정이 용이하다.
② 학습자의 개성과 능력을 최대화할 수 있다.
③ 난해한 문제에 대하여 평이하게 설명이 가능하다.
④ 다수의 인원에서 동시에 많은 지식과 정보의 전달이 가능하다.

해설 강의법
다수의 수강자를 짧은 교육시간에 비교적 많은 교육 내용을 전수하기 위한 방법

09 프로그램 학습법(programmed self-instruction method)의 단점에 해당하는 것은?

① 보충학습이 어렵다.
② 수강생의 시간적 활용이 어렵다.
③ 수강생의 사회성이 결여되기 쉽다.
④ 수강생의 개인적인 차이를 조절할 수 없다.

해설 프로그램 학습법(programmed self-instruction method) : 학생이 자기 학습속도에 따른 학습이 허용되어 있는 상태에서 학습자가 프로그램 자료를 가지고 단독으로 학습하도록 하는 교육방법

정답 06. ① 07. ③ 08. ② 09. ③

10 다음 중 현장의 관리감독자 교육을 위하여 가장 바람직한 교육방식은?

① 강의식(lecture method)
② 토의식(discussion method)
③ 시범(demonstration method)
④ 자율식(self-instruction method)

해설 토의식(discussion method)
현장의 관리감독자(안전지식과 안전관리에 대한 경험을 갖고 있는 사람)교육을 위한 적절한 교육방식

11 학습지도의 형태 중 토의법에 해당하지 않는 것은?

① 패널 디스커션(panel discussion)
② 포럼(forum)
③ 구안법(project method)
④ 버즈 세션(buzz session)

해설 토의식 교육방법
(가) 포럼(forum) : 새로운 자료나 교재를 제시하고, 문제점을 피교육자로 하여금 제기하도록 하거나 의견을 여러 가지 방법으로 발표하게 하여 청중과 토론자 간 활발한 의견 개진과 합의를 도출해 가는 토의방법(깊이 파고들어 토의하는 방법)
(나) 심포지엄(symposium) : 몇 사람의 전문가에 의하여 과정에 관한 견해를 발표한 뒤 참가자로 하여금 의견이나 질문을 하게하는 토의법
(다) 패널 디스커션(panel discussion) : 패널 멤버(교육과제에 정통한 전문가 4~5명)가 피교육자 앞에서 자유로이 토의하고 뒤에 피교육자 전원이 참가하여 사회자의 사회에 따라 토의하는 방법
(라) 버즈 세션(buzz session) : 6-6 회의라고도 하며, 참가자가 다수인 경우에 전원을 토의에 참가시키기 위한 방법으로 소집단을 구성하여 회의를 진행 시키는 방법

12 산업안전보건법령상 사업 내 안전·보건 교육 중 채용 시의 교육 내용에 해당하지 않는 것은? (단, 기타 산업안전보건법 및 일반관리에 관한 사항은 제외한다.)

① 사고 발생 시 긴급조치에 관한 사항
② 산업보건 및 직업병 예방에 관한 사항
③ 기계·기구의 위험성과 작업의 순서 및 동선에 관한 사항
④ 작업공정의 유해·위험과 재해 예방대책에 관한 사항

해설 채용 시의 교육 및 작업내용 변경 시의 교육 내용
• 산업안전 및 사고 예방에 관한 사항
• 산업보건 및 직업병 예방에 관한 사항
• 위험성 평가에 관한 사항
• 산업안전보건법령 및 산업재해보상보험 제도에 관한 사항
• 직무스트레스 예방 및 관리에 관한 사항
• 직장 내 괴롭힘, 고객의 폭언 등으로 인한 건강장해 예방 및 관리에 관한 사항
• 기계·기구의 위험성과 작업의 순서 및 동선에 관한 사항
• 작업 개시 전 점검에 관한 사항
• 정리정돈 및 청소에 관한 사항
• 사고 발생 시 긴급조치에 관한 사항
• 물질안전보건자료에 관한 사항

13 다음 중 산업안전보건법령상 사업 내 안전·보건교육에 있어 관리감독자의 정기안전보건 교육 내용에 해당하는 것은? (단, 기타 산업안전보건법 및 일반관리에 관한 사항은 제외한다.)

① 작업 개시 전 점검에 관한 사항
② 정리정돈 및 청소에 관한 사항
③ 작업공정의 유해·위험과 재해 예방대책에 관한 사항
④ 기계·기구의 위험성과 작업의 순서 및 동선에 관한 사항

해설 관리감독자 정기교육 : 교육 내용
• 산업안전 및 사고 예방에 관한 사항
• 산업보건 및 직업병 예방에 관한 사항
• 위험성 평가에 관한 사항
• 유해·위험 작업환경 관리에 관한 사항
• 산업안전보건법령 및 산업재해보상보험 제도에 관한 사항
• 직무스트레스 예방 및 관리에 관한 사항

정답 10. ② 11. ③ 12. ④ 13. ③

- 직장 내 괴롭힘, 고객의 폭언 등으로 인한 건강장해 예방 및 관리에 관한 사항
- 작업공정의 유해·위험과 재해 예방대책에 관한 사항
- 사업장 내 안전보건관리체제 및 안전·보건조치 현황에 관한 사항
- 표준안전 작업방법 결정 및 지도·감독 요령에 관한 사항
- 현장근로자와의 의사소통능력 및 강의능력 등 안전보건교육 능력 배양에 관한 사항
- 비상시 또는 재해 발생 시 긴급조치에 관한 사항
- 그 밖의 관리감독자의 직무에 관한 사항

14 산업안전보건법령상 사업 내 안전·보건교육에서 근로자 정기 안전·보건교육의 교육내용에 해당하지 않은 것은? (단, 기타 산업안전보건법 및 일반관리에 관한 사항은 제외한다.)

① 건강증진 및 질병 예방에 관한 사항
② 산업보건 및 직업병 예방에 관한 사항
③ 유해·위험 작업환경 관리에 관한 사항
④ 작업공정의 유해·위험과 재해 예방대책에 관한 사항

해설 근로자 정기교육 : 교육 내용
- 산업안전 및 사고 예방에 관한 사항
- 산업보건 및 직업병 예방에 관한 사항
- 위험성 평가에 관한 사항
- 건강증진 및 질병 예방에 관한 사항
- 유해·위험 작업환경 관리에 관한 사항
- 산업안전보건법령 및 산업재해보상보험 제도에 관한 사항
- 직무스트레스 예방 및 관리에 관한 사항
- 직장 내 괴롭힘, 고객의 폭언 등으로 인한 건강장해 예방 및 관리에 관한 사항

15 산업안전보건법령상 사업 내 안전·보건교육의 교육시간에 관한 설명으로 옳은 것은?

① 사무직에 종사는 근로자의 정기교육은 매반기 6시간 이상이다.
② 관리감독자의 정기교육은 연간 8시간 이상이다.
③ 일용근로자의 작업내용 변경시의 교육은 2시간 이상이다.
④ 일용근로자의 채용 시의 교육은 4시간 이상이다.

해설 근로자안전보건교육
① 관리감독자의 지위에 있는 사람의 정기교육 : 연간 16시간 이상
② 일용근로자의 작업내용 변경시의 교육 : 1시간 이상
③ 일용근로자의 채용 시의 교육 : 1시간 이상

정답 14. ④ 15. ①

PART 02

인간공학 및 위험성평가·관리

✎ 항목별 이론 및 우선순위 문제

1. 안전과 인간공학
2. 위험성 파악·결정
3. 시스템 위험성 추정 및 결정
4. 작업환경관리
5. 작업환경과 인간공학
6. 정보입력표시
7. 설비의 유지관리

Chapter 01 안전과 인간공학

1. 인간공학의 정의

(1) **정의** : 인간의 특성과 한계, 능력을 공학적으로 분석, 평가하여 이를 복잡한 체계의 설계에 응용함으로써 효율을 최대로 활용할 수 있도록 하는 학문 분야
　　　– 인간공학이란 인간이 사용할 수 있도록 설계하는 과정(차파니스)
① 편리성, 쾌적성, 효율성을 높일 수 있다.
② 사고를 방지하고 안전성과 능률성을 높일 수 있다.
③ 인간의 특성과 한계점을 고려하여 제품을 설계한다.

> **참고**
> ✱ 인간공학(ergonomics)의 기원
> 　– ergonomics : 자스트러제보스키(Wojciech Jastrzebowski, 19세기 중반 폴란드의 교육자, 과학자)에 의해 처음 사용
> 　– 희랍어 "ergon(작업) + nomos(법칙) + ics(학문)"의 조합된 단어이다.
> ✱ 인간공학을 나타내는 용어
> 　① ergonomics ② human factors ③ human engineering

(2) **인간공학의 목표(차파니스, A.Chapanis)**
① 첫째 : 안전성 향상과 사고방지(에러 감소)
② 둘째 : 기계조작의 능률성과 생산성 증대
③ 셋째 : 쾌적성(안락감 향상)

(3) **인간공학에 있어 기본적인 가정**
① 인간에게 적절한 동기부여가 된다면 좀더 나은 성과를 얻게 된다.
② 인간 기능의 효율은 인간-기계 시스템의 효율과 연계 된다.
③ 장비, 물건, 환경 특성이 인간의 수행도와 인간-기계 시스템의 성과에 영향을 준다.

(4) **인간공학적 설계 대상**
① 물건(objects)

---

memo

알폰스 차파니스(Alphonse Chapanis, 1917~2002, 미국): 산업 디자인 분야의 개척자이며, 인간의 특성들을 설계에 응용하는 학문인 인간공학의 선구자 중 한 사람. 특히 항공기 안전의 발전에 기여를 많이 했음.

인간공학에 대한 설명
① 인간공학의 목표는 기능적 효과, 효율 및 인간 가치를 향상시키는 것이다.
② 제품의 설계 시 사용자를 고려한다.
③ 환경과 사람이 격리된 존재가 아님을 인식한다.
④ 인간의 능력 및 한계에는 개인차가 있다고 인지한다.

인간공학을 기업에 적용 시 기대효과
① 작업자의 건강 및 안전 향상
② 제품과 작업의 질 향상
③ 작업손실시간의 감소
④ 노사 간의 신뢰 강화

산업안전 분야에서의 인간공학을 위한 제반 언급사항
① 안전관리자와의 의사소통 원활화
② 인간과오 방지를 위한 구체적 대책
③ 인간행동 특성자료의 정량화 및 축적

② 기계(machinery)
③ 환경(environment)

(5) 인간기준의 종류 (인간공학의 연구를 위한 수집자료 중 분류 유형)
: 인간성능기준(측정기준)

> **시스템의 평가척도 유형 : 효율적 목표 수행에 대한 척도**
> ① 시스템기준 : 시스템의 의도에 따른 달성 여부, 시스템 성능
> ② 작업성능기준 : 작업결과에 대한 효율
> ③ 인간기준(human criteria) : 작업수행 중의 인간의 행동 등을 다룸.

(가) 인간의 성능척도(performance measure) : 감각활동, 정신활동, 근육활동 등에 의해 판단

① 빈도수 척도(frequency) ② 강도척도(intensity) ③ 지연성 척도(latency) ④ 지속성 척도(duration)

(나) 주관적 반응(subjective response) : 개인성능의 평점, 체계설계의 대안들의 평점 등

- 피 실험자의 개별적 의견, 판단, 평가(사용편의성, 의자의 안락도, 도구 손잡이 길이에 대한 선호도등의 의견, 판단)

(다) 생리적 지표(physiological index) : 혈압, 맥박수, 동공확장 등이 척도

- 신체활동에 관한 육체적, 정신적 활동 정도, 심장활동지표, 호흡지표, 신경지표, 감각지표

(라) 사고와 과오의 빈도 : 사고 발생빈도가 적절한 기준이 될 수 있음

(6) 인간공학 연구조사에 사용하는 기준의 요건

(가) 적절성 : 평가척도가 시스템의 의도된 목적에 부합하여야 한다.

(나) 신뢰성 : 반복 실험 시 재현성이 있어야 한다.

(다) 무오염성 : 측정하고자 하는 변수 이외의 다른 변수의 영향을 받아서는 안 된다.

(라) 민감도 : 피실험자 사이에서 볼 수 있는 예상 차이점에 비례하는 단위로 측정해야 한다.(피실험자에게 나타나는 민감한 반응에 대해 정확히(세밀히) 반영)

(7) 실험실 연구와 현장 연구

(조사연구자가 특정한 연구를 수행하기 위하여는 어떤 상황(환경)에서 실시할 것인가를 선택하여야 함)

(가) 실험실 연구(환경)

   1) 장점 : ① 비용절감 ② 정확한 자료수집 가능 ③ 실험 조건의 조절 용이

   2) 단점 : ① 일반화가 불가능 ② 현실성 부족

(나) 현장 연구

   1) 장점 : ① 일반화가 가능 ② 현실성이 있음.

   2) 단점 : ① 실험비용 많이 소요
          ② 실험의 같은 조건의 어려움(정확한 자료 수집이 어려움)

> **참고**
> * 평가연구 : 인간공학 연구방법 중 실제의 제품이나 시스템이 추구하는 특성 및 수준이 달성되는지를 비교하고 분석하는 것
> * 사업장에서 인간공학 적용 분야 : 재해 및 질병예방, 작업환경 개선, 제품설계, 장비 및 공구의 설계(원가절감 및 생산성 향상)

2. 인간-기계 체계

(1) 인간-기계 체계(man-machine system)의 연구 목적

안전을 극대화시키고 생산능률을 향상 (연구목적에 우선순위)

* 시스템(system, 체계) : 특정한 기능을 수행하기 위하여 조화있는 상호작용을 하거나 상호 관련되어서 어떤 공통된 목표에 의해 통합된 사물들의 집단
* 인간-기계 시스템(man-machine system)은 한 명 이상의 사람과 한 가지 이상의 기계, 그리고 이들의 환경으로 구성되어 인간만으로 또는 기계만으로 발휘하는 그 이상의 큰 능력을 나타내는 시스템

(2) 인간-기계 기능계에서 수행하는 기본 기능(임무 및 기본 기능)

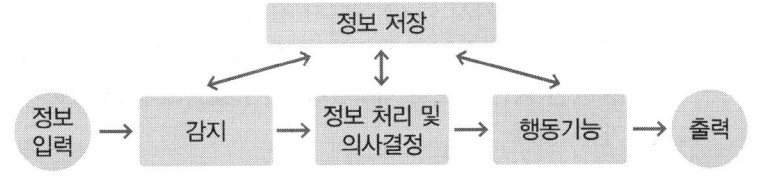

시스템의 정의에 포함되는 조건
① 요소의 집합에 의해 구성 ② 시스템 상호간에 관계를 유지 ③ 어떤 목적을 위하여 작용하는 집합체

인간-기계 시스템에 관련된 정의
① 시스템: 전체목표를 달성하기 위한 유기적인 결합체
② 인간-기계 시스템: 인간과 물리적 요소가 주어진 입력에 대해 원하는 출력을 내도록 결합되어 상호작용하는 집합체

(가) 감지(sensing) : 인간의 감각기관(시각, 청각, 후각 등)에 해당하는 부분으로 기계는 전자장치 또는 기계장치로 감지

(나) 정보 저장(information storage)

(다) 정보처리 및 의사 결정(information processing and decision)
  ① 심리적 정보처리단계 : 회상(recall, 재생), 인식(recognition, 재인), 정리(retention, 파지)
  ② 인간의 정보처리 시간 : 0.5초(인간의 정보처리능력 한계)

정보량

$$정보량(H) = \log_2 n = \log_2 \frac{1}{p} \left(p = \frac{1}{n} \right)$$

[정보량의 단위는 bit(binary digit), n : 대안의 수 n개, p : 어느 사항이 발생할 확률]

※ 대안의 수 n개, n개의 대안이 발생할 확률이 동일한 경우 ⇨ 대안의 수 2개가 발생확률 동일할 경우 정보량 1bit($\log_2 2 = 1$)
  - 동전을 던질 때 앞면과 뒷면 정보량 1bit
  - 주사위 6가지 수 무작위 선택 시 정보량 2.6bit($\log_2 6$)
  - 알파벳 A~Z 무작위 선택 시 정보량 4.7bit($\log_2 26$)

〈발생확률이 동일한 경우〉

예문 빨강, 노랑, 파랑, 화살표 등 모두 4종류의 신호등이 있다. 신호등은 한 번에 하나의 등만 켜지도록 되어 있다. 1시간 동안 측정한 결과 4가지 신호등이 모두 15분씩 켜져 있었다. 이 신호등의 총 정보량은 얼마인가?

해설 $정보량(H) = \log_2 n = \log_2 \frac{1}{p} \left(p = \frac{1}{n} \right)$ (n : 대안의 수, p : 확률)

$H = \log_2 4 = \frac{\log 4}{\log 2} = 2\text{bit}$

(※ 대안의 수 n개, n개의 대안이 발생할 확률이 동일한 경우 ⇨ 대안의 수 4개가 발생확률 동일할 경우 정보량 2bit($\log_2 4 = 2$))

〈발생확률이 다른 경우〉

예문 빨강, 노랑, 파랑의 3가지 색으로 구성된 교통 신호등이 있다. 신호등은 항상 3가지 색 중 하나가 켜지도록 되어 있다. 1시간 동안 조사한 결과, 파란등은 총 30분 동안, 빨간등과 노란등은 각각 총 15분 동안 켜진 것으로 나타났다. 이 신호등의 총 정보량은 몇 bit인가?

[해설] 정보량 $(H) = \log_2 n = \log_2 \dfrac{1}{p}$ $\left(p = \dfrac{1}{n}\right)$ (n : 대안의 수, p : 확률)

① 점등확률 : 파란등(A) = 30분/60분(1시간) = 0.5, 빨간등(B))과 노란등(C)은 각각 0.25(15분/60분)

② 각각의 정보량 : $A = \log_2 \dfrac{1}{0.5} = 1$, $B = \log_2 \dfrac{1}{0.25} = 2$, $C = 2$

③ 총정보량 $(H) = (A \times 0.5) + (B \times 0.25) + (C \times 0.25)$
   $= (1 \times 0.5) + (2 \times 0.25) + (2 \times 0.25) = 1.5 \text{bit}$

전달정보량 = (자극정보량 + 반응정보량) − 자극반응정보량

[예문] 자극과 반응의 실험에서 자극 A가 나타날 경우 1로 반응하고 자극 B가 나타날 경우 2로 반응하는 것으로 하고, 100회 반복하여 표와 같은 결과를 얻었다. 제대로 전달된 정보량을 계산하면 약 얼마인가?

자극＼반응	1	2
A	50	−
B	10	40

[해설] 정보량 $(H) = \log_2 n = \log_2 \dfrac{1}{p}$ $\left(p = \dfrac{1}{n}\right)$ (n : 대안의 수, p : 확률)

⟨자극반응표⟩

자극(x)＼반응(y)	1	2	계 $H(x)$
A	50	−	50
B	10	40	50
계 $H(y)$	60	40	100

① 자극정보량 $H(x) = \left(\log_2 \dfrac{1}{0.5} \times 0.5\right) + \left(\log_2 \dfrac{1}{0.5} \times 0.5\right) = 1 \text{bit}$

② 반응정보량 $H(y) = \left(\log_2 \dfrac{1}{0.6} \times 0.6\right) + \left(\log_2 \dfrac{1}{0.4} \times 0.4\right) = 0.971 \text{bit}$

③ 자극반응정보량
$H(x, y) = \left(\log_2 \dfrac{1}{0.5} \times 0.5\right) + \left(\log_2 \dfrac{1}{0} \times 0\right) + \left(\log_2 \dfrac{1}{0.1} \times 0.1\right) + \left(\log_2 \dfrac{1}{0.4} \times 0.4\right)$
$= 1.361 \text{bit}$

⇨ 전달정보량 $T(x, y) = H(x) + H(y) - H(x, y) = 1 + 0.971 - 1.361 = 0.610 \text{bit}$

(라) 행동 기능(acting function) : 결정된 사항의 실행과 조정을 하는 과정
 − 음성(사람의 경우), 신호, 기록 등의 방법을 사용하여 통신

> **참고**
>
> ※ 인간-기계 시스템의 작동 순서도표(Operational Sequence Diagram : OSD) 기호
>
> | 수신 | 기억 | 결정 | 행동 |
> |---|---|---|---|
> | ○ | ▽ | ◇ | □ |
>
> ※ 인식과 자극의 정보처리 과정에서 3단계 : ① 인지단계 ② 인식단계 ③ 행동단계

(3) 인간-기계 시스템의 구분

(가) **수동 시스템 (manual system)** : 작업자가 수공구 등을 사용하여 신체적인 힘을 동력원으로 작업을 수행하는 것. 인간의 역할은 힘을 제공하고 기계를 제어하는 것(목수와 수공구)
  - 다양성(융통성)이 많음 : 다양성 있는 체계로, 역할을 할 수 있는 능력을 충분히 활용하는 인간과 기계 통합 체계

(나) **기계화 시스템 (mechanical system, 반자동 시스템)** : 기계는 동력원을 제공하고 인간의 통제하에서 제품을 생산(인간의 역할은 제어 기능, 조정 장치로 기계를 통제)
  - 동력 기계화 체계와 고도로 통합된 부품으로 구성

(다) **자동 시스템 (automatic system)** : 인간은 감시(monitoring), 경계(vigilance), 정비유지, 프로그램 등의 작업을 담당 (설비 보전, 작업계획 수립, 모니터로 작업 상황 감시)
  - 인간요소를 고려해야 함

※ 인간-기계 시스템의 구성요소에서 일반적으로 신뢰도가 가장 낮은 요소 : 작업자

(4) 인간과 기계의 기능 비교

인간과 기계의 비교의 한계점(인간과 기계의 능력에 대한 실용성 한계)
① 기능의 수행이 유일한 기준은 아니다.
② 상대적인 비교는 항상 변하기 마련이다.
③ 일반적인 인간과 기계의 비교가 항상 적용되지 않는다.
④ 최선의 성능을 마련하는 것이 항상 중요한 것은 아니다.
⑤ 기능의 할당에서 사회적인 것과 이에 관련된 가치들을 고려해 넣어야 한다.

인간이 우수한 기능	기계가 우수한 기능
• 낮은 수준의 시각, 청각, 촉각, 후각, 미각인인 자극을 감지 • 상황에 따라 변화하는 복잡 다양한 자극의 형태 식별 • 다양한 경험을 통한 의사결정 • 주위가 이상하거나 예기치 못한 사건을 감지하여 대처하는 업무를 수행 • 배경 잡음이 심한 경우에도 신호를 인지	• 인간 감지 범위 밖의 자극 감지 • 인간 및 기계에 대한 모니터 감지 • 드물게 발생하는 사상 감지
• 많은 양의 정보를 장기간 보관 • 관찰을 통한 일반화하여 귀납적 추리 • 과부하 상황에서는 중요한 일에만 전념 • 원칙을 적용하여 다양한 문제를 해결하는 능력	• 암호화된 정보를 신속하게 대량 보관 • 관찰을 통해서 특수화하고 연역적으로 추리 • 과부하 시에도 효율적으로 작동 • 명시된 절차에 따라 신속하고, 정량적 정보처리
• 임기응변, 융통성, 원칙적용, 주관적 추산, 독창력 발휘 등의 기능 • 주관적인 추산과 평가 작업을 수행 • 어떤 운용방법이 실패할 경우 완전히 새로운 해결책(방법) 찾을 수 있음	• 장시간 중량 작업, 반복 작업, 동시 작업 수행 기능 • 장시간 일관성이 있는 작업을 수행 • 소음, 이상온도 등의 환경에서 수행

(5) 인간 – 기계 시스템의 신뢰도

(가) **신뢰도**(reliability) : 체계 또는 부품이 주어진 운용 조건하에서 의도하는 사용기간 중에 의도한 목적에 만족스럽게 작동할 확률(시스템 신뢰도 : 시스템의 성공적 수행(performance)을 확률로 나타낸 것)

> 인간-기계 시스템에서의 신뢰도 유지 방안
> ① fail-safe system
> ② fool-proof system
> ③ lock system

(나) **직렬체계**(serial system) : 직접 운전 작업

신뢰도 $Rs = r_1 \times r_2$ (인간 : r_1, 기계 : r_2)

$r_1 < r_2$ 이면 $Rs \leq r_1$

(다) **병렬체계**(parallel system) : 병렬체계의 신뢰도는 기계 단독이나 직렬 작업보다 높아짐.

신뢰도 $Rs = r_1 \times r_2(1-r_1)$ (인간 : r_1, 기계 : r_2)

$\rightarrow Rs = 1 - \{(1-r_1)(1-r_2)\}$

$r_1 < r_2$ 이면 $Rs > r_2$

(라) **록 시스템**(lock system)의 종류

1) 인터록 시스템(interlock system) : 인간과 기계 사이에 두는 안전 장치 또는 기계에 두는 안전장치
   - 기계설계 시 불안전한 요소에 대하여 통제를 가함.

> 인터록 시스템: 작동 중인 전자레인지 문을 열면 작동이 자동적으로 멈추는 기능

2) 인터라록 시스템(intralock system) : 인간내면에 존재하는 통제 장치
   - 인간의 불안전한 요소에 대하여 통제를 가함.

3) 트랜스록 시스템(translock system) : 인터록과 인터록 사이에 두는 안전장치

(6) 설비의 신뢰도

시스템의 성공적 수행(performance)을 확률로 나타낸 것

(가) **직렬연결** : 시스템의 어느 한 부품이 고장나면 시스템이 고장나는 구조
   - 각 부품이 동일한 신뢰도를 가질 경우 직렬 구조의 신뢰도는 병렬 구조에 비해 신뢰도가 낮음.

신뢰도 $Rs = r_1 \cdot r_2 \cdot r_3 \cdots r_n$

—[1]—[2]…[n]—

(나) **병렬연결** : 시스템의 어느 한 부품만 작동해도 시스템이 작동하는 구조 (열차, 항공기의 제어 장치)

> 시스템의 수명 및 신뢰성: 병렬설계 및 디레이팅 기술로 시스템의 신뢰성을 증가시킬 수 있다.
> (디레이팅(derating): 기계나 장치에서 신뢰성을 향상시키기 위해서 계획적으로 부하(내부 스트레스)를 정격 이하로 내려서 사용하게 하는 것)

- 페일세이프(fail safe)시스템
- 직렬 구조에 비해 신뢰도가 높음

① 요소의 수가 많을수록 고장의 기회는 줄어든다.
② 요소의 중복도가 늘어날수록 시스템의 수명은 길어진다.
③ 요소의 어느 하나라도 정상이면 시스템은 정상이다.
④ 시스템의 수명은 요소 중에서 수명이 가장 긴 것으로 정해진다.

1) 신뢰도 $Rs = 1 - \{(1-r_1)(1-r_2)\cdots(1-r_n)\}$

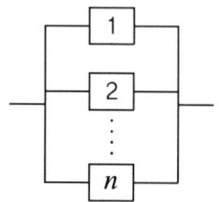

> 제품의 설계단계에서 고유 신뢰성의 증대 방법
> ① 병렬 및 대기 리던던시의 활용
> ② 부품과 조립품의 단순화 및 표준화
> ③ 부품의 전기적, 기계적, 열정 및 기타 작동조건의 경감

2) n 중 k구조 : n 중 k구조는 n개의 부품으로 구성된 시스템에서 k개 이상의 부품이 작동하면 시스템이 정상적으로 가동되는 구조

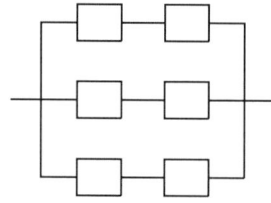

(7) 병렬 모델과 중복설계 : fail safe system

(가) 리던던시(redundancy) : 일부에 고장이 발생하더라도 전체가 고장이 나지 않도록 기능적으로 여력(redundant)를 부가해서 신뢰도를 향상시키는 중복설계의 의미

　(리던던시 방식 : 병렬, 대기 리던던시, 스페어에 의한 교환, fail-safe)

> • 다경로하중구조: 다수의 부재로 구성하여 하나의 부재가 파괴되더라도 다른 부재들이 하중을 부담하는 구조
> • 하중경감구조: 주 부재에 보강재를 설치하여 주 부재에 균열이 발생하면 하중이 보강재로 이동하게 하여 주 부재의 하중을 경감하는 구조

(나) 구조적 fail safe 종류 : 기계 또는 설비에 이상이나 오동작이 발생하여도 안전사고를 발생시키지 않도록 2중 또는 3중으로 통제를 가하도록 한 체계
① 다경로하중구조 ② 하중경감구조 ③ 교대구조 ④ 분할구조

3. 체계설계와 인간요소

(1) 시스템 분석 및 설계에 있어서 인간공학의 가치

　(체계분석 및 설계에 있어서 인간공학적 노력의 효능을 산정하는 척도의 기준)

① 사고 및 오용으로부터의 손실 감소
② 생산 및 보전의 경제성 증대
③ 성능의 향상
④ 훈련 비용의 절감
⑤ 인력 이용률의 향상
⑥ 사용자의 수용도 향상

(2) 인간 – 기계 시스템의 설계 6단계 및 고려사항
① 제1단계 : 시스템의 목표 및 성능 명세 결정
② 제2단계 : 시스템의 정의
③ 제3단계 : 기본설계
④ 제4단계 : 인터페이스(계면) 설계
⑤ 제5단계 : 보조물(촉진물) 설계
⑥ 제6단계 : 시험 및 평가

(가) 인간 – 기계 시스템에 관한 내용
① 인간 성능의 고려는 개발의 첫 단계에서부터 시작되어야 한다.
② 기능 할당 시에 인간 기능에 대한 초기의 주의가 필요하다.
③ 평가 초점은 인간 성능의 수용가능한 수준이 되도록 시스템을 개선하는 것이다.
④ 인간 – 컴퓨터 인터페이스 설계는 기계보다 인간의 효율이 우선적으로 고려되어야 한다.

(나) 인간 – 기계 시스템을 설계 위한 고려 사항
① 시스템 설계 시 동작 경제의 원칙이 만족되도록 고려하여야 한다.
② 대상이 되는 시스템이 위치할 환경조건이 인간에 대한 한계치를 만족하는가의 여부를 조사한다.
③ 인간이 수행해야 할 조작이 연속적인가 불연속적 인가를 알아보기 위해 특성조사를 실시한다.

> **인간-기계 시스템의 설계원칙**
> ① 양립성이 클수록 정보처리에 재코드화 과정은 적어진다.
> ② 사용빈도, 사용순서, 기능에 따라 배치가 이루어져야 한다.
> ③ 인간의 기계적 성능에 부합되도록 설계해야 한다.
> ④ 인체 특성에 적합해야 한다.

(3) 인간-기계 시스템의 설계 단계별 내용

(가) 제1단계 - 시스템의 목표 및 성능 명세 결정

시스템이 설계되기 전에 우선 목표 및 성능 명세 결정

(나) 제2단계 - 시스템의 정의

목표, 성능의 결정 후 이것을 달성하기 위한 필요한 기본적 기능 결정
- 시스템의 기능을 정의하는 단계

(다) 제3단계 - 기본설계

1) 인간 · 하드웨어 · 소프트웨어의 기능 할당

2) 인간 성능 요건 명세
   - 인간의 성능 특성(human performance requirements)
     ① 속도
     ② 정확성
     ③ 사용자 만족
     ④ 유일한 기술을 개발하는 데 필요한 시간

3) 직무 분석

4) 작업 설계

(라) 제4단계 - 인터페이스(계면) 설계

인간-기계의 경계를 이루는 면과 인간-소프트웨어 경계를 이루는 면의 특성에 초점 둠.

(작업공간, 표시장치, 조종장치, 제어, 컴퓨터 대화 등이 포함)

✽ 인간-기계의 계면(interface) : 인간과 기계가 만나는 면(面)

✽ 인간 요소 : 상식과 경험, 정량적 자료집, 수학적 함수와 등식, 원칙, 도식적 설명물, 설계표준 및 기준, 전문가 판단

✽ 인간-기계 인터페이스(human-machine interface)의 조화성
   ① 인지적 조화성
   ② 신체적 조화성
   ③ 감성적 조화성

✽ 인터페이스(계면)를 설계할 때 감성적인 부문을 고려하지 않으면 진부감(陳腐感)이 나타나는 결과가 됨.

✽ 이동전화의 설계에서 사용성 개선을 위해 인터페이스 설계
   ① 사용자의 인지적 특성이 가장 많이 고려되어야 하는 사용자 인터페이스 요소: 한글 입력 방식
   ② 제품 인터페이스: 버튼의 크기, 버튼의 간격, 전화기의 색깔

---

man-machine interface : 인간이 기계를 조작하거나 이용할 때 인간과 기계 사이의 연결부분으로 상호 간의 의사전달이 이루어짐

(마) 제5단계 – 보조물(촉진물) 설계

　　인간의 능력을 증진시킬 수 있는 보조물에 대한 계획에 초점 (지시수첩, 성능보조자료 및 훈련도구와 계획)

(바) 제6단계 – 시험 및 평가

> **시스템 설계자가 통상적으로 하는 평가방법**
> ① 기능평가 : 시스템의 목표와 목적을 만족시키는 기능 여부
> ② 성능평가 : 성능목표의 만족여부
> ③ 신뢰성평가 : MTBF(평균고장간격)와 MTTR(평균수리시간)으로 평가

> **참고**
> ✱ 인간의 신뢰성 요인 : 주의력, 긴장수준, 의식수준(경험연수, 지식수준, 기술수준)
> 　– 기계의 신뢰성 요인 : 재질, 기능, 작동방법
> ✱ System 요소 간의 link 중 인간 커뮤니케이션 link : 방향성, 통신계, 시각장치 link
> ✱ 감시제어(supervisory control) 시스템에서 인간의 주요 기능
> 　① 간섭(intervene)
> 　② 계획(plan)
> 　③ 교시(teach)
> ✱ 작업만족도를 얻기 위한 수단
> 　① 작업확대(job enlargement)
> 　② 작업윤택화(job enrichment)
> 　③ 작업순환(job rotation)
> ✱ 안전가치분석의 특징
> 　① 기능위주로 분석한다.
> 　② 왜 비용이 드는가를 분석한다.
> 　③ 그룹 활동은 전원의 중지를 모은다.
> ✱ 인간 – 기계 체계에서 시스템 활동의 흐름과정을 탐지 분석하는 방법
> 　① 가동분석(analysis of operation) : 작업자와 기계의 가동상황을 알기 위한 분석
> 　② 운반공정분석(process analysis of material handling) : 화물, 운반 작업자, 운반설비 등 운반 공정을 분석
> 　③ 사무공정분석 : 사무흐름의 상태를 파악

인간-기계 시스템에 대한 평가에서 사용되는 변수
① 독립 변수(independent variable) : 다른 변수의 변화로부터는 영향을 받지 않고 영향을 주는 변수이며, 관찰하고자 하는 현상의 주원인에 해당한다고 추측되는 변수(원인 변수, 실험 변수)
② 종속 변수(dependent variable) : 인간-기계 시스템에 대한 평가에서 평가 척도나 기준(criteria)으로서 관심의 대상이 되는 변수(기준). 보통 기준이라고도 부름. 독립 변수의 영향을 받아 변화될 것이라고 보는 변수(결과 변수)
③ 통제 변수(control variable) : 독립 변수에 포함되지 아니면서 종속 변수에 영향을 미칠 수 있는 변수. 실험 시 제거되어야 하는 변수

4. 인간 요소와 휴먼 에러

(1) 휴먼 에러(human error)의 요인

심리적 요인(내적 요인)	물리적 요인(외적 요인)
① 일에 대한 지식이 부족할 경우 ② 의욕이나 사기가 결여되어 있을 경우 ③ 서두르거나 절박한 상황에 놓여 있을 경우 ④ 무엇인가의 체험이 습관적으로 되어 있을 경우 ⑤ 선입관, 주의 소홀, 과다·과소 자극, 피로 등의 경우	① 일이 단조로운 경우 ② 일이 너무 복잡한 경우 ③ 일의 생산성이 너무 강조되는 경우 ④ 동일 형상의 것이 나란히 있는 경우 ⑤ 공간적 배치원칙에 위배되는 경우 (스위치를 반대로 설치하는 경우) ⑥ 양립성에 맞지 않는 경우

인간실수의 주원인: 인간 고유의 변화성

(2) 휴먼 에러에 관한 분류

(가) 심리적 행위에 의한 분류 (Swain의 독립행동에 관한 분류)

1) omission error(생략 에러) : 필요한 작업 또는 절차를 수행하지 않는 데 기인한 에러 – 부작위 오류

2) commission error(실행 에러) : 필요한 작업 또는 절차를 불확실하게 수행함으로써 기인한 에러 – 작위 오류

3) extraneous error(과잉행동 에러) : 불필요한 작업 또는 절차를 수행함으로써 기인한 에러

4) sequential error(순서 에러) : 필요한 작업 또는 절차의 순서 착오로 인한 에러

5) time error(시간 에러) : 필요한 직무 또는 절차의 수행의 지연(혹은 빨리)으로 인한 에러

휴먼 에러의 배후 요소 4M
① 인적 요인(Man): 동료나 상사, 본인 이외의 사람
② 기계적 요인(Machine): 기계설비의 고장, 결함
③ 작업적 요인(Media): 작업정보, 작업환경, 작업방법, 작업순서
④ 관리적 요인(Management): 법규준수, 단속, 점검

휴먼 에러 예방 대책 중 인적 요인에 대한 대책
① 소집단 활동의 활성화
② 작업에 대한 교육 및 훈련
③ 전문 인력의 적재적소 배치

(나) 원인의 수준(level)적 분류

1) primary error(1차 에러) : 작업자 자신으로부터 발생한 과오

2) secondary error(2차 에러) : 작업 형태나 조건의 문제에서 발생한 에러. 어떤 결함으로부터 파생하여 발생

3) command error(지시 에러) : 요구된 기능을 실행하고자 하여도 필요한 물건, 정보, 에너지 등의 공급이 없기 때문에 작업자가 움직이려고 해도 움직일 수 없으므로 발생하는 과오

(3) 인간의 오류 모형

(가) 착오(mistake) : 상황 해석을 잘못하거나 목표를 잘못 이해하고 착각하여 행하는 경우

(나) 실수(slip) : 상황이나 목표의 해석을 제대로 했으나 의도와는 다른 행동을 하는 경우

(다) 건망증(lapse) : 여러 과정이 연계적으로 일어나는 행동에서 일부를 잊어 버리고 하지 않거나 또는 기억의 실패에 의하여 발생하는 오류

(라) 위반(violation) : 정해진 규칙을 알고 있음에도 고의로 따르지 않거나 무시하는 행위

* 착각 : 감각적으로 물리현상을 왜곡하는 지각현상
* 가현운동 : 물리적으로 일정한 위치에 있는 물체가 착각(착시)에 의해 움직이는 것처럼 보이는 현상으로 영화 영상의 방법
* 방향감각혼란과 착각은 신체의 방향 및 평형감각기관으로부터 위치와 운동에 관한 암시신호가 뇌에 전달되어 인식될 때 암시신호들이 서로 일치하지 않아 발생
  〈해결방법〉
  ① 주위의 다른 물체에 주의
  ② 여러 가지의 착각의 성질과 발생상황을 이해
  ③ 정확한 방향 감각 암시신호를 의존하는 것을 익힘.
* 불안전한 행동을 유발하는 요인
  ① 인간의 생리적 요인 : 근력, 반응시간, 감지능력, 의식수준
  ② 심리적 요인 : 주의력

(4) 인간오류 확률(HEP: Human Error Performance) : 특정 직무에서 하나의 오류가 발생할 확률

- 직무의 내용이 시간에 따라 전개되지 않고 명확한 시작과 끝을 가지고 미리 잘 정의되어 있는 경우 인간신뢰도의 기본단위

$$HEP = \frac{\text{인간 오류의 수}}{\text{오류발생 전체기회 수}}$$

인간의 신뢰도(R) = 1-HEP = 1-P

> **예문** 5000개 베어링을 품질 검사하여 400개의 불량품을 처리하였으나 실제로는 1000개의 불량 베어링이 있었다면 이러한 상황의 HEP (Human Error Probability)는 얼마인가?

해설 인간오류 확률(Human Error Performance : HEP)

$$HEP = \frac{인간\ 오류의\ 수}{오류발생\ 전체기회\ 수} = 600/5000 = 0.12$$

(* 인간오류의 수 = 실제 1000개의 불량 – 400개 처리 = 600개)

(5) 라스무센(rasmussen)의 인간행동 세 가지 분류

(가) 지식 기반 행동(knowledge-based behavior) – 부적절한 분석이나 비정형적인 의사 결정 형태

여러 종류의 자극과 정보에 대해 심사숙고하여 의사를 결정하고 행동을 수행하는 것. 문제를 해결할 수 있는 행동수준의 의식수준

(나) 규칙 기반 행동(rule-based behavior) – 행동 규칙에 의거한 형태

경험에 의해 판단하고 행동규칙 등에 따라 반응하여 수행하는 의식수준

(다) 숙련 기반 행동(skill-based behavior) : 반사조작 수준 – 가장 숙련도가 높은 자동화된 형태

오랜 경험이나 본능에 의하여 의식하지 않고 행동으로 생각 없이 반사운동처럼 수행하는 의식수준

> 원인적 휴먼에러 종류(James Reason) 중 mistake(착오)
> ① 규칙 기반 착오(rule based mistake): 잘못된 규칙을 적용하거나 옳은 규칙이라도 잘못 적용하는 경우(한국의 자동차 우측통행을 좌측통행하는 일본에서 적용하는 경우)
> ② 지식 기반 착오(knowledge based mistake): 관련 지식이 없어서 지식처리 과정이 어려운 경우(외국에서 교통표지의 문자를 몰라서 교통규칙을 위반한 경우)

(6) fail-safe

작업방법이나 기계설비에 결함이 발생되더라도 사고가 발생되지 않도록 이중, 삼중으로 제어하는 것(항공기 엔진)

(가) fail passive : 부품의 고장 시 정지상태로 옮겨감.

(나) fail operational : 병렬 또는 여분계의 부품을 구성한 경우. 부품의 고장이 있어도 다음 정기점검까지 운전이 가능한 구조(운전상 제일 선호하는 방법)

(다) fail active : 부품이 고장나면 경보가 울리는 가운데 짧은 시간동안 운전이 가능

> **참고**
>
> ✻ foolproof : 기계장치의 설계단계에서부터 안전화를 도모하는 기본적 개념(인간의 착각, 착오, 실수 등 인간과오의 방지 목적)
> – 사용자(인간)가 조작 실수하더라도 피해주지 않도록 설계(세탁기 덮개 열면 멈춤)
> ✻ temper proof : 안전장치를 제거 시 작동하지 않는 예방 설계 개념(임의 변경 금지, 위변조 금지)

(7) 인간이 과오를 범하기 쉬운 성격의 상황

(가) 공동작업 : 다수의 작업자와 같이 작업하므로 집중도가 많이 떨어짐.

(나) 장시간 감시 : 의식수준이 저하

(다) 다경로 의사결정 : 의사결정에 혼선을 가져옴.

  ※ 단독작업 : 과오율이 낮음.

(8) 인간 오류 대책

(가) 배타설계(exclusive design) : 오류를 범할 수 없도록 사물을 설계. 설계단계에서 모든 면의 인간 오류 요소를 근원적으로 제거하도록 설계(유아용 완구의 도료)

(나) 예방설계(prevent design) – 보호설계, fool proof 디자인

  인간 오류에 관한 설계기법에 있어 전적으로 오류를 범하지 않게는 할 수 없으므로 오류를 범하기 어렵도록 사물을 설계하는 방법

  ※ fool proof : 사용자가 조작 실수를 하더라도 사용자에게 피해를 주지 않도록 설계하는 개념

(다) 안전설계(fail-safe design)

  안전장치의 장착을 통한 사고예방. 병렬체계설계나 대기체계설계와 같은 중복설계를 함.

> **고령자의 정보처리 과업을 설계할 경우 지켜야 할 지침**
> ① 표시 신호를 더 크게 하거나 밝게 한다.
> ② 개념, 공간, 운동 양립성을 높은 수준으로 유지한다.
> ③ 정보처리 능력에 한계가 있으므로 시분할 요구량을 줄인다.
>   ※ 시분할(時分割, time division) : 수어신 시간을 나누어 필요한 작업에 분배하는 방식
> ④ 제어표시장치를 설계할 때 불필요한 세부내용을 줄인다.

※ ECRS의 원칙(작업방법의 개선원칙) : 작업자 자신이 자기의 부주의 이외에 제반 오류의 원인을 생각함으로써 개선하도록 하는 과오원인 제거 기법
  ① 제거(Eliminate)
  ② 결합(Combine)
  ③ 재조정(Rearrange)-재배치
  ④ 단순화(Simplify)

✱ 인간 에러(human error)를 예방하기 위한 기법
  ① 작업상황의 개선
  ② 작업자의 변경
  ③ 시스템의 영향 감소

✱ 작업 기억(working memory) : 감각기관을 통해 입력된 정보를 일시적으로 보유하고 단기적으로 기억하며 능동적으로 이해하고 조작하는 작업장에서의 기능을 수행하는 단기적 기억
  ① 단기기억이라고도 한다.
  ② 리허설(rehearsal, 암송)은 정보를 작업기억 내에 유지하는 유일한 방법이다.
  ③ 작업 기억 내의 정보는 시간이 흐름에 따라 쇠퇴할 수 있다.
  ④ 인간의 정보처리 기능 중 그 용량이 7개 내외로 작아, 순간적 망각 등 인적 오류의 원인이 됨.

작업 기억(working memory)
새로 습득된 정보는 단기 기억에 저장되어 짧은 시간 유지되며, 이를 공고화시키면 장기 기억에서 긴 시간 동안 저장된다. 장기 기억은 정보가 처리되고 코드화된 상태로 저장된다. 작업 기억은 현재의 입력된 정보를 과거의 저장된 정보와 비교하여 미래의 행동을 계획할 수 있게 해준다.
• 작업 기억에서 일어나는 정보 코드화: ① 의미 코드화, ② 음성 코드화, ③ 시각 코드화

CHAPTER 01 항목별 우선순위 문제 및 해설

01 인간공학에 대한 설명으로 틀린 것은?
① 인간이 사용하는 물건, 설비, 환경의 설계에 작용된다.
② 인간의 생리적, 심리적인 면에서의 특성이나 한계점을 고려한다.
③ 인간을 작업과 기계에 맞추는 실제 철학이 바탕이 된다.
④ 인간 기계 시스템의 안전성과 편리성, 효율성을 높인다.

해설 **인간공학에 대한 설명** : 인간의 특성과 한계 능력을 공학적으로 분석, 평가하여 이를 복잡한 체계의 설계에 응용함으로써 효율을 최대로 활용할 수 있도록 하는 학문 분야
– 인간공학이란 인간이 사용할 수 있도록 설계하는 과정(차파니스)

02 다음 중 인간공학을 나타내는 용어로 적절하지 않은 것은?
① ergonomics
② human factors
③ human engineering
④ customize engineering

해설 **인간공학을 나타내는 용어**
① ergonomics
② human factors
③ human engineering

03 조사연구자가 특정한 연구를 수행하기 위해서는 어떤 상황에서 실시할 것인가를 선택하여야 한다. 즉, 실험실 환경에서도 가능하고, 실제 현장 연구도 가능한데 다음 중 현장 연구를 수행했을 경우 장점으로 가장 적절한 것은?

① 비용 절감
② 정확한 자료수집 가능
③ 일반화가 가능
④ 실험조건의 조절 용이

해설 **실험실 연구와 현장 연구**
(조사연구자가 특정한 연구를 수행하기 위해서는 어떤 상황(환경)에서 실시할 것인가를 선택하여야 함)
(가) 실험실 연구(환경)
 1) 장점 : ① 비용절감 ② 정확한 자료수집 가능 ③ 실험 조건의 조절 용이
 2) 단점 : ① 일반화가 불가능 ② 현실성 부족
(나) 현장 연구
 1) 장점 : ① 일반화가 가능 ② 현실성이 있음
 2) 단점 : ① 실험비용 많이 소요 ② 실험의 같은 조건의 어려움(정확한 자료 수집이 어려움)

04 다음 중 연구 기준의 요건에 대한 설명으로 옳은 것은?
① 적절성 : 반복 실험 시 재현성이 있어야 한다.
② 신뢰성 : 측정하고자 하는 변수 이외의 다른 변수의 영향을 받아서는 안 된다.
③ 무오염성 : 의도된 목적에 부합하여야 한다.
④ 민감도 : 피실험자 사이에서 볼 수 있는 예상 차이점에 비례하는 단위로 측정해야 한다.

해설 **인간공학 연구조사에 사용하는 기준의 요건**
(가) 적절성 : 의도된 목적에 부합하여야 한다.
(나) 신뢰성 : 반복 실험 시 재현성이 있어야 한다.
(다) 무오염성 : 측정하고자 하는 변수 이외의 다른 변수의 영향을 받아서는 안 된다.
(라) 민감도 : 피실험자 사이에서 볼 수 있는 예상 차이점에 비례하는 단위로 측정해야 한다.

정답 01. ③ 02. ④ 03. ③ 04. ④

05 인간공학의 연구를 위한 수집자료 중 동공확장 등과 같은 것은 어느 유형으로 분류되는 자료라 할 수 있는가?

① 생리지표 ② 주관적 자료
③ 강도 척도 ④ 성능 자료

해설 인간기준의 종류(인간공학의 연구를 위한 수집자료 중 분류 유형)
(가) 인간의 성능척도 : 감각활동, 정신활동, 근육활동 등에 의해 판단
(나) 주관적 반응 : 개인성능의 평점, 체계설계의 대안들의 평점 등
(다) 생리적 지표 : 혈압, 맥박수, 동공확장 등이 척도
(라) 사고와 과오의 빈도 : 사고 발생빈도가 적절한 기준이 될 수 있음

06 다음 중 시스템 신뢰도에 관한 설명으로 옳지 않은 것은?

① 시스템의 성공적 퍼포먼스를 확률로 나타낸 것이다.
② 각 부품이 동일한 신뢰도를 가질 경우 직렬 구조의 신뢰도는 병렬 구조에 비해 신뢰도가 낮다.
③ 시스템의 병렬구조는 시스템의 어느 한 부품이 고장나면 시스템이 고장나는 구조이다.
④ n 중 k 구조는 n개의 부품으로 구성된 시스템에서 k개 이상의 부품이 작동하면 시스템이 정상적으로 가동되는 구조이다.

해설 설비의 신뢰도
(가) **직렬연결** : 시스템의 어느 한 부품이 고장나면 시스템이 고장나는 구조(자동차 운전)
① 각 부품이 동일한 신뢰도를 가질 경우 직렬 구조의 신뢰도는 병렬 구조에 비해 신뢰도가 낮음.
(나) **병렬연결** : 시스템의 어느 한 부품만 작동해도 시스템이 작동하는 구조(열차, 항공기의 제어장치)
① 페일세이프(fail safe) 시스템
② 직렬 구조에 비해 신뢰도가 높음.
  * n중 k구조 : n 중 k 구조는 n개의 부품으로 구성된 시스템에서 k개 이상의 부품이 작동하면 시스템이 정상적으로 가동되는 구조

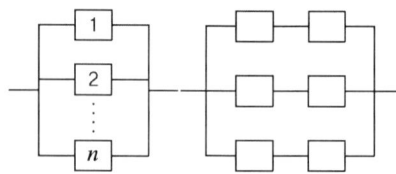

07 인간-기계 시스템에서 시스템의 설계를 다음과 같이 구분할 때 제3단계인 기본설계에 해당하지 않는 것은?

| 1단계 : 시스템의 목표와 성능 명세 결정
| 2단계 : 시스템의 정의
| 3단계 : 기본설계
| 4단계 : 인터페이스설계
| 5단계 : 보조물 설계
| 6단계 : 시험 및 평가

① 화면 설계 ② 작업 설계
③ 직무 분석 ④ 기능 할당

해설 제3단계 - 기본설계
1) 인간 · 하드웨어 · 소프트웨어의 기능 할당
2) 인간 성능 요건 명세
3) 직무 분석
4) 작업 설계

08 다음 중 인간-기계 시스템에 관한 설명으로 틀린 것은?

① 수동 시스템에서 기계는 동력원을 제공하고 인간의 통제하에서 제품을 생산한다.
② 기계 시스템에서는 고도로 통합된 부품들로 구성되어 있으며, 일반적으로 변화가 거의 없는 기능들을 수행한다.
③ 자동 시스템에서 인간은 감시, 정비, 보전 등의 기능을 수행한다.

정답 05. ① 06. ③ 07. ① 08. ①

④ 자동 시스템에서 인간요소를 고려하여야 한다.

해설 수동 시스템(manual system)
작업자가 수공구등을 사용하여 신체적인 힘을 동력원으로 작업을 수행하는 것, 인간의 역할은 힘을 제공하고 기계를 제어하는 것(목수와 수공구)

09 다음 중 작동 중인 전자레인지의 문을 열면 작동이 자동으로 멈추는 기능과 가장 관련이 깊은 오류 방지 기능은?

① lock-in
② lock-out
③ inter-lock
④ shift-lock

해설 인터록 시스템(interlock system)
인간과 기계 사이에 두는 안전장치 또는 기계에 두는 안전장치
- 기계설계 시 불안전한 요소에 대하여 통제를 가함

10 다음 중 인간-기계 체계에서 인간실수가 발생하는 원인으로 적절하지 않은 것은?

① 학습착오
② 처리착오
③ 출력착오
④ 입력착오

해설 인간-기계 기능계에서 기능(임무 및 기본 기능)

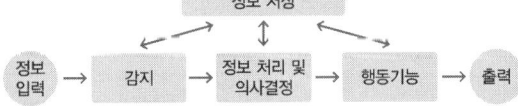

11 빨강, 노랑, 파랑, 화살표 등 모두 4종류의 신호등이 있다. 신호등은 한 번에 하나의 등만 켜지도록 되어 있다. 1시간동안 측정한 결과 4가지 신호등이 모두 15분씩 켜져 있었다. 이 신호등의 총 정보량은 얼마인가?

① 1bit
② 2bit
③ 3bit
④ 4bit

해설 신호등의 총 정보량
$$정보량(H) = \log_2 n = \log_2 \frac{1}{p} \quad (p = \frac{1}{n})$$
(n : 대안의 수, p : 확률)
$$H = \log_2 4 = \frac{\log 4}{\log 2} = 2\text{bit}$$

12 다음 중 인간이 현존하는 기계보다 우월한 기능이 아닌 것은?

① 귀납적으로 추리한다.
② 원칙을 적용하여 다양한 문제를 해결한다.
③ 다양한 경험을 토대로 하여 의사 결정을 한다.
④ 명시된 절차에 따라 신속하고, 정량적인 정보처리를 한다.

해설 인간과 기계의 기능 비교

인간이 우수한 기능	기계가 우수한 기능
• 다양한 경험을 통한 의사결정	• 암호화된 정보를 신속하게 대량 보관
• 관찰을 통한 일반화하여 귀납적 추리	• 관찰을 통해서 특수화하고 연역적으로 추리
• 과부하 상황에서는 중요한 일에만 전념	• 과부하 시에도 효율적으로 작동
• 원칙을 적용하여 다양한 문제를 해결하는 능력	• 명시된 절차에 따라 신속하고, 정량적 정보처리

13 페일 세이프(fail-safe)의 원리에 해당하지 않는 것은?

① 교대 구조
② 다경로하중 구조
③ 배타설계 구조
④ 하중경감 구조

해설 병렬모델과 중복설계 : fail safe system
(가) 리던던시(redundancy) : 일부에 고장이 발생하더라도 전체가 고장이 나지 않도록 기능적으로 여력(redundant)를 부가해서 신뢰도를 향상시키는 중복설계의 의미
(리던던시 방식 : 병렬, 대기 리던던시, 스페어에 의한 교환, fail-safe)

정답 09. ③ 10. ① 11. ② 12. ④ 13. ③

(나) 구조적 fail safe 종류 : 기계 또는 설비에 이상이나 오동작이 발생하여도 안전사고를 발생시키지 않도록 2중 또는 3중으로 통제를 가하도록 한 체계
① 다경로하중구조 ② 하중경감구조
③ 교대구조 ④ 분할구조

14 다음 설명에서 ( ) 안에 들어갈 단어를 순서적으로 올바르게 나타낸 것은?

> ㉠ 필요한 직무 또는 절차를 수행하지 않는 데 기인한 과오
> ㉡ 필요한 직무 또는 절차를 수행하였으나 잘못 수행한 과오

① ㉠ Sequential Error
   ㉡ Extraneous Error
② ㉠ Extraneous Error
   ㉡ Omission Error
③ ㉠ Omission Error
   ㉡ Commission Error
④ ㉠ Commission Error
   ㉡ Omission Error

해설 **휴먼 에러에 관한 분류** : 심리적 행위에 의한 분류 (Swain의 독립행동에 관한 분류)
1) omission error(생략 에러) : 필요한 작업 또는 절차를 수행하지 않는 데 기인한 에러 – 부작위 오류
2) commission error(실행 에러) : 필요한 작업 또는 절차를 불확실하게 수행함으로써 기인한 에러 – 작위 오류
3) extraneous error(과잉행동 에러) : 불필요한 작업 또는 절차를 수행함으로써 기인한 에러
4) sequential error(순서 에러) : 필요한 작업 또는 절차의 순서 착오로 인한 에러
5) time error(시간 에러) : 필요한 직무 또는 절차의 수행의 지연(혹은 빨리)으로 인한 에러

15 다음 설명에 해당하는 인간의 오류모형은?

> 상황이나 목표의 해석은 정확하나 의도와는 다른 행동을 한 경우

① 실수(Slip) ② 착오(Mistake)
③ 위반(Violation) ④ 건망증(Lapse)

해설 **인간의 오류모형**
(가) 착오(mistake) : 상황해석을 잘못하거나 목표를 잘못 이해하고 착각하여 행하는 경우
(나) 실수(slip) : 상황이나 목표의 해석을 제대로 했으나 의도와는 다른 행동을 하는 경우
(다) 건망증(lapse) : 여러 과정이 연계적으로 일어나는 행동에서 일부를 잊어버리고 하지 않거나 또는 기억의 실패에 의하여 발생하는 오류
(라) 위반(violation) : 정해진 규칙을 알고 있음에도 고의로 따르지 않거나 무시하는 행위

16 5000개 베어링을 품질 검사하여 400개의 불량품을 처리하였으나 실제로는 1000개의 불량 베어링이 있었다면 이러한 상황의 HEP(Human Error Probability)는 얼마인가?

① 0.04 ② 0.08
③ 0.12 ④ 0.16

해설 **인간오류 확률**(Human Error Performance : HEP)
: 특정 직무에서 하나의 오류가 발생할 확률
– 직무의 내용이 시간에 따라 전개되지 않고 명확한 시작과 끝을 가지고 미리 잘 정의되어 있는 경우 인간신뢰도의 기본단위

$$HEP = \frac{\text{인간 오류의 수}}{\text{오류발생 전체기회 수}} = 600 / 5000$$
$$= 0.12$$

(* 인간오류의 수 = 실제 1000개의 불량 – 400개 처리 = 600개)

17 Rasmussen은 행동을 세 가지로 분류하였는데, 그 분류에 해당하지 않는 것은?

① 숙련 기반 행동(skill-based behavior)
② 지식 기반 행동(knowledge-based behavior)
③ 경험 기반 행동(experience-based behavior)
④ 규칙 기반 행동(rule-based behavior)

정답 14. ③ 15. ① 16. ③ 17. ③

해설 **라스무센(Rasmussen)의 인간행동 세 가지 분류**
(가) 지식 기반 행동(knowledge-based behavior)
(나) 규칙 기반 행동(rule-based behavior)
(다) 숙련 기반 행동(skill-based behavior) : 반사조작 수준

18 다음 중 인간 오류에 관한 설계기법에 있어 전적으로 오류를 범하지 않게는 할 수 없으므로 오류를 범하기 어렵도록 사물을 설계하는 방법은?

① 배타설계(exclusive design)
② 예방설계(prevent design)
③ 최소설계(minimum design)
④ 감소설계(reduction design)

해설 **예방설계(prevent design)** - 보호설계, fool proof 디자인
인간 오류에 관한 설계기법에 있어 전적으로 오류를 범하지 않게는 할 수 없으므로 오류를 범하기 어렵도록 사물을 설계하는 방법
* fool proof : 사용자가 조작 실수를 하더라도 사용자에게 피해를 주지 않도록 설계하는 개념

19 다음 중 작업방법의 개선원칙(ECRS)에 해당하지 않는 것은?

① 교육(Education)
② 결합(Combine)
③ 재배치(Rearrange)
④ 난순화(Simplify)

해설 **ECRS의 원칙(작업방법의 개선원칙)** : 작업자 자신이 자기의 부주의 이외에 제반 오류의 원인을 생각함으로써 개선하도록 하는 과오원인 제거 기법
① 제거(Eliminate)
② 결합(Combine)
③ 재조정(Rearrange)-재배치
④ 단순화(Simplify)

정답 18. ② 19. ①

Chapter 02 위험성 파악·결정

1. 위험성평가 〈사업장 위험성평가에 관한 지침〉

(1) 위험성평가 실시 〈산업안전보건법 제36조〉

① 사업주는 건설물, 기계·기구·설비, 원재료, 가스, 증기, 분진, 근로자의 작업행동 또는 그 밖의 업무로 인한 유해·위험 요인을 찾아내어 부상 및 질병으로 이어질 수 있는 위험성의 크기가 허용 가능한 범위인지를 평가하여야 함

② 그 결과에 따라 법령에 따른 조치를 하여야 하며, 근로자에 대한 위험 또는 건강장해를 방지하기 위하여 필요한 경우에는 추가적인 조치를 하여야 함

(2) 용어의 정의

(가) 위험성평가(Risk Assessment)

사업주가 스스로 유해·위험요인을 파악하고 해당 유해·위험요인의 위험성 수준을 결정하여, 위험성을 낮추기 위한 적절한 조치를 마련하고 실행하는 과정

※ 위험성평가(risk assessment) : 위험 분석(risk alalysis)과 위험 평가(risk evaluation)로 구성되는 전체적인 과정

(나) 유해·위험요인(Hazard)

유해·위험을 일으킬 잠재적 가능성이 있는 것의 고유한 특징이나 속성

※ 위해요인(Hazard) : 잠재적인 위해(harm) 원인(source)

(다) 위험성(Risk)

유해·위험요인이 사망, 부상 또는 질병으로 이어질 수 있는 가능성과 중대성 등을 고려한 위험의 정도

※ 위험성(risk) : 위해 발생 확률과 해당 위해 심각성의 조합

(3) 위험성평가 실시주체

(가) 사업주

사업주는 스스로 사업장의 유해·위험요인을 파악하고 이를 평가하여 관리 개선하는 등 위험성평가를 실시

- 사업주가 주체가 되어 ① 안전보건관리책임자 ② 관리감독자 ③ 안전·보건관리자 또는 안전보건관리담당자 ④ 대상 작업의 근로자가 참여하여 각자의 역할에 따라 위험성평가를 실시

(나) 도급사업주와 수급사업주

작업의 일부 또는 전부를 도급에 의하여 행하는 사업의 경우는 도급을 준 도급인(도급사업주)과 도급을 받은 수급인(수급사업주)은 각각 위험성평가를 실시

✳ 수급인의 위험성평가 결과 도급인이 이행해야 할 개선대책과 필요한 경우에는 도급인이 개선

(4) 위험성평가의 대상

(가) 사업장 내의 모든 유해·위험요인을 파악

위험성평가의 대상이 되는 유해·위험요인은 업무 중 근로자에게 노출된 것이 확인되었거나 노출될 것이 합리적으로 예견 가능한 모든 유해·위험요인

(나) 아차사고

사업장 내 부상 또는 질병으로 이어질 가능성이 있었던 상황(아차사고)을 확인한 경우에는 해당 사고를 일으킨 유해·위험요인을 위험성평가의 대상에 포함

(다) 중대재해가 발생할 때

사업장 내에서 중대재해가 발생할 때에는 지체 없이 중대재해의 원인이 되는 유해·위험요인에 대해 위험성평가를 실시하고, 그 밖의 사업장 내 유해·위험요인에 대해서는 위험성평가 재검토를 실시

(5) 근로자 참여

위험성평가를 실시할 때 다음에 해당하는 경우 해당 작업에 종사하는 근로자를 참여시켜야 함

① 유해·위험요인의 위험성 수준을 판단하는 기준을 마련하고, 유해·위험요인별로 허용 가능한 위험성 수준을 정하거나 변경하는 경우
② 해당 사업장의 유해·위험요인을 파악하는 경우
③ 유해·위험요인의 위험성이 허용 가능한 수준인지 여부를 결정하는 경우
④ 위험성 감소대책을 수립하여 실행하는 경우
⑤ 위험성 감소대책 실행 여부를 확인하는 경우

> ※ **다양한 근로자 참여방법**
>
> 가. 근로자 안전보건 제안제도 : 근로자가 발견한 유해·위험요인에 대해 조치하고, 우수 제안자에게는 시상 등 인센티브를 제공
> 나. 아차사고 발굴 신고제도 : 아차사고 발생 사실을 근로자들이 자유롭게 신고 할 수 있도록 하고, 아차사고가 발생한 유해·위험요인에 대해서는 위험성평가를 통해 관리
> 다. 근로자 안전 소통채널 운영 : 문자메시지등을 활용해 근로자가 유해·위험요인 등을 신고할 수 있도록 하고, 조치결과를 알려주며, SNS에서는 안전보건 이슈 사항, 안전보건 조치 사항 등에 관해 근로자들에게 알려줌

(6) 위험성평가의 수행체계

(가) 위험성평가 수행체계의 운영방법

① 안전보건관리책임자 등 해당 사업장에서 사업의 실시를 총괄 관리하는 사람에게 위험성평가의 실시를 총괄 관리하게 할 것
② 사업장의 안전관리자, 보건관리자 등이 위험성평가의 실시에 관하여 안전보건관리책임자를 보좌하고 지도·조언하게 할 것
③ 유해·위험요인을 파악하고 그 결과에 따른 개선조치를 시행할 것
④ 기계·기구, 설비 등과 관련된 위험성평가에는 해당 기계·기구, 설비 등에 전문 지식을 갖춘 사람을 참여하게 할 것
⑤ 안전·보건관리자의 선임의무가 없는 경우에는 업무를 수행할 사람을 지정하는 등 그 밖에 위험성평가를 위한 체제를 구축할 것

(나) 교육 실시

사업주는 위험성평가를 실시하기 위해 필요한 교육을 실시함(위험성평가에 대해 외부에서 교육을 받았거나, 관련학문을 전공하여 관련 지식이 풍부한 경우에는 필요한 부분만 교육을 실시하거나 교육을 생략할 수 있음)

(다) 전문가 위탁

사업장이 스스로 위험성평가를 실시하기 어려운 경우에는 외부 전문가(기관)의 컨설팅을 전체적으로 또는 부분적으로 받을 수 있음

* 위험성평가를 갈음하는 조치 : 다음의 어느 하나에 해당하는 제도를 이행한 경우에는 그 부분에 대하여 위험성평가를 실시한 것으로 봄
  ① 위험성평가 방법을 적용한 안전·보건진단
  ② 공정안전보고서(공정안전보고서의 내용 중 공정위험성평가서가 최대 4년 범위 이내에서 정기적으로 작성된 경우에 한함)
  ③ 근골격계부담작업 유해요인조사
  ④ 그 밖에 법령에서 정하는 위험성평가 관련 제도

(7) 위험성평가의 방법

사업장 여건과 유해·위험요인의 특성을 고려하여 효과적인 방법을 선택하여 활용할 수 있음

(가) 위험 가능성과 중대성을 조합한 빈도·강도법

위험성의 빈도(가능성)와 강도(중대성)를 곱셈, 덧셈, 행렬 등의 방법으로 조합하여 위험성의 크기(수준)를 산출해 보고, 이 위험성의 크기가 허용 가능한 수준인지 여부를 살펴보는 방법

(나) 체크리스트(Checklist)법

유해·위험요인을 파악하고, 유해·위험요인별로 체크리스트를 만들어 위험성을 줄이기 위한 현재 조치가 적정한지 아닌지 "○" 또는 "×"으로 표시하는 방법

(다) 위험성 수준 3단계(저·중·고) 판단법

위험성 결정을 위해 유해·위험요인의 위험성을 가늠하고 판단할 때, 위험성 수준을 상·중·하 또는 저·중·고와 같이 간략하게 구분하고, 직관적으로 이해할 수 있도록 위험성의 수준을 표시하는 방법

(라) 핵심요인 기술(One Point Sheet)법

영국 산업안전보건청(HSE), 국제노동기구(ILO)에서 중·소규모 사업장의 위험성평가를 위해 안내하는 내용에 따라 단계적으로 핵심 질문에 답변하는 방법

(마) 그 외 산업안전보건법 시행규칙에서 정한 방법

(8) 위험성평가의 실시 시기

(가) 최초평가

사업장이 성립된 날(사업개시일·실착공일)로부터 1개월 이내에 착수, 1개월 미만의 기간이 걸리는 작업이나 공사를 실시하는 경우에는 작업 개시 이후 지체 없이 시행

(나) 수시평가

사업장에 추가적인 유해·위험요인이 생기거나, 기존 유해·위험요인의 위험성이 높아진 경우
① 사업장 건설물의 설치·이전·변경 또는 해체
② 기계·기구, 설비, 원재료 등의 신규 도입 또는 변경

③ 건설물, 기계·기구, 설비 등의 정비 또는 보수(주기적·반복적 작업으로서 이미 위험성평가를 실시한 경우에는 제외)
④ 작업방법 또는 작업절차의 신규 도입 또는 변경
⑤ 중대산업사고 또는 산업재해(휴업 이상의 요양을 요하는 경우에 한정한다) 발생
⑥ 그 밖에 사업주가 필요하다고 판단한 경우

(다) 정기평가

최초평가와 수시평가의 결과의 적정성을 1년마다 정기적으로 재검토
① 기계·기구, 설비 등의 기간 경과에 의한 성능 저하
② 근로자의 교체 등에 수반하는 안전·보건과 관련되는 지식 또는 경험의 변화
③ 안전·보건과 관련되는 새로운 지식의 습득
④ 현재 수립되어 있는 위험성 감소대책의 유효성 등

(라) 상시평가

매월 1회 이상 근로자가 참여하는 사업장 순회점검을 실시하고, 근로자 제안제도, 아차사고 결과 확인 등을 통해 유해·위험요인 파악하여 위험성평가 실시, 매주 위험성평가의 결과를 관계자 논의·공유 및 이행상황 점검, 매일 작업 전 안전점검회의(TBM) 등을 통해 작업에 투입되는 근로자에게 상시적으로 주지(상시평가를 실시하는 경우 수시평가와 정기평가를 실시한 것으로 봄)

(9) 위험성평가의 절차

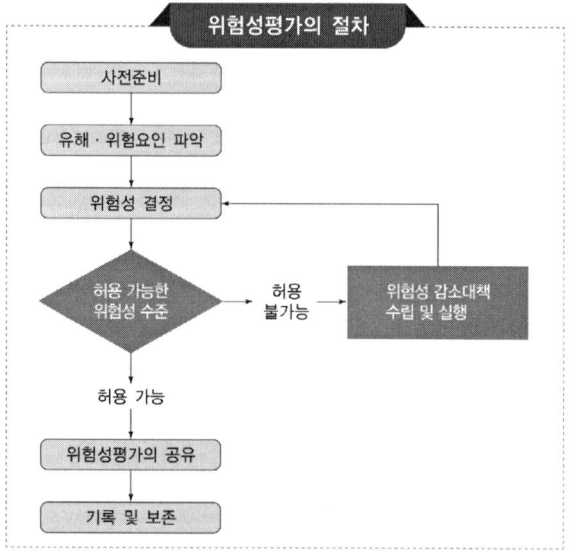

(가) 사전준비

1) 위험성평가 실시규정의 작성 : 사업장의 안전보건방침과 목표, 위험성평가 실시 조직의 구성과 역할, 평가절차, 근로자에 대한 공유 방법 등이 포함
   ① 평가의 목적 및 방법
   ② 평가담당자 및 책임자의 역할
   ③ 평가시기 및 절차
   ④ 근로자에 대한 참여·공유방법 및 유의사항
   ⑤ 결과의 기록·보존

2) 위험성 수준과 그 판단 기준 등의 설정 : 사업장에서는 위험성의 수준과 그 수준을 판단하는 기준을 마련하여야 함
   ① 위험성의 수준과 그 수준을 판단하는 기준
   ② 허용 가능한 위험성의 수준

3) 안전보건정보에 대한 사전 조사 : 위험성평가에 활용
   ① 작업표준, 작업절차 등에 관한 정보
   ② 기계·기구, 설비 등의 사양서, 물질안전보건자료(MSDS) 등의 유해·위험요인에 관한 정보
   ③ 기계·기구, 설비 등의 공정 흐름과 작업 주변의 환경에 관한 정보
   ④ 도급사업장이 있는 경우 혼재 작업의 위험성 및 작업 상황 등에 관한 정보
   ⑤ 재해사례, 재해통계 등에 관한 정보
   ⑥ 작업환경측정결과, 근로자 건강진단결과에 관한 정보
   ⑦ 그 밖에 위험성평가에 참고가 되는 자료 등

(나) 유해·위험요인 파악

유해·위험요인을 파악하는 방법은 업종, 규모 등 사업장의 실정에 맞게 다양한 방법을 활용하되 사업장 순회점검에 의한 방법이 포함되어야 함
① 사업장 순회점검에 의한 방법
② 근로자들의 상시적 제안에 의한 방법
③ 설문조사·인터뷰 등 청취조사에 의한 방법
④ 물질안전보건자료, 작업환경측정결과, 특수건강진단결과 등 안전보건자료에 의한 방법
⑤ 안전보건 체크리스트에 의한 방법
⑥ 그 밖에 사업장의 특성에 적합한 방법

(다) 위험성 결정

파악된 유해·위험요인이 근로자에게 노출 되었을 때의 위험성을 사전준비 단계의 위험성 수준의 판단 기준에 의해 판단하고, 위험성이 허용 가능한 수준인지를 결정

(라) 위험성 감소대책 수립 및 실행

유해·위험요인에 대해 하나하나 위험성을 결정하고, 허용 가능하지 않은 수준의 위험성을 가진 유해·위험요인들에 대해서는 허용 가능한 수준으로 위험성을 낮추는 대책의 수립 및 실행

① 위험한 작업의 폐지·변경, 유해·위험물질 대체 등의 조치 또는 설계나 계획 단계에서 위험성을 제거 또는 저감하는 조치
② 연동장치, 환기장치 설치 등의 공학적 대책
③ 사업장 작업절차서 정비 등의 관리적 대책
④ 개인용 보호구의 사용

(마) 위험성평가의 공유

1) 게시, 주지 등의 방법 : 위험성평가를 실시한 결과 중 다음에 해당하는 사항을 근로자에게 게시, 주지 등의 방법으로 알려야 함

① 근로자가 종사하는 작업과 관련된 유해·위험요인
② 유해·위험요인의 위험성 결정 결과
③ 유해·위험요인의 위험성 감소대책과 그 실행 계획 및 실행 여부
④ 위험성 감소대책에 따라 근로자가 준수하거나 주의하여야 할 사항

2) 안전점검회의 등을 통해 상시적으로 주지 : 위험성평가 결과 중대재해로 이어질 수 있는 유해·위험 요인에 대해서는 작업 전 안전점검회의 (TBM : Tool Box Meeting) 등을 통해 근로자 에게 상시적으로 주지시키도록 노력

(바) 기록 및 보존

1) 위험성평가 실시내용 및 결과의 기록·보존 〈산업안전보건법 시행규칙 제37조〉

① 위험성평가 대상의 유해·위험요인
② 위험성 결정의 내용
③ 위험성 결정에 따른 조치의 내용
④ 그 밖에 위험성평가의 실시내용을 확인하기 위하여 필요한 사항으로서 고용노동부장관이 정하여 고시하는 사항〈사업장 위험성평가에 관한 지침〉

㉠ 위험성평가를 위해 사전조사 한 안전보건정보
　　　㉡ 그 밖에 사업장에서 필요하다고 정한 사항

　2) 자료 보존기간 : 3년

(10) 정부의 책무

정부는 사업장 위험성평가가 효과적으로 추진되도록 하기 위하여 다음의 사항을 강구하여야 함
① 정책의 수립·집행·조정·홍보
② 위험성평가 기법의 연구·개발 및 보급
③ 사업장 위험성평가 활성화 시책의 운영
④ 위험성평가 실시의 지원
⑤ 조사 및 통계의 유지·관리
⑥ 그 밖에 위험성평가에 관한 정책의 수립 및 추진

(11) 위험성평가 인정

소규모 사업장의 위험성평가를 활성화하기 위하여 위험성평가 우수 사업장에 대해 인정해 주는 제도를 운영

(가) 인정 신청 가능 사업장
　① 상시 근로자 수 100명 미만 사업장(건설공사를 제외).
　② 총 공사금액 120억 원(토목공사는 150억 원) 미만의 건설공사

(나) 인정심사 항목
　① 사업주의 관심도
　② 위험성평가 실행수준
　③ 구성원의 참여 및 이해 수준
　④ 재해발생 수준

(다) 인정심사위원회의 구성·운영
　① 공단은 각 광역본부·지역본부·지사에 위험성평가 인정심사위원회를 두어야 함
　② 인정심사위원회는 공단 광역본부장·지역본부장·지사장을 위원장으로 하고, 관할 지방고용노동관서 산재예방지도과장(산재예방지도과가 설치되지 않은 관서는 근로개선지도과장)을 당연직 위원으로 하여 10명 이내의 내·외부 위원으로 구성

(라) 위험성평가의 인정
　① 공단은 인정신청 사업장에 대한 현장심사를 완료한 날부터 1개월 이내에 인정심사위원회의 심의·의결을 거쳐 인정여부를 결정
　② 인정 충족 기준
　　㉠ 법령에서 정한 방법, 절차 등에 따라 위험성평가 업무를 수행한 사업장
　　㉡ 현장심사 결과 인정심사 항목의 평가점수가 100점 만점에 50점을 미달하는 항목이 없고 종합점수가 100점 만점에 70점 이상인 사업장
　③ 유효기간 : 인정이 결정된 날부터 3년(재인정 유효기간 3년)

(마) 인정의 취소
　① 거짓 또는 부정한 방법으로 인정을 받은 사업장
　② 직·간접적인 법령 위반에 기인하여 다음의 중대재해가 발생한 사업장
　　㉠ 사망재해
　　㉡ 3개월 이상 요양을 요하는 부상자가 동시에 2명 이상 발생
　　㉢ 부상자 또는 직업성질병자가 동시에 10명 이상 발생
　③ 근로자의 부상(3일 이상의 휴업)을 동반한 중대산업사고 발생사업장
　④ 법에 따른 산업재해 발생건수, 재해율 또는 그 순위 등이 공표된 사업장
　⑤ 사후심사 결과 인정기준을 충족하지 못한 사업장
　⑥ 사업주가 자진하여 인정 취소를 요청한 사업장
　⑦ 그 밖에 인정취소가 필요하다고 공단 광역본부장·지역본부장 또는 지사장이 인정한 사업장

(바) 인정사업장 등에 대한 혜택
　① 인정 유효기간 동안 사업장 안전보건 감독을 유예할 수 있음
　② 정부 포상 또는 표창의 우선 추천 및 그 밖의 혜택을 부여할 수 있음

2. 화학설비에 대한 안전성 평가(safety assessment)

(1) 안전성 평가의 6단계

① 제1단계 : 관계 자료의 작성 준비(관계 자료의 정비검토)
② 제2단계 : 정성적 평가
③ 제3단계 : 정량적 평가
④ 제4단계 : 안전 대책
⑤ 제5단계 : 재해 정보에 의한 재평가
⑥ 제6단계 : FTA에 의한 재평가

> **안전성 평가(safety assessment)**
> 신기술, 신공법을 도입함에 있어서 설계, 제조, 사용의 전 과정에 걸쳐서 위험성의 여부를 사전에 검토하는 관리기술(모든 공정에 대한 안전성을 사전 평가하는 기술)
> – 설비나 공법 등에서 나타날 위험에 대하여 정성적 또는 정량적인 평가를 행하고 그 평가에 따른 대책을 강구하는 것

Technology Assessment
기술개발과정에서 효율성과 위험성을 종합적으로 분석·판단할 수 있는 평가 방법

위험성평가
유해·위험요인을 파악하고 해당 유해·위험요인에 의한 부상 또는 질병의 발생 가능성(빈도)과 중대성(강도)을 추정·결정하고 감소대책을 수립하여 실행하는 일련의 과정

(2) 평가의 진행 방법

(가) 제1단계 : 관계 자료의 작성 준비

1) 안전성의 사전평가를 위해 필요한 자료의 작성준비를 실시

2) 관계 자료의 조사항목
① 입지에 관한 도표 (입지조건) : 입지조건과 관련된 지질도 등의 입지에 관한 도표
② 화학설비 배치도
③ 건조물의 평면도, 입면도 및 단면도
④ 기계실 및 전기실의 평면도, 단면도 및 입면도
⑤ 제조 공정의 개요
⑥ 공정계통도
⑦ 공정기기목록
⑧ 배관, 계장 등의 계통도
⑨ 제조공정상 일어나는 화학반응
⑩ 원재료, 중간제품 등의 물리적, 화학적 성질 및 인체에 미치는 영향
⑪ 안전설비의 종류와 설치장소
⑫ 운전요령, 인원배치 계획, 안전·보건교육 훈련계획 등

(나) 제2단계 : 정성적 평가

– 준비된 기초자료를 항목별로 구분하여 관계법규와 비교, 위반사항을 검토하고 세부적으로 여러 항목의 가부를 살피는 단계

1) 설계 관계

① 공장 내 배치 ② 공장의 입지 조건 ③ 건조물 ④ 소방설비

2) 운전 관계

① 원재료, 중간제품 등 ② 수송, 저장 등 ③ 공정기기 ④ 공정, 공정 작업을 위한 작업규정 유무 등

(다) 제3단계 : 정량적 평가

1) 평가 항목

① 취급물질 ② 화학설비 용량 ③ 온도 ④ 압력 ⑤ 조작

2) 평가 방법

① 화학설비의 평가 5항목에 대해 A, B, C, D급으로 분류
② 점수를 부여하여 합산 : A급 10점, B급 5점, C급 2점, D급 0점
③ 합산 결과에 따라 위험 등급 구분

등급	점수	내용
위험등급 Ⅰ	합산점수 16점 이상	위험도가 높음
위험등급 Ⅱ	합산점수 11~15점	
위험등급 Ⅲ	합산점수 10점 이하	위험도가 낮음

(라) 제4단계 : 안전대책 수립

1) 설비에 관한대책 : 안전장치, 방재장치 등 설치

2) 관리적 대책 : 적정한 인원배치, 안전교육훈련, 보전

(마) 제5단계 : 재해 정보(사례)에 의한 재평가

(바) 제6단계 : FTA에 의한 재평가

※ 평점척도법 : 활동의 내용마다 "우·양·가·불가"로 평가하고 이 평가내용을 합하여 다시 종합적으로 정규화하여 평가하는 안전성 평가 기법

- 위험성평가 시 위험의 크기를 결정하는 방법(위험성 추정방법) : 행렬법, 곱셈법, 덧셈법, 분기법
- 곱셈법 : 재해발생 가능성과 중대성을 일정한 척도에 의해 수치화하여 곱셈하여 추정함(가능성×중대성)

(3) 위험 및 운전성 검토(HAZOP : Hazard and Operability Study)

(가) HAZOP : 각각의 장비에 대해 잠재된 위험이 미칠 수 있는 영향 등을 평가하기 위해 공정이나 설계도 등에 체계적이고 비판적인 검토를 행하는 것

- 가이드워드(유인어)를 사용하고 작업표 양식은 일탈(편차) → 원인 → 결과 → 조치의 순서로 작성한다.

* 위험 및 운전성 검토(HAZOP)
① 화학공정의 위험성을 평가하는 방법이다.
② 처음에는 과거의 경험이 부족한 새로운 기술을 적용한 공정설비에 대하여 실시할 목적으로 개발되었다.
③ 설비 전체보다 단위별 또는 부분별로 나누어 검토하고 위험요소가 예상되는 부문에 상세하게 실시한다.
④ 장치 자체는 설계 및 제작사양에 맞게 제작된 것으로 간주하는 것이 전제조건이다.

(나) 위험 및 운전성 검토(HAZOP)에서의 전제조건
① 동일 기능의 두 개 이상의 기기 고장이나 사고는 일어나지 않는다.
② 조작자는 위험상황이 일어났을 때 그것을 인식하고 필요한 조치를 취하는 것으로 한다.
③ 안전장치는 필요할 때 정상 동작하는 것으로 간주한다.
④ 장치 자체는 설계 및 제작사양에 맞게 제작된 것으로 간주한다.
⑤ 위험의 확률이 낮으나 고가설비를 요구할 시는 운전원 안전교육 및 직무교육으로 대체한다.
⑥ 사소한 사항이라도 간과하지 않는다.

* 위험 및 운전성 검토(HAZOP) 수행에 가장 좋은 시점 : 개발단계

(다) HAZOP 기법에서 사용하는 가이드워드와 의미

* 유인어(guide word) : 간단한 말로서 창조적 사고를 유도하고 자극하여 이상(deviation)을 발견하고 의도를 한정하기 위해 사용하는 것

가이드 워드(유인어)	의미
No 또는 Not	설계의도의 완전한 부정
As Well As	성질상의 증가
Part of	성질상의 감소
More/Less	정량적인(양) 증가 또는 감소
Other Than	완전한 대체의 사용
Reverse	설계의도의 논리적인 역

HAZOP 분석기법 장점
① 학습(배우기 쉬움) 및 적용(활용)이 쉽다.
② 기법 적용에 큰 전문성을 요구하지 않는다.
③ 다양한 관점을 가진 팀 단위 수행이 가능하고, 팀 단위 수행으로 다른 기법보다 정확하고 포괄적이다.
④ 시스템에서 발생 가능한 알려지지 않은(모든) 위험을 파악하는 데 용이하다.
※ 단점 : 수행 시간이 많이 걸릴 수 있으며, 많은 노력이 요구된다.

3. 신뢰도 계산

(1) 직렬연결

시스템의 어느 한 부품이 고장나면 시스템이 고장나는 구조

—[1]—[2]⋯[n]—

신뢰도 $Rs = r_1 \cdot r_2 \cdot r_3 \cdots r_n$

(2) 병렬연결

시스템의 어느 한 부품만 작동해도 시스템이 작동하는 구조

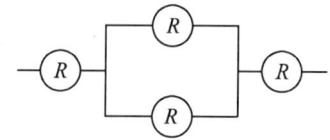

신뢰도 $Rs = 1 - (1-r_1)(1-r_2)\cdots(1-r_n)$

(3) 신뢰도 계산

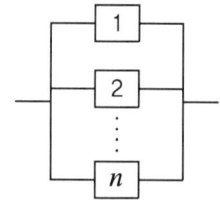

$$\begin{aligned}
신뢰도 &= R \cdot R \cdot [1 - \{(1-R)(1-R)\}] \\
&= R \cdot R \cdot \{1 - (1 - 2R + R^2)\} \\
&= R^2 \cdot (1 - 1 + 2R - R^2) \\
&= R^2 \cdot (2R - R^2) \\
&= 2R^3 - R^4
\end{aligned}$$

※ AND나 OR조합으로 연결된 시스템을 FTA로 분석하였을 때 이 시스템의 신뢰도를 구하는 경우 : 신뢰도 = 1 − 발생확률

> **예문** 발생확률이 각각 0.05, 0.08인 두 결함사상이 AND 조합으로 연결된 시스템을 FTA로 분석하였을 때 이 시스템의 신뢰도는 약 얼마인가?
>
> **해설** ① AND 조합으로 연결된 시스템 = 0.05×0.08 = 0.004
> ② 신뢰도 = 1 − 0.004 = 0.996

4. 유해위험방지계획서(제조업)

(1) 유해 · 위험방지계획서 제출 대상 사업장

(가) 해당 제품의 생산 공정과 직접적으로 관련된 건설물 · 기계 · 기구 및 설비 등 일체를 설치 · 이전하거나 그 주요 구조부분을 변경하려는 경우 〈산업안전보건법 시행령 제42조〉
다음에 해당하는 사업으로서 전기 계약용량이 300킬로와트 이상인 사업
1. 금속가공제품 제조업 : 기계 및 가구 제외
2. 비금속 광물제품 제조업
3. 기타 기계 및 장비 제조업
4. 자동차 및 트레일러 제조업
5. 식료품 제조업
6. 고무제품 및 플라스틱제품 제조업
7. 목재 및 나무제품 제조업
8. 기타 제품 제조업
9. 1차 금속 제조업
10. 가구 제조업
11. 화학물질 및 화학제품 제조업
12. 반도체 제조업
13. 전자부품 제조업

(나) 유해하거나 위험한 작업 또는 장소에서 사용하거나 건강장해를 방지하기 위하여 사용하는 기계 · 기구 및 설비로서 설치 · 이전하거나 그 주요 구조부분을 변경하려는 경우 〈산업안전보건법 시행령 제42조〉
다음에 해당하는 기계 · 기구 및 설비
1. 금속이나 그 밖의 광물의 용해로
2. 화학설비
3. 건조설비
4. 가스집합 용접장치
5. 법에 따른 제조 등 금지물질 또는 허가 대상 물질 관련 설비
6. 분진작업 관련 설비

(2) 제출서류 등〈산업안전보건법 시행규칙 제42조〉 (※ (1)에 (가)의 경우 제출서류)
유해 · 위험방지계획서에 다음의 서류를 첨부하여 해당 작업 시작 15일 전까지 공단에 2부를 제출하여야 한다.
1. 건축물 각 층의 평면도

2. 기계·설비의 개요를 나타내는 서류
3. 기계·설비의 배치도면
4. 원재료 및 제품의 취급, 제조 등의 작업방법의 개요
5. 그 밖에 고용노동부장관이 정하는 도면 및 서류

※ 건설공사 유해·위험방지계획서 제출 : 해당 공사의 착공 전날까지 공단에 2부를 제출

(3) 심사 결과의 구분〈시행규칙 제45조〉

공단은 유해·위험방지계획서의 심사 결과에 따라 다음과 같이 구분·판정
1. 적정: 근로자의 안전과 보건을 위하여 필요한 조치가 구체적으로 확보되었다고 인정되는 경우
2. 조건부 적정: 근로자의 안전과 보건을 확보하기 위하여 일부 개선이 필요하다고 인정되는 경우
3. 부적정: 건설물·기계·설비 또는 건설공사가 심사기준에 위반되어 공사착공 시 중대한 위험발생의 우려가 있거나 계획에 근본적 결함이 있다고 인정되는 경우

(4) 확인〈시행규칙 제46조〉

(*제조업) 유해·위험방지계획서를 제출한 사업주는 해당 건설물·기계·기구 및 설비의 시운전단계에서, (*건설업) 건설공사 중 6개월 이내마다 다음의 사항에 관하여 공단의 확인을 받아야 함.
1. 유해·위험방지계획서의 내용과 실제공사 내용이 부합하는지 여부
2. 유해·위험방지계획서 변경내용의 적정성
3. 추가적인 유해·위험요인의 존재 여부

(5) 유해·위험방지계획서 작성자〈제조업 유해·위험방지계획서 제출·심사·확인에 관한 고시 제7조〉

사업주는 계획서를 작성할 때에 다음에 해당하는 자격을 갖춘 사람 또는 공단이 실시하는 관련교육을 20시간 이상 이수한 사람 중 1명 이상을 포함시켜야 함
1. 기계, 재료, 화학, 전기·전자, 안전관리 또는 환경 분야 기술사 자격을 취득한 사람
2. 기계안전·전기안전·화공안전 분야의 산업안전지도사 또는 산업보건지도사 자격을 취득한 사람
3. 제1호 관련분야 기사 자격을 취득한 사람으로서 해당 분야에서 3년 이상 근무한 경력이 있는 사람

4. 제1호 관련분야 산업기사 자격을 취득한 사람으로서 해당 분야에서 5년 이상 근무한 경력이 있는 사람
5. 「고등교육법」에 따른 대학 및 산업대학(이공계 학과에 한정한다)을 졸업한 후 해당 분야에서 5년 이상 근무한 경력이 있는 사람 또는 「고등교육법」에 따른 전문대학(이공계 학과에 한정한다)을 졸업한 후 해당 분야에서 7년 이상 근무한 경력이 있는 사람
6. 「초·중등교육법」에 따른 전문계 고등학교 또는 이와 같은 수준 이상의 학교를 졸업하고 해당 분야에서 9년 이상 근무한 경력이 있는 사람

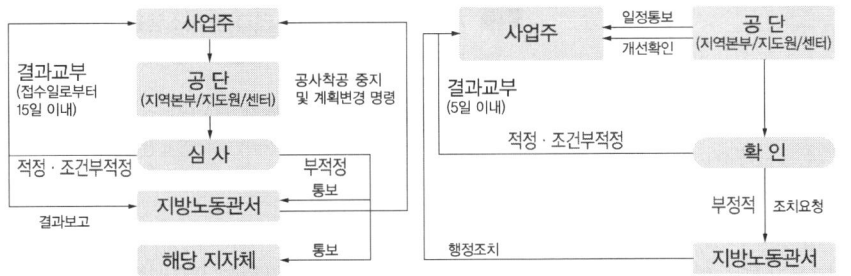

[그림] 제조업 유해·위험방지계획서 심사 및 확인 절차

※ **공정안전관리(process safety management: PSM)의 적용대상 사업장 〈산업안전보건법 시행령〉**

제43조(공정안전보고서의 제출 대상)
1. 원유 정제처리업
2. 기타 석유정제물 재처리업
3. 석유화학계 기초화학물질 제조업 또는 합성수지 및 기타 플라스틱물질 제조업
4. 질소 화합물, 질소·인산 및 칼리질 화학비료 제조업 중 질소질 화학비료 제조업
5. 복합비료 및 기타 화학비료 제조업 중 복합비료 제조업(단순혼합 또는 배합에 의한 경우는 제외한다)
6. 화학 살균·살충제 및 농업용 약제 제조업(농약 원제 제조만 해당한다)
7. 화약 및 불꽃제품 제조업

CHAPTER 02 항목별 우선순위 문제 및 해설

01 다음 그림과 같이 7개의 기기로 구성된 시스템의 신뢰도는 약 얼마인가?

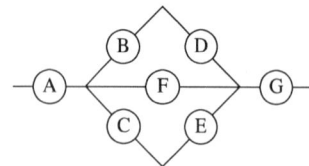

[신뢰도] A = G : 0.75, B = C = D = E : 0.8, F : 0.9

① 0.5427 ② 0.6234
③ 0.5552 ④ 0.9740

해설 시스템의 신뢰도
= A · [1 − {(1 − B · D)(1 − F)(1 − C · E)}] · G
= 0.75 · [1 − {(1 − 0.64)(1 − 0.9)(1 − 0.64)}] · 0.75
= 0.5552

02 날개가 2개인 비행기의 양 날개에 엔진이 각각 2개씩 있다. 이 비행기는 양 날개에서 각각 최소한 1개의 엔진은 작동을 해야 추락하지 않고 비행할 수 있다. 각 엔진의 신뢰도가 각각 0.9이며, 각 엔진은 독립적으로 작동한다고 할 때 이 비행기가 정상적으로 비행할 신뢰도는 약 얼마인가?

① 0.89 ② 0.91
③ 0.94 ④ 0.98

해설 비행기가 정상적으로 비행할 신뢰도
① 엔진이 있는 2개의 날개는 직렬연결, 각 날개의 엔진 2개는 병렬연결
② 날개 A = 1 − (1 − ①)(1 − ②)
       = 1 − (1 − 0.9)(1 − 0.9) = 0.99
③ 날개 B = 1 − (1 − ③)(1 − ④)
       = 1 − (1 − 0.9)(1 − 0.9) = 0.99
⇨ 신뢰도 T = A · B = 0.99 × 0.99 = 0.9801
                               = 0.98

03 발생확률이 각각 0.05, 0.08인 두 결함사상이 AND 조합으로 연결된 시스템을 FTA로 분석하였을 때 이 시스템의 신뢰도는 약 얼마인가?

① 0.004 ② 0.126
③ 0.874 ④ 0.996

해설 AND나 OR조합으로 연결된 시스템을 FTA로 분석하였을 때 이 시스템의 신뢰도를 구하는 경우:
신뢰도 = 1 − 발생확률
① AND 조합으로 연결된 시스템 = 0.05 × 0.08
                              = 0.004
② 신뢰도 = 1 − 0.004 = 0.996

04 화학설비에 대한 안전성 평가방법 중 공장의 입지조건이나 공장 내 배치에 관한 사항은 어느 단계에서 하는가?

① 제1단계 : 관계 자료의 작성 준비
② 제2단계 : 정성적 평가
③ 제3단계 : 정량적 평가
④ 제4단계 : 안전대책

해설 안전성평가의 6단계
(가) 제1단계 : 관계 자료의 작성 준비(관계 자료의 정비검토)
(나) 제2단계 : 정성적 평가
 1) 설계 관계
  ① 공장 내 배치 ② 공장의 입지 조건 ③ 건조물 ④ 소방설비
 2) 운전 관계
  ① 원재료, 중간제품 등 ② 수송, 저장 등 ③ 공정기기 ④ 공정(공정 작업을 위한 작업규정 유무 등)
(다) 제3단계 : 정량적 평가
(라) 제4단계 : 안전 대책
(마) 제5단계 : 재해 정보에 의한 재평가
(바) 제6단계 : FTA에 의한 재평가

정답 01. ③ 02. ④ 03. ④ 04. ②

05 다음 중 화학설비에 대한 안전성 평가에 있어 정량적 평가 항목에 해당하지 않는 것은?

① 공정 ② 취급물질
③ 압력 ④ 화학설비용량

해설 안전성평가의 제3단계 : 정량적 평가
1) 평가 항목
   ① 취급물질 ② 화학설비 용량 ③ 온도 ④ 압력
   ⑤ 조작
2) 평가 방법
   ① 화학설비의 평가 5항목에 대해 A, B, C, D급으로 분류
   ② 점수를 부여하여 합산 : A급 10점, B급 5점, C급 2점, D급 0점
   ③ 합산 결과에 따라 위험 등급 구분

06 다음 중 위험과 운전성 연구(HAZOP)에 대한 설명으로 틀린 것은?

① 전기설비의 위험성을 주로 평가하는 방법이다.
② 처음에는 과거의 경험이 부족한 새로운 기술을 적용한 공정설비에 대하여 실시할 목적으로 개발되었다.
③ 설비전체보다 단위별 또는 부분별로 나누어 검토하고 위험요소가 예상되는 부문에 상세하게 실시한다.
④ 장치 자체는 설계 및 제작사양에 맞게 제작된 것으로 간주하는 것이 전제 조건이다.

해설 위험과 운전성 연구(HAZOP)
① 화학공정의 위험성을 평가하는 방법이다.
② 처음에는 과거의 경험이 부족한 새로운 기술을 적용한 공정설비에 대하여 실시할 목적으로 개발되었다.
③ 설비 전체보다 단위별 또는 부분별로 나누어 검토하고 위험요소가 예상되는 부문에 상세하게 실시한다.
④ 장치 자체는 설계 및 제작사양에 맞게 제작된 것으로 간주하는 것이 전제 조건이다.

07 다음 중 산업안전보건법에 따른 유해·위험방지계획서 제출대상 사업은 기계 및 가구를 제외한 금속가공제품 제조업으로서 전기 계약용량이 얼마 이상인 사업을 말하는가?

① 50kW ② 100kW
③ 200kW ④ 300kW

해설 유해·위험방지계획서 제출대상 사업
다음에 해당하는 사업으로서 전기 계약용량이 300킬로와트 이상인 사업
1. 금속가공제품 제조업 : 기계 및 가구 제외

정답 05. ① 06. ① 07. ④

Chapter 03 시스템 위험성 추정 및 결정

1. 시스템 안전

(1) 시스템 안전(system safety) : 시스템 전체에 대하여 종합적이고 균형이 잡힌 안전성을 확보하는 것(정해진 제약 조건하에서 시스템이 받는 상해나 손상을 최소화하는 것)
  ① 위험을 파악, 분석, 통제하는 접근방법
  ② 수명주기 전반에 걸쳐 안전을 보장하는 것을 목표로 함.
  ③ 처음에는 국방과 우주항공 분야에서 필요성이 제기되었음.
  ④ 시스템 내의 위험성을 적시에 식별하고 예방 또는 필요한 조치함.

(2) 시스템 안전관리의 주요 업무(시스템 안전 위한 업무 수행 요건)
  ① 시스템 안전에 필요한 사항의 식별(시스템 안전에 필요한 사람의 동일성 식별)
  ② 안전 활동의 계획, 조직과 관리
  ③ 다른 시스템 프로그램 영역과 조정
  ④ 시스템 안전에 대한 목표를 실현시키기 위한 프로그램의 해석, 검토 및 평가(시스템 안전활동 결과의 평가 등)

(3) 시스템 안전 프로그램 계획(SSPP, System Safety Program Plan)
  : 시스템 안전을 확보하기 위한 기본지침

  (가) 시스템 안전 프로그램 계획
    ① 계획의 개요   ② 안전조직
    ③ 계약조건   ④ 관련부문과의 조정
    ⑤ 안전기준   ⑥ 안전해석
    ⑦ 안전성 평가   ⑧ 안전자료의 수집과 갱신
    ⑨ 경과 및 결과의 분석

  (나) 시스템안전프로그램계획(SSPP)을 이행하는 과정 중 최종분석단계에서 위험의 결정인자
    ① 가능 효율성   ② 피해가능성
    ③ 폭발빈도   ④ 비용산정

시스템 안전프로그램계획(SSPP)에서 완성해야 할 시스템 안전업무
① 정성 해석
② 정량 해석
③ 운용 해석
④ 프로그램 심사와 참가
⑤ 설계 심사에의 참가
⑥ 계약업자의 감사활동

(4) 위험관리에 있어 위험조정기술

(가) 위험 회피(avoidance) : 손실발생의 가능성이 있는 것을 회피함으로써 손실에 대한 불확실성을 제거

(나) 위험 감축, 경감(reduction) : 가능한 모든 방법을 이용해 위험의 발생 가능성을 저감시켜 위험을 감축하는 것
   - 위험방지, 분산, 결합, 제한

(다) 위험 보류, 보유(retention) : 위험을 회피하거나 전가될 수 없는 위험을 감수하는 전략

(라) 위험 전가(transfer) : 보험으로 위험 조정(제3자에게 손실에 대한 책임을 전가)

> **위험관리의 4단계**
> ① 제1단계 : 위험의 파악   ② 제2단계 : 위험의 분석
> ③ 제3단계 : 위험의 평가   ④ 제4단계 : 위험의 처리
> - 위험의 분석 및 평가 단계 : 위험관리 단계에서 발생빈도보다는 손실에 중점을 두며, 기업 간 의존도, 한 가지 사고가 여러 가지 손실을 수반하는 것에 대해 유의하여 안전에 미치는 영향의 강도를 평가하는 단계

> **위험처리 방법에 관한 설명**
> ① 위험처리 대책 수립 시 비용문제가 포함된다.
> ② 위험처리 방법에는 위험을 제어하는 방법과 재정적으로 처리하는 방법이 있다.
> ③ 위험의 제어 방법에는 회피, 손실제어, 위험분리, 책임 전가 등이 있다.
> ④ 재정적으로 처리하는 방법에는 보유와 전가 방법이 있다.

(5) 시스템 안전달성을 위한 프로그램 진행단계(시스템의 수명주기 5단계)

(가) 제1단계 : 구상단계 – 시스템의 수명주기 중 PHA 기법이 최초로 사용되는 단계(* 예비 위험요인 분석(PHA))

(나) 제2단계 : 정의단계(사양결정단계) – 생산물의 적합성을 검토하는 단계
   - 예비설계와 생산기술을 확인하는 단계

(다) 제3단계 : 개발단계(설계단계)
   (* 결함 위험요인 분석(FHA))
   ① 위험분석으로 주로 FMEA(고장형태와 영향분석)가 적용
   ② 설계의 수용가능성을 위해 보다 완벽한 검토를 함.
   ③ 개발 단계의 모형분석과 검사결과는 OHA(운영위험성 분석)의 입력자료로 사용

(라) 제4단계 : 생산(제작, 제조)단계
- 교육훈련을 시작

제5단계(운전, 운영, 조업): 이전 단계들에서 발생되었던 사고 또는 사건으로부터 축적된 자료에 대해 실증을 통한 문제를 규명하고 이를 최소화하기 위한 조치를 마련하는 단계)

(마) 제5단계 : 운전(운영, 조업) – 시스템 안전 프로그램에 대하여 안전점검 기준에 따른 평가를 내리는 시점
① 사고 조사에의 참여 ② 기술 변경의 개발(설계변경 검토) ③ 교육훈련의 진행 ④ 고객에 의한 최종 성능 검사 ⑤ 시스템의 보수 및 폐기

(* 제6단계 : 폐기)

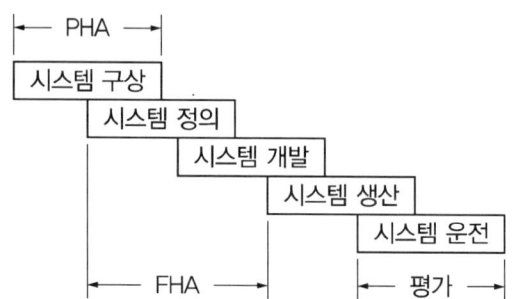

[그림] 시스템 수명주기(PHA와 FHA기법의 사용 단계)

(6) 시스템 안전기술관리를 정립하기 위한 절차

안전분석 → 안전사양 → 안전설계 → 안전확인

구상단계	사양결정단계	설계단계	제작단계	조업단계
안전분석	안전사양	안전설계	안전확인	

2. 시스템 위험분석기법

(1) 예비위험분석(PHA : Preliminary Hazards Analysis)

모든 시스템 안전 프로그램에서의 최초단계 분석방법으로 시스템의 위험요소가 어떤 위험 상태에 있는가를 정성적으로 평가하는 분석방법

(가) 예비위험분석(PHA)의 목적 : 시스템의 구상단계에서 시스템 고유의 위험상태를 식별하여 예상되는 위험수준을 결정하기 위한 것

(나) 예비위험분석(PHA)의 식별된 4가지 사고 카테고리(category)

1) 파국적(catastropic) : 사망, 시스템 손실
시스템의 성능을 현저히 저하시키며 그 결과 인한 시스템의 손실, 인원의 사망 또는 다수의 부상자를 내는 상태

2) 중대(위기적, critical) : 심각한 상해, 시스템 중대 손상

작업자의 부상 및 시스템의 중대한 손해를 초래하거나 작업자의 생존 및 시스템의 유지를 위하여 즉시 수정 조치를 필요로 하는 상태

3) 한계적(marginal) : 경미한 상해, 시스템 성능 저하

작업자의 경미한 상해 및 시스템의 중대한 손해를 초래하지 않고 대처 또는 제어할 수 있는 상태

4) 무시(negligible) : 무시할 수 있는 상처, 시스템 저하 없음.

시스템의 성능, 기능이나 인적 손실이 없는 상태

미국방성 위험성평가 중 위험도(MIL-STD-882B)

① category I : 파국적 ② category II : 위기적 ③ category III : 한계적
④ category IV : 무시가능

분류	범주(category)	해당 재난
파국적(catastrophic)	category I	사망 또는 시스템 상실
위기적(critical)	category II	중상, 직업병 또는 중요 시스템 손상
한계적(marginal)	category III	경상, 경미한 직업병 또는 시스템의 가벼운 손상
무시가능(negligible)	category IV	사소한 상처, 직업병 또는 사소한 시스템 손상

* MIL-STD-882B에서 시스템 안전 필요사항을 충족시키고 확인된 위험을 해결하기 위한 우선권을 정하는 순서 : 최소리스크를 위한설계 → 안전장치설치 → 경보장치설치 → 절차 및 교육훈련 개발

(2) 결함 위험요인 분석(FHA : Fault Hazards Analysis)

분업에 의해 분담 설계한 서브시스템(subsystem) 간의 안전성 또는 전체 시스템의 안전성에 미치는 영향을 분석하는 방법

(3) 고장형태와 영향분석(FMEA : Failure Mode and Effect Analysis)

(가) FMEA : 시스템에 영향을 미치는 모든 요소의 고장을 형태별로 분석하고 영향을 검토하는 것. 전형적인 정성적, 귀납적 분석방법

① 발생 가능 고장 형태 미리 예상 – 영향 분석 – 대책 수립 – 문제 발생 사전 차단

② FMEA가 가장 유효한 경우 : 고장 발생을 최소로 하고자 하는 경우

(나) FMEA의 표준적인 실시 절차

1) 제1단계 : 대상 시스템의 분석

① 기기・시스템의 구성 및 기능을 파악(시스템 구성의 기본적 파악)
② FMEA 실시를 위한 기본방침 결정

FMEA : 서브시스템, 구성요소, 기능 등의 잠재적 고장 형태에 따른 시스템의 위험을 파악하는 위험 분석 기법

FMECA(Failure modes, effects, and criticality analysis)
시스템 부분의 모든 가능성 있는 고장 유형과 고장이 시스템에 미치는 영향을 평가하여 잠재적 고장 발생의 기회를 제거하고 시스템에서 고장 영향성을 줄이는 조치를 파악하는 것(고장형태 및 영향분석(FMEA)에서 치명도 해석을 포함시킨 분석 방법)

| 고장형태 및 영향분석(FMEA)에서 고장 등급의 평가요소 (고장평점법) – 고장 평점을 결정하는 5가지 평가요소
① 영향을 미치는 시스템의 범위
② 기능적 고장 영향의 중요도
③ 고장발생의 빈도
④ 고장방지의 가능성
⑤ 신규설계여부

③ 기능 블록(block)과 신뢰성 블록 작성(신뢰도 블록 다이어그램 작성)

2) 제2단계: 고장의 유형과 그 영향의 해석
 ① 고장 형태의 예측과 설정, 고장 원인의 상정
 ② 상위 항목의 고장영향 검토(상위 체계에의 고장 영향 분석), 고장에 대한 보상법이나 대응법 검토, FMEA 워크시트에의 기입
 ③ 고장등급의 평가

3) 제3단계 : 치명도 해석과 개선책의 검토
 ※ FMEA의 위험성 분류

표시	위험성 분류
category Ⅰ	생명 또는 가옥의 상실
category Ⅱ	작업 수행의 실패
category Ⅲ	활동의 지연
category Ⅳ	영향 없음

 ※ 고장의 발생확률과 고장의 영향 – 고장의 발생확률은 β

고장의 발생확률	고장의 영향
β = 0	영향 없음
0 < β < 0.10	가능한 손실(가능성 있음)
0.10 ≦ β < 1.00	예상되는 손실(실제로 예상됨)
β = 1.00	실제의 손실(손실 발생)

(다) FMEA의 장단점
 ① 양식이 간단하여 특별한 훈련 없이 해석이 가능(서식이 간단하고 비교적 적은 노력으로 분석이 가능)
 ② 논리성이 부족하고 각 요소 간 영향의 해석이 어렵기 때문에 동시에 2가지 이상의 요소가 고장 나는 경우에 해석 곤란
 ③ 해석의 영역이 물체에 한정되기 때문에 인적 원인의 해석이 곤란
 ④ 시스템 해석의 기법은 정성적, 귀납적 분석법 등이 사용
 ∗ 시스템 수명주기에서 FMEA가 적용되는 단계 : 개발단계

| THERP : 가지처럼 갈라지는 형태의 논리구조와 나무 형태의 그래프를 이용

(4) THERP(인간 과오율 예측기법; Technique for Human Error Rate Prediction)
 인간의 과오(human error)에 기인된 원인분석, 확률을 계산함으로써 제품의 결함을 감소시키고, 인간 공학적 대책을 수립하는데 사용되는 분석기법(인간의 과오율 추정법 등 5개의 스텝으로 되어 있는 기법)
 ① 작업자의 실수 확률을 예측하는 데 가장 적합한 기법
 ② 인간의 과오를 정량적으로 평가하고 분석

(5) ETA, CA, MORT, OHA 등

(가) **MORT(Management Oversight And Risk Tree)** : FTA와 동일의 논리적 방법을 사용하여 관리, 설계, 생산, 보전 등에 대한 넓은 범위에 걸쳐 안전성을 확보하려는 시스템안전 프로그램(원자력 산업에 활용)

(나) **ETA(Event Tree Analysis)** : 사고 시나리오에서 연속된 사건들의 발생경로를 파악하고 평가하기 위한 귀납적이고 정량적인 시스템안전 프로그램(디시젼 트리를 재해사고의 분석에 이용할 경우의 분석법)
- 사고의 발단이 되는 초기 사상이 발생할 경우 그 영향이 시스템에서 어떤 결과(정상 또는 고장)로 진전해 가는지를 나뭇가지가 갈라지는 형태로 분석하는 방법

(다) **CA(Criticality Analysis, 위험도 분석)** : 항공기의 안정성 평가에 널리 사용되는 기법으로서 각 중요 부품의 고장률, 운용 형태, 보정계수, 사용시간 비율 등을 고려하여 정량적, 귀납적으로 부품의 위험도를 평가하는 분석기법
① 고장이 시스템의 손실과 인명의 사상에 연결되는 높은 위험도를 가진 요소나 고장의 형태에 따른 분석법
② 높은 고장 등급을 갖고 고장 모드가 기기 전체의 고장에 어느 정도 영향을 주는가를 정량적으로 평가하는 해석 기법

(라) **운용위험성분석(OHA : Operating Hazard Analysis)** : 시스템의 운용과 함께 발생할 수 있는 위험성을 분석하는 방법이며 시스템 수명 전반에 걸쳐 사람과 설비에 관련된 위험을 발견하고 제어하기 위한 것이다.
- 시스템이 저장되고 이동되고, 실행됨에 따라 발생하는 작동시스템의 기능이나 과업, 활동으로부터 발생되는 위험에 초점을 맞추어 시행하는 위험분석방법(시스템의 정의 및 개발 단계에서 실행)
① 운용위험분석(OHA)은 시스템이 저장되고 실행됨에 따라 발생하는 작동시스템의 기능 등의 위험에 초점을 맞춘다.
② 안전방호구 혹은 안전장치의 제공, 위험을 제거하기 위한 설계변경이 준비되어야 한다.
③ 안전의 기본적 관련사항으로 시스템의 서비스, 훈련, 취급, 저장, 수송하기 위한 특수한 절차가 준비되어야 한다.
④ 운용상의 경고, 주의, 특별한 지시, 긴급조치 등이 결정되어야 한다.
⑤ 안전장치 및 설비의 필요조건과 고장검출을 위한 보전순서가 결정되어야 한다.

MORT(Management Oversight And Risk Tree) 원자력 산업과 같이 상당한 안전이 확보되어 있는 장소에서 추가적인 고도의 안전 달성을 목적으로 하고 있으며, 관리, 설계, 생산, 보전 등 광범위한 안전을 도모하기 위하여 개발된 분석기법(1970년 이후 미국 ERDA(미국 에너지연구개발청)의 W. G. Johnson 등에 의해 개발)

ETA : '화재 발생'이라는 시작(초기) 사상에 대하여, 화재감지기, 화재 경보, 스프링클러 등의 성공 또는 실패 작동여부와 그 확률에 따른 피해 결과를 분석하는 데 가장 적합한 위험 분석 기법

인간실수확률에 대한 추정 기법
① THERP(인간 과오율 예측기법, Technique for Human Error Rate Prediction)
② 위급사건기법(CIT: Critical Incident Technique)
③ 조작자 행동 나무(OAT: Operator Action Tree)
④ 인간실수 자료은행(Human Error Rate Bank)
⑤ 직무 위급도 분석(TCRAM: Task Criticality Rating Analysis Method)

디시젼 트리(DT, Decision Tree)
① 나무의 뿌리에서 줄기, 가지, 잎과 같은 원리로 표현
② 상호 배반적인 상황의 전개와 발생확률을 가시적으로 표현
③ 다수의 변수와 한 변수와의 관계를 파악하는 데 적절함

(마) 조작자 행동 나무(OAT : Operator Action Tree) : 재해사고 발생과정에서의 재해요인들을 연쇄적으로 파악하여 재해발생의 초기사상으로부터 재해사고까지를 나뭇가지 형태로 표현하는 귀납적인 안전성 분석기법
- 인간의 신뢰도 분석기법 중 조작자 행동나무 접근방법이 환경적 사건에 대한 인간의 반응(대응)을 위해 인정하는 활동 3가지 : 감지, 진단, 반응

(6) 안전해석 분석법 적용

안전성의 관점에서 시스템을 분석 평가하는 접근방법
① "어떻게 하면 무슨 일이 발생할 것인가?"의 연역적인 방법
② "어떤 일이 발생하였을 때 어떻게 처리하여야 안전한가?"의 귀납적인 방법
③ "어떤 일은 하면 안 된다."라는 점검표를 사용하는 직관적인 방법
④ "이런 일은 금지한다."의 상식과 사회기준에 따른 객관적인 방법

구분	정량적	정성적	연역적	귀납적
PHA		○		
FHA		○		
FMEA		○		○
THERP	○			
ETA	○			○
CA	○			
MORT			○	
DT	○			○
FTA	○		○	

* Chapanis의 위험분석
  ① 발생이 불가능한 경우의 위험 발생률 : impossible $> 10^{-8}$/day
  ② 거의 가능성이 없는 위험 발생률 : extremely unlikely $> 10^{-6}$/day
  ③ 아주 적은 위험 발생률 : remote $> 10^{-5}$/day
  ④ 가끔, 때때로의 위험 발생률 : occasional $> 10^{-4}$/day
  ⑤ 꽤 가능성이 있는 위험 발생률 : reasonably probable $> 10^{-3}$/day

* 공장설비의 고장원인 분석 방법
  ① 고장원인 분석은 언제, 누가, 어떻게 행하는가를 그때의 상황에 따라 결정한다.
  ② 고장 근본원인분석(RCA : Root Cause Analysis)에 의한 고장대책으로 빈도가 높은 고장에 대하여 근본적인 대책을 수립한다.
  ③ 동일 기종이 다수 설치되었을 때는 공통된 고장 개소, 원인 등을 규명하여 개선하고 자료를 작성한다.
  ④ 발생한 고장에 대하여 그 개소, 원인, 수리상의 문제점, 생산에 미치는 영향 등을 조사하고 재발 방지계획을 수립한다.

* 위급사건기법(Critical Incident Technique) : 사고나 위험, 오류 등의 정보를 근로자의 직접 면접, 조사 등을 사용하여 수집하고, 인간-기계 시스템 요소들의 관계 규명 및 중대 작업 필요조건 확인을 통한 시스템 개선을 수행하는 기법 (면접법)

* 위험(risk)의 3가지 기본요소(3요소(triplets))
  ① 사고 시나리오(S_i) ② 사고 발생 확률(P_i) ③ 파급효과 또는 손실(X_i)

CHAPTER 03 항목별 우선순위 문제 및 해설 (1)

01 다음 중 복잡한 시스템을 설계, 가공하기 전의 구상단계에서 시스템의 근본적인 위험성을 평가하는 가장 기초적인 위험도 분석기법은?

① 예비위험분석(PHA)
② 결함수 분석법(FTA)
③ 운용 안전성 분석(OSA)
④ 고장의 형과 영향분석(FMEA)

해설 예비위험분석(PHA : Preliminary Hazards Analysis)
모든 시스템 안전 프로그램에서의 최초단계 분석 방법으로 시스템의 위험요소가 어떤 위험 상태에 있는가를 정성적으로 평가하는 분석방법
* 예비위험분석(PHA)의 목적 : 시스템의 구상단계에서 시스템 고유의 위험상태를 식별하여 예상되는 위험수준을 결정하기 위한 것

02 시스템 안전분석 방법 중 예비위험분석(PHA) 단계에서 식별하는 4가지 범주에 속하지 않는 것은?

① 위기상태   ② 무시가능상태
③ 파국적상태   ④ 예비조처상태

해설 예비위험분석(PHA)의 식별된 4가지 사고 카테고리(category)
1) 파국적(catastropic) : 사망, 시스템 손상
2) 중대(위기적, critical) : 심각한 상해, 시스템 중대 손상
3) 한계적(marginal) : 경미한 상해, 시스템 성능 저하
4) 무시(negligible) : 경미상해, 시스템 저하 없음

03 다음 중 인간 신뢰도(Human Reliability)의 평가 방법으로 가장 적합하지 않은 것은?

① HCR   ② THERP
③ SLIM   ④ FMECA

해설 FMECA(Failure Modes, Effects, And Criticality Analysis) : 시스템 부분의 모든 가능성 있는 고장 유형과 고장이 시스템에 미치는 영향을 평가하여 잠재적 고장 발생의 기회를 제거하고 시스템에서 고장 영향성을 줄이는 조치를 파악하는 것

04 FMEA에서 고장의 발생확률 β가 다음 값의 범위일 경우 고장의 영향으로 옳은 것은?

$$[\ 0.10 \leq \beta < 1.00\ ]$$

① 손실의 영향이 없음
② 실제 손실이 예상됨
③ 실제 손실이 발생됨
④ 손실 발생의 가능성이 있음

해설 고장의 발생확률과 고장의 영향 – 고장의 발생확률은 β

고장의 발생확률	고장의 영향
$\beta = 0$	영향 없음
$0 < \beta < 0.10$	가능한 손실
$0.10 \leq \beta < 1.00$	실제 예상되는 손실
$\beta = 1.00$	실제의 손실

05 작업자가 계기판의 수치를 읽고 판단하여 밸브를 잠그는 작업을 수행한다고 할 때, 다음 중 이 직업자의 실수 확률을 예측하는 데 가장 적합한 기법은?

① THERP   ② FMEA
③ OSHA   ④ MORT

해설 THERP(인간과오율 예측기법) : Technique for Human Error Rate Prediction)
인간의 과오(Human error)에 기인된 원인분석, 확률을 계산함으로써 제품의 결함을 감소시키고, 인간 공학적 대책을 수립하는데 사용되는 분석기법
① 작업자의 실수 확률을 예측하는 데 가장 적합한 기법
② 인간의 과오를 정량적으로 평가하고 분석

정답 01. ① 02. ④ 03. ④ 04. ② 05. ①

06 다음 중 시스템 안전 프로그램 계획(SSPP)에 포함되지 않아도 되는 사항은?

① 안전 조직   ② 안전 기준
③ 안전 종류   ④ 안전성 평가

해설 시스템 안전 프로그램 계획(SSPP, System Safety Program Plan)
(가) 시스템 안전을 확보하기 위한 기본지침
(나) 프로그램 계획에 포함할 사항
① 계획의 개요 ② 안전조직 ③ 계약조건 ④ 관련 부문과의 조정 ⑤ 안전기준 ⑥ 안전해석 ⑦ 안전성 평가 ⑧ 안전자료의 수집과 갱신 ⑨ 경과 및 결과의 분석

07 다음 중 위험 조정을 위해 필요한 방법(위험조정기술)과 가장 거리가 먼 것은?

① 위험 회피(avoidance)
② 위험 감축(reduction)
③ 보류(retention)
④ 위험 확인(confirmation)

해설 위험관리에 있어 위험조정기술
(가) 위험 회피(avoidance)
(나) 위험 감축, 경감(reduction) : 가능한 모든 방법을 이용해 위험의 발생 가능성을 저감시켜 위험을 감축하는 것
 – 위험방지, 분산, 결합, 제한
(다) 위험 보류, 보유(retention) : 위험을 회피하거나 전가될 수 없는 위험을 감수하는 전략
(라) 위험 전가(transfer) : 보험으로 위험 조정

08 시스템 안전 프로그램에 있어 시스템의 수명주기를 일반적으로 5단계로 구분할 수 있는데 다음 중 시스템 수명주기의 단계에 해당하지 않는 것은?

① 구상단계   ② 생산단계
③ 운전단계   ④ 분석단계

해설 시스템 안전달성을 위한 프로그램 진행단계(시스템의 수명주기 5단계)
(가) 제1단계 : 구상단계 – 시스템의 수명주기 중 PHA 기법이 최초로 사용되는 단계
  * 예비 위험요인 분석(PHA)
(나) 제2단계 : 정의단계(사양결정단계)
(다) 제3단계 : 개발단계(설계단계)
  * 결함 위험요인 분석(FHA)
(라) 제4단계 : 생산(제작, 제조)단계
(마) 제5단계 : 운전(운영·조업) – 단계 시스템 안전 프로그램에 대하여 안전점검 기준에 따른 평가를 내리는 시점

09 다음 중 MIL-STD-882A에서 분류한 위험 강도의 범주에 해당하지 않는 것은?

① 위기(critical)
② 무시(negligible)
③ 경계(precautionary)
④ 파국(catastrophic)

해설 미국방성 위험성평가 중 위험도(MIL-STD-882B)
① category I : 파국적
② category II : 위기적
③ category III : 한계적
④ category IV : 무시가능

10 Chapanis의 위험분석에서 발생이 불가능한(Impossible) 경우의 위험 발생률은?

① 10^{-2}/day   ② 10^{-4}/day
③ 10^{-6}/day   ④ 10^{-8}/day

해설 Chapanis의 위험분석
① 발생이 불가능한 경우의 위험 발생률 : impossible > 10^{-8}/day
② 거의 가능성이 없는 위험 발생률 : extremely unlikely > 10^{-6}/day
③ 아주 적은 위험 발생률 : remote > 10^{-5}/day
④ 가끔, 때때로의 위험 발생률 : occasional > 10^{-4}/day
⑤ 꽤 가능성이 있는 위험 발생률 : reasonably probable > 10^{-3}/day

정답 06. ③ 07. ④ 08. ④ 09. ③ 10. ④

3. 결함수 분석(FTA : Fault Tree Analysis)

(1) FTA의 특징 : 정상사상인 재해현상으로부터 기본사상인 재해 원인을 향해 연역적으로 분석하는 방법
(* 연역적 평가기법 : 일반적 원리로부터 논리의 절차를 밟아서 각각의 사실이나 명제를 이끌어내는 것)
① 톱다운(top-down) 접근방법
② 정량적, 연역적 분석방법(정량적 평가보다 정성적 평가를 먼저 실시한다.)
③ 논리기호를 사용한 특정사상에 대한 해석
④ 기능적 결함의 원인을 분석하는 데 용이
⑤ 잠재위험을 효율적으로 분석
⑥ 복잡하고 대형화된 시스템의 신뢰성 분석에 사용(소프트웨어나 인간의 과오 포함한 고장해석 가능)
* 최초 Watson이 군용으로 고안하였다.
* FMEA(고장 형태와 영향 분석)
　① 버텀-업(Bottom-Up) 방식
　② 정성적, 귀납적 해석방법
　③ 표를 사용, 총합적, 하드웨어의 고장 해석

> FTA의 발생확률 값 계산
> FTA를 수행함에 있어 기본사상들의 발생이 서로 독립인가 아닌가의 여부를 파악하기 위해서는 발생확률의 값을 계산해 보는 것이 가장 적합

(2) 결함수 분석의 기대효과(결함수 분석기법(FTA)의 활용으로 인한 장점)
① 사고원인 규명의 간편화
② 사고원인 분석의 일반화
③ 사고원인 분석의 정량화
④ 노력, 시간의 절감
⑤ 시스템의 결함 진단
⑥ 안전점검 체크리스트 작성
⑦ 사고원인 규명의 연역적 해석가능

> 결함수 분석이 필요한 경우
> ① 여러 가지 지원 시스템이 관련된 경우
> ② 시스템의 강력한 상호작용이 있는 경우
> ③ 바람직하지 않은 사상 때문에 하나 이상의 시스템이나 기능이 정지될 수 있는 경우

(3) 결함수분석(FTA) 절차(FTA에 의한 재해사례의 연구 순서)
① 제1단계 : TOP 사상의 선정
② 제2단계 : 사상의 재해 원인 규명
③ 제3단계 : FT(Fault Tree)도 작성
④ 제4단계 : 개선 계획 작성
⑤ 제5단계 : 개선안 실시계획
* FTA 기법의 절차 : 시스템의 정의 → FT의 작성 → 정성적 평가 → 정량적 평가

(4) 중요도 해석 : 중요도에는 사고의 방식에 따라 구조 중요도, 확률 중요도 (요소 중요도), criticality(치명) 중요도 등이 있으나 중요도의 종류에 따라서 평가결과가 일치하지 않는다.

① 구조 중요도 : 시스템 구조에 따른 시스템 고장의 영향을 평가
② 확률 중요도 : 기본사상의 발생확률이 증감하는 경우 정상사상의 발생확률에 어느 정도 영향을 미치는가를 반영하는 지표(수리적으로는 편미분계수와 같은 의미)
③ criticality 중요도(치명 중요도) : 부품개선 난이도가 시스템 고장확률에 미치는 부품고장확률의 기여도 평가

✱ FTA 분석을 위한 기본적인 가정
　① 중복사상은 불 대수를 이용하여 간소화한다.
　② 기본사상들의 발생은 독립적이다.
　③ 모든 기본사상은 정상사상과 관련되어 있다.
　④ 기본사상의 조건부 발생확률은 이미 알고 있다.

(5) 논리기호

① 사상(Event)기호 : 현상을 설명하는 기호로서 각종 사상이나 전이기호를 말함.
② 게이트(Gate) : 논리기호로서 AND, OR 및 억제, 부정게이트 등을 말함.
③ 수정(조건)기호 : 게이트기호에 일정한 조건을 첨가하여 좀 더 상세한 정보와 분석 가능
④ FT를 효과적으로 수행하기 위한 기타의 기호

결함사상: 두 가지 상태 중 하나가 고장 또는 결함으로 나타나는 비정상적인 사상

구분	기호	명칭	설명
1	□	결함사상	시스템 분석에서 좀 더 발전시켜야 하는 사상(개별적인 결함사상)
2	○	기본사상	더 이상 전개되지 않는 기본 사상 (더 이상의 세부적인 분류가 필요 없는 사상)
3	○(점선)	기본사상 (인간의 실수)	

구분	기호	명칭	설명
4		통상사상	시스템의 정상적인 가동상태에서 일어날 것이 기대되는 사상(통상 발생이 예상되는 사상)-정상적인 사상
5		생략사상	불충분한 자료로 결론을 내릴 수 없어 더 이상 전개할 없는 사상
5-1		생략사상 (인간의 실수)	
6		전이기호 (전입)	다른 부분에 있는 게이트와의 연결 관계를 나타내기 위한 기호 (삼각형의 상부에 선이 나오는 경우는 타부분에서의 전입을 의미)
7		전이기호 (전출)	다른 부분에 있는 게이트와의 연결 관계를 나타내기 위한 기호 (측면에 선이 나오는 경우는 타부분으로의 전출을 나타내는 것)
8		전이기호 (수량이 다르다)	전입하는 부분이 전출하는 부분과 내용적으로는 같지만 수량적으로 다른 경우는 전이기호로 해서 역삼각기호가 사용
9		AND 게이트	하위의 모든 사상이 만족하여 발생될 때 논리전개가 가능. 기호는 [·]을 붙임.
10		OR 게이트	하위사상 중 한 가지만 만족하여 발생되어도 논리전개가 가능. 기호는 [+]를 붙임.
11		억제(제어) 게이트	입력이 게이트 조건에 만족할 때 출력 발생 (조건부 사건이 발생하는 상황 하에서 입력현상이 발생할 때 출력현상이 발생하는 것)

공사상(zero event) : 발생할 수 없는 사상

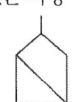

구분	기호	명칭	설명
12		부정게이트	입력에 반대현상으로 출력
13	ai, aj, ak 순으로	우선적 AND 게이트	여러 개의 입력 사상이 정해진 순서에 따라 순차적으로 발생해야만 결과가 출력이 생김.
14	2개의 출력	조합 AND 게이트	3개의 입력현상 중 임의의 시간에 2개가 발생하면 출력이 생김.
15	동시 발생 안 한다.	배타적 OR 게이트	OR 게이트이지만 2개 또는 2 이상의 입력이 동시에 존재하는 경우에는 출력이 생기지 않음.
16		위험지속기호	입력사상이 생겨서 어떤 일정시간 지속될 때에 출력사상이 생김.

(6) FT의 순서(작성방법) : 연역적 추적에 의한 FTA

① 정상사상(Top Event) 설정 : 발생 가능성이 있는 재해의 상정
② 상정된 재해와 관계되는 기계, 재료, 작업대상물, 작업자, 환경, 기타의 결함상태 및 요인, 원인에 대한 조사
 - FT를 작성하려면, 먼저 분석대상 시스템을 완전히 이해하여야 함.
③ FT도 작성 : 정상사상과의 관계는 논리게이트를 이용하여 도해
 - 정상(Top)사상과 기본사상과의 관계는 논리게이트를 이용해 도해
④ 작성된 FT의 수식화하고 수학적 처리에 의한 간소화
 - 정성·정량적으로 해석·평가하기 전에는 FT를 간소화
⑤ 각종 결함상태의 발생확률을 조사나 자료에 의해 정하고 FT에 표시

⑥ FT의 정량적 평가 : FT를 수식화한 식에 발생확률을 대입하여 최초로 상정된 재해 확률을 구함
⑦ 종결(평가 및 개선권고)

4. 컷셋(cut set)과 패스셋(path set)

(1) **컷셋(cut set)** : 특정 조합의 모든 기본사상들이 동시에 결함을 발생하였을 때 정상사상(결함사상)을 일으키는 기본 사상의 집합(정상사상이 일어나기 위한 기본사상의 집합)

(2) **최소 컷셋(minimal cut set)** : 컷셋 가운데 그 부분집합만으로 정상사상(결함 발생)을 일으키기 위한 최소의 컷셋(정상사상이 일어나기 위한 기본사상의 필요한 최소의 것)
   ① 컷셋 중에 타 컷셋을 포함하고 있는 것을 배제하고 남은 컷셋들을 의미
   ② 중복되는 사상의 컷셋 중 다른 컷셋에 포함되는 셋을 제거한 컷셋과 중복되지 않는 사상의 컷셋을 합한 것이 최소 컷셋

> **참고**
>
> ✱ 최소 컷셋의 특징
>   ① 시스템의 위험성을 표시하는 것(약점 표현)
>   ② 정상사상(top event)을 일으키기 위한 최소한의 컷셋(top 사상을 발생시키는 조합)
>   ③ 일반적으로 fussell algorithm을 이용
>   ④ 반복되는 사건이 많은 경우 Limnios와 Ziani Algorithm을 이용하는 것이 유리하다.
> ✱ 최소 컷셋의 설명
>   ① 일반적으로 시스템에서 최소 컷셋의 개수가 늘어나면 위험수준이 높아진.
>   ② 최소 컷셋은 사상 개수와 무관하게 위험수준은 높음.
>   ③ 동일한 시스템에서 패스셋의 개수와 컷셋의 개수는 틀림.

(3) **패스셋(path set)** : 시스템이 고장 나지 않도록 하는 사상의 조합
   ① 최초로 정상사상이 일어나지 않는 기본사상의 집합(일정 조합 안에 포함되어 있는 기본사상들이 모두 발생하지 않으면 틀림없이 정상사상(top event)이 발생되지 않는 조합)
   ② 시스템 신뢰도 측면에서 시스템을 성공적으로 작동시키는 경로의 집합

(4) 최소 패스셋(minimal path set) : 어떤 고장이나 실수를 일으키지 않으면 재해가 발생하지 않는 것으로 시스템의 신뢰성을 표시하는 것
- 시스템이 기능을 살리는데 필요한 최소 요인의 집합

(5) 컷셋과 최소 컷셋 정리

(가) X_1, X_2, X_3, X_4

> 참고
>
> ※ AND 게이트 : 2개의 값이 모두 입력되어야 출력이 발생
> - 계산 : 곱셈 → A · A
>
> ※ OR 게이트 : 1개만 입력되어도 출력 발생
> - 계산 : 덧셈 → A + A

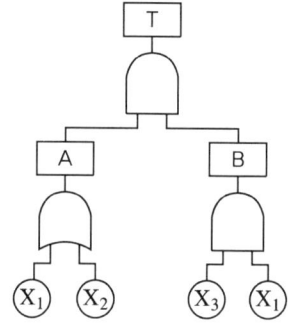

$T = A \cdot B \ (A = X_1 + X_2, \ B = X_3 \cdot X_1)$

$T = (X_1 + X_2) \cdot (X_3 \cdot X_1)$

$= (X_1 \ X_1 \ X_3) + (X_1 \ X_2 \ X_3)$ ← 불 대수 $A \cdot A = A$ [※ $(X_1 \ X_1 \ X_3)$은 $(X_1 \ X_3)$]

따라서 컷셋은 $(X_1 \ X_3)$

$(X_1 \ X_2 \ X_3)$

미니멀 컷셋은 $(X_1 \ X_3)$

패스셋이 $(X_2, X_3, X_4) \ (X_1, X_3, X_4) \ (X_3, X_4)$ 경우
→ 최소 패스셋은 (X_3, X_4)

(나) $(X_1 \ X_1 \ X_2) \ (X_2 \ X_1 \ X_2)$ → 컷셋과 미니멀 컷셋은 $(X_1 \ X_2)$

(다) $(X_1 \ X_2) \ (X_1 \ X_2 \ X_3) \ (X_1 \ X_2 \ X_4)$ → 미니멀 컷셋은 $(X_1 \ X_2)$

※ 최소 패스셋(minimal path set) : 최소 패스셋은 최소 컷셋과 최소 패스셋의 쌍대성을 이용하여 구함
① 어떤 결함수의 쌍대결함수를 구하고, 컷셋을 찾아내어 결함(사고)을 예방할 수 있는 최소의 조합
② 쌍대 FT도의 최소 컷셋이 최소 패스셋이 됨(쌍대 FT도는 AND 게이트를 OR로, OR 게이트를 AND로 치환시킨 FT도).

(6) T사상의 발생확률

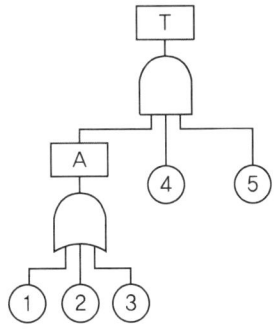

T = A · ④ · ⑤, A = ① + ② + ③
T = (① + ② + ③) · ④ · ⑤
따라서 T 사상의 발생확률은 T = {1−(1−①)(1−②)(1−③)} · ④ · ⑤
만일 ①~⑤ 사상의 발생확률이 모두 0.06이라면
T = {1 − (1 − 0.06) (1 − 0.06) (1 − 0.06)}×0.06×0.06 = 0.00061

(7) 불(G. Boole) 대수

영국의 수학자 G. Boole에 의해 창시된 논리수학, 논리 대수를 사용한 연산과정이 정의되어 있는 대수계임.

– 불 대수의 기본지수

A+0=A	A+A=A	$\overline{\overline{A}}=A$
A+1=1	A+$\overline{A}$=1	A+AB=A
A·0=0	A·A=A	A+$\overline{A}$B=A+B
A·1=A	A·$\overline{A}$=0	(A+B)·(A+C)=A+BC

불 대수의 흡수법칙
① A+A·B=A
② A+$\overline{A}$·B=A+B
③ A·(A+B)=A
④ A·($\overline{A}$+B)=A·B

드모르간의 법칙
① $\overline{A·B}$ = $\overline{A}$+$\overline{B}$
② $\overline{A+B}$ = $\overline{A}$·$\overline{B}$

※ 불 대수(Boolean Alebra)의 기본연산

1) 논리곱 (AND 연산)		2) 논리합 (OR 연산)		3) 배타적 논리합 (XOR 연산)		4) 논리부정 (NOT 연산)	
입력	출력	입력	출력	입력	출력	입력	출력
A B	A·B	A B	A+B	A B	A⊕B	A	$\overline{A}$
0 0	0	0 0	0	0 0	0	0	1
0 1	0	0 1	1	0 1	1	1	0
1 0	0	1 0	1	1 0	1		
1 1	1	1 1	1	1 1	0		

✻ 배타적 논리합: A≠B일 때 A⊕B=1이고, A=B일 때 A⊕B=0이다.

> **FTA의 최소 컷셋을 구하는 알고리즘**
>
> ① Fussell 알고리즘 : 미니멀 컷셋은 일반적으로 Fussell 알고리즘을 이용
> ② Boolean Algorithm : 불 대수(Boolean algebra) 기본 연산
> ③ MOCUS Algorithm : 쌍대 FT(Dual FT)를 작성 후 MOCUS 알고리즘 적용
> – 쌍대 FT(Dual FT) : 모든 사상 부정, OR→AND, AND→OR로 바꾼 FT
> ④ Limnios & Ziani Algorithm

✽ monte carlo 시뮬레이션(몬테카를로 기법) : 시스템이 복잡해지면 확률론적인 분석기법만으로는 분석이 어려워 computer simulation을 이용한다.

CHAPTER 03 항목별 우선순위 문제 및 해설 (2)

01
다음 FT도에서 최소 컷셋(Minimal cut set)으로만 올바르게 나열한 것은?

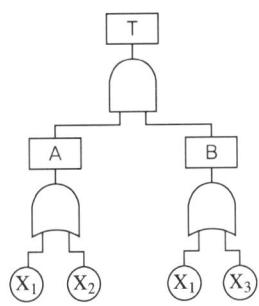

① $[X_1]$
② $[X_1]$, $[X_2]$
③ $[X_1, X_2, X_3]$
④ $[X_1, X_2]$, $[X_1, X_3]$

해설 최소 컷셋(Minimal cut set)
$T = A \cdot B (A = X_1 + X_2,\ B = X_1 + X_3)$
$T = (X_1 + X_2) \cdot (X_1 + X_3)$
$\quad = (X_1\ X_1) + (X_1\ X_3) + (X_1\ X_2) + (X_2\ X_3)$
$\quad\quad \leftarrow$ 불 대수 $A \cdot A = A$
$\quad = X_1(1 + X_3 + X_2) + (X_2\ X_3)$
$\quad\quad \leftarrow$ 불 대수 $A + 1 = 1 : 1 + X_3 + X_2 = 1$
$\quad = (X_1) + (X_2\ X_3)$
따라서 컷셋은 $(X_1), (X_2\ X_3)$
　　　　미니멀 컷셋은 $(X_1), (X_2\ X_3)$

02
다음 FT도에서 각 사상이 발생할 확률이 B_1은 0.1, B_2는 0.2, B_3는 0.3일 때 사상 A가 발생할 확률은 약 얼마인가?

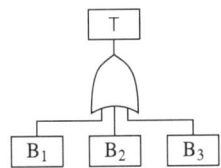

① 0.006
② 0.496
③ 0.604
④ 0.804

해설 사상 A가 발생할 확률
$A = 1 - (1 - B_1)(1 - B_2)(1 - B_3)$
$\quad = 1 - (1 - 0.1)(1 - 0.2)(1 - 0.3)$
$A = 0.496$

03
그림과 같이 FT도에서 활용하는 논리 게이트의 명칭으로 옳은 것은?

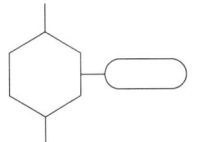

① 억제 게이트
② 제어 게이트
③ 배타적 OR 게이트
④ 우선적 AND 게이트

해설 억제(제어) 게이트 : 입력이 게이트 조건에 만족할 때 출력이 발생

04
다음 중 FTA(Fault Tree Analysis)에 관한 설명으로 가장 적절한 것은?

① 복잡하고, 대형화된 시스템의 신뢰성 분석에는 적절하지 않다.
② 시스템 각 구성요소의 기능을 정상인가 또는 고장인가로 점진적으로 구분 짓는다.
③ "그것이 발생하기 위해서는 무엇이 필요한가?"라는 것은 연역적이다.
④ 사건들을 일련의 이분(binary) 의사 결정 분기들로 모형화한다.

해설 FTA의 특징 : 정상사상인 재해현상으로부터 기본사상인 재해원인을 향해 연역적으로 분석하는 방법
(* 연역적 평가기법 : 일반적 원리로부터 논리의 절차를 밟아서 각각의 사실이나 명제를 이끌어내는 것)

정답 01. ① 02. ② 03. ①, ② 04. ③

① 톱다운(top-down) 접근방법
② 정량적, 연역적 분석방법(정량적 평가보다 정성적 평가를 먼저 실시한다.)
③ 논리기호를 사용한 특정사상에 대한 해석
④ 기능적 결함의 원인을 분석하는 데 용이
⑤ 잠재위험을 효율적으로 분석
⑥ 복잡하고 대형화된 시스템의 신뢰성 분석에 사용 (소프트웨어나 인간의 과오 포함한 고장해석 가능)

05 다음 중 FTA에 의한 재해사례 연구 순서에서 가장 먼저 실시하여야 하는 사항은?

① FT도의 작성
② 개선 계획의 작성
③ 톱(TOP)사상의 선정
④ 사상의 재해 원인의 규명

해설 결함수분석(FTA) 절차 (FTA에 의한 재해사례의 연구 순서)
(가) 제1단계 : TOP 사상의 선정
(나) 제2단계 : 사상의 재해 원인 규명
(다) 제3단계 : FT(Fault Tree)도 작성
(라) 제4단계 : 개선 계획 작성
(마) 제5단계 : 개선안 실시계획

06 다음 중 FT의 작성방법에 관한 설명으로 틀린 것은?

① 정성·정량적으로 해석·평가하기 전에는 FT를 간소화해야 한다.
② 정상(Top)사상과 기본사상과의 관계는 논리게이트를 이용해 도해한다.
③ FT를 작성하려면, 먼저 분석대상 시스템을 완전히 이해하여야 한다.
④ FT 작성을 쉽게 하기 위해서는 정상(Top)사상을 최대한 광범위하게 정의한다.

해설 FT의 순서(작성방법) : 연역적 추적에 의한 FTA
(가) 정상사상(Top Event) 설정 : 발생 가능성이 있는 재해의 상정
(나) 상정된 재해와 관계되는 기계, 재료, 작업대상물, 작업자, 환경, 기타의 결함상태 및 요인, 원인에 대한 조사

– FT를 작성하려면, 먼저 분석대상 시스템을 완전히 이해하여야 함.
(다) FT도 작성 : 정상사상과의 관계는 논리게이트를 이용하여 도해
– 정상(Top)사상과 기본사상과의 관계는 논리게이트를 이용해 도해
(라) 작성된 FT의 수식화하고 수학적 처리에 의한 간소화
– 정성·정량적으로 해석·평가하기 전에는 FT를 간소화
(마) 각종 결함상태의 발생확률을 조사나 자료에 의해 정하고 FT에 표시
(바) FT의 정량적 평가 : FT를 수식화한 식에 발생확률을 대입하여 최초로 상정된 재해 확률을 구함
(사) 종결(평가 및 개선권고)

07 결함수 분석의 컷셋(cut set)과 패스셋(path set)에 관한 설명으로 틀린 것은?

① 최소 컷셋은 시스템의 위험성을 나타낸다.
② 최소 패스셋은 시스템의 신뢰도를 나타낸다.
③ 최소 패스셋은 정상사상을 일으키는 최소한의 사상 집합을 의미한다.
④ 최소 컷셋은 반복사상이 없는 경우 일반적으로 퍼셀(Fussell) 알고리즘을 이용하여 구한다.

해설 최소 컷셋과 최소 패스셋
(1) 최소 컷셋(Minimal cut set) : 컷셋 가운데 그 부분집합만으로 정상사상을 일으키기 위한 최소의 컷셋 (정상사상이 일어나기 위한 기본사상의 필요 최소한의 것) – 최소 컷셋은 시스템의 위험성을 나타낸다.
 * 일반적으로 Fussell Algorithm을 이용
(2) 최소 패스셋(minimal path set) : 어떤 고장이나 실수를 일으키지 않으면 재해가 발생하지 않는 것으로 시스템의 신뢰성을 표시하는 것(최소 패스셋은 시스템의 신뢰도를 나타낸다.)
– 시스템이 기능을 살리는데 필요한 최소 요인의 집합

정답 05.③ 06.④ 07.③

08 다음 중 FTA의 기대효과로 볼 수 없는 것은?
① 사고 원인 규명의 간편화
② 사고 원인분석의 정량화
③ 시스템의 결함 진단
④ 사고 결과의 분석

해설 결함수 분석의 기대효과
① 사고원인 규명의 간편화
② 사고원인 분석의 일반화
③ 사고원인 분석의 정량화
④ 노력, 시간의 절감
⑤ 시스템의 결함 진단
⑥ 안전점검 체크리스트 작성

09 다음 중 불(Bool) 대수의 정리를 나타낸 관계식으로 틀린 것은?
① $A \cdot A = A$
② $A + \overline{A} = 0$
③ $A + AB = A$
④ $A + A = A$

해설 불(Bool) 대수
1. $A + 0 = A$
2. $A + 1 = 1$
3. $A \cdot 0 = 0$
4. $A \cdot 1 = A$
5. $A + A = A$
6. $A + \overline{A} = 1$
7. $A \cdot A = A$
8. $A \cdot \overline{A} = 0$
9. $\overline{\overline{A}} = A$
10. $A + AB = A$
11. $A + \overline{A}B = A + B$
12. $(A + B) \cdot (A + C) = A + BC$

10 다음 중 반복되는 사건이 많이 있는 경우에 FTA의 최소 컷셋을 구하는 알고리즘과 관계가 가장 적은 것은?
① MOCUS Algorithm
② Boolean Algorithm
③ Monte Carlo Algorithm
④ Limnios & Ziani Algorithm

해설 FTA의 최소 컷셋을 구하는 알고리즘
① boolean algorithm : 불 대수(boolean algebra) 기본 연산
② MOCUS Algorithm : 쌍대 FT(Dual FT)를 작성 후 MOCUS 알고리즘 적용
  - 쌍대 FT (Dual FT) : 모든 사상 부정, OR→AND, AND→OR로 바꾼 FT
③ Limnios & Ziani Algorithm
* monte carlo 시뮬레이션(몬테카를로 기법) : 시스템이 복잡해지면 확률론적인 분석기법만으로는 분석이 어려워 computer simulation을 이용

정답 08. ④ 09. ② 10. ③

Chapter 04 작업환경관리

1. 인간계측 및 체계제어

(1) 인체계측

(가) 인간공학에 있어 인체측정의 원칙 : 인간공학적 설계를 위한 자료

(나) 인체측정 방법

1) 구조적 인체 치수(정적 인체계측) : 정지상태에서의 기본자세에 관한 신체의 각부를 계측(마틴식 인체계측기 활용)

2) 기능적 인체치수(동적 인체계측) : 운전 또는 워드 작업과 같이 인체의 각 부분이 서로 조화를 이루며 움직이는 자세에서의 인체치수를 측정하는 것

① 신체적 기능을 수행할 때에 각 신체부위는 독립적으로 움직이는 것이 아니라 조화를 이루어 움직이기 때문

② 기능적 인체 치수는 제품의 구체적인 활용에 따라 다양한 상황이 요구되기 때문에 설계자의 응용력이 필요함.

(다) 인체계측자료의 응용원칙

1) 최대치수와 최소치수(극단치 설계) : 최대치수(거의 모든 사람이 수용할 수 있는 경우 : 문, 통로, 그네의 지지하중, 위험 구역 울타리 등)와 최소치수(선반의 높이, 조정 장치까지의 거리, 조작에 필요한 힘)를 기준으로 설계

① 최소치수: 하위 백분위수(percentile 퍼센타일) 기준 1, 5, 10%(여성 5 백분위수를 기준으로 설계)

② 최대치수: 상위 백분위수(percentile 피센다일) 기준 90, 95, 99%(남성 95 백분위수를 기준으로 설계)

2) 조절 범위(가변적, 조절식 설계) : 체격이 다른 여러 사람들에게 맞도록 조절하게 만든 것(의자의 상하 조절, 자동차 좌석의 전후 조절)

— 조절 범위 5~95 백분위수(%tile)

백분위수(percentile): 표본의 분포를 크기순으로 배열하여 100등분으로 분할했을 때의 분할량

예 20 백분위수: 100명 중 20번째 순서에 해당하는 수치

3) 평균치를 기준으로 한 설계(평균치 설계) : 최대치수와 최소치수, 조절식으로 하기 어려울 때 평균치를 기준으로 하여 설계

- 은행 창구나 슈퍼마켓의 계산대에 적용하기 적합한 인체 측정 자료의 응용원칙

    ※ 인체측정치 응용원칙 중 가장 우선적으로 고려해야 하는 원칙 : 조절식 설계(조절가능 여부)
    - 인체측정자료의 응용원리를 설계에 적용하는 순서 : 조절식 설계 → 극단치 설계 → 평균치 설계

(2) 조종-반응비율(통제비, C/R비(control response ratio), C/D비(control display ratio))

(가) 통제표시비(선형조종장치) : 통제기기(제어·조종장치)와 표시장치의 관계를 나타낸 비율(C/D비)

$$\frac{C}{D} = \frac{X}{Y}$$

X : 통제기기의 변위량(cm)
Y : 표시계기 지침의 변위량(cm)

> **예문** 조종장치를 3cm 움직였을 때 표시장치의 지침이 5cm 움직였다면 C/R비는?
> **해설** 통제표시비(선형조종장치) C/D비 = 3/5 = 0.6

(나) 조종구(ball control)에서의 C/D비(통제표시비)

$$\frac{C}{D} = \frac{\frac{\alpha}{360} \times 2\pi L}{\text{표시장치 이동거리}}$$

α : 조종장치가 움직인 각도
L : 반경(지레의 길이)

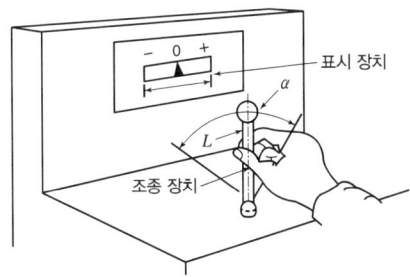

[그림] 조종구(ball control)에서의 C/D비

> **예문** 레버를 10° 움직이면 표시장치는 1cm 이동하는 조종 장치가 있다. 레버의 길이가 20cm라고 하면 이 조종 장치의 통제표시비(C/D비)는 약 얼마인가?
>
> **해설** 조종구(ball control)에서의 통제표시비(C/D)
> $$= \frac{\frac{10}{360} \times 2\pi \times 20}{1} = 3.49$$

(다) 최적의 C/D비 : 1.18 ~ 2.42

(* 최적 통제비는 이동시간과 조종시간의 교차점이다.)

① C/D비가 작을수록 이동시간이 짧고 조종이 어려워 조종장치가 민감함 (미세한 조종이 어려움).
 - C/D비가 크면 미세한 조종은 쉽지만 이동시간은 길다(둔감함).

② 노브(knob) C/D비는 손잡이 1회전 시 움직이는 표시장치 이동 거리의 역수로 나타냄.

③ 최적의 C/D비는 제어장치의 종류나 표시장치의 크기, 허용오차 등에 의해 달라짐.

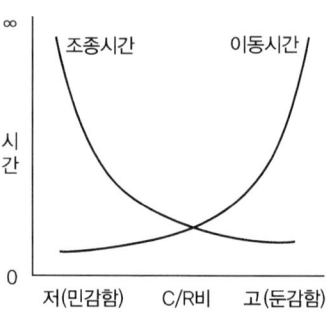

> **참고**
>
> ✽ 통제표시비(control/display ratio)를 설계할 때 고려사항 : 계기의 크기, 조작시간, 공차, 방향성, 목측 거리
> ① 계기의 크기를 작게 설계하면 오차가 발생할 수 있다
> ② 짧은 주행 시간 내에 공차의 인정범위를 초과하지 않는 계기를 마련한다.
> ③ 목시거리(目示距離)가 길면 길수록 조절의 정확도는 떨어진다.
> ④ 통제표시비가 낮다는 것은 민감한 장치라는 것을 의미한다.
>
> ✽ 일반적인 지침의 설계 요령
> ① 뾰족한 지침의 선각(先角)은 약 20° 정도를 사용한다.
> ② 지침의 끝은 눈금과 맞닿되 겹치지 않게 한다.
> ③ 원형눈금의 경우 지침의 색은 선단에서 지침의 중심까지 칠한다.
> ④ 시차(視差)를 없애기 위해 지침을 눈금 면에 밀착시킨다.

(라) 조종장치

1) 통제용 조종장치의 형태

① 연속적 조절 : 노브(knob), 레버(lever), 핸들, 크랭크, 페달(pedal)
② 불연속적 조절 : 토글스위치(toggle switch), 푸시 버튼(push button), 로터리선택스위치(rotary select switch)

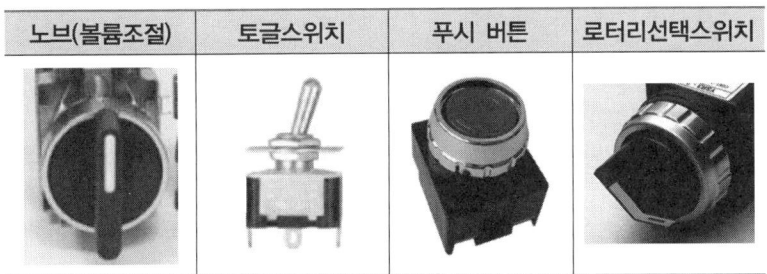

2) 형상 암호화된 조종장치

단회전(單回專)용으로 형상 암호화된 조종장치	다회전용으로 형상 암호화된 조종장치	이산 멈춤 위치용으로 형상 암호화된 조종장치

3) 크기를 이용한 조종 장치의 암호화 : 크기의 차이로 쉽게 구분해야 함.
   – 구별이 가능한 최소의 직경 차이와 최소의 두께 차이 : 직경은 1.3cm, 두께는 0.95cm 차이(촉감에 의해서 구별할 수 있음)

* 조종 장치의 촉각적 암호화를 위하여 고려하는 특성
   ① 형상 ② 크기 ③ 표면촉감

4) 조종 장치의 우발작동을 방지하는 방법 : 오목한 곳에 두기, 덮개사용, 적당한 저항 제공, 잠금장치사용, 위치와 방향, 신속한 운용, 내부조종장치 등의 방법
   ① 오목한 곳에 둔다.
   ② 조종장치에 덮개를 사용한다.
   ③ 작동을 위해서 힘이 요구되는 조종장치에는 저항을 제공한다.
   ④ 순서적 작동이 요구되는 작업일 때 순서를 지나치지 않도록 잠김장치를 설치한다.

5) 일반적인 조종장치를 켤 때 기대되는 운동 방향
   ① 레버를 앞으로 민다.
   ② 버튼을 우측으로 민다.
   ③ 스위치를 위로 올린다.
   ④ 다이얼을 반시계 방향으로 돌린다.

6) 인간공학적으로 조종구(ball control)를 설계할 때 고려하여야 할 사항
   ① 마찰력 ② 탄성력 ③ 점성력 ④ 관성력

항공기 위치 표시장치의 설계원칙
① 양립적 이동(principle of compatibility motion): 항공기의 경우 일반적으로 이동 부분의 영상은 고정된 눈금이나 좌표계에 나타내는 것이 바람직하다.
② 통합(principle of integration): 관련된 모든 정보를 통합하여 상호 관계를 바로 인식할 수 있도록 한다.
③ 추종표시(principle of pursuit presentation): 원하는 목표와 실제 지표가 공통 눈금이나 좌표계에서 이동하도록 한다.
④ 표시의 현실성(principle of pictorial realism): 표시장치에 묘사되는 이미지는 기준틀에 상대적인 위치 등이 현실 세계의 공간과 어느 정도 일치하여 표시가 나타내는 것을 쉽게 알 수 있어야 한다.

> **점성저항**
>
> 출력과 반대 방향으로 그 속도에 비례해서 작용하는 힘 때문에 생기는 항력으로 원활한 제어를 도우며, 특히 규정된 변위 속도를 유지하는 효과를 가진 조종장치의 저항력(운동하는 물체의 표면에 작용하는 마찰력이 합쳐져서 나타나는 저항)
> - 조종장치의 저항 중 갑작스런 속도의 변화를 막고 부드러운 제어동작을 유지하게 해주는 저항

(3) 양립성(compatibility)

외부의 자극과 인간의 기대가 서로 모순되지 않아야 하는 것으로 제어장치와 표시장치 사이의 연관성이 인간의 예상과 어느 정도 일치하는가 여부

> 양립성: 인간의 기대하는 바와 자극 또는 반응들이 일치하는 관계(조작과 반응과의 관계, 사용자의 의도와 실제 반응과의 관계, 조종장치와 작동결과에 관한 관계 등 사람들이 기대하는 바와 일치하는 관계)

(가) 공간적 양립성 : 표시장치나 조정장치의 물리적 형태나 공간적인 배치의 양립성
  - 오른쪽 버튼을 누르면, 오른쪽 기계가 작동하는 것

(나) 운동적 양립성 : 표시장치, 조정장치 등의 운동방향 양립성
  - 자동차 핸들 조작 방향으로 바퀴가 회전하는 것

(다) 개념적 양립성 : 어떠한 신호가 전달하려는 내용과 연관성이 있어야 하는 것
  ① 위험신호는 빨간색, 주의신호는 노란색, 안전신호는 파란색으로 표시
  ② 온수 손잡이는 빨간색, 냉수 손잡이는 파란색의 경우

(라) 양식 양립성 : 청각적 자극 제시와 이에 대한 음성응답 과업에서 갖는 양립성(청각적 자극 제시에 대한 음성응답과 관련된 양립성)
  - 기계가 특정 음성에 대해 정해진 반응을 하는 경우

(4) 수공구 설계의 기본원리

① 손잡이의 단면이 원형 또는 타원형의 형태를 가짐
② 손잡이의 직경은 일반적으로 지름 30~45mm, 정밀작업은 5~12mm, 회전력들이 필요한 대형의 스크류 드라이버 같은 공구는 50~60mm 크기의 지름이 적합
③ 일반적으로 손잡이의 길이는 95%tile 남성의 손 폭을 기준으로 함.
④ 동력공구의 손잡이는 두 손가락 이상으로 작동하도록 함.
⑤ 손목은 곧게 유지되도록 설계한다.
⑥ 손가락 동작의 반복을 피하도록 설계한다.
⑦ 엄지와 검지 사이의 덜 민감한 부위로 힘이 가해지도록 손잡이를 설계한다.

⑧ 손잡이는 접촉면적을 가능하면 크게 한다.
⑨ 공구의 무게를 줄이고 사용 시 균형이 유지되도록 한다.
⑩ 양손잡이를 모두 고려하여 설계 한다.

(5) 사정효과(range effect)
① 눈으로 보지 않고 손을 수평면상에서 움직이는 경우 짧은 거리는 지나치고 긴 거리는 못 미치는 경향이 있는데 이를 사정효과라 함.
② 조작자는 작은 오차에는 과잉 반응을, 큰 오차에는 과소 반응하는 경향이 있음.

2. 신체활동의 생리학적 측정법

(1) 신체부위의 운동
① 외전(abduction) : 몸의 중심선으로부터 밖으로 이동하는 신체 부위의 동작
② 내전(adduction) : 몸의 중심으로 이동하는 동작
③ 외선(lateral rotation) : 몸의 중심선으로 부터의 회전
④ 내선(medial rotation) : 몸의 중심선으로 회전
⑤ 굴곡(flexion) : 신체 부위 간의 각도의 감소(팔꿈치 굽히기)
⑥ 신전(extension) : 신체 부위 간의 각도의 증가(굽혔던 팔꿈치를 펴는 동작을 나타내는 용어)

(2) 생리학적 측정방법 : 인체에 작용한 스트레스의 영향으로 발생된 신체 반응의 결과인 스트레인(strain)을 측정하는 척도

> 스트레인: 과도한 스트레스로 인해 무리를 주어 생체기능에 이상이 생기는 것(물체에서는 외력이 있으면 저항력이 생겨 변형이 발생하게 되며 그 변형의 정도)

(가) 근전도(EMG, Electromyogram)
근육활동의 전위차를 기록한 것(국부적 근육 활동) - 운동기능의 이상을 진단
- 간헐적인 페달을 조작할 때 다리에 걸리는 부하를 평가하기에 가장 적당한 측정 변수

※ 심전도(ECG, Electrocardiogram) - 심장
- 심근의 흥분으로 인한 심장의 주기적 박동에 따른 전기변화를 기록한 것(심장 근육의 활동정도를 측정하는 전기 생리신호로 신체적 작업 부하 평가 등에 사용할 수 있는 것)

> 육체적 활동에 대한 생리학적 측정방법 : 근전도(EMG), 심박수, 에너지 소비량

* 뇌전도(EEG, Electroencephalography) – 대뇌피질 : 인지적 활동
  - 신경계에서 뇌신경 사이에 신호가 전달될 때 생기는 전기의 흐름. 뇌의 활동 상황을 측정하는 가장 중요한 지표
* 안전도, 안구전도(EOG, Electro-Oculogram) – 안구 운동 : 정신 운동적 활동
  - 어떤 일정한 거리의 2점을 교대로 보게 하면서 안구 운동에 의한 뇌파를 기록하는 방법
* 신경전도(ENG, Electroneurogram) – 신경 활동 전위차의 기록
  - 말초 신경에 전기 자극을 주어 신경 또는 근육에서 형성되는 활동을 기록하는 검사방법. 크게 운동신경전도 검사와 감각신경전도 검사, 그리고 혼합신경전도 검사로 나누어짐.

(나) 피부전기반사(GSR : Galavanic Skin Relex)

작업부하의 정신적 부담도가 피로와 함께 증대하는 양상을 전기저항 변화로 측정하는 것(피부전기저항, 정신전류현상) – 손바닥 안쪽의 전기저항의 변화를 이용해 측정

(다) 플리커 검사(Flicker test, 점멸융합주파수 : Flicker Fusion Frequency)

1) 플리커 검사 : 빛이 점멸하는데도 연속으로 켜있는 것 같아 보이는 주파수. 정신적 피로도, 휘도, 암조응 상태인지 여부에 영향을 받음.
   ① 피로의 정도를 측정하는 검사. 정신적으로 피로하면 주파수 값이 내려감(중추신경계의 정신적 피로도의 척도로 사용)
   ② 빛의 검출성에 영향을 주는 인자 중의 하나이다.
   ③ 점멸효과를 얻기 위한 점멸속도는 불빛이 계속 켜진 것처럼 보이게 되는 점멸융합주파수 30Hz보다 적어야 한다.
   ④ 점멸속도가 약 30Hz 이상이면 불이 계속 켜진 것처럼 보인다.

> **참고**
>
> * 정신활동의 부담을 측정하는 방법 : 부정맥 점수, 점멸융합주파수, JND, 눈 깜박임률(blink rate)
> * 정신작업의 생리적 척도 : 심전도(ECG), 뇌전도(EEG), 플리커 검사(점멸융합주파수), 심박수, 부정맥, 호흡수
> * 정신적 작업의 스트레인 척도 : 뇌전도, 부정맥지수, 심박수의 변화, 호흡률, 체액의 화학적 성실, 농공반응
> * 신체 반응의 척도 중 생리적 스트레인의 척도로 신체적 변화의 측정 대상 : 혈압, 부정맥지수, 심박 수의 변화, 호흡률, 체온
>   - 화학적 변화의 측정 대상 : 혈액성분의 변화, 산소소비량
>   - 전기적 변화의 측정 대상 : 근전도, 심전도, 뇌전도, 안전도, 피부전기반사

근육의 피로도와 활성도
일정한 부하가 주어진 상태에서 측정한 근육의 수축작용에 대한 전기적인 신호 데이터들을 이용하여 분석

스트레스의 주요 척도
① 생리적 긴장의 화학적 척도: 혈액 정보, 산소 소비량, 열량
② 생리적 긴장의 전기적 척도: 심전도, 뇌전도, 근전도, 안전도, 피부전기반사
③ 생리적 긴장의 신체적 척도: 혈압, 호흡수, 부정맥, 심박수

생리적(physiological) 척도
정신작업 부하를 측정하는 척도를 크게 4가지로 분류할 때 심박수의 변동, 뇌 전위, 동공반응 등 정보처리에 중추신경계 활동이 관여하고 그 활동이나 징후를 측정하는 것

2) 중추신경계 피로(정신 피로)의 척도로 사용할수 있는 시각적 점멸융합주파수(VFF)를 측정할 때 영향을 주는 변수

① 휘도만 같으면 색상은 영향을 주지 않음
② 표적과 주변의 휘도가 같을 때에 VFF는 최대로 됨.
③ VFF는 조명강도의 대수치에 선형적으로 비례
④ VFF는 사람들 간에는 큰 차이가 있으나, 개인의 경우 일관성이 있음.
⑤ 암조응시는 VFF가 감소
⑥ 연습의 효과는 아주 적음.

(3) 신체활동의 에너지 소비

(가) 에너지 대사율(RMR : Relative Metabolic Rate)

1) 에너지 대사율 : 작업강도의 단위로서 산소호흡량을 측정하여 에너지 소모량을 결정하는 방식

$$R = \frac{운동대사량}{기초대사량} = \frac{운동시\ 산소소모량 - 안정시\ 산소소모량}{기초대사량(산소소모량)}$$

2) 작업강도 구분

① 경(輕)작업 : 0~2RMR　　② 보통(中)작업 : 2~4RMR
③ 중(重)작업 : 4~7RMR　　④ 초중(超重)작업 : 7RMR 이상

3) 산소소비량 측정

산소소비량 = (흡기 시 산소농도 21%×흡기량) - (배기 시 산소농도 %× 배기량)

① 공기의 성분은 질소 78.08%와 산소 20.95%, 그 외 이산화탄소 등으로 구성(일반적으로 공기 중 질소는 79%, 산소는 21%로 계산)
② $N_2\% = 100 - O_2\% - CO_2\%$

$$흡기량 = 배기량 \times \frac{(100 - O_2 - CO_2)}{79}$$

✻ 에너지 소비량, 에너지 가(價)(kcal/min) = 분당산소소비량(L)×5kcal
(산소 1리터가 몸속에서 소비될 때 5kcal 의 에너지가 소모됨)

✻ BMR(Basal Metabolic Rate) : 사람이 생명을 유지하기 위한 최소한의 에너지 대사량

✻ 산소소모량 측정 : 근로자가 작업 중에 소모하는 에너지의 량을 측정하는 방법 중 가장 먼저 측정하는 것은 작업 중에 소비한 산소소모량으로 측정한다.

에너지대사(energy metabolism)
체내에서 유기물을 합성하거나 분해하는 데 필요한 에너지의 전환(생명을 유지하는 데 필수적인 에너지를 생산하여, 신체에 필요한 물질을 합성하고 소비하는 일련의 모든 화학 과정)

> **예문** 중량물 들기 작업을 수행하는데, 5분간의 산소소비량을 측정한 결과 90L의 배기량 중에 산소가 16%, 이산화탄소가 4%로 분석되었다. 해당 작업에 대한 분당 산소소비량은 얼마인가? (단, 공기 중 질소는 79vol%, 산소는 21vol%이다.)
>
> **해설** 분당 산소소비량 [L/분] = (분당 흡기량×21%) − (분당 배기량×16%)
> = (18.23×0.21) − (18×0.16)
> = 0.948[L/분]
>
> ① 분당 흡기량 = $\frac{(100-16-4)}{79} \times 18 = 18.227 = 18.23$[L/분]
>
> ② 분당 배기량 = $\frac{총배기량}{시간} = \frac{90}{5} = 18$[L/분]

(나) 휴식시간

$$R(분) = \frac{60(E-5)}{E-1.5} (60분\ 기준)$$

E : 평균에너지 소비량(kcal/min)
작업 시 평균에너지 소비량 5(kcal/min)
휴식 시 평균에너지 소비량 1.5(kcal/min)

> **예문** 건강한 남성이 8시간 동안 특정 작업을 실시하고, 산소소비량이 1.2L/분으로 나타났다면 8시간 동안 총작업시간에 포함되어야 할 최소 휴식시간은? (단 남성의 권장 평균에너지 소비량은 5kcal/분, 안정 시 에너지 소비량은 1.5kcal/분으로 가정한다.)
>
> **해설** 휴식시간 = {60×(6 − 5)}/(6 − 1.5) = 13.3분,
> ⇨ 13.3분×8시간 = 106.6 = 107분
> ※ 에너지 소비량, 에너지 가(價)(kcal/min) = 분당산소소비량($ℓ$)×5kcal
> = 1.2×5 = 6
> (산소 1리터가 몸속에서 소비될 때 5kcal의 에너지가 소모됨)

(4) 근력 : 근육이 낼 수 있는 최대 힘. 정적 조건에서 힘을 낼 수 있는 근육의 능력

− 근력에 영향을 주는 요인 : ① 연령 ② 성별 ③ 활동력 ④ 부하훈련 ⑤ 동기의식

* Type S 근섬유 : 근섬유의 직경이 작아서 큰 힘을 발휘하지 못하지만 장시간 지속시키고 피로가 쉽게 발생하지 않는 골격근의 근섬유
* 근력발휘 : 인간은 자기의 최대근력을 잠시 동안만 낼 수 있으며 근력의 15% 이하의 힘은 상당히 오래 유지할 수 있음.

근섬유: 근육을 구성하는 기본 단위로 수축성을 가진 섬유상 세포이며 여러 개의 근원섬유로 이루어져 있음.

• 근섬유의 수축단위는 근원섬유라 하는데, 이것은 두 가지 기본형의 단백질 필라멘트로 구성되어 있으며, 액틴이 마이오신 사이로 미끄러져 들어가는 현상으로 근육의 수축을 설명하기도 한다.

(5) 인체 관련 자료

작업자세로 인한 부하를 분석하기 위하여 인체 주요 관절의 힘과 모멘트를 정역학적으로 분석하려고 할 때, 분석에 반드시 필요한 인체 관련 자료
① 관절 각도
② 분절(segment) 무게
③ 분절(segment) 무게 중심

> **산소부채**
> 작업종료 후에도 체내에 쌓인 젖산을 제거하기 위하여 추가로 요구되는 산소량
> – 작업이나 운동이 격렬해져서 근육에 생성되는 젖산의 제거속도가 생성속도에 미치지 못하면, 활동이 끝난 후에도 남아있는 젖산을 제거하기 위하여 산소가 더 필요하게 되는데 이를 산소부채라 함.

3. 작업공간 및 작업자세

(1) 부품(공간)배치의 원칙

(가) 중요성(기능성)의 원칙 : 부품의 작동성능이 목표 달성에 긴요한 정도에 따라 우선순위를 결정

(나) 사용빈도의 원칙 : 부품이 사용되는 빈도에 따라 우선순위를 결정

(다) 기능별 배치의 원칙 : 기능적으로 관련된 부품을 모아서 배치

(라) 사용순서의 배치 : 사용순서에 맞게 배치

(* 부품의 일반적 위치 내에서의 구체적인 배치를 결정하기 위한 기준 : 기능별 배치의 원칙과 사용 순서의 원칙)

(비교 1) 기계설비의 layout : 라인화, 집중화, 기계화, 중복부분 제거
  (가) 작업의 흐름에 따라 기계를 배치(작업공정 검토)
  (나) 기계 설비 주위의 충분한 공간 확보
  (다) 공장 내외에는 안전한 통로를 확보하고 항상 유효하도록 관리
  (라) 원자재, 제품 등의 저장소 공간을 충분히 확보
  (마) 기계 설비의 보수 점검이 용이 할 수 있도록 배치
  (바) 비상시에 쉽게 대비할 수 있는 통로를 마련하고 사고 진압을 위한 활동통로가 반드시 마련되어야 함

동작의 합리화를 위한 물리적 조건
① 고유 진동(본래의 진동)을 이용한다.
② 접촉 면적을 작게 한다.
③ 대체로 마찰력을 감소시킨다.
④ 인체표면에 가해지는 힘을 적게 한다.

(비교 2) 동작경제의 3원칙(barnes)

(가) 신체의 사용에 관한 원칙(use of the human body)
 1) 두 손의 동작은 동시에 시작해서 동시에 끝나도록 한다.
 2) 휴식시간을 제외하고는 양손이 동시에 쉬지 않도록 한다.
 3) 두 팔의 동작은 동시에 서로 반대 방향으로 대칭적으로 움직이도록 한다.
 4) 손과 신체의 동작은 작업을 원만하게 처리할 수 있는 범위 내에서 가장 낮은 동작 등급을 사용하도록 한다.
 5) 가능한 한 관성(momentum)을 이용하여 작업을 하도록 하되, 작업자가 관성을 억제하여야 하는 경우에는 발생되는 관성을 최소한으로 줄인다.
 6) 손의 동작은 유연하고 연속적인 동작이 되도록 하며, 방향이 급작스럽게 크게 바뀌는 직선동작은 피해야 한다.
 7) 탄도동작은 제한되거나 통제된 동작보다 더 신속하고 용이하며 정확하다.
  ※ 탄도동작(ballistic movement) : 목수가 못을 박을 때 망치 괘적이 포물선을 그리면서 작업하는 동작
 8) 가능하면 쉽고 자연스러운 리듬이 작업동작에 생기도록 작업을 배치한다.
 9) 눈의 초점을 모아야 작업을 할 수 있는 경우는 가능하면 없애고, 불가피한 경우에는 눈의 초점이 모아지는 두 작업 지점간의 거리를 짧게 한다.

(나) 작업장의 배치에 관한 원칙(arrangement of workplace)
 1) 모든 공구나 재료는 정해진 위치에 있도록 한다.
 2) 공구, 재료 및 제어장치는 사용하기 가까운 곳에 배치해야 한다.
 3) 중력이송원리를 이용한 부품상자(gravity feed Bath)나 용기를 활용하여 부품을 제품 사용장소에 가까이 보낼 수 있도록 한다.
 4) 가능하다면 낙하식 운반(drop delivery)방법을 사용한다.
 5) 공구나 재료는 작업동작이 원활하게 수행되도록 위치를 정해 준다.
 6) 작업자가 잘 보면서 작업할 수 있도록 적절한 소명을 비추어 순다.
 7) 작업자가 작업 중 자세를 변경, 즉 앉거나 서는 것을 임의로 할 수 있도록 작업대와 의자 높이가 조절되도록 한다.
 8) 작업자가 좋은 자세를 취할 수 있도록 의자는 높이 및 디자인도 좋아야 한다.

(다) 공구 및 설비의 설계에 관한 원칙(design of tools and equipment)
  1) 치공구나 족답 장치(foot-operated device)를 효과적으로 사용할 수 있는 작업에서는 이 장치를 활용하여 양손이 다른 일을 할 수 있도록 한다.
  2) 공구의 기능을 결합하여서 사용하도록 한다.
  3) 공구와 자재는 가능한 한 사용하기 쉽도록 미리 위치를 잡아 준다.
  4) 각 손가락에 서로 다른 작업을 할 때에는 작업량을 각 손가락의 능력에 맞도록 분배해야 한다(타자작업).
  5) 레버(lever), 핸들, 제어장치는 작업자가 몸의 자세를 크게 바꾸지 않더라도 조작하기 쉽도록 배열한다.

> **유연생산 시스템(FMS, Flexible Manufacturing System)**
> ① 생산 시스템을 다품종 소량 또는 중량 생산에 유연하게 대응할 수 있도록 한 시스템
> ② 유연생산 시스템의 통상적인 기계배치는 U 자형 배치. U자형 배치는 작업자의 작업 범위를 늘이거나 줄이는 것이 용이하나 이 배치가 충분히 기능을 발휘하기 위해서는 여러 기계를 능숙하게 다룰 수 있는 다기능작업자가 필요함.

(2) 작업공간

(가) **작업공간 포락면(work space envelope)** : 한 장소에 앉아서 수행하는 작업 활동에서 사람이 작업하는 데 사용되는 공간

> 작업공간 포락면: 작업의 성질에 따라 포락면의 경계가 달라진다.

(나) **파악한계(grasping reach)** : 앉은 작업자가 특정한 수작업을 편안히 수행할 수 있는 공간의 외곽한계

(다) **수평작업대의 정상 작업역과 최대 작업역**
  1) **정상 작업역** : 수평 작업대에서의 정상작업영역은 상완(위팔)을 수직으로 자연스럽게 늘어뜨린 상태에서 전완(아래팔)을 편하게 뻗어 파악할 수 있는 영역(34~45cm)
  2) **최대 작업역** : 전완(아래팔)과 상완(윗팔)을 곧게 펴서 파악할 수 있는 영역(56~65cm)
  ※ 보통 작업자의 정상적인 시선 : 수평선을 기준으로 아래쪽 15° 정도

(3) 입식 작업대의 높이 : 팔꿈치 높이 기준
  ① 일반(경, 輕)작업의 경우 팔꿈치 높이보다 5~10cm 낮게 설계
  ② 정밀작업의 경우 팔꿈치 높이보다 5~20cm 높게 설계
  ③ 중(重)작업의 경우 팔꿈치 높이보다 20~40cm 낮게 설계

작업자의 작업공간

① 서서 작업하는 작업공간에서 발바닥을 높이면 뻗침 길이가 늘어난다.
② 서서 작업하는 작업공간에서 신체의 균형에 제한을 받지 않으면 뻗침 길이가 늘어난다.
③ 앉아서 작업하는 작업공간은 동적 팔 뻗침에 의해 포락면(reach envelpoe)의 한계가 결정된다.
④ 앉아서 작업하는 작업공간에서 기능적 팔 뻗침에 영향을 주는 제약이 적을수록 뻗침 길이가 늘어난다.

> **참고**
>
> ※ 입식 작업을 위한 작업대의 높이를 결정위한 고려사항(요소)
>   ① 작업자의 신장 ② 작업물의 무게 ③ 작업물의 크기 ④ 작업의 정밀도
>   ⑤ 인체측정자료 ⑥ 무게중심의 결정
> ※ 착석식 작업대의 높이 설계할 경우 고려 사항 : ① 의자의 높이 ② 작업의 성질(작업에 따라 작업대의 높이가 다름) ③ 대퇴 여유

(4) 의자 설계의 원칙

(가) 의자 설계의 일반원칙 : 의자를 설계하는 데 있어 적용할 수 있는 일반적인 인간공학적 원칙

① 조절을 용이하게 함.
② 요부 전만(腰部前灣)을 유지할 수 있도록 함. : 허리 S라인 유지
③ 등근육의 정적 부하를 줄이는 구조
④ 추간판(디스크)에 가해지는 압력을 줄일 수 있도록 함.
⑤ 고정된 자세로 장시간 유지되지 않도록 함(자세 고정 줄임).

(나) 의자의 설계 원칙에서 고려해야 할 사항 : ① 체중 분포 ② 좌판의 높이 ③ 좌판의 깊이와 폭 ④ 몸통의 안정

1) 체중분포 : 의자에 앉았을 때 엉덩이의 좌골(궁둥뼈)융기(ischial tuberosity)에 일차적인 체중 집중이 이루어지도록 한다.
2) 의자 좌판의 높이 : 좌판 앞부분은 오금 높이보다 높지 않아야 한다.
3) 의자 좌판의 깊이와 폭 : 일반적으로 의자 좌판의 깊이는 몸이 작은 사람을 기준으로 결정하고 의자 좌판의 폭은 몸이 큰 사람을 기준으로 결정한다.
4) 몸통의 안정 : 의자에 앉아 있을 때 몸통에 안정을 주어야 한다(의자의 좌판 각도는 3°, 등판 각도는 100°).

(다) 의자의 등받이 설계

① 등받이 폭은 최소 30.5cm가 되게 한다.
② 등받이 높이는 최소 50cm가 되게 한다.
③ 의자의 좌판과 등받이 각도는 90~105°를 유지한다.(120°까지 가능)
④ 요부(허리)받침의 높이는 15.2~22.9cm 로 하고 폭은 30.5cm, 두께는 등받이로부터 5cm 정도로 한다.
⑤ 좌판의 앞 모서리 부분은 5cm 정도 낮아야 한다.

> **공정분석(process analysis)**
> ① 공정 자체의 개선 또는 배제 및 공정 순서 대체에 의한 개선
> ② 레이아웃 개선
> ③ 공정관리(process control) 시스템의 문제점 발견 및 기초 자료 제공
> - 공정분석의 기본분석 기호 : 가공(작업) ○, 운반 ⇨(또는 ○), 검사(수량) □ (품질검사 ◇), 저장 ▽, 정체 D

4. 근골격계질환 예방관리 및 중량물 취급작업

(1) 근골격계질환

(가) 근골격계부담작업〈근골격계부담작업의 범위 및 유해요인조사방법에 관한 고시〉

<u>제3조(근골격계부담작업)</u>
근골격계부담작업이란 다음의 어느 하나에 해당하는 작업을 말한다.
(단기간작업 또는 간헐적인 작업은 제외)

1. 하루에 4시간 이상 집중적으로 자료입력 등을 위해 키보드 또는 마우스를 조작하는 작업
2. 하루에 총 2시간 이상 목, 어깨, 팔꿈치, 손목 또는 손을 사용하여 같은 동작을 반복하는 작업
3. 하루에 총 2시간 이상 머리 위에 손이 있거나, 팔꿈치가 어깨 위에 있거나, 팔꿈치를 몸통으로부터 들거나, 팔꿈치를 몸통뒤쪽에 위치하도록 하는 상태에서 이루어지는 작업
4. 지지되지 않은 상태이거나 임의로 자세를 바꿀 수 없는 조건에서, 하루에 총 2시간 이상 목이나 허리를 구부리거나 트는 상태에서 이루어지는 작업
5. 하루에 총 2시간 이상 쪼그리고 앉거나 무릎을 굽힌 자세에서 이루어지는 작업
6. 하루에 총 2시간 이상 지지되지 않은 상태에서 1kg 이상의 물건을 한손의 손가락으로 집어 옮기거나, 2kg 이상에 상응하는 힘을 가하여 한손의 손가락으로 물건을 쥐는 작업
7. 하루에 총 2시간 이상 지지되지 않은 상태에서 4.5kg 이상의 물건을 한손으로 들거나 동일한 힘으로 쥐는 작업
8. 하루에 10회 이상 25kg 이상의 물체를 드는 작업

작업유형에 따른 작업 자세
〈근골격계질환 예방을 위한 작업환경 개선 지침〉
① 서서하는 작업형태(입식 작업형태): 작업 시 빈번하게 이동해야 하는 경우, 제한된 공간에서의 작업 중 힘을 쓰는 작업
② 입·좌식 작업형태: 제한된 공간에서의 가벼운 작업 중 빈번하게 일어나야 하는 경우
③ 앉아서 하는 작업형태(좌식 작업형태): 제한된 공간에서의 가벼운 작업 중 일어나기가 거의 없는 경우

9. 하루에 25회 이상 10kg 이상의 물체를 무릎 아래에서 들거나, 어깨 위에서 들거나, 팔을 뻗은 상태에서 드는 작업
10. 하루에 총 2시간 이상, 분당 2회 이상 4.5kg 이상의 물체를 드는 작업
11. 하루에 총 2시간 이상 시간당 10회 이상 손 또는 무릎을 사용하여 반복적으로 충격을 가하는 작업

> **참고**
>
> * 근골격계 질환 유발 작업 및 자세
>   ① 부적절한 작업자세 ② 과도한 힘이 필요한 작업 ③ 반복적인 작업
>   ④ 접촉 스트레스 발생작업 ⑤ 진동공구 취급작업(손과 손가락)
> * 손·손목 부위의 근골격계질환〈단순반복작업근로자작업관리지침〉
>   가. Guyon 골관에서의 척골신경 포착 신경병증
>   나. DeQuervain's Disease
>   다. 수근관 터널 증후군
>   라. 무지 수근 중수관절의 퇴행성 관절염
>   마. 수부의 퇴행성 관절염
>   바. 방아쇠 수지 및 무지
>   사. 결절종
>   아. 수완·완관절부의 건염·건활막염
>   (* 수완진동증후군)
>   (* 요부염좌(허리 부위))
> * 수근(손목)관증후군(capal tunnel syndrome) : 손목을 반복적이고 지속적으로 사용하면 걸릴 수 있는 것으로 손목 앞쪽의 작은 통로인 수근관의 정중신경(median nerve)이 눌려서 이상 증상이 나타남. 손을 많이 사용하는 직장인, 주부들이 걸림.
> * 레이노드(raynaud) 증후군 : 전동 공구와 같은 진동이 발생하는 수공구를 장시간 사용하여 손과 손가락 통제 능력의 훼손, 동통, 마비 증상 등을 유발하는 근골격계 질환

근골격계 질환을 예방하기 위한 관리적 대책
작업순환 배치, 직무전환, 적절한 운동 실시

레이노드 증후군(레이노병, Raynaud's phenomenon)
국소진동에 지속적으로 노출된 근로자에게 발생할 수 있으며, 말초혈관장해로 손가락이 창백해지고 동통을 느끼는 질환

(나) 작업유해요인 분석평가법

1) OWAS(Ovako Working-posture Analysis System)

   분석자가 특별한 기구없이 관찰만으로 작업자세를 분석(관찰적 작업자세 평가 기법)
   ① 작업자의 자세를 일정간격으로 관찰하여 분석
   ② 몸통과 팔의 자세분류가 상세하지 못함.
   ③ 자세의 지속시간, 팔목과 팔꿈치에 관한 정보가 반영되지 못함.

OWAS 기법
작업 자세에 의하여 발생하는 작업자 신체의 유해한 정도를 허리(back), 상지(arms), 하지(legs), 손으로 움직이는 대상의 무게 또는 힘(load/use of force)의 4개의 요소를 평가

2) RULA(Rapid Upper Limb Assessment)

   어깨, 팔목, 손목, 목등 상지(upper limb)에 초점을 맞추어서 작업자세로 인한 근육 부하를 평가하기 위해 만들어진 기법

- 컴퓨터 입력 작업같은 상자 중심 작업의 근골격계질환 작업유해요인 분석평가법으로 가장 적당

(다) 작업관련 근골격계 질환 관련 유해요인조사

1) 유해요인 조사 시기

① 정기 유해요인 조사 : 매 3년마다 주기적으로 실시
② 수시 유해요인 조사 : 근골격계질환자가 발생, 근골격계부담작업에 해당하는 새로운 작업·설비를 도입한 경우, 작업환경을 변경한 경우

2) 유해요인 조사 방법

① 유해요인 조사는 근골격계부담작업 전체에 대한 전수조사를 원칙으로 함. 동일한 작업형태와 동일한 작업 조건의 근골격계부담작업이 존재하는 경우에는 일부 작업에 대해서만 단계적 유해요인 조사를 수행할 수 있음.
② 근골격계부담작업 유해요인조사에는 유해 요인 기본 조사와 근골격계질환 증상조사가 포함.

> **참고**
>
> ※ 제657조(유해요인 조사) 〈산업안전보건기준에 관한 규칙〉
> ① 근로자가 근골격계부담작업을 하는 경우에 3년마다 다음의 사항에 대한 유해요인조사를 하여야 한다(신설되는 사업장의 경우에는 신설일부터 1년 이내에 최초의 유해요인 조사를 하여야 한다).
>   1. 설비·작업공정·작업량·작업속도 등 작업장 상황
>   2. 작업시간·작업자세·작업방법 등 작업조건
>   3. 작업과 관련된 근골격계질환 징후와 증상 유무 등
> ② 다음의 어느 하나에 해당하는 사유가 발생하였을 경우에 제1항에도 불구하고 1개월 이내에 조사대상 및 조사방법 등을 검토하여 유해요인 조사를 해야 한다.
>   1. 법에 따른 임시건강진단 등에서 근골격계질환자가 발생하였거나 근로자가 근골격계질환으로「산업재해보상보험법 시행령」에 따라 업무상 질병으로 인정받은 경우
>   2. 근골격계부담작업에 해당하는 새로운 작업·설비를 도입한 경우
>   3. 근골격계부담작업에 해당하는 업무의 양과 작업공정 등 작업환경을 변경한 경우
> ③ 유해요인 조사에 근로자 대표 또는 해당 작업 근로자를 참여시켜야 한다.

(라) 근로자가 근골격계 부담작업을 하는 경우에 사업주가 근로자에게 알려야 하는 사항

<u>제661조(유해성 등의 주지)</u> 〈산업안전보건기준에 관한 규칙〉

① 근로자가 근골격계부담작업을 하는 경우에 다음의 사항을 근로자에게 알려야 한다.
1. 근골격계부담작업의 유해요인
2. 근골격계질환의 징후와 증상
3. 근골격계질환 발생 시의 대처요령
4. 올바른 작업자세와 작업도구, 작업시설의 올바른 사용방법
5. 그 밖에 근골격계질환 예방에 필요한 사항

② 유해요인 조사 및 그 결과, 조사방법 등을 해당 근로자에게 알려야 한다.

③ 근로자대표의 요구가 있으면 설명회를 개최하여 유해요인 조사 결과를 해당 근로자와 같은 방법으로 작업하는 근로자에게 알려야 한다.

> 경첩관절: 경첩과 같은 구조로 한쪽 방향으로만 구부리고 펼 수 있는 관절. 손가락, 팔꿈치 관절 등

(2) 뼈의 주요 기능

① 인체의 지주
② 장기의 보호
③ 골수의 조혈
④ 신체기능에 필요한 미네랄 저장

> NIOSH(National Institute for Occupational Safety and Health): 미국국립산업안전보건연구원

(3) NIOSH lifting guideline에서 제시하는 권장무게한계(RWL, Recommended Weight Limit) : 건강한 작업자가 어떤 작업조건에서 작업을 최대 8시간 계속해도 요통의 발생위험이 증대되지 않는 취급물 중량의 한계값

$$RWL = LC \times HM \times VM \times DM \times AM \times FM \times CM$$

(LC : 부하상수(23kg), HM : 수평계수, VM : 수직계수, DM : 거리계수, AM : 비대칭계수, FM : 빈도계수, CM : 커플링계수)

① 수평계수 : 몸에서 붙어 있는 정도
② 수직계수 : 들기 작업에서의 적절한 높이
③ 거리계수 : 물건을 수직이동시킨 거리
④ 비대칭계수 : 신체중심에서 물건중심까지의 각도
⑤ 빈도계수 : 1분 동안 반복된 회수
⑥ 커플링(결합)계수 : 붙잡기 편한 손잡이의 형태

> NIOSH 지침에서의 최대허용한계(MPL)와 활동한계(AL): 최대허용한계(MPL)는 활동한계(AL)의 3배
> • 최대허용한계(MPL: Maximum Permissible Limit): 들어 올림에서의 최대한 허용되는 한도
> • 활동한계(AL: Action Limit): 들어올리기 작업의 실행 한도

> **참고**
>
> ※ **누적외상성질환(CTDs, Cumulative Trauma Disorders)** : 누적손상장애. 외부의 스트레스에 의해(Trauma), 오랜 시간을 두고 반복 발생하는(Cumulative), 육체적인 질환(Disorders)들을 말함(일종의 만성적인 근골격계 질환)
>   ① 특정 신체 부위 및 근육의 과도한 사용으로 인해 근육, 관절, 혈관, 신경 등에 미세한 손상이 발생하여 목, 어깨, 팔, 손 및 손가락 등 상지에 만성적 건강장애인 누적외상성질환이 발생
>   ② 원인 : ㉠ 부자연스러운 작업자세 ㉡ 과도한 힘의 발휘 ㉢ 높은 반복 및 작업 빈도 ㉣ 부적절한 휴식 ㉤ 기타 진동, 저온
> ※ **진전(떨림, tremor)** : 진전은 근육의 불수의적 수축에 의해 일어나는 떨림을 말하며, 이는 몸의 어느 부분에서도 일어날 수 있으나 주로 목, 팔, 손 등에서 나타남.
>   ① 정적인 자세를 유지할 때 손의 진전(tremor)이 가장 적게 일어나는 위치 : 심장 높이
>   ② 진전이 많이 일어나는 경우 : 수직운동

정적자세 유지 시, 진전(tremor)을 감소시킬 수 있는 방법
① 시각적인 참조가 있도록 한다.
② 손이 심장 높이에 있도록 유지한다.
③ 작업 대상물에 기계적 마찰이 있도록 한다.
④ 손을 떨지 않으려고 힘을 주어 노력할수록 진전이 더 심하게 일어난다.

CHAPTER 04 항목별 우선순위 문제 및 해설

01 의자 설계의 일반적인 원리로 가장 적절하지 않은 것은?

① 등근육의 정적 부하를 줄인다.
② 디스크가 받는 압력을 줄인다.
③ 요부전만(腰部前灣)을 유지한다.
④ 일정한 자세를 계속 유지하도록 한다.

해설 의자 설계의 일반원칙 : 의자를 설계하는 데 있어 적용할 수 있는 일반적인 인간공학적 원칙
(가) 조절을 용이하게 함
(나) 요부 전만(腰部前灣)을 유지할 수 있도록 함 : 허리 S라인 유지
(다) 등근육의 정적 부하를 줄이는 구조
(라) 추간판(디스크)에 가해지는 압력을 줄일 수 있도록 함
(마) 고정된 자세로 장시간 유지되지 않도록 함(자세 고정 줄임)

02 여러 사람이 사용하는 의자의 좌면높이는 어떤 기준으로 설계하는 것이 가장 적절한가?

① 5[%] 오금높이
② 50[%] 오금높이
③ 75[%] 오금높이
④ 95[%] 오금높이

해설 여러 사람이 사용하는 의자의 좌면높이 : 5[%] 오금높이

03 다음 중 일반적인 수공구의 설계원칙으로 볼 수 없는 것은?

① 손목을 곧게 유지한다.
② 반복적인 손가락 동작을 피한다.
③ 사용이 용이한 검지만을 주로 사용한다.
④ 손잡이는 접촉면적을 가능하면 크게 한다.

해설 수공구 설계의 기본원리
① 손잡이의 단면이 원형 또는 타원형의 형태를 가짐
② 손잡이의 직경은 일반적으로 지름30~45mm, 정밀작업은 5~12mm, 회전력들이 필요한 대형의 스크류 드라이버 같은 공구는 50~60mm 크기의 지름이 적합
③ 일반적으로 손잡이의 길이는 95%tile 남성의 손폭을 기준으로 함.
④ 동력공구의 손잡이는 두 손가락 이상으로 작동하도록 함.
⑤ 손목은 곧게 유지되도록 설계한다.
⑥ 손가락 동작의 반복을 피하도록 설계한다.
⑦ 엄지와 검지사이의 덜 민감한 부위로 힘이 가해지도록 손잡이를 설계한다.
⑧ 손잡이는 접촉면적을 가능하면 크게 한다.
⑨ 공구의 무게를 줄이고 사용시 균형이 유지되도록 한다.

04 건강한 남성이 8시간 동안 특정 작업을 실시하고, 산소소비량이 1.2L/분으로 나타났다면 8시간동안 총작업시간에 포함되어야 할 최소 휴식시간은? (단 남성의 권장 평균에너지 소비량은 5kcal/분, 안정 시 에너지 소비량은 1.5kcal/분으로 가정한다.)

① 107분 ② 117분
③ 127분 ④ 137분

해설 휴식시간

$$R(분) = \frac{60(E-5)}{E-1.5} (60분 기준)$$

E : 평균에너지 소비량(kcal/min)
 작업 시 평균에너지 소비량 5(kcal/min)
 휴식 시 평균에너지 소비량 1.5(kcal/min)
⇒ {(6−5) / (6−1.5)}×60 = 13.3분
 13.3분×8시간 = 106.6 = 107분
※ 에너지 소비량, 에너지 가(價)(kcal/min)
 = 분당 산소소비량(L)×5kcal = 1.2×5 = 6
 (산소 1리터가 몸속에서 소비될 때 5kcal의 에너지가 소모됨)

 01. ④ 02. ① 03. ③ 04. ①

05 어떤 작업을 수행하는 작업자의 배기량을 5분간 측정하였더니 100L이었다. 가스미터를 이용하여 배기 성분을 조사한 결과 산소가 20%, 이산화탄소가 3%이었다. 이때 작업자의 분당 산소소비량(A)과 분당 에너지 소비량(B)은 약 얼마인가? (단, 흡기 공기 중 산소는 21vol%, 질소는 79vol%를 차지하고 있다.)

① A : 0.038L/min, B : 0.77kcal/min
② A : 0.058L/min, B : 0.57kcal/min
③ A : 0.073L/min, B : 0.36kcal/min
④ A : 0.093L/min, B : 0.46kcal/min

해설 산소소비량 측정 : 산소소비량=(흡기 시 산소농도 21%×흡기량)−(배기 시 산소농도%×배기량)
* 공기의 성분은 질소 78.08%와 산소 20.95%, 그 외 이산화탄소 등으로 구성(일반적으로 공기 중 질소는 79%, 산소는 21%로 계산)
* $N_2\% = 100 - O_2\% - CO_2\%$
− 흡기량 = 배기량 × $\frac{(100 - O_2 - CO_2)}{79}$

※ 에너지 소비량, 에너지 가(價)(kcal/min) = 분당산소소비량(L)×5kcal
(산소 1리터가 몸속에서 소비될 때 5kcal의 에너지가 소모됨)

1) 분당 산소소비량[L/분]
= (분당 흡기량×21%) − (분당 배기량×20%)
= (19.49×0.21) − (20×0.2)
= 0.0929 ≒ 0.093[L/분]
① 분당 흡기량 = {(100 − 20 − 3)/79}×20
= 19.49[L/분]
② 분당 배기량 = $\frac{총배기량}{시간}$ = 100/5 = 20[L/분]

2) 에너지 소비량, 에너지 가(價)(kcal/min)
= 분당산소소비량(L)×5kcal
= 0.0929×5kcal
= 0.4645 ≒ 0.46kcal/min

06 중량물을 반복적으로 드는 작업의 부하를 평가하기 위한 방법이 NIOSH 들기지수를 적용할 때 고려되지 않는 항목은?

① 들기빈도 ② 수평이동거리
③ 손잡이 조건 ④ 허리 비틀림

해설 NIOSH lifting guideline에서 권장무게한계(RWL, Recommended Weight Limit)의 적용항목
① 수평계수 : 몸에서 붙어 있는 정도
② 수직계수 : 들기 작업에서의 적절한 높이
③ 거리계수 : 물건을 수직이동시킨 거리
④ 비대칭계수 : 신체중심에서 물건중심까지의 각도
⑤ 빈도계수 : 1분 동안 반복된 회수
⑥ 커플링(결합)계수 : 붙잡기 편한 손잡이의 형태

07 반경 10cm의 조종구(ball control)를 30° 움직였을 때 표시장치는 1cm 이동하였다. 이때 통제표시비(C/D)는 약 얼마인가?

① 2.56 ② 3.12
③ 4.05 ④ 5.24

해설 통제표시비(C/D)
$$\frac{C}{D} = \frac{\frac{\alpha}{360} \times 2\pi L}{표시장치 이동거리}$$
$$= \frac{\frac{30}{360} \times 2\pi \times 10}{1} = 5.24$$
α : 조종장치가 움직인 각도
L : 반경(지레의 길이)

08 다음 중 조종-반응비율(C/R비)에 관한 설명으로 틀린 것은?

① C/R비가 클수록 민감한 제어장치이다.
② "X"가 조종 장치의 변위량, "Y"가 표시장치의 변위량일때 X/Y로 표현된다.
③ Knob C/R비는 손잡이 1회전시 움직이는 표시장치 이동 거리의 역수로 나타낸다.
④ 최적의 C/R비는 제어장치의 종류나 표시장치의 크기, 허용오차 등에 의해 달라진다.

해설 최적의 C/D비 : 1.18∼2.42
① C/D비가 작을수록 이동시간이 짧고 조종이 어려워 조종장치가 민감함
* C/D비가 크면 미세한 조종은 쉽지만 이동시간은 길다.

정답 05.④ 06.③ 07.④ 08.①

② Knob C/D비는 손잡이 1회전 시 움직이는 표시장치 이동 거리의 역수로 나타냄.
③ 최적의 C/D비는 제어장치의 종류나 표시장치의 크기, 허용오차 등에 의해 달라짐.

09 어떠한 신호가 전달하려는 내용과 연관성이 있어야 하는 것으로 정의되며, 예로써 위험신호는 빨간색, 주의신호는 노란색, 안전신호는 파란색으로 표시하는 것은 다음 중 어떠한 양립성(compatibility)에 해당하는가?

① 공간양립성 ② 개념양립성
③ 동작양립성 ④ 형식양립성

해설 개념적 양립성 : 어떠한 신호가 전달하려는 내용과 연관성이 있어야 하는 것
① 위험신호는 빨간색, 주의신호는 노란색, 안전신호는 파란색으로 표시
② 온수 손잡이는 빨간색, 냉수 손잡이는 파란색의 경우

10 다음 중 동작경제의 원칙으로 틀린 것은?

① 가능한 한 관성을 이용하여 작업을 한다.
② 공구의 기능을 결합하여 사용하도록 한다.
③ 휴식시간을 제외하고는 양손이 같이 쉬도록 한다.
④ 작업자가 작업 중에 자세를 변경할 수 있도록 한다.

해설 동작경제의 3원칙(barnes)
(가) 신체의 사용에 관한 원칙(use of the human body)
  1) 두 손의 동작은 동시에 시작해서 동시에 끝나도록 한다.
  2) 휴식시간을 제외하고는 양손이 동시에 쉬지 않도록 한다.
  3) 두 팔의 동작은 동시에 서로 반대 방향으로 대칭적으로 움직이도록 한다.
  4) 가능한 한 관성(momentum)을 이용하여 작업을 하도록 하되, 작업자가 관성을 억제하여야 하는 경우에는 발생되는 관성을 최소한으로 줄인다.
(나) 작업장의 배치에 관한 원칙(arrangement of workplace)

(다) 공구 및 설비의 설계에 관한 원칙(design of tools and equipment)

11 다음 중 부품배치의 원칙에 해당하지 않는 것은?

① 중요성의 원칙
② 사용빈도의 원칙
③ 다각능률의 원칙
④ 기능별 배치원칙

해설 부품(공간)배치의 원칙
(가) 중요성(기능성)의 원칙 : 부품의 작동성능이 목표 달성에 긴요한 정도에 따라 우선순위를 결정
(나) 사용빈도의 원칙 : 부품이 사용되는 빈도에 따라 우선순위를 결정
(다) 기능별 배치의 원칙 : 기능적으로 관련된 부품을 모아서 배치
(라) 사용순서의 배치 : 사용순서에 맞게 배치

12 다음 중 신체 동작의 유형에 관한 설명으로 틀린 것은?

① 내선(medial rotation) : 몸의 중심선으로의 회전
② 외전(abduction) : 몸의 중심선으로의 이동
③ 굴곡(flexion) : 신체 부위 간의 각도의 감소
④ 신전(extension) : 신체 부위 간의 각도의 증가

해설 신체부위의 운동
① 외전(abduction) : 몸의 중심선으로부터 밖으로 이동하는 신체 부위의 동작
② 내전(adduction) : 몸의 중심으로 이동하는 동작

13 단순반복 작업으로 인하여 발생되는 건강장애 즉, CTDs의 발생요인이 아닌 것은?

① 긴 작업주기
② 과도한 힘의 요구

정답 09.② 10.③ 11.③ 12.② 13.①

③ 장시간의 진동
④ 부적합한 작업자세

해설 누적외상성질환(CTDs, Cumulative Trauma Disorders) - 누적손상장애
외부의 스트레스에 의해(Trauma), 오랜 시간을 두고 반복 발생하는(Cumulative), 육체적인 질환(Disorders)들을 말함
① 특정 신체 부위 및 근육의 과도한 사용으로 인해 근육, 관절, 혈관, 신경 등에 미세한 손상이 발생하여 목, 어깨, 팔, 손 및 손가락 등 상지에 만성적 건강장애인 누적외상성질환이 발생
② 원인
  ㉠ 부자연스러운 작업자세
  ㉡ 과도한 힘의 발휘
  ㉢ 높은 반복 및 작업 빈도
  ㉣ 부적절한 휴식
  ㉤ 기타 진동, 저온

14. 다음 중 점멸융합주파수에 대한 설명으로 옳은 것은?

① 암조응시에는 주파수가 증가한다.
② 정신적으로 피로하면 주파수 값이 내려간다.
③ 휘도가 동일한 색은 주파수 값에 영향을 준다.
④ 주파수는 조명강도의 대수치에 선형 반비례한다.

해설 점멸융합주파수(Flicker Fusion Frequency, 플리커 검사)
1) 빛이 점멸하는 데도 연속으로 켜있는 것 같아 보이는 주파수. 정신적 피로도, 휘도, 암조응 상태인지 여부에 영향을 받음.
  - 피로의 정도를 측정하는 검사. 정신적으로 피로하면 주파수 값이 내려감.
  * 정신활동의 부담을 측정하는 방법 : 부정맥 점수, 점멸융합주파수, JND.
2) 중추신경계 피로(정신 피로)의 척도로 사용할 수 있는 시각적 점멸융합주파수(VFF)를 측정할 때 영향을 주는 변수
  ① 휘도만 같으면 색상은 영향을 주지 않음.
  ② 표적과 주변의 휘도가 같을 때에 VFF는 최대로 됨.
  ③ VFF는 조명강도의 대수치에 선형적으로 비례

④ VFF는 사람들 간에는 큰 차이가 있으나, 개인의 경우 일관성이 있음.
⑤ 암조응시는 VFF가 감소
⑥ 연습의 효과는 아주 적음.

15. 작업이나 운동이 격렬해져서 근육에 생성되는 젖산의 제거속도가 생성속도에 미치지 못하면, 활동이 끝난 후에도 남아있는 젖산을 제거하기 위하여 산소가 더 필요하게 되는데 이를 무엇이라 하는가?

① 호기산소   ② 혐기산소
③ 산소잉여   ④ 산소부채

해설 산소부채 : 작업종료 후에도 체내에 쌓인 젖산을 제거하기 위하여 추가로 요구되는 산소량
- 작업이나 운동이 격렬해져서 근육에 생성되는 젖산의 제거속도가 생성속도에 미치지 못하면, 활동이 끝난 후에도 남아있는 젖산을 제거하기 위하여 산소가 더 필요하게 되는데 이를 산소부채라 함.

Chapter 05 작업환경과 인간공학

1. 작업환경조건과 인간공학

(1) 조명

(가) 조도 : 어떤 물체나 표면에 도달하는 빛의 단위면적당 밀도(빛 밝기의 정도, 대상면에 입사하는 빛의 양)

1) 조도 단위

① fc(foot-candle) : 1촉광(cd-촛불 1개)의 점광원으로부터 1 foot 떨어진 구면에 비추는 빛의 밀도[1 (lumen/ft^2)]

② lux(meter-candle) : 1촉광(cd)의 점광원으로부터 1m 떨어진 구면에 비추는 빛의 밀도[1(lumen/m^2)]

⇨ 1(fc) = 1(lumen/ft^2) ≒ 10(lux) = 10(lumen/m^2)

* 1(fc) = 10.76391(lux)

용어

① foot-candle(fc) : 1루멘(lm)의 광속으로 1제곱피트(ft^2)의 면을 균일하게 비치는 조도(照度)이며, 1루멘 매(每) 제곱 피트[1 (lm/ft^2)]
② lumen(lm) : 광속 측정의 국제 단위계(SI). 1루멘은 모든 방향에 대하여 1칸델라(candela)의 광도를 갖는 표준점 광원에서, 단위 입체각(1 steradian, sr)당 방출하는 광속량 (1lm=1cd/sr)
③ lux(lx) : 조도의 단위로, 계량법의 정의는 「1루멘의 광속으로 볼 때 m^{2}를 비추는 경우의 조도를 1럭스로 함[1(lumen/m^2)]
④ candela(cd, 칸델라) : 광도의 단위. 광원에서, 단위입체각(구의 입체각 4π의 역수, 단위 sr[스테라디안])당 방사되는 광속량(1lm=1cd/sr)
⑤ foot-Lambert(fL) : 1제곱 피트당 1루멘의 광속(光束) 발산도(發散度)를 지닌 완전 확산면의 휘도
⑥ Lambert(람베르트) : 1람베르트는 1cm^{2}의 표면에서 1lm(루멘)의 광속을 복사하거나 반사하는 밝기로 정의

2) 조도의 관계식 : 광원의 밝기에 비례하고, 거리의 제곱에 반비례하며, 반사체의 반사율과는 상관없이 일정한 값을 갖는 것

빛의 밝기

1) 광속(luminous flux, 단위: lm(루멘, lumen)): 광원에서 나오는 빛의 총량(광원 전체의 밝기) (1lm: 1미터에서 촛불 하나의 빛의 양)

2) 조도(illumination, 단위: Lx(럭스, Lux)): 물체의 표면에 도달하는 빛의 단위면적당 밀도(빛 밝기의 정도, 대상 면에 입사하는 빛의 양, 장소의 밝기) [1Lux = 1lm/m^2 (단위 면적당 루멘]

3) 광도(luminous intensity, 단위: cd(칸델라)): 광원에서 어느 방향(특정 방향)으로 나오는 빛의 세기(광원에서 어떤 방향에 대한 밝기, 광원의 밝기)
(*candela는 광도의 단위로서 단위 시간당 한 발광점으로부터 투광되는 빛의 에너지양)

4) 휘도(luminance, 단위: nt 니트, cd 칸델라, sb 스틸브): 단위 면적당 표면을 떠나는 빛의 양(빛이 어떤 물체에서 반사되어 나오는 양, 눈부심의 정도, 대상 면(단위 면적)에서 반사되는 빛의 양, 면의 밝기, 특정 방향에서 본 물체의 밝기) [1nt =1cd/m^2]

$$조도 = \frac{광도}{(거리)^2}$$

> **예문** 1cd의 점광원에서 1m 떨어진 곳에서의 조도가 3lux이었다. 동일한 조건에서 5m 떨어진 곳에서의 조도는 약 몇 lux인가?
>
> **해설** 조도 : 광원의 밝기에 비례하고, 거리의 제곱에 반비례하며, 반사체의 반사율과는 상관없이 일정한 값을 갖는 것
> $$조도 = \frac{광도}{(거리)^2}, \quad 광도 = 조도 \times (거리)^2$$
> ⇨ ① 광도 $= 3 \times 1^2 = 3$
> ② 조도 $= 3 / 5^2 = 0.12 lux$

3) 조명수준

① 추천조명수준

작업조건	조명	비고
아주 힘든 검사작업	500(fc)	
세밀한 조립작업	300(fc)	
보통 기계작업	100(fc)	일반적으로 보통 기계작업이나 편지 고르기
드릴, 리벳, 줄질작업	50(fc)	

② 근로자가 상시 작업하는 장소의 작업면 조도(산업안전보건기준에 관한 규칙 제8조)

초정밀작업	정밀작업	보통작업	그 밖의 작업
750럭스(lux) 이상	300럭스(lux) 이상	150럭스(lux) 이상	75럭스(lux) 이상

✻ 수술실 내 작업면에서의 조도〈KS(한국산업규격) 조도기준〉
 - 수술실 조도 : 600(최서) - 1000(표준) - 1500Lux(최고)
 - 수술 시의 조도는 수술대 위의 지름 30cm 범위에서 무영등에 의하여 20000Lux 이상으로 한다.

(나) 광도 : 광원에서 어느 방향으로 나오는 빛의 세기를 나타내는 양, 광원의 밝기

(다) 휘도 : 빛이 어떤 물체에서 반사되어 나오는 양(눈부심의 정도, 대상면에서 반사되는 빛의 양, 면의 밝기, 특정 방향에서 본 물체의 밝기)

(라) 광속발산도 : 단위면적당 표면에서 반사(방출)되는 빛의 양(밝음의 분포)
 - 완전 확산면에서의 광속발산도 = 휘도

(예문) 반사율이 60%인 작업 대상물에 대하여 근로자가 검사작업을 수행할 때 휘도(luminance)가 90fL 이라면 이 작업에서의 소요조명(fc)은 얼마인가?

(풀이) 소요조명(fc)

반사율(%) = $\dfrac{\text{휘도}}{\text{소요조명}} \times 100$

→ 소요조명 = $\dfrac{\text{휘도}}{\text{반사율}} \times 100$

⇨ 소요조명 = (90/60)×100
= 150[fc]

(마) 반사율(%)

① 반사율(%) = $\dfrac{\text{광도}(fL)}{\text{조도}(fc)} \times 100$

= $\dfrac{\text{광속발산도(휘도)}}{\text{소요조명}} \times 100$

반사율 = $\dfrac{\text{휘도}(\text{cd/m}^2) \times \pi}{\text{조도}(\text{lux})}$

(* 휘도(cd/m^2) = (반사율×조도)/π)

② 옥내 추천 반사율

천장	벽	가구	바닥
80~90%	40~60%	25~45%	20~40%

* 천장과 바닥의 반사비율은 최소한 3:1 이상 유지
* IES(Illuminating Engineering Society, 조명 공학 협회)의 권고에 따른 작업장 내부의 추천 반사율이 가장 높아야 하는 곳 : 천장

(바) 대비 : 표적의 광속발산도와 배경의 광속발산도의 차

대비 = $\dfrac{L_b - L_t}{L_b} \times 100$

(L_b : 배경의 광속발산도, L_t : 표적의 광속발산도)

> **예문** 종이의 반사율이 50%이고, 종이상의 글자 반사율이 10%일 때 종이에 의한 글자의 대비는 얼마인가?
>
> **해설** 대비 : 표적의 광속발산도와 배경의 광속발산도의 차
> 대비 = $\dfrac{L_b - L_t}{L_b} \times 100$ (L_b : 배경의 광속발산도, L_t : 표적의 광속발산도)
> ⇨ 종이의 대비 = {(50 − 10)/50}×100 = 80%

(사) 조명방법

- 간접조명 : 강한 음영 때문에 근로자의 눈 피로도가 큰 조명방법

* 국소조명과 전반조명
  ① 국소조명 : 작업면상의 필요한 장소만 높은 조도를 취하는 조명 방법
  ② 전반조명 : 실내 전체를 일률적으로 밝히는 조명방법으로 실내 전체가 밝아지므로 기분이 명랑해지고 눈의 피로가 적어져서 사고나 재해가 적어지는 조명 방식

(아) 시성능기준함수(VLB)의 일반적인 수준 설정(조명수준의 판단 기준)

① 현실상황에 적합한 조명수준(현실상황에서 가시역치보다는 좀 더 높은 수준의 조명이 적절)

② 표적 탐지 활동은 50%에서 99%임.

③ 표적(target)은 정적인 과녁에서 동적인 과녁으로 함.
④ 언제, 시계 내의 어디에 과녁이 나타날지 모르는 경우

(자) 작업장의 조명 수준에 대한 설명
① 작업환경의 추천 광도비는 3 : 1(천정 : 바닥) 정도이다.
② 천장은 80~90%(벽 : 40~60%, 가구 : 25~45%, 바닥 : 20~40%) 정도의 반사율을 가지도록 한다.
③ 휘도를 균등하게 한다.
④ 실내표면에 반사율은 바닥 → 가구 → 벽 → 천장의 순으로 증가시킨다.
  ※ 작업장 인공조명 설계 시 고려사항
    ① 조도는 작업상 충분할 것 ② 광색은 주광색에 가까울 것 ③ 취급이 간단하고 경제적일 것 ④ 유해가스를 발생하지 않고, 폭발성이 없을 것

(차) 광원으로부터의 직사휘광을 처리하는 방법(glare, 눈부심. 성가신 느낌과 불쾌감을 줌)
① 광원을 시선에서 멀리 위치시킨다.
② 차양(visor) 혹은 갓(hood) 등을 사용한다.
③ 광원의 휘도를 줄이고 광원의 수를 늘린다.
④ 휘광원의 주위를 밝게 하여 광속발산(휘도)비를 줄인다.

> **참고**
>
> ※ 40세 이후 노화에 의한 인체의 시지각 능력 변화
>   ① 근시력 저하 ② 대비에 대한 민감도 저하 ③ 망막에 이르는 조명량 감소
>   ④ 수정체 변색
> ※ 시 식별에 영향을 미치는 인자 : 과녁 이동 – 자동차를 운전하면서 도로변의 물체를 보는 경우에 주된 영향을 미치는 것
> ※ Hawthorne 실험(호손)
>   조명강도를 높인 결과 작업자들의 생산성이 향상되었고, 그 후 다시 조명강도를 낮추어도 생산성의 변화는 거의 없었다. 이는 작업자들이 받게 된 주의에 대한 반응에 기인한 것으로 이것은 인간관계가 작업 및 공간 설계에 큰 영향을 미친다는 것을 암시한다(작업자의 작업능률은 물리적인 작업조건보다는 심리적 요인에 의해서 좌우).

(카) 영상표시단말기(VDT) 취급 근로자를 위한 조명과 채광〈영상표시단말기(VDT) 취급근로자 작업관리지침〉

제7조(조명과 채광)
① 사업주는 작업실 내의 창·벽면 등을 반사되지 않는 재질로 하여야 하며, 조명은 화면과 명암의 대조가 심하지 않도록 하여야 한다.

② 사업주는 영상표시단말기를 취급하는 작업장 주변환경의 조도를 화면의 바탕 색상이 검정색 계통일 때 300럭스(Lux) 이상 500럭스 이하, 화면의 바탕색상이 흰색 계통일 때 500럭스 이상 700럭스 이하를 유지하도록 하여야 한다.
③ 사업주는 화면을 바라보는 시간이 많은 작업일수록 화면 밝기와 작업대 주변 밝기의 차이를 줄이도록 하고, 작업 중 시야에 들어오는 화면·키보드·서류 등의 주요 표면 밝기를 가능한 한 같도록 유지하여야 한다.
④ 사업주는 창문에는 차광망 또는 커텐 등을 설치하여 직사광선이 화면·서류 등에 비치는 것을 방지하고 필요에 따라 언제든지 그 밝기를 조절할 수 있도록 하여야 한다.
⑤ 사업주는 작업대 주변에 영상표시단말기작업 전용의 조명등을 설치할 경우에는 영상표시단말기 취급근로자의 한쪽 또는 양쪽 면에서 화면·서류면·키보드 등에 균등한 밝기가 되도록 설치하여야 한다.

VDT(Visual Display Terminal) 작업을 위한 조명의 일반 원칙

① 영상표시단말기(VDT) 취급 작업장의 조명수준(작업장 주변환경의 밝기)

화면의 바탕색	검정색	흰색
조명수준	300~500Lux	500~700Lux

② 화면반사를 줄이기 위해 산란식 간접조명을 사용한다.
③ VDT 화면과 종이 문서 간의 밝기의 비(화면과 화면에서 먼 주위의 휘도비) = 1 : 10
④ 작업영역은 보기에 적당한 밝기로 하고 실내와 작업대의 밝기 차이를 가능한 한 작게 한다.
⑤ 조명의 수준이 높으면 자주 주위를 둘러봄으로써 수정체의 근육을 이완시키는 것이 좋다.
⑥ 조명영역을 조명기구 바로 아래 두지 않고 조명기구들 사이에 둔다.

(2) 소음(noise)에 대한 정의 : 원치 않은 소리(unwanted sound))

① 소음이란 주어진 작업의 존재나 완수와 정보적인 관련이 없는 청각적 자극이며 강한 소음에 노출되면 부신 피질의 기능이 저하된다.
② 소음의 허용한계(우리나라 및 미국의 OSHA기준)는 90dB(A)로 1일 8시간 정도이며, 안락한계는 45~65dB(A), 불쾌 한계는 65~120dB(A)이다.

(가) 가청주파수 : 20~20,000Hz(인간이 들을 수 있는 가청주파수)

① 소음에 의한 청력손실은 3,000~6,000Hz의 범위에서 일어나며 4,000Hz에서 가장 크게 나타남.

② 노출한계 : 20,000Hz 이상에서 110dB로 노출 한정
   (* 소음의 단위 : phon, dB)
③ 가청주파수내에서 사람의 귀가 가장 민감하게 반응하는 주파수대역 :
   귀는 중음역에 가장 민감하므로 500~3,000Hz의 진동수를 사용

(나) 소음의 1일 노출시간과 소음강도의 기준

〈산업안전보건기준에 관한 규칙〉

제512조(정의)

1. "소음작업"이란 1일 8시간 작업을 기준으로 85데시벨 이상의 소음이 발생하는 작업을 말한다.
2. "강렬한 소음작업"이란 다음 각 목의 어느 하나에 해당하는 작업을 말한다.
   가. 90데시벨 이상의 소음이 1일 8시간 이상 발생하는 작업
   나. 95데시벨 이상의 소음이 1일 4시간 이상 발생하는 작업
   다. 100데시벨 이상의 소음이 1일 2시간 이상 발생하는 작업
   라. 105데시벨 이상의 소음이 1일 1시간 이상 발생하는 작업
   마. 110데시벨 이상의 소음이 1일 30분 이상 발생하는 작업
   바. 115데시벨 이상의 소음이 1일 15분 이상 발생하는 작업
3. "충격소음작업"이란 소음이 1초 이상의 간격으로 발생하는 작업으로서 다음 각 목의 어느 하나에 해당하는 작업을 말한다.
   가. 120데시벨을 초과하는 소음이 1일 1만회 이상 발생하는 작업
   나. 130데시벨을 초과하는 소음이 1일 1천회 이상 발생하는 작업
   다. 140데시벨을 초과하는 소음이 1일 1백회 이상 발생하는 작업

* 소음의 크기에 대한 설명
  ① 저주파 음은 고주파 음만큼 크게 들리지 않는다.
  ② 사람의 귀는 고음과 저음에 따라 세기가 틀려 다르게 반응한다.
  ③ 크기가 같아지려면 저주파 음은 고주파 음보다 강해야 한다.
  ④ 일반적으로 낮은 주파수(100Hz 이하)에 덜 민감하고, 높은 주파수에 더 민감하다.

(다) 소음대책
① 음원에 대한 대책(소음원 통제) - 소음방지대책 중 가장 효과적
   ㉠ 설비의 격리 ㉡ 적절한 재배치 ㉢ 저소음 설비 사용
② 소음의 격리
③ 차폐장치 및 흡음재 사용
④ 음향처리재 사용
⑤ 적절한 배치(layout)

소음성난청의 판정분류: A, C, C_1, C_2, D_1, D_2로 구분
• A(정상자), C_1(직업병 요관찰자), C_2(일반질병 요관찰자), D_1(직업병 유소견자), D_2(일반질병 유소견자)
* 소음성 난청의 업무상 재해 인정기준: 연속으로 85데시벨 이상 소음에 3년 이상 노출되어 한 귀의 청력손실이 40데시벨 이상인 경우(내이병변에 의한 감각신경성 난청의 경우에만 인정)

우리나라의 소음 노출 기준: 소음강도 90dB(A)의 8시간 노출로 규정하고 있으며, 8시간 기준으로 하여 5dB 증가할 때 노출 시간은 1/2로 감소되는 5dB 교환율(exchange rate)이 적용

소음으로 인하여 생기는 생리적 변화
혈압상승, 심장박동수 증가, 동공팽창, 혈액 성분의 변화

통화간섭수준(speech interference level)
통화이해도 척도로서 통화이해도에 영향을 주는 잡음의 영향을 추정하는 지수. 통화이해도에 끼치는 소음의 영향을 추정하는 지수

⑥ 배경음악(BGM, Back Ground Music)
⑦ 방음보호구 사용 : 귀마개, 귀덮개

(라) 음성통신에 있어 소음환경과 관련한 지수

1) AI(Articulation Index, 명료도지수) : 음성레벨과 암소음레벨의 비율인 신호 대 잡음비에 기본을 두고 음성의 명료도를 측정하는 방법

2) NC(Noise Criteria) : 소음을 1/1 옥타브밴드로 분석한 결과에 따라 실내 소음을 평가하는 지표

3) PNC(Preferred Noise Criteria Curves) : NC 곡선 중 저주파 부위를 낮게 수정한 것(선호 소음판단 기준 곡선)

4) PSIL(Preferred-Octave Speech Interference Level, 우선 회화 방해 레벨) : 1/1 옥타브 밴드로 분석한 중심주파수 500, 1000, 2000Hz 대역의 산술평균치로 계산(음성 간섭 수준)

5) SIL(Sound Interference Level, 대화 방해 레벨) : 소음에 의해 대화가 방해되는 정도를 표시하기 위하여 사용

6) NRN(Noise Rating Number, 소음평가지수) : 소음을 청력장애, 회화장애, 시끄러움의 3개의 관점에서 평가하는 것으로 하며 1/1 옥타브밴드로 분석한 음압 레벨을 NR-CHART에 표기하여 가장 높은 NR 곡선에 접하는 것을 판독한 NR 값에 보정치를 가감한 것

7) PNL(감각소음레벨) : 항공기 소음 연구에서 소음의 크기가 아닌 시끄러움의 정도 평가

※ 청각신호의 위치를 식별하는 척도 : MAMA(Minimum Audible Movement Angle)

누적 소음 노출지수 D(%)
$$= \left(\frac{C_1}{T_1} + \frac{C_2}{T_2} + \cdots + \frac{C_n}{T_n}\right) \times 100$$
(C : 노출된 총시간, T : 허용 노출 기준시간)
시간 가중평균(TWA) = $16.61\log(D/100) + 90\text{dB(A)}$

(마) 시간가중평균(TWA)과 (누적)소음 노출지수

> **예문** 어떤 사람이 자동차를 생산하는 공장에서 95dB(A)의 소음수준에서 하루 8시간 작업하며 매 시간 조용한 휴게실에서 20분씩 휴식을 취한다고 가정하였을 때 8시간 시간가중평균(TWA)은 약 얼마인가? (단, 소음은 누적 소음 노출량 측정기로 측정하였으며, OSHA에서 정한 95dB(A)의 허용시간은 4시간이다.)
>
> **해설** 시간가중평균(TWA) : 누적소음 노출지수를 8시간 동안의 평균 소음수준값으로 변환
> ① (누적)소음 노출지수 $D(\%) = \left(\frac{C_1}{T_1} + \frac{C_2}{T_2} + \cdots + \frac{C_n}{T_n}\right) \times 100$
>   [C : 노출된 총시간, T : 허용 노출 기준시간]
>   ⇨ 누적소음 노출지수 $D(\%) = (5.333/4) \times 100 = 133\%$
>   [$C = (40분 \times 8)/60분 = 5.333$, $T = 4$]
> ② TWA = $16.61 \log(D/100) + 90\text{dB(A)} = 16.61 \log(133/100) + 90 = 92\text{dB(A)}$

> **예문** 어느 작업장에서 8시간 근무 동안 소음측정결과 85dB에서 2시간, 90dB에서 4시간, 95dB에서 2시간이 소요될 때 소음 노출지수(%)을 구하고 소음노출기준 초과 여부를 쓰시오.
>
> **해설** 소음 노출지수(%) [총 소음 투여량(%), 총 소음량(TND)]
> (누적)소음 노출지수 $D(\%) = \left(\dfrac{C_1}{T_1} + \dfrac{C_2}{T_2} + \cdots + \dfrac{C_n}{T_n}\right) \times 100$
> [C : 노출된 총시간, T : 허용 노출 기준시간]
> ⇨ 누적소음 노출지수 $D(\%) = (2/16 + 4/8 + 2/4) \times 100 = 112.5\%$
> 적합성 : 112.5%로 기준 초과(기준 100% 이하)
> (* 우리나라의 소음 노출 기준 : 소음강도 90dB(A)의 8시간 노출로 규정하고 있으며, 8시간 기준으로 하여 5dB 증가할 때 노출 시간은 1/2로 감소되는 5dB 교환율(exchange rate)이 적용)

(3) 열교환 과정과 열압박

(가) 신체의 열교환과정

S(열축적) $= M$(대사열) $- W$(일) $\pm R$(복사) $\pm C$(대류) $- E$(증발)

(S는 열이득 및 열손실량. 열평행상태에서는 0임)

$\Delta S = (M - W) \pm R \pm C - E$

(ΔS는 신체열함량변화, M은 대사열발생량, W는 수행한 일, R는 복사열교환량, C는 대류열교환량, E는 증발열발산량을 의미)

> **예문** A 작업장에서 1시간 동안에 480Btu의 일을 하는 근로자의 대사량은 900Btu이고, 증발 열손실이 2250Btu, 복사 및 대류로부터 열이득이 각각 1900Btu 및 80Btu라 할 때 열축적은 얼마인가?
>
> **해설** 신체의 열교환과정
> S(열축적) $= M$(대사열) $- W$(일) $\pm R$(복사) $\pm C$(대류) $- E$(증발)
> ⇨ $S = (900 - 480) + 1900 + 80 - 2250 = 150$

* BTU(Btu) : 영미(英美)에서 사용되고 있는 피트, 파운드법에 의한 열량(熱量) 단위. 1파운드의 물을 1°F 만큼 높이는 데 소요되는 열량(1BTU = 252g/cal)

1) 대사열 : 인체는 대사활동의 결과로 열을 발생

2) 대류 : 고온의 액체나 기체가 고온대에서 저온대로 이동하여 일어나는 열전달

3) 복사(radiation, 輻射) : 열의 세 가지 이동방법인 전도, 복사, 대류 가운데 하나. 열복사는 전자기파로 전해지므로 별도의 매질이 필요하지 않고 빛의 속도로 전달(한 겨울에 햇볕을 쬐면 기온은 차지만 따스함을 느끼는 것)

환경요소의 조합에 의한 스트레스나 개인에 유발되는 긴장(strain)을 나타내는 환경요소 복합지수 : Oxford 지수(wet-dry index), 실효온도(Effective Temperature), 열 스트레스 지수(heat stress index)

* 열 스트레스(열압박) : 인체에 미치는 내·외적 열 인자의 총체적인 합. 내적 열 인자는 신진대사열, 열 적응의 정도, 신체온도 등이며, 외적 열 인자는 대기온도, 복사열, 공기온도, 습도 등 (열압박 지수(HSI : Heat Stress Index))

건구온도와 습구온도의 단위 : 섭씨온도

* 열손실률(R) = 증발에너지(Q)/증발시간(T)
* 열교환(heat exchange)의 경로
  ① 전도(conduction)는 고체나 유체의 직접 접촉에 의한 열전달이다.
  ② 대류(convection)는 고온의 액체나 기체의 흐름에 의한 열전달이다.
  ③ 복사(radiation)는 물체 사이에서 전자파의 복사에 의한 열전달이다.
  ④ 증발(evaporation)은 공기 온도가 피부 온도보다 낮을 때 발생하는 열전달이다.

(나) Oxford 지수 : 습건(WD)지수. 습구, 건구 가중 평균치(습구온도와 건구온도의 단순가중치를 나타냄)

$$WD = 0.85 \cdot W(습구온도) + 0.15 \cdot D(건구온도)$$

> **예문** 건구온도 30℃, 습구온도 35℃일 때의 옥스포드(Oxford) 지수는 얼마인가?
>
> **해설** Oxford 지수 : WD = 0.85·W(습구온도) + 0.15·D(건구온도)
> = (0.85×35) + (0.15×30) = 34.25℃

※ 불쾌지수(不快指數, discomfort index) = 0.72(건구온도+습구온도)+40.6

불쾌지수 수준	불쾌감의 정도
70~75	약 10%의 사람이 불쾌감을 느낌
76~80	약 50%의 사람이 불쾌감을 느낌
81~85	대부분의 사람이 불쾌감을 느낌
86 이상	견딜 수 없는 정도의 불쾌감을 느낌

(다) 실효온도(effective temperature)
  ① 온도, 습도 및 공기 유동이 인체에 미치는 열효과를 나타낸 것
  ② 실제로 인체에 감각되는 온도로서 실감온도(감각온도)라고 함.
  ③ 상대습도 100%일 때의 건구온도에서 느끼는 것과 동일한 온감(상대습도가 100%일 때 건구와 습구의 온도는 같다.)
  ④ 측정 기준은 무풍상태, 습도 100%일 때의 건구온도계가 가리키는 눈금을 기준

1) 실효 온도(effective temperature) 지수 개발 시 고려한 인체에 미치는 열효과의 조건 (실효온도에 영향을 주는 인자)
  ① 온도 ② 습도 ③ 공기유동(대류)
  비교 1) 공기의 온열조건의 4요소 : ① 대류 ② 전도 ③ 복사 ④ 증발

2) 보온율(clo) : 보온효과는 clo 단위로 측정

* 클로(Clo) : 옷을 입었을 때의 의복의 보온력의 단위. 1clo는 2면(面) 사이의 온도 구배(勾配)가 0.18℃일 때 1시간 1m²에 대하여 1cal의 열통과를 허용하는 것 같은 열의 절연도(絶緣度)에 해당

> **습구흑구온도(WBGT : Wet Bulb Globe Temperature) 지수**
>
> 수정감각온도를 지수로 간단하게 표시한 온열지수(실내외에서 활동하는 사람의 열적 스트레스를 나타내는 지수-여름철 운동, 훈련)
> ① 실외(태양광선이 있는 장소) : WBGT = 0.7WB + 0.2GT + 0.1DB
> ② 실내 또는 태양광선이 없는 실외 : WBGT = 0.7WB + 0.3GT
> [WB(Wet Bulb) : 습구온도(습도계로 측정된 온도), GT(Globe Temperature) : 흑구온도(지표면의 복사 온도), DB(Dry Bulb) : 건구온도(일반온도계의 온도)]

(라) 온도변화에 따른 인체의 적응

1) 적정온도에서 추운 환경으로 바뀔 때의 현상

① 피부 온도가 내려간다.
② 피부를 경유하는 혈액 순환량이 감소한다.(혈액의 많은 양이 몸의 중심부를 순환한다.)
③ 직장(直腸) 온도가 약간 올라간다.
④ 몸이 떨리고 소름이 돋는다.

2) 적정온도에서 더운 환경으로 바뀔 때의 현상

① 피부 온도가 올라간다.
② 많은 양의 혈액이 피부를 경유한다.
③ 직장 온도가 내려간다.
④ 발한이 시작한다.

> **고온 작업자의 고온 스트레스로 인해 발생하는 생리적 영향**
>
> ① 고온 하에서는 피부 혈관 확대가 일어나 피부 온도를 높임으로써, 복사에 의한 체열 방출을 크게 하려는 생체 반응이 나타난다.
> ② 심장에서는 피부 표면의 순환 혈액량을 증가시키기 위해 맥박이 빨라지고 심박출량을 증가시키게 된다.
> ③ 사람이 40℃ 이상의 고온 환경에 갑자기 노출되면 땀의 분비 속도는 느리나 피부 온도, 직장 온도 및 심장 박동 수는 증가한다. 이러한 상태에서 계속 활동을 하게 되면 내성과 작업 능력이 한계에 이르게 된다.
> ④ 그러나 이러한 환경에 계속적으로 노출되면 심장 박동 수, 직장 온도 및 피부 온도는 다시 정상으로 돌아오고, 반면에 땀의 분비 속도만 증가한다. 이러한 적응 현상을 순응 또는 순화(acclimatization)라고 한다.

스트레스에 반응하는 신체의 변화
① 외상을 입었을 때 출혈을 방지하기 위하여 혈소판이나 혈액응고 인자가 증가한다.
② 더 많은 산소를 얻기 위해 호흡이 빨라진다.
③ 중요한 장기인 뇌·심장·근육으로 가는 혈류가 증가하고(맥박과 혈압의 증가), 혈액이 적게 요구되는 피부, 소화기관, 신장, 간으로 가는 혈류가 감소한다.
④ 상황 판단과 빠른 행동 대응을 위해 감각기관은 더 예민해진다.

> 큐텐 값(Q10 value, temperature quotient)
> 생체 반응이 온도에 의존하는 정도를 말하며, 온도가 10℃ 상승하였을 때에 반응 속도를 비교하는 변수. Q10 효과에 직접적인 영향을 미치는 인자는 고온임.

(마) **열중독증(heat illness)의 강도**〈고열작업환경 관리 지침-안전보건공단〉

열발진 < 열경련 < 열소모 < 열사병

1) **열발진(heat rash)** : 작업환경에서 가장 흔히 발생하는 피부장해로서 땀띠(prickly heat)라고도 말함.

2) **열경련(heat cramp)** : 고온환경 하에서 심한 육체노동을 함으로써 수의근에 통증이 있는 경련을 일으키는 고열장해(고열환경에서 심한 육체노동 후에 탈수와 체내 염분농도 부족으로 근육의 수축이 격렬하게 일어나는 장해)

3) **열소모, 열탈진(heat exhaustion)** : 땀을 많이 흘려 수분과 염분손실이 많을 때 발생하며 두통, 구역감, 현기증, 무기력증, 갈증 등의 증상이 발생(열사병 전단계)

4) **열사병(heat stroke)** : 땀을 많이 흘려 수분과 염분손실이 많을 때 발생함. 갑자기 의식상실에 빠지는 경우가 많음.
   ① 고온 환경에 노출될 때 발한에 의한 체열방출이 장해됨으로써 체내에 열이 축적되어 발생한다.
   ② 뇌 온도의 상승으로 체온조절중추의 기능이 장해를 받게 된다.
   ③ 치료를 하지 않을 경우 100%, 43℃ 이상일 때에는 80%, 43℃ 이하일 때에는 40% 정도의 치명률을 가진다.

5) **열허탈(heat collapse)** : 고온 노출이 계속되어 심박수 증가가 일정 한도를 넘었 을 때 일어나는 순환장해(열 때문에 잠깐 쓰러지는 것)

6) **열피로(heat fatigue)** : 고열에 순화되지 않은 작업자가 장시간 고열환경에서 정적인 작업을 할 경우 발생

고열에 의한 건강장해 예방 대책

① 작업조건 및 환경개선 두 가지 모두 관계되는 요소 : 착의상태
② 작업조건 관계요소 : 열에 노출되는 횟수 및 노출시간
③ 작업조건 관계요소 : 휴식처에서의 온열조건, 온열환경에서 작업할 때의 체열교환

(4) 진동과 가속도

(가) 진동작업

〈산업안전보건기준에 관한 규칙 제512조〉
4. "진동작업"이란 다음 각 목의 어느 하나에 해당하는 기계·기구를 사용하는 작업을 말한다.

  가. 착암기(鑿巖機)
  나. 동력을 이용한 해머
  다. 체인 톱
  라. 엔진 커터(engine cutter)
  마. 동력을 이용한 연삭기
  바. 임팩트 렌치(impact wrench)
  사. 그 밖에 진동으로 인하여 건강장해를 유발할 수 있는 기계·기구

(나) 진동 : 진동이란 물체의 전후운동을 가리키며 전신진동과 국소진동으로 구분

1) 전신진동 : 지게차, 대형운송차량 등의 운전자

2) 국소진동 : 연마기, 착암기, 목재용 치퍼(chippers) 등의 운전자

  (* 목재용 치퍼 : 나무를 분쇄하는 장치)

3) 진동이 인간성능에 끼치는 일반적인 영향
  ① 진동은 진폭에 비례하여 시력이 손상된다.
  ② 진동은 진폭에 비례하여 추적 능력이 손상된다.
  ③ 정확한 근육 조절을 요하는 작업은 진동에 의해 저하된다.
  ④ 주로 중앙 신경 처리에 관한 임무(감시, 형태식별 등이 인간성능)는 진동의 영향을 덜 받는다.
  * 60~90Hz 정도에서 나타날 수 있는 전신진동 장해 : 안구 공명

(다) 가속도

1) 가속도란 물체의 운동 변화율(기본단위는 G로 사용)
2) 중력에 의해 자유 낙하하는 물체의 가속도인 $9.8m/s^2$을 1G로 함.
3) 운동 방향이 전후방인 선형가속의 영향은 수직 방향보다 덜함.

시력손상에 가장 크게 영향을 미치는 전신진동의 주파수: 10~25Hz

국제표준화기구의 피로-저감숙달경계(피로-감소능률한계, 피로 기준)
① 국제표준화기구(ISO)에서는 인체에 전달되는 진동을 쾌적기준, 피로기준, 노출한계 등의 세 단계로 구분
② 수직진동에 대한 피로-저감숙달경계(Fatigue-Decreased Proficiency Boundary)표준 중 내구 수준이 가장 낮은 범위는 4~8Hz
* 진동에서 인체가 느끼는 감각레벨은 수평진동은 1~2Hz에서, 수직진동은 4~8Hz에서 가장 민감하게 느낌

CHAPTER 05 항목별 우선순위 문제 및 해설

01 작업장의 소음문제를 처리하기 위한 적극적인 대책이 아닌 것은?

① 소음의 격리
② 소음원을 통제
③ 방음보호 용구 사용
④ 차폐장치 및 흡음재 사용

해설 소음대책
1) 음원에 대한 대책(소음원 통제)
   ① 설비의 격리
   ② 적절한 재배치
   ③ 저소음 설비 사용
2) 소음의 격리
3) 차폐장치 및 흡음재 사용
4) 음향처리재 사용
5) 적절한 배치(layout)
6) 배경음악(BGM, Back Ground Music)
7) 방음보호구 사용 : 귀마개, 귀덮개 – 소극적 대책

02 다음 중 소음에 관한 설명으로 틀린 것은?

① 강한 소음에 노출되면 부신 피질의 기능이 저하된다.
② 소음이란 주어진 작업의 존재나 완수와 정보적인 관련이 없는 청각적 자극이다.
③ 가청 범위에서의 청력손실은 15000Hz 근처의 높은 영역에서 가장 크게 나타난다.
④ 90dB(A) 정도의 소음에서 오랜 시간 노출되면 청력 장애를 일으키게 된다.

해설 소음(noise)에 대한 정의 : 원치 않은 소리(unwanted sound))
① 소음이란 주어진 작업의 존재나 완수와 정보적인 관련이 없는 청각적 자극이며 강한 소음에 노출되면 부신 피질의 기능이 저하된다.
② 소음의 허용한계(우리나라 및 미국의 OSHA기준)는 90dB(A)로 1일 8시간 정도이며, 안락한계는 45~65dB(A), 불쾌한계는 65~120dB(A)이다.
③ 가청주파수 : 20~20,000Hz(인간이 들을 수 있는 가청주파수)
④ 소음에 의한 청력손실은 3,000~6,000Hz의 범위에서 일어나며 4,000Hz에서 가장 크게 나타남
⑤ 노출한계 : 20,000Hz 이상에서 110dB로 노출 한정

03 광원으로부터 직사휘광을 처리하기 위한 방법으로 틀린 것은?

① 광원의 휘도를 줄인다.
② 가리개나 차양을 사용한다.
③ 광원을 시선에서 멀리 한다.
④ 광원의 주위를 어둡게 한다.

해설 광원으로부터의 직사휘광을 처리하는 방법
① 광원을 시선에서 멀리 위치시킨다.
② 차양(visor) 혹은 갓(hood) 등을 사용한다.
③ 광원의 휘도를 줄이고 광원의 수를 늘린다.
④ 휘광원의 주위를 밝게 하여 광속발산(휘도)비를 줄인다.

04 다음 중 실효온도(Effective Temperature)에 대한 설명으로 틀린 것은?

① 체온계로 입안의 온도를 측정하여 기준으로 한다.
② 실제로 감각되는 온도로서 실감온도라고 한다.
③ 온도, 습도 및 공기 유동이 인체에 미치는 열효과를 나타낸 것이다.
④ 상대습도 100%일 때의 건구온도에서 느끼는 것과 동일한 온감이다.

해설 실효온도(Effective Temperature)
① 온도, 습도 및 공기 유동이 인체에 미치는 열효과를 나타낸 것
② 실제로 인체에 감각되는 온도로서 실감온도(감각온도)라고 함.
③ 상대습도 100%일 때의 건구온도에서 느끼는 것과 동일한 온감

정답 01.③ 02.③ 03.④ 04.①

④ 측정 기준은 무풍상태, 습도 100%일 때의 건구온도계가 가리키는 눈금을 기준

05. 산업안전보건법상 근로자가 상시로 정밀작업을 하는 장소의 작업면 조도기준으로 옳은 것은?

① 75럭스(lux) 이상
② 150럭스(lux) 이상
③ 300럭스(lux) 이상
④ 750럭스(lux) 이상

해설 근로자가 상시 작업하는 장소의 작업면 조도 (산업안전보건기준에 관한 규칙 제8조)

초정밀 작업	정밀작업	보통작업	그 밖의 작업
750럭스 (lux) 이상	300럭스 (lux) 이상	150럭스 (lux) 이상	75럭스 (lux) 이상

06. 옥내 조명에서 최적 반사율의 크기가 작은 것부터 큰 순서대로 나열된 것은?

① 벽 < 천장 < 가구 < 바닥
② 바닥 < 가구 < 천장 < 벽
③ 가구 < 바닥 < 천장 < 벽
④ 바닥 < 가구 < 벽 < 천장

해설 옥내 추천 반사율

천장	벽	가구	바닥
80~90%	40~60%	25~45%	20~40%

* 천장과 바닥의 반사비율은 최소한 3 : 1 이상 유지

07. 다음 중 반사형 없이 모든 방향으로 빛을 발하는 점광원에서 2m 떨어진 곳의 조도가 150lux라면 3m 떨어진 곳의 조도는 약 얼마인가?

① 37.5lux
② 66.67lux
③ 337.5lux
④ 600lux

해설 조도 : 광원의 밝기에 비례하고, 거리의 제곱에 반비례하며, 반사체의 반사율과는 상관없이 일정한 값을 갖는 것

조도 = $\frac{광도}{(거리)^2}$, 광도 = 조도 × (거리)^2

⇒ ① 광도 = 150 × 2^2 = 600
② 조도 × 3^2 = 600
   조도 = 600/9 = 66.67lux

08. 반사율이 60%인 작업 대상물에 대하여 근로자가 검사작업을 수행할 때 휘도(luminance)가 90fL이라면 이 작업에서의 소요조명(fc)은 얼마인가?

① 75
② 150
③ 200
④ 300

해설 소요조명(fc)

반사율(%) = $\frac{휘도}{소요조명}$ × 100

소요조명 = $\frac{휘도}{반사율}$ × 100

⇒ 소요조명 = $\frac{90}{60}$ × 100 = 150fc

09. 종이의 반사율이 50%이고, 종이상의 글자 반사율이 10%일 때 종이에 의한 글자의 대비는 얼마인가?

① 10%
② 40%
③ 60%
④ 80%

해설 대비 : 표적의 광속발산도와 배경의 광속발산도의 차

대비 = $\frac{L_b - L_t}{L_b}$ × 100

(L_b : 배경의 광속발산도, L_t : 표적의 광속발산도)
⇒ 종이의 대비 = {(50 − 10)/50} × 100 = 80

10. 건구온도 38℃, 습구온도 32℃일 때의 Oxford 지수는 몇 ℃인가?

① 30.2℃
② 32.9℃
③ 35.0℃
④ 37.1℃

해설 Oxford 지수 : 습건(WD)지수. 습구, 건구 가중 평균치(습구온도와 건구온도의 단순가중치를 나타냄)
WD = 0.85 · W(습구온도) + 0.15 · D(건구온도)
   = (0.85 × 32) + (0.15 × 38) = 32.9℃

정답 05. ③ 06. ④ 07. ② 08. ② 09. ④ 10. ②

11 3개 공정의 소음수준 측정 결과 1공정은 100dB에서 1시간, 2공정은 95dB에서 1시간, 3공정은 90dB에서 1시간이 소요될 때 총 소음량(TND)과 소음설계의 적합성을 올바르게 나열한 것은? (단, 90dB에 8시간 노출할 때를 허용기준으로 하며, 5dB 증가할 때 허용시간은 1/2로 감소되는 법칙을 적용한다.)

① TND = 0.78, 적합
② TND = 0.88, 적합
③ TND = 0.98, 적합
④ TND = 1.08, 부적합

해설 총 소음량(TND)
① 3공정은 90dB에서 1시간(허용기준 90dB에서 8시간 노출)
② 2공정은 95dB에서 1시간(허용기준 95dB에서 4시간 노출)
③ 1공정은 100dB에서 1시간(허용기준 100dB에서 2시간 노출)
⇨ 총 소음량(TND) = $\frac{1}{8} + \frac{1}{4} + \frac{1}{2} = 0.875 ≒ 0.88$
적합성 : 0.88%로 적합(기준 1 이하)

12 A 작업장에서 1시간 동안에 480Btu의 일을 하는 근로자의 대사량은 900Btu이고, 증발열손실이 2250Btu, 복사 및 대류로부터 열이득이 각각 1900Btu 및 80Btu라 할 때 열축적은 얼마인가?

① 100　② 150
③ 200　④ 250

해설 신체의 열교환과정
S(열축적) = M(대사열) − W(일) ± R(복사) ± C(대류) − E(증발)
⇨ S = (900 − 480) + 1900 + 80 − 2250 = 150

13 주변 환경이 알맞은 온도에서 더운 환경으로 바뀔 때 인체의 적응 현상으로 틀린 것은?

① 발한이 시작된다.
② 직장 온도가 올라간다.
③ 피부 온도가 올라간다.
④ 피부를 경유하는 혈액량이 증가한다.

해설 온도변화에 따른 인체의 적응
1) 적정온도에서 추운 환경으로 바뀔 때의 현상
  ① 피부 온도가 내려간다.
  ② 피부를 경유하는 혈액 순환량이 감소한다.
  ③ 직장(直腸) 온도가 약간 올라간다.
  ④ 몸이 떨리고 소름이 돋는다.
2) 적정온도에서 더운 환경으로 바뀔 때의 현상
  ① 피부 온도가 올라간다.
  ② 많은 양의 혈액이 피부를 경유한다.
  ③ 직장 온도가 내려간다.
  ④ 발한이 시작한다(발한(sweating)의 증가).
  ⑤ 심박출량(cardiac output)의 증가

14 고열환경에서 심한 육체노동 후에 탈수와 체내 염분농도 부족으로 근육의 수축이 격렬하게 일어나는 장해는?

① 열경련(heat cramp)
② 열사병(heat stroke)
③ 열쇠약(heat prostration)
④ 열피로(heat exhaustion)

해설 열경련(heat cramp) : 고온환경 하에서 심한 육체노동을 함으로써 수의근에 통증이 있는 경련을 일으키는 고열장해(고열환경에서 심한 육체노동 후에 탈수와 체내 염분농도 부족으로 근육의 수축이 격렬하게 일어나는 장해)

정답 11. ② 12. ② 13. ② 14. ①

Chapter 06 정보입력표시

1. 시각적 표시장치

(1) 시각과정

(가) 시각(visual angle)과 시력(visual acuity) : 시력은 대상이 되는 존재와 형태를 인식하는 눈의 능력

① 시력의 단위는 국제협정에 의하며, 굵기 1.5mm, 지름 7.5mm인 란돌트(landolt) 고리의 1.5mm 틈 간격을 5m 떨어진 곳에서 분간할 수 있는 시력을 1.0으로 함.

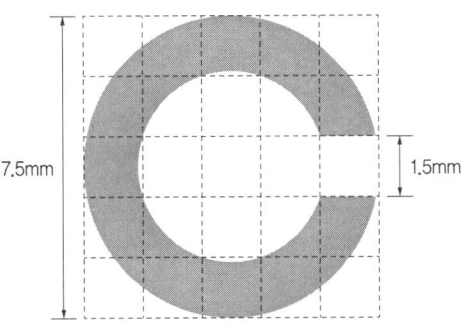

[그림] 란돌트(landolt) 고리

② 물체의 한 점과 눈을 연결하는 선이 방향선이며, 2개의 방향선 사이의 각을 시각이라 하고, 시각의 역수를 시력이라 함.(시각 : 보는 물체에 대한 눈의 대각).

㉠ 시각[분] = $\dfrac{H \times 57.3 \times 60}{D}$

{H : 란돌트 고리의 틈 간격(시각자극의 높이), D : 거리}

㉡ 시력 = $\dfrac{1}{시각}$

---

memo

눈의 구조

① 각막(cornea): 인간의 눈에서 빛이 가장 먼저 접촉하는 부분. 눈의 바깥쪽 표면 중 가운데에 위치하고 눈을 외부로부터 보호하며 빛의 굴절과 전달에 주요한 기능을 한다.

② 수정체(lens): 눈 안의 앞부분에 위치하고 볼록한 렌즈 모양이며 빛을 모아주는 역할을 하여 물체의 초점이 망막에 정확하게 맺히도록 해 준다.(카메라의 렌즈에 해당)
  - 수정체의 두께를 조절하여 초점을 맞추며, 멀리 있는 물체를 볼 때에는 두께가 얇아져서 빛의 굴절이 작아지고, 가까운 물체들 볼 때는 수성제가 두꺼워지고 빛의 굴절이 커져서 망막에 상이 정확하게 맺히도록 해준다(조절, accommodation).

③ 망막(retina): 빛이 망막의 적절한 위치에 상을 맺도록 초점을 맞추는 역할을 하며 인간의 눈의 분위 중에서 실제로 빛을 수용하여 두뇌로 전달하는 역할을 하는 부분(안구 벽의 가장 안쪽에 위치한 얇고 투명한 막, 카메라의 필름과 같은 역할)

입체시력(stereoscopic acuity): 거리가 있는 한 물체에 대한 약간 다른 상이 두 눈의 망막에 맺힐 때 이 것을 구별하는 능력(이로 인해 입체감을 느낌)

시력과 대비 감도에 영향을 미치는 인자
① 휘도 수준
② 노출 시간
③ 연령

> **참고**
> * 최소분간시력(minimum separable acuity) : 눈이 식별할 수 있는 과녁(target)의 최소 특징이나 과녁 부분들 간의 최소 공간을 의미하는 것
> * 디옵터(diopter) : 렌즈의 굴절력을 나타내는 단위로 초점거리(m)의 역수
>   D = 1/단위초점거리

(나) 순응(adaption, 조응) : 갑자기 어두운 곳에 들어가거나 밝은 곳에 노출되면 어느 정도 시간이 지나야 사물의 형상을 알 수 있는데, 이러한 광도수준에 대한 적응을 말함.

1) 암조응 : 인간의 눈이 일반적으로 완전암조응에 걸리는 데 소요되는 시간은 30~40분 정도

2) 명조응 : 1~3분

(2) 정량적, 정성적 표시장치

(가) 정량적 표시장치 : 온도, 속도 등 같은 동작으로 변하는 변수나 자로 재는 길이 같은 계량치에 관한 정보를 제공하는 데 사용(전력계에서와 같이 기계적 혹은 전자적으로 숫자가 표시)

* 아날로그 표시장치 : 동침형, 동목형/디지털 표시장치 : 계수형

동침형
표시값의 변화 방향이나 변화 속도를 나타내어 전반적인 추이의 변화를 관측할 필요가 있는 경우에 가장 적합한 표시장치 유형

1) 정목 동침(moving pointer)형 : 눈금이 고정되고 지침이 움직임.

① 측정값의 변화방향이나 변화속도를 나타내는 데 가장 유리
② 대략적인 편차나 변화를 빨리 파악
③ 아날로그 선택 시 적합
④ 정성적으로도 사용
⑤ 속도계, 고도계

[그림] 동침형(위), 동목형(아래)

2) 정침 동목(moving scale)형 : 지침이 고정되고 눈금이 움직임.

① 눈금의 증가는 불규칙적
② 표시장치의 공간을 적게 차지하는 장점
③ 빠른 인식을 요구하는 작업장에서 사용 불편
④ 체중계, 나침반

3) 계수형(digital display) : 전자적으로 숫자 표시
   ① 숫자로 바로 표시되기 때문에 판독오차가 적음(관측하고자 하는 측정값을 가장 정확하게 읽을 수 있는 표시 장치)
   ② 수치를 정확히 읽어야 하는 경우
   ③ 짧은 판독 시간을 필요로 할 경우
   ④ 판독 오차가 적은 것을 필요로 할 경우
   ⑤ 표시장치에 나타나는 값들이 계속적으로 변하는 경우에는 부적합하며 인접한 눈금에 대한 지침의 위치를 파악할 필요가 없는 경우의 표시장치 형태로 가장 적합
   ⑥ 수도계량기의 경우 계수형과 아날로그형을 혼합해서 사용

4) 아날로그 표시장치를 선택하는 일반적인 요구사항
   ① 일반적으로 동목형보다 동침형을 선호 : 눈금이 고정되고 지침이 움직이는 동침형을 선호
   ② 일반적으로 동침과 동목은 혼용하여 사용하지 않음 : 혼란이 가중되어 같이 혼용하지 않음.
   ③ 움직이는 요소에 대한 수동 조절을 설계할 때는 바늘(pointer)을 조정하는 것이 눈금을 조정하는 것보다 좋음 : 대략적인 편차나 변화를 빨리 파악할 수 있음.
   ④ 중요한 미세한 움직임이나 변화에 대한 정보를 표시할 때는 동침형을 사용 : 동침형은 미세 조정이 가능

5) 정량적 표시장치에 관한 설명
   ① 연속적으로 변화하는 양을 나타내는 데에는 일반적으로 디지털보다 아날로그 표시장치가 유리
   ② 정확한 값을 읽어야 하는 경우 일반적으로 디지털 표시장치가 유리
   ③ 동침(moving pointer)형 아날로그 표시장치는 바늘의 진행 방향과 증감 속도에 대한 인식적인 암시 신호를 얻는 것도 가능(색 암호화가 가능)
   ④ 동목(moving scale)형 아날로그 표시장치는 표시장치의 면적을 최소화할 수 있는 장점이 있음(체중계는 표시부분이 적음).

(나) 정성적 표시장치 : 온도, 압력, 속도 같이 연속적으로 변하는 변수의 대략적인 값이나 변화추세, 변화율 등을 알고자 할 때 사용
   ① 정성적 표시장치의 근본 자료 자체는 정량적인 것
   ② 색체 부호가 부적합한 경우에는 계기판 표시 구간을 형상 부호화하여 나타냄.

③ 변수의 상태나 조건이 미리 정해 놓은 몇 개의 범위 중 어디에 속하는가를 판정할 때
④ 바람직한 어떤 범위의 값을 대략 유지하고자 할 때
⑤ 정성적 표시 장치의 색채 암호화 및 상태 점검

[그림] 정성적 표시장치

(다) 정량적 자료를 정성적 판독의 근거로 사용하는 경우
① 미리 정해 놓은 몇 개의 한계범위에 기초하여 변수의 상태나 조건을 판정할 때
② 목표로 하는 어떤 범위의 값을 유지할 때(자동차 시속 60~70km 유지)
③ 변화 경향이나 변화율을 조사하고자 할 때(비행고도의 변화율)

(라) 아날로그 표시장치에서 눈금 간의 간격
일반적인 조건에서 정량적 표시장치의 두 눈금 사이의 간격인 눈금단위 길이는 정상 가시거리인 71cm(28inch)를 기준으로 정상조명에서 0.13cm 이상 권장

(3) 경고등 : 실제 또는 잠재적 위험 상황을 경고하는 데 사용
① 정상등과 점멸등 중의 선택 : 진행 중(정상등), 일시적 위급상황이나 새로운 상황(점멸등)
② 경고등의 수는 보통 하나가 좋음.
③ 점멸속도는 초당 3~10회, 지속시간 0.05초 이상이 적당
④ 크기 : 경고등에 대한 시각이 최소한 1도 이상이어야 함.
⑤ 경고등의 밝기 : 바로 뒤의 배경보다 2배 이상의 밝기를 사용
⑥ 위치 : 조작자의 정상 시선의 30° 안에 있어야 함.
⑦ 색깔 : 경고등(적색)

(4) 시각적 암호, 부호, 기호

(가) 구분

1) 묘사적 부호 : 사물이나 행동을 단순하고 정확하게 묘사한 것
   - 유해물질의 해골과 뼈, 도로표지판의 보행신호(보도 표지판의 걷는 사람), 소방안전표지판의 소화기

2) 추상적 부호 : 전언의 기본 요소를 도식적으로 압축한 부호, 원래의 개념과는 약간의 유사성만 존재
   - 별자리를 나타내는 12궁도

3) 임의적 부호 : 부호가 이미 고안되어 있어 이를 배워야 하는 부호
- 교통표지판에서 삼각형(주의를 나타내는 삼각형), 원형, 사각형 표시

(나) 시각적 암호의 효능(가장 성능이 우수한 암호 순)

숫자 및 색 암호(가장 우수) – 영자와 형상 암호 – 구성 암호

(다) 시각적 암호, 부호, 기호를 사용할 때에 고려사항(좋은 코딩 시스템의 요건)

① 암호(code)의 검출성   ② 암호의 판별성   ③ 부호의 양립성
④ 부호의 의미   ⑤ 암호의 표준화   ⑥ 다차원 암호의 사용

* 암호화(Coding) 방법 : 식별의 혼동을 최소화하기 위함(작업자가 용이하게 기계·기구를 식별할 수 있도록 암호화)
  ① 형상, 크기, 색채, 위치, 라벨(보편적), 촉감, 조작방법
  ② 코딩 : 원래의 신호 정보를 새로운 형태로 변화시켜 표시하는 것

* 원추세포(cone cell, 圓錐細胞) – 추상세포 : 눈의 망막에 있는 시세포로 색상을 감지하는 기능
  - 원추세포의 기능 결함이 발생할 경우 색맹 또는 색약이 되는 세포로 회색이 민감도가 가장 낮다.

* 시각에 관한 설명
  ① vernier acuity(버니어 시력, 배열시력) – 하나의 수직선이 중간에서 끊겨 아래 부분이 옆으로 옮겨진 경우에 미세한 치우침을 구별하는 능력(두 개의 선이 어긋나 있는지 인식하는 능력)
  ② minimum separable acuity(최소 가분 시력) – 눈이 식별할 수 있는 표적의 최소 모양(눈의 해상력, 최소분간시력)
  ③ stereoscopic acuity(입체시력) – 거리가 있는 한 물체의 상이 두 눈의 망막에 맺힐 때 그 상의 차이를 구별하는 능력(입체감)
  ④ minimum perceptible acuity(최소지각시력) – 배경과 구별하여 탐지할 수 있는 최소의 점

* 표시장치(display) – 가독성(readability)
  ① 획폭비(劃幅比 : stroke width ratio) : 문자의 높이에 대한 획 굵기의 비
    ㉠ 문자의 해독성(legibility)에 영향을 미치며, 숫자는 검은 바탕에 흰 숫자의 경우(음각) 1 : 13.3, 흰 바탕에 검은 숫자의 경우(양각) 1 : 8 정도가 최적 해독성을 주는 획폭비임.
    ㉡ 글자와 설계 요소에 있어 검은 바탕에 쓰여진 흰 글자가 번지어 보이는 현상과 가장 관련성이 높음.
  ② 종횡비(Width-Height ratio) : 문자의 폭과 높이의 관계를 나타낸 것으로 1:1의 비가 적당하며 3:5 정도까지 줄더라도 독해성에는 큰 영향이 없으며 숫자의 경우에는 3:5를 표준으로 권장하고 있음.
  ③ 광삼현상(Irradiation) : 빛의 번짐으로 그것이 본래 차지하고 있는 면적보다 크게 보이는 현상(배경을 어둡게 하고 사물을 강하게 비추면 사물이 실물보다 더 커 보이는 현상)

정보수용을 위한 작업자의 시각 영역
① 판별시야 : 시력, 색판별 등의 시각 기능이 뛰어나며 정밀도가 높은 정보를 수용할 수 있는 범위
② 유효시야 : 안구운동만으로 정보를 주시하고 순간적으로 특정정보를 수용할 수 있는 범위
③ 보조시야(주변시야) : 시감 색채계의 관측 시야 주위의 시야
④ 유도시야 : 제시된 정보의 존재를 판별할 수 있는 정도의 식별능력 밖에 없지만 인간의 공간 좌표 감각에 영향을 미치는 범위
 (* 시야(Visual field) : 머리와 안구를 움직이지 않고 볼 수 있는 범위)

정성적 시각 표시장치에서 형태성
복잡한 구조 그 자체를 완전한 실체로 자각하는 경향이 있기 때문에, 이 구조와 어긋나는 특성은 즉시 눈에 띈다는 특성

안전색채와 표시사항
① 빨강 – 방화, 금지, 정지, 고도의 위험
② 황색 – 위험, 경고
③ 노랑 – 주의
④ 녹색 – 안전, 유도, 안내
⑤ 파랑 – 지시

※ 텍스트 정보를 표현하는 방법의 설명
  ① 영문 소문자는 대문자보다 읽기 쉽다.
  ② 행간은 넓을수록 읽기가 편하다.
  ③ 문장은 수동문이나 부정문보다 능동문이나 긍정문이 더 이해하기 쉽다.

※ 작업장 내의 색채조절이 적합하지 못한 경우에 나타나는 상황
  ① 안전표지가 너무 많아 눈에 거슬린다.
  ② 현란한 색배합으로 물체 식별이 어렵다.
  ③ 무채색으로만 구성되어 중압감을 느낀다.
  ④ 다양한 색채를 사용하면 작업의 집중도가 낮아진다.

2. 청각적 표시장치

(1) 귀에 대한 구조(외이, 중이, 내이)

(가) 외이(external ear)는 귓바퀴와 외이도로 구성

(나) 중이(middle ear)는 고막, 중이소골, 유스타키오관으로 구성
  ① 고막은 외이와 중이의 경계부위에 위치해 있으며 음파를 진동으로 바꿈(외이와 중이는 고막을 경계로 분리)
  ② 중이에는 인두와 서로 교통하고 고실 내압을 조절하며, 중이와 내이에 연결되어 있는 유스타키오관이 존재
  ③ 고막 안쪽의 중이에는 중이소골(ossicle)이라 불리는 3개의 작은 뼈들(추골, 침골, 등골)이 서로 연결되어 있음.
  ④ 중이소골은 고막의 진동을 내이의 난원창으로 전달하는 역할
  ⑤ 등골은 난원창막 바깥쪽에 있는 내이액에 음압 변화를 전달하며, 전달 과정에서 고막에 가해지는 미세한 압력변화는 22배로 증폭되어 내이로 전달

(다) 내이(inner ear)는 신체의 균형을 담당하는 평형기관인 반규관(반고리관)과 전정기관 및 청각을 담당하는 와우관(달팽이관)으로 구성

(2) 음의 특징 및 측정

(가) 음파의 진동수 : 인간이 감지하는 음의 높낮이(Hz)

(나) 음의 강도 : 음의 진폭 또는 강도의 측정은 기압의 변화를 이용하여 측정. 그러나 음에 대한 기압차는 범위가 너무 넓어 음압수준(SPL : Sound Pressure Level)을 음의 강도에 대한 척도로 사용하는 것이 일반적

소리의 전달과정 : 소리→ 귓바퀴→외이도→고막→중이소골→달팽이관(청각 세포)→청각 신경→대뇌
① 귓바퀴: 소리를 모아 외이도로 보냄
② 외이도: 소리가 지나가는 통로
③ 고막: 소리에 의해 진동
④ 중이소골(귓속뼈): 고막의 진동을 증폭시켜 달팽이관으로 전달
⑤ 달팽이관: 분포된 청각 세포가 소리의 자극을 받아들임
* 유스타키오관(이관, 귀관): 중이와 인두(코인두, 비인강)를 연결하는 관으로 고막 안쪽의 압력을 바깥쪽(외이)과 동일하게 조절
* 난원창: 등골로 부터의 진동을 달팽이관 안으로 전달

주파수(진동수): 인간이 느끼는 소리의 높고 낮은 정도를 나타내는 물리량. 단위는 헤르츠(Hertz, Hz)

$$\text{SPL(dB)} = 20\log\left(\frac{P_1}{P_0}\right)$$

(P_0 : 1000Hz 순음의 가청 최소 음압(기준 음압), P_1 : 해당 음의 음압)

> **참고**
>
> ※ 거리에 따른 음의 변화(d_1, d_2) : $\text{dB}_2 = \text{dB}_1 - 20\log\left(\dfrac{d_2}{d_1}\right)$ (d : 거리)

> **예문** 경보사이렌으로부터 10m 떨어진 곳에서 음압수준이 140dB이면 100m 떨어진 곳에서 음의 강도는 얼마인가?
>
> **해설** 거리에 따른 음의 변화(d_1, d_2) $\text{dB}_2 = \text{dB}_1 - 20\log\left(\dfrac{d_2}{d_1}\right)$
>
> ⇨ $\text{dB}_2 = 140 - 20\log\left(\dfrac{100}{10}\right) = 120\text{dB}$

(다) 소음이 합쳐질 경우 음압수준

$$SPL(dB) = 10\log(10^{A_1/10} + 10^{A_2/10} + 10^{A_3/10} + \cdots)$$

(A_1, A_2, A_3 : 소음)

> **음의 크기의 수준**
>
> • Phon : 1,000Hz 순음의 음압수준(dB)을 나타냄.
> • sone : 40dB의 음압수준을 가진 순음의 크기를 1sone이라 함.
> • sone와 Phon의 관계식 : sone = $2^{(\text{Phon}-40)/10}$

> **예문** 음량수준이 60phon일 때 sone의 값은?
>
> **해설** sone = $2^{\frac{\text{phon}-40}{10}} = 2^{\frac{60-40}{10}} = 2^2 = 4[\text{sone}]$

(3) **사람이 음원의 방향을 결정하는 주된 암시신호(cue)** : 인간이 음원의 방향을 결정할 때의 기본 실마리(cue)는 소리의 강도와 위상차
  – 음파의 방향을 추정하는 능력을 입체음향효과(stereophony)

(4) **은폐효과(masking)**
  ① 음의 한 성분이 다른 성분에 대한 귀의 감수성을 감소시키는 상황
  ② 사무실의 자판 소리 때문에 말소리가 묻히는 경우에 해당
    – 두 가지 음이 동시에 들릴 때 한 가지 음 때문에 다른 음이 작게 들리는 현상(배경음악에 실내소음이 묻히는 것)

음량 수준을 측정할 수 있는 3가지 척도
① phon
② sone
③ 인식소음 수준
* 인식소음 수준(perceived noise level): 소음의 측정에 이용되는 척도로 소음 음압 수준
* 1sone: 1,000Hz이 순음이 40dB일 때

dB(decibel)
소음의 크기를 나타내는 단위(음의 강약을 나타내는 기본 단위)

은폐효과
유의적 신호와 배경 소음의 차이를 신호/소음(S/N)비로 나타낸다.

역치(threshold)
어떤 자극을 탐지할 수 있는 최소한의 기준

③ 피 은폐된 한 음의 가청역치가 다른 은폐된 음 때문에 높아지는 현상
 - 다른 소리에 의해 소리의 가청역치가 높아진 상태(최저 가청한계가 상승하여 잘 들리지 않음)
④ 두 소리의 주파수가 비슷하면 은폐 효과가 가장 크다.

(5) 청각적 표시장치의 설계(경계 및 경보신호 선택 시 지침)

① 경보는 청취자에게 위급 상황에 대한 정보를 제공하는 것이 바람직함.

음의 세기가 가장 큰 것과 가장 높은 음
진폭이 크면 음의 세기가 크고, 파형의 주기가 짧으면 음이 높다.

② 귀는 중음역에 가장 민감하므로 500~3000Hz의 진동수를 사용(가청 주파수 내에서 사람의 귀가 가장 민감하게 반응하는 주파수 대역)
③ 고음은 멀리 가지 못하므로 장거리(300m 이상) 용으로는 1000Hz 이하의 진동수를 사용(신호를 멀리 보내고자 할 때에는 낮은 주파수를 사용하는 것이 바람직함.)
④ 신호가 장애물을 돌아가거나 칸막이를 통과해야 할 때는 500Hz 이하의 진동수를 사용
⑤ 주의를 끌기 위해서는 초당 1~8번 나는 소리 또는 초당 1~3번의 오르내리는 소리같이 변조된 신호를 사용
⑥ 경보 효과를 높이기 위해서 개시 시간이 짧은 고감도 신호를 사용
⑦ 배경 소음의 주파수와 다른 주파수의 신호를 사용하는 것이 바람직
⑧ 가능하다면 다른 용도에 쓰이지 않는 확성기, 경적 등과 같은 별도의 통신 계통을 사용
⑨ 귀 위치에서 신호의 강도는 110dB과 은폐 가청역치의 중간정도가 적당

변화감지역(JND: Just noticeable difference): 자극 사이의 변화 여부를 감지할 수 있는 최소의 자극 범위

⑩ JND(Just Noticeable Difference)가 작을수록 차원의 변화를 쉽게 검출할 수 있음.
⑪ 다차원암호시스템을 사용할 경우 일반적으로 차원의 수가 적고 수준의 수가 많을 때보다 차원의 수가 많고 수준의 수가 적을 때 식별이 수월
⑫ 귀에는 음에 대해서 즉시 반응하지 않으므로 순음의 경우에는 최소한 0.3초 지속해야 하며, 이보다 짧아질 경우에는 가청성의 감소를 보상하기 위해서 강도를 증가시킴(신호는 최소한 0.5~1초 동안 지속한다.)
⑬ 소음은 양쪽 귀에, 신호는 한쪽 귀에 들리게 한다.

> **청각에 관한 설명**
> ① 인간에게 음의 높고 낮은 감각을 주는 것은 음의 진동수(frequency)이다.
> - Hz(Hertz)
> ② 1000Hz 순음의 가청최소음압을 음의 강도 표준치로 사용한다.
> ③ 일반적으로 음이 한 옥타브 높아지면 진동수는 2배 높아진다.
> ④ 복합음은 여러 주파수대의 강도를 표현한 주파수별 분포를 사용하여 나타낸다.

> **청각적 표시의 원리**
> ① 양립성(compatibility)이란 가능한 한 사용자가 알고 있거나 자연스러운 신호 차원과 코드를 선택하는 것을 말한다.
>   – 체계에 주어지는 자극, 반응 등 이들 간의 관계가 인간의 기대와 모순되지 않는 성질
> ② 근사성(approximation)이란 복잡한 정보를 나타내고자 할 때 2단계의 신호를 고려하는 것을 말한다.
> ③ 분리성(dissociability)이란 두 가지 이상의 채널을 듣고 있다면 각 채널의 주파수가 분리되어야 한다는 것을 말한다.
> ④ 검약성(parsimony)이란 조작자에 대한 입력신호는 꼭 필요한 정보만을 제공하는 것을 말한다.

(6) 시각적 표시장치와 청각적 표시장치의 비교(정보전달)

시각적 표시장치 사용 유리	청각적 표시장치 사용 유리
① 정보의 내용이 복잡한 경우 ② 정보의 내용이 긴 경우 ③ 정보가 후에 다시 참조되는 경우 ④ 정보가 공간적인 위치를 다루는 경우 ⑤ 정보의 내용이 즉각적인 행동을 요구하지 않는 경우 ⑥ 수신자의 청각 계통이 과부하 상태일 때 ⑦ 수신 장소가 너무 시끄러울 때 ⑧ 직무상 수신자가 한곳에 머무르는 경우	① 정보의 내용이 간단한 경우 ② 정보의 내용이 짧은 경우 ③ 정보가 후에 다시 참조되지 않는 경우 ④ 정보의 내용이 시간적인 사상(event 사건)을 다루는 경우 ⑤ 정보의 내용이 즉각적인 행동을 요구하는 경우 ⑥ 수신자의 시각 계통이 과부하 상태일 때 ⑦ 수신 장소가 너무 밝거나 암조응 유지가 필요할 때 ⑧ 직무상 수신자가 자주 움직이는 경우

(7) 명료도 지수(articulation index)

통화이해도를 추정할 수 있는 근거로 명료도 지수를 사용하는데, 각 옥타브 대의 음성과 소음의 dB값에 가중치를 곱하여 합계를 구한 것

– 음성통신 계통의 명료도지수가 약 0.3 이하인 음성통신계통은 음성통신자료로 전송하기에는 부적당한 것으로 봄.

* 통신 악조건 하에서 전달 확률이 높아지도록 전언을 구성하는 방법
  ① 표준 문장의 구조를 사용한다.
  ② 독립적인 음절을 사용하는 것보다 문장을 사용하는 것이 전달확률이 높다(단어보다 문맥의 정보를 전달).
  ③ 사용하는 어휘수를 가능한 적게 한다.
  ④ 수신자가 사용하는 단어와 문장구조에 친숙해지도록 한다.
  ⑤ 짧은 단어보다 긴 단어가 이해도가 크다.

> 검파: 변조된 신호파에서 변조된 성분만을 뽑아내는 조작

✱ 음성통신 시스템의 구성 요소에서 우수한 화자(speaker)의 조건
① 큰 소리로 말한다.
② 음절 지속시간이 길다.
③ 전체 발음시간이 길고, 쉬는 시간이 짧다.

✱ 청각적 신호의 수신에 관계되는 인간의 기능 : ① 검출(detection, 검응, 검파) ② 위치 판별(directional judgement) ③ 상대적 분간 ④ 절대적 식별(absolute judgement)

✱ 화재 발생 시 대피 안내방송을 음성 합성기로 전달하고자 할 때 활용할 수 있는 음성 합성 체계유형
- 경고안내문을 낭독하는 본인의 실제 음성 파형을 모형화하는 음성 정수화 방법을 활용
(✱ 음성합성 : 주로 컴퓨터를 활용하여 음성을 합성하는 방법 – 음성파형의 처리에 의한 방법과, 음성의 생성 모델에 의한 처리의 방법)

3. 촉각 및 후각적 표시장치 등

(1) 피부감각

(가) **통각** : 아픔을 느끼는 감각

(나) **압각** : 압박이나 충격이 피부에 주어질 때 느끼는 감각

(다) 인체의 피부감각에 있어 민감한 순서 : 통각 – 압각 – 냉각 – 온각

감각점의 분포량

감각	분포밀도(개/cm^2)	감각	분포밀도(개/cm^2)
통각	100~200	냉각	6~23
압각	50	온각	3
촉각	25		

(2) 반응시간(reaction time) : 동작을 개시할 때까지의 총시간
- 총반응시간 = 단순반응시간 + 동작시간 = 0.2초 + 0.3초 = 0.5초

1) **단순반응시간(simple reaction time)** : 하나의 특정한 자극만이 발생할 수 있을 때 반응에 걸리는 시간

① 흔히 실험에서와 같이 자극을 예상하고 있을 때 반응시간 : 0.15~0.2초 정도(자극의 특성, 연령, 개인차에 따라 차이가 있음)

② 자극을 예상하지 못할 경우 일반적 반응시간 : 0.1초

2) 동작시간 : 신호에 따라 동작을 실행하는 데 걸리는 시간으로 최소한 0.3초는 걸림(조종활동에서의 최소치)

(3) 감각기관별 반응시간

감각	반응시간	감각	반응시간
청각	0.17초	미각	0.29초
촉각	0.18초	통각	0.7초
시각	0.2초		

(4) 정보의 촉각적 암호화 방법
① 표면 촉감을 사용하는 경우 - 점자, 진동, 온도
② 형상을 구별하여 사용하는 경우
③ 크기를 구별하여 사용하는 경우

※ 촉각적 표시장치에서 기본 정보 수용기
– 촉각적 표시장치에서 기본 정보 수용기로 주로 사용되는 것 : 손

(5) 후각적 표시장치
보편적으로 사용하지 않고 몇 가지 특정용도에 사용 : 가스누출경보(천연가스에 냄새나는 물질 첨가), 광산에서의 비상경보(긴급대피 상황 시 악취)
① 냄새의 확산을 통제하기 힘들다.
② 코가 막히면 민감도가 떨어진다.
③ 냄새에 대한 민감도의 개인차가 있다.
④ 복잡한 정보를 전달하는데 유용하지 않다.

※ 절대적 식별 능력이 가장 좋은 감각기관 : 후각
※ 반복적 노출에 따라 민감성이 가장 쉽게 떨어지는 표시장치 : 후각 표시장치

4. 관련 법칙

(1) 웨버(Weber)의 법칙(Weber비) : 인간이 감지할 수 있는 외부의 물리적 자극 변화의 최소 범위는 기준이 되는 자극의 크기에 비례하는 현상을 설명한 이론(음의 높이, 무게 등 물리적 자극을 상대적으로 판단하는 데 있어 특정감각기관의 변화감지역은 표준자극(기준자극)에 비례한다.)
① 특정 감각기관의 기준 자극과 변화감지역과 연관관계 실험
② 물리적 자극을 상대적으로 판단하는데 있어 특정감각의 변화감지역은 사용되는 기준자극 크기에 비례

웨버의 법칙
〈10kg의 역기를 들고 있는 사람이 100g의 추가된 무게를 감지할 수 없고, 500g의 무게는 감지할 수 있다면〉 ① 10kg에서 변화감지역(JND)은 500g이고, 20kg에서의 변화감지역은 1kg이 됨. ② 두 자극의 변화를 감지할 수 있는 변화감지역은 기준자극의 크기에 비례하고, 비는 일정함 ③ Weber비=$\Delta I/I$ =0.5kg/10kg =1kg/20kg =0.05 ④ 초기(기준)자극의 강도가 크면 변화감지역도 커야만 그 변화의 차이를 인식할 수 있다. (20kg에서 0.5kg은 쉽게 인식하지 못함.) ⑤ Weber비가 작을수록 분별력이 좋고, 클수록 둔감함. ⑥ Weber비는 기준자극에 대해 변화를 인식할 수 있는 최소한의 변화량을 의미함.

변화감지역: 차이역, 최소식별 차이, 차이식역, 상대적 문턱
• 두 자극 사이의 변화 여부를 감지할 수 있는 정도만큼의 자극의 차이

피츠 법칙: 자동차 가속 페달과 브레이크 페달과의 간격, 브레이크 폭등을 결정하는 데 사용할 수 있는 가장 적합한 인간공학 이론

$$\text{Weber비} = \frac{\Delta I}{I} \quad (\Delta I : \text{변화감지역}, I : \text{기준자극크기})$$

③ 기준자극이 클수록 차이를 느끼는 데 필요한 자극량의 변화가 더 커야 하며, 기준자극이 작으면 약간의 변화만으로도 차이를 느낄 수 있다는 의미
④ 감각의 감지에 대한 민감도(Weber비는 분별의 질을 나타냄)
⑤ Weber비가 작을수록 분별력 뛰어난 감각(분별력이 좋음)
⑥ 변화감지역(JND)이 작을수록 그 자극차원의 변화를 쉽게 검출할 수 있음.

(2) 변화감지역(JND: Just noticeable difference) : 최소한의 감지 가능한 차이(신호의 강도, 진동수에 의한 신호의 상대 식별등 물리적 자극의 변화 여부를 감지할 수 있는 최소의 자극 범위)

① 작을수록 감각변화 검출 용이
② 사람이 50% 이상을 검출할 수 있는 자극차원의 최소 변화
③ 주파수 변화에 대한 식별
④ 변화감지역(JND)이 가장 작은 음 : 낮은 주파수와 큰 강도를 가진 음
 – 주파수가 1000Hz 이하(특히 음의 강도가 높을 때)의 순음들에 대하여 JND는 작음.
⑤ 주파수가 1000Hz 이상되면 JND는 급격히 커짐.

(3) 기타 법칙

(가) 힉-하이만(Hick-Hyman) 법칙 : 운전원이 신호를 보고 어떤 장치를 조작해야 할지를 결정하기까지 걸리는 시간을 예측하기 위해서 사용할 수 있는 이론(반응시간과 자극-반응 대안 간의 관계를 나타내는 법칙)

(나) 피츠(Fitts) 법칙 : 인간의 손이나 발을 이동시켜 조작장치를 조작하는 데 걸리는 시간을 표적까지의 거리와 표적 크기의 함수로 나타내는 모형
 – 표적의 크기가 작고 이동 거리(움직이는 거리)가 증가할수록 운동 시간(이동 시간)이 증가함. 정확성이 많이 요구될수록 운동 속도가 느려지고, 속도가 증가하면 정확성이 줄어듦.

$$\text{동작시간}(MT) = a + b\log_2\frac{2D}{W}$$

a, b : 작업의 난이도(index of difficulty)
W : 표적의 너비
D : 시작점에서 표적까지의 거리

(다) **신호검출이론(SDT : Signal Detection Theory)** : 소음(noise)이 신호 검출에 미치는 영향을 다루는 이론
- 소음이 정규분포(nomal distribution)를 따른다고 가정함. 기준점에서 두곡선의 높이의 비 (신호/소음)를 β라고 하며 두 정규분포 곡선이 교차하는 부분에 판별기준이 놓였을 경우 $\beta = 1$로 나타남.
① 신호와 소음을 쉽게 식별할 수 없는 상황에 적용된다.
- 신호검출 이론의 응용분야 : 품질검사, 의료진단, 교통통제 분야 등
② 일반적인 상황에서 신호 검출을 간섭하는 소음이 있다.
③ 통제된 실험실에서 얻은 결과를 현장에 그대로 적용 가능하지 않다.
④ 신호와 소음이 중첩될 때 혼동이 일어나기 쉬우며, 신호의 유무를 판정함에 있어 4가지가 있다.
- 긍정(hit), 허위(false alarm), 누락(miss), 부정(correct rejection)의 네 가지 결과로 나눌 수 있다.

(4) **2점 문턱값(two-point threshold)** : 촉감의 일반적인 척도의 하나(손에 두점을 눌렀을 때 다르게 느끼는 점 사이의 최소거리)
- 2점 문턱값이 감소하는 순서 : 손바닥 → 손가락 → 손가락 끝

> 참고
>
> ✻ **역치(threshold value, 문턱값)** : 자극에 대해 어떤 반응을 일으키는 데 필요한 최소량의 에너지
> - 표적 물체나 관측자 또는 모두가 움직이는 경우에는 시력의 역치(threshold)가 감소

암호체계 사용상의 일반적인 지침
① 암호의 검출: 검출이 가능해야 함
② 암호의 변별성: 다른 암호 표시와 구별되어야 함
③ 부호의 양립성: 자극-반응 조합의 관계가 인간의 기대와 모순되지 않아야 함
④ 부호의 의미: 사용자가 그 뜻을 분명히 알 수 있어야 함

신호의 검출성: 통신에서 잡음 중의 일부를 제거하기 위해 필터(filter)를 사용하였다면 이는 신호의 검출성의 성능을 향상시키는 것

CHAPTER 06 항목별 우선순위 문제 및 해설

01 안전·보건표지에서 경고표는 삼각형, 안내표지는 사각형, 지시표지는 원형 등으로 부호가 고안되어 있다. 이처럼 부호가 이미 고안되어 이를 사용자가 배워야 하는 부호를 무엇이라 하는가?

① 묘사적 부호
② 추상적 부호
③ 임의적 부호
④ 사실적 부호

해설 시각적 암호, 부호, 기호
1) 묘사적 부호 : 사물이나 행동을 단순하고 정확하게 묘사한 것
   - 유해물질의 해골과 뼈, 도로표지판의 보행신호, 소방안전표지판의 소화기
2) 추상적 부호 : 전언의 기본 요소를 도식적으로 압축한 부호, 원래의 개념과는 약간의 유사성만 존재
3) 임의적 부호 : 부호가 이미 고안되어 있어 이를 배워야 하는 부호
   - 교통표지판에서 삼각형, 원형, 사각형 표시

02 다음 중 시각적 표시장치에 관한 설명으로 옳은 것은?

① 정량적 표시장치는 연속적으로 변하는 변수의 근사값, 변화경향 등을 나타냈을 때 사용한다.
② 계기가 고정되어 있고, 지침이 움직이는 표시장치를 동목형(moving scale) 장치라고 한다.
③ 계수형(digital) 장치는 수치를 정확하게 읽어야 할 경우에 사용한다.
④ 정량적 표시장치의 눈금은 2 또는 3의 배수로 배열을 사용하는 것이 좋다.

해설 시각적 표시장치에 관한 설명
(가) 정량적 표시장치 : 온도, 속도 등 같은 동작으로 변하는 변수나 자로 재는 길이 같은 계량치에 관한 정보를 제공하는 데 사용(전력계에서와 같이 기계적 혹은 전자적으로 숫자가 표시)
  * 아날로그 표시장치 : 동침형, 동목형, 디지털 표시장치 : 계수형
  1) 정목 동침(moving pointer)형 : 눈금이 고정되고 지침이 움직임(속도계, 고도계)
  2) 정침 동목(moving scale)형 : 지침이 고정되고 눈금이 움직임(체중계, 나침반)
  3) 계수형(digital display) : 전자적으로 숫자 표시 (관측하고자 하는 측정값을 가장 정확하게 읽을 수 있는 표시장치)
(나) 정성적 표시장치 : 온도, 압력, 속도 같이 연속적으로 변하는 변수의 대략적인 값이나 변화추세, 변화율 등을 알고자 할 때 사용

03 다음 중 청각적 표시장치보다 시각적 표시장치를 이용하는 경우가 더 유리한 경우는?

① 메시지가 간단한 경우
② 메시지가 추후에 재참조되지 않는 경우
③ 직무상 수신자가 자주 움직이는 경우
④ 메시지가 즉각적인 행동을 요구하지 않는 경우

해설 시각적 표시장치와 청각적 표시장치의 비교(정보전달)

시각적 표시장치 사용 유리	청각적 표시장치 사용 유리
① 정보의 내용이 복잡한 경우	① 정보의 내용이 간단한 경우
② 정보가 후에 다시 참조되는 경우	② 정보가 후에 다시 참조되지 않는 경우
③ 정보의 내용이 즉각적인 행동을 요구하지 않는 경우	③ 정보의 내용이 즉각적인 행동을 요구하는 경우
④ 직무상 수신자가 한 곳에 머무르는 경우	④ 직무상 수신자가 자주 움직이는 경우

정답 01. ③ 02. ③ 03. ④

04 자동생산라인의 오류 경보음을 3단계로 설계하였다. 1단계 경보음이 1000Hz, 60dB라 할 때 3단계 오류 경보음이 1단계 경보음보다 4배 더 크게 들리도록 하려면, 다음 중 경보음의 주파수와 음압수준으로 가장 적절한 것은?

① 1000Hz, 80dB
② 1000Hz, 120dB
③ 2000Hz, 60dB
④ 2000Hz, 80dB

해설 음의 크기의 수준
- Phon : 1,000Hz 순음의 음압수준(dB)을 나타냄.
- sone : 40dB의 음압수준을 가진 순음의 크기를 1sone이라 함.
- sone와 Phon의 관계식 : $sone = 2^{\frac{phon-40}{10}}$

① 1단계 경보음이 1000Hz, 60dB은 60phon. 음량수준이 60phon인 음을 sone으로 환산
$sone = 2^{\frac{phon-40}{10}} = 2^{\frac{60-40}{10}} = 4sone$

② 3단계 오류 경보음이 1단계 경보음보다 4배 더 크게 함 : 4sone × 4배 = 16sone

③ 16sone을 phon으로 환산
$16 = 2^{\frac{phon-40}{10}} \rightarrow 2^4 = 2^{\frac{phon-40}{10}} \rightarrow Phon = 80$

④ 따라서 80phon은 1,000Hz, 순음에 80dB

05 다음 중 청각적 표시장치의 설계에 관한 설명으로 가장 거리가 먼 것은?

① 신호를 멀리 보내고자 할 때에는 낮은 주파수를 사용하는 것이 바람직하다.
② 배경 소음의 주파수와 다른 주파수의 신호를 사용하는 것이 바람직하다.
③ 신호가 장애물을 돌아가야 할 때에는 높은 주파수를 사용하는 것이 바람직하다.
④ 경보는 청취자에게 위급 상황에 대한 정보를 제공하는 것이 바람직하다.

해설 청각적 표시장치의 설계(경계 및 경보신호 선택 시 지침)
① 경보는 청취자에게 위급 상황에 대한 정보를 제공하는 것이 바람직
② 귀는 중음역에 가장 민감하므로 500~3000Hz의 진동수를 사용
③ 고음은 멀리 가지 못하므로 장거리(300m 이상)용으로는 1000Hz 이하의 진동수를 사용(신호를 멀리 보내고자 할 때에는 낮은 주파수를 사용하는 것이 바람직)
④ 신호가 장애물을 돌아가거나 칸막이를 통과해야 할 때는 500Hz 이하의 진동수를 사용

06 "음의 높이, 무게 등 물리적 자극을 상대적으로 판단하는 데 있어 특정 감각기관의 변화감지역은 표준자극에 비례한다"라는 법칙을 발견한 사람은?

① 핏츠(Fitts) ② 드루리(Drury)
③ 웨버(Weber) ④ 호프만(Hofmann)

해설 웨버(Weber)의 법칙(Weber비)
인간이 감지할 수 있는 외부의 물리적 자극 변화의 최소 범위는 기준이 되는 자극의 크기에 비례하는 현상을 설명한 이론(음의 높이, 무게 등 물리적 자극을 상대적으로 판단하는 데 있어 특정감각기관의 변화감지역은 표준자극(기준자극)에 비례한다.)

07 다음 중 자동차 가속 페달과 브레이크 페달 간의 간격, 브레이크 폭 등을 결정하는 데 사용할 수 있는 가장 적합한 인간공학 이론은?

① Miller의 법칙 ② Fitts의 법칙
③ Weber의 법칙 ④ Wickens의 법칙

해설 피츠(Fitts)의 법칙 : 인간의 손이나 발을 이동시켜 조작장치를 조작하는 데 걸리는 시간을 표적까지의 거리와 표적 크기의 함수로 나타내는 모형
① 표적이 작고 이동거리가 증가할수록 이동시간(운동시간)이 증가함. 정확성이 많이 요구될수록 운동 속도가 느려지고, 속도가 증가하면 정확성이 줄어듦.
② 자동차 가속 페달과 브레이크 페달 간의 간격, 브레이크 폭 등을 결정하는 데 사용할 수 있는 가장 적합한 인간공학 이론

정답 04. ① 05. ③ 06. ③ 07. ②

08 다음 중 반응시간이 가장 느린 감각은?

① 청각 ② 시각
③ 미각 ④ 통각

해설 감각기관별 반응시간

감각	반응시간	감각	반응시간
청각	0.17초	미각	0.29초
촉각	0.18초	통각	0.7초
시각	0.2초		

09 단순반응시간(simple reaction time)이란 하나의 특정한 자극만이 발생할 수 있을 때 반응에 걸리는 시간으로서 흔히 실험에서와 같이 자극을 예상하고 있을 때이다. 자극을 예상하지 못할 경우 일반적으로 반응시간은 얼마정도 증가되는가?

① 0.1초 ② 0.5초
③ 1.5초 ④ 2.0초

해설 단순반응시간(simple reaction time) : 하나의 특정한 자극만이 발생할 수 있을 때 반응에 걸리는 시간
① 흔히 실험에서와 같이 자극을 예상하고 있을 때 반응시간 : 0.15~0.2초 정도(자극의 특성, 연령, 개인차에 따라 차이가 있음)
② 자극을 예상하지 못할 경우 일반적 반응시간 : 0.1초

정답 08. ④ 09. ①

Chapter 07 설비의 유지관리

1. 기계설비의 고장 유형

(1) 초기 고장(감소형 고장)

설계상, 구조상 결함, 불량제조·생산과정 등의 품질관리 미비로 생기는 고장

① 점검 작업이나 시운전 작업 등으로 사전에 방지(물품을 일정시간 가동시켜 결함을 찾아내고 제거하여 고장률을 안전시키는 기간)
② 디버깅 기간(debugging) : 기계의 결함을 찾아내 고장률을 안정시키는 기간
③ 번인기간(burn-in) : 장시간 가동하면서 고장을 제거하는 기간

(2) 우발 고장(일정형)

예측할 수 없을 때 생기는 고장으로 점검 작업이나 시운전 작업으로 재해를 방지할 수 없음.

❋ 우발고장기간에 발생하는 고장의 원인
① 사용자의 과오 때문에
② 안전계수가 낮기 때문에
③ 최선의 검사방법으로도 탐지되지 않는 결함 때문에
④ 설계강도 이상의 급격한 스트레스가 축적되어 높기 때문에

(3) 마모 고장(증가형)

장치의 일부가 수명을 다 해서 생기는 고장으로, 안전진단 및 적당한 보수에 의해서 방지

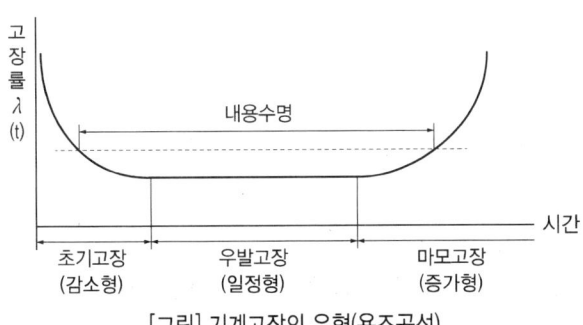

[그림] 기계고장의 유형(욕조곡선)

2. 보전성 공학

(1) 보전(maintenance) : 수리 가능한 부품이나 시스템을 사용 가능한 상태로 유지시키고 고장이나 결함을 회복시키기 위한 제반조치 및 활동

- 보전(maintenance)을 행하기 위한 주요 작업
  ① 점검 및 검사 ② 청소, 급유 등의 서비스 ③ 조정, 수리 교환 등의 시정조치

(2) 설비보전방식의 유형 등

(가) 일상보전 : 설비의 열화를 방지하고 그 진행을 지연시켜 수명을 연장하기 위한 설비의 점검, 청소, 주유 및 교체 등의 활동을 위한 보전

(나) 사후보전(breakdown M) : 경제성을 고려하여 고장정지 또는 유해한 성능 저하를 가져온 후에 수리하는 보전방식(돌발고장 및 보전비의 감소)

(다) 예방보전(preventive M) : 설비의 정상상태를 유지하고 고장이 일어나지 않도록 열화를 방지하기 위한 일상보전, 열화를 측정하기 위한 정기검사 또는 설비진단, 열화를 조기에 복원시키기 위한 정비 등을 하는 것(교체주기와 가장 밀접한 관련성이 있는 보전방식)

- 예방보전을 수행함으로써 기대되는 이점 : ① 정지시간 감소로 유휴손실 감소 ② 신뢰도 향상으로 인한 제조원가의 감소 ③ 납기엄수에 따른 신용 및 판매기회 증대

(라) 개량보전(corrective M) : 기기 부품의 수명연장이나 고장 난 경우의 수리시간 단축 등 설비에 개량 대책을 세우는 방법

(마) 보전예방(M preventive) : 설비보전 정보와 신기술을 기초로 신뢰성, 조작성, 보전성, 안전성, 경제성 등이 우수한 설비의 선정, 조달 또는 설계를 통하여 궁극적으로 설비의 설계, 제작 단계에서 보전활동이 불필요한 체제를 목표로 한 설비보전 방법

(마) 조직형태에 따른 **집중보전(central maintenance)과 부문보전(departmental maintenance)**

1) 집중보전(central maintenance) : 모든 보전요원을 한 사람의 관리자 밑에 집중
  ① 기동성, 인원 배치의 유연성
  ② 전 공장에 대한 판단으로 중점보전이 수행될 수 있음.

③ 분업/전문화가 진행되어 전문적으로서 고도의 기술을 갖게 됨.
④ 직종 간의 연락이 좋고, 공사 관리가 쉬움.

2) 부문보전(departmental maintenance) : 공장의 보전요원을 각 제조 부문의 감독자 밑에 배치되어 있음.
① 보전요원은 각 현장에 배치되어 있어 재빠르게 작업할 수 있음.
② 현장과의 일체감
③ 작업장 이동시간이 절약
④ 작업요청에서 완료까지의 업무가 신속하게 처리
⑤ 보전요원이 특정설비에 대한 기술 습득이 용이

> **참고**
>
> ※ 생산보전 : 미국의 GE사가 처음으로 사용한 보전으로, 설계에서 폐기에 이르기까지 기계설비의 전과정에서 소요되는 설비의 열화손실과 보전비용을 최소화하여 생산성을 향상시키는 보전방법(설비의 생산성을 높이는 가장 효과적인 보전방식)
> ※ 예지보전(豫知保全, condition based maintenance) – 상태보전(狀態保全) : 설비의 상태를 기준으로 해서 보전 시기를 정하는 방법으로 설비의 구성부품에 대한 열화의 진행을 정량적으로 예지·예측하여 보수, 교체를 계획·실시하는 것
>   – 설비의 이상상태 여부를 감시하여 열화의 정도가 사용 한도에 이른 시점에서 부품교환 및 수리하는 설비보전 방법
> ※ 신뢰성과 보전성 개선을 목적으로 한 효과적인 보전기록자료
>   ① MTBF 분석표 : 설비의 고장(건수, 시간 등)과 보전내역 등을 기록한 서류
>   ② 설비이력카드 : 설비의 이력 등을 기록한 카드
>   ③ 고장원인대책표 : 설비의 고장과 원인, 대책을 기록한 서류
> ※ TPM(Total Productive Maintenance) 추진단계 : 설비관리 효율화
>   (TPM : 전사적 생산보전. 전종업원이 설비의 보선업무에 침가, 설비고장의 원천적 봉쇄는 물론 불량제로·재해 제로를 추구해 기업의 체질을 변화시키고자 하는 기업혁신운동)
>   ① 자주보전활동단계 : 사업장에 불합리한 점을 개선하여 생산성 향상
>   – 작업자가 직접 운전하는 설비의 마모율 저하를 위하여 설비의 윤활관리를 일상에서 직접 행하는 활동 등
>   ② 개별개선활동단계 : 프로젝트팀 활동과 소집단활동
>   ③ 계획보전활동단계 : 개량보전, 정기보전, 예지보전

가속수명시험
사용조건을 정상사용조건보다 강화하여 적용함으로써 고장 발생시간을 단축하고, 검사비용의 절감효과를 얻고자 하는 수명시험

(3) 보전성 척도

(가) MTBF(평균고장간격, Mean Time Between Failure) : 고장 간의 동작 시간 평균치(무고장 시간의 평균) – MTBF가 길수록 신뢰성 높음.

MTBF/MTTF

① MTBF(평균고장간격) : 고장들 사이 가동시간들의 평균
  - 일반적 수리가능 시스템에 사용
② MTTF(평균고장시간) : 고장날 때까지의 평균 시간
  - 일반적으로 수리가 불가능한 시스템에 사용-(예 : 전구)

$$MTBF = \frac{1}{\lambda}, \quad \lambda(평균고장률) = \frac{고장건수}{가동시간}$$

$$MTBF = \frac{가동시간}{고장건수} = \frac{총가동시간-총고장수리시간}{고장건수(횟수)}$$

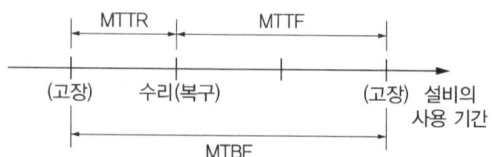

> **예문** 한 대의 기계를 100시간 동안 연속 사용한 경우 6회의 고장이 발생하였고, 이때의 총고장수리시간이 15시간이었다. 이 기계의 MTBF(Mean Time Between Failure)는 약 얼마인가?
>
> **해설** MTBF(Mean Time Between Failure)
> $= \frac{가동시간}{고장건수} = \frac{총가동시간-총고장수리시간}{고장건수(횟수)} = \frac{100-15}{6} = 14.17$

(나) MTTF(평균고장시간 Mean Time To Failure) : 고장 발생까지의 평균시간, 평균수명

$$MTTF = \frac{1}{\lambda}, \quad \lambda(고장률) = \frac{고장건수}{가동시간}, \quad MTTF = \frac{총가동시간}{고장건수}$$

> **예문** 한 화학공장에는 24개의 공정제어회로가 있으며, 4000시간의 공정 가동 중 이 회로에는 14번의 고장이 발생하였고, 고장이 발생하였을 때마다 회로는 즉시 교체되었다. 이 회로의 평균고장시간(MTTF)은 얼마인가?
>
> **해설** 평균고장시간(MTTF)
> MTTF = 총가동시간/고장건수 = (24×4000)/14 = 6857.142 = 6857시간

1) 직렬계인 경우 체계(system)의 수명 $= \dfrac{MTTF}{n}$

2) 병렬계인 경우 체계(system)의 수명 $= MTTF\left(1 + \dfrac{1}{2} + \dfrac{1}{3} + \cdots + \dfrac{1}{n}\right)$

> **예문** 평균고장시간이 4×10^8시간인 요소 4개가 직렬 체계를 이루었을 때 이 체계의 수명은 몇 시간인가?
>
> **해설** 평균고장시간(MTTF)
> 직렬계인 경우 체계(system)의 수명 = $\dfrac{\text{MTTF}}{n} = (4\times10^8)/4 = 1\times10^8$

> **예문** 각각 10000시간의 평균수명을 가진 A, B 두 부품이 병렬로 이루어진 시스템의 평균수명은 얼마인가? (단, 요소 A, B의 평균수명은 지수분포를 따른다.)
>
> **해설** 병렬계인 경우 체계(system)의 수명 = $\text{MTTF}\left(1+\dfrac{1}{2}+\dfrac{1}{3}+\cdots+\dfrac{1}{n}\right)$
> $= (1+1/2)\times10000 = 15000$ 시간

(다) MTTR (평균수리시간 Mean Time To Repair) : 수리시간의 평균치
  − 사후보전에 필요한 평균수리시간을 나타냄.

(4) 가용도(Availability 이용률) : 일정기간에 시스템이 고장 없이 가동될 확률

가용도(A) = $\dfrac{\text{MTTF}}{\text{NTTF}+\text{MTTR}} = \dfrac{\text{MTTF}}{\text{MTBF}}$

가용도(A) = $\dfrac{\text{MTBF}}{\text{MTBF}+\text{MTTR}}$

가용도(A) = $\dfrac{\text{평균수리율}}{\text{평균고장률}(\lambda)+\text{평균수리율}}$

가용도(A) = $\dfrac{\text{동작가능시간}}{\text{동작가능시간}+\text{수리시간}}$

> **예문** A 공장의 한 설비는 평균수리율이 0.5/시간이고, 평균고장률은 0.001/시간이다. 이 설비의 가동성은 얼마인가? (단, 평균수리율과 평균고장률은 지수분포를 따름)
>
> **해설** 가용도(A) = $\dfrac{\text{평균수리율}}{\text{평균고장률}(\lambda)+\text{평균수리율}} = 0.5/(0.001+0.5) = 0.998$

(예문) 수리가 가능한 어떤 기계의 가용도(availability)는 0.9이고, 평균수리시간(MTTR)이 2시간일 때, 이 기계의 평균수명(MTBF)은?
(풀이)
가용도(A)
$= \dfrac{\text{MTBF}}{\text{MTBF}+\text{MTTR}}$
$\to 0.9 = \dfrac{\text{MTBF}}{\text{MTBF}+2}$
⇨ MTBF = 18시간
• 가용도 = $\dfrac{\text{실질가동시간}}{\text{총운용시간}}$

(5) 기계의 신뢰도

$$R = e^{-\lambda t} = e^{-\frac{t}{t_0}}$$

λ : 고장률, t : 가동시간, t_0 : 평균수명
(평균고장시간 t_0인 요소가 t시간 동안 고장을 일으키지 않을 확률)

> **참고**
>
> ※ 1시간 가동 시 고장발생확률이 0.004일 경우
> - MTBF(평균고장간격) = $\frac{1}{\lambda}$ = 1/0.004 = 250시간
> - 100시간 가동 시 신뢰도 : $R(t) = e^{-\lambda t} = e^{-0.004 \times 100} = e^{-0.4}$
> - 고장 발생확률(불신뢰도) : $F(t) = 1 - R(t)$

> **예문** 프레스에 설치된 안전장치의 수명은 지수분포를 따르며 평균수명은 100시간이다. 새로 구입한 안전장치가 50시간 동안 고장 없이 작동할 확률(A)과 이미 100시간 이상 견딜 확률(B)은 약 얼마인가?
>
> **해설** 기계의 신뢰도(고장 없이 작동할 확률)
>
> $R = e^{-\lambda t} = e^{-\frac{t}{t_0}}$ (λ : 고장률, t : 가동시간, t_0 : 평균수명)
>
> (평균고장시간 t_0인 요소가 t시간 동안 고장을 일으키지 않을 확률)
>
> ⇨ R(A) = $e^{-\lambda t} = e^{-\frac{t}{t_0}} = e^{-\frac{50}{100}} = 0.607$, R(B) = $e^{-\lambda t} = e^{-\frac{t}{t_0}} = e^{-\frac{100}{100}} = 0.368$

- 양품 : 불량 없는 제품
- 속도가동률 : 생산의 표준(기준)속도에 따른 실제속도의 비율
- 실제주기 : 실제생산주기
- 기준(기초)주기 : 기준이 되는 주기

(6) 설비보전을 평가하기 위한 산식(보전효과의 평가)

설비종합효율 = 시간가동률 × 성능가동률 × 양품률

① 시간가동률 = $\frac{\text{부하시간} - \text{정지시간}}{\text{부하시간}}$

② 성능가동률 = 속도가동률 × 정미(실질)가동률

  ㉠ 속도가동률 = $\frac{\text{기준(기초)주기시간}}{\text{실제주기시간}}$

  ㉡ 정미가동률 = $\frac{\text{생산량} \times \text{실제 주기시간}}{\text{부하시간} - \text{정지시간}}$

③ 양품률 = $\frac{\text{양품수량}}{\text{총생산량}}$

(* 부하시간 : 생산의 목표 달성을 위하여 설비를 가동해야만 하는 시간)

> **기업에서 보전효과 측정을 위해 일반적으로 사용되는 평가요소 등**
> - 설비고장 도수율 = (설비고장건수(횟수)/설비가동시간)×100
> - 설비고장 강도율 : 전체 생산시간 중 설비가 고장 난 시간을 백분율로 표시한 것
>   설비고장 강도율 = (설비고장 정지시간/설비가동시간)×100
> - 제품단위당 보전비 = 총보전비/제품수량
> - 운전 1시간당 보전비 = 총보전비/설비운전시간
> - 계획공사율 = (계획공사공수(工數)/전공수(全工數))×100

(7) 지수 분포와 푸아송 분포

(가) 지수 분포(exponential distribution)

어떤 설비의 시간당 고장률이 일정하다고 할 때 이 설비의 고장간격을 나타내는 확률분포

(나) 푸아송 분포(poisson distribution)

설비의 고장과 같이 특정시간 또는 구간에 어떤 사건의 발생확률이 적은 경우 그 사건의 발생횟수를 측정하는데 가장 적합한 확률분포

> **적정 윤활의 원칙(윤활관리시스템에서의 준수원칙)**
> ① 필요로 하는 윤활유 선정
> ② 적량의 규정(적정량 준수)
> ③ 윤활기간의 올바른 준수
> ④ 올바른 윤활법의 채용

푸아송 과정(Poisson Process)
① t 시간 동안 발생하는 사건의 수를 나타내는 확률과정이며, 정상성과 독립성을 만족하고, 초기 사건의 수가 0이면서, 발생할 사건의 수가 푸아송(Poisson) 분포를 따르는 경우
② 일반적으로 재해 발생 간격은 지수분포를 따르며, 일정기간 내에 발생하는 재해발생 건수는 푸아송(Poisson) 분포를 따른다고 알려져 있고, 이러한 확률변수들의 발생과정

CHAPTER 07 항목별 우선순위 문제 및 해설

01 다음 중 시스템의 수명곡선에서 고장의 발생 형태가 일정하게 나타나는 기간은?

① 초기고장기간 ② 우발고장기간
③ 마모고장기간 ④ 피로고장기간

해설 기계설비의 고장유형
(1) 초기 고장(감소형 고장)
(2) 우발 고장(일정형)
　예측할 수 없을 때 생기는 고장으로 점검 작업이나 시운전 작업으로 재해를 방지할 수 없음
(3) 마모 고장(증가형)

02 다음 중 설비보전의 조직 형태에서 집중보전(Central Maintenance)의 장점이 아닌 것은?

① 보전요원은 각 현장에 배치되어 있어 재빠르게 작업할 수 있다.
② 전 공장에 대한 판단으로 중점보전이 수행될 수 있다.
③ 분업/전문화가 진행되어 전문적으로서 고도의 기술을 갖게 된다.
④ 직종 간의 연락이 좋고, 공사 관리가 쉽다.

해설 조직형태에 따른 집중보전(central maintenance)과 부문보정(departmental maintenance)
1) 집중보전(central maintenance) : 한사람이 관리자 밑에 집중
　① 기동성, 인원 배치의 유연성
　② 전 공장에 대한 판단으로 중점보전이 수행될 수 있음.
　③ 분업/전문화가 진행되어 전문적으로서 고도의 기술을 갖게 됨.
　④ 직종 간의 연락이 좋고, 공사 관리가 쉬움.
2) 부문보전(departmental maintenance) : 공장의 보전요원을 각 제조 부문의 감독자 밑에 배치되어 있음.
　① 보전요원은 각 현장에 배치되어 있어 재빠르게 작업할 수 있음.
　② 현장과의 일체감

③ 작업장 이동시간이 절약
④ 작업요청에서 완료까지의 업무가 신속하게 처리
⑤ 보전요원이 특정설비에 대한 기술 습득이 용이

03 설비관리 책임자 A는 동종 업종의 TPM 추진 사례를 벤치마킹하여 설비관리 효율화를 꾀하고자 한다. 설비관리 효율화 중 작업자 본인이 직접 운전하는 설비의 마모율 저하를 위하여 설비의 윤활관리를 일상에서 직접 행하는 활동과 가장 관계가 깊은 TPM 추진단계는?

① 개별개선활동단계
② 자주보전활동단계
③ 계획보전활동단계
④ 개량보전활동단계

해설 TPM(Total Productive Maintenance) 추진단계 : 설비관리 효율화
(TPM : 전사적 생산보전. 전 종업원이 설비의 보전업무에 참가, 설비고장의 원천적 봉쇄는 물론 불량제로 · 재해 제로를 추구해 기업의 체질을 변화시키고자 하는 기업혁신운동)
① 자주보전활동단계 : 사업장에 불합리한 점을 개선하여 생산성 향상
　− 작업자가 직접 운전하는 설비의 마모율 저하를 위하여 설비의 윤활관리를 일상에서 직접 행하는 활동 등
② 개별개선활동단계 : 프로젝트팀 활동과 소집단활동
③ 계획보전활동단계 : 개량보전, 정기보전, 예지보전

04 한 대의 기계를 100시간 동안 연속 사용한 경우 6회의 고장이 발생하였고, 이때의 총 고장수리시간이 15시간이었다. 이 기계의 MTBF(Mean Time Between Failure)는 약 얼마인가?

① 2.51 ② 14.17
③ 15.25 ④ 16.67

정답　01. ② 02. ① 03. ② 04. ②

해설 MTBF(Mean Time Between Failure)

$$= \frac{가동시간}{고장건수} = \frac{총가동시간 - 총고장수리시간}{고장건수(회수)}$$

$$= \frac{100-15}{6} = 14.17$$

05 각각 1.2×10^4시간의 수명을 가진 요소 4개가 병렬계를 이룰 때 이 계의 수명은 얼마인가?

① 3.0×10^3 시간
② 1.2×10^4 시간
③ 2.5×10^4 시간
④ 4.8×10^4 시간

해설 병렬계인 경우 체계(system)의 수명

$= \text{MTTF}\left(1 + \frac{1}{2} + \frac{1}{3} \cdots + \frac{1}{n}\right)$
$= (1 + 1/2 + 1/3 + 1/4) \times 1.2 \times 10^4$
$= 2.5 \times 10^4$ 시간

06 다음 중 설비의 고장과 같이 특정시간 또는 구간에 어떤 사건의 발생확률이 적은 경우 그 사건의 발생횟수를 측정하는데 가장 적합한 확률분포는?

① 와이블 분포(Weibull distribution)
② 푸아송 분포(Poisson distribution)
③ 지수 분포(exponential distribution)
④ 이항 분포(binomial distribution)

해설 푸아송 분포(Poisson distribution)
설비의 고장과 같이 특정시간 또는 구간에 어떤 사건의 발생확률이 적은 경우 그 사건의 발생횟수를 측정하는데 가장 적합한 확률분포

정답 05. ③ 06. ②

PART 03
기계·기구 및 설비 안전관리

✎ 항목별 이론 및 우선순위 문제

1. 기계공정의 안전
2. 기계분야 산업재해 조사 및 관리
3. 공작기계 위험요인 분석 및 안전시설 관리
4. 프레스 및 전단기 위험요인 분석 및 안전시설 관리
5. 기타 산업용 기계기구 위험요인 분석 및 안전시설 관리
6. 운반기계 및 양중기 위험요인 분석 및 안전시설 관리
7. 설비진단 및 검사

Chapter 01 기계공정의 안전

1. 기계의 위험 및 안전조건

가 기계설비의 위험점

(1) **협착점(squeeze point)** : 왕복운동을 하는 동작부분과 움직임이 없는 고정부분 사이에 형성되는 위험점(프레스 금형조립부위 등)

(2) **끼임점(shear point)** : 회전하는 동작 부분과 고정 부분이 함께 만드는 위험점(연삭숫돌과 작업대, 반복 동작되는 링크기구, 교반기의 날개와 몸체 사이, 풀리와 베드 사이 등)

(3) **절단점(cutting point)** : 회전하는 운동부분 자체의 위험이나 운동하는 기계부분 자체의 위험에서 초래되는 위험점(목공용 띠톱 부분, 밀링 컷터 부분, 둥근 톱날 등)

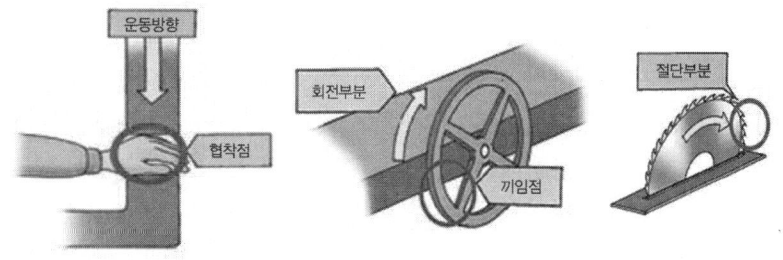

[그림] 협착점   [그림] 끼임점   [그림] 절단점

(4) **물림점(nip point)** : 회전하는 두 개의 회전체에 물려 들어가는 위험성이 있는 곳을 말하며, 위험점이 발생되는 조건은 회전체가 서로 반대 방향으로 맞물려 회전하여야 함(기어 물림점, 롤러회전에 의한 물림점 등).

(5) **접선물림점(tangential point)** : 회전하는 부분의 접선방향으로 물려 들어갈 위험이 존재하는 점(풀리와 벨트, 스프로킷과 체인 등)

(6) **회전말림점(trapping point)** : 회전하는 물체에 작업복 등이 말려드는 위험이 존재하는 점(나사 회전부, 드릴, 회전축, 커플링)

• 풀리(pulley)
 벨트를 걸기 위해 축에 부착하는 바퀴
• 스프로킷(sprocket)
 체인과 맞물리는 톱니 모양의 기구

[그림] 물림점   [그림] 접선물림점   [그림] 회전말림점

나 기계설비의 안전 일반

(1) 기계설비의 정지 및 운전 시 점검사항

(가) 운전상태 시의 점검사항
① 클러치 동작 상태
② 기어의 맞물림 상태
③ 베어링 온도상승 여부
④ 슬라이드면의 온도상승 여부
⑤ 설비의 이상음과 진동상태
⑥ 시동 정지상태

(나) 정지상태 시의 점검사항
① 급유상태
② 전동기 개폐기의 이상 유무
③ 방호장치, 동력전달장치의 점검
④ 슬라이드 부분상태
⑤ 힘이 걸린 부분의 흠집, 손상의 이상 유무
⑥ 볼트, 너트의 헐거움이나 풀림 상태 확인
⑦ 스위치 위치와 구조상태, 어스상태 점검

(2) 기계설비의 고장과 보전

(가) 기계설비의 일반적인 고장 형태

1) 초기 고장(감소형 고장) : 설계상, 구조상 결함, 불량제조·생산 과정 등의 품질관리 미비로 생기는 고장
① 점검 작업이나 시운전 작업 등으로 사전에 방지
② 디버깅 기간(debugging) : 기계의 결함을 찾아내 고장률을 안정시키는 기간
③ 번인기간(burn-in) : 장시간 가동하면서 고장을 제거하는 기간

2) 우발 고장(일정형) : 초기 고장기간을 지나 마모 고장기간에 이르기 전의 시기에 예측할 수 없을 때 우발적으로 생기는 고장으로 점검작업이나 시운전 작업으로 재해를 방지할 수 없음(순간적 외력에 의한 파손).
  - 고장률이 시간에 따라 일정한 형태를 이룬다.

3) 마모 고장(증가형) : 장치의 일부가 수명을 다 해서 생기는 고장으로, 안전진단 및 적당한 보수에 의해서 방지(부품, 부재의 마모, 열화에 생기는 고장, 부품, 부재의 피복 피로)

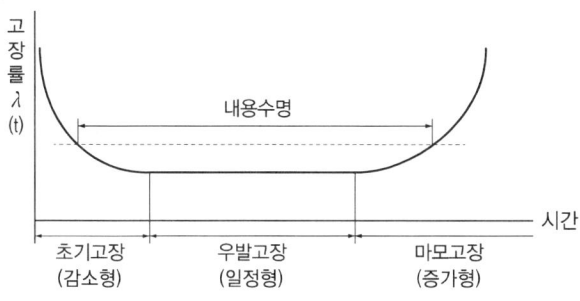

[그림] 기계설비의 수명곡선에서 나타나는 고장 형태

> **참고**
>
> * 크리프(creep) : 한계하중 이하의 하중이라도 고온조건에서 일정 하중을 지속적으로 가하면 시간의 경과에 따라 변형이 증가하고 결국은 파괴에 이르게 되는 현상
> * 피로파괴(fatigue fracture)현상 : 반복하중이 작용하면 재료의 표면에 있는 미세한 흠집, 불순물 등이 균열로 발전하고, 마침내 파단에 이르게 하는 현상
>   - 피로파괴현상 관련 요인 : ① 노치(notch)- 작은 흠집 ② 부식(corrosion) ③ 치수 효과(size effect)
> * 피로한도(fatigue limit, endurance limit, 疲勞限度) : 무한 반복하중에도 견딜 수 있는 응력의 상한치(한계치)
>   ① 반복하중을 받는 기계 구조물 설계 시 우선 고려해야 할 설계 인자(기계 기구 설계 시 반복하중을 받는 구조물의 기초강도로 고려해야 할 사항)
>   ② 반복응력을 받게 되는 기계구조부분의 설계에서 허용응력을 결정하기 위한 기초강도로 가장 적합

치수효과 : 파괴강도 등은 부재치수의 증가에 따라 일반적으로 저하되는 현상

가공결함 방지를 위해 고려할 사항
① 응력 집중(stress concentration, 應力集中) : 재료에 구멍이 있거나 노치(notch) 등이 있어 단면 형상이 급격히 변회되는 재료에 외력이 작용할 때 그 부분의 응력이 국부적으로 크게 되는 현상
② 가공 경화(work hardening, 加工硬化) : 일반적으로 금속이 가공되면 변형하면서 단단해지는 현상. 단단함은 변형의 정도에 따라 커지지만 어느 이상에서는 일정해짐.
③ 열처리 등

(나) 설비 보전(maintenance)

1) 사후보전(BM, Break down Maintenance)

경제성을 고려하여 고장정지 또는 유해한 성능 저하를 가져온 후에 수리하는 보전방식

2) 시간기준보전(TBM, Time Based Maintenance)

일정 기간마다 하는 보전활동(철강업 등에서 10일 간격으로 10시간 정도의 정기 수리일을 마련하여 대대적인 수리, 수선)

3) 개량보전(CM, Concentration Maintenance)

기계 부품의 수명연장이나 고장난 경우의 수리시간 단축 등 설비에 개량 대책을 세우는 방법

4) 상태기준보전(CBM, Condition Based Maintenance)

기계의 상태를 정량적으로 파악하여 설비의 장래의 발생 사태를 예지하고 필요에 따라 적절한 보전활동 방향을 결정하는 방법

공장설비의 배치(layout) 계획
① 작업의 흐름에 따라서 기계를 배치(작업자가 능률적으로 일할 수 있도록 배치)
② 기계설비 주변의 충분한 공간 확보
③ 공장 내 안전통로 설정하고 유효성 유지
④ 기계설비의 보수점검 용이성을 고려한 배치
⑤ 원료나 제품의 보관 장소는 별도로 하고 충분한 공간 확보

(3) 기계설비의 작업능률과 안전을 위한 배치(layout)의 3단계 순서

: 지역배치 → 건물배치 → 기계배치

① 지역배치 : 제품 원료 확보에서 판매까지의 지역 배치
② 건물배치 : 공장, 사무실, 창고, 부대시설의 위치
③ 기계배치 : 분야별 기계배치

다 기계의 안전조건

(1) 외관의 안전화 : 묻힘형이나 덮개 설치, 케이스에 내장(원동기 및 동력 전달장치등), 구획된 장소에 격리, 색채 조절

① 작업자가 접촉할 우려가 있는 기계의 회전부를 덮개로 씌우고 안전색채를 적용
② 가공 중에 발생한 예리한 모서리, 버(burr) 등을 연삭기로 라운딩

(2) 작업의 안전화 : 기동장치의 배치, 시건장치, 안전통로, 작업표준화

(3) 작업점 안전화 : 작업점(point of operation)의 위험에 대해 원인제거, 방호장치, 자동제어, 원격장치, 자동송급장치

(4) 기능적 안전화 : 기계설비가 이상이 있을 때 기계를 급정지시키거나 방호 장치가 작동되도록 하는 것과 전기회로를 개선하여 오동작을 방지하거나 별도의 완전한 회로에 의해 정상기능을 찾을 수 있도록 하는 것(사용압력 변동 시의 오동작, 전압 강하 및 정전에 따른 오동작, 단락 또는 스위치 고장 시의 오동작 등을 검토하여 자동화설비를 사용)

(가) 소극적 대책 : 기계의 이상을 확인하고 급정지, 방호 장치 작동

(나) 적극적(근원적) 안전대책 : 회로를 개선하여 오동작을 방지, 별도의 완전한 회로에 의해 정상기능을 찾도록 하는 대책. 오작동을 고려하여 자동화설비 사용

(5) 구조적 안전화 : 재료, 설계, 가공의 결함 제거
  ① 강도의 열화를 생각하여 안전율을 최대로 고려하여 설계
  ② 열처리를 통하여 기계의 강도와 인성을 향상

(6) 보전 작업 안전화 : 정기점검, 교환, 주유
  - 고장 발생을 최소화하기 위해 정기점검을 실시

라 기계설비의 본질적 안전

(1) 풀 프루프(fool proof)

(가) 풀 프루프 : 인간이 기계 등의 취급을 잘못해도 기계설비의 안전기능이 작용하여 사고나 재해를 방지할 수 있는 기능
  ① 휴먼 에러가 일어나도 사고나 재해로 연결되지 않도록 기계장치의 설계단계에서부터 안전화를 도모하는 기본적 개념(인간의 착각, 착오, 실수 등 인간과오를 방지 목적)
  ② 계기나 표시를 보기 쉽게 하거나 이른바 인체공학적 설계도 넓은 의미의 풀 프루프에 해당된다.
  ③ 인간이 에러를 일으키기 어려운 구조나 기능을 가진다.
  ④ 조작순서가 잘못되어도 올바르게 작동한다.

(나) 가공기계에 주로 쓰이는 풀 프루프(fool proof)의 형태
  ① 남형의 가드 ② 사출기의 인터록 장치 ③ 가메라의 이중촬영방지기구 ④ 밀어내기 기구 ⑤ 트립 기구

(다) 가드의 종류(형식)
  ① 인터록 가드(자동) ② 조절(조정) 가드 ③ 고정 가드

> 기계설비 방호에서 가드의 설치조건
> ① 충분한 강도를 유지할 것
> ② 구조가 단순하고 위험점 방호가 확실할 것
> ③ 개구부(틈새)의 간격은 적정한 간격이 되도록 할 것
> ④ 작업, 점검, 주유 시 장애가 없을 것

(2) 페일 세이프(fail safe) : 인간 또는 기계에 과오나 동작상의 실수가 있어도 사고를 발생시키지 않도록 2중, 3중으로 통제를 가하는 것
  - 기계나 그 부품에 고장이나 기능 불량이 생겨도 항상 안전하게 작동하는 안전화 대책

(가) fail-passive : 부품이 고장나면 통상적으로 기계는 정지하는 방향으로 이동

(나) fail-active : 부품이 고장나면 기계는 경보를 울리는 가운데 짧은 시간 동안의 운전이 가능

(다) fail-operational : 부품의 고장이 있어도 기계는 추후의 보수가 될 때까지 안전한 기능을 유지하며 이것은 병렬계통 또는 대기여분(stand-by redundancy) 계통으로 한 것

(3) 인터록기구

기계의 각 작동 부분 상호간을 전기적, 기구적, 유공압 장치 등으로 연결해서 기계의 각 작동 부분이 정상으로 작동하기 위한 조건이 만족되지 않을 경우 자동적으로 그 기계를 작동할 수 없도록 하는 것(① 사출기의 도어잠금장치 ② 자동화라인의 출입시스템 ③ 리프트의 출입문 안전장치)

마 통행과 통로

(1) 통로의 설치〈산업안전보건기준에 관한 규칙〉

제22조(통로의 설치)
① 작업장으로 통하는 장소 또는 작업장 내에 근로자가 사용할 안전한 통로를 설치하고 항상 사용할 수 있는 상태로 유지하여야 한다.
② 통로의 주요 부분에는 통로표시를 하고, 근로자가 안전하게 통행할 수 있도록 하여야 한다.
③ 통로면으로부터 높이 2미터 이내에는 장애물이 없도록 하여야 한다.

(2) 사다리식 통로 등의 구조〈산업안전보건기준에 관한 규칙〉

제24조(사다리식 통로 등의 구조)
① 사다리식 통로 등을 설치하는 경우 준수사항
  1. 견고한 구조로 할 것
  2. 심한 손상·부식 등이 없는 재료를 사용할 것
  3. 발판의 간격은 일정하게 할 것
  4. 발판과 벽과의 사이는 15센티미터 이상의 간격을 유지할 것
  5. 폭은 30센티미터 이상으로 할 것
  6. 사다리가 넘어지거나 미끄러지는 것을 방지하기 위한 조치를 할 것
  7. 사다리의 상단은 걸쳐놓은 지점으로부터 60센티미터 이상 올라가도록 할 것
  8. 사다리식 통로의 길이가 10미터 이상인 경우에는 5미터 이내마다 계단참을 설치할 것

9. 사다리식 통로의 기울기는 75도 이하로 할 것. 다만, 고정식 사다리식 통로의 기울기는 90도 이하로 하고, 그 높이가 7미터 이상인 경우에는 바닥으로부터 높이가 2.5미터 되는 지점부터 등받이울을 설치할 것
10. 접이식 사다리 기둥은 사용 시 접혀지거나 펼쳐지지 않도록 철물 등을 사용하여 견고하게 조치할 것

(3) 통로의 조명〈산업안전보건기준에 관한 규칙〉

<u>제21조(통로의 조명)</u>
근로자가 안전하게 통행할 수 있도록 통로에 75럭스 이상의 채광 또는 조명시설을 하여야 한다.

2. 기계의 방호

가 방호장치 설치목적

(1) 설치목적
작업자가 위험 부위에 접촉하여 발생하는 인적·물적 손해를 미연에 방지하기 위한 장치

(2) 용도별 구분
① 가공물 등의 낙하에 의한 위험 방지 : 낙하물 방지망
② 위험부위와 신체의 접촉방지 : 덮개, 방호울
③ 방음이나 집진 : 귀마개, 귀덮개, 방진마스크

나 방호장치의 종류

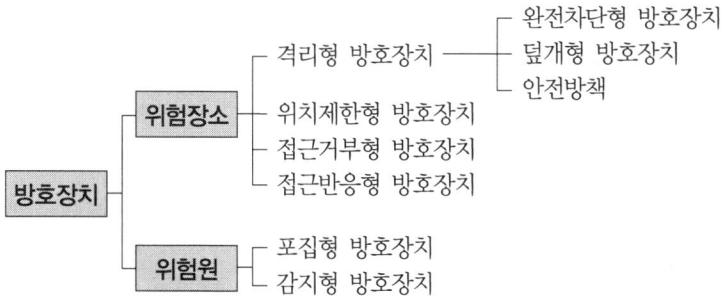

(1) 격리형 방호장치

작업자가 작업점에 접촉하지 않도록 기계설비 외부에 차단벽이나 방호망을 설치하는 것으로 가장 많이 사용
① 완전차단형 방호장치 : 체인 또는 벨트 등의 동력전달장치
② 덮개형 방호장치 : 기어나 V벨트, 평벨트
③ 안전방책(방호망) : 고전압의 전기설비등에 일종의 울타리를 설치하는 것

(2) 위치 제한형 방호장치

조작자의 신체 부위가 위험한계 밖에 위치하도록 기계의 조작 장치를 위험구역에서 일정거리 이상 떨어지게 하는 방호장치(양수조작시 안전장치)

(3) 접근거부형 방호장치

작업자의 신체 부위가 위험한계 내로 접근하였을 때 기계적인 작용에 의하여 안전한 위치로 되돌리는 방호장치(수인식, 손쳐내기식 안전장치)

(4) 접근 반응형 방호장치

작업자의 신체 부위가 위험한계로 들어오면 이를 감지하여 작동 중인 기계를 즉시 정지시키거나 스위치가 꺼지도록 하는 기능의 방호장치(광전자식 방호장치)

(5) 감지형 방호장치

이상온도, 이상기압, 과부하 등 기계의 부하가 안전 한계치를 초과하는 경우에 이를 감지하고 자동으로 안전상태가 되도록 조정하거나 기계의 작동을 중지시키는 방호장치

(6) 포집형 방호장치 – 위험원 방호

목재가공기계의 반발예방장치와 같이 위험장소에 설치하여 위험원이 비산하거나 튀는 것을 방지하는 등 작업자로부터 위험원을 차단하는 방호장치(반발예방장치, 덮개)

다 방호장치 설치

(1) 원동기 · 회전축 등의 위험 방지〈산업안전보건기준에 관한 규칙〉

제87조(원동기 · 회전축 등의 위험 방지)
① 기계의 원동기 · 회전축 · 기어 · 풀리 · 플라이휠 · 벨트 및 체인 등 근

로자가 위험에 처할 우려가 있는 부위에 덮개·울·슬리브 및 건널다리 등을 설치하여야 한다.

② 회전축·기어·풀리 및 플라이휠 등에 부속되는 키·핀 등의 기계요소는 묻힘형으로 하거나 해당 부위에 덮개를 설치하여야 한다.

③ 벨트의 이음 부분에 돌출된 고정구를 사용해서는 아니 된다.

④ 건널다리에는 안전난간 및 미끄러지지 아니하는 구조의 발판을 설치하여야 한다.

⑤ 연삭기(研削機) 또는 평삭기(平削機)의 테이블, 형삭기(形削機) 램 등의 행정 끝이 근로자에게 위험을 미칠 우려가 있는 경우에 해당 부위에 덮개 또는 울 등을 설치하여야 한다.

⑥ 선반 등으로부터 돌출하여 회전하고 있는 가공물이 근로자에게 위험을 미칠 우려가 있는 경우에 덮개 또는 울 등을 설치하여야 한다.

⑦ 원심기(원심력을 이용하여 물질을 분리하거나 추출하는 일련의 작업을 하는 기기를 말한다.)에는 덮개를 설치하여야 한다.

⑧ 분쇄기·파쇄기·마쇄기·미분기·혼합기 및 혼화기 등(분쇄기 등)을 가동하거나 원료가 흩날리거나 하여 근로자가 위험해질 우려가 있는 경우 해당 부위에 덮개를 설치하는 등 필요한 조치를 하여야 한다.(덮개를 열기 전 가동정지, 덮개와 연동장치 설치, 광전자식 방호장치 설치)

⑨ 근로자가 분쇄기 등의 개구부로부터 가동 부분에 접촉함으로써 위해(危害)를 입을 우려가 있는 경우 덮개 또는 울 등을 설치하여야 한다. (⑧과 동일)

⑩ 종이·천·비닐 및 와이어로프 등의 감김통 등에 의하여 근로자가 위험해질 우려가 있는 부위에 덮개 또는 울 등을 설치하여야 한다.

⑪ 압력용기 및 공기압축기 등에 부속하는 원동기·축이음·벨트·풀리의 회전 부위 등 근로자가 위험에 처할 우려가 있는 부위에 덮개 또는 울 등을 설치하여야 한다.

(2) 안전인증대상 기계 등의 방호장치〈산업안전보건법 시행령〉

제74조(안전인증대상 기계 등)

다음 각 목에 해당하는 방호장치

가. 프레스 및 전단기 방호장치

나. 양중기용(揚重機用) 과부하방지장치

다. 보일러 압력방출용 안전밸브

라. 압력용기 압력방출용 안전밸브

마. 압력용기 압력방출용 파열판

기계설비의 정비, 청소, 급유, 검사, 수리 작업 시 유의사항〈산업안전보건기준에 관한 규칙〉

제92조(정비 등의 작업 시의 운전정지 등)

① 동력으로 작동되는 기계 등의 정비·청소·급유·검사·수리·교체 또는 조정 작업 또는 그 밖에 이와 유사한 작업을 할 때 근로자가 위험해질 우려가 있으면 해당 기계의 운전을 정지하여야 한다.

② 기계의 운전을 정지한 경우에 다른 사람이 그 기계를 운전하는 것을 방지하기 위하여 기계의 기동장치에 잠금장치를 하고 그 열쇠를 별도 관리하거나 표지판을 설치하는 등 필요한 방호 조치를 하여야 한다.

③ 작업하는 과정에서 적절하지 아니한 작업방법으로 인하여 기계가 갑자기 가동될 우려가 있는 경우 작업지휘자를 배치하는 등 필요한 조치를 하여야 한다.

④ 기계·기구 및 설비 등의 내부에 압축된 기체 또는 액체 등이 방출되어 근로자가 위험해질 우려가 있는 경우에 제1항부터 제3항까지의 규정에 따른 조치 외에도 압축된 기체 또는 액체 등을 미리 방출시키는 등 위험 방지를 위하여 필요한 조치를 하여야 한다.

바. 절연용 방호구 및 활선작업용(活線作業用) 기구
사. 방폭구조(防爆構造) 전기기계·기구 및 부품
아. 추락·낙하 및 붕괴 등의 위험 방지 및 보호에 필요한 가설기자재로서 고용노동부장관이 정하여 고시하는 것
자. 충돌·협착 등의 위험 방지에 필요한 산업용 로봇 방호장치로서 고용노동부장관이 정하여 고시하는 것

> **참고**
>
> ※ 유해하거나 위험한 기계 등에 대한 방호조치〈산업안전보건법 시행규칙 제98조〉
> 기계·기구에 설치하여야 할 방호장치
> 1. 예초기 : 날 접촉 예방장치
> 2. 원심기 : 회전체 접촉 예방장치
> 3. 공기압축기 : 압력방출장치
> 4. 금속절단기 : 날 접촉 예방장치
> 5. 지게차 : 헤드 가드, 백레스트(backrest), 전조등, 후미등, 안전벨트
> 6. 포장기계 : 구동부 방호 연동장치

(3) 위험 기계·기구의 방호장치

연번	위험기계기구명		방호장치 종류
1	프레스 및 전단기		방호장치(광전자식, 양수조작식, 가드식, 손 쳐내기식, 수인식), 안전블록, 페달의 U자형 덮개, 자동 송급장치, 금형의 안전울
2	롤러기		급정지장치(손조작식, 복부조작식, 무릎조작식), 울(가드), 안내 롤러
3	연삭기		덮개, 칩 비산방지장치(shield)
4	양중기	크레인	과부하방지장치, 권과방지장치, 비상정지장치
		곤돌라	과부하방지장치, 권과방지장치, 제동장치
		리프트	과부하방지장치, 권과방지장치
		승강기	과부하방지장치, 속도조절기, 리미트 스위치, 완충기, 비상정지장치, 출입문 인터록 장치
5	목재가공용 둥근톱		반발 예방장치, 톱날 접촉 예방장치
6	동력식 수동대패기		날 접촉 예방장치
7	아세틸렌용접장치 가스접합용접장치		안전기(수봉식, 건식)
8	방폭용 전기기계기구		방폭구조 전기기계기구(내압, 압력, 유입 등)
9	교류 아크 용접기		자동전격방지기

연번	위험기계기구명	방호장치 종류
10	압력용기 (공기압축기 포함)	압력방출장치, 언로드 밸브
11	보일러	압력방출장치, 압력제한스위치(온도제한스위치), 고저수위조절장치
12	산업용 로봇	안전매트, 방호울
13	정전 및 활선작업에 필요한 절연용 기구	절연용 방호구, 활선작업용 기구
14	추락, 붕괴 등 위험 방호가 필요한 가설기자재	비계, 파이프 서포터 등 노동부 장관이 정하는 가설 기자재

* 과부하방지장치 : 양중기에서 정격하중 이상의 하중이 부과되었을 경우 자동적으로 동작을 정지하는 장치
* 권과방지장치 : 양중기에서 과도하게 한계를 벗어나 계속적으로 감아올리는 일이 없도록 제한하는 장치
* 급정지장치 : 위험기계의 구동에너지를 작업자가 차단할 수 있는 장치

> 기계·기구의 방호조치에 대한 사업주·근로자 준수사항 〈산업안전보건법 시행규칙〉
> 제99조(방호조치 해체 등에 필요한 조치)
> ① 필요한 안전조치 및 보건조치는 다음 각 호에 따른다.
>   1. 방호조치를 해체하려는 경우: 사업주의 허가를 받아 해체할 것
>   2. 방호조치 해체 사유가 소멸된 경우: 방호조치를 지체 없이 원상으로 회복시킬 것
>   3. 방호조치의 기능이 상실된 것을 발견한 경우: 지체 없이 사업주에게 신고할 것
> ② 사업주는 신고가 있으면 즉시 수리, 보수 및 작업중지 등 적절한 조치를 해야 한다.

3. 안전율

가 안전율(safety factor, 안전계수)

(1) **안전율 정의** : 기계나 구조물에 있어서 파괴를 피하기 위해 실제로 지지할 수 있는 하중이 사용 중인 하중보다 커야 함. 이때 기계나 구조물의 내하성능을 강도라 하며, 요구되는 강도에 대한 실제 강도의 비를 안전율이라 함. 안전율은 파괴를 피하기 위해 1보다 항상 커야 함.
- 어떤 구조 부재가 강도적으로 안전하기 위해서는 기준강도〉허용응력〉사용응력이 되어야 함. 이때 안전율은 기준 강도/허용응력으로 정의함.
  ① 사용응력 : 운전, 사용 시 작용하는 응력
  ② 허용응력 : 이 정도까지는 허용되어야 한다고 정한 응력. 재료가 파괴 되지 않고, 영구변형이 남지 않는 비례한도 이하로 제한된 응력
  ③ 기준강도 : 강도적으로 재료에 손상을 준다고 인정되는 응력. 금속의 재질과 사용환경에 따라 다름(항복점, 극한강도, 피로강도, 크리프 한도, 좌굴응력 등)

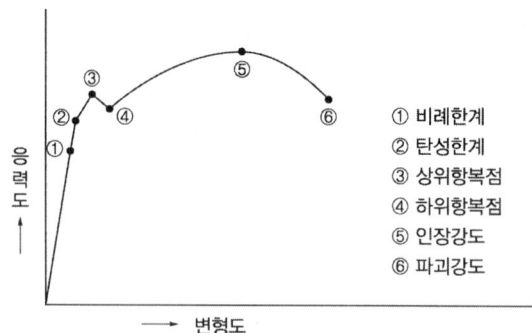

[그림] 변형률과 응력

(2) 안전율 산식

(가) 안전율 = $\dfrac{기준강도(인장강도, 극한강도)}{허용응력}$, $\dfrac{최대응력}{허용응력}$,

$\dfrac{인장강도(파괴강도)}{인장응력}$, $\dfrac{파단(최대)하중}{안전(정격)하중}$,

$\dfrac{극한강도}{최대설계응력}$, $\dfrac{극한강도}{정격하중}$, $\dfrac{파괴하중}{최대사용하중}$

(나) 강판의 안전율 = 극한하중/(허용응력×단면적)

> **예문** 단면적이 1800mm²인 알루미늄 봉의 파괴강도는 70MPa이다. 안전율을 2로 하였을 때 봉에 가해질 수 있는 최대하중(kN)은 얼마인가?
>
> **해설** 봉에 가해질 수 있는 최대하중
>
> ① 안전율 = $\dfrac{파괴강도}{인장응력}$ (* 인장응력 = $\dfrac{P}{A}$ = $\dfrac{최대하중}{면적}$)
>
> = $\dfrac{파괴강도}{\dfrac{최대하중}{면적}}$ = $\dfrac{파괴강도 \times 면적}{최대하중}$
>
> → 최대하중 = $\dfrac{파괴강도 \times 면적}{안전율}$
>
> ② 최대하중 = {(70×10³)×(1,800×10⁻⁶)}/ 2 = 63kN
>
> * 70MPa → 70×10³kPa, 단면적이 1,800mm² → 1,800×10⁻⁶m²
>   (1m² = 10⁶mm², 1mm² = 10⁻⁶m², 1mm = 10⁻³m)
> * 뉴톤(N) : 뉴톤은 힘의 단위이며, 1N은 1kg의 질량에 1m/s²의 가속도를 주는데 요구되는 힘(1N = 1kg×1m/s² = 1kg · m/s²)
> * 파스칼(Pa) : 파스칼은 압력(pressure) 또는 응력(stress)의 단위이며, 1파스칼은 면적 1m²에 1N의 힘이 작용할 때의 압력(1Pa = 1N/m²)

예문 허용응력이 100kgf/mm²이고, 단면적이 2mm²인 강판의 극한하중이 400kgf이라면 안전율은 얼마인가?

해설 강판의 안전율 = 극한하중/(허용응력×단면적) = 400/(100×2) = 2

참고

* 응력(stress) : 물체에 외력을 가했을 때 물체 내부에 생기는 저항력. 외력이 인장 하중(引張荷重)일 때 인장 응력, 압축 하중일 때 압축 응력이 되며, 이것들은 단면에 수직인 수직 응력이다. 또, 단면에 평형인 응력을 전단(剪斷) 응력이라 한다. 응력은 단면의 단위 면적당 하중으로, 예를 들면 2kg/mm², 100lb/in² 등과 같이 표시함.

① 인장응력 = $\dfrac{\text{인장하중(최대하중)}}{\text{면적}}$

② 응력 집중(stress concentration, 應力集中) : 재료에 구멍이 있거나 노치(notch) 등이 있어 단면 형상이 급격히 변화되는 재료에 외력이 작용할 때 그 부분의 응력이 국부적으로 크게 되는 현상

* 인장 시험 : 재료의 강도시험 중 항복점을 알 수 있는 시험

인장시험
시험재료를 잡아 당겨(인장 하중)서 인장강도, 항복점(降伏點), 내력(耐力), 연신율, 단면 수축 등을 측정하는 시험

* 항복점(Yield point): 탄성에서 소성으로 변하는 경계를 이루는 점

나 경험적 안전율

(1) **경험적 안전율** : 안전율은 여러 인자를 고려하여 결정되는 문제이므로 일반적으로 통용되는 값을 결정하기는 어려움. 따라서 실제로는 이전부터 얻어진 경험에서 안전율을 결정하는 수가 많음.

(2) **일반적으로 안전율의 선택값이 작은 것에서부터 큰 것의 순서** :

정하중 < 반복하중 < 교번하중 < 충격하중

 - 반복하중은 정하중의 2배
 - 교번하중은 정하중의 3배
 - 충격하중은 정하중의 5배

① 정하중 : 힘이 시간에 따른 변화가 없음
② 동하중
  ㉠ 반복하중 : 일정한 하중이 동일한 방향으로 반복
  ㉡ 교번하중 : 하중의 크기와 방향이 동시에 변화하면서 작용하는 하중
  ㉢ 충격하중 : 순간적인 짧은 시간에 갑자기 격렬하게 작용하는 하중

- 연성(延性, ductility): 재료가 외력에 의해 파괴됨이 없이 가늘고 길게 늘어지는 성질
- 취성(脆性, brittleness): 작은 변형에도 파괴되는 성질

안전율에 관한 설명

① 기초강도와 허용응력과의 비를 안전율이라 한다.
② 안전율 계산에 사용되는 여유율은 연성재료에 비하여 취성재료를 크게 잡는다(취성재료가 내부 결함에 의한 영향이 큼).
③ 안전율이 크면 허용응력의 감소로 기계의 안전도가 떨어짐으로 안전율은 적당한 값이 좋다.
④ 재료의 균질성, 응력계산의 정확성, 응력의 분포 등 각종 인자를 고려한 경험적 안전율도 사용된다.

다 와이어로프의 안전율

$$안전율(S) = \frac{N \times P}{Q}$$

N : 로프의 가닥수
P : 와이어로프의 파단하중
Q : 안전하중(최대 사용하중)

라 원통용기를 제작했을 때 안전성(안전도) : $\dfrac{인장강도}{내압}$

CHAPTER 01 항목별 우선순위 문제 및 해설

01 작업점에 대한 가드의 기본방향이 아닌 것은?
① 조작할 때 위험점에 접근하지 않도록 한다.
② 작업자가 위험구역에서 벗어나 움직이게 한다.
③ 손을 작업점에 접근시킬 필요성을 배제한다.
④ 방음, 방진 등을 목적으로 설치하지 않는다.

해설 방호장치 설치목적
(1) 작업자가 위험 부위에 접촉하여 발생하는 인적·물적 손해를 미연에 방지하기 위한 장치
(2) 용도별 구분
 ① 가공물 등의 낙하에 의한 위험 방지 : 낙하물 방지망
 ② 위험부위와 신체의 접촉방지 : 덮개, 방호울
 ③ 방음이나 집진 : 귀마개, 귀덮개, 방진마스크

02 기계운동 형태에 따른 위험점 분류 중 다음에서 설명하는 것은?

> 고정부분과 회전하는 동작부분이 함께 만드는 위험점으로 연삭숫돌과 작업받침대, 교반기의 날개와 하우스, 반복왕복운동을 하는 기계부분 등이다.

① 끼임점 ② 접선물림점
③ 협착점 ④ 절단점

해설 끼임점(shear point)
회전하는 동작 부분과 고정 부분이 함께 만드는 위험점(연삭숫돌과 작업대, 반복 동작되는 링크기구, 교반기의 날개와 몸체사이, 풀리와 베드 사이 등)

03 이상온도, 이상기압, 과부하 등 기계의 부하가 안전한계치를 초과하는 경우에 이를 감지하고 자동으로 안전상태가 되도록 조정하거나 기계의 작동을 중지시키는 방호장치는?
① 감지형 방호장치
② 접근거부형 방호장치
③ 위치제한형 방호장치
④ 접근반응형 방호장치

해설 감지형 방호장치-위험원방호

04 기계설비의 본질적 안전화를 위한 방식 중 성격이 다른 것은?
① 고정가드
② 인터록 기구
③ 압력용기 안전밸브
④ 양수조작식 조작기구

해설 기계설비의 본질적 안전
(1) 풀 프루프(fool proof)
 (가) 인간이 기계 등의 취급을 잘못해도 기계설비의 안전기능이 작용하여 사고나 재해를 방지할 수 있는 기능
 (나) 가공기계에 주로 쓰이는 풀 프루프(fool proof)의 형태
  ① 금형의 가드
  ② 사출기의 인터록 장치
  ③ 카메라의 이중촬영방지기구
  ④ 밀어내기 기구
  ⑤ 트립 기구
 (다) 가드의 종류
  ① 인터록 가드 ② 조절가드 ③ 고정가드
(2) 페일 세이프(fail safe) : 인간 또는 기계에 과오나 동작상의 실수가 있어도 사고를 발생시키지 않도록 2중, 3중으로 통제를 가하는 것

정답 01.④ 02.① 03.① 04.③

05 기계설비의 일반적인 안전조건에 해당하지 않는 것은?

① 설비의 안전화 ② 기능의 안전화
③ 구조의 안전화 ④ 작업의 안전화

해설 기계의 안전조건
① 외관의 안전화 ② 작업의 안전화
③ 작업점 안전화 ④ 기능적 안전화
⑤ 구조적 안전화 ⑥ 보전작업 안전화

06 산업안전보건기준에 관한 규칙에 따라 회전축, 기어, 풀리, 플라이휠 등에 사용되는 기계요소인 키, 핀 등의 형태로 적합한 것은?

① 돌출형 ② 개방형
③ 폐쇄형 ④ 묻힘형

해설 원동기·회전축 등의 위험 방지〈산업안전보건기준에 관한 규칙 제87조〉
② 사업주는 회전축·기어·풀리 및 플라이휠 등에 부속되는 키·핀 등의 기계요소는 묻힘형으로 하거나 해당 부위에 덮개를 설치하여야 한다.

07 근로자에게 위험을 미칠 우려가 있는 원동기, 축이음 풀리 등에 설치하여야 하는 것은?

① 통풍장치 ② 덮개
③ 과압방지기 ④ 압력계

해설 산업안전보건기준에 관한 규칙 제87조(원동기·회전축 등의 위험 방지)
① 사업주는 기계의 원동기·회전축·기어·풀리·플라이휠·벨트 및 체인 등 근로자가 위험에 처할 우려가 있는 부위에 덮개·울·슬리브 및 건널다리 등을 설치하여야 한다.

08 기계설비의 수명곡선에서 고장의 유형에 관한 설명으로 틀린 것은?

① 초기 고장은 불량 제조나 생산과정에서 품질관리의 미비로부터 생기는 고장을 말한다.
② 우발고장은 사용 중 예측할 수 없을 때에 발생하는 고장을 말한다.
③ 마모고장은 장치의 일부가 수명을 다해서 생기는 고장을 말한다.
④ 반복고장은 반복 또는 주기적으로 생기는 고장을 말한다.

해설 기계설비의 일반적인 고장 형태
1) 초기 고장(감소형 고장) : 설계상, 구조상 결함, 불량제조·생산 과정 등의 품질관리 미비로 생기는 고장
2) 우발 고장(일정형) : 초기 고장기간을 지나 마모고장기간에 이르기 전의 시기에 예측할 수 없을 때 우발적으로 생기는 고장
3) 마모 고장(증가형) : 장치의 일부가 수명을 다 해서 생기는 고장

09 다음 중 기계를 정지 상태에서 점검하여야 할 사항으로 틀린 것은?

① 급유 상태
② 이상음과 진동 상태
③ 볼트·너트의 풀림 상태
④ 전동기 개폐기의 이상 유무

해설 기계설비의 정지 시 점검사항
① 급유상태
② 전동기 개폐기의 이상 유무
③ 방호장치, 동력전달장치의 점검
④ 슬라이드 부분 상태
⑤ 힘이 걸린 부분의 흠집, 손상의 이상 유무
⑥ 볼트, 너트의 헐거움이나 풀림 상태 확인
⑦ 스위치 위치와 구조 상태, 어스 상태 점검

10 다음 중 기계설비의 작업능률과 안전을 위한 배치(layout)의 3단계를 올바른 순서대로 나열한 것은?

① 지역배치 → 건물배치 → 기계배치
② 건물배치 → 지역배치 → 기계배치
③ 기계배치 → 건물배치 → 지역배치
④ 지역배치 → 기계배치 → 건물배치

정답 05.① 06.④ 07.② 08.④ 09.② 10.①

해설 기계설비의 작업능률과 안전을 위한 배치(layout)의 3단계 순서 : 지역배치 → 건물배치 → 기계배치
① 지역배치 : 제품 원료 확보에서 판매까지의 지역 배치
② 건물배치 : 공장, 사무실, 창고, 부대시설의 위치
③ 기계배치 : 분야별 기계배치

11 재료에 구멍이 있거나 노치(notch) 등이 있는 재료에 외력이 작용할 때 가장 현저히 나타나는 현상은?

① 가공경화
② 피로
③ 응력집중
④ 크리프(creep)

해설 응력집중(stress concentration, 應力集中)
재료에 구멍이 있거나 노치(notch) 등이 있어 단면 형상이 급격히 변화되는 재료에 외력이 작용할 때 그 부분의 응력이 국부적으로 크게 되는 현상

12 기초강도를 사용조건 및 하중의 종류에 따라 극한강도, 항복점, 크리프강도, 피로한도 등으로 적용할 때 허용응력과 안전율(>1)의 관계를 올바르게 표현한 것은?

① 허용응력 = 기초강도×안전율
② 허용응력 = 안전율 / 기초강도
③ 허용응력 = 기초강도 / 안전율
④ 허용응력 = (안전율×기초강도)/2

해설 안전율 산식

$$\text{안전율} = \frac{\text{기초강도(인장강도, 극한강도)}}{\text{허용응력}}$$

13 일반구조용 압연강판(SS400)으로 구조물을 설계할 때 허용응력을 10[kg/mm²]으로 정하였다. 이때 적용된 안전율은?

① 2
② 4
③ 6
④ 8

해설 일반구조용 압연강판(SS400)
KS에서 SS(Steel Structure)기호로 표시하고 재료의 최소인장강도로 분류
400은 최소 인장강도가 400N/mm² 나타냄.
(* 1kgf = 9.8N이므로
   1N = 0.102kgf → 400N = 40.8kgf)
⇨ 안전율 = $\frac{\text{인장강도}}{\text{허용응력}}$ = 40.8/10 ≒ 4

정답 11. ③ 12. ③ 13. ②

Chapter 02 기계분야 산업재해 조사 및 관리

1. 재해조사

(1) 재해발생 및 재해발생 조치 순서

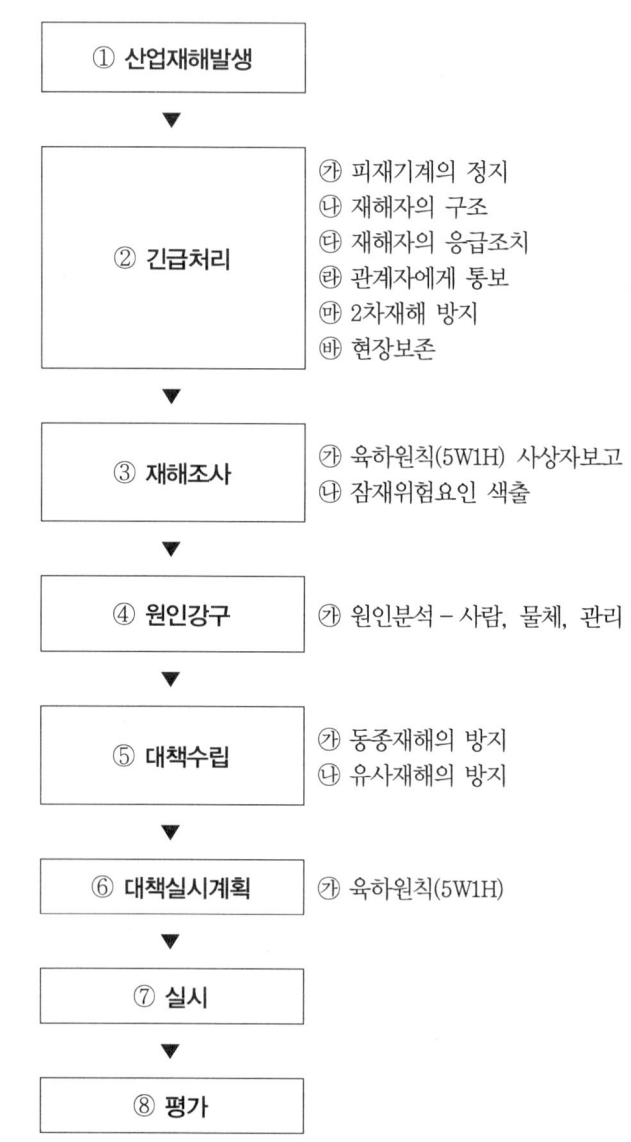

① 산업재해발생

② 긴급처리
 - ㉮ 피재기계의 정지
 - ㉯ 재해자의 구조
 - ㉰ 재해자의 응급조치
 - ㉱ 관계자에게 통보
 - ㉲ 2차재해 방지
 - ㉳ 현장보존

③ 재해조사
 - ㉮ 육하원칙(5W1H) 사상자보고
 - ㉯ 잠재위험요인 색출

④ 원인강구
 - ㉮ 원인분석 – 사람, 물체, 관리

⑤ 대책수립
 - ㉮ 동종재해의 방지
 - ㉯ 유사재해의 방지

⑥ 대책실시계획
 - ㉮ 육하원칙(5W1H)

⑦ 실시

⑧ 평가

(2) 사고조사

(가) 사고조사의 목적

재해발생의 원인 규명으로 동종 및 유사재해 예방 → 재발 방지

① 재해발생 원인 및 결함 규명
② 재해예방 자료수집
③ 동종 및 유사재해 재발방지

(나) 재해조사의 원칙

1) 3E, 4M에 따라 상세히 조사

① 3E : 관리적 원인, 기술적 원인, 교육적 원인
② 4M : 인적 요인, 기계적 요인, 작업적 요인, 관리적 요인
  ㉠ 인적 요인(Man) : 동료나 상사, 본인 이외의 사람
  ㉡ 기계적 요인(Machine) : 기계설비의 고장, 결함
  ㉢ 작업적 요인(Media) : 작업 정보, 작업 환경, 작업 방법, 작업 순서
  ㉣ 관리적 요인(Management) : 법규 준수, 단속, 점검

2) 육하원칙(5W1H)에 의거 과학적 조사

누가(Who), 언제(When), 어디서(Where), 왜(Why), 어떻게 하여(How), 무엇(What)을 하였는가?

3) 재해조사 시 유의사항

① 가급적 재해 현장이 변형되지 않은 상태에서 실시하여 사실을 있는 그대로 수집한다.
② 객관적인 입장에서 공정하게 조사하며, 조사는 2인 이상이 한다.
③ 사람, 기계설비 양면의 재해요인을 모두 도출한다.
④ 과거 사고발생 경향 등을 참고하여 조사한다.
⑤ 목격자의 증언 등 사실 이외의 추측의 말은 참고로만 한다.
⑥ 조사는 신속하게 행하고, 긴급 조치하여 2차 재해의 방지를 도모한다.

사고(accident)의 정의
① 원하지 않는 사상 (undesired event)
② 비효율적인 사상 (ineffcient event)
③ 변형된 사상 (strained event)
④ 비계획적인 사상 (unplaned event)

3E
① 관리적(Enforcement)
② 기술적(Engineering)
③ 교육적(Education)

사고조사의 본질적 특성

① 사고의 시간성 : 사고는 공간적이 아니라 시간적이다.
② 우연 중의 법칙성 : 사고는 우연히 발생한 것 같으나 법칙성이 있다.
③ 필연 중의 우연성 : 우연성이 사고발생의 원인을 제공하기도 한다.
④ 사고의 재현 불가능성

(3) 재해의 직접원인 및 간접원인

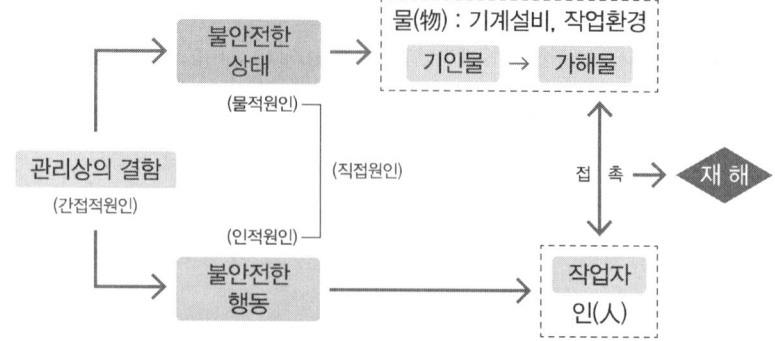

(가) 직접원인 : 불안전한 행동 · 불안전한 상태

1) 불안전한 행동(인적 원인)
① 위험장소 접근 ② 안전장치 기능 제거
③ 복장·보호구의 잘못 사용 ④ 기계·기구의 잘못 사용
⑤ 운전 중인 기계장치 손질 ⑥ 불안전한 속도 조작
⑦ 유해·위험물 취급부주의 ⑧ 불안전한 상태 방치
⑨ 불안전한 자세·동작 ⑩ 감독 및 연락 불충분

2) 불안전한 상태(물적 원인)
① 물 자체의 결함 ② 안전방호장치의 결함
③ 복장, 보호구의 결함 ④ 기계의 배치, 작업장소의 결함
⑤ 작업환경의 결함 ⑥ 생산공정의 결함
⑦ 경계표시 및 설비의 결함

간접 원인 중 2차 원인
① 기술적 원인
② 교육적 원인
③ 신체적 원인
④ 정신적 원인
• 교육적 원인: 안전수칙의 오해, 경험훈련의 미숙, 안전지식의 부족

(나) 간접원인(관리적인 면에서 분류)
① 기술적 원인 ② 교육적 원인
③ 신체적 원인 ④ 정신적 원인
⑤ 작업관리상 원인 : 안전관리조직 결함, 설비 불량, 안전수칙 미제정, 작업준비 불충분(정리정돈 미실시), 인원배치 부적당, 작업지시 부적당(작업량 과다)

✽ 재해의 간접원인 중 기초원인(1차 원인) : 관리적 원인

재해의 간접원인 중 기술적 원인
① 구조, 재료의 부적합
② 점검, 정비, 보존 불량
③ 건물, 기계장치의 설계 불량

(4) 하인리히의 재해예방 4원칙

① 손실우연의 원칙
재해발생 결과 손실(재해)의 유무, 형태와 크기는 우연적이다.(사고의 발생과 손실의 발생에는 우연적 관계임. 손실은 우연에 의해 결정되기 때문에 예측할 수 없음. 따라서 예방이 최선)

② 원인연계(연쇄, 계기)의 원칙

재해의 발생에는 반드시 그 원인이 있으며 원인이 연쇄적으로 이어진다.(손실은 우연적이지만 사고와 원인의 관계는 필연적으로 인과관계가 있다.).

③ 예방가능의 원칙

재해는 사전 예방이 가능하다.(재해는 원칙적으로 원인만 제거되면 예방이 가능하다.)

④ 대책선정(강구)의 원칙

사고의 원인이나 불안전 요소가 발견되면 반드시 안전대책이 선정되어 실시되어야 한다.(재해예방을 위한 가능한 안전대책은 반드시 존재하고 대책선정은 가능하다. 안전대책이 강구되어야 함.)

(5) 사고예방 대책의 5단계(하인리히의 이론)

① 제1단계 : 안전관리조직(organization)
   - 안전조직을 통한 안전업무 수행 : 경영자의 안전목표 설정, 안전관리자의 선임, 안전활동의 방침 및 계획수립
② 제2단계 : 사실의 발견(fact finding)
   - 현상파악 : 사고조사, 사고 및 활동 기록검토, 작업분석, 안전점검, 진단, 직원의 건의 등을 통한 불안전한 상태, 행동 발견, 안전회의 및 토의(자료수집, 점검, 검사 및 조사 실시, 작업분석, 위험확인)
③ 제3단계 : 분석 평가(analysis)
   - 원인규명 : 재해분석, 안전성 진단 및 평가, 사고보고서 및 현장조사, 사고기록, 인적, 물적 조건의 분석, 작업공정의 분석 등을 통한 사고의 원인 규명(직접, 간접원인 규명), 교육과 훈련의 분석
④ 제4단계 : 대책의 선정(수립)(selection of remedy)
   - 기술개선, 교육 및 훈련의 개선, 수칙개선, 인사조정 등
⑤ 제5단계 : 대책의 적용(application of remedy)
   - 3E를 통한 대책 적용

> **3E를 통한 대책의 적용(하비, 하베이, Harvey)**
>
> ㉮ 교육적(Education) 대책 : 교육, 훈련
> ㉯ 기술적(Engineering) 대책 : 기술적 조치(작업환경, 설비 개선, 안전기준의 설정, 점검보존의 확립)
> ㉰ 독려적(단속)(Enforcement) 대책 : 감독, 규제. 관리 등(적합한 기준 선정, 안전규정 및 규칙 준수, 근로자의 기준 이해)

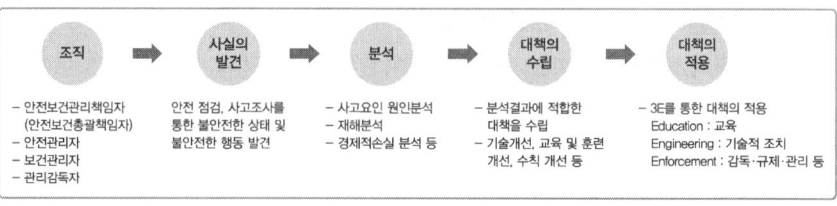

산업재해조사표 작성
Ⅰ. 사업장 정보
Ⅱ. 재해정보: 재해자 정보
Ⅲ. 재해발생개요 및 원인: 재해발생 정보
Ⅳ. 재발방지계획

(6) 산업재해조사표 작성(* 주요항목 숙지)〈산업안전보건법 시행규칙 별지 30호 서식〉

① 근로자 수: 사업장의 최근 근로자 수를 적습니다(정규직, 일용직·임시직 근로자, 훈련생 등 포함).

② 같은 종류 업무 근속기간: 과거 다른 회사의 경력부터 현직 경력(동일·유사 업무 근무경력)까지 합하여 적습니다(질병의 경우 관련 작업 근무기간).

③ 고용 형태: 근로자가 사업장 또는 타인과 명시적 또는 내재적으로 체결한 고용계약 형태를 적습니다.

  가. 상용: 고용계약기간을 정하지 않았거나 고용계약기간이 1년 이상인 사람

  나. 임시: 고용계약기간을 정하여 고용된 사람으로서 고용계약기간이 1개월 이상 1년 미만인 사람

  다. 일용: 고용계약기간이 1개월 미만인 사람 또는 매일 고용되어 근로의 대가로 일급 또는 일당제 급여를 받고 일하는 사람

  라. 자영업자: 혼자 또는 그 동업자로서 근로자를 고용하지 않은 사람

  마. 무급가족종사자: 사업주의 가족으로 임금을 받지 않는 사람

  바. 그 밖의 사항: 교육·훈련생 등

④ 근무 형태 : 평소 근로자의 작업 수행시간 등 업무를 수행하는 형태를 적습니다.

  가. 정상: 사업장의 정규 업무 개시시각과 종료시각(통상 오전 9시 전후에 출근하여 오후 6시 전후에 퇴근하는 것) 사이에 업무수행 하는 것을 말합니다.

  나. 2교대, 3교대, 4교대: 격일제 근무, 같은 작업에 2개조, 3개조, 4개조로 순환하면서 업무수행 하는 것을 말합니다.

  다. 시간제 : 가목의 '정상' 근무 형태에서 규정하고 있는 주당 근무시간보다 짧은 근로시간 동안 업무수행 하는 것을 말합니다.

  다. 그 밖의 사항: 고정적인 심야(야간)근무 등을 말합니다.

⑤ 상해 종류(질병명): 재해로 발생된 신체적 특성 또는 상해 형태를 적습니다.

[예: 골절, 절단, 타박상, 찰과상, 중독·질식, 화상, 감전, 뇌진탕, 고혈압, 뇌졸중, 피부염, 진폐, 수근관증후군 등]

⑥ 상해부위(질병부위): 재해로 피해가 발생된 신체 부위를 적습니다.
  [예: 머리, 눈, 목, 어깨, 팔, 손, 손가락, 등, 척추, 몸통, 다리, 발, 발가락, 전신, 신체내부기관(소화·신경·순환·호흡배설) 등]
  ※ 상해 종류 및 상해 부위가 둘 이상이면 상해 정도가 심한 것부터 적습니다.

⑦ 휴업예상일수: 재해발생일을 제외한 3일 이상의 결근 등으로 회사에 출근하지 못한 일수를 적습니다(추정 시 의사의 진단 소견을 참조).

⑧ **재해발생 원인**: 재해가 발생한 사업장에서 재해발생 원인을 **인적 요인**(무의식 행동, 착오, 피로, 연령, 커뮤니케이션 등), **설비적 요인**(기계·설비의 설계상 결함, 방호장치의 불량, 작업표준화의 부족, 점검·정비의 부족 등), **작업·환경적 요인**(작업정보의 부적절, 작업자세·동작의 결함, 작업방법의 부적절, 작업환경 조건의 불량 등), **관리적 요인**(관리조직의 결함, 규정·매뉴얼의 불비·불철저, 안전교육의 부족, 지도감독의 부족 등)을 적습니다.

2. 산재 분류 및 통계분석

(1) 재해율의 종류 및 계산

(가) 목적

재해정보를 통하여 동종재해 및 유사재해의 재발방지

(나) 통계의 활용 용도

① 제도의 개선 및 시정
② 재해의 경향 파악
③ 동종업종과의 비교

(다) 연천인율

① 연천인율은 근로자 1,000명을 1년간 기준으로 한 재해자 수의 비율

② 연천인율 = $\dfrac{\text{연간 재해자 수}}{\text{연평균 근로자 수}} \times 1,000$

③ 연천인율=도수율×2.4(도수율과 상관관계) ← 근로시간 1일 8시간, 연 300일인 경우에 적용됨.(재해 건수와 재해자 수가 동일한 경우 적용)
 (* 도수율=연천인율 ÷ 2.4)

연천인율
① 산출이 용이하고 알기 쉬우나 재해발생빈도와 근로시간이 반영이 안 됨
② 산업재해자 수는 근로시간과 비례하기 때문에 국제적으로 도수율 사용

(라) 도수율(빈도율. F.R : Frequency Rate of Injury)

① 도수율(빈도율)은 연 100만 근로시간당 재해발생 건수

② 도수율(빈도율) = $\dfrac{재해\ 건수}{연근로시간\ 수} \times 1,000,000$

③ 환산도수율 : 한 사람의 작업자가 평생작업 시 발생할 수 있는 재해 건수

$$환산도수율 = 도수율 \times \dfrac{평생근로시간(100,000)}{1,000,000}$$
$$= 도수율 \times \dfrac{1}{10}(0.1)$$

> ※ 평생근로시간은 별도 시간 제시가 없는 경우는 100,000시간으로 함(잔업 4,000시간 포함)
> {100,00시간 = (8시간×300일×40년) + 잔업 4,000시간}
> ① 평생근로시간 제시가 없는 경우 또는 평생근로시간이 10만 시간 제시
>   ㉮ 환산도수율 = 도수율×0.1   ㉯ 환산강도율 = 강도율×100
> ② 평생근로시간이 12만 시간 제시
>   ㉮ 환산도수율 = 도수율×0.12   ㉯ 환산강도율 = 강도율×120
> ※ 근로자 1명당 연간 근로 시간 수(2,400시간) : 1일 8시간, 1월 25일, 1년 300일

(마) 강도율(S.R : Severity Rate of Injury)

① 강도율은 근로시간 합계 1,000시간당 재해로 인한 근로손실일수를 나타냄(재해발생의 경중, 즉 강도를 나타냄.)

② 강도율 = $\dfrac{근로손실\ 일수}{연근로\ 시간\ 수} \times 1,000$

[표] 근로손실일수 산정요령

구분	사망	신체장해자 등급											
		1~3	4	5	6	7	8	9	10	11	12	13	14
근로손실 일수(일)	7,500	7,500	5,500	4,000	3,000	2,200	1,500	1,000	600	400	200	100	50

> 참고
> ※ 사망, 장해등급 1~3급의 근로손실일수는 7,500일(보통 25년 기준으로 산정)
> ※ 입원 등으로 휴업시의 근로손실일수 = 휴업일수(요양일수)×300/365

(예문) 500명의 근로자가 근무하는 사업장에서 연간 30건이 재해가 발생하여 35명의 재해자로 인해 250일의 근로손실이 발생한 경우의 재해율은?

(풀이)
① 연천인율

= $\dfrac{연간\ 재해자\ 수}{연평균\ 근로자\ 수} \times 1,000$

= (35/500)×1,000 = 70

② 도수율(빈도율)

= $\dfrac{재해\ 건수}{연근로시간\ 수} \times 1,000,000$

= {30/(500×2400)} × 1,000,000

= 25

③ 강도율

= $\dfrac{근로손실일수}{연근로시간\ 수} \times 1,000$

= {250/(500×2400)} × 1,000

= 0.21

7500일 산정기준 = 25년 × 300일
① 근로가능 연도(30세~55세): 25년
② 연간 근로일수: 300일

③ 환산강도율 : 한 사람의 작업자가 평생작업 시 발생할 수 있는 근로손실일

$$환산강도율 = 강도율 \times \frac{평생근로시간(100,000)}{1,000}$$
$$= 강도율 \times 100$$

> **참고**
>
> ※ 평생근로시간은 별도 시간 제시가 없는 경우는 100,000시간으로 함(잔업 4,000시간 포함).
> {100,00시간 = (8시간×300일×40년) + 잔업 4000시간}
> ① 평생근로시간 제시가 없는 경우 또는 평생근로시간이 10만 시간 제시
>   ㉮ 환산도수율 = 도수율×0.1
>   ㉯ 환산강도율 = 강도율×100
> ② 평생근로시간이 12만 시간 제시
>   ㉮ 환산도수율 = 도수율×0.12
>   ㉯ 환산강도율 = 강도율×120

(바) 종합재해지수(F.S.I: Frequency Severity Indicator)

① 재해의 빈도와 강도를 혼합하여 집계하는 지표(도수율과 강도율을 동시에 비교)

② 종합재해지수$(F.S.I) = \sqrt{도수율 \times 강도율}$

> **예문** 상시 근로자 수가 100명인 사업장에서 1일 8시간씩 연간 280일 근무하였을 때, 1명의 사망사고와 4건의 재해로 인하여 180일을 휴업일수가 발생하였다. 이 사업장의 종합재해지수는 약 얼마인가?
>
> **해설** ① 도수율 = {5건/(100명×8시간×280일)}×1,000,000 = 22.32
> ② 강도율 = {(7,500일+180일×280/365)/(100명×8시간×280일)}×1,000
>   = 34.1
> ③ 종합재해지수 = $\sqrt{22.32 \times 34.1}$ = 27.59

> **참고**
>
> ※ safe-T-score : 기업의 산업재해에 대한 과거와 현재의 안전성적을 비교, 평가한 점수로 단위가 없으며, 안전관리의 수행도를 평가하는 데 유용하다.
> ① Safe-T-score = $\dfrac{현재의\ 빈도율 - 과거의\ 빈도율}{\sqrt{\dfrac{과거의\ 빈도율}{근로총시간(현재)} \times 1,000,000}}$
> ② 판정기준(+면 과거에 비해 나쁜 기록, -면 좋은 기록을 나타냄)
>   ㉠ +2.00 이상: 과거보다 심각하다
>   ㉡ +2.00~-2.00: 과거와 차이가 없다.
>   ㉢ -2.00 이하: 과거보다 좋아졌다.

(예문) 강도율 1.25, 도수율 10인 사업장의 평균 강도율은?
(풀이)
평균강도율
= (강도율/도수율)×1,000
= (1.25/10)×1,000 = 125

* 평균강도율 : 재해 1건당 평균손실일 수를 표시
  평균강도율 = (강도율/도수율)×1,000
* 안전활동률 : 기업의 안전관리활동의 결과를 정량적으로 표현. 사고가 일어나기 전의 안전관리의 수준을 평가하는 사전평가활동이다.
  안전활동률 = {안전활동 건수/(근로시간 수×평균근로자 수)}×1,000,000
* 사업장의 안전준수 정도를 알아보기 위한 안전평가의 사전평가와 사후평가
  ① 사전평가 : 안전샘플링, 안전활동률 ② 사후평가 : 재해율 등

(2) 재해손실비의 종류 및 계산

(가) 하인리히 방식에 의한 재해코스트 산정법

1) 총재해코스트 : 직접비 + 간접비

   [직접비(산재보상금)의 5배(= 직접비용×5)]

2) 직접비 : 간접비 = 1 : 4

3) 직접비 : 산재보험급여(산업재해보상보험법상 보험급여의 종류)

   ① 요양급여-병원비용   ② 휴업급여-평균임금의 70%
   ③ 장해급여-1~14급   ④ 간병급여
   ⑤ 유족급여-사망 시   ⑥ 상병보상연금
   ⑦ 장례비   ⑧ 직업재활급여

4) 간접비 = 인적 손실 + 생산 손실 + 물적 손실 + 기타 손실

   (직접비를 제외한 모든 비용)

버드(Frank Bird)의 재해손실비 산정방식의 구성비율
보험비 : 비보험 재산비용 : 기타 재산비용 = 1 : 5~50 : 1~3

(나) 시몬즈(R.H. Simonds) 방식에 의한 재해코스트 산정법

1) 총재해코스트 : 보험코스트 + 비보험코스트

2) 보험코스트 : 사업장에서 지출한 산재보험료

3) 비보험코스트 = (A × 휴업상해 건수) + (B × 통원상해 건수) + (C × 구급조치 건수) + (D × 무상해사고 건수)

   * A, B, C, D는 장해 정도에 따라 결정(상해의 정도별 비보험코스트의 평균금액을 나타내는 일정한 값)

시몬즈 방식의 재해의 종류 (비보험 코스트의 선정항목)
① 휴업 상해
② 통원 상해
③ 구급(응급) 조치
④ 무상해 사고

① 휴업상해 : 영구 부분노동 불능, 일시 전노동 불능
② 통원상해 : 일시 부분노동 불능, 의사의 조치를 필요로 하는 통원상해
③ 구급조치 : 20달러 미만의 손실 또는 8시간 미만의 휴업이 되는 정도의 의료 조치 상해

④ 무상해 사고 : 의료조치를 필요로 하지 않는 정도의 극미한 상해 사고나 무상해 사고(20달러 이상의 손실 또는 8시간 이상의 시간 손실을 가져온 사고)

4) 시몬즈 비보험코스트 : 하인리히 간접비와 동일
① 제3자가 작업을 중지한 시간에 대하여 지불한 임금손실
② 손상 받은 재료 및 설비수선, 교체, 철거를 한 순손실
③ 재해보상이 행하여지지 않은 부상자의 작업하지 않은 시간에 지불한 임금 코스트
④ 재해에 의한 시간 외 근로에 대한 특별지불임금
⑤ 신입 작업자의 교육 훈련비
⑥ 산재에서 부담하지 않은 회사의료 부담 비용
⑦ 재해발생으로 인한 감독자 및 관계근로자가 소모한 시간 비용
⑧ 부상자의 직장복귀 후의 생산감소로 인한 임금 비용
⑨ 기타 특수비용(소송관계비용, 대체 근로자 모집 비용, 계약해제로 인한 손해)

(3) 근로 불능 상해의 정도별 분류(ILO의 국제 노동 통계의 구분)

① 사망 : 노동손실일수 7,500일
② 영구 전노동 불능상해 : 부상결과 노동기능을 완전히 잃은 부상(신체장해등급 제1급~제3급, 노동손실일수 7,500일)
③ 영구 일부노동 불능상해 : 부상결과 신체의 일부가 영구히 노동기능을 상실한 부상(신체장해등급 제4급~제14급)
④ 일시 전노동 불능상해 : 의사의 진단으로 일정 기간 정규노동에 종사할 수 없는 상해(신체장해가 남지 않는 일반적인 휴업재해)
⑤ 일시 일부노동 불능상해 : 의사의 의견에 따라 부상 다음날 정규근로에 종사할 수 없는 휴업재해 이외의 경우

(4) 재해 발생 형태〈산업재해 기록·분류에 관한 지침, 산업재해 현황 분석〉

종류	세부내용
떨어짐(추락)	사람이 인력(중력)에 의하여 건축물, 구조물, 가설물, 수목, 사다리 등의 높은 장소에서 떨어지는 것
넘어짐(전도)	사람이 거의 평면 또는 경사면, 층계 등에서 구르거나 넘어지는 경우

종류	세부내용
부딪힘(충돌)	재해자 자신의 움직임·동작으로 인하여 기인물에 접촉 또는 부딪히거나, 물체가 고정부에서 이탈하지 않은 상태로 움직임(규칙, 불규칙) 등에 의하여 부딪히거나, 접촉한 경우
(물체에) 맞음 (낙하·비래)	구조물, 기계 등에 고정되어 있던 물체가 중력, 원심력, 관성력 등에 의하여 고정부에서 이탈하거나 또는 설비 등으로부터 물질이 분출되어 사람을 가해하는 경우
무너짐(붕괴·도괴)	토사, 적재물, 구조물, 건축물, 가설물 등이 전체적으로 허물어져 내리거나 또는 주요부분이 꺾여져 무너지는 경우
끼임(협착·감김)	두 물체 사이의 움직임에 의하여 일어난 것으로 직선 운동하는 물체 사이의 협착, 회전부와 고정체 사이의 끼임, 룰러 등 회전체 사이에 물리거나 또는 회전체·돌기부 등에 감긴 경우

재해 발생 형태 분류 시 유의사항 〈산업재해 기록·분류에 관한 지침〉

1) 두 가지 이상의 발생형태가 연쇄적으로 발생된 재해의 경우는 상해결과 또는 피해를 크게 유발한 형태로 분류한다.
   ① 재해자가 '넘어짐'으로 인하여 기계의 동력전달부위 등에 끼이는 사고가 발생하여 신체부위가 '절단'된 경우에는 '끼임'으로 분류한다.
   ② 재해자가 구조물 상부에서 '넘어짐'으로 인하여 사람이 떨어져 두개골 골절이 발생한 경우에는 '떨어짐'으로 분류한다.
   ③ 재해자가 '넘어짐' 또는 '떨어짐'으로 물에 빠져 익사한 경우에는 '유해·위험물질 노출·접촉'으로 분류한다.
   ④ 재해자가 전주에서 작업 중 '감전'으로 떨어진 경우 상해결과가 골절인 경우에는 '떨어짐'으로 분류하고, 상해결과가 전기쇼크인 경우에는 '감전(전류접촉)'으로 분류한다.

2) '떨어짐'과 '넘어짐'의 분류는 다음과 같이 적용한다.
   ① 재해 당시 바닥면과 신체가 떨어진 상태로 더 낮은 위치로 떨어진 경우에는 '떨어짐'으로, 바닥면과 신체가 접해있는 상태에서 더 낮은 위치로 떨어진 경우에는 '넘어짐'로 분류한다.
   ② 신체가 바닥면과 접해있었는지 여부를 알 수 없는 경우에는 작업발판 등 구조물의 높이가 보폭(약 60㎝) 이상인 경우에는 신체가 구조물과 바닥면에서 떨어진 것으로 판단하여 '떨어짐'으로 분류하고, 그 보폭 미만인 경우는 '넘어짐'로 분류한다.

3) '폭발'과 '화재'의 분류
   폭발과 화재, 두 현상이 복합적으로 발생된 경우에는 발생형태를 '폭발'로 분류한다.

(가) 기인물 : 재해가 일어난 원인이 되었던 기계, 장치, 기타물건 또는 환경
(불안전한 상태에 있는 물체, 환경)

(나) 가해물 : 직접 사람에게 접촉되어 위해를 가한 물체

(다) 사고의 형태 : 물체(가해물)와 사람과의 접촉 현상(재해 형태)

  ※ 예) 보행 중 작업자가 바닥에 미끄러지면서 주변의 상자와 머리를 부딪침.
    ① 기인물 : 바닥
    ② 가해물 : 상자
    ③ 사고 유형 : 넘어짐(전도)

> **상해 종류**
>
> 골절, 절단, 타박상, 찰과상, 중독·질식, 화상, 감전, 뇌진탕, 고혈압, 뇌졸중, 피부염, 진폐, 수근관 증후군 등
> ① 골절 : 뼈가 부러진 상해
> ② 동상 : 저온물 접촉
> ③ 부종 : 국부의 혈액순환의 이상(몸이 붓는 상태)
> ④ 중독 및 질식 : 음식, 약물, 가스 등에 의한 상해
> ⑤ 찰과상 : 스치거나 문질러서 벗겨진 상해(마찰력에 의하여 피부표면이 벗겨진 상해)
> ⑥ 화상 : 고온물에 접촉
> ⑦ 뇌진탕 : 머리를 세게 맞았을 때
> ⑧ 청력장애 : 직업과 연관된 모든 질환
> ⑨ 시력장애 : 시력의 감쇠 및 실명
> ⑩ 찔림(자상) : 칼날 등 날카로운 물건에 찔린 상해
> ⑪ 타박상(좌상) : 타박, 충돌, 떨어짐(추락) 등으로 피부 표면보다는 피하 조직 또는 근육부를 다친 상해(삔 것 포함)
> ⑫ 절상 : 신체 부위가 절단된 상해
> ⑬ 베임(창상) : 창, 칼 등에 베인 상해

(5) 재해 사례 연구의 순서

(가) 전제조건 : 재해상황의 파악(5단계일 때)

사례연구의 전제조건인 재해상황 파악

(나) 제1단계 : 사실의 확인

작업의 개시에서 재해의 발생까지의 경과 가운데 재해와 관계있는 사실 및 재해요인으로 알려진 사실을 객관적으로 확인(이상 시, 사고 시 또는 재해 발생 시의 조치도 포함)

(다) 제2단계 : 문제점의 발견

파악된 사실로부터 각종 기준에서의 차이에 따른 문제점을 발견(직접원인)

(라) 제3단계 : 근본 문제점의 결정

문제점 가운데 재해의 중심이 된 근본적인 문제점을 결정하고 재해원인을 판단(기본원인)
- 재해의 중심이 된 문제점에 관하여 어떤 관리적 책임의 결함이 있는지를 여러 가지 안전보건의 키(key)에 대하여 분석한다.

(마) 제4단계 : 대책수립

재해 사례를 해결하기 위한 대책을 세움

✱ 재해사례연구의 주된 목적
① 재해요인을 체계적으로 규명하여 이에 대한 대책을 세우기 위함.
② 재해 방지의 원칙을 습득해서 이것을 일상 안전 보건활동에 실천하기 위함.
③ 참가자의 안전보건활동에 관한 견해나 생각을 깊게 하고, 태도를 바꾸게 하기 위함.

> **재해사례연구에 대한 내용**
> ① 신뢰성 있는 자료수집이 있어야 한다.
> ② 현장 사실을 분석하여 논리적이어야 한다.
> ③ 재해사례연구의 기준으로는 법규, 사내규정, 작업표준 등이 있다.
> ④ 객관적 판단을 기반으로 현장조사 및 대책을 설정한다.

(6) 재해통계 분석기법 : 통계화된 재해별로 원인분석

파레토도(pareto chart), 특성요인도, 크로스분석, 관리도(control chart)

(가) 파레토도(pareto chart)

① 관리대상이 많은 경우 최소의 노력으로 최대의 효과를 얻을 수 있는 방법
② 사고의 유형, 기인물 등 분류 항목을 큰 순서대로 도표화하는 데 편리
③ 그 크기를 막대그래프로 나타냄.

(나) 특성요인도(cause & effect diagram) : 사실의 확인 단계에서 사용하기 가장 적절한 분석기법

① 특성과 요인 관계를 어골상(魚骨象: 물고기 뼈 모양)으로 세분하여 연쇄 관계를 나타내는 방법
② 원인요소와의 관계를 상호의 인과관계만으로 결부(재해의 원인과 결과를 연계하여 상호 관계를 파악하기 위해 도표화하는 분석방법)

파레토도
데이터를 크기 순서로 나열하고 막대그래프와 누계치의 꺾은 선 그래프로 나타냄.(이탈리아 경제학자 파레토)

(다) 크로스 분석도(close analysis)
① 두 가지 이상의 요인이 서로 밀접한 상호관계를 유지할 때 사용하는 방법
② 데이터를 집계하고 표로 표시하여 요인별 결과 내역을 교차한 크로스 그림을 작성하여 분석

(라) 관리도(control chart) : 재해 발생 건수 등의 추이를 파악하여 목표 관리를 행하는 데 필요한 월별 재해발생 수를 그래프화하여 관리선(한계선)을 설정 관리하는 방법

> **특성요인도의 작성법**
> ① 특성(문제점)을 정한다.
> 무엇에 대한 특성요인도를 작성하는가를 분명히 한다.
> ② 등뼈를 기입한다.
> 특성을 오른쪽에 작성하고, 왼쪽에서 오른쪽으로 굵은 화살표(등뼈)를 기입한다.
> ③ 큰뼈를 기입한다.
> 특성이 생기는 원인이라고 생각되는 것을 크게 분류하면 어떤 것이 있는가를 찾아내어 그것을 큰뼈로서 화살표로 기입한다.
> ④ 중뼈, 잔뼈를 기입한다.
> 큰뼈의 하나하나에 대해서 특성이 발생하는 원인이 되는 것을 생각하여 중뼈를 화살표로 기입하고, 같은 방법으로 잔뼈를 기입한다.
> ⑤ 기입누락이 없는가를 체크한다.
> ⑥ 영향이 큰 것에 표시를 한다.
> ⑦ 필요한 이력을 기입한다.

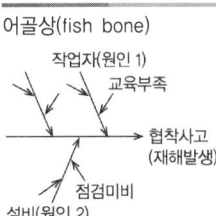

(7) 재해를 분석하는 방법
① 개별분석(개별적 원인분석) : 재해 건수가 비교적 적은 사업장의 적용에 적합하고, 특수재해나 중대재해의 분석에 사용하는 방법. 통계적 원인분석의 기초자료로 활용(ETA, FTA, 문답법)
② 통계분석(통계적 원인분석) : 재해발생 경향, 유형, 요인 등을 파악하여 재해예방 대책을 강구하고 동종재해 예방(파레토도, 크로스도, 관리도)

(8) 산업 재해의 발생 유형(재해발생 3형태)
(등치성이론 : 재해가 여러 가지 사고요인의 결합에 의해 발생)
① 집중형 : 상호 자극에 의해 순간적으로 재해가 발생(단순자극형)
 - 일어난 장소나 그 시점에 일시적으로 사고요인이 집중하여 재해가 발생하는 경우

② 연쇄형 : 요소들 간에 연쇄적으로 진전해 나가는 형태(Ex. 도미노이론)
  ㉠ 단순연쇄형
  ㉡ 복합연쇄형
③ 복합형 : 집중형과 연쇄형이 복합된 것이며 현대사회의 산업재해는 대부분 복합형

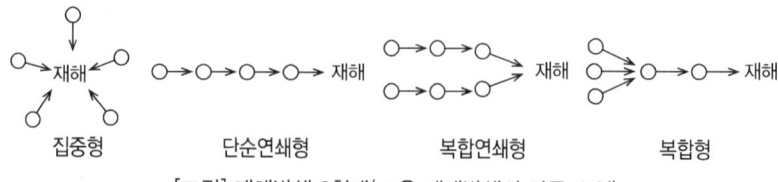

[그림] 재해발생 3형태(○은 재해발생의 각종 요인)

(9) 재해분류방법

① 상해 정도별 분류 : 사망, 영구 전노동 불능, 영구 일부 노동불능, 일시 전노동 불능, 일시 일부 노동불능, 구급처치상해
② 통계적 분류 : 사망, 중상해, 경상해, 경미상해
③ 상해 종류에 의한 분류 : 골절, 부종, 동상 등
④ 재해 형태별 분류 : 떨어짐(추락), 넘어짐(전도), 끼임(협착) 등

(10) 사업장의 산업재해 발생 건수 등 공표

(가) 산업재해 발생 건수 등의 공표 〈법 제10조〉

고용노동부장관은 산업재해를 예방하기 위하여 사업장의 근로자 산업재해 발생 건수, 재해율 또는 그 순위 등을 공표하여야 한다.

(나) 공표대상 사업장 〈시행령 제10조〉

① 산업재해로 인한 사망자(사망재해자)가 연간 2명 이상 발생한 사업장
② 사망만인율이 규모별 같은 업종의 평균 사망만인율 이상인 사업장
③ 중대산업사고가 발생한 사업장
④ 산업재해 발생 사실을 은폐한 사업장
⑤ 산업재해의 발생에 관한 보고를 최근 3년 이내 2회 이상 하지 않은 사업장
⑥ 도급인이 관계수급인 근로자의 산업재해 예방을 위한 조치의무를 위반하여 관계수급인의 근로자가 산업재해를 입은 경우에는 도급인의 사업장에 대한 산업재해 발생 건수 등을 함께 공표하여야 한다.(관계 수급인의 사업장이 ①, ②, ③에 해당하는 경우)

재해통계 작성 시 유의사항

① 재해통계를 활용하여 방지대책의 수립이 가능할 수 있어야 한다.
② 재해통계는 구체적으로 표시되고, 그 내용은 용이하게 이해되며 이용할 수 있는 것이어야 한다.
③ 재해통계는 항목 내용 등 재해요소가 정확히 파악될 수 있도록 하여야 한다.

※ 건설업체 상시 근로자 수 산출 〈산업안전보건법 시행규칙 [별표 1]〉

1. 건설업체의 산업재해발생률은 다음의 계산식에 따른 업무상 사고사망만인율로 산출하되, 소수점 셋째 자리에서 반올림한다.

$$사고사망만인율(‱) = \frac{사고사망자 수}{상시 근로자 수} \times 10{,}000$$

2. 상시근로자 수는 다음과 같이 산출한다.

$$상시 근로자 수 = \frac{연간 국내공사 실적액 \times 노무비율}{건설업 월평균임금 \times 12}$$

산업재해통계업무처리규정상 재해 통계 관련 용어

- "재해자 수"는 근로복지공단의 유족급여가 지급된 사망자 및 근로복지공단에 최초요양신청서(재진 요양신청이나 전원 요양신청서는 제외한다)를 제출한 재해자 중 요양승인을 받은 자(지방고용노동관서의 산재 미보고 적발 사망자 수를 포함한다)를 말함. 다만, 통상의 출퇴근으로 발생한 재해는 제외함.
- "사망자 수"는 근로복지공단의 유족급여가 지급된 사망자(지방고용노동관서의 산재미보고 적발 사망자를 포함한다)수를 말함. 다만, 사업장 밖의 교통사고(운수업, 음식숙박업은 사업장 밖의 교통사고도 포함)·체육행사·폭력행위·통상의 출퇴근에 의한 사망, 사고발생일로부터 1년을 경과하여 사망한 경우는 제외함.
- "휴업재해자 수"란 근로복지공단의 휴업급여를 지급받은 재해자 수를 말함. 다만, 질병에 의한 재해와 사업장 밖의 교통사고(운수업, 음식숙박업은 사업장 밖의 교통사고도 포함)·체육행사·폭력행위·통상의 출퇴근으로 발생한 재해는 제외함.
- "임금근로자 수"는 통계청의 경제활동인구조사상 임금근로자 수를 말함.

CHAPTER 02 항목별 우선순위 문제 및 해설 (1)

01 재해발생 시 조치순서로 가장 적절한 것은?
① 산업재해발생 → 재해조사 → 긴급처리 → 대책수립 → 원인강구 → 대책 실시 계획 → 실시 → 평가
② 산업재해발생 → 긴급처리 → 재해조사 → 원인강구 → 대책수립 → 대책 실시 계획 → 실시 → 평가
③ 산업재해발생 → 재해조사 → 긴급처리 → 원인강구 → 대책수립 → 대책 실시 계획 → 실시 → 평가
④ 산업재해발생 → 긴급처리 → 재해조사 → 대책수립 → 원인강구 → 대책 실시 계획 → 실시 → 평가

해설 재해발생 시 조치 순서
① 산업재해발생 ② 긴급처리 ③ 재해조사
④ 원인강구 ⑤ 대책수립 ⑥ 대책 실시 계획
⑦ 실시 ⑧ 평가

02 다음 중 재해조사 시 유의사항으로 적절하지 않은 것은?
① 조사는 현장이 변경되기 전에 실시한다.
② 사람과 설비 양면의 재해요인을 모두 도출한다.
③ 목격자 증언 이외의 추측의 말은 참고로만 한다.
④ 조사는 혼란을 방지하기 위하여 단독으로 실시하며, 주관적 판단을 반영하여 신속하게 한다.

해설 재해조사 시 유의사항
① 가급적 재해 현장이 변형되지 않은 상태에서 실시하여 사실을 있는 그대로 수집한다.
② 객관적인 입장에서 공정하게 조사하며, 조사는 2인 이상이 한다.
③ 사람, 기계설비, 양면의 재해요인을 모두 도출한다.
④ 과거 사고 발생 경향 등을 참고하여 조사한다.
⑤ 목격자의 증언 등 사실 이외의 추측의 말은 참고로만 한다.
⑥ 조사는 신속하게 행하고, 긴급 조치하여 2차 재해의 방지를 도모한다.

03 다음 중 재해발생의 주요 원인에 있어 불안전한 행동에 해당하지 않는 것은?
① 불안전한 속도 조작
② 안전장치 기능 제거
③ 보호구 미착용 후 작업
④ 결함 있는 기계설비 및 장비

해설 불안전한 행동(인적 원인)
① 위험장소 접근
② 안전장치 기능 제거
③ 복장·보호구의 잘못 사용
④ 기계·기구의 잘못 사용
⑤ 운전 중인 기계장치 손질
⑥ 불안전한 속도 조작
⑦ 유해·위험물 취급부주의
⑧ 불안전한 상태 방치
⑨ 불안전한 자세·동작
⑩ 감독 및 연락 불충분

04 재해사례연구의 진행단계로 옳은 것은?
① 재해 상황의 파악 → 사실의 확인 → 문제점 발견 → 근본적 문제점 결정 → 대책수립
② 사실의 확인 → 재해 상황의 파악 → 근본적 문제점 결정 → 문제점 발견 → 대책수립
③ 문제점 발견 → 사실의 확인 → 재해 상황의 파악 → 근본적 문제점 결정 → 대책수립

정답 01. ② 02. ④ 03. ④ 04. ①

④ 재해 상황의 파악 → 문제점 발견 → 근본적 문제점 결정 → 대책수립 → 사실의 확인

해설 재해 사례 연구의 순서
(가) 전제조건 : 재해상황의 파악(5단계일 때)
(나) 제1단계 : 사실의 확인
(다) 제2단계 : 문제점의 발견
(라) 제3단계 : 근본 문제점의 결정
(마) 제4단계 : 대책수립

05 재해예방의 4원칙에 해당하지 않는 것은?
① 예방가능의 원칙
② 원인계기의 원칙
③ 손실필연의 원칙
④ 대책선정의 원칙

해설 하인리히의 재해예방 4원칙
① 손실우연의 원칙
② 원인연계(연쇄)의 원칙
③ 예방가능의 원칙
④ 대책선정(강구)의 원칙

06 하비(Harvey)가 제창한 3E 대책은 하인리히(Heinrich)의 사고예방대책의 기본원리 5단계 중 어느 단계와 연관되는가?
① 조직
② 사실의 발견
③ 분석 및 평가
④ 시정책의 적용

해설 사고예방 대책의 5단계(하인리히의 이론)
① 제1단계 : 안전관리조직(organization)
② 제2단계 : 사실의 발견(fact finding)
③ 제3단계 : 분석(analysis)
④ 제4단계 : 대책의 선정(수립)(selection of remedy)
⑤ 제5단계 : 대책의 적용(application of remedy)
⟨3E를 통한 대책의 적용(하비, Harvey)⟩
㉮ 교육적(Education) 대책 : 교육
㉯ 기술적(Engineering) 대책 : 기술적 조치
㉰ 독려적(단속)(Enforcement) 대책 : 감독, 규제, 관리 등

07 다음과 같은 재해사례의 분석 내용으로 옳은 것은?

> 작업자가 벽돌을 손으로 운반하던 중 떨어뜨려 벽돌이 발등에 부딪쳐 발을 다쳤다.

① 사고유형 : 낙하, 기인물 : 벽돌, 가해물 : 벽돌
② 사고유형 : 충돌, 기인물 : 손, 가해물 : 벽돌
③ 사고유형 : 비래, 기인물 : 사람, 가해물 : 벽돌
④ 사고유형 : 추락, 기인물 : 손, 가해물 : 벽돌

해설 재해사례의 분석
(가) 기인물 : 재해가 일어난 원인이 되었던 기계, 장치, 기타물건 또는 환경(불안전한 상태에 있는 물체, 환경)
(나) 가해물 : 직접 사람에게 접촉되어 위해를 가한 물체
  * 예) 보행 중 작업자가 바닥에 미끄러지면서 주변의 상자와 머리를 부딪침
    ① 기인물 : 바닥
    ② 가해물 : 상자
    ③ 사고유형 : 전도
(다) 사고의 형태 : 물체(가해물)와 사람과의 접촉현상(재해 형태)

08 다음 중 상해 종류에 대한 설명으로 옳은 것은?
① 찰과상 : 창, 칼 등에 베인 상해
② 창상 : 스치거나 문질러서 피부가 벗겨진 상해
③ 자상 : 칼날 등 날카로운 물건에 찔린 상해
④ 좌상 : 국부의 혈액순환의 이상으로 몸이 퉁퉁 부어오르는 상해

정답 05. ③ 06. ④ 07. ① 08. ③

해설 상해 종류
① 찰과상 : 스치거나 문질러서 벗겨진 상해
② 찔림(자상) : 칼날 등 날카로운 물건에 찔린 상해
③ 타박상(좌상) : 타박, 충돌, 추락 등으로 피부 표면 보다는 피하 조직 또는 근육부를 다친 상해(삔 것 포함)
④ 베임(창상) : 창, 칼 등에 베인 상해

09 500명의 근로자가 근무하는 사업장에서 연간 30건이 재해가 발생하여 35명의 재해자로 인해 250일의 근로손실이 발생한 경우 이 사업장의 재해 통계에 관한 설명으로 틀린 것은?

① 이 사업장의 도수율은 약 29.2이다.
② 이 사업장의 강도율은 약 0.21이다.
③ 이 사업장의 연천인율은 7이다.
④ 근로시간이 명시되지 않을 경우에는 연간 1인당 2400시간을 적용한다.

해설 재해율의 종류 및 계산
(가) 연천인율

$$\text{연천인율} = \frac{\text{연간 재해자 수}}{\text{연평균 근로자 수}} \times 1{,}000$$
$$= (35/500) \times 1{,}000 = 70$$

(나) 도수율(빈도율, Frequency Rate of Injury : F.R)

$$\text{도수율(빈도율)} = \frac{\text{재해 건수}}{\text{연근로시간 수}} \times 1{,}000{,}000$$
$$= \{30/(500 \times 2400)\} \times 1{,}000{,}000 = 25$$

* 근로자 1명당 근로시간 수: 1일 8시간, 1월 25일, 1년 300일(2,400시간)

(다) 강도율(S.R : Severity Rate of Injury)

$$\text{강도율} = \frac{\text{근로손실일수}}{\text{연근로시간 수}} \times 1{,}000$$
$$= \{250/(500 \times 2400)\} \times 1{,}000 = 0.21$$

10 전년도 A건설기업의 재해발생으로 인한 산업재해보상보험금의 보상비용이 5천만 원이었다. 하인리히 방식을 적용하여 재해손실비용을 산정할 경우 총재해손실비용은 얼마이겠는가?

① 2억 원
② 2억 5천만 원
③ 3억 원
④ 3억 5천만 원

해설 하인리히 방식에 의한 재해코스트 산정법
1) 총재해코스트 : 직접비 + 간접비
   [직접비(산재보상금)의 5배(= 직접비용×5)]
2) 직접비 : 간접비 = 1 : 4
   ⇒ 총손실비용 = 직접비용×5 = 5000만 원×5
   = 25,000만 원

11 재해 손실비의 평가방식 중에서 시몬즈(Simonds) 방식에서 재해의 종류에 관한 설명으로 틀린 것은?

① 무상해 사고는 의료조치를 필요로 하지 않은 상해사고를 말한다.
② 휴업상해는 영구 일부 노동불능 및 일시 전노동 불능 상해를 말한다.
③ 응급조치상해는 응급조치 또는 8시간 이상의 휴업의료 조치 상해를 말한다.
④ 통원상해는 일시 일부 노동불능 및 의사의 통원 조치를 요하는 상해를 말한다.

해설 시몬즈(R.H. Simonds) 방식에 의한 재해코스트 산정법
1) 총재해코스트 : 보험코스트 + 비보험코스트
2) 보험코스트 : 사업장에서 지출한 산재보험료
3) 비보험코스트
   ① 휴업상해 : 영구 부분노동 불능, 일시 전노동 불능
   ② 통원상해 : 일시 부분노동 불능, 의사의 조치를 필요로 하는 통원상해
   ③ 구급조치 : 20달러 미만의 손실 또는 8시간 미만의 휴업이 되는 정도의 의료 조치 상해
   ④ 무상해 사고 : 의료조치를 필요로 하지 않는 정도의 극미한 상해사고나 무상해 사고(20달러 이상의 손실 또는 8시간 이상의 시간 손실을 가져온 사고)

정답 09. ①, ③ 10. ② 11. ③

12 상해 정도별 분류에서 의사의 진단으로 일정 기간 정규노동에 종사할 수 없는 상해에 해당하는 것은?

① 영구 일부노동 불능상해
② 일시 전노동 불능상해
③ 영구 전노동 불능상해
④ 응급 조치상해

해설 **일시 전노동 불능상해**
의사의 진단으로 일정 기간 정규노동에 종사할 수 없는 상해(신체장해가 남지 않는 일반적인 휴업재해)

13 다음 설명에 해당하는 재해의 통계적 원인분석 방법은?

> 2개 이상의 문제 관계를 분석하는데 사용하는 것으로 데이터를 집계하고, 표로 표시하여 요인별 결과내역을 교차한 그림을 작성, 분석하는 방법

① 파레토도 ② 특성요인도
③ 관리도   ④ 클로스 분석

해설 **크로스 분석**
1) 두 가지 이상의 요인이 서로 밀접한 상호관계를 유지할 때 사용하는 방법
2) 데이터를 집계하고 표로 표시하여 요인별 결과 내역을 교차한 크로스 그림을 작성하여 분석

정답 12. ② 13. ④

3. 안전점검 · 검사 · 인증 및 진단

(1) 안전점검

불안전한 상태와 불안전한 상태를 발생시키는 결함을 사전에 발견하거나 안전상태를 확인하는 행동
- 설비의 안전확보, 안전상태 유지
- 인적인 안전행동 상태의 유지

(가) 안전점검의 목적

1) 사고원인을 찾아 재해를 미연에 방지하기 위함.
2) 재해의 재발을 방지하여 사전대책을 세우기 위함.
3) 현장의 불안전 요인을 찾아 계획에 적절히 반영시키기 위함.
4) 기기 및 설비의 결함 제거로 사전 안전성 확보
5) 인적 측면에서의 안전한 행동 유지
6) 기기 및 설비의 본래성능 유지

(나) 안전점검의 종류

1) 점검 시기에 따른 구분

① 정기점검 : 일정시간마다 정기적으로 실시하는 점검으로 기계, 기구, 시설 등에 대하여 주, 월 또는 분기 등 지정된 날짜에 실시하는 점검

② 일상점검 : 매일 작업 전, 중, 후에 해당 작업설비에 대하여 계속적으로 실시하는 점검

> **작업전 점검**
> ① 주변의 정리정돈 ② 설비의 본체 ③ 구동부분 ④ 전기 수위치부분
> ⑤ 주유상태 ⑥ 설비의 방호장치 ⑦ 주변의 청소상태

③ 수시점검 : 일정기간을 정하여 실시하지 않고 비정기적으로 실시하는 점검

④ 임시점검 : 임시로 실시하는 점검의 형태(정기점검과 정기점검사이에 실시하는 점검)

⑤ 특별점검 : 비정기적인 특정 점검으로 안전강조 기간, 방화점검 기간에 실시하는 점검. 신설, 변경내지는 고장, 수리 등을 할 경우의 부정기 점검

⑥ 정밀점검 : 사고 발생 이후 곧바로 외부 전문가에 의하여 실시하는 점검

작업 중 점검
① 품질의 이상 유무
② 안전수칙의 준수 여부
③ 이상소음 발생 여부
④ 정리정돈
⑤ 작업방법

특별점검
태풍, 폭우 등에 의한 침수, 지진 등의 천재지변이 발생한 경우나 이상사태 발생 시 관리자나 감독자가 기계, 기구, 설비 등의 기능상 이상 유무에 대하여 점검하는 것(천재지변 발생 직후 기계설비의 수리 등을 할 경우 또는 중대재해 발생 직후 등에 행하는 안전점검)

2) 안전점검 방법에 따른 구분

　가) 육안점검 : 기기의 적당한 배치, 설치 상태, 변형, 균열, 손상, 부식, 볼트의 여유 등의 유무를 시각 및 촉각 등에 의해 점검

　　① 외관오염 상황의 점검

　　② 부식・마모의 점검

　　③ 깨어짐 균열의 점검

　　④ 가스 누출의 점검

　　⑤ 윤활유의 점검

　　⑥ 이상한 음의 발생 유무의 점검

　　⑦ 볼트・너트의 풀림 및 탈락・파손의 점검 등

　나) 기기점검 : 각종 측정기기에 의한 점검

　다) 기능검사

　라) 시험에 의한 검사

> ※ **작동점검** : 누전차단장치 등과 같은 안전장치를 정해진 순서에 따라 동작시키고 동작상황의 양부를 확인하는 점검
> ※ **종합점검** : 정해진 기준에 따라 측정・검사를 행하고 정해진 조건하에서 운전시험을 실시하여 그 기계의 전체적인 기능을 판단하고자하는 점검

자체 검사의 종류
(1) 검사 대상에 의한 분류
　① 기능(성능) 검사
　② 형식 검사
　③ 규격 검사
(2) 검사 방법에 의한 분류
　① 육안 검사
　② 기능 검사
　③ 검사기기에 의한 검사
　④ 시험에 의한 검사

외관점검
기기의 적정한 배치, 변형, 균열, 손상, 부식 등의 유무를 육안, 촉수 등으로 조사 후 그 설비별로 정해진 점검기준에 따라 양부를 확인하는 점검

(다) 안전점검보고서에 수록될 주요 내용

　1) 안전점검 개요 : 안전점검의 목적, 안전점검방법 및 범위, 안전점검에 적용한 기준

　2) 작업현장 배치상황에 따른 문제점

　3) 재해다발요인과 유형분석 및 비교 데이터 제시

　4) 안전교육계획과 실시 현황 및 추진 방향

　5) 안전방침과 중점개선계획 작성 실시 방향 제시

　6) 보호구, 방호장치, 작업환경실태와 개선 제시

　7) 작업방법 및 작업행동의 안전상태 제시

(라) 안전점검 시 유의사항

　1) 안전점검은 안전수준의 향상을 위한 본래의 취지에 어긋나지 않아야 함.

　2) 점검자의 능력을 판단하고 그 능력에 상응하는 내용의 점검을 시키도록 함.

　3) 과거에 재해가 발생한 곳은 그 요인이 없어졌는가를 확인함.

　4) 하나의 설비에서 불안전상태의 발견 시 다른 동종의 설비도 점검함.

　5) 여러 가지 점검방법을 병용함.

6) 발견된 불량부분은 원인을 조사하고 필요한 대책 강구
7) 강평을 할 때에는 결함만을 지적하지 말고 장점을 찾아 칭찬도 함.

> **안전점검 시 담당자의 자세**
> ① 안전점검은 점검자의 객관적 판단에 의하여 점검하거나 판단한다.
> ② 잘못된 사항은 수정이 될 수 있도록 점검결과에 대하여 통보한다.
> ③ 점검 중 사고가 발생하지 않도록 위험요소를 제거한 후 실시한다.
> ④ 사전에 점검대상 부서의 협조를 구하고, 관련 작업자의 의견을 청취한다.
> ⑤ 안전점검 시에는 체크리스트 항목을 충분히 이해하고 점검에 임하도록 한다.
> ⑥ 안전점검 시에는 과학적인 방법으로 사고의 예방차원에서 점검에 임해야 한다.
> ⑦ 안전점검 실시 후 체크리스트의 수정사항이 발생할 경우 현장의 의견을 반영하여 개정·보완하도록 한다.

(마) 안전점검 체크리스트 작성 시 유의해야 할 사항
① 사업장에 적합한 독자적인 내용으로 작성한다.(사업장 내 점검기준을 기초로 하여 점검자 자신이 점검목적, 사용시간 등을 고려하여 작성할 것)
② 점검표는 이해하기 쉽게 표현하고 구체적으로 작성한다.(점검표 내용은 구체적이고 재해방지에 효과가 있을 것)
③ 관계자의 의견을 통하여 정기적으로 검토·보안 작성한다.
④ 위험성이 높고, 긴급을 요하는 순으로 작성한다.(중요도가 높은 순서대로 만들 것)
⑤ 현장감독자용의 점검표는 쉽게 이해할 수 있는 내용이어야 할 것
  ✱ 안전점검표(check list)에 포함되어야 할 사항
    점검시기, 점검대상, 점검부분, 점검항목, 점검방법, 판정기준, 조치사항

(바) 안전점검기준의 작성 시 유의사항
① 점검대상물의 위험도를 고려한다.
② 점검대상물의 과거 재해사고 경력을 참작한다.
③ 점검대상물의 기능적 특성을 충분히 감안한다.
④ 점검자의 기능수준을 고려한다.

STOP기법(안전관찰제도)
각 계층의 관리감독자들이 숙련된 안전관찰을 행할 수 있도록 훈련을 실시함으로써 사고를 미연에 방지하여 안전을 확보하는 안전관찰훈련기법

> **STOP기법(안전관찰제도)**
> 불안전한 작업관행을 개선하여 근본적인 안전을 확보하고 자율적인 안전작업 태도 습관화로 지속적인 안전의 확보(관리감독자의 안전관찰 훈련으로 현장에서 주로 실시한다.)
> ① 안전관찰제도 운영 사이클 : 결심, 정지(STOP), 관찰, 행동, 보고(기본 5단계)
> ② 안전관찰은 관리감독자가 수행
> ③ 듀퐁사에서 실시하여 실효를 거둔 기법

(2) 산업안전보건법령상 작업 시작 전 점검사항〈산업안전보건기준에 관한 규칙〉

[별표 3] 작업 시작 전 점검사항

작업의 종류	점검내용
1. 프레스 등을 사용하여 작업을 할 때	가. 클러치 및 브레이크의 기능 나. 크랭크축·플라이휠·슬라이드·연결봉 및 연결 나사의 풀림 여부 다. 1행정 1정지기구·급정지장치 및 비상정지장치의 기능 라. 슬라이드 또는 칼날에 의한 위험방지 기구의 기능 마. 프레스의 금형 및 고정볼트 상태 바. 방호장치의 기능 사. 전단기(剪斷機)의 칼날 및 테이블의 상태
2. 로봇의 작동 범위에서 그 로봇에 관하여 교시 등(로봇의 동력원을 차단하고 하는 것은 제외)의 작업을 할 때	가. 외부 전선의 피복 또는 외장의 손상 유무 나. 매니퓰레이터(manipulator) 작동의 이상 유무 다. 제동장치 및 비상정지장치의 기능
3. 공기압축기를 가동할 때	가. 공기저장 압력용기의 외관 상태 나. 드레인밸브(drain valve)의 조작 및 배수 다. 압력방출장치의 기능 라. 언로드밸브(unloading valve)의 기능 마. 윤활유의 상태 바. 회전부의 덮개 또는 울 사. 그 밖의 연결 부위의 이상 유무
4. 크레인을 사용하여 작업을 하는 때	가. 권과방지장치·브레이크·클러치 및 운전장치의 기능 나. 주행로의 상측 및 트롤리(trolley)가 횡행하는 레일의 상태 다. 와이어로프가 통하고 있는 곳의 상태
5. 이동식 크레인을 사용하여 작업을 할 때	가. 권과방지장치나 그 밖의 경보장치의 기능 나. 브레이크·클러치 및 조정장치의 기능 다. 와이어로프가 통하고 있는 곳 및 작업장소의 지반상태
6. 리프트(간이리프트를 포함)를 사용하여 작업을 할 때	가. 방호장치·브레이크 및 클러치의 기능 나. 와이어로프가 통하고 있는 곳의 상태
7. 곤돌라를 사용하여 작업을 할 때	가. 방호장치·브레이크의 기능 나. 와이어로프·슬링와이어(sling wire) 등의 상태

작업의 종류	점검내용
8. 양중기의 와이어로프·달기체인·섬유로프·섬유벨트 또는 훅·샤클·링 등의 철구(이하 "와이어로프 등"이라 함)를 사용하여 고리걸이작업을 할 때	와이어로프 등의 이상 유무
9. 지게차를 사용하여 작업을 하는 때	가. 제동장치 및 조종장치 기능의 이상 유무 나. 하역장치 및 유압장치 기능의 이상 유무 다. 바퀴의 이상 유무 라. 전조등·후미등·방향지시기 및 경보장치 기능의 이상 유무
10. 구내운반차를 사용하여 작업을 할 때	가. 제동장치 및 조종장치 기능의 이상 유무 나. 하역장치 및 유압장치 기능의 이상 유무 다. 바퀴의 이상 유무 라. 전조등·후미등·방향지시기 및 경음기 기능의 이상 유무 마. 충전장치를 포함한 홀더 등의 결합상태의 이상 유무
11. 고소작업대를 사용하여 작업을 할 때	가. 비상정지장치 및 비상하강 방지장치 기능의 이상 유무 나. 과부하 방지장치의 작동 유무(와이어로프 또는 체인구동방식의 경우) 다. 아웃트리거 또는 바퀴의 이상 유무 라. 작업면의 기울기 또는 요철 유무 마. 활선작업용 장치의 경우 홈·균열·파손 등 그 밖의 손상 유무
12. 화물자동차를 사용하는 작업을 하게 할 때	가. 제동장치 및 조종장치의 기능 나. 하역장치 및 유압장치의 기능 다. 바퀴의 이상 유무
13. 컨베이어 등을 사용하여 작업을 할 때	가. 원동기 및 풀리(pulley) 기능의 이상 유무 나. 이탈 등의 방지장치 기능의 이상 유무 다. 비상정지장치 기능의 이상 유무 라. 원동기·회전축·기어 및 풀리 등의 덮개 또는 울 등의 이상 유무
14. 차량계 건설기계를 사용하여 작업을 할 때	브레이크 및 클러치 등의 기능
15. 이동식 방폭구조(防爆構造) 전기기계·기구를 사용할 때	전선 및 접속부 상태

작업의 종류	점검내용
16. 근로자가 반복하여 계속적으로 중량물을 취급하는 작업을 할 때	가. 중량물 취급의 올바른 자세 및 복장 나. 위험물이 날아 흩어짐에 따른 보호구의 착용 다. 카바이드·생석회(산화칼슘) 등과 같이 온도상승이나 습기에 의하여 위험성이 존재하는 중량물의 취급방법 라. 그 밖에 하역운반기계 등의 적절한 사용방법
17. 양화장치를 사용하여 화물을 싣고 내리는 작업을 할 때	가. 양화장치(揚貨裝置)의 작동상태 나. 양화장치에 제한하중을 초과하는 하중을 실었는지 여부
18. 슬링 등을 사용하여 작업을 할 때	가. 훅이 붙어 있는 슬링·와이어슬링 등이 매달린 상태 나. 슬링·와이어슬링 등의 상태(작업 시작 전 및 작업 중 수시로 점검)

> **양화장치**
> 항만 하역작업을 실시하기 위해 선박에 부착되어 있는 데릭 또는 크레인

(3) 안전인증 및 자율안전확인

(가) 안전인증대상 기계 등〈산업안전보건법 제84조〉

유해·위험기계 및 방호장치, 보호구 등은 근로자의 안전보건을 위하여 제조자나 수입자가 안전인증 기준에 맞는 안전인증을 받아야 함.

[그림] 안전인증 및 자율안전확인의 표시

> 안전인증대상 기계 등이 아닌 유해·위험기계 등의 안전인증의 표시
>
>

1) 안전인증대상 기계 등〈시행령 제74조〉

① 기계 및 설비
  ㉠ 프레스
  ㉡ 전단기(剪斷機) 및 절곡기(折曲機)
  ㉢ 크레인
  ㉣ 리프트
  ㉤ 압력용기
  ㉥ 롤러기
  ㉦ 사출성형기(射出成形機)
  ㉧ 고소(高所) 작업대
  ㉨ 곤돌라

② 방호장치
  ㉠ 프레스 및 전단기 방호장치
  ㉡ 양중기용(揚重機用) 과부하방지장치
  ㉢ 보일러 압력방출용 안전밸브
  ㉣ 압력용기 압력방출용 안전밸브
  ㉤ 압력용기 압력방출용 파열판
  ㉥ 절연용 방호구 및 활선작업용(活線作業用) 기구
  ㉦ 방폭구조(防爆構造) 전기기계·기구 및 부품
  ㉨ 추락·낙하 및 붕괴 등의 위험 방지 및 보호에 필요한 가설기자재

로서 고용노동부장관이 정하여 고시하는 것
ⓧ 충돌·협착 등의 위험 방지에 필요한 산업용 로봇 방호장치로서 고용노동부장관이 정하여 고시하는 것

③ 안전인증 대상 보호구의 종류
㉠ 추락 및 감전 위험방지용 안전모
㉡ 안전화
㉢ 안전장갑
㉣ 방진마스크
㉤ 방독마스크
㉥ 송기마스크
㉦ 전동식 호흡보호구
㉧ 보호복
㉨ 안전대
㉩ 차광(遮光) 및 비산물(飛散物) 위험방지용 보안경
㉪ 용접용 보안면
㉫ 방음용 귀마개 또는 귀덮개

2) 안전인증 심사의 종류 및 방법〈시행규칙 제110조〉

유해·위험 기계 등이 안전인증기준에 적합한지를 확인하기 위하여 안전인증기관이 하는 심사

① 예비심사 : 기계 및 방호장치·보호구가 유해·위험 기계 등 인지를 확인하는 심사(안전인증대상이 아닌 유해·위험 기계 등을 안전인증 신청한 경우만 해당)

② 서면심사 : 유해·위험 기계 등의 종류별 또는 형식별로 설계도면 등 유해·위험 기계 등의 제품 기술과 관련된 문서가 안전인증기준에 적합한지에 대한 심사

③ 기술능력 및 생산체계 심사 : 유해·위험 기계 등의 안전성능을 지속적으로 유지·보증하기 위하여 사업장에서 갖추어야 할 기술능력과 생산체계가 안전인증기준에 적합한지에 대한 심사

④ 제품심사 : 유해·위험 기계 등이 서면심사 내용과 일치하는지 유해·위험 기계 등의 안전에 관한 성능이 안전인증기준에 적합한지에 대한 심사(다음의 심사는 유해·위험 기계 등 별로 고용노동부장관이 정하여 고시하는 기준에 따라 어느 하나만을 받는다)

㉠ 개별 제품심사 : 서면심사 결과가 안전인증기준에 적합할 경우에 유해·위험 기계 등 모두에 대하여 하는 심사(안전인증을 받으려는 자가 서면심사와 개별 제품심사를 동시에 할 것을 요청하는

경우 병행하여 할 수 있다)

ⓒ 형식별 제품심사 : 서면심사와 기술능력 및 생산체계 심사 결과가 안전인증기준에 적합할 경우에 유해·위험 기계 등의 형식별로 표본을 추출하여 하는 심사(안전인증을 받으려는 자가 서면심사, 기술능력 및 생산체계 심사와 형식별 제품심사를 동시에 할 것을 요청하는 경우 병행하여 할 수 있다)

> **보호구 안전인증 제품표시의 붙임<보호구 안전인증 고시>**
> 안전인증제품에는 안전인증 표시(마크) 외에 다음의 사항을 표시
> ① 형식 또는 모델명 ② 규격 또는 등급 등 ③ 제조자명 ④ 제조번호 및 제조연월
> ⑤ 안전인증 번호

(나) 자율안전확인신고대상 기계 등<산업안전보건법 제89조, 시행령 제77조>

안전인증대상 기계 등이 아닌 유해·위험기계 등을 제조하거나 수입하는 자가 안전에 관한 성능이 자율안전기준에 맞는지 확인하여 신고

> **자율안전확인표시의 사용 금지 등<산업안전보건법 제91조>**
> 고용노동부장관은 신고된 자율안전확인대상 기계 등의 안전에 관한 성능이 자율안전기준에 맞지 아니하게 된 경우에는 신고한 자에게 6개월 이내의 기간을 정하여 자율안전확인표시의 사용을 금지하거나 자율안전기준에 맞게 개선하도록 명할 수 있다.

1) 기계 및 설비
   ① 연삭기 또는 연마기(휴대형은 제외한다)
   ② 산업용 로봇
   ③ 혼합기
   ④ 파쇄기 또는 분쇄기
   ⑤ 식품가공용기계(파쇄·절단·혼합·제면기만 해당한다)
   ⑥ 컨베이어
   ⑦ 자동차정비용 리프트
   ⑧ 공작기계(선반, 드릴기, 평삭·형삭기, 밀링만 해당한다)
   ⑨ 고정형 목재가공용기계(둥근톱, 대패, 루타기, 띠톱, 모떼기 기계만 해당한다)
   ⑩ 인쇄기

2) 방호장치
   ① 아세틸렌 용접장치용 또는 가스집합 용접장치용 안전기
   ② 교류 아크용접기용 자동전격방지기

③ 롤러기 급정지장치
④ 연삭기(硏削機) 덮개
⑤ 목재 가공용 둥근톱 반발 예방장치와 날 접촉 예방장치
⑥ 동력식 수동대패용 칼날 접촉 방지장치
⑦ 추락·낙하 및 붕괴 등의 위험 방지 및 보호에 필요한 가설기자재(안전인증대상 가설기자재는 제외한다)로서 고용노동부장관이 정하여 고시하는 것

3) 보호구(안전인증대상 보호구 제외)
① 안전모(추락 및 감전 위험방지용 안전모는 제외한다)
② 보안경(차광 및 비산물 위험방지용 보안경은 제외한다)
③ 보안면(용접용 보안면은 제외한다)

(4) 안전검사〈산업안전보건법 제93조〉

유해하거나 위험한 기계·기구·설비를 사용하는 사업주는 고용노동부장관이 정하는 안전검사를 받아야 함(사업주와 소유자가 다른 경우에는 소유자가 안전검사를 받아야 한함).

(가) 안전검사 대상 유해·위험기계〈산업안전보건법 시행령 제78조〉
① 프레스
② 전단기
③ 크레인(정격 하중이 2톤 미만인 것은 제외)
④ 리프트
⑤ 압력용기
⑥ 곤돌라
⑦ 국소 배기장치(이동식은 제외)
⑧ 원심기(산업용만 해당)
⑨ 롤러기(밀폐형 구조는 제외)
⑩ 사출성형기[형 체결력(型 締結力) 294킬로뉴턴(KN) 미만은 제외]
⑪ 고소작업대[화물자동차 또는 특수자동차에 탑재한 고소작업대(高所作業臺)로 한정]
⑫ 컨베이어
⑬ 산업용 로봇
⑭ 혼합기
⑮ 파쇄기 또는 분쇄기

(나) 안전검사의 주기〈산업안전보건법시행규칙 제126조〉

안전검사대상 유해·위험기계 등의 검사 주기는 다음과 같다.

1. 크레인(이동식 크레인은 제외), 리프트(이삿짐운반용 리프트는 제외) 및 곤돌라 : 사업장에 설치가 끝난 날부터 3년 이내에 최초 안전검사를 실시하되, 그 이후부터 2년마다(건설현장에서 사용하는 것은 최초로 설치한 날부터 6개월마다)
2. 이동식 크레인, 이삿짐운반용 리프트 및 고소작업대:「자동차관리법」에 따른 신규등록 이후 3년 이내에 최초 안전검사를 실시하되, 그 이후부터 2년마다
3. 프레스, 전단기, 압력용기, 국소 배기장치, 원심기, 롤러기, 사출성형기, 컨베이어 및 산업용 로봇, 혼합기, 파쇄기 또는 분쇄기: 사업장에 설치가 끝난 날부터 3년 이내에 최초 안전검사를 실시하되, 그 이후부터 2년마다(공정안전보고서를 제출하여 확인을 받은 압력용기는 4년마다)

> 안전검사 실적보고〈안전검사 절차에 관한 고시〉
> ① 안전검사기관은 분기마다 다음 달 10일까지 분기별 실적과 매년 1월 20일까지 전년도 실적을 고용노동부장관에게 제출
> ② 공단은 분기마다 다음 달 10일까지 분기별 실적과, 매년 1월 20일까지 전년도 실적을 고용노동부장관에게 제출

(다) 안전검사의 신청 및 실시〈시행규칙 제124조〉

① 안전검사를 받아야 하는 자는 안전검사 신청서를 검사 주기 만료일 30일 전에 안전검사 업무를 위탁받은 기관(안전검사기관)에 제출(전자문서에 의한 제출을 포함)하여야 한다.
② 안전검사기관은 안전검사 신청을 받은 날로부터 30일 이내에 해당 기계·기구 및 설비별로 안전검사를 하여야 한다.

(라) 자율검사프로그램에 따른 안전검사〈법 제98조〉

안전검사를 받아야 하는 사업주가 근로자대표와 협의하여 검사기준, 검사 주기 등을 충족하는 자율검사프로그램을 정하고 고용노동부장관의 인정을 받아 법령에서 정한 자격 및 경험을 가진 사람으로부터 안전에 관한 성능검사를 받으면 안전검사를 받은 것으로 봄

> 자율검사프로그램의 유효기간 : 2년

1) **자율검사프로그램의 인정 요건**〈시행규칙 제132조〉

가) 검사원을 고용하고 있을 것
나) 검사장비를 갖추고 이를 유지·관리할 수 있을 것
다) 검사 주기의 2분의 1에 해당하는 주기(크레인 중 건설현장 외에서 사용하는 크레인의 경우에는 6개월)마다 검사를 할 것
라) 자율검사프로그램의 검사기준이 안전검사기준을 충족할 것

2) **자율검사프로그램의 인정 등**〈시행규칙 제132조〉

자율검사프로그램을 인정받으려는 자는 자율검사프로그램 인정신청서에 다음 각호의 내용이 포함된 자율검사프로그램을 확인할 수 있는

서류 2부를 첨부하여 공단에 제출하여야 한다.
1. 안전검사대상 기계 등의 보유 현황
2. 검사원 보유 현황과 검사를 할 수 있는 장비 및 장비 관리방법(자율안전검사기관에 위탁한 경우에는 위탁을 증명할 수 있는 서류를 제출한다)
3. 안전검사대상 기계 등의 검사 주기 및 검사기준
4. 향후 2년간 안전검사대상 기계 등의 검사수행계획
5. 과거 2년간 자율검사프로그램 수행 실적(재신청의 경우만 해당한다)

(5) 안전보건진단 등

(가) 안전보건진단〈법 제47조〉

① 고용노동부장관은 추락·붕괴, 화재·폭발, 유해하거나 위험한 물질의 누출 등 산업재해 발생의 위험이 현저히 높은 사업장의 사업주에게 법령에 따라 지정받은 안전보건진단기관이 실시하는 안전보건진단을 받을 것을 명할 수 있다.

② 안전보건진단결과보고서에는 산업재해 또는 사고의 발생원인, 작업조건·작업방법에 대한 평가 등의 사항이 포함되어야 하며, 고용노동부장관은 안전보건진단 명령을 할 경우 기계·화공·전기·건설 등 분야별로 한정하여 진단을 받을 것을 명할 수 있다.〈시행령 제46조〉

③ 안전보건진단 의뢰 및 결과 보고: 안전보건진단 명령을 받은 사업주는 15일 이내에 안전보건진단기관에 의뢰하여야 하며, 안전보건진단을 실시한 안전보건진단기관은 법령의 진단내용에 해당하는 사항에 대한 조사평가 및 측정 결과와 그 개선방법이 포함된 보고서를 진단을 의뢰받은 날로부터 30일 이내에 해당 사업장의 사업주 및 관할 지방노동관서의 장에게 제출(전자문서에 의한 제출을 포함한다)하여야 한다.〈시행규칙 제57, 58조〉

(나) 안전보건진단을 받아 안전보건개선계획 수립·시행명령을 할 수 있는 사업장

〈산업안전보건법 시행령 제49조〉

① 산업재해율이 같은 업종 평균 산업재해율의 2배 이상인 사업장
② 사업주가 필요한 안전조치 또는 보건조치를 이행하지 아니하여 중대재해가 발생한 사업장
③ 직업성 질병자가 연간 2명 이상(상시근로자 1천 명 이상 사업장의 경우 3명 이상) 발생한 사업장
④ 작업환경 불량, 화재·폭발 또는 누출사고 등으로 사회적 물의를 일으킨 사업장

CHAPTER 02 항목별 우선순위 문제 및 해설 (2)

01 다음 중 안전점검의 직접적 목적과 관계가 먼 것은?

① 결함이나 불안전 조건의 제거
② 합리적인 생산관리
③ 기계설비의 본래 성능 유지
④ 인간 생활의 복지 향상

해설 안전점검의 목적
① 기기 및 설비의 결함제거로 사전 안전성 확보
② 인적 측면에서의 안전한 행동 유지
③ 기기 및 설비의 본래성능 유지
④ 사고원인을 찾아 재해를 미연에 방지하기 위함.
⑤ 재해의 재발을 방지하여 사전대책을 세우기 위함.
⑥ 현장의 불안전 요인을 찾아 계획에 적절히 반영시키기 위함.

02 작업현장에서 매일 작업 전, 작업 중, 작업 후에 실시하는 점검으로서 현장 작업자 스스로가 정해진 사항에 대하여 이상 여부를 확인하는 안전점검의 종류는?

① 정기점검   ② 임시점검
③ 일상점검   ④ 특별점검

해설 일상점검
매일 작업 전, 중, 후에 해당 작업설비에 대하여 계속적으로 실시하는 점검(현장 작업자 스스로가 정해진 사항에 대하여 이상 여부를 확인)
* 작업 전 점검 : ① 주변의 정리정돈 ② 설비의 본체 ③ 구동부분 ④ 전기 스위치부분 ⑤ 주유상태 ⑥ 설비의 방호장치 ⑦ 주변의 청소상태

03 다음 중 안전점검을 실시할 때 유의 사항으로 옳지 않는 것은?

① 안전점검은 안전수준의 향상을 위한 본래의 취지에 어긋나지 않아야 한다.
② 점검자의 능력을 판단하고 그 능력에 상응하는 내용의 점검을 시키도록 한다.
③ 안전점검이 끝나고 강평을 할 때는 결함만을 지적하여 시정 조치토록 한다.
④ 과거에 재해가 발생한 곳은 그 요인이 없어졌는가를 확인한다.

해설 안전점검 시 유의사항
(가) 안전점검은 안전수준의 향상을 위한 본래의 취지에 어긋나지 않아야 함.
(나) 점검자의 능력을 판단하고 그 능력에 상응하는 내용의 점검을 시키도록 함.
(다) 과거에 재해가 발생한 곳은 그 요인이 없어졌는가를 확인함.
(라) 하나의 설비에서 불안전상태의 발견 시 다른 동종의 설비도 점검함.
(마) 여러 가지 점검방법을 병용함.
(바) 발견된 불량부분은 원인을 조사하고 필요한 대책 강구
(사) 강평을 할 때에는 결함만을 지적하지 말고 장점을 찾아 칭찬도 함.

04 다음 중 산업안전보건법령상 안전인증 대상 기계·기구 및 설비에 해당하지 않는 것은?

① 연삭기
② 압력용기
③ 롤러기
④ 고소(高所) 작업대

해설 안전인증대상 기계·기구 등
1) 기계·기구 및 설비
 ① 프레스
 ② 전단기(剪斷機) 및 절곡기(折曲機)
 ③ 크레인
 ④ 리프트
 ⑤ 압력용기
 ⑥ 롤러기
 ⑦ 사출성형기(射出成形機)
 ⑧ 고소(高所) 작업대
 ⑨ 곤돌라

정답 01.④ 02.③ 03.③ 04.①

05 다음 중 산업안전보건법상 안전검사 대상 유해·위험 기계의 종류가 아닌 것은?

① 곤돌라　　② 압력 용기
③ 리프트　　④ 아크 용접기

해설 안전검사 대상 유해·위험기계〈산업안전보건법 시행령 제78조〉
① 프레스
② 전단기
③ 크레인(정격 하중이 2톤 미만인 것은 제외)
④ 리프트
⑤ 압력용기
⑥ 곤돌라
⑦ 국소 배기장치(이동식은 제외)
⑧ 원심기(산업용만 해당)
⑨ 롤러기(밀폐형 구조는 제외)
⑩ 사출성형기[형 체결력(型 締結力) 294킬로뉴턴(KN) 미만은 제외]
⑪ 고소작업대[화물자동차 또는 특수자동차에 탑재한 고소작업대(高所作業臺)로 한정]
⑫ 컨베이어
⑬ 산업용 로봇

06 다음 중 산업안전보건법령상 자율안전확인 대상에 해당하는 방호장치는?

① 압력용기 압력방출용 파열판
② 보일러 압력방출용 안전밸브
③ 교류 아크용접기용 자동전격방지기
④ 방폭구조(防爆構造) 전기기계·기구 및 부품

해설 자율안전확인대상 기계·기구 등(방호장치)
① 아세틸렌 용접장치용 또는 가스집합 용접장치용 안전기
② 교류 아크 용접기용 자동전격방지기
③ 롤러기 급정지장치
④ 연삭기(研削機) 덮개
⑤ 목재 가공용 둥근톱 반발 예방장치와 날 접촉 예방장치
⑥ 동력식 수동대패용 칼날 접촉 방지장치
⑦ 추락·낙하 및 붕괴 등의 위험 방지 및 보호에 필요한 가설기자재(안전인증대상 가설기자재는 제외한다)로서 고용노동부장관이 정하여 고시하는 것

07 안전검사 대상 유해·위험기계 중 크레인의 경우 사업장에 설치가 끝난 날부터 몇 년 이내에 최초 안전검사를 실시하여야 하는가?

① 6개월　　② 1년
③ 2년　　　④ 3년

해설 안전검사의 주기〈산업안전보건법시행규칙 제131조〉
1. 크레인(이동식 크레인은 제외), 리프트(이삿짐운반용 리프트는 제외) 및 곤돌라 : 사업장에 설치가 끝난 날부터 3년 이내에 최초 안전검사를 실시하되, 그 이후부터 2년마다(건설현장에서 사용하는 것은 최초로 설치한 날부터 6개월마다)

08 산업안전보건법상 공기압축기를 가동하는 때의 작업 시작 전 점검사항의 점검내용에 해당하지 않는 것은?

① 비상정지장치 기능의 이상 유무
② 압력방출장치의 기능
③ 회전부의 덮개 또는 울
④ 윤활유의 상태

해설 공기압축기 작업 시작 전 점검사항〈산업안전보건기준에 관한 규칙 [별표 3]〉
① 공기저장 압력용기의 외관 상태
② 드레인밸브(drain valve)의 조작 및 배수
③ 압력방출장치의 기능
④ 언로드밸브(unloading valve)의 기능
⑤ 윤활유의 상태
⑥ 회전부의 덮개 또는 울
⑦ 그 밖의 연결 부위의 이상 유무

정답 05.④ 06.③ 07.④ 08.①

Chapter 03 공작기계 위험요인 분석 및 안전시설 관리

1. 절삭가공기계의 종류 및 방호장치

가 선반의 안전장치 및 작업 시 유의사항

(1) 선반

공작물을 주축에 고정하여 회전하고 있는 동안, 바이트에 이송을 주어 외경의 절삭, 보링, 절단, 단면 절삭, 나사 절삭 등의 가공을 하는 공작기계.
- 선반의 종류는 목적·용도에 따라 대단히 많으며, 가장 일반적으로 사용되고 있는 것을 범용 선반이라고 하고, 사업장에서 흔히 볼 수 있는 형식은 범용 선반, CNC 선반, 자동 선반 등임.

> 절삭(切削, cutting)가공
> 금속 등의 재료를 절삭 공구를 사용하여 소정의 치수로 깎거나 잘라 내는 가공(선반, 밀링, 보링 등)

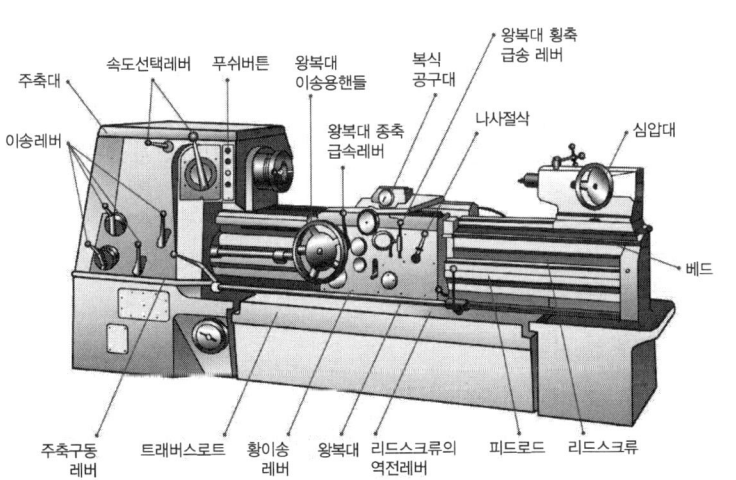

[그림] 선반

> **선반의 크기 표시**
> ① 주축과 심압측의 센터 사이의 최대거리(양 센터 사이의 최대거리)
> ② 왕복대 위의 스윙
> ③ 베드 위의 스윙
> ④ 베드의 길이

선반에서 냉각재 등에 의한 생물학적 위험을 방지하기 위한 방법

〈위험기계기구 자율안전확인 고시 [별표 8]〉
1) 정상 운전 시 전체 냉각재가 계통 내에서 순환되고 냉각재 탱크에 체류하지 않을 것. 다만, 설계상 냉각재의 일부를 탱크 내에서 보유하도록 설계된 경우는 제외한다.
2) 냉각재가 기계에 잔류되지 않고 중력에 의해 수집 탱크로 배유되도록 할 것
3) 배출용 배관의 직경은 슬러지의 체류를 최소화할 수 있을 정도의 충분한 크기이고 적정한 기울기를 부여할 것
4) 필터장치가 구비되어 있을 것
5) 전체 시스템을 비우지 않은 상태에서 코너 부위 등에 누적된 침전물을 제거할 수 있는 구조일 것
6) 냉각재 저장탱크에는 외부 이물질의 유입을 방지하기 위한 덮개를 설치할 것
7) 오일 또는 그리스 등 외부에서 유입된 물질에 의해 냉각재가 오염되는 것을 방지할 수 있도록 조치하고, 필요한 분리장치를 설치할 수 있는 구조일 것

척 가드

회전하는 공작물 고정장치에 접촉되는 것을 방지하고 척 조(chuck jaw)의 비산에 따른 위험을 최소화하기 위해 척 가드를 설치

(2) 선반의 안전장치

(가) 칩 브레이커(chip breaker) : 선반 작업 시 발생되는 칩(chip)으로 인한 재해를 예방하기 위하여 칩을 짧게 끊어지도록 공구(바이트)에 설치되어 있는 방호장치의 일종인 칩 제거기구

✽ 칩 브레이커 종류 : ① 연삭형 ② 클램프형 ③ 자동조정식

(나) 방진구(center rest) : 길이가 직경의 12배 이상인 가늘고 긴 공작물을 고정하는 장치(작업 시 공작물의 휘거나 처짐 방지)

(다) 척 커버(chuck cover) : 척이나 척에 물린 가공물의 돌출부에 작업복 등이 말려 들어가는 걸 방지하는 장치

✽ 척 : 재료를 물리고 회전시킴

(라) 실드(shield, 덮개) : 칩이나 절삭유의 비산방지를 위하여 이동 가능한 덮개 설치

(마) 브레이크 : 작업 중 선반을 급정지 시킬 수 있는 장치

> **범용 수동 선반의 방호조치**
> ① 척 가드의 폭은 공작물의 가공작업에 방해가 되지 않는 범위 내에서 척 전체 길이를 방호할 수 있을 것
> ② 척 가드의 개방 시 스핀들의 작동이 정지되도록 연동회로를 구성할 것
> ③ 전면 칩 가드는 심압대가 베드 끝단부에 위치하고 있고 공작물 고정 장치에서 심압대까지 가드를 연장시킬 수 없는 경우에는 부착 위치를 조정할 수 있을 것

(3) 선반 작업 시 주요위험 요인

(가) 회전부위 등 위험점
    ① 회전 부위에 접촉하거나 말림에 의한 재해
    ② 주축대, 심압대의 결함에 의한 재해
    ③ 선반의 부품이나 공작물에 옷, 장갑, 손 또는 팔이 걸리는 경우

(나) 칩 비산에 의한 위험
    - 튀는 금속 조각에 의한 눈 또는 신체 부상

(다) 절삭유에 의한 공기오염 및 피부질환
    - 냉각재나 절삭유 때문에 발생된 피부 질환

(라) 공작물의 낙하에 의한 위험
    ① 척(chuck)이나 받침대처럼 무거운 물건이 떨어져서 다치는 재해
    ② 고속 회전하던 공작물이 튕겨져 날아와 작업자를 가격하는 재해

(마) 장시간 반복 작업에 의한 위험
　① 무거운 척이나 받침대처럼 공작물 취급 장비를 잘못 사용해서 생긴 허리 부상
　② 반복동작과 장시간 서서 작업함에 따른 근골격계질환

(4) 선반 작업 시 유의사항
① 면장갑을 사용하지 않는다(회전체에는 장갑착용 금지).
② 가공물의 길이가 지름의 12배 이상일 때는 방진구를 사용하여 작업한다.
③ 선반의 베드 위에는 공구를 올려놓지 않는다.
④ 칩 브레이커는 바이트에 직접 설치한다.
⑤ 선반의 바이트는 가급적 짧게 장착한다.
⑥ 선반 주축의 변속은 기계를 정지시킨 후 한다.
⑦ 보안경을 착용한다.
⑧ 브러시 또는 갈퀴를 사용하여 절삭 칩을 제거한다.
⑨ 척을 알맞게 조정한 후에 즉시 척 렌치를 치우도록 한다.
⑩ 수리·정비작업 시에는 운전을 정지한 후 작업한다.
⑪ 가공물의 표면 점검 및 측정 시는 회전을 정지 후 실시한다.
⑫ 운전 중에는 백기어(back gear)를 사용하지 않는다.
⑬ 센터 작업 시 심압 센터에 자주 절삭유를 준다.
⑭ 돌리개는 적정 크기의 것을 선택하고, 심압대 스핀들은 지나치게 나오지 않도록 한다.

> 선반 작업 시 유의사항
> ① 공작물 세팅에 필요한 공구는 세팅이 끝난 후 바로 제거한다.
> ② 공작물은 전원 스위치를 끄고 바이트를 충분히 멀리 위치시킨 후 고정한다.

> 척 렌치: 척의 조(jaw)를 조이고 푸는 스패너

(5) 선반 작업 시 일감 표면의 원주속도 계산

$$V(원주속도) = \frac{3.14 \times D(외경) \times N(회전속도)}{1,000} (\text{m/min})$$

(* 분당회전속도(m/min, rpm)을 초당회진속도(m/s, rps)로 바꾸는 경우는 1/60초를 곱하여 줌)

기계의 동력 차단장치<산업안전보건기준에 관한 규칙>

제88조(기계의 동력차단장치)
① 동력으로 작동되는 기계에 스위치·클러치(clutch) 및 벨트이동장치 등 동력차단장치를 설치하여야 한다.
② 동력차단장치를 설치할 때에는 절단·인발(引拔)·압축·꼬임·타발(打拔) 또는 굽힘 등의 가공을 하는 기계에 설치하되, 근로자가 작업위치를 이동하지 아니하고 조작할 수 있는 위치에 설치하여야 한다.

> **비파괴검사의 실시 <산업안전보건기준에 관한 규칙>**
>
> 제115조(비파괴검사의 실시)
> 고속회전체(회전축의 중량이 1톤을 초과하고 원주속도가 초당 120미터 이상인 것으로 한정한다)의 회전시험을 하는 경우 미리 회전축의 재질 및 형상 등에 상응하는 종류의 비파괴검사를 해서 결함 유무(有無)를 확인하여야 한다.

나 밀링 작업 시 안전수칙

(1) **밀링** : 밀링커터를 주축에 고정하고 회전시켜 테이블 위의 가공물에 절삭 깊이와 이송을 주어 절삭하는 공작기계

① 주로 평면공작물을 절삭 가공하나, 더브테일(dovetail) 가공이나 나사 가공 등의 복잡한 가공도 가능하다.

② 밀링 커터에 의한 칩은 가늘고 예리하여 기계를 정지시킨 후에 브러시로 제거한다.

더브테일 가공: 접합부 한쪽 끝을 비둘기 꼬리 모양으로 가공하여 접합

(2) **밀링 작업 시 안전수칙**

① 강력 절삭을 할 때는 공작물을 바이스에 깊게 물린다.
② 가공물을 풀어내거나 고정할 때 또는 측정할 때에는 기계를 정지시킨다.
③ 상하 좌우 이송장치의 핸들은 사용 후 풀어 둔다.
④ 커터는 될 수 있는 한 컬럼(column)에 가깝게 설치한다.
⑤ 절삭 공구 설치 및 공작물, 커터 또는 부속장치 등을 제거할 시에는 시동 레버와 접촉하지 않도록 한다.
⑥ 테이블 위에 공구나 기타 물건 등을 올려놓지 않는다.
⑦ 절삭유의 주유는 가공 부분에서 분리된 커터의 위에서부터 하도록 한다.
⑧ 칩이 비산하는 재료는 커터 부분에 방호덮개를 설치하거나 보안경을 착용한다.
⑨ 칩은 기계를 정지시킨 후에 브러시로 제거한다.
⑩ 커터를 교환할 때는 반드시 테이블 위에 목재를 받쳐 놓는다.
⑪ 급속이송은 백래시(back lash) 제거장치가 동작하지 않고 있음을 확인한 다음 행하며 급속이송은 한 방향으로만 한다.
⑫ 면장갑을 착용하지 않는다.
⑬ 절삭속도는 재료에 따라 달리 적용한다.
⑭ 기계를 가동 중에는 변속시키지 않는다.

백래시(backlash): 이송나사와 너트와의 운동방향으로 만들어진 틈(간극)
① 원활한 회전을 위해서는 적절한 백래시가 필요하며, 공작기계를 사용하여 가공을 할 때에는 공작기계가 가진 백래시를 고려하여 치수를 조정
② 백래시는 마모에 의해 늘어나기 때문에 진동이나 소음을 발생시키고 기계의 수명을 저하시키는 원인이 됨

백래시 제거장치: 백래시를 제거하는 장치로 하향절삭에서 백래시로 인한 이송이 힘든 현상(덜커덕거림)이 있으므로 이것을 방지함

⑮ 커터를 끼울 때는 아버를 깨끗이 닦는다.
- 아버(arbor) : 밀링 커터를 밀링 머신의 주축에 장치하기 위해 사용하는 축. 주축에 아버를 고정하고 아버에 고정된 밀링 커터를 회전시켜 일감을 가공

(3) 상향절삭과 하향절삭

(가) 상향절삭 : 일감의 이송 방향과 날의 회전 방향이 반대의 절삭

(나) 하향절삭 : 일감의 이송 방향과 날의 회전 방향이 동일한 절삭

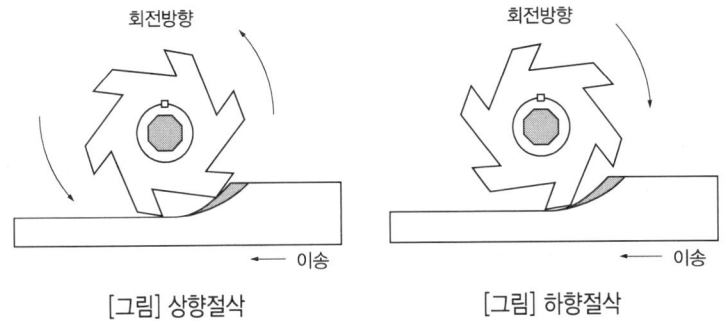

[그림] 상향절삭　　　　[그림] 하향절삭

(다) 상향절삭과 하향절삭의 장점

1) 상향절삭(올려깎기) 장점

① 밀링 커터의 날이 공작물을 들어올리는 방향으로 작용하므로 기계에 무리를 주지 않음.
② 절삭을 시작할 때 날에 가해지는 절삭 저항이 제로에서 점차적으로 증가하므로 날이 부러질 염려가 없음.
③ 칩이 날을 방해하지 않고 절삭된 칩이 절삭된 면에 쌓이지 않으므로 절삭열에 의한 치수 정밀도의 변화가 작음.
④ 커터 날의 절삭 방향과 일감의 이송 방향이 서로 반대여서 서로 밀고 있으므로 이송 기구의 백래시가 자연히 제거됨.

2) 하향절삭(내려깎기) 장점

① 밀링 커터의 날이 마찰 작용을 하지 않으므로 날의 마모가 작고 수명이 김.
② 커터 날이 밑으로 향하여 절삭하고 일감을 밑으로 눌러서 절삭하므로 일감의 고정이 간편함.
③ 날의 절삭 방향과 이송 방향이 같으므로 절삭 날마다의 날 자리 간격이 짧고 일감의 가공면이 깨끗함.
④ 절삭된 칩이 가공된 면 위에 쌓이므로 가공할 면을 잘 볼 수 있음.

• 하향절삭은 커터의 절삭 방향과 이송 방향이 같으므로 백래시 제거 장치가 없으면 곤란하다.

- 평삭기: planer
- 형삭기: slotter, shaper

다 플레이너와 셰이퍼의 방호장치 및 안전수칙

> **참고**
> ✽ 플레이너(planer) : 평면절삭용 공작기계이며 셰이퍼 등으로는 절삭할 수 없는 큰 것의 절삭에 사용되는 평면절삭용 공작 기계
> ✽ 셰이퍼(shaper) : 왕복운동을 하는 절삭공구(커터)에 의해 주로 평면절삭을 하는 공작기계
> ✽ 슬로터(slotter) : 절삭공구가 램에 의해 상하운동을 하여 공작물의 수직면을 절삭하는 공작기계

(1) 플레이너(planer, 평삭기)

(가) 플레이너 : 공작물을 테이블에 설치하여 왕복시키고, 바이트를 이송시켜 공작물을 절삭하는 공작기계로 셰이퍼에서 가공할 수 없는 대형공작물을 가공함.

(나) 플레이너 작업시의 안전대책
  ① 베드 위에 다른 물건을 올려놓지 않는다.
  ② 바이트는 되도록 짧게 나오도록 설치한다.
  ③ 일감은 견고하게 고정한다.
  ④ 일감 고정 작업 중에는 반드시 동력 스위치를 끈다.
  ⑤ 프레임 내의 피트(pit)에는 뚜껑을 설치한다.
  ⑥ 테이블의 이동 범위를 나타내는 안전 방호울을 설치하여 작업한다.

(다) 플레이너에 대한 설명
  ① 플레이너에서 할 수 있는 가공방법 : 수평면절삭, 수직면절삭, 홈절삭, 경사면절삭 등
  ② 가공재가 테이블 위에 부착되어 수평왕복운동을 하며 가공재의 운동 방향과 직각 방향으로 간헐운동을 하는 바이트에 의해 절삭한다.
  ③ 이송운동은 절삭 주운동의 1왕복에 대하여 1회 연속운동으로 이루어진다.
  ③ 절삭운동 중 귀환행정은 급속으로 이루어져 "급속귀환행정"이라 한다.
    − 절삭행정과 귀환행정이 있으며, 가공 효율을 높이기 위하여 귀환행정을 빠르게 할 수 있다.
  ④ 플레이너의 크기는 테이블의 최대행정과 절삭할 수 있는 최대폭 및 최대 높이로 표시한다.

(2) 셰이퍼(shaper)

(가) 셰이퍼 : 바이트를 램(ram)에 장치하여 왕복운동시키고 일감은 테이블에 고정하여 좌우방향으로 이송하므로 주로 평면가공함(셰이퍼의 크기 : 램의 행정으로 표시).

> 셰이프의 주요 구조부
> 공구대, 공작물 테이블, 램

(나) 셰이퍼(shaper) 작업에서 위험요인

① 가공 칩(chip) 비산 ② 램(ram) 말단부 충돌 ③ 바이트(bite)의 이탈

(다) 셰이퍼의 작업 시 안전수칙

① 공작물을 견고하게 고정한다.
② 반드시 재질에 따라 절삭속도를 정한다.
③ 시동하기 전에 행정조정용 핸들을 빼 놓는다.
④ 가드, 방책, 칩받이 등을 설치한다.
⑤ 작업 중에는 바이트의 운동 방향에 서지 않는다.
⑥ 바이트를 짧게 고정한다.
⑦ 램은 필요 이상 긴 행정으로 하지 않고 공작물에 알맞은 행정으로 조정한다(램 행정은 공작물 길이보다 20~30mm 길게 한다).
⑧ 보안경을 착용한다.

(3) 셰이퍼와 플레이너, 슬로터의 방호장치

① 방책(방호울) ② 칩받이 ③ 칸막이 ④ 가드

라 드릴링 머신(drilling machine)

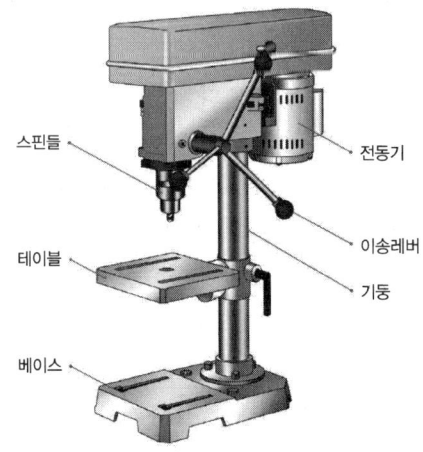

[그림] 탁상용 드릴기

(1) 드릴링 머신의 가공 방법

① 드릴링(drilling) : 드릴로 구멍을 뚫는 작업
② 보링(boring) : 뚫린 구멍이나 주조한 구멍을 넓히는 작업
③ 리밍(reaming) : 뚫린 구멍을 리머로 정밀하게 다듬는 작업
④ 태핑(tapping) : 탭을 사용하여 암나사를 가공하는 작업
⑤ 스폿 페이싱(spot facing) : 너트가 닿는 부분을 절삭하여 평평하게 자리를 만드는 작업
⑥ 카운터 보링(counter boring) : 둥근 머리 볼트의 머리가 묻히게 깊은 자리를 파는 작업
⑦ 카운터 싱킹(counter sinking) : 접시머리 볼트의 머리가 묻히도록 원뿔 자리를 파는 작업

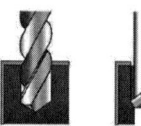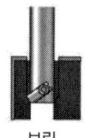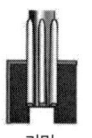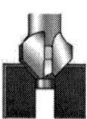

드릴링　보링　리밍　태핑　스폿 페이싱　카운터 보오링　카운터 싱킹

[그림] 드릴링 머신의 가공 방법

(2) 드릴 작업 시 작업안전수칙

① 회전기계에는 장갑 착용을 금지한다.
② 작은 일감은 바이스, 크고 복잡한 일감은 클램프, 대량생산과 정밀도가 요구될 때는 지그 등으로 고정하고 작업한다(바이스, 클램프, 지그).
③ 기계 작동 중 구멍에 손을 넣지 않는다.
④ 작업 시작 전 척 렌치(chuck wrench)를 반드시 뺀다.(드릴을 끼운 후에는 척 렌치를 반드시 탈거한다.)
⑤ 재료의 회전정지 지그를 갖춘다.
⑥ 옷소매가 긴 작업복은 착용하지 않는다.
⑦ 스위치 등을 이용한 자동급유장치를 구성한다.
⑧ 회전하는 드릴에 걸레 등을 가까이 하지 않는다.
⑨ 스핀들에서 드릴을 뽑아낼 때에는 드릴 아래에 손을 내밀지 않는다.
⑩ 작업 정지시킨 후 브러시로 칩을 털어 낸다.
⑪ 작은 구멍을 뚫고 큰 구멍을 뚫는다.
⑫ 드릴의 이송은 천천히 한다.
⑬ 구멍 끝 작업에서는 절삭압력을 주어서는 안 된다.
⑭ 바이스 등을 사용하여 작업 중 공작물의 유동을 방지한다.

(3) 휴대용 동력 드릴 작업 시 안전사항

① 드릴 손잡이를 견고하게 잡고 작업하여 드릴손잡이 부위가 회전하지 않고 확실하게 제어 가능하도록 한다.
② 절삭하기 위하여 구멍에 드릴날을 넣거나 뺄 때 반발에 의하여 손잡이 부분이 튀거나 회전하여 위험을 초래하지 않도록 팔을 드릴과 직선으로 유지한다.
③ 드릴이나 리머를 고정시키거나 제거하고자 할 때 공구를 사용하고 금속성 망치 등을 사용해서는 안 된다.(고무망치 등을 사용)
④ 드릴을 구멍에 맞추거나 스핀들의 속도를 낮추기 위해서 드릴날을 손으로 잡아서는 안 된다.

※ 드릴로 구멍을 뚫는 작업 중 공작물이 드릴과 함께 회전할 우려가 가장 큰 경우 : 거의 구멍이 뚫렸을 때 – 구멍이 거의 다 뚫리는 끝부분에서 재료와 드릴날이 맞물려 같이 회전하기 쉬움.

(4) 드릴 작업에서 일감의 고정방법

① 일감이 작을 때는 바이스로 고정
② 일감이 크고 복잡할 때에는 볼트와 고정구(클램프)로 고정
③ 대량생산과 정밀도를 요구할 때에는 지그로 고정
④ 얇은 철판이나 동판에 구멍을 뚫을 때는 각목을 밑에 깔고 기구로 고정한다.

> 공작물 고정방법
> ① 바이스: 주로 작은 가공재를 고정할 때 사용
> ② 클램프: 가공재가 크고 복잡할 때 사용(볼트와 고정)
> ③ 지그: 대량생산과 정밀도가 요구될 때 사용

마 연삭기(grinding machine)

(1) 연삭기
연삭기는 많은 입자로 된 숫돌을 고속으로 회전시켜, 공작기계보다 가공이 어려운 초경합금 등의 연삭에 쓰이는 기계로, 연삭기 또는 그라인딩 머신(grinding M/C)이라 함.

(2) 숫돌의 원주속도 및 플랜지의 지름

(가) 숫돌의 원주속도

$$원주속도(V) = \frac{\pi DN}{1,000}(\text{m/min}) = \pi DN(\text{mm/min})$$
$$= \frac{\pi DN}{60}(\text{mm/s})$$

(D : 지름(mm), N : 회전수(rpm))

① 숫돌의 지름(m)을 mm로 바꾸는 경우 1,000을 곱하여 줌.

② 분당회전속도(m/min, rpm)을 초당회전속도(m/s, rps)로 바꾸는 경우는 1/60초를 곱하여 줌.

> **예문** 다음 중 연삭숫돌의 지름이 100mm이고, 회전수가 1000rpm이면 숫돌의 원주속도(mm/min)는 약 얼마인가?
>
> **해설** 숫돌의 원주속도
> 원주속도(V) = $\frac{\pi DN}{1,000}$(m/min) = πDN(mm/min)
> (D : 지름(mm), N : 회전수(rpm))
> = 3.14×100×1000 = 314000mm/min

(나) 플랜지의 지름 : 플랜지의 지름은 숫돌직경의 1/3 이상인 것이 적당함.

> **예문** 탁상용 연삭기의 평형 플랜지 바깥지름이 150mm일 때, 숫돌의 바깥지름은 몇 mm 이내이어야 하는가?
>
> **해설** 플랜지의 지름 : 플랜지의 지름은 숫돌직경의 1/3 이상인 것이 적당함.
> = 숫돌의 지름×1/3
> ⇨ 숫돌의 지름 = 플랜지 지름×3 = 150×3 = 450mm

(3) 연삭작업에서 숫돌의 파괴원인

① 숫돌의 회전속도가 너무 빠를 때
② 숫돌에 균열이 있을 때
③ 플랜지의 지름이 현저히 작을 때
④ 외부의 충격을 받았을 때
⑤ 회전력이 결합력보다 클 때
⑥ 숫돌의 측면을 사용할 때
⑦ 숫돌의 치수 특히 내경의 크기가 적당하지 않을 때
＊ 연삭용 숫돌의 3요소 : ① 입자 ② 결합제 ③ 기공

(4) 연삭숫돌의 수정

(가) 드레싱(dressing) ; 눈메꿈, 무딤, 입자탈락으로 인해 절삭성이 나빠진 숫돌 면에 날카로운 날끝을 가지도록 하는 작업(숫돌 수정작업)

1) 눈메꿈 현상(loading) : 연삭숫돌의 기공 부분이 너무 작거나, 연질의 금속을 연마할 때에 숫돌표면의 공극이 연삭칩에 막혀서 연삭이 잘 행하여지지 않는 현상

2) 그레이징 현상(glazing, 무딤) : 숫돌결합도가 높아 무디어진 입자가 탈락하지 않아 연삭 성능 저하되고 일감이 상하게 되며 표면이 변질되는 현상

3) 입자탈락 : 숫돌결합도가 지나치게 낮아 숫돌입자가 떨어져 나가는 것

(나) 트루잉(truing) ; 연삭숫돌의 외형을 수정하여 규격에 맞는 제품을 만드는 과정(숫돌의 연삭면을 숫돌과 축에 대하여 평형 또는 정확한 모양으로 성형시켜 주는 것)

(다) 자생현상 : 연삭작업을 할 때 마모, 파쇄, 탈락, 생성이 숫돌 스스로 반복하면서 연삭하여 주는 현상

(5) 산업안전보건법령상 연삭숫돌을 사용하는 작업의 안전수칙〈산업안전보건기준에 관한 규칙〉

제122조(연삭숫돌의 덮개 등)

① 회전 중인 연삭숫돌(지름이 5센티미터 이상인 것으로 한정한다)이 근로자에게 위험을 미칠 우려가 있는 경우에 그 부위에 덮개를 설치하여야 한다.
② 연삭숫돌을 사용하는 작업의 경우 작업을 시작하기 전에는 1분 이상, 연삭숫돌을 교체한 후에는 3분 이상 시험운전을 하고 해당 기계에 이상이 있는지를 확인하여야 한다.
③ 시험운전에 사용하는 연삭숫돌은 작업 시작 전에 결함이 있는지를 확인한 후 사용하여야 한다.
④ 연삭숫돌의 최고 사용회전속도를 초과하여 사용하도록 해서는 아니 된다.
⑤ 측면을 사용하는 것을 목적으로 하지 않는 연삭숫돌을 사용하는 경우 측면을 사용하도록 해서는 아니 된다.

> 탁상용 연삭기에서 숫돌을 안전하게 설치하기 위한 방법
> ① 숫돌바퀴 구멍은 축 지름보다 0.1mm 정도 큰 것을 선정하여 설치한다.
> ② 설치 전에는 육안 및 목재 해머로 숫돌의 흠, 균열을 점검한 후 설치한다.
> ③ 축의 턱에 내측 플랜지, 압지 또는 고무판, 숫돌 순으로 끼운 후 외측에 압지 또는 고무판, 플랜지, 너트 순으로 조인다.(변형이 생기지 않을 정도로 조인다.)
> ④ 가공물 받침대는 숫돌의 중심에 맞추어 연삭기에 견고히 고정한다.

(6) 연삭작업의 안전대책

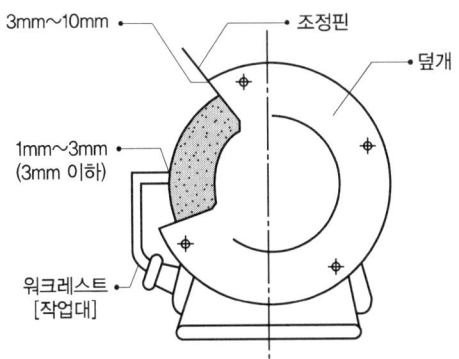

[그림] 숫돌 조정편, 작업대의 틈새

> 조정편: 덮개와 연삭숫돌의 틈새를 3~10mm 이내가 되도록 조정

① 작업을 시작하기 전에 1분 이상, 연삭숫돌 교체한 후 3분 이상 시운전 후 이상 여부를 확인한다.
② 탁상용 연삭기의 덮개에는 워크레스트(작업받침대)와 조정편을 설치하여야 하며, 워크레스트는 연삭숫돌과의 간격을 3mm 이하로 조정할 수 있는 구조이어야 한다.
③ 덮개 재료는 인장강도 274.5MPa 이상이고 신장도가 14% 이상이어야 하며, 인장강도의 값에 신장도의 20배를 더한 값이 754.5 이상이어야 한다.
④ 덮개에 인체의 접촉으로 인한 손상위험이 없어야 한다.
⑤ 각종 고정부분은 부착하기 쉽고 견고하게 고정될 수 있어야 한다.
⑥ 연삭숫돌의 최고사용 원주속도를 초과해서 사용하지 않는다.
⑦ 평형 플랜지의 직경은 설치하는 숫돌 직경의 1/3 이상의 것으로 숫돌바퀴에 균일하게 밀착시킨다.

> **참고**
>
> ※ 가공물 받침대 및 유도 · 고정장치〈위험기계 · 기구 자율안전확인 고시〉
> 가. 연삭기 또는 연마기에는 가공물이 움직이지 않도록 가공물 고정장치를 설치해야 한다.
> 나. 탁상용 및 절단용 연삭기에는 아래 요건에 적합한 조절 가능한 가공물 받침대를 설치해야 한다.
>   1) 연삭숫돌의 외주면과 받침대 사이의 거리는 2mm를 초과하지 않을 것
>   2) 연삭기에서 사용토록 설계된 연삭숫돌 폭 이상의 크기일 것
>   3) 연삭기에 견고히 고정될 것
> 다. 동력작동식 고정장치가 부착된 연삭기 또는 연마기는 고정용 동력이 차단되는 경우 가공물의 투입 및 전진작동이 되지 않도록 연동되어야 한다.

(7) 연삭기 종류와 덮개의 노출각도〈방호장치 자율안전기준 고시〉

(가) 원통연삭기, 센터리스연삭기, 공구연삭기, 만능연삭기 등 : 180° 이내
(나) 상부를 사용할 것을 목적으로 하는 탁상용 연삭기 : 60° 이내
(다) 휴대용 연삭기, 스윙연삭기 : 180° 이내(하부 사용)
(라) 평면연삭기, 절단연삭기 : 150° 이내

① 일반 연삭작업 등에 사용하는 것을 목적으로 하는 탁상용 연삭기의 덮개 각도	② 연삭숫돌의 상부를 사용하는 것을 목적으로 하는 탁상용 연삭기의 덮개 각도
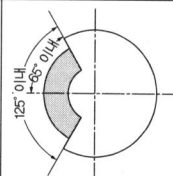	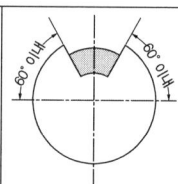

연삭숫돌의 덮개 재료〈방호장치 자율안전기준 고시〉
연삭숫돌의 사용 주 속도에 따라 압연강판을 재료로 한 덮개 두께를 기준으로 함.
• 회주철: 압연강판 두께의 4배 이상
• 가단주철: 2배 이상
• 탄소강주강품: 1.6배 이상

③ ① 및 ② 이외의 탁상용 연삭기, 그 밖에 이와 유사한 연삭기의 덮개 각도		④ 원통연삭기, 센터리스연삭기, 공구연삭기, 만능 연삭기, 그 밖에 이와 비슷한 연삭기의 덮개 각도	
⑤ 휴대용 연삭기, 스윙연삭기, 스라브연삭기, 그 밖에 이와 비슷한 연삭기의 덮개 각도		⑥ 평면연삭기, 절단연삭기, 그 밖에 이와 비슷한 연삭기의 덮개 각도	

2. 소성가공 및 방호장치

가 소성가공

(1) 소성가공 : 금속이나 합금에 소성변형을 하는 것으로 단조, 압연, 인발, 압출, 판금, 전조 가공 등이 있음.

　＊ 전조 : 가공물 또는 공구를 회전시켜 나사나 기어 등을 소성가공하는 방법 (제품을 깎아 내는 것)

(2) 냉간가공 및 열간가공 : 재결정온도를 중심으로 열간가공과 냉간가공으로 구분

　－ 재결정온도 : 금속을 가열하면 변형된 금속이 입자가 파괴되어 차차 내부응력이 없는 새로운 결정이 성장하여 결정 조직을 형성하는데 이것을 재결정이라 하고 이때의 온도를 재결정 온도라 함.

나 수공구 – 정 작업 시의 안전수칙

① 정 작업 시에는 보안경을 착용하여야 한다.
② 정 작업으로 담금질된 재료를 가공해서는 안 된다.
③ 정 작업을 시작할 때와 끝날 무렵에는 세게 치지 않는다(처음에는 가볍게 때리고, 점차적으로 힘을 가한다).
④ 철강재를 정으로 절단 시에는 철편이 날아 튀는 것에 주의한다.
⑤ 정 작업에서 모서리 부분은 크기를 3R 정도로 한다.
⑥ 절단된 가공물의 끝이 튕길 수 있은 위험의 발생을 방지하여야 한다.

CHAPTER 03 항목별 우선순위 문제 및 해설

01 다음 중 선반작업에서 안전한 방법이 아닌 것은?

① 보안경 착용
② 칩 제거는 브러시를 사용
③ 작동 중 수시로 주유
④ 운전 중 백기어 사용금지

해설 선반 작업 시 유의사항
① 선반 주축의 변속은 기계를 정지시킨 후 한다.
② 보안경을 착용한다.
③ 브러시 또는 갈퀴를 사용하여 절삭 칩을 제거한다.
④ 수리·정비작업 시에는 운전을 정지한 후 작업한다.

02 다음 중 선반의 방호장치로 적당하지 않은 것은?

① 실드(shield)
② 슬라이딩(sliding)
③ 척 커버(chuck cover)
④ 칩 브레이커(chip breaker)

해설 선반의 안전장치
(1) 칩 브레이커(chip breaker) : 선반 작업 시 발생되는 칩(chip)으로 인한 재해를 예방하기 위하여 칩을 짧게 끊어지도록 공구(바이트)에 설치되어 있는 방호장치의 일종인 칩 제거기구
(2) 척 커버(chuck cover) : 척이나 척에 물린 가공물의 돌출부에 작업복 등이 말려 들어가는 걸 방지하는 장치
(3) 실드(shield, 덮개) : 칩이나 절삭유의 비산방지를 위하여 이동 가능한 덮개 설치

03 밀링머신 작업의 안전수칙으로 적절하지 않은 것은?

① 강력절삭을 할 때는 일감을 바이스로부터 길게 물린다.
② 일감을 측정할 때에는 반드시 정지시킨 다음에 한다.
③ 상하 이송장치의 핸들은 사용 후 반드시 빼두어야 한다.
④ 커터는 될 수 있는 한 컬럼에 가깝게 설치한다.

해설 밀링 작업 시 안전수칙
① 강력 절삭을 할 때는 공작물을 바이스에 깊게 물린다.
② 가공품을 풀어내거나 고정할 때 또는 측정할 때에는 기계를 정지시킨다.
③ 상하 좌우 이송장치의 핸들은 사용 후 풀어 둔다.
④ 커터는 될 수 있는 한 컬럼에 가깝게 설치한다.

04 밀링작업 시 절삭가공에 관한 설명으로 틀린 것은?

① 하향절삭은 커터의 절삭 방향과 이송 방향이 같으므로 백래시 제거장치가 없으면 곤란하다.
② 상향절삭은 밀링커터의 날이 가공재를 들어 올리는 방향으로 작용한다.
③ 하향절삭은 칩이 가공한 면 위에 쌓이므로 시야가 좋지 않다.
④ 상향절삭은 칩이 날을 방해하지 않고, 절삭열에 의한 치수정밀도의 변화가 적다.

해설 밀링작업시 절삭가공
① 상향절삭은 칩이 날을 방해하지 않고 절삭된 칩이 절삭된 면에 쌓이지 않으므로 절삭열에 의한 치수정밀도의 변화가 작음.
② 하향절삭은 절삭된 칩이 가공된 면 위에 쌓이므로 가공할 면을 잘 볼 수 있음.
③ 하향절삭은 커터의 절삭 방향과 이송 방향이 같으므로 백래시 제거장치가 없으면 곤란하다.

정답 01. ③ 02. ② 03. ① 04. ③

05 다음 중 드릴작업의 안전사항이 아닌 것은?
① 옷소매가 길거나 찢어진 옷은 입지 않는다.
② 회전하는 드릴에 걸레 등을 가까이 하지 않는다.
③ 작고, 길이가 긴 물건은 플라이어로 잡고 뚫는다.
④ 스핀들에서 드릴을 뽑아낼 때에는 드릴 아래에 손을 내밀지 않는다.

해설 드릴 작업 시 작업안전수칙
① 회전기계에는 장갑 착용을 금지한다.
② 작은 일감은 바이스, 클램프 등으로 고정하고 작업한다.(바이스, 클램프, 지그)
③ 기계 작동 중 구멍에 손을 넣지 않는다.

06 다음 중 드릴링 작업에서 반복적 위치에서의 작업과 대량 생산 및 정밀도를 요구할 때 사용하는 고정 장치로 가장 적합한 것은?
① 바이스(vise)   ② 지그(jig)
③ 클램프(clamp) ④ 렌치(wrench)

해설 드릴링 작업에서 일감의 고정방법
(가) 일감이 작을 때는 바이스로 고정
(나) 일감이 크고 복잡할 때에는 볼트와 고정구(클램프)로 고정
(다) 대량생산과 정밀도를 요구할 때에는 지그로 고정

07 드릴로 구멍을 뚫는 작업 중 공작물이 드릴과 함께 회전할 우려가 가장 큰 경우는?
① 처음 구멍을 뚫을 때
② 중간쯤 뚫렸을 때
③ 거의 구멍이 뚫렸을 때
④ 구멍이 완전히 뚫렸을 때

해설 드릴로 구멍을 뚫는 작업 중 공작물이 드릴과 함께 회전할 우려가 가장 큰 경우 : 거의 구멍이 뚫렸을 때
* 드릴로 구멍을 뚫는 작업 중 구멍이 거의 다 뚫리는 끝부분에서 공작물이 드릴과 함께 회전할 우려가 가장 크고 가장 위험함.

08 셰이퍼 작업 시의 안전대책으로 틀린 것은?
① 바이트는 가급적 짧게 물리도록 한다.
② 가공 중 다듬질 면을 손으로 만지지 않는다.
③ 시동하기 전에 행정 조정용 핸들을 끼워둔다.
④ 가공 중에는 바이트의 운동 방향에 서지 않도록 한다.

해설 셰이퍼의 작업 시 안전수칙
① 공작물을 견고하게 고정한다.
② 반드시 재질에 따라 절삭속도를 정한다.
③ 시동하기 전에 행정조정용 핸들을 빼 놓는다
④ 가드, 방책, 칩받이 등을 설치한다.
⑤ 작업 중에는 바이트의 운동 방향에 서지 않는다.
⑥ 바이트를 짧게 고정한다.

09 정 작업 시의 작업안전수칙으로 틀린 것은?
① 정작업 시에는 보안경을 착용하여야 한다.
② 정작업 시에는 담금질된 재료를 가공해서는 안 된다.
③ 정 작업을 시작할 때와 끝날 무렵에는 세게 친다.
④ 철강재를 정으로 절단 시에는 철편이 날아 튀는 것에 주의한다.

해설 정 작업 시의 안전수칙
① 정 작업 시에는 보안경을 착용하여야 한다.
② 정 작업으로 담금질된 재료를 가공해서는 안 된다.
③ 정 작업을 시작할 때와 끝날 무렵에는 세게 치지 않는다(처음에는 가볍게 때리고, 점차적으로 힘을 가한다).
④ 철강재를 정으로 절단 시에는 철편이 날아 튀는 것에 주의한다.

10 연삭작업에서 숫돌의 파괴원인이 아닌 것은?
① 숫돌의 회전속도가 너무 빠를 때
② 연삭작업 시 숫돌의 정면을 사용할 때
③ 숫돌의 내경의 크기가 적당하지 않을 때
④ 플랜지의 지름이 현저히 작을 때

정답 05. ③ 06. ② 07. ③ 08. ③ 09. ③ 10. ②

해설 연삭작업에서 숫돌의 파괴원인
① 숫돌의 회전속도가 너무 빠를 때
② 숫돌에 균열이 있을 때
③ 플랜지의 지름이 현저히 작을 때
④ 외부의 충격을 받았을 때
⑤ 회전력이 결합력보다 클 때
⑥ 숫돌의 측면을 사용할 때
⑦ 숫돌의 치수 특히 내경의 크기가 적당하지 않을 때

11 다음 중 연삭기의 방호대책으로 적절하지 않은 것은?

① 탁상용 연삭기의 덮개에는 워크레스트 및 조정편을 구비하여야 하며, 워크레스트는 연삭숫돌과의 간격을 3mm 이하로 조정할 수 있는 구조이어야 한다.
② 연삭기 덮개의 재료는 인장강도의 값(단위: MPa)에 신장도(단위: %)의 20배를 더한 값이 754.5 이상이어야 한다.
③ 연삭숫돌을 교체한 후에는 3분 이상 시운전을 한다.
④ 연삭숫돌의 회전속도시험은 제조 후 규정 속도의 0.5배로 안전시험을 한다.

해설 연삭숫돌의 회전 속도 시험 : 규정 속도값의 1.5배로 실시

12 다음 중 상부를 사용할 것을 목적으로 하는 탁상용 연삭기 덮개의 노출 각도로 옳은 것은?

① 180° 이상   ② 120° 이내
③ 60° 이내   ④ 15° 이내

해설 연삭기 덮개의 노출각도
(가) 원통연삭기, 센터리스연삭기, 공구연삭기, 만능연삭기 등 : 180° 이내
(나) 상부를 사용할 것을 목적으로 하는 탁상용 연삭기 : 60° 이내
(다) 휴대용 연삭기, 스윙연삭기 : 180° 이내(하부 사용)
(라) 평면연삭기, 절단연삭기 : 150° 이내

13 연삭기에서 숫돌의 바깥지름이 150mm일 경우 평형플랜지 지름은 몇 mm 이상이어야 하는가?

① 30   ② 50
③ 60   ④ 90

해설 플랜지의 지름 : 플랜지의 지름은 숫돌직경의 1/3 이상인 것이 적당함.
= 숫돌의 바깥지름×1/3 = 150×1/3 = 50mm

14 600rpm으로 회전하는 연삭숫돌의 지름이 20cm일 때 원주속도는 약 몇 m/min인가?

① 37.7   ② 251
③ 377   ④ 1200

해설 숫돌의 원주속도 = (3.14×200×600)/1000
= 376.8 = 377m/min

원주속도(V) = $\dfrac{\pi DN}{1{,}000}$ (m/min) = πDN (mm/min)

(D : 지름(mm), N : 회전수(rpm))

정답 11. ④ 12. ③ 13. ② 14. ③

Chapter 04 프레스 및 전단기 위험요인 분석 및 안전시설 관리

1. 프레스 재해방지의 근본적인 대책

가 기계프레스

기계프레스는 기계력을 이용하여 크랭크 등의 기구에 의하여 슬라이드를 작동시키는 프레스로 클러치 형식에 따라

① 확동식 클러치(positive clutch)는 슬라이딩 핀(sliding pin) 클러치와 롤링 키(rolling key)클러치가 있으며,
② 마찰 클러치(friction clutch)는 건식과 습식의 디스크형과 소수의 드럼형이 있다.
③ 확동식 클러치는 상사점 이외에는 슬라이드를 정지시킬 수 없어 별도의 1행정 1정지 기구가 없으며 급정지, 비상정지가 불가능하기 때문에 위험하다(광전자식 방호장치 등의 설치 어려움).
④ 마찰 클러치는 스트로크(stroke) 중에 임의의 위치에서 급정지가 가능하다.(광전자식 방호장치 사용)

* 클러치 : 플라이 휠 에너지를 크랭크 축에 공급, 차단을 함으로써 슬라이드 운동의 기동, 정지를 제어 하는 구조부분(동력 전달, 차단기능)

[그림] 확동식 프레스 – 손쳐내기식 안전장치

memo

확동식 클러치(핀 클러치)
구조상 간단하고 제작비용이 적으나 운전상 비상정지등이 불가능하므로 확동식 클러치에 한해 수인식 방호장치 사용

1행정 1정지 기구
슬라이드가 1행정을 실시한 뒤 정위치(통상 상사점)에서 정지하는 기구

스트로크(행정)
상사점에서 하사점까지의 거리

프레스 작동순서
모터 – 플라이휠에 동력전달 – 소 기어 – 대 기어 – 크랭크 축(크랭크사프트) – 커넥팅 로드(연결봉)가 왕복운동 – 슬라이드
(※ 대 기어와 크랭크 축 사이에 클러치가 동력전달, 차단)

확동식 클러치가 적용된 프레스에 한해서만 적용 가능한 방호장치: 손쳐내기식, 수인식

※ 마찰클러치가 부착된 프레스에 부적합한 방호장치 : 수인식 방호장치
〈방호장치 의무안전인증 고시〉
슬라이드와 작업자 손을 끈으로 연결하여 슬라이드 하강 시 작업자 손을 당겨 위험 영역에서 빼낼 수 있도록 한 방호장치로서 프레스용으로 확동식 클러치형 프레스에 한해서 사용됨(다만, 광전자식 또는 양수조작식과 이중으로 설치 시에는 급정지가능 프레스에 사용 가능).

> **프레스의 종류**
>
> (1) 램 혹은 슬라이드 구동기구에 의한 분류
>   ① 크랭크 프레스(crank press) ② 너클(knuckle) 프레스
>   ③ 마찰(friction) 프레스 ④ 스크류 프레스 ⑤ 렉 프레스 등
> (2) 동력의 종류에 따른 분류
>   ① 기계식 프레스 – 크랭크 프레스, 너클 프레스, 마찰 프레스, 토글프레스
>   ② 액압 프레스 – 유압 프레스, 수압 프레스
>   ③ 인력 프레스 – 수동편심 프레스, 족답(foot-operated) 프레스, 아버(arber) 프레스

나 프레스에 대한 방호방법

(1) no-hand in die 방식(본질적 안전화) : 금형 안에 손이 들어가지 않는 구조
  ① 안전한 금형의 사용   ② 안전울을 부착한 프레스
  ③ 전용프레스 사용   ④ 자동프레스의 도입

가드식 방호장치의 구조 및 선정조건
① 1행정1정지 기구를 갖춘 프레스에 사용한다.
② 가드 높이는 프레스에 부착되는 금형 높이 이상(최소 180mm)으로 한다.
③ 가드 폭이 400mm 이하일 때는 가드 측면을 방호하는 가드를 부착하여 사용한다.
④ 미동(Inching) 행정에서는 가드를 개방할 수 있는 것이 작업성에 좋다.
⑤ 오버런 감지장치가 있는 프레스에서는 상승 행정 완료 전에 가드를 열 수 있는 구조로 할 수 있다.

(2) hand in die 방식 : 금형 안에 손이 들어가는 구조
  ① 가드식 방호장치   ② 손쳐내기식 방호장치
  ③ 수인식 방호장치   ④ 양수 조작식 방호장치
  ⑤ 광전자식 방호장치

다 프레스 방호 장치

(1) 가드(게이트가드; gate guard)식 방호장치
  ① 가드의 개폐를 이용한 방호장치로서 기계의 작동과 연동하여 가드가 열려있는 상태에서 기계가 작동하지 않게 함.
  ② 게이트가드식 방호장치의 종류 : 게이트의 작동 방식에 따라 하강식, 상승식, 횡슬라이드식, 도립식이 있음.

[그림] 게이트가드

(2) 수인식(pull out) 방호장치

(가) 수인식 방호장치 : 작업자의 손을 끈으로 연결하여 슬라이드 하강 시 위험 영역에 들어가지 않도록 하는 방식

(나) 수인식 방호장치의 일반구조

① 수인식 방호장치는 일반적으로 슬라이드 행정 수가 120SPM 이하이고, 행정 길이는 40mm 이상의 프레스에 사용이 가능

  ✽ SPM(Stroke Per Minute) : 매분 행정 수

② 수인끈의 재료는 합성섬유로 직경이 4mm 이상이어야 함.

(3) 손쳐내기식(push away, sweep guard) 방호장치

(가) 손쳐내기식 : 슬라이드의 작동에 연동시켜 위험상태로 되기 전에 손을 위험 영역에서 밀어내거나 쳐내는 방호장치

(나) 손쳐내기식 방호장치 설치기준

① 슬라이드 행정 수가 120SPM 이하이고, 행정 길이는 40mm 이상의 프레스에 사용한다.
② 슬라이드 하 행정거리의 3/4 위치에서 손을 완전히 밀어내야 한다.
③ 방호판의 폭은 금형 폭의 1/2 이상이어야 하고, 행정 길이가 300mm 이상의 프레스기계에는 방호판 폭을 300mm로 한다.
④ 손쳐내기봉의 행정(stroke) 길이를 금형의 높이에 따라 조정할 수 있고 진동폭은 금형 폭 이상이어야 한다.
⑤ 방호판과 손쳐내기봉은 경량이면서 충분한 강도를 가져야 한다.
⑥ 손쳐내기봉은 손 접촉 시 충격을 완화할 수 있는 완충재를 부착해야 한다.
⑦ 부착볼트 등의 고정금속부분은 예리하게 돌출되지 않아야 한다.

수인식 방호장치의 일반구조 〈방호장치 안전인증 고시〉

가. 손목밴드(wrist band)의 재료는 유연한 내유성 피혁 또는 이와 동등한 재료를 사용해야 한다.
나. 손목밴드는 착용감이 좋으며 쉽게 착용할 수 있는 구조이어야 한다.
다. 수인끈의 재료는 합성섬유로 직경이 4mm 이상이어야 한다.
라. 수인끈은 작업자와 작업공정에 따라 그 길이를 조정할 수 있어야 한다.
마. 수인끈의 안내통은 끈의 마모와 손상을 방지할 수 있는 조치를 해야 한다.
바. 각종 레버는 경량이면서 충분한 강도를 가져야 한다.
사. 수인량의 시험은 수인량이 링크에 의해서 조정될 수 있도록 되어야 하며 금형으로부터 위험한계 밖으로 당길 수 있는 구조이어야 한다.

손쳐내기식 방호장치의 성능기준 〈방호장치 안전인증 고시〉

진동 각도 · 진폭 시험	행정 길이가 • 최소일 때 : (60~90°) 진동 각도 • 최대일 때 : (45~90°) 진동 각도
완충 시험	손쳐내기봉에 의한 과도한 충격이 없어야 한다.
무부하 동작 시험	1회의 오동작도 없어야 한다.

(4) 양수조작식 방호장치

[그림] 양수조작식, 광전자식 방호장치   [그림] 양수조작식 방호장치

(가) 양수조작식 : 1행정 1정지식 프레스에 사용되는 것으로서 양손으로 동시에 조작하지 않으면 기계가 동작하지 않는 방호장치

(나) 양수조작식 방호장치의 일반구조 : 원칙적으로 급정지 기구가 부착되어야만 사용할 수 있는 방식

① 정상동작표시등은 녹색, 위험표시등은 붉은색으로 하며, 쉽게 근로자가 볼 수 있는 곳에 설치해야 한다.
② 슬라이드 하강 중 정전 또는 방호장치의 이상 시에 정지할 수 있는 구조이어야 한다.
③ 1행정 1정지 기구에 사용할 수 있어야 한다.
④ SPM 120 이상의 것에 사용한다.
⑤ 누름버튼을 양손으로 동시에 조작하지 않으면 작동시킬 수 없는 구조이어야 하며, 양쪽버튼의 작동시간 차이는 최대 0.5초 이내일 때 프레스가 동작되도록 해야 한다.
⑥ 누름버튼(레버 포함)은 전구간(360°)에서 매립된 매립형의 구조이어야 한다.(상면보다 25mm 낮은 매립형)
⑦ 누름버튼의 상호간 내측거리는 300mm 이상이어야 한다.
⑧ 양수조작식 방호장치는 풋스위치를 병행하여 사용할 수 없는 구조이어야 한다.

(다) 안전거리

$$D = 1,600 \times (T_c + T_s)(초, s)(mm)$$

→ T_c, T_s가 ms인 경우 : $D = [1.6 \times (T_c + T_s)(ms)](mm)$

T_c : 방호장치의 작동시간(누름버튼에서 한손이 떨어질 때부터 급정지 기구가 작동을 개시할 때까지의 시간(초))

T_s : 프레스의 급정지시간(급정지기구가 작동을 개시할 때부터 슬라이드가 정지할 때까지의 시간(초))

> 양수조작식 방호장치
> 방호장치는 사용전원전압의 ±(100분의 20)의 변동에 대하여 정상으로 작동되어야 한다.

* ms는 밀리세컨드(millisecond)의 약자이고 1000분의 1초임.
1ms = 0.001s

(5) 양수기동식 방호장치

(가) 양수기동식 : 양손으로 누름단추 등의 조작장치를 동시에 1회 누르면 기계가 작동을 개시하는 것을 말함(급정지 기구가 없는 확동식 프레스에 적합).

(나) 안전거리

$$D_m = 1,600 \times T_m (초)(mm), \{= 1.6 \times T_m (ms)\}(mm)$$

$$T_m = \left(\frac{1}{클러치\ 개수} + \frac{1}{2}\right) \times \frac{60}{매분\ 행정\ 수(SPM)}$$

T_m : 양손으로 누름단추를 조작하고 슬라이드가 하사점에 도달하기까지의 소요 최대시간(초)

> **예문** 완전회전식 클러치 기구가 있는 동력프레스에서 양수기동식 방호장치의 안전거리는 얼마 이상이어야 하는가? (단, 확동클러치의 봉합개소의 수는 8개, 분당 행정 수는 250SPM을 가진다.)
>
> **해설** 양수기동식 방호장치의 안전거리
> $D_m = 1,600 \times T_m = 1,600 \times (1/8 + 1/2) \times 60/250 = 240mm$
> $T_m = (1/클러치\ 개수 + 1/2) \times 60/매분\ 행정\ 수$

(6) 광전자식(감응식) 방호장치

(가) 광전자식(감응식) 방호장치 : 프레스 또는 전단기에서 일반적으로 많이 활용하고 있는 형태로서 투광부, 수광부, 컨트롤 부분으로 구성된 것으로서 신체의 일부가 광선을 차단하면 기계를 급정지시키는 방호장치

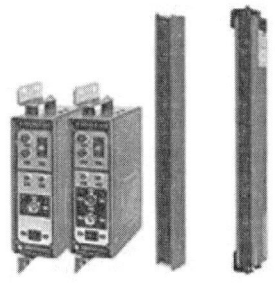

[그림] 광전자식 방호장치

(나) 광전자식 방호장치의 일반사항

① 정상동작표시램프는 녹색, 위험표시램프는 붉은색으로 하며, 쉽게 근로자가 볼 수 있는 곳에 설치해야 한다.
② 슬라이드 하강 중 정전 또는 방호장치의 이상 시에 정지할 수 있는 구조이어야 한다.
③ 방호장치는 릴레이, 리미트 스위치 등의 전기부품의 고장, 전원전압의 변동 및 정전에 의해 슬라이드가 불시에 동작하지 않아야 하며, 사용전원전압의 ±(100분의 20)의 변동에 대하여 정상으로 작동되어야 한다.
④ 방호장치의 정상작동 중에 감지가 이루어지거나 공급전원이 중단되는 경우 적어도 두 개 이상의 출력 신호개폐장치가 꺼진 상태로 돼야 한다.
⑤ 방호장치를 무효화하는 기능이 있어서는 안 된다.

✱ 광전자식 방호장치의 단점
  ① 확동클러치 방식에는 사용할 수 없다.
  ② 설치가 어렵고, 기계적 고장에 의한 2차 낙하에는 효과가 없다
  ③ 작업 중 진동에 의해 투·수광기가 어긋나 작동이 되지 않을 수 있다.

(다) 방호장치 설치방법

안전거리$(D) = 1,600 \times (T_c + T_s)$ (초)(mm)

→ T_c, T_s가 ms인 경우 : $D = [1.6 \times (T_c + T_s)(\text{ms})](\text{mm})$

Tc : 방호장치의 작동시간(손이 광선을 차단했을 때부터 급정지기구가 작동을 개시할 때까지의 시간(초))

Ts : 프레스의 급정지시간(급정지기구가 작동을 개시할 때부터 슬라이드가 정지할 때까지의 시간(초))

* ms는 밀리세컨드(millisecond)의 약자이고 1000분의 1초임.
  1ms = 0.001s

> **예문** 광전자식 방호장치가 설치된 프레스에서 손이 광선을 차단했을 때부터 급정지기구가 작동을 개시할 때까지의 시간은 0.3초, 급정지기구가 작동을 개시했을 때부터 슬라이드가 정지할 때까지의 시간이 0.4초 걸린다고 할 때 최소 안전거리는 약 몇 mm인가?
>
> **해설** 광전자식 방호장치의 최소 안전거리
> $D = 1,600 \times (T_c + T_s)$ [D : 안전거리(mm), T_c : 방호장치의 작동시간(초),
> T_s : 프레스의 급정지시간(초)]
> $= 1,600 \times (0.3 + 0.4) = 1120\text{mm}$

라 프레스 및 전단기 방호장치의 분류기호

광전자식	양수조작식	가드식	손쳐내기식	수인식
A-1, A-2	B-1, B-2	C-1, C-2	D	E

마 풋스위치 상부에 방호덮개 부착

프레스 작업 중 부주의로 프레스의 페달을 밟는 것에 대비하여 페달에 설치

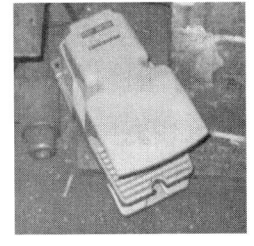

[그림] 풋페달스위치

바 작업 시작 전 점검사항
〈산업안전보건기준에 관한 규칙 [별표 3]〉

(1) 프레스 등을 사용하는 작업을 할 때
   ① 클러치 및 브레이크의 기능
   ② 크랭크축·플라이휠·슬라이드·연결봉 및 연결 나사의 풀림 여부
   ③ 1행정 1정지기구·급정지장치 및 비상정지장치의 기능
   ④ 슬라이드 또는 칼날에 의한 위험방지 기구의 기능
   ⑤ 프레스의 금형 및 고정볼트 상태
   ⑥ 방호장치의 기능
   ⑦ 전단기의 칼날 및 테이블의 상태

> **참고**
> ※ 방호장치, 보호구 안전인증 제품표시의 붙임〈보호구 안전인증 고시, 방호장치 의무안전인증 고시〉
> 안전인증제품에는 다음 각호의 사항을 표시
> ① 형식 또는 모델명 ② 규격 또는 등급 등 ③ 제조자명 ④ 제조번호 및 제조연월 ⑤ 안전인증 번호

※ 프레스의 각 항목이 표시되어야 하는 이름판에 나타내어야 하는 항목
[별표 1] 프레스 등 제작 및 안전기준 〈위험기계·기구 안전인증 고시〉
3. 표시내용
다음 각 목의 내용이 표시된 이름판을 부착해야 한다.
   가. 압력능력(전단기는 전단능력)
   나. 사용전기설비의 정격
   다. 제조자명
   라. 제조연월
   마. 안전인증의 표시

바. 형식 또는 모델번호
사. 제조번호

2. 금형의 안전화

가 금형

(1) 금형해체, 부착, 조정작업의 위험 방지 : 안전블록 사용

〈산업안전보건기준에 관한 규칙 제104조(금형 조정작업의 위험 방지)〉
프레스 등의 금형을 부착·해체 또는 조정하는 작업을 할 때에 해당 작업에 종사하는 근로자의 신체가 위험한계 내에 있는 경우 슬라이드가 갑자기 작동함으로써 근로자에게 발생할 우려가 있는 위험을 방지하기 위하여 <u>안전블록을 사용하는 등</u> 필요한 조치를 하여야 한다.

(2) 금형설치 및 조정 작업 시 일반적인 안전사항〈참조 : 프레스금형작업의 안전에 관한 기술지침〉

① 금형의 설치용구는 프레스의 구조에 적합한 형태로 한다.
② 금형을 설치하는 프레스의 T홈 안길이는 설치 볼트 직경의 2배 이상으로 한다.
③ 고정볼트는 고정 후 가능하면 나사산이 3~4개 정도 짧게 남겨 슬라이드 면과의 사이에 협착이 발생하지 않도록 해야 한다.
④ 금형 고정용 브래킷(물림판)을 고정시킬 때 고정용 브래킷은 수평이 되게 하고, 고정볼트는 수직이 되게 고정하여야 한다.
⑤ 금형의 사이에 신체 일부가 들어가지 않도록 이동 스트리퍼와 다이의 간격은 8mm 이하로 한다(프레스 펀치와 금형 다이 간격은 8mm 이하).
⑥ 대형 금형에서 샹크가 헐거워짐이 예상될 경우 샹크만으로 상형을 슬라이드에 설치하는 것을 피하고 볼트를 사용하여 조인다.
⑦ 맞춤 핀을 사용할 때에는 억지끼워맞춤으로 하며, 상형에 사용할 때에는 낙하방지의 대책을 세워둔다.
⑧ 금형을 부착하기 전에 하사점을 확인한다.
⑨ 금형의 체결은 올바른 치공구를 사용하고 균등하게 체결한다.
⑩ 슬라이드의 불시하강을 방지하기 위하여 안전블록을 사용한다.
⑪ 금형은 하형부터 잡고 무거운 금형의 받침은 인력으로 하지 않는다.
⑫ 금형을 설치, 조정할 때는 동력을 끊고 실시하며 페달에는 덮개가 설치되도록 한다.

프레스 금형의 파손에 의한 위험방지
① 금형에 사용하는 스프링은 압축형으로 할 것
② 작업 중 진동 및 충격에 의해 볼트 및 너트의 헐거워짐이 없도록 할 것
③ 금형의 하중 중심은 원칙적으로 프레스 기계의 하중 중심과 일치하도록 할 것
④ 캠, 기타 충격이 반복해서 가해지는 부분에는 완충장치를 설치할 것

스트리퍼(Stripper): 펀치로부터 가공물 또는 스크랩을 제거하기 위한 기구 또는 금형 부분

금형 안전화와 울: 금형의 사이에 작업자의 신체 일부가 들어가지 않도록 간격이 8mm 이하가 되도록 설치
① 상사점 위치에 있어서 펀치와 다이, 이동 스트리퍼와 다이, 펀치와 스트리퍼 사이 및 고정 스트리퍼와 다이 등의 간격이 8mm 이하이면 울은 불필요
② 상사점 위치에 있어서 고정 스트리퍼와 다이의 간격이 8mm 이하이더라도 펀치와 고정 스트리퍼 사이가 8mm 이상이면 울을 설치

> **금형 운반에 대한 안전수칙**
> ① 상부금형과 하부금형이 닿을 위험이 있을 때는 고정 패드를 이용한 스트랩, 금속재질이나 우레탄 고무의 블록 등을 사용한다.
> ② 금형을 안전하게 취급하기 위해 아이볼트를 사용할 때는 숄더형으로 사용하는 것이 좋다.
> ③ 운반을 위하여 관통 아이볼트가 사용될 때는 구멍 틈새가 최소화되도록 한다.
> ④ 운반하기 위해 꼭 들어 올려야 할 때는 필요한 높이 이상으로 들어 올려서는 안 된다.

(3) 프레스 펀치와 금형 다이 간격

프레스의 punch와 금형의 die에서 손가락이 punch와 die 사이에 들어가지 않도록 8mm 이하의 간격을 둠.

나 프레스의 송급 및 배출 장치

프레스 작업에서 금형 안에 손을 넣을 필요가 없도록 한 장치
- 작업자가 직접 소재를 공급하거나 꺼내지 않도록 언코일러(uncoiler), 레벨러(leveller), 피더(feeder) 등을 설치
① 언코일러(uncoiler) : 말린 철판을 풀어주는 장치(적재장치)

[그림] 언코일러　　　[그림] 레벨러　　　[그림] 피더

② 레벨러(leveller) : 교정장치
③ 피더(feeder) : 롤 피더, 다이얼 피더, 푸셔 피더 등(이송장치)
④ 이젝터(ejector) : 금형으로부터 가공품을 밖으로 밀어내는 장치
⑤ 키커 장치(kicker actuator): 가공품을 금형에서 차내는 장치
⑥ 슈트, 공기분사장치

* 프레스 송급 배출 장치
  ① 1차 가공용 송급 배출 장치 : 롤 피더
  ② 2차 가공용 송급 배출 장치 : 푸셔 피더, 다이얼 피더, 트랜 스퍼 피더, 슈트 등

* 프레스 작업에서 파쇄철을 제거하기 위하여 사용하는 것 : 압축공기
  - 프레스 작업에서 제품을 꺼낼 경우 파쇄철을 제거하기 위하여 사용하는 데 가장 적합한 것

금형 부품의 조립 시 주의사항〈프레스 금형작업의 안전에 관한 기술지침〉
(가) 맞춤 핀을 사용할 때에는 억지 끼워 맞춤으로 한다. 상형에 사용할 때에는 낙하방지의 대책을 세워둔다.
(나) 파일럿 핀, 직경이 작은 펀치, 핀 게이지 등 삽입부품은 빠질 위험이 있으므로 플랜지를 설치하거나 테이퍼로 하는 등 이탈 방지대책을 세워둔다.
(다) 쿠션 핀을 사용할 경우에는 상승 시 누름판의 이탈방지를 위하여 단붙임한 나사로 견고히 조여야 한다.
(라) 가이드 포스트, 샹크는 확실하게 고정한다.
(마) 금형에 사용하는 스프링은 압축형으로 한다.
(바) 스프링 등의 파손에 의해 부품이 비산될 우려가 있는 부분에는 덮개를 설치한다.

프레스의 안전작업을 위하여 활용하는 수공구
① 플라이어(집게)
② 마그넷 공구
③ 진공 컵
④ 밀대
⑤ 핀셋

CHAPTER 04 항목별 우선순위 문제 및 해설

01 프레스의 종류에서 슬라이드 구동기구에 의한 분류에 해당하지 않는 것은?

① 액압 프레스 ② 크랭크 프레스
③ 너클 프레스 ④ 마찰 프레스

해설 프레스의 종류
(1) 램 혹은 슬라이드 구동기구에 의한 분류
 ① 크랭크(crank) 프레스
 ② 너클(knuckle) 프레스
 ③ 마찰(friction) 프레스
 ④ 스크류 프레스
 ⑤ 렉 프레스 등

02 동력프레스기의 no hand in die 방식의 안전대책으로 틀린 것은?

① 안전금형을 부착한 프레스
② 양수조작식 방호장치의 설치
③ 안전울을 부착한 프레스
④ 전용프레스의 도입

해설 프레스에 대한 방호방법
(1) no-hand in die 방식(본질적 안전화) : 금형 안에 손이 들어가지 않는 구조
 ① 안전한 금형의 사용
 ② 안전울을 부착한 프레스
 ③ 전용프레스 사용
 ④ 자동프레스의 도입

03 다음 중 프레스의 손쳐내기식 방호장치 설치기준으로 틀린 것은?

① 방호판의 폭이 금형 폭의 1/2 이상이어야 한다.
② 슬라이드 행정 수가 150SPM 이상의 것에 사용한다.
③ 슬라이드의 행정 길이가 40mm 이상의 것에 사용한다.
④ 슬라이드 하행정거리의 3/4 위치에서 손을 완전히 밀어내야 한다.

해설 손쳐내기식 방호장치 설치기준
① 슬라이드 행정 수가 120SPM 이하이고, 행정 길이는 40mm 이상의 프레스에 사용한다.
② 슬라이드하 행정거리의 3/4 위치에서 손을 완전히 밀어내야 한다.
③ 방호판의 폭은 금형 폭의 1/2 이상이어야 하고, 행정 길이가 300mm 이상의 프레스기계에는 방호판 폭을 300mm로 한다.

04 광전자식 방호장치를 설치한 프레스에서 광선을 차단한 후 0.2초 후에 슬라이드가 정지하였다. 이때 방호장치의 안전거리는 최소 몇 mm 이상이어야 하는가?

① 140 ② 200
③ 260 ④ 320

해설 안전장치의 안전거리
$D_m = 1,600 \times T = 1,600 \times 0.2 = 320mm$
(* T : 광선을 차단한 후 슬라이드가 정지한 시간)

05 프레스기에 사용하는 양수조작식 방호장치의 일반구조에 관한 설명 중 틀린 것은?

① 1행정 1정지 기구에 사용할 수 있어야 한다.
② 누름버튼을 양 손으로 동시에 조작하지 않으면 작동시킬 수 없는 구조이어야 한다.
③ 양쪽버튼의 작동시간 차이는 최대 0.5초 이내일 때 프레스가 동작되도록 해야 한다.
④ 방호장치는 사용전원전압의 ±50%의 변동에 대하여 정상적으로 작동되어야 한다.

정답 01.① 02.② 03.② 04.④ 05.④

해설 양수조작식 방호장치
방호장치는 사용전원전압의 ±(100분의 20)의 변동에 대하여 정상으로 작동되어야 한다.

06 다음 중 프레스에 사용되는 광전자식 방호장치의 일반 구조에 관한 설명으로 틀린 것은?

① 방호장치의 감지기능은 규정한 검출영역 전체에 걸쳐 유효하여야 한다.
② 슬라이드 하강 중 정전 또는 방호장치의 이상 시에는 1회 동작 후 정지할 수 있는 구조이어야 한다.
③ 정상동작표시램프는 녹색, 위험표시램프는 붉은색으로 하며, 쉽게 근로자가 볼 수 있는 곳에 설치해야 한다.
④ 방호장치의 정상작동 중에 감지가 이루어지거나 공급 전원이 중단되는 경우 적어도 두 개 이상의 출력신호 개폐장치가 꺼진 상태로 돼야 한다.

해설 광전자식 방호장치의 일반사항
① 정상동작표시램프는 녹색, 위험표시램프는 붉은색으로 하며, 쉽게 근로자가 볼 수 있는 곳에 설치해야 한다.
② 슬라이드 하강 중 정전 또는 방호장치의 이상 시에 정지할 수 있는 구조이어야 한다.

07 광전자식 방호장치의 광선에 신체의 일부가 감지된 후로부터 급정지기구가 작동개시 하기까지의 시간이 40ms이고, 광축의 설치거리가 96mm일 때 급정지기구가 작동개시한 때로부터 프레스기의 슬라이드가 정지될 때까지의 시간은 얼마인가?

① 15ms ② 20ms
③ 25ms ④ 30ms

해설 프레스의 급정지시간(ms)
$D = 1,600 \times (T_c + T_s)$
[D : 안전거리(mm), T_c : 방호장치의 작동시간(초), T_s : 프레스의 급정지시간(초)]

⇨ $96 = 1,600 \times (0.04 + T_s)$ ← 40ms = 0.04s
⇨ $T_s = 0.02s = 20ms$

08 다음 중 산업안전보건법령상 프레스 등을 사용하여 작업을 할 때에는 작업 시작 전 점검사항으로 볼 수 없는 것은?

① 압력방출장치의 기능
② 클러치 및 브레이크의 기능
③ 프레스의 금형 및 고정볼트 상태
④ 1행정 1정지 기구・급정지장치 및 비상정지장치의 기능

해설 작업 시작 전 점검사항(프레스 등을 사용하는 작업을 할 때)
〈산업안전보건기준에 관한 규칙 [별표 3]〉
① 클러치 및 브레이크의 기능
② 크랭크축・플라이휠・슬라이드・연결봉 및 연결나사의 풀림 여부
③ 1행정 1정지 기구・급정지장치 및 비상정지장치의 기능
④ 슬라이드 또는 칼날에 의한 위험방지 기구의 기능
⑤ 프레스의 금형 및 고정볼트 상태
⑥ 방호장치의 기능
⑦ 전단기의 칼날 및 테이블의 상태

09 다음 중 프레스 또는 전단기 방호장치의 종류와 분류기호가 올바르게 연결된 것은?

① 가드식 : C
② 손처내기식 : B
③ 광전자식 : D-1
④ 양수조작식 : A-1

해설 프레스 및 전단기 방호장치의 분류기호

광전자식	양수조작식	가드식	손쳐내기식	수인식
A-1, A-2	B-1, B-2	C-1, C-2	D	E

정답 06. ② 07. ② 08. ① 09. ①

10 금형의 안전화에 관한 설명으로 틀린 것은?

① 금형을 설치하는 프레스의 T홈 안길이는 설치 볼트 직경의 2배 이상으로 한다.
② 맞춤 핀을 사용할 때에는 헐거움 끼워맞춤으로 하고, 이를 하형에 사용할 때에는 사용할 때에는 낙하방지의 대책을 세워둔다.
③ 금형의 사이에 신체 일부가 들어가지 않도록 이동 스트리퍼와 다이의 간격은 8mm 이하로 한다.
④ 대형 금형에서 생크가 헐거워짐이 예상될 경우 생크만으로 상형을 슬라이드에 설치하는 것을 피하고 볼트 등을 사용하여 조인다.

해설 **금형설치 및 조정 작업**
① 금형을 설치하는 프레스의 T홈 안길이는 설치 볼트 직경의 2배 이상으로 한다.
② 맞춤 핀을 사용할 때에는 억지끼워맞춤으로 하며 상형에 사용할 때에는 낙하방지의 대책을 세워둔다.

11 프레스기의 금형을 부착·해체 또는 조정하는 작업을 할 때, 슬라이드가 갑자기 작동함으로써 발생하는 근로자의 위험을 방지하기 위해 사용해야 하는 것은?

① 방호울
② 안전블록
③ 시건장치
④ 날접촉예방장치

해설 **금형해체, 부착, 조정작업의 위험 방지** : 안전블록 사용
〈산업안전보건기준에 관한 규칙 제104조(금형조정작업의 위험 방지)〉
프레스 등의 금형을 부착·해체 또는 조정하는 작업을 할 때 : 작업에 종사하는 근로자의 신체가 위험한계 내에 있는 경우 슬라이드가 갑자기 작동함으로써 근로자에게 발생할 우려가 있는 위험을 방지하기 위하여 안전블록을 사용

12 프레스작업에서 재해예방을 위한 재료의 자동송급 또는 자동배출장치가 아닌 것은?

① 롤피더
② 그리퍼피더
③ 플라이어
④ 셔블 이젝터

해설 **프레스의 송급 및 배출장치** : 프레스 작업에서 금형 안에 손을 넣을 필요가 없도록 한 장치
(1) 언코일러(uncoiler) : 말린 철판을 풀어주는 장치 (적재장치)
(2) 레벨러(leveller) : 교정장치
(3) 피더(feeder) : 롤 피더, 다이얼 피더, 퓨셔 피더 등 (이송장치)
(4) 이젝터(ejector) : 금형 안에 가공품을 밖으로 밀어내는 장치
(5) 슈트

정답 10. ② 11. ② 12. ③

Chapter 05 기타 산업용 기계기구 위험요인 분석 및 안전시설 관리

1. 롤러기(roller)

가 롤러기의 정의

고무 등의 원료 또는 중간원료를 분해, 분쇄, 혼합, 정련, 가열 및 압연 등 재료가공을 위하여 한 조로 구성된 2개 이상의 롤러를 서로 반대 방향으로 회전시켜 롤러 사이에서 형성되는 압력에 의하여 재료를 소성변형 또는 연화시키는 기계(롤러기는 프레임, 롤러, 급정지장치, 유·공압계통 등으로 구성)

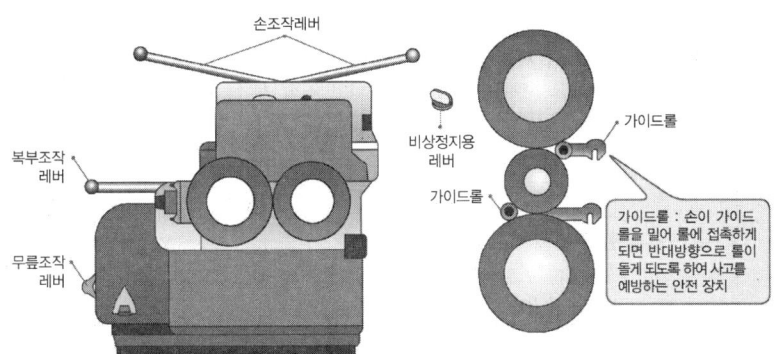

[그림] 롤러기

나 롤러기의 급정지장치

(1) 정의

급정지장치는 롤러기에서 작업하고 있는 근로자의 신체 일부가 롤러 사이에 말려 들거나 말려 들어갈 우려가 있는 경우에 근로자가 손, 무릎, 복부 등으로 급정지기구 조작부를 동작시켜 전원을 차단하거나 브레이크가 작동하게 함으로써 롤러기를 급정지시키는 장치(위험점 : 물림점)

(2) 급정지장치의 제동거리

(가) 비상정지장치 또는 급정지장치의 조작 시 급정지장치의 제동거리

앞면 롤러의 표면속도(m/min)	급정지 거리
30 미만	앞면 롤러 원주의 1/3
30 이상	앞면 롤러 원주의 1/2.5

(나) 앞면 롤러의 표면속도

V(m/min)는 표면속도, 롤러 원통의 직경 D(mm), 1분간 롤러기가 회전되는 수 N(rpm)

$$V(\text{표면속도}) = \frac{\pi DN}{1,000} (\text{m/min})$$

> **예문** 롤러기 방호장치의 무부하 동작시험 시 앞면 롤러의 지름이 150mm이고, 회전수가 30rpm인 롤러기의 급정지거리는 몇 mm 이내여야 하는가?
>
> **해설** 급정지장치의 제동거리
> (가) 비상정지장치 또는 급정지장치의 조작 시 급정지장치의 제동거리
>
> | 앞면 롤러의 표면속도(m/min) | 급정지 거리 |
> |---|---|
> | 30 미만 | 앞면 롤러 원주의 1/3 이내 |
> | 30 이상 | 앞면 롤러 원주의 1/2.5 이내 |
>
> (나) 앞면 롤러의 표면속도
> V(m/min)는 표면속도, 롤러 원통의 직경 D(mm), 1분간 롤러기가 회전되는 수 N(rpm)
> $V = \pi DN/1,000$(m/min)
> ⇨ ① V(표면속도) = $(\pi \times 150 \times 30)/1000 = 14.1$m/min
> ② 급정지장치의 제동거리는 앞면 롤러 원주의 1/3 이내
> 급정지 거리 = $\pi D \times 1/3 = \pi \times 150 \times 1/3 = 157$mm

(3) 급정지장치 조작부의 종류

급정지장치 조작부는 설치위치에 따라 손조작식, 복부조작식, 무릎조작식이 있음.

조작부의 종류	설치위치	비고
손조작식	밑면에서 1.8m 이내	위치는 급정지장치 조작부의 중심점을 기준
복부조작식	밑면에서 0.8m 이상 1.1m 이내	
무릎조작식	밑면에서(0.4m 이상) 0.6m 이내	

※ 손으로 조작하는 급정지장치의 조작부는 롤러기의 전면 및 후면에 각각 1개씩 수평으로 설치

※ 손조작식 : 롤러의 각 쌍을 가로질러 설치되며 작동자와 물림점 사이에 설치 되어야 하고, 롤러의 앞뒤에 수직접선에 5cm 이내로 위치해야 하며, 지면에서 1.8m 이내로 설치

(4) 롤러기 급정지장치 조작부에 사용하는 로프의 성능의 기준

조작부에 로프를 사용할 경우는 KS D 3514(와이어로프)에 정한 규격에 적합한 직경 4밀리미터 이상의 와이어로프 또는 직경 6밀리미터 이상이고 절단하중이 2.94킬로뉴턴(kN) 이상의 합성섬유의 로프를 사용하여야 한다.

다 롤러기의 가드 설치방법

(1) 가드를 설치할 때 롤러기의 물림점(nip point)의 가드 개구부의 간격

(가) 위험점이 전동체가 아닌 경우(비전동체)

$$Y = 6 + 0.15X(X < 160\text{mm})(단, X \geqq 160\text{mm}이면 Y = 30\text{mm})$$

Y : 개구부의 간격(mm)
X : 개구부에서 위험점까지의 최단거리(mm)

(나) 위험점이 전동체인 경우

$$Y = 6 + 0.1X(단, X < 760\text{mm}에서 유효)$$

> **예문** 롤러 작업 시 위험점에서 가드(guard) 개구부까지의 최단 거리를 60 mm라고 할 때, 최대로 허용할 수 있는 가드 개구부 틈새는 약 몇 mm인가? (단, 위험점이 비전동체이다.)
>
> **해설** 가드를 설치할 때 롤러기의 물림점(nip point)의 가드 개구부의 간격(위험섬이 전동체가 아닌 경우)
> $Y = 6 + 0.15X(X<160\text{mm})$ (단, $X \geqq 160\text{mm}$이면 $Y = 30$)
> Y : 개구부의 간격(mm), X : 개구부에서 위험점까지의 최단거리(mm)
> ⇨ $Y = 6 + 0.15 \cdot X = 6 + 0.15 \times 60 = 15\text{mm}$

(2) 롤러기의 가드 설치방법에서 신체 부위와 최소틈새

롤러기의 가드 설치방법에서 안전한 작업공간에서 사고를 일으키는 공간인 함정(trap)을 막기 위해 신체 부위와 최소틈새

신체 부위	몸	다리	발	팔	손목	손가락
최소틈새	500mm	180mm	120mm		100m	25mm

2. 원심기

가 원심기의 정의

원심기 또는 원심분리기(centrifuge)는 회전 가능한 챔버를 장착하여 혼합물을 밀도에 따라 분리해내는 분리 장치(원심력을 이용하여 물질을 분리하거나 추출할 수 있는 작업을 하는 기계)

[그림] 각종 원심기

나 원심기의 안전에 관한 조치

① 원심기에는 덮개를 설치하여야 한다.
② 원심기로부터 내용물을 꺼내거나 원심기의 정비, 청소, 검사, 수리작업을 하는 때에는 운전을 정지시켜야 한다.
③ 원심기의 최고사용회전수를 초과하여 사용하여서는 아니 된다.

3. 아세틸렌 용접장치 및 가스집합 용접장치

가 아세틸렌 용접장치 〈산업안전보건기준에 관한 규칙 제285조~제290조〉

(1) 압력의 제한

제285조(압력의 제한)
아세틸렌 용접장치를 사용하여 금속의 용접·용단 또는 가열작업을 하는 경우에는 게이지 압력이 127킬로파스칼을 초과하는 압력의 아세틸렌을 발생시켜 사용해서는 아니 된다
(* 127kPa : 매 제곱센티미터당 1.3킬로그램)
* 아세틸렌은 공기 또는 산소와 혼합가스의 연소에 의하여 폭발을 하거나, 공기 또는 산소 없이도 가압하면 분해폭발성을 가진 물질임.

① 아세틸렌은 매우 타기 쉬운 기체인데 공기 중에서 약 406~408℃ 부근에서 자연발화하고 약 505~515℃가 되면 폭발이 일어남.
② 아세틸렌과 결합 시 폭발을 쉽게 일으킬 수 있는 물질 : 아세틸렌은 구리(Cu), 은(Ag), 수은(Hg) 등의 물질과 화합 시 폭발성 화합물인 아세틸라이드를 생성

> 산소-아세틸렌 용접
> 가장 많이 사용하고, 용접 중 불꽃 온도는 최고 약 3,500℃ 이상.
> ※ 불꽃 온도가 높은 순서
>   ① 산소-아세틸렌 용접
>   ② 산소-수소 용접
>   ③ 산소-프로판 용접
>   ④ 산소-메탄 용접

[그림] 압력의 제한

(2) 발생기실의 설치장소 및 구조 등

(* 아세틸렌 발생기 : 칼슘카바이드(CaC_2 탄화칼슘)와 물을 접촉 반응시켜, 가스용접 및 절단용 아세틸렌가스를 발생시키는 기구)

제286조(발생기실의 설치장소 등)

① 아세틸렌 용접장치의 아세틸렌 발생기를 설치하는 경우에는 전용의 발생기실에 설치하여야 한다.
② 발생기실은 건물의 최상층에 위치하여야 하며, 화기를 사용하는 설비로부터 3미터를 초과하는 장소에 설치하여야 한다.
③ 발생기실을 옥외에 설치한 경우에는 그 개구부를 다른 건축물로부터 1.5미터 이상 떨어지도록 하여야 한다.

제287조(발생기실의 구조 등)

발생기실을 설치하는 경우의 준수사항

1. 벽은 불연성 재료로 하고 철근 콘크리트 또는 그 밖에 이와 동등하거나 그 이상의 강도를 가진 구조로 할 것
2. 지붕과 천장에는 얇은 철판이나 가벼운 불연성 재료를 사용할 것
3. 바닥면적의 16분의 1 이상의 단면적을 가진 배기통을 옥상으로 돌출시키고 그 개구부를 창이나 출입구로부터 1.5미터 이상 떨어지도록 할 것
4. 출입구의 문은 불연성 재료로 하고 두께 1.5밀리미터 이상의 철판이나 그 밖에 그 이상의 강도를 가진 구조로 할 것
5. 벽과 발생기 사이에는 발생기의 조정 또는 카바이드 공급 등의 작업을 방해하지 않도록 간격을 확보할 것

아세틸렌 용접장치에 사용하는 역화방지기에서 요구되는 일반적인 구조〈방호장치 자율안전기준 고시〉

[별표 1] 역화방지기의 성능기준
역화방지기의 일반구조는 다음 각 목과 같이 한다.
가. 역화방지기의 구조는 소염소자, 역화방지장치 및 방출장치 등으로 구성되어야 한다. 다만, 토치 입구에 사용하는 것은 방출장치를 생략할 수 있다.
나. 역화방지기는 그 다듬질면이 매끈하고 사용상 지장이 있는 부식, 흠, 균열 등이 없어야 한다.
다. 가스의 흐름방향은 지워지지 않도록 돌출 또는 각인하여 표시하여야 한다.
라. 소염소자는 금망, 소결금속, 스틸 울(steel wool), 다공성 금속물 또는 이와 동등 이상의 소염성능을 갖는 것이어야 한다.
마. 역화방지기는 역화를 방지한 후 복원이 되어 계속 사용할 수 있는 구조이어야 한다.

(3) 안전기의 설치

제289조(안전기의 설치)

① 아세틸렌 용접장치의 취관마다 안전기를 설치하여야 한다(주관 및 취관에 가장 가까운 분기관(分岐管)마다 안전기를 부착한 경우에는 그러하지 아니하다).

② 가스용기가 발생기와 분리되어 있는 아세틸렌 용접장치에 대하여 발생기와 가스용기 사이에 안전기를 설치하여야 한다.

> **참고**
>
> ※ 제293조(가스집합용접장치의 배관)
> 가스집합용접장치(이동식을 포함)의 배관을 하는 경우의 준수사항
> 2. 주관 및 분기관에는 안전기를 설치할 것. 이 경우 하나의 취관에 2개 이상의 안전기를 설치하여야 한다.

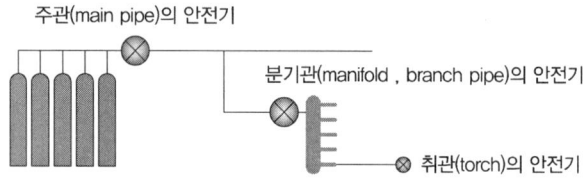

[그림] 안전기의 설치

(가) 안전기(flashback arrester) : 산소/연료가스를 사용하여 용접 또는 절단 작업을 할 때 취관에서 연료가스 공급원 쪽으로 화염이 역화되는 것을 방지하는 기구

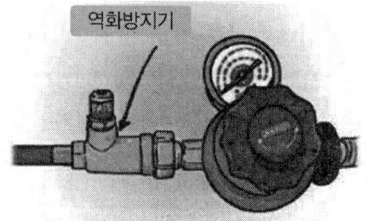

[그림] 역화방지기(건식 안전기)

1) 수봉식 안전기

고압의 산소가 토치로부터 아세틸렌 발생기로 역류할 때 물이 아세틸렌가스 발생기로의 진입을 차단하여 위험을 방지

① 저압용 수봉식 안전기 : 게이지 압력이 $0.07kg/cm^2$ 미만인 저압식 안전기

㉠ 수봉 배기관을 갖추어야 한다.
㉡ 도입관은 수봉식으로 하고, 유효수주는 25mm 이상이어야 한다.
㉢ 수봉배기관은 안전기의 압력을 $0.07kg/cm^2$ 미만에 도달하기 전에 배기시킬 수 있는 능력을 갖추어야 한다.

② 중압용 수봉식 안전기 : 게이지 압력이 $0.07kg/cm^2 \sim 1.3kg/cm^2$ 미만인 중압식 안전기

- 실제로는 기계적 역류방지밸브, 안전밸브 등을 갖추어서 사용되고 유효수주는 50mm 이상이어야 함.

> **아세틸렌 용접장치의 안전기 사용 시 준수사항(수봉식 안전기)**
> ① 수봉식 안전기는 1일 1회 이상 점검하고 항상 지정된 수위를 유지한다.
> ② 수봉부의 물이 얼었을 때는 더운 물로 용해한다.
> ③ 중압용 안전기의 파열판은 상황에 따라 적어도 연 1회 이상 정기적으로 교환한다.
> ④ 수봉식 안전기는 지면에 대하여 수직으로 설치한다.

2) 건식안전기

① 우회로식 건식안전기 : 역화에 의한 화염을 우회시켜 지연시키고 역화와 동시에 일어나는 압력에 의해 압착밸브가 작동하여 가스공급를 중단함으로써 역화를 방지(우회로 방식)

② 소결금속식 건식안전기 : 역화된 화염이 소결금속에 의해 냉각 소화되고 역화압력에 의해 체크밸브가 작동하여 가스통로를 닫아 역화 방지(충전물질 방식 : 화염을 냉각하기 위한 충전물질은 소결금속 등을 충전)

(나) 역화(back fire)

가스용접에서 산소 아세틸렌 불꽃이 순간적으로 팁 끝에 흡입되고 "빵빵" 하면서 꺼졌다가 다시 켜졌다가 하는 현상(가스용접에서 불꽃이 아스틸렌 호스로 역행)

1) 역화의 원인

① 가연성 배관, 호스에 공기 또는 산소의 혼입으로 폭발 범위 분위기 형성

② 압력조정기의 고장, 산소공급이 과다할 때
③ 토치의 성능의 부실(토치의 기능 불량), 토치의 과열
④ 토치 팁에 이물질이 묻은 경우(팁의 막힘), 팁과 모재의 접촉
⑤ 취관이 작업 소재에 너무 가까이 있는 경우

2) 역화가 일어날 때 가장 먼저 취해야 할 행동 : 산소밸브를 즉시 잠그고, 아세틸렌 밸브를 잠금

※ 토치에 점화 : 먼저 아세틸렌 밸브를 연 다음에 산소밸브를 열어 점화시키며, 작업 후에는 산소밸브를 먼저 닫고 아세틸렌 밸브를 닫음.

산소-아세틸렌 용접장치 취급 시 유의사항

① 불꽃이 토치 내부로 역류 시 산소밸브를 먼저 닫은 다음 가스밸브를 닫는다.
② 산소용기 고장으로 산소 분출 시 분출구는 약 −50℃까지 내려가므로 맨손으로 만져서는 안 되며, 분출 방사력이 강하여 용기가 세게 회전하므로 접근을 금지하고 화기의 접근을 금한다.
③ 용기에서 가스가 분출되어 폭발 또는 화재의 위험이 있을 때에는 큰소리로 주변을 알리고 신속히 대피한다.
④ 진화 후 그 일대가 냉각되지 않으면 화재의 재발을 방지하기 위해 주위를 확실히 냉각시키고 재차 확인 점검한다.

[그림] 산소 아세틸렌 용접기

(4) 아세틸렌 용접장치의 관리

<u>제290조(아세틸렌 용접장치의 관리 등)</u>
아세틸렌 용접장치를 사용하여 금속의 용접·용단(溶斷) 또는 가열작업을 하는 경우의 준수사항

1. 발생기(이동식 아세틸렌 용접장치의 발생기는 제외)의 종류, 형식, 제작업체명, 매 시 평균 가스발생량 및 1회 카바이드 공급량을 발생기실 내의 보기 쉬운 장소에 게시할 것
2. 발생기실에는 관계 근로자가 아닌 사람이 출입하는 것을 금지할 것
3. 발생기에서 5미터 이내 또는 발생기실에서 3미터 이내의 장소에서는 흡연, 화기의 사용 또는 불꽃이 발생할 위험한 행위를 금지시킬 것
4. 도관에는 산소용과 아세틸렌용의 혼동을 방지하기 위한 조치를 할 것
5. 아세틸렌 용접장치의 설치장소에는 소화기 한대 이상을 갖출 것
6. 이동식 아세틸렌용접장치의 발생기는 고온의 장소, 통풍이나 환기가 불충분한 장소 또는 진동이 많은 장소 등에 설치하지 않도록 할 것

(5) 가스의 용기를 취급할 시 유의사항

<u>제234조(가스 등의 용기)</u>

금속의 용접·용단 또는 가열에 사용되는 가스 등의 용기를 취급하는 경우의 준수사항

1. 다음 장소에서 사용하거나 설치·저장 또는 방치하지 않도록 할 것
   가. 통풍이나 환기가 불충분한 장소
   나. 화기를 사용하는 장소 및 그 부근
   다. 위험물 또는 인화성 액체를 취급하는 장소 및 그 부근
2. 용기의 온도를 섭씨 40도 이하로 유지할 것
3. 전도의 위험이 없도록 할 것
4. 충격을 가하지 않도록 할 것
5. 운반하는 경우에는 캡을 씌울 것
6. 사용하는 경우에는 용기의 마개에 부착되어 있는 유류 및 먼지를 제거할 것
7. 밸브의 개폐는 서서히 할 것
8. 사용 전 또는 사용 중인 용기와 그 밖의 용기를 명확히 구별하여 보관할 것
9. 용해아세틸렌의 용기는 세워 둘 것
10. 용기의 부식·마모 또는 변형 상태를 점검한 후 사용할 것

(6) 가스용접토치가 과열되었을 때 가장 적절한 조치사항 :

아세틸렌가스를 멈추고 산소 가스만을 분출시킨 상태로 물속에서 냉각시킴.

> **가스 용접 작업을 위한 압력조정기 및 토치의 취급방법**
> ① 압력조정기를 설치하기 전에 용기의 안전밸브를 가볍게 2~3회 개폐하여 내부 구멍의 먼지를 불어낸다.
> ② 압력조정기 체결 전에 용기의 밸브를 닫고, 조정 핸들을 푼다.
> ③ 우선 조정기의 밸브를 열고 토치의 콕 및 조정 밸브를 열어서 호스 및 토치 중의 공기를 제거한 후에 사용한다.
> ④ 장시간 사용하지 않을 때는 용기 밸브를 잠그고 조정 핸들을 풀어둔다.

나 가스집합 용접장치

용접가스를 다량으로 사용하는 작업장에서 가스용기를 각각 사용하면 작업 능률도 나쁘고 위험성도 커지므로 이런 경우 안전한 장소에 산소 및 가연성 가스의 용기를 다수 결합시킨 뒤 배관으로 작업현장에 가스를 공급하도록 하는 것을 말함.

(1) 가스집합장치의 위험 방지

제291조(가스집합장치의 위험 방지)
① 가스집합장치에 대해서는 화기를 사용하는 설비로부터 5미터 이상 떨어진 장소에 설치하여야 한다.
② 가스집합장치를 설치하는 경우에는 전용의 방(가스장치실)에 설치하여야 한다(이동하면서 사용하는 가스집합장치의 경우에는 그러하지 아니하다).
③ 가스장치실에서 가스집합장치의 가스용기를 교환하는 작업을 할 때 가스장치실의 부속설비 또는 다른 가스용기에 충격을 줄 우려가 있는 경우에는 고무판 등을 설치하는 등 충격방지 조치를 하여야 한다.

제292조(가스장치실의 구조 등)
가스장치실을 설치하는 경우의 설치구조
1. 가스가 누출된 경우에는 그 가스가 정체되지 않도록 할 것
2. 지붕과 천장에는 가벼운 불연성 재료를 사용할 것
3. 벽에는 불연성 재료를 사용할 것

제293조(가스집합용접장치의 배관)
가스집합용접장치(이동식을 포함)의 배관을 하는 경우의 준수사항
1. 플랜지·밸브·콕 등의 접합부에는 개스킷을 사용하고 접합면을 상호 밀착시키는 등의 조치를 할 것

2. 주관 및 분기관에는 안전기를 설치할 것. 이 경우 하나의 취관에 2개 이상의 안전기를 설치하여야 한다.

(2) 구리의 사용 제한

제294조(구리의 사용 제한)
용해아세틸렌의 가스집합용접장치의 배관 및 부속기구는 구리나 구리 함유량이 70퍼센트 이상인 합금을 사용해서는 아니 된다.

[그림] 구리의 사용 제한

4. 보일러 및 압력용기

가 보일러 〈산업안전보건기준에 관한 규칙 제116조~제120조〉

보일러란 강철제 용기 내의 물에 연료의 연소열을 전하여 필요한 증기를 발생시키는 장치(본체, 연소장치와 연소실, 과열기, 절탄기, 공기예열기, 급수장치 등으로 구성)

- 절탄기(economizer) : 보일러의 연도(굴뚝)에서 버려지는 여열을 이용하여 보일러에 공급되는 급수를 예열하는 부속장치
- 공기예열기(air preheater) : 보일러로 보내는 연소용의 공기를 연도에서 배출되는 가스의 남는 열을 이용해서 예열하기 위한 장치

[그림] 원통보일러

(1) 보일러의 종류

(가) 원통보일러의 종류

① 입형 보일러 : 동체를 수직으로 세움
② 노통 보일러 : 보일러 내부에 노통 설치
③ 연관 보일러 : 전열면을 크게 하기 위하여 연관 설치

(나) 수관식 보일러 : 물이 흐르는 수관에 직각이나 평행으로 연소기체를 지나게 하여 증기를 발생

① 자연순환식 보일러 ② 강제순환식 보일러 ③ 관류 보일러

(2) 보일러의 장해 원인

(가) 사고형태 : 수위의 이상(저수위일 때)

(나) 발생증기의 이상 현상

① 프라이밍(priming) : 보일러 과부하로 수위가 급상승하거나 기계적 결함으로 보일러 수가 끓어 수면에 격심한 물방울이 비산하고 증기부가 물방울로 충만하여 수위가 불안전하게 되는 현상(보일러 부하의 급변, 수위의 과상승 등에 의해 수분이 증기와 분리되지 않아 보일러 수면이 심하게 솟아올라 올바른 수위를 판단하지 못하는 현상)
② 포밍(forming) : 보일러수에 불순물이 많이 포함되어 있을 경우 유지분이나 부유물 등에 의하여 보일러수의 비등과 함께 수면부 위에 거품층을 형성하여 수위가 불안전하게 되는 현상
③ 캐리오버(carry over) : 보일러 수중에 용해 고형분이나 수분이 발생, 증기 중에 다량 함유되어 증기의 순도를 저하시킴으로써 관내 응축수가 생겨 워터햄머(수격작용)의 원인이 되고 증기과열기나 터빈 등의 고장의 원인이 됨(보일러 증기관쪽에 보내는 증기에 대량의 물방울이 포함되는 경우-프라이밍, 포밍이 생기면 캐리오버가 일어남)

* 보일러 과열의 원인 : ① 수관과 본체의 청소 불량 ② 관수 부족 시 보일러의 가동 ③ 드럼 내의 물의 감소

* 프라이밍과 포밍의 발생 원인 : ① 기계적 결함이 있을 경우 ② 보일러가 과부하로 사용될 경우 ③ 보일러 수에 불순물이 많이 포함되었을 경우

(다) 수격작용(water hammering)

관로에서 유속의 급격한 변화에 의해 관내 압력이 상승하거나 하강하여 압력파가 발생하는 것(관로의 벽면을 타격하는 현상)

- 관내의 유동, 밸브의 개폐, 압력파와 관련이 있음.

* 압력파 : 파동에 따라서 압력이 변화하는 것

(3) 보일러 방호장치

<u>제119조(폭발위험의 방지)</u>
보일러의 폭발 사고를 예방하기 위하여 압력방출장치, 압력제한스위치, 고저수위 조절장치, 화염 검출기 등의 기능이 정상적으로 작동될 수 있도록 유지·관리하여야 한다.

(가) 압력방출장치(안전밸브 및 압력릴리프 장치)

보일러 내부의 압력이 최고사용 압력을 초과할 때 그 과잉의 압력을 외부로 자동적으로 배출시킴으로써 과도한 압력 상승을 저지하여 사고를 방지하는 장치

* 보일러 압력방출장치의 종류 : ① 스프링식 ② 중추식 ③ 지렛대식

<u>제116조(압력방출장치)</u>
① 보일러의 안전한 가동을 위하여 압력방출장치를 1개 또는 2개 이상 설치하고 최고사용압력(설계압력 또는 최고허용압력) 이하에서 작동되도록 하여야 한다(압력방출장치가 2개 이상 설치된 경우에는 최고사용압력 이하에서 1개가 작동되고, 다른 압력방출장치는 최고사용압력 1.05배 이하에서 작동되도록 부착하여야 한다).
② 압력방출장치는 매년 1회 이상 국가교정업무 전담기관에서 교정을 받은 압력계를 이용하여 설정압력에서 압력방출장치가 적정하게 작동하는지를 검사한 후 납으로 봉인하여 사용하여야 한다(공정안전보고서 제출 대상으로서 공정안전보고서 이행상태 평가결과가 우수한 사업장은 압력방출장치에 대하여 4년마다 1회 이상 설정압력에서 압력방출장치가 적정하게 작동하는지를 검사할 수 있다).

> 화염 검출기(flame detector): 보일러에서 폭발사고를 미연에 방지하기 위해 화염 상태를 검출할 수 있는 장치
> ① 스택 스위치: 바이메탈을 이용하여 화염을 검출
> ② 플레임 로드(flame lod): 화염의 전기적 성질을 이용하는 방식(전압이 걸린 전극봉 이용)
> ③ 프레임 아이(flame eye): 화염의 빛을 감지(eye)하여 화염을 검출하는 전자관식 화염 검출기

[그림] 압력방출장치

[그림] 압력제한스위치

(나) 압력제한스위치

① 보일러의 증기압력 또는 발생유체의 온도가 최고 사용압력 또는 최고 사용온도에 도달하기 전에 연료공급을 차단하는 장치로써 압력조절 스프링을 죄거나 풀어서 설정압력을 조정

② 보일러 본체에서 발생되는 압력에 의하여 레버를 밀어 올리며, 이 힘이 스프링을 눌러주는 힘보다 클 때 수은 스위치 또는 마이크로 스위치가 단락되어 전기를 통전 또는 끊어주는 경보가 울리면서 연료차단 밸브를 작동시킴으로써 연소를 중단케 함.

제117조(압력제한스위치)
보일러의 과열을 방지하기 위하여 최고사용압력과 상용압력 사이에서 보일러의 버너 연소를 차단할 수 있도록 압력제한스위치를 부착하여 사용하여야 한다.

(다) 고저수위 조절장치

보일러의 수위가 안전을 확보할 수 있는 최저수위(안전수위)까지 내려가기 직전에 자동적으로 경보가 울리고 안전수위까지 내려가는 즉시 연소실 내에 공급하는 연료를 자동적으로 차단하는 장치

제118조(고저수위 조절장치)
고저수위(高低水位) 조절장치의 동작 상태를 작업자가 쉽게 감시하도록 하기 위하여 고저수위지점을 알리는 경보등·경보음장치 등을 설치하여야 하며, 자동으로 급수되거나 단수되도록 설치하여야 한다.

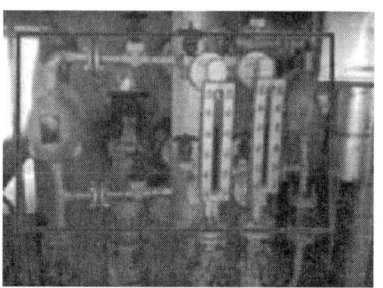

[그림] 고저수위 조절장치

(라) 최고사용압력의 표시

제120조(최고사용압력의 표시 등)
압력용기 등을 식별할 수 있도록 하기 위하여 그 압력용기 등의 최고사용압력, 제조연월일, 제조회사명 등이 지워지지 않도록 각인(刻印) 표시된 것을 사용하여야 한다.

나 압력용기

용기의 내면 또는 외면에서 일정한 유체의 압력을 받는 밀폐된용기

(1) 안전밸브(safety valve & relief valve)〈산업안전보건기준에 관한 규칙〉 – 압력방출장치

제261조(안전밸브 등의 설치)

① 다음의 설비에 대해서는 과압에 따른 폭발을 방지하기 위하여 폭발방지 성능과 규격을 갖춘 안전밸브 또는 파열판을 설치하여야 한다.

  1. 압력용기(안지름이 150밀리미터 이하인 압력용기는 제외하며, 압력 용기 중 관형 열교환기의 경우에는 관의 파열로 인하여 상승한 압력이 압력용기의 최고사용압력을 초과할 우려가 있는 경우만 해당한다)
  5. 그 밖의 화학설비 및 그 부속설비로서 해당 설비의 최고사용압력을 초과할 우려가 있는 것

② 안전밸브 등을 설치하는 경우에는 다단형 압축기 또는 직렬로 접속된 공기압축기에 대해서는 각 단 또는 각 공기압축기별로 안전밸브 등을 설치하여야 한다.

③ 설치된 안전밸브에 대해서는 다음의 검사주기마다 국가교정기관에서 교정을 받은 압력계를 이용하여 설정압력에서 안전밸브가 적정하게 작동하는지를 검사한 후 납으로 봉인하여 사용하여야 한다.

  1. 화학공정 유체와 안전밸브의 디스크 또는 시트가 직접 접촉될 수 있도록 설치된 경우: 2년마다 1회 이상
  2. 안전밸브 전단에 파열판이 설치된 경우: 3년마다 1회 이상
  3. 공정안전보고서 제출 대상으로서 공정안전보고서 이행상태 평가 결과가 우수한 사업장의 안전밸브의 경우: 4년마다 1회 이상

- 안전밸브: 규정 압력 이상으로 압력이 상승할 경우 내부의 유체를 외부로 방출하게 되어있는 밸브
- 파열판(rupture disk): 내압이 이상 상승한 경우 정해진 압력에서 파열되어 본체를 보호하는 얇은 금속판

〈산업안전보건기준에 관한 규칙〉

제263조(파열판 및 안전밸브의 직렬설치)
급성 독성물질이 지속적으로 외부에 유출될 수 있는 화학설비 및 그 부속설비에 파열판과 안전밸브를 직렬로 설치하고 그 사이에는 압력지시계 또는 자동경보장치를 설치하여야 한다.

제265조(안전밸브 등의 배출 용량)
안전밸브 등에 대하여 배출용량은 그 작동원인에 따라 각각의 소요분출량을 계산하여 가장 큰 수치를 해당 안전밸브 등이 배출 용량으로 하여야 한다.

[그림] 안전밸브

[그림] 파열판

제264조(안전밸브 등의 작동요건)
설치한 안전밸브 등이 안전밸브 등을 통하여 보호하려는 설비의 최고사용압력 이하에서 작동되도록 하여야 한다(안전밸브 등이 2개 이상 설치된 경우에 1개는 최고사용압력의 1.05배(외부화재를 대비한 경우에는 1.1배) 이하에서 작동되도록 설치할 수 있다).

> **파열판의 추가표시<방호장치 의무안전인증고시>**
>
> 안전인증 파열판에는 규칙 제118조(안전인증의 표시)에 따른 표시 외에 다음 각 목의 내용을 추가로 표시해야 한다.
> 가. 호칭지름
> 나. 용도(요구 성능)
> 다. 설정파열압력(MPa) 및 설정온도(℃)
> 라. 분출용량(kg/h) 또는 공칭분출계수
> 마. 파열판의 재질
> 바. 유체의 흐름방향 지시

(2) 압력용기의 두께 : 원주 방향 응력은 축(길이) 방향 응력의 2배

 (가) 원주 방향 응력(hoop stress) 단위 : 메가파스칼(MPa)

   $P_1 d/2t$ (P_1: 압력용기에 최대허용 내부압력, d: 내경, t: 두께)

 (나) 축 방향 응력(longitudinal stress) – 길이 방향 응력

   $P_2 d/4t$ (P_2: 압력용기에 최대허용 내부압력, d: 내경, t: 두께)

(3) 공기압축기 : 외부로부터 동력을 받아 공기를 압축 생산하여 저장하였다가 각 공압 공구에 공급해주는 기계

[그림] 공기압축기

 (가) 공기압축기의 방호장치

   공기압축기의 방호장치는 회전부의 덮개, 압력방출장치, 언로드밸브 등이 있음

1) 압력방출장치

과압으로 인한 용기파열을 방지하기 위하여 압력방출장치를 설치하여야 하며, 이는 압력용기의 최고압력 이전에 작동되어야 함. 압력용기에 쓰이는 압력방출장치로서는 안전밸브(safety valve), 파열판(rupture disc) 및 릴리프 밸브(relief valve) 등이 있음.

2) 언로드 밸브(unload valve)

공기압축기에서 공기탱크 내의 압력이 최고사용압력에 도달하면 압송을 정지하고, 소정의 압력까지 강하하면 다시 압송작업을 하는 밸브이고 공기탱크의 적합한 위치에 수직이 되게 설치하여야 함.

(나) 공기압축기 작업 시작 전 점검사항〈산업안전보건기준에 관한 규칙 [별표 3]〉

① 공기저장 압력용기의 외관 상태
② 드레인밸브(drain vaive)의 조작 및 배수
③ 압력방출장치의 기능
④ 언로드밸브(unloading vaive)의 기능
⑤ 윤활유의 상태
⑥ 회전부의 덮개 또는 울
⑦ 그 밖의 연결 부위의 이상 유무

5. 산업용 로봇(industrial robot)
〈산업안전보건기준에 관한 규칙 제222조~제224조〉

가 산업용 로봇의 정의

매니퓰레이터 및 기억장치(가변 시퀀스 제어장치 및 고성 시퀀스 제어장치를 포함)를 가지고 기억장치 정보에 의해 매니퓰레이터의 굴신, 신축, 상·하 이동, 좌우 이동 또는 선회 동작과 이러한 동작의 복합 동작을 자동적으로 행할 수 있는 기계

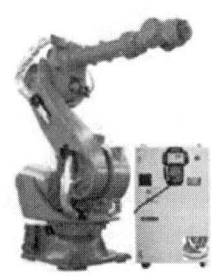

[그림] 직교좌표형 로봇

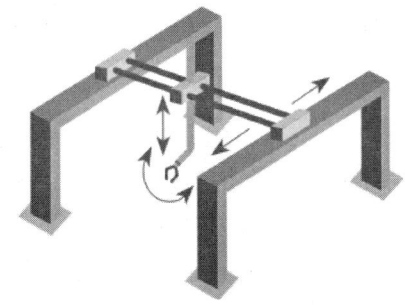

[그림] 수직다관절 로봇

> **참고**
>
> * 매니퓰레이터(manipulator) : 인간의 팔과 유사한 기능을 가지고, 다음 중 몇 개의 작업을 실시할 수 있는 것을 말함(산업용 로봇의 재해 발생에 대한 주된 원인).
>   - 선단부에 맞는 메커니컬 핸드(mechanical hand, 인간의 손에 해당하는 부분), 흡착 장치 등에 의해 물체를 파지하고 공간으로 이동시키는 작업
>   - 선단부에 설치된 도장용 스프레이 건, 용접 토치 등의 공구에 의한 도장, 용접 등의 작업
> * 교시 등 : 산업용 로봇의 매니퓰레이터 동작의 순서, 위치 또는 속도 설정, 변경 또는 그 결과를 확인하는 것을 말함.

나 산업용 로봇의 분류

(1) 입력정보교시에 의한 분류

① 시퀀스 로봇 ② 수치제어(NC) 로봇 ③ 플레이백 로봇 ④ 지능 로봇

 * 시퀀스 로봇 : 기계의 동작 상태가 설정한 순서 조건에 따라 진행되어 한 가지 상태가 종료된 후 다음 상태를 생성하는 제어시스템을 가진 로봇

(2) 동작 형태에 의한 분류

① 직교좌표 로봇(직각좌표구조-XY로봇) ② 원통좌표 로봇 ③ 극좌표 로봇 ④ 수직 관절 로봇 ⑤ 수평 관절 로봇

산업용 로봇에 표시해야 하는 항목〈위험기계 · 기구 자율안전확인 고시〉

각 로봇에는 다음 각목의 사항을 보기 쉬운 곳에 쉽게 지워지지 않는 방법으로 표시해야 해야 한다.
가. 제조자의 이름과 주소, 모델 번호 및 제조일련번호, 제조연월
나. 중량
다. 전기 또는 유 · 공압 시스템에 대한 공급사양
라. 이동 및 설치를 위한 인양 지점
마. 부하 능력

다 작업 시작 전 점검사항〈산업안전보건기준에 관한 규칙 [별표 3]〉

로봇의 작동 범위에서 그 로봇에 관하여 교시 등의 작업을 할 때
① 외부 전선의 피복 또는 외장의 손상 유무
② 매니퓰레이터(manipulator) 작동의 이상 유무
③ 제동장치 및 비상정지장치의 기능

라 교시 등

제222조(교시 등)
산업용 로봇의 작동 범위에서 해당 로봇에 대하여 교시 등의 작업을 하는 경우에는 해당 로봇의 예기치 못한 작동 또는 오(誤)조작에 의한 위험을 방지하기 위한 조치사항

 * 교시 등 : 매니퓰레이터(manipulator)의 작동순서, 위치 · 속도의 설정 · 변경 또는 그 결과를 확인하는 것

1. 다음의 지침을 정하고 그 지침에 따라 작업을 시킬 것
   가. 로봇의 조작방법 및 순서
   나. 작업 중의 매니퓰레이터의 속도
   다. 2명 이상의 근로자에게 작업을 시킬 경우의 신호방법
   라. 이상을 발견한 경우의 조치
   마. 이상을 발견하여 로봇의 운전을 정지시킨 후 이를 재가동시킬 경우의 조치
   바. 그 밖에 로봇의 예기치 못한 작동 또는 오조작에 의한 위험을 방지하기 위하여 필요한 조치

산업용 로봇의 제어장치 설계·제작 요건〈위험기계기구 자율안전확인 고시〉
① 누름버튼은 오작동 방지를 위한 가드를 설치하는 등 불시기동을 방지할 수 있는 구조로 제작·설치되어야 한다.
② 전원공급램프, 자동운전, 결함검출 등 작동제어의 상태를 확인할 수 있는 표시장치를 설치해야 한다.
③ 조작버튼 및 선택스위치 등 제어장치에는 해당 기능을 명확하게 구분할 수 있도록 표시해야 한다.

마 운전 중 위험 방지

제223조(운전 중 위험 방지)
로봇을 운전하는 경우에 근로자가 로봇에 부딪칠 위험이 있을 때에는 안전매트 및 높이 1.8미터 이상의 방책을 설치하는 등 위험을 방지하기 위하여 필요한 조치를 해야 한다.

(1) **안전매트** : 위험 한계 내에 근로자가 들어갈 때에 압력 등을 감지할 수 있는 방호장치

   (가) 안전 매트의 종류 : 연결사용 가능 여부에 따라 단일감지기와 복합 감지기가 있음.
   (나) 단선 경보장치가 부착되어 있어야 함.
   (다) 감응시간을 조절하는 장치는 부착되어 있지 않아야 함.
   (라) 감응도 조절장치가 있는 경우 봉인되어 있어야 함.
   (마) 자율안전 확인의 표시 외에 직동하중, 감응시간, 복귀신호의 자동 또는 수동 여부, 대소인공용 여부를 추가로 표시해야 한다.

(2) **방책 설치** : 높이 1.8미터 이상의 방책을 설치

[그림] 방책 설치

바 수리 등 작업 시의 조치 등

제224조(수리 등 작업 시의 조치 등)
로봇의 작동 범위에서 해당 로봇의 수리·검사·조정(교시 등에 해당하는 것은 제외)·청소·급유 또는 결과에 대한 확인작업을 하는 경우에는 해당 로봇의 운전을 정지함과 동시에 그 작업을 하고 있는 동안 로봇의 기동스위치를 열쇠로 잠근 후 열쇠를 별도 관리하거나 해당 로봇의 기동스위치에 작업 중이란 내용의 표지판을 부착하는 등 해당 작업에 종사하고 있는 근로자가 아닌 사람이 해당 기동스위치를 조작할 수 없도록 필요한 조치를 하여야 한다.

6. 목재가공용 기계 등

가 목재가공용 둥근톱

둥근톱기계는 전기모터를 이용하는 기계로서, 지름 300~400mm 강철 원판의 둘레에 톱니를 만들어 회전체에 부착, 고속으로 회전시켜서 목재 가공작업을 하는 설비

[그림] 목재가공용 둥근톱

(1) 방호장치 설치

(가) 톱날 접촉예방장치 : 작업 중 작업자의 신체가 위험한계에 접근할 수 없는 구조의 톱날 접촉예방장치(고정식, 가동식)

– 고정식의 경우 가공물 상부에서 톱날 접촉예방장치의 하부면 사이의 틈 새가 8mm 이하가 되도록 조정

목재가공용 둥근톱 기계의 가동식 접촉예방장치에 대한 요건〈위험기계·기구 자율안전확인 고시〉[별표 9]
가. 가동식 접촉예방장치는 다음의 요건을 만족해야 한다.
1) 덮개의 하단이 송급되는 가공재의 상면에 항상 접하는 방식의 것이고 절단작업을 하고 있지 않을 때에는 톱날에 접촉되는 것을 방지할 수 있을 것
2) 절단작업 중 가공재의 절단에 필요한 날 이외의 부분을 항상 자동적으로 덮을 수 있는 구조일 것
3) 작업에 현저한 지장을 초래하지 않고 톱날을 관찰할 수 있을 것
4) 접촉 예방장치의 지지부는 덮개의 위치를 조정할 수 있고 체결 볼트에는 이완방지조치를 할 것
* 가동식 덮개: 가공재 송급 시 두께에 따라 덮개 또는 보조덮개가 움직이는 형식을 말한다.

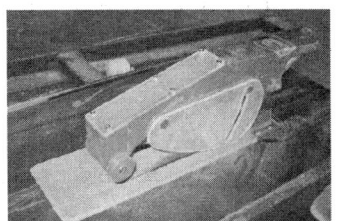

[그림] 톱날 접촉예방장치

(나) 분할날 : 가공 중인 목재가 벌어지지 않고 톱날에 끼이는 것을 방지할수 있는 구조의 분할날을 설치하여야 함(톱의 후면날 가까이에 설치되어 목재의 켜진 틈 사이에 끼어서 쐐기작용을 하여 목재가 압박을 가하지 않도록 하는 장치).
  - 분할날과 톱니 사이의 간격이 12mm 이내가 되도록 조정

(다) 반발예방장치 : 가공 중인 목재가 튀어 오르는 것을 방지할 수 있는 구조의 반발예방장치 설치
  ① 반발방지 기구(finger)   ② 분할날(spreader)
  ③ 반발방지 롤러(roll)   ④ 보조 안내판

(2) 톱날 접촉예방장치(덮개)와 분할날의 설치조건

① 톱날과의 간격은 12mm 이내 : 분할날과 톱날 원주면과 거리는 12mm 이내로 조정, 유지할 수 있어야 한다.
② 톱날 후면날의 2/3 이상 방호 : 분할날은 표준 테이블면(승강반에 있어서도 테이블을 최하로 내릴 때의 면)상의 톱 뒷날의 2/3 이상을 덮도록 하여야 한다.
③ 분할날 두께는 둥근톱 두께의 1.1배 이상(톱날의 치진폭보다 작아야 한다.)
④ 덮개 하단과 가공재 상면과의 간격은 8mm 이하가 되게 위치를 조정
⑤ 덮개의 하단이 테이블면 위로 25mm 이하의 간격을 유지할 수 있게 스토퍼를 설치
⑥ 분할날 조임볼트는 2개 이상으로 하며 이완방지조치가 되어 있어야 한다.

목재가공용 둥근톱에서 안전을 위해 요구되는 구조(방호장치 자율안전기준 고시)
[별표 5] 목재가공용 덮개 및 분할 날 성능기준
일반구조는 다음 각 목과 같이 한다.
가. 톱날은 어떤 경우에도 외부에 노출되지 않고 덮개가 덮여 있어야 한다.
나. 작업 중 근로자의 부주의에도 신체의 일부가 날에 접촉할 염려가 없도록 설계되어야 한다.
다. 덮개 및 지지부는 경량이면서 충분한 강도를 가져야 하며, 외부에서 힘을 가했을 때 지지부는 회전되지 않는 구조로 설계되어야 한다.
라. 덮개의 가동부는 원활하게 상하로 움직일 수 있고 좌우로 움직일 수 없는 구조로 설계되어야 한다.

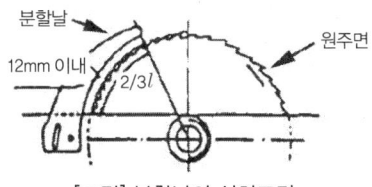

[그림] 분할날의 설치조건

(3) 분할날 두께와 톱날과의 관계 : 분할날의 두께는 톱날 두께의 1.1배 이상일 것(가공중인 목재가 벌어지지 않고 톱날이 끼이는 것을 방지할 수 있는 구조)

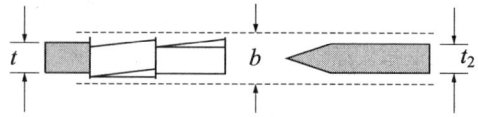

$$1.1t \leq t_2 < b$$

(톱날 두께의 1.1배 이상이고, 톱날의 치진폭보다 작아야 한다.)

[t : 톱날두께, b : 치진폭(톱날진폭), t_2 : 분할날 두께]

※ 치진폭(齒振幅, tooth width, swage width) : 톱날진폭. 톱날의 앞니와 뒷니의 벌어진 간격

> **예문** 두께 2mm이고 치진폭이 2.5mm인 목재가공용 둥근톱에서 반발예방장치 분할날의 두께(t_2)는?
>
> ① $2.2\text{mm} \leq t_2 < 2.5\text{mm}$ ② $2.0\text{mm} \leq t_2 < 3.5\text{mm}$
>
> ③ $1.5\text{mm} \leq t_2 < 2.5\text{mm}$ ④ $2.5\text{mm} \leq t_2 < 3.5\text{mm}$
>
> **해설** 분할날 두께와 톱날과의 관계 : 분할날의 두께는 톱날 두께의 1.1배 이상일 것
> ⇨ ① 분할날(t_2) 두께 = 둥근톱 두께 × 1.1 = 2 × 1.1 = 2.2mm
>   ② $2.2\text{mm} \leq t_2 < 2.5\text{mm}$ ⇨ 정답 ①

(4) 톱날 직경의 최소길이(분할날의 최소길이)

최소길이 $L = \pi D$(톱날 직경)/6

> **예문** 목재가공용 둥근톱의 톱날 지름이 500mm일 경우 분할날의 최소길이는 약 몇 mm인가?
>
> **해설** 톱날 직경의 최소길이 $L = \dfrac{\pi D}{6} = \dfrac{\pi \times 500}{6} = 261.799 = 262 \text{ mm}$

나 동력식 수동대패

동력식 수동대패에서 손이 끼지 않도록 하기 위해서 덮개 하단과 가공재를 송급하는 측의 테이블 면과의 틈새는 최대 8mm 이하로 조절

※ 동력식 수동대패기의 방호장치와 송급 테이블의 간격
① 방호장치 : 날접촉예방장치
② 간격 : 8mm 이하

※ 목재가공용 기계의 방호장치
① 목재가공용 둥근톱기계에는 분할날 등 반발예방장치를 설치하여야 한다.
② 목재가공용 둥근톱기계에는 톱날접촉예방장치를 설치하여야 한다.
③ 모떼기 기계에는 날접촉예방장치를 설치하여야 한다.
④ 작업대상물이 수동으로 공급되는 동력식 수동대패기계에 날접촉예방장치를 설치하여야 한다.

다 사출성형기〈산업안전보건기준에 관한 규칙〉

제121조(사출성형기 등의 방호장치)
① 사출성형기(射出成形機)·주형조형기(鑄型造形機) 및 형단조기(프레스 등은 제외) 등에 근로자의 신체 일부가 말려들어갈 우려가 있는 경우 게이트가드(gate guard) 또는 양수조작식 등에 의한 방호장치, 그 밖에 필요한 방호 조치를 하여야 한다.
② 게이트가드는 닫지 아니하면 기계가 작동되지 아니하는 연동구조(連動構造)여야 한다.
③ 기계의 히터 등의 가열 부위 또는 감전 우려가 있는 부위에는 방호덮개를 설치하는 등 필요한 안전 조치를 하여야 한다.

> **참고**
>
> **사출성형기의 동력작동식 금형고정장치의 안전사항〈위험기계·기구 안전인증고시〉[별표 6]**
> 가. 동력작동식 금형고정 장치의 움직임에 의한 위험을 방지하기 위해 설치하는 가드는 [그림 6-1]의 Ⅱ형식 방호장치의 요건을 갖추어야 한다.
> 나. 금형 또는 부품의 낙하를 방지하기 위해 기계적 억제장치를 추가하거나 자체 고정 장치(self retain clamping unit) 등을 설치해야 한다.
> 다. 자석식 금형 고정 장치는 상·하(좌·우)금형의 정확한 위치가 자동적으로 모니터(monitor)되어야 하며, 두 금형 중 어느 하나가 위치를 이탈하는 경우 플레이트를 더 이상 움직이지 않아야 한다.
> 라. 전자석 금형 고정 장치를 사용하는 경우에는 전자기파에 의한 영향을 받지 않도록 전자파 내성대책을 고려해야 한다.

CHAPTER 05 항목별 우선순위 문제 및 해설

01 롤러기의 급정지장치 설치기준으로 틀린 것은?
① 손조작식 급정지장치의 조작부는 밑면에서 1.8m 이내에 설치한다.
② 복부조작식 급정지장치의 조작부는 밑면에서 0.8m 이상, 1.1m 이내에 설치한다.
③ 무릎조작식 급정지장치의 조작부는 밑면에서 0.8m 이내에 설치한다.
④ 설치위치는 급정지장치의 조작부 중심점을 기준으로 한다.

해설 롤러기의 급정지장치 설치방법

조작부의 종류	설치위치	비고
손조작식	밑면에서 1.8m 이내	위치는 급정지장치 조작부의 중심점을 기준
복부조작식	밑면에서 0.8m 이상 1.1m 이내	
무릎조작식	밑면에서(0.4m 이상) 0.6m 이내	

02 롤러기의 방호장치 설치 시 유의해야 할 사항으로 거리가 먼 것은?
① 손으로 조작하는 급정지장치의 조작부는 롤러기의 전면 및 후면에 각각 1개씩 수평으로 설치하여야 한다.
② 앞면 롤러의 표면속도가 30m/min 미만인 경우 급정지 거리는 앞면 롤러 원주의 1/2.5 이하로 한다.
③ 작업자의 복부로 조작하는 급정지장치는 높이가 밑면으로부터 0.8m 이상 1.1m 이내에 설치되어야 한다.
④ 급정지장치의 조작부에 사용하는 줄은 사용 중 늘어져 서는 안 되며 충분한 인장강도를 가져야 한다.

해설 급정지장치의 제동거리

앞면 롤러의 표면속도(m/min)	급정지 거리
30 미만	앞면 롤러 원주의 1/3 이내
30 이상	앞면 롤러 원주의 1/2.5 이내

03 개구면에서 위험점까지의 거리가 50mm 위치에 풀리(pully)가 회전하고 있다. 가드(guard)의 개구부 간격으로 설정할 수 있는 최대값은? (단, 위험점이 비전동체)
① 9.0mm   ② 12.5mm
③ 13.5mm ④ 25mm

해설 가드를 설치할 때 롤러기의 물림점(nip point)의 가드 개구부의 간격
(가) 위험점이 전동체가 아닌 경우
$Y = 6 + 0.15X (X < 160mm)$
(단 $X \geq 160mm$이면 $Y = 30$)
Y : 개구부의 간격(mm)
X : 개구부에서 위험점까지의 최단거리(mm)
⇨ $Y = 6 + 0.15X = 6 + (0.15 \times 50) = 13.5mm$

04 산업안전보건법령에 따라 산업용 로봇의 작동 범위에서 그 로봇에 관하여 교시 등의 작업을 할 때 작업 시작 전 점검사항이 아닌 것은?
① 외부 전선의 피복 또는 외장의 손상 유무
② 매니퓰레이터(manipulator) 작동의 이상 유무
③ 제동장치 및 비상정지장치의 기능
④ 윤활유의 상태

정답 01.③ 02.② 03.③ 04.④

해설 **작업 시작 전 점검사항**〈산업안전보건기준에 관한 규칙 [별표 3]〉
로봇의 작동범위에서 그 로봇에 관하여 교시 등의 작업을 할 때
① 외부 전선의 피복 또는 외장의 손상 유무
② 매니퓰레이터(manipulator) 작동의 이상 유무
③ 제동장치 및 비상정지장치의 기능

05 산업용 로봇의 방호장치로 옳은 것은?
① 압력방출 장치
② 안전매트
③ 과부하 방지장치
④ 자동전격 방지장치

해설 안전매트 및 높이 1.8미터 이상의 방책

06 산업용 로봇에 사용되는 안전 매트의 종류 및 일반구조에 관한 설명으로 틀린 것은?
① 안전매트의 종류는 연결사용 가능여부에 따라 단일 감지기와 복합 감지기가 있다.
② 단선경보장치가 부착되어 있어야 한다.
③ 감응시간을 조절하는 장치가 부착되어 있어야 한다.
④ 감응도 조절장치가 있는 경우 봉인되어 있어야 한다.

해설 **안전매트** : 위험 한계 내에 근로자가 들어갈 때에 압력 등을 감지할 수 있는 방호장치
(가) 안전 매트의 종류 : 연결사용 가능 여부에 따라 단일감지기와 복합 감지기가 있음.
(나) 단선 경보장치가 부착되어 있어야 함.
(다) 감응시간을 조절하는 장치는 부착되어 있지 않아야 함.
(라) 감응도 조절장치가 있는 경우 봉인되어 있어야 함

07 보일러수 에 유지류, 고형물 등에 의한 거품이 생겨 수위를 판단하지 못하는 현상은?
① 역화   ② 포밍
③ 프라이밍   ④ 캐리오버

해설 **포밍(forming)**
유지분이나 부유물 등에 의하여 보일러수의 비등과 함께 수면부위에 거품 층을 형성하여 수위가 불안전하게 되는 현상

08 보일러의 안전한 기동을 위해 압력방출장치가 2개 이상 설치된 경우 최고사용압력 이하에서 1개가 작동되었다면, 다른 압력방출장치의 작동압력의 범위는?
① 최고사용압력 1.05배 이하
② 최고사용압력 1.1배 이하
③ 최고사용압력 1.15배 이하
④ 최고사용압력 1.2배 이하

해설 **압력방출장치(안전밸브 및 압력릴리프 장치)**
압력방출장치가 2개 이상 설치된 경우에는 최고사용압력 이하에서 1개가 작동되고, 다른 압력방출장치는 최고사용압력 1.05배 이하에서 작동되도록 부착하여야 한다.

09 공기압축기의 작업 시작 전 점검사항이 아닌 것은?
① 윤활유의 상태
② 언로드밸브의 기능
③ 비상정지장치의 기능
④ 압력방출장치의 기능

해설 **공기압축기 작업 시작 전 점검사항**〈산업안전보건기준에 관한 규칙 [별표 3]〉
① 공기저장 압력용기의 외관 상태
② 드레인밸브(drain vaive)의 조작 및 배수
③ 압력방출장치의 기능
④ 언로드밸브(unloading vaive)의 기능
⑤ 윤활유의 상태
⑥ 회전부의 덮개 또는 울
⑦ 그 밖의 연결부위의 이상 유무

정답 05. ② 06. ③ 07. ② 08. ① 09. ③

10 다음 중 산업안전보건법령에 따른 아세틸렌 용접장치에 관한 설명으로 옳은 것은?

① 아세틸렌 용접장치의 안전기는 취관마다 설치하여야 한다.
② 아세틸렌 용접장치의 아세틸렌 전용 발생기실은 건물의 지하에 위치하여야 한다.
③ 아세틸렌 전용의 발생기실은 화기를 사용하는 설비로부터 1.5m를 초과하는 장소에 설치하여야 한다.
④ 아세틸렌 용접장치를 사용하여 금속의 용접·용단하는 경우에는 게이지 압력이 250kPa을 초과하는 압력의 아세틸렌을 발생시켜 사용해서는 아니 된다.

해설 아세틸렌 용접장치에 관한 설명
제285조(압력의 제한)
아세틸렌 용접장치를 사용하여 금속의 용접·용단 또는 가열작업을 하는 경우에는 게이지 압력이 127킬로파스칼을 초과하는 압력의 아세틸렌을 발생시켜 사용해서는 아니 된다.
제286조(발생기실의 설치장소 등)
② 발생기실은 건물의 최상층에 위치하여야 하며, 화기를 사용하는 설비로부터 3미터를 초과하는 장소에 설치하여야 한다.
③ 발생기실을 옥외에 설치한 경우에는 그 개구부를 다른 건축물로부터 1.5미터 이상 떨어지도록 하여야 한다.

11 다음 중 아세틸렌 용접장치에서 역화의 발생 원인과 가장 관계가 먼 것은?

① 압력조정기가 고장으로 작동이 불량할 때
② 수봉식 안전기가 지면에 대해 수직으로 설치될 때
③ 토치의 성능이 좋지 않을 때
④ 팁이 과열 되었을 때

해설 역화(back fire)의 원인
① 가연성 배관, 호스에 공기 또는 산소의 혼입으로 폭발 범위 분위기 형성
② 압력조정기의 고장, 산소공급이 과다할 때
③ 토치의 성능의 부실(토치의 기능 불량), 토치의 과열
④ 토치 팁에 이물질이 묻은 경우(팁의 막힘), 팁과 모재의 접촉

12 아세틸렌 용접장치에 설치하여야 하는 방호장치는?

① 안전기　　② 과부하장치
③ 덮개　　　④ 파열판

해설 아세틸렌 용접장치의 취관마다 안전기를 설치

13 산업용 가스용기(Bombe)와 그 도색의 연결이 잘못된 것은?

① 산소 – 청색
② 아세틸렌 – 황색
③ 액화석유가스 – 회색
④ 수소 – 주황색

해설 공업용 고압가스용기의 몸체 도색

가스명	도색명	가스명	도색명
산소	녹색	액화 석유가스	회색
수소	주황색	아세틸렌	황색
액화염소	갈색	액화 암모니아	백색
액화 탄산가스	청색	질소, 아르곤	회색

14 목재가공용 기계의 방호장치가 아닌 것은?

① 덮개
② 반발예방장치
③ 톱날접촉예방장치
④ 과부하방지장치

해설 방호장치
(가) 톱날접촉예방장치 : 작업 중 작업자의 신체가 위험한계에 접근할 수 없는 구조의 톱날 접촉예방장치(고정식, 가동식)
(나) 분할날 : 가공 중인 목재가 벌어지지 않고 톱날에 끼이는 것을 방지할 수 있는 구조의 분할날을 설치하여야 함.
(다) 반발예방장치 : 가공 중인 목재가 튀어 오르는 것을 방지할 수 있는 구조의 반발예방장치 설치

정답 10. ① 11. ② 12. ① 13. ① 14. ④

15 다음 중 목재 가공용 둥근톱 기계에서 분할날의 설치에 관한 사항으로 옳지 않은 것은?

① 분할날 조임볼트는 이완방지조치가 되어 있어야 한다.
② 분할날과 톱날 원주면과 거리는 12mm 이내로 조정, 유지할 수 있어야 한다.
③ 둥근톱의 두께가 1.20mm이라면 분할날의 두께는 1.32mm 이상이어야 한다.
④ 분할날은 표준 테이블면(승강반에 있어서도 테이블을 최하로 내릴 때의 면)상의 톱 뒷날의 1/3 이상을 덮도록 하여야 한다.

해설 분할날의 설치조건
톱날 후면날의 2/3 이상 방호 : 분할날은 표준 테이블면(승강반에 있어서도 테이블을 최하로 내릴 때의 면)상의 톱 뒷날의 2/3 이상을 덮도록 하여야 한다.

정답 15. ④

Chapter 06 운반기계 및 양중기 위험요인 분석 및 안전시설 관리

1. 지게차

가 지게차

① 지게차는 차체 앞에 설치된 포크(fork)를 사용하여 화물의 적재, 하역 및 운반작업에 사용하는 운반기계
② 포크리프트트럭(fork lift truck) 또는 포크리프트(fork lift)이라 함.

[그림] 지게차 전조등 및 후미등

나 지게차 안정도

(1) 지게차 안정도 : 지게차로 화물 인양 시 지게차 뒷바퀴가 들려서는 안 됨 (최대하중 이하로 적재)

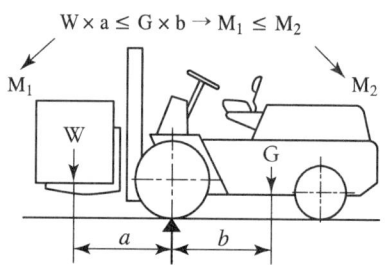

$$W \times a \leq G \times b \rightarrow M_1 \leq M_2$$

W : 포크중심에서의 화물의 중량(kg)
G : 지게차 중심에서의 지게차 중량(kg)
a : 앞바퀴에서 화물 중심까지의 최단거리(cm)
b : 앞바퀴에서 지게차 중심까지의 최단거리(cm)
지게차의 모멘트 : $M_2 = G \times b$
화물의 모멘트 : $M_1 = W \times a$
⇨ $M_1 \leqq M_2$

> **예문** 지게차로 중량물 운반 시 차량의 중량은 30kN, 전차륜에서 하물 중심까지의 거리는 2m, 전차륜에서 차량 중심까지의 최단거리를 3m라고 할 때, 적재 가능한 하물의 최대중량(kN)은 얼마인가?
>
> **해설** 지게차 안정도
> W : 포크중심에서의 화물의 중량(kg)
> G : 지게차 중심에서의 지게차 중량(kg)
> a : 앞바퀴에서 화물 중심까지의 최단거리(cm)
> b : 앞바퀴에서 지게차 중심까지의 최단거리(cm)
> 지게차의 모멘트 : $M_2 = G \times b$, 화물의 모멘트 : $M_1 = W \times a$
> ⇨ $M_1 \leqq M_2$
> ① $M_1 = W \times a = W \times 2 = 2W$ kN
> ② $M_2 = G \times b = 30 \times 3 = 90$ kN
> ⇨ $M_1 \leqq M_2 \rightarrow 2W \leqq 90 \rightarrow W = 45$ kN

(2) 주행 · 하역작업 시 전후 및 좌우안정도

① 좌우안정도와 전후안정도가 있다.
② 주행과 하역작업의 안정도가 다르다.
③ 작업 또는 주행 시 안정도 이하로 유지해야 한다.

안정도	지게차의 상태	
	옆에서 본 경우	위에서 본 경우
하역작업 시의 전후안정도 : 4% 이내 (5톤 이상 : 3.5% 이내)		
주행 시의 전후안정도 : 18% 이내		

안정도	지게차의 상태	
	옆에서 본 경우	위에서 본 경우
하역작업 시의 좌우안정도 : 6% 이내		
주행 시의 좌우안정도 (15+1.1V)% 이내 최대 40% (V : 구내최고속도 km/h)		

주) 안정도 = $\dfrac{h}{l} \times 100\%$

X-Y : 경사바닥의 경사 축
M-N : 지게차의 좌우 안정도 축
A-B : 지게차의 세로방향의 중심선

전도구배 h/l

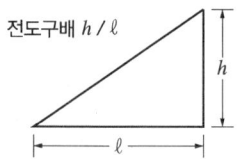

※ 지게차의 안정도 기준
① 기준 부하상태에서 하역작업 시의 전후안정도는 최대하중상태에서 포크를 가장 높이 올린 경우 4% 이내이며, 5톤 이상은 3.5% 이내이다.
② 기준 부하상태에서 주행 시의 전후안정도는 18% 이내이다.
③ 기준 부하상태에서 하역작업 시의 좌우안정도는 최대하중상태에서 포크를 가장 높이 올리고 마스트를 가장 뒤로 기울인 상태에서 6% 이내이다.
④ 기준 무부하상태에서 주행 시의 좌우안정도는 (15+1.1×V)% 이내이고, V는 구내최고속도(km/h)를 의미한다.

예문 기준 무부하상태에서 구내 최고속도가 20km/h인 지게차의 주행 시 좌우안정도 기준은 몇 % 이내인가?

해설 주행시의 좌우안정도 = (15 + 1.1 · V)%(V: 최고속도 km/h)
= (15 + 1.1×20) = 37%

예문 수평거리 20m, 높이가 5m인 경우 지게차의 안정도는 얼마인가?

해설 지게차의 안정도 = $\dfrac{높이}{거리} \times 100\% = \dfrac{h}{l} \times 100 = \dfrac{5}{20} \times 100 = 25\%$

다 헤드가드(head guard) 〈산업안전보건기준에 관한 규칙〉

제180조(헤드가드)
다음 각호에 따른 적합한 헤드가드(head guard)를 갖추지 아니한 지게차를 사용해서는 안 된다.
1. 강도는 지게차의 최대하중의 2배 값(4톤을 넘는 값에 대해서는 4톤으로 한다)의 등분포정하중(等分布靜荷重)에 견딜 수 있을 것
2. 상부틀의 각 개구의 폭 또는 길이가 16센티미터 미만일 것
3. 운전자가 앉아서 조작하거나 서서 조작하는 지게차의 헤드가드는 한국산업표준에서 정하는 높이 기준 이상일 것

라 전조등 및 후미등과 백레스트 〈산업안전보건기준에 관한 규칙〉

제179조(전조등 및 후미등)
전조등과 후미등을 갖추지 아니한 지게차를 사용해서는 아니 된다.

제181조(백레스트)
백레스트(backrest)를 갖추지 아니한 지게차를 사용해서는 아니 된다.

[그림] 헤드가드

[그림] 백레스트

지게차의 안전작업 〈지게차의 안전작업에 관한 기술지침〉

8. 안전작업방법
8.1 평탄노면에서의 작업
(1) 파렛트는 적재 화물의 중량에 견디도록 충분한 강도를 가지고 심한 손상이나 변형이 없는 것으로 선정하여 사용한다.
(2) 파렛트에 적재되어 있는 화물은 안전하고 확실하게 적재되어 있는지를 확인하며 불안정한 적재 또는 화물이 무너질 우려가 있는 경우에는 밧줄로 묶거나 그 밖의 안전조치를 한 후에 하역한다.
(3) 포크의 간격은 적재상태 파렛트 폭(b)의 1/2 이상, 3/4 이하 정도 간격을 유지한다.

2. 구내운반차 〈산업안전보건기준에 관한 규칙〉

<u>제184조(제동장치 등)</u>
구내운반차(작업장 내 운반을 주목적으로 하는 차량으로 한정)를 사용하는 경우의 준수사항
1. 주행을 제동하거나 정지상태를 유지하기 위하여 유효한 제동장치를 갖출 것
2. 경음기를 갖출 것
3. 운전석이 차 실내에 있는 것은 좌우에 한 개씩 방향지시기를 갖출 것
4. 전조등과 후미등을 갖출 것
5. 구내운반차가 후진 중에 주변의 근로자 또는 차량계하역운반기계등과 충돌할 위험이 있는 경우에는 구내운반차에 후진경보기와 경광등을 설치할 것(25년 6월29일 시행)

3. 컨베이어(conveyor)

가 컨베이어의 종류

- 컨베이어(conveyor) : 재료·반제품·화물 등을 동력에 의하여 단속 또는 연속 운반하는 기계장치

[그림] 롤러(roller) 컨베이어

(1) **벨트 또는 체인 컨베이어** : 벨트 또는 체인을 이용하여 물체를 연속으로 운반하는 장치

(2) **스크류(screw) 컨베이어** : 스크류를 회전시켜 물체를 이동시키는 컨베이어

(3) **버킷(bucket) 컨베이어** : 쇠사슬이나 벨트에 달린 버킷을 이용하여 물체를 낮은 곳에서 높은 곳으로 운반하는 컨베이어

컨베이어에 덮개, 울 등의 설치 부위
① 컨베이어의 동력전달 부분
② 컨베이어 벨트, 풀리, 롤러, 체인, 스프라켓, 스크류 등
③ 호퍼, 슈트의 개구부 및 장력 유지장치

(4) 롤러(roller) 컨베이어 : 자유롭게 회전이 가능한 여러 개의 롤러를 이용하여 물체를 운반하는 장치

* 롤러 컨베이어에서 롤과 방호판 사이의 간격은 5mm 이내

(5) 트롤리(trolley) 컨베이어 : 공장 내의 천장에 설치된 레일 위를 이동하는 트롤리에 물건을 매달아서 운반하는 장치

(6) 유체 컨베이어 : 유체의 흐름을 이용하여 자갈·석탄·광석 등의 고체를 이송하는 장치

나 컨베이어 안전장치의 종류〈산업안전보건기준에 관한 규칙〉

제191조(이탈 등의 방지)
컨베이어, 이송용 롤러 등을 사용하는 경우에는 정전·전압강하 등에 따른 화물 또는 운반구의 이탈 및 역주행을 방지하는 장치를 갖추어야 한다.
(*역전방지장치)
 - 이탈방지장치: 구동부 측면에 롤러 안내가이드 등의 이탈방지장치를 설치

제192조(비상정지장치)
컨베이어 등에 해당 근로자의 신체의 일부가 말려드는 등 근로자가 위험해질 우려가 있는 경우 및 비상시에는 즉시 컨베이어 등의 운전을 정지시킬 수 있는 장치를 설치하여야 한다.

제193조(낙하물에 의한 위험 방지)
컨베이어 등으로부터 화물이 떨어져 근로자가 위험해질 우려가 있는 경우에는 해당 컨베이어 등에 덮개 또는 울을 설치하는 등 낙하 방지를 위한 조치를 하여야 한다.

제195조(통행의 제한 등)
① 운전 중인 컨베이어 등의 위로 근로자를 넘어가도록 하는 경우에는 위험을 방지하기 위하여 건널다리를 설치하는 등 필요한 조치를 하여야 한다.
② 동일선상에 구간별 설치된 컨베이어에 중량물을 운반하는 경우에는 중량물 충돌에 대비한 스토퍼를 설치하거나 작업자 출입을 금지하여야 한다.

컨베이어 설치 시 주의사항
〈컨베이어의 안전에 관한 기술지침〉
① 컨베이어에 설치된 보도 및 운전실 상면은 가능한 수평이어야 한다.
② 근로자가 컨베이어를 횡단하는 곳에는 바닥면 등으로부터 90cm 이상 120cm 이하에 상부난간대를 설치하고, 바닥면과의 중간에 중간난간대가 설치된 건널다리를 설치한다.
③ 폭발의 위험이 있는 가연성 분진 등을 운반하는 컨베이어 또는 폭발의 위험이 있는 장소에 사용되는 컨베이어의 전기기계 및 기구는 방폭구조이어야 한다.
④ 컨베이어에는 연속한 비상정지 스위치를 설치하거나 적절한 장소에 비상정지 스위치를 설치하여야 한다.
⑤ 컨베이어에는 기동을 예고하는 경보장치를 설치하여야 한다.
⑥ 보도, 난간, 계단, 사다리 등은 컨베이어의 가동 개시전에 설치하여야 한다.
⑦ 컨베이어의 설치장소에는 취급설명서 등을 구비하여야 한다.

포터블 벨트 컨베이어 안전조치 사항〈컨베이어의 안전에 관한 기술지침〉

(1) 포터블 벨트 컨베이어의 차륜 간의 거리는 전도 위험이 최소가 되도록 하여야 한다.
(2) 기복장치에는 붐이 불시에 기복하는 것을 방지하기 위한 장치 및 크랭크의 반동을 방지하기 위한 장치를 설치하여야 한다.
(3) 기복장치는 포터블 벨트 컨베이어의 옆면에서만 조작하도록 한다.
(4) 붐의 위치를 조절하는 포터블 벨트 컨베이어에는 조절가능한 범위를 제한하는 장치를 설치하여야 한다.
(5) 포터블 벨트 컨베이어를 사용하는 경우는 차륜을 고정하여야 한다.
(6) 포터블 벨트 컨베이어의 충전부에는 절연덮개를 설치하여야 한다. 다만, 외부전선은 비닐캡타이어 케이블 또는 이와 동등 이상의 절연 효력을 가진 것으로 한다.
(7) 전동식의 포터블 벨트 컨베이어에 접속되는 전로에는 감전 방지용 누전 차단장치를 접속하여야 한다.
(8) 포터블 벨트 컨베이어를 이동하는 경우는 먼저 컨베이어를 최저의 위치로 내리고 전동식의 경우 전원을 차단한 후에 이동한다.
(9) 포터블 벨트 컨베이어를 이동하는 경우는 제조자에 의하여 제시된 최대 견인속도를 초과하지 않아야 한다.

[그림] 건널다리 설치

다 컨베이어(conveyor) 역전방지장치의 형식으로 구분

일반적으로 정상 방향의 회전에 대해서 반대로 회전하는 것을 방지하는 장치이며 형식으로 라쳇식, 롤러식, 밴드식, 전기식(전자식)이 있음.

① 기계식 : 라쳇식, 롤러식, 밴드식
② 전기식 : 스러스트 브레이크

* 라쳇식(ratchet) : 드럼에 부착된 발톱차의 치(齒)에 발톱을 걸리는 데 따라 드럼의 역전을 발톱차를 통해서 발톱으로 억제
* 스러스트 브레이크(thrust brake) : 브레이크 장치에 전기를 투입하여 유압으로 작동되는 방식이며 주행과 횡행에 주로 사용

라 컨베이어 작업 시작 전 점검사항〈산업안전보건기준에 관한 규칙 [별표 3]〉

① 원동기 및 풀리(pulley) 기능의 이상 유무
② 이탈 등의 방지장치 기능의 이상 유무
③ 비상정지장치 기능의 이상 유무
④ 원동기·회전축·기어 및 풀리 등의 덮개 또는 울 등의 이상 유무

마 포터블 벨트 컨베이어(potable belt conveyor) 운전 시 준수사항

① 운전시작 전 주변 근로자에게 경고하여야 한다.
② 공회전하여 기계의 운전상태를 파악한다.
③ 일정한 속도가 된 시점에서 벨트의 처짐 등 상태를 확인한 후 하물을 적치하여야 한다.
④ 하물을 적치 후 시동, 정지를 반복하여서는 아니된다.
⑤ 정해진 조작 스위치를 사용하여야 한다.
⑥ 운전 중 이상이 있을 때에는 즉시 구동을 정지한 후 점검하여 수리한다.

4. 크레인 등 양중기〈산업안전보건기준에 관한 규칙〉

가 양중기

제132조(양중기)
① 양중기란 다음 각호의 기계를 말한다.
1. 크레인[호이스트(hoist)를 포함한다]
2. 이동식 크레인
3. 리프트(이삿짐운반용 리프트의 경우에는 적재하중이 0.1톤 이상인 것으로 한정한다)
4. 곤돌라
5. 승강기

> 이동식크레인과 관련된 용어의 설명〈건설현장의 중량물 취급 작업계획서(이동식 크레인) 작성지침〉
> ① 정격하중: 이동식 크레인의 지브나 붐의 경사각 및 길이에 따라 부하할 수 있는 최대 하중에서 인양기구(훅, 그래브 등)의 무게를 뺀 하중을 말한다.
> ② 정격 총하중: 최대하중(붐 길이 및 작업 반경에 따라 결정)과 부가하중(훅과 그 이외의 인양 도구들의 무게)을 합한 하중을 말한다.
> ③ 작업 반경: 이동식 크레인의 선회 중심선으로부터 훅의 중심선까지의 수평거리를 말하며, 최대 작업반경은 이동식 크레인으로 작업이 가능한 최대치를 말한다.
> ④ 파단하중: 줄걸이 용구(와이어로프 등) 1개가 절단(파단)에 이를 때까지의 최대하중을 말한다.
> ⑤ 기본안전하중: 줄걸이 용구(와이어로프 등) 1개에 수직으로 매달 수 있는 최대 무게를 말한다.

[그림] 천장크레인

[그림] 호이스트

(1) 리프트 등의 종류

② 각호의 기계의 뜻은 다음 각호와 같다.
1. 크레인 : 동력을 사용하여 중량물을 매달아 상하 및 좌우(수평 또는 선회(旋回))로 운반하는 것을 목적으로 하는 기계 또는 기계장치
   - 호이스트 : 훅이나 그 밖의 달기구 등을 사용하여 화물을 권상 및 횡행 또는 권상동작만을 하여 양중하는 것을 말한다.
2. 이동식 크레인 : 원동기를 내장하고 있는 것으로서 불특정 장소에 스스로 이동할 수 있는 크레인으로 동력을 사용하여 중량물을 매달아 상하 및 좌우(수평 또는 선회)로 운반하는 설비로서 기중기 또는 화물·특수자동차의 작업부에 탑재하여 화물운반 등에 사용하는 기계 또는 기계장치
3. 리프트 : 동력을 사용하여 사람이나 화물을 운반하는 것을 목적으로 하는 기계설비로서 다음의 것을 말한다.

가. <u>건설용 리프트</u>: 동력을 사용하여 가이드레일(운반구를 지지하여 상승 및 하강 동작을 안내하는 레일)을 따라 상하로 움직이는 운반구를 매달아 사람이나 화물을 운반할 수 있는 설비 또는 이와 유사한 구조 및 성능을 가진 것으로 건설현장에서 사용하는 것

나. <u>산업용 리프트</u>: 동력을 사용하여 가이드레일을 따라 상하로 움직이는 운반구를 매달아 화물을 운반할 수 있는 설비 또는 이와 유사한 구조 및 성능을 가진 것으로 건설현장 외의 장소에서 사용하는 것

다. <u>자동차정비용 리프트</u>: 동력을 사용하여 가이드레일을 따라 움직이는 지지대로 자동차 등을 일정한 높이로 올리거나 내리는 구조의 리프트로서 자동차 정비에 사용하는 것

라. <u>이삿짐운반용 리프트</u>: 연장 및 축소가 가능하고 끝단을 건축물 등에 지지하는 구조의 사다리형 붐에 따라 동력을 사용하여 움직이는 운반구를 매달아 화물을 운반하는 설비로서 화물자동차 등 차량 위에 탑재하여 이삿짐 운반 등에 사용하는 것

5. 승강기 : 건축물이나 고정된 시설물에 설치되어 일정한 경로에 따라 사람이나 화물을 승강장으로 옮기는 데에 사용되는 설비로서 다음의 것을 말한다.

가. <u>승객용 엘리베이터</u>: 사람의 운송에 적합하게 제조·설치된 엘리베이터

나. <u>승객화물용 엘리베이터</u>: 사람의 운송과 화물 운반을 겸용하는데 적합하게 제조·설치된 엘리베이터

다. <u>화물용 엘리베이터</u>: 화물 운반에 적합하게 제조·설치된 엘리베이터로서 조작자 또는 화물취급자 1명은 탑승할 수 있는 것(적재용량이 300킬로그램 미만인 것은 제외한다)

라. <u>소형화물용 엘리베이터</u>: 음식물이나 서적 등 소형 화물의 운반에 적합하게 제조·설치된 엘리베이터로서 사람의 탑승이 금지된 것

마. <u>에스컬레이터</u>: 일정한 경사로 또는 수평로를 따라 위·아래 또는 옆으로 움직이는 디딤판을 통해 사람이나 화물을 승강장으로 운송시키는 설비

나 양중기의 방호장치

제134조(방호장치의 조정)

① 다음의 양중기에 과부하방지장치, 권과방지장치(捲過防止裝置), 비상정지장치 및 제동장치, 그 밖의 방호장치(승강기의 파이널 리미트 스

위치(final limit switch), 속도조절기, 출입문 인터 록(inter lock) 등을 말한다)가 정상적으로 작동될 수 있도록 미리 조정해 두어야 한다.
1. 크레인
2. 이동식 크레인
3. 리프트
4. 곤돌라
5. 승강기

② 크레인, 이동식 크레인에 대한 권과방지장치는 훅·버킷 등 달기구의 윗면(달기구에 권상용 도르래가 설치된 경우에는 권상용 도르래의 윗면)이 드럼, 상부 도르래, 트롤리프레임 등 권상장치의 아랫면과 접촉할 우려가 있는 경우에 그 간격이 0.25미터 이상(직동식(直動式) 권과방지장치는 0.05미터 이상)이 되도록 조정하여야 한다.

[그림] 방호장치의 조정

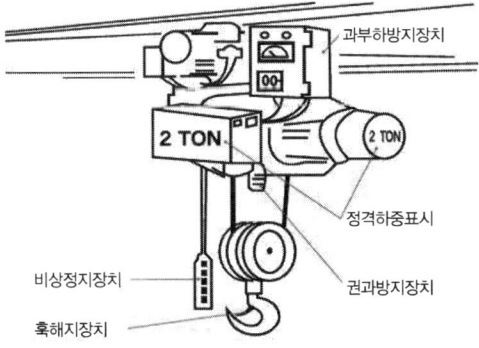

[그림] 크레인의 구조 및 명칭

> 양중기의 과부하장치에서 요구하는 일반적인 성능기준
> 〈방호장치 의무안전인증 고시〉
> [별표 2] 양중기 과부하방지장치 성능기준
> 가. 과부하방지장치 작동 시 경보음과 경보 램프가 작동되어야 하며 양중기는 작동이 되지 않아야 한다. 다만, 크레인은 과부하 상태 해지를 위하여 권상된 만큼 권하시킬 수 있다.
> 나. 외함은 납봉인 또는 시건할 수 있는 구조이어야 한다.
> 다. 외함의 전선 접촉부분은 고무 등으로 밀폐되어 물과 먼지 등이 들어가지 않도록 한다.
> 라. 과부하방지장치와 타 방호장치는 기능에 서로 장애를 주지 않도록 부착할 수 있는 구조이어야 한다.
> 마. 방호장치의 기능을 제거 또는 정지할 때 양중기의 기능도 동시에 정지할 수 있는 구조이어야 한다.
> 바. 과부하방지장치는 정격하중의 1.1배 권상 시 경보와 함께 권상동작이 정지되고 횡행과 주행동작이 불가능한 구조이어야 한다. 다만, 타워크레인은 정격하중의 1.05배 이내로 한다.
> 사. 과부하방지장치에는 정상동작 상태의 녹색 램프와 과부하 시 경고 표시를 할 수 있는 붉은색 램프와 경보음을 발하는 장치 등을 갖추어야 하며, 양중기 운전자가 확인할 수 있는 위치에 설치해야 한다.

(1) 과부하방지장치 : 적재하중의 1.1배를 초과하여 적재 시 경보와 함께 승강되지 않는 구조

(2) 권과방지장치

① 운반구가 승강로 바닥에 닿기 전에 안전하게 화물 반입구 전면에 정지하도록 하한리미트 스위치 부착
② 운반구의 과상승을 방지하기 위한 상한리미트 스위치 부착

(3) 훅 해지장치 : 훅걸이용 와이어로프 등이 훅으로부터 벗겨지는 것을 방지하기 위한 장치

※ 속도조절기(speed governor) : 승강기 차가 너무 빨리 이동할 경우 승강기 안전장치를 작동시키는 기계장치(조속기)
  - 카의 속도가 정격속도의 1.3배(정격속도가 매분 45m 이하의 승강기에는 매분 60m) 범위 이내에서 과속스위치에 의해 동력을 자동적으로 차단함

> **참고**
>
> 제146조(크레인 작업 시의 조치)
> ① 크레인을 사용하여 작업을 하는 경우의 조치사항
>   1. 인양할 하물(荷物)을 바닥에서 끌어당기거나 밀어내는 작업을 하지 아니할 것
>   2. 유류드럼이나 가스통 등 운반 도중에 떨어져 폭발하거나 누출될 가능성이 있는 위험물 용기는 보관함(또는 보관고)에 담아 안전하게 매달아 운반할 것
>   3. 고정된 물체를 직접 분리·제거하는 작업을 하지 아니할 것
>   4. 미리 근로자의 출입을 통제하여 인양 중인 하물이 작업자의 머리 위로 통과하지 않도록 할 것
>   5. 인양할 하물이 보이지 아니하는 경우에는 어떠한 동작도 하지 아니할 것 (신호하는 사람에 의하여 작업을 하는 경우는 제외)

다 리프트의 방호장치 등

제151조(권과방지 등)
리프트(간이 리프트는 제외)의 운반구 이탈 등의 위험을 방지하기 위하여 권과방지장치, 과부하방지장치, 비상정지장치 등을 설치하는 등 필요한 조치를 하여야 한다.

> **용어 정의**
>
> ① 적재하중(movable load, live load, 積載荷重) : 구조물이나 운반기계의 구조·재료에 따라서 적재할 수 있는 최대하중. 산업안전보건법에서 엘리베이터, 간이 리프트 및 건설용 리프트의 구조의 적재하중은 케이지에 사람 또는 짐을 적재하고 상승시킬 수 있는 최대하중
> ② 정격속도(rated service speed, 定格速度) : 크레인 등 안전규칙에서는 크레인, 이동식 크레인 또는 데릭은 정격하중에 해당하는 하중의 짐을 매달고 리프팅, 주행, 선회, 트롤리의 횡행 등의 작업을 하는 경우 각각의 최고속도. 엘리베이터, 간이 리프트 또는 건설용 리프트에 있어서는 반기(搬器)에 적재하중에 해당하는 하중의 짐을 싣고 상승시키는 경우의 최고속도

<u>제133조(정격하중 등의 표시)</u>

양중기(승강기는 제외) 및 달기구를 사용하여 작업하는 운전자 또는 작업자가 보기 쉬운 곳에 해당 기계의 정격하중, 운전속도, 경고표시 등을 부착하여야 한다(달기구는 정격하중만 표시한다).

라 탑승의 제한

<u>제86조(탑승의 제한)</u>

① 크레인을 사용하여 근로자를 운반하거나 근로자를 달아 올린 상태에서 작업에 종사시켜서는 아니 된다. 다만, 크레인에 전용 탑승설비를 설치하고 추락 위험을 방지하기 위하여 다음의 조치를 한 경우에는 그러하지 아니하다.
   1. 탑승설비가 뒤집히거나 떨어지지 않도록 필요한 조치를 할 것
   2. 안전대나 구명줄을 설치하고, 안전난간을 설치할 수 있는 구조인 경우에는 안전난간을 설치할 것
   3. 탑승설비를 하강시킬 때에는 동력하강방법으로 할 것
② 이동식 크레인을 사용하여 근로자를 운반하거나 근로자를 달아 올린 상태에서 작업에 종사시켜서는 안 된다(작업 장소의 구조, 지형 등으로 고소작업대를 사용하기가 곤란하여 이동식 크레인 중 기중기를 한국산업표준에서 정하는 안전기준에 따라 사용하는 경우는 제외).

마 레버풀러(lever puller) 또는 체인블록(chain block)을 사용

<u>제96조(작업도구 등의 목적 외 사용 금지 등)</u>

① 기계·기구·설비 및 수공구 등을 제조 당시의 목적 외의 용도로 사용하도록 해서는 아니 된다.

- 레버풀러: 인력을 이용하는 달기구이며 레버로 조작하는 체인블록
- 체인블록: 체인을 조작하여 화물을 권상하는 장치

② 레버풀러(lever puller) 또는 체인블록(chain block)을 사용하는 경우의 준수사항
  1. 정격하중을 초과하여 사용하지 말 것
  2. 레버풀러 작업 중 훅이 빠져 튕길 우려가 있을 경우에는 훅을 대상물에 직접 걸지 말고 피벗클램프(pivot clamp)나 러그(lug)를 연결하여 사용할 것(※ 보조공구 사용)
  3. 레버풀러의 레버에 파이프 등을 끼워서 사용하지 말 것
  4. 체인블록의 상부 훅(top hook)은 인양하중에 충분히 견디는 강도를 갖고, 정확히 지탱될 수 있는 곳에 걸어서 사용할 것
  5. 훅의 입구(hook mouth) 간격이 제조자가 제공하는 제품사양서 기준으로 10퍼센트 이상 벌어진 것은 폐기할 것
  6. 체인블록은 체인의 꼬임과 헝클어지지 않도록 할 것
  7. 훅은 변형, 파손, 부식, 마모되거나 균열된 것을 사용하지 않도록 조치할 것

바 와이어로프

(1) 와이어로프 표기

스트랜드(strand) 수 × 소선의 개수

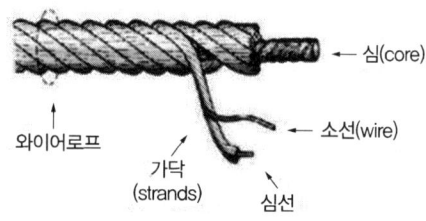

[그림] 와이어로프의 구성

(2) 와이어로프의 꼬임

※ 와이어로프의 꼬임에는 S 꼬임이나 Z 꼬임이 있다.

(a) 보통 꼬임   (b) 랭 꼬임

[그림] 와이어로프의 꼬임

(가) 보통 꼬임(ordinary lay) : 스트랜드의 꼬임 방향과 소선의 꼬임 방향이 반대로 된 것
① 킹크(kink)가 잘 생기지 않는다.
② 휨성이 좋으며 밴딩 경사가 크다.
③ 꼬임이 강하기 때문에 모양 변형이 적다.
④ 로프의 변형이나 하중을 걸었을 때 저항성이 크다.
⑤ 마모는 빠르지만 잘 풀리지 않아 취급하기 좋다.
⑥ 국부적 마모가 심하다.

(나) 랭 꼬임(lang's lay) : 스트랜드의 꼬임 방향과 소선의 꼬임 방향이 같은 것
① 킹크 또는 풀림이 쉽다.(킹크가 생기기 쉬운 곳에는 적합하지 않다.)
② 밴딩 경사가 적다.
③ 마모가 큰 곳에 사용이 가능하다 – 보통 꼬임에 비하여 마모에 대한 저항성이 우수하다.
④ 내구성이 우수하다.

(3) 와이어로프 안전율(안전율 = 파단하중/사용하중)

$$S = \frac{NP}{Q}$$

(S : 안전율, Q : 최대사용하중, N : 로프의 가닥수, P : 와이어로프 파단하중)

> **예문** 작업대에서 사용된 와이어로프 1줄의 파단하중이 10톤, 인양하중이 4톤, 로프의 줄 수가 2줄의 작업 조건일 경우 와이어로프의 안전율은?
>
> **해설** $S = \frac{NP}{Q}$ (S: 안전율, Q: 최대사용하중, N: 로프의 가닥수, P: 와이어로프 파단하중)
> $= (2 \times 10)/4 = 5$

(4) 와이어로프에 걸리는 하중(와이어로프 한 가닥에 걸리는 하중)

(가) 2가닥 줄걸이의 각도 변화와 하중

$$\text{장력} = \frac{\frac{W(\text{중량})}{2}}{\cos\frac{\theta(2줄\ 사이의\ 각도)}{2}}$$

예문 그림과 같이 무게 500kg의 화물을 인양하려고 한다. 이때 와이어로프 하나에 작용되는 장력(T)은 약 얼마인가?

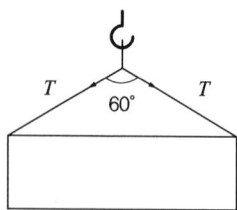

해설 와이어로프에 걸리는 하중
2가닥 줄걸이의 각도 변화와 하중

$$장력 = \frac{\frac{W(중량)}{2}}{\cos\frac{\theta(2줄 \text{ 사이의 각도})}{2}} = \frac{\frac{500}{2}}{\cos\frac{60°}{2}} = 288.675 = 289kg$$

(나) 권상 중의 하중

① 동하중(W_2) = (정하중/중력가속도)×가속도

② 총하중(W) = 정하중(W_1) + 동하중(W_2)

③ 장력(N) = 총하중(kg)×중력가속도(m/s^2)

✱ 중력가속도 : 중력의 작용으로 인해 생기는 가속도. 물체에 작용하는 중력을 그 물체의 질량으로 나눈 값으로, 약 9.8m/s^{2}이다.

예문 크레인 로프에 2t의 중량을 20m/s^{2}의 가속도로 감아올릴 때 로프에 걸리는 총하중은 약 몇 kN인가(권상되고 있을 때 로프에 작용하는 장력의 크기는)?

해설 권상중의 하중
① 동하중(W_2) = (정하중/중력가속도)×가속도
　　　　　　 = (2,000/9.8)×20 = 4,081.63kg ← (중력가속도: 약 9.8m/s^2)
② 총하중(W) = 정하중(W_1) + 동하중(W_2) = 2,000 + 4,081.63 = 6,081.63kg
③ 장력(N) = 총하중(kg)×중력가속도(m/s^2)
　　　　　 = 6,081.63×9.8
　　　　　 = 59,599N = 59.599kN = 59.6kN ← (1kN/m^2 = 1,000N/m^2)

(5) 와이어로프의 단말가공

종류	형태
소켓 (socket)	Open / Closed

종류	형태
팀블 (thimble)	
웨지 (wedge)	
아이 스플라이스 (eye splice)	
클립 (clip)	

※ 소켓(socket) 가공법 : 개방형 소켓(opened), 폐쇄형 소켓(closed)

(6) 와이어로프 등 달기구의 안전계수(안전율)

제163조(와이어로프 등 달기구의 안전계수)

양중기의 와이어로프 등 달기구의 안전계수(달기구 절단하중의 값을 그 달기구에 걸리는 하중의 최대값으로 나눈 값)의 기준

1. 근로자가 탑승하는 운반구를 지지하는 달기와이어로프 또는 달기체인의 경우: 10 이상
2. 화물의 하중을 직접 지지하는 달기와이어로프 또는 달기체인의 경우: 5 이상
3. 훅, 샤클, 클램프, 리프팅 빔의 경우: 3 이상
4. 그 밖의 경우: 4 이상

(7) 와이어로프 등의 사용 금지

제166조(이음매가 있는 와이어로프 등의 사용 금지)

1. 다음의 어느 하나에 해당하는 와이어로프를 사용해서는 아니 된다 (와이어로프 사용 금지 기준).

   가. 이음매가 있는 것
   나. 와이어로프의 한 꼬임(스트랜드(strand))에서 끊어진 소선(素線)의 수가 10퍼센트 이상인 것
   다. 지름의 감소가 공칭지름의 7퍼센트를 초과하는 것
   라. 꼬인 것
   마. 심하게 변형되거나 부식된 것
   바. 열과 전기충격에 의해 손상된 것

> **참고**
>
> ※ 달기체인 등의 사용 금지〈산업안전보건기준에 관한 규칙〉
>
> 제167조(늘어난 달기체인 등의 사용 금지)
> 2. 다음의 어느 하나에 해당하는 달기 체인을 사용해서는 아니 된다.
>   가. 달기 체인의 길이가 달기 체인이 제조된 때의 길이의 5퍼센트를 초과한 것
>   나. 링의 단면지름이 달기 체인이 제조된 때의 해당 링의 지름의 10퍼센트를 초과하여 감소한 것
>   다. 균열이 있거나 심하게 변형된 것

(8) 타워크레인을 와이어로프로 지지하는 경우 준수사항

제142조(타워크레인의 지지)
③ 타워크레인을 와이어로프로 지지하는 경우의 준수사항
  2. 와이어로프를 고정하기 위한 전용 지지프레임을 사용할 것
  3. 와이어로프 설치각도는 수평면에서 60도 이내로 하되, 지지점은 4개소 이상으로 하고, 같은 각도로 설치할 것
  4. 와이어로프와 그 고정부위는 충분한 강도와 장력을 갖도록 설치하고, 와이어로프를 클립·샤클(shackle) 등의 고정기구를 사용하여 견고하게 고정시켜 풀리지 않도록 하며, 사용 중에는 충분한 강도와 장력을 유지하도록 할 것
  5. 와이어로프가 가공전선(架空電線)에 근접하지 않도록 할 것

타워크레인〈산업안전보건기준에 관한 규칙〉

제37조(악천후 및 강풍 시 작업 중지)
② 순간풍속이 초당 10미터를 초과하는 경우 타워크레인의 설치·수리·점검 또는 해체 작업을 중지하여야 하며, 순간풍속이 초당 15미터를 초과하는 경우에는 타워크레인의 운전작업을 중지하여야 한다.

> **취급운반의 5원칙**
>
> ① 직선 운반으로 할 것
> ② 연속 운반으로 할 것
> ③ 생산(효율)을 최고로 하는 운반을 생각할 것
> ④ 가능한 한 수작업을 없앨 것
> ⑤ 운반 작업을 집중화시킬 것

> **참고**
>
> ※ 차량계 하역운반기계 등의 화물적재 시의 조치〈산업안전보건기준에 관한 규칙〉
> 제173조(화물적재 시의 조치)
> ① 차량계 하역운반기계 등에 화물을 적재하는 경우의 준수사항
>   1. 하중이 한쪽으로 치우치지 않도록 적재할 것
>   2. 구내운반차 또는 화물자동차의 경우 화물의 붕괴 또는 낙하에 의한 위험을 방지하기 위하여 화물에 로프를 거는 등 필요한 조치를 할 것
>   3. 운전자의 시야를 가리지 않도록 화물을 적재할 것
> ② 화물을 적재하는 경우에는 최대적재량을 초과해서는 아니 된다.

CHAPTER 06 항목별 우선순위 문제 및 해설

01 양중기에 해당하지 않는 것은?

① 크레인
② 리프트
③ 체인블록
④ 곤돌라

해설 양중기
1. 크레인[호이스트(hoist)를 포함]
2. 이동식 크레인
3. 리프트(이삿짐운반용 리프트의 경우에는 적재하중이 0.1톤 이상인 것으로 한정)
4. 곤돌라
5. 승강기

02 크레인의 방호장치에 해당하지 않는 것은?

① 권과방지장치
② 과부하방지장치
③ 자동보수장치
④ 비상정지장치

해설 양중기의 방호장치
과부하방지장치, 권과방지장치(捲過防止裝置), 비상정지장치 및 제동장치

03 다음 중 산업안전보건법령상 승강기의 종류에 해당하지 않는 것은?

① 리프트
② 에스컬레이터
③ 화물용 엘리베이터
④ 승객화물용 엘리베이터

해설 승강기의 종류
가. 승객용 엘리베이터
나. 승객화물용 엘리베이터
다. 화물용 엘리베이터
라. 소형화물용 엘리베이터
마. 에스컬레이터

04 산업안전보건법령에 따른 다음 설명에 해당하는 기계설비는?

> 동력을 사용하여 가이드레일을 따라 상하로 움직이는 운반구를 매달아 사람이나 화물을 운반할 수 있는 설비 또는 이와 유사한 구조 및 성능을 가진 것으로 건설현장에서 사용하는 것

① 크레인
② 건설용 리프트
③ 곤돌라
④ 이삿짐운반용 리프트

해설 리프트의 종류
• 리프트 : 동력을 사용하여 사람이나 화물을 운반하는 것을 목적으로 하는 기계설비로서 다음의 것을 말한다.
  가. 건설용 리프트: 동력을 사용하여 가이드레일을 따라 상하로 움직이는 운반구를 매달아 사람이나 화물을 운반할 수 있는 설비 또는 이와 유사한 구조 및 성능을 가진 것으로 건설현장에서 사용하는 것

05 지게차의 헤드가드(head guard)는 지게차 최대하중의 몇 배가 되는 등분포정하중에 견딜 수 있는 강도를 가져야 하는가?

① 2
② 3
③ 4
④ 5

해설 헤드가드(head guard) 〈산업안전보건기준에 관한 규칙〉
제180조(헤드가드)
1. 강도는 지게차의 최대하중의 2배 값(4톤을 넘는 값에 대해서는 4톤으로 한다)의 등분포정하중(等分布靜荷重)에 견딜 수 있을 것
2. 상부틀의 각 개구의 폭 또는 길이가 16센티미터 미만일 것

정답 01. ③ 02. ③ 03. ① 04. ② 05. ①

06
지게차가 무부하 상태로 구내 최고속도 25km/h로 주행 시 좌우 안정도는 몇 % 이내인가?

① 16.5%　　② 25.0%
③ 37.5%　　④ 42.5%

해설 주행 시의 좌우 안정도
= (15 + 1.1 · V)% (V: 최고속도 km/h)
= (15 + 1.1×25)
= 42.5%

07
화물중량이 200kgf, 지게차 중량이 400kgf, 앞바퀴에서 화물의 무게중심까지의 최단거리가 1m이면 지게차가 안정되기 위한 앞바퀴에서 지게차의 무게중심까지의 최단거리는 최소 몇 m를 초과해야 하는가?

① 0.2m　　② 0.5m
③ 1.0m　　④ 3.0m

해설 지게차 안정도
W : 포크중심에서의 화물의 중량(kg)
G : 지게차 중심에서의 지게차 중량(kg)
a : 앞바퀴에서 화물 중심까지의 최단거리(cm)
b : 앞바퀴에서 지게차 중심까지의 최단거리(cm)
지게차의 모멘트 : $M_2 = G \times b$
화물의 모멘트 : $M_1 = W \times a$
⇨ $M_1 \leq M_2$
① $M_1 = W \times a = 200 \times 1 = 200$kgf
② $M_2 = G \times b = 400 \times b = 400b$kgf
⇨ $M_1 \leq M_2 \rightarrow 200 \leq 400b \rightarrow b = 0.5$m

08
크레인 로프에 질량 2000kg의 물건을 10m/s²의 가속도로 감아올릴 때, 로프에 걸리는 총 하중은 약 몇 kN인가?

① 39.6　　② 29.6
③ 19.6　　④ 9.6

해설 로프에 걸리는 총 하중
① 동하중(W_2) = (정하중/중력가속도)×가속도
= (2,000/9.8)×10 = 2,040.81kg
← (중력가속도 : 약 9.8m/s²)
② 총하중(W) = 정하중(W_1) + 동하중(W_2)
= 2,000 + 2,040.81 = 4,040.81kg
③ 장력(N) = 총하중(kg)×중력가속도(m/s²)
= 4,040.81×9.8 = 39,599N
= 39.599kN ≒ 39.6kN
← (1kN/m² = 1,000N/m²)

09
와이어로프의 지름 감소에 대한 폐기기준으로 옳은 것은?

① 공칭지름의 1퍼센트 초과
② 공칭지름의 3퍼센트 초과
③ 공칭지름의 5퍼센트 초과
④ 공칭지름의 7퍼센트 초과

해설 와이어로프 등의 사용 금지〈산업안전보건기준에 관한 규칙〉
제166조(이음매가 있는 와이어로프 등의 사용 금지)
가. 이음매가 있는 것
나. 와이어로프의 한 꼬임(스트랜드(strand)를 말한다.)에서 끊어진 소선(素線)의 수가 10퍼센트 이상인 것
다. 지름의 감소가 공칭지름의 7퍼센트를 초과하는 것
라. 꼬인 것
마. 심하게 변형되거나 부식된 것
바. 열과 전기충격에 의해 손상된 것

10
양중기에 사용하지 않아야 하는 달기체인의 기준으로 틀린 것은?

① 변형이 심한 것
② 균열이 있는 것
③ 길이의 증가가 제조시보다 3%를 초과한 것
④ 링의 단면지름의 감소가 제조 시 링 지름의 10%를 초과한 것

해설 달기체인 등의 사용 금지〈산업안전보건기준에 관한 규칙〉
제167조(늘어난 달기체인 등의 사용 금지)
가. 달기 체인의 길이가 달기 체인이 제조된 때의 길이의 5퍼센트를 초과한 것
나. 링의 단면지름이 달기 체인이 제조된 때의 해당 링의 지름의 10퍼센트를 초과하여 감소한 것
다. 균열이 있거나 심하게 변형된 것

정답 06. ④　07. ②　08. ①　09. ④　10. ③

11 하물의 하중을 직접 지지하는 달기 와이어로프의 안전계수 기준은?

① 3 이상　　② 4 이상
③ 5 이상　　④ 10 이상

해설 와이어로프 등 달기구의 안전계수(안전율)〈산업안전 보건기준에 관한 규칙〉
제163조(와이어로프 등 달기구의 안전계수)
1. 근로자가 탑승하는 운반구를 지지하는 달기와이어로프 또는 달기체인의 경우: 10 이상
2. 화물의 하중을 직접 지지하는 달기와이어로프 또는 달기체인의 경우: 5 이상
3. 훅, 샤클, 클램프, 리프팅 빔의 경우: 3 이상
4. 그 밖의 경우: 4 이상

12 다음과 같은 작업 조건일 경우 와이어로프의 안전율은?

> 작업대에서 사용된 와이어로프 1줄의 파단하중이 10톤, 인양하중이 4톤, 로프의 줄 수가 2줄

① 2　　② 3
③ 4　　④ 5

해설 와이어로프 안전율(안전율 = 파단하중/사용하중)
$S = \dfrac{NP}{Q} = (2 \times 10)/4 = 5$
(S : 안전율, Q : 최대사용하중, N : 로프의 가닥수, P : 와이어로프 파단하중)

13 와이어로프의 표기에서 "6×19" 중 숫자 "6"이 의미하는 것은?

① 소선의 지름(mm)
② 소선의 수량(wire수)
③ 꼬임의 수량(strand수)
④ 로프의 인장강도(kg/cm^2)

해설 와이어로프 표기
스트랜드(strand) 수×소선의 개수

14 크레인을 와이어로프에서 보통꼬임이 랭꼬임에 비하여 우수한 점은?

① 수명이 길다.
② 킹크의 발생이 적다.
③ 내마모성이 우수하다.
④ 소선의 접촉 길이가 길다.

해설 와이어로프의 꼬임
(가) 보통 꼬임(ordinary lay) : 스트랜드의 꼬임 방향과 로프의 꼬임 방향이 반대로 된 것
① 킹크(kink)가 잘 생기지 않는다.
② 휨성이 좋으며 밴딩경사가 크다.
③ 꼬임이 강하기 때문에 모양 변형이 적다.
④ 로프의 변형이나 하중을 걸었을 때 저항성이 크다.
⑤ 마모는 빠르지만 잘 풀리지 않아 취급하기 좋다.
⑥ 국부적 마모가 심하다.

15 컨베이어의 종류가 아닌 것은?

① 체인 컨베이어
② 스크류 컨베이어
③ 슬라이딩 컨베이어
④ 유체 컨베이어

해설 컨베이어의 종류
(1) 벨트 또는 체인 컨베이어 : 벨트 또는 체인을 이용하여 물체를 연속으로 운반하는 장치
(2) 스크류(screw) 컨베이어 : 스크류를 회전시켜 물체를 이동시키는 컨베이어
(3) 버킷(bucket) 컨베이어 : 쇠사슬이나 벨트에 달린 버킷을 이용하여 물체를 낮은 곳에서 높은 곳으로 운반하는 컨베이어
(4) 롤러(roller) 컨베이어 : 자유롭게 회전이 가능한 여러 개의 롤러를 이용하여 물체를 운반하는 장치
(5) 트롤리(trolley) 컨베이어 : 공장 내의 천장에 설치된 레일 위를 이동하는 트롤리에 물건을 매달아서 운반하는 장치
(6) 유체 컨베이어 : 유체의 흐름을 이용하여 자갈·석탄·광석 등의 고체를 이송하는 장치

정답　11. ③　12. ④　13. ③　14. ②　15. ③

16 산업안전보건법령상 근로자가 위험해질 우려가 있는 경우 컨베이어에 부착, 조치하여야 할 방호장치가 아닌 것은?

① 안전매트
② 비상정지장치
③ 덮개 또는 울
④ 이탈 및 역주행 방지 장치

해설 **컨베이어 안전장치의 종류**(산업안전보건기준에 관한 규칙)
제191조(이탈 등의 방지)
정전·전압강하 등에 따른 화물 또는 운반구의 이탈 및 역주행을 방지하는 장치를 갖추어야 한다.(*역전 방지장치)

제192조(비상정지장치)
근로자가 위험해질 우려가 있는 경우 및 비상시에는 즉시 컨베이어 등의 운전을 정지시킬 수 있는 장치를 설치하여야 한다.

제193조(낙하물에 의한 위험 방지)
컨베이어 등으로부터 화물이 떨어져 근로자가 위험해질 우려가 있는 경우에는 해당 컨베이어 등에 덮개 또는 울을 설치하는 등 낙하 방지를 위한 조치를 하여야 한다.

정답 16. ①

Chapter 07 설비진단 및 검사

1. 비파괴검사의 종류 및 특징

가 비파괴검사

금속재료 내부의 결함 유무, 상태 등을 물리적 성질을 이용하여 제품을 파괴하지 않고 외부에서 검사하는 방법

나 비파괴시험의 종류 구분

(1) 표면결함 검출을 위한 비파괴시험방법
   ① 외관검사 ② 침투탐상시험 ③ 자분탐상시험 ④ 와류탐상법

(2) 내부결함 검출을 위한 비파괴시험방법
   ① 초음파 탐상시험 ② 방사선 투과시험

다 비파괴검사의 종류 및 특징

(1) 침투탐상검사(PT, Penetrant Testing)

시험체 표면에 개구해 있는 결함에 침투한 침투액을 흡출시켜 결함의 지시 모양을 식별(크레인의 거더 밑면에 균열이 발생되어 이를 확인하려고 하는 경우에 비파괴검사방법 중 가장 편리한 검사방법)

(가) 검사물 표면의 균열이나 피트 등의 결함을 비교적 간단하고 신속하게 검출할 수 있고, 특히 비자성 금속재료의 검사에 자주 이용되는 비파괴 검사법

(나) 침투탐상검사 방법에서 일반적인 작업 순서

전처리 → 침투처리 → 세척처리 → 현상처리 → 관찰 → 후처리

① 전처리 : 이물질 제거 등 검사 수행에 적합하도록 처리하는 과정
② 침투처리 : 침투제가 침투되도록 하는 과정
③ 세척처리 : 과잉 침투제 제거하는 과정

> **지시(Indication)**: 비파괴검사에서 검사 장치에 표시된 도형, 수치 또는 시험체 위에 나타난 모양. 방사선 투과시험에서 판독이 요구되는 투과사진 상의 흔적 또는 모양, MT에서는 자분모양, PT에서는 지시모양이라고 함.

④ 현상처리 : 현상제를 도포하여 침투제 시험체 표면으로 노출시켜 지시를 관찰
⑤ 관찰 : 결함의 유무를 확인
⑥ 후처리 : 시험체의 결함 모양을 기록한 후 신속하게 제거

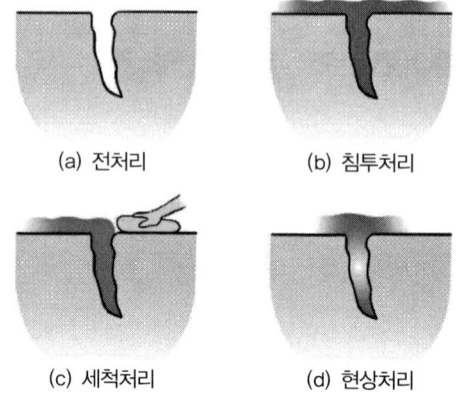

[그림] 침투탐상검사

(2) 자분(자기)탐상검사(MT, Magnetic Particle Testing)

강자성체의 결함을 찾을 때 사용하는 비파괴시험으로 표면 또는 표층(표면에서 수 mm 이내)에 결함이 있을 경우 누설자속을 이용하여 육안으로 결함을 검출하는 시험법
① 균열, 언더컷 등의 미세한 표면결함에 가장 적합
② 비자성 금속에는 사용할 수 없음(강자성체의 재료에 한정 : 오스테나이트 계열 스테인레스 강판의 표면 균열발생은 검출하기 곤란한 방법).

(3) 와류탐상검사(ET, Eddy Current Test)

(가) 금속 등의 도체에 교류를 통한 코일을 접근시켰을 때, 결함이 존재하면 코일에 유기되는 전압이나 전류가 변하는 것을 이용한 검사방법

(나) 와전류비파괴검사법의 특징
① 자동화 및 고속화가 가능하다(비접촉, 고속탐상, 자동탐상 가능).
② 재료적 인자 등 측정치에 영향을 주는 인자에 의한 검사의 방해가 있을 수 있다.
③ 가는 선, 얇은 판의 경우도 검사가 가능하다(관, 봉 등 단순형상의 제품검사 및 프랜트 등 배관 검사).
④ 표면 아래 깊은 위치에 있는 결함은 검출이 곤란하다(표면결함 검출 능력 우수).

자분탐상검사(MT)에서 사용하는 자화방법
(* 자화방법: 시험체에 자속을 발생시키는 방법)
① 코일법: 검사체에 코일을 감아 전류를 흘려 발생하는 선형자장을 이용
② 요크법(yoke법, 극간법): 검사체를 전자석 또는 영구자석의 자극 사이(극간 사이)에 놓고 자화시키는 방법
③ 프로드법(prod법): 검사체의 일정 부분에 2개의 전극을 접촉시켜 전류를 흘려보내는 방법
(* 프로드(prod): 전원으로부터 자화전류를 검사체에 흘리기 위하여 사용하는 전극)
④ 축통전법: 검사체의 축 방향으로 전류를 흘려 축 방향(전류 방향)의 결함을 검출하는 데 용이
⑤ 직각통전법: 검사체 축의 직각 방향으로 전류를 흘려 축에 직각 방향의 결함을 검출할 때 이용
⑥ 전류관통법: 시험체의 중앙 구멍에 도체를 넣어 전류를 흘리는 방법
⑦ 자속관통법: 시험체의 중앙 구멍에 자성체를 지나게 하여 교류 자속을 흐르게 하는 방법

(4) 방사선투과검사(RT, Radiograpic Testing)

(가) 물체에 방사선을 투과하여 물체의 결함을 검출하는 방법

(나) 가장 적합한 활용 분야 : 재료 및 용접부의 내부결함 검사

(다) 투과사진의 상질 점검 시 확인 항목
  ① 투과도계 식별도(보통급에서 2.0% 이하)
  ② 시험부의 사진농도 범위
  ③ 계조계 값(농도차/농도)

  ✻ 방사선 투과검사에 사용되는 기자재 종류
    ① 투과도계 : 사진의 질을 판정하는 데 이용
    ② 농도계 : 촬영된 필름의 각 부분의 농도를 측정하여 규정된 농도 범위 내에 있는가를 판정하는 기구
    ③ 계조계 : 촬영조건을 결정하기 위해 사용되며 각 부분의 농도차를 구하기 위하여 사용

> 방사선 투과검사에서 투과사진에 영향을 미치는 인자
> (가) 콘트라스트(명암도, contrast)에 영향을 미치는 인자 : 시험체의 형태, 방사선의 선질, 촬영배치, 필름의 종류, 현상액의 강도(현상조건)
> (나) 명료도(선명도, definition)에 영향을 미치는 인자 : 선원·필름 간의 거리, 필름의 감광속도, 산란방사선의 영향

※ 선질(線質) : 방사선의 종류 및 그 에너지(X선, γ선, β선)

(5) 초음파탐상검사(UT, Ultrasonic Testing)

(가) 시험체 내부에 초음파 펄스를 입사시켰을 때 결함에 의한 초음파 반사 신호를 해독하는 방법
  ① 균열에 높은 감도, 표면 및 내부 결함 검출가능. 높은 투과력, 자동화 가능
  ② 용접부에 발생한 미세균열, 용입부족, 융합불량의 검출에 가장 적합한 비파괴검사법

(나) 초음파 탐상법의 종류 : 펄스반사법, 투과법, 공진법

  초음파가 시험체 내에서 진행할 때 불연속부와 같은 경계면에서는 투과 및 굴절 또는 반사를 하게 되고 불연속부에서 반사하는 초음파를 분석하여 검사하는 방법을 펄스반사법, 투과한 초음파를 분석하여 검사하는 방법을 투과법, 펄스반사법과 유사하지만 공진 현상을 이용한 공진법이 있음(펄스반사법이 가장 일반적이며 많이 이용).

  ✻ 초음파(ultrasonics wave, 超音波) : 사람이 들을 수 있는 음파의 주파수(16Hz~20kHz의 범위)보다 커서 청각으로 들을 수 없는 음파(주파수가 20kHz를 넘는 음파)

(6) 기타 : 음향방출시험(acoustic emission testing)-음향탐상시험

재료 내부에서 전위, 균열 등의 결함 생성이나 질량의 급격한 변화가 생기면 탄성파(elastic wave)가 발생(음향 방출 또는 응력파 방출)하고 이것을 포착하고 해석하여 내부의 결함성질과 상태를 평가하는 방법

> 음향탐상시험
> 재료가 변형 시에 외부응력이나 내부의 변형과정에서 방출되는 낮은 응력파(stress wave)를 감지하여 측정하는 비파괴시험

① 가동 중 검사가 가능하다.
② 온도, 분위기 같은 외적 요인에 영향을 받는다.
③ 결함이 어떤 중대한 손상을 초래하기 전에 검출할 수 있다.
④ 재료의 종류나 물성, 결함의 종류나 양같은 내적 요인에 영향을 받는다.
 ✻ 진동에 의한 설비진단법 중 정상, 비정상, 악화의 정도를 판단하기 위한 방법
  ① 절대 판단법: 미리 결정된 기준과 비교하여 판정하는 방법
  ② 비교(상대) 판단법: 정상으로 판단되어진 때의 진동과 비교하여 판정하는 방법
  ③ 상호 판단법: 동일 종류, 사양의 설비와 비교하여 판정하는 방법

라 비파괴 검사의 실시〈산업안전보건기준에 관한 규칙〉

제115조(비파괴검사의 실시)
고속회전체(회전축의 중량이 1톤을 초과하고 원주속도가 초당 120미터 이상인 것으로 한정)의 회전시험을 하는 경우 미리 회전축의 재질 및 형상 등에 상응하는 종류의 비파괴검사를 해서 결함 유무(有無)를 확인하여야 한다.

2. 진동방지기술

가 정상 진동(steady-state vibration, 定常振動) : 계속적으로 발생하는 주기적 진동

- 회전축이나 베어링 등이 마모 등으로 변형되거나 회전의 불균형에 의하여 발생하는 진동

 ✻ 충격 진동(impulsive vibration source, 衝擊振動) : 낙하, 해머, 단조기의 사용, 폭약의 발파시 등과 같이 극히 짧은 시간 동안에 발생하는 높은 세기의 진동을 말하며 진동공해 중 상당 부분을 차지하고 있음.

나 진동방지용 재료로 사용되는 공기스프링의 특징

① 공기량에 따라 스프링 상수의 조절이 가능하다
② 측면에 대한 강성이 없다.
③ 공기의 압축성에 의해 감쇠 특성이 크므로 미소 진동의 흡수도 가능하다.
④ 공기탱크 및 압축기 등을 설치로 구조가 복잡하고 제작비가 비싸다.
 ✻ 압전효과 : 기계 진동에 의하여 물체에 힘이 가해질 때 전하를 발생하거나 전하가 가해질 때 진동 등을 발생시키는 물질의 특성(기계적 에너지를 전기 에너지로, 전기 에너지를 기계적 에너지로 변환하는 것)

3. 소음방지기술(소음방지대책)

1) 음원에 대한 대책(소음원 통제)
   ① 설비의 격리 ② 적절한 재배치 ③ 저소음 설비 사용

2) 소음의 격리

3) 차폐장치 및 흡음재 사용

4) 음향처리재 사용(흡음재)

5) 적절한 배치(layout)

6) 배경음악(BGM, Back Ground Music)

7) 방음보호구 사용 : 귀마개, 귀덮개

   ※ 도플러(doppler) 효과 : 발음원이 이동할 때 그 진행 방향 쪽에서는 원래 발음원의 음보다 고음으로, 진행 방향 반대쪽에서는 저음으로 되는 현상
   (소방차 사이렌 소리가 다가오면 점점 높은 소리로 들리고 멀어지면서 점점 낮은 소리로 들리는 효과)

※ 소음의 1일 노출시간과 소음강도의 기준〈산업안전보건기준에 관한 규칙〉
  제512조(정의)
  1. 소음작업 : 1일 8시간 작업을 기준으로 85데시벨 이상의 소음이 발생하는 작업
  2. 강렬한 소음작업 : 다음의 어느 하나에 해당하는 작업
     가. 90데시벨 이상의 소음이 1일 8시간 이상 발생하는 작업
     나. 95데시벨 이상의 소음이 1일 4시간 이상 발생하는 작업
     다. 100데시벨 이상의 소음이 1일 2시간 이상 발생하는 작업
     라. 105데시벨 이상의 소음이 1일 1시간 이상 발생하는 작업
     마. 110데시벨 이상의 소음이 1일 30분 이상 발생하는 작업
     바. 115데시벨 이상의 소음이 1일 15분 이상 발생하는 작업
  3. 충격소음작업 : 소음이 1초 이상의 간격으로 발생하는 작업으로서 다음의 어느 하나에 해당하는 작업
     가. 120데시벨을 초과하는 소음이 1일 1만회 이상 발생하는 작업
     나. 130데시벨을 초과하는 소음이 1일 1천회 이상 발생하는 작업
     다. 140데시벨을 초과하는 소음이 1일 1백회 이상 발생하는 작업

CHAPTER 07 항목별 우선순위 문제 및 해설

01 다음 중 설비의 진단방법에 있어 비파괴시험이나 검사에 해당하지 않는 것은?

① 피로시험
② 음향탐상검사
③ 방사선투과시험
④ 초음파탐상검사

해설 비파괴 시험의 종류 구분
(1) 표면결함 검출을 위한 비파괴시험방법
  ① 외관검사   ② 침투 탐상시험
  ③ 자분 탐상시험 ④ 와류 탐상법
(2) 내부결함 검출을 위한 비파괴시험방법
  ① 초음파 탐상시험 ② 방사선 투과시험
* 음향탐상검사(타진법) : 해머로 타진

02 산업안전보건법령상 회전시험을 하는 경우 미리 회전축의 재질 및 형상 등에 상응하는 종류의 비파괴검사를 해서 결함 유무를 확인하여야 하는 고속회전체의 대상으로 옳은 것은?

① 회전축의 중량이 1톤을 초과하고, 원주속도가 100m/s 이내인 것
② 회전축의 중량이 1톤을 초과하고, 원주속도가 120m/s 이상인 것
③ 회전축의 중량이 0.5톤을 초과하고, 원주속도가 100m/s 이내인 것
④ 회전축의 중량이 0.5톤을 초과하고, 원주속도가 120m/s 이상인 것

해설 비파괴검사의 실시〈산업안전보건기준에 관한 규칙〉
제115조(비파괴검사의 실시)
고속회전체(회전축의 중량이 1톤을 초과하고 원주속도가 초당 120미터 이상인 것으로 한정)의 회전시험을 하는 경우 미리 회전축의 재질 및 형상 등에 상응하는 종류의 비파괴검사를 해서 결함 유무(有無)를 확인하여야 한다.

03 오스테나이트 계열 스테인리스 강판의 표면 균열발생을 검출하기 곤란한 비파괴 검사방법은?

① 염료침투검사   ② 자분검사
③ 와류검사   ④ 형광침투검사

해설 자분탐상검사(MT, Magnetic Particle Testing)
강자성체의 결함을 찾을 때 사용하는 비파괴시험으로 표면 또는 표층(표면에서 수mm 이내)에 결함이 있을 경우 누설자속을 이용하여 육안으로 결함을 검출하는 시험법
- 오스테나이트 계열 스테인리스 강판의 표면균열발생을 검출하기 곤란한 비파괴 검사방법

04 다음 중 와전류비파괴검사법의 특징과 가장 거리가 먼 것은?

① 자동화 및 고속화가 가능하다.
② 측정치에 영향을 주는 인자가 적다.
③ 가는 선, 얇은 판의 경우도 검사가 가능하다.
④ 표면 아래 깊은 위치에 있는 결함은 검출이 곤란하다.

해설 와류탐상검사(ET, Eddy Current Test)
(가) 금속 등의 도체에 교류를 통한 코일을 접근시켰을 때, 결함이 존재하면 코일에 유기되는 전압이나 전류가 변하는 것을 이용한 검사방법
(나) 와전류비파괴검사법의 특징
 ① 자동화 및 고속화가 가능하다(비접촉, 고속탐상, 자동탐상 가능).
 ② 재료적 인자 등 측정치에 영향을 주는 인자에 의한 검사의 방해가 있을 수 있다.
 ③ 가는 선, 얇은 판의 경우도 검사가 가능하다(관, 봉 등 단순형상의 제품 검사 및 프랜트 등 배관검사).
 ④ 표면 아래 깊은 위치에 있는 결함은 검출이 곤란하다(표면결함 검출 능력 우수).

정답 01. ① 02. ② 03. ② 04. ②

05 초음파 탐상법의 종류에 해당하지 않는 것은?

① 반사식　　② 투과식
③ 공진식　　④ 침투식

해설 **초음파탐상검사**(UT, Ultrasonic Testing)
(가) 시험체 내부에 초음파 펄스를 입사시켰을 때 결함에 의한 초음파 반사 신호를 해독하는 방법
(나) 초음파 탐상법의 종류 : 펄스반사법, 투과법, 공진법

06 다음 중 소음방지대책으로 가장 적절하지 않은 것은?

① 소음의 통제　　② 소음의 적응
③ 흡음재 사용　　④ 보호구 착용

해설 **소음대책**
1) 음원에 대한 대책(소음원 통제)
　① 설비의 격리
　② 적절한 재배치
　③ 저소음 설비 사용
2) 소음의 격리
3) 차폐장치 및 흡음재 사용
4) 음향처리재 사용(흡음재)
5) 적절한 배치(layout)
6) 배경음악(BGM, Back Ground Music)
7) 방음보호구 사용 : 귀마개, 귀덮개

정답 05. ④　06. ②

PART 04
전기설비 안전관리

항목별 이론 및 우선순위 문제
1. 전기안전관리 업무수행
2. 감전재해 및 방지대책
3. 정전기 장·재해 관리
4. 전기 방폭 관리
5. 전기설비 위험요인 관리

Chapter 01 전기안전관리 업무수행

1. 전기의 위험성

가 감전(electric shock)

감전이란 사람 체내의 일부 또는 대부분에 전기가 흐르는 현상. 이에 의해 인체가 받게 되는 충격을 전격(electric shock)이라 함.
- 일반적으로는 감전(전격)으로 통칭되어 사용

나 감전재해(전격재해)

전류가 인체의 일부 또는 전부를 통하여 흘렀을 때, 인체 내에서 일어나는 생리적 현상으로서 근육의 수축, 호흡곤란, 심실세동 등으로 인하여 부상, 사망하거나 추락, 전도 등 2차적 재해를 유발시킬 것
- 감전사고로 인한 상태이며, 2차적인 추락, 전도 등에 의한 인명 상해를 말함.

다 감전의 위험요소

(1) 전격현상의 위험도를 결정하는 인자(위험도 순)

① 통전전류의 크기 ② 통전 시간 ③ 통전 경로 ④ 전원의 종류(교류, 직류) ⑤ 주파수 및 파형

(2) 전격의 위험

(가) 통전전류의 크기

① 통전전류의 인체에 미치는 영향은 통전전류의 크기와 통전시간에 따라 결정됨.
② 통전전류의 크기가 클수록 위험함. 감전피해의 위험도에 가장 큰 영향을 미침.
③ 통전전류는 인가전압에 비례하고 인체 저항에 반비례함.

$$전류(I) = \frac{전압(V)}{저항(R)}$$

– 통전전류의 크기는 인체의 저항이 일정할 때는 접촉 전압에 비례

> **예문** 모터에 걸리는 대지전압이 50V이고 인체저항이 5000Ω일 경우 인체에 흐르는 전류는 몇 mA인가?
>
> **해설** 통전전류의 크기 : 통전전류는 인가전압에 비례하고, 인체 저항에 반비례함.
> 전류$(I) = \dfrac{전압(V)}{저항(R)}$ = 50/5000 = 0.01A = 10mA(* m(밀리) → 10^{-3})

인체에 흐르는 전류의 크기 감전시간(접촉시간)과 비례하므로 감전시간을 낮추면 인체에 흐르는 전류의 크기도 감소시킬 수 있음. (예: 감전방지용 누전차단기 – 동작시간: 0.03초)

(나) 통전시간
  ① 감전사고의 피해 정도는 접촉시간에 따라 위험성이 결정
  ② 통전시간이 장시간 인체로 흐르면 사망에 위험이 있음.
  ③ 교류에 감전된 경우 근육에 경련과 수축이 일어나서 접촉 시간이 길어지게 됨.

(다) 통전경로
  ① 인체 주요 부분 중 심장으로 흐르면 매우 위험(통전경로가 왼손 – 가슴이면 위험도가 1.5로 매우 위험)
  ② 위험수준 : 왼손 – 가슴(1.5) > 오른손 – 가슴(1.3) > 왼손 – 한발 또는 양발, 양손 – 양발(1.0) > 오른손 – 한발 또는 양발(0.8) > 왼손 – 등, 한손 또는 양손 – 앉아 있는 자리(0.7) > 왼손 – 오른손(0.4) > 오른손 – 등(0.3)

(라) 전원의 종류(교류, 직류)
  ① 전원의 크기가 동일한 경우 교류가 직류보다 더 위험
  ② 전압이 동일한 경우 교류가 직류보다 위험한 이유 : 교류의 경우 전압의 극성변화가 있기 때문

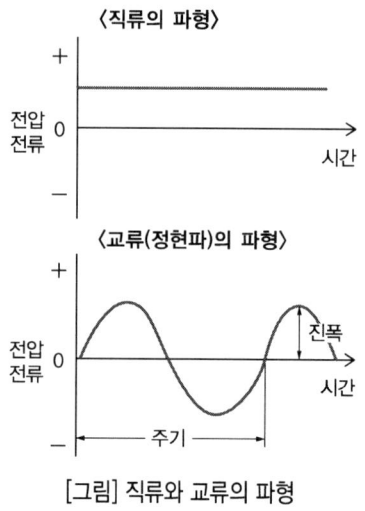

[그림] 직류와 교류의 파형

㉠ 직류 : 전압의 극성과 전류가 일정
㉡ 교류 : 전압이 1초에 60회(60Hz) 바뀜

전압에 따른 전원의 종류<전기사업법 시행규칙 제2조>

구 분	직 류	교 류
저 압	1,500V 이하	1,000V 이하
고 압	1,500V 초과~7,000V 이하	1,000V 초과~7,000V 이하
특고압	7,000V 초과	

(마) 주파수 및 파형 : 주파수가 높을수록 감지전류는 증가(직류가 교류보다 감지전류가 더욱 크게 나타남)

라 통전전류의 세기 및 그에 따른 영향

(1) 통전전류의 크기에 따른 영향(건강한 성인 남자인 경우이며, 상용주파수 교류 60Hz 정현파)

통전전류	신체의 영향	전류 크기
최소감지전류	고통을 느끼지 않으면서 짜릿하게 전기를 감지할 수 있는 최소전류	성인남자 기준으로 함(1mA) ① 직류: 남 5.2mA, 여 3.5mA ② 교류: 남 1.1mA, 여 0.7mA
고통한계전류	최소감지전류보다 커지면서 어느 순간 고통을 느끼지만 참을 수 있는 전류	7~8mA
가수전류 (이탈전류)	감전되었을 경우 다른 손을 사용하지 않고 자력으로 손을 뗄 수 있는 전류(인체가 지력으로 이탈 가능 전류)	10~15mA * 최저가수전류치 ① 남자 9mA ② 여자 6mA
불수전류 (교착전류)	고통을 느끼고 강한 근육의 수축이 일어나 호흡이 곤란, 신경이 마비(인체가 자력으로 이탈 불가능 전류)	20~50mA
심실세동전류	치사의 위험 및 치사전류(치사적 전류) ① 50~100mA 순간적으로 치사의 위험 ② 100~200mA 순간적으로 확실히 사망	-

[그림] 통전전류의 크기에 따른 영향

(2) 심실세동 전류

(가) 감전되어 사망하는 주된 메커니즘
① 심장부에 전류가 흘러 심실세동이 발생하여 혈액순환 기능이 상실되어 일어난 것
② 뇌의 호흡중추 신경에 전류가 흘러 호흡기능이 정지되어 일어난 것
③ 흉부에 전류가 흘러 흉부수축에 의한 질식으로 일어난 것
④ 전격으로 동맥이 절단되어 출혈되어 일어난 것
⑤ 줄(Joule)열에 의해 인체의 통전부가 화상을 입어 일어난 것

(나) 심실세동 전류 : 심장부에 전류가 흘러 혈액을 송출하는 펌프의 기능이 장애를 받는 현상을 심실세동이라 하며 이 전류를 심실세동 전류라 함.
– 심실세동은 심부전으로 이어져 사망할 수도 있게 됨

1) 심실세동 전류와 시간과의 관계(독일의 Dalziel)

$$I = \frac{165}{\sqrt{t}}[\text{mA}], \quad I = \frac{0.165}{\sqrt{t}}[\text{A}] \quad [t : 감전시간(초)]$$

예문 다음 중 일반적으로 인체에 1초 동안 전류가 흘렀을 때 정상적인 심장의 기능을 상실할 수 있는 전류의 크기는 어느 정도인가?

해설 심실세동전류 $I = \frac{165}{\sqrt{T}}[\text{mA}] = \frac{165}{\sqrt{1}} = 165[\text{mA}]$

2) 위험한계에너지

감전전류가 인체저항을 통해 흐르면 그 부위에는 열이 발생하는데 이 열에 의해서 화상을 입고 세포 조직이 파괴됨.

줄(Joule)열 $H = I^2 RT [\text{J}] = 0.24 I^2 RT [\text{cal}] \quad (1\text{J} = 0.24\text{cal})$

> **예문** 인체의 저항을 1000Ω으로 볼 때 심실세동을 일으키는 전류에서의 전기에너지는 약 몇 J인가? (단, 심실세동전류는 $\frac{165}{\sqrt{T}}$ mA 이며, 통전시간 T는 1초, 전원은 정현파 교류이다.)
>
> **해설** 위험한계에너지
> 감전전류가 인체저항을 통해 흐르면 그 부위에는 열이 발생하는데 이 열에 의해서 화상을 입고 세포 조직이 파괴됨.
> 줄(Joule)열 $H = I^2RT$ [J]
> $= \left(\frac{165}{\sqrt{T}} \times 10^{-3}\right)^2 \times R \times T = \left(\frac{165}{\sqrt{1}} \times 10^{-3}\right)^2 \times 1,000 \times 1 = 27.23$ J
> * 심실세동전류 $I = \frac{165}{\sqrt{T}}$ mA ⇨ $I = \frac{165}{\sqrt{T}} \times 10^{-3}$ A

(다) 심장의 맥동주기

심장의 맥동주기에는 심방(心房)의 수축기, 심실의 수축 및 종료기 등이 있으며, 전격이 심실의 수축이 끝난 시기에 인가되면 심실세동을 일으킬 확률이 커질 위험이 있음

— 심장의 맥동주기 중 심실의 수축 종료 후 심실의 휴식이 있을 때(T파)에 전격이 인가되면 심실세동을 일으킬 확률이 크고 위험함.

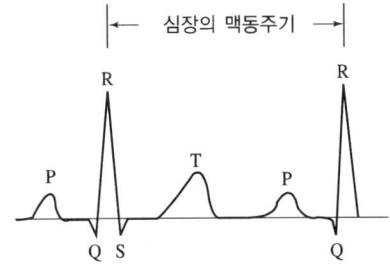

[그림] 심장의 맥동주기

① 심방의 수축에 따른 파형 : P파
② 심실의 수축에 따른 파형 : Q-R-S파
③ 심실의 휴식 시 발생하는 파형 : T파

> **용어의 정의**

① 전류(current): 전하의 흐름(전자들이 이동하면서 전하를 운반). 단위: A(암페어), 표기: I
  (* 전하: 전기현상의 근원이 되는 실체. 전기적 성질을 띠는 것. 물체가 띠고 있는 정전기의 양)
② 전압(voltage): 전류를 보내는 세기, 압력(힘). 단위: V(볼트)
③ 저항(resistance): 전류의 흐름을 방해하는 요소. 단위: Ω(옴), 표기: R
④ 부하(負荷): 전력을 공급받아 일을 하게 하는 것(들). (전기제품 등 전기를 사용하는 모든 기구)
⑤ 전력(electric power): 단위시간동안(1시간) 전기장치에 공급되는 전기에너지(전기를 보내 열을 내거나 움직이게 하는 힘). 단위: W(와트), 표기: P
  ㉠ 단상 : $P = VI \rightarrow P = V^2/R$, $P = I^2 R$
  ㉡ 3상 : $P = \sqrt{3}\, VI$

✳ 피상전력 : 전압과 전류의 곱($P = \sqrt{3} \times V \times I$) 단위 : VA, kVA
✳ 유효전력 : 3상 $P = \sqrt{3} \times 전압(V) \times 전류(I) \times 역률(\cos\theta)$
  $= \sqrt{3}\, VI\cos\theta$ [단위 : W, kW]
  – 역률 : 피상전력에 대한 유효전력의 비율. 전기기기에 실제로 걸리는 전압과 전류가 얼마나 유효하게 일을 하는가 하는 비율을 의미함.
✳ 무효전력

> **예문** 50[kW], 60[Hz] 3상 유도 전동기가 380V 전원에 접속된 경우 흐르는 전류는 약 몇 [A]인가? (단, 역률은 80%이다.)
>
> **해설** 전류
> 유효전력 3상 : $P = \sqrt{3} \times 전압(V) \times 전류(I) \times 역률(\cos\theta) = \sqrt{3}\, VI\cos\theta$
>   [단위 : W, kW]
> ⇨ $I = P/(\sqrt{3} \times V \times 역률) = 50,000/(\sqrt{3} \times 380 \times 80\%) = 94.96 A$

⑤ 옴의 법칙(Ohm's Law) : 전류의 크기는 전압에 비례하고 저항에 반비례
  $V = IR$, $I = V/R$
⑥ 줄의 법칙(Joule's Law) : 도체에 흐르는 전류로 인하여 발생하는 열량(발열량)
  줄(Joule)열 $H = I^2 RT$ [J] $= 0.24 I^2 RT$ [cal] (1J = 0.24cal)
  – 줄(Joule)열은 전륫값이 클수록 그 제곱만큼 발생. 시간이 지속될수록 더 발생. 저항이 클수록 더 발생

피상전력 = 유효전력 + 무효전력

① 피상전력: 전원의 용량을 표시하는 전력
② 유효전력: 전원에서 부하로 실제 소비되는 전력
③ 무효전력: 전력으로 이용할 수 없는 전력

2. 전기설비 및 기기

가 개폐기 : 개폐기는 전로의 개폐에만 사용되고 통전 상태에서 차단 능력이 없음(사고 전류를 차단하는 보호기능은 없음).
  – 단순히 전로를 개방하거나 연결하기 위한 장치

(1) 컷아웃 스위치(COS: Cut Out Switch)
변압기 및 주요 기기의 1차 측에 부착하여 단락 등에 의한 과전류로부터 기기를 보호하는 데 사용

> **컷아웃스위치**
> 주로 변압기 1차 측에 설치하여 변압기의 보호와 단로를 위한 목적으로 사용 (전등용 변압기 1차 측 COS 개방 ⇨ 2차 측 COS 개방은 무의미)

(2) 단로기(DS: Disconnecting Switch)

(가) 단로기 : 단로기는 개폐기의 일종으로 수용가 구내 인입구에 설치하여 무부하 상태의 전로를 개폐하는 역할을 하거나 차단기, 변압기, 피뢰기 등 고전압 기기의 1차 측에 설치하여 기기를 점검, 수리할 때 전원으로부터 이들 기기를 분리하기 위해 사용
  – 부하전류를 차단하는 능력이 없으므로 부하전류가 흐르는 상태에서 차단하면 매우 위험

> **단로기**
> 전선로나 전기기기의 수리 점검을 하는 경우에 차단기로 차단된 무부하 상태의 전로를 확실하게 열기 위해 사용되는 개폐기로서 부하전류 및 고장전류를 차단하는 기능은 없음
> ① 단로기는 차단기가 차단되어 있을 때 개폐하기 때문에 무부하 시 개폐 (한전→단로기→차단기→변압기→부하 측)
> ② 부하 시 개폐하면 엄청난 아크가 발생하여 사고 위험
> * 차단기: 정상적인 부하전류를 개폐하거나 기기나 계통에서 발생한 고장전류 차단

[그림] 단로기(DS)

(나) 개폐조작의 순서

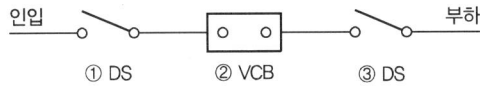

① DS   ② VCB   ③ DS

1) 전원 투입 순서 : ③ → ① → ②
   단로기(DS)를 투입한 후 차단기(VCB) 투입

2) 전원 차단 순서 : ② → ③ → ①
   차단기(VCB)를 개방한 후 단로기(DS) 개방

(3) 유입 개폐기(OS: Oil Switch)

변압기의 기름이 들어 있는 통속에 설치한 개폐기. 고장 전류는 차단할 수 없고, 단지 부하전류만 개폐하는 데 사용

(4) 선로 개폐기(LS: Line Switch)

선로 개폐기는 보안상 책임 분계점에서 보수 점검시 전로를 개폐하기 위하여 시설하는 것으로 반드시 무부하 상태에서 개방하여야 하며, 단로기와 비슷한 용도를 사용

(5) 부하 개폐기(LBS: Load Breaker Switch)

고압 또는 특별고압 부하 개폐기는 고압 전로에 사용하며, 정상 상태에서는 소정의 전류를 개폐 및 통전하고, 그 전로가 단락 상태가 되어 이상 전류가 흐르면 규정시간 동안 통전할 수 있는 개폐기
- 소정의 전류란 부하전류, 여자전류 및 충전전류를 말하며, 실제로 사용할 때는 전력 퓨즈를 부착하여 사용

나 과전류 차단기

(1) 차단기(CB: Circuit Breaker) : 전류를 개폐함과 함께 과부하, 단락(短絡) 등의 이상 상태에 대해 회로를 차단해 안전을 유지하는 장치(고장 전류와 같은 대전류(많은 양의 전류)를 차단할 수 있는 것)

(2) 과전류의 종류

과전류란 전기기기 또는 전선에서 정하고 있는 허용 전룻값 이상으로 전류가 흐르는 것
  - 과전류에는 단락 전류, 과부하 전류, 과도 전류로 나눌 수 있음.
① 단락 전류 : 보통 선로가 합선 되었을 경우
② 과부하 전류 : 부하의 변동 등에 의해 정격 전류보다 큰 전류가 흐를 경우
③ 과도 전류 : 변압기 투입 전류, 콘덴서 투입 및 개방시, 전동기 기동시 등 매우 짧은 시간에만 존재하고 서서히 감쇄하여 정상값으로 되돌아가는 과전류

(3) 차단기의 종류

① 배선용차단기(MCCB), 기중 차단기(ACB) - 저압전기설비에 사용
② 유입차단기(OCB), 진공차단기(VCB), 가스차단기(GCB), 공기차단기(ABB), 자기차단기(MBB), 기중차단기(ACB) 등이 있음.

과도 전류
전동기 등에 전원 투입 시 큰 전류가 흐르고 잠시 후에 소정의 부하 전류가 흐르게 되는데 이 큰 전류를 과도 전류라 함

배선용차단기(MCCB)
개폐기구가 절연물의 용기 내에 일체로 조립한 것으로 과부하 및 단락사고 시에 자동적으로 전로를 차단하는 장치. 과전류에 의한 선로, 기기 등의 보호가 목적

(4) 과전류보호장치 설치방법

과전류를 차단하려면 저압 전로에 있어서는 퓨즈 및 배선용 차단기나, 고압 및 특별고압 전로에 있어서는 퓨즈 및 과전류 계전기에 의해서 작동하는 차단기가 사용되고 있음.

> **산업안전보건기준에 관한 규칙**
>
> 제305조(과전류 차단장치)
> 과전류[(정격 전류를 초과하는 전류로서 단락(短絡)사고전류, 지락사고전류를 포함하는 것)]로 인한 재해를 방지하기 위하여 다음의 방법으로 과전류차단장치 [(차단기·퓨즈 또는 보호계전기 등과 이에 수반되는 변성기(變成器))]를 설치하여야 한다.
> 1. 과전류차단장치는 반드시 접지선이 아닌 전로에 직렬로 연결하여 과전류 발생 시 전로를 자동으로 차단하도록 설치할 것
> 2. 차단기·퓨즈는 계통에서 발생하는 최대 과전류에 대하여 충분하게 차단할 수 있는 성능을 가질 것
> 3. 과전류차단장치가 전기계통상에서 상호 협조·보완되어 과전류를 효과적으로 차단하도록 할 것

주택용 배선차단기 B 타입의 경우 순시동작범위
(* 순시 타입에 순시전류가 유입되면 0.1초 내에 트립 동작됨)

형	순시트립범위
B	$3I_n$ 초과 ~ $5I_n$ 이하
C	$5I_n$ 초과 ~ $10I_n$ 이하
D	$10I_n$ 초과 ~ $20I_n$ 이하

(5) 과전류 차단장치를 시설해서는 안 되는 것

접지공사의 접지선, 다선식 전로의 중성선 및 전로의 일부에 접지공사를 한 저압 가공전선로의 접지 측 전선에는 과전류 차단기를 시설하여서는 아니됨.

* 변압기, 발전기 내부 고장검출 보호 : ① 비율 차동 계전기 ② 차동 계전기 ③ 부흐홀쯔 계전기
  - 차동계전방식(差動繼電方式, differential relaying) : 전기회로의 고장시 나타나는 2개 이상의 전류 또는 전압의 차에 의해 고장을 검출 보호하는 계전방식

계전기(relay) : 일반적 보호계전기
① 여러 가지 입력 신호에 따라서 전기회로를 열거나 닫는 역할을 하는 기기
② 전선로에서 단락이나 지락이 발생하면 이를 감지하고 차단기의 트립 코일을 여자시켜 차단기로 전로에 개방케 함으로써 고장을 치단히는 역할(단락(지락)을 감지하고 차단기를 개방하게 하므로 고장을 차단하는 역할)

(6) 과전류 차단기의 선정(과전류 차단기의 정격전류 계산)

옥내 간선을 보호하기 위한 과전류 차단기는 저압 옥내 간선의 허용전류 이하의 정격전류의 것을 선정

① 옥내 간선의 허용전류
  ㉠ 전동기 전류합이 50A 초과 시 허용전류 : (전동기 전류합×1.1) + 전열 전류합
  ㉡ 전동기 전류합이 50A 이하 시 허용전류 : (전동기 전류합×1.25) + 전열 전류합

② 차단기 정격 전류-차단기 정격 전류가 간선의 허용전류보다 2.5배 초과 시 2.5배 이하의 것으로 선정
  ㉠ 전동기 전류합이 50A 초과 시 차단기 정격 전류 : (전동기 전류합 ×2.75) + 전열 전류합
  ㉡ 전동기 전류합이 50A 이하 시 차단기 정격 전류 : (전동기 전류합 ×3) + 전열 전류합

> **퓨즈(fuse)**
> ① 저압용 퓨즈
>   - 수평으로 붙인 경우 정격 전류의 1.1배의 전류에 견디어야 함.
> ② 고압용 퓨즈
>   ㉠ 포장 퓨즈는 정격 전류의 1.3배 전류에 견디고 2배의 전류에는 120분 안에 용단
>   ㉡ 비포장 퓨즈는 정격 전류의 1.25배 전류에 견디고 2배의 전류에는 2분 안에 용단되는 것
> (* 전동기용 퓨즈 : 회로에 흐르는 과전류 차단, 전동기보호 목적)

포장 퓨즈와 비포장 퓨즈
① 포장 퓨즈: 퓨즈가 노출되지 않는 것. 용단 시 아크 불꽃이 직접 노출 않도록 보호 포장된 것 (통형퓨즈)
② 비포장 퓨즈: 용단 시 아크 불꽃이 대기 중으로 직접 노출되는 것 (고리형 퓨즈, 실 모양의 퓨즈)

과전류차단기로 저압 전로에 사용하는 범용의 퓨즈(g_G)의 용단전류(정격전류가 4A 이하): 2.1배

고압 전로에 설치된 전동기용 고압 전류 제한 퓨즈의 불용단 전류의 조건: 정격전류 1.3배의 전류로 2시간 이내에 불용단

CHAPTER 01 항목별 우선순위 문제 및 해설 (1)

01 인체의 전기저항이 5,000Ω 이고, 심실세동 전류와 통전시간과의 관계를 $\frac{165}{\sqrt{T}}$ mA라 할 경우, 심실세동을 일으키는 위험 에너지는 약 몇 J인가? (단, 통전시간은 1초로 한다.)

① 5　　　　② 30
③ 136　　　④ 825

해설 위험한계에너지
감전전류가 인체저항을 통해 흐르면 그 부위에는 열이 발생하는데 이 열에 의해서 화상을 입고 세포 조직이 파괴됨.
줄(Joule)열
$H = I^2RT[J]$
$= \left(\frac{165}{\sqrt{T}} \times 10^{-3}\right)^2 \times R \times T$
$= \left(\frac{165}{\sqrt{1}} \times 10^{-3}\right)^2 \times 5,000 \times 1 = 136J$

* 심실세동전류 $I = \frac{165}{\sqrt{T}}$ mA ⇨ $I = \frac{165}{\sqrt{T}} \times 10^{-3}$ A

02 저항값이 0.1Ω 인 도체에 10A의 전류가 1분간 흘렀을 경우 발생하는 열량은 몇 cal인가?

① 124　　　② 144
③ 166　　　④ 250

해설 줄(Joule)열
$H = I^2RT[J] = 0.24I^2RT[cal]$ (* 1J = 0.24cal)
$= 0.24 \times 10^2 \times 0.1 \times 60초 = 144cal$
(I: 전류, R: 저항, t: 초)

03 Dalziel의 심실세동전류와 통전시간과의 관계식에 의하면 인체 전격시의 통전시간이 4초이었다고 했을 때 심실세동전류의 크기는 약 몇 mA인가?

① 42　　　② 83
③ 165　　　④ 185

해설 심실세동전류 $I = \frac{165}{\sqrt{T}}$ mA $= \frac{165}{\sqrt{4}} = 82.5 ≒ 83mA$

04 대지에서 용접작업을 하고 있는 작업자가 용접봉에 접촉한 경우 통전전류는? (단, 용접기의 출력 측 무부하전압: 100V, 접촉저항(손, 용접봉 등 포함): 20kΩ, 인체의 내부저항: 1kΩ, 발과 대지의 접촉저항: 30kΩ)

① 약 0.2mA　　② 약 2.0mA
③ 약 0.2A　　　④ 약 2.0A

해설 통전전류 : 통전전류는 인가전압에 비례하고 인체저항에 반비례함.
전류(I) = $\frac{전압(V)}{저항(R)}$
= 100/(20,000 + 1,000 + 30,000)
= 0.00196A
= 약 2.0mA

05 통전 경로별 위험도를 나타낼 경우 위험도가 큰 순서대로 나열한 것은?

| ⓐ 왼손-오른손 | ⓑ 왼손-등 |
| ⓒ 양손-양발 | ⓓ 오른손-가슴 |

① ⓐ - ⓒ - ⓑ - ⓓ
② ⓐ - ⓓ - ⓒ - ⓑ
③ ⓓ - ⓒ - ⓑ - ⓐ
④ ⓓ - ⓐ - ⓒ - ⓑ

해설 통전경로 : 인체 주요 부분 중 심장으로 흐르면 매우 위험(통전경로가 왼손 - 가슴이면 위험도가 1.5로 매우 위험)
* 왼손-가슴(1.5) > 오른손-가슴(1.3) > 왼손-한발 또는 양발, 양손-양발(1.0) > 오른손-한발 또는 양발(0.8) > 왼손-등, 한손 또는 양손-앉아있는 자리(0.7) > 왼손-오른손(0.4) > 오른손-등(0.3)

정답 01. ③ 02. ② 03. ② 04. ② 05. ③

06 최소 감지전류를 설명한 것이다. 옳은 것은? (단, 건강한 성인 남녀인 경우이며, 교류 60[Hz] 정현파이다.)

① 남녀 모두 직류 5.2[mA]이며, 교류(평균치) 1.1[mA]이다.
② 남자의 경우 직류 5.2[mA]이며, 교류(실효치) 1.1[mA]이다.
③ 남녀 모두 직류 3.5[mA]이며, 교류(실효치) 1.1[mA]이다.
④ 여자의 경우 직류 3.5[mA]이며, 교류(평균치) 0.7[mA]이다.

해설 **최소감지전류** : 성인 남자 기준으로 함(1mA)
① 직류: 남 5.2mA, 여 3.5mA
② 교류: 남 1.1mA, 여 0.7mA

07 전격현상의 위험도를 결정하는 인자에 대한 설명으로 틀린 것은?

① 통전전류의 크기가 클수록 위험하다.
② 전원의 종류가 통전시간보다 더욱 위험하다.
③ 전원의 크기가 동일한 경우 교류가 직류보다 위험하다.
④ 통전전류의 크기는 인체의 저항이 일정할 때 접촉 전압에 비례한다.

해설 **전격현상의 위험도를 결정하는 인자**(위험도 순)
① 통전전류의 크기   ② 통전시간
③ 통전경로   ④ 전원의 종류(교류, 직류)
⑤ 주파수 및 파형

08 인체가 전격(감전)으로 인한 사고 시 통전전류에 의한 인체반응으로 틀린 것은?

① 교류가 직류보다 일반적으로 더 위험하다.
② 주파수가 높아지면 감지전류는 작아진다.
③ 심장을 관통하는 경로가 가장 사망률이 높다.
④ 가수전류는 불수전류보다 값이 대체적으로 작다.

해설 **주파수 및 파형**
주파수가 높을수록 감지전류는 증가(직류가 교류보다 감지전류가 더욱 크게 나타남)

09 이탈전류에 대한 설명으로 옳은 것은?

① 손발을 움직여 충전부로부터 스스로 이탈할 수 있는 전류
② 충전부에 접촉했을 때 근육이 수축을 일으켜 자연히 이탈되는 전류의 크기
③ 누전에 의해 전류가 선로로부터 이탈되는 전류로서 측정기를 통해 측정 가능한 전류
④ 충전부에 사람이 접촉했을 때 누전차단기가 작동하여 사람이 감전되지 않고 이탈할 수 있도록 정한 차단기의 작동전류

해설 **가수전류(이탈전류)** : 10~15mA
감전되었을 경우 다른 손을 사용하지 않고 자력으로 손을 뗄 수 있는 전류(인체가 자력으로 이탈 가능 전류)
* 최저가수전류치 : 남자 9mA, 여자 6mA

10 심장의 맥동주기 중 어느 때에 전격이 인가되면 심실세동을 일으킬 확률이 크고 위험한가?

① 심방의 수축이 있을 때
② 심실의 수축이 있을 때
③ 심실의 수축 종료 후 심실의 휴식이 있을 때
④ 심실의 수축이 있고 심방의 휴식이 있을 때

해설 **심장의 맥동주기**
심장의 맥동 주기에는 심방(心房)의 수축기, 심실의 수축 및 그 종료기 등이 있으며, 전격이 심실의 수축이 끝난 시기에 인가되면 심실세동을 일으킬 확률이 커질 위험이 있음.
- 심장의 맥동주기 중 심실의 수축 종료 후 심실의 휴식이 있을 때(T파)에 전격이 인가되면 심실세동을 일으킬 확률이 크고 위험함.

정답 06.② 07.② 08.② 09.① 10.③

3. 전기안전관리

가 감전사고 방지대책

① 전기기기 및 설비의 정비
② 안전전압 이하의 전기기기 사용
③ 설비의 필요부분에 보호접지의 실시
④ 노출된 충전부에 절연 방호구를 설치, 작업자는 절연보호구를 착용
⑤ 유자격자 이외는 전기기계·기구에 전기적인 접촉 금지
⑥ 사고회로의 신속한 차단(누전차단기 설치)
⑦ 보호절연
⑧ 이중절연구조

나 감전사고 행위별 통계에서 가장 빈도가 높은 순서

① 전기 공사나 전기설비 보수작업
② 장난, 놀이 : 어린이들이 호기심으로 콘센트에 젓가락 등의 쇠붙이를 삽입하거나 수전설비에 무단출입하여 감전(장난, 놀이)
③ 가전기기 운전 및 보수작업 : 가정에서 누전되는 가전기기에 감전되거나, 등기구를 교체하다 발생하는 감전
④ 기계 운전 및 보수작업
⑤ 기타 불명

다 전기 기계·기구 등으로 인한 위험방지〈산업안전보건기준에 관한 규칙〉

(1) 직접 접촉에 의한 감전방지

제301조(전기 기계·기구 등의 충전부 방호)
① 전기기계·기구 또는 전로 등의 충전부분에 접촉하거나 접근함으로써 감전 위험이 있는 충전부분에 대하여 감전을 방지하기 위한 방호방법
  1. 충전부가 노출되지 않도록 폐쇄형 외함(外函)이 있는 구조로 할 것
  2. 충전부에 충분한 절연효과가 있는 방호망이나 절연덮개를 설치할 것
  3. 충전부는 내구성이 있는 절연물로 완전히 덮어 감쌀 것
  4. 발전소·변전소 및 개폐소 등 구획되어 있는 장소로서 관계 근로자가 아닌 사람의 출입이 금지되는 장소에 충전부를 설치하고, 위험표시 등의 방법으로 방호를 강화할 것

조명기구를 사용함에 따라 작업면의 조도가 점차적으로 감소되어가는 원인
① 점등 광원의 노화로 인한 광속의 감소
② 실내 반사면에 붙은 먼지, 오물, 반사면의 화학적 변질에 의한 광속 반사율 감소
③ 공급전압과 광원의 정격전압의 차이에서 오는 광속의 감소

* 전기 기계·기구를 적정하게 설치하고자 할 때의 고려사항
  ① 전기적 기계적 방호 수단의 적정성
  ② 습기, 분진 등 사용 장소의 주위 환경
  ③ 전기 기계·기구의 충분한 전기적 용량 및 기계적 강도

건설현장에서 사용하는 임시배선의 안전대책
① 모든 전기기기의 외함은 접지시켜야 한다.
② 임시배선은 다심케이블을 사용한다.
③ 배선은 반드시 분전반 또는 배선반에서 인출해야 한다.
④ 지상 등에서 금속관으로 방호할 때는 그 금속관을 접지해야 한다.

5. 전주 위 및 철탑 위 등 격리되어 있는 장소로서 관계 근로자가 아닌 사람이 접근할 우려가 없는 장소에 충전부를 설치할 것
② 근로자가 노출 충전부가 있는 맨홀 또는 지하실 등의 밀폐공간에서 작업하는 경우에는 노출 충전부와의 접촉으로 인한 전기위험을 방지하기 위하여 덮개, 방책 또는 절연 칸막이 등을 설치하여야 한다.
③ 근로자의 감전위험을 방지하기 위하여 개폐되는 문, 경첩이 있는 패널 등(분전반 또는 제어반 문)을 견고하게 고정시켜야 한다.

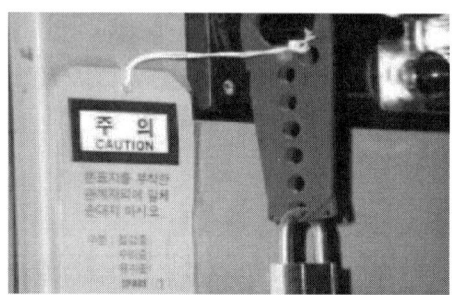

[그림] 개폐기 차단 및 잠금장치 설치

 참고

※ 입욕자에게 전기적 자극을 주기 위한 전기욕기의 전원장치에 내장되어 있는 전원 변압기의 2차 측 전로의 사용전압 : 10V

전기욕기 전원장치〈한국전기설비규정〉
전기욕기에 전기를 공급하기 위한 전기욕기용 전원장치(내장되어 있는 전원 변압기의 2차 측 전로의 사용전압이 10V 이하인 것에 한함)는 「전기용품안전 관리법」에 의한 안전기준에 적합한 것

(2) 누전(간접접촉)에 의한 감전위험을 방지

제302조(전기 기계·기구의 접지)
① 누전에 의한 감전의 위험을 방지하기 위하여 접지를 하여야 한다.
② 다음의 어느 하나에 해당하는 경우에는 접지를 적용하지 아니할 수 있다.[*접지 비적용]
　1. 이중절연 또는 이와 같은 수준 이상으로 보호되는 구조로 된 전기기계·기구
　2. 절연대 위 등과 같이 감전 위험이 없는 장소에서 사용하는 전기기계·기구
　3. 비접지방식의 전로(그 전기기계·기구의 전원 측의 전로에 설치한 절연변압기의 2차 전압이 300볼트 이하, 정격용량이 3킬로볼트

암페어 이하이고 그 절연전압기의 부하 측의 전로가 접지되어 있지
아니한 것으로 한정)에 접속하여 사용되는 전기기계·기구

제304조(누전차단기에 의한 감전방지)
① 전기 기계·기구에 대하여 누전에 의한 감전위험을 방지하기 위하여
해당 전로의 정격에 적합하고 감도가 양호하며 확실하게 작동하는 감
전방지용 누전차단기를 설치하여야 한다.

> **누전에 의한 감전사고의 방지 대책**
> ① 전로의 절연 ② 보호접지 ③ 누전차단기 설치 ④ 이중절연구조
> ⑤ 비접지방식의 전로 채용 ⑥ 고장전로의 신속한 차단
> ⑦ 안전전압 이하 전원의 기기사용(산업안전보건법령에 의한 30V 규정)

(3) 전기 기계·기구의 조작 시 등의 안전조치

제310조(전기 기계·기구의 조작 시 등의 안전조치)
① 전기기계·기구의 조작부분을 점검하거나 보수하는 경우에는 근로자
가 안전하게 작업할 수 있도록 전기 기계·기구로부터 폭 70센티미터
이상의 작업공간을 확보하여야 한다.
② 전기적 불꽃 또는 아크에 의한 화상의 우려가 있는 고압 이상의 충전전
로 작업에 근로자를 종사시키는 경우에는 방염처리된 작업복 또는 난
연(難燃)성능을 가진 작업복을 착용시켜야 한다.

라 배선 및 이동전선으로 인한 위험방지

제313조(배선 등의 절연피복 등)
① 배선 또는 이동전선에 대하여 절연피복이 손상되거나 노화됨으로 인한
감전의 위험을 방지하기 위하여 필요한 조치를 하여야 한다.
② 전선을 서로 접속하는 경우에는 해당 전선의 절연성능 이상으로 절연
될 수 있는 것으로 충분히 피복하거나 적합한 접속기구를 사용하여야
한다.

제314조(습윤한 장소의 이동전선 등)
물 등의 도전성이 높은 액체가 있는 습윤한 장소에서 근로자가 작업 중에
나 통행하면서 이동전선 및 이에 부속하는 접속기구에 접촉할 우려가 있
는 경우에는 충분한 절연효과가 있는 것을 사용하여야 한다.

이동식 전기기계·기구의 안전대책
① 충전부 전체를 절연한다.
② 금속제 외함이 있는 경우 접지를 한다.
③ 습기가 많은 장소는 누전차단기를 설치한다.

전기 기계·기구를 적정하게 설치하고자 할 때의 고려사항
① 전기적 기계적 방호수단의 적정성
② 습기, 분진 등 사용 장소의 주위 환경
③ 전기 기계·기구의 충분한 전기적 용량 및 기계적 강도

제315조(통로바닥에서의 전선 등 사용 금지)
통로바닥에 전선 또는 이동전선등을 설치하여 사용해서는 아니 된다(차량이나 그 밖의 물체의 통과 등으로 인하여 해당 전선의 절연피복이 손상될 우려가 없거나 손상되지 않도록 적절한 조치를 하여 사용하는 경우에는 그러하지 아니하다).

제316조(꽂음접속기의 설치·사용 시 준수사항)
꽂음접속기를 설치하거나 사용하는 경우에는 다음의 준수사항
1. 서로 다른 전압의 꽂음 접속기는 서로 접속되지 아니한 구조의 것을 사용할 것
2. 습윤한 장소에 사용되는 꽂음 접속기는 방수형 등 그 장소에 적합한 것을 사용할 것
3. 근로자가 해당 꽂음 접속기를 접속시킬 경우에는 땀 등으로 젖은 손으로 취급하지 않도록 할 것
4. 해당 꽂음 접속기에 잠금장치가 있는 경우에는 접속 후 잠그고 사용할 것

마 전기작업에 대한 위험 방지 등

(1) 정전작업의 안전

제319조(정전전로에서의 전기작업)
① 근로자가 노출된 충전부 또는 그 부근에서 작업함으로써 감전될 우려가 있는 경우에는 작업에 들어가기 전에 해당 전로를 차단하여야 한다. 다만, 다음의 경우에는 그러하지 아니하다.[*전로 차단하지 않는 경우]
1. 생명유지장치, 비상경보설비, 폭발위험장소의 환기설비, 비상조명설비 등의 장치·설비의 가동이 중지되어 사고의 위험이 증가되는 경우
2. 기기의 설계상 또는 작동상 제한으로 전로차단이 불가능한 경우
3. 감전, 아크 등으로 인한 화상, 화재·폭발의 위험이 없는 것으로 확인된 경우
② 전로 차단은 다음의 절차에 따라 시행하여야 한다.
1. 전기기기 등에 공급되는 모든 전원을 관련 도면, 배선도 등으로 확인할 것
2. 전원을 차단한 후 각 단로기 등을 개방하고 확인할 것
3. 차단장치나 단로기 등에 잠금장치 및 꼬리표를 부착할 것

> 잔류전하 : 방전 후 콘덴서의 극판 위에 남은 전하.
> • 콘덴서 및 전력 케이블 등을 고압 또는 특별고압 전기회로에 접촉하여 사용할 때 전원을 끊은 뒤에도 감전될 위험성이 있는 주된 이유가 됨
> • 방전코일(discharge coil): 회로 개방 시 콘덴서에 충전된 잔류전하를 단시간에 방전시킬 목적(5초에 50V 이하로 방전)으로 사용

4. (개로된 전로에서 유도전압 또는 전기에너지가 축적되어 근로자에게 전기위험을 끼칠 수 있는 전기기기 등은 접촉하기 전에) 잔류전하를 완전히 방전시킬 것
5. 검전기를 이용하여 작업 대상 기기가 충전되었는지를 확인할 것
6. (전기기기등이 다른 노출 충전부와의 접촉, 유도 또는 예비동력원의 역송전 등으로 전압이 발생할 우려가 있는 경우에는 충분한 용량을 가진) 단락 접지기구를 이용하여 접지할 것

③ 작업 중 또는 작업을 마친 후 전원을 공급하는 경우에는 (작업에 종사하는 근로자 또는 그 인근에서 작업하거나 정전된 전기기기등(고정 설치된 것으로 한정)과 접촉할 우려가 있는 근로자에게 감전의 위험이 없도록) 다음의 사항을 준수하여야 한다.
1. 작업기구, 단락 접지기구 등을 제거하고 전기기기 등이 안전하게 통전될 수 있는지를 확인할 것
2. 모든 작업자가 작업이 완료된 전기기기등에서 떨어져 있는지를 확인할 것
3. 잠금장치와 꼬리표는 설치한 근로자가 직접 철거할 것
4. 모든 이상 유무를 확인한 후 전기기기등의 전원을 투입할 것

✱ 정전작업 중 작업 시작 전에 필요한 조치사항
  ① 작업내용을 잘 주지시킨다.
  ② 단락접지한다.
  ③ 검전기 등에 의한 정전상태를 확인한다.
  ④ 개로 개폐기에 잠금장치(표지)를 하고 잔류전하를 방전시킨다.

✱ 감전을 방지하기 위하여 정전작업 요령을 관계근로자에 주지 필요사항
  ① 단락접지 실시에 관한 사항
  ② 전원 재투입 순서에 관한 사항
  ③ 작업 책임자의 임명, 정전범위 및 절연용 보호구 작업 등 필요한 사항

> 정전작업 시에 감전 위험의 방지
> 전력케이블을 사용하는 회로나 역률개선용 전력 콘덴서(커패시터) 등이 접속되어 있는 회로의 정전작업 시에 감전의 위험을 방지하기 위하여 잔류전하를 완전히 방전시킬 것
> (✱ 커패시터(capacitor) =콘덴서(Condenser) =축전기)

(2) 활선작업 및 활선근접 작업

제321조(충전전로에서의 전기작업)
① 근로자가 충전전로를 취급하거나 그 인근에서 작업하는 경우의 조치사항
  1. 충전전로를 정전시키는 경우에는 전로차단 절차에 따른 조치를 할 것
  2. 충전전로를 방호, 차폐하거나 절연 등의 조치를 하는 경우에는 근로자의 신체가 전로와 직접 접촉하거나 도전재료, 공구 또는 기기를 통하여 간접 접촉되지 않도록 할 것

3. 충전전로를 취급하는 근로자에게 그 작업에 적합한 절연용 보호구를 착용시킬 것
4. 충전전로에 근접한 장소에서 전기작업을 하는 경우에는 해당 전압에 적합한 절연용 방호구를 설치할 것.
5. 고압 및 특별고압의 전로에서 전기작업을 하는 근로자에게 활선작업용 기구 및 장치를 사용하도록 할 것
6. 근로자가 절연용 방호구의 설치·해체작업을 하는 경우에는 절연용 보호구를 착용하거나 활선작업용 기구 및 장치를 사용하도록 할 것
7. 유자격자가 아닌 근로자가 충전전로 인근의 높은 곳에서 작업할 때에 근로자의 몸 또는 긴 도전성 물체가 방호되지 않은 충전전로에서 대지전압이 50킬로볼트 이하인 경우에는 300센티미터 이내로 접근할 수 없도록 할 것(대지전압이 50킬로볼트를 넘는 경우에는 10킬로볼트당 10센티미터씩 더한 거리 이내로 접근할 수 없도록 할 것)
8. 유자격자가 충전전로 인근에서 작업하는 경우에는 노출 충전부에 다음 표에 제시된 접근한계거리 이내로 접근하거나 절연 손잡이가 없는 도전체에 접근할 수 없도록 할 것

> **학습 POINT**
>
> 충전전로의 선간전압, 충전전로에 대한 접근 한계거리의 표는 시험에 자주 출제 된다.

충전전로의 선간전압 (단위: 킬로볼트)	충전전로에 대한 접근 한계거리 (단위: 센티미터)
0.3 이하	접촉금지
0.3 초과 0.75 이하	30
0.75 초과 2 이하	45
2 초과 15 이하	60
15 초과 37 이하	90
37 초과 88 이하	110
88 초과 121 이하	130
121 초과 145 이하	150
145 초과 169 이하	170
169 초과 242 이하	230
242 초과 362 이하	380
362 초과 550 이하	550
550 초과 800 이하	790

② 절연이 되지 않은 충전부나 그 인근에 근로자가 접근하는 것을 막거나 제한할 필요가 있는 경우에는 방책을 설치하고 근로자가 쉽게 알아볼 수 있도록 하여야 한다(전기와 접촉할 위험이 있는 경우에는 도전성이 있는 금속제 방책을 사용하거나, 제1항의 표에 정한 접근 한계거리 이내에 설치해서는 아니 된다).

③ 제2항의 조치가 곤란한 경우에는 근로자를 감전위험에서 보호하기 위하여 사전에 위험을 경고하는 감시인을 배치하여야 한다.

* 활선작업 중 다른 공사를 하는 것에 대한 안전조치
  - 동일주 및 인접주에서의 다른 작업은 금한다.

(3) 충전전로 인근에서 차량, 기계 장치 등의 작업

제322조(충전전로 인근에서의 차량·기계장치 작업)

① 충전전로 인근에서 차량, 기계장치 등의 작업이 있는 경우에는 차량 등을 충전전로의 충전부로부터 300센티미터 이상 이격시켜 유지시키되, 대지전압이 50킬로볼트를 넘는 경우 이격시켜 유지하여야 하는 거리는 10킬로볼트 증가할 때마다 10센티미터씩 증가시켜야 한다(차량등의 높이를 낮춘 상태에서 이동하는 경우에는 이격거리를 120센티미터 이상(대지전압이 50킬로볼트를 넘는 경우에는 10킬로볼트 증가할 때마다 이격거리를 10센티미터씩 증가)으로 할 수 있다).

② 충전전로의 전압에 적합한 절연용 방호구 등을 설치한 경우에는 이격거리를 절연용 방호구 앞면까지로 할 수 있으며, 차량등의 가공 붐대의 버킷이나 끝부분 등이 충전전로의 전압에 적합하게 절연되어 있고 유자격자가 작업을 수행하는 경우에는 붐대의 절연되지 않은 부분과 충전전로 간의 이격거리는 표에 따른 접근 한계거리까지로 할 수 있다.

대지전압(voltage to ground) 접지방식의 경우에는 전선과 대지와의 사이의 전압
* 선간전압 : 비접지방식인 경우에는 전선과 전선 사이의 공칭전압

바 전기설비〈한국전기설비규정(KEC)〉

(1) 절연저항

전로가 대지로부터 충분히 절연되어 있지 않으면 누전에 의하여 화재나 감전의 위험이 있기 때문에 전류가 흐르는 곳에는 사용전압에 따른 절연을 하여야 함.

(가) 저압전로의 절연저항의 수치〈전기설비기술기준〉

전로의 사용전압 V	DC시험전압 V	절연저항 MΩ
SELV 및 PELV	250	0.5 이상
FELV, 500V 이하	500	1.0 이상
500V 초과	1,000	1.0 이상

[주] 특별저압(extralowvoltage : 2차 전압이 AC 50V, DC 120V 이하)으로 SELV(비접지회로 구성) 및 PELV(접지회로 구성)은 1차와 2차가 전기적으로 절연된 회로, FELV는 1차와 2차가 전기적으로 절연되지 않은 회로

(나) 누설전류 : 저압전선로 중 절연부분의 전선과 대지간의 절연저항은 사용전압에 대한 누설전류가 최대공급전류의 1/2,000이 넘지 않도록 해야 함.

$$누설전류\ I_g = I \times 1/2{,}000$$

⇨ 시험문제에서 위의 공식을 적용하는 질문들 :
절연저항 최소값은?, 허용가능 누설전류는?, 누설전류의 한계는?, 허용누설전류 최대값은?, 누전되는 최소전류는?

> **예문** 300A의 전류가 흐르는 저압 가공전선로의 1(한) 선에서 허용 가능한 누설전류는 몇 mA인가?
>
> **해설** 누설전류 : 절연부분의 전선과 대지 간의 절연저항은 사용전압에 대한 누설전류가 최대공급전류의 1/2,000이 넘지 않도록 해야 함
> 누설전류 $I_g = I \times 1/2{,}000 = 300 \times 1/2{,}000 = 0.15A = 150mA$

(2) 발전소 등의 울타리·담 등의 시설

① 고압 또는 특고압의 기계기구·모선 등을 옥외에 시설하는 발전소·변전소·개폐소 또는 이에 준하는 곳에는 다음에 따라 구내에 취급자 이외의 사람이 들어가지 아니하도록 시설하여야 한다.
  1. 울타리·담 등을 시설할 것
  2. 출입구에는 출입금지의 표시를 할 것
  3. 출입구에는 자물쇠장치 기타 적당한 장치를 할 것
② 울타리·담 등은 다음에 따라 시설하여야 한다.
  1. 울타리·담 등의 높이는 2m 이상으로 하고 지표면과 울타리·담 등의 하단사이의 간격은 15cm 이하로 할 것
  2. 울타리·담 등과 고압 및 특고압의 충전 부분이 접근하는 경우에는 울타리·담 등의 높이와 울타리·담 등으로부터 충전부분까지 거리의 합계는 표에서 정한 값 이상으로 할 것

[표]

사용전압의 구분	울타리·담 등의 높이와 울타리·담 등으로부터 충전부분까지의 거리의 합계
35kV 이하	5m
35kV 초과 160kV 이하	6m
160kV 초과	6m에 160kV를 초과하는 10kV 또는 그 단수마다 12cm를 더한 값

③ 고압 또는 특고압의 기계기구, 모선 등을 옥내에 시설하는 발전소·변전소·개폐소 또는 이에 준하는 곳에는 다음의 어느 하나에 의하여 구내에 취급자 이외의 자가 들어가지 아니하도록 시설하여야 한다. 다만, 제1항의 규정에 의하여 시설한 울타리·담 등의 내부는 그러하지 아니하다.
  1. 울타리·담 등을 제2항의 규정에 준하여 시설하고 또한 그 출입구에 출입금지의 표시와 자물쇠장치 기타 적당한 장치를 할 것
  2. 견고한 벽을 시설하고 그 출입구에 출입금지의 표시와 자물쇠장치 기타 적당한 장치를 할 것

(3) 아크를 발생시키는 기구와 목재의 벽 또는 천장과의 이격거리

고압 또는 특고압용 개폐기·차단기·피뢰기 기타 이와 유사한 기구로서 동작 시에 아크가 생기는 것과 목재의 벽 또는 천장 기타의 가연성 물체로부터의 이격거리 : 고압용 1.0m 이상, 특고압용 2.0m 이상

(4) 저압 및 고압선의 매설깊이(직접 매설식으로 매설할 때)

중량물의 압력을 받지 않는 장소	중량물의 압력을 받는 장소
60cm 이상	120cm 이상

> 콤바인 덕트 케이블(combine duct cable)
> 지중전선로를 직접 매설식에 의하여 시설할 때, 중량물의 압력을 받을 우려가 있는 장소에 지중 전선을 견고한 트라프 기타 방호물에 넣지 않고도 부설할 수 있는 케이블(전기기사)
> • 자동차가 통행하는 도로에서 고압의 지중전선로를 직접 매설식으로 시설할 때 사용되는 전선

(5) 전선의 종류
  ① RB : 600V 고무절연전선 - 옥내 배선용
  ② IV : 600V 비닐절연전선 - 옥내 배선용
  ③ DV : 인입용 비닐절연전선 - 인입용
  ④ OW : 옥외용 비닐절연전선 - 옥외 가공전선용
  ⑤ HIV : 내열용 비닐절연전선 - 옥내 배선용
  ⑥ EV : 폴리에틸렌 전력케이블 - 고압용
  ⑦ RN : 고무 절연클로로프렌 외장케이블 - 고압용

(6) 나전선의 사용 제한

옥내에 시설하는 저압전선에는 나전선을 사용하여서는 아니 된다. 다만, 다음 각호의 어느 하나에 해당하는 경우에는 그러하지 아니하다.(* 나전선의 사용가능한 경우)
  1. (관련 법령의 규정에 준하는) 애자 사용 공사에 의하여 전개된 곳에 다음의 전선을 시설하는 경우
    가. 전기로용 전선
    나. 전선의 피복 절연물이 부식하는 장소에 시설하는 전선

다. 취급자 이외의 자가 출입할 수 없도록 설비한 장소에 시설하는 전선
2. (관련 법령의 규정에 준하는) 버스 덕트 공사에 의하여 시설하는 경우
3. (관련 법령의 규정에 준하는) 라이팅 덕트 공사에 의하여 시설하는 경우
4. 옥내에 시설하는 저압 접촉전선 배선의 규정에 준하는 접촉 전선을 시설하는 경우
5. 놀이용 전차의 전원장치에 있어서 2차측 회로의 배선인 접촉 전선을 시설하는 경우

사 감전사고 시의 응급조치

(1) 전격에 의한 인체상해

(가) 감전사 : 심장사, 뇌사, 출혈사

(나) 감전지연사 : 치료 중 사망
 - 전기화상, 급성신부전, 패혈증, 소화기 합병증, 2차 출혈, 암의 발생

(다) 감전에 의한 국소 증상

① 피부의 광성변화 : 금속 분자가 고열로 용융되어 피부 속으로 녹아 들어가는 현상

② 전문 : 감전전류의 유출입부분에 회백색 또는 붉은색의 수지상 선이 나타나는 현상(낙뢰로 인한 전격에서 흔히 나타남)

③ 표피박탈 : 고열 때문에 인체의 표피가 벗겨져 떨어지는 현상

④ 전류반점 : 감전전류의 유출입 부분의 표피가 넓고, 평평하거나 또는 선상으로 융기하여 푸르스름하게 또는 회백색으로 반점이 생기는 현상

> 전문(電紋)
> 전기화상으로 피부에 붉은 선이나 상처가 나타나는 현상

(2) 인공호흡과 소생률

감전에 의한 호흡 정지 후 1분 이내에 올바른 방법으로 인공호흡을 실시하였을 경우 소생율은 95%, 3분 이내 75%, 4분 이내 50%, 5분 이내이면 25%로 크게 감소함.

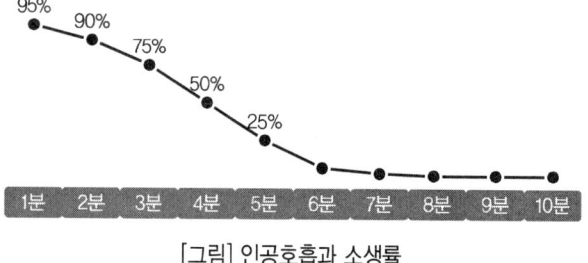

[그림] 인공호흡과 소생률

(3) 응급조치요령

(가) 우선 전원을 차단하고 피해자를 위험지역에서 신속히 대피시킴(2차 재해예방)

(나) 피재자의 상태확인

① 감전에 의해 넘어진 사람에 대하여 의식의 상태, 호흡의 상태, 맥박의 상태 등을 관찰(입술과 피부의 색깔, 체온상태, 전기출입부의 상태 등)

② 감전에 의하여 높은 곳에서 추락한 경우에는 출혈의 상태, 골절의 이상 유무 등을 확인, 관찰

③ 관찰결과 의식이 없거나 호흡 및 심장이 정지해 있거나 출혈이 심할 경우 관찰을 중지하고 필요한 응급조치 실시(인공호흡과 심장마사지)

㉠ 심장마사지 15회 정도와 인공호흡 2회를 교대로 연속적으로 실시

㉡ 인공호흡과 심장마사지를 2인이 동시에 실시할 경우에는 약 1:5의 비율로 각각 실시

(4) 인공호흡

(가) 구강대 구강법 : 인공호흡은 매분 12~15회, 30분 이상 실시

(나) 닐센법 및 샤우엘법

> **전기화상 사고 시의 응급조치 사항**
> ① 그을린 의복을 제거한 다음 찬물에 담그거나 화상용 붕대로 감는다.
> ② 화상 부위를 건조시키고 소독 거즈나 화상 거즈로 덮어 열의 손실을 막고 감염을 최소화한다.
> ③ 물집은 세균에 의해 감염을 일으키므로 터트리지 않도록 한다.
> ④ 상처 부위에 파우더, 향유 기름 등을 바르는 것은 2차 감염을 일으킬 수 있으므로 바르지 않는다.

CHAPTER 01 항목별 우선순위 문제 및 해설 (2)

01 전기에 의한 감전사고를 방지하기 위한 대책이 아닌 것은?

① 전기기기에 대한 정격 표시
② 전기설비에 대한 보호 접지
③ 전기설비에 대한 누전 차단기 설치
④ 충전부가 노출된 부분은 절연방호구 사용

해설 감전사고 방지대책
① 전기기기 및 설비의 정비
② 안전전압 이하의 전기기기 사용
③ 설비의 필요부분에 보호접지의 실시
④ 노출된 충전부에 절연 방호구를 설치, 작업자는 보호구를 착용
⑤ 유자격자 이외는 전기기계·기구에 전기적인 접촉 금지
⑥ 사고회로의 신속한 차단
⑦ 보호절연
⑧ 이중절연구조

02 저압전선로 중 절연부분의 전선과 대지간 및 전선의 심선 상호간의 절연저항은 사용전압에 대한 누설전류가 최대공급전류의 얼마를 넘지 않도록 규정하고 있는가?

① 1/100
② 1/1500
③ 1/2000
④ 1/2500

해설 절연저항
저압전선로 중 절연부분의 전선과 대지 간의 절연저항은 사용전압에 대한 누설전류가 최대공급전류의 1/2,000이 넘지 않도록 해야 함.
누설전류 $I_g = I \times 1/2,000$

03 전기 작업에서 안전을 위한 일반 사항이 아닌 것은?

① 전로의 충전여부 시험은 검전기를 사용한다.
② 단로기의 개폐는 차단기의 차단 여부를 확인 한 후에 한다.
③ 전선을 연결할 때 전원 쪽을 먼저 연결하고 다른 전선을 연결한다.
④ 첨가전화선에는 사전에 접지 후 작업을 하며 끝난 후 반드시 제거해야 한다.

해설 전기작업의 안전
전선을 연결할 때에는 다른 전선을 먼저 연결하고 전원 쪽을 연결한다.

04 다음 중 산업안전보건법상 충전전로를 취급하는 경우의 조치사항으로 틀린 것은?

① 고압 및 특별고압의 전로에서 전기작업을 하는 근로자에게 활선작업용 기구 및 장치를 사용하도록 할 것
② 충전전로를 취급하는 근로자에게 그 작업에 적합한 절연용 보호구를 착용시킬 것
③ 충전전로를 정전시키는 경우에는 전기작업 전원을 차단한 후 각 단로기 등을 폐로 시킬 것
④ 근로자가 절연용 방호구의 설치·해체 작업을 하는 경우에는 절연용 보호구를 착용하거나 활선작업용 기구 및 장치를 사용하도록 할 것

해설 충전전로를 취급하는 경우의 조치사항
충전전로를 정전시키는 경우에는 전기작업 전원을 차단한 후 각 단로기 등을 개방하고 확인할 것

정답 01.① 02.③ 03.③ 04.③

05 전기사용장소의 사용전압이 440V인 저압전로의 전선 상호간 및 전로와 대지 사이의 절연저항은 얼마 이상이어야 하는가?

① 0.1MΩ ② 0.4MΩ
③ 0.5MΩ ④ 1.0MΩ

해설 저압전로의 절연저항의 수치

전로의 사용전압 V	DC시험전압 V	절연저항 MΩ
SELV 및 PELV	250	0.5 이상
FELV, 500V 이하	500	1.0 이상
500V 초과	1,000	1.0 이상

06 22.9kV 특별고압 활선작업 시 충전전로에 대한 접근한계거리는 몇 cm인가?

① 30 ② 60
③ 90 ④ 110

해설 충전전로에 대한 접근한계거리
• 15초과 37kV이하 : 90cm

07 이동전선에 접속하여 임시로 사용하는 전등이나 가설의 배선 또는 이동전선에 접속하는 가공매달기식 전등 등을 접촉함으로 인한 감전 및 전구의 파손에 의한 위험을 방지하기 위하여 부착하여야 하는 것은?

① 퓨즈
② 누전차단기
③ 보호망
④ 회로차단기

해설 제309조(임시로 사용하는 전등 등의 위험 방지)
① 사업주는 이동전선에 접속하여 임시로 사용하는 전등이나 가설의 배선 또는 이동전선에 접속하는 가공매달기식 전등 등을 접촉함으로 인한 감전 및 전구의 파손에 의한 위험을 방지하기 위하여 보호망을 부착하여야 한다.

08 작업장 내에서 불의의 감전사고가 발생하였을 경우 우선적으로 응급조치하여야 할 사항으로 가장 적절하지 않은 것은?

① 전격을 받아 실신하였을 때는 즉시 재해자를 병원에 구급조치 하여야 한다.
② 우선적으로 재해자를 접촉되어 있는 충전부로터 분리시킨다.
③ 제3자는 즉시 가까운 스위치를 개방하여 전류의 흐름을 중단시킨다.
④ 전격에 의해 실신했을 때 그곳에서 즉시 인공호흡을 행하는 것이 급선무이다.

해설 응급조치요령
(가) 우선 전원을 차단하고 피해자를 위험지역에서 신속히 대피시킴(2차 재해예방)
(나) 피재자의 상태확인
① 감전에 의해 넘어진 사람에 대하여 의식의 상태, 호흡의 상태, 맥박의 상태 등을 관찰(입술과 피부의 색깔, 체온상태, 전기출입부의 상태 등)
② 감전에 의하여 높은 곳에서 추락한 경우에는 출혈의 상태, 골절의 이상 유무 등을 확인, 관찰
③ 관찰결과 의식이 없거나 호흡 및 심장이 정지해 있거나 출혈이 심할 경우 관찰을 중지하고 필요한 응급조치 실시(인공호흡과 심장마사지)

정답 05. ④ 06. ③ 07. ③ 08. ①

Chapter 02 감전재해 및 방지대책

1. 감전재해 예방 및 조치

가 안전전압

안전전압은 주위의 작업환경과 밀접한 관계가 있으며(※ 수중에서의 안전전압) 일반사업장의 경우 산업안전보건법에서 30V로 규정

나 허용접촉전압

(1) 허용전압

(가) 접촉전압 : 대지에 접촉하고 있는 발과 발 이외의 다른 신체부분과의 사이에서 인가되는 전압

(나) 보폭전압 : 사람의 양발 사이에 인가되는 전압
- 지표상에 근접 격리된 두 점(양발) 간의 거리 1.0m의 전위차

[그림] 보폭전압

(2) 종별 허용접촉전압

종별	접촉상태	허용접촉전압
제1종	인체의 대부분이 수중에 있는 상태	2.5V 이하
제2종	- 인체가 현저히 젖어 있는 상태 - 금속성의 전기·기계장치나 구조물에 인체의 일부가 상시 접촉되어 있는 상태	25V 이하
제3종	- 제1종, 제2종 이외의 경우로서 통상의 인체상태에 접촉 전압이 가해지면 위험성이 높은 상태	50V 이하
제4종	- 제1종, 제2종 이외의 경우로서 통상의 인체 상태에 접촉 전압이 가해지더라도 위험성이 낮은 상태 - 접촉 전압이 가해질 우려가 없는 경우	제한 없음

(3) 허용접촉전압과 허용보폭전압

허용접촉전압	허용보폭전압
$E = I_k \times \left(R_b + \dfrac{3}{2}\rho_s\right) = I_k \times \left(R_b + \dfrac{R_f}{2}\right)$	$E = I_k \times (R_b + 6\rho_s)$

(심실세동전류 : $I_k = \dfrac{0.165}{\sqrt{t}}$ [A], R_b = 인체의 저항[Ω], R_f = 대지와 접촉된 지점의 저항[Ω], ρ_s = 지표면의 저항률(대지의 고유저항) [Ω·m], 통전시간을 t초)

> **예문** 어느 변전소에서 고장전류가 유입되었을 때 도전성 구조물과 그 부근 지표상의 점과의 사이(약 1m)의 허용접촉전압은? (단, 심실세동 전류 : $I_k = \dfrac{0.165}{\sqrt{t}}$ [A], 인체의 저항 : 1000Ω, 지표면의 저항률 : 150Ω·m, 통전시간을 1초로 한다.)
>
> **해설** 허용접촉전압
> $E = I_k \times \left(R_b + \dfrac{3}{2}\rho_s\right) = \dfrac{0.165}{\sqrt{1}} \times \{1{,}000 + (3/2) \times 150\} = 202V$

다 인체의 전기저항

(1) 인체저항(human organism resistance)
① 인체저항은 인가전압의 함수 : 유럽에서는 인체저항을 인가전압의 함수로 사용
② 인가시간이 길어지면 온도상승으로 인체저항은 약간 감소
③ 인체저항은 접촉면적에 따라 변함 : 접촉면적이 클수록 저항은 작음
④ 1,000V 부근에서 피부의 절연파괴가 발생할 수 있음 : 인가전압이 올라가면 피부저항은 낮아져 1,000V에서 피부는 절연 파괴가 발생되고 내부 저항(약 500Ω)만 남음.

(2) 인체 피부의 전기저항에 영향을 주는 주요 인자 : 특히, 인가전압과 습도에 의해서 크게 좌우
① 인가전압(applied voltage)
② 접촉면의 습도
③ 통전시간
④ 접촉면적
⑤ 전압의 크기
⑥ 접촉부위
⑦ 접촉압력

(3) 인체의 피부저항 : 약 2,500Ω

피부에 땀이 나 있는 경우 건조 시보다 약 1/12~1/20로 감소되고, 물에 젖어 있는 경우는 1/25로 저항이 감소

(4) 전압과 인체저항과의 관계 설명

① 부(-)의 저항온도계수를 나타낸다. : 온도가 상승하면 저항값이 감소하는 특성을 나타냄.
　＊ 정(+)의 온도계수 : 온도 상승에 따라 저항값이 증가하는 것
② 내부조직의 저항은 전압에 관계없이 일정하다 : 직류, 교류에 관계없이 거의 일정
③ 1000V 부근에서 피부의 전기저항은 거의 사라진다. : 인가전압이 올라가면 피부저항은 낮아져 1,000V에서 피부는 절연 파괴가 발생되고 내부저항(약 500Ω)만 남음.
④ 남자보다 여자가 일반적으로 전기저항이 작다. : 전기저항은 몸무게에 따라 여자가 일반적으로 전기저항이 작음.

2. 감전재해의 요인

1차적 감전 요인	2차적 감전 요인
① 통전전류의 크기 ② 통전경로 ③ 통전시간 ④ 전원의 종류 ⑤ 주파수 및 파형	① 인체의 조건(인체의 저항) ② 전압의 크기 ③ 계절 등 주위환경

① 인체의 조건(인체의 저항) : 피부의 젖은 정도, 인가전압 등에 의해 크게 변화하며 인가전압이 커짐에 따라 약 500Ω까지 감소
② 전압의 크기 : 전압이 클수록 위험
③ 계절 등 주위환경 : 계절, 작업장 등 주위환경에 따라 인체의 저항이 변화하므로 전격에 대한 위험에 영향을 줌.

3. 절연용 안전장구

가 전기작업의 안전장구 종류

① 절연용 보호구 ② 절연용 방호구 ③ 표지용구 ④ 검출용구 ⑤ 접지용구 ⑥ 활선장구(작업용구) ⑦ 시험장치

나 절연용 보호구 : 작업을 하는 사람이 신체에 착용하는 감전방지용 보호구

- 전기 안전모(절연모), 절연장갑(절연고무장갑), 절연용 고무소매, 절연화(안전화), 절연복(절연상의, 하의, 어깨받이) 등

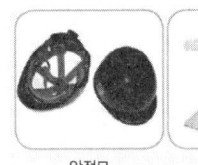  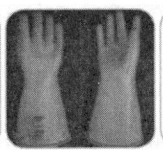  
안전모   절연복   절연장갑   보호용 가죽장갑   고무장화

[그림] 절연용 보호구 착용

안전인증 대상 보호구의 종류〈산업안전보건법 시행령 제75조〉
① 추락 및 감전 위험방지용 안전모
② 안전화
③ 안전장갑
④ 방진마스크
⑤ 방독마스크
⑥ 송기마스크
⑦ 전동식 호흡보호구
⑧ 보호복
⑨ 안전대
⑩ 차광 및 비산물 위험방지용 보안경
⑪ 용접용 보안면
⑫ 방음용 귀마개 또는 귀덮개

1) 절연 안전모
  ① 전기작업용 안전모 ; AE, ABE(낙하, 비래/추락/감전 위험 방지)
  ② 안전모의 내전압성 : 7,000V 이하의 고압에 견딜 수 있는 것
  ③ 절연안전모를 착용할 시기
     ㉠ 고압충전부에 접근하여 머리에 전기충격을 받을 염려가 있는 작업을 할 때 등
     ㉡ 특고압작업에서는 전격을 방지하는 목적으로 사용할 수 없음.
  ④ 절연안전모의 착용방법
     ㉠ 절연모를 착용할 때에는 턱걸이 끈을 안전하게 죄어야 함.
     ㉡ 머리 윗부분과 안전모와의 간격은 1cm 이상이 되도록 끈을 조정하여야 함.
     ㉢ 내장포(충격흡수라이너) 및 턱 끈이 파손되면 즉시 대체하여야 하고 대용품을 사용하여서는 안 됨.
     ㉣ 항상 청결한 상태로 유지하여야 하며 균열 또는 흠이 있을 때에는 시험하여야 함.

방염처리 또는 난연 성능을 갖춘 작업복 : 전기적 불꽃 또는 아크에 의한 화상의 우려가 높은 고압 이상의 충전전로작업에서의 근로자 작업복

2) 절연고무장갑(절연장갑), 절연고무장화(절연장화)

7,000V 이하 전압의 전기작업 시 사용

* 절연용 고무장갑과 가죽장갑의 안전한 사용방법 : 먼저 고무장갑을 끼고 그 위에 가죽장갑을 낀다.

다 절연용 방호구 : 전로의 충전부, 지지물 주변의 전기배선 등에 설치하는 감전방지용 장구

- 방호관, 절연판, 절연덮개, 절연시트

라 검출용구

- 저압 및 고압용 검전기 : 전기기기, 설비 및 전선로 등의 충전 유무를 확인하기 위한 장비

마 활선장구 : 활선 작업용 기구 및 장치

- 배전선용 후크봉(컷아웃 스위치 조작봉) : 충전 중 고압 컷아웃 등을 개폐할 때 아크에 의한 화상의 재해발생을 방지하기 위해 사용

> **참고**
>
> * 활선작업용 기구라 함은 손으로 잡는 부분이 절연재료로 만들어진 봉상의 절연공구이며 전로의 활선작업 등에 사용 : 핫스틱, 후크봉, 불량 애자 검출기, 가선 측정기, 절연점검미터 등
> * 활선작업용 장치라 함은 활선 또는 활선 근접작업을 할 때 작업자를 대지로부터 절연시키기 위해 사용 : 대지절연을 실시한 활선작업용 차 또는 활선작업용 절연대, 절연사다리, 활선애자 세정장치 등
> * 활선 시메라(장선기, wire grip, 張線器) : 전선을 가선하기 위하여 사용하며 전선을 당길 때 사용하는 장구. 전선을 잡아서 고정시키고 나사로 죄는 구조

4. 누전차단기의 감전예방

가 누전차단기

누전차단기는 저압전로에서 감전사고, 전기화재 및 전기기계기구의 손상을 방지해 줌.

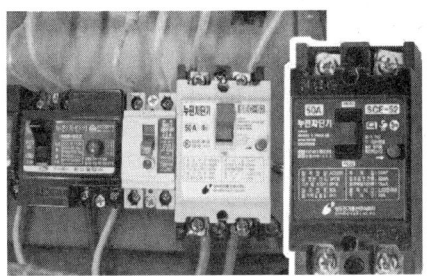

[그림] 누전차단기

나 누전차단기의 구성요소

① 누전 검출부 ② 영상변류기 ③ 차단장치 ④ 트립코일

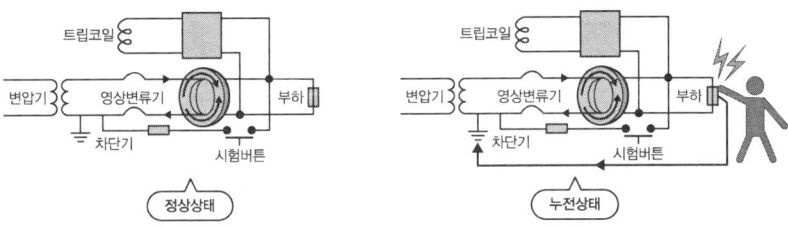

[그림] 누전차단기 동작원리(전류동작형)

다 감전방지용 누전차단기의 정격감도전류 및 작동시간(30mA 이하, 0.03초 이내)〈산업안전보건기준에 관한 규칙〉

제304조(누전차단기에 의한 감전방지)
⑤ 설치한 누전차단기를 접속하는 경우의 준수사항
  1. 전기기계·기구에 설치되어 있는 누전차단기는 정격감도전류가 30밀리암페어 이하이고 작동시간은 0.03초 이내일 것(정격전부하전류가 50암페어 이상인 전기기계·기구에 접속되는 누전차단기는 오작동을 방지하기 위하여 정격감도전류는 200밀리암페어 이하로, 작동시간은 0.1초 이내로 할 수 있다).

> **참고**
>
> * 욕실 등 물기가 많은 장소에서의 인체감전보호형 누전차단기의 정격감도전류와 동작시간
>   – 정격감도전류 15mA, 동작시간 0.03초 이내

누전차단기의 시설방법
① 정격감도 전류 30mA 이하, 동작시간은 0.03초 이내일 것
  • 감전보호를 목적으로 시설하는 누전차단기는 고감도 고속형일 것(국내기준: 정격감도전류 30mA 이하, 동작 시간 0.03초 이하). 단, 감전사고 방지대상 기계기구의 접지공사의 접지 저항치가 보호계전기 동작의 확실성을 기하기 위한 접지 저항치(접지공사의 종류)의 기준에 적합하고 또한 누전차단기의 동작시한이 0.1초 이내(고속형)인 경우에는 중 감도형으로 할 수 있다.
② 누전차단기는 분기회로마다 설치를 원칙으로 한다.
  • 분기회로 또는 전기기계 기구마다 누전 차단기를 접속할 것
③ 파손이나 감전 사고를 방지할 수 있는 장소에 접속할 것
④ 누전차단기는 배전반 또는 분전반 내에 설치하는 것을 원칙으로 한다.
⑤ 지락보호전용 기능만 있는 누전차단기는 과전류를 차단하는 퓨즈나 차단기 등과 조합하여 접속할 것
⑥ 정격전류용량은 해당 전로의 부하전류 값 이상이어야 한다.
⑦ 정격감도전류는 정상의 사용 상태에서 불필요하게 동작하지 않도록 한다.

라 누전차단기의 종류

종류	정격감도전류에서의 동작시간
고속형 누전차단기	0.1초 이내
시연형 누전차단기	0.1초를 초과하고 2초 이내
반한시형 누전차단기	0.2초를 초과하고 1초 이내
감전방지용 누전차단기	0.03초 이내

마 누전차단기의 적용 및 비적용 대상

제304조(누전차단기에 의한 감전방지)
① 다음의 전기 기계·기구에 대하여 누전에 의한 감전위험을 방지하기 위하여 해당 전로의 정격에 적합하고 감도가 양호하며 확실하게 작동하는 감전방지용 누전차단기를 설치하여야 한다.
  1. 대지전압이 150볼트를 초과하는 이동형 또는 휴대형 전기기계·기구
  2. 물 등 도전성이 높은 액체가 있는 습윤장소에서 사용하는 저압(1,500볼트 이하 직류전압이나 1,000볼트 이하의 교류전압을 말한다)용 전기기계·기구
  3. 철판·철골 위 등 도전성이 높은 장소에서 사용하는 이동형 또는 휴대형 전기기계·기구
  4. 임시배선의 전로가 설치되는 장소에서 사용하는 이동형 또는 휴대형 전기기계·기구
② 감전방지용 누전차단기를 설치하기 어려운 경우에는 작업 시작 전에 접지선의 연결 및 접속부 상태 등이 적합한지 확실하게 점검하여야 한다.
③ 다음의 경우에는 적용하지 아니한다.[*누전차단기 비적용]
  1. 이중절연 또는 이와 같은 수준 이상으로 보호되는 구조로 된 전기기계·기구
  2. 절연대 위 등과 같이 감전위험이 없는 장소에서 사용하는 전기기계·기구
  3. 비접지방식의 전로

바 누전차단기의 설치기준〈전기설비기술기준〉

사람이 쉽게 접촉할 우려가 있고 사용전압 50V를 초과하는 저압의 금속제

외함을 가지는 전기기계·기구에 전기를 공급하는 전로에 지락 발생 시 자동적으로 전로를 차단하는 누전차단기 설치

(1) 누전차단기 시설대상
① 파이프라인 등의 발열장치의 시설에 공급하는 전로의 경우
② 콘크리트에 직접 매설하여 시설하는 케이블의 임시 배선 전원의 경우
③ 특고압, 고압 전로의 변압기에 결합되는 대지전압 300V를 초과하는 저압전로
④ 주택의 옥내에 시설하는 전로의 대지전압이 150V를 넘고 300V 이하인 경우에는 저압전로의 인입구에 설치
⑤ 대지전압 150V 이하인 기계·기구를 물기가 있는 장소에 시설하는 경우
⑥ 화약고 내의 전기설비에 전기를 공급하는 전로에는 화약고 이외의 장소에 설치
⑦ Floor Heating 및 Load Heating 등 난방 또는 결빙방지를 위한 발열선 시설인 경우
⑧ 전기온상 등에 전기를 공급하는 경우
⑨ 수영장용, 수중조명등, 기타 이에 준하는 시설에 절연변압기를 통하여 전기를 공급하는 경우(절연변압기 2차 측 사용전압이 30V를 초과하는 것)
⑩ 대지전압 150V를 넘는 이동형 및 가반형 전동기기를 도전성 액체로 인하여 습기가 많은 장소에 시설하는 경우에는 고감도형 누전차단기 설치

(2) 누전차단기의 설치 제외 장소
① 기계기구 고무, 합성수지 기타 절연물로 피복된 것일 경우
② 기계기구가 유도전동기의 2차 측 전로에 접속된 저항기일 경우
③ 기계기구를 발전소, 변전소에 준하는 곳에 시설하는 경우로서 취급자 이외의 자가 임의로 출입할 수 없는 경우
④ 전기용품안전관리법의 적용을 받는 2중절연구조의 기계기구를 시설하는 경우
⑤ 대지 전압 150V 이하의 기계기구를 물기가 없는 장소에 시설하는 경우
⑥ 기계기구를 건조한 장소에 시설하고 습한 장소에서 조작하는 경우로 제어용 전압이 교류 30V, 직류 40V 이하인 경우

⑦ 절연TR시설, 부하 측 비접지하는 경우
⑧ 기계·기구를 건조한 곳에 시설하는 경우
⑨ 전기욕기, 전기로, 전해조등 기술상 절연이 불가능 한 경우
⑩ 전로의 비상승강기, 유도등, 비상조명, 탄약고 등에 누전차단기 대신 누전경보기 설치

사 누전차단기의 설치 시 주의하여야 할 사항

① 누전차단기는 설치의 기능을 고려하여 전기 취급자가 행할 것
② 누전차단기를 설치할 경우 피보호 기기에 접지는 생략
   - 금속제 외함, 외피 등 금속부분은 누전차단기를 접속한 경우에도 가능한 한 접지할 것
③ 누전차단기의 정격 전류용량은 당해전로의 부하전류치 이상의 전류치를 가지는 것
④ 전로의 전압은 그 변동 범위가 차단기의 정격전압의 85~110%까지로 한다.
⑤ 차단기를 설치한 전로에 과부하 보호장치를 설치하는 경우는 서로 협조가 잘 이루어지도록 한다.
⑥ 휴대용, 이동용 전기기기에 설치하는 차단기는 정격감도전류가 낮고, 동작시간이 짧은 것을 선정한다.
⑦ 전로의 대지정전용량이 크면 차단기가 오동작 하는 경우가 있으므로 각 분기회로마다 차단기를 설치한다.

아 누전차단기의 설치 장소

① 주위온도에 유의할 것
   - 주위 온도는 -10~40℃ 범위 내에서 설치할 것
② 표고 1,000m 이하의 장소로 할 것
③ 상대습도가 45~80% 사이의 장소에 설치할 것
④ 전원전압의 변동에 유의
   - 전원전압이 정격전압의 85~110% 사이에서 사용할 것
⑤ 먼지와 습도가 적은 장소로 할 것
⑥ 비나 이슬에 젖지 않은 장소로 할 것
⑦ 이상한 진동 또는 충격을 받지 않도록 할 것
⑧ 배선상태를 건전하게 유지할 것
⑨ 불꽃 또는 아크에 의한 폭발의 위험이 없는 장소에 설치할 것

> **누전차단기의 설치 환경조건**
>
> ① 전기기계·기구에 설치되어 있는 누전차단기는 정격감도전류가 30밀리암페어 이하이고 작동시간은 0.03초 이내일 것
> ② 전원전압은 정격전압의 85~110% 범위로 한다.
> ③ 설치장소가 직사광선을 받을 경우 차폐시설을 설치한다.
> ④ 정격부동작 전류가 정격감도 전류의 50% 이상이어야 하고 이들의 차가 가능한 작은 것이 좋다.

* 정격감도전류(rated sensitivity current) : 누설전류에 의한 누전차단기가 트립 동작을 해야 하는 최소 전류
  - 정격감도전류가 30mA이면, 누설전류가 최소 30mA 이상이 발생 경우 누전차단기는 반드시 동작을 해야 함.
* 정격부동작 전류(rated non-operating current) : 누설전류가 발생을 해도 누전차단기가 동작하지 않는 최대 허용 누설전륫값
  - 정격부동작 전류가 15mA이면 최대 15mA까지는 누설전류를 허용하여 15mA 이하의 누설전류에는 누전차단기가 동작을 해서는 안 됨.

자 누전차단기가 자주 동작하는 이유

① 전동기의 기동전류에 비해 용량이 작은 차단기를 사용한 경우
② 배선과 전동기에 의해 누전이 발생한 경우
③ 전로의 대지정전용량이 큰 경우

> **누전차단기의 설치가 제외되는 경우<한국전기설비규정>**
>
> 금속제 외함을 가지는 사용전압이 50V를 초과하는 저압의 기계기구로서 사람이 쉽게 접촉할 우려가 있는 곳에 시설하는 것에 전기를 공급하는 전로에는 누전차단기를 설치해야 한다. 다만, 다음의 어느 하나에 해당하는 경우에는 적용하지 않는다.
> 1. 기계기구를 발전소·변전소·개폐소 또는 이에 준하는 곳에 시설하는 경우
> 2. 기계기구를 건조한 곳에 시설하는 경우
> 3. 대지전압이 150V 이하인 기계기구를 물기가 있는 곳 이외의 곳에 시설하는 경우
> 4. 「전기용품 및 생활용품 안전관리법」의 적용을 받는 2중 절연구조의 기계기구를 시설하는 경우
> 5. 그 전로의 전원 측에 절연변압기(2차 전압이 300V 이하인 경우에 한한다)를 시설하고 또한 그 절연변압기의 부하 측의 전로에 접지하지 아니하는 경우
> 6. 기계기구가 고무·합성수지 기타 절연물로 피복된 경우
> 7. 기계기구가 유도전동기의 2차 측 전로에 접속되는 것일 경우
> 8. 기계기구가 부득이하게 누전차단기를 설치할 수 없는 경우
> 9. 기계기구 내에 「전기용품 및 생활용품 안전관리법」의 적용을 받는 누전차단기를 설치하고 또한 기계기구의 전원연결선이 손상을 받을 우려가 없도록 시설하는 경우

5. 아크 용접기

가 아크 용접기

금속전극(피복 용접봉)과 모재와의 사이에서 아크를 내어 모재의 일부를 녹임과 동시에 전극봉 자체도 선단부터 녹아 떨어져 모재와 융합하여 용접하는 장치

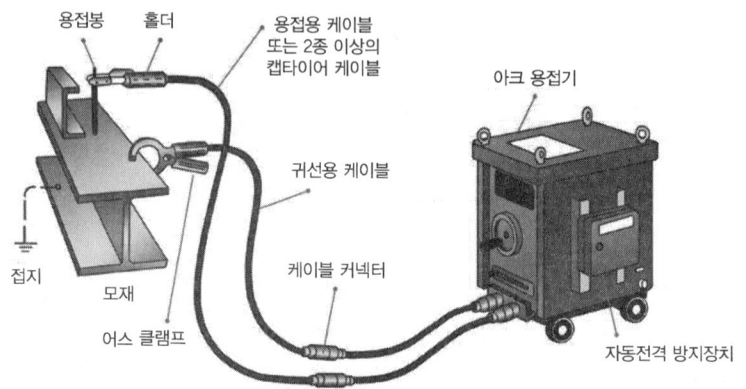

[그림] 교류 아크 용접기

나 교류 아크 용접기의 안전작업

교류 아크 용접기는 용접을 행하지 않을 시에도 출력(2차) 측 무부하 전압이 약 60~95V의 높은 전압이 형성되 전격의 위험성 증가하므로 이러한 재해를 예방하기 위해 자동전격방지장치를 설치하고 작업하도록 함.

> **참고**
> * 무부하 전압 : 아크 발생을 정지시켰을 때 출력 측(용접봉과 모재사이)의 전압 (보통 60~95V)
> * 출력전압 : 용접 홀더선과 어스선 사이의 전압
> * 1차 측은 전원을 공급받는 부분으로 용접기의 전원입력, 2차는 용접기 출력

다 자동전격방지장치

(1) 자동전격방지장치의 기능

용접 작업 시에만 주회로를 형성하게 하고 그 외에는 출력 측의 2차 무부하 전압을 저하시키는 장치

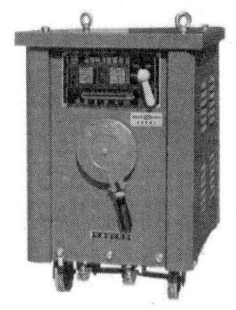

[그림] 교류 아크 용접기와 자동전격방지장치

> 자동전격방지장치
> 교류 아크 용접기의 안전장치로서 용접기의 1차 또는 2차 측에 부착

① 아크 발생을 정지시켰을 때-주회로 개로(OFF)-단시간 내(1.5초 이내)에 용접기의 출력 측 무부하 전압을 자동적으로 25~30V 이하의 안전전압으로 강하(산업안전보건법 25V 이하)
  - 사용전압이 220V인 경우 : 출력 측의 무부하전압(실효값) 25V, 지동시간 1.0초 이내
② 제어장치 : SCR 등의 개폐용 반도체 소자를 이용한 무접점방식이 많이 사용되고 있음.
③ 용접봉을 모재에 접촉할 때 용접기 2차 측은 폐회로(ON)가 되며, 이때 흐르는 전류를 감지함.
  - 무부하 상태에서 용접봉을 모재에 접촉하면 무부하 전압(25V)으로 감지된 전류에 의하여 용접을 시작하고자 하는 것을 감지하였기 때문에 곧바로 1차 측을 폐로(ON)하여 본용접을 진행하도록 전환하는 것
  * 감전위험을 방지하고 용접기 무부하 시 전력손실을 감소하는 기능

(2) 자동전격방지장치의 구성 및 동작원리

(가) 구성

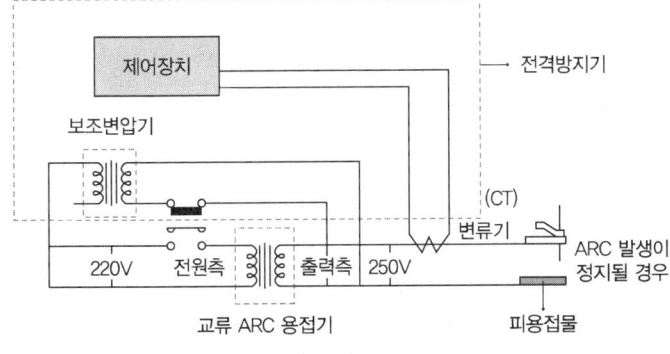

[그림] 교류 아크 용접기 전기회로도

① 자동전격방지장치의 주요 구성품은 보조변압기와 주회로(주전원) 변압기 그리고 제어하는 제어장치로 구성
② 용접기 외함 및 피용접 모재에는 접지공사를 실시

(나) 동작원리

1) 시동시간 : 용접봉이 모재에 접촉하고 제어장치의 주접점을 폐로(on)한 후 아크를 발생시키는 데 걸리는 시간(0.06초 이내)

2) 지동시간 : 시동시간과 반대되는 개념. 용접기의 2차 측 무부하 전압이 안전전압이 될 때까지의 시간(주접점을 개로(off)할 때까지의 시간)
   [접점(Magnet)방식 : 1±0.3초, 무접점(SCR, TRIAC)방식 : 1초]

3) 시동감도 : 용접봉을 모재에 접촉시켜 아크를 시동시킬 때 전격방지장치가 동작할 수 있는 출력회로 저항의 최대치(용접봉과 모재 사이의 접촉저항치). 단위 Ω으로 표시

   ① 시동감도가 클수록 아크 발생이 쉬우나 시동감도가 지나치게 높으면 용접봉이 인체에 접촉되었을 때 감전사고를 일으키게 됨. 따라서 시동감도는 500Ω을 상한치로 함(인체저항을 고려하여 500Ω 이하로 제한 한 것)
   ② 교류 아크 용접기용 자동전격 방지기의 시동감도는 높을수록 좋으나, 극한상황 하에서 전격을 방지하기 위해서 시동감도는 500Ω을 상한치로 하는 것이 바람직

4) 허용사용률

$$허용사용률(\%) = \left(\frac{정격\ 2차전류}{실제용접전류}\right)^2 \times 정격사용률 \times 100$$

$$* 정격사용률 = \frac{아크발생시간}{아크발생시간 + 무부하시간} \times 100$$

> **예문** 교류 아크 용접기의 허용사용률[%]은? (단, 정격사용률은 10[%], 2차 정격전류는 500[A], 교류 아크 용접기의 사용전류는 250[A] 이다.)
>
> **해설** 허용사용률
>
> $$허용사용률(\%) = \left(\frac{정격\ 2차전류}{실제용접전류}\right)^2 \times 정격사용률 \times 100$$
>
> $$* 정격사용률 = \frac{아크발생시간}{아크발생시간 + 무부하\ 시간} \times 100$$
>
> ⇨ 허용사용률 = $(500/250)^2 \times 10\% \times 100 = 40\%$

시동감도
① SCR 무접점 방식이 시동감도가 빠름
② 무부하 전압이 너무 낮으면 시동감도가 낮아져 아크 발생이 잘 안 됨.

허용사용률
정격 2차 전류 이하의 전류로 용접할 때에 허용되는 사용률(실제 용접작업에서는 정격 2차 전류보다 낮은 전류로 용접하게 됨)

정격사용률
- 정격전류를 단속 부하한 경우의 부하시간 합계와 단속 부하에 필요한 시간(전체 휴식 포함한 용접시간)과의 백분율
- 단속 부하 정격: 통전과 정지를 교대로 반복하는 동안 지정 한계 내에서 연속하여 주어지는 부하에 대한 정격

5) 효율

$$효율 = \frac{출력}{입력} \times 100 = \frac{출력}{출력+손실} \times 100$$

(출력 $P = VI$)

> **예문** 교류 아크 용접기의 사용에서 무부하 전압이 80V, 아크 전압 25V, 아크 전류 300A일 경우 효율은 약 몇 %인가? (단, 내부 손실은 4kW이다.)
>
> **해설** 효율
> $$효율 = \frac{출력}{입력} \times 100 = \frac{출력}{출력+손실} \times 100 = \{7.5/(7.5+4)\} \times 100 = 65\%$$
> (출력 $P = VI = 25V \times 300A = 7500W = 7.5kW$)

(3) 전격 방지기를 설치하는 요령

① 직각으로 부착할 것. 단, 직각이 어려울 때는 직각에 대해 20도를 넘지 않을 것
② 이완 방지 조치를 한다.
③ 동작 상태를 알기 쉬운 곳에 설치한다.
④ 테스트 스위치는 조작이 용이한 곳에 위치시킨다.

라 교류 아크 용접기의 사고방지 대책

(1) 교류 아크 용접 작업 시 작업자에게 발생할 수 있는 재해의 종류

① 감전재해 ② 피부 노출 시 화상 재해 ③ 폭발, 화재에 의한 재해 ④ 안구(눈)의 조직손상 재해 ⑤ 흄, 가스에 의한 재해

(2) 용접기에 사용하고 있는 용품

① 습윤장소와 2m 이상 고소작업 시에 자동전격방지기를 부착한 후 작업에 임함.
② 교류 아크 용접기 홀더는 절연이 잘 되어 있으며, 2차 측 전선은 용접용 케이블 또는 2종 이상의 캡타이어 케이블을 사용
③ 터미널(단자, 端子)은 케이블 커넥터로 접속한 후 충전부는 절연테이프로 테이핑 처리를 함.
④ 홀더는 KS 규정의 것만 사용하고 있지만 자동전격방지기는 안전보건공단 검정필을 사용함.

(예문) 다음 그림과 같이 완전 누전되고 있는 전기기기의 외함에 사람이 접촉하였을 경우 인체에 흐르는 전류(I_m)는? (단, E(V)는 전원의 대지전압, $R_2(\Omega)$는 변압기 1선 접지, 접지저항, $R_3(\Omega)$은 전기기기 외함 접지, 접지저항, $R_m(\Omega)$은 인체저항이다.)

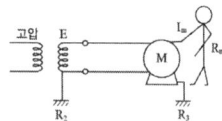

(풀이)
① 인체에 흐르는 전류
$$I_m = \frac{E}{R_2 + \left(\frac{R_3 \times R_m}{R_3 + R_m}\right)} \times \frac{R_3}{R_3 + R_m}$$

② 인체에 흐르는 전류
$$I_m = \frac{E \cdot R_3}{R_m(R_2 + R_3)}$$
$$= \frac{E}{R_m\left(1 + \frac{R_2}{R_3}\right)}$$

(3) 아크 용접 작업 시의 감전 사고방지 대책

① 자동전격방지기의 사용
② 절연 용접봉 홀더의 사용
③ 적정한 케이블의 사용

1차 측 배선	2차 측 배선
2종 이상의 3심 캡타이어 케이블	용접용 케이블 (홀더용 케이블, 도선용 케이블) 또는 2종 이상의 캡타이어 케이블

④ 절연 장갑의 사용
⑤ 용접기 외함 및 피용접 모재에는 접지공사를 실시

(4) 기타 재해 방지대책

아크에 의한 눈 장애(가시광선, 적외선, 자외선) : 차광보안경, 보안면 착용
① 전기성 안염 : 자외선이 눈에 유해하게 작용해서 발생
② 적외선 : 만성 노출 시 백내장을 일으키는 빛

※ 전기설비의 외함에 접촉하였을 때 인체 통과전류 계산문제

예문 그림과 같은 전기설비에서 누전사고가 발생하였을 때 인체가 전기설비의 외함에 접촉하였을 때 인체 통과전류는 몇 mA인가?

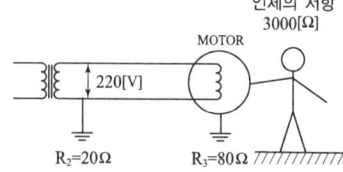

① 40 ② 51 ③ 58 ④ 60

〈해설〉 ① 인체가 접촉하지 않을 경우 지락전류(전체 전류)
$$I = V/R = \frac{E(V)}{R_2 + R_3} = \frac{220}{100} = 2.2A \ (*\text{ 전체 저항 } R = R_2 + R_3)$$

② 외함에 걸리는 전압 V_1
$$V_1 = IR_3 = 2.2 \times 80 = 176V$$

③ 인체가 외함에 접촉하여 인체를 통과하는 전류(감전전류)
$$I_2 = \frac{V_1}{R}\left(= \frac{V}{R\left(1 + \frac{R_2}{R_3}\right)}\right) = 176/3000 = 0.05866A = 58.66mA ≒ 58mA$$

➪ 정답 ③

CHAPTER 02 항목별 우선순위 문제 및 해설

01 저압 충전부에 인체가 접촉할 때 전격으로 인한 재해사고 중 1차적인 인자로 볼 수 없는 것은?

① 통전전류 ② 통전경로
③ 인가전압 ④ 통전시간

해설 감전재해의 요인

1차적 감전 요인	2차적 감전 요인
① 통전전류의 크기 ② 통전경로 ③ 통전시간 ④ 전원의 종류 ⑤ 주파수 및 파형	① 인체의 조건(인체의 저항) ② 전압의 크기 ③ 계절 등 주위환경

02 다음 중 전류밀도, 통전전류, 접촉면적과 피부저항과의 관계를 설명한 것으로 옳은 것은?

① 같은 크기의 전류가 흘러도 접촉면적이 커지면 피부저항은 작게 된다.
② 같은 크기의 전류가 흘러도 접촉면적이 커지면 전류 밀도는 커진다.
③ 전류밀도와 접촉면적은 비례한다.
④ 전류밀도와 전류는 반비례한다.

해설 인체 피부의 전기저항에 영향을 주는 주요 인자 : 특히, 인가전압과 습도와에 의해서 크게 좌우
① 인가전압(applied voltage) ② 접촉면의 습도
③ 통전시간 ④ 접촉면적 ⑤ 전압의 크기
⑥ 접촉부위 ⑦ 접촉압력
- 같은 크기의 전류가 흘러도 접촉면적이 커지면 피부저항은 작게 된다.

03 인체의 대부분이 수중에 있는 상태에서의 허용 접촉 전압으로 옳은 것은?

① 2.5V 이하 ② 25V 이하
③ 50V 이하 ④ 100V 이하

해설 종별 허용접촉전압

종별	접촉상태	허용접촉전압
제1종	인체의 대부분이 수중에 있는 상태	2.5V 이하

04 다음 중 누전차단기의 설치 환경조건에 관한 설명으로 틀린 것은?

① 전원전압은 정격전압의 85~110% 범위로 한다.
② 설치장소가 직사광선을 받을 경우 차폐시설을 설치한다.
③ 정격부동작 전류가 정격감도 전류의 30% 이상이어야 하고 이들의 차가 가능한 큰 것이 좋다.
④ 정격전부하전류가 30A인 이동형 전기 기계·기구에 접속되어 있는 경우 일반적으로 정격감도전류는 30mA 이하인 것을 사용한다.

해설 누전차단기의 설치 환경조건
정격부동작 전류가 정격감도 전류의 50% 이상이어야 하고 이들의 차가 가능한 작은 것이 좋다.
* 정격감도전류(rated sensitivity current) : 누설전류에 의한 누전차단기가 트립 동작을 해야 하는 최소 전류
* 정격부동작 전류(rated non operating current) : 누설전류가 발생을 해도 누전차단기가 동작하지 않는 최대 허용 누설전룃값

05 누전차단기의 설치에 관한 설명으로 적절하지 않은 것은?

① 진동 또는 충격을 받지 않도록 한다.
② 전원전압의 변동에 유의하여야 한다.
③ 비나 이슬에 젖지 않은 장소에 설치한다.
④ 누전차단기의 설치는 고도와 관계가 없다.

정답 01. ③ 02. ① 03. ① 04. ③ 05. ④

해설 **누전차단기의 설치 장소**
① 주위온도에 유의할 것
　- 주위 온도는 -10~40℃ 범위 내에서 설치할 것
② 표고 1,000m 이하의 장소로 할 것
③ 상대습도가 45~80% 사이의 장소에 설치할 것
④ 전원전압의 변동에 유의
　- 전원전압이 정격전압의 85~110% 사이에서 사용할 것
⑤ 먼지와 습도가 적은 장소로 할 것
⑥ 비나 이슬에 젖지 않은 장소로 할 것
⑦ 이상한 진동 또는 충격을 받지 않도록 할 것
⑧ 배선상태를 건전하게 유지할 것
⑨ 불꽃 또는 아크에 의한 폭발의 위험이 없는 장소에 설치 할 것

06 전기기계·기구의 누전에 의한 감전위험을 방지하기 위하여 해당 전로에는 정격에 적합하고 감도가 양호한 감전방지용 누전차단기를 설치하여야 한다. 이 누전차단기의 기준은 정격감도 전류가 30mA 이하이고 작동시간은 몇 초 이내이어야 하는가? (단, 정격부하전류가 50A 미만의 전기기계·기구에 접속되는 누전 차단기이다.)

① 0.03초　　② 0.1초
③ 0.3초　　④ 0.5초

해설 감전방지용 누전차단기의 정격감도전류 및 작동시간 : 30mA 이하, 0.03초 이내

07 다음 중 교류 아크 용접기에서 자동전격방지장치의 기능으로 틀린 것은?

① 감전위험방지
② 전력손실 감소
③ 정전기 위험방지
④ 무부하 시 안전전압 이하로 저하

해설 자동전격방지장치의 기능 : 용접 작업 시에만 주회로를 형성하고 그 외에는 출력 측의 2차 무부하 전압을 저하시키는 장치
* 감전위험을 방지하고 용접기 무부하시 전력손실을 감소하는 기능

08 교류 아크 용접기용 자동전격 방지기의 시동감도는 높을수록 좋으나, 극한상황 하에서 전격을 방지하기 위해서 시동감도는 몇 Ω을 상한치로 하는 것이 바람직한가?

① 500Ω　　② 1000Ω
③ 1500Ω　　④ 2000Ω

해설 **시동감도** : 용접봉을 모재에 접촉시켜 아크를 시동시킬 때 전격방지장치가 동작할 수 있는 출력회로 저항의 최대치. 단위 Ω으로 표시
- 교류 아크 용접기용 자동전격 방지기의 시동감도는 높을수록 좋으나, 극한상황 하에서 전격을 방지하기 위해서 시동감도는 몇 500Ω을 상한치로 하는 것이 바람직

09 다음 중 고압활선작업에 필요한 보호구에 해당하지 않는 것은?

① 절연대
② 절연장갑
③ AE형 안전모
④ 절연장화

해설 **절연용 보호구** : 작업을 하는 사람이 신체에 착용하는 감전방지용 보호구
- 전기 안전모(절연모), 절연장갑(절연고무장갑), 절연용 고무소매, 절연화(안전화), 절연복(절연 상의, 하의, 어깨받이) 등

10 작업자가 교류전압 7000V 이하의 전로에 활선 근접작업 시 감전사고 방지를 위한 절연용 보호구는?

① 고무절연관
② 절연시트
③ 절연커버
④ 절연안전모

해설 **절연안전모**
안전모의 내전압성 : 7,000V 이하의 전압에 견딜 수 있는 것
* 절연고무장갑(절연장갑), 절연고무화(절연장화) : 7,000V 이하 전압의 전기작업시 사용

정답 06. ① 07. ③ 08. ① 09. ① 10. ④

11 활선장구 중 활선 시메라의 사용 목적이 아닌 것은?

① 충전 중인 전선을 장선할 때
② 충전 중인 전선의 변경작업을 할 때
③ 활선작업으로 애자 등을 교환할 때
④ 특고압 부분의 검전 및 잔류전하를 방전할 때

[해설] 활선 시메라(장선기, wire grip, 張線器)
전선을 가선하기 위하여 사용하며 전선을 당길 때 사용하는 장구. 전선을 잡아서 고정시키고 나사로 죄는 구조

12 교류 아크 용접기의 허용사용률(%)은? (단, 정격사용률은 10%, 2차 정격전류는 500A, 교류 아크 용접기의 사용전류는 250A이다.)

① 30 ② 40
③ 50 ④ 60

[해설] 허용사용률

$$허용사용률(\%) = \left(\frac{정격\ 2차전류}{실제용접전류}\right)^2 \times 정격사용률 \times 100$$

$$*\ 정격사용률 = \frac{아크발생시간}{아크발생시간 + 무부하시간} \times 100$$

⇨ 허용사용률 = $(500/250)^2 \times 10\% \times 100 = 40\%$

13 교류 아크 용접기의 사용에서 무부하 전압이 80V, 아크 전압 25V, 아크 전류 300A일 경우 효율은 약 몇 %인가? (단, 내부 손실은 4kW이다.)

① 65.2 ② 70.5
③ 75.3 ④ 80.6

[해설] 효율

$$효율 = \frac{출력}{입력} \times 100 = \frac{출력}{출력 + 손실} \times 100$$

$$= 7.5/(7.5+4) = 65\%$$

(출력 $P = VI = 25V \times 300A = 7500W = 7.5kW$)

14 220V 전압에 접촉된 사람의 인체저항이 약 1000Ω일때 인체 전류와 그 결과 값의 위험성 여부로 알맞은 것은?

① 22mA, 안전
② 220mA, 안전
③ 22mA, 위험
④ 220mA, 위험

[해설] 인체 전류와 그 결과치의 위험성 여부

$$전류(I) = \frac{전압(V)}{저항(R)} = 220/1{,}000$$
$$= 0.22A = 220mA$$

⇨ 정격감도전류 30mA 초과 : 위험함.

15 그림과 같이 변압기 2차에 200V의 전원이 공급되고 있을 때 지락점에서 지락사고가 발생하였다면 회로에 흐르는 전류는 몇 A인가? (단, R2=10Ω, R3=30Ω이다.)

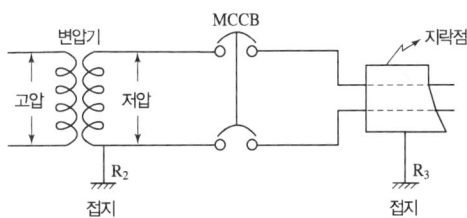

① 5A ② 10A
③ 15A ④ 20A

[해설] 인체가 접촉하지 않을 경우 지락전류(전체 전류. 회로에 흐르는 전류)

$$I = V/R = \frac{E(V)}{R_2 + R_3} = 200\ /(10+30) = 5A$$

정답 11. ④ 12. ② 13. ① 14. ④ 15. ①

16 변전소 등에 고장전류가 유입되었을 때 두 다리가 대지에 접촉하고 있다. 한 손을 도전성 구조물에 접촉했을 때, 심실세동전류를 I_k, 인체저항을 R_b, 지표상 저항률(고유저항)을 ρ_s라 하면 다음 중 허용접촉전압(E)을 구하는 식으로 옳은 것은?

① $E = (R_b + 3\rho_s) \times I_k$

② $E = (R_b + \dfrac{3\rho_s}{2}) \times I_k$

③ $E = (R_b + 6\rho_s) \times I_k$

④ $E = (R_b + \dfrac{6\rho_s}{2}) \times I_k$

해설 **허용접촉전압 과 허용보폭전압**

허용접촉전압	허용보폭전압
$E = I_k \times \left(R_b + \dfrac{3}{2}\rho_s\right)$	$E = I_k \times (R_b + 6\rho_s)$

(심실세동전류 : $I_k = \dfrac{0.165}{\sqrt{t}}$ [A], R_b = 인체의 저항[Ω], ρ_s = 지표면의 저항률[Ω · m], 통전시간을 t초)

정답 16. ②

Chapter 03 정전기 장·재해 관리

1. 정전기 위험요소 파악

가 정전기 발생 원리

(1) 정전기(靜電氣, static electricity, electrostatic)

① 대전에 의해 얻어진 전하가 절연체 위에서 더 이상 이동하지 않고 정지하고 있는 것(정지상태의 전하에 의한 전기, 연속적으로 흐르지 않는 상태의 전기)

② 전하의 공간적 이동이 적고, 그것에 의한 자계의 효과가 전계에 비해 무시할 정도의 적은 전기

  ※ 동전기(動電氣)와 정전기(靜電氣)에서 공통적으로 발생하는 것은 전격시 충격으로 인한 추락, 전도등 2차 재해를 일으키는 것

(2) 두 물체가 접촉할 때 정전기 발생 원인(접촉 전위차 발생 원인)

두 종류의 다른 물체를 접촉시키면 접촉면에서 두 물체의 일함수의 차로서 접촉 전위가 발생

(* 일함수 : 정전기 발생에 기여하는 자유전자에 외부에서 물리적 힘을 가하면 자유전자는 입자 외부로 방출되는데 이때 필요한 최소에너지)

> **주요 용어**
> - 대전 : 어떤 물질이 +, − 전기를 띠는 현상, 대전된 물체를 대전체
> - 전하(電荷, electric charge) : 전기현상을 일으키는 주체적인 원인으로, 어떤 물질이 갖고 있는 전기의 양. 특히 공간에 있는 가상의 점이 갖는 전하를 점전하라고 하고, 전하의 양을 전하량(=전기량)이라고 함.
>   (전하의 국제 단위는 쿨롱이며, 기호는 C)
> - 방전 : 대전체가 가지고 있던 전하를 잃어버리는 것
> - 고유저항 : 전류의 흐름을 방해하는 물질의 고유한 성질로 전도도의 역수로 표시
> - 전도도 : 도체의 물질에 전류가 흐르기 쉬운 정도를 나타내는 성질
> - 점화 에너지 : 증기, 공기 혼합물이 점화되는데 필요한 최소 에너지는 농도에 따라 변화. 대부분의 물질에서 점화되는 최소 에너지는 연소하한과 연소상한 사이의 중간 농도지점에서 나타나는데 이 값을 최소 점화에너지(MIE : Minimum ignition energy)라 함.

memo

전자기장(전자파가 작용하는 공간) : 전기장(전계)과 자기장(자계)이 만드는 공간
① 모든 전하는 전계라는 공간에 있고, 전계는 전하들이 양전하, 음전하로 나타나 끌어당기거나 밀어내 다른 전하들에 영향을 미치는 힘
② 전하가 이동하는 것은 전류가 이동하는 것을 의미하며, 자계는 움직이는 전하에 의해 다른 움직이는 전하에 가하는 힘
③ 자계는 움직이지 않는 전하에 의해서는 발생하지 않으므로, 전류의 흐름이 없는 곳에서는 자계가 형성되지 않는다.

방전 : 전위차가 있는 2개의 대전체가 특정거리에 접근하게 되면 등전위가 되기 위하여 전하가 절연공간을 깨고 순간적으로 빛과 열을 발생하며 이동하는 현상

※ 최소 점화 에너지는 입자 크기, 농도, 온도, 압력, 수분 등의 인자에 따라 영향을 받고 일반적으로 온도가 높을수록, 압력이 높을수록, 입자가 작을수록, 수분이 적을수록 최소 점화 에너지는 작아짐(=최소 발화, 최소 착화에너지).

(3) 정전기 발생에 영향을 주는 요인

① 물체의 특성 ② 물체의 표면 상태 ③ 물체의 이력 ④ 물체의 분리속도(박리속도) ⑤ 접촉면적 및 압력

(가) 물체의 특성

정전기의 발생은 일반적으로 접촉, 분리하는 두 가지 물체의 상호 특성에 의해 지배되며, 대전량은 접촉, 분리하는 두 가지 물체가 대전서열 중에서 가까운 위치에 있으면 작고, 떨어져 있으면 큰 경향이 있음.

> **참고**
>
> ※ 고분자 물질의 대전서열
>
>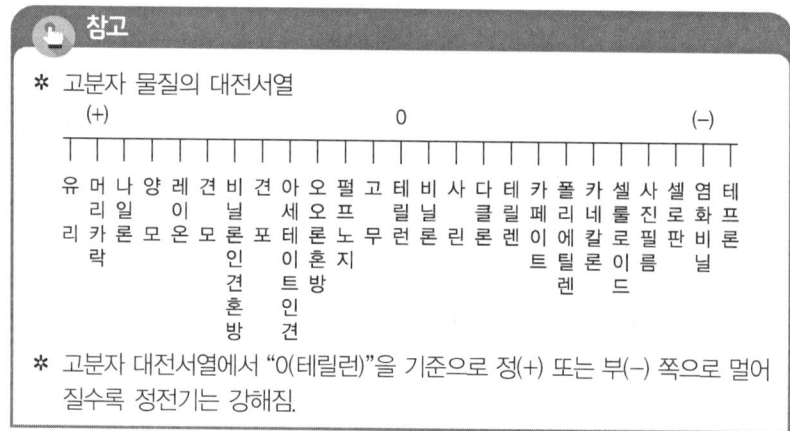
>
> ※ 고분자 대전서열에서 "0(테릴런)"을 기준으로 정(+) 또는 부(−) 쪽으로 멀어 질수록 정전기는 강해짐.

(나) 물체의 표면상태

물체표면이 원활하면 정전기의 발생이 적고, 물질의 표면이 수분, 기름 등에 의해 오염되어 있으면 산화, 부식에 의해 발생이 큼.

(다) 물체의 이력

정전기 발생은 일반적으로 처음 접촉, 분리가 일어날 때 최대가 되며, 접촉, 분리가 반복되어짐에 따라 발생량이 점차 감소됨.

(라) 물체의 접촉면적 및 압력

접촉면적 및 접촉압력이 클수록 정전기의 발생량도 증가

(마) 물체의 분리속도

① 분리 과정에서 전하의 완화시간에 따라 정전기 발생량이 좌우되며 전하 완화시간이 길면 전하분리에 주는 에너지도 커져서 발생량이 증가함.

② 일반적으로 분리속도가 빠를수록 정전기의 발생량 증가

정전기의 소멸과 완화시간

① 정전기가 축적되었다가 점차 소멸되는데, 처음 값의 36.8%(약 37%)로 감소되는 시간을 그 물체에 대한 시정수 또는 완화시간이라 함.
  - 시정수(time constant) : 대전의 완화를 나타내는 데 중요한 인자로서 최초의 전하가 약 37%까지 완화되는 시간
② 완화시간은 대전체 저항×정전용량＝고유저항×유전율로 정해짐
③ 고유저항 또는 유전율이 큰 물질일수록 대전상태가 오래 지속
④ 일반적으로 완화시간은 영전위 소요시간의 1/4~1/5 정도

유전율 : 유전율이 높으면 더 많은 전하를 저장
- 전기에너지(정전용량)를 저장할 수 있게 해주는 것이 유전체이며, 유전체가 전기에너지를 저장할 수 있는 비율을 유전율이라 함(전기장이 가해졌을 때 어떤 물질이 전하를 축적할 수 있는 정도)

✽ 정전기가 축척되는 요인 : 전하의 발생과 축적은 동시에 일어남
  ① 저도전율 액체   ② 절연 격리된 도전체
  ③ 절연물질   ④ 기체의 부유상태

(4) 정전기의 물리적 현상

(가) 역학현상

정전기는 전기적 작용인 쿨롱(Coulomb)력에 의해 대전물체 가까이 있는 물체를 흡입하거나 반발하게 하는 성질

✽ 쿨롱(Coulomb)의 법칙
  - 다른 종류의 전하 사이에는 흡입력 작용하고 같은 종류의 전하 사이에는 반발력이 작용

(나) 정전유도현상

대전물체에 가까운 쪽의 도체표면에는 대전물체와 반대극성의 전하가, 반대쪽에는 같은 극성의 전하가 대전되는 현상

(다) 방전현상

정전계의 강도가 공기의 절연파괴강도(약 30kV/cm)에 도달하면 공기의 절연파괴현상인 방전이 일어남.

나 정전기의 발생형태

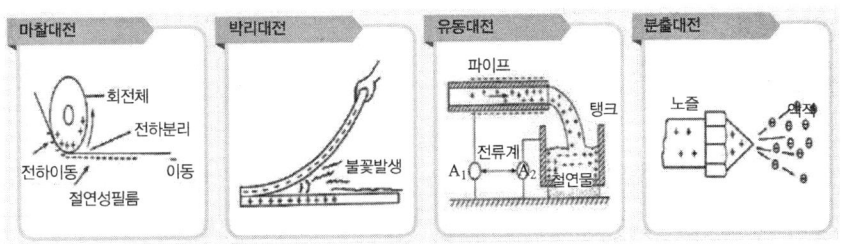

[그림] 정전기의 발생형태

대전
한쪽 물체에 양전기가 생기며, 반대쪽 물체에는 음전기가 유도되는 현상
* 대전전위: 대전된 전압의 크기

종류	대전현상
마찰대전	• 두 물체에 마찰이나 마찰에 의한 접촉 위치의 이동으로 전하의 분리, 재배열이 일어나서 정전기 발생 • 고체, 액체, 분체류에 의하여 발생하는 정전기
박리대전	• 밀착된 물체가 떨어질 때 전하의 분리가 일어나 정전기 발생 • 접촉면적, 접촉면의 밀착력, 박리속도 등에 의해 정전기 발생량 변화. 일반적으로 마찰에 의한 것보다 큰 정전기 발생 • 겨울철에 나일론 소재 셔츠 등을 벗을 때 부착 현상이나 스파크 발생은 박리대전 현상
유동대전	• 액체류가 파이프 등 내부에서 유동시 액체와 관벽 사이에서 발생 • 정전기 발생에 큰 영향은 액체 유동 속도이고 흐름의 상태 등도 영향 줌.
분출대전	• 기체, 액체, 분체류가 단면적이 작은 분출구로부터 분출할 때 분출하는 물질과 분출구와의 마찰로 발생 • 실제로 더 큰 요인은 분출되는 구성 입자들간의 상호충돌에 의해 발생
충돌대전	분체류 같은 입자 상호간이나 다른 고체와의 충돌에 의해 빠른 압축, 분리함으로써 발생
파괴대전	물체 파괴로 전하분리 또는 부전하의 균형이 깨지면서 발생
교반(진동), 침강대전	액체가 교반될 때 대전

> 교반
> 물리적, 화학적 성질이 다른 물질들을 외부 기계에너지를 사용하여 균일한 혼합 상태로 만드는 일

* 페인트를 스프레이로 뿌려 도장 작업을 하는 작업 중 발생할 수 있는 정전기 대전 : 분출대전, 충돌대전

다 정전기 방전의 형태 및 영향

(1) **코로나방전** : 도체 주위의 유체의 이온화로 인해 발생하는 전기적 방전이며, 전위 경도(전기장의 세기)가 특정값을 초과하지만 완전한 절연 파괴나 아크를 발생하기에는 불충분한 조건일 때 발생

– 코로나 방전이 발생할 경우 공기 중에 O_3(오존) 생성

* 코로나 방전의 진행과정 : 글로우코로나(glow corona) – 브러시코로나(brush) – 스트리머코로나(streamer)

> 코로나 현상(corona)
> 전선 간에 가해지는 전압이 어떤 값 이상으로 되면 전선 주위의 전장이 강하게 되어 전선표면에 공기의 절연이 부분적으로 파괴되어 낮은 소리나 엷은 빛을 내면서 방전되는 현상

> **글로우 코로나(glow corona)에 대한 설명**
> ① 전압이 2000V 정도에 도달하면 코로나가 발생하는 전극의 끝단에 자색의 광점이 나타난다.
> ② 회로에 예민한 전류계가 삽입되어 있으면, 수 μA 정도의 전류가 흐르는 것을 감지할 수 있다.
> ③ 전압을 상승시키면 전류도 점차로 증가하여 스파크 방전에 의해 전극 간이 교락된다.
> ④ glow corona는 습도에 의하여 큰 영향을 받지 않는다.
> – 브러시 코로나, 스트리머 코로나는 습도가 높을수록 발달이 저하된다.

※ 송전선의 경우 복도체 방식으로 송전하는데 이는 코로나방전 손실을 줄이기 위한 것

복도체 방식
송전선에서 1상(相)당의 도체수를 2~4개 정도로 하여 적당한 간격으로 배치한 것

(2) **스트리머(streamer) 방전** : 기체방전에서 방전로가 긴 줄을 형성하면서 방전하는 현상

(3) **연면방전** : 대전이 큰 엷은 층상의 부도체를 박리할 때 또는 엷은 층상의 대전된 부도체의 뒷면에 밀접한 접지체가 있을 때 표면에 연한 복수의 수지상 발광을 수반하여 발생하는 방전
 – 코로나 방전이 절연체의 면 위를 따라서 발생하는 현상(부도체의 표면을 따라서 star-check 마크를 가지는 나뭇가지 형태의 발광을 수반)

연면거리(沿面距離, Creeping Distance)
전기적으로 절연된 두 도전부 사이의 고체 절연물 표면을 따른 최단거리(불꽃 방전을 일으키는 두 전극 간 거리를 고체 유전체의 표면을 따른 최단거리)
• 절연공간거리(clearance) : 두 도체 간의 공간을 통한 최단거리

(4) **불꽃방전** : 도체가 대전되었을 때 접지된 도체 사이에서 발생하는 강한 발광과 파괴음을 수반하는 방전
 ① 불꽃(spark) 방전의 발생 시 공기 중에 생성되는 물질 : O_3(오존)
 ② 불꽃방전은 그 값이 전극의 모양, 기체의 종류 또는 압력에 따라 다르며 대기 중에서 구형(球形)의 전극을 사용했을 경우, 전극 간의 거리 1cm에 대해서 3만V 정도이고 뾰족한 모양의 전극에서는 이 값이 낮아짐.

(5) **뇌상방전** : 번개와 같은 수지상의 발광을 수반하고 강력하게 대전한 입자군이 대전운으로 확산되어 발생하는 방전

라 정전기의 장해

(1) 정전기 방전에 의한 화재 및 폭발(정전기 방전에너지와 착화한계)

정전기에 의한 방전에너지가 최소 착화에너지보다 큰 경우이고 가연성 또는 폭발성 물질이 존재할 때 화재 및 폭발이 발생할 수 있음.

(가) 정전기 방전에 의한 화재 및 폭발 발생

- 가연성 물질이 폭발한계 이내일 것
- 정전에너지가 가연성 물질의 최소착화 에너지 이상일 것
- 방전하기에 충분한 전위차가 있을 것

① 정전기 방전에너지가 어떤 물질의 최소착화 에너지보다 크게 되면 화재, 폭발이 일어날 수 있다.
② 부도체가 대전되었을 경우에는 정전에너지보다 대전전위 크기에 의해서 화재, 폭발이 결정된다.
③ 대전된 물체에 인체가 접근했을 때 전격을 느낄 정도이면 화재, 폭발의 가능성이 있다.
④ 작업복에 대전된 대전전위가 인화성 물질의 최소착화 에너지보다 클 때는 화재, 폭발의 위험성이 있다.

※ 정전기에 의한 분진 폭발을 일으키는 최소발화(착화) 에너지 [mJ]

분진의 종류	최소발화 에너지	분진의 종류	최소발화 에너지
소맥분	160	석탄	40
커피	160	목분	30
대두제분	100	알루미늄	20
철	100	에폭시	15
아연분	96	유황	15
마그네슘	80	폴리에틸렌	10
코르크	45		

(나) 정전기 방전에너지(W) – 단위 J

$$W = \frac{1}{2}CV^2 = \frac{1}{2}QV = \frac{1}{2}\frac{Q^2}{C}$$

C : 도체의 정전용량(단위 패럿 F), Q : 대전 전하량(단위 쿨롱 C)
V : 대전전위

> **예문** 정전용량 $C = 20\mu F$, 방전 시 전압 $V = 2kV$일 때 정전에너지는 몇 J인가?
>
> **해설** 정전기 방전에너지(W) – [단위 J]
> $W = 1/2 CV^2$ [C: 도체의 정전용량(단위 패럿 F), V: 대전전위]
> ⇨ $W = 1/2 \times (20 \times 10^{-6}) \times (2000)^2 = 40J$ (* μ 마이크로 → 10^{-6}, k 킬로 → 10^3)

(예문) 정전유도를 받고 있는 접지되어 있지 않는 도전성 물체에 접촉한 경우 전격을 당하게 되는데 이때 물체에 유도된 전압 V(V)를 옳게 나타낸 것은? (단, E는 송전선의 대지전압, C_1은 송전선과 물체사이의 정전용량, C_2는 물체와 대지 사이의 정전용량이며, 물체와 대지사이의 저항은 무시한다.)
⇨ 정답: 물체에 유도된 전압
$$V = \frac{C_1}{C_1 + C_2}E$$

전류의 세기: 전하량과 비례하고, 전하가 흘러간 시간에 반비례
$I = Q/t$
I : 전류(A)
Q : 전하량(단위 쿨롱 C)
t : 시간(초)

예문 착화에너지가 0.1mJ이고 가스를 사용하는 사업장 전기 설비의 정전용량이 0.6nF일 때 방전 시 착화 가능한 최소 대전전위는 약 얼마인가?

해설 대전전위
정전기 방전에너지(W) - [단위 J]
$W = 1/2 CV^2$ [C: 도체의 정전용량(단위 패럿 F), V: 대전전위]

⇨ 대전전위 $V = \sqrt{\dfrac{2W}{C}} = \sqrt{\dfrac{2 \times 0.1 \times 10^{-3}}{0.6 \times 10^{-9}}} = 577V$

(m 밀리→10^{-3}, n 나노→10^{-9})

[표] 국제단위계

10^{12}	테라(tera) T		10^{-1}	데시(deci) d
10^{9}	기가(giga) G		10^{-2}	센티(centi) c
10^{6}	메가(mega) M		10^{-3}	밀리(milli) m
10^{3}	킬로(kilo) k		10^{-6}	마이크로(micro) μ
10^{2}	헥토(hecto) h		10^{-9}	나노(nano) n
10^{1}	데카(deca) da		10^{-12}	피코(pico) p

* 전하량 $Q = CV$
* 정전 용량(capacity, 靜電容量) : $C = Q/V$, $C = \varepsilon(A/r)$
  (A : 극판의 면적(m^2), r : 전극판의 간격(m), ε : 극판 간의 물질의 비유전율)

 - 정전 용량을 증가시키기 위해 극판 면적의 증가, 비유전율이 큰 물질을 극판간에 사용, 극판간 거리를 짧게 함(면적에 비례, 거리에 반비례함).

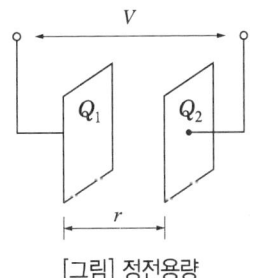

[그림] 정전용량

예문 인체의 전기적 저항이 5000Ω이고, 전류가 3mA가 흘렀다. 인체의 정전용량이 0.1μF라면 인체에 대전된 정전하는 몇 μC인가?

해설 전하량 $Q = CV$
[C: 도체의 정전용량(단위 패럿 F), Q: 대전 전하량(단위 쿨롱 C) V: 대전전위]
$V = I \times R = (3 \times 10^{-3}) \times 5000 = 15V$

⇨ $Q = (0.1 \times 10^{-6}) \times 15 = 1.5 \times 10^{-6} C = 1.5 \mu C$
(* m 밀리→10^{-3}, μ 마이크로→10^{-6})

* 도체의 경우에는 대전체에 축적되어 있는 정전기 에너지가 최소착화 에너지와 같으면 폭발, 화재가 발생

(예문) 1C를 갖는 2개의 전하가 공기 중에서 1m의 거리에 있을 때 이들 사이에 작용하는 정전력은?

(풀이) 정전력(electrostatic force)
: 정지한 상태에 있는 전하 사이에 작용하는 힘. 전하 사이에 작용하는 힘은 쿨롱의 법칙에 의함(전기력)
[쿨롱의 법칙] 두 개의 전하(C) Q_1, Q_2 사이에 작용하는 정전력 F(정전력 F는 Q_1과 Q_2의 곱에 비례하고, Q_1과 Q_2의 거리 r의 제곱에 반비례)

$F = \dfrac{Q_1 Q_2}{4\pi\varepsilon_0 r^2}$ [N]

$= \dfrac{1}{4\pi\varepsilon_0} \times \dfrac{Q_1 Q_2}{r^2}$

$= \dfrac{1}{4\pi \times (8.855 \times 10^{-12})}$

$\times \dfrac{Q_1 Q_2}{r^2}$

$= 9 \times 10^9 \times \dfrac{Q_1 Q_2}{r^2}$ [N]

$= (9 \times 10^9) \times (1 \times 1)/1$

$= 9 \times 10^9$ [N]

* 유전율(permittivity) : 전하의 저장 능력(유전율이 높다는 것은 전하의 저장 능력이 크다는 것)
* 매질 사이에 아무런 물체가 없는 경우의 진공의 유전율 ε_0는 진공에서 이 둘 사이의 관계를 나타내는 변환값(scale factor). ε_0는 국제단위로
$\varepsilon_0 = 8.855 \times 10^{-12}$F/m

비유전율: 진공을 1로 하여 비례한 각 유전체(절연체)의 유전율(매질의 유전율과 진공의 유전율의 비)

* 유전체의 단위 용적 내에 저장되는 전하의 양

| 정전기 방전에 의한 폭발사고 조사에 대한 필요한 조치
① 가연성 분위기 규명
② 전하발생 부위 및 축적 기구 규명
③ 방전에 따른 점화 가능성 평가

유도장해 방지 〈전기설비 기술기준〉
교류 특고압 가공전선로에서 발생하는 극저주파 전자계는 지표상 1m에서 전계가 3.5kV/m 이하, 자계가 83.3μT 이하가 되도록 시설하는 등 상시 정전유도(靜電誘導) 및 전자유도(電磁誘導) 작용에 의하여 사람에게 위험을 줄 우려가 없도록 시설하여야 한다.

(다) 부도체의 대전에 의한 폭발, 화재의 발생한계를 추정 시 유의사항

부도체의 대전은 도체의 대전과는 달리 복잡해서 폭발, 화재의 발생한계를 추정하는 데 충분한 유의가 필요함.

① 대전 상태가 매우 불균일한 경우
② 대전량 또는 대전의 극성이 매우 변화하는 경우
③ 부도체 중에 국부적으로 도전율이 높은 곳이 있고, 이것이 대전한 경우
④ 대전 물체의 이면 또는 근방에 접지체가 있는 경우

(라) 정전기에 의한 생산 장해

1) **역학현상에 의한 장해** : 정전기의 흡인력 또는 반발력에 의해 발생

　① 가루(분진)에 의한 눈금의 막힘.
　② 제사공장에서의 실의 절단, 엉킴.
　③ 인쇄공정의 종이파손, 인쇄선명도 불량, 겹침, 오손

2) **방전현상에 의한 장해** : 정전기의 방전 시 발생하는 방전전류, 전자파, 발광에 의한 것

　① 방전전류에 의한 반도체 소자 등의 전자부품의 파괴, 오동작, 특성 열화 등
　② 전자파(노이즈)에 의한 전자기기, 장치 등의 오동작, 잡음 발생
　③ 발광에 의한 사진 필름 등의 감광

＊ 인체로부터의 방전 : 인체의 대전 전하량이 $2 \sim 3 \times 10^{-7}$C 이상이 되면 방전할 때 인체가 통증을 느낌.

　－ 인체에 전하가 축적되며 전위가 약 3kV 이상이 되면 전하의 방전에 의해서 약간의 전격을 느끼게 됨 : 따끔한 통증을 느낌. 바늘로 찔린 듯한 느낌(방전의 불빛을 보임)

2. 정전기 위험요소 제거

가 정전기 재해의 방지

(1) 정전기 재해의 방지대책에 대한 관리 시스템

① 발생 전하량을 예측
② 대전물체의 전하 축적 메커니즘 규명
③ 위험성 방전을 발생하는 물리적 조건 파악

(2) 정전기가 대전된 물체의 제전

① 접지 ② 도전성 재료 첨가 ③ 주위를 가습 ④ 제전기 사용 ⑤ 대전 방지제 사용 ⑥ 보호구의 착용 ⑦ 배관 내의 액체의 유속제한, 정치 시간의 확보 ⑧ 공기를 이온화하는 방법

※ 도전성 재료를 도포하여 대전을 감소 : 카본 블랙을 도포하여 도전성을 부여

나 도체의 대전방지

(1) 접지에 의한 대전방지(접지방법)

[그림] 배관본딩 실시

① 접지단자와 접지용 도체와의 접속에 이용되는 접지 기구는 견고하고 확실하게 접속시켜주는 것이 좋음.
② 접지단자는 접지용 도체, 접지기구와 확실하게 접촉될 수 있도록 금속면이 노출되어 있거나, 금속면에 나사, 너트 등을 이용하여 연결할 수 있어야 함.
③ 접지용 도체의 설치는 정전기가 발생하는 작업 전이나 발생 할 우려가 없게 된 후 정치시간이 경과한 후에 행하여야 함.
  (※ 정치시간 : 접지상태에서 정전기 발생이 종료된 후 다시 발생이 개시될 때까지의 시간 또는 정전기 발생이 종료된 후 접지에 의해 대전된 정전기가 빠져나갈 때까지의 시간을 말함)
④ 정전기 대책을 위한 접지는 $1 \times 10^6 \Omega$ 이하이면 가능함. 확실한 안전을 위해서는 $1 \times 10^3 \Omega$ 미만으로 하되, 타 목적의 접지와 공용으로 할 경우에는 그 접지저항값으로 충분함. 본딩의 저항은 표준 환경 조건하에서 $1 \times 10^3 \Omega$ 미만으로 유지시켜야 함.
  – 정전기 제거만을 목적으로 하는 접지에 있어서의 적당한 접지저항값 : $10^6 \Omega$ 이하

정전기 재해의 방지대책
① 대전하기 쉬운 금속부분에 접지한다.(대전하기 쉬운 금속은 접지를 실시한다.)
 • 금속 도체와 대지 사이의 전위를 최소화하기 위하여 접지한다.
② 도전성을 부여하여 대전된 전하를 누설시킨다.
③ 작업장 내 습도를 높여 방전을 촉진한다.(작업장 내에서 가습한다.)
④ 작업장 내의 온도를 높여 방전을 촉진시킨다.
⑤ 공기를 이온화하여 (+)는 (−)로 중화시킨다. (공기를 이온화하여 (+)대전은 (−)전하를 주어 중화시킨다.)
⑥ 제전기를 이용해 물체에 대전된 정전기를 제거한다.
⑦ 대전방지제를 사용하여 대전되는 것을 방지한다.(정전기 발생 방지 도장을 실시한다.)

정전기 재해의 방지대책
① 접지의 접속은 납땜, 용접 또는 멈춤나사로 실시한다.
② 회전부품의 유막저항이 높으면 도전성의 윤활제를 사용한다.
③ 이동식의 용기는 도전성 바퀴를 달아서 폭발 위험을 제거한다.
④ 폭발의 위험이 있는 구역은 도전성 고무류로 바닥 처리를 한다.

(2) 배관 내 액체의 유속제한

① 저항률이 $10^{10}\Omega \cdot cm$ 미만의 도전성 위험물의 배관유속은 7m/s 이하로 할 것
② 에텔, 이황화탄소 등과 같이 유동대전이 심하고 폭발 위험성이 높으면 배관유속을 1m/s 이하로 할 것
③ 물이나 기체를 혼합하는 비수용성 위험물의 배관 내 유속은 1m/s 이하로 할 것
④ 저항률 $10^{10}\Omega \cdot cm$ 이상인 위험물의 배관 내 유속은 표 값 이하로 할 것. 단, 주입구가 액면 밑에 충분히 침하할 때까지의 배관 내 유속은 1m/s 이하로 할 것

[표] 배관의 내경과 유속제한

관 내경		유속(m/s)	관 내경		유속(m/s)
inch	mm		inch	mm	
0.5	10	8	8	200	1.8
1	25	4.9	16	400	1.3
2	50	3.5	24	600	1.0
4	100	2.5			

다 부도체의 대전방지

부도체의 대전방지는 부도체에 발생한 정전기는 다른 곳으로 이동하지 않기 때문에 접지에 의해서는 대전방지를 하기 어려움

(1) **대전방지제의 사용** : 섬유나 수지의 표면에 흡습성과 이온성을 부여하여 도전성을 증가시킴. 주로 사용하는 물질은 계면활성제

(2) **가습** : 대부분의 물체는 습도가 증가하면 전기저항치가 저하하고 이에 따라 대전성 저하
  – 일반 사업장 내의 작업장은 습도를 70% 정도 유지

(3) **대전물체의 차폐, 제전기 사용 등**
  대전물체의 표면을 금속 또는 도전성 물질로 덮는 것을 차폐라 함.

> **대전방지제**
> 섬유나 수지의 표면에 흡습성과 이온성을 부여하여 도전성을 증가시켜 대전을 방지(주로 계면활성제 많이 사용)
> - 대전방지제의 종류(외부용 일시성) : (① 음ion계 ② 양ion계 ③ 비ion계 ④ 양성ion계)
> ① 음이온계 : polyester, nylon, acryl 등의 섬유에 정전기 대전방지 성능이 특히 효과가 있고 섬유에의 균일 부착성과 열 안전성이 양호한 외부용 일시성 대전방지제(값이 싸고 무독성)
> ② 양이온계 : 대전방지 성능이 뛰어나나 비교적 고가
> ③ 비이온계 : 단독사용 시 효과가 적지만 열안전성이 우수
> ④ 양성이온계 : 대전방지성능이 양이온계와 비슷하게 매우 뛰어남. 베타인계는 그 효과가 매우 높음.

라 인체대전에 대한 예방대책

① 대전된 물체를 금속판 등으로 차폐
② 대전방지제를 넣은 제전복을 착용
③ 대전방지 성능이 있는 안전화를 착용
④ 손목접지대, 발접지대 착용
  - 손목접지대(손목 띠)의 저항은 $1M\Omega(10^6 \Omega)$ 정도로 직렬 삽입하여 동전기 누설에 의한 감전 예방
⑤ 바닥 재료는 고유저항이 큰 물질 사용 금지(작업장 바닥은 도전성을 갖추도록 할 것)
  - 고유저항이 큰 물질일 경우 정전기의 축적 발생 가능
※ 제전복 : 방진복의 역할을 하면시 제전 역할(정전기발생 방지)을 위해서 만든 옷으로 고밀도 부분 반도체 등 전자제품생산 현장에 많이 활용됨.

마 제전기에 의한 대전방지

제전기는 물체에 대전된 정전기를 공기이온(ion)을 이용하여 정전기를 중화(中和)시키는 기계

(1) 제전기의 제전효과에 영향을 미치는 요인

① 제전기의 이온 생성능력
② 제전기의 설치 위치 및 설치 각도
③ 대전 물체의 대전전위 및 대전분포

(2) 제전기의 종류 및 특징(이온생성방식에 따른 분류)

① 전압인가식 ② 자기방전식 ③ 이온식(방사선식)

(가) 전압인가식 제전기

방전침에 교류 약 7000V의 전압을 인가하면 공기가 전리되어 코로나 방전을 일으켜 이온이 발생함으로 이 이온으로 대전체의 전하를 중화시키는 방법

- 다른 제전기에 비해 제전능력이 큼. 설치 및 취급이 복잡

(나) 자기방전식 제전기

금속프레임, 브러시 형태의 전도성 섬유를 이용하여 발생된 작은 코로나 방전으로 공기를 이온화시켜 전하를 제전시키는 방법

① 자기방전식은 필름의 권취, 셀로판 제조, 섬유공장 등에 유효하나, 2kV내외의 대전이 남는 결점이 있음.
② 정상상태에서 방전현상은 수반하나 착화하는 경우는 없지만 본체가 금속이므로 접지를 하여야 함.
③ 제전능력이 작고 적용범위가 좁음. 이동하는 물체의 제전에는 적합
④ 전원을 사용하지 않아 구조가 간단하고 취급이 용이함.

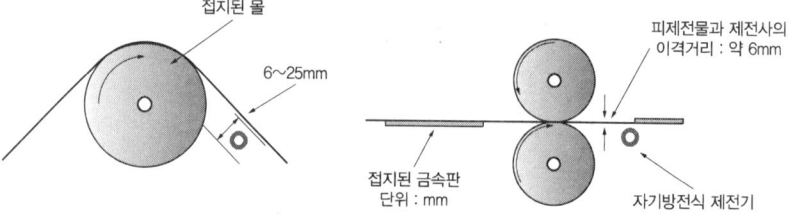

[그림] 자기방전식 제전기의 설치위치

전리작용(이온화)
전리 방사선이 물질 속을 통과할 때 그 에너지에 의해 원자로부터 전자를 튕겨내어 양이온과 음이온으로 분리 되는 것

(다) 방사선식 제전기(이온식)

방사선 동위원소의 전리 작용에 의해 제전에 필요한 이온(α입자 β입자)을 만드는 제전기

① 방사선 장해로 인한 취급에 주의가 필요하고, 제전능력이 작아 제전에 시간을 요하며 이동하는 물체 등에 대하여는 부적합
② 이온식은 방사선의 전리 작용으로 공기를 이온화시키는 방식, 제전 효율은 낮으나 폭발위험지역에 적당함.

(3) 제전기의 설치

① 제전기 설치하기 전후의 대전물체의 전위를 측정하여 제전의 목표값을 만족하는 위치 또는 제전효율이 90% 이상이 되는 위치

② 제전기 설치하기 전 대전물체의 전위를 측정하여 전위가 가능한 높은 위치
③ 정전기 발생원으로부터 가까운 위치로 하며 일반적으로 5~20cm 정도 떨어진 위치

바 정전기로 인한 화재폭발을 방지 위한 조치가 필요한 설비

〈산업안전보건기준에 관한 규칙〉

제325조(정전기로 인한 화재 폭발 등 방지)
① 다음의 설비를 사용할 때에 정전기에 의한 화재 또는 폭발 등의 위험이 발생할 우려가 있는 경우에는 접지를 하거나, 도전성 재료를 사용하거나 가습 및 점화원이 될 우려가 없는 제전(除電)장치를 사용하는 등 정전기의 발생을 억제하거나 제거하기 위하여 필요한 조치를 하여야 한다.

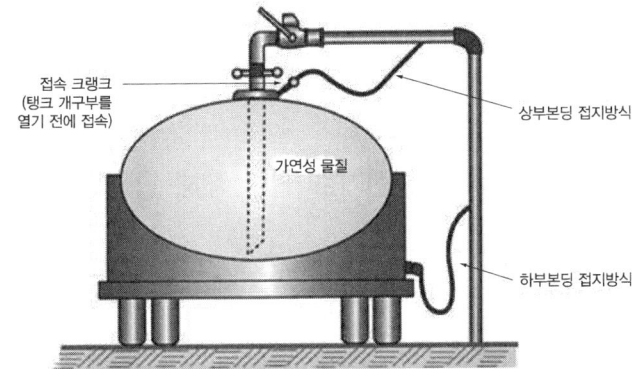

[그림] 탱크로리의 접지방법(상부주입식)

1. 위험물을 탱크로리·탱크차 및 드럼 등에 주입하는 설비
2. 탱크로리·탱크차 및 드럼 등 위험물저장설비
3. 인화성 액체를 함유하는 도료 및 접착제 등을 제조·저장·취급 또는 도포(塗布)하는 설비
4. 위험물 건조설비 또는 그 부속설비
5. 인화성 고체를 저장하거나 취급하는 설비
6. 드라이클리닝설비, 염색가공설비 또는 모피류 등을 씻는 설비 등 인화성유기용제를 사용하는 설비
7. 유압, 압축공기 또는 고전위정전기 등을 이용하여 인화성 액체나 인화성 고체를 분무하거나 이송하는 설비
8. 고압가스를 이송하거나 저장·취급하는 설비
9. 화약류 제조설비

10. 발파공에 장전된 화약류를 점화시키는 경우에 사용하는 발파기
(발파공을 막는 재료로 물을 사용하거나 갱도발파를 하는 경우는 제외한다)

② 인체에 대전된 정전기에 의한 화재 또는 폭발 위험이 있는 경우에는 정전기 대전방지용 안전화 착용, 제전복(除電服) 착용, 정전기 제전용구 사용 등의 조치를 하거나 작업장 바닥 등에 도전성을 갖추도록 하는 등 필요한 조치를 하여야 한다.

사 정전기 방전에 의한 폭발 추정사고 조사 시 필요한 조치

① 가연성 분위기 규명
② 물체의 정전 용량, 저항 규명
③ 전하발생 부위 및 축적 기구 규명
④ 방전에 따른 점화 가능성 평가
⑤ 전하 축적 과정 규명
⑥ 사고 재발 방지를 위한 대책 강구

아 반도체 취급 시에 정전기로 인한 재해 방지대책

① 송풍형 제전기 설치
② 도체 부분에 접지 실시
③ 작업자의 대전방지 작업복 착용
④ 작업대에 정전기 매트 사용

> **정전기가 컴퓨터에 미치는 문제점**
> ① 메모리 변경이 에러나 프로그램의 분실을 발생시킨다.
> ② 프린터가 오작동을 하여 너무 많이 찍히거나, 글자가 겹쳐서 찍힌다.
> ③ 터미널에서 컴퓨터에 잘못된 데이터를 입력시키거나 데이터를 분실한다.

- 광량자(빛 입자) 에너지: 광량자 파장이 길수록(진동수는 작을수록) 광량자 에너지가 작아지고, 짧을수록(진동수가 많을수록) 커진다.
- 가시광선: 사람의 눈에 보이는 전자기파의 영역으로, 극저주파, 마이크로파, 적외선 보다 파장이 짧다.

CHAPTER 03 항목별 우선순위 문제 및 해설

01 다음 중 정전기에 대한 설명으로 가장 알맞은 것은?

① 전하의 공간적 이동이 크고, 그것에 의한 자계의 효과가 전계의 효과에 비해 매우 큰 전기
② 전하의 공간적 이동이 적고, 그것에 의한 자계의 효과가 전계에 비해 무시할 정도의 적은 전기
③ 전하의 공간적 이동이 적고, 그것에 의한 전계의 효과와 자계의 효과가 서로 비슷한 전기
④ 전하의 공간적 이동이 크고, 그것에 의한 자계의 효과와 전계의 효과를 서로 비교할 수 없는 전기

[해설] **정전기**(靜電氣, static electricity, electrostatic)
① 대전에 의해 얻어진 전하가 절연위에서 더 이상 이동하지 않고 정지하고 있는 것(정지상태의 전하에 의한 전기, 연속적으로 흐르지 않는 상태의 전기)
② 전하의 공간적 이동이 적고, 그것에 의한 자계의 효과가 전계에 비해 무시할 정도의 적은 전기

02 액체가 관내를 이동할 때에 정전기가 발생하는 현상은?

① 마찰대전   ② 박리대전
③ 분출대전   ④ 유동대전

[해설] **유동대전** : 액체류가 파이프 등 내부에서 유동시 액체와 관벽 사이에서 발생
 - 정전기 발생에 큰 영향은 액체 유동 속도이고 흐름의 상태 등도 영향 줌

03 정전기 발생량과 관련된 내용으로 옳지 않은 것은?

① 분리속도가 빠를수록 정전기량이 많아진다.
② 두 물질 간의 대전서열이 가까울수록 정전기 발생량이 많다.
③ 접촉면적이 넓을수록, 접촉압력이 증가할수록 정전기 발생량이 많아진다.
④ 물질의 표면이 수분이나 기름 등에 오염되어 있으면 정전기 발생량이 많아진다.

[해설] **정전기 발생에 영향을 주는 요인**
정전기의 발생은 일반적으로 접촉, 분리하는 두가지 물체의 상호 특성에 의해 지배되며, 대전량은 접촉, 분리하는 두 가지 물체가 대전서열 중에서 가까운 위치에 있으면 작고, 떨어져 있으면 큰 경향이 있음

04 대전이 큰 엷은 층상의 부도체를 박리할 때 또는 엷은 층상의 대전된 부도체의 뒷면에 밀접한 접지체가 있을 때 표면에 연한 수지상의 발광을 수반하여 발생하는 방전은?

① 불꽃 방전   ② 스트리머 방전
③ 코로나 방전 ④ 연면 방전

[해설] **연면 방전** : 코로나 방전이 절연체의 면 위를 따라서 발생하는 현상

05 방전에너지가 크지 않은 코로나 방전이 발생할 경우 공기 중에 발생할 수 있는 것은?

① O_2 ② O_3
③ N_2 ④ N_3

[해설] **코로나 방전** : 도체 주위의 유체의 이온화로 인해 발생하는 전기적 방전이며, 전위 경도(전기장의 세기)가 특정값을 초과하지만 완전한 절연 파괴나 아크를 발생하기에는 불충분한 조건일 때 발생
 - 코로나 방전이 발생할 경우 공기 중에 발생할 수 있는 것 : O_3(오존)

정답 01.② 02.④ 03.② 04.④ 05.②

06 정전기로 인하여 화재로 진전되는 조건 중 관계가 없는 것은?

① 방전하기에 충분한 전위차가 있을 때
② 가연성 가스 및 증기가 폭발한계 내에 있을 때
③ 대전하기 쉬운 금속부분에 접지를 한 상태일 때
④ 정전기의 스파크 에너지가 가연성 가스 및 증기의 최소점화 에너지 이상일 때

해설 정전기로 인하여 화재로 진전되는 조건
대전하기 쉬운 금속부분에 접지를 하지 않은 상태일 때

07 다음 중 정전기 재해의 방지대책으로 가장 적절한 것은?

① 절연도가 높은 플라스틱을 사용한다.
② 대전하기 쉬운 금속은 접지를 실시한다.
③ 작업장 내의 온도를 낮게 해서 방전을 촉진시킨다.
④ (+), (−)전하의 이동을 방해하기 위하여 주위의 습도를 낮춘다.

해설 정전기가 대전된 물체의 제전
① 절연도가 높은 플라스틱을 사용한다.(×) → 도전성 재료 사용
③ 작업장 내의 온도를 낮게 해서 방전을 촉진시킨다.(×) → 대전방지제를 사용하여 정전기 방전을 차단
④ (+), (−)전하의 이동을 방해하기 위하여 주위의 습도를 낮춘다.(×) → 주위를 가습

08 다음 중 제전기의 종류에 해당하지 않는 것은?

① 전류제어식   ② 전압인가식
③ 자기방전식   ④ 방사선식

해설 제전기의 종류 및 특징
(가) 전압인가식 제전기
(나) 자기방전식 제전기
(다) 방사선식 제전기(이온식)

09 다음은 정전기로 인한 재해를 방지하기 위한 조치 중 전기를 통하지 않는 부도체 물질에 적합하지 않는 조치는?

① 가습을 시킨다.
② 접지를 실시한다.
③ 도전성을 부여한다.
④ 자기방전식 제전기를 설치한다.

해설 부도체의 대전방지
부도체의 대전방지는 부도체에 발생한 정전기는 다른 곳으로 이동하지 않기 때문에 접지에 의해서는 대전방지를 하기 어려움.
(1) 대전방지제의 사용 : 섬유나 수지의 표면에 흡습성과 이온성을 부여하여 도전성을 증가시킴
(2) 가습 : 대부분의 물체는 습도가 증가하면 전기저항치가 저하하고 이에 따라 대전성 저하
(3) 대전물체의 차폐, 제전기 사용 등
* 도체의 정전기 방지대책 : 접지, 본딩

10 절연된 컨베이어 벨트 시스템에서 발생하는 정전기의 전압이 10kV이고, 이때 정전용량이 5pF일 때 이 시스템에서 1회의 정전기 방전으로 생성될 수 있는 에너지는 얼마인가?

① 0.2mJ   ② 0.25mJ
③ 0.5mJ   ④ 0.25J

해설 정전기 방전에너지(W) - [단위 J]
$W = 1/2 CV^2$
[C : 도체의 정전용량(단위 패럿 F), V : 대전전위]
⇨ $W = 1/2 \times (5 \times 10^{-12}) \times (10 \times 10^3)^2 = 0.00025 J$
  $= 0.25 mJ$
(* m 밀리 → 10^{-3}, p 피코 → 10^{-12}, k 킬로 → 10^3)

11 정전기 재해방지를 위하여 불활성화할 수 없는 탱크, 탱크롤리 등에 위험물을 주입하는 배관 내 액체의 유속제한에 대한 설명으로 틀린 것은?

① 물이나 기체를 혼합하는 비수용성 위험물의 배관 내 유속은 1m/s 이하로 할 것

정답 06.③ 07.② 08.① 09.② 10.② 11.④

② 저항률이 10^{10} Ω·m 미만의 도전성 위험물의 배관유속은 매초 7m 이하로 할 것
③ 저항률이 10^{10} Ω·m 이상인 위험물의 배관유속은 관 내경이 0.05m이면 매초 3.5m 이하로 할 것
④ 이황화탄소 등과 같이 유동대전이 심하고 폭발위험성이 높은 것은 배관 내 유속은 5m/s 이하로 할 것

해설 배관 내 액체의 유속제한
에텔, 이황화탄소 등과 같이 유동대전이 심하고 폭발위험성이 높으면 배관유속을 1m/s 이하로 할 것

12 최소 착화에너지가 0.26mJ인 프로판 가스에 정전용량이 100pF인 대전 물체로부터 정전기 방전에 의하여 착화할 수 있는 전압은 약 몇 V 정도인가?

① 2240　　② 2260
③ 2280　　④ 2300

해설 대전전위
정전기 방전에너지(W) – [단위 J]
$W = 1/2 CV^2$
[C: 도체의 정전용량(단위 패럿 F), V: 대전전위]
⇨ 대전전위 $V = \sqrt{\dfrac{2W}{C}} = \sqrt{\dfrac{2 \times 0.26 \times 10^{-3}}{100 \times 10^{-12}}}$
= 2280V
* 인체의 정전용량 100pF = 100×10^{-12}F
 (m 밀리 → 10^{-3}, p 피코 → 10^{-12})

정답 12. ③

Chapter 04 전기 방폭 관리

memo

학습 POINT

방폭구조의 종류는 시험에 자주 출제 된다.

1. 전기방폭설비

가 방폭구조의 종류

종류	구조의 원리
내압 방폭 (d)	용기 내부에서 폭발성 가스 또는 증기가 폭발하였을 때 용기가 그 압력에 견디며 또한 접합면, 개구부 등을 통해서 외부의 폭발성 가스·증기에 인화되지 않도록 한 구조(점화원 격리) – 방폭형 기기에 폭발성 가스가 내부로 침입하여 내부에서 폭발이 발생하여도 이 압력에 견디도록 제작한 방폭구조 ① 내부에서 폭발할 경우 그 압력에 견딜 것 ② 폭발화염이 외부로 유출되지 않을 것 ③ 외함의 표면온도가 주위의 가연성 가스에 점화되지 않을 것 (전기설비 내부에서 발생한 폭발이 설비 주변에 존재하는 가연성 물질에 파급되지 않도록 한 구조)
압력 방폭 (p)	용기 내부에 보호가스(신선한 공기 또는 불연성 가스)를 압입하여 내부압력을 유지함으로써 폭발성 가스 또는 증기가 용기 내부로 유입하지 않도록 된 구조(점화원 격리) 종류 : 통풍식, 봉입식, 밀봉식
안전증 방폭 (e)	전기기구의 권선, 에어캡, 접점부, 단자부 등과 같이 정상적인 운전 중에 불꽃, 아크 또는 과열이 생겨서는 안 될 부분에 대하여 이를 방지하거나 온도 상승을 제한하기 위하여 전기기기의 안전도를 증가시킨 구조로 내압 방폭구조보다 용량이 적음(점화원 격리와 무관 : 전기설비의 안전도 증강). 정상운전 중에 폭발성 가스 또는 증기에 점화원이 될 전기불꽃, 아크 또는 고온 부분 등의 발생을 방지하기 위하여 기계적, 전기적 구조상 또는 온도상승에 대해서 특히 안전도를 증가시킨 구조(추가적인 안전조치를 통한 안전도를 증가시킨 방폭구조)
유입 방폭 (o)	전기 불꽃을 발생하는 부분을 용기 내부의 기름에 내장하여 외부의 폭발성 가스 또는 점화원 등에 접촉 시 점화의 우려가 없도록 한 방폭 구조(점화원 격리) 전기불꽃, 아크 또는 고온이 발생하는 부분을 기름 속에 넣고, 기름면 위에 존재하는 폭발성 가스 또는 증기에 인화되지 않도록 한 구조
본질안전 방폭 (ia 또는 ib)	정상 시 및 사고 시(단선, 단락, 지락 등)에 발생하는 전기불꽃, 아크 또는 고온에 의하여 폭발성 가스 또는 증기에 점화되지 않는 것이 점화시험, 기타에 의하여 확인된 구조(점화원 격리와 무관 : 점화원의 본질적 억제)

압력 방폭구조(p)
점화원이 될 우려가 있는 부분을 용기 내에 넣고 신선한 공기 또는 불연성 가스 등의 보호기체를 용기의 내부에 압입함으로써 내부의 압력을 유지하여 폭발성 가스가 침입하지 못하도록 한 구조의 방폭구조(점화원 격리)
– 방폭전기설비의 용기내부에 보호가스를 압입하여 내부 압력을 외부 대기 이상의 압력으로 유지함으로써 용기 내부에 폭발성 가스 분위기가 형성되는 것을 방지하는 방폭구조

종류	구조의 원리
비점화방폭 (n)	정상동작 상태에서는 주변의 폭발성 가스 또는 증기에 점화시키지 않고, 점화시킬 수 있는 고장이 유발되지 않도록 한 구조 - 정상작동 상태에서 폭발 가능성이 없으나 이상 상태에서 짧은 시간 동안 폭발성 가스 또는 증기가 존재하는 지역에 사용 가능한 방폭용기
몰드방폭 (m)	폭발성 가스 또는 증기에 점화시킬 수 있는 전기불꽃이나 고온 발생 부분을 콤파운드로 밀폐시킨 구조
충전(充填)방폭 (q)	점화원이 될 수 있는 전기불꽃, 아크 또는 고온부분을 용기 내부의 적정한 위치에 고정시키고 그 주위를 충전물질로 충전하여 폭발성 가스 및 증기의 유입 또는 점화를 어렵게 하고 화염의 전파를 방지하여 외부의 폭발성 가스 또는 증기에 인화되지 않도록 한 구조
특수방폭 (s)	폭발성 가스 또는 증기에 점화를 또는 위험 분위기로 인화를 방지할 수 있는 것이 시험, 기타에 의하여 확인된 구조

나 전기기기 방폭의 기본개념

(* 전기설비를 방폭구조로 설치하는 근본적인 이유 : 사업장에서 발생하는 화재, 폭발의 점화원으로서는 전기설비가 원인이 되지 않도록 하기 위함)

(1) 점화원의 방폭적 격리

① 전기기기의 점화원이 되는 부분은 주위의 폭발성 가스와 격리하여 접속하지 않도록 하는 방법(압력, 유입 방폭구조)
② 전기기기 내부에서 발생한 폭발이 전기기기 주위의 폭발성 가스에 파급되지 않도록 점화원을 실질적으로 격리하는 방법(내압 방폭구조)

(2) 전기기기의 안전도 증가

정상상태에서 점화원으로 되는 전기 불꽃의 발생부 및 고온부가 존재하지 않도록 전기 설비에 대하여 특히 안전도를 증가시켜 고장이 발생하지 못하도록 하는 방법(안전증 방폭구조)

(3) 점화능력의 본질적 억제

약전류 회로의 전기설비와 같이 정상 상태뿐만 아니라 사고 시에도 발생되는 전기 불꽃 또는 고온부가 최소착화 에너지 이하의 값으로 되어 가연성 물질에 착화할 위험이 없는 것으로 시험 등의 방법에 의해 충분히 확인된 경우에는 본질적으로 점화능력이 억제된 것으로 볼 수 있음(본질안전 방폭구조).

다 본질안전 방폭구조의 장단점

① 본질안전 방폭구조의 기본적 개념은 점화능력의 본질적 억제
② 0종 장소에 유일하게 설치 가능
③ 본질안전 방폭구조의 적용은 에너지가 1.3W, 30V 및 250mA 이하의 개소에 가능
④ 온도, 압력, 액면유량 등의 검출용 측정기는 대표적인 본질안전 방폭구조의 예
⑤ 구조적으로 경제적이며, 좁은 장소에 설치가능
⑥ 제품의 외관, 원가, 신뢰성 등이 우수

라 방폭구조의 주요 시험항목

① 내압 방폭구조 : 기계적 강도시험, 폭발 강도시험, 인화온도
② 압력 방폭구조 : 내부압력시험, 기계적 강도시험, 온도시험
③ 유입 방폭구조 : 발화온도시험

마 분진에 대한 방폭구조

종류	구조의 원리
특수방진 방폭 (SDP)	전기기기의 케이스를 전폐구조로서 틈새깊이를 일정치 이상으로 하거나 또는 접합면에 일정치 이상의 깊이가 있는 패킹을 사용하여 분진이 용기 내부로 침입하지 않도록 한 구조
보통방진 방폭 (DP)	전폐구조로서 틈새 깊이를 일정치 이상으로 하거나 접합면에 패킹을 사용하여 분진이 용기내부로 침입하기 어렵게 한 구조
분진특수 방폭 (XDP)	SDP 및 DP 이외의 방폭구조로서 방진방폭성능을 시험, 기타에 의하여 확인된 구조

> **참고**
>
> ※ 분진 방폭구조의 종류〈분진폭발 위험장소에서의 전기설비 선정에 관한 기술지침-안전보건공단〉
> 폭발위험장소에서 사용되는 전기설비는 다음 방폭구조의 하나 또는 두 개 이상의 조합에 의하여 보호되어야 함.
> (1) 분진 내압 방폭구조(tD)　　(2) 분진 몰드 방폭구조(mD)
> (3) 분진 본질안전 방폭구조(iD)　(4) 분진 압력 방폭구조(pD)

2. 전기방폭 사고예방 및 대응

가 폭발등급

(1) 화염일주한계[안전간극(safe gap), MESG(최대안전틈새)]

최대안전틈새를 작게 하면 화염은 좁은 틈을 통과하면서 발생된 열을 냉각시켜 소멸시키므로, 용기 내부에서 폭발해도 화염이 용기 외부로 확산되지 않음.

① 폭발성 분위기가 형성된 표준용기의 접합면 틈새를 통해 폭발화염이 내부에서 외부로 전파되는 것을 저지(최소점화에너지 이하)할 수 있는 틈새의 최대간격치이며 폭발가스의 종류에 따라 다름

② 대상으로 한 가스 또는 증기와 공기와의 혼합가스에 대하여 화염일주가 일어나지 않는 틈새의 최대치

※ 내압 방폭구조에서 안전간극(safe gap)을 적게 하는 이유
　① 폭발화염이 외부로 전파되지 않도록 하기 위해
　② 최소점화에너지 이하로 열을 식히기 위하여

> MESG(Maximum Experimental Safe Gap)
> 최대안전틈새

(2) 폭발등급(explosion class, 爆發等級) : 폭발등급은 표준용기에 의한 폭발시험에 의해 화염일주(火炎逸走)를 발생할 때의 최소치에 따라 분류

(가) 표준용기 : 폭발성 가스의 폭발등급 측정에 사용되는 표준용기는 내용적이 8000cm³, 반구상의 플랜지 접합면의 안길이 25mm의 구상용기의 틈새를 통과시켜 화염일주 한계를 측정하는 장치이다.

(나) 가스등급(gas group A, B, C) : 방폭전기기기의 폭발등급에 따른 최대안전틈새의 범위(mm) 기준

	폭발등급	I	IIA	IIB	IIC
IEC	최대안전틈새	광산용	0.9mm 이상	0.5mm 초과 0.9mm 미만	0.5mm 이하
	해당 가스	메탄	프로판, 아세톤, 벤젠, 부탄	에틸렌, 부타디엔	수소, 아세틸렌

〈방폭기기의 분류〉
1) 그룹 I : 폭발성 메탄가스 위험분위기에서 사용되는 광산용 전기기기
2) 그룹 II : 1) 이외의 잠재적 폭발성 위험분위기에서 사용되는 전기기기

> IP 등급(방폭설비의 보호 등급, Ingress Protection Classification)
>
> IEC 규정을 통해 외부의 접촉이나 먼지, 물(습기), 충격으로부터 보호하는 정도에 따라 등급을 분류. 첫 번째 숫자(6단계)는 고체나 분진에 대한 보호등급을 나타내고, 두 번째 숫자(8단계)는 액체, 물에 대한 등급을 나타냄
> - 첫 번째 숫자가 1인 경우는 지름 50mm 이상의 외부 분진(고체)에 대한 보호
> - 첫 번째 숫자가 2인 경우는 지름 12mm 이상의 외부 분진(고체)에 대한 보호
> * 두 번째 숫자는 액체에 대한 보호정도를 나타냄

(3) 방폭구조 및 폭발성분위기의 생성조건에 관계있는 위험특성 (전기기기의 방폭구조의 선택)

방폭구조에 관계있는 위험특성	폭발성분위기의 생성조건에 관계있는 위험특성
발화 온도	폭발한계
화염 일주한계, 폭발등급	인화점
최소 점화전류	증기 밀도

나 발화도

폭발성 가스의 발화점에 따라 분류

KSC		IEC	
발화도등급	발화점의 범위(℃)	온도등급	최고표면온도의 범위(℃)
G1	450 초과		
G2	300 초과 450 이하	T1	300 초과 450 이하
G3	200 초과 300 이하	T2	200 초과 300 이하
G4	135 초과 200 이하	T3	135 초과 200 이하
G5	100 초과 135 이하	T4	100 초과 135 이하
		T5	85 초과 100 이하
		T6	85 이하

> IEC(International Electrotechnical Commission)
> 국제전기기술위원회

다 방폭전기기기의 구조별 표기 방법 예

(1) IEC 표기방식 : 현재 국내 및 일본, 유럽지역에서 사용

(2) 표기의 예 : Ex d IIB T4(IP44)

Ex	d	II	B	T4	IP44
방폭기기	방폭 구조	방폭기기 분류	폭발 등급	최고 표면온도의 분류	보호 등급

(3) 방폭기기의 분류

1) 그룹 I : 폭발성 메탄가스 위험분위기에서 사용되는 광산용 전기기기

2) 그룹 II : 1) 이외의 잠재적 폭발성 위험분위기에서 사용되는 전기기기

(4) 가스등급(gas group A, B, C)

	폭발등급	I	IIA	IIB	IIC
IEC	최대안전틈새	광산용	0.9mm 이상	0.5mm 초과 0.9mm 미만	0.5mm 이하
	해당 가스	메탄	프로판, 아세톤, 벤젠, 부탄	에틸렌, 부타디엔	수소, 아세틸렌

(5) 그룹 II 전기기기에 대한 최고표면온도의 분류

온도등급	최고표면온도(℃)
T1	450(≤450) 이하
T2	300 이하
T3	200 이하
T4	135 이하
T5	100 이하
T6	85 이하

※ KSC 표기방식 : d_2G_4
① d : 내압 방폭구조
② 2 : 폭발등급 2등급
③ G_4 : 발화점의 범위(℃) 135 초과 200 이하

> **방폭기기의 표시<방호장치 의무안전인증고시>**
> 소형 전기기기와 방폭 부품의 경우, 표시 크기를 줄일 수 있으며, 다음 각 세목의 사항을 표시해야 한다.
> 1) 제조자의 이름 또는 등록상표
> 2) 형식
> 3) 기호 Ex 및 방폭구조의 기호
> 4) 인증서 발급기관의 이름 또는 마크, 합격번호
> 5) X 또는 U 기호(다만, 기호 X와 U를 함께 사용하지 않음)

라 위험장소

(1) 전기설비 사용 장소의 폭발위험성에 대한 위험장소 판정 시의 기준

① 위험 증기의 양
② 위험 가스의 현존 가능성
③ 위험 가스의 특성(공기와의 비중 차)
④ 통풍의 정도
⑤ 작업자에 의한 영향

<기기 방호 수준(EPL)-보호 등급>: 표기 예 - Ex ia IIC T4 Ga

(가) 폭발성 가스 대기에 사용되는 기기로서 방호 수준
① Ga: 폭발성 가스 대기에 사용되는 기기로서 방호 수준이 "매우 높음." 정상 작동할 시, 예상되는 오작동이나 매우 드문 오작동이 발생할 시 발화원이 되지 않는 기기
② Gb: 방호 수준이 "높음." 정상 작동할 시, 예상되는 오작동이 발생할 시 발화원이 되지 않는 기기
③ Gc: 방호 수준이 "향상"되어 있음. 정상 작동 시 발화원이 되지 않으며, 주기적으로 발생하는 문제가 나타날 때도 발화원이 되지 않도록 추가 방호 조치가 취해질 수 있는 기기

(나) 폭발성 가스에 취약한 광산에 설치되는 기기로서 방호 수준: Ma, Mb

(다) 폭발성 분진 대기에서 사용되는 기기로서 방호 수준: Da, Db, Dc

X 또는 U 기호
① X 기호: 특별 사용 조건을 나타내기 위해 사용하는 기호
② U 기호: 방폭 부품을 나타내는데 사용되는 기호

화재폭발 위험분위기의 생성방지 : 가연성 물질 누설 및 방출방지, 가연성 물질의 체류방지

> **참고**
>
> ※ 방폭지역에서의 환기가 충분한 장소〈사업장방폭구조전기기계·기구·배선 등의 선정·설치 및 보수 등에 관한 기준〉
> 제3조(용어의 정의)
> 5. 환기가 충분한 장소 : 대기 중의 가스 또는 증기의 밀도가 폭발 하한계의 25%를 초과하여 축적되는 것을 방지하기 위한 충분한 환기량이 보장되는 장소. 다음의 장소는 환기가 충분한 장소로 볼 수 있다.
>   가. 옥외
>   나. 수직 또는 수평의 외부공기 흐름을 방해하지 않는 구조의 건축물 또는 실내로써 지붕과 한 면의 벽만 있는 건축물
>   다. 밀폐 또는 부분적으로 밀폐된 장소로써 옥외의 동등한 정도의 환기가 자연환기방식 또는 고장 시 경보발생 등의 조치가 되어 있는 강제환기 방식으로 보장되는 장소
>   라. 기타 적합한 방법으로 환기량을 계산하여 폭발 하한계의 15% 농도를 초과하지 않음이 보장되는 장소

(2) 가스폭발 위험장소 분류

(가) 위험장소를 3등분으로 분류하는 목적

방폭전기 설비의 선정을 하고 균형 있는 방폭 협조를 실시하기 위해

(나) 위험장소 구분〈사업장방폭구조전기기계·기구·배선 등의 선정·설치 및 보수 등에 관한 기준〉

구분	위험장소 구분
0종 장소	* 위험분위기가 지속적으로 또는 장기간 존재하는 것(용기 내부, 장치 및 배관의 내부 등의 장소) ① 설비의 내부(인화성 또는 가연성 물질을 취급하는 설비의 내부) ② 인화성 또는 가연성 액체가 존재하는 피트(PIT) 등의 내부 ③ 인화성 또는 가연성의 가스나 증기가 지속적으로 또는 장기간 체류하는 곳
1종 장소	* 상용의 상태(보통 상태)에서 위험분위기가 존재하기 쉬운 장소(0종 장소의 근접주변, 송급통구의 근접주변, 운전상 열게 되는 연결부의 근접주변, 배기관의 유출구 근접 주변 등의 장소 - 맨홀, 벤트, 피트 등의 주위 등) - 피트, 트렌치 등과 같이 이상상태에서 위험분위기가 장시간 존재할 수 있는 영역은 1종 장소로 구분 ① 통상의 상태에서 위험분위기가 쉽게 생성되는 곳 ② 운전·유지 보수 또는 누설에 의하여 자주 위험분위기가 생성되는 곳 ③ 설비 일부의 고장시 가연성물질의 방출과 전기계통의 고장이 동시에 발생되기 쉬운 곳 ④ 환기가 불충분한 장소에 설치된 배관 계통으로 배관이 쉽게 누설되는 구조의 곳

1종 장소 : 위험분위기가 정상작동 중 주기적 또는 빈번하게 생성되는 장소
① 탱크류의 벤트(Vent) 개구부 부근
② 점검수리 작업에서 가연성 가스 또는 증기를 방출하는 경우의 밸브 부근
③ 탱크롤리, 드럼관 등이 인화성 액체를 충전하고 있는 경우의 개구부 부근

구분	위험장소 구분
	⑤ 주변 지역보다 낮아 가스나 증기가 체류할 수 있는 곳 ⑥ 상용의 상태에서 위험분위기가 주기적 또는 간헐적으로 존재하는 곳
2종 장소	* 이상상태 하에서 위험분위기가 단시간 생성될 우려가 있는 장소(0종 또는 1종 장소의 주변 영역, 용기나 장치의 연결부 주변영역, 펌프의 봉인부(sealing) 주변 영역 등 – 개스킷, 패킹 등의 주위) – 이상상태라 함은 상용의 상태, 즉 통상적인 운전상태, 통상적인 유지보수 및 관리상태 등에서 벗어난 상태 ① 환기가 불충분한 장소에 설치된 배관계통으로 배관이 쉽게 누설되지 않는 구조의 곳 ② 개스킷(gasket), 패킹(packing) 등의 고장과 같이 이상 상태에서만 누출될 수 있는 공정설비 또는 배관이 환기가 충분한 곳에 설치될 경우 ③ 1종 장소와 직접 접하며 개방되어 있는 곳 또는 1종 장소와 닥트, 트렌치, 파이프 등으로 연결되어 이들을 통해 가스나 증기의 유입이 가능한 곳 ④ 강제 환기방식이 채용되는 곳으로 환기설비의 고장이나 이상 시에 위험분위기가 생성될 수 있는 곳

> 2종 장소
> 폭발성 가스 분위기가 정상상태에서 조성되지 않거나 조성된다 하더라도 짧은 기간에만 존재할 수 있는 곳

(3) 분진폭발 위험장소

(가) 분진의 분류

발화도	폭연성 분진	가연성 분진	
		전도성	비전도성
I1	마그네슘, 알루미늄, 알루미늄 브론즈	아연, 티탄, 코크스, 카본블랙	밀, 옥수수, 고무, 염료, 폴리에틸렌, 페놀수지
I2	알루미늄(수지)	철, 석탄	코코아, 리그닌
I3			유황

* 분진폭발을 일으키는 중요한 물질 : 금속분(알루미늄분), 플라스틱, 곡물, 미분탄, 유황, 적린, 섬유물질, 마그네슘, 티탄, 지르콘, 비누, 석탄산수지, 폴리에틸렌, 경질고무, 송진, 석탄, 전분, 소맥분, 스텔라이트 등의 분말

(나) 위험장소 구분 : 20종 장소, 21종 장소, 22종 장소

분류	적요
20종 장소	공기 중에 가연성 분진운의 형태가 연속적으로 장기간 존재하거나, 단기간 내에 폭발성 분진분위기가 자주 존재하는 장소 – 분진운 형태의 가연성 분진이 폭발 농도를 형성할 정도로 충분한 양이 정상작동 중에 연속적으로 또는 자주 존재하거나, 제어할 수 없을 정도의 양 및 두께의 분진층이 형성될 수 있는 장소

분류	적요
21종 장소	공기 중에 가연성 분진운의 형태가 정상 작동 중 빈번하게 폭발성 분진분위기를 형성할 수 있는 장소(분진운 형태의 가연성 분진이 폭발농도를 형성할 정도의 충분한 양이 정상작동 중에 존재할 수 있는 장소)
22종 장소	공기 중에 가연성 분진운의 형태가 정상작동 중 폭발성 분진분위기를 거의 형성하지 않고, 발생한다 하더라도 단기간만 지속되는 장소

3. 방폭설비의 공사 및 보수

가. 방폭구조 선정 및 유의사항

위험장소	방폭구조
0종 장소	본질안전 방폭구조(ia)
1종 장소	내압 방폭구조(d) 압력 방폭구조(p) 충전 방폭구조(q) 유입 방폭구조(o) 안전증 방폭구조(e) 본질안전 방폭구조(ia, ib) 몰드 방폭구조(m)
2종 장소	0종 장소 및 1종 장소에 사용 가능한 방폭구조 비점화 방폭구조(n)

나. 방폭전기설비 계획 수립 시의 기본 방침

① 시설장소의 제조건 검토
② 가연성 가스 및 가연성 액체의 위험특성 확인
③ 위험장소의 종별 및 범위의 결정
④ 전기설비 배치의 결정
⑤ 전기설비의 선정

다. 방폭전기설비의 유지 보수〈사업장방폭구조전기기계 · 기구 · 배선 등의 선정 · 설치 및 보수 등에 관한 기준〉

(1) 방폭전기설비의 보수작업 전(前) 준비사항

제58조(보수작업 실시상의 준비사항 등)
① 방폭전기설비의 보수작업 전의 준비사항
  1. 보수내용의 명확화

2. 공구, 재료, 교체부품 등의 준비
3. 정전 필요성의 유무와 정전 범위의 결정 및 확인
4. 폭발성 가스 등의 존재유무와 비방폭지역으로서의 취급
5. 작업자의 지식 및 기능
6. 방폭지역 구분도등 관련서류 및 도면

(2) 보수작업 유의사항

① 점검원은 해당 전기설비에 대해 필요한 지식과 기능을 가져야 함.
② 불꽃 점화시점의 경과조치에 따름
③ 본질안전 방폭구조의 경우에는 통전 중에는 기기의 외함을 열어서 유지 보수를 하여도 됨.
④ 위험분위기에서 작업 시에는 수공구 등의 충격에 의한 불꽃이 생기지 않도록 주의

<u>제57조(보수)</u>
방폭전기설비 보수의 기본실시사항
1. 방폭구조상 특이한 면만이 아니고 전기기기의 기능면을 더욱 고려하여 통합적으로 실시함과 동시에 각각의 보수가 설비 전체의 보수관리와 충분히 연계되게 하여야 한다.
2. 점검항목, 보수기준, 보수실시 시기는 방폭전기기기의 종류, 방폭구조의 종류, 배선방법, 환경 등에 따라서 계획적으로 결정하여야 한다.
3. 방폭전기 설비의 보수는 당해 설비에 대하여 필요한 지식과 기능을 가진 자가 실시하여야 한다.
4. 각 방폭전기기기별 점검항목의 점검방법, 점검내용에 대해서는 제조자가 발행한 취급설명서 등에 의하든지 또는 제조자와 협의하여 실시하여야 한다.

<u>제58조(보수작업 실시상의 준비사항 등)</u>
② 방폭전기설비의 보수작업 중의 유의사항
  1. 통전 중에 점검작업을 할 경우에는 방폭전기기기의 본체, 단자함, 점검함 등을 열어서는 안 된다(본질안전 방폭구조의 전기설비에 대해서는 제외한다).
  2. 방폭지역에서 보수를 행할 경우에는 공구 등에 의한 충격불꽃을 발생시키지 않도록 실시하여야 한다.
  3. 정비 및 수리를 행할 경우에는 방폭전기기기의 방폭 성능에 관계있는 분해·조립 작업이 동반되므로 대상으로 하는 보수부분뿐만이 아니라 다른 부분에 대해서도 방폭 성능이 상실되지 않도록 해야 한다.

(3) 폭발위험장소에 전기설비를 설치할 때 전기적인 방호조치

① 다상 전기기기는 결상운전으로 인한 과열방지조치를 함.
② 배선은 단락·지락 사고시의 영향과 과부하로부터 보호해야 함.
③ 자동차단이 점화의 위험보다 클 때는 경보장치 사용함.
④ 단락보호장치 자동복구시 스파크 발생으로 인한 폭발에 위험이 있으므로 고장발생 시 수동복구를 원칙으로 함.

(가) 방폭전기기기의 선정 요건〈사업장방폭구조전기기계·기구·배선 등의 선정·설치 및 보수 등에 관한 기준〉

<u>제9조(방폭전기기기의 선정 요건)</u>
① 방폭전기기기의 선정시 고려사항
  1. 방폭전기기기가 설치될 지역의 방폭지역 등급 구분
  2. 가스 등의 발화온도
  3. 내압 방폭구조의 경우 최대 안전틈새
  4. 본질 안전방폭 구조의 경우 최소점화 전류
  5. 압력 방폭구조, 유입 방폭구조, 안전증 방폭구조의 경우 최고 표면온도
  6. 방폭전기기기가 설치될 장소의 주변온도, 표고 또는 상대습도, 먼지, 부식성 가스 또는 습기 등의 환경조건

(나) 방폭전기설비가 설치되는 표준환경조건〈사업장방폭구조전기기계·기구·배선 등의 선정·설치 및 보수 등에 관한 기준〉

<u>제4조(전기설비의 표준환경조건)</u>
전기설비가 설치되는 표준환경조건
  1. 주변온도 : -20~40℃
  2. 표고 : 1,000m 이하
  3. 상대습도 : 45~85%
  4. 전기설비에 특별한 고려를 필요로 하는 정도의 공해, 부식성 가스, 진동 등이 존재하지 않는 환경

(다) 방폭전기설비의 전기적 보호 : 노출도전성 부분의 보호접지

① 보호접지의 대상 : 전기기기 및 배선의 노출도전성 부분(전기기기의 금속외함, 전선관, 전선관용 부속품, 케이블의 금속재 sheath 등)
② 접지선으로는 원칙적으로 600V 비닐절연전선 이상의 성능을 가진 전선을 사용한다.
③ 전선관이 최대지락전류를 안전하게 흐르게 할 경우에는 접지선으로 이용 가능하다.

방폭기기-일반요구사항
(KS C IEC 60079-0)
다음의 대기 조건에서 공기와 가수증기, 미스트의 혼합물에 의해 발생하는 폭발성 가스 분위기가 존재하는 폭발 위험 장소에 사용할 수 있다.
① -20~+60℃ 온도(* 전기기구는 통상 -20~+40℃의 주위 온도에서 사용할 수 있도록 설계해야 한다.)
② 80~110kpa(0.8~1.1bar) 압력
③ 산소 함유율 21%v/v의 공기

④ 전선관이 최대지락전류를 안전하게 흐르게 할 경우 나사결합부에는 원칙적으로 본딩(bonding)할 필요가 없다.

라 방폭구조 전기배선

(1) 전선관의 접속 등

가스증기위험장소의 금속관(후강) 배선에 의하여 시설하는 경우에는 관과 관 및 관과 박스 기타의 부속품, 풀박스 또는 전기기계기구와는 5턱 이상(나사산이 5산 이상)의 나사 조임 방법에 의하여 견고하게 접속하여야 함

(가) 전선관의 접속(사업장방폭구조전기기계·기구·배선 등의 선정·설치 및 보수 등에 관한 기준)

<u>제18조(전선관의 접속 등)</u>

① 전선관과 전선관용 부속품 또는 전기기기와의 접속, 전선관용 부속품 상호의 접속 또는 전기기기와의 접속은 관용 평형나사에 의해 나사산이 5산 이상 결합되도록 하여야 한다.
② 나사결합 시에는 전선관과 전선관용 부속품 또는 전기기기와의 접속부분에 록크 너트를 사용하여 결합부분이 유효하게 고정되도록 하여야 한다.
③ 전선관을 상호 접속 시에는 유니온 커플링을 사용하여 5산 이상 유효하게 접속되도록 하여야 한다.
④ 가요성을 요하는 접속부분에는 내압방폭 성능을 가진 가요전선관을 사용하여 접속하여야 한다.
⑤ 가요진선관 공사 시에는 구부림 내측반경은 가요전선관 외경의 5배 이상으로 하여 비틀림이 없도록 하여야 한다.

> **내압 방폭 금속관배선에 대한 설명**
> ① 전선관은 후강전선관을 사용한다.
> ② 배관 인입부분은 실링피팅(sealing fitting)을 설치하고 실링콤파운드로 밀봉한다.
> ③ 전선관과 전기기기와의 접속은 관용평형나사에 의해 완전나사부가 "5턱" 이상 결합되도록 한다.
> ④ 가요성을 요하는 접속부분에는 플렉시블 피팅(flexible fitting)을 사용하고, 플렉시블 피팅은 비틀어서 사용해서는 안 된다.

전선관(관의 살 두께에 따라)
① 후강전선관: 관의 살 두께가 두꺼운 전선관. 공장 등의 배관에서 사용 특히 강도를 필요로 하는 경우 또는 폭발성, 부식성이 있는 장소에 사용
② 박강전선관: 관의 살 두께가 얇은 전선관. 일반적인 장소에서 사용

(나) 방폭지역에서의 저압 케이블 선정〈사업장방폭구조전기기계·기구·배선 등의 선정·설치 및 보수 등에 관한 기준〉

<u>제26조(저압 케이블의 선정)</u>
방폭지역에서 저압 케이블 공사 시에는 다음의 케이블이나 이와 동등 이상의 성능을 가진 케이블을 선정하여야 한다(시스가 없는 단심 절연전선을 사용하여서는 안 됨).
1. MI 케이블
2. 600V 폴리에틸렌 외장 케이블(EV, EE, CV, CE)
3. 600V 비닐 절연 외장 케이블(VV)
4. 600V 콘크리트 직매용 케이블(CB-VV, CB-EV)
5. 제어용 비닐절연 비닐 외장 케이블(CVV)
6. 연피케이블
7. 약전 계장용 케이블
8. 보상도선
9. 시내대 폴리에틸렌 절연 비닐 외장 케이블(CPEV)
10. 시내대 폴리에틸렌 절연 폴리에칠렌 외장 케이블(CPEE)
11. 강관 외장 케이블
12. 강대 외장 케이블

> MI 케이블(mineral insulated cable) : 동과 마그네슘으로 만들어져 불에 타지 않음. 고온 장소에서 사용 가능 (주위온도 250℃에서 영구 사용 가능하며 화재 시 700~800℃까지 단기간 사용 가능)
>
> 연피케이블(lead covered cable) : 케이블 심을 납으로 피복하는 케이블. 난연성 케이블
> (*연피: 케이블 심선의 절연층을 보호하기 위해 쓰는 연 피복)

(2) 폭연성 분진 또는 화약류의 분말이 존재하는 곳의 저압 옥내배선
① 폭연성 분진 또는 화약류의 분말이 존재하는 곳의 저압 옥내배선, 저압 관등회로 배선 : 금속관 공사, 케이블 공사
② 가연성 분진이 존재하는 곳의 전기 공사 : 합성수지관 공사, 금속관 공사, 케이블 공사

(3) 금속관의 방폭형 부속품
① 아연도금을 한 위에 투명한 도료를 칠하거나 기타 적당한 방법으로 녹이 스는 것을 방지 하도록 한 강 또는 가단주철(可鍛鑄鐵)일 것
② 안쪽 면 및 끝부분은 전선의 피복을 손상하지 아니하도록 매끈한 것일 것
③ 전선관과의 접속부분의 나사는 5턱 이상 완전히 나사결합이 될 수 있는 길이일 것
④ 접합면 중 나사의 접합은 내압 방폭구조의 폭발압력시험에 적합할 것
    ✻ 자기융착성 테이프 : 분진방폭 배선시설에 분진침투 방지재료로 가장 적합

마 변전실·배전반실 제어실 등의 설치〈산업안전기준에 관한 규칙〉

<u>제312조(변전실 등의 위치)</u>
가스폭발 위험장소 또는 분진폭발 위험장소에는 변전실, 배전반실, 제어실, 그 밖에 이와 유사한 시설을 설치해서는 아니 된다. 다만, 변전실 등의 실내기압이 항상 양압(25파스칼 이상의 압력을 말함)을 유지하도록 하고 다음 각호의 조치를 하거나, 가스폭발 위험장소 또는 분진폭발 위험장소에 적합한 방폭 성능을 갖는 전기 기계·기구를 변전실 등에 설치·사용한 경우에는 그러하지 아니하다.

1. 양압을 유지하기 위한 환기설비의 고장 등으로 양압이 유지되지 아니한 경우 경보를 할 수 있는 조치
2. 환기설비가 정지된 후 재가동하는 경우 변전실 등에 가스 등이 있는지를 확인할 수 있는 가스검지기 등 장비의 비치
3. 환기설비에 의하여 변전실 등에 공급되는 공기는 가스폭발 위험장소 또는 분진폭발 위험장소가 아닌 곳으로부터 공급되도록 하는 조치

> **참고**
>
> ※ 폭발 위험장소의 전기설비에 공급하는 전압으로써 안전초저압(SELW, Safety extra-low voltage)의 범위 : 교류 50V 이하, 직류 120V 이하(저압전기설비에서의 감전방호를 위한 기술지침)
> - 안전초저압 : 정상상태에서 또는 다른 회로에 있어서 지락 고장을 포함한 단일 고장상태에서 인가되는 전압이 초저전압을 초과 하지 않는 전기 시스템

CHAPTER 04 항목별 우선순위 문제 및 해설

01 다음 중 방폭구조의 종류에 해당하지 않는 것은?
① 유출 방폭구조
② 안전증 방폭구조
③ 압력 방폭구조
④ 본질안전 방폭구조

해설 방폭구조의 종류

내압 방폭구조	비점화 방폭구조
압력 방폭구조	몰드 방폭구조
안전증 방폭구조	충전 방폭구조
유입 방폭구조	특수 방폭구조
본질안전 방폭구조	

02 다음 중 방폭기기의 종류와 기호가 올바르게 연결된 것은?
① 비점화 방폭구조 : n
② 압력 방폭구조 : q
③ 유입 방폭구조 : m
④ 본질안전 방폭구조 : e

해설 방폭구조와 기호

내압 방폭구조	d	비점화 방폭구조	n
압력 방폭구조	p	몰드 방폭구조	m
안전증 방폭구조	e	충전 방폭구조	q
유입 방폭구조	o	특수 방폭구조	s
본질안전 방폭구조	ia, ib		

03 다음 중 방폭전기기기의 선정시 고려하여야 할 사항과 가장 거리가 먼 것은?
① 압력 방폭구조의 경우 최고표면온도
② 내압 방폭구조의 경우 최대안전틈새
③ 안전증 방폭구조의 경우 최대안전틈새
④ 본질안전 방폭구조의 경우 최소점화전류

해설 방폭전기기기 선정시 고려사항
1. 방폭전기기기가 설치될 지역의 방폭지역 등급 구분
2. 가스등의 발화온도
3. 내압 방폭구조의 경우 최대 안전틈새
4. 본질 안전방폭 구조의 경우 최소점화 전류
5. 압력 방폭구조, 유입 방폭구조, 안전중 방폭구조의 경우 최고 표면온도
6. 방폭전기기기가 설치될 장소의 주변온도, 표고 또는 상대습도, 먼지, 부식성 가스 또는 습기 등의 환경조건

04 폭발성 가스의 발화온도가 450℃를 초과하는 가스의 발화도 등급은?
① G1   ② G2
③ G3   ④ G4

해설 가스의 발화도 등급

KSC	
발화도 등급	발화점의 범위(℃)
G1	450 초과
G2	300 초과 450 이하
G3	200 초과 300 이하
G4	135 초과 200 이하
G5	100 초과 135 이하

05 전기기기 방폭의 기본 개념이 아닌 것은?
① 점화원의 방폭적 격리
② 전기기기의 안전도 증강
③ 점화능력의 본질적 억제
④ 전기설비 주위 공기의 절연능력 향상

해설 전기기기 방폭의 기본개념
* 전기설비를 방폭구조로 설치하는 근본적인 이유 : 사업장에서 발생하는 화재, 폭발의 점화원으로서는 전기설비가 원인이 되지 않도록 하기 위함
(1) 점화원의 방폭적 격리
(2) 전기기기의 안전도 증가
(3) 점화능력의 본질적 억제

정답 01.① 02.① 03.③ 04.① 05.④

06 가연성 가스가 저장된 탱크의 릴리프밸브가 가끔 작동하여 가연성 가스나 증기가 방출되는 부근의 위험장소 분류는?

① 0종 ② 1종
③ 2종 ④ 준위험장소

해설 **위험장소구분**
1종 : 송급통구의 근접 주변, 운전상 열게 되는 연결부의 근접 주변, 배기관의 유출구 근접 주변 등의 장소

07 다음 중 방폭전기설비가 설치되는 표준환경조건에 해당하지 않는 것은?

① 표고는 1000m 이하
② 상대습도는 30~95% 범위
③ 주변온도는 −20~40℃ 범위
④ 전기설비에 특별한 고려를 필요로 하는 정도의 공해, 부식성 가스, 진동 등이 존재하지 않는 장소

해설 **방폭전기설비가 설치되는 표준환경조건**
1. 주변온도 : −20~40℃
2. 표고 : 1,000m 이하
3. 상대습도 : 45~85%
4. 전기설비에 특별한 고려를 필요로 하는 정도의 공해, 부식성 가스, 진동 등이 존재하지 않는 환경

08 내압 방폭구조에서 안전간극(safe gap)을 적게 하는 이유로 가장 알맞은 것은?

① 최소점화에너지를 높게 하기 위해
② 폭발화염이 외부로 전파되지 않도록 하기 위해
③ 폭발압력에 견디고 파손되지 않도록 하기 위해
④ 쥐가 침입해서 전선 등을 갉아먹지 않도록 하기 위해

해설 **내압 방폭구조에서 안전간극(safe gap)을 적게 하는 이유**
① 폭발화염이 외부로 전파되지 않도록 하기 위해
② 최소점화에너지 이하로 열을 식히기 위하여

09 다음 분진의 종류 중 폭연성 분진에 해당하는 것은?

① 소맥분 ② 철
③ 코크스 ④ 알루미늄

해설 **분진의 분류**

발화도	폭연성 분진	가연성 분진	
		전도성	비전도성
I1	마그네슘, 알루미늄, 알루미늄브론즈	아연, 티탄, 코크스, 카본블랙	밀, 옥수수, 고무, 염료, 폴리에틸렌, 페놀수지
I2	알루미늄 (수지)	철, 석탄	코코아, 리그닌
I3			유황

10 분진폭발 방지대책으로 거리가 먼 것은?

① 작업장 등은 분진이 퇴적하지 않는 형상으로 한다.
② 분진 취급 장치에는 유효한 집진 장치를 설치한다.
③ 분체 프로세스의 장치는 밀폐화하고 누설이 없도록 한다.
④ 분진 폭발의 우려가 있는 작업장에는 감독을 상주시킨다.

해설 **분진폭발 방지대책**
① 분진이 퇴적하지 않도록 함
② 집진 장치를 설치
③ 기계장치는 밀폐화하고 누설이 없도록 함

정답 06. ② 07. ② 08. ② 09. ④ 10. ④

Chapter 05 전기설비 위험요인 관리

1. 전기화재의 원인

가 전기화재 발생원인의 3요건(화재발생 시 조사 사항)
① 발화원 ② 착화물 ③ 출화의 경과(발화의 형태)

나 전기화재 원인

(1) 단락(합선, short) : 단락하는 순간 폭음과 함께 스파크가 발생하고 단락점이 용융됨(전기설비 화재의 경과별 재해 중 가장 빈도가 높음)

> memo
> 단락(합선) : 일반적으로 합선과 단락은 같은 의미로 사용함.
> ① 전기 배선 간 단락은 합선이라 하며, 절연파괴로 인한 일반적인 사고는 단락이라고 함.
> ② 전선의 절연 피복이 손상되어 동선이 서로 직접 접촉한 경우

(2) 누전(지락)

(가) 누전화재 : 누전으로 인하여 주위의 인화성 물질이 발화되는 현상
- 발화까지 이를 수 있는 누전전류의 최소치 : 300~500mA

(나) 전기누전으로 인한 화재조사 시에 착안해야 할 입증 흔적(누전화재의 요인)
① 누전점 : 전류의 유입점
② 발화점(출화점) : 발화된 장소
③ 접지점 : 접지점의 소재

> 누전(지락) : 일반적으로 누전이나 지락은 같은 의미로 사용함. 저전압, 저용량에서는 누전이라고 하며, 고전압, 고용량에서는 지락이라고 함.
> ① 누전(electric leakage) : 누설되는 전류
> ② 지락(grounding) : 손상된 충전부가 타 물체와 접촉되어 대지로 전기가 흐르는 것

누전화재가 발생하기 전에 나타나는 현상
① 인체 감전현상
② 전등 밝기의 변화현상
③ 빈번한 퓨즈 용단현상
④ 전기 사용 기계장치의 오동작 증가

> 전기화재가 발생되는 비중이 큰 발화원
> 전기배선 및 배선기구(전기화재의 발화형태별 원인 중 가장 큰 비율을 차지하는 것은 전기배선의 단락이다.)

(3) 과전류

(가) 허용 전류를 초과하는 전류

(나) 과전류에 의한 전선의 인화로부터 용단에 이르기까지 단계 및 단계별 기준

(전선 전류밀도의 단위는 [A/mm^2])

단계	인화 단계	착화 단계	발화 단계		순간 용단 단계
			발화 후 용단	용단과 동시발화	
전선 전류밀도	40~43	43~60	60~70	75~120	120 이상

> 전류밀도
> 도체의 단위면적에 흐르는 전류의 크기

(4) 스파크(spark, 전기불꽃)

(가) 개폐기로 전기회로를 개폐할 때, 퓨즈가 용단할 때 스파크 발생

(나) 스파크에 의한 화재를 방지하기 위한 대책
   ① 개폐기를 불연성의 외함 내에 내장시킬 것
   ② 통형퓨즈를 사용할 것(포장 퓨즈)
   ③ 가연성 증기, 분진 등 위험한 물질이 있는 곳에는 방폭형 개폐기를 사용할 것
   ④ 접촉부분의 산화, 나사풀림으로 접촉저항이 증가하지 않도록 할 것
   ⑤ 과전류 차단용 퓨즈는 포장 퓨즈로 할 것
   ⑥ 유입개폐기는 절연유의 열화 정도와 유량에 주의하고 유입개폐기 주위에는 내화벽을 설치할 것

> 트래킹현상
> 전자제품 등에서 충전전극 사이의 절연물 표면에 묻어 있는 습기, 수분, 먼지, 기타 오염 물질이 부착된 표면을 따라서 전류가 흘러 주변의 절연물질을 탄화(炭化)시키는 것
> • 전압이 인가된 이극 도체 간의 고체 절연물 표면에 이물질이 부착되면 미소방전이 일어난다. 이 미소방전이 반복되면서 절연물 표면에 도전성 통로가 형성되는 현상

(5) 접촉부 과열
접촉이 불안전 상태에서 전류가 흐르면 접촉저항에 의해서 접촉부가 발열

(6) 절연열화, 탄화

(가) 절연열화 : 절연물은 여러 가지 원인으로 전기저항이 저하되어 절연불량을 일으켜 위험한 상태가 됨.

(나) 절연불량의 주요 원인
   ① 진동, 충격 등에 의한 기계적 요인
   ② 산화 등에 의한 화학적 요인
   ③ 온도상승에 의한 열적 요인
   ④ 높은 이상전압 등에 의한 전기적 요인

(다) 절연열화가 진행되어 누설전류가 증가하면 유발되는 사고
   ① 감전사고 ② 누전화재 ③ 아크 지락에 의한 기기의 손상

(7) 낙뢰(벼락)

(8) 정전기 스파크

다 전기화재의 원인에 관한 설명

① 단락된 순간의 전류는 정격전류보다 크다.
② 전류에 의해 발생되는 열은 전류의 제곱에 비례하고, 저항에 비례, 시간에 비례한다.
  - 줄(Joule)열 $H = I^2RT[J]$
③ 누전에 의한 전기화재는 배선용 차단기나 누전차단기로 예방이 가능하다.
④ 접촉불량 등에 의한 전기화재는 사전 점검. 조치하여 예방한다.
⑤ 전기화재의 발화형태별 원인 중 가장 큰 비율을 차지하는 것은 전기배선의 단락이다.

라 전기설비의 점화원

(1) **현재적 점화원** : 정상운전 중의 전기설비가 화재의 점화원으로 작용하는 것

① 직류 전동기의 정류자, 권선형 유도 전동기의 슬립링 등
② 고온부로써 전열기, 저항기, 전동기의 고온부 등
③ 개폐기 및 차단기류의 접점, 제어기기 및 보호계전기의 전기접점 등

(2) **잠재적 점화원** : 정상에서가 아닌 고장 등으로 전기적인 스파크나 고열 등에 의해 화재의 점화원으로 작용하는 것

전동기의 권선, 변압기의 권선, 마그넷 코일, 전기적 광원, 케이블, 기타 배선 등

2. 접지공사

가 접지의 목적

(1) **전기설비에 접지를 하는 목적**

① 누설전류에 의한 감전방지
② 낙뢰에 의한 피해방지(전기 기기의 손상 방지)
③ 기기 및 배전선에서 이상 고전압이 발생하였을 때 대지전위의 상승을 억제하고 절연강도를 경감
④ 지락사고 시 보호계전기 신속동작(계전기의 신속하고 확실한 동작 확보)

정류자 : 직류전동기에서 교류를 직류로 바꾸는 역할을 함

슬립링 : 회전 장치에 전원을 공급하는 장치

대지전위의 상승을 억제하고 절연강도를 경감
① 지락사고가 발생하면 건전상의 대지전압이 상승하게 됨(비접지시).
② 지락사고 시 건전상의 대지전위 상승을 억제하여 전선로 및 기기의 절연 레벨을 경감(접지 시).
 • 계통(선간)을 보호할 수 있어 기기의 절연 레벨을 낮추는 저감 절연이 가능함(선로의 애자 개수를 줄일 수 있어 경제적 계통이 됨.).
* 대지전위 : 대지가 가지고 있는 전위(보통 영전위로 간주)
* 절연 : 전기를 통하지 않게 하는 것(절연강도: 절연을 위한 강도)
* 건전상(健全相) : 건전한 상. 3상 계통에서 한 선에서 지락사고가 나고 두 선에서 사고가 일어나지 않는 상. 한 선에서 지락사고가 일어났다면 나머지 두 선(건전상)에서는 전위상승 등의 현상이 일어남.

- 송배전선, 고전압 모선 등에서 지락사고의 발생시 보호 계전기를 신속하게 작동시킴.
* 대지를 접지로 이용하는 이유 : 대지는 넓어서 무수한 전류통로가 있기 때문에 저항이 작음.
* 가로등의 접지전극을 지면으로부터 75cm 이상 깊은 곳에 매설하는 주된 이유 : 접촉 전압을 감소시키기 위하여

  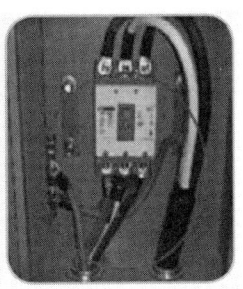

[그림] 기기 외함의 접지

(2) 접지 목적에 따른 종류

접지의 종류	접지목적
계통접지	고압전로와 저압전로가 혼촉되었을 때의 감전이나 화재 방지
기기접지	누전되고 있는 기기에 접촉되었을 때의 감전 방지(기기 보호)
피뢰기접지	낙뢰로부터 전기기기의 손상을 방지(낙뢰방지용 접지)
지락검출용접지	누전 차단기의 동작을 확실하게 함
등전위 접지	병원에 있어서의 의료 기기 사용시의 안전 (의료용 전기전자(Medical Electronics) 기기의 접지방식)
기능용 접지	전기 방식(防蝕) 설비 등의 접지

(3) 계통접지 및 보호접지의 목적

구분	계통접지	보호접지(외함접지)
방법	전력계통의 한 전선로를 의도적으로 접지하는 것	평상시 전류가 흐르지 않는 전기설비 또는 전기기계·기구의 금속제 외함을 접지하는 것
목적	• 낙뢰 또는 기타 서지(surge)에 의하여 전선로에 발생될 수 있는 과전압을 억제 • 정상 운전 시 발생되는 전력계통의 최대 대지 전압을 억제 • 지락사고 발생 시, 사고전류를 원활히 흐르게 하여 과전류 보호장치를 신속 정확하게 동작시킴으로써 전기설비의 손상을 예방	• 인체에 가해지는 전기충격을 감소시켜 감전사고를 예방 • 지락사고 시 사고 전류를 원활히 흐르게 하여 사고 전류에 의한 과열, 아크를 억제시킴으로써, 화재, 폭발을 방지 • 지락사고 시 사고 전류의 궤환 임피던스를 적게 하여 과전류 보호장치를 신속히 동작시킴.

계전기(relay) : 일반적 보호계전기
① 여러 가지 입력 신호에 따라서 전기회로를 열거나 닫는 역할을 하는 기기
② 전선로에서 단락이나 지락이 발생하면 이를 감지하고 차단기의 트립 코일을 여자시켜 차단기로 전로를 개방함으로써 고장을 차단하는 역할(단락(지락)을 감지하고, 차단기를 개방함으로써 고장을 차단하는 역할)

접지의 종류
① 계통접지 : 저압전로의 이상 전위 상승 방지
② 등전위 접지 : 여러 대의 기기를 접지할 때(공통접지에 의해 대지전위를 등전위로 함)
③ 기능용 접지 : 설비의 기능상 반드시 접지가 필요한 경우(전파 송신용 안테나 등의 접지)

등전위본딩 도체의 단면적
주접지단자에 접속하기 위한 등전위본딩 도체는 설비 내에 있는 가장 큰 보호접지 도체 단면적의 1/2 이상의 단면적을 가져야 하고 다음의 단면적 이상이어야 한다.
가. 구리 도체 $6mm^2$
나. 알루미늄 도체 $16mm^2$
다. 강철 도체 $50mm^2$

궤환 임피던스(feedback impedence)
교류회로에서 전류가 흐르기 어려운 정도
* DC 전압이 인가한 경우: 저항
* AC 전압이 인가한 경우: 임피던스

전기기기를 접지하는 방식 아래와 같은 방식이 있다.
① TN-S
② TN-C
③ TN-C-S
④ TT(Terra-Terra)
⑤ IT(Insert-Terra)

• TN(Terra-Neutral) 접지 방식: TN-S(Separator), TN-C(Combine), TN-C-S

나 접지시스템〈한국전기설비규정(KEC)〉

1. 접지시스템의 구분 및 종류
    가. 접지시스템은 계통접지, 보호접지, 피뢰시스템 접지 등으로 구분한다.
    나. 접지시스템의 시설 종류에는 단독접지, 공통접지, 통합접지가 있다.

2. 접지극의 시설(매설)
    가. 접지극은 매설하는 토양을 오염시키지 않아야 하며, 가능한 다습한 부분에 설치한다.
    나. 접지극은 동결 깊이를 고려하여 시설하되 접지극의 매설깊이는 지표면으로부터 지하 0.75m 이상으로 한다.
    다. 접지도체를 철주 기타의 금속체를 따라서 시설하는 경우에는 접지극을 철주의 밑면으로부터 0.3m 이상의 깊이에 매설하는 경우 이외에는 접지극을 지중에서 그 금속체로부터 1m 이상 떼어 매설하여야 한다.

3. 접지도체(*접지선)

3-1. 접지도체의 선정
    가. 접지도체의 단면적은 큰 고장전류가 접지도체를 통하여 흐르지 않을 경우 접지도체의 최소 단면적은 다음과 같다.
        (1) 구리는 $6mm^2$ 이상
        (2) 철제는 $50mm^2$ 이상
    나. 접지도체에 피뢰시스템이 접속되는 경우, 접지도체의 단면적은 구리 $16mm^2$ 또는 철 $50mm^2$ 이상으로 하여야 한다.

3-2. 접지도체는 지하 0.75m부터 지표 상 2m까지 부분은 합성수지관(두께 2mm 미만의 합성수지제 전선관 및 가연성 콤바인덕트관은 제외한다) 또는 이와 동등 이상의 절연효과와 강도를 가지는 몰드로 덮어야 한다.

3-3. 특고압·고압 전기설비 및 변압기 중성점 접지시스템의 경우 접지도체가 사람이 접촉할 우려가 있는 곳에 시설되는 고정설비인 경우에는 다음에 따라야 한다. 다만, 발전소·변전소·개폐소 또는 이에 준하는 곳에서는 개별 요구사항에 의한다.
    가. 접지도체는 절연전선(옥외용 비닐절연전선은 제외) 또는 케이블(통신용 케이블은 제외)을 사용하여야 한다. 다만, 접지도체를

철주 기타의 금속체를 따라서 시설하는 경우 이외의 경우에는 접지도체의 지표상 0.6m를 초과하는 부분에 대하여는 절연전선을 사용하지 않을 수 있다.

3-4. 접지도체의 굵기는 (3-1)에서 정한 것 이외에 고장 시 흐르는 전류를 안전하게 통할 수 있는 것으로서 다음에 의한다.

가. 특고압·고압 전기설비용 접지도체는 단면적 6mm² 이상의 연동선 또는 동등 이상의 단면적 및 강도를 가져야 한다.

나. 중성점 접지용 접지도체는 공칭단면적 16mm² 이상의 연동선 또는 동등 이상의 단면적 및 세기를 가져야 한다. 다만, 다음의 경우에는 공칭단면적 6mm² 이상의 연동선 또는 동등 이상의 단면적 및 강도를 가져야 한다.

(1) 7kV 이하의 전로
(2) 사용전압이 25kV 이하인 특고압 가공전선로

다. 이동하여 사용하는 전기기계기구의 금속제 외함 등의 접지시스템의 경우는 다음의 것을 사용하여야 한다.

(1) 특고압·고압 전기설비용 접지도체 및 중성점 접지용 접지도체는 클로로프렌캡타이어케이블(3종 및 4종) 또는 클로로설포네이트폴리에틸렌캡타이어케이블(3종 및 4종)의 1개 도체 또는 다심 캡타이어케이블의 차폐 또는 기타의 금속체로 단면적이 10mm² 이상인 것을 사용한다.

(2) 저압 전기설비용 접지도체는 다심 코드 또는 다심 캡타이어케이블의 1개 도체의 단면적이 0.75mm² 이상인 것을 사용한다. 다만, 기타 유연성이 있는 연동연선은 1개 도체의 단면적이 1.5mm² 이상인 것을 사용한다.

4. 저압수용가 인입구 접지

4-1. 수용장소 인입구 부근에서 다음의 것을 접지극으로 사용하여 변압기 중성점 접지를 한 저압전선로의 중성선 또는 접지측 전선에 추가로 접지공사를 할 수 있다.

가. 지중에 매설되어 있고 대지와의 전기저항 값이 3Ω 이하의 값을 유지하고 있는 금속제 수도관로

나. 대지 사이의 전기저항 값이 3Ω 이하인 값을 유지하는 건물의 철골

4-2. 4-1에 따른 접지도체는 공칭단면적 6mm² 이상의 연동선 또는 이와 동등 이상의 세기 및 굵기의 쉽게 부식하지 않는 금속선으로서 고장 시 흐르는 전류를 안전하게 통할 수 있는 것이어야 한다.

5. 주택 등 저압수용장소 접지

5-1. 저압수용장소에서의 접지의 경우에는 감전보호용 등전위본딩을 하여야 한다.

6 변압기 중성점 접지

6-1. 변압기의 중성점접지 저항 값은 다음에 의한다.

    가. 일반적으로 변압기의 고압·특고압측 전로 1선 지락전류로 150을 나눈 값과 같은 저항 값 이하

    나. 변압기의 고압·특고압측 전로 또는 사용전압이 35kV 이하의 특고압전로가 저압측 전로와 혼촉하고 저압전로의 대지전압이 150V를 초과하는 경우는 저항 값은 다음에 의한다.

        (1) 1초 초과 2초 이내에 고압·특고압 전로를 자동으로 차단하는 장치를 설치할 때는 300을 나눈 값 이하

        (2) 1초 이내에 고압·특고압 전로를 자동으로 차단하는 장치를 설치할 때는 600을 나눈 값 이하

6-2. 전로의 1선 지락전류는 실측값에 의한다. 다만, 실측이 곤란한 경우에는 선로정수 등으로 계산한 값에 의한다.

7. 공통접지 및 통합접지

7-1. 고압 및 특고압과 저압 전기설비의 접지극이 서로 근접하여 시설되어 있는 변전소 또는 이와 유사한 곳에서는 다음 과 같이 공통접지시스템으로 할 수 있다.

    가. 저압 전기설비의 접지극이 고압 및 특고압 접지극의 접지저항 형성영역에 완전히 포함되어 있다면 위험전압이 발생 하지 않도록 이들 접지극을 상호 접속하여야 한다.

    나. 접지시스템에서 고압 및 특고압 계통의 지락사고 시 저압계통에 가해지는 상용주파 과전압은 이 규정에서 정한 값 을 초과해서는 안 된다.

    다. 고압 및 특고압을 수전 받는 수용가의 접지계통을 수전 전원의 다중접지된 중성선과 접속하면 "나"의 요건은 충족 하는 것으로 간주할 수 있다.

7-2. 전기설비의 접지설비, 건축물의 피뢰설비·전자통신설비 등의 접지극을 공용하는 통합접지시스템으로 하는 경우 다음과 같이 하여야 한다.

    가. 통합접지시스템은 7-1에 의한다.

    나. 낙뢰에 의한 과전압 등으로부터 전기전자기기 등을 보호하기 위해 이 규정에 따라 서지보호장치를 설치하여야 한다.

8. 감전보호용 등전위본딩

8-1 보호등전위본딩의 적용

가. 건축물·구조물에서 접지도체, 주접지단자와 다음의 도전성부분은 등전위본딩 하여야 한다. 다만, 이들 부분이 다른 보호도체로 주접지단자에 연결된 경우는 그러하지 아니하다.

(1) 수도관·가스관 등 외부에서 내부로 인입되는 금속배관

(2) 건축물·구조물의 철근, 철골 등 금속보강재

(3) 일상생활에서 접촉이 가능한 금속제 난방배관 및 공조설비 등 계통외도전부

나. 주접지단자에 보호등전위본딩 도체, 접지도체, 보호도체, 기능성 접지도체를 접속하여야 한다.

8-2 보조 보호등전위본딩 도체

가. 두 개의 노출도전부를 접속하는 보호본딩도체의 도전성은 노출도전부에 접속된 더 작은 보호도체의 도전성보다 커야 한다.

나. 노출도전부를 계통외도전부에 접속하는 보호본딩도체의 도전성은 같은 단면적을 갖는 보호도체의 1/2 이상이어야 한다.

다. 케이블의 일부가 아닌 경우 또는 선로도체와 함께 수납되지 않은 본딩도체는 다음 값 이상 이어야 한다.

(1) 기계적 보호가 된 것은 구리도체 2.5mm^2, 알루미늄 도체 16mm^2

(2) 기계적 보호가 없는 것은 구리도체 4mm^2, 알루미늄 도체 16mm^2

다 접지 적용대상 및 비대상〈산업안전보건기준에 관한 규칙〉

<u>제302조(전기 기계·기구의 접지)</u>

① 누전에 의한 감전의 위험을 방지하기 위하여 다음의 부분에 대하여 접지를 하여야 한다.

1. 전기 기계·기구의 금속제 외함, 금속제 외피 및 철대

2. 고정 설치되거나 고정배선에 접속된 전기기계·기구의 노출된 비충전 금속체 중 충전될 우려가 있는 다음의 어느 하나에 해당하는 비충전 금속체

가. 지면이나 접지된 금속체로부터 수직거리 2.4미터, 수평거리 1.5미터 이내인 것

나. 물기 또는 습기가 있는 장소에 설치되어 있는 것

다. 금속으로 되어 있는 기기접지용 전선의 피복·외장 또는 배선관 등

라. 사용전압이 대지전압 150볼트를 넘는 것

3. 전기를 사용하지 아니하는 설비 중 다음의 어느 하나에 해당하는 금속체

　가. 전동식 양중기의 프레임과 궤도

　나. 전선이 붙어 있는 비전동식 양중기의 프레임

　다. 고압(1,500볼트 초과 7천볼트 이하의 직류전압 또는 1,000볼트 초과 7천볼트 이하의 교류전압을 말한다.) 이상의 전기를 사용하는 전기 기계·기구 주변의 금속제 칸막이·망 및 이와 유사한 장치

4. 코드와 플러그를 접속하여 사용하는 전기 기계·기구 중 다음의 어느 하나에 해당하는 노출된 비충전 금속체

　가. 사용전압이 대지전압 150볼트를 넘는 것

　나. 냉장고·세탁기·컴퓨터 및 주변기기 등과 같은 고정형 전기기계·기구

　다. 고정형·이동형 또는 휴대형 전동기계·기구

　라. 물 또는 도전성(導電性)이 높은 곳에서 사용하는 전기기계·기구, 비접지형 콘센트

　마. 휴대형 손전등

5. 수중펌프를 금속제 물탱크 등의 내부에 설치하여 사용하는 경우 그 탱크(이 경우 탱크를 수중펌프의 접지선과 접속하여야 한다)

② 다음의 어느 하나에 해당하는 경우에는 접지를 적용하지 아니할 수 있다. [*접지 비적용]

1. 「전기용품안전 관리법」에 따른 이중절연구조 또는 이와 동등 이상으로 보호되는 전기기계·기구

2. 절연대 위 등과 같이 감전 위험이 없는 장소에서 사용하는 전기기계·기구

3. 비접지방식의 전로(전기기계·기구의 전원 측의 전로에 설치한 절연변압기의 2차 전압이 300볼트 이하, 정격용량이 3킬로볼트암페어 이하이고 그 절연전압기의 부하 측의 전로가 접지되어 있지 아니한 것으로 한정)에 접속하여 사용되는 전기기계·기구

⟨한국전기설비규정(KEC)⟩
기계기구의 철대 및 외함의 접지
1. 전로에 시설하는 기계기구의 철대 및 금속제 외함(외함이 없는 변압기 또는 계기용변성기는 철심)에는 접지공사를 하여야 한다.
2. 다음의 어느 하나에 해당하는 경우에는 제1의 규정에 따르지 않을 수 있다. [*접지 비적용 경우]
   가. 사용전압이 직류 300V 또는 교류 대지전압이 150V 이하인 기계기구를 건조한 곳에 시설하는 경우
   나. 저압용의 기계기구를 건조한 목재의 마루 기타 이와 유사한 절연성 물건 위에서 취급하도록 시설하는 경우
   다. 저압용이나 고압용의 기계기구, 특고압 전선로에 접속하는 배전용 변압기나 이에 접속하는 전선에 시설하는 기계기구 또는 특고압 가공전선로(架空電線路, overhead line)의 전로에 시설하는 기계기구를 사람이 쉽게 접촉할 우려가 없도록 목주 기타 이와 유사한 것의 위에 시설하는 경우
   라. 철대 또는 외함의 주위에 적당한 절연대를 설치하는 경우
   마. 외함이 없는 계기용 변성기가 고무·합성수지 기타의 절연물로 피복한 것일 경우
   바. 「전기용품안전 관리법」의 적용을 받는 2중 절연구조로 되어 있는 기계기구를 시설하는 경우
   사. 저압용 기계기구에 전기를 공급하는 전로의 전원측에 절연변압기(2차 전압이 300V 이하이며, 정격용량이 3kVA 이하인 것에 한함)를 시설하고 또한 그 절연변압기의 부하 측 전로를 접지하지 않은 경우
   아. 물기 있는 장소 이외의 장소에 시설하는 저압용의 개별 기계기구에 전기를 공급하는 전로에 「전기용품안전 관리법」의 적용을 받는 인체감전보호용 누전차단기(정격감도전류가 30mA 이하, 동작시간이 0.03초 이하의 전류동작형에 한함)를 시설하는 경우
   자. 외함을 충전하여 사용하는 기계기구에 사람이 접촉할 우려가 없도록 시설하거나 절연대를 시설하는 경우

라 중성점 접지방식의 종류 및 특징

(1) 비접지방식 : 델타(Δ) 결선사용. 1선 지락 시 지락전류는 대지정전용량에 의한 충전전류이며 그 값은 작다.(1선 지락 시 건전상의 전압은 $\sqrt{3}$배 상승)

① 1선 지락 시 지락전류가 적어 계속 송전가능하고 점검수리 시 V결선하여 송전가능
② 저전압, 선로가 단거리에서 채택(사용전압 20~30kV)

(2) 직접 접지방식(유효접지) : 저항이 0에 가까운 도체로 중성점을 접지하는 방식

① 주로 초고압용 송전선로에 적합. 우리나라 송전선로 대부분 사용
② 1선 지락 사고 시 건전상의 대지전압 거의 상승하지 않음(1.3배 이하 상승).
③ 선로 전압 상승이 적어 정격전압이 낮은 피뢰기에 사용가능
④ 보호 계전기 동작이 용이(신속 동작)
⑤ 이상 전압 발생의 우려가 가장 적은 접지방식

(3) 저항 접지방식 : 중성점을 저항을 통하여 접지하는 방식

① 중성점을 적당한 저항값으로 접지시켜 사고 시 접지전류를 제한하면서 아크 현상을 방지하고 접지계전기를 동작시켜 고장회선을 차단하는 방식
② 선택 접지계전기 : 병행 2회선 송전전로에서 지락 고장 회선의 선택 차단

(4) 소호 리액터 접지방식 : 중성점을 송전선로의 대지정전용량과 병렬공진(동조)하는 리액터를 통하여 접지하는 방식(1선 지락 시 사고점의 아크를 신속히 소멸하고 정전 없이 송전 가능)

① 1선 지락 시 고장 점에는 극히 작은 손실전류만 흐름(지락 시 자연 소호) (지락전류가 거의 0에 가까워서 안정도가 양호하고 무정전의 송전이 가능한 접지방식)

마 접지저항 저감법

동판이나 접지봉을 땅속에 묻어 접지 저항값이 규정값에 도달하지 않을 때 이를 저하시키는 방법

중성점 접지 : 중성점에 접지선을 연결시켜 대지와 등전위를 만듦
① 고장 시(아크 지락, 기타 원인) 이상전압의 발생방지
② 건전상의 전위상승을 억제시키고 전선로 및 기기의 절연을 저감
③ 고장 점에 적당한 전류를 보내어 계전기의 동작을 확실하게 함
④ 소호리액터 방식에서는 1선 지락 시 사고점의 아크를 신속히 소멸 (그대로 송전 계속)

V결선
3상 교류를 V자형으로 결선한 것. 단상 변압기 2대로 3상 전력을 변성하는 방식(단상 변압기 2대에 의한 결선법으로 3상 전원을 공급하는 방식)

소호 리액터
송전선의 1선 접지사고 때에 접지 아크를 자연 소멸시키는 리액터(reactor)
* 소호: 아크 방전을 소멸시키는 것

물리적 저감법	화학적 저감법(약품법)
① 접지봉을 땅속 깊이 매설 ② 접지봉을 개수를 증가하여 병렬로 연결(다중접속방법) ③ 토양과의 접촉면적이 넓도록 접지봉의 규격을 크게 함	① 도전성 물질을 접지극 주변의 토양에 주입 ② 수분함량, 보수율, 유기질함유량이 높은 토양을 혼합하여 토양의 질을 개선

① 수평공법
  - 접지극 병렬 접속
  - 접지극 치수 확대
  - 매설지선 및 평판 접지극 사용
  - 메시(Mesh) 공법 : 메시접지극 사용
  - 다중접지 시드
② 수직공법
  - 접지봉 심타법 : 소정의 접지저항치를 얻을 때까지 깊게 박는 방법
  - 보링 공법
	① 비반응형 저감제
	  - 염, 황산암모니아 분말, 탄산소다, 카본분말
	  - 벤토나이트
	② 반응형 저감제
	  - 화이트 아스론
	  - 티코겔

접지 저항치를 결정하는 저항

접지저항은 토양의 저항률에 크게 영향을 받고 토양의 저항률은 토양의 종류, 수분 함유량 및 온도에 따라 다름.
① 접지선의 도체저항
② 접지극의 도체저항
③ 접지전극의 표면과 접하는 토양 사이의 접촉저항
④ 접지전극 주위의 토양이 나타내는 저항

바 접지(단락접지)용구의 사용 시 주의사항(설치 및 철거)

① 접지용구를 설치하거나 철거할 때에는 접지도선이 자신이나 타인의 신체는 물론 전선, 기기 등에 접촉하지 않도록 주의
② 접지용구의 취급은 작업책임자의 책임하에 행함.
③ 접지용구의 설치 및 철거 순서
  ㉠ 접지 설치 전에 개폐기의 개방 확인 및 검전기 등으로 충전 여부 확인
  ㉡ 접지설치 요령은 먼저 접지측 금구에 접지선을 접속하고 전선 금구를 기기나 전선에 확실하게 부착(* 금구 : 가장자리를 보호하는 쇠장식 등)
  ㉢ 접지용구의 철거는 접지용구의 설치의 역순

전기기계 · 기구의 접지

① 접지 저항값은 작을수록 접지선의 굵기는 클수록 좋다
② 접지봉이나 접지극은 도전율이 좋아야 한다.
③ 접지판은 동판이나 아연판 등을 사용한다.
④ 접지공사의 접지선은 과전류 차단기를 시설하여서는 안 된다.
⑤ 접지극의 시설은 동판, 동봉 등이 부식될 우려가 없는 장소를 선정하여 지중에 매설 또는 타입한다.
⑥ 고압전로와 저압전로를 결합하는 변압기의 저압전로 사용전압이 300V 이하로 중성점 접지가 어려운 경우 저압측 임의의 한 단자에 접지공사를 실시한다.
⑦ 접지극 대신 가스관을 사용해서는 안 된다.

공통 접지의 장점

한정된 부지 내의 여러 접지를 공통으로 하나의 양호한 접지로 사용한다는 측면에서 많은 장점이 있음.
① 여러 설비가 공통의 접지전극에 연결되므로 등전위가 구성되어 장비 간의 전위차가 발생하지 않음.
② 시공 접지봉 수를 줄일 수 있어 접지공사비를 줄일 수 있음.
③ 접지선이 짧아지고 접지배선 및 구조가 단순하여져 보수 점검이 쉬움.
④ 접지극이 병렬로 되므로 독립접지에 비해 합성저항값이 낮아짐.
⑤ 여러 접지전극을 연결하므로 노이즈전류 방전이 용이

> 정전작업 중 단락 접지기구를 사용하는 목적 : 혼촉 또는 오동작에 의한 감전방지

단락접지

정전된 전로들을 도체로 점퍼하여 접지시킨 것
- 전기설비의 정전된 전로·도체 위 또는 근접장소에서 작업하는 작업자에게 회로가 우연히 재충전 되어 발생할 수 있는 전격위험 또는 섬광에 의한 화상의 방지
- 3상 3선식 전선로의 보수를 위하여 정전 작업을 할 때 취하여야 할 기본적인 조치 : 3선을 모두 단락 접지함.

3. 피뢰설비

> 피뢰기의 구성요소
> ① 특성 요소: 뇌전류 방전시 피뢰기의 전위상승을 억제하여 절연 파괴를 방지
> ② 직렬갭: 뇌전류를 대지로 방전시키고 속류를 차단

가 피뢰기(LA, Lightning Arrester)

(1) 피뢰기가 갖추어야 할 성능

① 충격방전 개시전압이 낮아야 한다.
② 제한전압이 낮아야 한다.

③ 뇌전류의 방전능력이 크고 속류의 차단이 확실(빠르게)하여야 한다.
④ 반복동작이 가능하여야 한다.

(2) 피뢰기의 보호여유도

$$보호여유도(\%) = \frac{충격절연강도 - 제한전압}{제한전압} \times 100$$

> **예문** 피뢰침의 제한전압이 800kV, 충격절연강도가 1000kV라 할 때, 보호여유도는 몇 %인가?
>
> **해설** 보호여유도
> $$보호여유도(\%) = \frac{충격절연강도 - 제한전압}{제한전압} \times 100$$
> $= \{(1000 - 800)/800\} \times 100 = 25\%$

(3) 피뢰기의 정격전압
속류를 차단할 수 있는 최고의 교류전압(통상 실효값으로 나타냄)

나 충격파
: 서지(surge)라고 부름

가공 송전선로에서 낙뢰의 직격을 받았을 때 발생하는 낙뢰 전압이나 개폐서지 등과 같은 이상 고전압은 일반적으로 충격파라 부름
- 표시 방법 : 파두시간 × 파미부분에서 파고치의 50%로 감소할 때까지의 시간

※ 충격전압시험시의 표준충격파형 : 1.2×50μs로 나타내는 경우 1.2μs는 파두장, 50μs는 파미장을 뜻함.

다 피뢰기의 설치장소

(1) 발전소, 변전소의 가공전선 입입구 및 인출구
(2) 가공전선로에 접속하는 특고압배전용 변압기의 고압 측 및 특별고압 측
(3) 가공전선로와 지중전선로가 접속하는 곳
(4) 고압 또는 특고압 가공전선로로부터 공급을 받는 수용장소의 인입구 (특별고압 수용가의 인입구)

라 고압 및 특별고압의 전로에 시설하는 피뢰기에 접지공사

① 접지저항 : 10Ω 이하
② 접지선 : 단면적 6mm² 이상의 연동선

피뢰기의 구비조건 : 피뢰기는 충격방전개시전압에서 방전이 시작되어, 방전 후 낮아진 전압에서도 전류(속류)가 흐르므로 정격전압에서 속류가 차단되어 정상으로 복귀됨

① 충격방전개시전압이 낮아야 한다.
  ㉠ 충격방전개시전압이 낮아야 빠르게 반응하게 됨
  ㉡ 충격방전개시전압 : 충격파 전압이 인가되었을 때 방전을 개시하는 전압
② 제한전압이 낮아야 한다.
  ㉠ 절연협조의 기준(절연협조 : 적정한 절연강도를 가지는 것)
  ㉡ 제한전압 : 뇌 전류의 방전 중 피뢰기 단자에 남아있는 충격전압
③ 속류의 차단 능력이 커야 한다.
  ㉠ 정격전압은 속류를 차단할 수 있는 최고 전압으로, 높을수록 빨리 차단하여 정상 상태로 복귀됨
  ㉡ 속류(follow current) : 뇌전류가 방전된 후에도 정상전류가 빠져 나가는 것 (전원으로부터 공급되는 상용주파전류)
④ 상용주파방전개시전압이 높아야 한다.
  • 상용주파방전개시전압 : 상용주파수의 교류전압이 인가되었을 때 방전을 개시하는 전압

개폐 서지(switch surge)
전력계통에서 개폐 조작으로 발생하는 이상 전압(시간이 매우 짧음)

피뢰설비에서 외부피뢰시스템의 수뢰부시스템 선정 〈한국전기설비규정〉
돌침, 수평도체, 메시도체의 요소 중에 한 가지 또는 이를 조합한 형식으로 시설하여야 한다.

피뢰 레벨(LPL : Lightning Protection Level)에 따른 회전구체 반경

구분	피뢰 레벨(LPL)			
	Ⅰ	Ⅱ	Ⅲ	Ⅳ
회전구체 반지름 (m)	20	30	45	60

외부피뢰시스템 접지극의 시설
지표면에서 0.75m 이상 깊이로 매설하여야 한다. 다만 필요시는 해당 지역의 동결심도를 고려한 깊이로 할 수 있다.

③ 하나의 피뢰침 인하도선에 2개 이상의 접지극을 병렬 접속할 때 그 간격은 2m 이상으로 함.

> **참고**
>
> ※ 방출형 피뢰기 : 화이버통(筒)의 소호(消弧) 작용을 이용한 피뢰기로 제한전압이 낮기 때문에 접지저항을 낮게 하기 어려운 배전선로에 적합한 피뢰기
> - 피뢰기의 특성요소가 화이버관으로 되어 있고 방전은 직렬 캡을 통하여 화이버관 내부의 상부와 하부 전극 간에서 행하여지며, 속류차단은 화이버관 내부 벽면에서 아크열에 의한 하이버질의 분해로 발생하는 고압 가스의 소호작용에 의한다.
> ※ 섬락의 위험을 방지하기 위한 이격거리 결정 : 대지전압, 뇌서지, 개폐서지, 이상전압을 고려하여 결정
> ※ 외부 피뢰설비(External lightning protection system)〈피뢰설비의 설치에 관한 기술지침〉
> 외부 피뢰설비(External lightning protection system)라 함은 직격뢰를 받는 수뢰부, 뇌전류를 접지전극으로 흐르게 하는 인하도체 및 뇌전류를 대지로 방류하는 접지부의 3요소로 구성된 설비를 말한다.

4. 화재경보기

가 누전경보기의 구성

누전경보기는 사용전압이 600V 이하인 경계전로의 누설전류를 검출하여 당해 소방대상물의 관계자에게 경보를 발하는 설비
① 누설전류를 검출하는 변류기(ZCT)
② 누설전류를 증폭하는 증폭기(수신기)
③ 경보를 발하는 음향장치(경보장치)

> **누전경보기의 화재안전성능기준**
>
> 제3조(정의)
> 1. 누전경보기 : 내화구조가 아닌 건축물로서 벽, 바닥 또는 천장의 전부나 일부를 불연재료 또는 준불연재료가 아닌 재료에 철망을 넣어 만든 건물의 전기설비로부터 누설전류를 탐지하여 경보를 발하는 기기로서 변류기와 수신부로 구성된 것
> 2. 수신부 : 변류기로부터 검출된 신호를 수신하여 누전의 발생을 당해 소방대상물의 관계인에게 경보하여 주는것(차단기구를 갖는 것을 포함)
> 3. 변류기 : 경계전로의 누설전류를 자동적으로 검출하여 이를 누전경보기의 수신부에 송신하는 것

> **누전 경보기의 수신기 설치장소<누전경보기의 화재안전성능기준>**
>
> 제5조(수신부)
> ① 누전경보기의 수신부는 옥내의 점검에 편리한 장소에 설치하되, 가연성의 증기·먼지 등이 체류할 우려가 있는 장소의 전기회로에는 해당 부분의 전기회로를 차단할 수 있는 차단기구를 가진 수신부를 설치하여야 한다(이 경우 차단기구의 부분은 해당 장소 외의 안전한 장소에 설치하여야 한다).
> ② 누전경보기의 수신부는 화재, 부식, 폭발의 위험성이 없고, 습도, 온도, 대전류 또는 고주파 등에 의한 영향을 받지 않는 장소에 설치해야 한다.
> ③ 음향장치는 수위실 등 상시 사람이 근무하는 장소에 설치하여야 하며, 그 음량 및 음색은 다른 기기의 소음 등과 명확히 구별할 수 있는 것으로 하여야 한다.

나 누전화재경보기에 사용하는 변류기의 설치방법

① 변류기는 특정소방대상물의 형태, 인입선의 시설방법 등에 따라 옥외 인입선의 한 지점 부하 측 또는 접지선 측에 점검이 쉬운 위치에 설치할 것
② 변류기를 옥외의 전로에 설치하는 경우에는 옥외형의 것을 설치할 것

다 화재경보 설비

① 비상벨설비 및 자동식사이렌설비
② 단독경보형 감지기
③ 비상방송설비
④ 누전경보기설비
⑤ 자동화재탐지설비 및 시각경보기
⑥ 자동화재속보설비
⑦ 가스누설경보기
⑧ 통합감시시설

[표] 전기누전화재경보기의 설치장소

제1종 장소 연면적	제2종 장소 연면적	제3종 장소 연면적
300m² 이상	500m² 이상	1000m² 이상

5. 화재대책

가. 통전 중의 전력기기나 배선의 부근에서 일어나는 화재를 소화할 때 주수(注水)하는 방법

통전 중인 전력기기 등에는 물이 직접 닿으면 감전, 폭발 등 매우 위험하므로 퍼지는 형태의 주수 소화를 함
① 낙하를 시작해서 퍼지는 상태로 주수
② 방출과 동시에 퍼지는 상태로 주수
③ 계면 활성제를 섞은 물이 방출과 동시에 퍼지는 상태로 주수

나. 전기절연재료의 허용온도(절연물의 절연계급)

종별	Y	A	E	B	F	H	C
최고허용온도(℃)	90	105	120	130	155	180	180 이상

CHAPTER 05 항목별 우선순위 문제 및 해설

01 전기화재의 발생원인이 아닌 것은?
① 합선
② 절연저항
③ 과전류
④ 누전 또는 지락

해설 전기화재의 원인
① 단락(합선, short) : 단락하는 순간 폭음과 함께 스파크가 발생하고 단락점이 용융됨.
② 누전(지락)
③ 과전류 : 허용전류를 초과하는 전류

02 정상운전 중의 전기설비가 점화원으로 작용하지 않는 것은?
① 변압기 권선
② 보호계전기 접점
③ 직류 전동기의 정류자
④ 권선형 전동기의 슬립링

해설 전기설비의 점화원
① 현재적 점화원
 ㉠ 직류 전동기의 정류자, 권선형 유도 전동기의 슬립링 등
 ㉡ 고온부로써 전열기, 지항기, 전동기의 고온부 등
 ㉢ 개폐기 및 차단기류의 접점, 제어기기 및 보호 계전기의 전기접점 등
② 잠재적 점화원
 - 전동기의 권선, 변압기의 권선, 마그넷 코일, 전기적 광원, 케이블, 기타 배선 등

03 다음 중 의료용 전자기기(medical electronic Instrument)에서 인체의 마이크로 쇼크(micro shock)방지를 목적으로 시설하는 접지로 가장 적절한 것은?
① 기기접지 ② 계통접지
③ 등전위접지 ④ 정전접지

해설 등전위접지
여러 대의 기기를 접지할 때 공통접지에 의해 대지 전위를 등전위로 함(의료용 전기전자(Medical Electronics)기기의 접지 방식)

04 접지저항 저감 방법으로 틀린 것은?
① 접지극의 병렬 접지를 실시한다.
② 접지극의 매설 깊이를 증가시킨다.
③ 접지극의 크기를 최대한 작게 한다.
④ 접지극 주변의 토양을 개량하여 대지저항률을 떨어뜨린다.

해설 접지저항 저감법
동판이나 접지봉을 땅속에 묻어 접지 저항값이 규정값에 도달하지 않을 때 이를 저하시키는 방법
- 접지극의 크기를 크게 한다.

05 전기설비 화재의 경과별 재해 중 가장 빈도가 높은 것은?
① 단락(합선)
② 누전
③ 접촉부 과열
④ 정전기

해설 단락(합선) : 난락하는 순간 폭음과 함께 스파크가 발생하고 단락점이 용융됨.
- 전기설비 화재의 경과별 재해 중 가장 빈도가 높음.

06 3상 3선식 전선로의 보수를 위하여 정전작업을 할 때 취하여야 할 기본적인 조치는?
① 1선을 접지한다.
② 2선을 단락 접지한다.
③ 3선을 단락 접지한다.
④ 접지를 하지 않는다.

정답 01. ② 02. ① 03. ③ 04. ③ 05. ① 06. ③

해설 **단락접지** : 정전된 전로들을 도체로 점퍼하여 접지 시킨 것
① 전기설비의 정전된 전로·도체 위 또는 근접장소에서 작업하는 작업자에게 회로가 우연히 재충전되어 발생할 수 있는 전격위험 또는 섬광에 의한 화상의 방지
② 3상 3선식 전로의 보수를 위하여 정전 작업을 할 때 취하여야 할 기본적인 조치 : 3선을 모두 단락 접지함.

07 대지를 접지로 이용하는 이유는?
① 대지는 넓어서 무수한 전류통로가 있기 때문에 저항이 작다.
② 대지는 철분을 많이 포함하고 있기 때문에 저항이 작다.
③ 대지는 토양의 주성분이 산화알루미늄(Al_2O_3)이므로 저항이 작다.
④ 대지는 토양의 주성분이 규소(SiO_2)이므로 저항이 영(Zero)에 가깝다.

해설 **대지를 접지로 이용하는 이유** : 대지는 넓어서 무수한 전류통로가 있기 때문에 저항이 작다.

08 산업안전보건법상 누전에 의한 감전의 위험을 방지하기 위하여 접지를 하여야 하는 부분으로 고정 설치되거나 고정 배선에 접속된 전기기계·기구의 노출된 비충전 금속체 중 충전될 우려가 있는 접지 대상에 해당하지 않는 것은?
① 사용전압이 대지전압 75볼트를 넘는 것
② 물기 또는 습기가 있는 장소에 설치되어 있는 것
③ 금속으로 되어 있는 기기접지용 전선의 피복·외장 또는 배선관
④ 지면이나 접지된 금속체로부터 수직거리 2.4m, 수평거리 1.5m 이내인 것

해설 **접지 적용대상〈산업안전보건기준에 관한 규칙〉**
제302조(전기 기계·기구의 접지)
① 누전에 의한 감전의 위험을 방지하기 위하여 접지를 하여야 한다.
2. 고정 설치되거나 고정배선에 접속된 전기기계·기구의 노출된 비충전 금속체 중 충전될 우려가 있는 다음의 비충전 금속체
  가. 지면이나 접지된 금속체로부터 수직거리 2.4미터, 수평거리 1.5미터 이내인 것
  나. 물기 또는 습기가 있는 장소에 설치되어 있는 것
  다. 금속으로 되어 있는 기기접지용 전선의 피복·외장 또는 배선관 등
  라. 사용전압이 대지전압 150볼트를 넘는 것

09 금속도체 상호간 혹은 대지에 대하여 전기적으로 절연되어 있는 2개 이상의 금속도체를 전기적으로 접속하여 서로 같은 전위를 형성하여 정전기 사고를 예방하는 기법을 무엇이라 하는가?
① 본딩   ② 기기 접지
③ 대전 분리   ④ 특별 접지

해설 **본딩** : 금속도체 상호간 혹은 대지에 대하여 전기적으로 절연되어 있는 2개 이상의 금속도체를 전기적으로 접속하여 서로 같은 전위를 형성하여 정전기 사고를 예방하는 기법

10 개폐기로 인한 발화는 개폐시의 스파크에 의한 가연물의 착화화재가 많이 발생한다. 이를 방지하기 위한 대책으로 틀린 것은?
① 가연성증기, 분진 등이 있는 곳은 방폭형을 사용한다.
② 개폐기를 불연성 상자 안에 수납한다.
③ 비포장 퓨즈를 사용한다.
④ 접속부분의 나사풀림이 없도록 한다.

해설 **스파크에 의한 화재를 방지하기 위한 대책**
① 개폐기를 불연성의 외함 내에 내장시킬 것
② 통형퓨즈를 사용할 것
③ 가연성 증기, 분진 등 위험한 물질이 있는 곳에는 방폭형 개폐기를 사용할 것
④ 접촉부분의 산화, 나사풀림으로 접촉저항이 증가하지 않도록 할 것
⑤ 과전류 차단용 퓨즈는 포장 퓨즈로 할 것

정답 07. ① 08. ① 09. ① 10. ③

11 피뢰기가 갖추어야 할 이상적인 성능 중 잘못된 것은?

① 제한전압이 낮아야 한다.
② 반복동작이 가능하여야 한다.
③ 충격방전 개시전압이 높아야 한다.
④ 뇌전류의 방전능력이 크고 속류의 차단이 확실하여야 한다.

해설 피뢰기가 갖추어야 할 성능
① 충격방전 개시전압이 낮아야 한다.
② 제한전압이 낮아야 한다.
③ 뇌전류의 방전능력이 크고 속류의 차단이 확실하여야 한다.
④ 반복동작이 가능하여야 한다.

12 건물의 전기설비로부터 누설전류를 탐지하여 경보를 발하는 누전경보기의 구성으로 옳은 것은?

① 축전기, 변류기, 경보장치
② 변류기, 수신기, 경보장치
③ 수신기, 발신기, 경보장치
④ 비상전원, 수신기, 경보장치

해설 누전경보기의 구성 : 누전경보기는 사용전압이 600V 이하인 경계전로의 누설전류를 검출하여 당해 소방대상물의 관계자에게 경보를 발하는 설비
① 누설전류를 검출하는 변류기(ZCT)
② 누설전류를 증폭하는 증폭기(수신기)
③ 경보를 발하는 음향장치(경보장치)

정답 11. ③ 12. ②

PART 05 화학설비 안전관리

🖊 항목별 이론 및 우선순위 문제
1. 화재 · 폭발 검토(1)
2. 화재 · 폭발 검토(2)
3. 화학물질 안전관리 실행
4. 화학물질 취급설비 개념 확인
5. 화공 안전운전 · 점검(공정안전)

Chapter 01 화재·폭발 검토(1)

1. 연소

가. 연소의 정의

어떤 물질이 산소와 만나 급격히 산화하면서 열과 빛을 수반하는 현상

> 가연성 물질 + 산화제(산소) → 반응 생성물(빛, 열)

나. 연소의 3요소

가연성물질(가연물), 산소공급원(공기 또는 산소), 점화원(불씨)

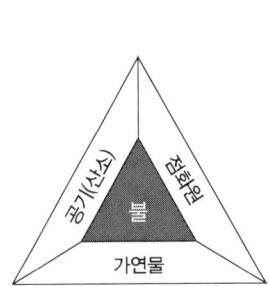

[그림] 연소의 3요소

(1) 가연성 물질이 연소하기 쉬운 조건(가연물의 조건)

① 연소 발열량(연소열)이 클 것
② 입자의 표면적이 클 것(산소와 많이 접촉)
③ 최소 점화에너지(MIE)가 작을 것(활성화 에너지가 작아야 함)
④ 산소와의 친화력이 클 것
⑤ 열전도율이 작을 것(축적열량이 많아야 함)

   ※ 조연성(지연성) 가스 : 연소를 도와주는 가스
   ※ 불연성 가스 : 연소하지 않는 가스 – 헬륨, 이산화탄소, 질소(화학공장에서 많이 사용하는 불연성 가스)

memo

연소속도에 영향을 주는 요인
① 가연물의 온도, 압력
② 촉매
③ 산소와의 혼합비
④ 반응계의 온도
⑤ 산화반응 속도
⑥ 산소 농도에 따라 가연 물질과 접촉하는 속도

다 인화점(flash point)

가연성 증기에 점화원을 주었을 때 연소가 시작되는 최저온도
- 액체의 경우 액체 표면에서 발생한 증기농도가 공기 중에서 연소 하한 농도가 될 수 있는 가장 낮은 액체온도(인화점이 낮을수록 위험하다.)

(※ 연소점 : 발화 후 연속적으로 연소를 할 수 있는 최저온도)

① 가연성 액체의 액면 가까이에서 인화하는 데 충분한 농도의 증기를 발산하는 최저온도이다.
② 액체를 가열할 때 액면 부근의 증기 농도가 폭발(연소)하한에 도달하였을 때의 온도이다.
③ 가연성 액체의 발화와 관계가 있으며 반드시 점화원의 존재와 관련된다.
- 연료의 조성, 점도, 비중에 따라 달라진다.
④ 인화점에서 증기는 탈 수 있으나 반드시 연소를 지속하는 것은 아니다
⑤ 밀폐용기에 인화성 액체가 저장되어 있는 경우에 용기의 온도가 낮아 액체의 인화점 이하가 되면 인화의 위험이 없다.
⑥ 용기 온도가 상승하여 내부의 혼합가스가 폭발(연소)상한계를 초과한 경우에 누설되는 혼합가스는 인화되어 연소하나, 연소파가 용기 내로 들어가 가스폭발을 일으키지 않는다.
  ㉠ 연소파 : 반응 후에 온도는 올라가나 밀도가 내려가서 압력은 일정하게 유지하고, 충격파를 형성하지 않는다.
  ㉡ 폭굉파 : 반응 후에 온도와 밀도 모두 올라가서 압력이 증가하고, 충격파를 형성한다.

[표] 인화점

물질	인화점	물질	인화점
이황화탄소(CS_2)	-30℃	아세톤(CH_3COCH_3)	-18℃
에틸알코올(C_2H_5OH)	13℃	아세트산에틸($CH_3COOC_2H_5$)	-4℃
아세트산(CH_3COOH)	41.7℃	등유	40℃
벤젠(C_6H_6)	-11.10℃	경유	50℃
메탄올(CH_3OH)	16℃	크실렌	29℃
산화프로필렌(C_3H_6O)	-37℃		

※ 인화점 측정기 : 태그 밀폐식(Tagliabue(Tag) Closed Cup tester(TCC)), 신속 평형법, 클리브랜드 개방컵

연소이론에 대한 설명
- 인화점: 점화원을 주었을 때 연소가 시작되는 최저온도
- 발화점(발화온도) ― 착화점, 착화온도: 스스로 점화할 수 있는 최저온도

① 착화온도가 낮을수록 연소위험이 크다.
② 인화점이 낮을수록 일반적으로 연소 위험이 크다.
③ 연소 범위(폭발 범위)가 넓을수록 연소 위험이 크다.
④ 산소 농도가 클수록 연소 위험이 크다.
② 인화점이 낮은 물질은 반드시 착화점도 낮은 것은 아니다.

디에틸에테르($C_2H_5OC_2H_5$, $(C_2H_5)_2O$)의 인화점: -45℃

라 발화점(발화온도) (AIT: Auto Ignition Temperature) – 착화점, 착화온도

가연성 혼합물이 주위로부터 충분한 에너지를 받아 스스로 점화할 수 있는 최저온도(충분히 높은 온도에서 혼합물(연료와 공기)이 점화원 없이 발화 또는 폭발을 일으키는 최저온도)

① 외부의 직접적인 점화원 없이 열의 축적에 의해 연소반응이 일어나는 것
② 외부에서 화염, 전기불꽃 등의 착화원을 주지 않고 물질을 공기 중 또는 산소 중에서 가열할 경우에 착화 또는 폭발을 일으키는 최저온도

[표] 발화온도

물질	발화온도	물질	발화온도
메탄(CH_4)	537℃	에탄(C_2H_6)	472℃
에틸렌(C_2H_2)	490℃	황화수소(H_2S)	260℃

* 착화열 : 연료를 최초의 온도로부터 착화온도까지 가열하는 데 드는 열량

연소 및 폭발에 관한 설명

① 가연성 가스가 산소 중에서는 폭발 범위가 넓어진다.
② 화학양론농도 부근에서는 연소나 폭발이 가장 일어나기 쉽고 또한 격렬한 정도도 크다.
③ 혼합농도가 한계농도에 근접함에 따라 연소 및 폭발이 일어나기 어렵다.
④ 일반적으로 탄화수소계의 경우 압력의 증가에 따라 폭발상한계는 현저하게 증가하지만, 폭발하한계는 큰 변화가 없다.

마 연소의 분류

(1) 가연물의 종류에 따른 연소 형태

(가) 기체

1) 확산연소 : 가연성 가스가 공기 중의 지연성 가스와 접촉하여 접촉면에서 연소가 일어나는 현상(기체의 일반적 연소 형태)

① 기체연료인 프로판 가스, LPG 등이 공기의 확산에 의하여 반응하는 연소
② 아세틸렌, LPG, LNG

2) 예혼합연소(豫混合撚燒) : 미리 공기와 혼합된 연료(혼합가스)가 연소 확산하는 연소 형태

(나) 액체

1) 증발연소(액면연소) : 액체 표면에서 증발하는 가연성 증기가 공기와 혼

합하여 연소 범위 내에서 열원에 의하여 연소하는 현상(액체의 일반적 연소 형태)
- 액체연료인 휘발유, 등유, 알코올, 벤젠 등이 기화하여 증기가 되어 연소

2) 분무연소 : 액체입자를 분무하여 연소하는 형태
- 중유 등을 분무해서 미세한 물방울로 만들어 연소시키는 것

(다) 고체

1) 표면연소 : 고체의 표면이 고온을 유지하면서 연소하는 현상
- 숯, 코크스, 목탄, 금속분

2) 분해연소 : 고체가 가열되어 열분해가 일어나고 가연성 가스가 공기 중의 산소와 타는 것
- 석탄, 목재, 플라스틱, 종이, 합성수지, 중유

3) 증발연소 : 고체 가연물이 가열하여 가연성 증기가 발생. 공기와 혼합하여 연소 범위 내에서 열원에 의하여 연소하는 현상
- 황, 나프탈렌, 파라핀(양초), 왁스, 휘발유 등

4) 자기연소 : 공기 중 산소를 필요로 하지 않고 자신이 분해되며 타는 것 (연소에 필요한 산소를 포함하고 있는 물질이 연소하는 것)
- 질화면(니트로셀룰로오스), TNT, 셀룰로이드, 니트로글리세린 등 제5류 위험물(폭발성 물질)

바 연소 범위

(1) 가스나 증기 혼합물의 연소 범위

(가) 혼합가스의 연소 범위 : 르 샤틀리에(Le Chatelier) 법칙

① 순수한 혼합가스일 경우

$$L = \frac{100}{\frac{V_1}{L_1} + \frac{V_2}{L_2} + \cdots + \frac{V_n}{L_n}}$$

② 혼합가스가 공기와 섞여 있을 경우

$$L = \frac{V_1 + V_2 + \cdots + V_n}{\frac{V_1}{L_1} + \frac{V_2}{L_2} + \cdots + \frac{V_n}{L_n}}$$

L : 혼합가스의 연소한계(%) – 연소상한, 연소하한 모두적용 가능
$L_1 + L_2 + \cdots + L_n$: 각 성분가스의 연소한계(%) – 연소상한계, 연소하한계
$V_1 + V_2 + \cdots + V_n$: 전체 혼합가스 중 각 성분가스의 비율(%) – 부피비

> **예문** 헥산 5vol%, 메탄 4vol%, 에틸렌 1vol%로 구성된 혼합가스의 연소하한값(vol%)은 약 얼마인가? (단, 각 가스의 공기 중 연소하한값으로 헥산은 1.1vol%, 메탄은 5.0vol%, 에틸렌은 2.7vol% 이다.)
>
> **해설** 혼합가스의 연소하한값(LFL)
> 혼합가스가 공기와 섞여 있을 경우
> $$L = \frac{V_1 + V_2 + \cdots + V_n}{\frac{V_1}{L_1} + \frac{V_2}{L_2} + \cdots + \frac{V_n}{L_n}} = (5+4+1)/(5/1.1 + 4/5 + 1/2.7) = 1.75\text{vol\%}$$

디에틸에테르($C_2H_5OC_2H_5$, $(C_2H_5)_2O$)의 연소범위 1.9~48%
- 산소 원자에 에틸기가 두 개(디-, di-) 결합한 화합물. 무색의 액체로 인화성이 크며 마취제나 용제로 사용

(나) 실험데이터가 없어 연소한계를 추정하는 경우(Jone식) – 이론적 화학양론농도

LFL = $C_{st} \times 0.55$: 유기화합물의 연소하한값(L)은 화학양론농도(C_{st})의 약 55%로 추정

UFL = $C_{st} \times 3.50$: 연소상한값(U)은 화학양론농도의 약 3.5배 정도

C_{st} (화학양론농도) : 완전연소가 일어나기 위한 연료(연소가스)와 공기의 혼합기체중 연료의 부피(%)

연소하한계(LFL): Lower Flammable Limit
=폭발하한계(LEL): Lower Explosive Limit

① 단일성분일 경우

$$C_{st} = \frac{\text{연료의 몰수}}{\text{연료의 몰수} + \text{공기의 몰수}} \times 100$$

② 혼합가스일 경우

$$C_{ot} = \frac{1}{\frac{V_1}{C_{st1}} + \frac{V_2}{C_{st2}} + \cdots + \frac{V_n}{C_{stn}}} \times 100$$

$C_{st1}, C_{st2}, \cdots, C_{stn}$ 는 각 가스의 화학양론농도
$V_1 + V_2 + \cdots + V_n$ 은 각 가스의 부피비

사 위험도 : 기체의 연소위험 수준을 나타냄

$H = \dfrac{U - L}{L}$ [H: 위험도, L: 연소하한계 값(%), U: 연소상한계값(%)]

> **예문** 가연성 가스 A의 연소범위를 2.2~9.5vol%라고 할 때 가스 A의 위험도는 약 얼마인가?
>
> **해설** 위험도 : 기체의 폭발위험 수준을 나타냄
> $$H = \frac{U-L}{L} = (9.5-2.2)/2.2 = 3.32$$
> [H : 위험도, L : 폭발하한계 값(%), U : 폭발상한계 값(%)]

아 완전연소 조성농도(Cst) – 화학양론농도

화학양론농도(C_{st}) : 가연성 물질 1몰이 완전 연소할 수 있는 공기와의 혼합기체중 가연성 물질의 부피[%]

① 유기물 $C_nH_mO_\lambda$에 대한 화학양론농도

$$화학양론 농도(C_{st}) = \frac{1}{(4.77n + 1.19m - 2.38\lambda) - 1} \times 100$$

② 할로겐원소가 포함된 화합물 $C_nH_mO_\lambda Cl_f$ 분자식에 대한 양론농도

$$화학양론농도(C_{st}) = \frac{1}{1 + 4.773 \times O_2} \times 100 \ (vol\%)$$

㉠ 산소농도(O_2)(산소의 몰수) [$C_nH_mO_\lambda Cl_f$ 분자식 → n : 탄소의 원자 수, m : 수소의 원자 수, f : 할로겐원소의 원자 수, λ : 산소의 원자 수]

$$= n + \frac{m - f - 2\lambda}{4}$$

㉡ 최소산소농도(MOC, C_m)(= 산소농도×연소하한계)[단위 : vol%]

$$C_m = \frac{산소농도(mol수)}{연소(연료)가스 \ mol수} \times 연소하한계(\%)$$

> **예문** 프로판(C_3H_8) 가스의 공기 중 완전연소 조성농도(화학양론농도)는 약 몇 vol% 인가?
>
> ① 2.02 　② 3.02 　③ 4.02 　④ 5.02
>
> **해설** 화학양론농도
> $$C_{st} = \frac{1}{1 + 4.773 \, O_2} \times 100 = 100/(1 + 4.773 \times 5) = 4.02 vol\%$$
> – 산소농도(O_2) = $n + \frac{m-f-2\lambda}{4}$ = 3 + (8/4) = 5
> (C_3H_8 : $n = 3$, $m = 8$, $f = 0$, $\lambda = 0$)
> (* $C_nH_mO_\lambda Cl_f$ 분자식 → n : 탄소의 원자 수, m : 수소의 원자 수, f : 할로겐원소의 원자 수, λ : 산소의 원자 수)
> * $C_3H_8 + 5O_2 → 3CO_2 + 4H_2O$ 　　　　　　　　　➪ 정답 : ③

> **화학양론(stoichiometry, 化學量論)**
>
> 화학반응에서 반응물과 생성물의 양적 관계에 대한 이론. 화학반응 전후 원자의 개수와 양은 동일하게 보존
> - 화학양론식 $C_2H_6O + (③)O_2 \rightarrow (①)CO_2 + (②)H_2O$
> [* $C_2H_5OH = C_2H_6O$ * O_2와 반응하여 완전연소하면 기본적으로 생성되는 화합물 : $CO_2 + H_2O$]
> ① 반응 전 C가 2개(C_2)이므로 반응 후에도 C가 2개이어야 함. CO_2의 C 앞에 2를 붙여줌.
> ② 반응 전 H가 6개(H_6)이므로 반응 후에도 H가 6개이어야 함. H_2O의 H 앞에 3을 붙여줌{2개의 H(H_2)가 3이므로 전체 6개}.
> ③ $C_2H_6O + (③)O_2 \rightarrow 2CO_2 + 3H_2O$
>   반응 후의 O가 7개($2O_2 + 3O$)이므로 반응 전의 O도 7개이어야 함. 따라서 O_2 앞에는 3을 붙여 전체가 7개($O + 3O_2$)가 되게 함.
> ⇨ $C_2H_6O + 3O_2 \rightarrow 2CO_2 + 3H_2O$: O_2가 3몰, CO_2가 2몰, H_2O가 3몰

C_2H_5OH
에탄올(에틸 알코올)

자 화재의 종류 및 예방대책

(1) 화재의 종류

종류	등급	가연물	표현색	소화방법
일반화재	A급	목재, 종이, 섬유 등	백색	냉각소화
유류 및 가스화재	B급	각종 유류 및 가스	황색	질식소화
전기화재	C급	전기기기, 기계, 전선 등	청색	질식소화
금속화재	D급	가연성금속(Mg분말, Al분말 등)	무색	피복에 의한 질식

> **참고**
>
> * 유류 및 가스화재는 연소 후에 재가 거의 없는 화재
> * 석유화재의 거동에 관한 설명
>   ① 액면상의 연소 확대에 있어서 액온이 인화점보다 높을 경우(경질유) 예혼합형 전파연소를 나타낸다.
>   - 예혼합형 전파연소 : 가연성 연소 범위 내에서 화염은 그 증기층을 통해 전파
>   ② 액면상의 연소 확대에 있어서 액온이 인화점보다 낮을 경우(중질유) 예열형 전파연소를 나타낸다.
>   - 예열형 전파연소 : 액면이 예열되어 점화된 후부터 연소가 확대
>   ③ 저장조 용기의 직경이 1m 이상에서는 액면강하속도가 용기 직경에 관계 없이 일정하다(직경이 1m 이하에서는 액면강하속도는 직경에 반비례한다).
>   ④ 저장조 용기의 직경이 1m 이상이면 난류화염 형태를 나타낸다.
>   - 용기직경이 1m 이하인 경우 층류화염 형태

난류화염 형태
연소하는 동안 화염의 위치와 모양이 변하는 형태

층류화염 형태
연소하는 동안 화염의 위치와 모양이 변하지 않는 형태

(2) 화재의 예방대책(소방대책)

화재의 방지대책은 예방(豫防), 국한(局限), 소화(消火), 피난(避難)의 4가지 대책으로 분류할 수 있음.

① 예방(豫防)대책 : 화재가 발생하지 않도록 발화를 방지하는 대책
 - 폭발성 가스 생성 억제, 발화원 발생 억제(점화원 관리)

② 국한(局限)대책 : 화재가 연소에 의해 확산되지 않도록 하는 화재 확산 방지 대책(폭발(연소)의 피해를 최소화하기 위한 대책)
 - 가연물의 집적 방지(가연물량의 제한), 건물 및 설비 등의 불연화, 난연화, 방화벽, 방유제 등의 설치(안전장치 설치), 일정한 공지의 확보(안전거리 확보), 위험물 시설 등의 지하매설, 공간의 통합과 대형화

③ 소화(消火)대책 : 화재를 진압하는 대책
 - 초기소화, 본격적 소화

④ 피난(避難)대책 : 안전한 장소로 대피하기 위한 대책
 - 비상통로 및 비상구, 정전유도등, 배연설비(인명이나 재산 손실보호)

차 자연발화

공기 중에 놓여 있는 물질이 상온에서 저절로 발열하여 발화·연소되는 현상(발화온도에 도달하면 점화원이 없어도 발화하는 현상)

(1) 자연발화가 가장 쉽게 일어나기 위한 조건 : 고온, 다습한 환경

① 발열량이 클 것 ② 주변의 온도가 높을 것 ③ 물질의 열전도율이 작을 것 ④ 표면적이 넓을 것 ⑤ 적당량의 수분이 존재할 것

(2) 자연발화에 대한 설명

① 습도가 높으면 자연발화의 발생이 높다.
② 자연발화는 점화원 없이도 발화온도에 도달하면 발화하는 현상을 말한다.
③ 윤활유를 닦은 걸레는 자연발화할 수 있으므로 금속재의 보관 용기에 보관한다.
④ 자연발화는 외부로 방출하는 열보다 내부에서 발생하는 열의 양이 많은 경우에 발생한다(내부에 열을 축척해서 일시에 자연발화가 일어난다).
⑤ 입자의 표면적이 넓을수록 자연발화가 발생하기 쉽다.

※ 자연 발화성을 가진 물질이 자연발열을 일으키는 원인
자연발화는 외부로 방출하는 열보다 내부에서 발생하는 열의 양이 많은 경우에 발생. 자연발열의 원인에는 분해열, 산화열, 중합열, 발효열 등이 있음.

(3) 자연발화의 방지법

① 통풍을 잘되게 할 것
  - 통풍이나 저장법을 고려하여 열의 축적을 방지한다.
② 저장소 등의 주위 온도를 낮게 한다.
③ 습도가 높은 곳에는 저장하지 않는다(습기가 높은 것을 피할 것).
④ 열전도가 잘 되는 용기에 보관할 것
⑤ 황린의 경우 산소와 접촉을 피한다.
⑥ 공기가 접촉되지 않도록 불활성물질 중에 저장한다.

(4) 자연발화온도(발화점) 측정법

① 기체 시료의 발화점 측정방법 : 충격파법, 예열법
② 고체 시료의 발화점 측정방법 : 승온시험관법, group법
③ 액체 시료의 발화점 측정방법 : 도가니법, ASTM법, 예열법

2. 소화 원리 이해

가 소화의 종류

물리적 소화	제거소화(fuel removal extinguish)	가연물을 차단
	질식소화(oxygen dilution extinguish)	산소를 차단
	냉각소화(cooling extinguish)	점화에너지를 차단
화학적 소화	억제소화(inhibition extinguish)	연쇄반응을 차단

(1) 제거소화

가연물을 제거함으로써 연소를 차단하는 것으로서 가장 초보적인 소화 방법
① 가연성 기체의 분출화재 시 주 밸브를 닫아서 연료공급을 차단한다.
② 금속화재 경우 불활성 물질로 가연물을 덮어 미연소부분과 분리한다.
③ 연료 탱크를 냉각하여 가연성 가스의 발생 속도를 작게 하여 연소를 억제한다.

(2) 질식소화(일명, 희석소화)

산소(공기)공급을 차단하여 연소에 필요한 산소농도 이하가 되게 하여 소화(가연성 가스와 지연성 가스가 섞여있는 혼합 기체의 농도를 조절하여 혼합기체의 농도를 연소 범위 밖으로 벗어나게 하여 연소를 중지시키는 방법)

① 연소하고 있는 가연물이 들어 있는 용기를 기계적으로 밀폐하여 공기의 공급을 차단하거나 타고 있는 액체나 고체의 표면을 거품 또는 불연성 액체로 피복하여 연소에 필요한 공기의 공급을 차단시키는 방법의 소화방법

② 포말(거품), 이산화탄소(CO_2), 소화분말, 물 분무로 연소물을 덮는 방법(에어-폼)

③ 질식소화를 이용한 소화기 종류 : 포말소화기, 분말소화기, 탄산가스소화기, 건조사 등

(3) 냉각소화

① 물 등 연소 시 발생하는 열에너지를 흡수하는 매체를 화염 속에 투입하여 소화하는 방법(화점을 냉각하여 소화)
　- 액체의 증발잠열을 이용하여 소화시키는 것으로 물을 이용하는 소화방법

② 냉각소화를 이용한 소화기 종류
　물(스프링쿨러 설비 등), 강화액소화기, 산·알칼리소화기

(4) 억제소화

(가) 억제소화 : 연소가 지속되기 위해서는 활성기(free-radical)에 의한 연쇄반응이 필수적인데 이 연쇄반응을 차단하여 소화하는 방법(플로오르(불소, F), 염소(Cl), 브롬(Br) 등 산화력이 큰 할로겐 원소의 반응을 이용하여 소화(消火)시키는 방식)

(나) 억제소화를 이용한 소화기 종류 : 할로겐화합물소화기(할로겐화합물을 약제)

(다) 연소억제제 : 사염화탄소(CCl_4, 할론104), 브롬화메틸(CH_3Br)
　- 불연성 가스 : 헬륨, 이산화탄소, 질소(화학공장에서 많이 사용하는 불연성 가스)
　※ 부촉매 소화작용 : 할로겐화합물 소화약제의 소화작용과 같이 연소의 연속적인 연쇄반응을 차단, 억제 또는 방해하여 연소현상이 일어나지 않도록 하는 소화 작용

증발잠열
- 물질이 기화할 때 외부로부터 흡수하는 열량
- 증발잠열이 클수록 주변의 더 많은 열을 흡수함으로 주위의 온도가 낮아짐(여름철 물을 뿌리면 시원한 느낌, 가스버너의 가스통 주변의 수증기 발생)

활성기
이온교환반응, 결합반응 할 수 있는 능력을 갖는 기능기(관능기)

다량의 황산이 가연물과 혼합되어 화재가 발생하였을 경우의 소화방법

농황산(삼산화황, 이산화황 등)에 의한 화재는 유독한 증기를 발생하므로 소화작업은 주의를 요함.
① 건조분말로 질식소화를 한다.
② 회(灰)로 덮어 질식소화를 한다.
③ 마른 모래로 덮어 질식소화를 한다.
④ 물을 직접 뿌리는 것을 금한다.

나 소화기의 종류

[표] 등급별 화재의 종류 및 적용 소화제

구 분	A급 화재	B급 화재	C급 화재	D급 화재
종류	일반 화재	유류·가스화재	전기 화재	금속 화재
가연물	목재, 종이, 섬유 등	각종유류, 가스 등	전기기기, 전선 등	가연성 금속 (Mg분, AL분)
소화효과	냉각	질식	질식, 냉각	질식
소화기	① 물 소화기 ② 강화액 소화기 ③ 산, 알칼리 소화기	① 이산화탄소 소화기 ② 할로겐화합물 소화기 ③ 분말소화기 ④ 포소화기	① 이산화탄소 소화기 ② 할로겐화합물 소화기 ③ 분말소화기 ④ 무상강화액 소화기	① 건조사 ② 팽창 질석 ③ 팽창 진주암
표현색	백색	황색	청색	무색

✻ 트리에틸알루미늄 : 폴리에틸렌을 합성할 때 촉매로서 사용되는 유기금속 화합물

(1) 포소화기

가연물의 표면을 포(거품)로 덮는 질식소화를 이용한 소화기

(가) 포소화약제 혼합장치 : 정하여진 농도로 물과 혼합하여 거품 수용액을 만드는 장치

① 관로혼합장치 ② 차압혼합장치 ③ 펌프혼합장치

✻ 기계 포 : 에어 포(공기 포)

(나) 포소화설비 적용대상

① 유류저장탱크 ② 비행기 격납고 ③ 주차장 또는 차고 ④ 특수가연물을 저장·취급하는 공장 또는 창고

✻ 포소화기는 전기설비에 의한 화재에 사용할 수 없는 소화기

> **내알코올포(수용성 액체용 포 소화약제)**
>
> 알코올, 에테르, 케톤, 에스테르, 알데히드 등과 같은 소포성의 수용성 액체(극성 액체)의 화재에 유효(물과 친화력이 있는 수용성 용매)
> - 제4류 위험물(인화성 액체) 소화
>   ① 포말(거품), CO_2, 할로겐화합물, 분말 등에 의한 소화
>   ② 주수소화는 금지 하나 무상(霧狀)인 경우에는 사용 가능
>   ③ 소포성의 수용성 액체의 화재에는 내알코올 포(수용성 액체용 포 소화약제) 사용

(2) 분말소화기

(가) 분말 입자로 가연물의 표면을 덮어 소화하는 것(질식소화의 효과)

(나) 모든 화재에 사용할 수 있으며 전기화재와 유류화재에 효과적

(다) 분말소화약제의 종별 주성분

① 제1종 분말 : 탄산수소나트륨(중탄산나트륨, $NaHCO_3$) → BC화재
   - 탄산수소나트륨(중탄산나트륨, $NaHCO_3$)을 주성분으로 하고 분말의 유동성을 높이기 위해 탄산마그네슘($MgCO_3$), 인산삼칼슘($Ca_3(PO_4)_2$) 등의 분산제를 첨가

② 제2종 분말 : 탄산수소칼륨(중탄산칼륨, $KHCO_3$) → BC화재

③ 제3종 분말 : 제1인산암모늄($NH_4H_2PO_4$) → ABC화재
   - 메타인산(HPO_3)에 의한 방진효과를 가진 분말 소화약제 : 메타인산이 발생하여 소화력 우수

④ 제4종 분말 : 탄산수소칼륨과 요소($KHCO_3+(NH_2)_2CO$)의 반응물 → BC화재

> **참고**
> * 적응 화재에 따라 크게 BC 분말과 ABC 분말로 나누어진다.
> * 제4종 분말소화약제는 제2종 분말을 개량한 것으로 분말소화약제 중 소화력이 가장 우수하다.

(라) 분말 소화설비

1) 분말 소화설비에 관한 설명

① 기구가 간단하고 유지관리가 용이하다.
② 온도 변화에 대한 약제의 변질이나 성능의 저하가 없다.
③ 다른 소화설비보다 소화능력이 우수하며 소화시간이 짧다.
④ 분말은 흡습력이 강하고, 금속을 부식시킨다.

2) 분말소화설비를 설치하여야 할 대상

① 인화성 액체를 취급하는 장소(유류화재)
② 옥내외의 트랜스 등 전기기기 화재가 발생하기 쉬운 장소(전기화재)
③ 종이 및 직물류의 일반 가연물로서 연소가 항상 표면에 행하여지는 화재(일반화재)

(3) 할로겐화합물소화기(증발성 액체 소화기)

(가) 소화원리

① 소화약제 중 할로겐 원소가 가연물이 산소와 결합하는 것을 방해하여

연소가 계속되는 연쇄반응을 억제하여 소화(부촉매 소화)

② 증발성 강한 액체를 화재표면에 뿌려 냉각소화 효과로 소화

(나) 소화약제

소화약제	화학식	소화약제	화학식
할론 104	CCl_4	할론 2402	$C_2F_4Br_2$
할론 1301	CF_3Br	할론 1211	CF_2ClBr

* Halon 1211 : 무색, 무취이며 전기적으로 부전도성기체. 전기화재 소화에 사용가능

(4) 이산화탄소(탄산가스) 소화기

① C급 화재(전기화재)에 가장 효과적인 것 - 질식소화
  - B급 화재 및 C급 화재의 적용에 적절하다.
② 자기반응성 물질에 의한 화재에 대하여 사용할 수 없는 소화기
③ 이산화탄소의 주된 소화작용은 질식작용이므로 산소의 농도가 15% 이하가 되도록 약제를 살포한다.
④ 액화탄산가스가 공기 중에서 이산화탄소로 기화하면 체적이 급격하게 팽창하므로 질식에 주의한다.
⑤ 이산화탄소는 비전도성으로 소화 후 흔적이 없어(2차 피해가 발생하지 않음) 전기설비, 통신기기, 컴퓨터설비 등에 사용한다.

> **이산화탄소 소화약제**
> ① 소화 후 소화약제에 의한 오손이 없다.
> ② 액화하여 용기에 보관할 수 있다.
> ③ 전기에 대해 부도체이다.
> ④ 자체 증기압이 높기 때문에 자체 압력으로 방사가 가능하다.
> ⑤ 동결될 염려가 없고 상시가 저장해도 변화가 없다.

이산화탄소 소화약제
① 전기절연성이 우수하다.
② 액체로 저장할 경우 자체 압력으로 방사할 수 있다.
③ 저장에 의한 변질이 없어 장기간 저장이 용이한 편이다.

(5) 강화액 소화기

소화약제 : 물 소화약제의 단점을 보완하기 위하여 물에 탄산칼륨(K_2CO_3) 등을 녹인 수용액으로 부동성이 높은 알칼리성 소화약제

불활성가스 소화약제 IG-100: 질소(N_2) 100%로 구성

(6) 산·알칼리소화기

동절기에는 얼지 않도록 보온되어야 하는 단점이 있어 현재 국내에서는 잘 사용하지 않음.

(7) 간이 소화제 : 건조사(모든 화재에 사용가능) 등

위험물과 소화방법

① 염소산칼륨 - 제1류 위험물로 다량의 물로 냉각소화
② 마그네슘 - 제2류 위험물로 건조사 등에 의한 질식소화(금속분, 철분, 마그네슘은 주수에 의한 냉각소화는 안 되며, 건조사나 팽창진주암, 팽창질석으로 소화)
③ 칼륨 - 제3류 위험물의 금수성 물질로 물, 이산화탄소, 할로겐화합물 소화약제 등은 사용 안 됨. (칼륨, 나트륨은 소화약제가 없으므로 연소확대방지에 주력해야 함. 탄산수소염류 분말약제, 건조사, 팽창질석 등 사용 가능)
④ 아세트알데히드 - 다량의 물에 의한 희석소화

(8) 가압방법에 의한 분류

(가) 축압식 : 이산화탄소 소화기, 할로겐화합물 소화기

(나) 가압식

① 펌프에 의한 가압식 : 물 소화기
② 화학반응에 의한 가압식 : 산·알칼리 소화기
③ 가스가압식

※ 소화설비의 적용성〈위험물안전관리법 시행규칙〉

[별표 17] 소화설비, 경보설비 및 피난설비의 기준

소화설비의 구분			건축물·그 밖의 공작물	전기설비	제1류 위험물 알칼리금속과산화물 등	제1류 위험물 그 밖의 것	제2류 위험물 철분·금속분·마그네슘 등	제2류 위험물 인화성 고체	제2류 위험물 그 밖의 것	제3류 위험물 금수성 물품	제3류 위험물 그 밖의 것	제4류 위험물	제5류 위험물	제6류 위험물
옥내소화전 또는 옥외소화전설비			○			○		○	○		○		○	○
스프링클러설비			○			○		○	○		○	△	○	○
물분무등소화설비	물분무소화설비		○	○		○		○	○		○	○	○	○
	포소화설비		○			○		○	○		○	○	○	○
	불활성 가스소화설비			○				○				○		
	할로겐화합물소화설비			○				○				○		
	분말소화설비	인산염류 등	○	○		○		○	○			○		○
		탄산수소염류 등		○	○		○	○		○		○		
		그 밖의 것			○		○			○				
대형·소형 수동식소화기	봉상수(棒狀水)소화기		○			○		○	○		○		○	○
	무상수(霧狀水)소화기		○	○		○		○	○		○		○	○
	봉상강화액소화기		○			○		○	○		○		○	○
	무상강화액소화기		○	○		○		○	○		○	○	○	○
	포소화기		○			○		○	○		○	○	○	○
	이산화탄소소화기			○				○				○		△
	할로겐화합물소화기			○				○				○		
	분말소화기	인산염류소화기	○	○		○		○	○			○		○
		탄산수소염류소화기		○	○		○	○		○		○		
		그 밖의 것			○		○			○				
기타	물통 또는 수조		○			○		○	○		○		○	○
	건조사				○	○	○	○	○	○	○	○	○	○
	팽창질석 또는 팽창진주암				○	○	○	○	○	○	○	○	○	○

다 자동화재탐지설비

(1) 감지기 종류

(가) 열감지기

① 차동식 : 분포형(공기식, 열전대식, 열반도체식), 스포트형
② 정온식 : 감지선형, 스포트형(바이메탈식, 열반도체식)
③ 보상식

(나) 연기감지기

① 이온식
② 광전식
③ 감광식

> **화재경보 설비**
> ① 비상벨설비 및 자동식사이렌설비
> ② 단독경보형 감지기
> ③ 비상방송설비
> ④ 누전경보기설비
> ⑤ 자동화재탐지설비 및 시각경보기
> ⑥ 자동화재속보설비
> ⑦ 가스누설경보기
> ⑧ 통합감시시설

CHAPTER 01 항목별 우선순위 문제 및 해설

01 다음 중 연소의 3요소에 해당하지 않는 것은?
① 가연물 ② 점화원
③ 연쇄반응 ④ 산소공급원

해설 **연소의 3요소** : 가연성물질(가연물), 산소공급원(공기 또는 산소), 점화원(불씨)

02 다음 중 외부에서 화염, 전기불꽃 등의 착화원을 주지 않고 물질을 공기 중 또는 산소 중에서 가열할 경우에 착화 또는 폭발을 일으키는 최저온도는 무엇인가?
① 인화온도 ② 연소점
③ 비등점 ④ 발화온도

해설 **발화점(발화온도)** (AIT, Auto Ignition Temperature) – 착화점, 착화온도
가연성 혼합물이 주위로부터 충분한 에너지를 받아 스스로 점화할 수 있는 최저온도

03 다음 중 자연발화에 대한 설명으로 가장 적절한 것은?
① 습도를 높게 하면 자연발화를 방지할 수 있다.
② 점화원을 잘 관리하면 자연발화를 방지할 수 있다.
③ 윤활유를 닦은 걸레의 보관 용기로는 금속재보다는 플라스틱 제품이 더 좋다.
④ 자연발화는 외부로 방출하는 열보다 내부에서 발생하는 열의 양이 많은 경우에 발생한다.

해설 **자연발화** : 공기 중에 놓여 있는 물질이 상온에서 저절로 발열하여 발화·연소되는 현상(발화온도에 도달하면 점화원이 없어도 발화하는 현상)
– 자연발화가 가장 쉽게 일어나기 위한 조건 : 고온, 다습한 환경

① 습도가 높으면 자연발화의 발생이 높다.
② 자연발화는 점화원 없이도 발화온도에 도달하면 발화하는 현상을 말한다.
③ 윤활유를 닦은 걸레는 자연발화할 수 있으므로 금속재의 보관 용기에 보관한다.
④ 자연발화는 외부로 방출하는 열보다 내부에서 발생하는 열의 양이 많은 경우에 발생한다(내부에 열을 축척해서 일시에 자연발화가 일어난다).

04 다음 중 자연발화의 방지법으로 적절하지 않은 것은?
① 통풍을 잘 시킬 것
② 습도가 낮은 곳을 피할 것
③ 저장실의 온도 상승을 피할 것
④ 공기가 접촉되지 않도록 불활성액체 중에 저장할 것

해설 **자연 발화의 방지법**
습도가 높은 곳에는 저장하지 않는다.
– 습기가 높은 것을 피할 것

05 다음 중 고체의 연소방식에 관한 설명으로 옳은 것은?
① 분해연소란 고체가 표면의 고온을 유지하며 타는 것을 말한다.
② 표면연소란 고체가 가열되어 열분해가 일어나고 가연성 가스가 공기 중의 산소와 타는 것을 말한다.
③ 자기연소란 공기 중 산소를 필요로 하지 않고 자신이 분해되며 타는 것을 말한다.
④ 분무연소란 고체가 가열되어 가연성 가스를 발생하며 타는 것을 말한다.

정답 01. ③ 02. ④ 03. ④ 04. ② 05. ③

해설 고체의 연소방식
1) 표면연소 : 고체의 표면이 고온을 유지하면서 연소하는 현상
   - 숯, 코크스, 목탄, 금속분
2) 분해연소 : 고체가 가열되어 열분해가 일어나고 가연성 가스가 공기 중의 산소와 타는 것
   - 석탄, 목재, 플라스틱, 종이, 합성수지, 중유
3) 증발연소 : 고체 가연물이 가열하여 가연성 증기가 발생. 공기와 혼합하여 연소 범위 내에서 열원에 의하여 연소하는 현상
   - 황, 나프탈렌, 파라핀(양초), 왁스, 휘발유 등
4) 자기연소 : 공기 중 산소를 필요로 하지 않고 자신이 분해되며 타는 것
   - 질화면(니트로셀룰로오스), TNT, 셀룰로이드, 니트로글리세린 등 제5류 위험물(폭발성 물질)

해설 소화방법의 분류
(1) 제거소화
    가연물을 제거함으로써 연소를 차단하는 것으로서 가장 초보적인 소화 방법
(2) 질식소화(일명, 희석소화)
    산소(공기)공급을 차단하여 연소에 필요한 산소 농도 이하가 되게 하여 소화
(3) 냉각소화
    물 등 연소 시 발생하는 열에너지를 흡수하는 매체를 화염 속에 투입하여 소화하는 방법(화점의 냉각)
(4) 억제 소화
    연소가 지속되기 위해서는 활성기(free-radical)에 의한 연쇄반응이 필수적인데 이 연쇄반응을 차단하여 소화하는 방법

06 다음 중 화재의 종류가 옳게 연결된 것은?
① A급화재 - 유류화재
② B급화재 - 유류화재
③ C급화재 - 일반화재
④ D급화재 - 일반화재

해설 화재의 종류

종류	등급	가연물	표현색	소화방법
일반화재	A급	목재, 종이, 섬유 등	백색	냉각소화
유류 및 가스화재	B급	각종 유류 및 가스	황색	질식소화
전기화재	C급	전기기기, 기계, 전선 등	청색	질식소화
금속화재	D급	가연성금속 (Mg 분말, Al 분말 등)	무색	피복에 의한 질식

07 소화방법에 대한 주된 소화원리로 틀린 것은?
① 물을 살포한다. : 냉각소화
② 모래를 뿌린다. : 질식소화
③ 초를 불어서 끈다. : 억제소화
④ 담요를 덮는다. : 질식소화

08 다음 중 분말소화약제에 대한 설명으로 틀린 것은?
① 소화약제의 종별로는 제1종~제4종까지 있다.
② 적응 화재에 따라 크게 BC 분말과 ABC 분말로 나누어진다.
③ 제3종 분말의 주성분은 제1인산암모늄으로 B급과 C급 화재에만 사용이 가능하다.
④ 제4종 분말소화약제는 제2종 분말을 개량한 것으로 분말소화약제 중 소화력이 가장 우수하다.

해설 분말소화약제의 종별 주성분
① 제1종 분말 : 탄산수소나트륨($NaHCO_3$) → BC화재
② 제2종 분말 : 탄산수소칼륨(중탄산칼륨, $KHCO_3$) → BC화재
③ 제3종 분말 : 제1인산암모늄($NH_4H_2PO_4$) → ABC화재
   - 메타인산(HPO_3)에 의한 방진 효과를 가진 분말 소화약제 : 메타인산이 발생하여 소화력 우수
④ 제4종 분말 : 탄산수소칼륨과 요소($KHCO_3 + (NH_2)_2CO$)의 반응물 → BC화재

정답 06. ② 07. ③ 08. ③

09 다음 중 Halon 1211의 화학식으로 옳은 것은?

① CH_2FBr　　② CH_2ClBr
③ CF_2HCl　　④ CF_2ClBr

해설 할로겐화합물소화기(증발성 액체 소화기) 소화약제

소화약제	화학식
할론 104	CCl_4
할론 1011	CH_2ClBr
할론 1301	CF_3Br
할론 2402	$C_2F_4Br_2$
할론 1211	CF_2ClBr

10 전기설비의 화재에 사용되는 소화기의 소화제로 가장 적절한 것은?

① 물거품
② 탄산가스
③ 염화칼슘
④ 산 및 알칼리

해설 C급(전기화재)소화기 – 질식소화
① 이산화탄소(=탄산가스) 소화기
② 할로겐화합물 소화기
③ 분말 소화기
④ 무상강화액 소화기

11 화재 감지에 있어서 열감지 방식 중 차동식에 해당하지 않는 것은?

① 공기식
② 열전대식
③ 바이메탈식
④ 열반도체식

해설 열감지기
① 차동식 : 분포형(공기식, 열전대식, 열반도체식), 스포트형
② 정온식 : 감지선형, 스포트형(바이메탈식, 열반도체식)
③ 보상식

12 프로판(C_3H_8) 1몰이 완전연소하기 위한 산소의 화학양론계수는 얼마인가?

① 2　　② 3
③ 4　　④ 5

해설 산소의 화학양론계수

산소농도(O_2) $= n + \dfrac{m-f-2\lambda}{4}$

[$C_nH_mO_\lambda Cl_f$ 분자식 → n : 탄소, m : 수소, f : 할로겐원소의 원자 수, λ : 산소의 원자 수]

⇨ C_3H_8 → 산소농도(O_2) $= n + \dfrac{m-f-2\lambda}{4}$

$= 3 + (8/4) = 5$ (C_3H_8 : $n=3$, $m=8$, $f=0$, $\lambda=0$)
(* $C_3H_8 + 5O_2 \rightarrow 3CO_2 + 4H_2O$)

13 가연성 가스의 조성과 연소하한값이 표와 같을 때 혼합가스의 연소하한값은 약 몇 vol%인가?

구분	조성(vol%)	연소하한값(vol%)
C_1 가스	2.0	1.1
C_2 가스	3.0	5.0
C_3 가스	2.0	15.0
공기	93.0	–

① 1.74　　② 2.16
③ 2.74　　④ 3.16

해설 혼합가스의 연소하한값(LFL)
혼합가스가 공기와 섞여 있을 경우

$L = \dfrac{V_1 + V_2 + \cdots + V_n}{\dfrac{V_1}{L_1} + \dfrac{V_2}{L_2} + \cdots + \dfrac{V_n}{L_n}}$

$= (2+3+2)/(2/1.1 + 3/5 + 2/15) = 2.74 \text{vol}\%$

L : 혼합가스의 연소한계(%) – 연소상한, 연소하한 모두 적용 가능

$L_1 + L_2 + \cdots + L_n$: 각 성분가스의 연소한계(%) – 연소상한계, 연소하한계

$V_1 + V_2 + \cdots + V_n$: 전체 혼합가스 중 각 성분가스의 비율(%) – 부피비

정답 09. ④　10. ②　11. ③　12. ④　13. ③

Chapter 02 화재 · 폭발 검토(2)

1. 폭발의 원리 및 특성

가 폭발의 종류

(1) 폭발

급격한 화학반응이나 기계적 팽창으로 급격히 이동하는 압력파나 충격파를 만들어 내는 현상을 말함.

(가) 폭연과 폭굉 : 충격파의 전파속도가 음파(공기 중 330m/s)보다 빠른 경우의 폭굉과 음파보다 느린 경우의 폭연으로 구분함.

① 폭연 : 가연성 가스나 인화성 물질의 증기가 폭발 범위 내의 어떤 농도에서 반응(연소)속도가 급격히 증대하나 음속을 초과하지 않는 경우

② 폭굉 : 폭발충격파가 미반응 매질 속으로 음속보다 큰 속도로 이동하는 폭발

㉠ 이 과정에서 발생하는 충격파 등이 큰 파괴력을 지니는 압축파의 형태로 나타남(음속 이하의 반응속도에서도 큰 파괴력을 나타냄).

㉡ 대체로 폭굉은 음속의 4~8배(1220~2700m/sec) 정도의 고속 충격파로서 가연성 가스와 공기가 혼합된 넓은 공간에서는 잘 발생되지 않지만 좁고 긴 배관 등에서는 발생하기가 쉬움.

㉢ 화염의 전파속도가 음속보다 빨라 파면선단에 충격파가 형성되며 보통 그 속도가 1000~3500m/s에 이르는 현상

③ 가연성 기체의 폭발한계와 폭굉한계

폭굉은 폭발이 발생한 후 일어나는 것으로 폭굉한계는 폭발한계 내에 존재. 따라서 폭발한계는 폭굉한계보다 농도 범위가 넓다.

> **폭굉 유도거리(DID : Detonation Induction Distance)**
> 완만한 연소가 격렬한 폭굉으로 발전할 때의 거리(시간의 간격) – 짧을수록 위험
> ① 압력이 높을수록 짧다.
> ② 점화원의 에너지가 강할수록 짧다.
> ③ 정상연소 속도가 큰 혼합가스일수록 짧다.
> ④ 관속에 방해물이 있거나 관의 지름이 작을수록 짧다.

memo

폭굉(detonation)
어떤 물질 내에서 반응전 파속도가 음속보다 빠르게 진행되고 이로 인해 발생된 충격파가 반응을 일으키고 유지하는 발열반응

(나) 발화온도 : 가연성 혼합물이 주위로부터 충분한 에너지를 받아 스스로 점화할 수 있는 최저온도(착화점, 발화점)

(다) 인화점 : 가연성 증기에 점화원을 주었을 때 연소가 시작되는 최저온도
  - 액체의 경우 액체 표면에서 발생한 증기 농도가 공기 중에서 연소 하한 농도가 될 수 있는 가장 낮은 액체온도

(라) 연소점 : 점화된 후 연소를 계속할 수 있는 최저온도

> **참고**
>
> ※ 반응폭주 : 화학반응 시 온도, 압력 등의 제어상태가 규정조건을 벗어나서 반응속도가 지수함수적으로 증대되고 반응 용기 내의 온도, 압력이 급격히 증대하여 반응이 과격화되는 현상
> ※ 폭발 범위에 영향을 주는 인자 : ① 공기조성 ② 온도 ③ 습도

(2) 폭발의 종류

(가) 기상폭발 : 혼합가스(산화), 가스분해, 분진, 분무, 증기운 폭발

  ※ 기상폭발 피해예측 시 압력상승에 기인하는 경우에 검토를 요하는 사항
  ① 가연성 혼합기의 형성 상황
  ② 압력 상승 시의 취약부 파괴
  ③ 개구부가 있는 공간 내의 화염전파와 압력상승

(나) 응상폭발(*액상폭발) : 수증기, 증기폭발, 전선(도선)폭발, 고상간의 전이에 의한 폭발(전이에 의한 발열). 혼합위험에 의한 폭발(산화성과 환원성 물질 혼합 시 폭발)

  ※ 액상폭발(산화성과 환원성 물질 혼합 시 폭발) 시 폭발에 영향을 주는 요인 : ① 온도 ② 압력 ③ 농도
  ※ 응상(凝相, condensed phase) : 고체상태(고상) 및 액체상태(액상)의 총칭

(다) 폭발 형태 분류

  1) 분진폭발

  가) 가연성 고체의 미분이나 가연성 액체의 액적에 의한 폭발

  나) 분진폭발의 발생 순서 : 퇴적분진 → 비산 → 분산 → 발화원 → 전면폭발 → 2차 폭발

  다) 분진폭발의 특징
  ① 가스폭발에 비해 연소속도나 폭발압력은 작으나 연소시간이 길고 발생 에너지가 크기 때문에 파괴력과 연소정도가 크다.

② 가스폭발에 비하여 불완전 연소를 일으키기 쉬우므로 연소 후 가스에 의한 중독 위험이 있다.
③ 화염의 파급속도보다 압력의 파급속도가 크다.
④ 최초의 부분적인 폭발이 분진의 비산으로 2차, 3차 폭발로 파급되어 피해가 커진다.
⑤ 폭발시 입자가 비산하므로 이것에 부딪치는 가연물은 국부적으로 심한 탄화를 일으킨다.
⑥ 단위체적당 탄화수소의 양이 많기 때문에 폭발시 온도가 높다.
⑦ 폭발한계 내에서 분진의 휘발성분이 많을수록 폭발하기 쉽다.
⑧ 분진이 발화 폭발하기 위한 조건은 가연성, 미분상태, 공기 중에서의 교반과 유동 및 점화원의 존재이다.
⑨ 폭발한계는 입자의 크기, 입도분포, 산소농도, 함유수분, 가연성 가스의 혼입 등에 의해 같은 물질의 분진에서도 달라진다.

라) 분진의 폭발위험성을 증대시키는 조건
① 분진의 발열량이 클수록 폭발성이 커진다.
② 분진의 표면적이 입자체적에 비하여 커지면 열의 발생속도가 확산속도보다 상회하여 폭발이 증대한다.
③ 분진 입자의 형상이 복잡하면 폭발이 잘된다.
④ 분진의 수분함량이나 주위의 습도가 높으면 점화되기 어렵고 점화되어도 폭발압력이 작게 된다.
  (분진 내의 수분농도가 작을수록 폭발 위험성을 증대된다.)
⑤ 초기온도가 높을수록 최소폭발농도가 낮아져 폭발위험성이 커진다.
⑥ 분체 중에 휘발성분이 많고 휘발성분의 발화온도가 낮을수록 폭발이 일어나기 쉽다.
⑦ 입자의 직경이 작아지면 폭발하한농도는 낮아지고 발화온도도 낮아지며 폭발압력은 상승하게 된다.
⑧ 밀도가 적어 부유성이 클수록 공기 중에 장시간 부유될 수 있어 분진폭발 위험성이 증가한다.

마) 분진폭발의 영향인자에 대한 설명
① 분진의 입경이 작을수록 폭발하기 쉽다.
② 일반적으로 부유분진이 퇴적분진에 비해 발화 온도가 높다.
③ 연소열이 큰 분진일수록 저농도에서 폭발하고 폭발 위력도 크다.
④ 분진의 비표면적이 클수록 폭발성이 높아진다.
  ※ **분진폭발의 요인** : 분진의 폭발특성에 영향을 미치는 요소로는 화학적 성질과 조성, 입도 및 입도분포, 입자의 형상과 표면상태, 열전도율, 분진운

분진폭발에 대한 설명
① 분진의 입경(입자)을 크게 하고 분진 입자의 표면적을 작게 한다.(원형에 가깝게 함)
② 산소의 농도는 분진폭발 위험에 영향을 주는 요인이다.
③ 주위 공기의 난류확산은 위험을 증가시킨다.
④ 가스폭발에 비하여 불완전 연소를 일으키기 쉬우므로 연소 후 가스에 의한 중독 위험이 있다.

의 농도, 수분함량 및 주위 습도, 점화에너지, 난류의 영향, 온도와 압력, 불활성 물질 등이 있다(화학적 인자 : 연소열).

바) 분진폭발 시험장치 : 하트만(Hartmann)식 시험장치

사) 분진의 종류
① 폭연성 분진 : 공기 중의 산소가 적은 분위기 중에서나 이산화탄소 중에서도 폭발을 하는 금속성 분진
  - 마그네슘, 알루미늄, 알루미늄 브론즈등 금속성 분진
② 가연성 분진 : 공기 중 산소와 발열반응을 일으키고 폭발하는 분진
  ㉠ 전도성 : 카본블랙, 코크스, 아연, 철, 석탄 등
  ㉡ 비전도성 : 소맥분, 전분 등과 같은 곡물분진, 합성수지류, 화학약품 등

2) 미스트폭발(mist explosion) : 가연성 액체가 무상(霧狀) 상태로 공기 중에 누출되고 부유 상태로 공기와 혼합되어 폭발성 혼합물을 형성함으로써 폭발이 일어나는 것

3) 증기폭발 발생의 필요조건(액화가스와 물 등의 고온액에 의한 증기폭발 발생의 필요조건)
① 폭발의 발생에는 액과 액이 접촉할 필요가 있다. 막비등(film boiling)의 조건에서는 발생하지 않는다.
② 고온액의 계면온도가 응고점 이하가 되어 응고되면 폭발 발생은 어렵다.
③ 증기폭발의 발생은 확률적 요소가 있고, 그것은 저온액화가스의 종류와 조성에 의해 정해진다.
④ 액과 액의 접촉 후 폭발 발생까지 수~수백ms의 지연이 존재하지만 폭발의 시간 정도는 5ms 이하이다.

4) 증기운 폭발(UVCE : Unconfined Vapor Cloud Explosion)
대량의 가연성 가스 또는 기화하기 쉬운 가연성 액체가 대기 중에 유출, 기화되어 공기와 혼합하여 가연성 혼합 기체를 형성함으로써 발화원에 의해서 발생하는 폭발
① 폭발효율은 BLEVE(블레비)보다 작다.
② 증기운의 크기가 증가하면 점화 확률이 높아진다.
③ 증기운 폭발의 방지대책은 자동차단 밸브를 설치, 위험물질의 노출을 방지, 재고량을 낮게 유지, 가스 누설 여부를 확인한다.
④ 증기와 공기의 난류 혼합, 방출점으로부터 먼 지점에서의 증기운의

막비등
전열면(열을 전달하는 면)에 온도가 높아져 기포가 발생하여 전열면에 기포(증기막)로 덮어진 상태

ms(millisecond)
1000분의 1초

점화는 폭발 충격을 증가시킨다.
⑤ 증기운에 의한 재해는 폭발보다는 화재가 보통이다.
⑥ 폭발효율이 적다. 즉, 연소 에너지의 약 20%가 폭풍파로 전환된다.

5) 비등액 팽창증기폭발(BLEVE: Boiling Liquid Expanded Vapor Explosion) : BLEVE(블레비)는 비점 이상의 압력으로 유지되는 액체가 들어있는 탱크가 파열될 때 일어나며 용기가 파열되면 탱크 내용물 중의 상당비율이 폭발적으로 증발하게 됨.
- 비점이 낮은 액체 저장탱크 주위에 화재가 발생했을 때 저장탱크 내부의 비등 현상으로 인한 압력 상승으로 탱크가 파열되어 그 내용물이 증발, 팽창하면서 발생되는 폭발현상

> BLEVE(블레비)
> 고압 상태의 액화가스용기가 가열 되어 물리적 폭발이 순간적으로 화학적 폭발로 이어지는 현상

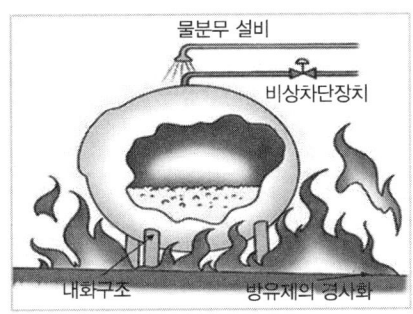

[그림] BLEVE 방지대책

(라) 화학적 폭발

화학반응으로 분자구조가 변화되는 과정에서 폭발이 발생하는 것
① 산화폭발 : 가연성 가스와 공기, 산소, 염소 등의 산화제와 혼합하여 산화 반응을 일으켜 폭발하는 것
② 분해폭발 : 아세틸렌(C_2H_2), 산화에틸렌과 같은 분해성 가스와 디아조 화합물과 같은 자기 분해성 고체가 분해하여 폭발하는 것
③ 중합폭발 : 산화에틸렌, 시안화수소(HCN), 염화비닐, 초산비닐, 부타디엔 등과 같이 중합하기 쉬운 물질이 중합하여 생성되는 중합열에 의한 폭발

공정별 분류

① 핵폭발 : 원자핵의 분열, 융합에 의한 강력한 에너지의 방출
② 물리적 폭발 : 탱크의 감압폭발, 수증기 폭발, 고압용기의 폭발
③ 화학적 폭발 : 가스폭발, 유증기폭발, 분진폭발, 화약류의 폭발 등과 산화, 중합, 분해 등의 급격한 발열반응에 의한 폭발
④ 물리・화학적 폭발 : 물리적, 화학적 폭발이 동시에 수반되는 폭발

나 가스폭발의 원리

(1) 연소 범위(폭발 범위)

공기 중에 가연성 가스가 일정 범위 이내로 함유되었을 경우에만 연소(폭발)가 가능함. 이것은 물질의 고유한 특성으로서 연소 범위 또는 폭발 범위라고 함(가연성 가스와 공기와의 혼합가스에 점화원을 주었을 때 연소(폭발)가 일어나는 혼합가스의 농도 범위).

[그림] 연소 범위(폭발 범위)의 정의

> 가연성 물질과 산화성 고체가 혼합하고 있을 때 연소에 미치는 현상
> 산화성 고체(다량의 산소 함유)가 산소 공급원이 되어 최소 점화에너지가 감소하며, 폭발의 위험성이 증가 한다.

① 상한값과 하한값이 존재한다.
② 폭발 범위는 온도상승에 의하여 넓어진다(온도가 상승하면 폭발하한계는 감소, 폭발상한계는 증가).
③ 가연성 가스의 종류에 따라 각각 다른 값을 갖는다.
④ 공기와 혼합된 가연성 가스의 체적 농도로 나타낸다.
⑤ 압력이 상승하면 폭발하한계는 영향이 없으며 폭발상한계는 증가한다.
⑥ 산소 중에서의 폭발 범위는 공기 중에서 보다 넓어진다.
⑦ 산소 중에서의 폭발하한계는 공기 중에서와 같다.

(가) 폭발(연소)한계에 영향을 주는 요인

1) 온도 : 폭발(연소) 범위는 온도상승에 의하여 넓어진다.
   - 온도가 상승하면 폭발하한계는 감소, 폭발상한계는 증가

2) 압력 : 보통의 경우 가스압력이 높을수록 폭발(연소) 범위는 넓어진다.
   - 압력이 상승하면 폭발하한계는 영향이 경미, 폭발상한계는 증가

3) 산소
   공기 중과 비교하여 폭발하한계는 거의 영향이 없으나, 상한계는 크게 증가하여 전체적인 폭발 범위는 넓어짐.

4) 화염의 진행 방향

(나) 폭발 하한계(LEL: Lower Explosive Limit) – 연소하한계

가스 등이 공기 중에서 점화원에 의해 착화되어 화염이 전파되는 최소 농도
① 폭발하한계에서 화염의 온도는 최저치로 된다.
② 폭발하한계에 있어서 산소는 연소하는데 과잉으로 존재한다.

> 연소하한계
> (LFL: Lower Flammable Limit)

③ 화염이 하향전파인 경우 일반적으로 온도가 상승함에 따라서 폭발하한계는 낮아진다.
④ 폭발하한계는 혼합가스의 단위 체적당의 발열량이 일정한 한계치에 도달하는 데 필요한 가연성 가스의 농도이다.

(다) 폭발 상한계(UEL: Upper Explosive Limit) - 연소상한계

가스 등이 공기 중에서 점화원에 의해 착화되어 화염이 전파되는 최대 농도

연소상한계
(UFL: Upper Flammable Limit)

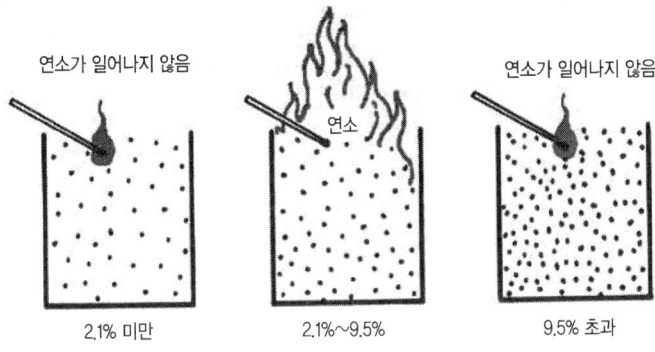

[그림] 프로판가스의 연소 범위

(라) 폭발압력

1) 가연성 가스가 밀폐된 용기 안에서 폭발할 때 최대폭발압력(P_m)에 영향을 주는 인자
① 가연성 가스의 농도 : 농도 증가에 따라 최대폭발압력은 증가
② 가연성 가스의 초기온도 : 초기온도 증가에 따라 최대폭발압력은 감소
③ 가연성 가스의 초기압력 : 초기압력이 상승할수록 최대폭발압력은 증가
④ 발화원의 강도 : 발화원의 강도가 클수록 최대폭발압력은 증가
⑤ 용기의 형태 및 부피 : 최대폭발압력은 큰 영향을 받지 않음.
⑥ 가연성 가스의 유량 : 유량이 클수록 최대폭발압력은 증가
⑦ 최대폭발압력은 화학양론비에 최대가 됨.

2) 폭발압력과 가스농도, 온도와의 관계
① 가스농도 및 온도와의 관계 : 폭발압력은 초기압력, 가스농도 증가에 비례하고, 초기온도 증가에 반비례
② 폭발압력과 가연성 가스농도와의 관계
㉠ 가연성 가스의 농도가 너무 희박하거나 진하여도 폭발압력은 낮아진다.
㉡ 폭발압력은 가연성 가스의 농도가 양론농도보다 약간 높은 농도에서 최대폭발압력이 된다.

ⓒ 최대폭발압력의 크기는 공기보다 산소농도가 큰 혼합기체에서 더 높아진다.
ⓔ 가연성 가스의 농도가 클수록 폭발압력은 비례하여 높아진다.

(마) 최소 발화에너지(MIE: Minimum Ignition Energy) – 최소 점화에너지, 최소 착화에너지

1) 물질을 발화시키는 데 필요한 최저 에너지
   – 최소 발화에너지가 낮은 물질은 아세틸렌, 수소, 이황화탄소 등

물질명	최소 발화에너지	물질명	최소 발화에너지
이황화탄소(CS_2)	0.009	에탄(C_2H_6)	0.25
수소(H_2)	0.019	프로판(C_3H_8)	0.26
아세틸렌(C_2H_2)	0.019	메탄(CH_4)	0.28
벤젠(C_6H_6)	0.20	에틸렌(C_2H_4)	0.096

2) 최소 발화에너지에 영향을 끼치는 인자

① 최소 발화에너지는 물질의 종류, 온도, 압력, 농도(혼합비) 등에 따라 변화함.
   ㉠ 온도가 상승하면 MIE는 낮아진다.
   ㉡ 압력이 상승하면 MIE는 낮아진다.
   ㉢ 농도가 많아지면 MIE는 낮아진다.
   ㉣ 유체의 유속이 높아지면 MIE는 커진다.
   ㉤ 공기 중의 산소가 많은 경우 또는 가압하에서는 일반적으로 MIE는 낮은 값이 된다.
② 가연성 가스의 조성이 화학양론적 조성(완전연소조성)보다 약간 클 때 MIE는 최저가 된다.
③ 일반적으로 연소속도가 클수록 MIE값은 적다.
④ 압력이 너무 낮아지면 최소 발화에너지 관계식을 적용할 수 없으며, 아무리 큰 에너지를 주어도 발화하지 않을 수 있다. (최소착화압력)

3) 최소 발화에너지(방전에너지) – 단위 J(최소 발화에너지는 매우 적으므로 Joule의 1/1,000인 mJ의 단위를 사용)

$$E = \frac{1}{2}CV^2 \ (C: 콘덴서\ 용량(단위\ 패럿\ F),\ V: 전압)$$

> **예문** 폭발 범위에 있는 가연성 가스 혼합물에 전압을 변화시키며 전기 불꽃을 주었더니 1000V가 되는 순간 폭발이 일어났다. 이때 사용한 전기 불꽃의 콘덴서 용량은 0.1μF을 사용하였다면 이 가스에 대한 최소 발화에너지는 몇 mJ인가?

최소발화(점화)에너지는 압력, 온도에 모두 반비례한다.

정전에너지(단위 J): 콘덴서의 유전체 내에 축적되는 에너지

$$E = \frac{1}{2}CV^2$$

(E: 정전에너지, C: 정전용량(단위 패럿 F), V: 전압)

① 5　　　　② 10　　　　③ 50　　　　④ 100

> **해설** 최소 발화에너지
> $E = \frac{1}{2}CV^2$ (단위: J) [C : 콘덴서 용량(단위 F 패럿), V : 전압]
> $= 1/2 \times (0.1 \times 10^{-6}) \times 1000^2 = 0.05J = 50mJ$
> * μ(마이크로) 10^{-6}, m(밀리) 10^{-3}
> ⇨ 정답 ③

(2) 폭발등급

(가) 안전간극(safe gap) - 화염일주한계, MESG(최대안전틈새) : 내측의 가스 점화 시 외측의 폭발성 혼합가스까지 화염이 전달되지 않는 한계의 틈
- 가연성 가스 및 증기의 위험도에 따른 방폭전기기기의 분류로 폭발등급을 사용하는데, 이러한 폭발등급을 결정하는 것

(나) 폭발등급 : 안전간격 값에 따라 폭발성 가스를 분류하여 등급을 정한 것
〈Part 4. 전기설비 안전관리〉 참조

2. 폭발방지대책 수립

가 폭발방지 대책

(1) 예방대책〈산업안전보건기준에 관한 규칙〉

제232조(폭발 또는 화재 등의 예방)
① 사업주는 인화성 액체의 증기, 인화성 가스 또는 인화성 고체가 존재하여 폭발이나 화재가 발생할 우려가 있는 장소에서 해당 증기·가스 또는 분진에 의한 폭발 또는 화재를 예방하기 위하여 통풍·환기 및 분진 제거 등의 조치를 하여야 한다.

(2) 국한대책

폭발의 피해를 최소화하기 위한 대책 : 안전장치, 방폭설비 설치 등

(3) 폭발 방호(explosion protection)대책

① 폭발봉쇄(containment)　　② 폭발억제(suppression)
③ 폭발방산(venting)　　　　 ④ 불꽃방지기(flame arrestor)
⑤ 차단(isolation)　　　　　　⑥ 안전거리

> 불꽃방지기(flame arrester, 역화방지기, 화염방지기, 화염전파방지기, 인화방지망)
> • 화염의 역화를 방지하기 위한 장치
> • 유류저장 탱크 등에서 화염의 차단 목적

불활성화(Inerting)의 퍼지(purge)방법	

불활성화(Inerting)의 퍼지(purge)방법
① 대상물질의 물성을 파악한다.
② 사용하는 불활성 가스의 물성을 파악한다.
③ 장치 내부를 세정한 후 퍼지용 가스를 송입한다.
(* 불활성화란 산소농도를 안전한 농도로 낮추기 위하여 불활성 가스를 용기에 주입하는 것이며, 폭발할 우려가 있는 연소되지 않은 가스를 용기 밖으로 배출하기 위하여 환기시키는 것을 퍼지라 함.)

퍼지 종류
① 진공 퍼지 : 용기를 진공으로 하고 불활성 가스를 주입하여 원하는 산소농도가 될 때까지 반복하여 실시하는 방법. 큰 저장탱크에는 사용할 수 없는 방법
② 압력 퍼지 : 불활성 가스로 용기를 가압한 후 대기 중으로 방출하는 작업을 원하는 최소산소농도가 될 때까지 반복하여 실시하는 방법
③ 스위프 퍼지 : 용기의 한 개구부에서는 불활성 가스를 주입하고 다른 개구부를 통해서는 가스를 방출하는 작업을 반복하여 실시. 저장탱크에서 사용
④ 사이펀 퍼지 : 용기에 물을 가득 채운 후 물을 배출시키는 동시에 불활성 가스를 주입하여 원하는 최소산소농도를 만드는 방법. 퍼지 경비를 최소화할 수 있는 방법

(4) 분진폭발의 방지(분진폭발에 대한 안전대책)
① 분진생성 방지(분진의 퇴적을 방지. 분진이 날리지 않도록 함)
② 발화원 제거
③ 2차 폭발방지
④ 불활성물질 첨가: 시멘트분, 석회, 모래, 질석 등 돌가루(석분), 탄산칼슘(불활성 분위기를 조성)
⑤ 수분 함량 증가
⑥ 분진의 입경(입자)을 크게 함
⑦ 분진 입자의 표면적을 작게 함(원형에 가깝게 함. 분진의 표면적이 클수록 폭발성이 높아짐)
⑧ 분진과 그 주변의 온도를 낮춤

(5) 불활성 가스 첨가에 의한 폭발방지대책
① 가연성 혼합가스에 불활성 가스를 첨가하면 산소농도가 폭발한계산소농도 이하로 되어 폭발을 예방할 수 있다.
② 폭발한계산소농도는 폭발성을 유지하기 위한 최소의 산소농도로서 일반적으로 3성분 중의 산소농도로 나타낸다.
③ 불활성 가스 첨가의 효과는 물질에 따라 차이가 발생 하는데 이는 비열의 차이 때문이다.
④ 가연성 혼합가스에 불활성 가스를 첨가하면 가연성 가스의 농도가 폭발하한계 이하로 되어 폭발 발생 가능성이 작아진다.

> **참고**
> * 불활성화(인너팅, Inerting) : 산소농도를 안전한 농도로 낮추기 위하여 불활성 가스를 용기에 주입하는 것이며 적정 최소산소농도(MOC)는 일반적으로 10%, 분진은 8% 정도임.
> * 불활성 가스 : 질소(N_2), 이산화탄소(CO_2), 헬륨(He), 네온(Ne), 아르곤(Ar), 크립톤(Kr), 제논(크세논 Xe), 라돈(Rn), 오산화인(P_2O_5), 삼산화황(SO_3), 프레온 등
>   - 화학공장에서 주로 사용되는 불활성 가스 : 질소(N_2)

(6) 불활성화(inerting)의 퍼지(purge)방법 종류
불활성화란 불활성 가스(N_2, CO_2, 수증기)의 주입으로 산소농도를 최소산소농도(MOC) 이하로 낮추는 것
- 불활성화를 위한 퍼지방법으로는 진공 퍼지, 압력 퍼지, 스위프 퍼지, 사이펀 퍼지의 4종류가 있다.

(가) 진공 퍼지(vacuum purging) : 저압 퍼지
  ① 용기에 대한 가장 통상적인 Inerting 방법이다.
  ② 진공 퍼지는 압력 퍼지보다 인너트 가스 소모가 적다.
(나) 압력 퍼지(pressure purging)
  ① 압력 퍼지는 진공 퍼지에 비해 퍼지 시간이 매우 짧다.
  ② 압력 퍼지는 진공 퍼지보다 많은 양의 불활성 가스(inert gas)를 소모한다.
(다) 스위프 퍼지(sweep through purging)
  ① 스위프 퍼지 공정은 보통 용기나 장치가 압력을 가하거나 진공으로 할 수 없을 때 사용한다.
  ② 스위프 퍼지는 큰 저장용기를 퍼지할 때 적합하나 많은 양의 불활성 가스(inert gas)를 필요로 하므로 많은 경비가 소요된다.
(라) 사이펀 퍼지(siphon purging)
  주입되는 불활성 가스(Inert gas)의 부피는 용기의 부피와 같고 퍼지속도는 액체를 방출하는 부피흐름 속도와 같다.

(7) 누설 발화형 폭발재해의 예방 대책
  ① 발화원관리
  ② 밸브의 오동작 방지
  ③ 누설물질의 검지 경보

(8) 반응폭주에 의한 위급상태의 발생을 방지하기 위하여 특수 반응 설비에 설치하여야 하는 장치
  ① 원·재료 공급차단 장치
  ② 보유 내용물의 방출장치(플레어 스택, flare stack)
  ③ 불활성 가스 주입설비
  ④ 반응 정지제, 반응 억제제 주입설비
  ⑤ 냉각용수, 냉매 등의 공급설비

(9) 방폭설비
(가) 방폭구조의 종류 : 〈Part 4. 전기설비 안전관리〉 참조

(나) 방폭구조의 선정

1) 가스폭발위험장소 : 0종 장소, 1종 장소, 2종 장소

위험장소	방폭구조
0종 장소	본질안전 방폭구조(ia)
1종 장소	내압 방폭구조(d) 압력 방폭구조(p) 충전 방폭구조(q) 유입 방폭구조(o) 안전증 방폭구조(e) 본질안전 방폭구조(ia, ib) 몰드 방폭구조(m)
2종 장소	0종 장소 및 1종 장소에 사용가능한 방폭구조 비점화 방폭구조(n)

2) 분진폭발위험장소

분류	적요
20종 장소	공기 중에 가연성 분진운의 형태가 연속적으로 장기간 존재하거나, 단기간 내에 폭발성 분진분위기가 자주 존재하는 장소 - 분진운 형태의 가연성 분진이 폭발농도를 형성할 정도로 충분한 양이 정상작동 중에 연속적으로 또는 자주 존재하거나, 제어할 수 없을 정도의 양 및 두께의 분진층이 형성될 수 있는 장소
21종 장소	공기 중에 가연성 분진운의 형태가 정상 작동 중 빈번하게 폭발성 분진분위기를 형성할 수 있는 장소(분진운 형태의 가연성 분진이 폭발농도를 형성할 정도의 충분한 양이 정상작동 중에 존재할 수 있는 장소)
22종 장소	공기 중에 가연성 분진운의 형태가 정상작동 중 폭발성 분진분위기를 거의 형성하지 않고, 발생한다 하더라도 단기간만 지속되는 장소

(10) **지하작업장 등의 폭발위험 방지**〈산업안전보건기준에 관한 규칙〉

제296조(지하작업장 등)

인화성 가스가 발생할 우려가 있는 지하작업장에서 작업하는 경우(터널 등의 건설작업의 경우는 제외) 또는 가스도관에서 가스가 발산될 위험이 있는 장소에서 굴착작업을 하는 경우에는 폭발이나 화재를 방지하기 위하여 다음의 조치를 하여야 한다.

1. 가스의 농도를 측정하는 사람을 지명하고 다음 각 목의 경우에 그로 하여금 해당 가스의 농도를 측정하도록 할 것

   가. 매일 작업을 시작하기 전

   나. 가스의 누출이 의심되는 경우

> 절연성 액체의 운반 관에서 정전기로 인한 화재 및 폭발 예방 방법
> ① 유속을 줄인다.
> ② 관을 접지시킨다.
> ③ 도전성이 큰 재료의 관을 사용한다.

다. 가스가 발생하거나 정체할 위험이 있는 장소가 있는 경우
라. 장시간 작업을 계속하는 경우(이 경우 4시간마다 가스 농도를 측정하도록 하여야 한다)
2. 가스의 농도가 인화하한계 값의 25퍼센트 이상으로 밝혀진 경우에는 즉시 근로자를 안전한 장소에 대피시키고 화기나 그 밖에 점화원이 될 우려가 있는 기계·기구 등의 사용을 중지하며 통풍·환기 등을 할 것

> **참고**
>
> 제231조(인화성 액체 등을 수시로 취급하는 장소)
> ① 인화성 액체, 인화성 가스 등을 수시로 취급하는 장소에서는 환기가 충분하지 않은 상태에서 전기기계·기구를 작동시켜서는 아니 된다.
> ② 수시로 밀폐된 공간에서 스프레이 건을 사용하여 인화성 액체로 세척·도장 등의 작업을 하는 경우에는 다음의 조치를 하고 전기기계·기구를 작동시켜야 한다.
>   1. 인화성 액체, 인화성 가스 등으로 폭발위험 분위기가 조성되지 않도록 해당 물질의 공기 중 농도가 인화하한계값의 25퍼센트를 넘지 않도록 충분히 환기를 유지할 것
>   2. 조명 등은 고무, 실리콘 등의 패킹이나 실링재료를 사용하여 완전히 밀봉할 것
>   3. 가열성 전기기계·기구를 사용하는 경우에는 세척 또는 도장용 스프레이 건과 동시에 작동되지 않도록 연동장치 등의 조치를 할 것
>   4. 방폭구조 외의 스위치와 콘센트 등의 전기기기는 밀폐 공간 외부에 설치되어 있을 것
> ③ 방폭 성능을 갖는 전기기계·기구에 대해서는 제1항의 상태 및 제2항 각호의 조치를 하지 아니한 상태에서도 작동시킬 수 있다.

나 폭발하한계(LEL) 및 폭발상한계(UEL)의 계산

(1) 혼합가스의 폭발 범위

(가) 르 샤틀리에(Le Chatelier) 법칙(혼합가스의 폭발한계)

① 순수한 혼합가스일 경우

$$L = \frac{100}{\dfrac{V_1}{L_1} + \dfrac{V_2}{L_2} + \cdots + \dfrac{V_n}{L_n}}$$

폭발하한계(LEL): Lower Explosive Limit
=연소하한계(LFL): Lower Flammable Limit

② 혼합가스가 공기와 섞여 있을 경우

$$L = \frac{V_1 + V_2 + \cdots + V_n}{\frac{V_1}{L_1} + \frac{V_2}{L_2} + \cdots + \frac{V_n}{L_n}}$$

L : 혼합가스의 폭발한계(%) – 폭발상한, 폭발하한 모두적용 가능

$L_1 + L_2 + \cdots + L_n$: 각 성분가스의 폭발한계(%) – 폭발상한계, 폭발하한계

$V_1 + V_2 + \cdots + V_n$: 전체 혼합가스 중 각 성분가스의 비율(%) – 부피비

> **예문** 부피조성이 메탄 65%, 에탄 20%, 프로판 15%인 혼합가스의 공기 중 폭발하한계는 약 몇 vol%인가? (단, 메탄, 에탄, 프로판의 폭발하한계는 각각 5.0vol%, 3.0vol%, 2.1vol%이다.)
>
> **해설** 혼합가스의 폭발하한계 값(vol%) 〈순수한 혼합가스일 경우〉
>
> $$L = \frac{100}{\frac{V_1}{L_1} + \frac{V_2}{L_2} + \cdots + \frac{V_n}{L_n}} = 100/(65/5 + 20/3 + 15/2.1) = 3.73 \text{vol}\%$$

(나) 실험데이터가 없어 폭발한계(연소한계)를 추정하는 경우(Jone식)

$LEL = C_{st} \times 0.55$: 유기화합물의 폭발하한값(L)은 화학양론농도(C_{st})의 약 55%로 추정

$UEL = C_{st} \times 3.50$: 폭발상한값(U)은 화학양론농도의 약 3.5배 정도

C_{st} (화학양론농도): 완전연소가 일어나기 위한 연료(연소가스)와 공기의 혼합기체 중 연료의 부피(%)

① 단일성분일 경우

$$C_{st} = \frac{\text{연료의 몰수}}{\text{연료의 몰수} + \text{공기의 몰수}} \times 100$$

② 혼합가스일 경우

$$C_{st} = \frac{1}{\frac{V_1}{C_{st1}} + \frac{V_2}{C_{st2}} + \cdots + \frac{V_n}{C_{stn}}} \times 100$$

$C_{st1}, C_{st2}, \cdots, C_{stn}$ 는 각 가스의 화학양론농도

$V_1 + V_2 + \cdots + V_n$ 은 각 가스의 부피비

(예문) 다음 물질이 물과 반응하였을 때 가스가 발생한다. 위험도 값이 가장 큰 가스를 발생하는 물질은?
① 칼륨
② 수소화나트륨
③ 탄화칼슘
④ 트리에틸알루미늄

(풀이) 위험도
① 수소 위험도(칼륨이 물과 반응하여 수소발생)
 = (75 – 4.0)/4.0 = 17.75
② 아세틸렌(탄화칼슘이 물과 반응하여 아세틸렌발생) 위험도
 = (81.0 – 2.5)/2.5 = 31.4
③ 에탄(트리에틸알루미늄이 물과 반응하여 에탄발생) 위험도
 = (12.4 – 3.0)/3.0 = 3.13

➪ 정답: ③

(다) 위험도 : 기체의 폭발위험 수준을 나타냄

$$H = \frac{U-L}{L}$$

H : 위험도, L : 폭발하한계 값(%), U : 폭발상한계 값(%)

> **예문** 다음 가스 중 위험도가 가장 큰 것은?
> ① 수소   ② 아세틸렌   ③ 프로판   ④ 암모니아
>
> **해설** 위험도 : 기체의 폭발위험 수준을 나타냄
> $H = \frac{U-L}{L}$ [H : 위험도, L : 폭발하한계 값(%), U : 폭발상한계 값(%)]
> ① 수소 위험도 = (75 − 4.0)/4.0 = 17.75
> ② 아세틸렌 위험도 = (81 − 2.5)/2.5 = 31.4
> ③ 프로판 위험도 = (9.5 − 2.1)/2.1 = 3.52
> ④ 암모니아 위험도 = (27 − 15.5)/15.5 = 0.74   ⇨ 정답 ②

(라) Burgess-Wheeler의 법칙

포화탄화수소계의 가스에서는 폭발하한계의 농도 X(vol%)와 그의 연소열(kcal/mol) Q의 곱은 일정하게 된다는 법칙

$$X \cdot \frac{Q}{100} ≒ 11 (일정)$$

> **예문** 포화탄화수소계의 가스에서는 폭발하한계의 농도 X(vol%)와 그의 연소열(kcal/mol) Q의 곱은 일정하게 된다는 Burgess-Wheeler의 법칙이 있다. 연소열이 635.4kcal/mol인 포화탄화수소 가스의 하한계는 약 얼마인가?
>
> **해설** 포화탄화수소 가스의 하한계
> $X \cdot \frac{Q}{100} ≒ 11(일정)$ ⇨ $X = 1100/Q = 1100/635.4 = 1.73\%$

(마) 완전연소 조성농도(C_{st}) – 화학양론농도

가연성 물질 1몰이 완전 연소할 수 있는 공기와의 혼합기체 중 가연성 물질의 부피[%]

〈할로겐 원소가 포함된 화합물에 대한 화학양론농도〉

$$화학양론\ 농도(C_{st}) = \frac{1}{1 + 4.773 \times O_2} \times 100$$

(예문) 공기 중에서 A가스의 폭발하한계는 2.2vol%이다. 이 폭발하한계 값을 기준으로 하여 표준 상태에서 A가스와 공기의 혼합기체 1m³에 함유되어 있는 A가스의 질량을 구하면 약 몇 g인가? (단, A가스의 분자량은 26이다.)
① 19.02   ② 25.54
③ 29.02   ④ 35.54

(풀이 1) 표준 상태에서 A가스와 공기의 혼합기체 1m³에 함유되어 있는 A가스의 질량

① 폭발하한계가 2.2vol%인 A가스의 1m³(=1,000ℓ)에서의 부피(*1m³=1,000ℓ)
1,000ℓ × 2.2vol% = 22ℓ

② 표준상태: 0℃, 1기압상태 (기체 1몰의 부피 22.4ℓ)
분자량 = 밀도 × 22.4ℓ
= (질량/부피) × 22.4ℓ
(* 밀도는 물질의 질량을 부피로 나눈 값)

⇨ 질량
= (분자량 × 부피)/22.4ℓ
= (26 × 22)/22.4
= 25.54g

(풀이 2)
② 표준 상태: 0℃, 1기압 상태(기체 1몰의 부피 22.4ℓ)
분자량은 부피 22.4ℓ에서의 질량으로 A가스의 질량은 26g
(A가스의 분자량은 26)

⇨ 따라서 표준 상태에서 부피 22.4ℓ에 질량은 26g이므로 22ℓ에서 질량 x를 구함.

$\frac{26}{22.4} = \frac{x}{22}$ ⇨
$x = \frac{26 \times 22}{22.4} = 25.54g$

⇨ 정답: ②

① 산소농도(O_2)(산소의 몰수) [$C_nH_mO_\lambda Cl_f$ 분자식 → n : 탄소의 원자 수, m : 수소의 원자 수, f : 할로겐원소의 원자 수, λ : 산소의 원자 수]

$$= n + \frac{m-f-2\lambda}{4}$$

예 C_3H_8(프로판) → 산소농도(O_2) $= n + \frac{m-f-2\lambda}{4} = 3 + (8/4) = 5$

(C_3H_8 : $n=3$, $m=8$, $f=0$, $\lambda=0$)

* $C_3H_8 + 5O_2 \rightarrow 3CO_2 + 4H_2O$

② 최소산소농도(MOC, C_m) (= 산소농도×폭발하한계) [단위 : vol%]

$$C_m = \frac{산소농도(mol수)}{연료(연소가스)의\ mol수} \times 폭발하한계(\%)$$

예문 프로판(C_3H_8)의 연소에 필요한 최소 산소농도의 값은? (단, 프로판의 폭발하한은 Jone식에 의해 추산한다.)

① 8.1%v/v   ② 11.1%v/v   ③ 15.1%v/v   ④ 20.1%v/v

해설 최소산소농도 = 산소농도×폭발하한계 = 5×2.21 = 11.05 = 11.1%v/v

① 폭발하한계(LFL) = 0.55×C_{st} = 0.55×4.02 = 2.21 vol%
  {C_{st} : 완전연소가 일어나기 위한 연료와 공기의 혼합기체중 연료의 부피(%)}

② 화학양론 농도(C_{st}) = $\frac{1}{1+4.773\,O_2} \times 100$ = 100/(1+4.773×5) = 4.02%

③ 산소농도(O_2) = $n + \frac{m-f-2\lambda}{4}$ = 3+(8/4) = 5

(C_3H_8 : n=3, m=8, f=0, λ=0)
(* $C_nH_mO_\lambda Cl_f$ 분자식 → n : 탄소의 원자 수, m : 수소의 원자 수, f : 할로겐원소의 원자 수, λ : 산소의 원자 수)
* $C_3H_8 + 5O_2 \rightarrow 3CO_2 + 4H_2O$

⇨ 정답 ②

폭발 범위
① 부탄(C_4H_{10})
  : 1.8~8.4%
② 톨루엔($C_6H_5CH_3$)
  : 1.3~6.7%

(바) 폭발 범위

구분	폭발하한계(vol%)	폭발상한계(vol%)	비고
수소(H_2)	4.0	75	
프로판(C_3H_8)	2.1	9.5	
메탄(CH_4)	5.0	15	
일산화탄소(CO)	12.5	74	
이황화탄소(CS_2)	1.3	41	
아세틸렌(C_2H_2)	2.5	81	
에탄(C_2H_6)	3.0	12.4	
벤젠(C_6H_6)	1.4	6.7	
아세톤(H_3COCH_3)	2.6	12.8	
디에틸에테르($C_2H_5OC_2H_5$)	1.9	48	

※ 화학반응 기초법칙 문제 등

예문 1. 단열반응기에서 100°F, 1atm의 수소가스를 압축하는 반응기를 설계할 때 안전하게 조업할 수 있는 최대압력은 약 몇 atm인가? (단, 수소의 자동발화온도는 1075°F이고, 수소는 이상 기체로 가정하고, 비열비(r)는 1.4이다.)

① 14.62　　② 24.23　　③ 34.10　　④ 44.62

해설 단열변화 : 외부와의 열출입 없이 기체가 팽창 또는 수축하는 것
- 단열팽창 : 공기가 상승하면, 기압이 낮아지므로 부피가 팽창함(온도하강)
- 단열압축 : 공기가 하강하면, 기압이 높아지므로 부피가 압축됨(온도상승)

$$\frac{T_2}{T_1} = \left(\frac{V_1}{V_2}\right)^{r-1} = \left(\frac{P_2}{P_1}\right)^{\frac{r-1}{r}}$$ [T: 절대온도(K), V: 부피(l), P: 압력(atm), r: 비열비]

$$\Rightarrow P_2 = P_1 \times \left(\frac{T_2}{T_1}\right)^{\frac{r}{r-1}} = 1 \times \left(\frac{852.44}{310.77}\right)^{\frac{1.4}{1.4-1}} = 34.1 atm$$

① 100°F → 절대온도　$T_1 = 5/9(100-32) + 273 = 310.77K$
② 1075°F → 절대온도　$T_2 = 5/9(1075-32) + 273 = 852.44K$
* 화씨온도(°F) → 섭씨온도(°C) : °C = 5/9(°F − 32)
  섭씨온도(°C) → 절대온도(K) : K = °C + 273
* 절대온도(K) : 절대 영도에 기초를 둔 온도의 측정단위를 말한다. 단위는 K이다. 섭씨온도와 관계는 섭씨온도에 273을 더하면 된다.

➪ 정답 ③

예문 2. 공기 중에서 이황화탄소(CS_2)의 폭발한계는 하한값이 1.25vol%, 상한값이 44vol%이다. 이를 20°C 대기압하에서 mg/L의 단위로 환산하면 하한값과 상한값은 각각 약 얼마인가? (단, 이황화탄소의 분자량은 76.1이다.)

① 하한값 : 61, 상한값 : 640
② 하한값 : 39.6, 상한값 : 1,395.2
③ 하한값 : 146, 상한값 : 860
④ 하한값 : 55.4, 상한값 : 1,641.8

해설 20°C 대기압하에서 mg/L의 단위로 환산하면 하한값과 상한값

샤를의 법칙 $\frac{V_1}{T_1} = \frac{V_2}{T_2}$ [T: 절대온도(K), V: 부피(L)]

① $V_1 = 22.4$ (0°C, 1기압에서 기체 1몰의 부피 : 22.4L)
② $V_2 = T_2/T_1 \times V_1 = (293/273) \times 22.4 = 24$ ($T_1 = 0 + 273$, $T_2 = 20 + 273$)

절대온도(K) : K = °C + 273
(* 절대온도(K) : 절대 영도에 기초를 둔 온도의 측정단위를 말한다. 단위는 K이다. 섭씨온도와 관계는 섭씨온도에 273을 더하면 된다.)

① 하한값(mg/L) = {(체적%×분자량)/V_2}×10 = {(1.25×76.1)/24}×10 = 39.6
② 상한값(mg/L) = {(체적%×분자량)/V_2}×10 = {(44×76.1)/24}×10 = 1,395.2

➪ 정답 ②

예문 3. 대기압에서 물의 엔탈피가 1kcal/kg이었던 것이 가압하여 1.45kcal/kg을 나타내었다면 flash율은 얼마인가? (단, 물의 기화열은 540cal/g이라고 가정한다.)

① 0.00083 ② 0.0083
③ 0.0015 ④ 0.015

해설 flash율 : 엔탈피의 변화에 따른 액체의 기화율
flash율 = {가압하의 엔탈피(e1) − 대기압하의 엔탈피(e2)}/기화열
= (1.45 − 1)/540 = 0.00083(*kcal/kg = cal/g)
* 엔탈피(enthalpy) : 엔탈피란 물질이 가지고 있는 고유한 총에너지 함량으로 H로 표시. 반응 전후의 온도를 같게 하기 위하여 계가 흡수하거나 방출하는 열(에너지)을 의미
➡ 정답 ①

예문 4. 25℃ 액화프로판가스 용기에 10kg의 LPG가 들어있다. 용기가 파열되어 대기압으로 되었다고 한다. 파열되는 순간 증발되는 프로판의 질량은 약 얼마인가? (단, LPG의 비열은 2.4kJ/kg·℃이고, 표준비점은 −42.2℃ 증발잠열은 384.2kJ/kg이라고 한다.)

① 0.42kg ② 0.52kg
③ 4.20kg ④ 7.62kg

해설 액화가스의 기화량(증발되는 액화가스의 질량) : 액화가스가 대기 중으로 방출될 때 기화되는 양
기화량(kg) = 액화가스질량(충전질량, kg)×비열(kJ/kg)/증발잠열(kJ/kg)×{외기온도(℃) − 비점(℃)}
= 10×(2.4/384.2)×{25 − (−42.2)} = 4.197 ≒ 4.20kg
➡ 정답 ③

예문 5. 열교환탱크 외부를 두께 0.2m의 단열재(열전도율 k=0.037kcal/m·h·℃)로 보온하였더니 단열재 내면은 40℃, 외면은 20℃이었다. 면적 1m²당 1시간에 손실되는 열량(kcal)은?

① 0.0037 ② 0.037
③ 1.37 ④ 3.7

해설 열전도량(q) : 단열에서는 벽체를 통해 전달되는 단위면적당 열전도량(q)이 중요함. 열전도량(q)은 양쪽 표면의 온도차($t_1 - t_2$)에 비례하고 재료의 두께(d)에 반비례하며, 열전도율(λ)이 작을수록 단열 성능이 좋은 것이고 전달되는 열전도량도 작아짐

$$열전도량(q) = \frac{\lambda(t_1 - t_2)}{d} = \frac{0.037 \times (40 - 20)}{0.2} = 3.7 \text{kcal}$$

($t_1 - t_2$: 양쪽 표면의 온도차, d : 두께, λ : 열전도율)
* 열전도율 : 두께 1m, 면적 1m²인 재료의 양쪽 표면이 1℃의 온도차가 있을 때 1시간 동안 전달된 열량으로 측정(단위 : kcal/mh℃)
➡ 정답 ④

CHAPTER 02 항목별 우선순위 문제 및 해설

01 폭발 범위에 관한 설명으로 옳은 것은?
① 공기밀도에 대한 폭발성 가스 및 증기의 폭발가능 밀도 범위
② 가연성 액체의 액면 근방에 생기는 증기가 착화할 수 있는 온도 범위
③ 폭발화염이 내부에서 외부로 전파될 수 있는 용기의 틈새 간격 범위
④ 가연성 가스와 공기와의 혼합가스에 점화원을 주었을 때 폭발이 일어나는 혼합가스의 농도 범위

해설 연소 범위(폭발 범위) : 공기 중에 가연성 가스가 일정 범위 이내로 함유되었을 경우에만 연소가 가능함. 이것은 물질의 고유한 특성으로서 연소 범위 또는 폭발 범위라고 함

02 최소 점화에너지(MIE)와 온도, 압력의 관계를 옳게 설명한 것은?
① 압력, 온도에 모두 비례한다.
② 압력, 온도에 모두 반비례한다.
③ 압력에 비례하고, 온도에 반비례한다.
④ 압력에 반비례하고, 온도에 비례한다.

해설 최소발화(점화, 착화)에너지와 온도, 압력 관계
① 온도가 상승하면 MIE는 낮아진다.
② 압력이 상승하면 MIE는 낮아진다.

03 다음 중 가연성 가스가 밀폐된 용기 안에서 폭발할 때 최대폭발압력에 영향을 주는 인자로 볼 수 없는 것은?
① 가연성 가스의 농도
② 가연성 가스의 초기 온도
③ 가연성 가스의 유속
④ 가연성 가스의 초기 압력

해설 가연성 가스가 밀폐된 용기 안에서 폭발할 때 최대폭발압력(Pm)에 영향을 주는 인자
① 가연성 가스의 농도 : 농도 증가에 따라 최대폭발압력은 증가
② 가연성 가스의 초기온도 : 초기온도 증가에 따라 최대폭발압력은 감소
③ 가연성 가스의 초기압력 : 초기압력이 상승할수록 최대폭발압력은 증가

04 다음 중 중합폭발의 유해위험요인(hazard)이 있는 것은?
① 아세틸렌 ② 시안화수소
③ 산화에틸렌 ④ 염소산칼륨

해설 화학적 폭발 : 화학반응으로 분자구조가 변화되는 과정에서 폭발이 발생하는 것
① 산화폭발 : 가연성 가스와 공기, 산소, 염소 등의 산화제와 혼합하여 산화 반응을 일으켜 폭발하는 것
② 분해폭발 : 아세틸렌(C_2H_2), 산화에틸렌과 같은 분해성 가스와 디아조 화합물과 같은 자기 분해성 고체가 분해하여 폭발하는 것
③ 중합폭발 : 산화에틸렌, 시안화수소(HCN), 염화비닐, 초산비닐, 부타디엔 등과 같이 중합하기 쉬운 물질이 중합하여 생성되는 중합열에 의한 폭발

05 비점이나 인화점이 낮은 액체가 들어 있는 용기 주위에 화재 등으로 인하여 가열되면, 내부의 비등현상으로 인한 압력 상승으로 용기의 벽면이 파열되면서 그 내용물이 폭발적으로 증발, 팽창하면서 폭발을 일으키는 현상을 무엇이라 하는가?
① BLEVE
② UVCE
③ 개방계 폭발
④ 밀폐계 폭발

정답 01.④ 02.② 03.③ 04.②,③ 05.①

해설 비등액 팽창증기폭발(BLEVE: Boiling Liquid Expanded Vapor Explosion)
BLEVE는 비점 이상의 압력으로 유지되는 액체가 들어 있는 탱크가 파열될 때 일어나며 용기가 파열되면 탱크 내용물 중의 상당비율이 폭발적으로 증발하게 됨.

06 안전설계의 기초에 있어 기상폭발대책을 예방대책, 긴급대책, 방호대책으로 나눌 때 다음 중 방호대책과 가장 관계가 깊은 것은?

① 경보
② 발화의 저지
③ 방폭벽과 안전거리
④ 가연조건의 성립저지

해설 폭발방호(explosion protection)대책
① 폭발봉쇄(containment)
② 폭발억제(suppression)
③ 폭발방산(venting)
④ 불꽃방지기(flame arrestor)
⑤ 차단(isolation)
⑥ 안전거리

07 다음 중 분해 폭발하는 가스의 폭발장치를 위하여 첨가하는 불활성 가스로 가장 적합한 것은?

① 산소
② 질소
③ 수소
④ 프로판

해설 불활성 가스
질소(N_2), 이산화탄소(CO_2), 헬륨(He), 네온(Ne), 아르곤(Ar), 크립톤(Kr), 제논(크세논 Xe), 라돈(Rn), 오산화인(P_2O_5), 삼산화황(SO_3), 프레온 등

08 산업안전보건법상 인화성 액체를 수시로 사용하는 밀폐된 공간에서 해당 가스 등으로 폭발위험 분위기가 조성되지 않도록 하기 위해서는 해당 물질의 공기 중 농도는 인화하한계값의 얼마를 넘지 않도록 하여야 하는가?

① 10%
② 15%
③ 20%
④ 25%

해설 제231조(인화성 액체 등을 수시로 취급하는 장소)
② 수시로 밀폐된 공간에서 스프레이 건을 사용하여 인화성 액체로 세척·도장 등의 작업을 하는 경우의 조치사항
1. 인화성 액체, 인화성 가스 등으로 폭발위험 분위기가 조성되지 않도록 해당 물질의 공기 중 농도가 인화하한계값의 25퍼센트를 넘지 않도록 충분히 환기를 유지할 것

09 분진폭발의 특징에 관한 설명으로 옳은 것은?

① 가스폭발보다 발생에너지가 작다.
② 폭발압력과 연소속도는 가스폭발보다 크다.
③ 화염의 파급속도보다 압력의 파급속도가 크다.
④ 불완전연소로 인한 가스중독의 위험성은 적다.

해설 분진폭발의 특징
① 가스폭발에 비해 연소속도나 폭발압력은 작으나 연소시간이 길고 발생 에너지가 크기 때문에 파괴력과 연소 정도가 크다.
② 가스폭발에 비하여 불완전 연소를 일으키기 쉬우므로 연소 후 가스에 의한 중독 위험이 있다.
③ 화염의 파급속도보다 압력의 파급속도가 크다.

10 산업안전보건법상 다음 내용에 해당하는 폭발위험장소는?

> 20종 장소 외의 장소로서, 분진운 형태의 가연성 분진이 폭발농도를 형성할 정도의 충분한 양이 정상작동 중에 존재할 수 있는 장소

① 0종 장소
② 1종 장소
③ 21종 장소
④ 22종 장소

정답 06. ③ 07. ② 08. ④ 09. ③ 10. ③

해설 분진폭발위험장소

분류	적요
20종 장소	공기 중에 가연성 분진운의 형태가 연속적으로 장기간 존재하거나, 단기간 내에 폭발성 분진분위기가 자주 존재하는 장소
21종 장소	공기 중에 가연성 분진운의 형태가 정상 작동 중 빈번하게 폭발성 분진분위기를 형성할 수 있는 장소
22종 장소	공기 중에 가연성 분진운의 형태가 정상작동 중 폭발성 분진분위기를 거의 형성하지 않고, 발생한다 하더라도 단기간만 지속되는 장소

11. 다음 중 분진 폭발의 발생 위험성을 낮추는 방법으로 적절하지 않은 것은?

① 주변의 점화원을 제거한다.
② 분진이 날리지 않도록 한다.
③ 분진과 그 주변의 온도를 낮춘다.
④ 분진 입자의 표면적을 크게 한다.

해설 분진폭발에 대한 안전대책
① 분진생성 방지
② 발화원 제거
③ 2차 폭발방지
④ 불활성 물질 첨가 : 시멘트분, 석회, 모래, 질석 등 돌가루
⑤ 수분 함량 증가
⑥ 분진의 입경(입자)을 크게 함.
⑦ 분진 입자의 표면적을 작게 함(원형에 가깝게 함).
⑧ 분진과 그 주변의 온도를 낮춘다.

12. 다음 가스 중 위험도가 가장 큰 것은?

① 수소   ② 아세틸렌
③ 프로판   ④ 암모니아

해설 위험도 : 기체의 폭발위험 수준을 나타냄.

$H = \dfrac{U-L}{L}$

[H : 위험도, L : 폭발하한계 값(%), U : 폭발상한계 값(%)]

① 수소 위험도 = (75 − 4.0)/4.0 = 17.75
② 아세틸렌 위험도 = (81 − 2.5)/2.5 = 31.4
③ 프로판 위험도 = (9.5 − 2.1)/2.1 = 3.52
④ 암모니아 위험도 = (27 − 15.5)/15.5 = 0.74

구분	폭발하한값	폭발상한값
수소(H_2)	4.0vol%	75.0vol%
아세틸렌(C_2H_2)	2.5vol%	81.0vol%
프로판(C_3H_8)	2.1vol%	9.5vol%
암모니아(NH_3)	15.5vol%	27.0vol%

13. 부피조성이 메탄 65%, 에탄 20%, 프로판 15%인 혼합가스의 공기 중 폭발하한계는 약 몇 vol%인가? (단, 메탄, 에탄, 프로판의 폭발하한계는 각각 5.0vol%, 3.0vol%, 2.1vol%이다.)

① 63   ② 3.73
③ 4.83   ④ 5.93

해설 혼합가스의 폭발하한계 값(vol%)(르 샤틀리에(Le Chatelier) 법칙)
〈순수한 혼합가스일 경우〉

$$L = \dfrac{100}{\dfrac{V_1}{L_1} + \dfrac{V_2}{L_2} + \cdots + \dfrac{V_n}{L_n}}$$

= 100/(65/5+20/3+15/2.1)=3.73vol%

L : 혼합가스의 폭발한계(%) − 폭발상한, 폭발하한 모두 적용 가능
$L_1 + L_2 + \cdots + L_n$: 각 성분가스의 폭발한계(%) − 폭발상한계, 폭발하한계
$V_1 + V_2 + \cdots + V_n$: 전체 혼합가스 중 각 성분가스의 비율(%) − 부피비

정답 11. ④ 12. ② 13. ②

Chapter 03 화학물질 안전관리 실행

1. 위험물, 유해화학물질 확인

가 위험물, 유해화학물질분류 및 관련법령

산업안전보건법 분류	관련법령에 의한 분류	관련법령
폭발성 물질 및 유기과산화물	화학류	총포도검 화약류 단속법
	자기반응성 물질: 5류	위험물안전관리법
물반응성 물질 및 인화성 고체	자연발화성 물질 및 금수성 물질: 3류	
	가연성 고체: 2류	
산화성 액체 및 산화성 고체	산화성 고체: 1류	
	산화성 액체: 6류	
인화성 액체	인화성 액체: 4류	
부식성 물질	산화성 액체: 6류	
인화성 가스	가연성 가스	고압가스안전관리법
급성 독성 물질	독성 가스	
	유독물	유해화학물질관리법

나 위험물질의 종류

(1) 〈산업안전보건기준에 관한 규칙〉

　[별표 1] 위험물질의 종류
　1. 폭발성 물질 및 유기과산화물
　　가. 질산에스테르류
　　나. 니트로화합물
　　다. 니트로소화합물
　　라. 아조화합물
　　마. 디아조화합물
　　바. 하이드라진 유도체
　　사. 유기과산화물

아. 그 밖에 가목부터 사목까지의 물질과 같은 정도의 폭발 위험이 있는 물질
자. 가목부터 아목까지의 물질을 함유한 물질

2. 물반응성 물질 및 인화성 고체
   가. 리튬
   나. 칼륨·나트륨
   다. 황
   라. 황린
   마. 황화인·적린
   바. 셀룰로이드류
   사. 알킬알루미늄·알킬리튬
   아. 마그네슘 분말
   자. 금속 분말(마그네슘 분말은 제외한다)
   차. 알칼리금속(리튬·칼륨 및 나트륨은 제외한다)
   카. 유기 금속화합물(알킬알루미늄 및 알킬리튬은 제외한다)
   타. 금속의 수소화물
   파. 금속의 인화물
   하. 칼슘 탄화물, 알루미늄 탄화물
   거. 그 밖에 가목부터 하목까지의 물질과 같은 정도의 발화성 또는 인화성이 있는 물질
   너. 가목부터 거목까지의 물질을 함유한 물질

3. 산화성 액체 및 산화성 고체
   가. 차아염소산 및 그 염류
   나. 아염소산 및 그 염류
   다. 염소산 및 그 염류
   라. 과염소산 및 그 염류
   마. 브롬산 및 그 염류
   바. 요오드산 및 그 염류
   사. 과산화수소 및 무기 과산화물
   아. 질산 및 그 염류
   자. 과망간산 및 그 염류
   차. 중크롬산 및 그 염류
   카. 그 밖에 가목부터 차목까지의 물질과 같은 정도의 산화성이 있는 물질
   타. 가목부터 카목까지의 물질을 함유한 물질

메탄올(CH₃OH)
무색투명한 액체로 비중은 0.79이고 물에 잘 녹으며 금속나트륨과 반응하여 수소를 발생한다.

인화성 가스 〈산업안전보건법 시행령 [별표 13]〉
"인화성 가스"란 인화한계 농도의 최저한도가 13% 이하 또는 최고한도와 최저한도의 차가 12% 이상인 것으로서 표준압력 1기압(101.3kPa), 20℃에서 가스 상태인 물질을 말한다.

수소(H)
공기보다 가볍고, 지구상에서 가장 가벼운 원소로 무색·무미·무취의 기체

경구(經口)
입을 통하여 약물 투입

반수 치사량
엘디50(LD50: lethal dose 50% – median lethal dose)

반수 치사농도
엘시50(LC50: lethal concentration 50% – median lethal concentration)

---

4. 인화성 액체
   가. 에틸에테르, 가솔린, 아세트알데히드, 산화프로필렌, 그 밖에 인화점이 섭씨 23도 미만이고 초기 끓는점이 섭씨 35도 이하인 물질
   나. 노르말헥산, 아세톤, 메틸에틸케톤, 메틸알코올, 에틸알코올, 이황화탄소, 그 밖에 인화점이 섭씨 23도 미만이고 초기 끓는점이 섭씨 35도를 초과하는 물질
   다. 크실렌, 아세트산아밀, 등유, 경유, 테레핀유, 이소아밀알코올, 아세트산, 하이드라진, 그 밖에 인화점이 섭씨 23도 이상 섭씨 60도 이하인 물질

5. 인화성 가스
   가. 수소
   나. 아세틸렌
   다. 에틸렌
   라. 메탄
   마. 에탄
   바. 프로판
   사. 부탄
   아. 〈산업안전보건법 시행령 [별표 13]〉에 따른 인화성 가스

6. 부식성 물질
   가. 부식성 산류
      (1) 농도가 20퍼센트 이상인 염산, 황산, 질산, 그 밖에 이와 같은 정도 이상의 부식성을 가지는 물질
      (2) 농도가 60퍼센트 이상인 인산, 아세트산, 불산, 그 밖에 이와 같은 정도 이상의 부식성을 가지는 물질
   나. 부식성 염기류
      농도가 40퍼센트 이상인 수산화나트륨, 수산화칼륨, 그 밖에 이와 같은 정도 이상의 부식성을 가지는 염기류

7. 급성 독성 물질
   가. 쥐에 대한 경구투입실험에 의하여 실험동물의 50퍼센트를 사망시킬 수 있는 물질의 양, 즉 LD50(경구, 쥐)이 킬로그램당 300밀리그램–(체중) 이하인 화학물질
   나. 쥐 또는 토끼에 대한 경피흡수실험에 의하여 실험동물의 50퍼센트를 사망시킬 수 있는 물질의 양, 즉 LD50(경피, 토끼 또는 쥐)이 킬로그램당 1000밀리그램 –(체중) 이하인 화학물질
   다. 쥐에 대한 4시간 동안의 흡입실험에 의하여 실험동물의 50퍼센트를 사망시킬 수 있는 물질의 농도, 즉 가스 LC50(쥐, 4시간 흡입)이

2500ppm 이하인 화학물질, 증기 LC50(쥐, 4시간 흡입)이 10mg/ℓ 이하인 화학물질, 분진 또는 미스트 1mg/ℓ 이하인 화학물질

(2) 〈위험물안전관리법 시행령〉

[별표 1] 위험물

유별	성질	품명	비고
제1류	산화성 고체	1. 아염소산염류	
		2. 염소산염류	
		3. 과염소산염류	
		4. 무기과산화물	
		5. 브롬산염류	
		6. 질산염류	
		7. 요오드산염류	
		8. 과망간산염류	
		9. 중크롬산염류	
		10. 그 밖에 행안부령으로 정하는 것	
		11. 제1호 내지 제10호의 1에 해당하는 어느 하나 이상을 함유한 것	
제2류	가연성 고체	1. 황화린	
		2. 적린	
		3. 유황	
		4. 철분	
		5. 금속분	
		6. 마그네슘	
		7. 그 밖에 행안부령으로 정하는 것	
		8. 제1호 내지 제7호의 1에 해당하는 어느 하나 이상을 함유한 것	
		9. 인화성 고체	
제3류	자연 발화성 물질 및 금수성 물질	1. 칼륨	
		2. 나트륨	
		3. 알킬알루미늄	
		4. 알킬리튬	
		5. 황린	
		6. 알칼리금속(칼륨 및 나트륨을 제외한다) 및 알칼리토금속	
		7. 유기금속화합물(알킬알루미늄 및 알킬리튬을 제외한다.)	

과염소산염류: 과염소산칼륨, 과염소산나트륨, 과염소산암모늄

과염소산($HClO_4$): 흡습성이 매우 강한 무색의 액체이고 강한 산(酸)이다. 물과 혼합하면 다량의 열을 발생한다.
- 불연성이지만 다른 물질의 연소를 돕는 산화성 액체 물질에 해당

염소산나트륨($NaClO_3$): 물에 쉽게 용해되며 300℃ 이상 가열하면 산소와 염화나트륨으로 분해한다. 약간 흡습성이 있으며, 물 알코올에는 녹고 산성 수용액에서는 강한 산화작용을 보인다.

아세트알데히드(C_2H_4O): 아세트알데히드는 0℃ 이하의 온도에서도 인화할 수 있다. 휘발성이 강한 무색 액체로, 자극적인 냄새가 난다.

위험물			비고
유별	성질	품명	
		8. 금속의 수소화물	
		9. 금속의 인화물	
		10. 칼슘 또는 알루미늄의 탄화물	
		11. 그 밖에 행안부령으로 정하는 것	
		12. 제1호 내지 제11호의 1에 해당하는 어느 하나 이상을 함유한 것	
제4류	인화성 액체	1. 특수인화물	
		2. 제1석유류 — 비수용성액체 / 수용성액체	
		3. 알코올류	
		4. 제2석유류 — 비수용성액체 / 수용성액체	
		5. 제3석유류 — 비수용성액체 / 수용성액체	
		6. 제4석유류	
		7. 동식물유류	
제5류	자기 반응성 물질	1. 유기과산화물	
		2. 질산에스테르류	
		3. 니트로화합물	
		4. 니트로소화합물	
		5. 아조화합물	
		6. 디아조화합물	
		7. 히드라진 유도체	
		8. 히드록실아민	
		9. 히드록실아민염류	
		10. 그 밖에 행안부령으로 정하는 것	
		11. 제1호 내지 제10호의 1에 해당하는 어느 하나 이상을 함유한 것	
제6류	산화성 액체	1. 과염소산	
		2. 과산화수소	
		3. 질산	
		4. 그 밖에 행안부령으로 정하는 것	
		5. 제1호 내지 제4호의 1에 해당하는 어느 하나 이상을 함유한 것	

(3) 〈고압가스안전관리법 시행규칙〉

<u>제2조(정의)</u>

1. <u>가연성 가스</u> : 아크릴로니트릴 · 아크릴알데히드 · 아세트알데히드 · 아세틸렌 · 암모니아 · 수소 · 황화수소 · 시안화수소 · 일산화탄소 · 이황화탄소 · 메탄 · 염화메탄 · 브롬화메탄 · 에탄 · 염화에탄 · 염화비닐 · 에틸렌 · 산화에틸렌 · 프로판 · 시클로프로판 · 프로필렌 · 산화프로필렌 · 부탄 · 부타디엔 · 부틸렌 · 메틸에테르 · 모노메틸아민 · 디메틸아민 · 트리메틸아민 · 에틸아민 · 벤젠 · 에틸벤젠 및 그 밖에 공기 중에서 연소하는 가스로서 폭발한계(공기와 혼합된 경우 연소를 일으킬 수 있는 공기 중의 가스 농도의 한계)의 하한이 10퍼센트 이하인 것과 폭발한계의 상한과 하한의 차가 20퍼센트 이상인 것

2. <u>독성 가스</u> : 아크릴로니트릴 · 아크릴알데히드 · 아황산가스 · 암모니아 · 일산화탄소 · 이황화탄소 · 불소 · 염소 · 브롬화메탄 · 염화메탄 · 염화프렌 · 산화에틸렌 · 시안화수소 · 황화수소 · 모노메틸아민 · 디메틸아민 · 트리메틸아민 · 벤젠 · 포스겐 · 요오드화수소 · 브롬화수소 · 염화수소 · 불화수소 · 겨자가스 · 알진 · 모노실란 · 디실란 · 디보레인 · 세렌화수소 · 포스핀 · 모노게르만 및 그 밖에 공기 중에 일정량 이상 존재하는 경우 인체에 유해한 독성을 가진 가스로서 허용농도(해당 가스를 성숙한 흰쥐 집단에게 대기 중에서 1시간 동안 계속하여 노출시킨 경우 14일 이내에 그 흰쥐의 2분의 1 이상이 죽게 되는 가스의 농도)가 100만분의 5000 이하인 것

3. <u>액화가스</u> : 가압(加壓) · 냉각 등의 방법에 의하여 액체 상태로 되어 있는 것으로서 대기압에서의 끓는점이 섭씨 40도 이하 또는 상용 온도 이하인 것

4. <u>압축가스</u> : 일정한 압력에 의하여 압축되어 있는 가스

> 불연성 가스: 질소, 아르곤, 탄산가스(이산화탄소) 등으로 스스로 연소하지 못하고 다른 물질을 연소시키는 성질도 갖지 않는 가스

참고

* 압축가스 : 보통 상온에서 액화하지 않을 정도로 압축한 고압가스. 압력 10kg/cm^2(35℃) 이상의 가스
  – 산소, 수소, 질소, 아르곤, 메탄 등
  (* 가스의 상태에 따른 구분 : 압축가스, 액화가스(LNG, LPG 등), 용해가스(용해아세틸렌))
* 가연성 가스이며 독성 가스 : 일산화탄소, 염화메탄, 브롬화메탄, 산화에틸렌, 시안화수소 등

* 일산화탄소(CO)
  ① 무색·무취의 기체이다.
  ② 염소와는 촉매 존재하에 반응하여 포스겐이 된다.
  ③ 인체 내의 헤모글로빈과 결합하여 산소운반 기능을 저하시킨다(잠수병, 잠함병).
  ④ 가연성 가스이며 독성 가스이다.
* 시안화수소(HCN: 청산가스) : 극소량을 흡입해도 호흡계에 치명적인 영향을 줌
  – 우레탄 단열재 – 화재 – 시안화수소가스 발생 – 질식
* 아산화질소(N_2O) : 일반적으로는 질산암모늄(NH_4NO_3)의 가열, 분해로부터 생성되는 무색의 가스로 일명 웃음 가스
  – 감미로운 향기와 단맛을 가진 무색의 기체로, 흡입하면 얼굴 근육에 경련이 일어나 마치 웃는 것처럼 보여 웃음 가스(laughing gas)라고도 함. 의료용 마취제, 반도체 제조 등에 이용

습구흑구온도지수(WBGT)
: 실내외에서 활동하는 사람의 열적 스트레스를 나타내는 지수
① WB(Wet Bulb, 습온도) : 습도계로 측정된 온도
② GT(Globe Temperature, 흑구온도) : 지표면 복사온도
③ DB(Dry Bulb, 건구온도) : 일반적인 온도계의 온도

다 노출기준(화학물질 및 물리적 인자의 노출기준)

(1) 유해물질대상에 대한 노출기준의 표시단위〈화학물질 및 물리적 인자의 노출기준〉

제11조(표시단위)

① 가스 및 증기의 노출기준 표시단위는 피피엠(ppm) 또는 세제곱미터당 밀리그램(mg/m^3)을 사용한다.

② 분진 및 미스트 등 에어로졸(Aerosol)의 노출기준 표시단위는 세제곱미터당 밀리그램(mg/m^3)을 사용한다(석면 및 내화성세라믹섬유의 노출기준 표시단위는 세제곱센티미터당 개수(개/cm^3)를 사용한다).

③ 고온의 노출기준 표시단위는 습구흑구온도지수(WBGT)를 사용하며 다음의 식에 따라 산출한다.

  1. 태양광선이 내리쬐는 옥외 장소: WBGT(℃) = 0.7×자연습구온도 + 0.2×흑구온도 + 0.1×건구온도
  2. 태양광선이 내리쬐지 않는 옥내 또는 옥외 장소: WBGT(℃) = 0.7×자연습구온도 + 0.3×흑구온도

포스겐(Phosgen, $COCl_2$), 포스겐(Phosgene, CG)
무색이며 자극성 냄새가 있는 유독한 질식성 기체. 염화카르보닐이라고도 함. 흡입하면 최루(催淚)·재채기·호흡곤란등 급성증상을 나타내며, 수시간 후에 폐수종(肺水腫)을 일으켜 사망
• 포스겐가스 누출 검지(시험지법) : 하리슨시험지 [반응(변색): 심등색(오렌지색)]
(* 시험지법 : 시약을 흡수시킨 시험지의 변색으로 가스검지)

[표] 주요물질의 허용 농도

물질명	화학식	허용농도
포스겐	$COCl_2$	0.1ppm
염소	Cl_2	0.5ppm
황화수소	H_2S	10ppm
암모니아	NH_3	25ppm
일산화탄소	CO	30ppm

* 화재 시 발생하는 유해가스 중 가장 독성이 큰 것 : $COCl_2$(포스겐) – 허용농도 0.1ppm

(2) 단위 환산

예문 SO_2, 20ppm은 약 몇 g/m^3인가? (단, SO_2의 분자량은 64이고, 온도는 21℃, 압력은 1기압으로 한다.)

① 0.571   ② 0.531   ③ 0.0571   ④ 0.0531

해설 단위환산(ppm → mg/m^3)
mg/m^3 = ppm×(분자량/22.4) ← 표준상태: 0℃, 1기압상태(기체 1몰의 부피 22.4ℓ)

① 21℃, 1기압일 때로 변환
- ✽ 샤를의 법칙 $\dfrac{V_1}{T_1} = \dfrac{V_2}{T_2}$ [T: 절대온도(K), V: 부피(ℓ)]
  - ㉠ V_1 = 22.4ℓ(0℃, 1기압에서 기체 1몰의 부피: 22.4ℓ)
  - ㉡ $V_2 = (T_2/T_1) \times V_1$ = (294/273)×22.4 = 24.12ℓ ← (21℃, 1기압상태)
    (T_1 = 273 + 0℃ = 273℃, T_2 = 273 + 21℃ = 294℃)
- ✽ 절대온도(K): 절대 영도에 기초를 둔 온도의 측정단위를 말한다. 단위는 K이다. 섭씨온도와 관계는 섭씨온도에 273을 더하면 된다.
  [절대온도(K): K = 섭씨온도(℃) + 273]

② 21℃, 1기압에서의 공기 중 이산화황(SO_2)의 허용농도 20ppm를 mg/m^3의 단위로 환산
mg/m^3 = ppm×(분자량/24.12)
      = 20ppm×(64/24.12) = 53.1mg/m^3 = 0.0531g/m^3

- ✽ 이산화황(SO_2)의 분자량 = 64
  - 분자량은 분자를 구성하는 모든 원자의 원자량의 합:
    원자 A, B로 구성된 분자의 분자량 = {(A의 원자량)×(A의 원자 수)} + {(B의 원자량)×(B의 원자 수)}
    [$SO_2 \rightarrow (32 \times 1) + (16 \times 2) = 64$]

➾ 정답 ④

(3) 유독물의 종류와 성상

구분	성상	입자의 크기
흄(fume)	금속의 증기가 공기 중에서 응고되어, 화학변화를 일으켜 고체의 미립자로 되어 공기 중에 부유하는 것	0.01~1㎛
스모크(smoke)	유기물의 불완전연소에 의해 생긴 미립자	0.01~1㎛
미스트(mist)	액체의 미세한 입자(기름, 도료, 액상화학물질 등)가 공기 중에 부유하고 있는 것	0.1~100㎛
분진(dust)	연마, 파쇄, 폭발 등에 의해 발생된 광물, 곡물, 목재 등의 고체의 미립자가 공기 중에 부유하고 있는 것	0.01~500㎛
가스(gas)	상온, 상압(25℃, 1atm)상태에서 기체인 물질	분자상
증기(vapor)	상온, 상압(25℃, 1atm)상태에서 액체로부터 증발되는 기체	분자상

(4) 유해물질의 노출기준〈화학물질 및 물리적 인자의 노출기준〉

(가) 시간가중 평균 노출 기준(TWA: Time Weight Average)

매일 8시간씩 일하는 근로자에게 노출되어도 영향을 주지 않는 최고 평균 농도

[표] 화학물질의 노출기준〈화학물질 및 물리적 인자의 노출기준〉

유해물질의 명칭		화학식	노출기준			
			TWA		STEL	
국문표기	영문표기		ppm	mg/m³	ppm	mg/m³
톨루엔	Toluene	$C_6H_5CH_3$	50	188	150	560
니트로벤젠	Nitrobenzene	$C_6H_5NO_2$	1	5		
메탄올	Methanol	CH_3OH	200	260	250	310
불소	Fluorine	F_2	0.1	0.2		
암모니아	Ammonia	NH_3	25	18	35	27
에탄올	Ethanol	C_2H_5OH	1,000	1,900		
염소	Chlorine	Cl_2	0.5	1.5	1	3
황화수소	Hydrogen sulfide	H_2S	10	14	15	21
염화수소		HCl	1	1.5	2	3
이산화탄소		CO_2	5,000	9,000	30,000	54,000
일산화탄소		CO	30	34	200	220

유해물질의 명칭		화학식	노출기준			
			TWA		STEL	
국문표기	영문표기		ppm	mg/m³	ppm	mg/m³
포스겐		$COCl_2$	0.1	0.4	–	–
사염화탄소	Carbon tetrachloride	CCl_4	5	30		
아세톤	Acetone	CH_3COCH_3	500	1,188	750	1,782

Haber의 법칙
하버에 의한 유해물질의 농도(C)와 흡입 시간(t)의 곱은 일정하다는 규칙. 농도가 높으면 단시간 흡입해도 중독되지만, 농도가 낮으면 장시간 흡입해야 독성이 나타남.

$$k = C \times t$$

[C: 유해물질의 농도, t: 가스 노출 시간, k: 유해물질 지수(상수, constant)]

(나) **단시간노출기준**(STEL : Short Term Exposure Limit)

근로자가 1회에 15분 동안 유해요인에 노출되는 경우 기준

(다) **최고노출기준**(C : Ceiling)

근로자가 1일 작업시간 동안 잠시라도 노출되어서는 아니 되는 기준을 말하며, 노출기준 앞에 "C"를 붙여 표시

(라) **혼합물인 경우의 노출기준**(위험도, R)

<u>제6조(혼합물)</u>

① 화학물질이 2종 이상 혼재하는 경우에 혼재하는 물질 간에 유해성이 인체의 서로 다른 부위에 작용한다는 증거가 없는 한 유해작용은 가중되므로 노출기준은 다음 식에 따라 산출하되, 산출되는 수치가 1을 초과하지 아니하는 것으로 한다.

$$R = \frac{C_1}{T_1} + \frac{C_2}{T_2} + \cdots + \frac{C_n}{T_n}$$

C : 화학물질 각각의 측정치(*위험물질에서는 취급 또는 저장량)
T : 화학물질 각각의 노출기준(*위험물질에서는 규정수량)

② 제1항의 경우와는 달리 혼재하는 물질 간에 유해성이 인체의 서로 다른 부위에 유해작용을 하는 경우에 유해성이 각각 작용하므로 혼재하는 물질 중 어느 한 가지라도 노출기준을 넘는 경우 노출기준을 초과하는 것으로 한다.

⇨ 혼합물의 허용농도(TLV) = $\dfrac{C_1 + C_2 + \cdots + C_n}{R}$

> **TLV**(Threshold Limit Value, 허용농도)
>
> 유해물질을 함유하는 공기 중에서 작업자가 폭로되어도 건강 장해를 일으키지 않는 물질 농도이며 미국의 ACGIH(American Conference of Govermnental Industrial Hygienists)에는 1일 8시간, 주 40시간에 대한 시간 가중 평균농도(TWA)와 15분 이하의 단시간 폭로에 대한 농도(STEL)가 명시되어 있음.
> – 만성중독의 판정에 사용되는 지수 : ① TLV ② VHI ③ 중독지수

> **예문** 공기 중에 3ppm의 디메틸아민(demethylamine, TLV-TWA: 10ppm)과 20ppm의 시클로헥산올(cyclo hexanol, TLV-TWA: 50ppm)이 있고, 10ppm의 산화프로필렌(propyleneoxide, TLV-TWA: 20ppm)이 존재한다면 혼합 TLV-TWA는 몇 ppm인가?
> ① 12.5　　② 22.5　　③ 27.5　　④ 32.5
>
> **해설** 혼합물질의 TLV-TWA = $\Sigma f_i / \Sigma (f_i/TLV-TWA)$
> 　　　　　= (3 + 20 + 10) / (3/10 + 20/50 + 10/20)
> 　　　　　= 27.5ppm
> * TLV-TWA(Threshold Limit Value-Time Weighted Average) : 시간가중치로서 거의 모든 노동자가 1일 8시간 또는 주 40시간의 평상 작업에 있어서 악영향을 받지 않는다고 생각되는 농도로서 시간에 중점을 둔 유해물질의 평균 농도
>
> → 정답 ③

라 중금속의 유해성

(1) 카드뮴 중독 : 이타이이타이병

(2) 수은중독 : 미나마타병
- 수은 : 흡입 시 인체에 구내염과 혈뇨, 손 떨림 등의 증상을 일으키며 신경계를 대표적인 표적기관으로 하는 물질

(3) 크롬(Cr)화합물 중독 : 비중격천공증
- 크롬 : 3가와 6가의 화합물이 사용되고 있음(3가 크롬, 6가 크롬).
① 주로 크롬도금 공정에서 많이 사용 : 크롬도금은 물체의 표면에 녹슬지 않는 아름다운 광택을 부여하고 내마모성을 부여하기 위하여 실시
② 전기도금에 사용되는 크롬산 물질에 포함된 크롬의 산화수에 따라서 3가 크롬과 6가 크롬이 구분
③ 3가 크롬은 전착력 및 피복력이 우수하고 도금 공정이 단순하지만 도금액 가격이 비싼 반면 6가 크롬은 경제적으로 유리한 반면 전착력 및 피복력이 나쁘고 도금 공정이 복잡(지금까지는 도금액의 가격으로 인해 크롬 도금에는 주로 6가 크롬이 사용되었으나 최근 들어 금지되는 추세)
④ 3가 크롬은 인체에 해가 덜하나 6가 크롬은 대표적인 발암물질로서 인체에 매우 유해

> **용어**
> ① 이연성 : 타기 쉬운 성질
> ② 조연성 : 산소를 많이 함유하여 연소를 도와주는 성질
>   - 조연성 가스 : 지연성 가스라고도 하며 가스 자체는 연소하지 않고 다른 가연성 가스의 연소를 도와주거나 촉진시키는 가스
> ③ 금수성 : 물과의 접촉을 금지하여야 하는 성질

2. 위험물, 유해화학물질 유해 위험성 확인

가 위험물의 저장 및 취급방법

(1) 폭발성 물질

(가) 폭굉현상 : 폭굉현상은 혼합물질에만 한정되는 것이 아니고, 순수 물질에 있어서도 분해열이 폭굉을 일으키는 경우가 있음.
- 폭굉을 일으키는 순수물질
  ① 오존 ② 이산화질소(NO_2) ③ 히드라진 ④ 아조메탄 ⑤ 고압 아래서의 아세틸렌
* 폭굉(暴轟, Detonation) : 분해되는 물질에서 생겨난 충격파를 수반하여 발생하는 초음속의 열분해를 말함.

(나) 반응성 화학물질의 위험성의 평가하는 방법

반응성 화학물질의 위험성은 주로 실험에 의한 평가보다 문헌조사 등을 통해 계산에 의한 평가하는 방법이 사용됨.
① 위험성이 너무 커서 물성을 측정할 수 없는 경우 계산에 의한 평가 방법을 사용할 수도 있다.
② 연소열, 분해열, 폭발열 등의 크기에 의해 그 물질의 폭발 또는 발화의 위험예측이 가능하다.
③ 계산에 의한 평가를 하기 위해서는 폭발 또는 분해에 따른 생성물의 예측이 이루어져야 한다.
④ 계산에 의한 위험성 예측은 물질 변화에 따라 변할 수 있으므로 실험을 통해 더 정확한 값을 구한다.

(다) 니트로셀룰로우스(nitrocellulose, 질화면)
① 질화면(nitrocellulose)은 저장, 취급 중에는 에틸알코올 또는 이소프로필알코올로 습한 상태로 함 : 질화면은 건조 상태에서는 자연발열을 일으켜 분해 폭발의 위험이 존재하기 때문

과산화벤조일($C_{14}H_{10}O_4$) : 유기 과산화물의 하나
- 물에는 녹지 않지만, 에테르 등의 유기용제에는 잘 녹으며, 가열하면 분해하여 폭발하므로 위험. 피부염 치료제로 쓰이는 과산화수소 유도체이며 여드름치료에 사용하고 산화작용이 강하여 표백제로 사용된다.

- 니트로셀룰로우스는 건조한 상태에서 폭발하기 쉬우나 수분이 함유되면 폭발성이 없어짐. 수분을 첨가하여 저장함.
② 질산섬유소라고도 하며 셀룰로이드, 콜로디온에 이용 시 질화면이라 함.
③ 제조, 건조, 저장 중 충격과 마찰 등을 방지하여야 함(저장, 수송 시에는 알코올 등으로 습하게 하여서 취급) - 유기용제와의 접촉을 피함.
④ 자연발화 방지를 위하여 에탄올, 메탄올 등의 안전용제를 사용
⑤ 할로겐화합물 소화약제는 적응성이 없으며, 다량의 물로 냉각 소화함
  - 다량의 주수 소화 또는 마른모래(건조사)를 뿌리는 것이 적당하나, 연소 속도가 빨라 폭발의 위험이 있어 소화에 어려움.

(2) 산화성 물질

(가) 산화성물질의 성질 - 제1류 및 제6류 위험물

일반적으로 불연성 물질이며 다른 물질을 산화시킬 수 있는 산소를 다량으로 함유하고 있는 강산화제이다. 산화력이 강하며 가열 충격 및 다른 화학물질과의 접촉 등으로 인하여 격렬히 반응하는 고체 및 액체 물질이다.
- 산화성 물질과 가연물이 혼합할 경우 혼합위험성 물질이 되는 것은 산화성 물질이 가연성 물질과 혼합되어 있으면 산화·환원반응이 더욱 잘 일어나기 때문이다.

※ 산화·환원반응 : 산화(oxidation)는 분자, 원자 또는 이온이 산소를 얻거나 수소 또는 전자를 잃는 것이며 환원(reduction)은 분자, 원자 또는 이온이 산소를 잃거나 수소 또는 전자를 얻는 것을 말함.

(나) 산화성 액체의 성질(질산 등)
① 피부 및 의복을 부식시키는 성질이 있다.
② 불연성이지만 분자 내에 산소를 많이 함유하고 있어서 다른 물질의 연소를 돕는 조연성 물질이다.
③ 위험물 유출 시 건조사를 뿌리거나 중화제로 중화한다.
④ 물과 반응하면 발열반응을 일으키므로 물과의 접촉을 피한다.
⑤ 산화성 액체로 비중이 1보다 크며 물에 잘 녹는다.
⑥ 부식성이 강하며 증기는 유독하다
⑦ 가연물 및 분해를 촉진하는 약품과 접촉 시 분해 폭발한다.

(다) 저장·취급에 있어서 고려하여야 할 사항

조해성
대기 속에서 습기를 받아들여 녹는 현상(공기 중에 노출되어 있는 고체가 수분을 흡수하여 발열)

① 조해성이 있으므로 습기 주의
  - 용기는 밀폐하여 환기가 좋은 찬 곳에 저장
② 내용물이 누출되지 않도록 할 것
③ 분해를 촉진하는 약품류와 접촉을 피할 것

- 다른 약품류 및 가연물과의 접촉을 피함.
- 가연물과 화합해 급격한 산화, 환원반응에 따른 과격한 연소, 폭발 가능

④ 가열·충격·마찰 등 분해를 일으키는 조건을 주지 말 것

※ 황산(H_2SO_4)
  1. 무취이며, 순수한 황산은 무색투명함. 비휘발성 액체
  2. 진한 황산은 유기물과 접촉할 경우 발열반응을 함.
     - 물에 용해 시 다량의 열을 발생 : 물 소화 시 심한 발열반응을 하여 매우 위험(소화제로는 분말 소화제 또는 이산화탄소가 유효)
  3. 묽은 황산은 수소보다 이온화 경향이 큰 금속과 반응하면 수소를 발생
  4. 황산은 인화성이 없음.
     - 황산이 황과 혼합 시 발화 또는 폭발위험

(라) 염소산칼륨($KClO_3$)
  ① 유기물, 황, 탄소 등이 흡입되면 폭발한다.(산화성 고체물질)
  ② 400℃에서 KCl(염화칼륨)과 $KClO_4$(과염소산칼륨)로 분해된다.
  ③ 더 가열하면 KCl(염화칼륨), O_2(산소)가 된다.
  ④ 중성 및 알칼리성 용액에서는 산화작용이 없으나, 산성용액에서는 강한 산화제가 된다.
  ⑤ 흡습성은 없다. 물에 녹고, 알코올에도 소량 녹는다.
  * 과염소산칼륨($KClO_4$): 400℃ 이상으로 가열하면 염화칼륨(KCl)과 산소로 분해됨($KCl + 2O_2$).

(3) 인화성 액체 – 제4류 위험물

인화성 액제란 액제로서 인회의 위험성이 있는 것이며, 인화의 위험성은 액체가 온도 상승 에 의해 증기가 발생하게 되고 점화를 시키면 증기가 섬화원에 의해 순간 연소하는 현상 때문이다.

(가) 인화성 액체의 성질

인화성 액체의 온도가 그 인화점보다 높을 때는 화원에 의해 항상 인화될 위험이 있으며 인화점 이하의 온도에 있는 것은 화원을 근접하여도 인화되지 않음. 일반적으로 인화점이 낮을수록 인화의 위험이 크다.
  ① 화기 등에 의한 인화, 폭발의 위험이 크고 액체의 유동성에 의해 화재의 확대위험이 있다.
  ② 화기, 충격, 마찰 등의 열원을 피하고, 밀폐용기를 사용하며, 사용상 불가능한 경우 환기장치를 이용한다.

- 제4류 위험물: 인화성 액체
  (1) "제1석유류"라 함은 아세톤, 휘발유 그 밖에 1기압에서 인화점이 섭씨 21도 미만인 것을 말한다.
  (2) "제2석유류"라 함은 등유, 경유 그 밖에 1기압에서 인화점이 섭씨 21도 이상 70도 미만인 것을 말한다. 다만, 도료류 그 밖의 물품에 있어서 가연성 액체량이 40중량퍼센트 이하이면서 인화점이 섭씨 40도 이상인 동시에 연소 점이 섭씨 60도 이상인 것은 제외한다.
  (3) "제3석유류"라 함은 중유, 클레오소트유 그 밖에 1기압에서 인화점이 섭씨 70도 이상 섭씨 200도 미만인 것을 말한다. 다만, 도료류 그 밖의 물품은 가연성 액체량이 40중량퍼센트 이하인 것은 제외한다.
  (4) "제4석유류"라 함은 기어유, 실린더유 그 밖에 1기압에서 인화점이 섭씨 200도 이상 섭씨 250도 미만의 것을 말한다. 다만 도료류 그 밖의 물품은 가연성 액체량이 40중량퍼센트 이하인 것은 제외한다.

- 제4류 위험물(인화성 액체)이 갖는 일반성질
  ① 증기는 대부분 공기보다 무겁다.(증기 비중이 1보다 커서 낮은 곳에 체류)
  ② 대부분 물보다 가볍고 물에 잘 녹지 않는다.
  ③ 대부분 유기화합물이다.
  ④ 발생 증기는 연소하기 쉽다.
  ⑤ 상온에서 액체이다.
  ⑥ 통풍이 잘되는 냉암소에 보관한다.

디에틸에테르($C_2H_5OC_2H_5$, $(C_2H_5)_2O$)
산소 원자에 에틸기가 두 개 (디-, di-) 결합한 화합물. 무색의 액체로 인화성(引火性)이 크며 마취제나 용제(溶劑)로 사용(연소 범위 1.9~48%)(인화성 액체)

③ 포(거품), 이산화탄소, 할로겐화합물, 분말, 무상의 강화액 등으로 소화한다.
   - 비중이 1보다 작은 위험물(휘발유, 등유 등)의 화재에 주수하면 위험물이 부유하여 화재면을 확대시키기 때문에 일반적으로 물에 의해 소화하지 않는다.
④ 수용성의 위험물 화재에는 수용성이 아닌 특수한 내알코올포(수용성 위험물용 포소화약제)를 사용한다.
   - 소포성(포의 소멸)의 인화성 액체의 화재 시에는 내알코올포를 사용한다.
⑤ 소화작업 시에는 공기호흡기 등 적합한 보호구를 착용하여야 한다.

(나) 아세톤(acetone) - 화학식 CH_3COCH_3

① 인화점 −20℃, 에테르 냄새를 풍기는 무색의 휘발성 액체이다
② 물이나 알코올에 잘 녹으며, 유기용매로서 다른 유기물질과도 잘 섞인다.
③ 인화성이 강하고 폭발성이 높기 때문에 화기에 주의해야 하며 장기적인 피부 접촉은 심한 염증을 일으킬 수 있다. 독성물질에 속한다(증기는 유독함으로 흡입하지 않도록 주의해야한다).
④ 일광이나 공기에 노출되면 과산화물을 생성하여 폭발성으로 된다.
⑤ 비중이 0.79이므로 물보다 가볍다.

(4) 위험물안전관리법상의 위험물(시행령 [별표 1]) 등

(가) 제1류 위험물(산화성 고체) : 고체로서 산화성 또는 충격에 민감한 것

(나) 제2류 위험물(가연성 고체)

1) 고체로서 화염에 의한 발화의 위험성 또는 인화의 위험성이 있는 것

2) 마그네슘의 저장 및 취급

① 화기를 엄금하고, 가열, 충격, 마찰을 피함.
② 분말이 비상하지 않도록 완전 밀봉하여 저장
③ 1류 또는 6류와 같은 산화제와 혼합되지 않도록 격리, 저장
④ 물과 반응하면 수소 발생, 이산화탄소와는 폭발적인 반응을 하므로 소화는 마른 모래나 분말 소화약제를 사용
⑤ 산화제와 접촉을 피함.
   - 고온에서 유황 및 할로겐, 산화제와 접촉하면 격렬하게 발열
⑥ 분진폭발성이 있으므로 누설되지 않도록 포장

위험물에 관한 설명
① 이황화탄소(CS_2)의 인화점은 0℃보다 낮다. (이황화탄소의 인화점: -30℃)
   - 물에는 조금밖에 녹지 않고 녹기 어려운 무색 투명한 인화성 액체로서 가연성이 크고 독성이 강함. 공기 중에서 가연성 증기를 발생함으로 물속에 보관
② 과염소산($HClO_4$)은 흡습성이 매우 강한 무색의 액체이고 강한 산(酸)이다. 물과 혼합하면 다량의 열을 발생한다.
③ 황린(P_4)은 공기 중에 발화하므로 물속에 저장한다.
④ 알킬알루미늄은 금수성 물질로 물과 격렬하게 반응한다.

⑦ 상온의 물에서는 안전하지만 고온의 물이나 과열수증기와 접촉하면 격렬히 반응함.

3) 가연성 고체물질을 난연화시키는 난연제

① 인 ② 비소 ③ 안티몬 ④ 비스므트

(다) 제3류 위험물(자연발화성 물질 및 금수성 물질)

1) 자연발화성 물질 : 고체 또는 액체로서 공기 중에서 발화의 위험성이 있는 것

2) 금수성 물질 : 물과 접촉하여 발화하거나 가연성 가스의 발생 위험성이 있는 것

- 물과의 접촉을 금지하여야 하는 물질 : ① 리튬(Li) ② 칼륨(K)·나트륨 ③ 알킬알루미늄·알킬리튬 ④ 마그네슘 ⑤ 철분 ⑥ 금속분 ⑦ 칼슘(Ca)

* 나트륨 : 물과 접촉하면 격렬하게 반응하므로 석유 속에 보관함.

가) 리튬(Li)에 관한 설명

① 실온에서는 산소와 반응하지 않지만, 200℃로 가열하면 연소하여 산화물이 된다.
② 염산과 반응하여 수소를 발생한다.
③ 물과 반응하여 수소를 발생한다.
④ 화재발생 시 소화방법으로는 건조된 마른모래 등을 이용한다.

나) 칼륨(potassium, K)

① 물과 격렬히 반응하여 발열하고 수소를 발생시키며, 알코올 및 묽은 산과 반응하여 수소를 발생시킨다.
 - 산(acid)과 접촉하여 수소를 가장 잘 방출시키는 원소이다.
② 이산화탄소와 반응하여 연소하고 폭발하며 산화성 물질과 접촉 시 충격, 마찰 등에 의해 폭발의 위험이 있다.

3) 제3류 위험물 설명

① 칼륨 : 상온에서 물과 격렬히 반응하여 수소를 발생시킴으로 보호액(석유) 속에 저장
② 금속나트륨 : 물과 심하게 반응하여 수소를 내며 열을 발생시키고 찬물(냉수)과 반응하기 쉬움.
③ 탄화칼슘(CaC_2, 카바이드) : 물과 반응하여 아세틸렌을 발생시킴.

알루미늄 금속분말
① 분진폭발의 위험성이 있다.
② 연소 시 열을 발생한다.
③ 물과 반응하면 폭발하는 금수성 물질이다.
④ 염산과 반응하여 수소 가스를 발생한다.(물이나 산과 반응하여 수소 가스 발생)
※ 알루미늄: 물과 반응하여 열이 발생하고, 온도가 올라 발화하게 되며 수소 가스도 발생되므로 폭발이 일어나게 됨.
($2Al + 6H_2O$
 $\rightarrow 2Al(OH)_3 + 3H_2$)

가연성 기체 발생
칼륨과 나트륨은 금수성 물질로 물과 반응하여 가연성 기체(수소)를 발생

Na(나트륨)
① 은백색의 부드러운 금속이다.
② 상온에서는 자연 발화는 하지 않지만 녹는점 이상으로 가열하면 연소하여 과산화나트륨이 된다.
③ 물과 반응하여 수소를 발생한다.
④ 벤젠, 가솔린, 등유에 녹지 않으므로 석유계 용매 중에 저장한다.

질산암모늄(NH_4NO_3)
- 흡습성이 강하여 물에 녹을 때 다량의 열을 흡수(물과 반응하였을 때 흡열반응을 나타냄)
- 공기 중에서는 안정된 편이지만 고온이거나, 밀폐 용기 속에 있을 때, 가연성물질과 닿으면 폭발의 위험이 있음. 비료로 사용
* 흡열반응 : 주위로부터 열을 빼앗으며 진행하는 화학 반응(외부로부터 열에너지를 가해야 하는 반응)

과산화나트륨(Na_2O_2)
상온에서 물과 심하게 반응하여 수산화나트륨(NaOH)과 산소를 생성한다. 유기물이나 산화성 물질에 접촉하면 폭발 위험하다.(과산화나트륨에 물이 접촉하는 것은 위험하다.)
$2Na_2O_2 + 2H_2O$
$\rightarrow 4NaOH$(수산화나트륨) $+ O_2$(산소)

수용액: 용매를 물로 하여 만들어진 용액

이산화질소(NO_2): 진한 질산이 공기 중에서 햇빛에 의해 분해되었을 때 자극성 냄새와 갈색 증기를 발생하는 유해한 기체이며 과산화질소라고도 함.

물에 융해 정도
① 아세톤 : 물이나 알코올에 잘 녹으며, 유기용매로서 다른 유기물질과도 잘 섞인다.
② 벤젠 : 물보다 밀도가 낮고 약한 수용성을 가져 물에 잘 녹지 않고 물에 뜬다.
③ 톨루엔 : 물보다 밀도가 낮으면서 물에 불용성이므로 물에 뜬다.

④ 인화칼슘(Ca_3P_2) : 수분과 반응하여 유독 가스인 포스핀 가스를 발생시킴.
 - 물이나 약산과 반응하여 포스핀(PH_3)의 유독성 가스 발생
⑤ 칼슘실리콘 : 가연성 분체 중 다른 분진보다 화재발생 가능성이 크고 화재 시 화상을 심하게 입을 수 있음.

4) 공기 중에서 조해성(스스로 공기 중의 수분을 흡수하여 발열)을 가진 물질 : 염화구리($CuCl_2$), 질산구리($Cu(NO_3)_2$) 질산아연($Zn(NO_3)_2$)

5) 중합반응으로 발열을 일으키는 물질 : 액화시안화수소, 스틸렌, 비닐아세틸렌, 아크릴산에스테르

6) 물과 반응하여 수소 가스를 발생시키는 물질 : Mg(마그네슘), Zn(아연), Li(리튬), Na(나트륨), Al(알루미늄)

① $Mg + 2H_2O$(물) $\rightarrow Mg(OH)_2$(수산화마그네슘) $+ H_2$(수소)
② $Zn + 2H_2O$(물) $\rightarrow Zn(OH)_2$(수산화아연) $+ H_2$(수소)
③ $2Li + 2H_2O$(물) $\rightarrow 2LiOH$(수산화리튬) $+ H_2$(수소)
④ $2Na + 2H_2O$(물) $\rightarrow 2NaOH$(수산화나트륨) $+ H_2$(수소)

* Cu(구리)는 순수한 물과 반응하지 않음.

> ※ NaOH(수산화나트륨) 수용액 계산
>
> **예문** 5% NaOH 수용액과 10% NaOH 수용액을 반응기에 혼합하여 6% 100kg의 NaOH 수용액을 만들려면 각각 몇 kg의 NaOH 수용액이 필요한가?
>
> ① 5% NaOH 수용액: 33.3, 10% NaOH 수용액: 66.7
> ② 5% NaOH 수용액: 50, 10% NaOH 수용액: 50
> ③ 5% NaOH 수용액: 66.7, 10% NaOH 수용액: 33.3
> ④ 5% NaOH 수용액: 80, 10% NaOH 수용액: 20
>
> **해설** NaOH(수산화나트륨) 수용액
> $0.05x + 0.1y = 0.06 \times 100$
> (5% NaOH 수용액의 양 : x, 10% NaOH 수용액의 양 : y)
> $x + y = 100 \rightarrow y = 100 - x$
> ⇨ x값 : $0.05x + 0.1(100 - x) = 6 \rightarrow 80$kg
> y값 : $100 - 80 = 20$kg
>
> ⇨ 정답 ④

(라) 자기반응성 물질 – 제5류 위험물(자기반응성 물질, 자기연소성 물질, 내부연소성 물질)

가열, 마찰, 충격 또는 다른 화학물질과의 접촉 등으로 인하여 산소나 산화제의 공급이 없더라도 폭발 등 격렬한 반응을 일으킬 수 있는 물질

① 가연성 물질이면서 그 자체 산소를 함유하므로 자기 연소를 일으킨다.
② 연소속도가 대단히 빨라서 폭발적으로 반응한다.
③ 가열·마찰·충격에 의해 폭발하기 쉽다
④ 다량의 물에 의한 냉각, 질식소화를 한다.
⑤ 저장 시 소량씩 분산하여 저장한다.
⑥ 통풍이 잘되는 냉암소에 보관하고 희석제를 첨가한다.

> 냉암소(冷暗所)
> 열과 빛을 차단할 수 있는 장소

(5) 가연성 가스

(가) 취급 시 주의사항

1) 가연성 가스(아세틸렌 등)가 지연성 가스인 산소, 염소, 불소, 산화질소, 이산화질소 등과 공존할 때에는 가스폭발의 위험이 있음.
2) 가연성 가스 중에는 공기의 공급 없이 분해폭발(폭발상한계 100%)을 일으키는 아세틸렌, 에틸렌, 산화에틸렌 등의 물질이 있음.

(나) 가연성 가스 설명

1) 메탄가스는 가장 간단한 탄화수소 기체이며, 온실효과가 있음.
2) 프로판 가스의 연소 범위는 2.1~9.5% 정도이며, 공기보다 무거움.
3) 수소 가스는 물에 잘 녹지 않으며, 온도가 높아지면 반응성이 커짐.
4) 아세틸렌(C_2H_2)에 관한 설명
　① 아세틸렌은 구리(Cu), 은(Ag), 수은(Hg) 등의 금속과 반응하여 폭발성 아세틸리드를 생성
　② 아세틸렌의 분해반응이 발생되면 화염은 가속되어 폭굉이 되기 쉬움. 폭굉의 경우 발생압력이 초기압력의 20~50배에 이름.
　③ 분해반응은 발열량이 크며 화염온도가 3100℃에 이름.
　④ 아세틸렌 용접장치를 사용하여 금속의 용단 또는 가열작업 시 게이지 압력이 127kPa(1.3kgf/cm^2)을 초과하는 압력의 아세틸렌을 발생시켜 사용해서는 안 됨.
　⑤ 아세틸렌의 공기 중의 폭발한계는 2.5~81vol%임.
　⑥ 아세틸렌을 용해가스로 만들 때 사용되는 용제 : 아세톤
　　㉠ 아세틸렌이 아세톤에 용해되는 성질을 이용해서 다량의 아세틸렌을 쉽게 저장함. 이 방법에 의해서 저장하는 것을 용해아세틸렌이라고 함.
　　㉡ 규조토에 스며들게 한 아세톤(아세톤에 잘 녹음)에 가압하여 녹여서 봄베(bomb)로 운반
　　　(*봄베 : 압축가스의 저장, 운반 등에 사용하는 고압용기)

> 아세틸렌 압축 시 사용되는 희석제
> 질소, 에틸렌, 메탄, 탄산가스, 일산화탄소, 프로판

> **아세틸렌(C_2H_2) 취급 · 관리 시의 주의사항**
> ① 폭발할 수 있으므로 필요 이상 고압으로 충전하지 않는다.
> ② 폭발성 물질을 생성할 수 있으므로 구리나 일정 함량 이상의 구리합금과 접촉하지 않도록 한다.
> ③ 용기는 통풍이 잘되는 장소에 보관하고, 누출 시에는 환기를 시켜 배출시킨다.
> ④ 용기는 폭발할 수 있으므로 전도 · 낙하되지 않도록 한다.
> * 탄화칼슘(CaC_2-카바이드)은 물과 반응하여 아세틸렌가스를 발생

(다) 고압가스용 기기재료로 구리 사용가능 가스 : 산소(O_2) - 안전
- 아세틸렌(C_2H_2), 황화수소(H_2S) : 폭발, 암모니아(NH_3) : 부식

(라) LPG(Liquefied Petroleum Gas, 액화석유가스) : 무색·무취하나 질식, 화재, 환각 등의 위험성 때문에 식별할 수 있는 냄새를 첨가함. 산소 소모가 많기 때문에 밀폐된 공간에서의 사용이 위험하고, 흡입하게 되면 뇌의 산소공급 부족으로 환각 현상을 일으킴.

① 독성은 없지만, 흡입 시에는 산소결핍 질식의 우려가 있다.
② 가스의 비중은 공기보다 무겁다(비중 약 1.5~2배).
③ 누설 시 인화, 폭발성이 있다(공기 또는 산소와 화합하여 폭발성 혼합가스가 됨. 프로판 가스의 폭발 범위는 2.1~9.5%, 부탄가스의 폭발 범위는 1.8~8.4%임).

(마) 공업용 고압가스용기의 몸체 도색

가스명	도색명	가스명	도색명
산소	녹색	액화석유가스	회색
수소	주황색	아세틸렌	황색
액화염소	갈색	액화암모니아	백색
액화탄산가스	청색	질소	회색

* 그 밖의 가스 : 회색

(바) 가스용기의 수

① 액화가스의 충전용량 : 1개 가스용기에 충전할 수 있는 충전용량. 나머지 여유공간은 외부 온도가 상승 시 액팽창에 의한 폭발을 방지하는 안전공간

$$G = V/C$$

[G : 액화가스의 충전용량(kg), V : 용기 내용적(L) - 1개 용기의 부피, C : 가스 정수(안전공간)]

② 가스용기의 수 = 충전해야 할 전체 가스용량 / 1개 가스용기의 액화 가스의 충전용량

> **예문** 액화 프로판 310kg을 내용적 50L 용기에 충전할 때 필요한 소요 용기의 수는 몇 개인가? (단, 액화 프로판의 가스정수는 2.35이다.)
>
> **해설** 가스용기의 수
> 1개 가스용기 액화가스의 충전용량
> $G = V/C$ [G : 액화가스의 충전용량(kg), V : 용기 내용적(L) – 1개 용기의 부피, C : 가스 정수(안전공간)]
> = 50/2.35 = 21.276kg
> (* 50리터 가스용기에 액화프로판가스 21.276kg를 충전 가능 : 나머지는 폭발방지 위한 안전공간)
> ⇨ 가스용기의 수 = 충전해야 할 가스용량/1개 가스용기의 충전용량
> = 310kg/21.276kg = 14.57 = 15개

(6) 위험물질에 대한 저장방법

① 탄화칼슘은 물과 반응하여 아세틸렌가스를 발생하므로, 밀폐 용기에 저장하고 불연성 가스로 봉입함.
② 벤젠은 산화성 물질과 격리시킴.
③ 금속나트륨은 석유 속에 저장한다(나트륨 : 유동 파라핀 속에 저장).
④ 질산은 통풍이 잘 되는 곳에 보관하고 물기와의 접촉을 금지(질산은 갈색병에 넣어 냉암소에 보관)
⑤ 칼륨은 보호액(석유) 속에 저장
⑥ 피크트산은 운반 시 10~20% 물로 젖게 함(소량으로 분산하여 마찰, 충격, 가열의 우려가 없는 곳에 보관, 질산의 용액은 햇빛을 차단하여 저장).
⑦ 황린(P_4)은 공기 중에 발화하므로 물속에 보관
⑧ 니트로셀룰로이스는 습한 상태를 유지
⑨ 적린은 냉암소에 격리 저장
⑩ 과산화수소 : 용기의 마개를 꼭 막지 않고 통풍을 위하여 구멍이 뚫린 마개를 사용
⑪ 마그네슘 : 물 또는 산과 접촉의 우려가 없는 곳에 저장

> **위험물질에 대한 저장방법**
> ① 칼륨(K), 나트륨(Na), 리튬(Li) : 석유, 경유 등의 보호액에 저장
> ② 황린(P_4), 이황화탄소(CS_2) : 물
> ③ 니트로셀룰로오스 : 습한상태 유지, 알코올
> ④ 아세틸렌 : 아세톤, 디메틸프롬아미드

(예문) 산소용기의 압력계가 100kgf/cm² 일 때 약 몇 psia인가? (단, 대기압은 표준대기압이다.)

(풀이) 절대압력
= 게이지압력+대기압
= 1,422.3psi+14.7psi
= 1,437psia

① 절대압력: 진공 상태를 기준으로 측정한 압력으로 가스가 용기의 내벽에 미치는 실제의 압력이며 압력단위는 psia로 표시
② 게이지압력: 게이지로 측정할 때의 압력이며 psig로 표시.
③ 대기압: 일상속의 공기가 주는 압력이며 1atm이라 표시하고 1기압을 환산하면 14.7psi.

* 1kgf/cm² = 14.223psi
  → 100kgf/cm² = 1,422.3psi
* PSI(Pounds per Square Inch): 1제곱 인치당 1파운드 중의 힘이 가해질 때의 압력 (6894.7Pa)

※ 제443조(관리대상 유해물질의 저장)〈산업안전보건기준에 관한 규칙〉
① 관리대상 유해물질을 운반하거나 저장하는 경우에 그 물질이 새거나 발산될 우려가 없는 뚜껑 또는 마개가 있는 튼튼한 용기를 사용하거나 단단하게 포장을 하여야 하며, 그 저장장소에는 다음의 조치를 하여야 한다.
　　1. 관계 근로자가 아닌 사람의 출입을 금지하는 표시를 할 것
　　2. 관리대상 유해물질의 증기를 실외로 배출시키는 설비를 설치할 것
② 관리대상 유해물질을 저장할 경우에 일정한 장소를 지정하여 저장하여야 한다.

(7) 위험물의 혼재 기준〈위험물안전관리법 시행규칙〉

위험물의 구분	제1류 산화성 고체	제2류 가연성 고체	제3류 자연 발화 및 금수성	제4류 인화성 액체	제5류 자기 반응성 물질	제6류 산화성 액체
제1류		×	×	×	×	○
제2류	×		×	○	○	×
제3류	×	×		○	×	×
제4류	×	○	○		○	×
제5류	×	○	×	○		×
제6류	○	×	×	×	×	

비고 1. "×" 표시는 혼재할 수 없음을 표시한다.
　　 2. "○" 표시는 혼재할 수 있음을 표시한다.

나 유해물질에 대한 안전대책

(1) 위험물의 일반적인 특성
　① 반응 시 발생하는 열량이 큼
　② 물 또는 산소와의 반응이 용이함
　③ 수소와 같은 가연성 가스를 발생시킴
　④ 화학적 구조 및 결합력 불안정함
　⑤ 반응속도가 빠름

> **위험물에 대한 일반적 개념**
>
> ① 상온, 상압 조건에서 물 또는 산소, 수소와의 반응이 용이하다.
> ② 반응속도가 급격히 진행되고 반응 시 대부분 발열반응으로 발열량이 비교적 크다.
> ③ 반응 시 수소와 같은 가연성 또는 유독성 가스를 발생시킨다.
> ④ 화학적 구조 및 결합력 대단히 불안정하여 다른 물질과 결합 또는 스스로 분해가 잘된다.
> ⑤ 그 자체가 위험하다든가 또는 환경 조건에 따라 쉽게 위험성을 나타내는 물질을 말한다.

(2) 유해물 취급상의 안전을 위한 조치사항

① 유해물 발생원의 봉쇄
② 유해물의 위치, 작업공정의 변경
③ 작업공정의 밀폐와 작업장의 격리
④ 실내 환기 및 점화원 제거

> **유해 · 위험물질이 유출되는 사고가 발생했을 때의 대처요령**
>
> ① 중화 또는 희석을 시킨다.
> ② 유출부분을 억제 또는 폐쇄시킨다.
> ③ 유출된 지역의 인원을 대피시킨다.

(3) 유해화학물질의 중독에 대한 일반적인 응급처치 방법

① 환자를 안정시키고, 침대에 옆으로 누인다.
② 호흡 정지 시 가능한 경우 인공호흡을 실시한다.
③ 신체를 따뜻하게 하고 신선한 공기를 확보한다.
④ 의사의 처방 없이 약품을 임의로 투여하면 안 된다.

다 미국소방협회(NFPA)의 의한 위험물 표시

(1) 화재위험성(Flammability Hazards) - 적색
(2) 건강위험성(Health Hazards) - 청색
(3) 반응위험성(Reactivity Hazards) - 황색

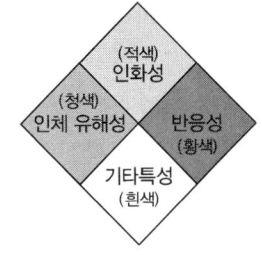

[그림] 미국소방협회(NFPA)의 위험표시라벨

라 물질안전보건자료(MSDS)

(1) 물질안전보건자료의 작성·제출〈산업안전보건법〉

제110조(물질안전보건자료의 작성 및 제출)

① 화학물질 또는 이를 함유한 혼합물로서(유해성·위험성 분류기준)에 해당하는 것을 제조하거나 수입하려는 자는 다음의 사항을 적은 자료(물질안전보건자료)를 작성하여 고용노동부장관에게 제출하여야 한다.
1. 제품명
2. 물질안전보건자료대상물질을 구성하는 화학물질 중(유해성·위험성 분류기준)에 따른 분류기준에 해당하는 화학물질의 명칭 및 함유량
3. 안전 및 보건상의 취급 주의사항
4. 건강 및 환경에 대한 유해성, 물리적 위험성
5. 물리·화학적 특성 등 고용노동부령으로 정하는 사항

〈고용노동부령으로 정하는 사항〉
1. 물리·화학적 특성
2. 독성에 관한 정보
3. 폭발·화재 시의 대처 방법
4. 응급조치 요령
5. 그 밖에 고용노동부장관이 정하는 사항

> 물질안전보건자료의 제공
> 〈산업안전보건법〉
> 제111조(물질안전보건자료의 제공) ① 물질안전보건자료대상물질을 양도하거나 제공하는 자는 이를 양도받거나 제공받는 자에게 물질안전보건자료를 제공하여야 한다.

(2) 물질안전보건자료의 작성·제출 제외〈산업안전보건법 시행령〉

제86조(물질안전보건자료의 작성·제출 제외 대상 화학물질 등)
다음의 어느 하나를 말한다.
1. 「건강기능식품에 관한 법률」에 따른 건강기능식품
2. 「농약관리법」에 따른 농약
3. 「마약류 관리에 관한 법률」에 따른 마약 및 향정신성의약품
4. 「비료관리법」에 따른 비료
5. 「사료관리법」에 따른 사료
6. 「생활주변방사선 안전관리법」에 따른 원료물질
7. 「생활화학제품 및 살생물제의 안전관리에 관한 법률」에 따른 안전확인대상 생활화학제품 및 살생물제품 중 일반소비자의 생활용으로 제공되는 제품
8. 「식품위생법」에 따른 식품 및 식품첨가물
9. 「약사법」에 따른 의약품 및 의약외품

10. 「원자력안전법」에 따른 방사성물질
11. 「위생용품 관리법」에 따른 위생용품
12. 「의료기기법」에 따른 의료기기
12의2. 「첨단재생의료 및 첨단바이오의약품 안전 및 지원에 관한 법률」에 따른 첨단바이오의약품
13. 「총포·도검·화약류 등의 안전관리에 관한 법률」에 따른 화약류
14. 「폐기물관리법」에 따른 폐기물
15. 「화장품법」에 따른 화장품
16. 제1호부터 제15호까지의 규정 외의 화학물질 또는 혼합물로서 일반소비자의 생활용으로 제공되는 것(일반소비자의 생활용으로 제공되는 화학물질 또는 혼합물이 사업장 내에서 취급되는 경우를 포함한다.)
17. 고용노동부장관이 정하여 고시하는 연구·개발용 화학물질 또는 화학제품. 이 경우 법 제110조제1항부터 제3항까지의 규정에 따른 자료의 제출만 제외된다.
18. 그 밖에 고용노동부장관이 독성·폭발성 등으로 인한 위해의 정도가 적다고 인정하여 고시하는 화학물질

(3) 물질안전보건자료 작성 시 포함되어야 할 항목 및 그 순서 〈화학물질의 분류·표시 및 물질안전보건자료에 관한 기준〉

<u>제10조(작성항목)</u>
① 물질안전보건자료 작성 시 포함되어야 할 항목 및 그 순서는 다음에 따른다.
  1. 화학제품과 회사에 관한 정보
  2. 유해성·위험성
  3. 구성성분의 명칭 및 함유량
  4. 응급조치요령
  5. 폭발·화재 시 대처방법
  6. 누출사고 시 대처방법
  7. 취급 및 저장방법
  8. 노출방지 및 개인보호구
  9. 물리화학적 특성
  10. 안정성 및 반응성
  11. 독성에 관한 정보
  12. 환경에 미치는 영향
  13. 폐기 시 주의사항

14. 운송에 필요한 정보
15. 법적규제 현황
16. 그 밖의 참고사항

(4) 혼합물의 유해성·위험성 결정

<u>제12조(혼합물의 유해성·위험성 결정)</u>
① 물질안전보건자료를 작성할 때에는 혼합물의 유해성·위험성을 다음과 같이 결정한다.
  1. 혼합물에 대한 유해·위험성의 결정을 위한 세부 판단기준은 법적 기준에 따른다.
  2. 혼합물에 대한 물리적 위험성 여부가 혼합물 전체로서 시험되지 않는 경우에는 혼합물을 구성하고 있는 단일화학 물질에 관한 자료를 통해 혼합물의 물리적 잠재유해성을 평가할 수 있다.
② 혼합물로 된 제품들이 다음의 요건을 충족하는 경우에는 각각의 제품을 대표하여 하나의 물질안전보건자료를 작성할 수 있다.
  1. 혼합물로 된 제품의 구성성분이 같을 것
  2. 각 구성성분의 함량변화가 10퍼센트(%) 이하일 것
  3. 비슷한 유해성을 가질 것

마 밀폐공간 내 작업 시의 조치〈산업안전보건기준에 관한 규칙〉

<u>제619조의2(산소 및 유해가스 농도의 측정)</u>
① 사업주는 밀폐공간에서 근로자에게 작업을 하도록 하는 경우 작업을 시작하기 전에 밀폐공간의 산소 및 유해가스 농도의 측정 및 평가에 관한 지식과 실무경험이 있는 자를 지정하여 그로 하여금 해당 밀폐공간의 산소 및 유해가스 농도를 측정하여 적정공기가 유지되고 있는지를 평가하도록 해야 한다.
② 사업주는 제1항에 따라 밀폐공간의 산소 및 유해가스 농도를 측정 및 평가하는 자에 대하여 밀폐공간에서 작업을 시작하기 전에 다음 각 호의 사항의 숙지여부를 확인하고 필요한 교육을 실시해야 한다.
  1. 밀폐공간의 위험성
  2. 측정장비의 이상 유무 확인 및 조작 방법
  3. 밀폐공간 내에서의 산소 및 유해가스 농도 측정방법
  4. 적정공기의 기준과 평가 방법
③ 산소 및 유해가스 농도를 측정한 결과 적정공기가 유지되고 있지 아니하다고 평가된 경우에는 작업장을 환기시키거나, 근로자에게 공기호

흡기 또는 송기마스크를 지급하여 착용하도록 하는 등 근로자의 건강 장해 예방을 위하여 필요한 조치를 하여야 한다.

제620조(환기 등)
① 근로자가 밀폐공간에서 작업을 하는 경우에 작업을 시작하기 전과 작업 중에 해당 작업장을 적정공기 상태가 유지되도록 환기하여야 한다(폭발이나 산화 등의 위험으로 인하여 환기할 수 없거나 작업의 성질상 환기하기가 매우 곤란한 경우에는 근로자에게 공기호흡기 또는 송기마스크를 지급하여 착용하도록 하고 환기하지 아니할 수 있다).

제621조(인원의 점검)
근로자가 밀폐공간에서 작업을 하는 경우에 그 장소에 근로자를 입장시킬 때와 퇴장시킬 때마다 인원을 점검하여야 한다.

제622조(출입의 금지)
① 사업장 내 밀폐공간을 사전에 파악하여 밀폐공간에는 관계 근로자가 아닌 사람의 출입을 금지하고, 법적기준에 따른 출입금지 표지를 밀폐공간 근처의 보기 쉬운 장소에 게시하여야 한다.

제623조(감시인의 배치 등)
① 근로자가 밀폐공간에서 작업을 하는 동안 작업 상황을 감시할 수 있는 감시인을 지정하여 밀폐공간 외부에 배치하여야 한다.
② 감시인은 밀폐공간에 종사하는 근로자에게 이상이 있을 경우에 구조요청 등 필요한 조치를 한 후 이를 즉시 관리감독자에게 알려야 한다.
③ 근로자가 밀폐공간에서 작업을 하는 동안 그 작업장과 외부의 감시인 간에 항상 연락을 취할 수 있는 설비를 설치하여야 한다.

제624조(안전대 등)
① 밀폐공간에서 작업하는 근로자가 산소결핍이나 유해가스로 인하여 추락할 우려가 있는 경우에는 해당 근로자에게 안전대나 구명밧줄, 공기호흡기 또는 송기마스크를 지급하여 착용하도록 하여야 한다.
② 안전대나 구명밧줄을 착용하도록 하는 경우에 이를 안전하게 착용할 수 있는 설비 등을 설치하여야 한다.

제625조(대피용 기구의 비치)
근로자가 밀폐공간에서 작업을 하는 경우에 공기호흡기 또는 송기마스크, 사다리 및 섬유로프 등 비상시에 근로자를 피난시키거나 구출하기 위하여 필요한 기구를 갖추어 두어야 한다.

CHAPTER 03 항목별 우선순위 문제 및 해설

01 환풍기가 고장 난 장소에서 인화성 액체를 취급하는 과정에서 부주의로 마개를 막지 않았다. 이 장소에서 작업자가 담배를 피우기 위해 불을 켜는 순간 인화성 액체에서 불꽃이 일어나는 사고가 발생하였다면 다음 중 이와 같은 사고의 발생 가능성이 가장 높은 물질은?

① 아세트산 ② 등유
③ 에틸에테르 ④ 경유

[해설] 인화성 액체
에틸에테르, 가솔린, 아세트알데히드, 산화프로필렌, 그 밖에 인화점이 섭씨 23도 미만이고 초기끓는점이 섭씨 35도 이하인 물질

02 다음 중 인화성 액체의 취급 시 주의사항으로 가장 적절하지 않은 것은?

① 소포성의 인화성 액체의 화재 시에는 내알코올포를 사용한다.
② 소화작업 시에는 공기호흡기 등 적합한 보호구를 착용하여야 한다.
③ 일반적으로 비중이 물보다 무거워서 물 아래로 가라앉으므로, 주수소화를 이용하면 효과적이다.
④ 화기, 충격, 마찰 등의 열원을 피하고, 밀폐용기를 사용하며, 사용상 불가능한 경우 환기장치를 이용한다.

[해설] 인화성 액체 – 제4류 위험물
① 포(거품), 이산화탄소, 할로겐화물, 분말, 무상의 강화액 등으로 소화한다.
 – 비중이 1보다 작은 위험물(휘발유, 등유 등)의 화재에 주수하면 위험물이 부유하여 화재면을 확대시키기 때문에 일반적으로 물에 의해 소화하지 않는다.
② 수용성의 위험물 화재에는 수용성이 아닌 특수한 내알코올포(수용성 위험물용 포소화약제)를 사용한다.
 – 소포성(포의 소멸)의 인화성 액체의 화재 시에는 내알코올포를 사용한다.

03 다음 물질 중 가연성 가스가 아닌 것은?

① 수소 ② 메탄
③ 프로판 ④ 염소

[해설] 가연성 가스 및 독성가스
① 가연성 가스 : 수소·메탄·에틸렌·프로판·벤젠
② 독성가스 : 일산화탄소·불소·염소

04 다음 중 산업안전보건기준에 관한 규칙에서 규정한 위험물질의 종류에서 "물반응성 물질 및 인화성 고체"에 해당하는 것은?

① 질산에스테르류
② 니트로화합물
③ 칼륨·나트륨
④ 니트로소화합물

[해설] 물반응성 물질 및 인화성 고체(발화성 물질)
가. 리튬
나. 칼륨·나트륨
다. 황
라. 황린
마. 황화인·적린
* 폭발성물질 및 유기과산화물 : 질산에스테르류, 니트로화합물, 니트로소화합물

05 산업안전보건기준에 관한 규칙에서 규정하고 있는 급성 독성물질의 정의에 해당하지 않는 것은?

① 가스 LC50(쥐, 4시간 흡입)이 2500ppm 이하인 화학 물질

정답 01.③ 02.③ 03.④ 04.③ 05.④

② LD50(경구, 쥐)이 킬로그램당 300밀리그램-(체중) 이하인 화학물질
③ LD50(경피, 쥐)이 킬로그램당 1000밀리그램-(체중) 이하인 화학물질
④ LD50(경피, 토끼)이 킬로그램당 2000밀리그램-(체중) 이하인 화학물질

해설 **급성 독성 물질**
쥐 또는 토끼에 대한 경피흡수실험에 의하여 실험동물의 50퍼센트를 사망시킬 수 있는 물질의 양, 즉 LD50(경피, 토끼 또는 쥐)이 킬로그램당 1000밀리그램-(체중) 이하인 화학물질

06 산업안전보건법상 부식성 물질 중 부식성 염기류는 농도가 몇 % 이상인 수산화나트륨·수산화칼륨 기타 이와 동등 이상의 부식성을 가지는 염기류를 말하는가?

① 20   ② 40
③ 50   ④ 60

해설 **부식성 염기류**
농도가 40퍼센트 이상인 수산화나트륨, 수산화칼륨, 그 밖에 이와 같은 정도 이상의 부식성을 가지는 염기류

07 산업안전보건법에 의한 위험물질의 종류와 해당 물질이 올바르게 짝지어진 것은?

① 인화성 가스 – 암모니아
② 폭발성 물질 및 유기과산화물 – 칼륨·나트륨
③ 산화성 액체 및 산화성 고체 – 질산 및 그 염류
④ 물반응성 물질 및 인화성 고체 – 질산에스테르류

해설 **위험물질**
① 폭발성 물질 및 유기과산화물 : 질산에스테르류
② 물반응성 물질 및 인화성 고체 : 칼륨·나트륨
* 암모니아 : 독성가스

08 다음 중 혼합 또는 접촉시 발화 또는 폭발의 위험이 가장 적은 것은?

① 니트로셀룰로오스와 알코올
② 나트륨과 알코올
③ 염소산칼륨과 유황
④ 황화인과 무기과산화물

해설 혼합 또는 접촉 시 발화 또는 폭발의 위험이 가장 적은 물질 ⇨ 니트로셀룰로오스(제5류)와 알코올(제4류)
(니트로셀룰로오스(질화면)는 건조상태에서 폭발위험성 있어 알코올에 적셔 놓음.)
① 니트로셀룰로오스(제5류)와 알코올(제4류) : 혼재 가능
② 나트륨(제3류)과 알코올(제4류) : 혼재 가능
③ 염소산칼륨(제1류)과 유황(제2류) : 혼재 불가능
④ 황화인(제2류)과 무기과산화물(제1류) : 혼재 불가능

09 다음 중 폭발이나 화재 방지를 위하여 물과의 접촉을 방지하여야 하는 물질에 해당하는 것은?

① 칼륨   ② 트리니트로톨루엔
③ 황린   ④ 니트로셀룰로오스

해설 **금수성 물질** : 물과 접촉하여 발화하거나 가연성 가스의 발생 위험성이 있는 것
– 물과의 접촉을 금지하여야 하는 물질 : ① 리튬(Li) ② 칼륨(K)·나트륨 ③ 알킬알루미늄·알킬리튬 ④ 마그네슘 ⑤ 철분 ⑥ 금속분 ⑦ 칼슘(Ca)
* 황린(P_4)은 공기 중에 발화하므로 물속에 보관

10 다음 중 물에 보관이 가능한 것은?

① K   ② P_4
③ Na   ④ Li

해설 **황린** : 황린(P_4)은 공기 중에 발화하므로 물속에 보관 (자연발화하여 포스핀을 생성)
〈위험물질에 대한 저장방법〉
① 석유, 경유 등의 보호액에 저장 : 칼륨(K), 나트륨(Na), 리튬(Li)
② 물 : 황린(P_4), 이황화탄소(CS_2)
③ 습한상태 유지, 알코올 : 니트로셀룰로오스
④ 아세톤, 디메틸폼아미드 : 아세틸렌

정답 06. ② 07. ③ 08. ① 09. ① 10. ②

11 산업안전보건법령상 물질안전보건자료 작성 시 포함되어 있는 주요 작성항목이 아닌 것은? (단, 기타 참고사항 및 작성자가 필요에 의해 추가하는 세부 항목은 고려하지 않는다.)

① 법적규제 현황
② 폐기 시 주의사항
③ 주요 구입 및 폐기처
④ 화학제품과 회사에 관한 정보

해설 **물질안전보건자료 작성 시 포함되어야 할 항목**
1. 화학제품과 회사에 관한 정보
2. 유해성·위험성
3. 구성성분의 명칭 및 함유량
4. 응급조치요령
5. 폭발·화재 시 대처방법
6. 누출사고 시 대처방법
7. 취급 및 저장방법
8. 노출방지 및 개인보호구
9. 물리화학적 특성
10. 안정성 및 반응성
11. 독성에 관한 정보
12. 환경에 미치는 영향
13. 폐기 시 주의사항
14. 운송에 필요한 정보
15. 법적규제 현황
16. 그 밖의 참고사항

12 다음 중 니트로셀룰로오스의 취급 및 저장방법에 관한 설명으로 틀린 것은?

① 제조, 건조, 저장 중 충격과 마찰 등을 방지하여야 한다.
② 물과 격렬히 반응하여 폭발하므로 습기를 제거하고, 건조 상태를 유지시킨다.
③ 자연발화 방지를 위하여 에탄올, 메탄올 등의 안전 용제를 사용한다.
④ 할로겐화합물 소화약제는 적응성이 없으며, 다량의 물로 냉각 소화한다.

해설 **니트로셀룰로이스(Nitrocellulose, 질화면)**
질화면(Nitrocellulose)은 저장, 취급 중에는 에틸 알코올 또는 이소프로필알코올로 습한 상태로 함 : 질화면은 건조상태에서는 자연발열을 일으켜 분해 폭발의 위험이 존재하기 때문

13 다음 각 물질의 저장방법에 관한 설명으로 옳은 것은?

① 황린은 저장용기 중에 물을 넣어 보관한다.
② 과산화수소는 장기 보존시 유리용기에 저장된다.
③ 피크린산은 철 또는 구리로 된 용기에 저장한다.
④ 마그네슘은 다습하고 통풍이 잘 되는 장소에 보관한다.

해설 **위험물질에 대한 저장방법**
① 피크트산은 운반 시 10~20% 물로 젖게 함(소량으로 분산하여 마찰, 충격, 가열의 우려가 없는 곳에 보관).
② 황린(P_4)은 공기 중에 발화하므로 물속에 보관
③ 과산화수소 : 용기의 마개를 꼭 막지 않고 통풍을 위하여 구멍이 뚫린 마개를 사용
④ 마그네슘 : 물 또는 산과 접촉의 우려가 없는 곳에 저장

14 다음 중 아세틸린의 취급 관리 시 주의사항으로 옳지 않은 것은?

① 용기는 폭발할 수 있으므로 전도·낙하되지 않도록 한다.
② 폭발할 수 있으므로 필요 이상 고압으로 충전하지 않는다.
③ 용기는 밀폐된 장소에 보관하고, 누출 시에는 누출원에 직접 주수하도록 한다.
④ 폭발성 물질을 생성할 수 있으므로 구리나 일정 함량 이상의 구리합금과 접촉하지 않도록 한다.

해설 **아세틸렌(C_2H_2) 취급·관리 시의 주의사항**
용기는 통풍이 잘되는 장소에 보관하고, 누출 시에는 환기를 시켜 배출시킨다.

정답 11. ③ 12. ② 13. ① 14. ③

15 다음 중 가장 짧은 기간에도 노출되어서는 안되는 노출 기준은?

① TLV-S   ② TLV-C
③ TLV-TWA   ④ TLV-STEL

해설 TLV(Threshold Limit Value, 허용농도)
① 시간가중 평균 노출 기준(TWA, Time Weight Average) : 매일 8시간씩 일하는 근로자에게 노출되어도 영향을 주지 않는 최고 평균농도
② 단시간노출기준(STEL, Short Term Exposure Limit) : 근로자가 1회에 15분 동안 유해요인에 노출되는 경우 기준
③ 최고노출기준(C, Ceiling) : 근로자가 1일 작업시간 동안 잠시라도 노출되어서는 아니 되는 기준을 말하며, 노출기준 앞에 "C"를 붙여 표시

16 공기 중 아세톤의 농도가 200ppm(TLV 500ppm), 메틸에틸케톤(MEK)의 농도가 100ppm(TLV 200ppm)일 때 혼합 물질의 허용농도는 약 몇 ppm 인가? (단, 두 물질은 서로 상가작용을 하는 것으로 가정한다.)

① 150   ② 200
③ 270   ④ 333

해설 혼합물의 허용농도(TLV)
$$= \frac{C_1 + C_2 + \cdots + C_n}{R} = \frac{(200+100)}{0.9} = 333 \text{ppm}$$

- 혼합물인 경우의 노출기준(위험도, R)
$$R = \frac{C_1}{T_1} + \frac{C_2}{T_2} + \cdots + \frac{C_n}{T_n}$$
$= 200/500 + 100/200 = 0.9$

C : 화학물질 각각의 측정치(*위험물질에서는 취급 또는 저장량)
T : 화학물질 각각의노출기준(*위험물질에서는 규정수량)

* 상가작용(相加作用) : 두 가지 이상의 약물을 함께 투여하였을 때에, 그 작용이 각 작용의 합과 같은 현상

정답 15. ② 16. ④

Chapter 04 화학물질 취급설비 개념 확인

1. 화학설비의 종류 및 안전기준〈산업안전보건기준에 관한 규칙〉

가 화학설비의 종류

(1) 화학설비 및 그 부속설비의 종류

[별표 7] 화학설비 및 그 부속설비의 종류

1. 화학설비
   가. 반응기·혼합조 등 화학물질 반응 또는 혼합장치
   나. 증류탑·흡수탑·추출탑·감압탑 등 화학물질 분리장치
   다. 저장탱크·계량탱크·호퍼·사일로 등 화학물질 저장설비 또는 계량설비
   라. 응축기·냉각기·가열기·증발기 등 열교환기류
   마. 고로 등 점화기를 직접 사용하는 열교환기류
   바. 캘린더(calender)·혼합기·발포기·인쇄기·압출기 등 화학제품 가공설비
   사. 분쇄기·분체분리기·용융기 등 분체화학물질 취급장치
   아. 결정조·유동탑·탈습기·건조기 등 분체화학물질 분리장치
   자. 펌프류·압축기·이젝터(ejector) 등의 화학물질 이송 또는 압축설비

2. 화학설비의 부속설비
   가. 배관·밸브·관·부속류 등 화학물질 이송 관련 설비
   나. 온도·압력·유량 등을 지시·기록 등을 하는 자동제어 관련 설비
   다. 안전밸브·안전판·긴급차단 또는 방출밸브 등 비상조치 관련 설비
   라. 가스누출감지 및 경보 관련 설비
   마. 세정기, 응축기, 벤트스택(bent stack), 플레어스택(flare stack) 등 폐가스처리설비
   바. 사이클론, 백필터(bag filter), 전기집진기 등 분진처리설비
   사. 가목부터 바목까지의 설비를 운전하기 위하여 부속된 전기 관련 설비
   아. 정전기 제거장치, 긴급 샤워설비 등 안전 관련 설비

---

memo

물리적 공정 및 화학적 공정
① 물리적 공정 : 물리적 작용을 필요로 하는 공정으로 증류, 건조, 추출, 혼합, 분쇄 등
② 화학적 공정 : 유화중합(重合), 축합중합, 산화, 합성, 분해, 발효 등

유동형 지붕 탱크(Floating Roof Tank)
탱크 천정이 고정되어 있지 않고 상하로 움직이는 형으로 대기압에서 사용하나 증발에 의한 액체의 손실을 방지함과 동시에 액면 위의 공간에 폭발성 위험가스를 형성할 위험이 적은 구조의 저장탱크

(2) 특수화학설비

제273조(계측장치 등의 설치)
위험물을 기준량 이상으로 제조하거나 취급하는 다음의 어느 하나에 해당하는 화학설비(특수화학설비)를 설치하는 경우에는 내부의 이상 상태를 조기에 파악하기 위하여 필요한 온도계·유량계·압력계 등의 계측장치를 설치하여야 한다.
1. 발열반응이 일어나는 반응장치
2. 증류·정류·증발·추출 등 분리를 하는 장치
3. 가열시켜 주는 물질의 온도가 가열되는 위험물질의 분해온도 또는 발화점보다 높은 상태에서 운전되는 설비
4. 반응폭주 등 이상 화학반응에 의하여 위험물질이 발생할 우려가 있는 설비
5. 온도가 섭씨 350도 이상이거나 게이지 압력이 980킬로파스칼 이상인 상태에서 운전되는 설비
6. 가열로 또는 가열기

(3) 화학설비의 안전대책

(가) 불연성 재료 등의 사용

제255조(화학설비를 설치하는 건축물의 구조)
화학설비 및 그 부속설비를 건축물 내부에 설치하는 경우에는 건축물의 바닥·벽·기둥·계단 및 지붕 등에 불연성 재료를 사용하여야 한다.

제256조(부식 방지)
화학설비 또는 그 배관(화학설비 또는 그 배관의 밸브나 콕은 제외) 중 위험물 또는 인화점이 섭씨 60도 이상인 물질(위험물질 등)이 접촉하는 부분에 대해서는 위험물질 등에 의하여 그 부분이 부식되어 폭발·화재 또는 누출되는 것을 방지하기 위하여 위험물질 등의 종류·온도·농도 등에 따라 부식이 잘 되지 않는 재료를 사용하거나 도장(塗裝) 등의 조치를 하여야 한다.

제257조(덮개 등의 접합부)
화학설비 또는 그 배관의 덮개·플랜지·밸브 및 콕의 접합부에 대해서는 접합부에서 위험물질 등이 누출되어 폭발·화재 또는 위험물이 누출되는 것을 방지하기 위하여 적절한 개스킷(gasket)을 사용하고 접합면을 서로 밀착시키는 등 적절한 조치를 하여야 한다.

제258조(밸브 등의 개폐방향의 표시 등)

화학설비 또는 그 배관의 밸브·콕 또는 이것들을 조작하기 위한스위치 및 누름버튼 등에 대하여 오조작으로 인한 폭발·화재 또는 위험물의 누출을 방지하기 위하여 열고 닫는 방향을 색채 등으로 표시하여 구분되도록 하여야 한다.

(나) 안전밸브 또는 파열판 설치

제261조(안전밸브 등의 설치)

① 다음의 어느 하나에 해당하는 설비에 대해서는 과압에 따른 폭발을 방지하기 위하여 폭발방지 성능과 규격을 갖춘 안전밸브 또는 파열판(안전밸브 등)을 설치하여야 한다.

1. 압력용기(안지름이 150밀리미터 이하인 압력 용기는 제외하며, 압력용기 중 관형 열교환기의 경우에는 관의 파열로 인하여 상승한 압력이 압력 용기의 최고사용압력을 초과할 우려가 있는 경우만 해당)
2. 정변위 압축기
3. 정변위 펌프(토출측에 차단밸브가 설치된 것만 해당)
4. 배관(2개 이상의 밸브에 의하여 차단되어 대기온도에서 액체의 열팽창에 의하여 파열될 우려가 있는 것으로 한정)
5. 그 밖의 화학설비 및 그 부속설비로서 해당 설비의 최고사용압력을 초과할 우려가 있는 것

② 안전밸브 등을 설치하는 경우에는 다단형 압축기 또는 직렬로 접속된 공기압축기에 대해서는 각 단 또는 각 공기압축기별로 안전밸브 등을 설치하여야 한다.

③ 설치된 안전밸브에 대해서는 다음 각호의 구분에 따른 검사주기마다 국가교정기관에서 교정을 받은 압력계를 이용하여 설정압력에서 안전밸브가 적정하게 작동하는지를 검사한 후 납으로 봉인하여 사용하여야 한다.

1. 화학공정 유체와 안전밸브의 디스크 또는 시트가 직접 접촉될 수 있도록 설치된 경우: 2년마다 1회 이상
2. 안전밸브 전단에 파열판이 설치된 경우: 3년마다 1회 이상
3. 공정안전보고서 제출 대상으로서 공정안전보고서 이행상태 평가결과가 우수한 사업장의 안전밸브의 경우: 4년마다 1회 이상

제262조(파열판의 설치)

안전밸브가 설치된 설비가 다음 각호의 어느 하나에 해당하는 경우에는 파열판을 설치하여야 한다.

1. 반응 폭주 등 급격한 압력 상승 우려가 있는 경우

제269조(화염방지기의 설치 등) ① 인화성 액체 및 인화성 가스를 저장 취급하는 화학설비에서 증기나 가스를 대기로 방출하는 경우에는 외부로부터의 화염을 방지하기 위하여 화염방지기를 그 설비 상단에 설치하여야 한다(대기로 연결된 통기관에 통기밸브가 설치되어 있거나, 인화점이 섭씨 38도 이상 60도 이하인 인화성 액체를 저장·취급할 때에 화염방지 기능을 가지는 인화방지망을 설치한 경우에는 그러하지 아니하다).

2. 급성 독성물질의 누출로 인하여 주위의 작업환경을 오염시킬 우려가 있는 경우
3. 운전 중 안전밸브에 이상 물질이 누적되어 안전밸브가 작동되지 아니할 우려가 있는 경우

(다) 내화기준

제270조(내화기준)

① 가스폭발 위험장소 또는 분진폭발 위험장소에 설치되는 건축물 등에 대해서는 다음에 해당하는 부분을 내화구조로 하여야 하며…
1. 건축물의 기둥 및 보: 지상 1층(지상 1층의 높이가 6미터를 초과하는 경우에는 6미터)까지
2. 위험물 저장·취급용기의 지지대(높이가 30센티미터 이하인 것은 제외한다): 지상으로부터 지지대의 끝부분까지
3. 배관·전선관 등의 지지대: 지상으로부터 1단(1단의 높이가 6미터를 초과하는 경우에는 6미터)까지

(라) 안전거리

제271조(안전거리)

위험물을 저장·취급하는 화학설비 및 그 부속설비를 설치하는 경우에는 폭발이나 화재에 따른 피해를 줄일 수 있도록 별표에 따라 설비 및 시설 간에 충분한 안전거리를 유지하여야 한다(다른 법령에 따라 안전거리 또는 보유공지를 유지하거나, 공정안전보고서를 제출하여 피해최소화를 위한 위험성 평가를 통하여 그 안전성을 확인받은 경우에는 그러하지 아니하다).

[별표]

안전거리

구분	안전거리
1. 단위공정시설 및 설비로부터 다른 단위공정시설 및 설비의 사이	설비의 바깥 면으로부터 10미터 이상
2. 플레어스택으로부터 단위공정시설 및 설비, 위험물질 저장탱크 또는 위험물질 하역설비의 사이	플레어스택으로부터 반경 20미터 이상 (단위공정시설 등이 불연재로 시공된 지붕 아래에 설치된 경우에는 그러하지 아니하다.)
3. 위험물질 저장탱크로부터 단위공정시설 및 설비, 보일러 또는 가열로의 사이	저장탱크의 바깥 면으로부터 20미터 이상(저장탱크의 방호벽, 원격조종 화설비 또는 살수설비를 설치한 경우에는 그러하지 아니하다.)

플레어스택
가연성 가스를 방출시킬 때 폭발성 가스가 형성 되지 않도록 연소시켜 방출하는 장치

4. 사무실·연구실·실험실·정비실 또는 식당으로부터 단위공정시설 및 설비, 위험물질 저장탱크, 위험물질 하역설비, 보일러 또는 가열로의 사이	사무실 등의 바깥 면으로부터 20미터 이상(난방용 보일러인 경우 또는 사무실 등의 벽을 방호구조로 설치한 경우에는 그러하지 아니하다.)

(마) 방유제(防油堤) 설치

<u>제272조(방유제 설치)</u>
위험물을 액체 상태로 저장하는 저장탱크를 설치하는 경우에는 위험물질이 누출되어 확산되는 것을 방지하기 위하여 방유제(防油堤)를 설치하여야 한다.

(바) 특수화학설비 안전장치

<u>제273조(계측장치 등의 설치)</u>
위험물을 기준량 이상으로 제조하거나 취급하는 특수화학설비를 설치하는 경우에는 내부의 이상 상태를 조기에 파악하기 위하여 필요한 온도계·유량계·압력계 등의 계측장치를 설치하여야 한다.

<u>제274조(자동경보장치의 설치 등)</u>
특수화학설비를 설치하는 경우에는 그 내부의 이상 상태를 조기에 파악하기 위하여 필요한 자동경보장치를 설치하여야 한다(자동경보장치를 설치하는 것이 곤란한 경우에는 감시인을 두고 그 특수화학설비의 운전 중 설비를 감시하도록 하는 등의 조치를 하여야 한다).

<u>제275조(긴급차단장치의 설치 등)</u>
① 특수화학설비를 설치하는 경우에는 이상 상태의 발생에 따른 폭발·화재 또는 위험물의 누출을 방지하기 위하여 원재료 공급의 긴급차단·제품 등의 방출, 불활성 가스의 주입이나 냉각용수 등의 공급을 위하여 필요한 장치 등을 설치하여야 한다.
  * 이상 상태 발생시 밸브를 정지시켜 원료공급을 차단하기 위한 긴급차단장치의 차단방식으로 공기압식, 유압식, 전기식, 스프링식 등이 있음.

<u>제276조(예비동력원 등)</u>
사업주는 특수화학설비와 그 부속설비에 사용하는 동력원에 대한 준수사항
1. 동력원의 이상에 의한 폭발이나 화재를 방지하기 위하여 즉시 사용할 수 있는 예비동력원을 갖추어 둘 것
2. 밸브·콕·스위치 등에 대해서는 오조작을 방지하기 위하여 잠금장치를 하고 색채표시 등으로 구분할 것

[별표 9] 위험물질의 기준량
(1) 급성 독성 물질
- 시안화수소·플루오르아세트산 및 소디움염·디옥신 등 LD50 (경구, 쥐)이 킬로그램당 5밀리그램 이하인 독성물질: 5킬로그램

(2) 인화성 가스
- 수소, 아세틸렌, 에틸렌, 메탄, 에탄, 프로판, 부탄: 50세제곱미터

(사) 가솔린이 남아 있는 설비에 등유 등의 주입

<u>제228조(가솔린이 남아 있는 설비에 등유 등의 주입)</u>
화학설비로서 가솔린이 남아 있는 화학설비(위험물을 저장하는 것으로 한정), 탱크로리, 드럼 등에 등유나 경유를 주입하는 작업을 하는 경우에는 미리 그 내부를 깨끗하게 씻어내고 가솔린의 증기를 불활성 가스로 바꾸는 등 안전한 상태로 되어 있는지를 확인한 후에 그 작업을 하여야 한다. 다만, 다음의 조치를 하는 경우에는 그러하지 아니하다.
1. 등유나 경유를 주입하기 전에 탱크·드럼 등과 주입설비 사이에 접속선이나 접지선을 연결하여 전위차를 줄이도록 할 것
2. 등유나 경유를 주입하는 경우에는 그 액표면의 높이가 주입관의 선단의 높이를 넘을 때까지 주입속도를 초당 1미터 이하로 할 것

나 반응기

화학반응을 진행시키기 위해 사용하는 기구

(1) 반응기의 분류

(가) 반응기의 조작 방식에 의한 분류
　① 회분식 반응기 ② 반회분식 반응기 ③ 연속식 반응기

(나) 반응기의 구조 방식에 의한 분류
　① 교반조형 반응기 ② 관형 반응기 ③ 탑형 반응기 ④ 유동층형 반응기

(2) 반응기를 설계할 때 고려하여야 할 요인

① 상(phase)의 형태(고체, 액체, 기체) ② 온도 범위 ③ 부식성
④ 운전 압력 ⑤ 열진달

> **반응폭주**
> 화학반응 시 온도, 압력 등의 제어상태가 규정조건을 벗어나서 반응속도가 지수함수적으로 증대되고 반응 용기 내의 온도, 압력이 급격히 증대하여 반응이 과격화되는 현상
> – 반응기의 유해·위험요인(hazard)으로 화학반응이 있을 때 특히 유의해야 할 사항 : 반응폭주에 의한 과압(반응폭주, 과압)

(3) 반응폭발에 영향을 미치는 요인

① 교반상태 ② 냉각시스템 ③ 반응온도 ④ 압력

반응기의 운전을 중지할 때 필요한 주의 사항
① 급격한 유량 변화, 압력 변화, 온도 변화를 피한다.
② 가연성 물질이 새거나 흘러나올 때의 대책을 사전에 세운다.
③ 개방을 하는 경우, 우선 최고 윗부분, 최고 아래부분의 뚜껑을 열고 자연 통풍 냉각을 한다.
④ 잔류물과 불활성가스에 의해 잔류가스를 제거한 후에는 물, 온수 등으로 세정한다.

다 증류탑

증류탑은 두 개 또는 그 이상의 액체의 혼합물을 끓는점(비점) 차이를 이용하여 특정성분을 분리하는 것을 목적으로 하는 탑 모양의 증류 장치

(1) 특수 증류방법 : 감압(진공) 증류, 추출 증류, 공비 증류, 수증기 증류

① 감압 증류(진공 증류) : 낮은 압력에서 물질의 끓는점이 내려가는 현상을 이용하여 시행하는 분리법으로 온도를 높여서 가열할 경우 원료가 분해될 우려가 있는 물질을 증류할 때 사용하는 방법

② 추출 증류 : 끓는점이 비슷한 혼합물이나 공비혼합물(共沸混合物) 성분의 분리를 쉽게 하기 위하여 사용되는 증류법

③ 공비 증류 : 공비혼합물 또는 끓는점이 비슷하여 분리하기 어려운 액체 혼합물의 성분을 완전히 분리시키기 위해 쓰이는 증류법
  - 수분을 함유하는 에탄올에서 순수한 에탄올을 얻기 위해 벤젠과 같은 물질을 첨가하여 수분을 제거하는 증류 방법

④ 수증기 증류 : 끓는점이 높고 물에 거의 녹지 않는 유기화합물에 수증기를 넣어 수증기와 함께 유출되어 나오는 물질의 증기를 냉각하여 물과의 혼합물로서 응축시키고 그것을 분리시키는 증류법

(2) 증류탑의 원리

① 끓는점(휘발성) 차이를 이용하여 목적 성분을 분리한다.
② 여러 개의 단을 사용하는 다단탑이 사용될 수 있다.
③ 기-액 두 상의 접촉이 충분히 일어날 수 있는 접촉 면적이 필요하다.

(3) 증류탑의 일상 점검항목

① 도장의 열화상태 ② 보온재 및 보냉재의 파손 여부 ③ 접속부, 맨홀부 및 용접부에서의 외부 누출 유무 ④ 기초볼트의 상태 ⑤ 외부 부식상태

> **포종(泡鐘, bubble cap)**
> 증류탑에서 증기와 액체의 접촉을 용이하게 해주는 역할을 함. 증기를 거품상으로 분산시키기 위해 설치(증류탑에서 포종탑 내에 설치)

라 열교환기

전열벽(傳熱壁)을 통하여 온도가 높은 유체(流體)로부터 온도가 낮은 유체에 열을 전달하는 장치. 가열기, 냉각기, 증발기, 응축기(凝縮器) 등에 쓰임.

공비혼합물
액체의 혼합물이 비등(boiling, 기화)할 때 액상과 기상이 같은 성분비가 되는 현상이 공비이며, 그 혼합물을 공비혼합물이라 함 (비등하여 증기가 될 때에도 성분비가 변함없는 혼합물)

공비증류
일반적인 증류에서 분리하기 어려운 두 가지 성분을 분리하기 위해 제3의 성분을 첨가한 새로운 공비혼합물을 만들어 증류함.

(1) 열교환기의 열 교환 능률을 향상시키기 위한 방법

① 유체의 유속을 적절하게 조절한다.
② 열전도율이 높은 재료를 사용한다.
③ 열교환기 입구와 출구의 온도차를 크게 한다(열교환하는 유체의 온도차를 크게 한다).
④ 유체의 흐르는 방향을 향류로 한다.

(2) 열교환기의 보수에 있어서 일상 점검항목

① 보온재 및 보냉재의 파손 상황
② 도장의 노후 상황
③ 플랜지(flange)부 등의 외부 누출 여부
④ 기초부 및 기초 고정부 상태

- 병류(cocurrent) : 고온 유체와 저온 유체가 같은 방향으로 흐르는 것
- 향류(countercurrent) : 유체가 반대 방향으로 흐르는 것

플랜지(flange) : 관이음의 접속 부분

마 화학설비와 그 부속설비의 개조·수리 및 청소 등

제278조(개조·수리 등)
화학설비와 그 부속설비의 개조·수리 및 청소 등을 위하여 해당 설비를 분해하거나 해당 설비의 내부에서 작업을 하는 경우의 준수사항
1. 작업책임자를 정하여 해당 작업을 지휘하도록 할 것
2. 작업장소에 위험물 등이 누출되거나 고온의 수증기가 새어나오지 않도록 할 것
3. 작업장 및 그 주변의 인화성 액체의 증기나 인화성 가스의 농도를 수시로 측정할 것

2. 건조설비의 종류 및 재해형태 〈산업안전보건기준에 관한 규칙〉

* 건조설비는 물, 유기용제 등의 습기가 있는 원재료의 수분을 제거하고 조작하는 기구

가 건조설비의 구성

건조설비의 구조는 구조부분, 가열장치, 부속설비로 구성
① 구조부분 : 바닥콘크리트, 철골부, 보온판 등 기초부분, shell부, 몸체 등
② 가열장치 : 열원장치, 순환용 송풍기 등
③ 부속설비 : 전기설비, 환기장치, 온도조절장치, 안전장치, 소화장치 등

나 건조설비의 종류

(1) **시트(sheet) 건조기** : 직물, 종이, 시트, 필름, 보드 등의 건조물 건조
　① 가열방법 : 방사전열, 대전전열방식 등의 가열 방식으로 건조
　② 구조적 특징 : 병류형, 직교류형 등의 강제 대류방식 사용

(2) **드럼 건조기** : 용액이나 슬러리(slurry) 사용에 가장 적절한 건조 설비

(3) **상자형 건조기** : 분말, 입자상 등의 건조

(4) **터널형 건조기** : 정형상 재료, 비교적 긴시간의 건조물의 건조

(5) **회전 건조기** : 분말, 입자상 등의 건조

(6) **진동 건조기** : 분말, 입자상 등의 건조

다 건조설비 취급시 주의사항

(1) **건조설비를 설치하는 건축물의 구조**

　<u>제280조(위험물 건조설비를 설치하는 건축물의 구조)</u>
　다음의 어느 하나에 해당하는 위험물 건조설비 중 건조실을 설치하는 건축물의 구조는 독립된 단층건물로 하여야 한다(해당 건조실을 건축물의 최상층에 설치하거나 건축물이 내화구조인 경우에는 그러하지 아니하다).
　1. 위험물 또는 위험물이 발생하는 물질을 가열·건조하는 경우 내용적이 1세제곱미터 이상인 건조설비
　2. 위험물이 아닌 물질을 가열·건조하는 경우로서 다음의 어느 하나의 용량에 해당하는 건조설비
　　가. 고체 또는 액체연료의 최대사용량이 시간당 10킬로그램 이상
　　나. 기체연료의 최대사용량이 시간당 1세제곱미터 이상
　　다. 전기사용 정격용량이 10킬로와트 이상

(2) **건조설비의 구조 등**

　<u>제281조(건조설비의 구조 등)</u>
　건조설비를 설치하는 경우의 설치구조(건조물의 종류, 가열건조의 정도, 열원(熱源)의 종류 등에 따라 폭발이나 화재가 발생할 우려가 없는 경우에는 그러하지 아니하다.)
　1. 건조설비의 바깥 면은 불연성 재료로 만들 것
　2. 건조설비(유기과산화물을 가열 건조하는 것은 제외)의 내면과 내부의

선반이나 틀은 불연성 재료로 만들 것
3. 위험물 건조설비의 측벽이나 바닥은 견고한 구조로 할 것
4. 위험물 건조설비는 그 상부를 가벼운 재료로 만들고 주위상황을 고려하여 폭발구를 설치할 것
5. 위험물 건조설비는 건조하는 경우에 발생하는 가스·증기 또는 분진을 안전한 장소로 배출시킬 수 있는 구조로 할 것
6. 액체연료 또는 인화성 가스를 열원의 연료로 사용하는 건조설비는 점화하는 경우에는 폭발이나 화재를 예방하기 위하여 연소실이나 그 밖에 점화하는 부분을 환기시킬 수 있는 구조로 할 것
7. 건조설비의 내부는 청소하기 쉬운 구조로 할 것
8. 건조설비의 감시창·출입구 및 배기구 등과 같은 개구부는 발화 시에 불이 다른 곳으로 번지지 아니하는 위치에 설치하고 필요한 경우에는 즉시 밀폐할 수 있는 구조로 할 것
9. 건조설비는 내부의 온도가 국부적으로 상승하지 아니하는 구조로 설치할 것
10. 위험물 건조설비의 열원으로서 직화를 사용하지 아니할 것
11. 위험물 건조설비가 아닌 건조설비의 열원으로서 직화를 사용하는 경우에는 불꽃 등에 의한 화재를 예방하기 위하여 덮개를 설치하거나 격벽을 설치할 것

(3) 건조설비 사용 작업을 하는 경우 준수사항

<u>제283조(건조설비의 사용)</u>
건조설비를 사용하여 작업을 하는 경우에 폭발이나 화재를 예방하기 위한 준수사항
1. 위험물 건조설비를 사용하는 경우에는 미리 내부를 청소하거나 환기할 것
2. 위험물 건조설비를 사용하는 경우에는 건조로 인하여 발생하는 가스·증기 또는 분진에 의하여 폭발·화재의 위험이 있는 물질을 안전한 장소로 배출시킬 것
3. 위험물 건조설비를 사용하여 가열건조하는 건조물은 쉽게 이탈되지 않도록 할 것
4. 고온으로 가열건조한 인화성 액체는 발화의 위험이 없는 온도로 냉각한 후에 격납시킬 것
5. 건조설비(바깥 면이 현저히 고온이 되는 설비만 해당한다)에 가까운 장소에는 인화성 액체를 두지 않도록 할 것

3. 공정안전기술〈산업안전보건기준에 관한 규칙〉

가 제어장치

일반적인 자동제어 시스템의 작동순서 : 공정상황(온도, 압력 등) → 검출부 → 조절계 → 조작부(밸브) → 공정설비

나 안전장치의 종류

(1) 안전밸브(safety valve)

(가) 안전밸브 : 안전밸브는 설비나 배관의 압력이 설정압력에 도달하면 자동적으로 내부압력이 분출되고, 일정 압력 이하가 되면 정상 상태로 복원하는 밸브
  ① 안전밸브는 파열판과 같이 사용하며 급격한 압력상승의 신속한 제어가 용이하다.
  ③ 안전밸브의 사용에 있어 배기능력의 결정은 매우 중요한 사항이다.
  ② 안전밸브는 물리적 상태 변화에 대응하기 위한 안전장치이다.
  ④ 안전밸브의 원리는 스프링과 같이 기계적 하중을 일정 비율로 조절할 수 있는 장치를 이용한다.

(나) 안전밸브 등의 설치
  제261조(안전밸브 등의 설치)
  ① 다음의 어느 하나에 해당하는 설비에 대해서는 과압에 따른 폭발을 방지하기 위하여 폭발방지 성능과 규격을 갖춘 안전밸브 또는 파열판(안전밸브 등)을 설치하여야 한다.
    1. 압력 용기(안지름이 150밀리미터 이하인 압력 용기는 제외하며, 압력 용기 중 관형 열교환기의 경우에는 관의 파열로 인하여 상승한 압력이 압력용기의 최고사용압력을 초과할 우려가 있는 경우만 해당)
    2. 정변위 압축기(* 정변위 : 용적형)
    3. 정변위 펌프(토출측에 차단밸브가 설치된 것만 해당)
    4. 배관(2개 이상의 밸브에 의하여 차단되어 대기온도에서 액체의 열팽창에 의하여 파열될 우려가 있는 것으로 한정)
    5. 그 밖의 화학설비 및 그 부속설비로서 해당 설비의 최고사용압력을 초과할 우려가 있는 것

> **고압가스 용기 파열사고의 주요 원인**
> ① 용기의 내압력(耐壓力) 부족 : 용기 내벽의 부식, 강재의 피로, 용접불량
> ② 용기 내의 이상 압력 상승
> ③ 용기 내에서의 폭발성 혼합가스의 발화

1) 안전밸브의 분류

   가) 작동기구에 의한 분류

   ① spring식 : 스프링의 압력을 이용하여 밸브가 작동. 장치 내에 이상 고압이 발생되었을 때 스프링의 힘으로 닫혀 있는 밸브를 들어 올려 장치 내 가스를 분출시켜 장치를 보호하는 안전장치

   ② lever식 : 양정의 이상 유무를 확인할 수 있으며 급속 방출이 가능함.

   ③ 중추식 : 스프링의 압력 대신에 추의 일정한 무게를 이용하여 내부압력이 높아질 경우 추를 밀어 올려 가스를 외부로 방출하여 장치를 보호하는 구조

   나) 압력 배출 방식에 의한 분류

   ① 개방형 : 분출가스(압력)가 대기로 방출되게 함(보일러 및 압력용기에 사용).

   ② 밀폐형 : 분출가스(압력)가 다른 공정시스템으로 방출됨(일반적으로 화학설비에 사용).

   ③ Bellows형 : 벨로우즈(bellows, 송풍기)를 사용하여 부식 유체로부터 스프링을 보호함(특히 부식성, 독성 가스 등에 사용).

[표] 개방형 스프링식 안전밸브의 형식별 장·단점

장점	단점
㉮ 구조가 비교적 간단하다. ㉯ 밸브 시트와 밸브 스템 사이에서 누설을 확인하기 쉽다. ㉰ 어큐뮬레이션(accumulation)을 3% 이내로 할 수 있다(증기용에 적합).	㉮ 옥내에서 가연성 가스나 독성 가스 용으로는 사용할 수 없다. ㉯ 배출관에 배압이 걸리는 경우에는 사용할 수 없다. ㉰ 스프링, 밸브 봉 등이 외기의 영향을 받기 쉽다.

※ 가용합금 안전밸브 : 고압가스 용기에 사용되며 화재 등으로 용기의 온도가 상승하였을 때 금속의 일부분을 녹여 가스의 배출구를 만들어 압력을 분출시켜 용기의 폭발을 방지하는 안전장치

   - 가용합금 : 녹는점이 200℃ 이하인 합금(가용합금 안전장치 : 금속의 녹는점을 이용하여 압력을 방출하는 안전장치)

밸브 시트(valve seat)
압력이 새는 것을 방지하기 위하여 밸브 본과 밀착된 부분

밸브 스템(valve stem, 밸브 봉)
밸브의 축에 해당하는 부분으로 가늘고 긴 막대형의 밸브 자루

배압(back pressure)
유체가 배출 될 때에 유체가 가지는 압력이며 압력이 높으면 효율이 떨어짐

2) 안전밸브를 설치할 경우 주의사항

① 검사하기 쉬운 위치에 밸브축이 수직되게 설치한다.
② 분출 시의 반발력을 충분히 고려하여 설치한다.
③ 용기에서 안전밸브 입구까지의 압력차가 안전밸브 설정 압력의 3%를 초과하지 않도록 한다.
④ 방출관이 긴 경우는 배압에 주의하여야 한다.

3) 안전밸브 등의 작동요건

<u>제264조(안전밸브 등의 작동요건)</u>
설치한 안전밸브 등이 안전밸브 등을 통하여 보호하려는 설비의 최고사용압력 이하에서 작동되도록 하여야 한다(안전밸브 등이 2개 이상 설치된 경우에 1개는 최고사용압력의 1.05배(외부화재를 대비한 경우에는 1.1배) 이하에서 작동되도록 설치할 수 있다).

※ 이상반응 또는 폭발로 인하여 발생되는 압력의 방출장치 : 안전밸브, 가용합금 안전밸브, 파열판, 폭압방산공 등

(다) 차단밸브의 설치 금지

<u>제266조(차단밸브의 설치 금지)</u>
안전밸브 등의 전단·후단에 차단밸브를 설치해서는 아니 된다. 다만, 다음의 어느 하나에 해당하는 경우에는 자물쇠형 또는 이에 준하는 형식의 차단밸브를 설치할 수 있다.

1. 인접한 화학설비 및 그 부속설비에 안전밸브 등이 각각 설치되어 있고, 해당 화학설비 및 그 부속설비의 연결배관에 차단밸브가 없는 경우
2. 안전밸브 등의 배출용량의 2분의 1 이상에 해당하는 용량의 자동압력조절밸브(구동용 동력원의 공급을 차단하는 경우 열리는 구조인 것으로 한정)와 안전밸브 등이 병렬로 연결된 경우
3. 화학설비 및 그 부속설비에 안전밸브 등이 복수방식으로 설치되어 있는 경우
4. 예비용 설비를 설치하고 각각의 설비에 안전밸브 등이 설치되어 있는 경우
5. 열팽창에 의하여 상승된 압력을 낮추기 위한 목적으로 안전밸브가 설치된 경우
6. 하나의 플레어 스택(flare stack)에 둘 이상의 단위공정의 플레어 헤더(flare header)를 연결하여 사용하는 경우로서 각각의 단위공정의 플레어헤더에 설치된 차단밸브의 열림·닫힘 상태를 중앙제어실에서 알 수 있도록 조치한 경우

(2) 파열판(rupture)

입구 측의 압력이 설정 압력에 도달하면 판이 파열하면서 유체가 분출하도록 용기 등에 설치된 얇은 판으로 된 안전장치
- 짧은 시간 내에 급격하게 압력이 변화는 경우 적합

(가) 파열판의 설치

<u>제262조(파열판의 설치)</u>
안전밸브가 설치된 설비가 다음의 어느 하나에 해당하는 경우에는 파열판을 설치하여야 한다.
1. 반응 폭주 등 급격한 압력 상승 우려가 있는 경우
2. 급성 독성물질의 누출로 인하여 주위의 작업환경을 오염시킬 우려가 있는 경우
3. 운전 중 안전밸브에 이상 물질이 누적되어 안전밸브가 작동되지 아니할 우려가 있는 경우

> 파열판(Rupture)
> ① 압력 방출 속도가 빠르다.
> ② 설정 파열압력 이하에서 파열될 수 있다.
> ③ 높은 점성의 슬러리나 부식성 유체에 적용할 수 있다.
> ④ 한번 파열되면 재사용할 수 없다.

(나) 파열판 및 안전밸브의 직렬설치

<u>제263조(파열판 및 안전밸브의 직렬 설치)</u>
급성 독성물질이 지속적으로 외부에 유출될 수 있는 화학설비 및 그 부속설비에 파열판과 안전밸브를 직렬로 설치하고 그 사이에는 압력지시계 또는 자동경보장치를 설치하여야 한다.

1) 스프링식 안전밸브를 대체할 수 있는 안전장치 : 파열판(rupture disk)

2) 파열판과 스프링식 안전밸브를 직렬로 설치해야 할 경우
  ① 부식물질로부터 스프링식 안전밸브를 보호할 때
  ② 독성이 매우 강한 물질을 취급 시 완벽하게 격리를 할 때
  ③ 스프링식 안전밸브에 막힘을 유빌시킬 수 있는 슬러리를 방출시킬 때
  ④ 릴리프 장치가 작동 후 방출라인이 개방되지 않아야 할 때

> 슬러리(slurry) : 미세한 고체입자가 부유하여 현탁된 상태의 유체

> 릴리프밸브(압력제어밸브) : 과도한 압력 상승의 방출을 위해 압력상승에 비례하여 개방되는 밸브

3) 파열판과 스프링식 안전밸브를 병렬로 설치해야 할 경우 : 반응폭주에 의한 급격한 압력상승이 예상되는 경우 파열판과 안전밸브를 병렬로 반응기 상부에 설치(반응폭주현상이 일어났을 때 반응기 내부의 과압을 가장 잘 분출할 수 있는 방법)
  - 소량의 방출은 안전밸브, 대량의 방출은 파열판에 의해 진행

(3) 통기밸브(breather valve)

용기의 내부 압력과 대기압이 차이가 발생할 경우 대기를 용기 내에 흡입하거나 압력을 방출하여 용기 내부를 대기압과 평행한 상태로 유지하기

위한 밸브(인화성 액체를 저장·취급하는 대기압 탱크에 가압이나 진공 발생 시 압력을 일정하게 유지하기 위하여 설치하여야 하는 장치)

<u>제268조(통기설비)</u>
① 인화성 액체를 저장·취급하는 대기압탱크에는 통기관 또는 통기밸브(breather valve) 등(통기설비)을 설치하여야 한다.
② 통기설비는 정상운전 시에 대기압탱크 내부가 진공 또는 가압되지 않도록 충분한 용량의 것을 사용하여야 하며, 철저하게 유지·보수를 하여야 한다.

(4) 화염방지기(flame arrester)

비교적 저압 또는 상압에서 가연성의 증기를 발생하는 유류를 저장하는 탱크에서 외부에 그 증기를 방출하기도 하고, 탱크 내에 외기를 흡입하기도 하는 부분에 설치하며, 가는 눈금의 금망이 여러 개 겹쳐진 구조로 된 안전장치(화염의 역화를 방지하기 위한 안전장치)
① 유류저장탱크에서 화염의 차단을 목적으로 외부에 증기를 방출하기도 하고 탱크 내 외기를 흡입하기도 하는 부분에 설치하는 안전장치
② 40메시 이상의 가는 철망을 여러 겹으로 하여 화염의 차단을 목적으로 함.

(가) 화염방지기의 설치 등

<u>제269조(화염방지기의 설치 등)</u>
① 인화성 액체 및 인화성 가스를 저장 취급하는 화학설비에서 증기나 가스를 대기로 방출하는 경우에는 외부로부터의 화염을 방지하기 위하여 화염방지기를 그 설비 상단에 설치해야 한다(대기로 연결된 통기관에 화염방지 기능이 있는 통기밸브가 설치되어 있거나, 인화점이 섭씨 38도 이상 60도 이하인 인화성 액체를 저장·취급할 때에 화염방지 기능을 가지는 인화방지망을 설치한 경우에는 그렇지 않다).

(나) 화염방지기의 구조 및 설치 방법

① 화염방지기는 가능한 보호대상 화학설비의 통기관 끝단에 설치하는 것을 권장한다.
② 화염방지성능이 있는 통기밸브인 경우를 제외하고 화염방지기를 설치하여야 한다.
③ 본체는 금속제로서 내식성이 있어야 하며, 폭발 및 화재로 인한 압력과 온도에 견딜 수 있어야 한다.
④ 소염소자는 내식, 내열성이 있는 재질이어야 하고, 이물질 등의 제거를

위한 정비작업이 용이하여야 한다.

* 소염거리(quenching distance) 또는 소염직경(quenching diameter)을 이용한 안전장치 : ① 화염방지기 ② 역화방지기 ③ 방폭전기기기
  - 소염거리 : 전기불꽃을 가해도 점화되지 않는 전극 간의 최대거리

(5) 벤트 스택(vent stack)

저장탱크 등의 내압력을 정상상태로 유지하기 위한 안전장치

(6) 머레큘러 실(molecular seal)

플레어 스택에 부착하여 가연성 가스와 공기의 접촉(폭발 혼합물의 생성)을 방지하기 위하여 밀도가 작은 가스를 채워주는 안전장치
- molecular seal은 플레어 스택 상단부에 설치

> **플레어 스택(flare stack)**
> 가연성 가스를 방출시킬 때 폭발성 가스가 형성되지 않도록 연소시켜 방출하는 장치로서 공정 중에서 발생하는 미연소가스를 연소하여 안전하게 밖으로 배출시키기 위하여 사용하는 설비

(7) 체크 밸브(check valve)

유체의 역류를 방지하기 위한 장치

(8) 분출밸브(blow valve, 블로 밸브)

초과 압력을 방출할 수 있도록 한 안전장치

* 릴리프 밸브 : 액체계의 과도한 상승 압력의 방출에 이용되고, 설정압력이 되었을 때 압력상승에 비례하여 서서히 개방되는 밸브(압력제어 밸브)

(9) 스팀 드래프트(steam draft)

증기배관 내에 생기는 응축수를 자동적으로 배출하기 위한 장치

(10) 긴급차단장치

대형의 반응기, 탑, 탱크 등에 있어서 이상상태가 발생할 때 밸브를 정지시켜 원료공급을 차단하기 위한 안전장치로, 공기압식, 유압식, 전기식, 스프링식 등이 있음.
- 화재나 배관의 파열 또는 오조작 등으로 사고가 발생한 경우 저장탱크에서 연결되는 배관 중간에 설치하여 차단

steam trap(증기 드랩): 증기 배관 내에 생성하는 응축수를 제거할 때 증기가 배출되지 않도록 하면서 응축수를 자동적으로 배출하기 위한 장치

다 송풍기

(1) 외부에서 에너지를 주어 기체를 압송 또는 수송하는 장치
 - 토출압력이 $1kg/cm^2$ 이하의 저압을 요구하는 경우 사용

(2) 송풍기의 상사법칙(상사율)에 관한 설명
 ① 송풍량은 회전수와 비례한다.
 ② 정압(풍압)은 회전수의 제곱에 비례한다.
 ③ 축동력은 회전수의 세제곱에 비례한다.
 ④ 정압은 임펠러 직경의 제곱에 비례한다.

구분	송풍량	정압(풍압)	축동력(사용동력)
회전수	회전수에 비례	회전수의 제곱에 비례	회전수의 세제곱에 비례
직경	직경의 세제곱에 비례	직경의 제곱에 비례	직경의 오제곱에 비례

 ※ 상사율(law of similarity) : 구조물이나 실물, 원형(prototype)의 성능을 예측하기 위하여 원형과 모형(model) 사이에 반드시 성립하여야 하는 어떤 법칙
 ※ 정압 : 유체의 흐름과 평행인 면에 수직으로 작용하는 압력
 ※ 양정 : 기계공학에서 펌프가 물을 퍼 올리는 높이(lift head, 펌프의 위치수두)

(3) 상사법칙의 성립
 (임펠러의 직경 D, 회전수(회전속도) N, 정압(풍압, 양정) H, 송풍량(이송유량) Q, 동력 P, 가스밀도 ρ)
 회전속도가 $N_1 \to N_2$, 직경이 $D_1 \to D_2$로 변할 때

 ① $Q_2 = Q_1 \times \left(\dfrac{N_2}{N_1}\right) \times \left(\dfrac{D_2}{D_1}\right)^3$

 ② $H_2 = H_1 \times \left(\dfrac{N_2}{N_1}\right)^2 \times \left(\dfrac{D_2}{D_1}\right)^2 \times \left(\dfrac{\rho_2}{\rho_1}\right)$

 ③ $P_2 = P_1 \times \left(\dfrac{N_2}{N_1}\right)^3 \times \left(\dfrac{D_2}{D_1}\right)^5 \times \left(\dfrac{\rho_2}{\rho_1}\right)$

라 압축기

토출압력이 $1kg/cm^2$ 이상의 공기 또는 기체를 수송하는 장치

(1) 압축기의 종류

 (가) 회전형 : 원심식, 축류식, 혼류식 압축기
  - 회전운동을 하는 회전자에 의해 가스를 흡입, 배출하는 형식

축류식 압축기
프로펠러의 회전에 의한 추진력에 의해 기체를 압송하는 방식이다.

(나) 용적형 : 회전식, 왕복동식, 다이어프램식, 스쿠류식 압축기
- 실린더 내에 기체를 흡입하고 체적의 감소를 통해 압력을 증가시켜 토출구로 분출하여 송풍

(2) 왕복식 압축기의 이상현상 및 원인

(가) 압축기의 운전 중 흡입배기 밸브의 불량으로 인한 주요 현상
① 가스온도가 상승한다.
② 가스압력에 변화가 초래된다.
③ 밸브 작동음에 이상을 초래한다.

(나) 토출구에 가해지는 높은 토출압력
- 토출온도가 급상승하여 피스톤링의 마모와 파손이 발생

(다) 압축기 운전 시 토출압력이 갑자기 증가하는 이유
- 토출관 내에 저항 발생

(3) 펌프의 이상현상

(가) 공동현상(cavitation)

1) 공동현상 : 물이 관 속을 흐를 때 유동하는 물속의 어느 부분의 정압이 그 때의 물의 증기압보다 낮을 경우 물이 증발하여 부분적으로 증기가 발생되어 배관의 부식을 초래하는 현상

2) 공동현상(cavitation) 방지를 위한 조치사항
① 펌프의 설치 높이를 가능한 낮게 한다.(펌프의 설치높이를 낮추어 흡입양정을 짧게 한다).
- 펌프 위치를 가능한 한 흡수면에 가깝게 하여 실흡입양정(實吸入揚程)을 작게 한다.
② 펌프의 회전속도를 작게 한다.(펌프의 회전수를 낮춘다.)
③ 흡입비속도(흡입비교 회전속도)를 작게 한다.
④ 펌프의 흡입관의 두(head) 손실을 줄인다.
⑤ 펌프의 유효흡입양정을 작게 한다.
  * 유효흡입양정(NPSH, Net Positive Suction Head) : 펌프 운전 시 캐비테이션(caviation : 공동현상) 발생 없이 펌프를 안전하게 운전되고 있는가를 나타내는 척도
⑥ 흡입 측에서 펌프의 토출량을 감소시키는 일은 절대로 피한다.

공동현상
액체가 빠른 속도로 이동할 때 액체의 압력이 증기압 보다 낮아져 액체 내에 증기 기포가 발생하여 공동을 이루는 현상. 발생된 기포는 압력이 높은 곳에서 급격히 부서지면서 소음·진동이 발생하고 효율을 떨어뜨림.

실흡입양정
펌프 축 중심에서 흡입 수면까지의 수직거리

(나) 맥동현상(surging, 서징현상)

1) 압축기와 송풍기의 관로에 심한 공기의 맥동과 진동을 발생하면서 불안정한 운전이 되는 현상
   - 송풍기 등이 어느 특정 범위에서 운전중에 압력이 주기적으로 변동하여 운전상태가 매우 불안정하게 되는 현상

2) 방지대책
   ① 풍량을 감소시킨다.
   ② 배관의 경사를 완만하게 한다.
   ③ 교축밸브를 기계(송풍기)에 근접해서 설치한다.
      ※ 교축밸브 : 통로의 단면적을 바꿔 교축 작용으로 감압과 유량 조절을 하는 밸브(유량조절밸브)
   ④ 토출가스를 흡입 측에 바이패스시키거나 방출밸브에 의해 대기로 방출시킨다.

(다) 수격작용(water hammering) : 관로 안의 물의 운동상태를 급격히 변화시킴으로써 일어나는 압력변화 현상
   - 관내를 흐르고 있는 물의 유속이 급히 바뀌면 유체의 운동에너지가 압력에너지로 변하여 관내 압력이 이상 상승하게 되어 배관과 펌프에 손상을 주는 현상

> **왕복 펌프(reciprocating pump)**
> 실린더 내의 피스톤 또는 플런저 등의 왕복 운동에 의한 펌프로 주로 플런저형 · 버킷형 · 피스톤형이 있다.(용적형 펌프)
> ① 피스톤 펌프 ② 플런저 펌프 ③ 격막 펌프 ④ 버킷 펌프

마 배관 및 피팅류

① 관의 지름을 변경하고자 할 때 필요한 관 부속품
   - 리듀셔(reducer), 부싱(bushing)
② 관로의 방향을 변경
   - 엘보우(elbow), Y자관, 티이(T), 십자관(크로스, cross)
③ 유로차단
   - 플러그(plug), 캡, 밸브

리듀셔(reducer)
지름이 다른 관을 접속하는 관 이음새

바 계측장비

(1) 압력계 : 기체나 액체의 압력을 측정하기 위한 계기

(2) 유량계

① 차압식 유량계 : 압력차에 의하여 유량을 측정
- 피토 튜브(pitot tube), 오리피스 미터(orifice meter), 벤튜리 미터(venturi meter)

② 면적식 유량계 : 유체의 면적과 시간의 함수를 이용하여 유량을 측정
- 로타 미터(rota meter)

사 아세틸렌 용접장치 및 가스집합 용접장치

(1) 압력의 제한

<U>제285조(압력의 제한)</U>
아세틸렌 용접장치를 사용하여 금속의 용접·용단 또는 가열작업을 하는 경우에는 게이지 압력이 127킬로파스칼을 초과하는 압력의 아세틸렌을 발생시켜 사용해서는 아니 된다.

(2) 안전기의 설치

<U>제289조(안전기의 설치)</U>
① 아세틸렌 용접장치의 취관마다 안전기를 설치하여야 한다(주관 및 취관에 가장 가까운 분기관(分岐管)마다 안전기를 부착한 경우에는 그러하지 아니하다).
② 가스용기가 발생기와 분리되어 있는 아세틸렌 용접장치에 대하여 발생기와 가스용기 사이에 안전기를 설치하여야 한다.

(3) 가스 등의 용기를 취급 준수사항

<U>제234조(가스 등의 용기)</U>
금속의 용접·용단 또는 가열에 사용되는 가스 등의 용기를 취급하는 경우의 준수사항
1. 다음의 어느 하나에 해당하는 장소에서 사용하거나 해당 장소에 설치·저장 또는 방치하지 않도록 할 것
   가. 통풍이나 환기가 불충분한 장소
   나. 화기를 사용하는 장소 및 그 부근
   다. 위험물 또는 법령에 따른 인화성 액체를 취급하는 장소 및 그 부근
2. 용기의 온도를 섭씨 40도 이하로 유지할 것

구리의 사용 제한 〈산업안전보건기준에 관한 규칙〉
제294조(구리의 사용 제한) 용해아세틸렌의 가스집합 용접장치의 배관 및 부속기구는 구리나 구리 함유량이 70퍼센트 이상인 합금을 사용해서는 아니 된다.

3. 전도의 위험이 없도록 할 것
4. 충격을 가하지 않도록 할 것
5. 운반하는 경우에는 캡을 씌울 것
6. 사용하는 경우에는 용기의 마개에 부착되어 있는 유류 및 먼지를 제거할 것
7. 밸브의 개폐는 서서히 할 것
8. 사용 전 또는 사용 중인 용기와 그 밖의 용기를 명확히 구별하여 보관할 것
9. 용해아세틸렌의 용기는 세워 둘 것
10. 용기의 부식·마모 또는 변형상태를 점검한 후 사용할 것

(4) 금속의 용접·용단 또는 가열작업 시 준수 사항

제233조(가스용접 등의 작업)

인화성 가스, 불활성 가스 및 산소를 사용하여 금속의 용접·용단 또는 가열작업을 하는 경우에는 가스등의 누출 또는 방출로 인한 폭발·화재 또는 화상을 예방하기 위하여 다음의 사항을 준수하여야 한다.

1. 가스 등의 호스와 취관(吹管)은 손상·마모 등에 의하여 가스 등이 누출할 우려가 없는 것을 사용할 것
2. 가스 등의 취관 및 호스의 상호 접촉부분은 호스밴드, 호스클립 등 조임기구를 사용하여 가스 등이 누출되지 않도록 할 것
3. 가스 등의 호스에 가스등을 공급하는 경우에는 미리 그 호스에서 가스 등이 방출되지 않도록 필요한 조치를 할 것
4. 사용 중인 가스 등을 공급하는 공급구의 밸브나 콕에는 그 밸브나 콕에 접속된 가스 등의 호스를 사용하는 사람의 명찰을 붙이는 등 가스 등의 공급에 대한 오조작을 방지하기 위한 표시를 할 것
5. 용단작업을 하는 경우에는 취관으로부터 산소의 과잉방출로 인한 화상을 예방하기 위하여 근로자가 조절밸브를 서서히 조작하도록 주지시킬 것
6. 작업을 중단하거나 마치고 작업장소를 떠날 경우에는 가스 등의 공급구의 밸브나 콕을 잠글 것
7. 가스 등의 분기관은 전용 접속기구를 사용하여 불량체결을 방지하여야 하며, 서로 이어지지 않는 구조의 접속기구 사용, 서로 다른 색상의 배관·호스의 사용 및 꼬리표 부착 등을 통하여 서로 다른 가스배관과의 불량체결을 방지할 것

아 가스누출감지경보기의 선정기준, 구조 및 설치 방법

① 암모니아를 제외한 가연성 가스 누출감지경보기는 방폭성능을 갖는 것이어야 한다.
② 하나의 감지대상가스가 가연성이면서 독성인 경우에는 독성 가스를 기준하여 가스누출감지경보기를 선정하여야 한다.
③ 건축물 내에 설치되는 경우, 감지대상가스의 비중이 공기보다 무거운 경우에는 건축물 내의 하부에 설치하여야 한다.
④ 경보 설정점
　㉠ 가연성 물질용 가스누출감지경보기는 감지대상 가스의 폭발하한계 25% 이하, 독성 가스용 가스누출감지경보기는 해당 독성 가스의 허용농도 이하에서 경보가 울리도록 설정하여야 한다.
　㉡ 가스누출감지경보기의 감지부 정밀도는 경보설정점에 대하여 가연성 가스 누출감지경보기는 ±25% 이하, 독성 가스누출 감지경보기는 ±30% 이하이어야 한다.

> **가스누설검지기의 경보방식**
>
> ① 즉시경보형 : 경보방식에서 가스농도가 경보설정치에 달했을 직후에 경보를 발하는 방식
> ② 경보지연형 : 가스농도가 경보설정치에 달한 후 일정 시간 그 농도 이상의 상태를 지속했을 때에 경보를 발하는 방식
> ③ 반한시경보형 : 지연시간을 두고 농도가 급격히 증가하면 즉시경보하고 농도 증가가 느리면 지연경보하는 방식

※ 가스누설검지기의 검지원리는 반도체식, 접촉연소식 등이 있고 가스경보기는 방폭성과 견고성이 요구된다.

자 환기장치

(1) 국소배기시설의 후드(hood)

작업환경 중 발생되는 오염공기를 발생원에서 직접 포집하기 위한 국소배기장치의 입구부
① 유해물질이 발생하는 곳마다 설치한다.
② 후드의 개구부 면적은 작게 한다.
③ 후드를 가능한 한 발생원에 접근시킨다(발생원에 가깝게 한다).
④ 후드(hood) 형식은 가능하면 포위식 또는 부스식 후드를 설치한다.
⑤ 충분한 포집속도를 유지한다.

⑥ 후드로부터 연결된 덕트는 직선화시킨다.
⑦ 국부적인 흡인 방식을 선택한다.

<u>제72조(후드)</u>

인체에 해로운 분진, 흄(fume), 미스트(mist), 증기 또는 가스 상태의 물질(분진 등)을 배출하기 위하여 설치하는 국소배기장치의 후드가 다음의 기준에 맞도록 하여야 한다.

1. 유해물질이 발생하는 곳마다 설치할 것
2. 유해인자의 발생형태와 비중, 작업방법 등을 고려하여 해당 분진 등의 발산원(發散源)을 제어할 수 있는 구조로 설치할 것
3. 후드(hood) 형식은 가능하면 포위식 또는 부스식 후드를 설치할 것
4. 외부식 또는 리시버식 후드는 해당 분진 등의 발산원에 가장 가까운 위치에 설치할 것

(2) 덕트

<u>제73조(덕트)</u>

분진 등을 배출하기 위하여 설치하는 국소배기장치(이동식은 제외)의 덕트(duct)가 다음의 기준에 맞도록 하여야 한다.

1. 가능하면 길이는 짧게 하고 굴곡부의 수는 적게 할 것
2. 접속부의 안쪽은 돌출된 부분이 없도록 할 것
3. 청소구를 설치하는 등 청소하기 쉬운 구조로 할 것
4. 덕트 내부에 오염물질이 쌓이지 않도록 이송속도를 유지할 것
5. 연결 부위 등은 외부 공기가 들어오지 않도록 할 것

CHAPTER 04 항목별 우선순위 문제 및 해설

01 다음 중 건조설비의 사용상 주의사항으로 적절하지 않은 것은?

① 건조설비 가까이 가연성 물질을 두지 말 것
② 고온으로 가열 건조한 물질은 즉시 격리 저장할 것
③ 위험물 건조설비를 사용할 때는 미리 내부를 청소하거나 환기시킨 후 사용할 것
④ 건조시 발생하는 가스 증기 또는 분진에 의한 화재 폭발의 위험이 있는 물질은 안전한 장소로 배출할 것

해설 건조설비 사용 작업을 하는 경우 준수사항
고온으로 가열건조한 인화성 액체는 발화의 위험이 없는 온도로 냉각한 후에 격납시킬 것

02 반응기를 조작방법에 따라 분류할 때 반응기의 한 쪽에서는 원료를 계속적으로 유입하는 동시에 다른 쪽에서는 반응생성물질을 유출시키는 형식의 반응기를 무엇이라 하는가?

① 관형 반응기
② 연속식 반응기
③ 회분식 반응기
④ 교반조형 반응기

해설 반응기의 분류
(가) 반응기의 조작 방식에 의한 분류
　① 회분식 반응기
　② 반회분식 반응기
　③ 연속식 반응기
(나) 반응기의 구조 방식에 의한 분류
　① 교반조형 반응기　② 관형 반응기
　③ 탑형 반응기　　　④ 유동층형 반응기

03 다음 중 개방형 스프링식 안전밸브의 장점이 아닌 것은?

① 구조가 비교적 간단하다.
② 밸브 시트와 밸브 스템 사이에서 누설을 확인하기 쉽다.
③ 증기용 어큐뮬레이션을 3% 이내로 할 수 있다.
④ 스프링, 밸브 봉 등이 외기의 영향을 받지 않는다.

해설 개방형 스프링식 안전밸브의 형식별 장·단점

장점	단점
㉮ 구조가 비교적 간단하다.	㉮ 옥내에서 가연성 가스나 독성 가스용으로는 사용할 수 없다.
㉯ 밸브 시트와 밸브 스템 사이에서 누설을 확인하기 쉽다.	㉯ 배출관에 배압이 걸리는 경우에는 사용할 수 없다.
㉰ 어큐뮬레이션(accumulation)을 3% 이내로 할 수 있다(증기용에 적합)	㉰ 스프링, 밸브 봉 등이 외기의 영향을 받기 쉽다.

04 다음 중 파열판에 관한 설명으로 틀린 것은?

① 압력 방출속도가 빠르다.
② 설정 파열압력 이하에서 파열될 수 있다.
③ 한번 부착한 후에는 교환할 필요가 없다.
④ 높은 점성의 슬러리나 부식성 유체에 적용할 수 있다.

해설 파열판(rupture)
입구 측의 압력이 설정 압력에 도달하면 판이 파열하면서 유체가 분출하도록 용기 등에 설치된 얇은 판으로 된 안전장치(짧은 시간 내에 급격하게 압력이 변화는 경우 적합)

정답 01.② 02.② 03.④ 04.③

05 반응기의 이상압력 상승으로부터 반응기를 보호하기 위해 동일한 용량의 파열판과 안전밸브를 설치하고자 한다. 다음 중 반응폭주 현상이 일어났을 때 반응기 내부의 과압을 가장 잘 분출할 수 있는 방법은?

① 파열판과 안전밸브를 병렬로 반응기 상부에 설치한다.
② 안전밸브, 파열판의 순서로 반응기 상부에 직렬로 설치한다.
③ 파열판, 안전밸브의 순서로 반응기 상부에 직렬로 설치한다.
④ 반응기 내부의 압력이 낮을 때는 직렬연결이 좋고, 압력이 높을 때는 병렬연결이 좋다.

해설 파열판과 스프링식 안전밸브를 병렬로 설치해야 할 경우 : 반응폭주에 의한 급격한 압력상승이 예상되는 경우 파열판과 안전밸브를 병렬로 반응기 상부에 설치 (반응폭주현상이 일어났을 때 반응기 내부의 과압을 가장 잘 분출할 수 있는 방법)
– 소량의 방출은 안전밸브, 대량의 방출은 파열판에 의해 진행

06 산업안전보건법상의 위험물을 저장·취급하는 화학설비 및 그 부속설비를 설치하는 경우 폭발이나 화재에 따른 피해를 줄이기 위하여 단위공정시설 및 설비로부터 다른 단위공정시설 및 설비의 사이의 안전거리는 얼마로 하여야 하는가?

① 설비의 안쪽 면으로부터 10미터 이상
② 설비의 바깥 면으로부터 10미터 이상
③ 설비의 안쪽 면으로부터 5미터 이상
④ 설비의 바깥 면으로부터 5미터 이상

해설 안전거리

구분	안전거리
1. 단위공정시설 및 설비로부터 다른 단위공정시설 및 설비의 사이	설비의 바깥 면으로부터 10미터 이상

07 비교적 저압 또는 상압에서 가연성의 증기를 발생하는 유류를 저장하는 탱크에서 외부에 그 증기를 방출하기도 하고, 탱크 내에 외기를 흡입하기도 하는 부분에 설치하며, 가는 눈금의 금망이 여러 개 겹쳐진 구조로 된 안전장치는?

① check valve
② flame arrester
③ ventstack
④ rupture disk

해설 화염방지기(flame arrester)
① 유류저장탱크에서 화염의 차단을 목적으로 외부에 증기를 방출하기도 하고 탱크 내 외기를 흡입하기도 하는 부분에 설치하는 안전장치
② 40메시 이상의 가는 철망을 여러 겹으로 하여 화염의 차단을 목적으로 함.

08 인화성액체 위험물을 액체 상태로 저장하는 저장탱크를 설치할 때, 위험물질이 누출되어 확산되는 것을 방지하기 위하여 설치해야 하는 것은?

① 방유제 ② 유막시스템
③ 방폭제 ④ 수막시스템

해설 방유제(防油堤) 설치
위험물을 액체 상태로 저장하는 저장탱크를 설치하는 경우에는 위험물질이 누출되어 확산되는 것을 방지하기 위하여 방유제(防油堤)를 설치하여야 함

09 다음 중 송풍기의 상사법칙으로 옳은 것은? (단, 송풍기의 크기와 공기의 비중량은 일정하다.)

① 풍압은 회전수에 반비례한다.
② 풍량은 회전수의 제곱에 비례한다.
③ 소요동력은 회전수의 세제곱에 비례한다.
④ 풍압과 동력은 절대온도에 비례한다.

정답 05. ① 06. ② 07. ② 08. ① 09. ③

해설 송풍기의 상사법칙
① 송풍량은 회전수와 비례한다.
② 정압은 회전수의 제곱에 비례한다.
③ 축동력은 회전수의 세제곱에 비례한다.
④ 정압은 임펠러 직경의 제곱에 비례한다.

구분	송풍량	정압(풍압)	축동력
회전수	회전수에 비례	회전수의 제곱에 비례	회전수의 세제곱에 비례
직경	직경의 세제곱에 비례	직경의 제곱에 비례	직경의 오제곱에 비례

* 정압 : 유체의 흐름과 평행인 면에 수직으로 작용하는 압력
* 양정 : 기계공학에서 펌프가 물을 퍼올리는 높이

10 물이 관 속을 흐를 때 유동하는 물 속의 어느 부분의 정압이 그 때의 물의 증기압보다 낮을 경우 물이 증발하여 부분적으로 증기가 발생되어 배관의 부식을 초래하는 경우가 있다. 이러한 현상을 무엇이라 하는가?

① 수격작용(water hammering)
② 공동현상(cavitation)
③ 서징(surging)
④ 비말동반(entrainment)

해설 공동현상(cavitation)
액체가 빠른 속도로 이동할 때 액체의 압력이 증기압보다 낮아져 액체 내에 증기 기포가 발생하여 공동을 이루는 현상. 발생된 기포는 압력이 높은 곳에서 급격히 부서지면서 소음·진동이 발생하고 효율을 떨어뜨림.

11 다음 중 펌프의 사용시 공동현상(cavitation)을 방지하고자 할 때의 조치사항으로 틀린 것은?

① 펌프의 회전수를 높인다.
② 흡입비속도를 작게 한다.
③ 펌프의 흡입관의 두(head) 손실을 줄인다.
④ 펌프의 설치높이를 낮추어 흡입양정을 짧게 한다.

해설 펌프의 공동현상(cavitation)을 방지
① 펌프의 설치 높이를 가능한 낮게 한다.
  – 펌프 위치를 가능한 한 흡수면에 가깝게 하여 실흡입양정(實吸入揚程)을 작게 한다.
② 펌프의 회전속도를 작게 한다.
③ 펌프의 유효 흡입양정을 작게 한다.
  * 유효흡입양정(NPSH: Net Positive Suction Head) : 펌프 운전 시 캐비테이션(caviation : 공동현상) 발생 없이 펌프를 안전하게 운전되고 있는가를 나타내는 척도
④ 흡입 측에서 펌프의 토출량을 감소시키는 일은 절대로 피한다.

12 휘발유를 저장하던 이동저장탱크에 등유나 경유를 이동 저장탱크의 밑 부분으로부터 주입할 때에 액표면의 높이가 주입관의 선단의 높이를 넘을 때까지 주입속도는 몇 m/s 이하로 하여야 하는가?

① 0.5
② 1.0
③ 1.5
④ 2.0

해설 가솔린이 남아 있는 설비에 등유 등의 주입
등유나 경유를 주입하는 경우에는 그 액표면의 높이가 주입관의 선단의 높이를 넘을 때까지 주입속도를 초당 1미터 이하로 할 것

13 관부속품 중 유로를 차단할 때 사용되는 것은?

① 유니온
② 소켓
③ 플러그
④ 엘보우

해설 배관 및 피팅류
① 관의 지름을 변경하고자 할 때 필요한 관 부속품
  – 리듀셔(reducer), 부싱(bushing)
② 관로의 방향을 변경
  – 엘보우(elbow), Y자관, 엘보, 티이, 십자관
③ 유로차단
  – 플러그(plug), 캡, 밸브

정답 10. ② 11. ① 12. ② 13. ③

Chapter 05 화공 안전운전·점검(공정안전)

1. 공정안전 일반

가 공정안전보고서의 제출 대상

※ 공정안전보고〈산업안전보건법 제44조(공정안전보고서의 작성·제출 등)〉

〈산업안전보건법 시행령〉
제43조(공정안전보고서의 제출 대상)
다음의 어느 하나에 해당하는 사업을 하는 사업장의 경우에는 그 보유 설비를 말하고, 그 외의 사업을 하는 사업장의 경우에는 별표 13에 따른 유해·위험물질 중 하나 이상을 같은 표에 따른 규정량 이상 제조·취급·저장하는 설비 및 그 설비의 운영과 관련된 모든 공정설비를 말한다.
1. 원유 정제처리업
2. 기타 석유정제물 재처리업
3. 석유화학계 기초화학물질 제조업 또는 합성수지 및 기타 플라스틱물질 제조업
4. 질소, 인산 및 칼리질 화학비료 제조업 중 질소질 화학비료 제조업
5. 복합비료 제조업(단순혼합 또는 배합에 의한 경우는 제외한다.)
6. 농업용 약제 제조업(농약 원제 제조만 해당한다.)
7. 화약 및 불꽃제품 제조업

〈산업안전보건법 시행령〉
[별표 13] 유해·위험물질 규정량
비고 7. 사업장에서 다음의 구분에 따라 해당 유해·위험물질을 그 규정량 이상 제조·취급·저장하는 경우에는 유해·위험설비로 본다.
가. 한 종류의 유해·위험물질을 제조·취급·저장하는 경우: 해당 유해·위험물질의 규정량 대비 하루 동안 제조·취급 또는 저장할 수 있는 최대치 중 가장 큰 값 $\left(\dfrac{C}{T}\right)$이 1 이상인 경우

나. 두 종류 이상의 유해·위험물질을 제조·취급·저장하는 경우: 유해·위험물질별로 가목에 따른 가장 큰 값$\left(\dfrac{C}{T}\right)$을 각각 구하여 합산한 값(R)이 1 이상인 경우로, 그 산식은 다음과 같다.

$$R = \dfrac{C_1}{T_1} + \dfrac{C_2}{T_2} + \cdots + \dfrac{C_n}{T_n}$$

주) C_n : 유해·위험물질별(n) 규정량과 비교하여 하루 동안 제조·취급 또는 저장할 수 있는 최대치 중 가장 큰 값
　　T_n : 유해·위험물질별(n) 규정량

나 공정안전보고서에 포함되어야 할 사항 〈산업안전보건법 시행령〉

<u>제44조(공정안전보고서의 내용)</u>
공정안전보고서의 포함사항
1. 공정안전자료
2. 공정위험성 평가서
3. 안전운전계획
4. 비상조치계획
5. 그 밖에 공정상의 안전과 관련하여 고용노동부장관이 필요하다고 인정하여 고시하는 사항

다 공정안전보고서의 제출 시기 〈산업안전보건법 시행규칙〉

<u>제51조(공정안전보고서의 제출 시기)</u>
유해하거나 위험설비의 설치·이전 또는 주요 구조부분의 변경공사의 착공일(기존 설비의 제조·취급·저장 물질이 변경되거나 제조량·취급량·저장량이 증가하여 영 별표 13에 따른 유해·위험물질 규정량에 해당하게 된 경우에는 그 해당일을 말함) 30일 전까지 공정안전보고서를 2부 작성하여 공단(안전보건공단)에 제출하여야 한다.

2. 공정안전보고서 작성심사·확인 〈산업안전보건법 시행규칙〉

가 공정안전자료의 세부 내용

제50조(공정안전보고서의 세부 내용 등)
공정안전보고서에 포함하여야 할 세부 내용
1. 공정안전자료
   - 가. 취급·저장하고 있거나 취급·저장하려는 유해·위험물질의 종류 및 수량
   - 나. 유해·위험물질에 대한 물질안전보건자료
   - 다. 유해·위험설비의 목록 및 사양
   - 라. 유해·위험설비의 운전방법을 알 수 있는 공정도면
   - 마. 각종 건물·설비의 배치도
   - 바. 폭발위험장소 구분도 및 전기단선도
   - 사. 위험설비의 안전설계·제작 및 설치 관련 지침서

나 위험성 평가

2. 공정위험성 평가서 및 잠재위험에 대한 사고예방·피해 최소화 대책
공정위험성 평가서는 공정의 특성 등을 고려하여 다음의 위험성평가 기법 중 한 가지 이상을 선정하여 위험성평가를 한 후 그 결과에 따라 작성하여야 하며, 사고예방·피해최소화 대책의 작성은 위험성평가 결과 잠재위험이 있다고 인정되는 경우만 작성한다.
   - 가. 체크리스트(Check List)
   - 나. 상대위험순위 결정(Dow and Mond Indices)
   - 다. 작업자 실수 분석(HEA)
   - 라. 사고 예상 질문 분석(What-if)
   - 마. 위험과 운전 분석(HAZOP)
   - 바. 이상위험도 분석(FMECA)
   - 사. 결함 수 분석(FTA)
   - 아. 사건 수 분석(ETA)
   - 자. 원인결과 분석(CCA)
   - 차. 가목부터 자목까지의 규정과 같은 수준 이상의 기술적 평가기법

다 안전운전계획

3. 안전운전계획
    가. 안전운전지침서
    나. 설비점검·검사 및 보수계획, 유지계획 및 지침서
    다. 안전작업허가
    라. 도급업체 안전관리계획
    마. 근로자 등 교육계획
    바. 가동 전 점검지침
    사. 변경요소 관리계획
    아. 자체감사 및 사고조사계획
    자. 그 밖에 안전운전에 필요한 사항

라 비상조치계획

4. 비상조치계획
    가. 비상조치를 위한 장비·인력보유현황
    나. 사고발생 시 각 부서·관련 기관과의 비상연락체계
    다. 사고발생 시 비상조치를 위한 조직의 임무 및 수행 절차
    라. 비상조치계획에 따른 교육계획
    마. 주민홍보계획
    바. 그 밖에 비상조치 관련 사항

마 공정안전보고서 심사 절차

① 공정안전보고서를 작성할 때에는 산업안전보건위원회의 심의를 거쳐야 한다.
② 공정안전보고서를 작성할 때에는 산업안전보건위원회가 설치되어 있지 아니한 사업장의 경우에는 근로자 대표의 의견을 들어야 한다.
③ 공정안전보고서의 내용을 변경하여야 할 사유가 발생한 경우에는 지체 없이 이를 보완하여야 한다.
④ 고용노동부장관은 정하는 바에 따라 공정안전보고서의 이행 상태를 정기적으로 평가하고, 그 결과에 따른 보완 상태가 불량한 사업장의 사업주에게는 공정안전보고서를 다시 제출하도록 명할 수 있다.

바 설비의 주요 구조부분을 변경함으로 공정안전보고서를 제출하는 경우

① 변경된 생산설비 및 부대설비의 해당 전기정격용량이 300kW 이상 증가한 경우
② 플레어스택을 설치 또는 변경하는 경우
③ 생산량의 증가, 원료 또는 제품의 변경을 위하여 반응기(관련설비 포함)를 교체 또는 추가로 설치하는 경우

사 공정배관계장도(P&ID) 표시사항

공정안전보고서 심사기준에 있어 공정배관 계장도(P&ID)에 반드시 표시되어야 할 사항

① 안전밸브의 크기 및 설정압력, 안전밸브 전·후단 차단밸브 설치금지 사항
② 모든 동력기계와 장치 및 설비의 기능과 주요명세
③ 장치의 계측제어 시스템과의 상호관계
④ 연동시스템 및 자동 조업정지 등 운전방법에 대한 기술

> **참고**
>
> ※ 〈산업안전보건법시행규칙〉
> 제52조(공정안전보고서의 심사 등)
> ① 공단은 공정안전보고서를 제출받은 경우에는 30일 이내에 심사하여 1부를 사업주에게 송부하고, 그 내용을 지방고용노동관서의 장에게 보고하여야 한다.
> ② 공단은 제1항에 따라 공정안전보고서를 심사한 결과 「위험물안전관리법」에 따른 화재의 예방·소방 등과 관련된 부분이 있다고 인정되는 경우에는 그 관련 내용을 관할 소방관서의 장에게 통보하여야 한다.
>
> ※ 심사결과 조치(공정안전보고서의 제출·심사·확인 및 이행상태평가 등에 관한 규정)
> 제11조(심사결과 구분) 보고서의 심사결과는 다음과 같이 구분한다.
> 1. 적정 : 보고서의 심사기준을 충족한 경우
> 2. 조건부 적정 : 보고서의 심사기준을 대부분 충족하고 있으나 부분적인 보완이 필요한 경우
> 3. 부적정 : 보고서의 심사기준을 충족하지 못한 경우

CHAPTER 05 항목별 우선순위 문제 및 해설

01 다음 중 산업안전보건법상 공정안전보고서의 제출대상이 아닌 것은?

① 원유 정제처리업
② 농약제조업(원제 제조)
③ 화약 및 불꽃제품 제조업
④ 복합비료의 단순혼합 제조업

해설 공정안전보고서의 제출 대상
1. 원유 정제처리업
2. 기타 석유정제물 재처리업
3. 석유화학계 기초화학물질 제조업 또는 합성수지 및 기타 플라스틱물질 제조업
4. 질소, 인산 및 칼리질 화학비료 제조업 중 질소질 화학비료 제조업
5. 복합비료 제조업(단순혼합 또는 배합에 의한 경우는 제외)
6. 농업용 약제 제조업(농약 원제 제조만 해당)
7. 화약 및 불꽃제품 제조업

02 다음 중 산업안전보건법상 공정안전보고서에 포함되어야 할 사항과 가장 거리가 먼 것은?

① 공정안전자료
② 비상조치계획
③ 평균안전율
④ 공정위험성 평가시

해설 공정안전보고서에 포함되어야 할 사항
1. 공정안전자료
2. 공정위험성 평가서
3. 안전운전계획
4. 비상조치계획

03 산업안전보건법령상 공정안전보고서에 포함되어야 하는 사항 중 공정안전자료의 세부 내용에 해당하는 것은?

① 주민홍보계획
② 안전운전지침서
③ 각종 건물·설비의 배치도
④ 위험과 운전 분석(HAZOP)

해설 공정안전자료의 세부 내용
1. 공정안전자료
   가. 취급·저장하고 있거나 취급·저장하려는 유해·위험물질의 종류 및 수량
   나. 유해·위험물질에 대한 물질안전보건자료
   다. 유해·위험설비의 목록 및 사양
   라. 유해·위험설비의 운전방법을 알 수 있는 공정도면
   마. 각종 건물·설비의 배치도
   바. 폭발위험장소 구분도 및 전기단선도
   사. 위험설비의 안전설계·제작 및 설치 관련 지침서

04 다음 중 공정안전보고서에 관한 설명으로 틀린 것은?

① 공정안전보고서를 작성할 때에는 산업안전보건위원회의 심의를 거쳐야 한다.
② 공정안전보고서를 작성할 때에는 산업안전보건위원회가 설치되어 있지 아니한 사업장의 경우에는 근로자 대표의 의견을 들어야 한다.
③ 공정안전보고서의 내용을 변경하여야 할 사유가 발생한 경우에는 14일 이내 고용노동부장관의 승인을 득한 후 이를 보완하여야 한다.
④ 고용노동부장관은 정하는 바에 따라 공정안전보고서의 이행 상태를 정기적으로 평가하고, 그 결과에 따른 보완 상태가 불량한 사업장의 사업주에게는 공정안전보고서를 다시 제출하도록 명할 수 있다.

정답 01. ④ 02. ③ 03. ③ 04. ③

해설 공정안전보고서 심사 절차
공정안전보고서의 내용을 변경하여야 할 사유가 발생한 경우에는 지체 없이 이를 보완하여야 한다.

05 산업안전보건법에 따라 유해·위험설비의 설치·이전 또는 주요 구조부분의 변경 공사 시 공정안전보고서의 제출 시기는 착공일 며칠 전까지 관련 기관에 제출하여야 하는가?

① 15일 ② 30일
③ 60일 ④ 90일

해설 공정안전보고서의 제출 시기
유해·위험설비의 설치·이전 또는 주요 구조부분의 변경공사의 착공일 30일 전까지 공정안전보고서를 2부 작성하여 공단에 제출하여야 한다.

정답 05. ②

PART 06

건설공사 안전관리

항목별 이론 및 우선순위 문제

1. 건설공사 특성, 위험성 및 산업안전보건관리비
2. 건설현장 안전시설 관리
3. 건설공구 및 장비 안전수칙
4. 비계·거푸집 가(假)시설 위험방지
5. 양중 및 해체공사 안전
6. 건설 구조물공사 안전
7. 운반 및 하역작업 안전

Chapter 01 건설공사 특성, 위험성 및 산업안전보건관리비

1. 건설공사 안전관리 고려사항 〈산업안전보건법〉

가 건설공사발주자의 산업재해 예방 조치

(1) 기본안전보건대장 등 작성

총공사금액이 50억 원 이상인 건설공사의 발주자는 산업재해 예방을 위하여 건설공사의 계획, 설계 및 시공 단계에서 관련 대장 작성

1) 건설공사 계획단계

해당 건설공사에서 중점적으로 관리하여야 할 유해·위험요인과 감소방안을 포함한 기본안전보건대장을 작성할 것

> **포함사항**
> ① 공사규모, 공사예산 및 공사기간 등 사업개요
> ② 공사현장 제반 정보
> ③ 공사 시 유해·위험요인과 감소대책 수립을 위한 설계조건

2) 건설공사 설계단계

기본안전보건대장을 설계자에게 제공하고, 설계자로 하여금 유해·위험요인의 감소방안을 포함한 설계안전보건대장을 작성하게 하고 이를 확인할 것

> **포함사항**
> ① 안전한 작업을 위한 적정 공사기간 및 공사금액 산출서
> ② 설계조건을 반영하여 공사 중 발생할 수 있는 주요 유해·위험요인 및 감소대책에 대한 위험성평가 내용
> ③ 유해위험방지계획서의 작성계획
> ④ 안전보건조정자의 배치계획
> ⑤ 산업안전보건관리비의 산출내역서
> ⑥ 건설공사의 산업재해 예방 지도의 실시계획

3) 건설공사 시공단계

건설공사발주자로부터 건설공사를 최초로 도급받은 수급인에게 설계안전보건대장을 제공하고, 그 수급인에게 이를 반영하여 안전한 작업을 위한 공사안전보건대장을 작성하게 하고 그 이행 여부를 확인할 것

> **포함사항**
> ① 설계안전보건대장의 위험성평가 내용이 반영된 공사 중 안전보건 조치 이행계획
> ② 유해위험방지계획서의 심사 및 확인결과에 대한 조치내용
> ③ 산업안전보건관리비의 사용계획 및 사용내역
> ④ 건설공사의 산업재해 예방 지도를 위한 계약 여부, 지도결과 및 조치내용

(2) 안전보건전문가의 적정성 확인

건설공사발주자는 법령으로 정하는 안전보건 분야의 전문가에게 대장에 기재된 내용의 적정성 등을 확인받아야 함

> **안전보건 분야의 전문가**
> ① 건설안전 분야의 산업안전지도사 자격을 가진 사람
> ② 건설안전기술사 자격을 가진 사람
> ③ 건설안전기사 자격을 취득한 후 건설안전 분야에서 3년 이상의 실무경력이 있는 사람
> ④ 건설안전산업기사 자격을 취득한 후 건설안전 분야에서 5년 이상의 실무경력이 있는 사람

(3) 적정한 비용과 기간을 계상·설정

건설공사발주자는 설계자 및 건설공사를 최초로 도급받은 수급인이 건설현장의 안전을 우선적으로 고려하여 설계·시공 업무를 수행할 수 있도록 적정한 비용과 기간을 계상·설정하여야 함

나 공사기간 단축 및 공법변경 금지

(1) 공사기간 단축 금지

건설공사발주자 또는 건설공사도급인은 설계도서 등에 따라 산정된 공사기간을 단축해서는 안 됨

(2) 공법변경 금지

건설공사발주자 또는 건설공사도급인은 공사비를 줄이기 위하여 위험성이 있는 공법을 사용하거나 정당한 사유 없이 정해진 공법을 변경해서는 안 됨

건설공사도급인
건설공사발주자로부터 해당 건설공사를 최초로 도급받은 수급인 또는 건설공사의 시공을 주도하여 총괄·관리하는 자

다 건설공사 기간의 연장

(1) 건설공사도급인의 연장 요청

건설공사발주자는 다음의 사유로 건설공사가 지연되어 해당 건설공사도급인이 산업재해 예방을 위하여 공사기간의 연장을 요청하는 경우에는 특별한 사유가 없으면 공사기간을 연장하여야 함

> **연장요청 사유**
> ① 태풍·홍수 등 악천후, 전쟁·사변, 지진, 화재, 전염병, 폭동, 그 밖에 계약당사자가 통제할 수 없는 사태의 발생 등 불가항력의 사유가 있는 경우
> ② 건설공사발주자에게 책임이 있는 사유로 착공이 지연되거나 시공이 중단된 경우

(2) 건설공사 관계수급인의 연장 요청

① 건설공사의 관계수급인은 상기의 연장요청 사유 또는 건설공사도급인에게 책임이 있는 사유로 착공이 지연되거나 시공이 중단되어 해당 건설공사가 지연된 경우에 산업재해 예방을 위하여 건설공사도급인에게 공사기간의 연장을 요청할 수 있음

② 이 경우 건설공사도급인은 특별한 사유가 없으면 공사기간을 연장하거나 건설공사발주자에게 그 기간의 연장을 요청하여야 함

(3) 공사기간 연장 요청 등의 절차

1) 건설공사도급인의 연장 요청 절차

① 건설공사도급인은 공사기간 연장을 요청하려면 연장 사유가 종료된 날부터 10일이 되는 날까지 법령에서 정한 서식의 공사기간 연장 요청서에 다음의 첨부 서류를 건설공사발주자에게 제출해야 함

> **첨부서류**
> ① 공사기간 연장 요청 사유 및 그에 따른 공사 지연사실을 증명할 수 있는 서류
> ② 공사기간 연장 요청 기간 산정 근거 및 공사 지연에 따른 공정 관리 변경에 관한 서류

② 해당 공사기간의 연장 사유가 그 건설공사의 계약기간 만료 후에도 지속될 것으로 예상되는 경우에는 그 계약기간 만료 전에 건설공사발주자에게 공사기간 연장을 요청할 예정임을 통지하고, 그 사유가 종료된 날부터 10일이 되는 날까지 공사기간 연장을 요청할 수 있음

2) 건설공사 관계수급인의 연장 요청 절차

① 건설공사의 관계수급인은 공사기간 연장을 요청하려면 연장 사유가 종료된 날부터 10일이 되는 날까지 법령에서 정한 서식의 공사기간 연장 요청서에 상기 2가지 첨부서류를 건설공사도급인에게 제출해야 함

② 해당 공사기간 연장 사유가 그 건설공사의 계약기간 만료 후에도 지속될 것으로 예상되는 경우에는 그 계약기간 만료 전에 건설공사도급인에게 공사기간 연장을 요청할 예정임을 통지하고, 그 사유가 종료된 날부터 10일이 되는 날까지 공사기간 연장을 요청할 수 있음

3) 건설공사발주자와 건설공사도급인의 연장 조치

(가) 건설공사발주자의 연장 조치

① 건설공사발주자는 건설공사도급인으로부터 연장 요청을 받은 날부터 30일 이내에 공사기간 연장 조치를 해야 함

② 남은 공사기간 내에 공사를 마칠 수 있다고 인정되는 경우에는 그 사유와 그 사유를 증명하는 서류를 첨부하여 건설공사도급인에게 통보해야 함

(나) 건설공사도급인의 연장 조치

① 건설공사도급인은 관계수급인으로부터 연장 요청을 받은 날부터 30일 이내에 공사기간 연장 조치를 하거나 10일 이내에 건설공사발주자에게 그 기간의 연장을 요청해야 함

② 관계수급인으로 부터 공사기간 연장을 요청받은 건설공사도급인은 건설공사발주자로부터 공사기간 연장 조치에 대한 결과를 통보받은 날부터 5일 이내에 관계수급인에게 그 결과를 통보해야 함

라 설계변경의 요청

(1) 건설공사도급인의 설계변경 요청

① 건설공사도급인은 해당 건설공사 중에 법령으로 정하는 가설구조물의 붕괴 등으로 산업재해가 발생할 위험이 있다고 판단되면 건축·토목 분야의 전문가 등 법령으로 정하는 전문가의 의견을 들어 건설공사발주자에게 해당 건설공사의 설계변경을 요청할 수 있음

② 고용노동부장관으로부터 공사중지 또는 유해위험방지계획서의 변경 명령을 받은 건설공사도급인은 설계변경이 필요한 경우 건설공사발주자에게 설계변경을 요청할 수 있음

1) 법령으로 정하는 가설구조물(설계변경 요청 대상)
   ① 높이 31미터 이상인 비계
   ② 작업발판 일체형 거푸집 또는 높이 5미터 이상인 거푸집 동바리[타설(打設)된 콘크리트가 일정 강도에 이르기까지 하중 등을 지지하기 위하여 설치하는 부재(部材)]
   ③ 터널의 지보공(支保工: 무너지지 않도록 지지하는 구조물) 또는 높이 2미터 이상인 흙막이 지보공
   ④ 동력을 이용하여 움직이는 가설구조물

2) 법령으로 정하는 전문가(전문가의 범위)
   안전보건공단 또는 다음에 해당하는 사람으로서 해당 건설공사도급인 또는 관계수급인에게 고용되지 않은 사람
   ① 건축구조기술사(토목공사 및 터널의, 흙막이 지보공 구조물의 경우는 제외)
   ② 토목구조기술사(토목공사로 한정)
   ③ 토질및기초기술사(터널의, 흙막이 지보공 구조물의 경우로 한정)
   ④ 건설기계기술사(동력을 이용하여 움직이는 가설구조물의 경우로 한정)

(2) 건설공사 관계수급인의 설계변경 요청

① 건설공사의 관계수급인은 건설공사 중에 설계변경 요청 대상 가설구조물의 붕괴 등으로 산업재해가 발생할 위험이 있다고 판단되면 법령으로 정하는 전문가의 의견을 들어 건설공사도급인에게 해당 건설공사의 설계변경을 요청할 수 있음

② 이 경우 건설공사도급인은 그 요청받은 내용이 기술적으로 적용이 불가능한 명백한 경우가 아니면 이를 반영하여 해당 건설공사의 설계를 변경하거나 건설공사발주자에게 설계변경을 요청하여야 함

(3) 설계변경 요청을 받은 건설공사발주자

설계변경 요청을 받은 건설공사발주자는 그 요청받은 내용이 기술적으로 적용이 불가능한 명백한 경우가 아니면 이를 반영하여 설계를 변경하여야 함

(4) 설계변경의 요청 방법 등

1) 건설공사도급인의 설계변경 요청 방법 등
   ① 건설공사도급인이 설계변경을 요청할 때에는 법령에서 정한 서식의 건설공사 설계변경 요청서에 다음의 서류를 첨부하여 건설공사발주자에게 제출해야 함

> **첨부서류**
> ① 설계변경 요청 대상 공사의 도면
> ② 당초 설계의 문제점 및 변경요청 이유서
> ③ 가설구조물의 구조계산서 등 당초 설계의 안전성에 관한 전문가의 검토 의견서 및 그 전문가(전문가가 공단인 경우는 제외)의 자격증 사본
> ④ 그 밖에 재해발생의 위험이 높아 설계변경이 필요함을 증명할 수 있는 서류

② 건설공사도급인이 고용노동부장관의 명령에 따라 설계변경을 요청할 때에는 법령에서 정한 서식의 건설공사 설계 변경 요청서에 다음의 첨부서류를 건설공사발주자에게 제출해야 함

> **첨부서류**
> ① 유해위험방지계획서 심사결과 통지서
> ② 지방고용노동관서의 장이 명령한 공사착공중지명령 또는 계획변경명령 등의 내용
> ③ 설계변경 요청 대상 공사의 도면, 당초 설계의 문제점 및 변경요청 이유서, 설계변경이 필요함을 증명할 수 있는 서류

2) 건설공사 관계수급인의 설계변경 요청 방법 등

관계수급인이 설계변경을 요청할 때에는 법령에서 정한 서식의 건설공사 설계변경 요청서에 상기 첨부서류(설계변경 요청 대상 공사의 도면등 4가지)를 건설공사도급인에게 제출해야 함

3) 건설공사발주자와 건설공사도급인의 설계변경 조치

(가) 건설공사발주자의 연장 조치

① 설계변경을 요청받은 건설공사발주자는 설계변경 요청서를 받은 날부터 30일 이내에 설계를 변경한 후 법령에서 정한 서식의 건설공사 설계변경 승인 통지서를 건설공사도급인에게 통보해야 함

② 설계변경 요청의 내용이 기술적으로 적용이 불가능함이 명백한 경우에는 법령에서 정한 서식의 건설공사 설계변경 불승인 통지서에 설계를 변경할 수 없는 사유를 증명하는 서류를 첨부하여 건설공사도급인에게 통보해야 함

(나) 건설공사발주자와 건설공사도급인의 설계변경 조치

① 설계변경을 요청받은 건설공사도급인은 설계변경 요청서를 받은 날부터 30일 이내에 설계를 변경한 후 법령에서 정한 서식의 건설공사 설계변경 승인 통지서를 건설공사의 관계수급인에게 통보하거나 설계변경 요청서를 받은 날부터 10일 이내에 법령에서 정한

서식의 건설공사 설계변경 요청서에 상기 첨부서류(설계변경 요청 대상 공사의 도면 등 4가지) 건설공사발주자에게 제출해야 함
⑥ 설계변경을 요청받은 건설공사 도급인이 건설공사발주자로부터 설계변경 승인 통지서 또는 설계변경 불승인 통지서를 받은 경우에는 통보 받은 날부터 5일 이내에 관계수급인에게 그 결과를 통보해야 함

마 기계·기구 등에 대한 건설공사도급인의 안전조치

(1) 해당 기계·기구 등

건설공사도급인은 자신의 사업장에서 타워크레인 등 다음의 기계·기구 또는 설비 등이 설치되어 있거나 작동하고 있는 경우 또는 이를 설치·해체·조립하는 등의 작업이 이루어지고 있는 경우에는 필요한 안전조치 및 보건조치를 하여야 함
① 타워크레인
② 건설용 리프트
③ 항타기(해머나 동력을 사용하여 말뚝을 박는 기계) 및 항발기(박힌 말뚝을 빼내는 기계)

(2) 건설공사도급인의 실시·확인 또는 조치 사항

건설공사도급인은 타워크레인, 건설용 리프트, 항타기 및 항발기가 설치되어 있거나 작동하고 있는 경우 또는 이를 설치·해체·조립하는 등의 작업을 하는 경우에는 다음의 사항을 실시·확인 또는 조치해야 함
① 작업시작 전 기계·기구 등을 소유 또는 대여하는 자와 합동으로 안전점검 실시
② 작업을 수행하는 사업주의 작업계획서 작성 및 이행여부 확인(타워크레인, 항타기 및 항발기에 한정)
③ 작업자가 법령에서 정한 자격·면허·경험 또는 기능을 가지고 있는지 여부 확인(타워크레인, 항타기 및 항발기에 한정)
④ 그 밖에 해당 기계·기구 또는 설비 등에 대하여 안전보건규칙에서 정하고 있는 안전보건 조치
⑤ 기계·기구 등의 결함, 작업방법과 절차 미준수, 강풍 등 이상 환경으로 인하여 작업수행 시 현저한 위험이 예상되는 경우 작업중지 조치

2. 유해위험방지계획서

가 제출대상공사〈산업안전보건법 시행령〉

제42조(유해위험방지계획서 제출 대상)
다음의 어느 하나에 해당하는 공사를 말한다.(건설공사)
1. 다음의 어느 하나에 해당하는 건축물 또는 시설 등의 건설·개조 또는 해체 공사
   가. 지상높이가 31미터 이상인 건축물 또는 인공구조물
   나. 연면적 3만제곱미터 이상인 건축물
   다. 연면적 5천제곱미터 이상인 시설로서 다음의 어느 하나에 해당하는 시설
      1) 문화 및 집회시설(전시장 및 동물원·식물원은 제외한다)
      2) 판매시설, 운수시설(고속철도의 역사 및 집배송시설은 제외한다)
      3) 종교시설
      4) 의료시설 중 종합병원
      5) 숙박시설 중 관광숙박시설
      6) 지하도상가
      7) 냉동·냉장 창고시설
2. 연면적 5천제곱미터 이상인 냉동·냉장 창고시설의 설비공사 및 단열공사
3. 최대 지간(支間)길이(다리의 기둥과 기둥의 중심사이의 거리)가 50미터 이상인 다리의 건설 등 공사
4. 터널의 건설 등 공사
5. 다목적댐, 발전용댐, 저수용량 2천만톤 이상의 용수 전용 댐 및 지방상수도 전용 댐의 건설 등 공사
6. 깊이 10미터 이상인 굴착공사

나 제출시기 및 제출서류〈산업안전보건법 시행규칙〉

제42조(제출서류 등)
① **제조업** 유해·위험방지계획서에 다음의 서류를 첨부하여 해당 작업 시작 15일 전까지 공단에 2부를 제출하여야 한다.
   1. 건축물 각 층의 평면도
   2. 기계·설비의 개요를 나타내는 서류
   3. 기계·설비의 배치도면

정밀안전점검 등 〈건설공사 안전관리 업무수행 지침 (국토교통부 고시)〉
제21조(안전점검의 실시시기)
① 시공자는 자체안전점검 및 정기안전점검의 실시시기 및 횟수를 다음 각 호의 기준에 따라 안전점검계획에 반영하고 그에 따라 안전점검을 실시하여야 한다.
1. 자체안전점검: 건설공사의 공사기간동안 매일 공종별 실시
2. 정기안전점검: 정기안전점검 실시시기를 기준으로 실시. 다만, 발주자는 안전관리계획의 내용을 검토할 때 건설공사의 규모, 기간, 현장여건에 따라 점검 시기 및 횟수를 조정할 수 있다.
② 정밀안전점검은 정기안전점검결과 건설공사의 물리적·기능적 결함 등이 발견되어 보수·보강 등의 조치를 취하기 위하여 필요한 경우에 실시한다.
③ 초기점검은 건설공사를 준공하기 전에 실시한다.
④ 공사재개 전 안전점검은 건설공사를 시행하는 도중 그 공사의 중단으로 1년 이상 방치된 시설물이 있는 경우 그 공사를 재개하기 전에 실시한다.

4. 원재료 및 제품의 취급, 제조 등의 작업방법의 개요
5. 그 밖에 고용노동부장관이 정하는 도면 및 서류

③ **건설공사** 유해·위험방지계획서에 별표 10의 서류를 첨부하여 해당 공사의 착공 전날까지 공단에 2부를 제출하여야 한다(이 경우 해당 공사가 「건설기술진흥법」에 따른 안전관리계획을 수립하여야 하는 건설공사에 해당하는 경우에는 유해·위험방지계획서와 안전관리계획서를 통합하여 작성한 서류를 제출할 수 있다).

[별표 10] 유해·위험방지계획서 첨부서류
1. 공사 개요 및 안전보건관리계획
   가. 공사 개요서
   나. 공사현장의 주변 현황 및 주변과의 관계를 나타내는 도면(매설물 현황을 포함)
   다. 건설물, 사용 기계설비 등의 배치를 나타내는 도면
   라. 전체 공정표
   마. 산업안전보건관리비 사용계획
   바. 안전관리 조직표
   사. 재해 발생 위험 시 연락 및 대피방법

다 확인

제46조(확인)
① 유해·위험방지계획서를 제출한 사업주(*제조업)는 해당 건설물·기계·기구 및 설비의 시운전단계에서, (*건설업) 사업주는 건설공사 중 6개월 이내마다 다음의 사항에 관하여 공단의 확인을 받아야 한다.
   1. 유해·위험방지계획서의 내용과 실제공사 내용이 부합하는지 여부
   2. 유해·위험방지계획서 변경내용의 적정성
   3. 추가적인 유해·위험요인의 존재 여부

> ※ **유해·위험방지계획서 검토자의 자격 요건**〈산업안전보건법 시행규칙〉
> 제43조(유해·위험 방지 계획서의 건설안전분야 자격 등)
> 다음의 어느 하나에 해당하는 사람을 말한다.
> 1. 건설안전 분야 산업안전지도사
> 2. 건설안전기술사 또는 토목·건축 분야 기술사
> 3. 건설안전산업기사 이상으로서 건설안전 관련 실무경력이 7년(건설안전기사는 5년) 이상인 사람

3. 건설공사 지반의 안전성

가 흙의 특성

① 흙은 흙의 종류에 따라 응력-변형률 관계가 다르게 정의된다.
② 흙의 성질은 본질적으로 비균질, 비등방성이다.
③ 흙의 거동은 연약지반에 하중이 작용하면 시간의 변화에 따라 압밀침하가 발생한다.
④ 검토 대상이 되는 흙은 지표면 밑에 있기 때문에 지반의 구성과 공학적 성질은 시추를 통해서 자세히 판명된다.

나 흙의 투수계수에 영향을 주는 인자

① 공극비 : 공극비가 클수록 투수계수는 크다.
② 포화도 : 포화도가 클수록 투수계수는 크다.
③ 유체의 점성계수 : 점성계수가 클수록 투수계수는 작다.
④ 유체의 밀도 및 농도 : 유체의 밀도가 클수록 투수계수는 크다.
⑤ 물의 온도가 클수록 투수계수는 크다.
⑥ 흙 입자의 모양과 크기

> **참고**
>
> ※ 투수계수(透水係數) : 토양이나 암석 등에서 물빠짐 정도를 나타내는 계수
> ※ 흙의 구성요소
>
>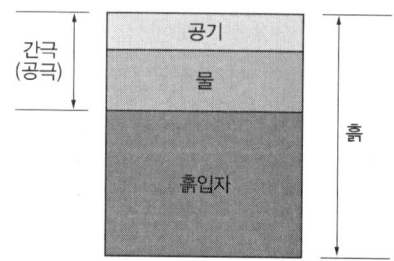
>
> ① 흙의 공극비(간극비, void ratio) : 흙입자의 부피(체적)에 대한 공극(간극)의 체적의 비 (간극은 물과 공기로 구성)
> ② 포화도(degree saturation) : 간극의 용적에 대한 간극속의 물의 용적

비균질
질이 일정하지 않음

비등방성
물체의 물리적 성질이 방향에 따라 다른 성질

토중수(soil water)
① 화학수는 원칙적으로 이동과 변화가 없고 공학적으로 토립자와 일체로 보며 100℃ 이상 가열해도 분리가 되지 않는 물이다.
② 자유수(중력수)는 빗물이나 지표의 물이 지하에 투수되는 물로 이동이 자유롭다.
③ 모관수는 모관작용에 의해 지하수면 위쪽으로 솟아 올라온 물이다.
④ 흡착수는 흙 입자의 표면에 흡착된 물로 비등점이 높고 빙점이 낮으며 표면장력이 크다. 110±5℃ 이상으로 가열해야 분리된다.

흙의 공극비(간극비 void ratio)
$= \dfrac{공기 + 물의 \ 체적}{흙의 \ 체적}$

※ 흙의 구성요소:
공기 + 물 + 흙 입자(간극은 물과 공기로 구성)

※ 흙의 포화에 따른 흙의 비중과 함수비의 관계:
G_s(흙의 비중)×w(함수율)=S(흙의 포화도)×e(공극비)
→ 공극비 = (함수비×비중)/포화도

다 지반의 조사

(1) 지반조사의 목적

대상지반의 지층분포와 토질, 암석 및 암반 등 지반의 공학적 성질을 명확히 파악하여 구조물의 계획, 설계, 시공 및 유지관리 업무를 수행하는 데 필요한 제반 지반정보를 제공하거나 건설 재료원의 적합성 및 매장량을 확인하기 위하여 실시

① 토질의 성질 파악 ② 지층의 분포 파악 ③ 지하수위 및 피압수 파악 등

(2) 지반조사 시험방법

1) 보링(boring) : 대상구간의 지층확인, 시료채취, 지하수위 관측 등을 목적으로 지반에 구멍을 뚫는 지반조사 방법
   - 보링은 지질이나 지층의 상태를 비교적 깊은 곳까지도 정확하게 확인할 수 있다.
   ① 오거 보링(auger boring) : 어스 오거(earth auger) 사용. 깊이 10m 이내의 점토층에 적합하다.
   ② 충격식 보링(percussion boring) : 경질층을 깊이 천공 가능(암반에 적용 가능)하며 비트(percussion bit)의 상하 충격으로 파쇄, 천공한다.
   ③ 회전식보링(rotary boring) : 불교란시료 채취, 암석 채취 등에 많이 쓰이고 토사를 분쇄하지 않고 연속적으로 채취할 수 있으므로 지반의 조사방법 중 지질의 상태를 가장 정확히 파악할 수 있는 보링방법이다.(비교적 자연상태로 채취)
   ④ 수세식 보링(세척식. wash boring) : 30m까지의 연질층에 주로 쓰인다. 물을 뿜어 파진 흙으로 토질판별

2) 사운딩(sounding) : 보링이나 지표면에서 시험기구로 흙의 저항을 측정하고 물리적 성질을 측정하는 일련의 방법
   ① 사운딩 시험은 일반적으로 로드선단에 부착한 저항체를 지중에 매입하여 관입, 압입, 회전, 인발 등의 힘을 가하여 그 저항치에서 지반의 특성을 조사하는 방법
   ② 종류 : 표준관입시험, 콘관입시험, 베인전단시험 등

(3) 지반조사 종류

(가) 표준관입시험(SPT: Standard Penetration Test)

보링공(hole)을 이용하여 로드 끝에 표준 샘플러를 설치하고 무게 63.5kg의 해머를 76cm의 높이에서 자유낙하시킨 타격으로 30cm 관입시키는 데

피압수 : 불투수층(점토지반) 사이에 높은 압력을 갖는 지하수
① 압력의 수두 차에 의해 건물의 기초 저면이 뜨는 부력발생
② 굴착 시 흙이 제거되므로 지하수 용출
③ 굴착벽면의 부풀음으로 공벽붕괴 발생(제자리 콘크리트 말뚝 등)

보링
지반을 강관으로 천공하고 토사를 채취 후 여러 가지 시험을 시행하여 지반의 토질 분포, 흙의 층상과 구성 등을 알 수 있는 지반조사 방법

오거(auger)
흙속에 구멍을 뚫는 도구. 여러 모양의 비트를 로드 선단에 부착, 회전하여 흙을 지상으로 끌어올리면서 천공(주로 스쿠르식)

비트(bit)
와이어로프 또는 로드의 선단에 부착하여 굴착, 천공하는 공구

로드(rod)
비트에 회전을 주는 전도체로서 파이프 모양의 것(강봉)

필요로 하는 타격횟수 N을 측정하여 토층의 경연(硬軟)을 조사하는 원위치 시험임.

① N치(N-value)는 지반을 30cm 굴진하는 데 필요한 타격횟수를 의미한다.
② 63.5kg 무게의 추를 76cm 높이에서 자유낙하하여 타격하는 시험이다.
③ 50/3의 표기에서 50은 타격횟수, 3은 굴진수치를 의미한다.
④ 사질지반에 적용하며, 점토지반에서는 편차가 커서 신뢰성이 떨어진다.
   - 사질토 이외에 연약점성토층, 자갈층, 풍화암층을 대상으로 적용할 때 주의 필요

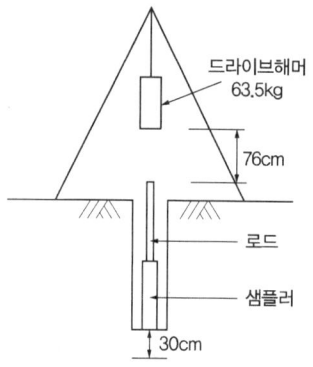

[그림] 표준관입시험

⑤ N치는 지반특성을 판별 또는 결정하거나 지반구조물을 설계하고 해석하는 데 활용된다.
   - N치가 클수록 토질이 밀실

사질토에서의 N값	모래의 상대밀도	사질토에서의 N값	모래의 상대밀도
0~4	매우 느슨	30~50	조밀
4~10	느슨	50 이상	대단히 조밀
10~30	보통		

   ※ 토질시험 중 사질토 시험에서 얻을 수 있는 값
   ① 내부마찰각 ② 액상화 평가 ③ 탄성계수 ④ 지반의 상대밀도 ⑤ 간극비
   ⑥ 침하에 대한 허용지지력

(나) 베인테스트(VT: Vane Test) : 로드의 선단에 설치한 +자형 날개를 지반 속에 삽입하고 이것을 회전시켜 점토의 전단 강도를 측정하는 시험

① 토질시험 중 연약한 점토 지반의 점착력을 판별하기 위하여 실시하는 현장시험
② 흙의 전단강도, 흙 moment를 측정하는 시험
③ 깊이 10m 이내에 있는 연약점토의 전단강도를 구하기 위한 가장 적당한 시험

(다) 평판재하시험

시공중인 건축물 부지의 기초가 설치될 지반을 대상으로 직접하중을 가하여 시험대상 부지의 허용지지력 및 예상침하량을 측정하기 위해 실시

👍 지내력 시험

지반의 지내력을 시험하기 위하여 기초 바닥면에 재하판을 설치하고 하중을 가하여 침하량을 측정(재하판에 하중을 가하여 20mm(2cm)침하될 때까지의 하중을 구함)
① 시험은 예정 기초 저면에서 행한다.
② 재하판은 정방형(각형) 또는 원형으로 크기는 45×45cm로 하며, 면적 2,000cm² (0.2m²)의 것을 표준으로 한다.
③ 매 회의 재하는 1톤 이하 또는 예정 파괴 하중의 1/5 이하로 한다.
④ 침하 증가가 2시간동안 0.1mm 이하일 때는 침하가 정지된 것으로 보고 재하중을 가한다.
⑤ 단기 하중에 대한 허용 지내력은 총 침하량이 20mm에 도달하였을 때까지의 하중을 적용한다.
  ㉠ 침하량이 20mm 이하라도 하중-침하량 곡선이 항복상태를 보이면 항복 하중을 단기 하중에 대한 허용 지내력으로 한다.
  ㉡ 항복하중은 원칙적으로 하중-침하량 곡선의 변곡점(최대곡률점)에 대한 하중으로 한다.
⑥ 장기 하중에 대한 허용 지내력은 단기 하중 허용 지내력의 절반(1/2)이다.
  - 장기 하중 허용지내력은 단기 하중 허용 지내력의 1/2, 총 침하 하중의 1/2, 침하 정지 상태의 하중 1/2, 파괴(극한)하중의 1/3중 작은 값으로 한다.

👍 아터버그한계(atterberg limit) 시험

토질시험으로 액체 상태의 흙이 건조되어 가면서 액성, 소성, 반고체, 고체 상태로의 변화하는 한계와 관련된 시험(세립토의 성질을 나타내는 지수로 활용)
  - 흙의 연경도(consistency) : 점착성이 있는 흙의 함수량을 변화시킬 때 액성, 소성, 반고체, 고체의 상태로 변화하는 흙의 성질을 말하며 각각의 변화 한계를 아터버그 한계(atterberg limit)라고 한다.
① 액성한계 : 소성 상태와 액체 상태의 경계가 되는 함수비
② 소성한계 : 반고체 상태와 소성 상태의 경계가 되는 함수비
③ 수축한계 : 반고체 상태와 고체 상태의 경계가 되는 함수비

👍 소성지수(Ip)

소성 상태를 갖는 함수비 범위
소성 지수(I_p) = 액성 한계(W_L) - 소성 한계(W_p)
 - 흙의 소성 : 점성토 등이 수분을 흡수하여 흐트러지지 않고 모양을 쉽게 변형할 수 있는 상태
   (여기에 수분이 첨가되면 액성 상태가 되며 액성 상태는 "유효응력=0"가 되는 상태로서 지지력이 거의 없어 죽과 같은 상태)

(예문) 1. 지내력시험을 한 결과 침하곡선이 그림과 같이 항복 상황을 나타냈을 때 이 지반의 단기하중에 대한 허용 지내력은 얼마인가? (단, 허용지내력은 m²당 하중의 단위를 기준으로 함)

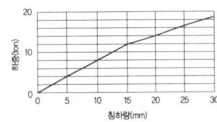

① 6ton/m²
② 7ton/m²
③ 12ton/m²
④ 14ton/m²

➡ 정답: ③

(예문) 2. 지반을 구성하는 흙의 지내력시험을 한 결과 총 침하량이 2cm가 될 때까지의 하중(P)이 32tf이다. 이 지반의 허용 지내력을 구하면? (단, 이때 사용된 재하판은 40cm×40cm임)
① 50 tf/m²
② 100 tf/m²
③ 150 tf/m²
④ 200 tf/m²

(풀이) 지반의 허용 지내력
단기허용지내력
=32tf/0.16m²(0.4m×0.4m)
=200tf/m²

※ 장기허용지내력(단기허용 지내력의 1/2)
=200 tf/m²×1/2
=100tf/m²

➡ 정답: ④

(4) 지반조사 보고서

① 지반공학적 조건
② 표준관입시험치, 콘관입저항치 결과분석
③ 건설할 구조물 등에 대한 지반특성 등
✱ 시공예정인 흙막이 공법은 보고서에 미포함

(5) 지반조사의 간격 및 깊이에 대한 내용

① 조사간격은 지층상태, 구조물 규모에 따라 정한다.
② 지층이 복잡한 경우에는 기 조사한 간격 사이에 보완 조사를 실시한다.
③ 절토, 개착, 터널 구간은 기반암의 심도 2m까지 확인한다.
④ 조사깊이는 액상화 문제가 있는 경우에는 모래층 하단에 있는 단단한 지지층까지 조사한다.

(6) 지반조사 중 흙막이 구조물의 종류에 맞는 형식을 선정하기 위한 조사항목

(가) 예비조사 단계
  ① 인근 지반의 지반조사자료나 시공자료의 수집
  ② 기상조건변동에 따른 영향 검토
  ③ 주변의 환경(하천, 지표지질, 도로, 교통 등)
  ④ 인집구조물의 크기, 기초의 형식 및 그 상황조사

(나) 본조사 단계
  ① 흙막이 벽 축조 여부 판단 및 굴착에 따른 안정이 충분히 확보될 수 있는지 여부
  ② 보일링이나 히빙 발생 여부

> **건설공사 시 계측관리의 목적**
> ① 지역의 특수성과 토질의 일반적인 특성 파악을 목적으로 한다.
> ② 시공 중 위험에 대한 정보제공을 목적으로 한다.
> ③ 설계 시 예측치와 시공 시 측정치와의 비교를 목적으로 한다.
> ④ 향후 거동 파악 및 대책 수립을 목적으로 한다.
> ⑤ 민원 발생 시 분쟁 해결 정보 확인

라 지반의 이상 현상 및 안전대책

(1) 동상 현상(frost heave)
물이 결빙되는 위치에 지속적으로 유입되는 조건에서 온도가 하강함에 따라 토중수가 얼어 생성된 결빙의 크기가 계속 커져 지표면이 부풀어 오르는 현상(토중수가 얼어 부피가 약 9% 정도 증대)

(가) 흙의 동상 현상을 재배하는 인자 : ① 동결(온도)지속시간 ② 모관 상승고의 크기 ③ 흙의 투수성 ④ 지하수위

> **모관 상승고**
> 물이 토양 내 공극을 통해 상승할 수 있는 최고 높이 (모관(毛管): 가는 관)

(나) 흙의 동상 방지대책
① 동결되지 않는 흙으로 치환하는 방법
② 흙속의 단열재료(석탄재, 코크스)를 매입하는 방법
③ 지표의 흙을 화학약품으로 처리하는 방법
④ 조립토층을 설치하여 모관수의 상승을 방지시키는 방법
  - 모관수 상승방지를 위하여 지하수위 윗층에 차단막을 설치(soil cement, asphalt 등으로 모관수 차단)
⑤ 배수구를 설치하여 지하수위를 저하시키는 방법

> **모관수**
> 토양 내에 장기간 존재하는 활동 수분

(2) **연화 현상**(frost boil) : 추운 겨울철에 땅이 얼었다 녹을 때 흙 속으로 수분이 들어가 지반이 연약화되는 현상

> **연화현상 대책(배수)**
> ① 지하수 차단
> ② 단열층 설치
> ③ 치환

(3) **압밀침하**(consolidation settlement) : 물로 포화된 점토에 다지기를 하면 압축하중으로 지반이 침하하는데 이로 인하여 간극수압이 높아져 물이 배출되면서 흙의 간극이 감소하는 현상

(4) **액상화 현상**(liquefaction) : 포화된 느슨한 모래가 진동이나 지진 등의 충격을 받으면 입자들이 재배열되어 약간 수축하며 큰 과잉간극수압을 유발하게 되고 그 결과로 유효응력과 전단강도가 크게 감소되어 모래가 유체처럼 흐르는 현상(모래질 지반에서 포화된 가는 모래에 충격을 가하면 모래가 약간 수축하여 정(+)의 공극수압이 발생하며, 이로 인하여 유효응력이 감소하여 전단강도가 떨어져 순간 침하가 발생하는 현상)

> **액상화 현상 방지를 위한 안전대책**
> ① 입도가 불량한 재료를 입도가 양호한 재료로 치환
> ② 지하수위를 저하시키고 포화도를 낮추기 위해 deep well을 사용
> ③ 밀도를 증가하여 한계 간극비 이하로 상대밀도를 유지하는 방법 강구

* 예민비(sensitivity) : 예민비란 흙의 비빔(이김)으로 인하여 약해지는 정도를 표시한 것

(5) **히빙(heaving) 현상**

(가) 히빙(heaving) 현상 : 연약한 점토지반의 토공사에서 흙막이 밖에 있는 흙이 안으로 밀려 들어와 내측 흙이 부풀어 오르는 현상(흙막이 벽체 내·외의 토사의 중량차에 의해 발생)

① 배면의 토사가 붕괴된다.
② 지보공이 파괴된다.
③ 굴착저면이 솟아오른다.

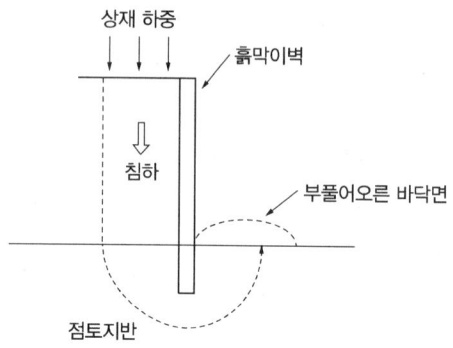

[그림] 히빙(heaving) 현상

(나) 히빙(Heaving) 현상 방지대책

① 흙막이 벽체의 근입 깊이를 깊게 한다(경질지반까지 연장).
② 흙막이 배면의 표토를 제거하여 토압을 경감시킨다.
③ 흙막이 벽체 배면의 지반을 개량하여 흙의 전단강도를 높인다.
④ 소단(비탈면의 중간에 설치하는 작은 계단)굴착을 실시하여 소단부 흙의 중량이 바닥을 누르게 한다.
⑤ 굴착면에 토사 등으로 하중을 가한다.
⑥ well point(웰포인트), deep well(깊은우물)공법으로 지하수위을 저하시킨다.
⑦ 시멘트, 약액주입공법으로 그라우팅(grounting)실시한다.
⑧ 굴착방식을 개선 한다(아일랜드 컷 방식으로 개선한다).

(6) 보일링(boiling) 현상

(가) 보일링 현상 : 투수성이 좋은 사질지반에서 흙파기 공사를 할 때 흙막이벽 배면의 지하수위가 굴착저면보다 높아 굴착저면 위로 모래와 지하수가 솟아 오르는 현상

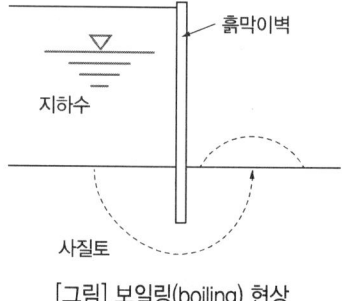

[그림] 보일링(boiling) 현상

(나) 형상 및 발생 원인

① 이 현상이 발생하면 흙막이 벽의 지지력이 상실된다.
② 연약 사질토 지반에서 주로 발생한다.
③ 지반을 굴착 시 굴착부와 지하수위 차가 있을 때 주로 발생한다.
   - 지하수위가 높은 지반을 굴착할 때 주로 발생한다.
④ 흙막이벽의 근입장 깊이가 부족할 경우 발생한다.
⑤ 굴착저면에서 액상화 현상에 기인하여 발생한다.
⑥ 시트파일(sheet pile) 등의 저면에 분사 현상이 발생한다.

> **분사(quick sand) 현상**
>
> 주로 모래지반에서 일어나는 현상으로 상향침투수압에 의해 흙입자가 물과 함께 유출되는 현상
> - 분사, 보일링, 파이핑현상은 연속적으로 일어나는 현상으로 분사현상이 진행되어 심해지면 보일링현상, 보일링현상이 더 진행되면 파이핑현상이 나타남.

> **파이핑(piping) 현상**
>
> 보일링현상이 진전되어 물의 통로가 생기면서 파이프 모양으로 구멍이 뚫려 흙이 세굴되면서 지반이 파괴되는 현상

(다) 보일링(boiling) 현상 방지대책

① 흙막이벽의 근입장 깊이 연장
   ㉠ 토압에 의한 근입 깊이보다 깊게 설치
   ㉡ 경질지반까지 근입장 도달
② 차수성 높은 흙막이 설치
   ㉠ sheet pile, 지하연속벽 등의 차수성이 높은 흙막이 설치
   ㉡ 흙막이벽 배면 그라우팅
③ 지하수위 저하
   ㉠ well point, deep well 공법으로 지하수위 저하
   ㉡ 시멘트, 약액주입공법 등으로 지수벽 형성

보일링 방지대책
- 흙막이 벽 주위에서 배수시설을 통해 수두차를 적게 한다.
- 굴착 저면보다 깊은 지반을 불투수로 개량한다.
- 굴착 및 투수층에 피트(pit)를 만든다

> **벌킹(bulking)**
>
> 비점성의 사질토가 건조 상태에서 물을 흡수할 경우 물의 표면장력에 의해 입자 배열이 변화하여 체적이 팽창하는 현상
> - 물의 표면장력이 흙입자의 이동을 막고 조밀하게 다져지는 것을 방해하는 현상

(7) 연약지반의 개량공법

(가) 점성토 개량공법

① 치환공법

② 재하공법(압밀공법) : 여성토(preloading)공법, 압성토(surcharge)공법, 사면재하선단공법

③ 탈수공법 : 샌드드레인(sand drain) 공법, 페이퍼드레인(paper drain) 공법, 팩드레인공법, 생석회 말뚝(chemico pile) 공법

④ 배수공법 : (웰포인트공법), deep well 공법

⑤ 고결공법 : 동결공법, 소결공법

(나) 사질토 개량공법

① 진동다짐(vibro flotation) 공법

② 모래다짐말뚝공법

③ 동다짐(압밀)공법

④ 웰포인트공법

※ 흙의 다짐효과 : 전단강도 증가, 투수성 감소(간극축소), 압축성 감소, 흙의 밀도 증가, 지반의 지지력 증대
  - 동상현상(동상 영향조건 개선), 팽창작용, 수축 작용 등이 감소

> **관련 공법**
>
> ① 웰포인트(well point)공법 : 사질토 지반 탈수공법
>   ㉠ 사질 지반, 모래 지반에서 사용하는 가장 경제적인 지하수위 저하공법
>   ㉡ 지중에 필터가 달린 흡수기를 1~2m 간격으로 설치하고 펌프로 지하수를 빨아올림으로써 지하수위를 낮추는 공법
> ② deep well(깊은우물)공법 : 지름 0.3 ~ 1.5m 정도의 우물을 굴착하여 이 속에 우물측관을 삽입하여 속으로 유입하는 지하수를 펌프로 양수하여 지하수위를 낮추는 방법
> ③ under pinning(기초보강공사) 공법 : 설계 시 예상치 못했던 하중 증가, 증개축공사로 보강공사가 필요할 때 기존 구조물은 그대로 두고 기초를 보강, 증설하는 공법
> ④ vertical drain(약액주입) 공법 : 화학약액을 지중으로 주입, 고결시켜 지반 강도의 증가와 지반의 투수성을 감소시키기 위한 공법

(다) 사질토와 점성토의 차이점

① 흙의 내부 마찰각은 사질토가 점성토보다 크다.

② 지지력은 사질토가 점성토보다 크다.

③ 점착력은 사질토가 점성토보다 작다.

④ 장기침하량은 사질토가 점성토보다 작다(초기 침하량은 점착력이 없는 사질토가 크다).

여성토 공법
예상 하중보다 많은 양을 사전에 성토하여 침하를 촉진하고 전단강도를 증가시켜 잔류 침하를 적게 하는 공법

압성토 공법
지지력이 부족한 연약지반에 성토를 하면 과대한 침하를 일으켜 성토부의 측방에 융기가 되므로 융기하는 부위에 하중을 가하여 균형을 취하는 공법

웰포인트(well point)공법
지하수위 상승으로 포화된 사질토 지반의 액상화 현상을 방지하기 위한 가장 직접적이고 효과적인 대책

4. 건설업 산업안전보건관리비 관리

가. 산업안전보건관리비의 계상〈산업안전보건법〉

제72조(건설공사 등의 산업안전보건관리비 계상 등)
① 건설공사발주자가 도급계약을 체결하거나 건설공사 도급인(건설공사 발주자로부터 건설공사를 최초로 도급받은 수급인은 제외)이 건설공사 사업계획을 수립할 때에는 산업재해 예방을 위하여 사용하는 비용(산업안전보건관리비)을 도급금액 또는 사업비에 계상(計上)하여야 한다.
② 고용노동부장관은 산업안전보건관리비의 효율적인 사용을 위하여 다음 각호의 사항을 정할 수 있다.
  1. 사업의 규모별·종류별 계상 기준
  2. 건설공사의 진척 정도에 따른 사용비율 등 기준
  3. 그 밖에 산업안전보건관리비의 사용에 필요한 사항

> ※ 산업안전보건관리비 사용명세서 보존〈산업안전보건법 시행규칙〉
> 제89조(산업안전보건관리비의 사용)
> ② 건설공사도급인은 법에 따라 산업안전보건관리비를 사용하는 해당 건설공사의 금액이 4천만 원 이상인 때에는 고용노동부장관이 정하는 바에 따라 매월(건설공사가 1개월 이내에 종료되는 사업의 경우에는 해당 건설공사가 끝나는 날이 속하는 달을 말한다) 사용명세서를 작성하고, 건설공사 종료 후 1년 동안 보존해야 한다.

나. 계상기준〈건설업 산업안전보건관리비 계상 및 사용기준〉

제2조(정의)
2. 산업안전보건관리비 대상액 : 공사원가계산서 구성항목 중 직접재료비, 간접재료비와 직접 노무비를 합한 금액(발주자가 재료를 제공할 경우에는 해당 재료비를 포함)

제3조(적용범위) 총공사금액 2천만 원 이상인 공사에 적용한다(단가계약에 의하여 행하는 공사에 대해서는 총 계약금액을 기준으로 적용한다).

제4조(계상의무 및 기준)
① 발주자가 도급계약 체결을 위한 원가계산에 의한 예정가격을 작성하거나, 자기공사자가 건설공사 사업 계획을 수립할 때에는 다음에 따라 산정한 금액 이상의 산업안전보건관리비를 계상하여야 한다

설계변경 시 산업안전보건관리비 조정·계상 방법[별표 1의3]

1. 설계변경에 따른 안전관리비는 다음 계산식에 따라 산정한다.
   - 설계변경에 따른 안전관리비=설계변경 전의 안전관리비 + 설계변경으로 인한 안전관리비 증감액
2. 제1호의 계산식에서 설계변경으로 인한 안전관리비 증감액은 다음 계산식에 따라 산정한다.
   - 설계변경으로 인한 안전관리비 증감액=설계변경 전의 안전관리비×대상액의 증감 비율
3. 제2호의 계산식에서 대상액의 증감 비율은 다음 계산식에 따라 산정한다. 이 경우, 대상액은 예정가격 작성 시의 대상액이 아닌 설계변경 전·후의 도급계약서 상의 대상액을 말한다.
   - 대상액의 증감 비율= [(설계변경 후 대상액−설계변경 전 대상액)/설계변경 전 대상액]× 100%

(발주자가 재료를 제공하거나 일부 물품이 완제품의 형태로 제작·납품되는 경우에는 해당 재료비 또는 완제품 가액을 대상액에 포함하여 산출한 산업안전보건관리비와 해당 재료비 또는 완제품 가액을 대상액에서 제외하고 산출한 산업안전보건관리비의 1.2배에 해당하는 값을 비교하여 그 중 작은 값 이상의 금액으로 계상한다).

1. 대상액이 5억 원 미만 또는 50억 원 이상인 경우: 대상액에 별표 1(공사종류 및 규모별 산업안전보건관리비 계상기준표)에서 정한 비율을 곱한 금액
2. 대상액이 5억 원 이상 50억 원 미만인 경우: 대상액에 별표 1에서 정한 비율을 곱한 금액에 기초액을 합한 금액
3. 대상액이 명확하지 않은 경우: 도급계약 또는 자체사업계획상 책정된 총공사금액의 10분의 7에 해당하는 금액을 대상액으로 하고 제1호 및 제2호에서 정한 기준에 따라 계상

④ 하나의 사업장 내에 건설공사 종류가 둘 이상인 경우(분리발주한 경우를 제외)에는 공사금액이 가장 큰 공사종류를 적용한다.

⑤ 발주자 또는 자기공사자는 설계변경 등으로 대상액의 변동이 있는 경우 별표 1의3(설계변경 시 산업안전보건관리비 조정·계상방법)에 따라 지체없이 산업안전보건관리비를 조정 계상하여야 한다. 다만, 설계변경으로 공사금액이 800억 원 이상으로 증액된 경우에는 증액된 대상액을 기준으로 재계상한다.

산업안전보건관리비의 계상방법

① 공사내역이 구분되어 있는 경우 : 대상액으로 비율결정
산업안전보건관리비 = 대상액(재료비 + 직접노무비)×비율

② 공사내역이 구분되어 있고, 대상액이 5억 원~50억 원 미만인 경우
산업안전보건관리비 = 대상액(재료비 + 직접노무비)×비율 + 기초액(C)

③ 재료를 발주자가 제공(관급)하거나 완제품의 형태로 제작 또는 납품되어 설치되는 경우
  ㉠ 산업안전보건관리비 = 대상액[재료비(관급자재비 및 사급자재비 포함) + 직접노무비]×비율
  ㉡ 산업안전보건관리비 = 대상액[재료비(사급자재비 포함) + 직접노무비] × 비율×1.2배
  ㉢ 계산 후 "㉠ > ㉡"이나 "㉠ < ㉡"이면 작은 금액으로 산정 (1.2배를 초과할 수 없다)

④ 공사내역이 구분되어 있지 않은 경우 : 대상액으로 비율결정
  ㉠ 대상액 = 총공사금액×70%
  ㉡ 산업안전보건관리비 = 대상액(총공사금액×70%)×비율 (+기초액(C))

> **[예문]** 사급자재비가 30억 원, 직접노무비가 35억 원, 관급자재비가 20억 원인 빌딩신축공사를 할 경우 계상해야 할 산업안전보건관리비는 얼마인가? (단, 공사종류는 건축공사임)
>
> **[해설]** 산업안전보건관리비의 계상방법
> 재료를 발주자가 제공하거나 완제품형태로 제작 또는 납품 설치되는 경우
> ① (30억 + 20억 + 35억) × 2.37% = 201,450,000원
> ② (30억 + 35억) × 2.37% × 1.2 = 184,860,000원
> ⇨ 따라서 산업안전보건관리비는 184,860,000원

[별표 1] 공사종류 및 규모별 산업안전보건관리비 계상기준표 (단위 : 원)

구분 공사종류	대상액 5억 원 미만인 경우 적용비율(%)	대상액 5억 원 이상 50억 원 미만인 경우 적용비율(%)	대상액 5억 원 이상 50억 원 미만인 경우 기초액	대상액 50억 원 이상인 경우 적용비율(%)	보건관리자 선임 대상 건설공사의 적용비율(%)
건축공사	3.11%	2.28%	4,325,000원	2.37%	2.64%
토목공사	3.15%	2.53%	3,300,000원	2.60%	2.73%
중건설공사	3.64%	3.05%	2,975,000원	3.11%	3.39%
특수건설공사	2.07%	1.59%	2,450,000원	1.64%	1.78%

다 사용기준

제7조(사용기준)

① 도급인과 자기공사자는 산업안전보건관리비를 산업재해예방 목적으로 다음 각 호의 기준에 따라 사용하여야 한다.

1. 안전관리자·보건관리자의 임금 등

   가. 안전관리 또는 보건관리 업무만을 전담하는 안전관리자 또는 보건관리자의 임금과 출장비 전액

   나. 안전관리 또는 보건관리 업무를 전담하지 않는 안전관리자 또는 보건관리자의 임금과 출장비의 각각 2분의 1에 해당하는 비용

   다. 안전관리자를 선임한 건설공사 현장에서 산업재해 예방 업무만을 수행하는 작업지휘자, 유도자, 신호자 등의 임금전액

   라. 별표 1의2(관리감독자 안전보건업무 수행 시 수당지급 작업)에 해당하는 작업을 직접 지휘·감독하는 직·조·반장 등 관리 감독자의 직위에 있는 자가 법령(관리감독자의 업무 등)에서 정하는 업무를 수행하는 경우에 지급하는 업무수당(임금의 10분의 1 이내)

(예문) 건설업 산업안전보건 관리비 중 계상비용에 해당하지 않는 것은?

① 외부비계, 작업발판 등의 가설구조물 설치 소요비
② 난로사 건강관리비
③ 건설재해예방 기술지도비
④ 개인보호구 및 안전장구 구입비

⇨ 정답: ①

2. 안전시설비 등

    가. 산업재해 예방을 위한 안전난간, 추락방호망, 안전대 부착설비, 방호장치(기계·기구와 방호장치가 일체로 제작된 경우, 방호장치 부분의 가액에 한함) 등 안전시설의 구입·임대 및 설치를 위해 소요되는 비용

    나. 법령에 따른 스마트 안전장비 구입·임대비용에 해당하는 비용(계상된 산업안전보건관리비 총액의 10분의 1을 초과할 수 없다.) : 25년 1월 1일부터 70% 비용, 26년 1월 1일부터 전체 비용 적용

    다. 용접 작업 등 화재 위험작업 시 사용하는 소화기의 구입·임대 비용

3. 보호구 등

    가. 법령에 따른 보호구의 구입·수리·관리 등에 소요되는 비용

    나. 근로자가 가목에 따른 보호구를 직접 구매·사용하여 합리적인 범위 내에서 보전하는 비용

    다. (제1호 가목부터 다목까지의 규정에 따른) 안전관리자 등의 업무용 피복, 기기 등을 구입하기 위한 비용

    라. (제1호 가목에 따른) 안전관리자 및 보건관리자가 안전보건 점검 등을 목적으로 건설공사 현장에서 사용하는 차량의 유류비·수리비·보험료

4. 안전보건진단비 등

    가. 유해위험방지계획서의 작성 등에 소요되는 비용

    나. 안전보건진단에 소요되는 비용

    다. 작업환경 측정에 소요되는 비용

    라. 그 밖에 산업재해예방을 위해 법에서 지정한 전문기관 등에서 실시하는 진단, 검사, 지도 등에 소요되는 비용

5. 안전보건교육비 등

    가. 법의 규정에 따라 실시하는 의무교육이나 이에 준하여 실시하는 교육을 위해 건설공사 현장의 교육 장소 설치·운영 등에 소요되는 비용

    나. 가목 이외 산업재해 예방 목적을 가진 다른 법령상 의무교육을 실시하기 위해 소요되는 비용

    다. 법령에 따른 안전보건교육 대상자 등에게 구조 및 응급처치에 관한 교육을 실시하기 위해 소요되는 비용

라. 안전보건관리책임자, 안전관리자, 보건관리자가 업무수행을 위해 필요한 정보를 취득하기 위한 목적으로 도서, 정기 간행물을 구입하는 데 소요되는 비용
　　마. 건설공사 현장에서 안전기원제 등 산업재해 예방을 기원하는 행사를 개최하기 위해 소요되는 비용. 다만, 행사의 방법, 소요된 비용 등을 고려하여 사회통념에 적합한 행사에 한한다.
　　바. 건설공사 현장의 유해·위험요인을 제보하거나 개선방안을 제안한 근로자를 격려하기 위해 지급하는 비용

6. 근로자 건강장해예방비 등
　　가. 법·영·규칙에서 규정하거나 그에 준하여 필요로 하는 각종 근로자의 건강장해 예방에 필요한 비용
　　나. 중대재해 목격으로 발생한 정신질환을 치료하기 위해 소요되는 비용
　　다. 「감염병의 예방 및 관리에 관한 법률」에 따른 감염병의 확산 방지를 위한 마스크, 손소독제, 체온계 구입비용 및 감염병병원체 검사를 위해 소요되는 비용
　　라. 법에 따른 휴게시설을 갖춘 경우 온도, 조명 설치·관리기준을 준수하기 위해 소요되는 비용
　　마. 건설공사 현장에서 근로자 심폐소생을 위해 사용되는 자동심장충격기(AED) 구입에 소요되는 비용

7. 법령에 따른 건설재해예방전문지도기관의 지도에 대한 대가로 자기공사자가 지급하는 비용

8. 「중대재해 처벌 등에 관한 법률」 시행령에 해당하는 건설사업자(토목건축공사업에 대해 평가하여 공시된 시공능력의 순위가 상위 200위 이내인 건설사업자)가 아닌 자가 운영하는 사업에서 안전보건 업무를 총괄·관리하는 3명 이상으로 구성된 본사 전담조직에 소속된 근로자의 임금 및 업무수행 출장비 전액(계상된 산업안전보건관리비 총액의 20분의 1을 초과할 수 없다.)

9. 법령에 따른 위험성평가 또는 「중대재해 처벌 등에 관한 법률 시행령」에 따라 유해·위험요인 개선을 위해 필요하다고 판단하여 산업안전보건위원회 또는 노사협의체에서 사용하기로 결정한 사항을 이행하기 위한 비용(계상된 산업안전보건관리비 총액의 10분의 1을 초과할 수 없다.)

② 제1항에도 불구하고 도급인 및 자기공사자는 다음의 어느 하나에 해당하는 경우에는 산업안전보건관리비를 사용할 수 없다(제1항제2호나목 및 다목, 제1항제6호나목부터 라목, 제1항제9호의 경우에는 그러하지 아니하다).

1. 「(계약예규)예정가격작성기준」 제19조(경비)제3항 중 각 호(단, 제14호(산업안전보건관리비)는 제외한다)에 해당되는 비용 (*공사원가중 경비에 해당되는 비용)
2. 다른 법령에서 의무사항으로 규정한 사항을 이행하는 데 필요한 비용
3. 근로자 재해예방 외의 목적이 있는 시설·장비나 물건 등을 사용하기 위해 소요되는 비용
4. 환경관리, 민원 또는 수방대비 등 다른 목적이 포함된 경우

③ 도급인 및 자기공사자는 별표 3(공사진척에 따른 산업안전보건관리비 사용기준)에서 정한 공사진척에 따른 산업안전보건관리비 사용기준을 준수하여야 한다.

[별표 3] 공사진척에 따른 산업안전보건관리비 사용기준

공정률	50퍼센트 이상 70퍼센트 미만	70퍼센트 이상 90퍼센트 미만	90퍼센트 이상
사용기준	50퍼센트 이상	70퍼센트 이상	90퍼센트 이상

※ 공정률은 기성공정률을 기준으로 한다.

[별표 1의2] 관리감독자 안전보건업무 수행 시 수당지급 작업

1. 건설용 리프트·곤돌라를 이용한 작업
2. 콘크리트 파쇄기를 사용하여 행하는 파쇄작업 (2미터 이상인 구축물 파쇄에 한정한다)
3. 굴착 깊이가 2미터 이상인 지반의 굴착작업
4. 흙막이지보공의 보강, 동바리 설치 또는 해체작업
5. 터널 안에서의 굴착작업, 터널거푸집의 조립 또는 콘크리트 작업
6. 굴착면의 깊이가 2미터 이상인 암석 굴착 작업
7. 거푸집지보공의 조립 또는 해체작업
8. 비계의 조립, 해체 또는 변경작업
9. 건축물의 골조, 교량의 상부구조 또는 탑의 금속제의 부재에 의하여 구성되는 것(5미터 이상에 한정한다)의 조립, 해체 또는 변경작업
10. 콘크리트 공작물(높이 2미터 이상에 한정한다)의 해체 또는 파괴 작업
11. 전압이 75볼트 이상인 정전 및 활선작업

12. 맨홀작업, 산소결핍장소에서의 작업
13. 도로에 인접하여 관로, 케이블 등을 매설하거나 철거하는 작업
14. 전주 또는 통신주에서의 케이블 공중가설작업

라 확인

<u>제9조(사용내역의 확인)</u>
① 도급인은 산업안전보건관리비 사용내역에 대하여 공사 시작 후 6개월마다 1회 이상 발주자 또는 감리자의 확인을 받아야 한다. 다만, 6개월 이내에 공사가 종료되는 경우에는 종료 시 확인을 받아야 한다.
② 제1항에도 불구하고 발주자, 감리자 및 근로감독관은 산업안전보건관리비 사용내역을 수시 확인할 수 있으며, 도급인 또는 자기공사자는 이에 따라야 한다.
③ 발주자 또는 감리자는 산업안전보건관리비 사용내역 확인 시 기술지도 계약 체결, 기술지도 실시 및 개선 여부 등을 확인하여야 한다.

> ※ 건설재해예방 전문지도기관의 지도를 받아야 하는 경우〈산업안전보건법 시행령〉
> 제59조(기술지도 계약체결대상 건설공사 및 체결시기)
> 공사금액 1억 원 이상 120억 원(「건설산업기본법 시행령」의 토목공사업에 속하는 공사는 150억 원) 미만인 공사를 하는 자와 「건축법」에 따른 건축허가의 대상이 되는 공사를 하는 자를 말한다. 다만, 다음 각호의 어느 하나에 해당하는 공사를 하는 자는 제외한다.
> 1. 공사 기간이 1개월 미만인 공사
> 2. 육지와 연결되지 아니한 섬지역(제주특별자치도는 제외한다)에서 이루어지는 공사
> 3. 안전관리자의 자격을 가진 사람을 선임(같은 광역 자치단체의 지역 내에서 같은 사업주가 경영하는 셋 이하의 공사에 대하여 공동으로 안전관리자 자격을 가진 사람 1명을 선임한 경우를 포함한다)하여 안전관리자의 업무만을 전담하도록 하는 공사
> 4. 유해·위험방지계획서를 제출하여야 하는 공사

제8조(목적 외 사용금액에 대한 감액 등)
발주자는 도급인이 법 위반하여 다른 목적으로 사용하거나 사용 하지 않은 안전관리비에 대하여 이를 계약금액에서 감액조정하거나 반환을 요구할 수 있다.

CHAPTER 01 항목별 우선순위 문제 및 해설

01 지반의 투수계수에 영향을 주는 인자에 해당하지 않는 것은?

① 토립자의 단위중량
② 유체의 점성계수
③ 토립자의 공극비
④ 유체의 밀도

해설 흙의 투수계수에 영향을 주는 인자
① 공극비 : 공극비가 클수록 투수계수는 크다.
② 포화도 : 포화도가 클수록 투수계수는 크다.
③ 유체의 점성계수 : 점성계수가 클수록 투수계수는 작다.
④ 유체의 밀도 및 농도 : 유체의 밀도가 클수록 투수계수는 크다.
⑤ 물의 온도가 클수록 투수계수는 크다.
⑥ 흙 입자의 모양과 크기

02 흙을 크게 분류하면 사질토와 점성토로 나눌 수 있는데 그 차이점으로 옳지 않은 것은?

① 흙의 내부 마찰각은 사질토가 점성토보다 크다.
② 지지력은 사질토가 점성토보다 크다.
③ 점착력은 사질토가 점성토보다 작다.
④ 장기침하량은 사질토가 점성토보다 크다.

해설 사질토와 점성토의 차이점
① 흙의 내부 마찰각은 사질토가 점성토보다 크다.
② 지지력은 사질토가 점성토보다 크다.
③ 점착력은 사질토가 점성토보다 작다.
④ 장기침하량은 사질토가 점성토보다 작다(초기 침하량은 점착력이 없는 사질토가 크다).

03 흙의 연경도에서 반고체 상태와 소성상태의 한계를 무엇이라 하는가?

① 액성한계   ② 소성한계
③ 수축한계   ④ 반수축한계

해설 흙의 연경도(consistency)
① 액성한계 : 소성 상태와 액체 상태의 경계가 되는 함수비
② 소성한계 : 반고체 상태와 소성 상태의 경계가 되는 함수비
③ 수축한계 : 반고체 상태와 고체 상태의 경계가 되는 함수비

04 표준관입시험에 대한 내용으로 옳지 않은 것은?

① N치(N-value)는 지반을 30cm 굴진하는 데 필요한 타격횟수를 의미한다.
② 50/3의 표기에서 50은 굴진수치, 3은 타격횟수를 의미한다.
③ 63.5kg 무게의 추를 76cm 높이에서 자유낙하 하여 타격하는 시험이다.
④ 사질지반에 적용하며, 점토지반에서는 편차가 커서 신뢰성이 떨어진다.

해설 표준관입시험(SPT, Standard Penetration Test)
50/3의 표기에서 50은 타격횟수, 3은 굴진수치를 의미한다.

05 흙막이공의 파괴 원인 중 하나인 보일링(boiling) 현상에 관한 설명으로 틀린 것은?

① 지하수위가 높은 지반을 굴착할 때 주로 발생한다.
② 연약 사질토 지반에서 주로 발생한다.
③ 시트파일(sheet pile) 등의 저면에 분사 현상이 발생 한다.
④ 연약 점토지반에서 굴착면의 융기로 발생한다.

정답 01.① 02.④ 03.② 04.② 05.④

해설 보일링(boiling) 현상
투수성이 좋은 사질지반에서 흙파기 공사를 할 때 흙막이벽 배면의 지하수위가 굴착저면보다 높아 굴착저면 위로 모래와 지하수가 부풀어 오르는 현상

06 다음 중 히빙(heaving)현상 방지대책으로 틀린 것은?

① 소단굴착을 실시하여 소단부 흙의 중량이 바닥을 누르게 한다.
② 흙막이 벽체 배면의 지반을 개량하여 흙의 전단강도를 높인다.
③ 부풀어 솟아오르는 바닥면의 토사를 제거한다.
④ 흙막이 벽체의 근입깊이를 깊게 한다.

해설 히빙(heaving)현상 방지대책
굴착면에 토사 등으로 하중을 가한다(부풀어 솟아오르는 바닥면의 토사를 제거하지 않는다).

07 흙의 동상을 방지하기 위한 대책으로 틀린 것은?

① 물의 유통을 원활하게 하여 지하수위를 상승시킨다.
② 모관수의 상승을 차단하기 위하여 지하수위 상층에 조립토층을 설치한다.
③ 지표의 흙을 화학약품으로 처리한다.
④ 흙속에 단열재료를 매입한다.

해설 흙의 동상방지대책
① 동결되지 않는 흙으로 치환하는 방법
② 흙속의 단열재료(석탄재, 코우크스)를 매입하는 방법
③ 지표의 흙을 화학약품으로 처리하는 방법
④ 조립토층을 설치하여 모관수의 상승을 방지시키는 방법
  - 모관수 상승방지를 위하여 지하수위 윗층에 차단막을 설치(soil cement, asphalt 등으로 모관수 차단)
⑤ 배수구를 설치하여 지하수위를 저하시키는 방법

08 점토질 지반의 침하 및 압밀 재해를 막기 위하여 실시하는 지반개량 탈수공법으로 적당하지 않은 것은?

① 샌드드레인 공법
② 생석회 공법
③ 진동 공법
④ 페이퍼드레인 공법

해설 연약지반의 개량공법
(가) 점성토 개량공법
  ① 치환공법
  ② 재하공법(압밀공법) : 여성토(pre loading)공법, 압성토(surcharge)공법, 사면재하선단공법
  ③ 탈수공법 : 샌드드레인(sand drain) 공법, 페이퍼드레인(paper drain)공법, 팩드레인공법, 생석회 말뚝(chemico pile) 공법
  ④ 배수공법 : (well point 공법), deep well 공법
  ⑤ 고결공법 : 동결공법, 소결공법
(나) 사질토 개량공법
  ① 진동다짐(vibro flotation) 공법
  ② 모래다짐말뚝공법
  ③ 동다짐(압밀)공법
  ④ 웰 포인트공법

09 사급자재비가 30억, 직접노무비가 35억, 관급자재비가 20억인 빌딩신축공사를 할 경우 계상해야할 산업안전보건관리비는 얼마인가? (단, 공사종류는 건축공사임)

① 184,860,000원 ② 201,450,000원
③ 183,850,000원 ④ 189,800,000원

해설 산업안전보건관리비의 계상방법
재료를 발주자가 제공하거나 완제품 형태로 제작 또는 납품 설치되는 경우
① [재료비(관급자재비 및 사급자재비 포함) + 직접노무비]×비율
② [재료비(사급자재비 포함) + 직접노무비]×비율×1.2
⇒ ①과 ② 중 작은 금액 적용
⇨ 재료를 발주자가 제공하거나 완제품 형태로 제작 또는 납품 설치되는 경우
  ① (30억 + 20억 + 35억)×2.37% = 201,450,000원
  ② (30억 + 35억)×2.37%×1.2 = 184,860,000원
  따라서 산업안전보건관리비는 184,860,000원

정답 06. ③ 07. ① 08. ③ 09. ①

10 산업안전보건관리비 중 안전관리자 등의 인건비 및 각종 업무수당 등의 항목에서 사용할 수 없는 내역은?

① 교통 통제를 위한 교통정리 신호수의 인건비
② 공사장 내에서 양중기·건설기계 등의 움직임으로 인한 위험으로부터 주변 작업자를 보호하기 위한 유도자의 인건비
③ 안전관리 업무를 전담하는 안전관리자 임금
④ 고소작업대 작업 시 낙하물 위험예방을 위한 하부통제 등 공사현장의 특성에 따라 근로자 보호만을 목적으로 배치된 유도자의 인건비

해설 안전보건관리비 사용기준
1. 안전관리자·보건관리자의 임금 등
가. 안전관리 또는 보건관리 업무만을 전담하는 안전관리자 또는 보건관리자의 임금과 출장비 전액
나. 안전관리 또는 보건관리 업무를 전담하지 않는 안전관리자 또는 보건관리자의 임금과 출장비의 각각 2분의 1에 해당하는 비용
다. 안전관리자를 선임한 건설공사 현장에서 산업재해 예방 업무만을 수행하는 작업지휘자, 유도자, 신호자 등의 임금 전액

11 유해·위험방지계획서를 제출해야 할 대상 공사의 조건으로 옳지 않은 것은?

① 터널 건설 등의 공사
② 최대지간 길이가 50[m] 이상인 교량건설 등 공사
③ 다목적댐·발전용댐 및 저수용량 2천만톤 이상의 용수전용댐, 지방상수도 전용 댐 건설 등의 공사
④ 깊이가 5[m] 이상인 굴착공사

해설 유해·위험방지계획서 제출대상 건설공사
깊이 10미터 이상인 굴착공사

정답 10. ① 11. ④

Chapter 02 건설현장 안전시설 관리

1. 추락재해 및 대책 〈산업안전보건기준에 관한 규칙〉

가 방호 및 방지설비

(1) 추락방호망

근로자가 추락할 위험 및 위험발생의 우려가 있는 장소에 설치

(가) 방망의 구조 및 치수 〈추락재해방지표준안전작업지침〉

<u>제3조(구조 및 치수)</u> 방망은 망, 테두리로프, 달기로프, 시험용사로 구성되어진 것으로서 각 부분은 다음에 정하는 바에 적합하여야 한다.
1. 소재 : 합성섬유 또는 그 이상의 물리적 성질을 갖는 것이어야 한다.
2. 그물코 : 사각 또는 마름모로서 그 크기는 10센티미터 이하이어야 한다.
3. 방망의 종류 : 매듭방망으로서 매듭은 원칙적으로 단매듭을 한다.
4. 테두리로프와 방망의 재봉 : 테두리로프는 각 그물코를 관통시키고 서로 중복됨이 없이 재봉사로 결속한다.
5. 테두리로프 상호의 접합 : 테두리로프를 중간에서 결속하는 경우는 충분한 강도를 갖도록 한다.
6. 달기로프의 결속 : 달기로프는 3회 이상 엮어 묶는 방법 또는 이와 동등 이상의 강도를 갖는 방법으로 테두리로프에 결속하여야 한다.
7. 시험용사는 방망 폐기 시 방망사의 강도를 점검하기 위하여 테두리로프에 연하여 방망에 재봉한 방망사이다.

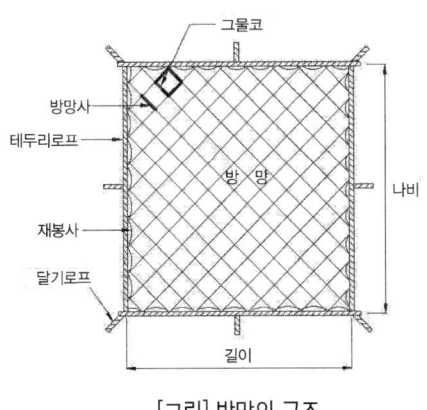

[그림] 방망의 구조

제42조(추락의 방지)

④ 사업주는 작업발판 및 추락방호망을 설치하기 곤란한 경우에는 근로자로 하여금 3개 이상의 버팀대를 가지고 지면으로부터 안정적으로 세울 수 있는 구조를 갖춘 이동식 사다리를 사용하여 작업을 하게 할 수 있다. 이 경우 사업주는 근로자가 다음 각 호의 사항을 준수하도록 조치해야 한다.
1. 평탄하고 견고하며 미끄럽지 않은 바닥에 이동식 사다리를 설치할 것
2. 이동식 사다리의 넘어짐을 방지하기 위해 다음 각 목의 어느 하나 이상에 해당하는 조치를 할 것
   가. 이동식 사다리를 견고한 시설물에 연결하여 고정할 것
   나. 아웃트리거(outrigger, 전도방지용 지지대)를 설치하거나 아웃트리거가 붙어있는 이동식 사다리를 설치할 것
   다. 이동식 사다리를 다른 근로자가 지지하여 넘어지지 않도록 할 것
3. 이동식 사다리의 제조사가 정하여 표시한 이동식 사다리의 최대사용하중을 초과하지 않는 범위 내에서만 사용할 것
4. 이동식 사다리를 설치한 바닥면에서 높이 3.5미터 이하의 장소에서만 작업할 것
5. 이동식 사다리의 최상부 발판 및 그 하단 디딤대에 올라서서 작업하지 않을 것. 다만, 높이 1미터 이하의 사다리는 제외한다.
6. 안전모를 착용하되, 작업높이가 2미터 이상인 경우에는 안전모와 안전대를 함께 착용할 것
7. 이동식 사다리 사용 전 변형 및 이상 유무 등을 점검하여 이상이 발견되면 즉시 수리하거나 그 밖에 필요한 조치를 할 것

(나) 추락방호망의 설치기준〈산업안전보건기준에 관한 규칙〉

제42조(추락의 방지)
① 근로자가 추락하거나 넘어질 위험이 있는 장소[작업발판의 끝·개구부(開口部) 등을 제외] 또는 기계·설비·선박블록 등에서 작업을 할 때에 근로자가 위험해질 우려가 있는 경우 비계(飛階)를 조립하는 등의 방법으로 작업발판을 설치하여야 한다.
② 작업발판을 설치하기 곤란한 경우 다음의 기준에 맞는 추락방호망을 설치하여야 한다(추락방호망을 설치하기 곤란한 경우에는 근로자에게 안전대를 착용하도록 하는 등 추락위험을 방지하기 위하여 필요한 조치를 하여야 한다).
   1. 추락방호망의 설치위치는 가능하면 작업면으로부터 가까운 지점에 설치하여야 하며, 작업면으로부터 망의 설치지점까지의 수직거리는 10미터를 초과하지 아니할 것
   2. 추락방호망은 수평으로 설치하고, 망의 처짐은 짧은 변 길이의 12퍼센트 이상이 되도록 할 것
   3. 건축물 등의 바깥쪽으로 설치하는 경우 추락방호망의 내민 길이는 벽면으로부터 3미터 이상 되도록 할 것(그물코가 20밀리미터 이하인 추락방호망을 사용한 경우에는 낙하물방지망을 설치한 것으로 본다.)

※ 개정 2017.12.28. 용어개정 : 안전방망 → 추락방호망

(다) 추락방호망의 인장강도(방망사의 신품에 대한 인장강도)〈추락재해방지표준안전작업지침〉

※ ( )는 방망사의 폐기 시 인장강도

그물코의 크기 (단위 : 센티미터)	방망의 종류(단위 : 킬로그램)	
	매듭없는 방망	매듭 방망
10	240(150)	200(135)
5		110(60)

① 지지점의 강도는 600kg의 외력에 견딜 수 있는 강도로 함.
② 테두리로프, 달기로프 인장강도는 1,500kg 이상이어야 함.

(라) 방망의 사용방법〈추락재해방지표준안전작업지침〉

1) 허용낙하높이

제7조(허용낙하높이) 작업발판과 방망 부착위치의 수직거리(낙하높이)는 〈표 4〉 및 (그림 2), (그림 3)에 의해 계산된 값 이하로 한다.

〈표 4〉 방망의 허용 낙하높이

높이 종류/조건	낙하높이(H1)		방망과 바닥면 높이(H2)		방망의 처짐길이(S)
	단일방망	복합방망	10센티미터 그물코	5센티미터 그물코	
L<A	$\frac{1}{4}(L+2A)$	$\frac{1}{5}(L+2A)$	$\frac{0.85}{4}(L+3A)$	$\frac{0.95}{4}(L+3A)$	$\frac{1}{4}(L+2A) \times 1/3$
L≥A	3/4L	3/5L	0.85L	0.95L	3/4L×1/3

* L과 A의 관계

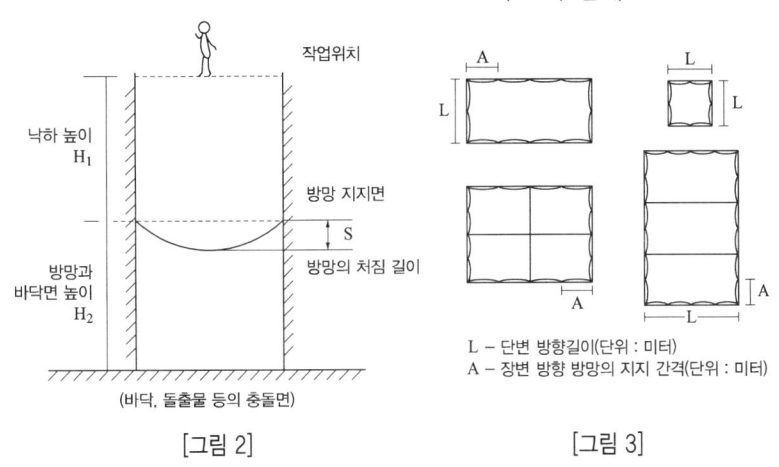

L − 단변 방향길이(단위 : 미터)
A − 장변 방향 방망의 지지 간격(단위 : 미터)

[그림 2]   [그림 3]

> **예문** 추락재해를 방지하기 위하여 10cm 그물코인 방망을 설치할 때 방망과 바닥면 사이의 최소 높이는? (단, 설치된 방망의 단변 방향 길이 L=2m, 장변 방향 방망의 지지간격 A=3m이다.)
>
> **해설** 방망의 허용낙하높이
> ⇨ L<A : H2=(0.85/4)×(L+3A)=(0.85/4)×(2+9)=2.4m

2) 지지점의 강도〈추락재해방지표준안전작업지침〉

<u>제8조(지지점의 강도)</u> 지지점의 강도는 다음에 의한 계산값 이상이어야 한다.

1. 방망 지지점은 600킬로그램의 외력에 견딜 수 있는 강도를 보유하여야 한다(연속적인 구조물이 방망 지지점인 경우의 외력이 다음 식에 계산한 값에 견딜 수 있는 것은 제외한다).

    $F = 200B$

    F : 외력(단위 : 킬로그램), B : 지지점 간격(단위 : m)

> **예문** 추락방호망의 달기로프를 지지점에 부착할 때 지지점의 간격이 1.5m인 경우 지지점의 강도는 최소 얼마 이상이어야 하는가? (단, 연속적인 구조물이 방망 지지점인 경우)
>
> **해설** 지지점의 강도〈추락재해방지표준안전작업지침〉
> F=200B [F는 외력(단위 : 킬로그램), B는 지지점 간격(단위 : m)]
> ⇨ F=200B=200×1.5=300kg

(마) 방망의 정기시험〈추락재해방지표준안전작업지침〉

<u>제10조(정기시험)</u> 정기시험 등은 다음에 정하는 바에 의하여 행한다.
1. 방망의 정기시험은 사용개시 후 1년 이내로 하고, 그 후 6개월마다 1회씩 정기적으로 시험용사에 대해서 등속인장시험을 하여야 한다.
2. 방망의 마모가 현저한 경우나 방망이 유해가스에 노출된 경우에는 사용 후 시험용사에 대해서 인장시험을 하여야 한다.

(바) 방망에 표시해야 할 사항〈추락재해방지표준안전작업지침〉

① 제조자명
② 제조년월
③ 재봉 치수
④ 그물코
⑤ 신품인 때의 방망의 강도

(2) 안전난간〈산업안전보건기준에 관한 규칙〉

<u>제13조(안전난간의 구조 및 설치요건)</u>
근로자의 추락 등의 위험을 방지하기 위하여 안전난간을 설치하는 경우 다음의 기준에 맞는 구조로 설치해야 한다.
1. 상부 난간대, 중간 난간대, 발끝막이판 및 난간기둥으로 구성할 것.
2. 상부 난간대는 바닥면·발판 또는 경사로의 표면으로부터 90센티미터 이상 지점에 설치하고, 상부 난간대를 120센티미터 이하에 설치하는 경우에는 중간 난간대는 상부 난간대와 바닥면 등의 중간에 설치해야 하며, 120센티미터 이상 지점에 설치하는 경우에는 중간 난간대를 2단 이상으로 균등하게 설치하고 난간의 상하 간격은 60센티미터 이하가 되도록 할 것(난간기둥 간의 간격이 25센티미터 이하인 경우에는 중간 난간대를 설치하지 않을 수 있다.)
3. 발끝막이판은 바닥면 등으로부터 10센티미터 이상의 높이를 유지할 것
4. 난간기둥은 상부 난간대와 중간 난간대를 견고하게 떠받칠 수 있도록 적정한 간격을 유지할 것

추락재해에 대한 예방차원에서 고소작업의 감소를 위한 근본적인 대책
지붕트러스의 일체화 또는 지상에서 조립 등

5. 상부 난간대와 중간 난간대는 난간 길이 전체에 걸쳐 바닥면 등과 평행을 유지할 것
6. 난간대는 지름 2.7센티미터 이상의 금속제 파이프나 그 이상의 강도가 있는 재료일 것
7. 안전난간은 구조적으로 가장 취약한 지점에서 가장 취약한 방향으로 작용하는 100킬로그램 이상의 하중에 견딜 수 있는 튼튼한 구조일 것

* 발끝막이판 : 폭목(toe board)

(3) 개구부 등의 방호 조치

<u>제43조(개구부 등의 방호 조치)</u>
① 작업발판 및 통로의 끝이나 개구부로서 근로자가 추락할 위험이 있는 장소에는 안전난간, 울타리, 수직형 추락방망 또는 덮개 등의 방호 조치를 충분한 강도를 가진 구조로 튼튼하게 설치하여야 하며, 덮개를 설치하는 경우에는 뒤집히거나 떨어지지 않도록 설치하여야 한다. 이 경우 어두운 장소에서도 알아볼 수 있도록 개구부임을 표시하여야 한다.
② 난간 등을 설치하는 것이 매우 곤란하거나 작업의 필요상 임시로 난간 등을 해체하여야 하는 경우 기준에 맞는 추락방호망을 설치하여야 한다(추락방호망을 설치하기 곤란한 경우에는 근로자에게 안전대를 착용하도록 하는 등 추락할 위험을 방지하기 위하여 필요한 조치를 하여야 한다).

(4) 지붕 위에서의 위험 방지

<u>제45조(지붕 위에서의 위험 방지)</u>
① 근로자가 지붕 위에서 작업을 할 때에 추락하거나 넘어질 위험이 있는 경우에는 다음의 조치를 해야 한다.
   1. 지붕의 가장자리에 안전난간을 설치할 것
   2. 채광창(skylight)에는 견고한 구조의 덮개를 설치할 것
   3. 슬레이트 등 강도가 약한 재료로 덮은 지붕에는 폭 30센티미터 이상의 발판을 설치할 것
② 작업 환경 등을 고려할 때 안전난간 설치가 곤란한 경우에는 추락방호망을 설치해야 한다(작업 환경 등을 고려할 때 추락방호망을 설치하기 곤란한 경우에는 근로자에게 안전대를 착용하도록 하는 등 추락 위험을 방지하기 위하여 필요한 조치를 해야 한다).

케틀(kettle), 호퍼(hopper), 피트(pit) 등의 울타리를 설치 〈산업안전보건기준에 관한 규칙〉
제48조(울타리의 설치)
근로자에게 작업 중 또는 통행 시 전락(轉落)으로 인하여 근로자가 화상・질식 등의 위험에 처할 우려가 있는 케틀(kettle), 호퍼(hopper), 피트(pit) 등이 있는 경우에 그 위험을 방지하기 위하여 필요한 장소에 높이 90센티미터 이상의 울타리를 설치하여야 한다.

(5) 보호구의 지급

제32조(보호구의 지급 등)

① 다음의 어느 하나에 해당하는 작업을 하는 근로자에 대해서는 다음의 구분에 따라 그 작업조건에 맞는 보호구를 작업하는 근로자 수 이상으로 지급하고 착용하도록 하여야 한다.

1. 물체가 떨어지거나 날아올 위험 또는 근로자가 추락할 위험이 있는 작업: 안전모
2. 높이 또는 깊이 2미터 이상의 추락할 위험이 있는 장소에서 하는 작업 : 안전대(安全帶)
3. 물체의 낙하·충격, 물체에의 끼임, 감전 또는 정전기의 대전(帶電)에 의한 위험이 있는 작업: 안전화
4. 물체가 흩날릴 위험이 있는 작업: 보안경
5. 용접 시 불꽃이나 물체가 흩날릴 위험이 있는 작업: 보안면
6. 감전의 위험이 있는 작업: 절연용 보호구
7. 고열에 의한 화상 등의 위험이 있는 작업: 방열복
8. 선창 등에서 분진(粉塵)이 심하게 발생하는 하역작업: 방진마스크
9. 섭씨 영하 18도 이하인 급냉동어창에서 하는 하역작업: 방한모·방한복·방한화·방한장갑

> **예문** 로프길이 2m의 안전대를 착용한 근로자가 추락으로 인한 부상을 당하지 않기 위한 지면으로부터 안전대 고정점까지의 높이(H)의 기준은? (단, 로프의 신율 30%, 근로자의 신장 180cm)
>
> **해설** 안전대의 사용〈추락재해방지표준안전작업지침〉
> (1) 추락 시에 로프를 지지한 위치에서 신체의 최하사점까지의 거리: h
>   h= 로프의 길이＋ 로프의 신장 길이＋ 작업자 키의 1/2
> (2) 로프를 지지한 위치에서 바닥면까지의 거리: H
> (3) H 〉 h가 되어야만 한다.
>   제17조(안전대의 사용) 안전대 사용은 다음 각호에 정하는 사용방법에 따라야 한다.
>   사. 추락 시에 로프를 지지한 위치에서 신체의 최하사점까지의 거리를 h라 하면, h= 로프의 길이＋ 로프의 신장 길이＋ 작업자 키의 1/2이 되고, 로프를 지지한 위치에서 바닥면까지의 거리를 H라 하면 H 〉 h가 되어야만 한다.
>   ⇨ 정답 ① h＝ 2m＋ (2m×30%)＋ (1.8m×1/2)＝ 3.5m
>   ② H 〉 3.5m

* 안전대를 보관하는 장소의 환경조건 〈추락재해방지표준안전작업지침〉
  제20조(보관) 안전대의 보관장소
  1. 직사광선이 닿지 않는 곳
  2. 통풍이 잘되며 습기가 없는 곳
  3. 부식성 물질이 없는 곳
  4. 화기 등이 근처에 없는 곳

* 안전그네 〈보호구 안전인증 고시〉
  - 신체지지의 목적으로 전신에 착용하는 띠 모양의 것으로 상체 등 신체 일부분만 지지하는 것은 제외한다.

* 추락재해를 방지하기 위한 고소작업 감소대책(철골작업)
  - 철골기둥과 빔을 일체 구조화 : 철골기둥과 빔을 일체화시켜 크레인으로 조립하는 방법

> 안전모(자율안전확인)의 시험방법 〈보호구 자율안전확인 고시〉
> ① 전 처리
> ② 착용 높이 측정
> ③ 내관통성 시험
> ④ 충격흡수성 시험
> ⑤ 난연성 시험
> ⑥ 턱끈풀림
> ⑦ 측면 변형 시험

2. 낙하, 비래재해 대책 〈산업안전보건기준에 관한 규칙〉

가 낙하물에 의한 위험의 방지

제14조(낙하물에 의한 위험의 방지)
② 작업으로 인하여 물체가 떨어지거나 날아올 위험이 있는 경우 낙하물 방지망, 수직보호망 또는 방호선반의 설치, 출입금지구역의 설정, 보호구의 착용 등 위험을 방지하기 위하여 필요한 조치를 하여야 한다.
③ 낙하물 방지망 또는 방호선반을 설치하는 경우의 준수사항
  1. 높이 10미터 이내마다 설치하고, 내민 길이는 벽면으로부터 2미터 이상으로 할 것
  2. 수평면과의 각도는 20도 이상 30도 이하를 유지할 것

> 수직구명줄 〈보호구 안전인증 고시〉
> 수직구명줄이란 로프 또는 레일 등과 같은 유연하거나 단단한 고정줄로서 추락발생 시 추락을 저지시키는 추락방지대를 지탱해 주는 줄모양의 부품을 말한다.

나 투하설비

제15조(투하설비 등)
높이가 3미터 이상인 장소로부터 물체를 투하하는 경우 적당한 투하설비를 설치하거나 감시인을 배치하는 등 위험을 방지하기 위하여 필요한 조치를 하여야 한다.

CHAPTER 02 항목별 우선순위 문제 및 해설 (1)

01 추락에 의한 위험을 방지하기 위한 추락방호망의 설치기준으로 옳지 않은 것은?

① 추락방호망의 설치위치는 가능하면 작업면으로부터 가까운 지점에 설치할 것
② 건축물 등의 바깥쪽으로 설치하는 경우 망의 내민길이는 벽면으로부터 2m 이상이 되도록 할 것
③ 추락방호망은 수평으로 설치하고, 망의 처짐은 짧은 변 길이의 12% 이상이 되도록 할 것
④ 작업면으로부터 망의 설치지점까지의 수직거리는 10m를 초과하지 아니할 것

해설 추락방호망의 설치기준
건축물 등의 바깥쪽으로 설치하는 경우 추락방호망의 내민 길이는 벽면으로부터 3미터 이상 되도록 할 것

02 추락방호망 설치 시 그물코의 크기가 10cm인 매듭 있는 방망의 신품에 대한 인장강도 기준으로 옳은 것은?

① 100kgf 이상   ② 200kgf 이상
③ 300kgf 이상   ④ 400kgf 이상

해설 추락방호망의 인장강도(방망사의 신품에 대한 인장강도)
※ ( )는 방망사의 폐기 시 인장강도

그물코의 크기 (단위 : 센티미터)	방망의 종류(단위 : 킬로그램)	
	매듭없는 방망	매듭 방망
10	240(150)	200(135)
5		110(60)

03 추락재해 방지를 위한 방망이 그물코 규격 기준으로 옳은 것은?

① 사각 또는 마름모로서 크기가 5센티미터 이하
② 사각 또는 마름모로서 크기가 10센티미터 이하
③ 사각 또는 마름모로서 크기가 15센티미터 이하
④ 사각 또는 마름모로서 크기가 20센티미터 이하

해설 방망의 구조 및 치수
- 그물코 : 사각 또는 마름모로서 그 크기는 10센티미터 이하이어야 한다.

04 추락방호망의 달기로프를 지지점에 부착할 때 지지점의 간격이 1.5m인 경우 지지점의 강도는 최소 얼마 이상이어야 하는가?

① 200kg   ② 300kg
③ 400kg   ④ 500kg

해설 지지점의 강도
F = 200B
여기서, F : 외력(단위 : 킬로그램)
B : 지지점간격(단위 : m)
⇨ F = 200B = 200×1.5 = 300kg

05 건물 외부에 낙하물 방지망을 설치할 경우 수평면과의 가장 적절한 각도는?

① 5° 이상, 10° 이하
② 10° 이상, 15° 이하
③ 15° 이상, 20° 이하
④ 20° 이상, 30° 이하

해설 낙하물에 의한 위험의 방지
1. 높이 10미터 이내마다 설치하고, 내민 길이는 벽면으로부터 2미터 이상으로 할 것
2. 수평면과의 각도는 20도 이상 30도 이하를 유지할 것

정답 01. ② 02. ② 03. ② 04. ② 05. ④

06. 투하설비 설치와 관련된 아래 표의 ( )에 적합한 것은?

> 사업주는 높이가 ( )미터 이상인 장소로부터 물체를 투하하는 때에는 적당한 투하설비를 설치하거나 감시인을 배치하는 등 위험방지를 위하여 필요한 조치를 하여야 한다.

① 1 ② 2
③ 3 ④ 4

해설 투하설비
높이가 3미터 이상인 장소로부터 물체를 투하하는 경우 적당한 투하설비를 설치하거나 감시인을 배치하는 등 위험을 방지하기 위하여 필요한 조치를 하여야 한다.

07. 안전난간의 구조 및 설치요건에 대한 기준으로 옳지 않은 것은?

① 상부난간대는 바닥면·발판 또는 경사로의 표면으로 부터 90cm 이상 지점에 설치할 것
② 발끝막이판은 바닥면 등으로부터 10cm 이상의 높이를 유지할 것
③ 난간대는 지름 1.5cm 이상의 금속제 파이프나 그 이상의 강도를 가진 재료일 것
④ 안전난간은 구조적으로 가장 취약한 지점에서 가장 취약한 방향으로 작용하는 100kg 이상의 하중에 견딜 수 있는 튼튼한 구조일 것

해설 안전난간
난간대는 지름 2.7센티미터 이상의 금속제 파이프나 그 이상의 강도가 있는 재료일 것

08. 작업발판 및 통로의 끝이나 개구부로서 근로자가 추락할 위험이 있는 장소에 대한 방호조치와 거리가 먼 것은?

① 안전난간 설치
② 울타리 설치
③ 투하설비 설치
④ 수직형 추락방망 설치

해설 개구부 등의 방호 조치
작업발판 및 통로의 끝이나 개구부로서 근로자가 추락할 위험이 있는 장소에는 안전난간, 울타리, 수직형 추락방망 또는 덮개 등의 방호 조치를 충분한 강도를 가진 구조로 튼튼하게 설치

09. 슬레이트, 선라이트 등 강도가 약한 재료로 덮은 지붕 위에서의 작업 중 위험방지를 위하여 필요한 발판의 폭 기준은?

① 10cm 이상 ② 20cm 이상
③ 25cm 이상 ④ 30cm 이상

해설 지붕 위에서의 위험 방지
슬레이트 등 강도가 약한 재료로 덮은 지붕 위에는 폭 30센티미터 이상의 발판을 설치할 것

10. 높이 또는 깊이 2m 이상의 추락할 위험이 있는 장소에서의 작업에 필수적으로 지급되어야 하는 보호구는?

① 안전대 ② 보안경
③ 보안면 ④ 방열복

해설 보호구의 지급
- 높이 또는 깊이 2미터 이상의 추락할 위험이 있는 장소에서 하는 작업: 안전대(安全帶)

정답 06. ③ 07. ③ 08. ③ 09. ④ 10. ①

3. 붕괴재해 및 대책

가 토석 및 토사붕괴의 원인

(1) 토석 및 토사붕괴의 원인〈굴착공사표준안전작업지침〉

(가) 외적 원인

① 사면, 법면의 경사 및 기울기의 증가
② 절토 및 성토 높이의 증가
③ 공사에 의한 진동 및 반복 하중의 증가
④ 지표수 및 지하수의 침투에 의한 토사 중량의 증가
⑤ 지진, 차량, 구조물의 하중 작용
⑥ 토사 및 암석의 혼합층 두께

(나) 내적 원인

① 절토 사면의 토질·암질
② 성토 사면의 토질 구성 및 분포
③ 토석의 강도 저하

> **참고**
> ※ 일반적으로 사면의 붕괴 위험이 가장 큰 것
>   - 사면의 수위가 급격히 하강할 때 : 흙의 지지력이 약화돼 붕괴위험
> ※ 사면의 붕괴 형태의 종류 : 사면선단 파괴, 사면 내 파괴, 바닥면 파괴의 형식

(2) 유한사면의 붕괴 유형〈사면붕괴형태(토사사면)〉

(가) 무한사면 : 직선활동—완만한 사면에 이동이 서서히 발생(* 활동하는 토층의 깊이가 사면의 높이에 비해 비교적 작은 경우)

(나) 유한사면(* 활동하는 토층의 깊이가 사면의 높이에 비해 비교적 큰 경우)

① 원호활동: 지반 파괴 활동면의 형태가 원형으로 가정

㉠ 사면저부 붕괴 : 토질이 비교적 연약하고 경사가 완만한 경우(사면 기울기가 비교적 완만한 점성토에서 주로 발생)

㉡ 사면선단 붕괴 : 비점착성 사질토의 급경사에서 발생(사면의 하단을 통과하는 활동면을 따라 파괴되는 사면 파괴)

㉢ 사면 내 붕괴 : 하부지반이 비교적 단단한 경우(사면경사가 53°보다 급하면 발생한다.) – 얕은 표층의 붕괴

법면
경사면 중에서 인위적인 것에 의해 생기는 면

절토공사 중 발생하는 비탈면붕괴의 원인
① 건조로 인하여 점성토의 점착력 상실
② 점성토의 수축이나 팽창으로 균열 발생
③ 공사 진행으로 비탈면의 높이와 기울기 증가

② 대수선나선활동 : 토층의 성상이 불균일
③ 복합곡선활동 : 연약한 얕은 토층이 얕은 곳에 위치할 때

나 토석 및 토사붕괴시 조치사항〈산업안전보건기준에 관한 규칙〉

(1) 붕괴 조치사항〈굴착공사표준안전작업지침〉

토석 붕괴의 위험이 있는 사면에서 작업할 경우의 행동
① 동시작업의 금지 : 붕괴토석의 최대 도달거리(5m) 내 굴착공사, 배수관 매설, 콘크리트 타설 등을 할 경우에는 적절한 보강대책을 강구
② 대피공간의 확보 : 피난통로 확보
③ 2차 재해의 방지

(2) 붕괴 예방조치

제338조(굴착작업 사전조사 등)
굴착작업을 할 때에 토사 등의 붕괴 또는 낙하에 의한 위험을 미리 방지하기 위하여 다음의 사항을 점검해야 한다.
1. 작업장소 및 그 주변의 부석·균열의 유무
2. 함수(含水)·용수(湧水) 및 동결의 유무 또는 상태의 변화

제339조(굴착면의 붕괴 등에 의한 위험 방지)
① 지반 등을 굴착하는 경우에는 굴착면의 기울기를 다음 별표의 기준에 맞도록 하여야 한다.

[별표] 굴착면의 기울기 기준

지반의 종류	굴착면의 기울기
모래	1 : 1.8
연암 및 풍화암	1 : 1.0
경암	1 : 0.5
그 밖의 흙	1 : 1.2

비고 1. 굴착면의 기울기는 굴착면의 높이에 대한 수평거리의 비율

② 비가 올 경우를 대비하여 측구(側溝)를 설치하거나 굴착경사면에 비닐을 덮는 등 빗물 등의 침투에 의한 붕괴재해를 예방하기 위하여 필요한 조치를 하여야 한다.

굴착면의 기울기 및 높이의 기준 〈굴착공사 표준안전작업지침〉
제26조(기울기 및 높이의 기준)
② 사질의 지반(점토질을 포함하지 않은 것)은 굴착면의 기울기를 1:1.5 이상으로 하고 높이는 5미터 미만으로 하여야 한다.
③ 발파 등에 의해서 붕괴하기 쉬운 상태의 지반 및 매립하거나 반출시켜야 할 지반의 굴착면이 기울기는 1:1 이하 또는 높이는 2미터 미만으로 하여야 한다.

토공사에서 성토용 토사의 일반조건(성토 재료의 구비조건)
① 다져진 흙의 전단강도가 크고 압축성이 작을 것(전단강도 및 지지력이 크고 비압축성의 양질의 것)
② 입도가 양호 할 것(성토 재료의 입자의 고른 정도) (* 입자가 고르지 못하면 간극비가 커서 단위수량이 증가되어 강도의 저하 등 내구성에 영향을 줌)
③ 시공장비의 주행성이 확보될 수 있을 것(장비주행성, Trafficablity)
④ 필요한 다짐정도를 쉽게 얻을 수 있을 것(다짐이 용이)

제340조(지반의 붕괴 등에 의한 위험방지)
굴착작업시 토사 등의 붕괴 또는 낙하에 의하여 근로자에게 위험을 미칠 우려가 있는 경우에는 미리 흙막이 지보공의 설치, 방호망의 설치 및 근로자의 출입 금지 등 그 위험을 방지하기 위하여 필요한 조치를 하여야 한다.

(3) 굴착공사 비탈면붕괴 방지대책

① 적절한 경사면의 기울기를 계획하여야 함(굴착면 기울기 기준 준수)
② 경사면의 기울기가 당초 계획과 차이가 발생되면 즉시 재검토 하여 계획을 변경시켜야 함.
③ 활동할 가능성이 있는 토석은 제거하여야 함.
④ 경사면의 하단부에 압성토 등 보강공법으로 활동에 대한 저항 대책을 강구
  - 비탈면하단을 성토함.
⑤ 말뚝 (강관, H형강, 철근콘크리트)을 타입하여 강화
⑥ 지표수와 지하수의 침투를 방지
  ㉠ 지표수의 침투를 막기 위해 표면배수공을 한다.
  ㉡ 지하수위를 낮추기 위해 수평배수공을 한다.
⑦ 비탈면 상부의 토사를 제거하여 비탈면의 안전성 유지

> **토공사에서 성토재료의 일반조건**
> ① 다져진 흙의 전단강도가 크고 압축성이 작을 것
> ② 함수율이 낮은 토사일 것
> ③ 시공장비의 주행성이 확보될 수 있을 것
> ④ 필요한 다짐 정도를 쉽게 얻을 수 있을 것

(4) 사전조사 및 작업계획서 작성

굴착작업에서 지반의 붕괴 또는 매설물, 기타 지하공작물의 손괴 등에 의하여 근로자에게 위험을 미칠 우려가 있을 때 작업장소 및 그 주변에 대한 사전 지반조사

[별표 4] 사전조사 및 작업계획서 내용
  6. 굴착작업
    - 사전조사 내용
      가. 형상·지질 및 지층의 상태
      나. 균열·함수(含水)·용수 및 동결의 유무 또는 상태
      다. 매설물 등의 유무 또는 상태
      라. 지반의 지하수위 상태

비탈면 붕괴를 방지하기 위한 방법
① 비탈면 상부는 토사제거
② 지하 배수공 시공
③ 비탈면 하부의 성토
④ 비탈면 내부 수압의 감소 유도

수평배수구
사면 내에 형성되는 지하수위를 낮추기 위해 설치하는 배수구

- 작업계획서 내용
    가. 굴착방법 및 순서, 토사 반출 방법
    나. 필요한 인원 및 장비 사용계획
    다. 매설물 등에 대한 이설·보호대책
    라. 사업장 내 연락방법 및 신호방법
    마. 흙막이 지보공 설치방법 및 계측계획
    바. 작업지휘자의 배치계획
    사. 그 밖에 안전·보건에 관련된 사항

(5) 인력굴착 작업〈굴착공사 표면안전작업지침〉

<u>제7조(절토)</u> 절토 시의 준수사항
1. 상부에서 붕락 위험이 있는 장소에서의 작업은 금하여야 한다.
2. 상·하부 동시작업은 금지하여야 하나 부득이한 경우 다음의 조치를 실시한 후 작업하여야 한다.
    가. 견고한 낙하물 방호시설 설치
    나. 부석제거
    다. 작업장소에 불필요한 기계 등의 방치 금지
    라. 신호수 및 담당자 배치
3. 굴착면이 높은 경우는 계단식으로 굴착하고 소단의 폭은 수평거리 2미터정도로 하여야 한다.
4. 사면경사 1 : 1 이하이며 굴착면이 2미터 이상일 경우는 안전대 등을 착용하고 작업해야 하며 부석이나 붕괴하기 쉬운 지반은 적절한 보강을 하여야 한다.
5. 급경사에는 사다리 등을 설치하여 통로로 사용하여야 하며 도괴하지 않도록 상·하부를 지지물로 고정시키며 장기간 공사 시에는 비계 등을 설치하여야 한다.

(6) 채석작업

<u>제370조(지반붕괴 위험방지)</u>
채석작업을 하는 경우 지반의 붕괴 또는 토사 등의 낙하로 인하여 근로자에게 발생할 우려가 있는 위험을 방지하기 위하여 다음의 조치를 해야 한다.
1. 점검자를 지명하고 당일 작업 시작 전에 작업장소 및 그 주변 지반의 부석과 균열의 유무와 상태, 함수·용수 및 동결상태의 변화를 점검할 것
2. 점검자는 발파 후 그 발파 장소와 그 주변의 부석 및 균열의 유무와 상태를 점검할 것

> **채석작업**
> 골재용 쇄석이나 건축용 석재 등의 암석을 채취하기 위한 작업 또는 채석장에서 이루어지는 암석의 가공, 운반 작업

[별표 4] 사전조사 및 작업계획서 내용

9. 채석작업
   - 사전조사 내용
     지반의 붕괴·굴착기계의 전락(轉落) 등에 의한 근로자에게 발생할 위험을 방지하기 위한 해당 작업장의 지형·지질 및 지층의 상태
   - 작업계획서 내용
     가. 노천굴착과 갱내굴착의 구별 및 채석방법
     나. 굴착면의 높이와 기울기
     다. 굴착면 소단(小段)의 위치와 넓이
     라. 갱내에서의 낙반 및 붕괴방지 방법
     마. 발파방법
     바. 암석의 분할방법
     사. 암석의 가공장소
     아. 사용하는 굴착기계·분할기계·적재기계 또는 운반기계의 종류 및 성능
     자. 토석 또는 암석의 적재 및 운반방법과 운반경로
     차. 표토 또는 용수(湧水)의 처리방법

(7) 잠함 또는 우물통의 내부 굴착작업 안전

제376조(급격한 침하로 인한 위험 방지)
잠함 또는 우물통의 내부에서 근로자가 굴착작업을 하는 경우에 잠함 또는 우물통의 급격한 침하에 의한 위험을 방지하기 위한 준수사항
1. 침하관계도에 따라 굴착방법 및 재하량(載荷量) 등을 정할 것
2. 바닥으로부터 천장 또는 보까지의 높이는 1.8미터 이상으로 할 것

제377조(잠함 등 내부에서의 작업)
① 잠함, 우물통, 수직갱, 그 밖에 이와 유사한 건설물 또는 설비의 내부에서 굴착작업을 하는 경우의 준수사항
   1. 산소 결핍 우려가 있는 경우에는 산소의 농도를 측정하는 사람을 지명하여 측정하도록 할 것
   2. 근로자가 안전하게 오르내리기 위한 설비를 설치할 것
   3. 굴착 깊이가 20미터를 초과하는 경우에는 해당 작업장소와 외부와의 연락을 위한 통신설비 등을 설치할 것
② 측정 결과 산소 결핍이 인정되거나 굴착 깊이가 20미터를 초과하는 경우에는 송기(送氣)를 위한 설비를 설치하여 필요한 양의 공기를 공급해야 한다.

제378조(작업의 금지)
다음의 어느 하나에 해당하는 경우에 잠함등의 내부에서 굴착작업을 하도록 해서는 아니 된다.
1. 오르내리기 위한 설비, 통신설비, 송기를 위한 설비에 고장이 있는 경우
2. 잠함 등의 내부에 많은 양의 물 등이 스며들 우려가 있는 경우

> ※ 산소 결핍
> 제618조(정의)
> 1. 밀폐공간 : 산소결핍, 유해가스로 인한 질식·화재·폭발 등의 위험이 있는 장소
> 4. 산소결핍 : 공기 중의 산소농도가 18퍼센트 미만인 상태
> 5. 산소결핍증 : 산소가 결핍된 공기를 들이마심으로써 생기는 증상

(8) 가설도로

제379조(가설도로)
공사용 가설도로를 설치하는 경우의 준수사항
1. 도로는 장비와 차량이 안전하게 운행할 수 있도록 견고하게 설치할 것
2. 도로와 작업장이 접하여 있을 경우에는 방책 등을 설치할 것
3. 도로는 배수를 위하여 경사지게 설치하거나 배수시설을 설치할 것
4. 차량의 속도제한 표지를 부착할 것

(9) 발파작업의 위험방지

(가) 발파의 작업기준

제348조(발파의 작업기준)
발파작업에 종사하는 근로자의 준수사항
1. 얼어붙은 다이나마이트는 화기에 접근시키거나 그 밖의 고열물에 직접 접촉시키는 등 위험한 방법으로 융해되지 않도록 할 것
2. 화약이나 폭약을 장전하는 경우에는 그 부근에서 화기를 사용하거나 흡연을 하지 않도록 할 것
3. 장전구(裝塡具)는 마찰·충격·정전기 등에 의한 폭발의 위험이 없는 안전한 것을 사용할 것
4. 발파공의 충진재료는 점토·모래 등 발화성 또는 인화성의 위험이 없는 재료를 사용할 것
5. 점화 후 장전된 화약류가 폭발하지 아니한 경우 또는 장전된 화약류의 폭발 여부를 확인하기 곤란한 경우에는 다음의 사항을 따를 것
   가. 전기뇌관에 의한 경우에는 발파모선을 점화기에서 떼어 그 끝을 단락시켜 놓는 등 재점화되지 않도록 조치하고 그 때부터 5분 이상 경

과한 후가 아니면 화약류의 장전장소에 접근시키지 않도록 할 것
나. 전기뇌관 외의 것에 의한 경우에는 점화한 때부터 15분 이상 경과한 후가 아니면 화약류의 장전장소에 접근시키지 않도록 할 것
6. 전기뇌관에 의한 발파의 경우 점화하기 전에 화약류를 장전한 장소로부터 30미터 이상 떨어진 안전한 장소에서 전선에 대하여 저항측정 및 도통(導通)시험을 할 것

(나) 터널공사에서 발파작업 시 안전대책(터널공사표준안전작업지침-NATM공법)

<u>제7조(발파작업)</u> 발파작업시의 준수사항

1. 발파는 선임된 발파책임자의 지휘에 따라 시행하여야 한다.
2. 발파작업에 대한 특별시방을 준수하여야 한다.
3. 굴착단면 경계면에는 모암에 손상을 주지 않도록 시방에 명기된 정밀폭약(FINEX Ⅰ, Ⅱ) 등을 사용하여야 한다.
4. 지질, 암의 절리 등에 따라 화약량을 충분히 검토하여야 하며 시방기준과 대비하여 안전조치를 하여야 한다.
5. 발파책임자는 모든 근로자의 대피를 확인하고 지보공 및 복공에 대하여 필요한 조치의 방호를 한 후 발파하도록 하여야 한다.
6. 발파 시 안전한 거리 및 위치에서의 대피가 어려울 때에는 전면과 상부를 견고하게 방호한 임시대피장소를 설치하여야 한다.
7. 화약류를 장진하기 전에 모든 동력선 및 활선은 장진기기로 부터 분리시키고 조명회선을 포함한 모든 동력선은 발원점으로부터 최소한 15m 이상 후방으로 옮겨 놓도록 하여야 한다.
8. 발파용 점화회선은 타동력선 및 조명회선으로부터 분리되어야 한다.
9. 발파전 도화선 연결상태, 저항치 조사 등의 목적으로 도통시험을 실시하여야 하며 발파기 작동상태를 사전 점검하여야 한다.
10. 발파 후에는 충분한 시간이 경과한 후 접근하도록 하여야 하며 다음 각 목의 조치를 취한 후 다음 단계의 작업을 행하도록 하여야 한다.
    가. 유독가스의 유무를 재확인하고 신속히 환풍기, 송풍기 등을 이용 환기시킨다.
    나. 발파책임자는 발파 후 가스배출 완료 즉시 굴착면을 세밀히 조사하여 붕락 가능성의 뜬돌을 제거하여야 하며 용출수 유무를 동시에 확인하여야 한다.
    다. 발파단면을 세밀히 조사하여 필요에 따라 지보공, 록볼트, 철망, 뿜어 붙이기 콘크리트 등으로 보강하여야 한다.
    라. 불발화약류의 유무를 세밀히 조사하여야 하며 발견 시 국부 재발파, 수압에 의한 제거방식 등으로 잔류화약을 처리하여야 한다.

(다) 터널공사의 전기발파작업에 대한 설명〈터널공사표준안전작업지침-NATM공법〉

<u>제8조(전기발파)</u> 전기발파작업 시의 준수사항

1. 미지전류의 유무에 대하여 확인하고 미지전류가 0.01A 이상일 때에는 전기발파를 하지 않아야 한다.
2. 전기발파기는 충분한 기동이 있는지의 여부를 사전에 점검하여야 한다.
3. 도통시험기는 소정의 저항치가 나타나는가에 대해 사전에 점검하여야 한다.
4. 약포에 뇌관을 장치할 때에는 반드시 전기뇌관의 저항을 측정하여 소정의 저항치에 대하여 오차가 ±0.1Ω 이내에 있는가를 확인하여야 한다.
5. 발파모선의 배선에 있어서는 점화장소를 발파현장에서 충분히 떨어져 있는 장소로 하고 물기나 철관, 궤도 등이 없는 장소를 택하여야 한다.
6. 점화장소는 발파현장이 잘 보이는 곳이어야 하며 충분히 떨어져 있는 안전한 장소로 택하여야 한다.
7. 전선은 점화하기 전에 화약류를 충진한 장소로부터 30m 이상 떨어진 안전한 장소에서 도통시험 및 저항시험을 하여야 한다.
8. 점화는 충분한 허용량을 갖는 발파기를 사용하고 규정된 스위치를 반드시 사용하여야 한다.
9. 점화는 선임된 발파책임자가 행하고 발파기의 핸들을 점화할 때 이외는 시건장치를 하거나 모선을 분리하여야 하며 발파책임자의 엄중한 관리하에 두어야 한다.
10. 발파 후 즉시 발파모선을 발파기로부터 분리하고 그 단부를 절연시킨 후 재점화가 되지 않도록 하여야 한다.
11. 발파 후 30분 이상 경과한 후가 아니면 발파장소에 접근하지 않아야 한다.

(라) 건물기초에서 발파허용 진동치 규제 기준〈발파작업표준안전작업지침〉

구분	문화재	주택·아파트	상가 (금이 없는 상태)	철골콘크리트 빌딩 및 상가
건물기초에서의 허용진동치 [cm/sec]	0.2	0.5	1.0	1.0~4.0

(10) 트렌치 굴착〈굴착공사표준안전작업지침〉

<u>제8조(트렌치 굴착)</u> 굴착 시의 준수사항

4. 흙막이 지보공을 설치하지 않는 경우 굴착깊이는 1.5미터 이하로 하여야 한다.

6. 굴착폭은 작업 및 대피가 용이하도록 충분한 넓이를 확보하여야 하며, 굴착깊이가 2미터 이상일 경우에는 1미터 이상의 폭으로 한다.
7. 흙막이널판만을 사용할 경우는 널판길이의 1/3 이상의 근입장을 확보하여야 한다.
15. 굴착깊이가 1.5미터 이상인 경우는 사다리, 계단 등 승강설비를 설치하여야 한다.
16. 굴착된 도랑 내에서 휴식을 취하여서는 안 된다.
17. 매설물을 설치하고 뒷채움을 할 경우에는 30센티미터 이내마다 충분히 다지고 필요 시 물다짐 등 시방을 준수하여야 한다.
18. 작업도중 굴착된상태로 작업을 종료할 경우는 방호울, 위험 표지판을 설치하여 제3자의 출입을 금지시켜야 한다.

다 붕괴의 예측과 점검

(1) **흙속의 전단응력을 증대시키는 원인**

> 전단응력(shearing stress)
> 흙의 자중이나 외력에 의해 흙 내부에서 전단응력 발생하고, 전단응력의 증가에 따라 변형이 증가하여 전단파괴가 일어남

① 외력(건물하중, 눈 또는 물)
② 함수비의 증가에 따른 흙의 단위체적 중량의 증가
③ 균열 내에 작용하는 수압 증가
④ 인장응력에 의한 균열 발생
⑤ 지진, 폭파 등에 의한 진동 발생
⑥ 자연 또는 인공에 의한 지하공동의 형성(씽크홀)
⑦ 굴착에 의한 흙의 일부 제거

(2) **흙의 전단방정식** : 흙의 내부마찰각(ϕ)과 점착력(C)을 흙의 전단강도 (τ)라 함.

- Coulomb의 전단방정식 $\tau = C + \sigma \tan\phi$

  (σ는 수직응력, $\sigma\tan\phi$는 마찰력)

  ✽ 사면(slope)의 안정계산에 고려사항
  ① 흙의 단위중량 ② 흙의 점착력 ③ 흙의 내부 마찰각 ④ 사면의 경사각

(3) **흙의 안식각 등**

(가) 흙의 안식각(angle of repose, 安息角) - 자연 경사각, 자연구배, 흙의 휴식각
  흙 등을 쌓거나 깎아 내려 안정된 사면이 형성되었을 때 경사면이 수평면과 이루는 각(일반적으로 안식각은 30~35도임)

(나) 흙의 함수비(moisture content, 含水比) : 흙의 수분량을 건조중량에 대한 백분율로 나타낸 것(흙 입자 무게에 대한 물 무게의 비)

$$W = (W_w / W_s) \times 100 (\%)$$

(함수비 W, 물의 무게 W_w, 흙 입자의 무게(건조중량) W_s)

> **예문** 흙의 함수비 측정시험을 하였다. 먼저 용기의 무게를 잰 결과 10g 이었다. 시료를 용기에 넣은 후에 총 무게는 40g, 그대로 건조시킨 후 무게는 30g이었다. 이 흙의 함수비는?
>
> **해설** 함수비(moisture content, 含水比)
> $W = (W_w / W_s) \times 100(\%) = 10/20 \times 100 = 50\%$
> (함수비 W, 물의 무게 W_w, 흙 입자의 무게(건조중량) W_s)

(다) 아터버그 한계(atterberg limit)시험 : 토질시험으로 액체 상태의 흙이 건조되어 가면서 액성, 소성, 반고체, 고체 상태로의 변화하는 한계와 관련된 시험(세립토의 성질을 나타내는 지수로 활용)

> **흙의 연경도(consistency)**
> 점착성이 있는 흙의 함수량을 변화시킬 때 액성, 소성, 반고체, 고체의 상태로 변화하는 흙의 성질을 말하며 각각의 변화 한계를 아터버그(atterberg) 한계라고 한다.
> ① 액성한계 : 소성 상태와 액체 상태의 경계가 되는 함수비
> ② 소성한계 : 반고체 상태와 소성상태의 경계가 되는 함수비
> ③ 수축한계 : 반고체 상태와 고체 상태의 경계가 되는 함수비

(라) 소성지수(I_P) : 소성상태를 갖는 함수비 범위

소성지수(I_P) = 액성한계(W_L) - 소성한계(W_P)

- 흙의 소성 : 점성토 등이 수분을 흡수하여 흩트러지지 않고 모양을 쉽게 변형할 수 있는 상태(여기에 수분이 첨가 되면 액성상태가 되며 액성상태는 "유효응력=0"가 되는 상태로써 지지력이 거의 없어 죽과 같은 상태)

> **예문** 흙의 액성한계 W_L = 48%, 소성한계 W_P = 26%일 때 소성지수(I_P)는 얼마인가?
>
> **해설** 소성지수(I_P) : 소성상태를 갖는 함수비 범위
> ⇨ 소성지수(I_P) = 액성한계(W_L) - 소성한계(W_P) = 48% - 26% = 22%

라 비탈면 보호공법

(1) 사면 보호공법

(가) 사면을 보호하기 위한 구조물에 의한 보호 공법

① 현장타설 콘크리트 격자공 ② 블록공 ③ (돌, 블록) 쌓기공
④ (돌, 블록, 콘크리트) 붙임공 ⑤ 뿜어붙이기공

(나) 사면을 식물로 피복함으로써 침식, 세굴 등을 방지 : 식생공

식생공
건설재해대책의 사면보호공법 중 식물을 생육시켜 그 뿌리로 사면의 표층토를 고정하여 빗물에 의한 침식, 동상, 이완 등을 방지하고, 녹화에 의한 경관조성을 목적으로 시공하는 것

(2) 사면 보강공법

말뚝공, 앵커공, 옹벽공, 절토공, 압성토공, 소일네일링(soil nailing)공

> **참고**
>
> * 압성토공 : 비탈면 또는 비탈면 하단을 성토하여 붕괴를 방지하는 공법
> * 소일네일링(soil nailing)공법 : 지반굴착 시 지반을 강화시키고 사면 및 흙막이벽면을 강화시키는 공법으로 인장력, 전단 및 휨모멘트에 저항할 수 있는 2~6m 가량의 네일(nail)을 프리스트레싱(prestressing) 없이 촘촘한 간격으로 원지반에 삽입해서 그라우팅(grounting)하고 숏크리트로 굴착면을 보호하여 지반안정 유지
>   - 소일네일링(soil nailing)공법의 적용에 한계를 가지는 지반조건 : 소일네일링 공법은 일종의 지반 보강 공법으로 지반이 어느 정도 자립 해야 적용이 가능
>   ① 지하수와 관련된 문제가 있는 지반
>   ② 일반시설물 및 지하구조물, 지중매설물이 집중되어 있는 지반
>   ③ 잠재적으로 동결가능성이 있는 지층
>   ④ 사질 또는 점토질 성토재

소일네일링 공법
토사에 스틸 바(steel bar)를 넣고 전면을 쇼크리트(shotcrete)처리하여 보강하는 공법(토체를 일체화)

(3) 사면지반 개량공법

① 주입공법 ② 이온 교환 공법 ③ 전기화학적 공법 ④ 시멘트안정 처리공법 ⑤ 석회안정처리 공법 ⑥ 소결공법

침투수가 옹벽의 안정에 미치는 영향
① 옹벽 배면의 지하수위 상승으로 주동토압 증가 (지지력 감소)
② 옹벽 바닥면에서의 양압력 증가
③ 수평 저항력(수동토압)의 감소
④ 포화 또는 부분 포화에 따른 뒷채움용 흙 무게의 증가
※ ㉠ 주동 토압(主動土壓) : 옹벽에서 전면 방향으로 밀어주는 토압(일반적인 옹벽의 토압 상태)
㉡ 수동 토압(受動土壓) : 옹벽에서 배면 방향으로 밀어주는 토압(흙의 횡압 때문에 나타나는 흙의 저항력)
㉢ 양압력(揚壓力) : 바닥면에서 작용하는 상향 수압

> **옹벽의 안정성**
>
> 옹벽이 외력에 대하여 안정하기 위한 검토 조건 : 전도에 대한 안정, 활동에 대한 안정, 지반지지력에 대한 안정(침하)
> ① 전도에 대한 안정 : 전도에 대한 저항모멘트는 횡토압에 의한 전도모멘트의 2.0배 이상이어야 한다.
> ② 활동에 대한 안정 : 활동에 대한 저항력은 옹벽에 작용하는 수평력의 1.5배 이상이어야 한다.
> ③ 지반 지지력에 대한 안정 : 지반에 작용하는 최대하중이 지반의 허용지지력 이하가 되도록 설계한다.

마 흙막이 공법〈산업안전보건기준에 관한 규칙〉

(1) 공법의 종류

(가) 흙막이 지지방식에 의한 분류
① 자립공법 ② 버팀대식공법 ③ 어스앵커공법 ④ 타이로드공법
(* 개착식 굴착방법 : ① 버팀대식공법 ② 어스앵커공법 ③ 타이로드공법)

(나) 구조방식에 의한 분류
① H-Pile 공법 ③ 널말뚝 공법 ③ 지하연속벽 공법(벽식, 주열식)
④ 탑다운공법(top down method)

(2) 주요 흙막이 공법

1) S.C.W공법(Soil Cement Wall) : 주열식 흙막이 벽체로써 천공 시 시멘트유액을 주입하면서 screw rod를 회전시켜 토사와 혼합하여 벽체를 형성한 후 일정한 간격으로 H-pile(또는 강관)을 삽입하여 흙막이벽체를 형성시키는 공법

2) 주열공법(cast in concrete pile) : 현장타설말뚝 또는 기성말뚝 등을 연속적으로 배치하여 주열식 벽체를 형성하는 공법

3) 지하연속벽공법(slurry wall method) : 안정액을 사용하여 굴착한 뒤 지중(地中)에 연속된 철근 콘크리트 벽을 형성하는 현장 타설 말뚝 공법

> **지하연속벽공법(slurry wall)의 특징**
> ① 진동과 소음이 적어 도심지 공사에 적합
>   - 소음과 진동은 항타, 인발 등을 동반하는 공법에 비해 낮다.
> ② 높은 차수성과 벽체의 강성이 큼.
>   - 시공 조인트의 처리를 잘하면 높은 차수성을 기대할 수 있다.
> ③ 지반조건에 좌우되지 않음.
> ④ 임의의 벽두께와 형상을 선택할 수 있다.

※ 언더피닝공법 : 인접구조물보다 깊은 위치에 근접하여 지하구조물을 건설할 경우에 인접건물의 기초 등을 보호하기 위해 실시하는 기초보강공법(인접한 기존 건물의 지반과 기초를 보강하는 공법)

(3) 흙막이 공법 선정 시 고려사항

① 흙막이 해체를 고려
② 안전하고 경제적인 공법 선택
③ 차수성이 높은 공법 선택
④ 지반성상에 적합한 공법 선택
⑤ 구축하기 쉬운 공법

S.C.W공법 : 지하 연속벽 공법의 하나로 토사에 직접 시멘트 페이스트를 혼합하여 지중 연속벽을 완성시키는 공법

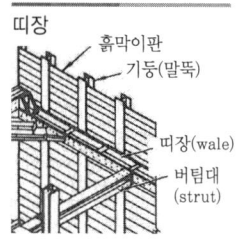

직접기초의 터파기 공법 :
개착(오픈 컷) 공법, 아일랜드 컷 공법, 트렌치 컷 공법
① 개착(오픈 컷, open cut) 공법 : 지표면에서 비교적 넓은 면적을 노출된 상태에서 굴착하는 굴착법
② 아일랜드 컷(island cut) 공법 : 중앙부를 선굴착하여 구조물을 축조하고 주변부를 굴착하여 구조물을 완성하는 공법
③ 트렌치 컷(trench cut) 공법 : 아일랜드 컷(island cut) 공법과 반대로 시공하는 공법

개착식 흙막이벽의 계측 내용
경사측정, 지하수위 측정, 변형률 측정 등
※ 내공변위 측정: 내공변위 측정은 터널 라이닝의 상대변위 및 변위속도를 측정, 터널 내부의 붕괴예측 및 터널 주변의 굴착지반이나 구조물 설치로 인한 변위예측을 통해 안전을 도모하기 위한 것으로서, 크게 시공 중인 터널과 공용 중인 터널로 구분하여 실시하고 있음.

(4) 흙막이 지보공 설비, 조립도

제346조(조립도)
① 흙막이 지보공을 조립하는 경우 미리 조립도를 작성하여 그 조립도에 따라 조립하도록 하여야 한다.
② 조립도는 흙막이판·말뚝·버팀대 및 띠장 등 부재의 배치·치수·재질 및 설치방법과 순서가 명시되어야 한다.

(5) 흙막이 지보공 붕괴 등의 위험 방지

제347조(붕괴 등의 위험 방지)
① 흙막이 지보공을 설치하였을 때에는 정기적으로 다음의 사항을 점검하고 이상을 발견하면 즉시 보수하여야 한다.
  1. 부재의 손상·변형·부식·변위 및 탈락의 유무와 상태
  2. 버팀대의 긴압(緊壓)의 정도
  3. 부재의 접속부·부착부 및 교차부의 상태
  4. 침하의 정도

흙막이 지보공의 안전조치
① 조립도의 작성 및 작업순서 준수
② 지하매설물에 대한 조사 실시
③ 굴착배면에 배수로 설치
④ 흙막이 지보공에 대한 조사 및 점검 철저
⑤ 수평버팀대의 좌굴 방지 위한 조치
⑥ 배면토사 충진 철저 및 토사 유출 방지 조치
⑦ 계측관리로 이상 유무 확인

토류벽의 붕괴예방에 관한 조치
① 웰 포인트(well point)공법 등에 의해 수위를 저하시킨다.
② 토류벽체의 근입 깊이를 깊게 한다.
③ 어스앵커(earth anchor)시공을 한다.
④ 토류벽 인접지반에 중량물 적치를 피한다.

(6) 흙막이 가시설 공사 시 사용되는 각 계측기 설치 및 사용목적

① 변형률계(strain gauge) : 흙막이 가시설의 버팀대(strut)의 변형을 측정하는 계측기(응력 변화를 측정하여 변형을 파악)
② 지하수위계(water level meter) : 토류벽 배면지반에 설치하여 지하수위의 변화를 측정하는 계측기

③ 간극수압계(piezometer) : 배면 연약지반에 설치하여 굴착에 따른 과잉 간극수압의 변화를 측정하여 안정성 판단
④ 하중계(load cell) : 록 볼트(rock bolt) 또는 어스 앵커(earth anchor)에 하중계를 설치하여 토류벽의 하중을 계측하고 시공설계조사와 안정도 예측(부재의 안정성 여부 판단)
  ㉠ 버팀대(strut)의 축 하중 변화 상태를 측정하는 계측기
  ㉡ 토류벽에 거치된 어스앵커의 인장력을 측정하기 위한 계측기
⑤ 지중경사계(inclino meter) : 토류벽 또는 배면지반에 설치하여 기울기 측정(지중의 수평 변위량 측정)-주변 지반의 변형 측정
⑥ 토압계(earth pressure mete) : 토류벽 배면에 설치하여 하중으로 인한 토압의 변화를 측정
⑦ 지중침하계(extension meter) : 토류벽 배면에 설치하여 지층의 침하상태를 파악(지중의 수평 변위량 측정-토류벽 기울기 측정)
⑧ 지표침하계(level and staff) : 토류벽 배면에 설치하여 지표면의 침하량 절대치의 변화를 측정(지표면 침하량 측정)
⑨ 기울기 측정기(tilt meter) : 인접건축물 벽면에 설치하여 구조물의 경사 변형 상태를 측정
⑩ 균열측정기(crack gauge) : 구조물의 균열을 측정
⑪ 응력계 : 강재구조물의 변형 정도를 측정하여 안전도 검토
* 내공변위계 : 일반적으로는 터널 벽면 사이 거리의 상대적 변화량을 계측

> Load cell(하중계)
> 버팀보, 앵커 등의 축하중 변화상태를 측정하여 이들 부재의 지지효과 및 그 변화 추이를 파악하는 데 사용

바 터널굴착

(1) 터널굴착공법의 종류

① 개착식(open cut) 터널공법 : 지표면에서 소정의 위치까지 파내려간 후 구조물을 축조하고 되메운 후 지표면을 원상태로 복구시키는 공법
② NATM 공법(New Austrian Tunneling Method) : 암반을 천공하고 화약을 충전하여 발파한 후 록 볼트를 설치하고 숏크리트를 타설하여 시공하는 터널공법(rock bolt와 shotcrete와 같은 보강재를 사용)
③ TBM 공법(tunnel boring machine method) : 원통형 터널굴착기(터널보링머신)로 뚫어가는 전단면굴착 공법
④ 실드공법(shield method) : 연약지반이나 대수지반(帶水地盤)에 터널을 만들 때 사용되는 굴착공법으로 철제로 된 실드라 불리는 원통형의 기계장치를 수직구 안에 투입시켜 터널을 구축하는 공법
⑤ 침매공법 : 지상에서 만든 구조물을 해저에 가라앉혀 연결시키는 공법

(2) 사전조사 및 작업계획서 작성〈산업안전보건기준에 관한 규칙〉

터널굴착 작업시 시공계획에 포함되어야 할 사항

[별표 4] 사전조사 및 작업계획서 내용
7. 터널굴착공사
    - 사전조사 내용
        보링(boring) 등 적절한 방법으로 낙반·출수(出水) 및 가스폭발 등으로 인한 근로자의 위험을 방지하기 위하여 미리 지형·지질 및 지층상태를 조사
    - 작업계획서 내용
        가. 굴착의 방법
        나. 터널지보공 및 복공(覆工)의 시공방법과 용수(湧水)의 처리방법
        다. 환기 또는 조명시설을 설치할 때에는 그 방법

(3) 자동경보장치 작업 시작 전 점검

제350조(인화성 가스의 농도측정 등)

① 터널공사 등의 건설작업을 할 때에 인화성 가스가 발생할 위험이 있는 경우에는 폭발이나 화재를 예방하기 위하여 인화성 가스의 농도를 측정할 담당자를 지명하고, 그 작업을 시작하기 전에 가스가 발생할 위험이 있는 장소에 대하여 그 인화성 가스의 농도를 측정하여야 한다.

② 측정한 결과 인화성 가스가 존재하여 폭발이나 화재가 발생할 위험이 있는 경우에는 인화성 가스 농도의 이상 상승을 조기에 파악하기 위하여 그 장소에 자동경보장치를 설치하여야 한다.

④ 자동경보장치에 대하여 당일 작업 시작 전 다음의 사항을 점검하고 이상을 발견하면 즉시 보수하여야 한다.
  1. 계기의 이상 유무
  2. 검지부의 이상 유무
  3. 경보장치의 작동 상태

(4) 터널작업 중 낙반 등에 의한 위험방지

제351조(낙반 등에 의한 위험의 방지)

터널 등의 건설작업을 하는 경우에 낙반 등에 의하여 근로자가 위험해질 우려가 있는 경우에 터널 지보공 및 록볼트의 설치, 부석(浮石)의 제거 등 위험을 방지하기 위하여 필요한 조치를 하여야 한다.

소화설비 설치
제359조(소화설비 등)
사업주는 터널건설작업을 하는 경우에는 해당 터널 내부의 화기나 아크를 사용하는 장소 또는 배전반, 변압기, 차단기 등을 설치하는 장소에 소화설비를 설치하여야 한다.

(5) 조립도

<u>제363조(조립도)</u>
① 터널 지보공을 조립하는 경우에는 미리 그 구조를 검토한 후 조립도를 작성하고, 그 조립도에 따라 조립하도록 하여야 한다.
② 조립도에는 재료의 재질, 단면규격, 설치간격 및 이음방법 등을 명시하여야 한다.

(6) 터널 지보공 조립 또는 변경 시의 조치사항

<u>제364조(조립 또는 변경 시의 조치)</u>
터널 지보공을 조립하거나 변경하는 경우의 조치사항
1. 주재(主材)를 구성하는 1세트의 부재는 동일 평면 내에 배치할 것
2. 목재의 터널 지보공은 그 터널 지보공의 각 부재의 긴압 정도가 균등하게 되도록 할 것
3. 기둥에는 침하를 방지하기 위하여 받침목을 사용하는 등의 조치를 할 것
4. 강(鋼)아치 지보공의 조립은 다음의 사항을 따를 것
   가. 조립간격은 조립도에 따를 것
   나. 주재가 아치작용을 충분히 할 수 있도록 쐐기를 박는 등 필요한 조치를 할 것
   다. 연결볼트 및 띠장 등을 사용하여 주재 상호간을 튼튼하게 연결할 것
   라. 터널 등의 출입구 부분에는 받침대를 설치할 것
   마. 낙하물이 근로자에게 위험을 미칠 우려가 있는 경우에는 널판 등을 설치할 것
5. 목재 시주식 지보공은 다음의 사항을 따를 것
   가. 주기둥은 변위를 방지하기 위하여 쐐기 등을 사용하여 지반에 고정시킬 것
   나. 양끝에는 받침대를 설치할 것
   다. 터널 등의 목재 지주식 지보공에 세로방향의 하중이 걸림으로써 넘어지거나 비틀어질 우려가 있는 경우에는 양끝 외의 부분에도 받침대를 설치할 것
   라. 부재의 접속부는 꺾쇠 등으로 고정시킬 것
6. 강아치 지보공 및 목재지주식 지보공 외의 터널 지보공에 대해서는 터널 등의 출입구 부분에 받침대를 설치할 것

(7) 터널 지보공 점검사항

<u>제366조(붕괴 등의 방지)</u>
터널 지보공을 설치한 경우의 점검사항
1. 부재의 손상·변형·부식·변위 탈락의 유무 및 상태
2. 부재의 긴압 정도
3. 부재의 접속부 및 교차부의 상태
4. 기둥침하의 유무 및 상태

(8) 터널 굴착공사에서 뿜어 붙이기 콘크리트의 효과(숏크리트)

① 굴착지반이나 절개지 사면을 조기에 안정시킨다.
② 굴착면의 요철을 줄이고 응력집중을 완화시킨다.
③ 암반의 크랙(crack)을 보강한다.
④ rock bolt의 힘을 지반에 분산시켜 전달한다.
⑤ 굴착면을 덮음으로써 지반의 침식을 방지한다.

(9) 터널 계측관리 및 이상 발견 시 조치사항

① 접착불량, 혼합비율불량 등 불량한 뿜어붙이기 콘크리트가 발견되었을 시 신속히 양호한 뿜어붙이기 콘크리트로 대체하여 콘크리트 덩어리의 분리 낙하로 인한 재해를 예방하여야 한다.
② 록볼트의 축력이 증가하여 지압판이 휘게 되면 추가볼트를 시공한다.
③ 지중변위가 크게 되고 이완영역이 이상하게 넓어지면 추가볼트를 시공한다.
④ 계측관리의 구분은 일상계측과 대표계측으로 하며 계측빈도 기준은 측정 특성별로 별도 수립하여야 한다.

> 축력 : 길이 방향으로 부재를 수축, 인장 시키는 하중

암질의 판별 기준<터널공사표준안전작업지침-NATM공법>

굴착공사(발파공사) 중 암질변화구간 및 이상암질 출현 시에는 암질판별시험을 수행하는 데 이 시험의 기준
① R.Q.D(Rock Quality Designation, 암질지수): 암질의 상태를 나타내는 데 사용(%)
② R.M.R(Rock Mass Rating): 현장이나 시추자료에서 구할 수 있는 6가지 변수에 의해 암반을 분류하고 평가(%)
③ 탄성파속도(seismic velocity, 彈性波速度): 단단한 암석일수록 전달 속도가 빠름(kg/cm^2)
④ 일축압축강도(단축압축강도): 암석시료 축방향으로 하중을 가하여 파괴가 일어날 때의 응력(km/sec)

사 구축물 또는 이와 유사한 시설물의 위험방지

제51조(구축물등의 안전 유지)

구축물 등이 고정하중, 적재하중, 시공·해체 작업 중 발생하는 하중, 적설, 풍압(風壓), 지진이나 진동 및 충격 등에 의하여 전도·폭발하거나 무너지는 등의 위험을 예방하기 위하여 설계도면, 시방서(示方書), 「건축물의 구조기준 등에 관한 규칙」에 따른 구조설계도서, 해체계획서 등 설계도서를 준수하여 필요한 조치를 해야 한다.

제52조(구축물등의 안전성 평가)

구축물 등이 다음의 어느 하나에 해당하는 경우에는 구축물 등에 대한 구조검토, 안전진단 등의 안전성 평가를 하여 근로자에게 미칠 위험성을 미리 제거해야 한다.

1. 구축물 등의 인근에서 굴착·항타작업 등으로 침하·균열 등이 발생하여 붕괴의 위험이 예상될 경우
2. 구축물 등에 지진, 동해(凍害), 부동침하(不同沈下) 등으로 균열·비틀림 등이 발생했을 경우
3. 구축물 등이 그 자체의 무게·적설·풍압 또는 그 밖에 부가되는 하중 등으로 붕괴 등의 위험이 있을 경우
4. 화재 등으로 구축물 등의 내력(耐力)이 심하게 저하됐을 경우
5. 오랜 기간 사용하지 않던 구축물 등을 재사용하게 되어 안전성을 검토해야 하는 경우
6. 구축물 등의 주요구조부(「건축법」에 따른 주요구조부)에 대한 설계 및 시공 방법의 전부 또는 일부를 변경하는 경우
7. 그 밖의 잠재위험이 예상될 경우

※ 옹벽축조를 위한 굴착〈굴착공사표준안전작업지침〉
제14조(옹벽축조) 옹벽을 축조 시에는 불안전한 급경사가 되게 하거나 좁은 장소에서 작업을 할 때에는 위험을 수반하게 되므로 다음의 사항을 준수하여야 한다.
1. 수평방향의 연속시공을 금하며, 블록으로 나누어 단위시공 단면적을 최소화하여 분단시공을 한다.
2. 하나의 구간을 굴착하면 방치하지 말고 즉시 버팀 콘크리트를 타설하고 기초 및 본체구조물 축조를 마무리한다.
3. 절취경사면에 전석, 낙석의 우려가 있고 혹은 장기간 방치할 경우에는 숏크리트, 록볼트, 넷트, 캔버스 및 모르터 등으로 방호한다.
4. 작업위치의 좌우에 만일의 경우에 대비한 대피통로를 확보하여 둔다.

CHAPTER 02 항목별 우선순위 문제 및 해설 (2)

01 흙의 안식각과 동일한 의미를 가진 용어는?
① 자연 경사각
② 비탈면각
③ 시공 경사각
④ 계획 경사각

해설 흙의 안식각(安息角, angle of repose) – 자연 경사각, 자연구배, 흙의 휴식각
흙 등을 쌓거나 깎아 내려 안정된 사면이 형성되었을 때 경사면이 수평면과 이루는 각
(일반적으로 안식각은 30~35°임)

02 산업안전보건기준에 관한 규칙에 따른 암반 중 풍화암 굴착 시 굴착면의 기울기 기준으로 옳은 것은?
① 1 : 1.4
② 1 : 1.1
③ 1 : 1.0
④ 1 : 0.5

해설 굴착면의 기울기 기준

지반의 종류	굴착면의 기울기
모래	1 : 1.8
연암 및 풍화암	1 : 1.0
경암	1 : 0.5
그 밖의 흙	1 : 1.2

비고 1. 굴착면의 기울기는 굴착면의 높이에 대한 수평거리의 비율

03 흙의 액성한계 $W_L = 48\%$, 소성한계 $W_P = 26\%$일 때 소성지수(I_P)는 얼마인가?
① 18%
② 22%
③ 26%
④ 32%

해설 소성지수(I_P) : 소성상태를 갖는 함수비 범위
소성지수(I_P) = 액성한계(W_L) – 소성한계(W_P)
⇨ 소성지수(I_P) = 액성한계(W_L) – 소성한계(W_P)
= 48% – 26% = 22%

04 굴착면 붕괴의 원인과 가장 관계가 먼 것은?
① 사면경사의 증가
② 성토 높이의 감소
③ 공사에 의한 진동하중의 증가
④ 굴착높이의 증가

해설 토석 및 토사붕괴의 원인(굴착공사표준안전작업지침)
(가) 외적 원인
① 사면, 법면의 경사 및 기울기의 증가
② 절토 및 성토 높이의 증가
③ 공사에 의한 진동 및 반복 하중의 증가
④ 지표수 및 지하수의 침투에 의한 토사 중량의 증가
⑤ 지진, 차량, 구조물의 하중 작용
⑥ 토사 및 암석의 혼합층 두께
(나) 내적 원인
① 절토 사면의 토질·암질
② 성토 사면의 토질 구성 및 분포
③ 토석의 강도 저하

05 토석붕괴 방지방법에 대한 설명으로 옳지 않은 것은?
① 말뚝(강관, H형강, 철근콘크리트)을 박아 지반을 강화시킨다.
② 활동의 가능성이 있는 토석은 제거한다.
③ 지표수가 침투되지 않도록 배수시키고 지하수위 저하를 위해 수평보링을 하여 배수시킨다.
④ 활동에 의한 붕괴를 방지하기 위해 비탈면, 법면의 상단을 다진다.

해설 굴착공사 비탈면붕괴 방지대책
① 적절한 경사면의 기울기를 계획하여야 함(굴착면 가울기 기준 준수)
② 경사면의 기울기가 당초 계획과 차이가 발생되면 즉시 재검토하여 계획을 변경시켜야 함.
③ 활동할 가능성이 있는 토석은 제거하여야 함.

정답 01.① 02.③ 03.② 04.② 05.④

④ 경사면의 하단부에 압성토 등 보강공법으로 활동에 대한 저항 대책을 강구
  - 비탈면하단을 성토함.
⑤ 말뚝(강관, H형강, 철근콘크리트)을 타입하여 강화
⑥ 지표수와 지하수의 침투를 방지
  ㉠ 지표수의 침투를 막기 위해 표면배수공을 한다.
  ㉡ 지하수위를 내리기 위해 수평배수공을 한다.
⑦ 비탈면 상부의 토사를 제거하여 비탈면의 안전성 유지

06 유한사면에서 사면 기울기가 비교적 완만한 점성토에서 주로 발생되는 사면파괴의 형태는?

① 저부파괴　　② 사면선단파괴
③ 사면내파괴　④ 국부전단파괴

해설 유한사면의 붕괴 유형〈사면붕괴형태(토사사면)〉
- 사면저부 붕괴 : 토질이 비교적 연약하고 경사가 완만한 경우(사면 기울기가 비교적 완만한 점성토에서 주로 발생)

07 사면의 보호공법이 아닌 것은?

① 식생 공법　　　② 피복 공법
③ 낙석 방호 공법　④ 주입 공법

해설 비탈면보호공법
(1) 사면보호공법
  (가) 사면을 보호하기 위한 구조물에 의한 보호 공법
    ① 현장타설 콘크리트 격자공
    ② 블록공
    ③ (돌, 블록) 쌓기공
    ④ (돌, 블록, 콘크리트) 붙임공
    ⑤ 뿜어붙이기공
  (나) 사면을 식물로 피복함으로써 침식, 세굴 등을 방지 : 식생공
(2) 사면보강공법
  말뚝공, 앵커공, 옹벽공, 절토공, 압성토공, 소일네일링(soil nailing)공
(3) 사면지반 개량공법
  ① 주입공법　② 이온 교환 공법　③ 전기화학적 공법
  ④ 시멘트안정 처리공법　⑤ 석회안정처리 공법
  ⑥ 소결공법

08 옹벽의 활동에 대한 저항력은 옹벽에 작용하는 수평력 보다 최소 몇 배 이상 되어야 안전한가?

① 0.5　② 1.0
③ 1.5　④ 2.0

해설 옹벽의 안정성
① 옹벽이 외력에 대하여 안정하기 위한 검토 조건 :
  ㉠ 전도에 대한 안정　㉡ 활동에 대한 안정
  ㉢ 지반지지력에 대한 안정(침하)
② 전도에 대한 안정 : 전도에 대한 저항모멘트는 횡토압에 의한 전도모멘트의 2.0배 이상이어야 한다.
③ 활동에 대한 안정 : 활동에 대한 저항력은 옹벽에 작용하는 수평력의 1.5배 이상이어야 한다.
④ 지반 지지력에 대한 안정 : 지반에 작용하는 최대 하중이 지반의 허용지지력 이하가 되도록 설계한다.

09 다음 중 흙막이벽 설치공법에 속하지 않는 것은?

① 강재 널말뚝 공법
② 지하연속법 공법
③ 어스앵커 공법
④ 트렌치컷 공법

해설 공법의 종류
(가) 흙막이 지지방식에 의한 분류
  ① 자립공법　② 버팀대식공법　③ 어스앵커공법
  ④ 타이로드공법
(나) 구조방식에 의한 분류
  ① H-Pile 공법　③ 널말뚝 공법　③ 지하연속벽 공법
  (벽식, 주열식) ④ 탑다운공법(top down method)

10 흙막이 지보공을 설치하였을 때 정기점검 사항에 해당하지 않는 것은?

① 검지부의 이상유무
② 버팀대의 긴압의 정도
③ 침하의 정도
④ 부재의 손상, 변형, 부식, 변위 및 탈락의 유무와 상태

해설 흙막이 지보공 설치 시 정기점검 사항
1. 부재의 손상·변형·부식·변위 및 탈락의 유무와 상태
2. 버팀대의 긴압(緊壓)의 정도
3. 부재의 접속부·부착부 및 교차부의 상태
4. 침하의 정도

11 흙막이 가시설 공사 시 사용되는 각 계측기 설치 목적으로 옳지 않은 것은?

① 지표침하계 – 지표면 침하량 측정
② 수위계 – 지반 내 지하수위의 변화 측정
③ 하중계 – 상부 적재하중 변화 측정
④ 지중경사계 – 지중의 수평 변위량 측정

해설 흙막이 가시설 공사 시 사용되는 각 계측기 설치 및 사용목적
 – load cell(하중계) : 버팀대(strut)의 축하중 및 어스앵커(earth anchor)의 인장력 측정

12 터널작업에 있어서 자동경보장치가 설치된 경우에 이 자동경보장치에 대하여 당일의 작업 시작 전 점검하여야 할 사항이 아닌 것은?

① 계기의 이상 유무
② 검지부의 이상 유무
③ 경보장치의 작동 상태
④ 환기 또는 조명시설의 이상 유무

해설 자동경보장치 작업 시작 전 점검
1. 계기의 이상 유무
2. 검지부의 이상 유무
3. 경보장치의 작동상태

13 터널공사에서 발파작업 시 안전대책으로 틀린 것은?

① 발파전 도화선 연결 상태, 저항치 조사 등의 목적으로 도통시험 실시 및 발파기의 작동 상태를 사전에 점검
② 동력선은 발원점으로부터 최소 15m 이상 후방으로 옮길 것
③ 지질, 암의 절리 등에 따라 화약량 검토 및 시방기준과 대비하여 안전조치 실시
④ 발파용 점화회선은 타동력선 및 조명회선과 한곳으로 통합하여 관리

해설 터널공사에서 발파작업 시 안전대책
발파용 점화회선은 타동력선 및 조명회선으로부터 분리되어야 한다.

14 채석작업을 하는 경우 지반의 붕괴 또는 토석의 낙하로 인하여 근로자에게 발생할 우려가 있는 위험을 방지하기 위하여 취하여야 할 조치와 가장 거리가 먼 것은?

① 작업 시작 전 작업장소 및 그 주변 지반의 부석과 균열의 유무와 상태
② 함수·용수 및 동결상태의 변화 점검
③ 진동치 속도 점검
④ 발파 후 발파장소 점검

해설 채석작업 지반붕괴 위험방지 조치
1. 점검자를 지명하고 당일 작업 시작 전에 작업장소 및 그 주변 지반의 부석과 균열의 유무와 상태, 함수·용수 및 동결 상태의 변화를 점검할 것
2. 점검자는 발파 후 그 발파 장소와 그 주변의 부석 및 균열의 유무와 상태를 점검할 것

15 구축물이 풍압·지진 등에 의하여 붕괴 또는 전도하는 위험을 예방하기 위한 조치와 가장 거리가 먼 것은?

① 설계도서에 따라 시공했는지 확인
② 건설공사 시방서에 따라 시공했는지 확인
③ 「건축물의 구조기준 등에 관한 규칙」에 따른 구조기준을 준수했는지 확인
④ 보호구 및 방호장치의 성능점검 합격품을 사용했는지 확인

해설 구축물 또는 이와 유사한 시설물의 위험예방조치
설계도면, 시방서(示方書), 「건축물의 구조기준 등에 관한 규칙」에 따른 구조설계도서, 해체계획서 등 설계도서를 준수하여 필요한 조치를 해야 함

정답 11. ③ 12. ④ 13. ④ 14. ③ 15. ④

16 굴착작업 시 굴착깊이가 최소 몇 m 이상인 경우 사다리, 계단 등 승강설비를 설치하여야 하는가?

① 1.5m ② 2.5m
③ 3.5m ④ 4.5m

해설 **트렌치 굴착 시의 준수사항**
굴착깊이가 1.5미터 이상인 경우는 사다리, 계단 등 승강설비를 설치하여야 한다.

정답 16. ①

Chapter 03 건설공구 및 장비 안전수칙

memo

셔블계 굴착기계
① 파워 셔블(power shovel)
② 크램쉘(clam shell)
③ 드래그라인(dragline)
④ 백호우(backhoe)

파워셔블
디퍼(dipper. 준설기 등에서 토사를 담는 버킷)를 아래에서 위로 조작하여 굴착하는 셔블계 굴착기의 종류

shovel
셔블/쇼벨

1. 건설장비

가 굴삭장비

(1) 파워셔블(power shovel)

장비 자체보다 높은 장소의 땅을 굴착하는 데 적합한 장비. 적재, 석산작업에 편리(산지에서의 토공사 및 암반으로부터의 점토질까지 굴착할 수 있는 건설장비)

(2) 백호우(backhoe) - 굴착기

(가) 백호우(backhoe) : 장비가 위치한 지면보다 낮은 장소를 굴착하는 데 적합한 장비

- 단단한 토질의 굴삭이 가능하고 Trench, Ditch, 배관작업 등에 편리(토질의 구멍파기나 도랑파기에 이용)
* 지반보다 6m 정도 깊은 경질 지반의 기초파기에 적합한 굴착 기계

(나) 백호우(Backhoe)의 운행방법
① 경사로나 연약지반에서는 타이어식 보다는 무한궤도식이 안전하다.
② 작업계획서를 작성하고 계획에 따라 작업을 실시하여야 한다.
③ 작업장소의 지형 및 지반상태 등에 적합한 제한속도를 정하고 운전자로 하여금 이를 준수하도록 하여야 한다.
④ 작업 중 승차석 외의 위치에 근로자를 탑승시켜서는 안 된다(버킷이나 다른 부수장치 등에 사람을 태우지 않는다).
⑤ 운전 반경 내에 사람이 있을 때는 회전을 중지한다.
⑥ 장비의 주차 시 버킷을 지면에 놓아야 한다.
⑦ 유압계통 분리 시에는 반드시 붐을 지면에 놓고 엔진을 정지시킨 다음 유압을 제거한 후 실시한다.

(다) 백호우의 전부장치
① 붐(boom) : 상승 및 하강
② 암(arm) : 굽히기 및 펴기
③ 버킷(bucket) : 오므리기 및 펴기

> **참고**
> * 굴착기(백호우)는 땅이나 암석 따위를 파내는 기계이다. 일본식 용어인 굴삭기로도 불려진다. 굴착기 중 유압으로 움직이는 기계 삽을 단 자동차 형태인 것을 특히 삽차(−車)라고 하며, 프랑스의 상표에서 온 포클레인(poclain)이라는 말도 일반 명사화되어 널리 쓰인다. 영어권에서는 엑스카베이터(excavator)라고 한다.
> * 리퍼(ripper) : 백호우에 설치하여 아스팔트 포장도로의 노반의 파쇄굴착 또는 토사중에 있는 암석제거에 사용
> * 굴착과 싣기를 동시에 할 수 있는 토공기계 : 셔블, 백호우

(3) 드래그라인(dragline)

셔블계 굴착기의 일종. 긴 붐 상단에 매달린 버킷을 와이어로 끌어당겨 흙을 끌어내리거나 굴착, 싣기를 하는 기계

- 장비가 위치한 저면보다 낮은데 적합하고 백호우처럼 단단한 토질을 굴삭할 수 없으나 굴삭 반경 크므로 수중 굴삭 (하천 개수), 모래 채취 등에 많이 사용

(4) 크램쉘(clam shell)

(가) 크램쉘 : 좁은 장소의 깊은 굴삭에 효과적. 정확한 굴삭과 단단한 지반의 작업은 어려움(좁은 곳의 수직파기를 할 때 사용)

- 수중굴착 공사에 가장 적합한 건설기계

(나) 크램쉘의 용도

① 잠함 안의 굴착에 사용된다.
② 수면하의 자갈, 실트 혹은 모래를 굴착하고 준설선에 많이 사용한다.
③ 건축구조물의 기초 등 정해진 범위의 깊은 굴착에 적합하다.
④ 교량 하부공사의 정통(井筒)침하 작업에 사용하면 유리하다.
⑤ 높은 깔대기에 재료를 투입할 때, 콘크리트 배치플랜트(concrete batch plant) 등에 사용한다.

> **크램쉘**
> 양개식(兩開式) 버킷을 로프에 매달아 낙하시켜 토사를 굴착하는 기계

나 운반장비

(1) 스크레이퍼(scraper)

굴착, 싣기, 운반, 흙깔기 등의 작업을 하나의 기계로서 연속적으로 행할 수 있으며 비행장과 같이 대규모 정지작업에 적합하고 피견인식, 자주식으로 구분할 수 있는 차량계 건설 기계(굴착, 싣기, 운반, 정지작업)

- 100~150m의 중거리 정지공사에 적합

(2) 모터 그레이더(motor grader)

엔진이나 유압에 의해 주행할 수 있는 그레이더로 고무타이어의 전륜과 후륜 사이에 토공판(블레이드, blade)을 부착하여 주로 노면을 평활하게 깎아 내는 작업을 수행(정지작업용 장비)

- 굴착과 싣기를 동시에 할 수 있는 토공기계

(3) 불도저(bulldozer)

(가) 불도저(bulldozer) : 땅을 다지거나 지면을 고르고 편평하게 하는 작업, 그리고 도로 공사 등에 널리 쓰이는 중장비(일반적으로 거리 60m 이하의 배토작업에 사용) - 굴착, 운반, 정지작업

(나) 불도저의 종류

1) 힌지 도저 : 앵글도저보다 큰 각으로 움직일 수 있어 흙을 깎아 옆으로 밀어내면서 전진하므로 제설, 제토작업 및 다량의 흙을 전방으로 밀어 가는 데 적합한 불도저

2) 앵글 도저(angle dozer) : 블레이드의 길이가 길고 낮으며 블레이드의 좌우를 전후로 25~30도의 각도로 바꿀 수 있어 흙을 측면으로 보낼 수 있고 경사지에서 절토작업, 제설작업, 파이프 매설작업 등에 주로 사용

- 브레이드면(배토판)이 진행방향 중심선에 대해 어느 각도(보통 30°)로 경사시켜 부착되어 있다.

3) 틸트 도저(tilt dozer) : 블레이드의 좌우를 상하로 25~30도 경사를 지어 작업할 수 있도록 조절가능하며, 주로 굳은땅, 얼어붙은 땅 등을 파는 작업과 배수로 및 제방경사 작업을 하는 데 사용

- 배토판의 잇날은 상하 약 30cm만큼 고저차를 가질 수 있는 기계

4) 레이크 도저 : 갈퀴형태의 배토판을 부착한 건설장비로서 나무뿌리 제거용이나 지상청소에 사용하는 데 적합

다 다짐장비 등

(1) 롤러(roller)

(가) 탬핑롤러 : 철륜 표면에 다수의 돌기를 붙여 접지면적을 작게 하여 접지압을 증가시킨 롤러로서 고함수비 점성토 지반의 다짐작업에 적합한 롤러

- 돌기가 전압층에 매입되어 풍화암을 파쇄하고 흙 속의 간극수압을 제거

(나) 진동 롤러(vibrating roller) : 아스팔트콘크리트 등의 다지기에 효과적으로 사용(앞에는 쇠바퀴, 뒤에는 타이어가 부착된 롤러기로 쇠바퀴가 진동을 주면서 다짐)

(다) 탠덤롤러(tandem roller) : 두꺼운 흙을 다지는 데 적합
- 앞뒤 두 개의 차륜이 있으며(2축 2륜), 각각의 차축이 평행으로 배치된 것으로 찰흙, 점성토 등의 두꺼운 흙을 다짐 하는 데 적당하나 단단한 각재를 다지는 데는 부적당하며, 머캐덤 롤러 다짐 후의 아스팔트 포장에 사용된다(앞, 뒤에 각 하나의 쇠바퀴가 부착된 롤러).

(라) 머캐덤롤러(macadam roller) : 아스팔트 포장의 초기다짐하며 함수량이 적은 토사를 얇게 다질 때 유효

(마) 타이어롤러 : 사질토나 사질점성토 등 도로 공사에 많이 사용하고 대규모 토공에 적합

> 아스팔트 포장 시 롤러 작업순서
> ① 아스팔트 포설
> ② 머캐덤 롤러로 1차 다짐
> ③ 타이어 롤러로 2차 다짐
> ④ 탠덤 롤러로 아스팔트 마무리 전압작업

> 머캐덤 롤러
> 앞쪽에 한 개의 조향륜 롤러와 뒤축에 두 개의 롤러가 배치(2축 3륜)된 것으로 하층 노반다지기, 아스팔트 포장에 주로 쓰이는 장비

2. 안전수칙〈산업안전보건기준에 관한 규칙〉

가 차량계 건설기계의 안전수칙

(1) 차량계 건설기계의 정의

제196조(차량계 건설기계의 정의)

차량계 건설기계 : 동력원을 사용하여 특정되지 아니한 장소로 스스로 이동할 수 있는 건설기계로서 (다음의) 별표 6에서 정한 기계를 말한다.

[별표 6] 차량계 건설기계
1. 도저형 건설기계(불도저, 스트레이트도저, 틸트도저, 앵글도저, 버킷도저 등)
2. 모터그레이더
3. 로더(포크 등 부착물 종류에 따른 용도 변경 형식을 포함)
4. 스크레이퍼
5. 크레인형 굴착기계(크램쉘, 드래그라인 등)
6. 굴착기(브레이커, 크러셔, 드릴 등 부착물 종류에 따른 용도 변경 형식을 포함)
7. 항타기 및 항발기
8. 천공용 건설기계(어스드릴, 어스오거, 크롤러드릴, 점보드릴 등)

9. 지반 압밀침하용 건설기계(샌드드레인머신, 페이퍼드레인머신, 팩드레인머신 등)
10. 지반 다짐용 건설기계(타이어롤러, 매커덤롤러, 탠덤롤러 등)
11. 준설용 건설기계(버킷준설선, 그래브준설선, 펌프준설선 등)
12. 콘크리트 펌프카
13. 덤프트럭
14. 콘크리트 믹서 트럭
15. 도로포장용 건설기계(아스팔트 살포기, 콘크리트 살포기, 아스팔트 피니셔, 콘크리트 피니셔 등)
16. 골재 채취 및 살포용 건설기계(쇄석기, 자갈채취기, 골재살포기 등)
17. 제1호부터 제15호까지와 유사한 구조 또는 기능을 갖는 건설기계로서 건설작업에 사용하는 것

(2) 사전조사 및 작업계획서의 작성

<u>제38조(사전조사 및 작업계획서의 작성 등)</u>
① 근로자의 위험을 방지하기 위하여 (다음의) 별표 4에 따라 해당 작업, 작업장의 지형·지반 및 지층 상태 등에 대한 사전조사를 하고 그 결과를 기록·보존하여야 하며, 조사결과를 고려하여 작업계획서를 작성하고 그 계획에 따라 작업을 하도록 하여야 한다.

[별표 4] 사전조사 및 작업계획서 내용(제38조제1항관련)
3. 차량계 건설기계를 사용하는 작업
 - 사전조사 내용
   해당 기계의 전락(轉落), 지반의 붕괴 등으로 인한 근로자의 위험을 방지하기 위한 해당 작업장소의 지형 및 지반 상태
 - 작업계획서 내용
   가. 사용하는 차량계 건설기계의 종류 및 성능
   나. 차량계 건설기계의 운행경로
   다. 차량계 건설기계에 의한 작업방법

※ 작업 시작 전 점검사항〈산업안전보건기준에 관한 규칙〉
 - 차량계 건설기계를 사용하여 작업을 할 때 : 브레이크 및 클러치 등의 기능

(3) 차량계 건설기계의 안전수칙

<u>제98조(제한속도의 지정 등)</u>
① 차량계 하역운반기계, 차량계 건설기계(최대제한속도가 시속 10킬로미터 이하인 것은 제외)를 사용하여 작업을 하는 경우 미리 작업장소의

지형 및 지반 상태 등에 적합한 제한속도를 정하고, 운전자로 하여금 준수하도록 하여야 한다.
② 궤도작업차량을 사용하는 작업, 입환기(입환작업에 이용되는 열차)로 입환작업을 하는 경우에 작업에 적합한 제한속도를 정하고, 운전자로 하여금 준수하도록 하여야 한다.

> 입환(入換)작업
> 열차 차량을 분리하거나 결합, 전선(선로 바꿈) 등의 작업

제197조(전조등의 설치)
차량계 건설기계에 전조등을 갖추어야 한다(작업을 안전하게 수행하기 위하여 필요한 조명이 있는 장소에서 사용하는 경우에는 그러하지 아니하다).

제198조(낙하물보호구조)
토사 등이 떨어질 우려가 있는 등 위험한 장소에서 차량계 건설기계[불도저, 트랙터, 굴착기, 로더(loader: 흙 따위를 퍼 올리는 데 쓰는 기계), 스크레이퍼(scraper: 흙을 절삭·운반하거나 펴 고르는 등의 작업을 하는 토공기계), 덤프트럭, 모터그레이더(motor grader: 땅 고르는 기계), 롤러(roller: 지반 다짐용 건설기계), 천공기, 항타기 및 항발기로 한정]를 사용하는 경우에는 해당 차량계 건설기계에 견고한 헤드가드를 갖추어야 한다.

제199조(전도 등의 방지)
차량계 건설기계를 사용하는 작업할 때에 그 기계가 넘어지거나 굴러떨어짐으로써 근로자가 위험해질 우려가 있는 경우에는 유도하는 사람을 배치하고 지반의 부동침하 방지, 갓길의 붕괴 방지 및 도로 폭의 유지 등 필요한 조치를 하여야 한다.

제200조(접촉 방지)
① 차량계 건설기계를 사용하여 작업을 하는 경우에는 운전 중인 해당 차량계 건설기계에 접촉되어 근로자가 부딪칠 위험이 있는 장소에 근로자를 출입시켜서는 아니 된다(유도자를 배치하고 해당 차량계 건설기계를 유도하는 경우에는 그러하지 아니하다).

제201조(차량계 건설기계의 이송)
차량계 건설기계를 이송하기 위하여 화물자동차 등에 싣거나 내리는 작업을 할 때에 발판·성토 등을 사용하는 경우의 해당 차량계 건설기계의 전도 또는 전락에 의한 위험을 방지하기 위한 준수사항
1. 싣거나 내리는 작업은 평탄하고 견고한 장소에서 할 것
2. 발판을 사용하는 경우에는 충분한 길이·폭 및 강도를 가진 것을 사용하고 적당한 경사를 유지하기 위하여 견고하게 설치할 것

3. 마대·가설대 등을 사용하는 경우에는 충분한 폭 및 강도와 적당한 경사를 확보할 것

<u>제202조(승차석 외의 탑승금지)</u>
차량계 건설기계를 사용하여 작업을 하는 경우 승차석이 아닌 위치에 근로자를 탑승시켜서는 아니 된다.

<u>제203조(안전도 등의 준수)</u>
차량계 건설기계를 사용하여 작업을 하는 경우 그 차량계 건설기계가 넘어지거나 붕괴될 위험 또는 붐·암 등 작업장치가 파괴될 위험을 방지하기 위하여 그 기계의 구조 및 사용상 안전도 및 최대사용하중을 준수하여야 한다.

<u>제204조(주용도 외의 사용 제한)</u>
차량계 건설기계를 그 기계의 주된 용도에만 사용하여야 한다(근로자가 위험해질 우려가 없는 경우에는 그러하지 아니하다).

<u>제205조(붐 등의 강하에 의한 위험 방지)</u>
차량계 건설기계의 붐·암 등을 올리고 그 밑에서 수리·점검작업 등을 하는 경우 붐·암 등이 내려옴으로써 발생하는 위험을 방지하기 위하여 해당 작업에 종사하는 근로자에게 안전지주 또는 안전블록 등을 사용하도록 하여야 한다.

<u>제206조(수리 등의 작업 시 조치)</u>
차량계 건설기계의 수리나 부속장치의 장착 및 제거작업을 하는 경우 그 작업을 지휘하는 사람을 지정하여 다음의 사항을 준수하도록 하여야 한다.
1. 작업순서를 결정하고 작업을 지휘할 것
2. 안전지주 또는 안전블록 등의 사용상황 등을 점검할 것

나 항타기 및 항발기의 안전수칙

(1) 조립 시 점검

<u>제207조(조립·해체 시 점검사항)</u>
② 항타기 또는 항발기를 조립·해체하는 경우의 점검사항
   1. 본체 연결부의 풀림 또는 손상의 유무
   2. 권상용 와이어로프·드럼 및 도르래의 부착상태의 이상 유무
   3. 권상장치의 브레이크 및 쐐기장치 기능의 이상 유무

4. 권상기의 설치상태의 이상 유무
5. 리더(leader)의 버팀 방법 및 고정상태의 이상 유무
6. 본체·부속장치 및 부속품의 강도가 적합한지 여부
7. 본체·부속장치 및 부속품에 심한 손상·마모·변형 또는 부식이 있는지 여부

(2) 무너짐의 방지

<u>제209조(무너짐의 방지)</u>
동력을 사용하는 항타기 또는 항발기에 대하여 무너짐을 방지하기 위한 준수사항

1. 연약한 지반에 설치하는 경우에는 아웃트리거·받침 등 지지구조물의 침하를 방지하기 위하여 깔판·받침목 등을 사용할 것
2. 시설 또는 가설물 등에 설치하는 경우에는 그 내력을 확인하고 내력이 부족하면 그 내력을 보강할 것
3. 아웃트리거·받침 등 지지구조물이 미끄러질 우려가 있는 경우에는 말뚝 또는 쐐기 등을 사용하여 해당 지지구조물을 고정시킬 것
4. 궤도 또는 차로 이동하는 항타기 또는 항발기에 대해서는 불시에 이동하는 것을 방지하기 위하여 레일 클램프(rail clamp) 및 쐐기 등으로 고정시킬 것
5. 버팀대만으로 상단부분을 안정시키는 경우에는 버팀대는 3개 이상으로 하고 그 하단 부분은 견고한 버팀·말뚝 또는 철골 등으로 고정시킬 것

(3) 권상용 와이어로프의 준수사항

<u>제210조(이음매가 있는 권상용 와이어로프의 사용 금지)</u>
항타기 또는 항발기의 권상용 와이어로프로 다음이 어느 하나에 해당하는 것을 사용해서는 안 된다.
가. 이음매가 있는 것
나. 와이어로프의 한 꼬임[스트랜드(strand)]에서 끊어진 소선(素線)의 수가 10퍼센트 이상
다. 지름의 감소가 공칭지름의 7퍼센트를 초과하는 것
라. 꼬인 것
마. 심하게 변형되거나 부식된 것
바. 열과 전기충격에 의해 손상된 것

<u>제211조(권상용 와이어로프의 안전계수)</u>
항타기 또는 항발기의 권상용 와이어로프의 안전계수가 5 이상이 아니면

이를 사용해서는 아니 된다.

제212조(권상용 와이어로프의 길이 등)
항타기 또는 항발기에 권상용 와이어로프를 사용하는 경우의 준수사항
1. 권상용 와이어로프는 추 또는 해머가 최저의 위치에 있을 때 또는 널말뚝을 빼내기 시작할 때를 기준으로 권상장치의 드럼에 적어도 2회 감기고 남을 수 있는 충분한 길이일 것
2. 권상용 와이어로프는 권상장치의 드럼에 클램프·클립 등을 사용하여 견고하게 고정할 것
3. 권상용 와이어로프에서 추·해머 등과의 연결은 클램프·클립 등을 사용하여 견고하게 할 것

(4) 도르래의 부착

제216조(도르래의 부착 등)
① 항타기나 항발기에 도르래나 도르래 뭉치를 부착하는 경우에는 부착부가 받는 하중에 의하여 파괴될 우려가 없는 브라켓·샤클 및 와이어로프 등으로 견고하게 부착하여야 한다.
② 항타기 또는 항발기의 권상장치의 드럼축과 권상장치로부터 첫 번째 도르래의 축 간의 거리를 권상장치 드럼폭의 15배 이상으로 하여야 한다.
③ 도르래는 권상장치의 드럼 중심을 지나야 하며 축과 수직면상에 있어야 한다.

(5) 사용 시의 조치 등

제217조(사용 시의 조치 등)
① 압축공기를 동력원으로 하는 항타기나 항발기를 사용하는 경우의 준수사항
　1. 해머의 운동에 의하여 공기호스와 해머의 접속부가 파손되거나 벗겨지는 것을 방지하기 위하여 그 접속부가 아닌 부위를 선정하여 공기호스를 해머에 고정시킬 것
　2. 공기를 차단하는 장치를 해머의 운전자가 쉽게 조작할 수 있는 위치에 설치할 것
② 항타기나 항발기의 권상장치의 드럼에 권상용 와이어로프가 꼬인 경우에는 와이어로프에 하중을 걸어서는 아니 된다.
③ 항타기나 항발기의 권상장치에 하중을 건 상태로 정지하여 두는 경우에는 쐐기장치 또는 역회전방지용 브레이크를 사용하여 제동하는 등 확실하게 정지시켜 두어야 한다.

※ 건설기계에 관한 설명
① 철골세우기용 건설기계 : 가이 데릭, 스티프레그 데릭(stiffleg derrick, 삼각 데릭), 타워크레인, 진폴
  - 진 폴(gin pole) : 하나의 기둥으로 세우고 기둥의 정상부에 체인 블록 또는 활차 장치 부착하여 하물을 인양
② 백호우(backhoe) : 장비가 위치한 지면보다 낮은 장소를 굴착하는 데 적합한 장비(지반보다 6m 정도 깊은 경질지반의 기초파기에 적합한 굴착 기계)
③ 항타기 및 항발기에서 버팀대만으로 상단부분을 안정시키는 경우에는 버팀대는 3개 이상으로 하고 그 하단 부분은 견고한 버팀·말뚝 또는 철골 등으로 고정시킬 것
④ 불도저의 규격은 작업가능상태의 중량(톤)으로 표시한다.

※ 안전인증대상 기계·기구 등의 방호장치〈산업안전보건법 시행령〉
<u>제74조(안전인증대상 기계 등)</u>
1. 다음에 해당하는 기계 및 설비
  가. 프레스
  나. 전단기(剪斷機) 및 절곡기(折曲機)
  다. 크레인
  라. 리프트
  마. 압력용기
  바. 롤러기
  사. 사출성형기(射出成形機)
  아. 고소(高所) 작업대
  자. 곤돌라

※ 유해하거나 위험한 기계 등에 대한 방호조치〈산업안전보건법 시행규칙 제98조〉
기계·기구에 설치하여야 할 방호장치는 다음과 같다.
1. 예초기 : 날접촉 예방장치
2. 원심기 : 회전체 접촉 예방장치
3. 공기압축기 : 압력방출장치
4. 금속절단기 : 날접촉 예방장치
5. 지게차 : 헤드 가드, 백레스트(backrest), 전조등, 후미등, 안전벨트
6. 포장기계 : 구동부 방호 연동장치

> 무한궤도식 장비와 타이어식(차륜식) 장비의 차이점
> ① 타이어식은 장거리 이동이 쉽고 기동성이 좋다.
> ② 타이어식은 승차감과 주행성이 좋고 변속이 빠르다.
> ③ 무한궤도식은 습지, 경사지반, 기복이 심한 곳에서 작업이 유리하다.

CHAPTER 03 항목별 우선순위 문제 및 해설

01 차량계 건설기계에 해당하지 않는 것은?
① 불도저   ② 콘크리트 펌프카
③ 드래그 셔블   ④ 가이데릭

해설 차량계 건설기계
1. 도저형 건설기계(불도저, 스트레이트도저, 틸트도저, 앵글도저, 버킷도저 등)
2. 모터그레이더
3. 로더(포크 등 부착물 종류에 따른 용도 변경 형식을 포함한다)
4. 스크레이퍼
5. 크레인형 굴착기계(크램쉘, 드래그라인 등)
6. 굴착기(브레이커, 크러셔, 드릴 등 부착물 종류에 따른 용도 변경 형식을 포함한다)
7. 항타기 및 항발기
8. 천공용 건설기계(어스드릴, 어스오거, 크롤러드릴, 점보드릴 등)
9. 지반 압밀침하용 건설기계(샌드드레인머신, 페이퍼드레인머신, 팩드레인머신 등)
10. 지반 다짐용 건설기계(타이어롤러, 매커덤롤러, 탠덤롤러 등)
11. 준설용 건설기계(버킷준설선, 그래브준설선, 펌프준설선 등)
12. 콘크리트 펌프카
13. 덤프트럭
14. 콘크리트 믹서 트럭
15. 도로포장용 건설기계(아스팔트 살포기, 콘크리트 살포기, 아스팔트 피니셔, 콘크리트 피니셔 등)

02 장비가 위치한 지면보다 낮은 장소를 굴착하는 데 적합한 장비는?
① 백호우   ② 파워셔블
③ 트럭크레인   ④ 진폴

해설 백호우(backhoe)
장비가 위치한 지면보다 낮은 장소를 굴착하는데 적합한 장비
- 단단한 토질의 굴삭이 가능하고 trench, ditch, 배관작업 등에 편리

03 기계가 위치한 지면보다 높은 장소의 땅을 굴착하는 데 적합하며 산지에서의 토공사 및 암반으로부터의 점토질까지 굴착할 수 있는 건설장비의 명칭은?
① 파워셔블
② 불도저
③ 파일드라이버
④ 크레인

해설 파워셔블(power shovel)
장비 자체보다 높은 장소의 땅을 굴착하는 데 적합한 장비. 적재, 석산작업에 편리

04 토공기계 중 크램쉘(clam shell)의 용도에 대해 가장 잘 설명한 것은?
① 단단한 지반에 작업하기 쉽고 작업속도가 빠르며 특히 암반굴착에 적합하다.
② 수면하의 자갈, 실트 혹은 모래를 굴착하고 준설선에 많이 사용한다.
③ 상당히 넓고 얕은 범위의 점토질 지반 굴착에 적합하다.
④ 기계위치보다 높은 곳의 굴착, 비탈면 절취에 적합하다.

해설 크램쉘(clam shell)
① 좁은 장소의 깊은 굴삭에 효과적. 정확한 굴삭과 단단한 지반의 작업은 어려움(수중굴착 공사에 가장 적합한 건설기계)
② 수면하의 자갈, 실트 혹은 모래를 굴착하고 준설선에 많이 사용한다.
③ 건축구조물의 기초 등 정해진 범위의 깊은 굴착에 적합하다.
④ 교량 하부공사의 정통(井筒)침하 작업에 사용하면 유리하다.

정답 01.④ 02.① 03.① 04.②

05 아래에서 설명하는 불도저의 명칭은?

> 블레이드의 길이가 길고 낮으며 블레이드의 좌우를 전후로 25° ~ 30° 각도로 회전시킬 수 있어 흙을 측면으로 보낼 수 있는 불도저

① 틸트 도저　② 스트레이트 도저
③ 앵글 도저　④ 터나 도저

해설 앵글 도저
블레이드가 길고 낮으며 블레이드의 좌우를 전후로 25~30도 각을 지을 수 있고 경사지에서 절토작업, 제설작업, 파이프 매설작업 등에 주로 사용

06 다음 중 철골건립용 기계에 해당하지 않는 것은?

① 트렌처
② 타워크레인
③ 가이데릭
④ 진폴

해설 철골공사 건립용 기계 : ① 타워크레인 ② 가이데릭 ③ 삼각데릭 ④ 진폴
- 진 폴(gin pole) : 하나의 기둥으로 세우고 기둥의 정상부에 체인 블록 또는 활차 장치를 부착하여 하물을 인양
* 트렌처(trencher) : 다수의 굴착용 버킷을 부착하고 이동하면서 도랑을 파는 기계

07 항타기 또는 항발기의 사용 시 준수사항으로 옳지 않은 것은?

① 해머의 운동에 의하여 증기호스 또는 공기호스와 해머의 접속부가 파손되거나 벗겨지는 것을 방지하기 위하여 그 접속부가 아닌 부위를 선정하여 증기호스 또는 공기호스를 해머에 고정시킬 것
② 증기나 공기를 차단하는 장치를 작업지휘자가 쉽게 조작할 수 있는 위치에 설치할 것
③ 항타기나 항발기의 권상장치의 드럼에 권상용 와이어로프가 꼬인 경우에는 와이어로프에 하중을 걸어서는 아니 된다.
④ 항타기나 항발기의 권상장치에 하중을 건 상태로 정지하여 두는 경우에는 쐐기장치 또는 역회전방지용 브레이크를 사용하여 제동하는 등 확실하게 정지시켜 두어야 한다.

해설 항타기나 항발기를 사용하는 경우의 준수사항
증기나 공기를 차단하는 장치를 해머의 운전자가 쉽게 조작할 수 있는 위치에 설치할 것

08 차량계 건설기계를 사용하여 작업하고자 할 때 작업계획서에 포함되어야 할 사항에 해당하지 않는 것은?

① 사용하는 차량계 건설기계의 종류 및 성능
② 차량계 건설기계의 운행경로
③ 차량계 건설기계에 의한 작업방법
④ 차량계 건설기계의 유지보수방법

해설 차량계 건설기계를 사용하는 작업의 작업계획서 내용
가. 사용하는 차량계 건설기계의 종류 및 성능
나. 차량계 건설기계의 운행경로
다. 차량계 건설기계에 의한 작업방법

09 차량계 건설기계 작업시 기계의 전도, 전락 등에 의한 근로자의 위험을 방지하기 위한 유의사항과 거리가 먼 것은?

① 변속기능의 유지
② 갓길의 붕괴방지
③ 도로의 폭 유지
④ 지반의 부동침하방지

해설 전도 등의 방지
유도하는 사람을 배치하고 지반의 부동침하 방지, 갓길의 붕괴 방지 및 도로 폭의 유지 등 필요한 조치를 하여야 함

정답 05.③ 06.① 07.② 08.④ 09.①

10 굴착기계의 운행 시 안전대책으로 옳지 않은 것은?

① 버킷에 사람의 탑승을 허용해서는 안 된다.
② 운전반경 내에 사람이 있을 때 회전은 10rpm 이하의 느린 속도로 하여야 한다.
③ 장비의 주차 시 경사지나 굴착작업장으로부터 충분히 이격시켜 주차한다.
④ 전선밑에서는 주의하여 작업하여야 하며, 전선과 안전 장치의 안전간격을 유지하여야 한다.

해설 **차량계 건설기계의 안전수칙**
차량계 건설기계를 사용하여 작업을 하는 경우에는 운전 중인 해당 차량계 건설기계에 접촉되어 근로자가 부딪칠 위험이 있는 장소에 근로자를 출입시켜서는 아니 된다(유도자를 배치하고 해당 차량계 건설기계를 유도하는 경우에는 그러하지 아니하다).

정답 10. ②

Chapter 04 비계·거푸집 건설 가(假)시설 위험방지

1. 가설구조물의 특징(유의사항)

① 연결재가 적은 구조로 되기 쉽다.
② 부재의 결합이 간단하고 불안전한 결합이 되기 쉽다.
③ 구조상의 결함이 있는 경우 중대재해로 이어질 수 있다.
④ 사용부재가 과소단면이거나 결함재료를 사용하기 쉽다.
⑤ 조립의 정밀도가 낮아지거나 구조계산기준이 부족하여 구조적 문제점이 많을 수 있다.

2. 비계〈산업안전보건기준에 관한 규칙〉

가 비계의 일반사항

비계(飛階, scaffolding)란 건설현장에서 근로자가 지상 또는 바닥으로부터 손이 닿지 않는 높은 곳을 시공할 수 있도록 조립하여 사용하는 것으로 작업발판 및 작업통로를 설치하기 위함을 주목적으로 하는 가설구조물

① 비계의 부재 중 기둥과 기둥을 연결시키는 부재
  ㉠ 띠장 : 비계기둥에 수평으로 설치하는 부재
  ㉡ 장선 : 쌍줄비계에서 띠장 사이에 수평으로 걸쳐 작업발판을 지지하는 가로재
  ㉢ 가새 : 기둥의 상부와 다른 기둥 하부를 대각선으로 잇는 경사재로서 강관비계 조립 시 비계기둥과 띠장을 일체화하고 비계의 무너짐에 대한 저항력을 증대시키기 위해 비계 전면에 설치

---

memo

가설구조물이 갖추어야 할 구비요건(3요소)
① 경제성 : 설치 및 철거가 용이하고 현장의 적응성이 좋은 경제성
② 작업성 : 적정한 작업성
③ 안전성 : 추락, 도괴 등 재해에 대한 안전성

가설구조물의 구조적 안전성 확인〈건설기술진흥법 시행령〉
제101조의2(가설구조물의 구조적 안전성 확인)
① 건설사업자 또는 주택건설등록업자가 관계전문가로부터 구조적 안전성을 확인받아야 하는 가설구조물은 다음 각 호와 같다.
1. 높이가 31미터 이상인 비계
1의2. 브라켓(bracket) 비계
2. 작업발판 일체형 거푸집 또는 높이가 5미터 이상인 거푸집 및 동바리
3. 터널의 지보공(支保工) 또는 높이가 2미터 이상인 흙막이 지보공
4. 동력을 이용하여 움직이는 가설구조물
4의2. 높이 10미터 이상에서 외부작업을 하기 위하여 작업발판 및 안전시설물을 일체화하여 설치하는 가설구조물
4의3. 공사현장에서 제작하여 조립·설치하는 복합형 가설구조물
5. 그 밖에 발주자 또는 인·허가기관의 장이 필요하다고 인정하는 가설구조물

가설구조물의 문제점
① 추락, 도괴재해의 가능성이 크다.
② 부재의 결합이 간단하고 불안전한 결합이 되기 쉽다.
③ 구조물이라는 통상의 개념이 확고하지 않으며 조립의 정밀도가 낮다.

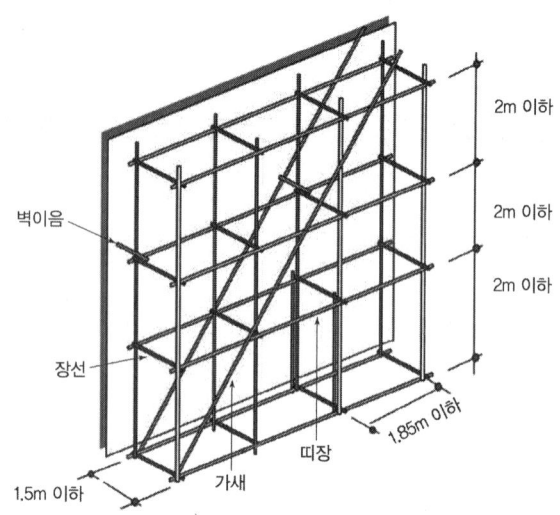

[그림] 비계의 설치

② 비계에서 벽 고정을 하고 기둥과 기둥을 수평재나 가새로 연결하는 가장 큰 이유 : 좌굴을 방지하기 위해

※ 클램프 : 비계 등을 조립하는 경우 강재와 강재의 접속부 또는 교차부를 연결시키기 위한 전용철물

나 비계의 작업발판 등

(1) 작업발판의 최대적재하중

제55조(작업발판의 최대적재하중)
① 비계의 구조 및 재료에 따라 작업발판의 최대적재하중을 정하고, 이를 초과하여 실어서는 아니 된다.

> **와이어로프 등 달기구의 안전계수**
>
> 제163조(와이어로프 등 달기구의 안전계수)
> ① 양중기의 와이어로프 등 달기구의 안전계수(달기구 절단하중의 값을 그 달기구에 걸리는 하중의 최대값으로 나눈 값)가 다음 각호의 구분에 따른 기준에 맞지 아니한 경우에는 이를 사용해서는 아니 된다.
>   1. 근로자가 탑승하는 운반구를 지지하는 달기 와이어로프 또는 달기 체인의 경우: 10 이상
>   2. 화물의 하중을 직접 지지하는 달기 와이어로프 또는 달기 체인의 경우: 5 이상
>   3. 훅, 샤클, 클램프, 리프팅 빔의 경우: 3 이상
>   4. 그 밖의 경우: 4 이상

(2) 비계 작업발판의 구조

<u>제56조(작업발판의 구조)</u>

비계(달비계, 달대비계 및 말비계는 제외)의 높이가 2미터 이상인 작업장소의 작업발판 설치기준

1. 발판재료는 작업할 때의 하중을 견딜 수 있도록 견고한 것으로 할 것
2. 작업발판의 폭은 40센티미터 이상으로 하고, 발판재료 간의 틈은 3센티미터 이하로 할 것.
3. 추락의 위험이 있는 장소에는 안전난간을 설치할 것(작업의 성질상 안전난간을 설치하는 것이 곤란한 경우, 작업의 필요상 임시로 안전난간을 해체할 때에 추락방호망을 설치하거나 근로자로 하여금 안전대를 사용하도록 하는 등 추락위험 방지 조치를 한 경우에는 그러하지 아니하다.)
4. 작업발판의 지지물은 하중에 의하여 파괴될 우려가 없는 것을 사용할 것
5. 작업발판재료는 뒤집히거나 떨어지지 않도록 둘 이상의 지지물에 연결하거나 고정시킬 것
6. 작업발판을 작업에 따라 이동시킬 경우에는 위험 방지에 필요한 조치를 할 것

(3) 비계 등의 조립·해체 및 변경

<u>제57조(비계 등의 조립·해체 및 변경)</u>

① 달비계 또는 높이 5미터 이상의 비계를 조립·해체하거나 변경하는 작업을 하는 경우의 준수사항

1. 근로자가 관리감독자의 지휘에 따라 작업하도록 할 것
2. 조립·해체 또는 변경의 시기·범위 및 절차를 그 작업에 종사하는 근로자에게 주지시킬 것
3. 조립·해체 또는 변경 작업구역에는 해당 작업에 종사하는 근로자가 아닌 사람의 출입을 금지하고 그 내용을 보기 쉬운 장소에 게시할 것
4. 비, 눈, 그 밖의 기상상태의 불안정으로 날씨가 몹시 나쁜 경우에는 그 작업을 중지시킬 것
5. 비계재료의 연결·해체작업을 하는 경우에는 폭 20센티미터 이상의 발판을 설치하고 근로자로 하여금 안전대를 사용하도록 하는 등 추락을 방지하기 위한 조치를 할 것

비계발판의 재료〈가설공사 표준안전 작업지침〉

제3조(비계발판)

3. 재료의 강도상 결점은 다음에 따른 검사에 적합하여야 한다.
   가. 발판의 폭과 동일한 길이 내에 있는 결점치수의 총합이 발판 폭의 1/4을 초과하지 않을 것
   나. 결점 개개의 크기가 발판의 중앙부에 있는 경우 발판 폭의 1/5, 발판의 갓 부분에 있을 때는 발판 폭의 1/7을 초과하지 않을 것
   다. 발판의 갓 면에 있을 때는 발판두께의 1/2을 초과하지 않을 것
   라. 발판의 갈라짐은 발판 폭의 1/2을 초과해서는 아니 되며 철선, 띠철로 감아서 보존할 것
4. 비계발판의 치수는 폭이 두께의 5~6배 이상이어야 하며 발판 폭은 40센티미터 이상, 두께는 3.5센티미터 이상, 길이는 3.6미터 이내이어야 한다.

6. 재료·기구 또는 공구 등을 올리거나 내리는 경우에는 근로자가 달줄 또는 달포대 등을 사용하게 할 것
② 강관비계 또는 통나무비계를 조립하는 경우 쌍줄로 하여야 한다(별도의 작업발판을 설치할 수 있는 시설을 갖춘 경우에는 외줄로 할 수 있다).

> **관리감독자의 유해·위험 방지 <산업안전보건기준에 관한 규칙>**
>
> [별표 2] 관리감독자의 유해·위험 방지
> - 작업의 종류
>   9. 달비계 또는 높이 5미터 이상의 비계(飛階)를 조립·해체하거나 변경하는 작업(해체작업의 경우 가목은 적용 제외)
> - 직무수행 내용
>   가. 재료의 결함 유무를 점검하고 불량품을 제거하는 일
>   나. 기구·공구·안전대 및 안전모 등의 기능을 점검하고 불량품을 제거하는 일
>   다. 작업방법 및 근로자 배치를 결정하고 작업 진행 상태를 감시하는 일
>   라. 안전대와 안전모 등의 착용 상황을 감시하는 일

(4) 비계의 점검 및 보수

제58조(비계의 점검 및 보수)

비, 눈, 그 밖의 기상 상태의 악화로 작업을 중지시킨 후 또는 비계를 조립·해체하거나 변경한 후에 그 비계에서 작업을 하는 경우에는 해당 작업을 시작하기 전에 다음의 사항을 점검하고, 이상을 발견하면 즉시 보수하여야 한다.

1. 발판 재료의 손상 여부 및 부착 또는 걸림 상태
2. 해당 비계의 연결부 또는 접속부의 풀림 상태
3. 연결 재료 및 연결 철물의 손상 또는 부식 상태
4. 손잡이의 탈락 여부
5. 기둥의 침하, 변형, 변위(變位) 또는 흔들림 상태
6. 로프의 부착 상태 및 매단 장치의 흔들림 상태

다 비계의 조립 및 구조

(1) 강관비계 및 강관틀비계

(가) 강관비계 조립

제59조(강관비계 조립 시의 준수사항)
강관비계를 조립하는 경우의 준수사항

1. 비계기둥에는 미끄러지거나 침하하는 것을 방지하기 위하여 밑받침철물을 사용하거나 깔판·받침목 등을 사용하여 밑둥잡이를 설치하는 등의 조치를 할 것
2. 강관의 접속부 또는 교차부(交叉部)는 적합한 부속철물을 사용하여 접속하거나 단단히 묶을 것
3. 교차 가새로 보강할 것
4. 외줄비계·쌍줄비계 또는 돌출비계에 대해서는 다음에서 정하는 바에 따라 벽이음 및 버팀을 설치할 것.
   가. 강관비계의 조립 간격은 (다음의) 별표 5의 기준에 적합하도록 할 것
   나. 강관·통나무 등의 재료를 사용하여 견고한 것으로 할 것
   다. 인장재(引張材)와 압축재로 구성된 경우에는 인장재와 압축재의 간격을 1미터 이내로 할 것
5. 가공전로(架空電路)에 근접하여 비계를 설치하는 경우에는 가공전로를 이설(移設)하거나 가공전로에 절연용 방호구를 장착하는 등 가공전로와의 접촉을 방지하기 위한 조치를 할 것

(나) 강관비계의 조립 간격(벽이음 및 버팀)

[별표 5]   강관비계의 조립간격

강관비계의 종류	조립간격(단위: m)	
	수직방향	수평방향
단관비계	5	5
틀비계(높이가 5m 미만인 것은 제외한다)	6	8

(다) 강관비계의 구조

제60조(강관비계의 구조)
강관을 사용하여 비계를 구성하는 경우의 준수사항

1. 비계기둥의 간격은 띠장 방향에서는 1.85미터 이하, 장선(長線) 방향에서는 1.5미터 이하로 할 것

2. 띠장 간격은 2.0미터 이하로 할 것
3. 비계기둥의 제일 윗부분으로부터 31미터되는 지점 밑부분의 비계기둥은 2개의 강관으로 묶어세울 것
4. 비계기둥 간의 적재하중은 400킬로그램을 초과하지 않도록 할 것

(라) 강관틀비계

<u>제62조(강관틀비계)</u>
강관틀비계를 조립하여 사용하는 경우의 준수사항
1. 비계기둥의 밑둥에는 밑받침 철물을 사용하여야 하며 밑받침에 고저차(高低差)가 있는 경우에는 조절형 밑받침철물을 사용하여 각각의 강관틀비계가 항상 수평 및 수직을 유지하도록 할 것
2. 높이가 20미터를 초과하거나 중량물의 적재를 수반하는 작업을 할 경우에는 주틀 간의 간격을 1.8미터 이하로 할 것
3. 주 틀 간에 교차 가새를 설치하고 최상층 및 5층 이내마다 수평재를 설치할 것
4. 수직방향으로 6미터, 수평방향으로 8미터 이내마다 벽이음을 할 것
5. 길이가 띠장 방향으로 4미터 이하이고 높이가 10미터를 초과하는 경우에는 10미터 이내마다 띠장 방향으로 버팀기둥을 설치할 것

(2) **달비계** : 와이어로프나 철선 등을 이용하여 상부지점에서 작업용 발판을 매다는 형식의 비계로서 건물 외장도장이나 청소 등의 작업에서 사용되는 비계

<u>제63조(달비계의 구조)</u>
곤돌라형 달비계를 설치하는 경우의 준수사항
1. 다음의 어느 하나에 해당하는 와이어로프를 달비계에 사용해서는 아니 된다.
   가. 이음매가 있는 것
   나. 와이어로프의 한 꼬임[스트랜드(strand)]에서 끊어진 소선(素線)의 수가 10퍼센트 이상인 것
   다. 지름의 감소가 공칭지름의 7퍼센트를 초과하는 것
   라. 꼬인 것
   마. 심하게 변형되거나 부식된 것
   바. 열과 전기충격에 의해 손상된 것

2. 다음 각 목의 어느 하나에 해당하는 달기 체인을 달비계에 사용해서는 아니 된다.
   가. 달기 체인의 길이가 달기 체인이 제조된 때의 길이의 5퍼센트를 초과한 것
   나. 링의 단면지름이 달기 체인이 제조된 때의 해당 링의 지름의 10퍼센트를 초과하여 감소한 것
   다. 균열이 있거나 심하게 변형된 것
4. 달기 강선 및 달기 강대는 심하게 손상·변형 또는 부식된 것을 사용하지 않도록 할 것
5. 달기 와이어로프, 달기 체인, 달기 강선, 달기 강대는 한쪽 끝을 비계의 보 등에, 다른 쪽 끝을 내민 보, 앵커 볼트 또는 건축물의 보 등에 각각 풀리지 않도록 설치할 것
6. 작업발판은 폭을 40센티미터 이상으로 하고 틈새가 없도록 할 것
7. 작업발판의 재료는 뒤집히거나 떨어지지 않도록 비계의 보 등에 연결하거나 고정시킬 것
8. 비계가 흔들리거나 뒤집히는 것을 방지하기 위하여 비계의 보·작업발판 등에 버팀을 설치하는 등 필요한 조치를 할 것
9. 선반 비계에서는 보의 접속부 및 교차부를 철선·이음철물 등을 사용하여 확실하게 접속시키거나 단단하게 연결시킬 것

* 달대비계 : 철골조립 공사 중에 볼트 작업을 하기 위해 주 체인을 철골에 매달아서 작업발판으로 이용하는 비계

(3) 말비계 및 이동식 비계

(가) 말비계

제67조(말비계)
말비계를 조립하여 사용하는 경우의 준수사항
1. 지주부재(支柱部材)의 하단에는 미끄럼 방지장치를 하고, 근로자가 양측 끝부분에 올라서서 작업하지 않도록 할 것
2. 지주부재와 수평면의 기울기를 75도 이하로 하고, 지주부재와 지주부재 사이를 고정시키는 보조부재를 설치할 것
3. 말비계의 높이가 2미터를 초과하는 경우에는 작업발판의 폭을 40센티미터 이상으로 할 것

제63조(달비계의 구조)
② 작업의자형 달비계를 설치하는 경우에는 다음의 사항을 준수해야 한다.
9. 달비계에 다음의 작업용 섬유로프 또는 안전대의 섬유벨트를 사용하지 않을 것
   가. 꼬임이 끊어진 것
   나. 심하게 손상되거나 부식된 것
   다. 2개 이상의 작업용 섬유로프 또는 섬유벨트를 연결한 것
   라. 작업높이보다 길이가 짧은 것

(나) 이동식 비계

제68조(이동식 비계)

이동식 비계를 조립하여 작업을 하는 경우의 준수사항

1. 이동식 비계의 바퀴에는 뜻밖의 갑작스러운 이동 또는 전도를 방지하기 위하여 브레이크·쐐기 등으로 바퀴를 고정시킨 다음 비계의 일부를 견고한 시설물에 고정하거나 아웃트리거(outrigger)를 설치하는 등 필요한 조치를 할 것
2. 승강용사다리는 견고하게 설치할 것
3. 비계의 최상부에서 작업을 하는 경우에는 안전난간을 설치할 것
4. 작업발판은 항상 수평을 유지하고 작업발판 위에서 안전난간을 딛고 작업을 하거나 받침대 또는 사다리를 사용하여 작업하지 않도록 할 것
5. 작업발판의 최대적재하중은 250킬로그램을 초과하지 않도록 할 것

(다) 이동식 비계 조립 시 준수사항(가설공사 표준안전 작업지침)

제13조(이동식 비계)

이동식 비계를 조립하여 사용함에 있어서의 준수사항

1. 안전담당자의 지휘하에 작업을 행하여야 한다.
2. 비계의 최대높이는 밑변 최소폭의 4배 이하이어야 한다.

(4) 시스템 비계(*규격화, 부품화된 부재를 현장에서 조립)

제69조(시스템 비계의 구조)

시스템 비계를 사용하여 비계를 구성하는 경우의 준수사항

1. 수직재·수평재·가새재를 견고하게 연결하는 구조가 되도록 할 것
2. 비계 밑단의 수직재와 받침철물은 밀착되도록 설치하고, 수직재와 받침철물의 연결부의 겹침길이는 받침철물 전체길이의 3분의 1 이상이 되도록 할 것
3. 수평재는 수직재와 직각으로 설치하여야 하며, 체결 후 흔들림이 없도록 견고하게 설치할 것
4. 수직재와 수직재의 연결철물은 이탈되지 않도록 견고한 구조로 할 것
5. 벽 연결재의 설치간격은 제조사가 정한 기준에 따라 설치할 것

CHAPTER 04 항목별 우선순위 문제 및 해설 (1)

01 강관을 사용하여 비계를 구성할 때의 설치기준으로 옳지 않은 것은?

① 비계기둥의 간격은 띠장 방향에서는 1.85m 이하로 한다.
② 띠장간격은 1m 이하로 설치한다.
③ 비계기둥의 최고부로부터 31m되는 지점 밑부분의 비계기둥은 2본의 강관으로 묶어세운다.
④ 비계기둥간의 적재하중은 400kg을 초과하지 아니하도록 한다.

해설 강관비계의 구조
1. 비계기둥의 간격은 띠장 방향에서는 1.85미터 이하, 장선(長線) 방향에서는 1.5미터 이하로 할 것
2. 띠장 간격은 2.0미터 이하로 할 것

02 외줄비계·쌍줄비계 또는 돌출비계는 벽이음 및 버팀을 설치하여야 하는데 강관비계 중 단관비계로 설치할 때의 조립간격으로 옳은 것은? (단, 수직방향, 수평방향의 순서임)

① 4m, 4m
② 5m, 5m
③ 5.5m, 7.5m
④ 6m, 8m

해설 강관비계의 벽이음에 대한 조립간격 기준

강관비계의 종류	조립간격(단위: m)	
	수직방향	수평방향
단관비계	5	5
틀비계(높이가 5m 미만인 것은 제외한다)	6	8

03 시스템 비계를 사용하여 비계를 구성하는 경우에 준수하여야 할 기준으로 틀린 것은?

① 수직재·수평재·가새재를 견고하게 연결하는 구조가 되도록 할 것
② 비계 말단의 수직재와 받침철물은 밀착되도록 설치하고, 수직재와 받침철물의 연결부의 겹침길이는 받침 철물 전체 길의 4분의 1 이상이 되도록 할 것
③ 수평재는 수직재와 직각으로 설치하여야 하며, 체결 후 흔들림이 없도록 견고하게 설치할 것
④ 수직재와 수직재의 연결철물은 이탈되지 않도록 견고한 구조로 할 것

해설 시스템 비계
비계 밑단의 수직재와 받침철물은 밀착되도록 설치하고, 수직재와 받침철물의 연결부의 겹침길이는 받침철물 전체 길이의 3분의 1 이상이 되도록 할 것

04 다음은 달비계 또는 높이 5m 이상의 비계를 조립·해체하거나 변경하는 작업에 대한 준수사항이다. ( ) 안에 들어갈 숫자는?

> 비계재료의 연결·해체작업을 하는 경우에는 폭 ( ) 센티미터 이상의 발판을 설치하고 근로자로 하여금 안전대를 사용하도록 하는 등 추락을 방지하기 위한 조치를 할 것

① 15   ② 20
③ 25   ④ 30

해설 비계 등의 조립·해체 및 변경
비계재료의 연결·해체작업을 하는 경우에는 폭 20센티미터 이상의 발판을 설치하고 근로자로 하여금 안전대를 사용하도록 하는 등 추락을 방지하기 위한 조치를 할 것

정답 01. ② 02. ② 03. ② 04. ②

05 강관틀비계를 조립하여 사용하는 경우 벽이음의 수직방향 조립간격은?

① 2m 이내마다
② 5m 이내마다
③ 6m 이내마다
④ 8m 이내마다

해설 강관틀비계
수직방향으로 6미터, 수평방향으로 8미터 이내마다 벽이음을 할 것

06 이동식 비계를 조립하여 작업을 하는 경우의 준수기준으로 옳지 않은 것은?

① 비계의 최상부에서 작업을 할 때에는 안전난간을 설치하여야 한다.
② 작업발판의 최대적재하중은 400kg을 초과하지 않도록 한다.
③ 승강용 사다리는 견고하게 설치하여야 한다.
④ 작업발판은 항상 수평을 유지하고 작업발판 위에서 안전난간을 딛고 작업을 하거나 받침대 또는 사다리를 사용하여 작업하지 않도록 한다.

해설 이동식 비계
작업발판의 최대적재하중은 250킬로그램을 초과하지 않도록 할 것

07 말비계를 조립하여 사용할 때에 준수하여야 할 기준으로 틀린 것은?

① 말비계의 높이가 2m를 초과할 경우에는 작업발판의 폭을 30cm 이상으로 할 것
② 지주부재와 수평면과의 기울기는 75° 이하로 할 것
③ 지주부재의 하단에는 미끄럼 방지장치를 할 것
④ 지주부재와 지주부재 사이를 고정시키는 보조부재를 설치할 것

해설 말비계
1. 지주부재(支柱部材)의 하단에는 미끄럼 방지장치를 하고, 근로자가 양측 끝부분에 올라서서 작업하지 않도록 할 것
2. 지주부재와 수평면의 기울기를 75도 이하로 하고, 지주부재와 지주부재 사이를 고정시키는 보조부재를 설치할 것
3. 말비계의 높이가 2미터를 초과하는 경우에는 작업발판의 폭을 40센티미터 이상으로 할 것

08 비계의 높이가 2m 이상인 작업장소에 설치하는 작업발판의 설치기준으로 옳지 않은 것은?

① 작업발판의 폭은 40cm 이상으로 한다.
② 작업발판재료는 뒤집히거나 떨어지지 않도록 하나 이상의 지지물에 연결하거나 고정시킨다.
③ 발판재료 간의 틈은 3cm 이하로 한다.
④ 작업발판의 지지물은 하중에 의하여 파괴될 우려가 없는 것을 사용한다.

해설 비계 작업발판의 구조
작업발판재료는 뒤집히거나 떨어지지 않도록 둘 이상의 지지물에 연결하거나 고정시킬 것

09 관리감독자의 유해·위험 방지 업무에서 달비계 또는 높이 5m 이상의 비계를 조립·해체하거나 변경하는 작업과 관련된 직무수행 내용과 가장 거리가 먼 것은?

① 재료의 결함 유무를 점검하고 불량품을 제거하는 일
② 기구·공구·안전대 및 안전모 등의 기능을 점검하고 불량품을 제거하는 일
③ 작업방법 및 근로자 배치를 결정하고 작업 진행상태를 감시하는 일
④ 작업에 종사하는 근로자의 보안경 및 안전장갑의 착용 상황을 감시하는 일

정답 05. ③ 06. ② 07. ① 08. ② 09. ④

해설 관리감독자의 유해·위험 방지〈산업안전보건기준에 관한 규칙〉

[별표 2] 관리감독자의 유해·위험 방지

9. 달비계 또는 높이 5미터 이상의 비계(飛階)를 조립·해체하거나 변경하는 작업(해체작업의 경우 가목은 적용 제외)
   가. 재료의 결함 유무를 점검하고 불량품을 제거하는 일
   나. 기구·공구·안전대 및 안전모 등의 기능을 점검하고 불량품을 제거하는 일
   다. 작업방법 및 근로자 배치를 결정하고 작업 진행 상태를 감시하는 일
   라. 안전대와 안전모 등의 착용 상황을 감시하는 일

3. 작업통로〈산업안전보건기준에 관한 규칙〉

가 작업장의 출입구 등

(1) 작업장의 출입구

제11조(작업장의 출입구)
작업장에 출입구(비상구는 제외)를 설치하는 경우의 준수사항
1. 출입구의 위치, 수 및 크기가 작업장의 용도와 특성에 맞도록 할 것
2. 출입구에 문을 설치하는 경우에는 근로자가 쉽게 열고 닫을 수 있도록 할 것
3. 주된 목적이 하역운반기계용인 출입구에는 인접하여 보행자용 출입구를 따로 설치할 것
4. 하역운반기계의 통로와 인접하여 있는 출입구에서 접촉에 의하여 근로자에게 위험을 미칠 우려가 있는 경우에는 비상등·비상벨 등 경보장치를 할 것
5. 계단이 출입구와 바로 연결된 경우에는 작업자의 안전한 통행을 위하여 그 사이에 1.2미터 이상 거리를 두거나 안내표지 또는 비상벨 등을 설치할 것

(2) 비상구의 설치

제17조(비상구의 설치)
① 위험물질을 제조·취급하는 작업장과 그 작업장이 있는 건축물에 따른 출입구 외에 안전한 장소로 대피할 수 있는 비상구 1개 이상을 다음의 기준에 맞는 구조로 설치하여야 한다.
1. 출입구와 같은 방향에 있지 아니하고, 출입구로부터 3미터 이상 떨어져 있을 것
2. 작업장의 각 부분으로부터 하나의 비상구 또는 출입구까지의 수평 거리가 50미터 이하가 되도록 할 것
3. 비상구의 너비는 0.75미터 이상으로 하고, 높이는 1.5미터 이상으로 할 것
4. 비상구의 문은 피난 방향으로 열리도록 하고, 실내에서 항상 열 수 있는 구조로 할 것

② 비상구에 문을 설치하는 경우 항상 사용할 수 있는 상태로 유지하여야 한다.

(3) 경보용 설비 또는 기구 설치

제19조(경보용 설비 등)
연면적이 400제곱미터 이상이거나 상시 50명 이상의 근로자가 작업하는 옥내작업장에는 비상시에 근로자에게 신속하게 알리기 위한 경보용 설비 또는 기구를 설치하여야 한다.

나 작업장 통로

(1) 작업장 통로의 설치

제21조(통로의 조명)
근로자가 안전하게 통행할 수 있도록 통로에 75럭스 이상의 채광 또는 조명시설을 하여야 한다.

제22조(통로의 설치)
① 작업장으로 통하는 장소 또는 작업장 내에 근로자가 사용할 안전한 통로를 설치하고 항상 사용할 수 있는 상태로 유지하여야 한다.
② 통로의 주요 부분에는 통로표시를 하고, 근로자가 안전하게 통행할 수 있도록 하여야 한다.
③ 통로면으로부터 높이 2미터 이내에는 장애물이 없도록 하여야 한다.

(2) 가설통로 등

(가) 가설통로의 구조

제23조(가설통로의 구조)
가설통로를 설치하는 경우의 준수사항
1. 견고한 구조로 할 것
2. 경사는 30도 이하로 할 것(계단을 설치하거나 높이 2미터 미만의 가설통로로서 튼튼한 손잡이를 설치한 경우에는 그러하지 아니하다).
3. 경사가 15도를 초과하는 경우에는 미끄러지지 아니하는 구조로 할 것
4. 추락할 위험이 있는 장소에는 안전난간을 설치할 것
5. 수직갱에 가설된 통로의 길이가 15미터 이상인 경우에는 10미터 이내마다 계단참을 설치할 것
6. 건설공사에 사용하는 높이 8미터 이상인 비계다리에는 7미터 이내마다 계단참을 설치할 것

통로발판 〈가설공사 표준 안전 작업지침〉
제15조(통로발판) 통로발판을 설치하여 사용함에 있어서 다음의 사항을 준수하여야 한다.
1. 근로자가 작업 및 이동하기에 충분한 넓이가 확보되어야 한다.
2. 추락의 위험이 있는 곳에는 안전난간이나 철책을 설치하여야 한다.
3. 발판을 겹쳐 이음하는 경우 장선 위에서 이음을 하고 겹침길이는 20센티미터 이상으로 하여야 한다.
4. 발판 1개에 대한 지지물은 2개 이상이어야 한다.
5. 작업발판의 최대폭은 1.6미터 이내이어야 한다.
6. 작업발판 위에는 돌출된 못, 옹이, 철선 등이 없어야 한다.
7. 비계발판의 구조에 따라 최대 적재하중을 정하고 이를 초과하지 않도록 하여야 한다.

계단참
계단에서 진행 방향을 변경하거나 피난, 휴식 등의 목적으로 계단 중에 폭이 넓게 되어 있는 부분

(나) 경사로〈가설공사 표준안전 작업지침〉

제14조(경사로)

경사로를 설치, 사용함에 있어서의 준수사항

1. 시공하중 또는 폭풍, 진동 등 외력에 대하여 안전하도록 설계하여야 한다.

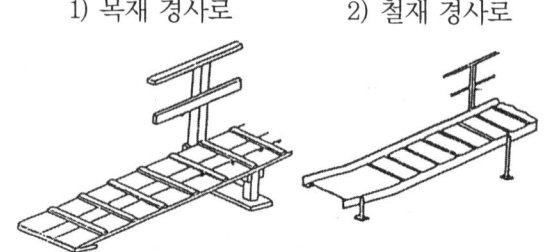

1) 목재 경사로   2) 철재 경사로

[그림] 목재 및 철재 경사로의 예

2. 경사로는 항상 정비하고 안전통로를 확보하여야 한다.
3. 비탈면의 경사각은 30도 이내로 하고 미끄럼막이 간격은 다음 표에 의한다.

경사각	미끄럼막이 간격	경사각	미끄럼막이 간격
30도	30센티미터	22도	40센티미터
29도	33센티미터	19도 20분	43센티미터
27도	35센티미터	17도	45센티미터
24도 15분	37센티미터	14도	47센티미터

4. 경사로의 폭은 최소 90센티미터 이상이어야 한다.
5. 높이 7미터 이내마다 계단참을 설치하여야 한다.
6. 추락방지용 안전난간을 설치하여야 한다.
7. 목재는 미송, 육송 또는 그 이상의 재질을 가진 것이어야 한다.
8. 경사로 지지기둥은 3미터 이내마다 설치하여야 한다.
9. 발판은 폭 40센티미터 이상으로 하고, 틈은 3센티미터 이내로 설치하여야 한다.
10. 발판이 이탈하거나 한쪽 끝을 밟으면 다른쪽이 들리지 않게 장선에 결속하여야 한다.
11. 결속용 못이나 철선이 발에 걸리지 않아야 한다.

(3) 사다리식 통로 등

(가) 사다리식 통로 등의 구조

<u>제24조(사다리식 통로 등의 구조)</u>

① 사다리식 통로 등을 설치하는 경우의 준수사항

1. 견고한 구조로 할 것
2. 심한 손상·부식 등이 없는 재료를 사용할 것
3. 발판의 간격은 일정하게 할 것
4. 발판과 벽과의 사이는 15센티미터 이상의 간격을 유지할 것
5. 폭은 30센티미터 이상으로 할 것
6. 사다리가 넘어지거나 미끄러지는 것을 방지하기 위한 조치를 할 것
7. 사다리의 상단은 걸쳐놓은 지점으로부터 60센티미터 이상 올라가도록 할 것
8. 사다리식 통로의 길이가 10미터 이상인 경우에는 5미터 이내마다 계단참을 설치할 것
9. 사다리식 통로의 기울기는 75도 이하로 할 것(고정식 사다리식 통로의 기울기는 90도 이하로 하고, 그 높이가 7미터 이상인 경우에는 바닥으로부터 높이가 2.5미터 되는 지점부터 등받이울을 설치할 것: 등받이울이 있어도 근로자 이동에 지장이 없는 경우)
10. 접이식 사다리 기둥은 사용 시 접혀지거나 펼쳐지지 않도록 철물 등을 사용하여 견고하게 조치할 것

(나) 이동식 사다리〈가설공사 표준안전 작업지침〉

<u>제20조(이동식 사다리)</u>

이동식사다리를 설치하여 사용함에 있어서의 준수사항

1. 길이가 6미터를 초과해서는 안 된다.
2. 다리의 벌림은 벽 높이의 1/4정도가 적당하다.
3. 벽면 상부로부터 최소한 60센티미터 이상의 연장길이가 있어야 한다.

(다) 미끄럼방지 장치〈가설공사 표준안전 작업지침〉

<u>제21조(미끄럼방지 장치)</u>

사다리를 설치하여 사용함에 있어서의 준수사항

1. 사다리 지주의 끝에 고무, 코르크, 가죽, 강스파이크 등을 부착시켜 바닥과의 미끄럼을 방지하는 안전장치가 있어야 한다.
2. 쐐기형 강스파이크는 지반이 평탄한 맨땅 위에 세울 때 사용하여야 한다.
3. 미끄럼방지 판자 및 미끄럼 방지 고정쇠는 돌마무리 또는 인조석 깔기 마감 한 바닥용으로 사용하여야 한다.

갱내통로 등의 위험 방지
〈산업안전보건기준에 관한 규칙〉

제25조(갱내통로 등의 위험 방지)

갱내에 설치한 통로 또는 사다리식 통로에 권상장치(卷上裝置)가 설치된 경우 권상장치와 근로자의 접촉에 의한 위험이 있는 장소에 판자벽이나 그 밖에 위험 방지를 위한 격벽(隔壁)을 설치하여야 한다.

4. 미끄럼방지 발판은 인조고무 등으로 마감한 실내용을 사용하여야 한다.

(4) 계단의 설치

제26조(계단의 강도)

① 계단 및 계단참을 설치하는 경우 매제곱미터당 500킬로그램 이상의 하중에 견딜 수 있는 강도를 가진 구조로 설치하여야 하며, 안전율[안전의 정도를 표시하는 것으로서 재료의 파괴응력도(破壞應力度)와 허용응력도(許容應力度)의 비율]은 4 이상으로 하여야 한다.
② 계단 및 승강구 바닥을 구멍이 있는 재료로 만드는 경우 렌치나 그 밖의 공구 등이 낙하할 위험이 없는 구조로 하여야 한다.

제27조(계단의 폭)

① 계단을 설치하는 경우 그 폭을 1미터 이상으로 하여야 한다(급유용·보수용·비상용 계단 및 나선형 계단이거나 높이 1미터 미만의 이동식 계단인 경우에는 그러하지 아니하다).
② 계단에 손잡이 외의 다른 물건 등을 설치하거나 쌓아 두어서는 아니 된다.

제28조(계단참의 높이)

높이가 3미터를 초과하는 계단에 높이 3미터 이내마다 진행방향으로 길이 1.2미터 이상의 계단참을 설치해야 한다.

제29조(천장의 높이)

계단을 설치하는 경우 바닥면으로부터 높이 2미터 이내의 공간에 장애물이 없도록 하여야 한다(급유용·보수용·비상용 계단 및 나선형 계단인 경우에는 그러하지 아니하다).

제30조(계단의 난간)

높이 1미터 이상인 계단의 개방된 측면에 안전난간을 설치하여야 한다.

4. 거푸집 및 동바리

가 거푸집 및 동바리 등의 조립

> **참고**
> * 거푸집 : 굳지 않은 콘크리트가 소정의 형상과 치수를 유지하며 소정의 강도에 이르기까지 지지하는 가설구조물의 총칭
> * 동바리 : 수평부재를 받쳐주고 상부 하중을 하부로 전달하는 기둥 같은 역할을 하는 압축부재

거푸집 작업에서 재료의 선정 시 고려사항
① 목재거푸집: 흠집 및 옹이가 많은 거푸집과 합판은 사용을 금지한다.
② 강재거푸집: 형상이 찌그러진 것은 교정한 후에 사용한다.
③ 지보공재: 변형, 부식이 없는 것을 사용한다.
④ 연결재: 충분한 강도가 있고 회수, 해체하기 쉬우며 조합 부품 수가 적은 것을 사용한다.

(1) 거푸집 및 동바리 조립도

제331조(조립도)
① 거푸집 및 동바리 등을 조립하는 경우에는 그 구조를 검토한 후 조립도를 작성하고, 그 조립도에 따라 조립하도록 해야 한다.
② 조립도에는 거푸집 및 동바리를 구성하는 부재의 재질·단면규격·설치간격 및 이음방법 등을 명시하여야 한다.

> 거푸집동바리의 구조검토 시 가장 선행되어야 할 작업: 가설물에 작용하는 하중 및 외력의 종류, 크기 산정

(2) 거푸집 및 동바리 등의 안전조치

제331조의2(거푸집 조립 시의 안전조치)
거푸집을 조립하는 경우에의 준수사항
1. 거푸집을 조립하는 경우에는 거푸집이 콘크리트 하중이나 그 밖의 외력에 견딜 수 있거나, 넘어지지 않도록 견고한 구조의 긴결재(콘크리트를 타설할 때 거푸집이 변형되지 않게 연결하여 고정하는 재료), 버팀대 또는 지지대를 설치하는 등 필요한 조치를 할 것
2. 거푸집이 곡면인 경우에는 버팀대의 부착 등 그 거푸집의 부상(浮上)을 방지하기 위한 조치를 할 것

제332조(동바리 조립 시의 안전조치)
동바리를 조립하는 경우에의 준수사항
1. 받침목이나 깔판의 사용, 콘크리트 타설, 말뚝박기 등 동바리의 침하를 방지하기 위한 조치를 할 것
2. 동바리의 상하 고정 및 미끄러짐 방지 조치를 할 것
3. 상부·하부의 동바리가 동일 수직선상에 위치하도록 하여 깔판·받침목에 고정시킬 것
4. 개구부 상부에 동바리를 설치하는 경우에는 상부하중을 견딜 수 있는 견고한 받침대를 설치할 것
5. U헤드 등의 단판이 없는 동바리의 상단에 멍에 등을 올릴 경우에는 해당 상단에 U헤드 등의 단판을 설치하고, 멍에 등이 전도되거나 이탈되지 않도록 고정시킬 것
6. 동바리의 이음은 같은 품질의 재료를 사용할 것
7. 강재의 접속부 및 교차부는 볼트·클램프 등 전용철물을 사용하여 단단히 연결할 것
8. 거푸집의 형상에 따른 부득이한 경우를 제외하고는 깔판이나 받침목은 2단 이상 끼우지 않도록 할 것
9. 깔판이나 받침목을 이어서 사용하는 경우에는 그 깔판·받침목을 단단히 연결할 것

제332조의2(동바리 유형에 따른 동바리 조립 시의 안전조치)
동바리를 조립할 때의 준수사항
1. 동바리로 사용하는 파이프 서포트의 경우
    가. 파이프 서포트를 3개 이상 이어서 사용하지 않도록 할 것
    나. 파이프 서포트를 이어서 사용하는 경우에는 4개 이상의 볼트 또는 전용철물을 사용하여 이을 것
    다. 높이가 3.5미터를 초과하는 경우에는 높이 2미터 이내마다 수평연결재를 2개 방향으로 만들고 수평연결재의 변위를 방지할 것
2. 동바리로 사용하는 강관틀의 경우
    가. 강관틀과 강관틀 사이에 교차가새를 설치할 것
    나. 최상단 및 5단 이내마다 동바리의 측면과 틀면의 방향 및 교차가새의 방향에서 5개 이내마다 수평연결재를 설치하고 수평연결재의 변위를 방지할 것
    다. 최상단 및 5단 이내마다 동바리의 틀면의 방향에서 양단 및 5개틀 이내마다 교차가새의 방향으로 띠장틀을 설치할 것
3. 동바리로 사용하는 조립강주의 경우: 조립강주의 높이가 4미터를 초과하는 경우에는 높이 4미터 이내마다 수평연결재를 2개 방향으로 설치하고 수평연결재의 변위를 방지할 것
4. 시스템 동바리(규격화·부품화된 수직재, 수평재 및 가새재 등의 부재를 현장에서 조립하여 거푸집을 지지하는 지주 형식의 동바리)의 경우
    가. 수평재는 수직재와 직각으로 설치해야 하며, 흔들리지 않도록 견고하게 설치할 것
    나. 연결철물을 사용하여 수직재를 견고하게 연결하고, 연결부위가 탈락 또는 꺾어지지 않도록 할 것
    다. 수직 및 수평하중에 대해 동바리의 구조적 안정성이 확보되도록 조립도에 따라 수직재 및 수평재에는 가새재를 견고하게 설치할 것
    라. 동바리 최상단과 최하단의 수직재와 받침철물은 서로 밀착되도록 설치하고 수직재와 받침철물의 연결부의 겹침길이는 받침철물 전체길이의 3분의 1 이상 되도록 할 것
5. 보 형식의 동바리[강제 갑판(steel deck), 철재트러스 조립 보 등 수평으로 설치하여 거푸집을 지지하는 동바리]의 경우
    가. 접합부는 충분한 걸침 길이를 확보하고 못, 용접 등으로 양끝을 지지물에 고정시켜 미끄러짐 및 탈락을 방지할 것
    나. 양끝에 설치된 보 거푸집을 지지하는 동바리 사이에는 수평연결재를 설치하거나 동바리를 추가로 설치하는 등 보 거푸집이 옆으로

넘어지지 않도록 견고하게 할 것
다. 설계도면, 시방서 등 설계도서를 준수하여 설치할 것

(3) 작업발판 일체형 거푸집

<u>제331조의3(작업발판 일체형 거푸집의 안전조치)</u>

① 작업발판 일체형 거푸집 : 거푸집의 설치·해체, 철근 조립, 콘크리트 타설, 콘크리트 면처리 작업 등을 위하여 거푸집을 작업발판과 일체로 제작하여 사용하는 거푸집으로서 다음의 거푸집을 말한다.
  1. 갱 폼(gang form)
  2. 슬립 폼(slip form)
  3. 클라이밍 폼(climbing form)
  4. 터널 라이닝 폼(tunnel lining form)
  5. 그 밖에 거푸집과 작업발판이 일체로 제작된 거푸집

(가) 갱폼(gang form)
  주로 고층 아파트와 같이 평면상 상·하부가 동일한 단면 구조물에서 외부 벽체 거푸집과 발판용 케이지를 일체로 하여 제작한 대형 거푸집(타워크레인 등으로 인양)

(나) 슬라이딩폼 : 로드(rod), 유압잭(jack) 등을 이용하여 거푸집을 연속적으로 이동시키면서 콘크리트를 타설할 때 사용되는 것으로 사일로(silo) 공사 등에 적합한 거푸집
  – 슬립폼(slip form)은 슬라이딩폼의 일종

(다) 클라이밍폼(climbing form) : 거푸집과 벽체 마감공사를 위한 비계틀을 일체화한 거푸집(벽전체용 거푸집)으로 고층 구조물의 내부코어시스템에 가장 적당한 시스템 거푸집(유압을 이용하여 인양)

(라) 터널 폼(tuncl form) : 벽식 철근콘크리트 구조를 시공할 경우 벽과 바닥의 콘크리트 타설을 한번에 가능하게 하기 위하여, 벽체용 거푸집과 슬래브 거푸집을 일체로 제작하여 한 번에 설치하고 해체할 수 있도록 한 거푸집

(4) 거푸집동바리 및 거푸집 안전설계〈거푸집동바리 및 거푸집 안전설계 지침〉

<u>4. 설계기준</u>
<u>4.2 하중의 계산</u>

(1) 하중의 계산은 구조물의 종류, 형상 및 규모와 기온, 풍속, 지상에서의 높이, 타설속도 등 현장조건을 반영하여야 한다.

무지주 공법 : 받침기둥이 필요 없는 가설 수평 지지보로 충고가 높은 슬래브 거푸집 하부에 적용하여 하층의 작업공간을 확보
① 보우빔(bow beam) : 트러스 형태의 경량가설보로 수평조절이 불가능
② 페코빔(pecco beam) : 수평조절이 가능하고 전용성이 우수
③ 철근일체형 데크플레이트(deck plate)

※ 솔져 시스템(soldier system) : 합벽지지대, 무폼타이거푸집(brace frame 공법)
  • 합벽지지대(brace frame for single sided wall) : 긴 결재를 사용하지 않고 바닥에 선매립된 앙카 볼트를 이용하여 합벽거푸집을 지지하는 콘크리트 측압 지지성능이 우수한 트러스형 강재지지대 (합벽 : 뒤 흙 부분에 거푸집을 설치하지 않고 만드는 벽)

거푸집동바리에 작용하는 횡하중
① 풍하중, 지진 하중, 콘크리트 측압 등
② 횡방향 하중은 작업시의 진동이나 충격, 콘크리트의 편심타설이나 자재의 치우친 적재 등에 의한다.
(* 횡하중: 물체의 축에 수직으로 가하는 하중)

(2) 하중은 연직하중, 수평하중, 콘크리트의 측압 등을 적용하여야 한다.
(3) 연직하중은 철근콘크리트 자중 및 거푸집 부재의 자중인 고정하중과 콘크리트 타설 중 필요로 하는 장비 등의 작업하중과 장비의 이동 및 콘크리트 타설 중의 충격 등의 충격하중을 반영
(4) 수평하중은 (3)항에서 계산된 연직하중이 타설 중에 편심하중 등으로 인하여 수평분력이 작용할 경우 또는 거푸집 측면으로 예기치 못한 하중이 작용할 경우 등을 반영
(5) 거푸집의 설계에는 콘크리트의 측압을 고려하여야 함.
(6) 현장조건이 고층빌딩, 산악지역, 해안가, 수중 등 특수한 경우에는 현장의 특수성을 고려하여 풍하중, 수압 등을 거푸집 설계하중으로 반영
(7) 작업발판 일체형 거푸집인 경우에는 콘크리트 타설에 사용되는 장비 이외에 거푸집의 인양 등을 위해 설치된 장비들의 자중을 거푸집 설계하중으로 반영하여야 한다.

(5) 철근콘크리트 공사 시 거푸집의 필요조건
① 콘크리트의 하중에 대해 뒤틀림이 없는 강도를 갖출 것
② 콘크리트 내 수분 등에 대한 물빠짐을 방지할 수 있는 수밀성을 갖출 것
③ 최소한의 재료로 여러 번 사용할 수 있는 전용성을 가질 것
④ 거푸집은 조립·해체·운반이 용이하도록 할 것

거푸집 공사에 관한 설명
① 거푸집 조립 시 거푸집이 이동하지 않도록 거푸집 하단 기준목(거푸집 밑잡이)설치하여 기초 거푸집를 조립하고 외부에는 버팀대 등을 사용하여 고정한다.
② 거푸집 치수를 정확하게 하여 시멘트 모르타르가 새지 않도록 한다.
– 형상 및 치수를 정확하게 하고 처짐, 배부름, 뒤틀림의 변형이 없도록 하며 외력이 충분히 견딜 수 있도록 견고히 조립한다.
③ 거푸집 해체가 쉽게 가능하도록 박리제 사용 등의 조치를 한다.
④ 측압에 대한 안전성을 고려한다.

(6) 거푸집 작업에서 연결재를 선정할 때 고려 사항
① 충분한 강도가 있는 것
② 회수·해체하기 쉬운 것
③ 조합 부품 수가 적은 것

나 거푸집의 해체

(1) 거푸집의 해체 작업
① 비교적 하중을 받지 않은 부분을 먼저 떼어낸 다음에 중요한 부분을 떼어내어야 한다. 연직부재의 거푸집은 수평부재의 거푸집보다 먼저 떼어내는 것인 원칙이다.
② 응력을 거의 받지 않는 거푸집은 24시간이 경과하면 떼어내도 좋다.
③ 라멘, 아치 등의 구조물은 콘크리트의 크리프로 인한 균열을 적게 하기 위하여 가능한 한 거푸집을 오래 두어야 한다.

④ 거푸집을 떼어내는 시기는 시멘트의 성질, 콘크리트의 배합, 구조물 종류와 중요성, 부재가 받는 하중, 기온등을 고려하여 신중하게 정해야 한다.

(2) 콘크리트 거푸집 해체 작업 시의 안전 유의사항

<u>제333조(조립·해체 등 작업 시의 준수사항)</u>
① 기둥·보·벽체·슬래브 등의 거푸집 및 동바리를 조립하거나 해체하는 작업을 하는 경우의 준수사항
  1. 해당 작업을 하는 구역에는 관계 근로자가 아닌 사람의 출입을 금지할 것
  2. 비, 눈, 그 밖의 기상상태의 불안정으로 날씨가 몹시 나쁜 경우에는 그 작업을 중지할 것
  3. 재료, 기구 또는 공구 등을 올리거나 내리는 경우에는 근로자로 하여금 달줄·달포대 등을 사용하도록 할 것
  4. 낙하·충격에 의한 돌발적 재해를 방지하기 위하여 버팀목을 설치하고 거푸집동바리 등을 인양장비에 매단 후에 작업을 하도록 하는 등 필요한 조치를 할 것

(3) 거푸집 해체 시 작업자가 이행해야 할 안전수칙〈콘크리트공사표준안전작업지침〉

<u>제9조(해체)</u>
거푸집의 해체작업을 하여야 할 때의 준수사항
1. 거푸집 및 지보공(동바리)의 해체는 순서에 의하여 실시하여야 하며 안전담당자를 배치하여야 한다.
2. 거푸집 및 지보공(동바리)은 콘크리트 자중 및 시공 중에 가해지는 기타 하중에 충분히 견딜만한 강도를 가질 때까지는 해체하시 아니하여야 한다.
3. 거푸집을 해체할 때에는 다음에 정하는 사항을 유념하여 작업하여야 한다.
    가. 해체작업을 할 때에는 안전모 등 안전 보호장구를 착용토록 하여야 한다.
    나. 거푸집 해체작업장 주위에는 관계자를 제외하고는 출입을 금지시켜야 한다.
    다. 상하 동시 작업은 원칙적으로 금지하여 부득이한 경우에는 긴밀히 연락을 위하며 작업을 하여야 한다.

> 거푸집 및 동바리의 해체시기를 결정하는 요인
> ① 시방서 상의 거푸집 존치기간의 경과
> ② 콘크리트 강도시험 결과
> ③ 일정한 양생 기간의 경과
> ④ 동절기일 경우 적산온도

라. 거푸집 해체 때 구조체에 무리한 충격이나 큰 힘에 의한 지렛대 사용은 금지하여야 한다.
마. 보 또는 스라브 거푸집을 제거할 때에는 거푸집의 낙하 충격으로 인한 작업원의 돌발적 재해를 방지하여야 한다.
바. 해체된 거푸집이나 각목 등에 박혀있는 못 또는 날카로운 돌출물은 즉시 제거하여야 한다.
사. 해체된 거푸집이나 각 목은 재사용 가능한 것과 보수하여야 할 것을 선별, 분리하여 적치하고 정리정돈을 하여야 한다.
4. 기타 제3자의 보호조치에 대하여도 완전한 조치를 강구하여야 한다.

좌굴(坐屈, critical buckling)
휨, 비틀림

좌굴하중

좌굴을 일으키기 시작하는 한계의 압력

1) 가설구조물의 좌굴(buckling)현상 : 단면적에 비해 상대적으로 길이가 긴 부재가 압축력에 의해 하중방향과 직각방향으로 변위가 생기는 현상(가늘고 긴 기둥 등이 압축력에 의해 휘어지는 현상)
   – 좌굴발생요인은 압축력, 단면보다 상대적으로 긴 부재
   (* 비계에서 벽 고정을 하고 기둥과 기둥을 수평재나 가새로 연결하는 가장 큰 이유 : 좌굴을 방지하기 위해)
2) 오일러(Euler)의 좌굴하중

$$P_{cr} = \frac{\pi^2 EI}{l^2}$$

[P_{cr} : 오일러 좌굴하중(kg), E : 탄성계수(kg/cm^2),
l : 부재의 길이(cm), I : 단면 2차 모멘트(cm^4)]

예문 거푸집동바리 구조에서 높이가 $l=3.5$m인 파이프서포트의 좌굴하중은?(단, 상부받이판과 하부받이판은 힌지로 가정하고, 단면2차모멘트 $I=8.31$cm^4, 탄성계수 $E=2.1 \times 10^5$MPa)

① 14060N   ② 15060N   ③ 16060N   ④ 17060N

해설 오일러(Euler)의 좌굴하중

$$P_{cr} = \frac{\pi^2 EI}{l^2} = \frac{3.14^2 \times (2.1 \times 10^6) \times 8.31}{350^2} = 1406\text{kg} \rightarrow 14060\text{N}$$

[P_{cr} : 오일러 좌굴하중(kg), E : 탄성계수(kg/cm^2), l : 부재의 길이(cm),
I : 단면 2차 모멘트(cm^4)]
① 탄성계수 $E=2.1 \times 10^5$MPa → 2.1×10^6kg/cm^2
   (1MPa=10.197162kgf/cm^2(약 10))
② 부재의 길이 $l=3.5$m → 350cm
③ N으로 환산 1kgf=9.8N(약 10N) → 1406kg×10=14060N

➪ 정답 ①

CHAPTER 04 항목별 우선순위 문제 및 해설 (2)

01 작업장으로 통하는 장소 또는 작업장 내에 근로자가 사용하기 위한 안전한 통로를 설치할 때 그 설치기준으로 옳지 않은 것은?

① 통로에는 75럭스(Lux) 이상의 조명시설을 하여야 한다.
② 통로의 주요한 부분에는 통로표시를 하여야 한다.
③ 수직갱에 가설된 통로의 길이가 10m 이상일 때에는 7m 이내마다 계단참을 설치하여야 한다.
④ 경사가 15°를 초과하는 경우에는 미끄러지지 아니하는 구조로 하여야 한다.

해설 가설통로의 구조
수직갱에 가설된 통로의 길이가 15미터 이상인 경우에는 10미터 이내마다 계단참을 설치할 것

02 가설통로 중 경사로를 설치, 사용함에 있어 준수해야할 사항으로 옳지 않은 것은?

① 경사로의 폭은 최소 90센티미터 이상이어야 한다.
② 비탈면의 경사각은 45도 내외로 한다.
③ 높이 7미터 이내마다 계단참을 설치하여야 한다.
④ 추락방지용 안전난간을 설치하여야 한다.

해설 경사로의 설치 : 비탈면의 경사각은 30도 이내로 한다.

03 사다리식 통로에 대한 설치기준으로 틀린 것은?

① 발판의 간격을 일정하게 할 것
② 발판과 벽과의 사이는 15cm 이상의 간격을 유지할 것
③ 사다리식 통로의 길이가 10m 이상인 때에는 3m 이내 마다 계단참을 설치할 것
④ 사다리의 상단은 걸쳐놓은 지점으로부터 60cm 이상 올라가도록 할 것

해설 사다리식 통로 등의 구조
사다리식 통로의 길이가 10미터 이상인 경우에는 5미터 이내마다 계단참을 설치할 것

04 산업안전보건기준에 관한 규칙에 따라 계단 및 계단참을 설치하는 경우 매 m² 당 최소 얼마 이상의 하중에 견딜 수 있는 강도를 가진 구조로 설치하여야 하는가?

① 500kg
② 600kg
③ 700kg
④ 800kg

해설 계단의 설치
계단 및 계단참을 설치하는 경우 매제곱미터당 500킬로그램 이상의 하중에 견딜 수 있는 강도를 가진 구조로 설치

05 작업장 출입구 설치 시 준수해야 할 사항으로 옳지 않은 것은?

① 주된 목적이 하역운반기계용인 출입구에는 보행자용 출입구를 따로 설치하지 않을 것
② 출입구의 위치·수 및 크기가 작업장의 용도와 특성에 맞도록 할 것
③ 출입구에 문을 설치하는 경우에는 근로자가 쉽게 열고 닫을 수 있도록 할 것
④ 계단이 출입구와 바로 연결된 경우에는 작업자의 안전한 통행을 위하여 그 사이에 1.2m 이상 거리를 두거나 안내 표지 또는 비상벨 등을 설치할 것

정답 01. ③ 02. ② 03. ③ 04. ① 05. ①

해설 **작업장의 출입구**
주된 목적이 하역운반기계용인 출입구에는 인접하여 보행자용 출입구를 따로 설치할 것

06 거푸집동바리 등을 조립하는 경우에 준수해야 할 기준으로 옳지 않은 것은?

① 동바리의 상하고정 및 미끄러짐 방지조치를 하고, 하중의 지지상태를 유지할 것
② 강재와 강재와의 접속부 및 교차부는 볼트·클램프 등 전용철물을 사용하여 단단히 연결할 것
③ 파이프서포트를 제외한 동바리로 사용하는 강관은 높이 2m 이내마다 수평연결재를 2개 방향으로 만들고 수평연결재의 변위를 방지할 것
④ 동바리로 사용하는 파이프서포트는 4개 이상이어서 사용하지 않도록 할 것

해설 **거푸집동바리 등의 안전조치**
동바리로 사용하는 파이프 서포트에 대해서는 다음의 사항을 따를 것
가. 파이프 서포트를 3개 이상이어서 사용하지 않도록 할 것
나. 파이프 서포트를 이어서 사용하는 경우에는 4개 이상의 볼트 또는 전용철물을 사용하여 이을 것
다. 높이가 3.5미터를 초과하는 경우에는 높이 2미터 이내마다 수평연결재를 2개 방향으로 만들고 수평연결재의 변위를 방지할 것

07 시스템 동바리를 조립하는 경우 수직재와 받침철물 연결부의 겹침길이 기준으로 옳은 것은?

① 받침철물 전체길이 1/2 이상
② 받침철물 전체길이 1/3 이상
③ 받침철물 전체길이 1/4 이상
④ 받침철물 전체길이 1/5 이상

해설 **시스템동바리의 안전조치**
수직재와 받침철물의 연결부의 겹침길이는 받침철물 전체길이의 3분의 1 이상 되도록 할 것

08 거푸집의 일반적인 조립순서를 옳게 나열한 것은?

① 기둥→보받이 내력벽→큰 보→작은 보→내벽→외벽
② 외벽→보받이 내력벽→큰 보→작은 보→내력→기둥
③ 기둥→보받이 내력벽→작은 보→큰 보→내벽→외벽
④ 기둥→보받이 내력벽→바닥판→큰 보→내벽→외벽

해설 **거푸집의 일반적인 조립순서** : 기둥→보받이 내력벽→큰 보→작은 보→내벽→외벽

09 작업발판 일체형 거푸집에 해당하지 않는 것은?

① 갱폼(Gang Form)
② 슬립폼(Slip Form)
③ 유로폼(Euro Form)
④ 클라이밍폼(Climbing form)

해설 **작업발판 일체형 거푸집**
1. 갱 폼(gang form)
2. 슬립 폼(slip form)
3. 클라이밍 폼(climbing form)
4. 터널 라이닝 폼(tunnel lining form)
5. 그 밖에 거푸집과 작업발판이 일체로 제작된 거푸집

10 콘크리트 거푸집을 설계할 때 고려해야 하는 연직하중으로 거리가 먼 것은?

① 작업하중   ② 콘크리트 자중
③ 충격하중   ④ 풍하중

해설 **연직 하중(vertical load, 鉛直荷重)**
- 건물에 대하여 중력 방향으로 작용하는 하중.
- 철근콘크리트 자중 및 거푸집 부재의 자중인 고정하중과 콘크리트 타설 중 필요로 하는 장비 등의 작업하중과 장비의 이동 및 콘크리트 타설 중의 충격 등의 충격하중을 반영

정답 06. ④ 07. ② 08. ① 09. ③ 10. ④

Chapter 05 양중 및 해체공사 안전

1. 해체용 기구의 종류 및 안전수칙

가 해체용 기구의 종류

(1) **압쇄기** : 압쇄기와 대형 브레이커(breaker)는 굴착기, 파워셔블 등에 설치하여 사용
   ① 압쇄기에 의한 파쇄작업순서는 상층에서 하층으로 진행하며, 슬래브, 보, 벽체, 기둥의 순으로 진행
   ② 소음, 진동 등이 발생하지 않아 도심 내에서 작업 적합

(2) **대형 브레이커(breaker)** : 소음이 많은 결점이 있지만 파쇄력이 큼.
   ① 수직 및 수평의 테두리 끊기 작업에도 사용할 수 있다.
   ② 공기식보다 유압식이 많이 사용된다.
   ③ 셔블(shovel)에 부착하여 사용하며 일반적으로 하향 작업에 적합하다.
   ④ 고층건물에서는 건물 위에 기계를 놓아서 작업할 수 있다.

(3) **철제 해머(hammer)** : 철제 해머(hammer)는 크레인 등에 설치하여 사용
   – 소규모건물에 적합, 소음과 진동이 큼.

(4) **핸드 브레이커(hand breaker)** : 작은 부재의 파쇄에 유리하고 소음, 진동 및 분진이 발생되므로 작업원은 보호구를 착용하여야 하고, 특히 작업원의 작업시간을 제한하여야 함.
   ① 해체물이 소형일 때 사용가능
   ② 작업원의 작업 시간을 제한하고 적절한 휴식을 요함.
   ③ 작업 자세는 끌의 부러짐을 방지하기 위하여 하향 수직방향 유지(하향 45도 방향으로 유지해서는 안 됨)

> 👆 **핸드 브레이커 <해체공사표준안전작업지침>**
>
> 제7조(핸드브레이커) 압축공기, 유압의 급속한 충격력에 의거 콘크리트 등을 해체할 때 사용하는 것으로 다음 각호의 사항을 준수하여야 한다.
> 1. 끌의 부러짐을 방지하기 위하여 작업자세는 하향 수직방향으로 유지하도록 하여야 한다.
> 2. 기계는 항상 점검하고, 호스의 꼬임·교차 및 손상 여부를 점검하여야 한다.

록잭(Rock Jack)공법
파쇄하고자 하는 구조물에 구멍을 천공하여 이 구멍에 가력봉(加力棒)을 삽입하고 가력봉에 유압을 가압하여 천공한 구멍을 확대시킬 때 생기는 팽창압에 의해서 구조물을 파쇄하는 공법. 구멍을 확대시키는 기구로 록잭(rock jack)을 사용함.

(5) 절단기(톱) 등

(가) 절단기 : 진동, 분진이 거의 없음.
   ① 철도의 고가교 해체시 가장 적절한 기구
   ② 절단톱의 회전날에는 접촉방지 커버를 설치하여야 함

(나) 기타 : 잭, 팽창재

나 해체용 기구의 취급안전〈산업안전보건기준에 관한 규칙〉

(1) 작업계획서의 작성

제38조(사전조사 및 작업계획서의 작성 등)
① 근로자의 위험을 방지하기 위하여 (다음의) 별표 4에 따라 해당 작업, 작업장의 지형·지반 및 지층 상태 등에 대한 사전조사를 하고 그 결과를 기록·보존하여야 하며, 조사결과를 고려하여 작업계획서를 작성하고 그 계획에 따라 작업을 하도록 하여야 한다.

[별표 4] 사전조사 및 작업계획서 내용(제38조제1항관련)
10. 건물 등의 해체작업
 - 사전조사 내용
   해체건물 등의 구조, 주변 상황 등
 - 작업계획서 내용
   가. 해체의 방법 및 해체 순서도면
   나. 가설설비·방호설비·환기설비 및 살수·방화설비 등의 방법
   다. 사업장 내 연락방법
   라. 해체물의 처분계획
   마. 해체작업용 기계·기구 등의 작업계획서
   바. 해체작업용 화약류 등의 사용계획서
   사. 그 밖에 안전·보건에 관련된 사항

(2) 해체용 기계·기구의 취급

① 해머는 적절한 직경과 종류의 와이어로프로 매달아 사용해야 한다.
② 압쇄기는 셔블(shovel)에 부착설치하여 사용한다.
③ 차체에 무리를 초래하는 중량의 압쇄기 부착을 금지한다.
④ 철 해머는 이동식 크레인에 부착하여 사용한다.

다 해체공사

(1) 해체공사에 대한 설명〈해체공사표준안전작업지침〉
① 압쇄기와 대형 브레이커(breaker)는 셔블 등에 설치하여 사용한다.
② 철제 해머(hammer)는 크레인 등에 설치하여 사용 한다.
③ 절단 톱의 회전날에는 접촉방지 커버를 설치하여야 한다.
④ 핸드 브레이커(hand breaker) 사용 시 작업 자세는 하향 수직방향으로 유지하도록 하여야 한다.

> 콘크리트 구조물에 적용하는 해체작업 공법
> 충격공법, 연삭공법, 유압공법, 발파공법 등

(2) 해체공사에 있어서 발생되는 진동공해에 대한 설명
① 진동수의 범위는 1~90Hz이다.
② 일반적으로 연직진동이 수평진동보다 크다.
③ 진동의 전파거리는 예외적인 것을 제외하면 진동원에서부터 100m 이내이다.
④ 지표에 있어 진동의 크기는 일반적으로 지진의 진도계급이라고 하는 미진에서 강진의 범위에 있다.

> 연직진동(vertical vibration)
> 중력 축 방향으로 생기는 진동. 상하진동

✽ 해체공사에 따른 직접적인 공해방지대책을 수립해야 되는 대상
　① 소음 및 분진 ② 폐기물 ③ 지반침하 ④ 분진

(3) 발파공법으로 해체작업 시 화약류 취급상 안전기준〈해체공사표준안전작업지침〉
제6조(화약류)
콘크리트 파쇄용 화약류 취급 시의 준수사항
1. 화약류에 의한 발파파쇄 해체 시에는 사전에 시험발파에 의한 폭력, 폭속, 진동치 속도 등에 파쇄능력과 진동, 소음의 영향력을 검토하여야 하나.
2. 소음, 분진, 진동으로 인한 공해대책, 파편에 대한 예방대책을 수립하여야 한다.
3. 화약류 취급에 대하여는 법, 총포도검화약류단속법 등 관계법에서 규정하는 바에 의하여 취급하여야 하며 화약저장소 설치기준을 준수하여야 한다.
4. 시공순서는 화약취급절차에 의한다.

> 해체공사 시 작업용 기계·기구의 취급 안전기준〈해체공사표준안전작업지침〉
> ① 철제 해머와 와이어로프의 결속은 경험이 많은 사람으로서 선임된 자에 한하여 실시하도록 하여야 한다.
> ② 팽창제 천공간격은 콘크리트 강도에 의하여 결정되나 30 내지 70㎝ 정도를 유지하도록 한다.
> ③ 쐐기타입기로 해체 시 천공구멍은 타입기 삽입부분의 직경과 거의 같아야 한다.
> ④ 화염방사기로 해체작업 시 용기 내 압력은 온도에 의해 상승하기 때문에 항상 40℃ 이하로 보존해야 한다.

2. 양중기의 종류 및 안전수칙 〈산업안전보건기준에 관한 규칙〉

가 양중기

(1) 양중기의 종류

제132조(양중기)

① 양중기란 다음의 기계를 말한다.
　1. 크레인[호이스트(hoist)를 포함]
　2. 이동식 크레인
　3. 리프트(이삿짐운반용 리프트의 경우에는 적재하중이 0.1톤 이상인 것으로 한정)
　4. 곤돌라
　5. 승강기

② 제1항 각호의 기계의 뜻은 다음 각호와 같다.
　1. 크레인 : 동력을 사용하여 중량물을 매달아 상하 및 좌우[수평 또는 선회(旋回)를 말함]로 운반하는 것을 목적으로 하는 기계 또는 기계장치
　　– 호이스트 : 훅이나 그 밖의 달기구 등을 사용하여 화물을 권상 및 횡행 또는 권상동작만을 하여 양중하는 것
　3. 리프트 : 동력을 사용하여 사람이나 화물을 운반하는 것을 목적으로 하는 기계설비
　　가. 건설용 리프트: 동력을 사용하여 가이드레일(운반구를 지지하여 상승 및 하강 동작을 안내하는 레일)을 따라 상하로 움직이는 운반구를 매달아 사람이나 화물을 운반할 수 있는 설비 또는 이와 유사한 구조 및 성능을 가진 것으로 건설현장에서 사용하는 것
　　나. 산업용 리프트: 동력을 사용하여 가이드레일을 따라 상하로 움직이는 운반구를 매달아 화물을 운반할 수 있는 설비 또는 이와 유사한 구조 및 성능을 가진 것으로 건설현장 외의 장소에서 사용하는 것
　　다. 자동차정비용 리프트: 동력을 사용하여 가이드레일을 따라 움직이는 지지대로 자동차 등을 일정한 높이로 올리거나 내리는 구조의 리프트로서 자동차 정비에 사용하는 것
　　라. 이삿짐운반용 리프트: 연장 및 축소가 가능하고 끝단을 건축물 등에 지지하는 구조의 사다리형 붐에 따라 동력을 사용하여

움직이는 운반구를 매달아 화물을 운반하는 설비로서 화물자동차 등 차량 위에 탑재하여 이삿짐 운반 등에 사용하는 것

4. 곤돌라 : 달기발판 또는 운반구, 승강장치, 그 밖의 장치 및 이들에 부속된 기계부품에 의하여 구성되고, 와이어로프 또는 달기 강선에 의하여 달기발판 또는 운반구가 전용 승강장치에 의하여 오르내리는 설비
5. 승강기 : 건축물이나 고정된 시설물에 설치되어 일정한 경로에 따라 사람이나 화물을 승강장으로 옮기는 데에 사용되는 설비
   가. 승객용 엘리베이터: 사람의 운송에 적합하게 제조·설치된 엘리베이터
   나. 승객화물용 엘리베이터: 사람의 운송과 화물 운반을 겸용하는데 적합하게 제조·설치된 엘리베이터
   다. 화물용 엘리베이터: 화물 운반에 적합하게 제조·설치된 엘리베이터로서 조작자 또는 화물취급자 1명은 탑승할 수 있는 것 (적재용량이 300킬로그램 미만인 것은 제외)
   라. 소형화물용 엘리베이터: 음식물이나 서적 등 소형 화물의 운반에 적합하게 제조·설치된 엘리베이터로서 사람의 탑승이 금지된 것
   마. 에스컬레이터: 일정한 경사로 또는 수평로를 따라 위·아래 또는 옆으로 움직이는 디딤판을 통해 사람이나 화물을 승강장으로 운송시키는 설비

(2) 양중기의 안전장치

<u>제134조(방호장치의 조정)</u>

① 다음의 양중기에 과부하방지장치, 권과방지장치(捲過防止裝置), 비상정지장치 및 제동장치, 그 밖의 방호장치[(승강기의 파이널 리미트 스위치(final limit switch), <u>속도조절기</u>, 출입문 인터 록(inter lock) 등을 말한다]가 정상적으로 작동될 수 있도록 미리 조정해 두어야 한다.
  1. 크레인
  2. 이동식 크레인
  3. 리프트
  4. 곤돌라
  5. 승강기

> 권과방지장치
> 크레인의 와이어로프가 일정 한계 이상 감기지 않도록 작동을 자동으로 정지시키는 장치(크레인의 와이어로프가 감기면서 붐 상단까지 후크가 따라 올라올 때 더 이상 감기지 않도록 하여 크레인 작동을 자동으로 정지시키는 안전장치)

(3) 운전위치의 이탈금지

<u>제41조(운전위치의 이탈금지)</u>
① 다음의 기계를 운전하는 경우 운전자가 운전위치를 이탈하게 해서는 아니 된다.
  1. 양중기
  2. 항타기 또는 항발기(권상장치에 하중을 건 상태)
  3. 양화장치(화물을 적재한 상태)

(4) 크레인

(가) 크레인 해지장치의 사용

<u>제137조(해지장치의 사용)</u>
훅걸이용 와이어로프 등이 훅으로부터 벗겨지는 것을 방지하기 위한 장치(해지장치)를 구비한 크레인을 사용하여야 하며, 그 크레인을 사용하여 짐을 운반하는 경우에는 해지장치를 사용하여야 한다.

※ 크레인의 훅 해지장치(hedge apparatus of crane hook)

(나) 건설물 등과의 사이 통로 등

<u>제144조(건설물 등과의 사이 통로)</u>
① 주행 크레인 또는 선회 크레인과 건설물 또는 설비와의 사이에 통로를 설치하는 경우 그 폭을 0.6미터 이상으로 하여야 한다(그 통로 중 건설물의 기둥에 접촉하는 부분에 대해서는 0.4미터 이상으로 할 수 있다).

<u>제145조(건설물 등의 벽체와 통로의 간격 등)</u>
다음의 간격은 0.3미터 이하로 하여야 한다(근로자가 추락할 위험이 없는 경우에는 그 간격을 0.3미터 이하로 유지하지 아니할 수 있다).
  1. 크레인의 운전실 또는 운전대를 통하는 통로의 끝과 건설물 등의 벽체의 간격
  2. 크레인 거더(girder)의 통로 끝과 크레인 거더의 간격
  3. 크레인 거더의 통로로 통하는 통로의 끝과 건설물 등의 벽체의 간격

(다) 크레인을 사용하여 작업을 하는 경우 준수 사항

<u>제146조(크레인 작업 시의 조치)</u>
① 크레인을 사용하여 작업을 하는 경우 다음의 조치를 준수하고, 그 작업에 종사하는 관계 근로자가 그 조치를 준수하도록 하여야 한다.
  1. 인양할 하물(荷物)을 바닥에서 끌어당기거나 밀어내는 작업을 하지 아니할 것

2. 유류드럼이나 가스통 등 운반 도중에 떨어져 폭발하거나 누출될 가능성이 있는 위험물 용기는 보관함(또는 보관고)에 담아 안전하게 매달아 운반할 것
3. 고정된 물체를 직접 분리·제거하는 작업을 하지 아니할 것
4. 미리 근로자의 출입을 통제하여 인양 중인 하물이 작업자의 머리 위로 통과하지 않도록 할 것
5. 인양할 하물이 보이지 아니하는 경우에는 어떠한 동작도 하지 아니할 것(신호하는 사람에 의하여 작업을 하는 경우는 제외)

(라) 작업 시작 전 점검사항

[별표 3] 작업 시작 전 점검사항

4. 크레인을 사용하여 작업을 하는 때
 가. 권과방지장치·브레이크·클러치 및 운전장치의 기능
 나. 주행로의 상측 및 트롤리(trolley)가 횡행하는 레일의 상태
 다. 와이어로프가 통하고 있는 곳의 상태
5. 이동식 크레인을 사용하여 작업을 할 때
 가. 권과방지장치나 그 밖의 경보장치의 기능
 나. 브레이크·클러치 및 조정장치의 기능
 다. 와이어로프가 통하고 있는 곳 및 작업장소의 지반상태
* 6. 리프트(자동차 정비용 리프트를 포함)를 사용하여 작업을 할 때
 가. 방호장치·브레이크 및 클러치의 기능
 나. 와이어로프가 통하고 있는 곳의 상태

(마) 기타 크레인의 작업

1) 건설용 양중기에 대한 설명
 ① 삼각데릭은 인접시설에 장해가 없는 상태에서 270° 회선이 가능하다.
  – 가이데릭(guy derrick) : 360° 회전 가능한 고정 선회식의 기중기
 ② 이동식 크레인(crane)에는 트럭 크레인, 크롤러 크레인 등이 있다.
  ㉠ 트럭 크레인(truck crane) : 주행체가 트럭인 자주크레인
  ㉡ 크롤러 크레인(crawler crane) : 주행부에 크롤러 벨트(무한궤도)를 사용한 자주크레인
  ㉢ 휠 크레인(wheel crane) : 트럭 크레인 등과 같이 양중(揚重) 장치를 자동차에 설치한 이동식 기중기이며 트럭 크레인과 다른 점은 주행 운전실과 크레인 운전실이 하나로 되어 있음.(바퀴로 이동함으로 기동성이 좋음)
  ㉣ 카고우 크레인(cargo crane) : 짐을 싣고 운송

자주식 크레인(mobile crane)
크레인에 차륜 또는 크롤러를 갖추고 스스로 이동할 수 있는 크레인

2) 크롤러 크레인 사용시 준수사항

크롤러 크레인(crawler crane)은 게다 크레인이라고도 하며 무한궤도인 크롤러를 사용한 건설용 크레인

① 운반에는 수송차가 필요하다.
② 붐의 조립, 해체장소를 고려해야 한다.
③ 크롤러의 폭을 넓게 할 수 있는 형을 사용할 경우에는 최대 폭을 고려하여 계획한다.
④ 크레인을 단단하고 평평한 바닥위에 놓고 반드시 수평이어야 한다.

3) 크레인 등 건설장비의 가공전선로 접근 작업시 안전대책

① 장비 사용현장의 장애물, 위험물 등을 점검 후 작업을 위한 계획을 수립한다.
② 장비 사용을 위한 신호수를 선정한다.
③ 장비의 조립, 준비 시부터 가공선로에 대한 감전방지 수단을 강구한다(가공선로를 정전시킨 후 단락 접지를 해야 하나, 정전작업이 곤란한 경우 가공선로에 방호구를 설치).
④ 상기 조치를 취하지 못할 경우, 안전 이격거리를 유지하고 작업한다.
    (전압 50kV 이하 : 이격거리 3m, 154kV : 4.3m, 345kV : 6.8m)
⑤ 가공전선로 아래 작업하는 건설장비는 이격거리를 지키기 위하여 붐대가 일정한도이상 올라가지 않도록 하는 등의 조치를 한다.
⑥ 가급적 자재를 가공전선로 아래에 보관하지 않도록 한다.

4) 이동식 크레인으로 잔교상에서 작업할 경우 유의 사항〈건설기계표준안전작업지침〉

① 잔교강도를 담당자와 협의 확인하여야 한다.
② 작업반경에 대해 과하중이 되지 않는지 확인하여야 한다.
③ 아우트리거 또는 크롤러가 잔교의 기둥밖으로 나오지 않도록 하고 부득이 한 경우 충분히 보강하여야 한다.
④ 잔교상을 이동할 경우에는 조용히 운전하여야 한다.

(5) 타워크레인

(가) 타워크레인의 지지

제142조(타워크레인의 지지)
① 타워크레인을 자립고(自立高) 이상의 높이로 설치하는 경우 건축물 등의 벽체에 지지하도록 하여야 한다(지지할 벽체가 없는 등 부득이한 경우에는 와이어로프에 의하여 지지할 수 있다).

잔교
접안 구조물과 선박을 연결시키는 다리

타워 크레인(Tower Crane)을 선정 단계 : 사양 및 기종 결정
① 최대인양하중
② 작업반경
③ 크레인 크기
    (붐의 높이 등)
④ 운전방식
⑤ 기타 기계장치 내구성
⑥ 크레인 기종
⑦ 수직이동 방법 및 자립고
⑧ 크레인 안정성
⑨ 유지보수성
⑩ 비용

② 타워크레인을 벽체에 지지하는 경우의 준수사항
   1. 「산업안전보건법 시행규칙」에 따른 서면심사에 관한 서류 또는 제조사의 설치작업설명서 등에 따라 설치할 것
   2. 제1호의 서면심사 서류 등이 없거나 명확하지 아니한 경우에는 「국가기술자격법」에 따른 건축구조·건설기계·기계안전·건설안전기술사 또는 건설안전분야 산업안전지도사의 확인을 받아 설치하거나 기종별·모델별 공인된 표준방법으로 설치할 것
   3. 콘크리트구조물에 고정시키는 경우에는 매립이나 관통 또는 이와 같은 수준 이상의 방법으로 충분히 지지되도록 할 것
   4. 건축 중인 시설물에 지지하는 경우에는 그 시설물의 구조적 안정성에 영향이 없도록 할 것

③ 타워크레인을 와이어로프로 지지하는 경우의 준수사항
   1. 제2항제1호 또는 제2호의 조치를 취할 것
   2. 와이어로프를 고정하기 위한 전용 지지프레임을 사용할 것
   3. 와이어로프 설치각도는 수평면에서 60도 이내로 하되, 지지점은 4개소 이상으로 하고, 같은 각도로 설치할 것
   4. 와이어로프와 그 고정부위는 충분한 강도와 장력을 갖도록 설치하고, 와이어로프를 클립·샤클(shackle) 등의 고정기구를 사용하여 견고하게 고정시켜 풀리지 않도록 하며, 사용 중에는 충분한 강도와 장력을 유지하도록 할 것
   5. 와이어로프가 가공전선(架空電線)에 근접하지 않도록 할 것

(나) 작업계획서 내용

[별표 4] 사전조사 및 작업계획서 내용
1. 타워크레인을 설치·조립·해체하는 작업
   - 작업계획서 내용
     가. 타워크레인의 종류 및 형식
     나. 설치·조립 및 해체순서
     다. 작업도구·장비·가설설비(假設設備) 및 방호설비
     라. 작업인원의 구성 및 작업근로자의 역할 범위
     마. 제142조에 따른 지지 방법

(6) 건설작업용 리프트

(가) 리프트의 설치

<u>제46조(승강설비의 설치)</u>
높이 또는 깊이가 2미터를 초과하는 장소에서 작업하는 경우 해당 작업에 종사하는 근로자가 안전하게 승강하기 위한 건설용 리프트 등의 설비를 설치하여야 한다.

<u>제152조(무인작동의 제한)</u>
① 운반구의 내부에만 탑승조작장치가 설치되어 있는 리프트를 사람이 탑승하지 아니한 상태로 작동하게 해서는 아니 된다.
② 리프트 조작반(盤)에 잠금장치를 설치하는 등 관계 근로자가 아닌 사람이 리프트를 임의로 조작함으로써 발생하는 위험을 방지하기 위하여 필요한 조치를 하여야 한다.

<u>제153조(피트 청소 시의 조치)</u>
리프트의 피트 등의 바닥을 청소하는 경우 운반구의 낙하에 의한 근로자의 위험을 방지하기 위하여 다음의 조치를 하여야 한다.
1. 승강로에 각재 또는 원목 등을 걸칠 것
2. 각재(角材) 또는 원목 위에 운반구를 놓고 역회전방지기가 붙은 브레이크를 사용하여 구동모터 또는 윈치(winch)를 확실하게 제동해 둘 것

(나) 리프트 조립 또는 해체작업할 때 작업을 지휘하는 자가 이행하여야 할 사항

<u>제156조(조립 등의 작업)</u>
① 리프트의 설치·조립·수리·점검 또는 해체 작업을 하는 경우 다음의 조치를 하여야 한다.
  1. 작업을 지휘하는 사람을 선임하여 그 사람의 지휘하에 작업을 실시할 것
  2. 작업을 할 구역에 관계 근로자가 아닌 사람의 출입을 금지하고 그 취지를 보기 쉬운 장소에 표시할 것
  3. 비, 눈, 그 밖에 기상상태의 불안정으로 날씨가 몹시 나쁜 경우에는 그 작업을 중지시킬 것
② 작업을 지휘하는 사람에게 다음의 사항을 이행하도록 하여야 한다.
  1. 작업방법과 근로자의 배치를 결정하고 해당 작업을 지휘하는 일
  2. 재료의 결함 유무 또는 기구 및 공구의 기능을 점검하고 불량품을 제거하는 일
  3. 작업 중 안전대 등 보호구의 착용 상황을 감시하는 일

(7) 바람에 의한 붕괴를 방지

(가) 폭풍에 의한 이탈 방지

<u>제140조(폭풍에 의한 이탈 방지)</u>
순간풍속이 초당 30미터를 초과하는 바람이 불어올 우려가 있는 경우 옥외에 설치되어 있는 주행 크레인에 대하여 이탈방지장치를 작동시키는 등 이탈 방지를 위한 조치를 하여야 한다.

<u>제143조(폭풍 등으로 인한 이상 유무 점검)</u>
순간풍속이 초당 30미터를 초과하는 바람이 불거나 중진(中震) 이상 진도의 지진이 있은 후에 옥외에 설치되어 있는 양중기를 사용하여 작업을 하는 경우에는 미리 기계 각 부위에 이상이 있는지를 점검하여야 한다.

(나) 리프트

<u>제154조(붕괴 등의 방지)</u>
① 지반침하, 불량한 자재사용 또는 헐거운 결선(結線) 등으로 리프트가 붕괴되거나 넘어지지 않도록 필요한 조치를 하여야 한다.
② 순간풍속이 초당 35미터를 초과하는 바람이 불어올 우려가 있는 경우 건설용 리프트(지하에 설치되어 있는 것은 제외)에 대하여 받침의 수를 증가시키는 등 그 붕괴 등을 방지하기 위한 조치를 하여야 한다.

(다) 승강기

<u>제161조(폭풍에 의한 무너짐 방지)</u>
순간풍속이 초당 35미터를 초과하는 바람이 불어 올 우려가 있는 경우 옥외에 설치되어 있는 승강기에 대하여 받침의 수를 증가시키는 등 승강기가 무너지는 것을 방지하기 위한 조치를 하여야 한다.

(라) 타워크레인

<u>제37조(악천후 및 강풍 시 작업 중지)</u>
① 비·눈·바람 또는 그 밖의 기상상태의 불안정으로 인하여 근로자가 위험해질 우려가 있는 경우 작업을 중지하여야 한다.
② 순간풍속이 초당 10미터를 초과하는 경우 타워크레인의 설치·수리·점검 또는 해체 작업을 중지하여야 하며, 순간풍속이 초당 <u>15미터</u>를 초과하는 경우에는 타워크레인의 운전작업을 중지하여야 한다.

나 양중기의 와이어로프

(1) 안전계수(안전율)

안전계수 = 절단하중/최대사용하중 = 인장강도/최대허용응력

* 안전율 : 안전의 정도를 표시하는 것으로서 재료의 파괴응력도와 허용응력도의 비율을 의미하는 것

$$\text{안전율} = \frac{\text{인장강도}}{\text{인장응력}} = \frac{\text{파단하중}}{\text{안전하중}} = \frac{\text{최대응력}}{\text{허용응력}} = \frac{\text{파괴응력도}}{\text{인장응력도}}$$

> **참고**
>
> * 정격하중 : 중량물 운반 시 크레인에 매달아 올릴 수 있는 최대 하중으로 부터 달아올리기 기구의 중량에 상당하는 하중을 제외한 하중(최대하중에서 후크(hook), 와이어로프 등 달기구의 중량을 공제한 하중)
>   - 제133조(정격하중 등의 표시) 〈산업안전보건기준에 관한 규칙〉
>   사업주는 양중기(승강기는 제외한다) 및 달기구를 사용하여 작업하는 운전자 또는 작업자가 보기 쉬운 곳에 해당 기계의 정격하중, 운전속도, 경고표시 등을 부착하여야 한다. 다만, 달기구는 정격하중만 표시한다.
> * 적재하중 : 구조물이나 운반기계의 구조·재료에 따라서 적재할 수 있는 최대하중

(2) 와이어로프 등 달기구의 안전계수

제163조(와이어로프 등 달기구의 안전계수)

① 양중기의 와이어로프 등 달기구의 안전계수(달기구 절단하중의 값을 그 달기구에 걸리는 하중의 최대값으로 나눈 값)가 다음의 구분에 따른 기준에 맞지 아니한 경우에는 이를 사용해서는 아니 된다.

1. 근로자가 탑승하는 운반구를 지지하는 달기 와이어로프 또는 달기 체인의 경우: 10 이상
2. 화물의 하중을 직접 지지하는 달기 와이어로프 또는 달기 체인의 경우: 5 이상
3. 훅, 샤클, 클램프, 리프팅 빔의 경우: 3 이상
4. 그 밖의 경우: 4 이상

(3) 와이어로프 등의 사용 금지

제166조(이음매가 있는 와이어로프 등의 사용 금지)

1. 다음의 어느 하나에 해당하는 와이어로프를 사용해서는 아니 된다.
   가. 이음매가 있는 것
   나. 와이어로프의 한 꼬임[스트랜드(strand)]에서 끊어진 소선(素線)의 수가 10퍼센트 이상인 것

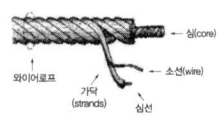

와이어로프의 구성

다. 지름의 감소가 공칭지름의 7퍼센트를 초과하는 것
라. 꼬인 것
마. 심하게 변형되거나 부식된 것
바. 열과 전기충격에 의해 손상된 것
2. 다음 각 목의 어느 하나에 해당하는 달기 체인을 사용해서는 아니 된다.
  가. 달기 체인의 길이가 달기 체인이 제조된 때의 길이의 5퍼센트를 초과한 것
  나. 링의 단면지름이 달기 체인이 제조된 때의 해당 링의 지름의 10퍼센트를 초과하여 감소한 것
  다. 균열이 있거나 심하게 변형된 것

와이어로프에 걸리는 하중

2가닥 줄걸이의 각도 변화와 하중

$$장력 = \frac{\frac{W(중량)}{2}}{\cos\frac{\theta(2줄 \ 사이의 \ 각도)}{2}}$$

[예문] 그림과 같이 무게 500kg의 화물을 인양하려고 한다. 이때 와이어 로프 하나에 작용되는 장력(T)은 약 얼마인가?

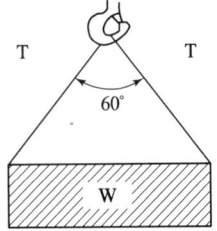

[해설] 와이어로프에 걸리는 하중 : 2가닥 줄걸이의 각도 변화와 하중

$$장력 = \frac{\frac{W(중량)}{2}}{\cos\frac{\theta(2줄 \ 사이의 \ 각도)}{2}}$$

$$= (500/2)/\cos(60/2) = 288.675 \fallingdotseq 289\text{kg}$$

CHAPTER 05 항목별 우선순위 문제 및 해설

01 산업안전보건법령상 양중 장비에 대한 다음 설명 중 옳지 않은 것은?

① 승용승강기란 사람의 수직 수송을 주목적으로 한다.
② 화물용승강기는 화물의 수송을 주목적으로 하며 사람의 탑승은 원칙적으로 금지된다.
③ 리프트는 동력을 이용하여 화물을 운반하는 기계설비로서 사람의 탑승은 금지된다.
④ 크레인은 중량물을 상하 및 좌우 운반하는 기계로서 사람의 운반은 금지된다.

[해설] **리프트**
동력을 사용하여 사람이나 화물을 운반하는 것을 목적으로 하는 기계설비

02 리프트(Lift)의 안전장치에 해당하지 않는 것은?

① 권과방지장치 ② 비상정지장치
③ 과부하방지장치 ④ 속도조절기

[해설] **리프트의 안전장치**
과부하방지장치, 권과방지장치(捲過防止裝置), 비상정지장치 및 제동장치

03 건설작업용 리프트에 대하여 바람에 의한 붕괴를 방지하는 조치를 한다고 할 때 그 기준이 되는 최소 풍속은?

① 순간 풍속 30m/sec 초과
② 순간 풍속 35m/sec 초과
③ 순간 풍속 40m/sec 초과
④ 순간 풍속 45m/sec 초과

[해설] **리프트의 바람에 의한 붕괴를 방지**
순간풍속이 초당 35미터를 초과하는 바람이 불어올 우려가 있는 경우 건설작업용 리프트(지하에 설치되어 있는 것은 제외한다)에 대하여 받침의 수를 증가시키는 등 그 붕괴 등을 방지하기 위한 조치를 하여야 한다.

04 크레인을 사용하여 양중작업을 하는 때에 안전한 작업을 위해 준수하여야 할 내용으로 틀린 것은?

① 인양할 하물(荷物)을 바닥에서 끌어당기거나 밀어 정위치 작업을 할 것
② 가스통 등 운반 도중에 떨어져 폭발 가능성이 있는 위험물용기는 보관함에 담아 매달아 운반할 것
③ 인양 중인 하물이 작업자의 머리 위로 통과하지 않도록 할 것
④ 인양할 하물이 보이지 아니하는 경우에는 어떠한 동작도 하지 아니할 것

[해설] **크레인을 사용하여 작업을 하는 경우 준수 사항**
1. 인양할 하물(荷物)을 바닥에서 끌어당기거나 밀어내는 작업을 하지 아니할 것
2. 유류드럼이나 가스통 등 운반 도중에 떨어져 폭발하거나 누출될 가능성이 있는 위험물 용기는 보관함(또는 보관고)에 담아 안전하게 매달아 운반할 것
3. 고정된 물체를 직접 분리·제거하는 작업을 하지 아니할 것
4. 미리 근로자의 출입을 통제하여 인양 중인 하물이 작업자의 머리 위로 통과하지 않도록 할 것
5. 인양할 하물이 보이지 아니하는 경우에는 어떠한 동작도 하지 아니할 것(신호하는 사람에 의하여 작업을 하는 경우는 제외)

정답 01. ③ 02. ④ 03. ② 04. ①

05 철근 콘크리트 해체용 장비가 아닌 것은?
① 철 해머   ② 압쇄기
③ 램머   ④ 핸드브레이커

해설 해체용 기구의 종류
(1) 압쇄기 : 압쇄기와 대형 브레이커(breaker)는 굴착기, 파워셔블 등에 설치하여 사용
(2) 대형 브레이커(breaker) : 소음이 많은 결점이 있지만 파쇄력이 큼.
(3) 철제 해머(hammer) : 철제 해머(hammer)는 크레인 등에 설치하여 사용
(4) 핸드 브레이커(hand breaker) : 작은 부재의 파쇄에 유리하고 소음, 진동 및 분진이 발생되므로 작업원은 보호구를 착용하여야 하고 특히 작업원의 작업시간을 제한하여야 함.
(5) 절단기(톱) 등
 (가) 절단기 : 진동, 분진이 거의 없음.
 (나) 기타 : 잭, 평창재

06 가설공사와 관련된 안전율에 대한 정의로 옳은 것은?
① 재료의 파괴응력도와 허용응력도의 비율이다.
② 재료가 받을 수 있는 허용응력도이다.
③ 재료의 변형이 일어나는 한계응력도이다.
④ 재료가 받을 수 있는 허용하중을 나타내는 것이다.

해설 안전율 : 안전의 정도를 표시하는 것으로서 재료의 파괴응력도와 허용응력도의 비율을 의미하는 것

$$안전율 = \frac{인장강도}{인장응력} = \frac{파단하중}{안전하중} = \frac{최대응력}{허용응력} = \frac{파괴응력도}{인장응력도}$$

07 화물용 승강기를 설계하면서 와이어로프의 안전하중은 10ton이라면 로프의 가닥수를 얼마로 하여야 하는가? (단, 와이어로프 한 가닥의 파단강도는 4ton이며, 화물용 승강기의 와이어로프의 안전율은 6으로 한다.)
① 10가닥   ② 15가닥
③ 20가닥   ④ 30가닥

해설 로프의 가닥수
안전율 = 파단하중/안전하중
⇒ 안전율이 6이면 파단하중은 60ton임 : 6 = 60/10
따라서 와이어로프 한 가닥의 파단강도는 4ton 임으로 로프의 가닥수는 15가닥(60 ÷ 4 = 15가닥)

08 양중기에서 화물을 직접 지지하는 달기 와이어로프의 안전계수는 최소 얼마 이상으로 하여야 하는가?
① 2   ② 3
③ 5   ④ 10

해설 와이어로프 등 달기구의 안전계수
1. 근로자가 탑승하는 운반구를 지지하는 달기 와이어로프 또는 달기 체인의 경우: 10 이상
2. 화물의 하중을 직접 지지하는 달기 와이어로프 또는 달기 체인의 경우: 5 이상
3. 훅, 샤클, 클램프, 리프팅 빔의 경우: 3 이상
4. 그 밖의 경우: 4 이상

09 현장에서 양중작업 중 와이어로프의 사용금지 기준이 아닌 것은?
① 이음매가 없는 것
② 와이어로프의 한 꼬임에서 끊어진 소선의 수가 10% 이상인 것
③ 지름의 감소가 공칭지름의 7%를 초과하는 것
④ 심하게 변형 또는 부식된 것

해설 와이어로프 등의 사용 금지
가. 이음매가 있는 것
나. 와이어로프의 한 꼬임에서 끊어진 소선(素線)의 수가 10퍼센트 이상인 것
다. 지름의 감소가 공칭지름의 7퍼센트를 초과하는 것
라. 꼬인 것
마. 심하게 변형되거나 부식된 것
바. 열과 전기충격에 의해 손상된 것

정답 05. ③ 06. ① 07. ② 08. ③ 09. ①

Chapter 06 건설 구조물공사 안전

1. 건설 구조물공사 안전

가 콘크리트의 타설작업의 안전〈산업안전보건기준에 관한 규칙〉

(1) 콘크리트의 타설작업시 준수사항

제334조(콘크리트의 타설작업)
콘크리트 타설작업을 하는 경우의 준수사항
1. 당일의 작업을 시작하기 전에 해당 작업에 관한 거푸집 및 동바리 등의 변형·변위 및 지반의 침하 유무 등을 점검하고 이상이 있으면 보수할 것
2. 작업 중에는 감시자를 배치하는 등의 방법으로 거푸집 및 동바리의 변형·변위 및 침하 유무 등을 확인해야 하며, 이상이 있으면 작업을 중지하고 근로자를 대피시킬 것
3. 콘크리트 타설작업 시 거푸집 붕괴의 위험이 발생할 우려가 있으면 충분한 보강조치를 할 것
4. 설계도서상의 콘크리트 양생기간을 준수하여 거푸집동바리 등을 해체할 것
5. 콘크리트를 타설하는 경우에는 편심이 발생하지 않도록 골고루 분산하여 타설할 것

(2) 콘크리트 타설시 안전수칙 준수〈콘크리트공사표준안전작업지침〉

제13조(타설)
콘크리트 타설 시 안전수칙 준수
1. 타설순서는 계획에 의하여 실시하여야 한다.
2. 콘크리트를 치는 도중에는 거푸집, 지보공 등의 이상 유무를 확인하여야 하고, 담당자를 배치하여 이상이 발생한 때에는 신속한 처리를 하여야 한다.
3. 타설속도는 건설부 제정 콘크리트 표준시방서에 의한다.
4. 손수레를 이용하여 콘크리트를 운반할 때에는 다음의 사항을 준수하여야 한다.

가. 손수레를 타설하는 위치까지 천천히 운반하여 거푸집에 충격을 주지 아니하도록 타설하여야 한다.

나. 손수레에 의하여 운반할 때에는 적당한 간격을 유지하여야 하고 뛰어서는 안 되며, 통로구분을 명확히 하여야 한다.

다. 운반 통로에 방해가 되는 것은 즉시 제거하여야 한다.

5. 기자재 설치, 사용을 할 때에는 다음의 사항을 준수하여야 한다.

가. 콘크리트의 운반, 타설기계를 설치하여 작업할 때에는 성능을 확인하여야 한다.

나. 콘크리트의 운반, 타설기계는 사용 전, 사용 중, 사용 후 반드시 점검하여야 한다.

6. 콘크리트를 한 곳에만 치우쳐서 타설할 경우 거푸집의 변형 및 탈락에 의한 붕괴사고가 발생되므로 타설 순서를 준수하여야 한다.

7. 진동기는 적절히 사용되어야 하며, 지나친 진동은 거푸집 도괴의 원인이 될 수 있으므로 각별히 주의하여야 한다.

(3) 펌프카에 의한 콘크리트 타설 시 안전수칙〈콘크리트공사표준안전작업지침〉

<u>제14조(펌프카)</u>

펌프카에 의해 콘크리트를 타설할 때의 안전수칙 준수

1. 레디믹스트 콘크리트(이하 레미콘이라 함.) 트럭과 펌프카를 적절히 유도하기 위하여 차량안내자를 배치하여야 한다.
2. 펌프배관용 비계를 사전점검하고 이상이 있을 때에는 보강 후 작업하여야 한다.
3. 펌프카의 배관상태를 확인하여야 하며, 레미콘트럭과 펌프카와 호스 선단의 연결 작업을 확인하여야 하며 장비사양의 적정호스 길이를 초과하여서는 아니 된다.
4. 호스선단이 요동하지 아니하도록 확실히 붙잡고 타설하여야 한다.
5. 공기압송 방법의 펌프카를 사용할 때에는 콘크리트가 비산하는 경우가 있으므로 주의하여 타설하여야 한다.
6. 펌프카의 붐대를 조정할 때에는 주변 전선 등 지장물을 확인하고 이격거리를 준수하여야 한다.
7. 아웃트리거를 사용할 때 지반의 부동침하로 펌프카가 전도되지 아니하도록 하여야 한다.

콘크리트 타설 작업 시 안전에 대한 유의사항

① 콘크리트를 치는 도중에는 지보공·거푸집 등의 이상 유무를 확인한다.
② 높은 곳으로부터 콘크리트를 타설할 때는 호퍼로 받아 거푸집 내에 꽂아 넣는 슈트를 통해서 부어 넣어야 한다.
③ 진동기를 많이 사용할수록 거푸집에 작용하는 측압은 커지므로 전동기는 적절히 사용되어야 하며, 지나친 진동은 거푸집 도괴의 원인이 될 수 있으므로 각별히 주의하여야 한다.
④ 콘크리트를 한 곳에만 치우쳐서 타설하지 않도록 주의한다.(편심이 발생하지 않도록 골고루 분산하여 타설할 것)

(4) 콘크리트공사시 철근을 인력으로 운반할 때의 준수사항〈콘크리트공사 표준안전작업지침〉

<u>제12조(운반)</u>

1. 인력으로 철근을 운반할 때의 준수사항
   - 가. 1인당 무게는 25킬로그램 정도가 적절하며, 무리한 운반을 삼가하여야 한다.
   - 나. 2인 이상이 1조가 되어 어깨메기로 하여 운반하는 등 안전을 도모하여야 한다.
   - 다. 긴 철근을 부득이 한 사람이 운반할 때에는 한쪽을 어깨에 메고 한 쪽끝을 끌면서 운반하여야 한다.
   - 라. 운반할 때에는 양끝을 묶어 운반하여야 한다.
   - 마. 내려 놓을 때는 천천히 내려놓고 던지지 않아야 한다.
   - 바. 공동 작업을 할 때에는 신호에 따라 작업을 하여야 한다.

(5) 철근의 가공〈콘크리트공사표준안전작업지침〉

<u>제11조(가공)</u>

철근가공 및 조립작업을 할 때의 준수사항

1. 철근가공 작업장 주위는 작업책임자가 상주하여야 하고 정리정돈되어 있어야 하며, 작업원 이외는 출입을 금지하여야 한다.
2. 가공 작업자는 안전모 및 안전보호장구를 착용하여야 한다.
3. 해머 절단을 할 때에는 다음에 정하는 사항에 유념하여 작업하여야 한다.
   - 가. 해머 자루는 금이 가거나 쪼개진 부분은 없는 가 확인하고 사용 중 해머가 빠지지 아니하도록 튼튼하게 조립되어야 한다.
   - 나. 해머 부분이 마모되어 있거나, 훼손되어 있는 것을 사용하여서는 아니 된다.
   - 다. 무리한 자세로 절단을 하여서는 아니 된다.
   - 라. 절단기의 절단 날은 마모되어 미끄러질 우려가 있는 것을 사용하여서는 아니 된다.
4. 가스절단을 할 때에는 다음에 정하는 사항에 유념하여 작업하여야 한다.
   - 가. 가스절단 및 용접자는 해당자격 소지자라야 하며, 작업 중에는 보호구를 착용하여야 한다.
   - 나. 가스절단 작업시 호스는 겹치거나 구부러지거나 또는 밟히지 않도록 하고 전선의 경우에는 피복이 손상되어 있는지를 확인하여야 한다.

다. 호스, 전선 등은 다른 작업장을 거치지 않는 직선상의 배선이어야 하며, 길이가 짧아야 한다.
라. 작업장에서 가연성 물질에 인접하여 용접작업할 때에는 소화기를 비치하여야 한다.

(6) 콘크리트 양생작업

① 콘크리트 타설 후 소요기간까지 경화에 필요한 조건을 유지시켜주는 작업이다.
② 양생 기간 중에 예상되는 진동, 충격, 하중 등의 유해한 작용으로부터 보호하여야 한다.
③ 콘크리트 타설후 경화를 시작할 때까지 직사광선이나 바람에 의해 수분이 증발하지 않도록 보호해야 한다(표면이 빨리 건조하여 발생하는 균열 방지).
④ 콘크리트 표면이 경화하면 콘크리트 위에 sheet 및 거적으로 적셔서 덮거나 살수를 하여 습윤상태를 유지한다.
⑤ 습윤양생 시 거푸집판이 건조될 우려가 있는 경우에는 살수하여야 한다.
* 콘크리트의 양생 방법 : ① 습윤 양생 ② 전기 양생 ③ 증기 양생 ④ 보온양생 ⑤ 피막양생

(7) 거푸집널의 해체

기초, 보의 측면, 기둥, 벽의 거푸집널은 24시간 이상 양생한 후에 콘크리트 압축강도가 5MPa 이상 도달하였음을 시험에 의하여 확인된 경우에 해체할 수 있다.
거푸집널 존치기간 중 평균 기온이 10℃ 이상인 경우는 콘크리트 재령이 6일 이상 경과하면 압축강도시험을 하지 않고도 해체할 수 있다.

※ 콘크리트의 압축강도를 시험하지 않을 경우 거푸집널의 해체 시기〈콘크리트 표준시방서〉
기초, 보의 측면, 기둥, 벽의 거푸집널의 해체는 시험에 의해 표준시방서의 값을 만족할 때 시행하여야 한다. 특히, 내구성이 중요한 구조물에서는 콘크리트의 압축강도가 10MPa 이상일 때 거푸집널을 해체할 수 있다.
거푸집널 존치기간 중 평균기온이 10℃ 이상인 경우는 콘크리트 재령이 [표]의 재령 이상 경과하면 압축강도 시험을 하지 않고도 해체할 수 있다.

[표] 기초, 보 옆, 기둥 및 벽의 거푸집널 존치기간을 정하기 위한 콘크리트의 재령(일)

평균기온	조강포틀랜드 시멘트	보통포틀랜드 시멘트 고로슬래그 시멘트 특급 포틀랜드 포졸란 시멘트 A종 플라이애쉬 시멘트 A종	고로슬래그 시멘트 1급 포틀랜드 포졸란 시멘트 B종 플라이애쉬 시멘트 B종
20도(섭씨) 이상	2	4	5
20도(섭씨) 미만 10도(섭씨) 이상	3	6	8

나 콘크리트 강도

(1) 콘크리트 강도에 영향을 주는 요소

콘크리트 강도는 일반적으로 표준양생한 재령 28일의 압축강도를 기준으로 함.

- 강도에 영향을 주는 주된 요인 : 사용재료의 품질, 배합, 공기량, 시공방법, 양생방법, 양생온도, 재령

① 양생 온도와 습도 ② 콘크리트 재령 및 배합(물·시멘트 비) ③ 타설 및 다지기

* 콘크리트 강도에 가장 큰 영향을 주는 것 : 물·시멘트 비

(2) 콘크리트 압축강도 등

(가) 콘크리트 압축강도(壓縮强度, compressive strength)

압축 파괴 시의 단면에 있어서의 수직 응력인 압축 하중을 시험편의 단면적으로 나눈 값(kgf/mm^2, kgf/cm^2)

- 압축강도=최대하중(P)/시험편의 단면적(A) (* 단면적=$\pi D^2/4$)

> **예문** 지름이 15cm이고 높이가 30cm인 원기둥 콘크리트 공시체에 대해 압축강도시험을 한 결과 460kN에 파괴되었다. 이때 콘크리트 압축강도는 몇 MPa인가?
>
> **해설** 콘크리트 압축강도(壓縮强度, compressive strength) : 압축 파괴 시의 단면에 있어서의 수직 응력인 압축 하중을 시험편의 단면적으로 나눈 값(kgf/mm^2, kgf/cm^2)
> 압축강도=최대하중(P)/시험편의 단면적(A) (* 단면적=$\pi D^2/4$)
> $$= \frac{460}{\frac{\pi}{4} \times 0.15^2} = 26{,}030 kN/m^2 = 26{,}030 kPa = 26 MPa \ (15cm=0.15m)$$
> (* $1 kgf/cm^2 = 9.8 N/cm^2 = 9.8 N/0.0001 m^2 = 98{,}000 N/m^2 = 98{,}000 Pa = 0.098 MPa$
> = 약 0.1MPa)
> ($1kgf=9.8N$, $cm^2=0.0001m^2$, $1Pa=1N/m^2$, $Pa=0.000001MPa$)

* 경화된 콘크리트의 강도 비교 : 압축강도＞전단강도＞휨강도＞인장강도
* 일반적인 콘크리트의 압축강도 : 콘크리트 강도는 일반적으로 표준양생한 재령 28일의 압축강도를 기준으로 함.

> **단위**
> - kgf = 힘 또는 무게의 단위로 질량 1kg의 물체를 $9.8m/s^2$의 속도로 움직이는 힘
>   ($= 9.8kg \times m/s^2 = 9.8N$)
> - N = 국제적인 힘의 단위로 질량 1kg의 물체를 $1m/s^2$의 속도로 움직이는 힘
>   ($= 1/9.8kgf$)
> - Pa = 단위 면적당 작용하는 힘인 압력의 단위로 $1N/m^2$
> * $1kgf/cm^2 = 9.8N/cm^2 = 9.8N/0.0001m^2 = 98,000N/m^2 = 98,000Pa$
> $= 0.098MPa = 약\ 0.1MPa$
>   ($1kgf = 9.8N$, $cm^2 = 0.0001m^2$, $1Pa = 1N/m^2$, $Pa = 0.000001MPa$)

(나) 인장 강도(引張强度, tensile strength)

[극한 강도(極限强度, ultimate strength), 파괴 강도(破壞强度, breaking strength)]

인장시험에서 파단까지 가해진 최대 하중을 시험 전 시험편의 단면적으로 나눈 값

- 인장강도＝최대하중(P)/시험편의 단면적(A) (* 단면적＝$\pi D^2/4$)

(다) 할렬 인장강도(割裂引張强度, splitting tensile strength) - 쪼갬 인장강도

원주시험체를 옆으로 뉘어놓고 직경 방향으로 하중을 가하는 할렬시험에 의하여 구한 콘크리트의 강도

- 인장강도(할렬 인장강도)＝$2P/\pi dl$
  (P : 최대하중, d : 시험편 지름, l : 시험편 길이)

> **예문** 지름이 10cm이고 높이가 20cm인 원기둥 콘크리트 공시체가 할렬 인장강도 시험에서 10,000kg에서 파괴되었다. 이때 콘크리트의 할렬 인장강도는 몇 kg/cm^2인가?
>
> **해설** 할렬 인장강도(割裂引張强度, splitting tensile strength) - 쪼갬 인장강도
> 원주시험체를 옆으로 뉘어놓고 직경방향으로 하중을 가하는 할렬시험에 의하여 구한 콘크리트의 강도
> 인장강도(할렬 인장강도)
> ＝$2P/\pi dl$ (P : 최대하중, d : 시험편 지름, l : 시험편 길이)
> ＝$(2 \times 10,000)/(\pi \times 10 \times 20) = 31.8 kg/cm^2$

(3) **콘크리트의 측압** : 콘크리트 타설시 기둥, 벽체에 가해지는 콘크리트 수평 방향의 압력. 콘크리트의 타설높이가 증가함에 따라 측압이 증가하나 일정높이 이상이 되면 측압은 감소

① 거푸집 수밀성이 클수록 측압이 커진다.(거푸집의 투수성이 낮을수록 측압은 커진다.)
② 철근량이 적을수록 측압이 커진다.
③ 부어넣기 빠를수록 측압이 커진다.
④ 외기의 온·습도가 낮을수록 측압은 크다.
⑤ 슬럼프가 클수록 측압이 커진다.
⑥ 콘크리트의 단위 중량(밀도)이 클수록 측압이 커진다.
⑦ 거푸집 표면이 평활할수록 측압이 커진다.
⑧ 거푸집의 수평단면이 클수록 크다.
⑨ 시공연도(Workability)가 좋을수록 측압이 커진다.
⑩ 거푸집의 강성이 클수록 크다.
⑪ 다짐이 좋을수록 측압이 커진다.
⑫ 벽 두께가 두꺼울수록 측압은 커진다.

(4) **슬럼프시험(slump test)** : 콘크리트의 유동성과 묽기 시험

콘크리트의 유동성 측정시험. 반죽질기(컨시스턴시)를 측정하는 방법으로 가장 일반적으로 사용(콘크리트 타설 시 작업의 용이성을 판단하는 방법)

① 슬럼프 시험기구는 강제평판, 슬럼프 테스트 콘(밑면의 안지름이 20cm, 윗면의 안지름이 10cm, 높이가 30cm인 절두 원추형), 다짐 막대, 측정기기로 이루어진다.
② 슬럼프 콘에 비빈 콘크리트를 같은 양의 3층으로 나누어 25회씩 다지면서 채운다.
③ 슬럼프는 슬럼프 콘을 들어올려 강제평판으로부터 콘크리트가 무너져 내려앉은 높이까지의 거리를 cm단위(0.5cm의 정밀도)로 표시한 것이다.

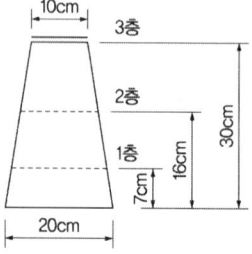
(a) 슬럼프 콘

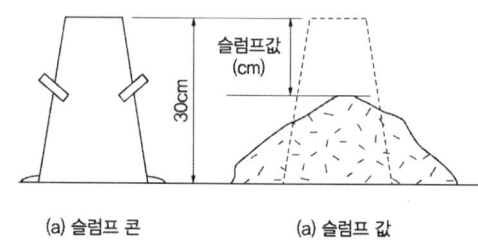
(a) 슬럼프 값

[그림] 슬럼프시험

굳지 않은 콘크리트의 성질

- 콘크리트의 워커빌리티(施工練度, workability, 시공연도)) : 반죽질기 여하에 따르는 작업의 난이 정도 및 재료의 분리에 저항하는 정도를 나타내는 아직 굳지 않은 콘크리트의 성질을 말함(콘크리트의 재료분리현상 없이 거푸집 내부에 쉽게 타설할 수 있는 정도를 나타내는 것).
- 컨시스턴시(Consistency) : 반죽질기(묽기 정도를 나타내는 것으로 보통 슬럼프 값으로 표시)
- finishability : 굳지 않은 콘크리트 성질의 하나로 마감 작업의 용이성의 정도를 표시

* 블리딩(bleeding)현상 : 콘크리트 타설 후 비교적 가벼운 물이나 미세한 물질 등이 상승되고, 상대적으로 무거운 골재나 시멘트 등이 침하하는 현상(콘크리트 타설 후 물이나 미세한 불순물이 분리 상승하여 콘크리트 표면에 떠오르는 현상)
* 레이턴스 (laitance) : 블리딩으로 인하여 콘크리트나 모르타르의 표면에 떠올라서 가라앉은 미세한 물질

콘크리트의 워커빌리티(workability)를 측정하는 시험 방법

① 슬럼프시험(slump test)
② 흐름시험(flow test)
③ 비비시험(wee bee test)
④ 다짐계수실험(compacting factor test)
⑤ 리몰딩시험(remolding test)
⑥ 캐리볼관입시험(kelly ball penetration test)

* 베인시험 : 연약점토의 점착력을 파악하고 전단강도를 구하는 시험

(5) 철근콘크리트 슬래브에 발생하는 응력에 대한 설명
① 전단력은 일반적으로 중앙부보다 단부에서 크게 작용한다.
② 중앙부 하부에는 인장응력이 발생한다.
③ 단부 하부에는 압축응력이 발생한다.
④ 휨응력은 일반적으로 슬래브의 중앙부에서 크게 작용한다.

* 응력(stress, 應力) : 하중(외력)이 재료에 가했을 때 이에 대응하여 재료 내에 생기는 변형력 또는 저항력을 응력이라 함. 응력은 하중을 가하는 방향에 따라 수직응력(압축 응력, 인장 응력), 전단 응력, 휨 응력 등으로 나누어짐.
  - 인장응력 = 단위면적당 작용하는 힘(의지하는 체중)/단위면적

* 콘크리트 타설을 위한 거푸집동바리 구조검토 순서〈거푸집동바리 구조검토 및 설치 안전작업지침〉
  ① 하중계산 : 거푸집동바리에 작용하는 하중 및 외력의 종류, 크기를 산정한다.
  ② 응력계산 : 하중·외력에 의하여 각 부재에 발생되는 응력을 구한다.
  ③ 단면계산 : 각 부재에 발생되는 응력에 대하여 안전한 단면을 결정한다.
* 콘크리트의 비파괴 검사방법 : 반발경도법, 자기법, 음파법, 전위법, AE법, 관입저항법, 인발법, 내시경법, 전자파법, 적외선법, 방사선법, 공진법
* PC말뚝(prestressed concrete pile) : 프리스트레스를 도입하여 제작한 콘크리트 말뚝으로 말뚝을 절단할 때 내부응력에 가장 큰 영향을 받는 말뚝(말뚝을 절단하면 PC강선이 절단되어 내부응력을 상실)

2. 철골공사 안전

가 철골작업 시 작업의 제한〈산업안전보건기준에 관한 규칙〉

(1) 승강로의 설치

제381조(승강로의 설치)
근로자가 수직방향으로 이동하는 철골부재(鐵骨部材)에는 답단(踏段) 간격이 30센티미터 이내인 고정된 승강로를 설치하여야 하며, 수평방향 철골과 수직방향 철골이 연결되는 부분에는 연결작업을 위하여 작업발판 등을 설치하여야 한다.

(2) 가설통로의 설치

제382조(가설통로의 설치)
철골작업을 하는 경우에 근로자의 주요 이동통로에 고정된 가설통로를 설치하여야 한다(안전대의 부착설비 등을 갖춘 경우에는 그러하지 아니하다).

(3) 작업의 제한

제383조(작업의 제한)
다음의 어느 하나에 해당하는 경우에 철골작업을 중지하여야 한다.
1. 풍속이 초당 10미터 이상인 경우
2. 강우량이 시간당 1밀리미터 이상인 경우
3. 강설량이 시간당 1센티미터 이상인 경우

나 철골공사작업의 안전〈철골공사표준안전작업지침〉

(1) 설계도 및 공작도 확인

제3조(설계도 및 공작도 확인)

철골공사 전에 설계도 및 공작도에서 다음의 사항을 검토하여야 한다.

6. 건립 후에 가설부재나 부품을 부착하는 것은 위험한 작업(고소작업 등)이 예상되므로 다음의 사항을 사전에 계획하여 공작도에 포함시켜야 한다.

　가. 외부비계받이 및 화물승강설비용 브라켓
　나. 기둥 승강용 트랩
　다. 구명줄 설치용 고리
　라. 건립에 필요한 와이어 걸이용 고리
　마. 난간 설치용 부재
　바. 기둥 및 보 중앙의 안전대 설치용 고리
　사. 방망 설치용 부재
　아. 비계 연결용 부재
　자. 방호선반 설치용 부재
　차. 양중기 설치용 보강재

7. 구조안전의 위험이 큰 다음의 철골구조물은 건립 중 강풍에 의한 풍압 등 외압에 대한 내력이 설계에 고려되었는지 확인하여야 한다.

　가. 높이 20미터 이상의 구조물
　나. 구조물의 폭과 높이의 비가 1:4 이상인 구조물
　다. 단면구조에 현저한 차이가 있는 구조물
　라. 연면적당 철골량이 50킬로그램/평방미터 이하인 구조물
　마. 기둥이 타이플레이트(tie plate)형인 구조물
　바. 이음부가 현장용접인 구조물

> 철골기둥, 빔 및 트러스 등의 철골구조물을 일체화 또는 지상에서 조립하는 이유
> : 고소작업의 감소

(2) 철골구조물의 건립기계 선정 및 건립 순서의 계획

제4조(건립계획)

철골건립계획수립에 있어서 다음의 사항을 검토하여야 한다.

2. 건립기계는 다음의 사항을 검토하여 적절한 것을 선정하여야 한다.

　가. 건립기계의 출입로, 설치장소, 기계조립에 필요한 면적, 이동식 크레인은 건물주위 주행통로의 유무, 타워크레인과 가이데릭 등 기초구조물을 필요로 하는 정치식 기계는 기초구조물을 설치할 수 있는 공간과 면적 등을 검토하여야 한다.

나. 이동식 크레인의 엔진소음은 부근의 환경을 해칠 우려가 있으므로 학교, 병원, 주택 등이 근접되어 있는 경우에는 소음을 측정 조사하고 소음진동 허용치는 관계법에서 정하는 바에 따라 처리하여야 한다.

다. 건물의 길이 또는 높이 등 건물의 형태에 적합한 건립기계를 선정하여야 한다.

라. 타워크레인, 가이데릭, 삼각데릭 등 정치식 건립기계의 경우 그 기계의 작업반경이 건물 전체를 수용할 수 있는지의 여부, 또 부움이 안전하게 인양할 수 있는 하중 범위, 수평거리, 수직높이 등을 검토하여야 한다.

3. 건립 순서를 계획할 때는 다음의 사항을 검토하여야 한다.

  가. 철골 건립에 있어서는 현장건립순서와 공장제작 순서가 일치되도록 계획하고 제작검사의 사전실시, 현장운반계획 등을 확인하여야 한다.

  나. 어느 한 면만을 2절점 이상 동시에 세우는 것은 피해야 하며, 1스팬 이상 수평 방향으로도 조립이 진행되도록 계획하여 좌굴, 탈락에 의한 도괴를 방지하여야 한다.

  다. 건립기계의 작업반경과 진행 방향을 고려하여 조립 순서를 결정하고 조립 설치된 부재에 의해 후속 작업이 지장을 받지 않도록 계획하여야 한다.

  라. 연속기둥 설치 시 기둥을 2개 세우면 기둥 사이의 보를 동시에 설치하도록 하며 그 다음의 기둥을 세울 때에도 계속 보를 연결시킴으로써 좌굴 및 편심에 의한 탈락 방지 등의 안전성을 확보하면서 건립을 진행시켜야 한다.

  마. 건립 중 도괴를 방지하기 위하여 가 볼트 체결기간을 단축시킬 수 있도록 후속공사를 계획하여야 한다.

5. 강풍, 폭우 등과 같은 악천우 시에는 작업을 중지하여야 하며 특히 강풍시에는 높은 곳에 있는 부재나 공구류가 낙하비래하지 않도록 조치하여야 한다.

   이때 작업을 중지해야 하는 악천후는 다음의 경우를 말한다.

   가. 풍속 : 10분간의 평균풍속이 1초당 10미터 이상

   나. 강우량 : 1시간당 1밀리미터 이상

(3) 앵커 볼트의 매립

<u>제5조(앵커 볼트의 매립)</u>

앵커 볼트의 매립에 있어서의 준수사항

1. 앵커 볼트는 매립 후에 수정하지 않도록 설치하여야 한다.
2. 앵커 볼트를 매립하는 정밀도는 다음 각 목의 범위 내이어야 한다.

   가. 기둥중심은 (그림 1)과 같이 기준선 및 인접기둥의 중심에서 5밀리미터 이상 벗어나지 않을 것

   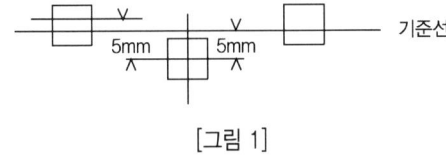

   [그림 1]

   나. 인접기둥 간 중심거리의 오차는 (그림 2)와 같이 3밀리미터 이하일 것

   [그림 2]

   다. 앵커 볼트는 (그림 3)과 같이 기둥중심에서 2밀리미터 이상 벗어나지 않을 것

   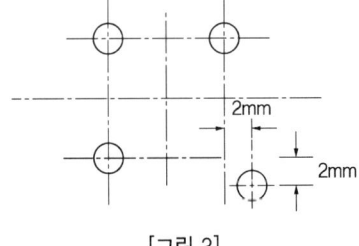

   [그림 3]

   라. 베이스 플레이트의 하단은 (그림 4)와 같이 기준 높이 및 인접기둥의 높이에서 3밀리미터 이상 벗어나지 않을 것

   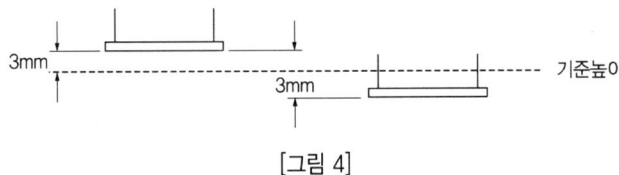

   [그림 4]

3. 앵커 볼트는 견고하게 고정시키고 이동, 변형이 발생하지 않도록 주의하면서 콘크리트를 타설해야 한다.

(4) 철골건립준비

<u>제7조(건립준비)</u>

철골건립준비를 할 때의 준수사항

1. 지상 작업장에서 건립준비 및 기계기구를 배치할 경우에는 낙하물의 위험이 없는 평탄한 장소를 선정하여 정비하고 경사지에서는 작업대나 임시발판 등을 설치하는 등 안전하게 한 후 작업하여야 한다.
2. 건립작업에 지장이 되는 수목은 제거하거나 이설하여야 한다.
3. 인근에 건축물 또는 고압선 등이 있는 경우에는 이에 대한 방호조치 및 안전조치를 하여야 한다.
4. 사용전에 기계기구에 대한 정비 및 보수를 철저히 실시하여야 한다.
5. 기계가 계획대로 배치되어 있는가, 윈치는 작업구역을 확인할 수 있는 곳에 위치하였는가, 기계에 부착된 앵커 등 고정장치와 기초구조 등을 확인하여야 한다.

(5) 철골보 인양

<u>제11조(보의 인양)</u>

철골보를 인양할 때의 준수사항

1. 인양 와이어 로프의 매달기 각도는 양변 60°를 기준으로 2열로 매달고 와이어 체결지점은 수평부재의 1/3지점을 기준하여야 한다.
2. 조립되는 순서에 따라 사용될 부재가 하단부에 적치되어 있을 때에는 상단부의 부재를 무너뜨리는 일이 없도록 주의하여 옆으로 옮긴 후 부재를 인양하여야 한다.
3. 크램프로 부재를 체결할 때는 다음의 사항을 준수하여야 한다.
    - 가. 크램프는 부재를 수평으로 하는 두 곳의 위치에 사용하여야 하며 부재 양단방향은 등간격이어야 한다.
    - 나. 부득이 한군데만을 사용할 때는 위험이 적은 장소로서 간단한 이동을 하는 경우에 한하여야 하며 부재길이의 1/3지점을 기준하여야 한다.
    - 다. 두 곳을 매어 인양시킬 때 와이어 로프의 내각은 60도 이하이어야 한다.
    - 라. 크램프의 정격용량 이상 매달지 않아야 한다.
    - 마. 체결작업 중 크램프 본체가 장애물에 부딪치지 않게 주의하여야 한다.
    - 바. 크램프의 작동상태를 점검한 후 사용하여야 한다.
4. 유도 로프는 확실히 매야 한다.
5. 인양할 때는 다음의 사항을 준수하여야 한다.
    - 가. 인양 와이어 로프는 후크의 중심에 걸어야 하며 후크는 용접의 경우 용접장 등 용접규격을 확인하여 인양 시 취성파괴에 의한 탈락을 방지하여야 한다.

나. 신호자는 운전자가 잘 보이는 곳에서 신호하여야 한다.
다. 불안정하거나 매단 부재가 경사가 지면 지상에 내려 다시 체결하여야 한다.
라. 부재의 균형을 확인하면 서서히 인양하여야 한다.
마. 흔들리거나 선회하지 않도록 유도 로프로 유도하며 장애물에 닿지 않도록 주의하여야 한다.

(6) 철골공사시의 안전작업방법 및 준수사항

① 10분간의 평균 풍속이 초당 10m 이상인 경우는 작업을 중지한다.
② 철골 부재 반입 시 시공순서가 빠른 부재는 상단부에 위치하도록 한다.
③ 구명줄 설치 시 1가닥의 구명줄을 여러 명이 동시에 사용하지 않도록 하여야 하며 구명줄을 마닐라 로프 직경 16mm를 기준하여 설치하고 작업방법을 충분히 검토하여야 한다.
④ 철골보의 두곳을 매어 인양시킬 때 와이어로프의 내각은 60° 이하이어야 한다.

(7) 재해방지 설비

<u>제16조(재해방지 설비)</u>
철골공사 중 재해방지를 위한 준수사항
1. 철골공사에 있어서는 용도, 사용장소 및 조건에 따라 〈표〉의 재해방지 설비를 갖추어야 한다.

	기 능	용도, 사용장소, 조건	설 비
추락방지	안전한 작업이 가능한 작업대	높이 2미터 이상의 장소로서 추락의 우려가 있는 작업	비계, 달비계, 수평통로, 안전난간대
	추락자를 보호할 수 있는 것	작업대 설치가 어렵거나 개구부주위로 난간 설치가 어려운 곳	추락방지용 방망
	추락의 우려가 있는 위험장소에서 작업자의 행동을 제한하는 것	개구부 및 작업대의 끝	난간, 울타리
	작업자의 신체를 유지시키는 것	안전한 작업대나 난간 설비를 할 수 없는 곳	안전대부착설비, 안전대, 구명줄

(8) 철골 용접작업 안전

(가) 철골용접 작업자의 전격 방지를 위한 주의사항

① 보호구와 복장을 구비하고, 기름기가 묻었거나 젖은 것은 착용하지 않을 것
② 작업 중지의 경우에는 스위치를 떼어 놓을 것
③ 전격 방지기를 부착하여 교류 용접기를 사용할 것
④ 좁은 장소에서의 작업에서는 신체를 노출시키지 않을 것
⑤ 우천, 강설 시에는 야외작업을 중단할 것
⑥ 절연 홀더(Holder)를 사용할 것

(나) 철골공사의 용접, 용단작업에 사용되는 가스등의 용기 취급 준수사항

<u>제234조(가스 등의 용기)</u>
금속의 용접·용단 또는 가열에 사용되는 가스 등의 용기를 취급하는 경우의 준수사항

1. 다음 각 목의 어느 하나에 해당하는 장소에서 사용하거나 해당 장소에 설치·저장 또는 방치하지 않도록 할 것
   가. 통풍이나 환기가 불충분한 장소
   나. 화기를 사용하는 장소 및 그 부근
   다. 위험물 또는 인화성 액체를 취급하는 장소 및 그 부근
2. 용기의 온도를 섭씨 40도 이하로 유지할 것
3. 전도의 위험이 없도록 할 것
4. 충격을 가하지 않도록 할 것
5. 운반하는 경우에는 캡을 씌울 것
6. 사용하는 경우에는 용기의 마개에 부착되어 있는 유류 및 먼지를 제거할 것
7. 밸브의 개폐는 서서히 할 것
8. 사용 전 또는 사용 중인 용기와 그 밖의 용기를 명확히 구별하여 보관할 것
9. 용해아세틸렌의 용기는 세워 둘 것
10. 용기의 부식·마모 또는 변형상태를 점검한 후 사용할 것

(다) 철골용접부의 결함을 검사하는 방법

① 외관(육안)검사(VT : Visual Test)
② 침투탐상검사(PT, Penetrant Testing) : 시험체 표면에 개구해 있는 결함에 침투한 침투액을 흡출시켜 결함지시 모양을 식별
③ 자분탐상검사(MT, Magnetic Particle Testing) : 표면 또는 표층에 결함이 있을 경우 누설자속을 이용하여 육안으로 결함을 검출하는 시험법

④ 와류탐상검사(ET, Eddy Current Test) : 금속 등의 도체에 교류를 통한 코일을 접근시켰을 때 결함이 존재하면 코일에 유기되는 전압이나 전류가 변하는 것을 이용한 검사방법

⑤ 초음파탐상검사(UT, Ultrasonic Testing) : 용접부의 내부결함 검출을 위하여 실시하는 검사로써 빠르고 경제적이어 서 현장에서 주로 사용하는 초음파를 이용한 비파괴 검사법
- 두께가 두꺼운 철골구조물 용접 결함확인을 위한 비파괴검사 중 모재의 결함 및 두께측정이 가능

⑥ 방사선투과검사(RT, Radiograpic Testing) : 가장 널리 사용되는 검사방법으로 방사선을 투과하여 재료 및 용접부 의 내부결함 검사

✽ 음향방출시험(AET : Acoustic Emission Testing), 누설검사(LT : Leak Testing)

(라) 철골공사의 용접결함 종류

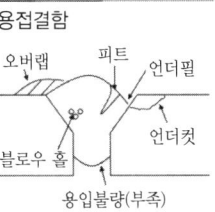

용접결함

1) 비드(bead) 외관불량 : 용접봉의 조작으로 인해 용접금속 표면에 생기는 띠모양을 비드라 하며 비드 폭과 띠 모양이 불균일하여 허용치를 넘게 되면 외관불량이 됨.

2) spatter(스패터) : 용접 작업중 용접봉으로부터 튀어나온 용융 금속입자가 식어 굳은 것

3) crack(균열) : 용접 금속에 금이 간 상태

4) pit(피트) 및 블로우 홀(blow hole) : 용접 시 용접금속 내에 흡수된 가스가 표면에 나와 생성하는 작은 구멍을 Pit라 하며 내부에 그대로 잔류된 기공이 Blow hole임.

5) slag(슬래그) 혼입 : 용접봉의 피복제가 녹아 용접금속 표면에 부상하여 굳은 것이며 slag 일부가 용접금속 내에 혼입

6) crater(크레이터) : 용접 마지막에 아크를 급히 절단함으로 생기는 우묵히 패인 부분

7) 언더 컷(under cut) : 용접 시 모재가 녹아 용착금속에 채워지지 않고 홈으로 남게 된 것

8) 용입부족 : 용착금속이 채워지지 않고 홈으로 남게된 부분

9) fish eye(피시 아이) : blow hole 및 혼입된 slag가 모여 둥근 은색반점이 생기는 결함

10) 오버랩(overlap) : 용접 시 용착금속이 모재에 융합되지 않고 겹쳐진 결함

11) throat(목두께) 부족 : 모살용접에서 용접덧살 두께가 부족하여 발생한 결함

12) 각장부족 : 모살용접에서 용착면의 길이가 부족하여 발생한 결함

13) lamellar tearing(라멜라 테어링) : 철골부재의 용접 이음에 의해 압연 강판 두께 방향으로 강한 인장 구속력이 발생할 때 용접금속의 국부적인 수축으로 압연강판의 층(lamination) 사이에 균열이 발생하는 현상

* 가우징(gouging) : 용접부의 깊은 홈을 파는 방법. 불완전 용접부의 제거, 용접부의 밑면 파내기 등에 이용

3. 프리캐스트 콘크리트(PC: Precast Concrete)

가 프리캐스트 부재의 임시보관〈프리캐스트 콘크리트 건축구조물 조립작업 안전지침〉

(* 프리캐스트 콘크리트 : 공장에서 제작된 일정한 형태의 콘크리트 부재. 현장타설 콘크리트의 반대 개념)

5.3 임시보관
(1) 부재는 가능한 수평으로 적재하여야 한다.
(2) 외장재가 부착된 부재 또는 벽체용 부재는 프레임(frame) 또는 수직받침대를 이용하여 수직으로 적재하여야한다.
(3) 수직받침대 옆에 야적할 때에는 밑바닥에 수평으로 방호물을 설치하고 수직 받침대에 살짝 기대게 하여 안정된 상태로 야적하며 부재와 부재 사이에는 보호블록을 끼워 넣고 수직 받침대 양옆으로 대칭이 되게 야적하여 하중의 균형을 잡고 한쪽으로 기울어지지 않게 한다.
(4) 수평으로 적재하는 부재는 부재에 작용하는 하중이 고르게 분담될 수 있도록 가능한 두 지점에 받침목을 설치하고 받침목은 상하 일직선상에 위치하여야 하며 불량한 방법으로 부재를 적재하지 않도록 하여야 한다.
(5) 받침목의 위치는 양 끝에서 부재 전체 길이의 1/5되는 지점이 적당하다.
(6) 만일 세 지점 이상 지지가 필요할 경우 부재의 하중이 한 곳에 집중되지 않도록 받침목의 위치를 선정하여야 한다.

(7) 부재를 포개어 야적하는 경우 포개는 부재의 수는 부재 제작회사의 시방에 따라야 하며 시방에 정하는 바가 없을 때에는 구조검토를 실시하여 부재에 구조적 문제가 생기지 않는 범위 내에서 정하여야 한다.
(8) 부재의 제조번호, 기호 등을 식별하기 쉽게 야적한다.

나 건설현장에서의 PC(Precast Concrete)조립 시 안전대책

① 부재 조립은 현장조립도 및 작업계획서에 따라 차례대로 하여야 한다.
② 부재 조립 시 아래층에서의 작업을 금지하여 상하 동시 작업이 되지 않도록 하여야한다(인양 PC부재 아래에 근로자 출입을 금지한다).
③ 운전자는 부재를 달아 올린 채 운전대를 이탈해서는 안 된다(크레인에 PC부재를 달아 올린 채 주행해서는 안 된다).
④ 신호는 사전 정해진 방법에 의해서만 실시한다(신호수를 지정한다).
⑤ 크레인 사용 시 PC판의 중량을 고려하여 아웃트리거를 사용한다.

※ PC(precast concrete)공법 : 공장에서 생산한 콘크리트 건축 부재를 현장에서 조립하는 공법으로 품질의 균등화, 대량생산 가능
  ① 기후의 영향을 받지 않아 동절기 시공이 가능하고, 공기를 단축할 수 있다. (기상의 영향을 덜 받는다.)
  ② 현장작업이 감소되고, 생산성이 향상되어 인력절감이 가능하다.(현장에서의 공정이 단축된다.)
  ③ 공장 제작이므로 콘크리트 양생 시 최적조건에 의한 양질의 제품생산이 가능하다.

CHAPTER 06 항목별 우선순위 문제 및 해설

01 콘크리트 타설 작업을 하는 경우에 준수해야 할 사항으로 옳지 않은 것은?

① 당일의 작업을 시작하기 전에 해당 작업에 관한 거푸집동바리 등의 변형·변위 및 지반의 침하 유무 등을 점검하고 이상이 있으면 보수할 것
② 작업 중에는 거푸집동바리 등의 변형·변위 및 침하 유무 등을 감시할 수 있는 감시자를 배치하여 이상이 있으면 작업을 빠른 시간 내 우선 완료하고 근로자를 대피시킬 것
③ 콘크리트 타설 작업 시 거푸집 붕괴의 위험이 발생할 우려가 있으면 충분한 보강조치를 할 것
④ 콘크리트를 타설하는 경우에는 편심이 발생하지 않도록 골고루 분산하여 타설할 것

해설 콘크리트의 타설 작업 시 준수사항
작업 중에는 감시자를 배치하는 등의 방법으로 거푸집 및 동바리의 변형·변위 및 침하 유무 등을 확인해야 하며, 이상이 있으면 작업을 중지하고 근로자를 대피시킬 것

02 콘크리트 타설 시 안전수칙으로 옳지 않은 것은?

① 타설 순서는 계획에 의하여 실시하여야 한다.
② 전동기는 최대한 많이 사용하여야 한다.
③ 콘크리트를 치는 도중에 거푸집, 지보공 등의 이상 유무를 확인하여야 한다.
④ 손수레로 콘크리트를 운반할 때에는 손수레를 타설하는 위치까지 천천히 운반하여 거푸집에 충격을 주지 아니하도록 타설하여야 한다.

해설 콘크리트 타설 시 안전수칙 준수
전동기는 적절히 사용되어야 하며, 지나친 진동은 거푸집 도괴의 원인이 될 수 있으므로 각별히 주의하여야 한다.

03 콘크리트 타설 시 거푸집 측압에 대한 설명으로 옳지 않은 것은?

① 기온이 높을수록 측압은 크다.
② 타설속도가 클수록 측압은 크다.
③ 슬럼프가 클수록 측압은 크다.
④ 다짐이 과할수록 측압은 크다.

해설 콘크리트의 측압
콘크리트 타설시기둥, 벽체에 가해지는 콘크리트 수평방향의 압력. 콘크리트의 타설높이가 증가함에 따라 측압이 증가하나 일정높이 이상이 되면 측압은 감소
① 거푸집 수밀성이 클수록 측압이 커진다.
② 철근량이 적을수록 측압이 커진다.
③ 부어넣기 빠를수록 측압이 커진다.
④ 외기의 온·습도가 낮을수록 측압은 크다.
⑤ 슬럼프가 클수록 측압이 커진다.
⑥ 다짐이 좋을수록 측압이 커진다.

04 콘크리트의 재료분리현상 없이 거푸집 내부에 쉽게 타설 할 수 있는 정도를 나타내는 것은?

① Workability
② Bleeding
③ Consistency
④ Finishability

해설 콘크리트의 워커빌리티(Workability, 시공연도, 施工練度)) : 반죽질기 여하에 따르는 작업의 난이 정도 및 재료의 분리에 저항하는 정도를 나타내는 아직 굳지 않은 콘크리트의 성질을 말함(콘크리트의 재료분리현상 없이 거푸집 내부에 쉽게 타설할 수 있는 정도를 나타내는 것).

정답 01. ② 02. ② 03. ① 04. ①

05 콘크리트 유동성과 묽기를 시험하는 방법은?

① 다짐시험
② 슬럼프시험
③ 압축강도시험
④ 평판시험

해설 슬럼프시험(slump test)
콘크리트의 유동성 측정시험. 반죽질기(컨시스턴시)를 측정하는 방법으로 가장 일반적으로 사용(콘크리트 타설 시 작업의 용이성을 판단하는 방법)

06 지름이 15cm이고 높이가 30cm인 원기둥 콘크리트 공시체에 대해 압축강도시험을 한 결과 460kN에 파괴되었다. 이때 콘크리트 압축강도는?

① 16.2MPa   ② 21.5MPa
③ 26MPa   ④ 31.2MPa

해설 콘크리트 압축강도(壓縮強度, compressive strength)
압축 파괴 시의 단면에 있어서의 수직 응력인 압축 하중을 시험편의 단면적으로 나눈 값(kgf/mm², kgf/cm²)
압축강도 = 최대하중(P)/시험편의 단면적(A)
(* 단면적 = $\frac{\pi D^2}{4}$)

$= \frac{460}{\frac{\pi}{4} \times 0.15^2} = 26,030 \text{kN/m}^2 = 26,030 \text{kPa}$

= 26MPa(15cm = 0.15m)

* 1kgf/cm² = 9.8N/cm² = 9.8N/0.0001m²
 = 98,000N/m² = 98,000Pa = 0.098MPa
 = 약 0.1MPa
(1kgf = 9.8N, cm² = 0.0001m², 1Pa = 1N/m², Pa = 0.000001MPa)

07 콘크리트 강도에 영향을 주는 요소로 거리가 먼 것은?

① 거푸집 모양과 형상
② 양생 온도와 습도
③ 타설 및 다지기
④ 콘크리트 재령 및 배합

해설 콘크리트 강도에 영향을 주는 요소
콘크리트 강도는 일반적으로 표준양생한 재령 28일의 압축강도를 기준으로 함.
 - 강도에 영향을 주는 주된 요인 : 사용재료의 품질, 배합, 공기량, 시공방법, 양생방법, 양생온도, 재령
① 양생 온도와 습도
② 콘크리트 재령 및 배합
③ 타설 및 다지기

08 철근인력운반에 대한 설명으로 옳지 않은 것은?

① 운반할 때에는 중앙부를 묶어 운반한다.
② 긴 철근은 두 사람이 한 조가 되어 어깨 메기로 운반하는 것이 좋다.
③ 운반 시 1인당 무게는 25kg 정도가 적당하다.
④ 긴 철근을 한사람이 운반할 때는 한쪽을 어깨에 메고 한쪽 끝을 땅에 끌면서 운반한다.

해설 콘크리트공사시 철근을 인력으로 운반할 때의 준수사항
가. 1인당 무게는 25킬로그램 정도가 적절하며, 무리한 운반을 삼가하여야 한다.
나. 2인 이상이 1조가 되어 어깨메기로 하여 운반하는 등 안전을 도모하여야 한다.
다. 긴 철근을 부득이 한 사람이 운반할 때에는 한쪽을 어깨에 메고 한쪽끝을 끌면서 운반하여야 한다.
라. 운반할 때에는 양끝을 묶어 운반하여야 한다.
마. 내려놓을 때는 천천히 내려놓고 던지지 않아야 한다.
바. 공동 작업을 할 때에는 신호에 따라 작업을 하여야 한다.

09 철골작업 시 철골부재에서 근로자가 수직방향으로 이동하는 경우에 설치하여야 하는 고정된 승강로의 최소 답단 간격은 얼마 이내인가?

① 20[cm]   ② 25[cm]
③ 30[cm]   ④ 40[cm]

정답 05. ② 06. ③ 07. ① 08. ① 09. ③

해설 승강로의 설치
근로자가 수직방향으로 이동하는 철골부재(鐵骨部材)에는 답단(踏段) 간격이 30센티미터 이내인 고정된 승강로를 설치하여야 한다.

10 건립 중 강풍에 의한 풍압 등 외압에 대한 내력이 설계에 고려되었는지 확인하여야 하는 철골구조물의 기준으로 옳지 않은 것은?

① 높이 20[m] 이상의 구조물
② 구조물의 폭과 높이의 비가 1 : 4 이상인 구조물
③ 이음부가 공장 제작인 구조물
④ 연면적당 철골량이 50[kg/m^2] 이하인 구조물

해설 설계도 및 공작도 확인(철골구조물)
가. 높이 20미터 이상의 구조물
나. 구조물의 폭과 높이의 비가 1:4 이상인 구조물
다. 단면구조에 현저한 차이가 있는 구조물
라. 연면적당 철골량이 50킬로그램/평방미터 이하인 구조물
마. 기둥이 타이플레이트(tie plate)형인 구조물
바. 이음부가 현장용접인 구조물

11 철골건립준비를 할 때 준수하여야 할 사항과 가장 거리가 먼 것은?

① 지상 작업장에서 건립준비 및 기계·기구를 배치할 경우에는 낙하물의 위험이 없는 평탄한 장소를 선정하여 정비하고 경사지에는 작업대나 임시발판 등을 설치하는 등 안전하게 한 후 작업하여야 한다.
② 건립작업에 다소 지장이 있다더라도 수목은 제거하여서는 안 된다.
③ 사용 전에 기계·기구에 대한 정비 및 보수를 철저히 실시하여야 한다.
④ 기계에 부착된 앵커 등 고정장치와 기초구조 등을 확인하여야 한다.

해설 철골건립준비
건립작업에 지장이 되는 수목은 제거하거나 이설하여야 한다.

12 철골보 인양 시 준수해야 할 사항으로 옳지 않은 것은?

① 인양 와이어로프의 매달기 각도는 양변 60°를 기준으로 한다.
② 크램프로 부재를 체결할 때는 크램프의 정격용량 이상 매달지 않아야 한다.
③ 크램프는 부재를 수평으로 하는 한 곳의 위치에만 사용하여야 한다.
④ 인양 와이어로프는 후크의 중심에 걸어야 한다.

해설 철골보 인양
크램프로 부재를 체결할 때 크램프는 부재를 수평으로 하는 두 곳의 위치에 사용하여야 하며 부재 양단 방향은 등간격이어야 한다.

13 철골작업을 중지하여야 하는 조건에 해당하지 않는 것은?

① 풍속이 초당 10m 이상인 경우
② 지진이 진도 4 이상의 경우
③ 강우량이 시간당 1mm 이상의 경우
④ 강설량이 시간당 1cm 이상의 경우

해설 철골작업의 중지
1. 풍속이 초당 10미터 이상인 경우
2. 강우량이 시간당 1밀리미터 이상인 경우
3. 강설량이 시간당 1센티미터 이상인 경우

정답 10. ③ 11. ② 12. ③ 13. ②

Chapter 07 운반 및 하역작업 안전

1. 운반작업

가 취급, 운반의 원칙

① 직선 운반을 할 것
② 연속 운반을 할 것
③ 운반 작업을 집중하여 시킬 것
④ 생산을 최고로 하는 운반을 생각할 것
⑤ 최대한 시간과 경비를 절약할 수 있는 운반방법을 고려할 것

나 인력운반 작업에 대한 안전 준수사항

① 물건을 들어 올릴 때는 팔과 무릎을 이용하며 척추는 곧게 한다.
② 길이가 긴 물건은 앞쪽을 높게 하여 운반한다.
③ 보조기구를 효과적으로 사용한다.
④ 무거운 물건은 공동작업으로 실시한다.
⑤ 운반 시의 시선은 진행방향을 향하고 뒷걸음 운반을 하여서는 안 된다.
⑥ 어깨높이보다 높은 위치에서 하물을 들고 운반하여서는 안 된다.
⑦ 단독작업은 30kg 이하로 하고 장시간 작업은 작업자 체중의 40% 한도 내에서 취급한다.
⑧ 물건은 최대한 몸에서 붙여서 들어올린다.
⑨ 무거운 물건을 운반할 때 무게 중심이 높은 하물은 인력으로 운반하지 않는다.

> ※ 인력에 의한 하물 운반 시 준수사항〈운반하역 표준안전 작업지침〉
> 제8조(운반) 운반할 때의 준수사항
> 1. 하물의 운반은 수평거리 운반을 원칙으로 하며, 여러 번 들어 움직이거나 중계 운반, 반복운반을 하여서는 아니 된다.
> 2. 운반 시의 시선은 진행방향을 향하고 뒷걸음 운반을 하여서는 아니 된다.
> 3. 어깨높이보다 높은 위치에서 하물을 들고 운반하여서는 아니 된다.
> 4. 쌓여 있는 하물을 운반할 때에는 중간 또는 하부에서 뽑아내어서는 아니 된다.

---

memo

기계운반 작업으로의 실시
① 취급물이 중량인 작업
② 표준화되어 있어 지속적이고 운반량이 많은 작업
③ 단순하고 반복적인 작업

인력으로 하물을 인양할 때의 준수사항〈운반하역 표준안전 작업지침〉
제7조(인양) 하물을 인양할 때는 다음의 사항을 준수하여야 한다.
3. 인양할 때의 몸의 자세는 다음 각 목의 사항을 준수하여야 한다.
가. 한쪽 발은 들어올리는 물체를 향하여 안전하게 고정시키고 다른 발은 그 뒤에 안전하게 고정시킬 것
나. 등은 항상 직립을 유지하여 가능한 한 지면과 수직이 되도록 할 것
나. 무릎은 직각자세를 취하고 몸은 가능한 한 인양물에 근접하여 정면에서 인양할 것
라. 턱은 안으로 당겨 척추와 일직선이 되도록 할 것
마. 팔은 몸에 밀착시키고 끌어당기는 자세를 취하며 가능한 한 수평거리를 짧게 할 것
바. 손가락으로만 인양물을 잡아서는 아니 되며 손바닥으로 인양물 전체를 잡을 것
사. 체중의 중심은 항상 양 다리 중심에 있게 하여 균형을 유지할 것

다 중량물을 취급 작업의 작업계획서 내용

[별표 4] 사전조사 및 작업계획서 내용〈산업안전보건기준에 관한 규칙〉
11. 중량물의 취급 작업
    가. 추락위험을 예방할 수 있는 안전대책
    나. 낙하위험을 예방할 수 있는 안전대책
    다. 전도위험을 예방할 수 있는 안전대책
    라. 협착위험을 예방할 수 있는 안전대책
    마. 붕괴위험을 예방할 수 있는 안전대책

2. 하역작업

가 차량계 하역운반기계〈산업안전보건기준에 관한 규칙〉

(1) 전도 등의 방지

제171조(전도 등의 방지)
차량계 하역운반기계 등을 사용하는 작업을 할 때에 그 기계가 넘어지거나 굴러떨어짐으로써 근로자에게 위험을 미칠 우려가 있는 경우에는 그 기계를 유도하는 사람을 배치하고 지반의 부동침하 및 갓길 붕괴를 방지하기 위한 조치를 해야 한다.

(2) 화물적재 시의 조치

제173조(화물적재 시의 조치)
① 사업주는 차량계 하역운반기계 등에 화물을 적재하는 경우의 준수사항
  1. 하중이 한쪽으로 치우치지 않도록 적재할 것
  2. 구내운반차 또는 화물자동차의 경우 화물의 붕괴 또는 낙하에 의한 위험을 방지하기 위하여 화물에 로프를 거는 등 필요한 조치를 할 것
  3. 운전자의 시야를 가리지 않도록 화물을 적재할 것
② 화물을 적재하는 경우에는 최대적재량을 초과해서는 아니 된다.

(3) 싣거나 내리는 작업

제177조(싣거나 내리는 작업)
차량계 하역운반기계 등에 단위화물의 무게가 100킬로그램 이상인 화물을 싣는 작업(로프 걸이 작업 및 덮개 덮기 작업을 포함) 또는 내리는 작업(로프 풀기 작업 또는 덮개 벗기기 작업을 포함)을 하는 경우에 해당 작업의 지휘자에게 다음의 사항을 준수하도록 하여야 한다.

화물의 적재 시 준수사항 〈산업안전보건기준에 관한 규칙〉
제393조(화물의 적재)
화물을 적재하는 경우에 다음의 사항을 준수하여야 한다.
1. 침하 우려가 없는 튼튼한 기반 위에 적재할 것
2. 건물의 칸막이나 벽 등이 화물의 압력에 견딜 만큼의 강도를 지니지 아니한 경우에는 칸막이나 벽에 기대어 적재하지 않도록 할 것
3. 불안정할 정도로 높이 쌓아 올리지 말 것
4. 하중이 한쪽으로 치우치지 않도록 쌓을 것

1. 작업순서 및 그 순서마다의 작업방법을 정하고 작업을 지휘할 것
2. 기구와 공구를 점검하고 불량품을 제거할 것
3. 해당 작업을 하는 장소에 관계 근로자가 아닌 사람이 출입하는 것을 금지할 것
4. 로프 풀기 작업 또는 덮개 벗기기 작업은 적재함의 화물이 떨어질 위험이 없음을 확인한 후에 하도록 할 것

> ※ 제174조(차량계 하역운반기계 등의 이송)
> 차량계 하역운반기계 등을 이송하기 위하여 화물자동차에 싣거나 내리는 작업을 할 때에 발판·성토 등을 사용하는 경우에는 해당 차량계 하역운반기계 등의 전도 또는 전락에 의한 위험을 방지하기 위하여 다음의 사항을 준수하여야 한다.
> 1. 싣거나 내리는 작업은 평탄하고 견고한 장소에서 할 것
> 2. 발판을 사용하는 경우에는 충분한 길이·폭 및 강도를 가진 것을 사용하고 적당한 경사를 유지하기 위하여 견고하게 설치할 것
> 3. 가설대 등을 사용하는 경우에는 충분한 폭 및 강도와 적당한 경사를 확보할 것
> 4. 지정운전자의 성명·연락처 등을 보기 쉬운 곳에 표시하고 지정운전자 외에는 운전하지 않도록 할 것

(4) 탑승의 제한 등 안전조치

제86조(탑승의 제한)

⑦ 차량계 하역운반기계(화물자동차는 제외)를 사용하여 작업을 하는 경우 승차석이 아닌 위치에 근로자를 탑승시켜서는 아니 된다.

제98조(제한속도의 지정 등)

① 차량계 하역운반기계, 차량계 건설기계(최대제한속도가 시속 10킬로미터 이하인 것은 제외)를 사용하여 작업을 하는 경우 미리 작업장소의 지형 및 지반 상태 등에 적합한 제한속도를 정하고, 운전자로 하여금 준수하도록 하여야 한다.

제99조(운전위치 이탈 시의 조치)

① 차량계 하역운반기계 등, 차량계 건설기계의 운전자가 운전위치를 이탈하는 경우 해당 운전자의 준수사항
  1. 포크, 버킷, 디퍼 등의 장치를 가장 낮은 위치 또는 지면에 내려둘 것
  2. 원동기를 정지시키고 브레이크를 확실히 거는 등 차량계 하역운반기계등, 차량계 건설기계의 갑작스러운 이동을 방지하기 위한 조치를 할 것
  3. 운전석을 이탈하는 경우에는 시동키를 운전대에서 분리시킬 것. 다만, 운전석에 잠금장치를 하는 등 운전자가 아닌 사람이 운전하지 못하도록 조치한 경우에는 그러하지 아니하다.

(5) 지게차

(가) 지게차 사용 작업 시작 전 점검사항

[별표 3] 작업 시작 전 점검사항

9. 지게차를 사용하여 작업을 하는 때(제2편 제1장 제10절 제2관)
   - 가. 제동장치 및 조종장치 기능의 이상 유무
   - 나. 하역장치 및 유압장치 기능의 이상 유무
   - 다. 바퀴의 이상 유무
   - 라. 전조등·후미등·방향지시기 및 경보장치 기능의 이상 유무

(나) 지게차 헤드가드

제180조(헤드가드)

다음에 따른 적합한 헤드가드(head guard)를 갖추지 아니한 지게차를 사용해서는 안 된다.
1. 강도는 지게차의 최대하중의 2배 값(4톤을 넘는 값에 대해서는 4톤으로 한다)의 등분포정하중(等分布靜荷重)에 견딜 수 있을 것
2. 상부틀의 각 개구의 폭 또는 길이가 16센티미터 미만일 것
3. 운전자가 앉아서 조작하거나 서서 조작하는 지게차의 헤드가드는 한국산업표준에서 정하는 높이 기준 이상일 것

(6) 고소작업대

제186조(고소작업대 설치 등의 조치)

① 고소작업대를 설치하는 경우에는 다음에 해당하는 것을 설치하여야 한다.
1. 작업대를 와이어로프 또는 체인으로 올리거나 내릴 경우에는 와이어로프 또는 체인이 끊어져 작업대가 떨어지지 아니하는 구조여야 하며, 와이어로프 또는 체인의 안전율은 5 이상일 것
2. 작업대를 유압에 의해 올리거나 내릴 경우에는 작업대를 일정한 위치에 유지할 수 있는 장치를 갖추고 압력의 이상저하를 방지할 수 있는 구조일 것
3. 권과방지장치를 갖추거나 압력의 이상상승을 방지할 수 있는 구조일 것
4. 붐의 최대 지면경사각을 초과 운전하여 전도되지 않도록 할 것
5. 작업대에 정격하중(안전율 5 이상)을 표시할 것
6. 작업대에 끼임·충돌 등 재해를 예방하기 위한 가드 또는 과상승방지장치를 설치할 것

7. 조작반의 스위치는 눈으로 확인할 수 있도록 명칭 및 방향표시를 유지할 것

② 고소작업대를 설치하는 경우의 준수사항
1. 바닥과 고소작업대는 가능하면 수평을 유지하도록 할 것
2. 갑작스러운 이동을 방지하기 위하여 아웃트리거 또는 브레이크 등을 확실히 사용할 것

③ 고소작업대를 이동하는 경우의 준수사항
1. 작업대를 가장 낮게 내릴 것
2. 작업자를 태우고 이동하지 말 것(이동 중 전도 등의 위험예방을 위하여 유도하는 사람을 배치하고 짧은 구간을 이동하는 경우에는 제1호에 따라 작업대를 가장 낮게 내린 상태에서 작업자를 태우고 이동할 수 있다.)
3. 이동통로의 요철상태 또는 장애물의 유무 등을 확인할 것

④ 고소작업대를 사용하는 경우의 준수사항
1. 작업자가 안전모·안전대 등의 보호구를 착용하도록 할 것
2. 관계자가 아닌 사람이 작업구역에 들어오는 것을 방지하기 위하여 필요한 조치를 할 것
3. 안전한 작업을 위하여 적정수준의 조도를 유지할 것
4. 전로(電路)에 근접하여 작업을 하는 경우에는 작업감시자를 배치하는 등 감전사고를 방지하기 위하여 필요한 조치를 할 것
5. 작업대를 정기적으로 점검하고 붐·작업대 등 각 부위의 이상 유무를 확인할 것
6. 전환스위치는 다른 물체를 이용하여 고정하지 말 것
7. 작업대는 정격하중을 초과하여 물건을 싣거나 탑승하지 말 것
8. 작업대의 붐대를 상승시킨 상태에서 탑승자는 작업대를 벗어나지 말 것. 다만, 작업대에 안전대 부착설비를 설치하고 안전대를 연결하였을 때에는 그러하지 아니하다.

(7) 화물자동차

제187조(승강설비)
바닥으로부터 짐 윗면까지의 높이가 2미터 이상인 화물자동차에 짐을 싣는 작업 또는 내리는 작업을 하는 경우에는 근로자의 추가 위험을 방지하기 위하여 해당 작업에 종사하는 근로자가 바닥과 적재함의 짐 윗면 간을 안전하게 오르내리기 위한 설비를 설치하여야 한다.

나 하역작업 등에 의한 위험방지

(1) 화물취급 작업

제389조(화물 중간에서 화물 빼내기 금지)
차량 등에서 화물을 내리는 작업을 하는 경우에 해당 작업에 종사하는 근로자에게 쌓여 있는 화물 중간에서 화물을 빼내도록 해서는 아니 된다.

제390조(하역작업장의 조치기준)
부두·안벽 등 하역작업을 하는 장소에 다음의 조치를 하여야 한다.
1. 작업장 및 통로의 위험한 부분에는 안전하게 작업할 수 있는 조명을 유지할 것
2. 부두 또는 안벽의 선을 따라 통로를 설치하는 경우에는 폭을 90센티미터 이상으로 할 것
3. 육상에서의 통로 및 작업장소로서 다리 또는 선거(船渠) 갑문(閘門)을 넘는 보도(步道) 등의 위험한 부분에는 안전난간 또는 울타리 등을 설치할 것

(2) 항만하역작업 : 항만하역작업 시 안전

제394조(통행설비의 설치 등)
갑판의 윗면에서 선창(船倉) 밑바닥까지의 깊이가 1.5미터를 초과하는 선창의 내부에서 화물취급작업을 하는 경우에 그 작업에 종사하는 근로자가 안전하게 통행할 수 있는 설비를 설치하여야 한다.

현문(舷門) 사다리(gang-way)
선박이 접안했을 때 육상과의 연결통로

제397조(선박승강설비의 설치)
① 300톤급 이상의 선박에서 하역작업을 하는 경우에 근로자들이 안전하게 오르내릴 수 있는 현문(舷門) 사다리를 설치하여야 하며, 이 사다리 밑에 안전망을 설치하여야 한다.
② 현문 사다리는 견고한 재료로 제작된 것으로 너비는 55센티미터 이상이어야 하고, 양측에 82센티미터 이상의 높이로 방책을 설치하여야 하며, 바닥은 미끄러지지 않도록 적합한 재질로 처리되어야 한다.
③ 현문 사다리는 근로자의 통행에만 사용하여야 하며, 화물용 발판 또는 화물용 보판으로 사용하도록 해서는 아니 된다.

> ※ 기계운반하역 시 걸이 작업의 준수사항〈운반하역 표준안전 작업지침〉
> 제22조(걸이)
> 걸이 작업의 준수사항
> 1. 와이어로프 등은 크레인의 후크 중심에 걸어야 한다.
> 2. 인양 물체의 안정을 위하여 2줄 걸이 이상을 사용하여야 한다.
> 3. 밑에 있는 물체를 걸고자 할 때에는 위의 물체를 제거한 후에 행하여야 한다.
> 4. 매다는 각도는 60도 이내로 하여야 한다.
> 5. 근로자를 매달린 물체위에 탑승시키지 않아야 한다.

CHAPTER 07 항목별 우선순위 문제 및 해설

01 중량물을 운반할 때의 바른 자세로 옳은 것은?

① 허리를 구부리고 양손으로 들어올린다.
② 중량은 보통 체중의 60%가 적당하다.
③ 물건은 최대한 몸에서 멀리 떼어서 들어올린다.
④ 길이가 긴 물건은 앞쪽을 높게 하여 운반한다.

해설 인력운반 작업에 대한 안전 준수사항
① 물건을 들어올릴 때는 팔과 무릎을 이용하며 척추는 곧게 한다.
② 길이가 긴 물건은 앞쪽을 높게 하여 운반한다.
③ 단독작업은 30kg 이하로 하고 장시간 작업은 작업자 체중의 40% 한도 내에서 취급한다.
④ 물건은 최대한 몸에서 붙여서 들어올린다.

02 취급·운반의 원칙으로 옳지 않은 것은?

① 운반 작업을 집중하여 시킬 것
② 곡선 운반을 할 것
③ 생산을 최고로 하는 운반을 생각할 것
④ 연속 운반을 할 것

해설 취급, 운반의 원칙
① 직선 운반을 할 것
② 연속 운반을 할 것
③ 운반 작업을 집중하여 시킬 것
④ 생산을 최고로 하는 운반을 생각할 것
⑤ 최대한 시간과 경비를 절약할 수 있는 운반방법을 고려할 것

03 산업안전보건기준에 관한 규칙에 따라 중량물을 취급하는 작업을 하는 경우에 작업계획서 내용에 포함되는 사항은?

① 해체의 방법 및 해체 순서도면
② 낙하위험을 예방할 수 있는 안전대책
③ 사용하는 차량계 건설기계의 종류 및 성능
④ 작업지휘자 배치계획

해설 중량물을 취급 작업의 작업계획서 내용
가. 추락위험을 예방할 수 있는 안전대책
나. 낙하위험을 예방할 수 있는 안전대책
다. 전도위험을 예방할 수 있는 안전대책
라. 협착위험을 예방할 수 있는 안전대책
마. 붕괴위험을 예방할 수 있는 안전대책

04 산업안전보건법상 차량계 하역운반기계 등에 단위화물의 무게가 100kg 이상인 화물을 싣는 작업 또는 내리는 작업을 하는 경우에 해당 작업 지휘자가 준수하여야 할 사항과 가장 거리가 먼 것은?

① 작업순서 및 그 순서마다의 작업방법을 정하고 작업을 지휘할 것
② 기구와 공구를 점검하고 불량품을 제거할 것
③ 대피방법을 미리 교육하는 일
④ 로프 풀기 작업 또는 덮개 벗기기 작업은 적재함의 화물이 떨어질 위험이 없음을 확인한 후에 하도록 할 것

해설 100kg 이상 화물의 싣거나 내리는 작업시 작업지휘자의 준수사항
1. 작업순서 및 그 순서마다의 작업방법을 정하고 작업을 지휘할 것
2. 기구와 공구를 점검하고 불량품을 제거할 것
3. 해당 작업을 하는 장소에 관계 근로자가 아닌 사람이 출입하는 것을 금지할 것
4. 로프 풀기 작업 또는 덮개 벗기기 작업은 적재함의 화물이 떨어질 위험이 없음을 확인한 후에 하도록 할 것

정답 01.④ 02.② 03.② 04.③

05 차량계 하역운반기계를 사용하는 작업에 있어 고려되어야 할 사항과 가장 거리가 먼 것은?

① 작업지휘자의 배치
② 유도자의 배치
③ 갓길 붕괴 방지 조치
④ 안전관리자의 선임

해설 **전도 등의 방지**
차량계 하역운반기계 등을 사용하는 작업을 할 때에 그 기계가 넘어지거나 굴러 떨어짐으로써 근로자에게 위험을 미칠 우려가 있는 경우에는 그 기계를 유도하는 사람을 배치하고 지반의 부동침하와 방지 및 갓길 붕괴를 방지하기 위한 조치를 하여야 한다.

06 건축물의 층고가 높아지면서, 현장에서 고소작업대의 사용이 증가하고 있다. 고소작업대의 사용 및 설치기준으로 옳은 것은?

① 작업대를 와이어로프 또는 체인으로 올리거나 내릴 경우에는 와이어로프 또는 체인의 안전율은 10 이상일 것
② 작업대를 올린 상태에서 항상 작업자를 태우고 이동할 것
③ 바닥과 고소작업대는 가능하면 수직을 유지하도록 할 것
④ 갑작스러운 이동을 방지하기 위하여 아웃트리거(outrigger) 또는 브레이크 등을 확실히 사용할 것

해설 **고소작업대**
1. 작업대를 와이어로프 또는 체인으로 올리거나 내릴 경우에는 와이어로프 또는 체인의 안전율은 5 이상일 것
2. 바닥과 고소작업대는 가능하면 수평을 유지하도록 할 것
3. 갑작스러운 이동을 방지하기 위하여 아웃트리거 또는 브레이크 등을 확실히 사용할 것
4. 작업대를 올린 상태에서 작업자를 태우고 이동하지 말 것

07 지게차 헤드가드에 대한 설명 중 옳은 것은?

① 상부틀의 각 개구의 폭 또는 길이가 20cm 미만일 것
② 앉아서 조작하는 경우 운전자의 좌석의 윗면에서 헤드가드 상부틀 아랫면까지의 높이는 2m 이상일 것
③ 서서 조작하는 경우 운전석의 바닥면에서 헤드가드의 상부틀 하면까지의 높이가 3m 이상일 것
④ 강도는 지게차의 최대하중의 2배의 값의 등분포 정하중에 견딜 수 있는 것일 것

해설 **지게차 헤드가드**
1. 강도는 지게차의 최대하중의 2배 값(4톤을 넘는 값에 대해서는 4톤으로 한다)의 등분포정하중(等分布靜荷重)에 견딜 수 있을 것
2. 상부틀의 각 개구의 폭 또는 길이가 16센티미터 미만일 것
3. 운전자가 앉아서 조작하거나 서서 조작하는 지게차의 헤드가드는 한국산업표준에서 정하는 높이 기준 이상일 것

08 차량계 하역운반기계의 안전조치사항 중 옳지 않은 것은?

① 최대제한속도가 시속 10km를 초과하는 차량계 건설기계를 사용하여 작업을 하는 경우 미리 작업장소의 지형 및 지반상태 등에 적합한 제한속도를 정하고, 운전자로 하여금 준수하도록 할 것
② 차량계 건설기계의 운전자가 운전위치를 이탈하는 경우 해당 운전자로 하여금 포크 및 버킷 등의 하역장치를 가장 높은 위치에 둘 것
③ 차량계 하역운반기계 등에 화물을 적재하는 경우 하중이 한쪽으로 치우치지 않도록 적재할 것
④ 차량계 건설기계를 사용하여 작업을 하는 경우 승차석이 아닌 위치에 근로자를 탑승시키지 말 것

정답 05. ④ 06. ④ 07. ④ 08. ②

해설 운전자가 운전위치를 이탈하는 경우의 준수사항
포크, 버킷, 디퍼 등의 장치를 가장 낮은 위치 또는 지면에 내려 둘 것

09 부두·안벽 등 하역작업을 하는 장소에서는 부두 또는 안벽의 선을 따라 통로를 설치하는 경우에는 폭을 최소 얼마 이상으로 해야 하는가?

① 70cm   ② 80cm
③ 90cm   ④ 100cm

해설 하역작업장의 조치기준
부두 또는 안벽의 선을 따라 통로를 설치하는 경우에는 폭을 90센티미터 이상으로 할 것

10 항만하역작업에서의 선박승강설비 설치기준으로 옳지 않은 것은?

① 200톤급 이상의 선박에서 하역작업을 하는 때에는 근로자들이 안전하게 승강할 수 있는 현문사다리를 설치하여야 한다.
② 현문사다리는 견고한 재료로 제작된 것으로 너비는 55cm 이상이어야 한다.
③ 현문사다리의 양측에는 82cm 이상의 높이로 방책을 설치하여야 한다.
④ 현문사다리는 근로자의 통행에만 사용하여야 하며 화물용 발판 또는 화물용 발판으로 사용하도록 하여서는 아니 된다.

해설 항만하역작업 시 안전
300톤급 이상의 선박에서 하역작업을 하는 경우에 근로자들이 안전하게 오르내릴 수 있는 현문(舷門)사다리를 설치하여야 하며, 이 사다리 밑에 안전망을 설치하여야 한다.

정답 09. ③ 10. ①

PART 07

CBT 최종모의고사

- 제1회 CBT 최종모의고사
- 제2회 CBT 최종모의고사
- 제3회 CBT 최종모의고사
- 제4회 CBT 최종모의고사
- 제5회 CBT 최종모의고사

※ 「CBT 최종모의고사」는 과년도 문제 유형을 복원 및 분석하여 자주 출제되는 문제를 저자가 엄선한 후 선택해 구성한 모의고사입니다.

제1회 CBT 최종모의고사

[**제1과목**] 산업재해 예방 및 안전보건교육

01 버드(Bird)의 재해분포에 따르면 20건의 경상(물적, 인적상해)사고가 발생했을 때 무상해·무사고(위험순간) 고장 발생 건수는?

① 200
② 600
③ 1200
④ 12000

해설 버드의 1 : 10 : 30 : 600 법칙
[중상 : 경상해 : 물적만의 사고 : 무상해, 무손실 사고]
– 경상(물적, 인적상해)사고 20건/10 = 2배
⇨ 무상해·무사고(위험순간) 600×2배 = 1200건

02 산업안전보건법령상 안전보건관리규정 작성 시 포함되어야 하는 사항을 모두 고른 것은? (단, 그 밖에 안전 및 보건에 관한 사항은 제외한다.)

ㄱ. 안전보건교육에 관한 사항
ㄴ. 재해사례 연구·토의결과에 관한 사항
ㄷ. 사고 조사 및 대책 수립에 관한 사항
ㄹ. 작업장의 안전 및 보건 관리에 관한 사항
ㅁ. 안전 및 보건에 관한 관리조직과 그 직무에 관한 사항

① ㄱ, ㄴ, ㄷ, ㄹ
② ㄱ, ㄴ, ㄹ, ㅁ
③ ㄱ, ㄷ, ㄹ, ㅁ
④ ㄴ, ㄷ, ㄹ, ㅁ

해설 안전·보건관리규정 작성내용
① 안전·보건 관리조직과 그 직무에 관한 사항
② 안전·보건교육에 관한 사항
③ 작업장 안전관리에 관한 사항
④ 작업장 보건관리에 관한 사항
⑤ 사고 조사 및 대책 수립에 관한 사항
⑥ 위험성 평가에 관한 사항
⑦ 그 밖에 안전·보건에 관한 사항

03 산업안전보건법령상 안전보건진단을 받아 안전보건개선계획의 수립 및 명령을 할 수 있는 대상이 아닌 것은?

① 유해인자의 노출기준을 초과한 사업장
② 산업재해율이 같은 업종 평균 산업재해율의 2배 이상인 사업장
③ 사업주가 필요한 안전조치 또는 보건조치를 이행하지 아니하여 중대재해가 발생한 사업장
④ 상시근로자 1천명 이상인 사업장에서 직업성 질병자가 연간 2명 이상 발생한 사업장

해설 안전보건진단을 받아 안전보건개선계획을 수립·시행 명령을 할 수 있는 사업장
① 산업재해율이 같은 업종 평균 산업재해율의 2배 이상인 사업장
② 사업주가 필요한 안전조치 또는 보건조치를 이행하지 아니하여 발생한 중대재해가 발생한 사업장
③ 직업성 질병자가 연간 2명 이상(상시 근로자 1천명 이상 사업장의 경우 3명 이상) 발생한 사업장
④ 작업환경 불량, 화재·폭발 또는 누출사고 등으로 사회적 물의를 일으킨 사업장

04 산업안전보건법령상 안전관리자의 업무가 아닌 것은? (단, 그 밖에 고용노동부장관이 정하는 사항은 제외한다.)

① 업무 수행 내용의 기록
② 산업재해에 관한 통계의 유지·관리·분석을 위한 보좌 및 지도·조언

정답 01. ③ 02. ③ 03. ④ 04. ④

③ 안전교육계획의 수립 및 안전교육 실시에 관한 보좌 및 지도·조언
④ 작업장 내에서 사용되는 전체 환기장치 및 국소 배기장치 등에 관한 설비의 점검

해설 **안전관리자의 업무**
안전에 관한 기술적인 사항에 관하여 사업주 또는 안전보건관리책임자를 보좌하고 관리감독자에게 지도·조언하는 업무
① 산업안전보건위원회 또는 안전·보건에 관한 노사협의체에서 심의·의결한 업무와 해당 사업장의 안전보건관리규정 및 취업규칙에서 정한 업무
② 위험성평가에 관한 보좌 및 지도·조언
③ 안전인증대상기계 등과 자율안전확인대상기계등 구입 시 적격품의 선정에 관한 보좌 및 지도·조언
④ 해당 사업장 안전교육계획의 수립 및 안전교육 실시에 관한 보좌 및 지도·조언
⑤ 사업장 순회점검·지도 및 조치의 건의
⑥ 산업재해 발생의 원인 조사·분석 및 재발 방지를 위한 기술적 보좌 및 지도·조언
⑦ 산업재해에 관한 통계의 유지·관리·분석을 위한 보좌 및 지도·조언
⑧ 법 또는 법에 따른 명령으로 정한 안전에 관한 사항의 이행에 관한 보좌 및 지도·조언
⑨ 업무수행 내용의 기록·유지
⑩ 그 밖에 안전에 관한 사항으로서 고용노동부장관이 정하는 사항

05 위험예지훈련의 문제해결 4라운드에 해당하지 않는 것은?

① 현상파악　　② 본질추구
③ 대책수립　　④ 원인결정

해설 **위험예지훈련 제4단계(4라운드) – 문제해결 4단계**
① 제1단계(1R) 현상파악 : 위험요인 항목 도출
② 제2단계(2R) 본질추구 : 위험의 포인트 결정 및 지적확인
③ 제3단계(3R) 대책수립 : 결정된 위험 포인트에 대한 대책 수립
④ 제4단계(4R) 목표설정 : 팀의 행동 목표 설정 및 지적확인

06 무재해운동의 이념 중 선취의 원칙에 대한 설명으로 옳은 것은?

① 사고의 잠재요인을 사후에 파악하는 것
② 근로자 전원이 일체감을 조성하여 참여하는 것
③ 위험요소를 사전에 발견, 파악하여 재해를 예방 또는 방지하는 것
④ 관리감독자 또는 경영층에서의 자발적 참여로 안전 활동을 촉진하는 것

해설 **선취(안전제일, 선취해결)의 원칙**
잠재위험요인을 사전에 미리 발견하고 파악, 해결하여 재해를 예방(위험요인을 행동하기 전에 예지하여 해결)

07 산업안전보건법령상 그림과 같은 기본 모형이 나타내는 안전·보건표지의 표시사항으로 옳은 것은? (단, L은 안전·보건표시를 인식할 수 있거나 인식해야 할 안전거리를 말한다.)

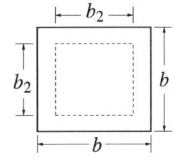

$b \geq 0.0224L$
$b_2 = 0.8b$

① 금지　　② 경고
③ 지시　　④ 안내

해설 **안전·보건표지의 기본 모형**

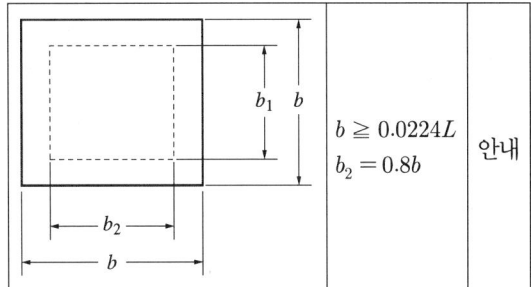

08 보호구 안전인증 고시상 안전인증 방독마스크의 정화통 종류와 외부 측면의 표시 색이 잘못 연결된 것은?

① 할로겐용 – 회색
② 황화수소용 – 회색
③ 암모니아용 – 회색
④ 시안화수소용 – 회색

[해설] 방독마스크 정화통(흡수관)종류와 시험가스

종류	시험가스	정화통 외부측면 표시색
암모니아용	암모니아가스(NH₃)	녹색

09 보호구 안전인증 고시상 추락방지대가 부착된 안전대 일반구조에 관한 내용 중 틀린 것은?

① 죔줄은 합성섬유로프를 사용해서는 안 된다.
② 고정된 추락방지대의 수직구명줄은 와이어로프 등으로 하며 최소지름이 8mm 이상이어야 한다.
③ 수직구명줄에서 걸이설비와의 연결부위는 훅 또는 카라비너 등이 장착되어 걸이설비와 확실히 연결되어야 한다.
④ 추락방지대를 부착하여 사용하는 안전대는 신체지지의 방법으로 안전그네만을 사용하여야 하며 수직구명줄이 포함되어야 한다.

[해설] 추락방지대가 부착된 안전대의 구조 〈보호구 안전인증 고시〉
죔줄은 합성섬유로프, 웨빙, 와이어로프 등일 것

10 운동의 시지각(착각현상) 중 자동운동이 발생하기 쉬운 조건에 해당하지 않는 것은?

① 광점이 작은 것
② 대상이 단순한 것
③ 광의 강도가 큰 것
④ 시야의 다른 부분이 어두운 것

[해설] 자동운동이 생기기 쉬운 조건
① 광점이 작을 것
② 대상이 단순할 것
③ 광의 강도가 작을 것
④ 시야의 다른 부분이 어두울 것
※ 자동운동 : 암실에서 정지된 소광점을 응시하면 광점이 움직이는 것 같이 보이는 현상

11 억측판단이 발생하는 배경으로 볼 수 없는 것은?

① 정보가 불확실할 때
② 타인의 의견에 동조할 때
③ 희망적인 관측이 있을 때
④ 과거에 성공한 경험이 있을 때

[해설] 억측판단
부주의가 발생하는 경우로 건널목의 경보기가 울려도 기차가 오기까지 아직 시간이 있다고 판단하여 건널목을 건너가는 행동
① 정보가 불확실할 때
② 희망적인 관측이 있을 때
③ 과거의 성공한 경험이 있을 때
④ 초조한 심정

12 상황성 누발자의 재해유발원인이 아닌 것은?

① 심신의 근심
② 작업의 어려움
③ 도덕성의 결여
④ 기계설비의 결함

[해설] 재해누발자의 유형
(가) 상황성 누발자 – 주변 상황
① 작업이 어렵기 때문에
② 기계·설비의 결함이 있기 때문에
③ 심신에 근심이 있기 때문에
④ 환경상 주의력의 집중 혼란

13 사회행동의 기본 형태가 아닌 것은?

① 모방
② 대립
③ 도피
④ 협력

정답 08.③ 09.① 10.③ 11.② 12.③ 13.①

해설 사회행동의 기본 형태
(가) 협력(cooperation) : 조력, 분업
(나) 대립(opposition) : 공격, 경쟁
(다) 도피(escape) : 고립, 정신병, 자살
(라) 융합(accomodation) : 강제, 타협, 통합

14 바이오리듬(생체리듬)에 관한 설명 중 틀린 것은?

① 안정기(+)와 불안정기(-)의 교차점을 위험일이라 한다.
② 감성적 리듬은 33일을 주기로 반복하며, 주의력, 예감 등과 관련되어 있다.
③ 지성적 리듬은 "I"로 표시하며 사고력과 관련이 있다.
④ 육체적 리듬은 신체적 컨디션의 율동적 발현, 즉 식욕·활동력 등과 밀접한 관계를 갖는다.

해설 생체리듬(Bio Rhythm) : 인간의 생리적 주기 또는 리듬에 관한 이론
(가) 생체리듬 구분

종류	곡선표시	영역	주기
육체 리듬 (Physical)	P, 청색, 실선	식욕, 소화력, 활동력, 지구력 등이 증가(신체적 컨디션의 율동적 발현)	23일
감성 리듬 (Sensitivity)	S, 적색, 점선	감정, 주의력, 창조력, 예감, 희로애락 등이 증가	28일
지성 리듬 (Intellectual)	I, 녹색, 일점쇄선	상상력, 사고력, 판단력, 기억력, 인지력, 추리능력 등이 증가	33일

(나) 생체리듬의 곡선표시 방법
 구체적으로 통일되어 있으며 색 또는 선으로 표시하는 두 가지 방법이 사용
(다) 위험일
 안정기(+)와 불안정기(-)의 교차점

15 안전·보건 교육계획 수립 시 고려사항 중 틀린 것은?

① 필요한 정보를 수집한다.
② 현장의 의견을 고려하지 않는다.
③ 지도안은 교육대상을 고려하여 작성한다.
④ 법령에 의한 교육에만 그치지 않아야 한다.

해설 안전·보건 교육계획의 수립 시 고려할 사항
① 현장의 의견을 충분히 반영
② 대상자의 필요한 정보를 수집
③ 안전교육시행체계와의 연관성을 고려
④ 정부 규정(법령)에 의한 교육에 한정하지 않음

16 학습정도(Level of learning)의 4단계를 순서대로 나열한 것은?

① 인지 → 이해 → 지각 → 적용
② 인지 → 지각 → 이해 → 적용
③ 지각 → 이해 → 인지 → 적용
④ 지각 → 인지 → 이해 → 적용

해설 학습정도(level of learning)의 4단계(4요소)(순서)
① 인지(to acquaint)
② 지각(to know)
③ 이해(to understand)
④ 적용(to apply)

17 기업 내의 계층별 교육훈련 중 주로 관리감독자를 교육대상지로 히며 작업을 가르치는 능력, 작업방법을 개선하는 기능 등을 교육 내용으로 하는 기업 내 정형교육은?

① TWI(Training Within Industry)
② ATT(American Telephone Telegram)
③ MTP(Management Training Program)
④ ATP(Administration Training Program)

해설 TWI(Training Within Industry)
직장에서 제일선 감독자(관리감독자)에 대해서 감독능력을 높이고 부하 직원과의 인간관계를 개선해서 생산성을 높이기 위한 훈련방법

정답 14. ② 15. ② 16. ② 17. ①

18 산업안전보건법령상 명시된 타워크레인을 사용하는 작업에서 신호업무를 하는 작업 시 특별교육 대상 작업별 교육 내용이 아닌 것은? (단, 그 밖에 안전·보건관리에 필요한 사항은 제외한다.)

① 신호방법 및 요령에 관한 사항
② 걸고리·와이어로프 점검에 관한 사항
③ 화물의 취급 및 안전작업방법에 관한 사항
④ 인양물이 적재될 지반의 조건, 인양하중, 풍압 등이 인양물과 타워크레인에 미치는 영향

[해설] **타워크레인을 사용하는 작업에서 신호업무를 하는 작업 시 특별교육** 〈산업안전보건법 시행규칙〉
- 타워크레인의 기계적 특성 및 방호장치 등에 관한 사항
- 화물의 취급 및 안전작업방법에 관한 사항
- 신호방법 및 요령에 관한 사항
- 인양 물건의 위험성 및 낙하·비래·충돌재해 예방에 관한 사항
- 인양물이 적재될 지반의 조건, 인양하중, 풍압 등이 인양물과 타워크레인에 미치는 영향
- 그 밖에 안전·보건관리에 필요한 사항

19 강의식 교육지도에서 가장 많은 시간을 소비하는 단계는?

① 도입 ② 제시
③ 적용 ④ 확인

[해설] **교육진행 4단계별 시간**

교육진행 4단계	강의식 (1시간)	토의식 (1시간)
제1단계 : 도입(준비)	5분	5분
제2단계 : 제시(설명)	40분	10분
제3단계 : 적용(응용)	10분	40분
제4단계 : 확인(총괄, 평가)	5분	5분

20 학습지도의 형태 중 몇 사람의 전문가가 주제에 대한 견해를 발표하고 참가자로 하여금 의견을 내거나 질문을 하게 하는 토의방식은?

① 포럼(Forum)
② 심포지엄(Symposium)
③ 버즈세션(Buzz session)
④ 자유토의법(Free discussion method)

[해설] **토의식 교육방법**
(가) 포럼(Forum)
　　새로운 자료나 교재를 제시하고, 피교육자로 하여금 문제점을 제기하도록 하거나 의견을 여러 가지 방법으로 발표하게 하여 청중과 토론자간 활발한 의견 개진과 합의를 도출해가는 토의방법 (깊이 파고들어 토의하는 방법)
(나) 심포지엄(Symposium)
　　몇 사람의 전문가에 의하여 과제에 관한 견해를 발표한 뒤 참가자로 하여금 의견이나 질문을 하게하는 토의법
(다) 버즈 세션(Buzz session)
　　6-6회의라고도 하며, 참가자가 다수인 경우에 전원을 토의에 참가시키기 위한 방법으로 소집단을 구성하여 회의를 진행 시키는 방법

[제2과목] **인간공학 및 위험성평가·관리**

21 인간공학에 대한 설명으로 틀린 것은?

① 인간-기계 시스템의 안전성, 편리성, 효율성을 높인다.
② 인간을 작업과 기계에 맞추는 설계 철학이 바탕이 된다.
③ 인간이 사용하는 물건, 설비, 환경의 설계에 적용된다.
④ 인간의 생리적, 심리적인 면에서의 특성이나 한계점을 고려한다.

[해설] **인간공학에 대한 설명**
인간의 특성과 한계 능력을 공학적으로 분석, 평가 하여 이를 복잡한 체계의 설계에 응용함으로 효율을 최대로 활용할 수 있도록 하는 학문 분야

정답 18. ② 19. ② 20. ② 21. ②

① 인간공학이란 인간이 사용할 수 있도록 설계하는 과정(차파니스)
② 인간이 사용하는 물건, 설비, 환경의 설계에 적용된다.
③ 인간의 생리적, 심리적인 면에서의 특성이나 한계점을 고려한다.
④ 인간 기계 시스템의 안전성과 편리성, 효율성을 높인다.(* 인간공학의 궁극적인 목적)

22 인간-기계 시스템에 관한 설명으로 틀린 것은?
① 자동 시스템에서는 인간요소를 고려하여야 한다.
② 자동차 운전이나 전기 드릴 작업은 반자동 시스템의 예시이다.
③ 자동 시스템에서 인간은 감시, 정비유지, 프로그램 등의 작업을 담당한다.
④ 수동 시스템에서 기계는 동력원을 제공하고 인간의 통제 하에서 제품을 생산한다.

[해설] 인간-기계 시스템의 구분
(가) 수동 시스템(manual system)
작업자가 수공구등을 사용하여 신체적인 힘을 동력원으로 작업을 수행하는 것. 인간의 역할은 힘을 제공하고 기계를 제어하는 것(목수와 수공구)
(나) 기계화 시스템(mechanical system, 반자동 시스템)
기계는 동력원을 제공하고 인간의 통제 하에서 제품을 생산(인간의 역할은 제어 기능, 조정 장치로 기계를 통제)
(다) 자동 시스템(automatic system)
인간은 감시(monitoring), 경계(vigilance), 정비유지, 프로그램 등의 작업을 담당(설비 보전, 작업계획 수립, 모니터로 작업 상황 감시), 인간요소를 고려해야 함

23 밝은 곳에서 어두운 곳으로 갈 때 망막에 시홍이 형성되는 생리적 과정인 암조응이 발생하는데 완전 암조응(Dark adaptation)이 발생하는데 소요되는 시간은?
① 약 3~5분
② 약 10~15분
③ 약 30~40분
④ 약 60~90분

[해설] 순응(adaption, 조응)
갑자기 어두운 곳에 들어가거나 밝은 곳에 노출되면 어느 정도 시간이 지나야 사물의 형상을 알 수 있는데, 이러한 광도수준에 대한 적응을 말함
1) 암조응 : 인간의 눈이 일반적으로 완전 암조응에 걸리는 데 소요되는 시간은 30~40분 정도
2) 명조응 : 1~3분

24 1sone에 관한 설명으로 ( )에 알맞은 수치는?

| 1sone : (ㄱ)Hz, (ㄴ)dB의 음압수준을 가진 순음의 크기 |

① ㄱ : 1000, ㄴ : 1
② ㄱ : 4000, ㄴ : 1
③ ㄱ : 1000, ㄴ : 40
④ ㄱ : 4000, ㄴ : 40

[해설] 음의 크기의 수준
① dB(decibel) : 소음의 크기를 나타내는 단위
② sone : 40dB의 음압수준을 가진 순음의 크기를 1sone이라 함
   * 1sone : 1,000Hz의 순음이 40dB일 때

25 경계 및 경보신호의 설계지침으로 틀린 것은?
① 주의를 환기시키기 위하여 변조된 신호를 사용한다.
② 배경소음의 진동수와 다른 진동수의 신호를 사용한다.
③ 귀는 중음역에 민감하므로 500~3000Hz의 진동수를 사용한다.
④ 300m 이상의 장거리용으로는 1000Hz를 초과하는 진동수를 사용한다.

[해설] 경계 및 경보신호의 설계지침
300m 이상의 장거리용 신호는 1000Hz 이하의 진동수를 사용한다.

정답 22.④ 23.③ 24.③ 25.④

26 정신적 작업 부하에 관한 생리적 척도에 해당하지 않는 것은?

① 근전도 ② 뇌파도
③ 부정맥 지수 ④ 점멸융합주파수

해설 **정신작업의 생리적 척도**
심전도(ECG), 뇌전도(EEG), 플리커 검사(Flicker Fusion Frequency, 점멸융합주파수), 심박수, 부정맥 지수, 호흡수 등
* 근전도(EMG, Electromyogram) : 근육활동의 전위차를 기록한 것(국부적 근육 활동의 척도로 운동기능의 이상을 진단)

27 근골격계부담작업의 범위 및 유해요인조사 방법에 관한 고시상 근골격계부담작업에 해당하지 않는 것은? (단, 상시작업을 기준으로 한다.)

① 하루에 10회 이상 25kg 이상의 물체를 드는 작업
② 하루에 총 2시간 이상 쪼그리고 앉거나 무릎을 굽힌 자세에서 이루어지는 작업
③ 하루에 총 2시간 이상 시간당 5회 이상 손 또는 무릎을 사용하여 반복적으로 충격을 가하는 작업
④ 하루에 4시간 이상 집중적으로 자료입력 등을 위해 키보드 또는 마우스를 조작하는 작업

해설 **근골격계부담작업** 〈근골격계부담작업의 범위 : 고용노동부 고시〉 제1조(근골격계부담작업)
11. 하루에 총 2시간 이상 시간당 10회 이상 손 또는 무릎을 사용하여 반복적으로 충격을 가하는 작업

28 부품 배치의 원칙 중 기능적으로 관련된 부품들을 모아서 배치한다는 원칙은?

① 중요성의 원칙
② 사용 빈도의 원칙
③ 사용 순서의 원칙
④ 기능별 배치의 원칙

해설 **부품(공간) 배치의 원칙**
(가) 중요성(기능성)의 원칙 : 부품의 작동성능이 목표 달성에 긴요한 정도에 따라 우선순위를 결정
(나) 사용 빈도의 원칙 : 부품이 사용되는 빈도에 따라 우선순위를 결정
(다) 기능별 배치의 원칙 : 기능적으로 관련된 부품을 모아서 배치
(라) 사용 순서의 배치 : 사용 순서에 맞게 배치

29 양립성의 종류가 아닌 것은?

① 개념의 양립성 ② 감성의 양립성
③ 운동의 양립성 ④ 공간의 양립성

해설 **양립성의 종류**
① 공간적 양립성 ② 운동적 양립성
③ 개념적 양립성 ④ 양식 양립성
* 양립성(compatibility) : 외부의 자극과 인간의 기대가 서로 모순되지 않아야 하는 것으로 제어장치와 표시장치 사이의 연관성이 인간의 예상과 어느 정도 일치하는가 여부

30 태양광선이 내리쬐는 옥외장소의 자연습구온도 20℃, 흑구온도 18℃, 건구온도 30℃일 때 습구흑구온도지수(WBGT)는?

① 20.6℃ ② 22.5℃
③ 25.0℃ ④ 28.5℃

해설 **습구흑구온도**(WBGT : Wet Bulb Globe Temperature) **지수** : 수정감각온도를 지수로 간단하게 표시한 온열지수(실내·외에서 활동하는 사람의 열적 스트레스를 나타내는 지수)
① 실외(태양광선이 있는 장소)
  : WBGT = 0.7WB + 0.2GT + 0.1DB
② 실내 또는 태양광선이 없는 실외
  : WBGT = 0.7WB + 0.3GT
〈WB(Wet Bulb) : 습구온도, GT(Globe Temperature) : 흑구온도, DB(Dry Bulb) : 건구온도〉
⇨ 실외(태양광선이 있는 장소)
  : WBGT = 0.7WB + 0.3GT + 0.1DB = (0.7×20) + (0.2×18) + (0.1×30) = 20.6℃

정답 26. ① 27. ③ 28. ④ 29. ② 30. ①

31 반사경 없이 모든 방향으로 빛을 발하는 점광원에서 3m 떨어진 곳의 조도가 300lux라면 2m 떨어진 곳에서 조도(lux)는?

① 375　　② 675
③ 875　　④ 975

해설 조도 : 광원의 밝기에 비례하고, 거리의 제곱에 반비례하며, 반사체의 반사율과는 상관없이 일정한 값을 갖는 것

$$조도 = \frac{광도}{(거리)^2}, \ 광도 = 조도 \times (거리)^2$$

⇨ ① $300 \times 3^2 = 2700$
　② 조도 $\times 2^2 = 2700$
$$조도 = \frac{2700}{4} = 675 \ lux$$

* 광도 : 단위면적당 표면에서 반사(방출)되는 빛의 양 (광원에서 어느 방향으로 나오는 빛의 세기를 나타내는 양)

32 시각적 식별에 영향을 주는 각 요소에 대한 설명 중 틀린 것은?

① 조도는 광원의 세기를 말한다.
② 휘도는 단위 면적당 표면에 반사 또는 방출되는 광량을 말한다.
③ 반사율은 물체의 표면에 도달하는 조도와 광도의 비를 말한다.
④ 광도 대비란 표적의 광도와 배경의 광도의 차이를 배경 광도로 나눈 값을 말한다.

해설 조도
어떤 물체나 표면에 도달하는 빛의 밀도(빛 밝기의 정도, 대상면에 입사하는 빛의 양)

33 예비위험분석(PHA)에서 식별된 사고의 범주가 아닌 것은?

① 중대(critical)
② 한계적(marginal)
③ 파국적(catastrophic)
④ 수용가능(acceptable)

해설 예비위험분석(PHA)의 식별된 4가지 사고 카테고리(Category)
1) 파국적(Catastropic) : 사망, 시스템 손실
2) 중대(위기적, Critical) : 심각한 상해, 시스템 중대 손상
3) 한계적(Marginal) : 경미한 상해, 시스템 성능 저하
4) 무시(Negligible) : 무시할 수 있는 상처, 시스템 저하 없음

※ 예비위험분석(PHA : Preliminary Hazards Analysis) : 모든 시스템 안전 프로그램에서의 최초단계 분석 방법으로 시스템의 위험요소가 어떤 위험 상태에 있는가를 정성적으로 평가하는 분석 방법

34 위험분석 기법 중 시스템 수명주기 관점에서 적용 시점이 가장 빠른 것은?

① PHA　　② FHA
③ OHA　　④ SHA

해설 시스템 수명단계(PHA와 FHA 기법의 사용단계)

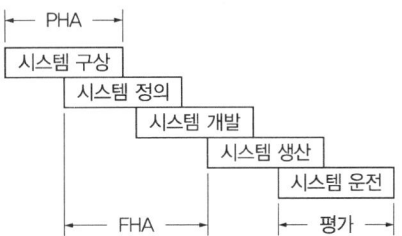

※ 예비위험분석(PHA : Preliminary Hazards Analysis) : 모든 시스템 안전 프로그램에서의 최초단계 분석 방법으로 시스템의 위험요소가 어떤 위험 상태에 있는가를 정성적으로 평가하는 분석 방법

35 FTA(Fault Tree Analysis)에서 사용되는 사상기호 중 통상의 작업이나 기계의 상태에서 재해의 발생 원인이 되는 요소가 있는 것은?

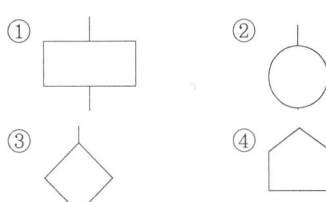

정답　31. ②　32. ①　33. ④　34. ①　35. ④

[해설] 논리기호

구분	기호	명칭	설명
1	□	결함사상	시스템분석에서 좀 더 발전시켜야 하는 사상(개별적인 결함사상) - 두 가지 상태 중 하나가 고장 또는 결함으로 나타나는 비정상적인 사상
2	○	기본사상	더 이상 전개되지 않는 기본 사상(더 이상의 세부적인 분류가 필요없는 사상)
3	⌂	통상사상	시스템의 정상적인 가동상태에서 일어날 것이 기대되는 사상(통상발생이 예상되는 사상)-정상적인 사상
4	◇	생략사상	불충분한 자료로 결론을 내릴 수 없어 더 이상 전개할 수 없는 사상

36 불(Bool) 대수의 정리를 나타낸 관계식 중 틀린 것은?

① A · 0 = 0
② A + 1 = 1
③ A + $\overline{A}$ = 0
④ A(A + B) = A

[해설] 불(Bool) 대수의 기본지수 : A + $\overline{A}$ = 1
* A(A+B) = A · A + A · B = A + A · B = A(1+B)
  = A [← (A · A = A), (1+B=1)]

37 FTA(Fault Tree Analysis)에 관한 설명으로 옳은 것은?

① 정성적 분석만 가능하다.
② 복잡하고 대형화된 시스템의 신뢰성 분석 및 안정성 분석에 이용되는 기법이다.
③ FT에 동일한 사건이 중복되어 나타나는 경우 상향식(Bottom-up)으로 정상 사건 T의 발생 확률을 계산할 수 있다.
④ 기초사건과 생략사건의 확률 값이 주어지게 되더라도 정상 사건의 최종적인 발생확률을 계산할 수 없다.

[해설] 결함수분석법(FTA, Fault Tree Analysis)의 특징
정상사상인 재해현상으로부터 기본사상인 재해원인을 향해 연역적으로 분석하는 방법
(* 연역적 평가기법 : 일반적 원리로부터 논리의 절차를 밟아서 각각의 사실이나 명제를 이끌어내는 것)
① 톱다운(top-down) 접근방법
② 정량적, 연역적 분석방법(정량적 평가보다 정성적 평가를 먼저 실시한다.)
③ 복잡하고 대형화된 시스템의 신뢰성 분석에 사용 (소프트웨어나 인간의 과오 포함한 고장해석 가능)

38 다음 시스템의 신뢰도 값은?

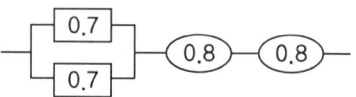

① 0.5824
② 0.6682
③ 0.7855
④ 0.8642

[해설] 시스템의 신뢰도
= {1 − (1 − 0.7)(1 − 0.7)} × 0.8 × 0.8
= 0.5824

39 산업안전보건법령상 해당 사업주가 유해위험방지계획서를 작성하여 제출해야하는 대상은?

① 시 · 도지사
② 관할 구청장
③ 고용노동부장관
④ 행정안전부장관

[해설] 유해위험방지계획서의 작성 · 제출 대상 (산업안전보건법) 제42조(유해위험방지계획서의 작성 · 제출 등)
① 법령에서 정하는 유해 · 위험 방지에 관한 사항을 적은 계획서(유해위험방지계획서)를 작성하여 고용노동부장관에게 제출하고 심사를 받아야 한다.

40 일반적인 화학설비에 대한 안전성 평가(safety assessment) 절차에 있어 안전대책 단계에 해당되지 않는 것은?

① 보전
② 위험도 평가
③ 설비적 대책
④ 관리적 대책

정답 36. ③ 37. ② 38. ① 39. ③ 40. ②

해설 화학설비에 대한 안전성평가의 6단계
(1) 제1단계 : 관계 자료의 작성 준비(관계 자료의 정비 검토)
(2) 제2단계 : 정성적 평가
(3) 제3단계 : 정량적 평가
(4) 제4단계 : 안전 대책
   1) 설비에 관한대책 : 안전장치, 방재장치 등 설치
   2) 관리적 대책 : 적정한 인원배치, 안전교육훈련, 보전
(5) 제5단계 : 재해 정보에 의한 재평가
(6) 제6단계 : FTA에 의한 재평가

[제3과목] 기계·기구 및 설비 안전관리

41 조작자의 신체부위가 위험한계 밖에 위치하도록 기계의 조작 장치를 위험구역에서 일정 거리 이상 떨어지게 하는 방호장치는?

① 덮개형 방호장치
② 차단형 방호장치
③ 위치제한형 방호장치
④ 접근반응형 방호장치

해설 위치제한형 방호장치
조작자의 신체부위가 위험한계 밖에 위치하도록 기계의 조작 장치를 위험구역에서 일정거리 이상 떨어지게 하는 방호장치(양수조작 시 안전장치)
* 접근반응형 방호장치 : 작업자의 신체부위가 위험한계로 들어오면 이를 감지하여 작동중인 기계를 즉시 정지시키거나 스위치가 꺼지도록 하는 기능의 방호장치(광전자식 방호장치)

42 설비보전은 예방보전과 사후보전으로 대별된다. 다음 중 예방보전의 종류가 아닌 것은?

① 시간계획보전
② 개량보전
③ 상태기준보전
④ 적응보전

해설 예방보전(Preventive M)
설비의 정상상태를 유지하고 고장이 일어나지 않도록 열화를 방지하기 위한 일상보전, 열화를 측정하기 위한 정기검사 또는 설비진단, 열화를 조기에 복원시키기 위한 정비 등을 하는 것(교체 주기와 가장 밀접한 관련성이 있는 보전방식)
* 개량보전(Concentration Maintenance) : 기계부품의 수명연장이나 고장 난 경우의 수리시간 단축 등 설비에 개량대책 을 세우는 방법

43 A사업장의 현황이 다음과 같을 때 이 사업장의 강도율은?

- 근로자 수 : 500명
- 연근로시간수 : 2400시간
- 신체장해등급의 재해자 수
  - 2급 : 3명
  - 10급 : 5명
- 의사 진단에 의한 휴업일수 : 1500일

① 0.22
② 2.22
③ 22.28
④ 222.88

해설 강도율(S.R ; Severity Rate of Injury)
① 강도율은 근로시간 합계 1,000시간당 재해로 인한 근로손실일수를 나타냄(재해 발생의 경중, 즉 강도를 나타냄)

② 강도율 = $\dfrac{\text{근로손실일수}}{\text{연근로시간수}} \times 1{,}000$

$$= \dfrac{(7500 \times 3명) + (600 \times 5명) + (1500 \times \dfrac{300}{365})}{500 \times 2400}$$

$\times 1{,}000 = 22.28$

[표] 근로손실일수 산정요령

구분	사망	신체장해자 등급												
		1~3	4	5	6	7	8	9	10	11	12	13	14
근로손실일수(일)	7,500	7,500	5,500	4,000	3,000	2,200	1,500	1,000	600	400	200	100	50

* 사망, 장애등급 1~3급의 근로손실일수는 7,500일
* 입원 등으로 휴업 시의 근로손실일수 = 휴업일수(요양일수) × 300/365

정답 41. ③ 42. ② 43. ③

44 재해예방의 4원칙에 대한 설명으로 틀린 것은?

① 재해발생은 반드시 원인이 있다.
② 손실과 사고와의 관계는 필연적이다.
③ 재해는 원인을 제거하면 예방이 가능하다.
④ 재해를 예방하기 위한 대책은 반드시 존재한다.

해설 하인리히의 재해예방 4원칙
① 손실우연의 원칙 : 재해발생 결과 손실(재해)의 유무, 형태와 크기는 우연적이다.
② 원인연계(연쇄, 계기)의 원칙 : 재해의 발생에는 반드시 그 원인이 있으며 원인이 연쇄적으로 이어진다.
③ 예방가능의 원칙 : 재해는 사전 예방이 가능하다. (재해는 원칙적으로 원인만 제거되면 예방이 가능하다.)
④ 대책선정(강구)의 원칙 : 사고의 원인이나 불안전 요소가 발견되면 반드시 안전대책이 선정되어 실시되어야 한다.

45 재해원인을 직접원인과 간접원인으로 분류할 때 직접원인에 해당하는 것은?

① 물적 원인 ② 교육적 원인
③ 정신적 원인 ④ 관리적 원인

해설 직접원인
• 불안전한 행동(인적 원인)
• 불안전한 상태(물적 원인)
  * 간접원인 : ① 기술적 원인 ② 교육적 원인
              ③ 신체적 원인 ④ 정신적 원인
              ⑤ 작업관리상 원인

46 다음 중 정기점검에 관한 설명으로 가장 적합한 것은?

① 안전강조 기간, 방화점검 기간에 실시하는 점검
② 사고 발생 이후 곧바로 외부 전문가에 의하여 실시하는 점검
③ 작업자에 의해 매일 작업 전, 중, 후에 해당 작업설비에 대하여 수시로 실시하는 점검
④ 기계, 기구, 시설 등에 대하여 주, 월, 또는 분기 등 지정된 날짜에 실시하는 점검

해설 정기점검
일정시간마다 정기적으로 실시하는 점검으로, 기계, 기구, 시설 등에 대하여 주, 월, 또는 분기 등 지정된 날짜에 실시하는 점검

47 다음 연삭숫돌의 파괴원인 중 가장 적절하지 않은 것은?

① 숫돌의 회전속도가 너무 빠른 경우
② 플랜지의 직경이 숫돌 직경의 1/3이상으로 고정된 경우
③ 숫돌 자체에 균열 및 파손이 있는 경우
④ 숫돌에 과대한 충격을 준 경우

해설 연삭작업에서 숫돌의 파괴원인
① 숫돌의 회전속도가 너무 빠를 때
② 숫돌에 균열이 있을 때
③ 플랜지의 지름이 현저히 작을 때
④ 외부의 충격을 받았을 때
⑤ 회전력이 결합력보다 클 때
⑥ 숫돌의 측면을 사용할 때
⑦ 숫돌의 치수 특히 내경의 크기가 적당하지 않을 때

48 선반에서 일감의 길이가 지름에 비하여 상당히 길 때 사용하는 부속품으로 절삭 시 절삭저항에 의한 일감의 진동을 방지하는 장치는?

① 칩 브레이커
② 척 커버
③ 방진구
④ 실드

해설 방진구(Center Rest)
길이가 직경의 12배 이상인 가늘고 긴 공작물을 고정하는 장치(작업 시 공작물의 휘거나 처짐 방지)

정답 44. ② 45. ① 46. ④ 47. ② 48. ③

49 밀링 작업 시 안전 수칙에 관한 설명으로 틀린 것은?

① 칩은 기계를 정지시킨 다음에 브러시 등으로 제거한다.
② 일감 또는 부속장치 등을 설치하거나 제거할 때는 반드시 기계를 정지시키고 작업한다.
③ 면장갑을 반드시 끼고 작업한다.
④ 강력 절삭을 할 때는 일감을 바이스에 깊게 물린다.

[해설] 밀링 작업시 안전수칙
① 강력 절삭을 할 때는 공작물을 바이스에 깊게 물린다.
② 가공품을 풀어내거나 고정할 때 또는 측정할 때에는 기계를 정지 시킨다.
③ 칩은 기계를 정지시킨 후에 브러시로 제거한다
④ 면장갑을 착용하지 않는다.

50 산업안전보건법령상 프레스 등 금형을 부착·해체 또는 조정하는 작업을 할 때, 슬라이드가 갑자기 작동함으로써 근로자에게 발생할 우려가 있는 위험을 방지하기 위해 사용해야 하는 것은? (단, 해당 작업에 종사하는 근로자의 신체가 위험한계 내에 있는 경우)

① 방진구   ② 안전블록
③ 시건장치   ④ 날접촉예방장치

[해설] **금형해체, 부착, 조정작업의 위험 방지** : 안전블록 사용
〈산업안전보건기준에 관한 규칙〉
제104조(금형조정작업의 위험 방지)
프레스 등의 금형을 부착·해체 또는 조정하는 작업을 할 때에 안전블록을 사용하는 등 필요한 조치를 하여야 한다.

51 프레스기의 SPM(stroke per minute)이 200이고, 클러치의 맞물림 개소수가 6인 경우 양수기동식 방호장치의 안전거리는?

① 120mm   ② 200mm
③ 320mm   ④ 400mm

[해설] **안전거리**
$D_m(mm) = 1,600 \times T_m(sec) = 1.6 \times T_m(ms)$
$T_m = \left(\dfrac{1}{클러치 개수} + \dfrac{1}{2}\right) \times \dfrac{60}{매분 행정수(SPM)}$

여기서, T_m : 양손으로 누름단추를 조작하고 슬라이드가 하사점에 도달하기까지의 소요최대시간(sec)

① $T_m = \left(\dfrac{1}{클러치개수} + \dfrac{1}{2}\right) \times \left(\dfrac{60}{매분행정수}\right)$
$= \left(\dfrac{1}{6} + \dfrac{1}{2}\right) \times \dfrac{60}{200} = 0.2$

② $D_m = 1600 \times T_m = 1600 \times 0.2 = 320mm$

52 산업안전보건법령상 산업용 로봇에 의한 작업 시 안전조치 사항으로 적절하지 않은 것은?

① 로봇의 운전으로 인해 근로자가 로봇에 부딪칠 위험이 있을 때에는 높이 1.8m 이상의 울타리를 설치하여야 한다.
② 작업을 하고 있는 동안 로봇의 기동스위치 등은 작업에 종사하고 있는 근로자가 아닌 사람이 그 스위치 등을 조작 할 수 없도록 필요한 조치를 한다.
③ 로봇의 조작방법 및 순서, 작업 중의 매니퓰레이터의 속도 등에 관한 지침에 따라 작업을 하여야 한다.
④ 작업에 종사하는 근로자가 이상을 발견하면, 관리 감독자에게 우선 보고하고, 지시가 나올 때 까지 작업을 진행한다.

[해설] **산업용 로봇에 의한 작업 시 안전조치 사항** 〈산업안전보건기준에 관한 규칙〉
제222조(교시 등)
2. 작업에 종사하고 있는 근로자 또는 그 근로자를 감시하는 사람은 이상을 발견하면 즉시 로봇의 운전을 정지시키기 위한 조치를 할 것

정답 49. ③ 50. ② 51. ③ 52. ④

53 산업안전보건법령상 목재가공용 기계에 사용되는 방호장치의 연결이 옳지 않은 것은?

① 둥근톱기계 : 톱날접촉예방장치
② 띠톱기계 : 날접촉예방장치
③ 모떼기기계 : 날접촉예방장치
④ 동력식 수동대패기계 : 반발예방장치

해설 목재가공용 기계별 방호장치
① 목재가공용 둥근톱기계 – 톱날접촉예방장치, 반발예방장치
② 동력식 수동대패기계 – 날접촉예방장치
③ 목재가공용 띠톱기계 – 날접촉예방장치
④ 모떼기 기계 – 날접촉예방장치

54 산업안전보건법령상 보일러의 안전한 가동을 위하여 보일러 규격에 맞는 압력방출장치가 2개 이상 설치된 경우에 최고사용압력 이하에서 1개가 작동되고, 다른 압력방출장치는 최고사용압력의 몇 배 이하에서 작동되도록 부착하여야 하는가?

① 1.03배
② 1.05배
③ 1.2배
④ 1.5배

해설 압력방출장치(안전밸브 및 압력릴리프 장치)
보일러 내부의 압력이 최고사용 압력을 초과할 때 그 과잉의 압력을 외부로 자동적으로 배출시킴으로써 과도한 압력 상승을 저지하여 사고를 방지하는 장치
제116조(압력방출장치) 〈산업안전보건기준에 관한 규칙〉
① 압력방출장치가 2개 이상 설치된 경우에는 최고사용압력 이하에서 1개가 작동되고, 다른 압력방출장치는 최고사용압력 1.05배 이하에서 작동되도록 부착하여야 한다.

55 다음 중 롤러의 급정지 성능으로 적합하지 않은 것은?

① 앞면 롤러 표면 원주속도가 25m/min, 앞면 롤러의 원주가 5m일 때 급정지거리 1.6m 이내
② 앞면 롤러 표면 원주속도가 35m/min, 앞면 롤러의 원주가 7m일 때 급정지거리 2.8m 이내
③ 앞면 롤러 표면 원주속도가 30m/min, 앞면 롤러의 원주가 6m일 때 급정지거리 2.6m 이내
④ 앞면 롤러 표면 원주속도가 20m/min, 앞면 롤러의 원주가 8m일 때 급정지거리 2.6m 이내

해설 비상정지장치 또는 급정지장치의 조작 시 급정지장치의 제동거리(급정지거리)

앞면 롤러의 표면속도(m/min)	급정지거리
30 미만	앞면 롤러 원주의 1/3
30 이상	앞면 롤러 원주의 1/2.5

⇨ 지문 ③번
㉠ 정지거리 기준 : 표면속도가 30m/min 이상으로 원주(πD)의 $\frac{1}{2.5}$ 이내
㉡ 급정지거리 $= \pi D \times \frac{1}{2.5} = 6 \times \frac{1}{2.5} = 2.4m$

56 산업안전보건법령상 아세틸렌 용접장치의 아세틸렌 발생기실을 설치하는 경우 준수하여야 하는 사항으로 옳은 것은?

① 벽은 가연성 재료로 하고 철근 콘크리트 또는 그 밖에 이와 동등하거나 그 이상의 강도를 가진 구조로 할 것
② 바닥면적의 16분의 1 이상의 단면적을 가진 배기통을 옥상으로 돌출시키고 그 개구부를 창이나 출입구로부터 1.5미터 이상 떨어지도록 할 것
③ 출입구의 문은 불연성 재료로 하고 두께 1.0밀리미터 이하의 철판이나 그 밖에 그 이상의 강도를 가진 구조로 할 것
④ 발생기실을 옥외에 설치한 경우에는 그 개구부를 다른 건축물로부터 1.0미터 이내 떨어지도록 할 것

정답 53. ④ 54. ② 55. ③ 56. ②

해설 **발생기실의 설치장소** 〈산업안전보건기준에 관한 규칙〉
제286조(발생기실의 설치장소 등)
③ 발생기실을 옥외에 설치한 경우에는 그 개구부를 다른 건축물로부터 1.5미터 이상 떨어지도록 하여야 한다.

제287조(발생기실의 구조 등)
발생기실을 설치하는 경우의 준수사항
1. 벽은 불연성 재료로 하고 철근 콘크리트 또는 그 밖에 이와 같은 수준이거나 그 이상의 강도를 가진 구조로 할 것
2. 지붕과 천장에는 얇은 철판이나 가벼운 불연성 재료를 사용할 것
3. 바닥면적의 16분의 1 이상의 단면적을 가진 배기통을 옥상으로 돌출시키고 그 개구부를 창이나 출입구로부터 1.5미터 이상 떨어지도록 할 것
4. 출입구의 문은 불연성 재료로 하고 두께 1.5밀리미터 이상의 철판이나 그 밖에 그 이상의 강도를 가진 구조로 할 것

57 산업안전보건법령상 컨베이어, 이송용 롤러 등을 사용하는 경우 정전·전압강하 등에 의한 위험을 방지하기 위하여 설치하는 안전장치는?

① 권과방지장치
② 동력전달장치
③ 과부하방지장치
④ 화물의 이탈 및 역주행 방지장치

해설 **컨베이어 안전장치** 〈산업안전보건기준에 관한 규칙〉
제191조(이탈 등의 방지)
컨베이어, 이송용 롤러 등을 사용하는 경우에는 정전·전압강하 등에 따른 화물 또는 운반구의 이탈 및 역주행을 방지하는 장치를 갖추어야 한다.(*역전방지장치)

58 산업안전보건법령상 양중기의 과부하방지장치에서 요구하는 일반적인 성능기준으로 가장 적절하지 않은 것은?

① 과부하방지장치 작동 시 경보음과 경보램프가 작동되어야 하며 양중기는 작동이 되지 않아야 한다.
② 외함의 전선 접촉부분은 고무 등으로 밀폐되어 물과 먼지 등이 들어가지 않도록 한다.
③ 과부하방지장치와 타 방호장치는 기능에 서로 장애를 주지 않도록 부착할 수 있는 구조이어야 한다.
④ 방호장치의 기능을 정지 및 제거할 때 양중기의 기능이 동시에 원활하게 작동하는 구조이며 정지해서는 안 된다.

해설 **양중기의 과부하장치에서 요구하는 일반적인 성능기준**
〈방호장치 의무안전인증 고시. 별표2〉
방호장치의 기능을 제거 또는 정지할 때 양중기의 기능도 동시에 정지할 수 있는 구조이어야 한다.
* 과부하방지장치 : 하중이 정격을 초과하였을 때 자동적으로 상승이 정지되는 장치

59 화물중량이 200kgf, 지게차의 중량이 400kgf, 앞바퀴에서 화물의 무게중심까지의 최단거리가 1m일 때 지게차가 안정되기 위하여 앞바퀴에서 지게차의 무게중심까지 최단거리는 최소 몇 m를 초과해야 하는가?

① 0.2m   ② 0.5m
③ 1m   ④ 2m

해설 **지게차 안정도**
W : 포크중심에서의 화물의 중량(kg)
G : 지게차 중심에서의 지게차 중량(kg)
a : 앞바퀴에서 화물 중심까지의 최단거리(cm)
b : 앞바퀴에서 지게차 중심까지의 최단거리(cm)
지게차의 모멘트 : $M_2 = G \times b$
화물의 모멘트 : $M_1 = W \times a$
⇨ $M_1 \leq M_2$
　① $M_1 = W \times a = 200 \times 1 = 200$
　② $M_2 = G \times b = 400 \times b = 400b$
⇨ $M_1 \leq M_2 \rightarrow 200 \leq 400b \rightarrow b \geq 0.5m$

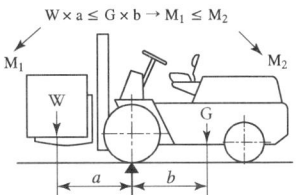

정답 57. ④ 58. ④ 59. ②

60 다음 중 금속 등의 도체에 교류를 통한 코일을 접근시켰을 때, 결함이 존재하면 코일에 유기되는 전압이나 전류가 변하는 것을 이용한 검사방법은?

① 자분탐상검사　② 초음파탐상검사
③ 와류탐상검사　④ 침투형광탐상검사

해설 와류탐상검사(ET, Eddy Current Test)
금속 등의 도체에 교류를 통한 코일을 접근시켰을 때, 결함이 존재하면 코일에 유기되는 전압이나 전류가 변하는 것을 이용한 검사방법

제4과목　전기설비 안전관리

61 다음 중 전기설비기술기준에 따른 전압의 구분으로 틀린 것은?

① 저압 : 직류 1kV 이하
② 고압 : 교류 1kV를 초과, 7kV 이하
③ 특고압 : 직류 7kV 초과
④ 특고압 : 교류 7kV 초과

해설 전압에 따른 전원의 종류 〈전기사업법 시행규칙 제2조〉

구분	직류	교류
저압	1,500V 이하	1,000V 이하
고압	1,500V 초과 ~ 7,000V 이하	1,000V 초과 ~ 7,000V 이하
특고압	7,000V 초과	

62 심실세동 전류 $I = \dfrac{165}{\sqrt{T}}$ mA 라면 심실세동 시 인체에 직접 받는 전기에너지(cal)는 약 얼마인가? (단, t는 통전시간으로 1초이며, 인체의 저항은 500Ω으로 한다.)

① 0.52　② 1.35
③ 2.14　④ 3.27

해설 위험한계에너지
감전전류가 인체저항을 통해 흐르면 그 부위에는 열이 발생하는데 이 열에 의해서 화상을 입고 세포 조직이 파괴됨

줄(Joule)열 $H = I^2 RT [J] = 0.24 I^2 RT [cal]$
　　　　　　　　　　　　　　(*1J = 0.24cal)
$= 0.24 \times \left(\dfrac{165}{\sqrt{T}} \times 10^{-3}\right)^2 \times R \times T$
$= 0.24 \times \left(\dfrac{165}{\sqrt{1}} \times 10^{-3}\right)^2 \times 500 \times 1$
$= 3.27 \text{cal}$

* 심실세동전류 $I = \dfrac{165}{\sqrt{T}}$ mA
→ $I = \dfrac{165}{\sqrt{T}} \times 10^{-3}$ A

63 대지에서 용접작업을 하고 있는 작업자가 용접봉에 접촉한 경우 통전전류는? (단, 용접기의 출력 측 무부하전압 : 90V, 접촉저항(손, 용접봉 등 포함) : 10kΩ, 인체의 내부 저항 : 1kΩ, 발과 대지의 접촉저항 : 20kΩ 이다.)

① 약 0.19mA　② 약 0.29mA
③ 약 1.96mA　④ 약 2.90mA

해설 통전전류
인가전압에 비례하고 인체저항에 반비례함

전류$(I) = \dfrac{전압(V)}{저항(R)}$
$= \dfrac{90}{(10,000 + 1,000 + 20,000)}$
$= 0.00290 \text{A} = 2.90 \text{mA}$

64 다음 중 활선근접 작업시의 안전조치로 적절하지 않은 것은?

① 근로자가 절연용 방호구의 설치 · 해체작업을 하는 경우에는 절연용 보호구를 착용하거나 활선작업용 기구 및 장치를 사용하도록 하여야 한다.

정답 60.③　61.①　62.④　63.④　64.③

② 저압인 경우에는 해당 전기작업자가 절연용 보호구를 착용하되, 충전전로에 접촉할 우려가 없는 경우에는 절연용 방호구를 설치하지 아니할 수 있다.
③ 유자격자가 아닌 근로자가 근로자의 몸 또는 긴 도전성 물체가 방호되지 않은 충전전로에서 대지전압이 50kV 이하 인 경우에는 400cm 이내로 접근할 수 없도록 하여야 한다.
④ 고압 및 특별고압의 전로에서 전기작업을 하는 근로자에게 활선작업용 기구 및 장치를 사용하여야 한다.

해설 유자격자가 아닌 근로자의 충전전로에서의 전기작업
〈산업안전보건기준에 관한 규칙〉
제321조(충전전로에서의 전기작업)
① 근로자가 충전전로를 취급하거나 그 인근에서 작업하는 경우의 조치
　7. 유자격자가 아닌 근로자가 충전전로 인근의 높은 곳에서 작업할 때에 근로자의 몸 또는 긴 도전성 물체가 방호되지 않은 충전전로에서 대지전압이 50킬로볼트 이하인 경우에는 300센티미터 이내로, 대지전압이 50킬로볼트를 넘는 경우에는 10킬로볼트당 10센티미터씩 더한 거리 이내로 각각 접근할 수 없도록 할 것

65 산업안전보건기준에 관한 규칙에 따른 전기기계·기구에 설치 시 고려할 사항으로 거리가 먼 것은?

① 전기기계·기구의 충분한 전기적 용량 및 기계적 강도
② 전기기계·기구의 안전효율을 높이기 위한 시간 가동율
③ 습기·분진 등 사용장소의 주위 환경
④ 전기적·기계적 방호수단의 적정성

해설 전기 기계·기구의 적정 설치시 고려사항 〈산업안전보건기준에 관한 규칙〉
제303조(전기 기계·기구의 적정설치 등)
① 전기기계·기구를 설치하려는 경우의 고려사항
　1. 전기기계·기구의 충분한 전기적 용량 및 기계적 강도
　2. 습기·분진 등 사용장소의 주위 환경
　3. 전기적·기계적 방호수단의 적정성

66 정전작업 시 조치사항으로 틀린 것은?
① 작업 전 전기설비의 잔류 전하를 확실히 방전한다.
② 개로된 전로의 충전여부를 검전기구에 의하여 확인한다.
③ 개폐기에 잠금장치를 하고 통전금지에 관한 표지판은 제거한다.
④ 예비 동력원의 역송전에 의한 감전의 위험을 방지하기 위해 단락접지 기구를 사용하여 단락 접지를 한다.

해설 정전작업의 안전 〈산업안전보건기준에 관한 규칙〉
제319조(정전전로에서의 전기작업)
② 전로 차단 시행 절차
1. 전기기기 등에 공급되는 모든 전원을 관련 도면, 배선도 등으로 확인할 것
2. 전원을 차단한 후 각 단로기 등을 개방하고 확인할 것
3. 차단장치나 단로기 등에 잠금장치 및 꼬리표를 부착할 것
4. 잔류전하를 완전히 방전시킬 것
5. 검전기를 이용하여 작업 대상 기기가 충전되었는지를 확인할 것
6. 단락 접지기구를 이용하여 접지할 것

67 내섭압용 설연장갑의 등급에 따른 최내사용전압이 틀린 것은? (단, 교류 전압은 실효값이다.)

① 등급 00 : 교류 500V
② 등급 1 : 교류 7,500V
③ 등급 2 : 직류 17,000V
④ 등급 3 : 직류 39,750V

정답 65. ② 66. ③ 67. ③

해설 **절연장갑의 등급**

등급	최대사용전압		비고
	교류(V, 실효값)	직류(V)	
00	500	750	
0	1,000	1,500	
1	7,500	11,250	
2	17,000	25,500	
3	26,500	39,750	
4	36,000	54,000	

* 직류는 교류값에 1.5를 곱해준다.

68 어느 변전소에서 고장전류가 유입되었을 때 도전성 구조물과 그 부근 지표상의 점과의 사이(약 1m)의 허용접촉전압은 약 몇 V 인가? (단, 심실세동전류 : $I_k = \dfrac{0.165}{\sqrt{t}}[A]$, 인체의 저항 : 1000Ω, 지표면의 저항률 : 150 Ω·m, 통전시간을 1초로 한다.)

① 164   ② 186
③ 202   ④ 228

해설 **허용접촉전압과 허용보폭전압**

허용접촉전압	허용보폭전압
$E = I_k \times \left(R_b + \dfrac{3}{2}\rho_s\right)$	$E = I_k \times (R_b + 6\rho_s)$

(심실세동전류 : $I_k = \dfrac{0.165}{\sqrt{t}}[A]$, R_b =인체의 저항(Ω),
ρ_s =지표면의 저항률(Ω·m), 통전시간을 t초)

⇨ $E = I_k \times \left(R_b + \dfrac{3}{2}\rho_s\right) = \dfrac{0.165}{\sqrt{1}} \times \left(1,000 + \dfrac{3}{2} \times 150\right)$
　　 $= 202V$

69 지락이 생긴 경우 접촉상태에 따라 접촉전압을 제한할 필요가 있다. 인체의 접촉상태에 따른 허용접촉전압을 나타낸 것으로 다음 중 옳지 않은 것은?

① 제1종: 2.5V 이하
② 제2종: 25V 이하
③ 제3종: 35V 이하
④ 제4종: 제한 없음

해설 **종별 허용접촉전압**

종별	접촉상태	허용접촉전압
제1종	• 인체의 대부분이 수중에 있는 상태	2.5[V] 이하
제2종	• 인체가 현저히 젖어 있는 상태 • 금속성의 전기·기계장치나 구조물에 인체의 일부가 상시 접촉되어 있는 상태	25[V] 이하
제3종	• 제1종, 제2종 이외의 경우로서 통상의 인체 상태에 접촉 전압이 가해지면 위험성이 높은 상태	50[V] 이하
제4종	• 제1종, 제2종 이외의 경우로서 통상의 인체 상태에 접촉 전압이 가해지더라도 위험성이 낮은 상태 • 접촉 전압이 가해질 우려가 없는 경우	제한 없음

70 정격사용률이 30%, 정격 2차 전류가 300A인 교류아크 용접기를 200A로 사용하는 경우의 허용사용률(%)은?

① 13.3   ② 67.5
③ 110.3 ④ 157.5

해설 허용사용률(%) $= \left(\dfrac{2차 \ 정격전류}{실제 \ 용접전류}\right)^2 \times 정격사용률 \times 100$

* 정격사용률 $= \dfrac{아크발생시간}{아크발생시간 + 무부하시간} \times 100$

⇨ 허용사용률 $= \left(\dfrac{300}{200}\right)^2 \times 30\% \times 100 = 67.5\%$

71 피뢰기로서 갖추어야 할 성능 중 틀린 것은?

① 충격방전 개시전압이 낮을 것
② 뇌전류 방전 능력이 클 것
③ 제한전압이 높을 것
④ 속류 차단을 확실하게 할 수 있을 것

정답　68. ③　69. ③　70. ②　71. ③

해설 피뢰기가 갖추어야 할 성능
① 충격방전 개시전압이 낮아야 한다.
② 제한전압이 낮아야 한다.
③ 뇌전류의 방전능력이 크고 속류의 차단이 확실하여야 한다.
④ 상용 주파 방전 개시 전압이 높아야 한다.
⑤ 반복동작이 가능하여야 한다.

72 접지저항 저감 방법으로 틀린 것은?

① 접지극의 병렬 접지를 실시한다.
② 접지극의 매설 깊이를 증가시킨다.
③ 접지극의 크기를 최대한 작게 한다.
④ 접지극 주변의 토양을 개량하여 대지 저항률을 떨어뜨린다.

해설 접지저항 저감 방법
동판이나 접지봉을 땅속에 묻어 접지 저항값이 규정값에 도달하지 않을 때 이를 저하시키는 방법

물리적 저감법	화학적 저감법(약품법)
① 접지봉을 땅속 깊이 매설 ② 접지봉을 개수를 증가하여 병렬로 연결(다중접속방법) ③ 토양과의 접촉 면적이 넓도록 접지봉의 규격을 크게 함	① 도전성 물질을 접지극 주변의 토양에 주입 ② 수분함량, 보수율, 유기질함유량이 높은 토양을 혼합하여 토양의 질을 개선

73 다음 설명이 나타내는 현상은?

> 전압이 인가된 이극 도체간의 고체 절연물 표면에 이물질이 부착되면 미소방전이 일어난다. 이 미소방전이 반복되면서 절연물 표면에 도전성 통로가 형성되는 현상이다.

① 흑연화현상 ② 트래킹현상
③ 반단선현상 ④ 절연이동현상

해설 트래킹현상
전자제품 등에서 충전전극 사이의 절연물 표면에 묻어 있는 습기, 수분, 먼지, 기타 오염 물질이 부착된 표면을 따라서 전류가 흘러 주변의 절연물질을 탄화(炭化)시키는 것

74 정전기의 재해방지 대책이 아닌 것은?

① 부도체에는 도전성을 향상 또는 제전기를 설치 운영한다.
② 접촉 및 분리를 일으키는 기계적 작용으로 인한 정전기 발생을 적게 하기 위해서는 가능한 접촉 면적을 크게 하여야 한다.
③ 저항률이 $10^{10}\Omega \cdot cm$ 미만의 도전성 위험물의 배관유속은 7m/s 이하로 한다.
④ 생산공정에 별다른 문제가 없다면, 습도를 70%정도 유지하는 것도 무방하다.

해설 정전기 발생에 영향을 주는 요인
물체의 접촉면적 및 접촉압력이 클수록 정전기의 발생량도 증가

75 어떤 부도체에서 정전용량이 10pF이고, 전압이 5kV일 때 전하량(C)은?

① 9×10^{-12} ② 6×10^{-10}
③ 5×10^{-8} ④ 2×10^{-6}

해설 전하량
$Q = CV = (10 \times 10^{-12}) \times 5000 = 5 \times 10^{-8}$ C
여기서, C : 도체의 정전용량(단위 패럿 F)
　　　　Q : 대전 전하량(단위 쿨롱 C)
　　　　V : 대전전위]
* 정전용량 10pF = 10×10^{-12}F(p 피코 → 10^{-12})

76 정전기 제거 방법으로 가장 거리가 먼 것은?

① 작업장 바닥을 도전 처리한다.
② 설비의 도체 부분은 접지시킨다.
③ 작업자는 대전방지화를 신는다.
④ 작업장을 항온으로 유지한다.

해설 정전기 제거 방법
작업장 내의 온도를 높여 방전을 촉진시킨다.

정답 72.③ 73.② 74.② 75.③ 76.④

77 다음 중 기기보호등급(EPL)에 해당하지 않는 것은?

① EPL Ga   ② EPL Ma
③ EPL Dc   ④ EPL Mc

해설 기기 방호 수준(EPL, Equipment Protection Level, 보호등급)
(가) 폭발성 가스가 있는 대기에 사용되는 기기로서 방호 수준 : Ga, Gb, Gc
(나) 폭발성 가스에 취약한 광산에 설치되는 기기로서 방호 수준 : Ma, Mb
(다) 폭발성 분진이 있는 대기에서 사용되는 기기로서 방호 수준 : Da, Db, Dc

78 다음 중 방폭설비의 보호등급(IP)에 대한 설명으로 옳은 것은?

① 제1 특성 숫자가 "1"인 경우 지름 50mm 이상의 외부 분진에 대한 보호
② 제1 특성 숫자가 "2"인 경우 지름 10mm 이상의 외부 분진에 대한 보호
③ 제2 특성 숫자가 "1"인 경우 지름 50mm 이상의 외부 분진에 대한 보호
④ 제2 특성 숫자가 "2"인 경우 지름 10mm 이상의 외부 분진에 대한 보호

해설 IP 등급(방폭설비의 보호등급, Ingress Protection Classification) : IEC 규정을 통해 외부의 접촉이나 먼지, 물(습기), 충격으로부터 보호하는 정도에 따라 등급을 분류. 첫 번째 숫자(6단계)는 고체나 분진에 대한 보호등급을 나타내고, 두 번째 숫자(8단계)는 액체, 물에 대한 등급을 나타냄
- 첫 번째 숫자가 1인 경우는 지름 50mm 이상의 외부 분진(고체)에 대한 보호
- 첫 번째 숫자가 2인 경우는 지름 12mm 이상의 외부 분진(고체)에 대한 보호
* 두 번째 숫자는 액체에 대한 보호정도를 나타냄

79 KS C IEC 60079-10-2에 따라 공기 중에 분진운의 형태로 폭발성 분진 분위기가 지속적으로 또는 장기간 또는 빈번히 존재하는 장소는?

① 0종 장소   ② 1종 장소
③ 20종 장소   ④ 21종 장소

해설 위험장소 구분 : 20종 장소, 21종 장소, 22종 장소

분류	적요
20종 장소	공기 중에 가연성 분진운의 형태가 연속적으로 장기간 존재하거나, 단기간 내에 폭발성 분진분위기가 자주 존재하는 장소 - 분진운 형태의 가연성 분진이 폭발농도를 형성할 정도로 충분한 양이 정상작동 중에 연속적으로 또는 자주 존재하거나, 제어할 수 없을 정도의 양 및 두께의 분진층이 형성될 수 있는 장소

80 다음 중 방폭구조의 종류가 아닌 것은?

① 본질안전 방폭구조
② 고압 방폭구조
③ 압력 방폭구조
④ 내압 방폭구조

해설 방폭구조의 종류와 기호

내압 방폭구조	d	비점화 방폭구조	n
압력 방폭구조	p	몰드 방폭구조	m
안전증 방폭구조	e	충전 방폭구조	q
유입 방폭구조	o	특수 방폭구조	s
본질안전 방폭구조	ia, ib		

제5과목 화학설비 안전관리

81 가스를 분류할 때 독성가스에 해당하지 않는 것은?

① 황화수소   ② 시안화수소
③ 이산화탄소 ④ 산화에틸렌

해설 독성가스 〈고압가스안전관리법 시행규칙〉
2. 독성가스 : 아황산가스·암모니아·일산화탄소·이황화탄소·불소·염소·산화에틸렌·시안화수소·황화수소

정답 77. ④ 78. ① 79. ③ 80. ② 81. ③

82 질화면(Nitrocellulose)은 저장 · 취급 중에는 에틸알코올 등으로 습면상태를 유지해야 한다. 그 이유를 옳게 설명한 것은?

① 질화면은 건조 상태에서는 자연적으로 분해하면서 발화할 위험이 있기 때문이다.
② 질화면은 알코올과 반응하여 안정한 물질을 만들기 때문이다.
③ 질화면은 건조 상태에서 공기 중의 산소와 환원반응을 하기 때문이다.
④ 질화면은 건조 상태에서 유독한 중합물을 형성하기 때문이다.

해설 니트로셀룰로이스(Nitrocellulose, 질화면)
① 저장, 취급 중에는 에틸 알콜 또는 이소프로필 알콜로 습면의 상태로 함 : 질화면은 건조상태에서는 자연발열을 일으켜 분해 폭발의 위험이 존재하기 때문
② 제조, 건조, 저장 중 충격과 마찰 등을 방지하여야 함(저장, 수송 시에는 알코올 등으로 습하게 하여서 취급) - 유기용 제외의 접촉을 피함

83 크롬에 대한 설명으로 옳은 것은?

① 은백색 광택이 있는 금속이다.
② 중독 시 미나마타병이 발병한다.
③ 비중이 물보다 작은 값을 나타낸다.
④ 3가 크롬이 인체에 가장 유해하다.

해설 크롬(Cr)
• 3가와 6가의 화합물이 사용되고 있음.
• 중독 시 비중격천공이 발병
① 주로 크롬도금 공정에서 많이 사용 : 크롬도금은 물체의 표면에 녹슬지 않는 아름다운 광택을 부여하고 내마모성을 부여하기 위하여 실시(은백색 광택)
② 3가 크롬은 인체에 해가 덜 하나 6가 크롬은 대표적인 발암물질로써 인체에 매우 유해

84 산업안전보건법령상 다음 인화성 가스의 정의에서 ( ) 안에 알맞은 값은?

"인화성 가스"란 인화한계 농도의 최저한도가 ( )% 이하 또는 최고한도와 최저한도의 차가 ( )% 이상인 것으로서 표준압력 1기압(101.3kPa), 20℃에서 가스 상태인 물질을 말한다.

① ㉠ 13, ㉡ 12   ② ㉠ 13, ㉡ 15
③ ㉠ 12, ㉡ 13   ④ ㉠ 12, ㉡ 15

해설 인화성 가스 〈산업안전보건법 시행령 별표 13〉
"인화성 가스"란 인화한계 농도의 최저한도가 13% 이하 또는 최고한도와 최저한도의 차가 12% 이상인 것으로서 표준압력 1기압(101.3kPa), 20℃에서 가스 상태인 물질을 말한다.

85 위험물의 저장방법으로 적절하지 않은 것은?

① 탄화칼슘은 물속에 저장한다.
② 벤젠은 산화성 물질과 격리시킨다.
③ 금속나트륨은 석유 속에 저장한다.
④ 질산은 갈색 병에 넣어 냉암소에 보관한다.

해설 위험물질에 대한 저장방법
① 탄화칼슘은 물과 반응하여 아세틸렌가스를 발생하므로, 밀폐 용기에 저장하고 불연성가스로 봉입함
② 벤젠은 산화성 물질과 격리시킴
③ 금속나트륨은 석유 속에 저장한다.(나트륨 : 유동 파라핀 속에 저장)
④ 질산은 통풍이 잘 되는 곳에 보관하고 물기와의 접촉을 금지(질산은 갈색병에 넣어 냉암소에 보관)

86 알루미늄분이 고온의 물과 반응하였을 때 생성되는 가스는?

① 이산화탄소   ② 수소
③ 메탄   ④ 에탄

해설 알루미늄 : 물과 반응하여 열이 발생하고, 온도가 올라 발화하게 되며 수소가스도 발생됨으로 폭발이 일어나게 됨($2Al + 6H_2O \rightarrow 2Al(OH)_3 + 3H_2$)

* 물과 반응하여 수소가스를 발생시키는 물질 : Mg(마그네슘), Zn(아연), Li(리튬), Na(나트륨), Al(알루미늄) 등

정답 82.① 83.① 84.① 85.① 86.②

87 다음 중 폭발범위에 관한 설명으로 틀린 것은?
① 상한값과 하한값이 존재한다.
② 온도에는 비례하지만 압력과는 무관하다.
③ 가연성 가스의 종류에 따라 각각 다른 값을 갖는다.
④ 공기와 혼합된 가연성 가스의 체적 농도로 나타낸다.

해설 **가연성가스의 연소범위(폭발범위)**
공기 중에 가연성 가스가 일정범위 이내로 함유되었을 경우에만 연소가 가능함. 이것은 물질의 고유한 특성으로서 연소범위 또는 폭발범위라고 함(가연성 가스와 공기와의 혼합가스에 점화원을 주었을 때 폭발이 일어나는 혼합가스의 농도 범위)
① 폭발범위는 온도상승에 의하여 넓어진다.(온도가 상승하면 폭발하한계는 감소, 폭발상한계는 증가)
② 압력이 상승하면 폭발하한계는 영향이 없으며 폭발상한계는 증가한다.

88 다음 표와 같은 혼합가스의 폭발범위(vol%)로 옳은 것은?

종류	용적비율(vol%)	폭발하한계(vol%)	폭발상한계(vol%)
CH_4	70	5	15
C_2H_6	15	3	12.5
C_3H_8	5	2.1	9.5
C_4H_{10}	10	1.9	8.5

① 3.75~13.21   ② 4.33~13.21
③ 4.33~15.22   ④ 3.75~15.22

해설 **혼합가스의 폭발범위(순수한 혼합가스일 경우)**

$$L = \frac{100}{\frac{V_1}{L_1} + \frac{V_2}{L_2} + \cdots + \frac{V_n}{L_n}}$$

L : 혼합가스의 폭발한계(%) – 폭발상한, 폭발하한 모두 적용 가능
$L_1 + L_2 + \cdots + L_n$: 각 성분가스의 폭발한계(%) – 폭발상한계, 폭발하한계
$V_1 + V_2 + \cdots + V_n$: 전체 혼합가스 중 각 성분가스의 비율(%) – 부피비
(* C_4H_{10} : 부탄, C_3H_8 : 프로판, C_2H_6 : 에탄, CH_4 : 메탄)

① 혼합가스의 폭발하한계 = 100/(70/5 + 15/3 + 5/2.1 + 10/1.9) = 3.75vol%
② 혼합가스의 폭발상한계 = 100/(70/15 + 15/12.5 + 5/9.5+ 10/8.5)) = 13.21vol%
⇨ 혼합가스의 폭발범위는 3.75~13.21

89 분진폭발의 요인을 물리적 인자와 화학적 인자로 분류할 때 화학적 인자에 해당하는 것은?
① 연소열   ② 입도분포
③ 열전도율   ④ 입자의 형상

해설 **분진폭발의 요인**
분진의 폭발특성에 영향을 미치는 요소들로는 화학적 성질과 조성, 입도 및 입도분포, 입자의 형상과 표면상태, 열전도율, 분진운의 농도, 수분함량 및 주위 습도, 점화에너지, 난류의 영향, 온도와 압력, 불활성 물질 등 여러 가지가 있다.(화학적 인자 : 연소열)

90 다음 설명이 의미하는 것은?

> 온도, 압력 등 제어상태가 규정의 조건을 벗어나는 것에 의해 반응속도가 지수함수적으로 증대되고, 반응용기 내의 온도, 압력이 급격히 이상 상승되어 규정 조건을 벗어나고, 반응이 과격화되는 현상

① 비등   ② 과열·과압
③ 폭발   ④ 반응폭주

해설 **반응폭주** : 화학반응시 온도, 압력 등의 제어상태가 규정조건을 벗어나서 반응속도가 지수함수적으로 증대되고 반응 용기 내의 온도, 압력이 급격히 증대하여 반응이 과격화되는 현상

91 비점이 낮은 가연성 액체 저장탱크 주위에 화재가 발생했을 때 저장탱크 내부의 비등현상으로 인한 압력 상승으로 탱크가 파열되어 그 내용물이 증발, 팽창하면서 발생되는 폭발현상은?

정답 87.② 88.① 89.① 90.④ 91.②

① Back Draft ② BLEVE
③ Flash Over ④ UVCE

해설 비등액 팽창증기폭발(BLEVE: Boiling Liquid Expanded Vapor Explosion)
BLEVE는 비점 이상의 압력으로 유지되는 액체가 들어있는 탱크가 파열될 때 일어나며, 용기가 파열되면 탱크 내용물중의 상당비율이 폭발적으로 증발하게 됨

92 산업안전보건법에서 정한 위험물질을 기준량 이상 제조하거나 취급하는 화학설비로서 내부의 이상상태를 조기에 파악하기 위하여 필요한 온도계·유량계·압력계 등의 계측장치를 설치하여야 하는 대상이 아닌 것은?

① 가열로 또는 가열기
② 증류·정류·증발·추출 등 분리를 하는 장치
③ 반응폭주 등 이상 화학반응에 의하여 위험물질이 발생할 우려가 있는 설비
④ 흡열반응이 일어나는 반응장치

해설 특수화학설비 〈산업안전보건기준에 관한 규칙〉 제273조(계측장치 등의 설치)
온도계·유량계·압력계 등의 계측장치를 설치하여야 하는 화학설비(특수화학설비)
1. 발열반응이 일어나는 반응장치
2. 증류·정류·증발·추출 등 분리를 하는 장치
3. 가열시켜 주는 물질의 온도가 가열되는 위험물질의 분해온도 또는 발화점보다 높은 상태에서 운전되는 설비
4. 반응폭주 등 이상 화학반응에 의하여 위험물질이 발생할 우려가 있는 설비
5. 온도가 섭씨 350도 이상이거나 게이지 압력이 980킬로파스칼 이상인 상태에서 운전되는 설비
6. 가열로 또는 가열기

93 사업주는 인화성 액체 및 인화성 가스를 저장 취급하는 화학설비에서 증기나 가스를 대기로 방출하는 경우에는 외부로부터의 화염을 방지하기 위하여 화염방지기를 설치하여야 한다. 다음 중 화염방지기의 설치 위치로 옳은 것은?

① 설비의 상단 ② 설비의 하단
③ 설비의 측면 ④ 설비의 조작부

해설 화염방지기의 설치 〈산업안전보건기준에 관한 규칙〉 제269조(화염방지기의 설치 등)
① 인화성 액체 및 인화성 가스를 저장 취급하는 화학설비에서 증기나 가스를 대기로 방출하는 경우에는 외부로부터의 화염을 방지하기 위하여 화염방지기를 그 설비 상단에 설치하여야 한다.
* 화염방지기(flame arrester) : 비교적 저압 또는 상압에서 가연성의 증기를 발생하는 유류를 저장하는 탱크에서 외부에 그 증기를 방출하기도 하고, 탱크 내에 외기를 흡입하기도 하는 부분에 설치하며, 가는 눈금의 금망이 여러 개 겹쳐진 구조로 된 안전장치(화염의 역화를 방지하기 위한 안전장치)

94 다음 중 열교환기의 보수에 있어 일상점검항목과 정기적 개방점검항목으로 구분할 때 일상점검항목으로 거리가 먼 것은?

① 도장의 노후상황
② 부착물에 의한 오염의 상황
③ 보온재, 보냉재의 파손여부
④ 기초볼트의 체결정도

해설 열교환기의 보수에 있어서 일상점검항목
① 보온재 및 보냉재의 파손상황
② 도장의 노후 상황
③ flange부 등의 외부 누출여부
④ 기초부 및 기초 고정부 상태(기초볼트의 체결정도 등)
* 부식의 형태 및 정도는 일상점검(외관)으로 파악하기 어려움

95 고압가스 용기 파열사고의 주요 원인 중 하나는 용기의 내압력(耐壓力, capacity to resist presure)부족이다. 다음 중 내압력 부족의 원인으로 거리가 먼 것은?

① 용기 내벽의 부식
② 강재의 피로
③ 과잉 충전
④ 용접 불량

정답 92.④ 93.① 94.② 95.③

해설 고압가스 용기 파열사고의 주요 원인
① 용기의 내압력(耐壓力) 부족 : 용기 내벽의 부식, 강재의 피로, 용접불량
② 용기 내의 이상 압력 상승
③ 용기 내에서의 폭발성 혼합가스의 발화

96 다음 중 반응기의 구조 방식에 의한 분류에 해당하는 것은?

① 탑형 반응기
② 연속식 반응기
③ 반회분식 반응기
④ 회분식 균일상 반응기

해설 반응기의 분류
(가) 반응기의 조작 방식에 의한 분류
① 회분식 반응기
② 반회분식 반응기
③ 연속식 반응기
(나) 반응기의 구조 방식에 의한 분류
① 교반조형 반응기
② 관형 반응기
③ 탑형 반응기
④ 유동층형 반응기

97 다음 중 자연발화가 쉽게 일어나는 조건으로 틀린 것은?

① 주위온도가 높을수록
② 열 축적이 클수록
③ 적당량의 수분이 존재할 때
④ 표면적이 작을수록

해설 자연발화가 가장 쉽게 일어나기 위한 조건
: 고온, 다습한 환경
① 발열량이 클 것
② 주변의 온도가 높을 것
③ 물질의 열전도율이 작을 것
④ 표면적이 넓을 것
⑤ 적당량의 수분이 존재할 것

98 다음 중 인화점이 가장 낮은 것은?

① 벤젠
② 메탄올
③ 이황화탄소
④ 경유

해설 인화점(flash point) : 가연성 증기에 점화원을 주었을 때 연소가 시작되는 최저온도

물질	인화점
벤젠(C_6H_6)	$-11.10℃$
이황화탄소(CS_2)	$-30℃$
메탄올(CH_3OH)	$16℃$
경유	$50℃$

99 자연 발화성을 가진 물질이 자연발열을 일으키는 원인으로 거리가 먼 것은?

① 분해열   ② 증발열
③ 산화열   ④ 중합열

해설 자연 발화성을 가진 물질이 자연발열을 일으키는 원인
• 자연발화는 외부로 방출하는 열보다 내부에서 발생하는 열의 양이 많은 경우에 발생
• 자연발열의 원인에는 분해열, 산화열, 중합열, 발효열 등이 있음

100 액체 표면에서 발생한 증기농도가 공기 중에서 연소하한농도가 될 수 있는 가장 낮은 액체 온도를 무엇이라 하는가?

① 인화점
② 비등점
③ 연소점
④ 발화온도

해설 인화점(Flash Point)
가연성 증기에 점화원을 주었을 때 연소가 시작되는 최저온도
– 액체의 경우 액체 표면에서 발생한 증기농도가 공기 중에서 연소 하한 농도가 될 수 있는 가장 낮은 액체온도(인화점이 낮을수록 위험하다.)

정답 96.① 97.④ 98.③ 99.② 100.①

제6과목 건설공사 안전관리

101 흙막이벽 근입깊이를 깊게 하고, 전면의 굴착 부분을 남겨두어 흙의 중량으로 대항하게 하거나, 굴착 예정부분의 일부를 미리 굴착하여 기초콘크리트를 타설하는 등의 대책과 가장 관계가 깊은 것은?

① 파이핑현상이 있을 때
② 히빙현상이 있을 때
③ 지하수위가 높을 때
④ 굴착깊이가 깊을 때

해설 히빙(Heaving)현상 방지대책
① 흙막이 벽체의 근입깊이를 깊게 한다.(경질지반까지 연장)
② 흙막이 배면의 표토를 제거하여 토압을 경감시킨다.
③ 굴착면에 토사 등으로 하중을 가한다.(전면의 굴착 부분을 남겨두어 흙의 중량으로 대항하게 하거나, 굴착 예정부분의 일부를 미리 굴착하여 기초콘크리트를 타설한다. 부풀어 솟아오르는 바닥면의 토사를 제거하지 않는다.)
※ 히빙(Heaving)현상 : 연약한 점토지반의 토공사에서 흙막이 밖에 있는 흙이 안으로 밀려 들어와 내측 흙이 부풀어 오르는 현상(흙막이 벽체 내외의 토사의 중량차에 의해 발생)

102 건설공사의 유해위험방지계획서 제출 기준일로 옳은 것은?

① 당해공사 착공 1개월 전까지
② 당해공사 착공 15일 전까지
③ 당해공사 착공 전날까지
④ 당해공사 착공 15일 후까지

해설 유해위험방지계획서 제출 기준일 〈산업안전보건법 시행규칙〉
- 건설공사 : 해당공사의 착공 전날까지 공단에 2부 제출

103 건설업 중 유해위험방지계획서 제출 대상 사업장으로 옳지 않은 것은?

① 지상높이가 31m 이상인 건축물 또는 인공구조물, 연면적 30000m² 이상인 건축물 또는 연면적 5000m² 이상의 문화 및 집회시설의 건설공사
② 연면적 3000m² 이상의 냉동·냉장 창고시설의 설비공사 및 단열공사
③ 깊이 10m 이상인 굴착공사
④ 최대 지간길이가 50m 이상인 다리의 건설공사

해설 유해·위험방지계획서 제출대상 건설공사 〈산업안전보건법 시행령〉
1. 다음에 해당하는 건축물 또는 시설 등의 건설·개조 또는 해체 공사
   가. 지상높이가 31미터 이상인 건축물 또는 인공구조물
   나. 연면적 3만제곱미터 이상인 건축물
   다. 연면적 5천제곱미터 이상인 시설로서 다음의 어느 하나에 해당하는 시설
      1) 문화 및 집회시설(전시장 및 동물원·식물원은 제외한다)
      2) 판매시설, 운수시설(고속철도의 역사 및 집배송시설은 제외한다)
      3) 종교시설
      4) 의료시설 중 종합병원
      5) 숙박시설 중 관광숙박시설
      6) 지하도상가
      7) 냉동·냉장 창고시설
2. 연면적 5천제곱미터 이상의 냉동·냉장 창고시설의 설비공사 및 단열공사
3. 최대 지간(支間)길이(다리의 기둥과 기둥의 중심사이의 거리)가 50미터 이상인 다리의 건설등 공사
4. 터널의 건설등 공사
5. 다목적댐, 발전용댐, 저수용량 2천만톤 이상의 용수 전용 댐 및 지방상수도 전용 댐의 건설등 공사
6. 깊이 10미터 이상인 굴착공사

정답 101. ② 102. ③ 103. ②

104 차량계 건설기계를 사용하여 작업을 하는 경우 작업계획서 내용에 포함되지 않는 사항은?

① 사용하는 차량계 건설기계의 종류 및 성능
② 차량계 건설기계의 운행경로
③ 차량계 건설기계에 의한 작업방법
④ 차량계 건설기계의 유지보수방법

해설 차량계 건설기계를 사용하는 작업의 작업계획서 내용 〈산업안전보건 기준에 관한 규칙〉
가. 사용하는 차량계 건설기계의 종류 및 성능
나. 차량계 건설기계의 운행경로
다. 차량계 건설기계에 의한 작업방법

105 항타기 또는 항발기의 사용 시 준수사항으로 옳지 않은 것은?

① 증기나 공기를 차단하는 장치를 작업관리자가 쉽게 조작할 수 있는 위치에 설치한다.
② 해머의 운동에 의하여 증기호스 또는 공기호스와 해머의 접속부가 파손되거나 벗겨지는 것을 방지하기 위하여 그 접속부가 아닌 부위를 선정하여 증기호스 또는 공기호스를 해머에 고정시킨다.
③ 항타기나 항발기의 권상장치의 드럼에 권상용 와이어로프가 꼬인 경우에는 와이어로프에 하중을 걸어서는 안 된다.
④ 항타기나 항발기의 권상장치에 하중을 건 상태로 정지하여 두는 경우에는 쐐기장치 또는 역회전방지용 브레이크를 사용하여 제동하는 등 확실하게 정지시켜 두어야 한다.

해설 항타기 또는 항발기 사용 시의 조치 〈산업안전보건에 관한 규칙〉
제217조(사용 시의 조치 등)
① 증기나 압축공기를 동력원으로 하는 항타기나 항발기를 사용하는 경우에의 준수사항
　1. 해머의 운동에 의하여 증기호스 또는 공기호스와 해머의 접속부가 파손되거나 벗겨지는 것을 방지하기 위하여 그 접속부가 아닌 부위를 선정하여 증기호스 또는 공기호스를 해머에 고정시킬 것
　2. 증기나 공기를 차단하는 장치를 해머의 운전자가 쉽게 조작할 수 있는 위치에 설치할 것

106 안전계수가 4이고 2000MPa의 인장강도를 갖는 강선의 최대허용응력은?

① 500MPa　② 1000MPa
③ 1500MPa　④ 2000MPa

해설 강선의 최대허용응력
안전계수 = 인장강도/최대허용응력
⇒ 최대허용응력 = 인장강도/안전계수
　　　　　　　　= 2000/4
　　　　　　　　= 500MPa

107 산업안전보건법령에 따른 양중기의 종류에 해당하지 않는 것은?

① 고소작업차　② 이동식 크레인
③ 승강기　　　④ 리프트(Lift)

해설 양중기의 종류 〈산업안전보건기준에 관한 규칙〉
제132조(양중기)
1. 크레인[호이스트(hoist)를 포함]
2. 이동식 크레인
3. 리프트(이삿짐운반용 리프트의 경우에는 적재하중이 0.1톤 이상인 것으로 한정)
4. 곤돌라
5. 승강기

108 근로자의 추락 등의 위험을 방지하기 위한 안전난간의 설치기준으로 옳지 않은 것은?

① 상부 난간대와 중간 난간대는 난간 길이 전체에 걸쳐 바닥면등과 평행을 유지할 것
② 발끝막이판은 바닥면등으로부터 20cm이상의 높이를 유지할 것
③ 난간대는 지름 2.7cm 이상의 금속제 파이프나 그 이상의 강도가 있는 재료일 것

정답 104.④ 105.① 106.① 107.① 108.②

④ 안전난간은 구조적으로 가장 취약한 지점에서 가장 취약한 방향으로 작용하는 100kg 이상의 하중에 견딜 수 있는 튼튼한 구조일 것

해설 **안전난간의 설치기준** 〈산업안전보건기준에 관한 규칙〉
제13조(안전난간의 구조 및 설치요건)
3. 발끝막이판은 바닥면등으로부터 10센티미터 이상의 높이를 유지할 것

109 추락방지용 방망 중 그물코의 크기가 5cm인 매듭방망 신품의 인장강도는 최소 몇 kg 이상이어야 하는가?

① 60 ② 110
③ 150 ④ 200

해설 **추락방지망의 인장강도**(방망사의 신품에 대한 인장강도)
※ ( )는 방망사의 폐기 시 인장강도

그물코의 크기 (단위 : 센티미터)	방망의 종류(단위 : 킬로그램)	
	매듭 없는 방망	매듭 방망
10	240(150)	200(135)
5		110(60)

110 추락 재해방지 설비 중 근로자의 추락재해를 방지할 수 있는 설비로 작업발판 설치가 곤란한 경우에 필요한 설비는?

① 경사로   ② 추락방호망
③ 고장사다리 ④ 달비계

해설 **추락방호망의 설치** 〈산업안전보건기준에 관한 규칙〉
제42조(추락의 방지)
② 작업발판을 설치하기 곤란한 경우 법령의 기준에 맞는 추락방호망을 설치하여야 한다. 다만, 추락방호망을 설치하기 곤란한 경우에는 근로자에게 안전대를 착용하도록 하는 등의 조치함

111 토사붕괴에 따른 재해를 방지하기 위한 흙막이 지보공 부재로 옳지 않은 것은?

① 흙막이판 ② 말뚝
③ 턴버클   ④ 띠장

해설 **흙막이 지보공 부재, 조립도** 〈산업안전보건기준에 관한 규칙〉
제346조(조립도)
① 흙막이 지보공을 조립하는 경우 미리 조립도를 작성하여 그 조립도에 따라 조립하도록 하여야 한다.
② 조립도는 흙막이판·말뚝·버팀대 및 띠장 등 부재의 배치·치수·재질 및 설치방법과 순서가 명시되어야 한다.

112 터널공사에서 발파작업 시 안전대책으로 옳지 않은 것은?

① 발파전 도화선 연결상태, 저항치 조사 등의 목적으로 도통시험 실시 및 발파기의 작동상태에 대한 사전점검 실시
② 모든 동력선은 발원점으로부터 최소한 15m 이상 후방으로 옮길 것
③ 지질, 암의 절리 등에 따라 화약량에 대한 검토 및 시방기준과 대비하여 안전조치 실시
④ 발파용 점화회선은 타동력선 및 조명회선과 한곳으로 통합하여 관리

해설 **터널공사에서 발파작업 시 안전대책** 〈터널공사표준안전작업지침 – NATM공법〉
제7조(발파작업) 발파작업시 준수 사항
8. 발파용 점화회선은 타동력선 및 조명회선으로부터 분리되어야 한다.

113 이동식 비계를 조립하여 작업을 하는 경우의 준수기준으로 옳지 않은 것은?

① 비계의 최상부에서 작업을 할 때에는 안전난간을 설치하여야 한다.
② 작업발판의 최대적재하중은 400kg을 초과하지 않도록 한다.
③ 승강용 사다리는 견고하게 설치하여야 한다.
④ 작업발판은 항상 수평을 유지하고 작업발판 위에서 안전난간을 딛고 작업을 하거나 받침대 또는 사다리를 사용하여 작업하지 않도록 한다.

정답 109. ② 110. ② 111. ③ 112. ④ 113. ②

해설 이동식비계 〈산업안전보건기준에 관한 규칙〉
제68조(이동식비계) 이동식비계를 조립하여 작업을 하는 경우의 준수사항
5. 작업발판의 최대적재하중은 250킬로그램을 초과하지 않도록 할 것

114 가설구조물의 특징으로 옳지 않은 것은?

① 연결재가 적은 구조로 되기 쉽다.
② 부재 결합이 간략하여 불안전 결합이다.
③ 구조물이라는 개념이 확고하여 조립의 정밀도가 높다.
④ 사용부재는 과소단면이거나 결함재가 되기 쉽다.

해설 가설구조물의 특징(유의사항)
① 연결재가 적은 구조로 되기 쉽다.
② 부재 결합이 간단하고 불안전한 결합이 되기 쉽다.
③ 구조상의 결함이 있는 경우 중대재해로 이어질 수 있다.
④ 사용부재가 과소단면이거나 결함재료를 사용하기 쉽다.
⑤ 조립의 정밀도가 낮아지거나 구조계산기준이 부족하여 구조적 문제점이 많을 수 있다.

115 달비계에 사용하는 와이어로프의 사용금지 기준으로 옳지 않은 것은?

① 이음매가 있는 것
② 열과 전기 충격에 의해 손상된 것
③ 지름의 감소가 공칭지름의 7%를 초과하는 것
④ 와이어로프의 한 꼬임에서 끊어진 소선의 수가 7% 이상인 것

해설 와이어로프의 사용금지 기준
가. 이음매가 있는 것
나. 와이어로프의 한 꼬임 [(스트랜드(strand))]에서 끊어진 소선(素線)의 수가 10퍼센트 이상인 것
다. 지름의 감소가 공칭지름의 7퍼센트를 초과하는 것
라. 꼬인 것
마. 심하게 변형되거나 부식된 것
바. 열과 전기충격에 의해 손상된 것

116 사다리식 통로 등의 구조에 대한 설치기준으로 옳지 않은 것은?

① 발판의 간격은 일정하게 할 것
② 발판과 벽과의 사이는 15cm 이상의 간격을 유지할 것
③ 사다리식 통로의 길이가 10m 이상인 때에는 7m 이내마다 계단참을 설치할 것
④ 사다리의 상단은 걸쳐놓은 지점으로부터 60cm 이상 올라가도록 할 것

해설 사다리식 통로 등의 구조 〈산업안전보건법 시행규칙〉
8. 사다리식 통로의 길이가 10미터 이상인 경우에는 5미터 이내마다 계단참을 설치할 것

117 가설통로를 설치하는 경우 준수해야할 기준으로 옳지 않은 것은?

① 경사는 30° 이하로 할 것
② 경사가 25°을 초과하는 경우에는 미끄러지지 아니하는 구조로 할 것
③ 건설공사에 사용하는 높이 8m 이상인 비계다리에는 7m 이내마다 계단참을 설치할 것
④ 수직갱에 가설된 통로의 길이가 15m 이상인 때에는 10m 이내마다 계단참을 설치할 것

해설 가설통로의 구조 〈산업안전보건기준에 관한 규칙〉
제23조(가설통로의 구조)
3. 경사가 15도를 초과하는 경우에는 미끄러지지 아니하는 구조로 할 것

118 철골건립준비를 할 때 준수하여야 할 사항으로 옳지 않은 것은?

① 지상 작업장에서 건립준비 및 기계기구를 배치할 경우에는 낙하물의 위험이 없는 평탄한 장소를 선정하여 정비하여야 한다.

정답 114. ③ 115. ④ 116. ③ 117. ② 118. ②

② 건립작업에 다소 지장이 있다 하더라도 수목은 제거하거나 이설하여서는 안 된다.
③ 사용 전에 기계기구에 대한 정비 및 보수를 철저히 실시하여야 한다.
④ 기계에 부착된 앵카 등 고정장치와 기초구조 등을 확인하여야 한다.

[해설] 철골건립 준비시 준수사항 〈철골공사표준안전작업지침〉
제7조(건립준비)
2. 건립작업에 지장이 되는 수목은 제거하거나 이설하여야 한다.

119 취급·운반의 원칙으로 옳지 않은 것은?
① 운반 작업을 집중하여 시킬 것
② 생산을 최고로 하는 운반을 생각할 것
③ 곡선 운반을 할 것
④ 연속 운반을 할 것

[해설] 취급, 운반의 원칙
① 직선 운반을 할 것
② 연속 운반을 할 것
③ 운반 작업을 집중하여 시킬 것
④ 생산을 최고로 하는 운반을 생각할 것
⑤ 최대한 시간과 경비를 절약할 수 있는 운반방법을 고려할 것

120 고소작업대를 설치 및 이동하는 경우에 준수하여야 할 사항으로 옳지 않은 것은?
① 와이어로프 또는 체인의 안전율은 3 이상일 것
② 붐의 최대 지면 경사각을 초과 운전하여 전도되지 않도록 할 것
③ 고소작업대를 이동하는 경우 작업대를 가장 낮게 내릴 것
④ 작업대에 끼임·충돌 등 재해를 예방하기 위한 가드 또는 과상승방지장치를 설치할 것

[해설] 고소작업대 설치 〈산업안전보건기준에 관한 규칙〉
제186조(고소작업대 설치 등의 조치)
1. 작업대를 와이어로프 또는 체인으로 올리거나 내릴 경우에는 와이어로프 또는 체인이 끊어져 작업대가 떨어지지 아니하는 구조여야 하며, 와이어로프 또는 체인의 안전율은 5 이상일 것

정답 119. ③ 120. ①

제 2 회 CBT 최종모의고사

[제1과목] **산업재해 예방 및 안전보건교육**

01 버드(Bird)의 신 도미노이론 5단계에 해당하지 않는 것은?

① 제어부족(관리)   ② 직접원인(징후)
③ 간접원인(평가)   ④ 기본원인(기원)

해설 재해 발생 모형(mechanism)

구분	하인리히	버드	아담스	웨버
제1단계	사회적 환경, 유전적 요소 (선천적 결함)	제어(통제)의 부족 (관리)	관리구조	유전과 환경
제2단계	개인적인 결함	기본원인 (기원)	작전적 에러 (경영자, 감독자 행동)	인간의 결함
제3단계	불안전 행동 및 불안전 상태	직접 원인 (징후)	전술적 에러 (불안전한 행동, 조작)	불안전한 행동과 상태
제4단계	사고	사고	사고	사고
제5단계	상해	상해	상해 또는 손실	재해 (상해)

02 산업안전보건법령상 산업안전보건위원회의 구성·운영에 관한 설명 중 틀린 것은?

① 정기회의는 분기마다 소집한다.
② 위원장은 위원 중에서 호선(互選)한다.
③ 근로자대표가 지명하는 명예산업안전감독관은 근로자 위원에 속한다.
④ 공사금액 100억원 이상의 건설업의 경우 산업안전보건위원회를 구성·운영해야 한다.

해설 산업안전보건위원회 설치대상 사업
① 상시 근로자 100인 이상을 사용하는 사업장
② 건설업의 경우에는 공사금액이 120억 원 이상인 사업장(토목 공사업에 해당되는 경우에는 150억 원 이상인 사업장)
③ 상시 근로자 50인 이상을 사용하는 유해·위험사업(자동차 및 트레일러 제조업 등)

03 산업안전보건법령상 사업장에서 산업재해 발생 시 사업주가 기록·보존하여야 하는 사항을 모두 고른 것은? (단, 산업재해조사표와 요양신청서의 사본은 보존하지 않았다.)

```
ㄱ. 사업장의 개요 및 근로자의 인적사항
ㄴ. 재해 발생의 일시 및 장소
ㄷ. 재해 발생의 원인 및 과정
ㄹ. 재해 재발방지 계획
```

① ㄱ, ㄹ   ② ㄴ, ㄷ, ㄹ
③ ㄱ, ㄴ, ㄷ   ④ ㄱ, ㄴ, ㄷ, ㄹ

해설 산업재해가 발생한 때에 사업주가 기록·보존하여야 하는 사항 〈산업안전보건법 시행규칙〉
제72조(산업재해 기록 등)
사업주는 산업재해가 발생한 때에는 다음 각 호의 사항을 기록·보존해야 한다. 다만, 산업재해조사표의 사본을 보존하거나 요양신청서의 사본에 재해 재발방지 계획을 첨부하여 보존한 경우에는 그렇지 않다.
1. 사업장의 개요 및 근로자의 인적사항
2. 재해 발생의 일시 및 장소
3. 재해 발생의 원인 및 과정
4. 재해 재발방지 계획

정답 01. ③ 02. ④ 03. ④

04 산업안전보건법령상 잠함(潛函) 또는 잠수 작업 등 높은 기압에서 작업하는 근로자의 근로시간 기준은?

① 1일 6시간, 1주 32시간 초과금지
② 1일 6시간, 1주 34시간 초과금지
③ 1일 8시간, 1주 32시간 초과금지
④ 1일 8시간, 1주 34시간 초과금지

해설 근로시간 연장의 제한으로 인한 임금저하 금지 〈산업안전보건법 제139조〉
유해하거나 위험한 작업으로서 높은 기압에서 하는 작업 등(잠함(潛艦) 또는 잠수작업 등 높은 기압에서 하는 작업)에 종사 하는 근로자에게는 1일 6시간, 1주 34시간을 초과하여 근로하게 해서는 아니 된다.

05 위험예지훈련 4단계의 진행 순서를 바르게 나열한 것은?

① 목표설정 → 현상파악 → 대책수립 → 본질추구
② 목표설정 → 현상파악 → 본질추구 → 대책수립
③ 현상파악 → 본질추구 → 대책수립 → 목표설정
④ 현상파악 → 본질추구 → 목표설정 → 대책수립

해설 위험예지훈련 제4단계(4라운드) - 문제해결 4단계
① 제1단계(1R) 현상파악 : 위험요인 항목 도출
② 제2단계(2R) 본질추구 : 위험의 포인트 결정 및 지적확인
③ 제3단계(3R) 대책수립 : 결정된 위험 포인트에 대한 대책 수립
④ 제4단계(4R) 목표설정 : 팀의 행동 목표 설정 및 지적확인

06 무재해운동 추진의 3요소에 관한 설명이 아닌 것은?

① 안전보건은 최고경영자의 무재해 및 무질병에 대한 확고한 경영자세로 시작된다.
② 안전보건을 추진하는 데에는 관리감독자들의 생산 활동 속에 안전보건을 실천하는 것이 중요하다.
③ 모든 재해는 잠재요인을 사전에 발견 · 파악 · 해결함으로써 근원적으로 산업재해를 없애야한다.
④ 안전보건은 각자 자신의 문제이며, 동시에 동료의 문제로서 직장의 팀 멤버와 협동 노력하여 자주적으로 추진하는 것이 필요하다.

해설 무재해운동 추진의 3요소(3기둥)
(가) 최고경영자의 안전경영자세
(나) 관리감독자의 적극적인 안전보건 활동(안전관리의 라인화)
(다) 직장 자주 안전보건활동의 활성화(근로자)

07 보호구 자율안전확인 고시상 자율안전확인 보호구에 표시하여야 하는 사항을 모두 고른 것은?

| ㄱ. 모델명 | ㄴ. 제조번호 |
| ㄷ. 사용기간 | ㄹ. 자율안전확인 번호 |

① ㄱ, ㄴ, ㄷ
② ㄱ, ㄴ, ㄹ
③ ㄱ, ㄷ, ㄹ
④ ㄴ, ㄷ, ㄹ

해설 보호구 자율안전확인 제품 표시사항 〈보호구 자율안전확인 고시〉
가. 형식 또는 모델명
나. 규격 또는 등급 등
다. 제조자명
라. 제조번호 및 제조연월
마. 자율안전확인 번호

08 산업안전보건법상 금지표지의 종류에 해당하지 않는 것은?

① 금연
② 출입금지
③ 차량통행금지
④ 적재금지

정답 04. ② 05. ③ 06. ③ 07. ② 08. ④

해설 금지표지 종류
1. 출입금지
2. 보행금지
3. 차량통행금지
4. 사용금지
5. 탑승금지
6. 금연
7. 화기금지
8. 물체이동금지

09 다음 중 방진마스크의 구비 조건으로 적절하지 않은 것은?

① 흡기밸브는 미약한 호흡에 대하여 확실하고 예민하게 작동하도록 할 것
② 쉽게 착용되어야 하고 착용하였을 때 안면부가 안면에 밀착되어 공기가 새지 않을 것
③ 여과재는 여과성능이 우수하고 인체에 장해를 주지 않을 것
④ 흡·배기밸브는 외부의 힘에 의하여 손상되지 않도록 흡·배기 저항이 높을 것

해설 방진마스크 : 일반분진, 미스트, 용접흄 등에 의한 호흡기 보호
가) 구비조건
① 분진포집효율(여과효율)이 높고 흡기·배기 저항이 낮을 것
나) 사용조건 : 산소농도 18% 이상인 장소에서 사용

10 인간의 의식 수준을 5단계로 구분할 때 의식이 몽롱한 상태의 단계는?

① Phase Ⅰ
② Phase Ⅱ
③ Phase Ⅲ
④ Phase Ⅳ

해설 의식의 레벨(Phase) 5단계 : 의식의 수준 정도
1) Phase 0 : 무의식 상태로 행동이 불가능한 상태(수면)
2) Phase Ⅰ : 의식수준의 저하로 인한 피로와 단조로움의 생리적 상태. 사고발생 가능성이 높음(피로, 졸음, 술취함)
 - 심신이 피로하거나 단조로운 작업을 반복할 경우 나타나는 의식수준의 저하 현상(의식이 몽롱한 상태)
3) Phase Ⅱ : 의식은 정상이며 때때로 의식의 이완 상태(안정, 휴식, 정상적 작업)
4) Phase Ⅲ : 의식의 신뢰도가 가장 높은 상태. 명료한 상태(적극활동)
5) Phase Ⅳ : 과긴장 상태. 주의의 작용은 한곳에 집중되어서 판단이 불가능(패닉)
 - 돌발사태의 발생으로 인하여 주의의 일점 집중 현상이 일어나는 경우

11 주의(Attention)의 특성에 관한 설명 중 틀린 것은?

① 고도의 주의는 장시간 지속하기 어렵다.
② 한 지점에 주의를 집중하면 다른 곳의 주의는 약해진다.
③ 최고의 주의 집중은 의식의 과잉 상태에서 가능하다.
④ 여러 자극을 지각할 때 소수의 현란한 자극에 선택적 주의를 기울이는 경향이 있다.

해설 주의의 특성
① 방향성 : 한 지점에 주의를 집중하면 다른 곳에의 주의는 약해짐(동시에 2개 이상의 방향에 집중하지 못함)
② 변동성(단속성) : 장시간 주의를 집중하려 해도 주기적으로 부주의와의 리듬이 존재(장시간 동안 집중을 지속할 수 없음)
③ 선택성 : 여러 자극을 지각할 때 소수의 특정 자극에 선택적 주의를 기울이는 경향(인간은 한 번에 여러 종류의 자 극을 지각·수용하지 못함을 말함. 인간의 주의력은 한계가 있어 여러 작업에 대해 선택적으로 배분)

12 매슬로우(Maslow)의 인간의 욕구단계 중 5번째 단계에 속하는 것은?

① 안전 욕구
② 존경의 욕구
③ 사회적 욕구
④ 자아실현의 욕구

해설 매슬로우(Abraham Maslow)의 욕구 5단계 이론
(1) 1단계 생리적 욕구(Physiological Needs) : 인간의 가장 기본적인 욕구(의식주 및 성적 욕구 등)
(2) 2단계 안전의 욕구(Safety Needs) : 자기 보전적 욕구(안전과 보호, 경제적 안정, 질서 등)
(3) 3단계 사회적 욕구(Belonging and Love Needs) : 소속감, 애정욕구 등

(4) 4단계 존경의 욕구(Esteem Needs) : 다른 사람들로부터도 인정받고자하는 욕구(존경받고 싶은 욕구, 자존심, 명예, 지위 등에 대한 욕구)
(5) 5단계 자아실현의 욕구(Self-actualization Needs)
  ① 잠재적 능력을 실현하고자 하는 욕구
  ② 편견 없이 받아들이는 성향, 타인과의 거리를 유지하며 사생활을 즐기거나 창의적 성격으로 봉사, 특별히 좋아하는 사람과 긴밀한 관계를 유지하려는 인간의 욕구에 해당

13 레빈(Lewin)의 법칙 B = f(P · E) 중 B가 의미하는 것은?

① 행동
② 경험
③ 환경
④ 인간관계

해설 레윈(Lewin,K)의 법칙
인간행동은 사람이 가진 자질, 즉 개체와 심리학적 환경과의 상호 함수관계에 있다고 정의함
B = f(P · E)
B : behavior(인간의 행동)
P : person(개체 : 연령, 경험, 심신 상태, 성격, 지능, 소질 등)
E : environment(심리적 환경 : 인간관계, 작업환경 등)
f : function(함수관계 : P와 E에 영향을 주는 조건)

14 헤드십(headship)의 특성에 관한 설명으로 틀린 것은?

① 지휘형태는 권위주의적이다.
② 상사의 권한 근거는 비공식적이다.
③ 상사와 부하의 관계는 지배적이다.
④ 상사와 부하의 사회적 간격은 넓다.

해설 헤드십(head-ship)
임명된 지도자로서 권위주의적이고 지배적임
① 권한의 근거는 공식적이다.
② 권한행사는 임명된 헤드이다.
③ 지휘형태는 권위주의적이다.
④ 상사와 부하와의 관계는 지배적이다.
⑤ 부하와의 사회적 간격은 넓다.(관계 원활하지 않음)

15 교육계획 수립 시 가장 먼저 실시하여야 하는 것은?

① 교육내용의 결정
② 실행 교육계획서 작성
③ 교육의 요구사항 파악
④ 교육실행을 위한 순서, 방법, 자료의 검토

해설 교육계획서의 수립 단계
① 1단계 : 교육의 요구사항 파악
② 2단계 : 교육내용의 결정
③ 3단계 : 교육실행을 위한 순서, 방법, 자료의 검토
④ 4단계 : 실행 교육계획서 작성

16 산업안전보건법령상 근로자 안전보건교육 대상에 따른 교육시간 기준 중 틀린 것은? (단, 상시작업이며, 상용근로자이다.)

① 특별교육 - 16시간 이상
② 채용 시 교육 - 8시간 이상
③ 작업내용 변경 시 교육 - 2시간 이상
④ 사무직 종사 근로자 정기교육 - 매반기 1시간 이상

해설 사업 내 안전·보건교육

교육과정	교육대상		교육시간
가. 정기 교육	사무직 종사 근로자		매반기 6시간 이상
	그 밖의 근로자	판매업무에 직접 종사하는 근로자	매반기 6시간 이상
		판매업무에 직접 종사하는 근로자 외의 근로자	매반기 12시간 이상

17 타일러(Tyler)의 교육과정 중 학습경험선정의 원리에 해당하는 것은?

① 기회의 원리
② 계속성의 원리
③ 계열성의 원리
④ 통합성의 원리

정답 13. ① 14. ② 15. ③ 16. ④ 17. ①

해설 Tyler의 학습경험선정의 원리
① 동기유발(흥미)의 원리   ② 기회의 원리
③ 가능성의 원리   ④ 전이(파급효과)의 원리
⑤ 일경험 다목적 달성의 원리

18 학습지도의 형태 중 참가자에게 일정한 역할을 주어 실제적으로 연기를 시켜봄으로서 자기의 역할을 보다 확실히 인식시키는 방법은?

① 포럼(Forum)
② 심포지엄(Symposium)
③ 롤 플레잉(Role playing)
④ 사례연구법(Case study method)

해설 역할연기법(Role playing)
참가자에 일정한 역할을 주어 실제적으로 연기를 시켜봄으로써 자기의 역할을 보다 확실히 인식할 수 있도록 체험학습을 시키는 교육방법(절충능력이나 협조성을 높여 태도의 변용에도 도움)
– 집단 심리요법의 하나로서 자기 해방과 타인 체험을 목적으로 하는 체험활동을 통해 대인관계에 있어서의 태도변용이나 통찰력, 자기이해를 목표로 개발된 교육기법

19 기업 내 정형교육 중 TWI(Training Within Industry)의 교육내용이 아닌 것은?

① Job Method Training
② Job Relation Training
③ Job Instruction Training
④ Job Standardization Training

해설 TWI(Training Within Industry)
직장에서 제일선 감독자(관리감독자)에 대해서 감독능력을 높이고 부하 직원과의 인간관계를 개선해서 생산성을 높이기 위한 훈련방법
① 작업방법(개선)훈련(JMT : Job Method Training)
: 작업개선 방법
② 작업지도훈련(JIT : Job Instruction Training)
: 작업지도, 지시(작업를 가르치는 기술)
③ 인간관계 훈련(JRT : Job Relations Training)
: 인간관계 관리(부하통솔)
④ 작업안전 훈련(JST : Job Safety Training)
: 작업안전

20 산업안전보건법령상 거푸집 동바리의 조립 또는 해체작업 시 특별교육 내용이 아닌 것은? (단, 그 밖에 안전·보건관리에 필요한 사항은 제외한다.)

① 비계의 조립순서 및 방법에 관한 사항
② 조립 해체 시의 사고 예방에 관한 사항
③ 동바리의 조립방법 및 작업 절차에 관한 사항
④ 조립재료의 취급방법 및 설치기준에 관한 사항

해설 특별안전보건교육 내용

작업명	교육내용
거푸집 동바리의 조립 또는 해체작업	• 동바리의 조립방법 및 작업 절차에 관한 사항 • 조립재료의 취급방법 및 설치기준에 관한 사항 • 조립 해체 시의 사고 예방에 관한 사항 • 보호구 착용 및 점검에 관한 사항 • 그 밖에 안전·보건관리에 필요한 사항

제2과목 인간공학 및 위험성평가·관리

21 인간공학적 연구에 사용되는 기준 척도의 요건 중 다음 설명에 해당하는 것은?

> 기준 척도는 측정하고자 하는 변수 외의 다른 변수들의 영향을 받아서는 안 된다.

① 신뢰성   ② 적절성
③ 검출성   ④ 무오염성

해설 인간공학 연구조사에 사용하는 기준의 요건
① 적절성 : 의도된 목적에 부합하여야 한다.
② 신뢰성 : 반복 실험시 재현성이 있어야 한다.
③ 무오염성 : 측정하고자 하는 변수 이외의 다른 변수의 영향을 받아서는 안 된다.
④ 민감도 : 피실험자 사이에서 볼 수 있는 예상 차이점에 비례하는 단위로 측정해야 한다.

정답 18. ③ 19. ④ 20. ① 21. ④

22. 인간공학의 목표와 거리가 가장 먼 것은?

① 사고 감소
② 생산성 증대
③ 안전성 향상
④ 근골격계질환 증가

해설 인간공학의 목표(차파니스)
(가) 첫째 : 안전성 향상과 사고방지(에러 감소)
(나) 둘째 : 기계조작의 능률성과 생산성 증대
(다) 셋째 : 쾌적성(안락감) 향상

23. 부품고장이 발생하여도 기계가 추후 보수 될 때까지 안전한 기능을 유지할 수 있도록 하는 기능은?

① fail - soft
② fail - active
③ fail - operational
④ fail - passive

해설 fail-safe
작업방법이나 기계설비에 결함이 발생되더라도 사고가 발생되지 않도록 이중, 삼중으로 제어하는 것
(가) fail passive : 부품의 고장 시 정지 상태로 옮겨감
(나) fail operational : 병렬 또는 여분계의 부품을 구성한 경우 부품의 고장이 있어도 다음 정기점검까지 운전이 가능한 구조(운전상 제일 선호하는 방법)
(다) fail active : 부품이 고장 나면 경보가 울리는 가운데 짧은 시간동안 운전이 가능

24. James Reason의 원인적 휴먼에러 종류 중 다음 설명의 휴먼에러 종류는?

자동차가 우측 운행하는 한국의 도로에 익숙해진 운전자가 좌측 운행을 해야 하는 일본에서 우측 운행을 하다가 교통사고를 냈다.

① 고의 사고(Violation)
② 숙련 기반 에러(Skill based error)
③ 규칙 기반 착오(Rule based mistake)
④ 지식 기반 착오(Knowledge based mistake)

해설 원인적 휴먼에러 종류(James Reason) 중 mistake(착오)
① 규칙 기반 착오(Rule based mistake)
잘못된 규칙을 적용하거나 옳은 규칙이라도 잘못 적용하는 경우(한국의 자동차 우측통행을 좌측통행하는 일본에서 적용하는 경우)
② 지식 기반 착오(Knowledge based mistake)
관련 지식이 없어서 지식처리과정이 어려운 경우(외국에서 교통표지의 문자를 몰라서 교통규칙을 위반한 경우)

25. 상황해석을 잘못하거나 목표를 잘못 설정하여 발생하는 인간의 오류 유형은?

① 실수(Slip)
② 착오(Mistake)
③ 위반(Violation)
④ 건망증(Lapse)

해설 인간의 오류모형
(가) 착오(Mistake)
상황해석을 잘못하거나 목표를 잘못 이해하고 착각하여 행하는 경우
(나) 실수(Slip)
상황이나 목표의 해석을 제대로 했으나 의도와는 다른 행동을 하는 경우
(다) 건망증(Lapse)
여러 과정이 연계적으로 일어나는 행동에서 일부를 잊어버리고 하지 않거나 또는 기억의 실패에 의하여 발생하는 오류
(라) 위반(Violation)
정해진 규칙을 알고 있음에도 고의로 따르지 않거나 무시하는 행위

26. 동작경제의 원칙과 가장 거리가 먼 것은?

① 급작스런 방향의 전환은 피하도록 할 것
② 가능한 관성을 이용하여 작업하도록 할 것
③ 두 손의 동작은 같이 시작하고 같이 끝나도록 할 것
④ 두 팔의 동작은 동시에 같은 방향으로 움직일 것

정답 22.④ 23.③ 24.③ 25.② 26.④

해설 동작경제의 3원칙(Barnes)
(가) 신체의 사용에 관한 원칙(Use of the Human Body)
1) 두 손의 동작은 동시에 시작해서 동시에 끝나도록 한다.
2) 두 팔의 동작은 동시에 서로 반대방향으로 대칭적으로 움직이도록 한다.
3) 가능한 한 관성(momentum)을 이용하여 작업을 하도록 한다.
4) 손의 동작은 유연하고 연속적인 동작이 되도록 하며, 방향이 급작스럽게 크게 바뀌는 직선동작은 피해야 한다.

27 스트레스의 영향으로 발생된 신체 반응의 결과인 스트레인(strain)을 측정하는 척도가 잘못 연결된 것은?

① 인지적 활동 - EEG
② 육체적 동적 활동 - GSR
③ 정신 운동적 활동 - EOG
④ 국부적 근육 활동 - EMG

해설 스트레인(strain)을 측정하는 척도
① 근전도(EMG, Electromyogram) : 근육활동의 전위차를 기록한 것(국부적 근육 활동). 운동기능의 이상을 진단
  - 간헐적인 페달을 조작할 때 다리에 걸리는 부하를 평가하기에 가장 적당한 측정 변수
② 뇌전도(EEG, Electroencephalography) : 대뇌피질, 인지적 활동
  - 신경계에서 뇌신경 사이에 신호가 전달될 때 생기는 전기의 흐름. 뇌의 활동 상황을 측정하는 가장 중요한 지표
③ 피부전기반사(GSR, Galavanic Skin Relex) : 작업부하의 정신적 부담도가 피로와 함께 증대하는 양상을 전기저항 변화로 측정하는 것(피부전기저항, 정신전류현상). 손바닥 안쪽의 전기저항의 변화를 이용해 측정
④ 안전도, 안구전도(EOG, Electro-Oculogram) : 안구운동. 정신 운동적 활동
  - 어떤 일정한 거리의 2점을 교대로 보게 하면서 안구 운동에 의한 뇌파를 기록하는 방법

28 여러 사람이 사용하는 의자의 좌판 높이 설계 기준으로 옳은 것은?

① 5% 오금높이
② 50% 오금높이
③ 75% 오금높이
④ 95% 오금높이

해설 여러 사람이 사용하는 의자의 좌면높이 : 5% 오금높이
〈인체계측자료의 응용원칙〉
(1) 최대치수와 최소치수(극단적) : 최대치수(거의 모든 사람이 수용 할수 있는 경우 : 문, 통로, 그네의 지지하중, 위험 구역 울타리 등)와 최소치수(선반의 높이, 조정 장치까지의 거리, 조작에 필요한 힘)를 기준으로 설계
  ① 최소치수: 하위 백분위수(Percentile 퍼센타일) 기준 1, 5, 10% - 여성 5백분위수를 기준으로 설계
  ② 최대치수: 상위 백분위수(Percentile 퍼센타일) 기준 90, 95, 99% - 남성 95백분위수를 기준으로 설계

29 일반적으로 인체측정치의 최대집단치를 기준으로 설계하는 것은?

① 선반의 높이
② 공구의 크기
③ 출입문의 크기
④ 안내 데스크의 높이

해설 인체계측자료의 응용원칙
(1) 최대치수와 최소치수(극단적)
  최대치수(거의 모든 사람이 수용할 수 있는 경우 : 문, 통로, 그네의 지지하중, 위험 구역 울타리 등)와 최소치수(선반의 높이, 조정 장치까지의 거리, 조작에 필요한 힘)를 기준으로 설계
(2) 조절범위(가변적, 조절식)
  체격이 다른 여러 사람들에게 맞도록 조절하게 만든 것(의자의 상하 조절, 자동차 좌석의 전후 조절)
(3) 평균치를 기준으로 한 설계
  최대치수와 최소치수, 조절식으로 하기 어려울 때 평균치를 기준으로 하여 설계(은행 창구나 슈퍼마켓의 계산대에 적용하기 적합한 인체 측정 자료의 응용원칙)

정답 27. ② 28. ① 29. ③

30 태양광이 내리쬐지 않는 옥내의 습구흑구 온도지수(WBGT) 산출 식은?

① 0.6 × 자연습구온도 + 0.3 × 흑구온도
② 0.7 × 자연습구온도 + 0.3 × 흑구온도
③ 0.6 × 자연습구온도 + 0.4 × 흑구온도
④ 0.7 × 자연습구온도 + 0.4 × 흑구온도

해설 습구흑구온도(WBGT : Wet Bulb Globe Temperature)지수 : 수정감각온도를 지수로 간단하게 표시한 온열지수(실내·외에서 활동하는 사람의 열적 스트레스를 나타내는 지수)
① 실외(태양광선이 있는 장소)
 : WBGT = 0.7WB + 0.2GT + 0.1DB
② 실내 또는 태양광선이 없는 실외
 : WBGT = 0.7WB + 0.3GT
⟨WB(Wet Bulb) : 습구온도, GT(Globe Temperature) : 흑구온도, DB(Dry Bulb) : 건구온도⟩

31 통화이해도 척도로서 통화 이해도에 영향을 주는 잡음의 영향을 추정하는 지수는?

① 명료도 지수   ② 통화 간섭 수준
③ 이해도 점수   ④ 통화 공진 수준

해설 통화간섭수준(speech interference level)
• 통화이해도 척도로서 통화 이해도에 영향을 주는 잡음의 영향을 추정하는 지수
• 통화 이해도에 끼치는 소음의 영향을 추정하는 지수
※ 명료도 지수(articulation index) : 통화 이해도를 추정할 수 있는 근거로 명료도 지수를 사용하는데, 각 옥타브 대의 음성과 소음의 dB 값에 가중치를 곱하여 합계를 구한 것

32 실효 온도(effective temperature)에 영향을 주는 요인이 아닌 것은?

① 온도   ② 습도
③ 복사열   ④ 공기 유동

해설 실효 온도(effective temperature)에 영향을 주는 인자
① 온도
② 습도
③ 공기유동(대류)

* 실효온도(Effective Temperature) : 온도와 습도 및 공기 유동이 인체에 미치는 열효과를 하나의 수치로 통합한 경험적 감각지수로, 상대습도 100%일 때의 건구 온도에서 느끼는 것과 동일한 온감

33 '화재 발생'이라는 시작(초기)사상에 대하여, 화재감지기, 화재 경보, 스프링클러 등의 성공 또는 실패 작동여부와 그 확률에 따른 피해 결과를 분석하는데 가장 적합한 위험 분석 기법은?

① FTA   ② ETA
③ FHA   ④ THERP

해설 ETA(event tree analysis)
사고 시나리오에서 연속된 사건들의 발생경로를 파악하고 평가하기 위한 귀납적이고 정량적인 시스템안전 프로그램(디시전 트리를 재해사고의 분석에 이용할 경우의 분석법)
① 사고의 발단이 되는 초기 사상이 발생할 경우 그 영향이 시스템에서 어떤 결과(정상 또는 고장)로 진전해 가는지를 나뭇가지가 갈라지는 형태로 분석하는 방법
② '화재 발생'이라는 시작(초기)사상에 대하여, 화재감지기, 화재 경보, 스프링클러 등의 성공 또는 실패 작동여부와 그 확률에 따른 피해 결과를 분석하는데 가장 적합한 위험 분석 기법

34 FMEA 분석 시 고장평점법의 5가지 평가요소에 해당하지 않는 것은?

① 고장발생의 빈도
② 신규설계의 가능성
③ 기능적 고장 영향의 중요도
④ 영향을 미치는 시스템의 범위

해설 고장형태 및 영향분석(FMEA)에서 고장 등급의 평가요소(고장평점법) : 고장 평점을 결정하는 5가지 평가요소
① 영향을 미치는 시스템의 범위
② 기능적 고장 영향의 중요도
③ 고장발생의 빈도
④ 고장방지의 가능성
⑤ 신규설계여부

정답 30. ② 31. ② 32. ③ 33. ② 34. ②

35 불(Boole) 대수의 관계식으로 틀린 것은?

① $A + \overline{A} = 1$
② $A + AB = A$
③ $A(A+B) = A+B$
④ $A + \overline{A}B = A+B$

해설 불(Bool) 대수의 기본자수
$A(A+B) = AA + AB = A + AB = A$
(* 불(Bool) 대수 : $A \cdot A = A$, $A + AB = A$)

36 어떤 결함수를 분석하여 minimal cut set을 구한 결과 다음과 같았다. 각 기본사상의 발생확률을 q_i, $i = 1, 2, 3$이라 할 때 정상사상의 발생확률함수로 맞는 것은?

$$k_1 = [1,2], \ k_2 = [1,3], \ k_3 = [2,3]$$

① $q_1q_2 + q_1q_2 - q_2q_3$
② $q_1q_2 + q_1q_3 - q_2q_3$
③ $q_1q_2 + q_1q_3 + q_2q_3 - q_1q_2q_3$
④ $q_1q_2 + q_1q_3 + q_2q_3 - 2q_1q_2q_3$

해설 정상사상의 발생확률함수
⟨minimal cut set : $(q_1q_2)\ (q_1q_3)\ (q_2q_3)$⟩
$T = 1 - (1 - q_1q_2)(1 - q_1q_3)(1 - q_2q_3)$
$= 1 - (1 - q_1q_3 - q_1q_2 - q_1q_2q_1q_3)$
$\quad (1 - q_2q_3) \leftarrow$ 불 대수 $A \cdot A = A$
$= 1 - (1 - q_1q_2 - q_1q_3 + q_1q_2q_3)(1 - q_2q_3)$
$= 1 - (1 - q_2q_3 - q_1q_2 + q_1q_2q_2q_3 - q_1q_3 +$
$\quad q_1q_3q_2q_3 + q_1q_2q_3 - q_1q_2q_3q_2q_3)$
$= 1 - (1 - q_2q_3 - q_1q_2 + q_1q_2q_3 - q_1q_3$
$\quad + q_1q_2q_3 + q_1q_2q_3 - q_1q_2q_3) \leftarrow$ 간소화
$= 1 - (1 - q_2q_3 - q_1q_2 - q_1q_3 + 2q_1q_2q_3)$
$= 1 - 1 + q_2q_3 + q_1q_2 + q_1q_3 - 2q_1q_2q_3$
$= q_1q_2 + q_1q_3 + q_2q_3 - 2q_1q_2q_3$

37 FTA에서 사용되는 논리게이트 중 입력과 반대되는 현상으로 출력되는 것은?

① 부정 게이트
② 억제 게이트
③ 배타적 OR 게이트
④ 우선적 AND 게이트

해설 부정 게이트

기호	설명
	입력에 반대 현상으로 출력

38 HAZOP 분석기법의 장점이 아닌 것은?

① 학습 및 적용이 쉽다.
② 기법 적용에 큰 전문성을 요구하지 않는다.
③ 짧은 시간에 저렴한 비용으로 분석이 가능하다.
④ 다양한 관점을 가진 팀 단위 수행이 가능하다.

해설 HAZOP 분석기법 장점
① 학습(배우기 쉬움) 및 적용(활용)이 쉽다.
② 기법 적용에 큰 전문성을 요구하지 않는다.
③ 다양한 관점을 가진 팀 단위 수행이 가능하고, 팀 단위 수행으로 다른 기법 보다 정확하고 포괄적이다.
④ 시스템에서 발생 가능한 알려지지 않은(모든) 위험을 파악하는데 용이하다.
※ 단점 : 수행 시간이 많이 걸릴수 있으며, 많은 노력이 요구 된다.

39 자동차를 타이어가 4개인 하나의 시스템으로 볼 때, 타이어 1개가 파열될 확률이 0.01이라면, 이 자동차의 신뢰도는 약 얼마인가?

① 0.91   ② 0.93
③ 0.96   ④ 0.99

해설 자동차를 타이어 신뢰도(직렬)
신뢰도 $= (1 - 0.01)^4 = 0.96$
* 타이어 1개가 파열이 안 될 신뢰도 : $(1 - 0.01)$

40 그림과 같은 시스템에서 부품 A, B, C, D의 신뢰도가 모두 r로 동일할 때 이 시스템의 신뢰도는?

정답 35. ③ 36. ④ 37. ① 38. ③ 39. ③ 40. ②

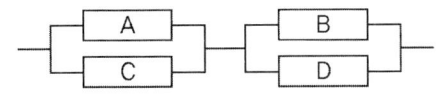

① $r(2-r^2)$ ② $r^2(2-r)^2$
③ $r^2(2-r^2)$ ④ $r^2(2-r)$

해설 시스템의 신뢰도 = (A, C) · (B, D)
신뢰도(A, C) = $1-(1-r)(1-r) = 1-(1-2r+r^2)$
            $= 2r-r^2$
신뢰도(B, D) = $1-(1-r)(1-r) = 1-(1-2r+r^2)$
            $= 2r-r^2$
⇨ 신뢰도 = (A, C) · (B, D) = $(2r-r^2)^2$
         $= 4r^2-4r^3+r^4 = r^2(4-4r+r^2)$
         $= r^2(2-r)^2$

제3과목 기계·기구 및 설비 안전관리

41 인장강도가 250N/mm²인 강판에서 안전율이 4라면 이 강판의 허용응력(N/mm²)은 얼마인가?

① 42.5 ② 62.5
③ 82.5 ④ 102.5

해설 안전율 = 인장강도/허용응력
⇨ 허용응력 = 인장강도/안전율
           = 250/4 = 62.5N/mm²

42 보기와 같은 기계요소가 단독으로 발생시키는 위험점은?

> 밀링커터, 둥근톱날

① 협착점 ② 끼임점
③ 절단점 ④ 물림점

해설 절단점(Cutting Point)
회전하는 운동부분 자체의 위험이나 운동하는 기계부분 자체의 위험에서 초래되는 위험점(목공 용 띠톱 부분, 밀링 컷터 부분, 둥근톱날 등)

43 산업재해보험적용근로자 1000명인 플라스틱 제조 사업장에서 작업 중 재해 5건이 발생하였고, 1명이 사망하였을 때 이 사업장의 사망만인율은?

① 2 ② 5
③ 10 ④ 20

해설 사망만인율 : 근로자 10,000명을 1년간 기준으로 한 사망자수의 비율

사망만인율 = $\dfrac{\text{사망자수}}{\text{상시근로자수}} \times 10,000$
           = $\dfrac{1}{1,000} \times 10,000 = 10$

44 강도율에 관한 설명 중 틀린 것은?

① 사망 및 영구 전노동불능(신체장해등급 1~3급)의 근로손실일수는 7500일로 환산 한다.
② 신체장해 등급 중 제14급은 근로손실일수를 50일로 환산한다.
③ 영구 일부 노동불능은 신체 장해등급에 따른 근로손실일수에 $\dfrac{300}{365}$을 곱하여 환산 한다.
④ 일시 전노동 불능은 휴업일수에 $\dfrac{300}{365}$을 곱하여 근로손실일수를 환산한다.

해설 강도율(Severity Rate of Injury : S.R)
① 강도율은 근로시간 합계 1,000시간당 재해로 인한 근로손실일수를 나타냄(재해발생의 경중, 즉 강도를 나타냄)
② 강도율 = $\dfrac{\text{근로손실일수}}{\text{연근로 시간수}} \times 1,000$

[표] 근로손실일수 산정요령

구분	사망	신체장해자 등급												
		1~3	4	5	6	7	8	9	10	11	12	13	14
근로손실일수(일)	7,500	7,500	5,500	4,000	3,000	2,200	1,500	1,000	600	400	200	100	50

* 사망, 장해등급 1~3급의 근로손실일수는 7,500일
* 입원 등으로 휴업시의 근로손실일수 = 휴업일수(요양일수) × 300/365

정답 41. ② 42. ③ 43. ③ 44. ③

45 하인리히의 사고예방원리 5단계 중 교육 및 훈련의 개선, 인사조정, 안전관리규정 및 수칙의 개선 등을 행하는 단계는?

① 사실의 발견　② 분석 평가
③ 시정방법의 선정　④ 시정책의 적용

[해설] 사고예방 대책의 5단계(하인리히의 이론)
① 제1단계 : 안전관리조직(organization) - 안전조직을 통한 안전업무 수행
② 제2단계 : 사실의 발견(fact finding) - 현상파악
③ 제3단계 : 분석평가(analysis) - 원인규명
④ 제4단계 : 대책의 선정(수립)(selection of remedy) - 기술개선, 교육 및 훈련의 개선, 수칙개선, 인사조정 등
⑤ 제5단계 : 대책의 적용(application of remedy) - 3E(교육적, 기술적, 독려적(단속) 대책)를 통한 대책의 적용

46 안전점검표(체크리스트) 항목 작성 시 유의사항으로 틀린 것은?

① 정기적으로 검토하여 설비나 작업방법이 타당성 있게 개조된 내용일 것
② 사업장에 적합한 독자적 내용을 가지고 작성할 것
③ 위험성이 낮은 순서 또는 긴급을 요하는 순서대로 작성할 것
④ 점검항목을 이해하기 쉽게 구체적으로 표현할 것

[해설] 안전점검 체크리스트 작성 시 유의해야 할 사항
① 사업장에 적합한 독자적인 내용으로 작성한다.
② 점검표는 이해하기 쉽게 표현하고 구체적으로 작성한다.
③ 관계의 의견을 통하여 정기적으로 검토·보안 작성 한다.
④ 위험성이 높고, 긴급을 요하는 순으로 작성한다.

47 연삭기에서 숫돌의 바깥지름이 150mm일 경우 평형플랜지 지름은 몇 mm 이상이어야 하는가?

① 30　② 50
③ 60　④ 90

[해설] 플랜지의 지름
플랜지의 지름은 숫돌직경의 1/3 이상인 것이 적당함
플랜지의 지름 = 숫돌의 지름 × 1/3
= 150 × 1/3 = 50mm

48 플레이너 작업시의 안전대책이 아닌 것은?

① 베드 위에 다른 물건을 올려놓지 않는다.
② 바이트는 되도록 짧게 나오도록 설치한다.
③ 프레임 내의 피트(pit)에는 뚜껑을 설치한다.
④ 칩 브레이커를 사용하여 칩이 길게 되도록 한다.

[해설] 플레이너 작업시의 안전대책
① 베드 위에 다른 물건을 올려놓지 않는다.
② 바이트는 되도록 짧게 나오도록 설치한다.
③ 일감은 견고하게 고정한다.
④ 일감 고정 작업 중에는 반드시 동력 스위치를 끈다.
⑤ 프레임 내의 피트(pit)에는 뚜껑을 설치한다.
⑥ 테이블의 이동범위를 나타내는 안전방호물을 설치하여 작업한다.

49 다음 중 연삭숫돌의 3요소가 아닌 것은?

① 결합제　② 입자
③ 저항　④ 기공

[해설] 연삭용 숫돌의 3요소
① 입자
② 결합제
③ 기공

50 금형의 설치, 해체, 운반 시 안전사항에 관한 설명으로 틀린 것은?

① 운반을 통하여 관통 아이볼트가 사용될 때는 구멍 틈새가 최소화되도록 한다.
② 금형을 설치하는 프레스의 T홈 안길이는 설치 볼트 지름의 1/2 이하로 한다.

정답 45.③ 46.③ 47.② 48.④ 49.③ 50.②

③ 고정볼트는 고정 후 가능하면 나사산을 3~4개 정도 짧게 남겨 설치 또는 해체 시 슬라이드 면과의 사이에 협착이 발생하지 않도록 해야 한다.
④ 운반 시 상부금형과 하부금형이 닿을 위험이 있을 때는 고정 패드를 이용한 스트랩, 금속재질이나 우레탄 고무의 블록 등을 사용한다.

해설 금형의 설치, 해체, 운반 시 안전사항
① 금형을 설치하는 프레스의 T홈 안길이는 설치 볼트 직경의 2배 이상으로 한다.

51 방호장치 안전인증 고시에 따라 프레스 및 전단기에 사용되는 광전자식 방호장치의 일반구조에 대한 설명으로 가장 적절하지 않은 것은?

① 정상동작표시램프는 녹색, 위험표시램프는 붉은색으로 하며, 근로자가 쉽게 볼 수 있는 곳에 설치해야 한다.
② 슬라이드 하강 중 정전 또는 방호장치의 이상 시에 정지할 수 있는 구조이어야 한다.
③ 방호장치는 릴레이, 리미트 스위치 등의 전기부품의 고장, 전원전압의 변동 및 정전에 의해 슬라이드가 불시에 동작 하지 않아야 하며, 사용전원전압의 ±(100분의 10)의 변동에 대하여 정상으로 작동되어야 한다.
④ 방호장치의 감지기능은 규정한 검출영역 전체에 걸쳐 유효하여야 한다.(다만, 블랭킹 기능이 있는 경우 그렇지 않다.)

해설 광전자식 방호장치의 일반사항
① 방호장치는 릴레이, 리미트 스위치 등의 전기부품의 고장, 전원전압의 변동 및 정전에 의해 슬라이드가 불시에 동 작하지 않아야 하며, 사용전원전압의 ±(100분의 20)의 변동에 대하여 정상으로 작동되어야 한다.
② 방호장치를 무효화하는 기능이 있어서는 안 된다.

52 롤러의 급정지를 위한 방호장치를 설치하고자 한다. 앞면 롤러 직경이 36cm이고, 분당회전속도가 50rpm이라면 급정지거리는 약 얼마 이내이어야 하는가? (단, 무부하동작에 해당한다.)

① 45cm ② 50cm
③ 55cm ④ 60cm

해설 롤러기의 급정지장치의 제동거리(급정지거리)
① 앞면 롤러의 표면속도 : V(m/min)는 표면속도, 롤러 원통의 직경 D(mm), 1분간 롤러기가 회전되는 수 N(rpm)

$$V(\text{표면속도}) = \frac{\pi DN}{1,000} \text{(m/min)} = \frac{(\pi \times 360 \times 50)}{1,000}$$
$$= 56.52 \text{m/min}$$

② 급정지거리 기준 : 표면속도가 30[m/min] 이상으로 원주(πD)의 $\frac{1}{2.5}$ 이내

※ 비상정지장치 또는 급정지장치의 조작 시 급정지장치의 제동거리

앞면 롤러의 표면속도(m/min)	급정지 거리
30 미만	앞면 롤러 원주의 1/3
30 이상	앞면 롤러 원주의 1/2.5

③ 급정지 거리 = $\pi D \times \frac{1}{2.5} = \pi \times 360 \times \frac{1}{2.5}$
= 452.16mm = 약 45cm

53 산업안전보건법령상 보일러에 설치하는 압력방출장치에 대하여 검사 후 봉인에 사용되는 재료에 가장 적합한 것은?

① 납 ② 주석
③ 구리 ④ 알루미늄

해설 압력방출장치(안전밸브 및 압력릴리프 장치) 〈산업안전보건기준에 관한 규칙〉
제116조(압력방출장치)
② 압력방출장치는 매년 1회 이상 설정압력에서 압력방출장치가 적정하게 작동하는지를 검사한 후 납으로 봉인하여 사용하여야 한다.

정답 51. ③ 52. ① 53. ①

54 산업안전보건법령상 다음 중 보일러의 방호장치와 가장 거리가 먼 것은?

① 언로드밸브
② 압력방출장치
③ 압력제한스위치
④ 고저수위 조절장치

해설 보일러 방호장치 : 압력방출장치, 압력제한스위치, 고저수위 조절장치, 화염 검출기 등
(1) 압력방출장치(안전밸브 및 압력릴리프 장치) : 보일러 내부의 압력이 최고사용 압력을 초과할 때 그 과잉의 압력을 외부로 자동적으로 배출시킴으로써 과도한 압력 상승을 저지하여 사고를 방지하는 장치
(2) 압력제한 스위치 : 상용운전압력 이상으로 압력이 상승할 경우 보일러의 파열을 방지하기 위하여 버너의 연소를 차단하여 열원을 제거함으로써 정상압력으로 유도하는 장치
(3) 고저수위 조절장치 : 보일러의 수위가 안전을 확보할 수 있는 최저수위(안전수위)까지 내려가기 직전에 자동적으로 경보가 울리고 안전수위까지 내려가는 즉시 연소실 내에 공급하는 연료를 자동적으로 차단하는 장치

55 다음 중 롤러기 급정지장치의 종류가 아닌 것은?

① 어깨조작식
② 손조작식
③ 복부조작식
④ 무릎조작식

해설 롤러기의 급정지장치 설치방법

조작부의 종류	설치위치	비고
손조작식	밑면에서 1.8m 이내	위치는 급정지 장치 조작부의 중심점을 기준
복부조작식	밑면에서 0.8m 이상 1.1m 이내	
무릎조작식	밑면에서 (0.4m 이상) 0.6m 이내	

56 산업안전보건법령상 아세틸렌 용접장치에 관한 설명이다. ( ) 안에 공통으로 들어갈 내용으로 옳은 것은?

- 사업주는 아세틸렌 용접장치의 취관마다 ( )을/를 설치하여야 한다.
- 사업주는 가스용기가 발생기와 분리되어 있는 아세틸렌 용접장치에 대하여 발생기와 가스용기 사이에 ( )을/를 설치하여야 한다.

① 분기장치
② 자동발생 확인장치
③ 유수 분리장치
④ 안전기

해설 안전기의 설치 〈산업안전보건기준에 관한 규칙〉
제289조(안전기의 설치)
① 아세틸렌 용접장치의 취관마다 안전기를 설치하여야 한다.
② 가스용기가 발생기와 분리되어 있는 아세틸렌 용접장치에 대하여 발생기와 가스용기 사이에 안전기를 설치하여야 한다.

57 산업안전보건법령상 지게차의 최대하중의 2배 값이 6톤일 경우 헤드가드의 강도는 몇 톤의 등분포정하중에 견딜 수 있어야 하는가?

① 4
② 6
③ 8
④ 10

해설 지게차의 헤드가드 〈산업안전보건기준에 관한 규칙〉
제180조(헤드가드)
1. 강도는 지게차의 최대하중의 2배 값(4톤을 넘는 값에 대해서는 4톤으로 한다)의 등분포정하중(等分布靜荷重)에 견딜 수 있을 것

58 크레인 로프에 질량 2000kg의 물건을 10 m/s²의 가속도로 감아올릴 때, 로프에 걸리는 총 하중(kN)은? (단, 중력가속도는 9.8m/s²)

① 9.6
② 19.6
③ 29.6
④ 39.6

해설 권상중의 하중
① 동하중(W_2) = 정하중/중력가속도 × 가속도
② 총하중(W) = 정하중(W_1) + 동하중(W_2)
③ 장력(N) = 총하중(kg) × 중력가속도(m/s²)

정답 54.① 55.① 56.④ 57.① 58.④

(* 중력가속도 : 중력의 작용으로 인해 생기는 가속도, 물체에 작용하는 중력을 그 물체의 질량으로 나눈 값으로, 약 9.8m/s²이다.)
⇨ 로프에 걸리는 총 하중
① 동하중(W_2) = (정하중/중력가속도) × 가속도
  = (2,000/9.8) × 10
  = 2,040.81 kg ← (중력가속도 : 약 9.8m/s²)
② 총하중(W) = 정하중(W_1) + 동하중(W_2)
  = 2,000 + 2,040.81 = 4,040.81 kg
③ 장력(N) = 총하중(kg) × 중력가속도(m/s²)
  = 4,040.81 × 9.8 = 39,599 N = 39.599kN
  = 39.6kN ← (1 kN/m² = 1,000 N/m²)

59 산업안전보건법령상 컨베이어에 설치하는 방호장치로 거리가 가장 먼 것은?

① 건널다리
② 반발예방장치
③ 비상정지장치
④ 역주행방지장치

해설 **컨베이어(conveyor)의 방호장치**
① 이탈 및 역주행을 방지하는 장치
② 비상정지장치
③ 덮개 또는 울
④ 건널다리를 설치
⑤ 중량물 충돌에 대비한 스토퍼를 설치

60 강자성체를 자화하여 표면의 누설자속을 검출하는 비파괴 검사 방법은?

① 방사선 투과 시험
② 인장시험
③ 초음파 탐상 시험
④ 자분 탐상 시험

해설 **자분(자기)탐상검사(MT, Magnetic Particle Testing)**
강자성체의 결함을 찾을 때 사용하는 비파괴시험으로 표면 또는 표층(표면에서 수mm 이내)에 결함이 있을 경우 누설자속을 이용하여 육안으로 결함을 검출하는 시험법
① 균열, 언더컷 등의 미세한 표면결함에 가장 적합
② 비자성 금속에는 사용할 수 없음(강자성체의 재료에 한정 : 오스테나이트 계열 스테인레스 강판의 표면 균열발생은 검출하기 곤란한 방법)

[제4과목] **전기설비 안전관리**

61 전격의 위험을 결정하는 주된 인자로 가장 거리가 먼 것은?

① 통전전류
② 통전시간
③ 통전경로
④ 접촉전압

해설 **전격현상의 위험도를 결정하는 인자(위험도 순)**
① 통전 전류의 크기
② 통전 시간
③ 통전 경로
④ 전원의 종류(교류, 직류)
⑤ 주파수 및 파형

62 인체의 전기저항을 0.5kΩ이라고 하면 심실세동을 일으키는 위험한계 에너지는 몇 J인가? (단, 심실세동 전류값 $I=\dfrac{165}{\sqrt{T}}$ [mA]의 Dalziel의 식을 이용하며, 통전시간은 1초로 한다.)

① 13.6
② 12.6
③ 11.6
④ 10.6

해설 **위험한계에너지**
감전전류가 인체저항을 통해 흐르면 그 부위에는 열이 발생하는데 이 열에 의해서 화상을 입고 세포 조직이 파괴됨

줄(Joule)열 $H = I^2RT$[J]
$= \left(\dfrac{165}{\sqrt{T}} \times 10^{-3}\right)^2 \times R \times T$
$= \left(\dfrac{165}{\sqrt{1}} \times 10^{-3}\right)^2 \times 500 \times 1$
$= 13.6\text{J}$

(* 심실세동전류 $I = \dfrac{165}{\sqrt{T}}$ mA
→ $I = \dfrac{165}{\sqrt{T}} \times 10^{-3}$A)

정답 59. ② 60. ④ 61. ④ 62. ①

63 다음 중 전동기를 운전하고자 할 때 개폐기의 조작순서로 옳은 것은?

① 메인 스위치 → 분전반 스위치 → 전동기용 개폐기
② 분전반 스위치 → 메인 스위치 → 전동기용 개폐기
③ 전동기용 개폐기 → 분전반 스위치 → 메인 스위치
④ 분전반 스위치 → 전동기용 스위치 → 메인 스위치

해설 **전동기를 운전하고자 할 때 개폐기의 조작순서**
메인 스위치 → 분전반 스위치 → 전동기용 개폐기

64 3300/220V, 20kVA인 3상 변압기로부터 공급받고 있는 저압 전선로의 절연 부분의 전선과 대지 간의 절연저항의 최소값은 약 몇 Ω인가? (단, 변압기의 저압 측 중성점에 접지가 되어 있다.)

① 1240　　② 2794
③ 4840　　④ 8383

해설 **절연저항 최소값**
① 3상 전력
$P = \sqrt{3}\,VI$
$I = \dfrac{P}{\sqrt{3}\,V} = \dfrac{20,000}{(\sqrt{3} \times 220)} = 52.486\text{A}$

② 절연부분의 전선과 대지 간의 절연저항은 사용전압에 대한 누설전류가 최대공급전류의 1/2,000이 넘지 않도록 해야 함.

누설전류 $I_g = I \times \dfrac{1}{2,000} = 52.486 \times \dfrac{1}{2,000}$
$\qquad\qquad = 0.026243\text{A}$

⇨ 전류$(I) = \dfrac{\text{전압}(V)}{\text{저항}(R)}$

$R = \dfrac{V}{I_g} = \dfrac{220}{0.026243} = 8,383\,\Omega$

65 저압전로의 절연성능 시험에서 전로의 사용전압이 380V인 경우 전로의 전선 상호간 및 전로와 대지 사이의 절연저항은 최소 몇 MΩ 이상이어야 하는가?

① 0.1　　② 0.3
③ 0.5　　④ 1.0

해설 **저압전로의 절연저항 수치**

전로의 사용전압 V	DC시험전압 V	절연저항 MΩ
SELV 및 PELV	250	0.5 이상
FELV, 500V 이하	500	1.0 이상
500V 초과	1,000	1.0 이상

[주] 특별저압(extralowvoltage : 2차 전압이 AC 50V, DC 120V 이하)으로 SELV(비접지회로 구성) 및 PELV(접지회로 구성)은 1차와 2차가 전기적으로 절연된 회로, FELV는 1차와 2차가 전기적으로 절연되지 않은 회로

※ 절연저항 : 전로가 대지로부터 충분히 절연되어 있지 않으면 누전에 의하여 화재나 감전의 위험이 있기 때문에 전류가 흐르는 곳에는 사용전압에 따른 절연을 하여야 함

66 감전사고를 방지하기 위한 방법으로 틀린 것은?

① 전기기기 및 설비의 위험부에 위험표지
② 전기설비에 대한 누전차단기 설치
③ 전기기기에 대한 정격표시
④ 무자격자는 전기기계 및 기구에 전기적인 접촉 금지

해설 **감전사고 방지대책**
① 전기기기 및 설비의 정비
② 안전전압 이하의 전기기기 사용
③ 설비의 필요부분에 보호접지의 실시
④ 노출된 충전부에 절연 방호구를 설치, 작업자는 보호구를 착용
⑤ 유자격자 이외는 전기기계·기구에 전기적인 접촉 금지
⑥ 사고회로의 신속한 차단(누전차단기 설치)
⑦ 보호절연
⑧ 이중절연구조

정답　63. ①　64. ④　65. ④　66. ③

67 교류 아크 용접기의 자동전격방지장치는 전격의 위험을 방지하기 위하여 아크 발생이 중단된 후 약 1초 이내에 출력 측 무부하 전압을 자동적으로 몇 V 이하로 저하시켜야 하는가?

① 85
② 70
③ 50
④ 25

해설 **자동전격방지장치의 기능**
용접작업시에만 주회로를 형성하고 그 외에는 출력측의 2차 무부하 전압(25V)으로 저하시키는 장치
① 아크발생을 정지시켰을 때에 주회로가 개로(OFF)되고 단시간 내(1.5초 이내)에 용접기의 출력 측 무부하 전압을 자동적으로 25~30V 이하의 안전전압으로 강하(산업안전보건법 25V 이하)
  - 사용전압이 220V인 경우 : 출력 측의 무부하 전압(실효값) 25V, 지동시간 1.0초 이내
② 제어장치 : SCR 등의 개폐용 반도체 소자를 이용한 무접점방식이 많이 사용되고 있음
③ 용접봉을 모재에 접촉할 때 용접기 2차 측은 폐회로(ON)가 되며, 이때 흐르는 전류를 감지함
  - 무부하 상태에서 용접봉을 모재에 접촉하면 무부하 전압(25V)으로 감지된 전류에 의하여 용접을 시작하고자 하는 것을 감지하였기 때문에 곧바로 1차 측을 폐로(ON)하여 본용접을 진행하도록 전환하는 것

68 전기기계·기구에 설치되어 있는 감전방지용 누전차단기의 정격감도전류 및 작동시간으로 옳은 것은? (단, 정격전부하전류가 50A 미만이다.)

① 15mA이하, 0.1초 이내
② 30mA이하, 0.03초 이내
③ 50mA이하, 0.5초 이내
④ 100mA이하, 0.05초 이내

해설 **감전방지용 누전차단기의 정격감도전류 및 작동시간**
: 30mA 이하, 0.03초 이내〈산업안전보건기준에 관한 규칙〉 제304조(누전차단기에 의한 감전방지)
⑤ 설치한 누전차단기를 접속하는 경우의 준수 사항
  1. 전기기계·기구에 설치되어 있는 누전차단기는 정격감도전류가 30밀리암페어 이하이고 작동시간은 0.03초 이내일 것

69 작업자가 교류전압 7000V 이하의 전로에 활선 근접작업 시 감전사고 방지를 위한 절연용 보호구는?

① 고무절연관
② 절연시트
③ 절연커버
④ 절연안전모

해설 **절연안전모**
① 안전모의 내전압성 : 7,000V 이하의 전압에 견딜 수 있는 것
② 절연안전모를 착용할 시기
  ㉠ 고압충전부에 접근하여 머리에 전기충격을 받을 염려가 있는 작업을 할 때 등
  ㉡ 특고압작업에서는 전격을 방지하는 목적으로 사용할 수 없음

70 변압기의 중성점을 $\frac{150}{1\text{선 지락전류}}[\Omega]$을 접지 저항값으로 접지한 수전전압 22.9kV, 사용전압 220V인 공장에서 외함을 접지공사를 한 전동기가 운전 중에 누전되었을 경우에 작업자가 접촉될 수 있는 최소전압은 약 몇 V인가? (단, 1선 지락전류 10A, 외함 접지저항 30Ω, 인체저항 : 10000Ω 이다.)

① 116.7
② 127.5
③ 146.7
④ 165.6

해설 **한 전동기가 운전 중에 누전되었을 경우에 작업자가 접촉될 수 있는 최소전압**
① 인체가 접촉하지 않을 경우 지락전류(전체 전류)
$$I = V/R = \frac{E(V)}{R_2 + R_3} = 220/(15+30)$$
$$= 4.89A (* \text{ 전체 저항 } R = R_2 + R_3)$$
* 변압기 접지저항 $R_2 = \frac{150}{1\text{선 지락전류}}$
$$= 150/10 = 15\Omega$$
② 외함에 걸리는 전압 V_1
$$V_1 = IR_3 = 4.89 \times 30 = 146.7V$$

정답 67.④ 68.② 69.④ 70.③

71 한국전기설비규정에 따라 보호 등전위본딩 도체로서 주접지단자에 접속하기 위한 등전위본딩 도체(구리도체)의 단면적은 몇 mm^2 이상이어야 하는가? (단, 등전위본딩 도체는 설비 내에 있는 가장 큰 보호접지 도체 단면적의 1/2 이상의 단면적을 가지고 있다.)

① 2.5 ② 6
③ 16   ④ 50

해설 등전위본딩 도체의 단면적
주접지단자에 접속하기 위한 등전위본딩 도체는 설비 내에 있는 가장 큰 보호접지 도체 단면적의 1/2 이상의 단면적을 가져야 하고 다음의 단면적 이상이어야 한다.
가. 구리 도체 $6mm^2$
나. 알루미늄 도체 $16mm^2$
다. 강철 도체 $50mm^2$

72 외부피뢰시스템에서 접지극은 지표면에서 몇 m 이상 깊이로 매설하여야 하는가? (단, 동결심도는 고려하지 않는 경우이다.)

① 0.5   ② 0.75
③ 1   ④ 1.25

해설 외부피뢰시스템 접지극의 시설
지표면에서 0.75m 이상 깊이로 매설하여야 한다. 다만 필요시는 해당 지역의 동결심도를 고려한 깊이로 할 수 있다.

73 밸브 저항형 피뢰기의 구성요소로 옳은 것은?

① 직렬갭, 특성요소
② 병렬갭, 특성요소
③ 직렬갭, 충격요소
④ 병렬갭, 충격요소

해설 피뢰기의 구성요소 : 특성 요소와 직렬 갭
① 특성 요소 : 뇌전류 방전시 피뢰기의 전위상승을 억제하여 절연 파괴를 방지
② 직렬갭 : 뇌전류를 대지로 방전시키고 속류를 차단

74 정전기 발생에 영향을 주는 요인에 대한 설명으로 틀린 것은?

① 물체의 분리속도가 빠를수록 발생량은 적어진다.
② 접촉면적이 크고 접촉압력이 높을수록 발생량이 많아진다.
③ 물체 표면이 수분이나 기름으로 오염되면 산화 및 부식에 의해 발생량이 많아진다.
④ 정전기의 발생은 처음 접촉, 분리할 때가 최대로 되고 접촉, 분리가 반복됨에 따라 발생량은 감소한다.

해설 정전기 발생에 영향을 주는 요인
(가) 물체의 분리속도
① 분리 과정에서 전하의 완화시간에 따라 정전기 발생량이 좌우되며 전하 완화시간이 길면 전하분리에 주는 에너지도 커져서 발생량이 증가함
② 일반적으로 분리속도가 빠를수록 정전기의 발생량 증가

75 아크방전의 전압전류 특성으로 가장 옳은 것은?

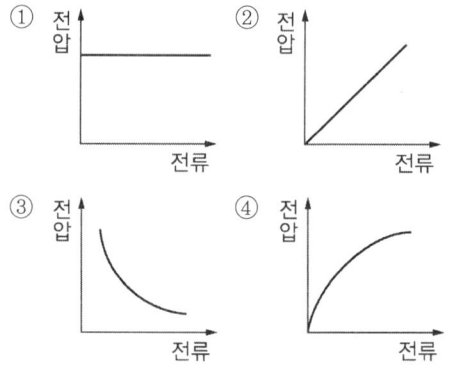

해설 아크방전 : 절연파괴의 일종으로 2개의 전극을 대립시켜 비교적 낮은 전압으로 큰 전류가 흐를 때 발생 (아크전류는 아크전압에 반비례)
- 전극 양단에 전위차가 발생하여 전극 사이의 기체에 방전이 지속적으로 일어나는 것으로 일반적으로 전압은 낮지만 전류는 높음

정답 71. ② 72. ② 73. ① 74. ① 75. ③

76 정전기로 인한 화재 폭발의 위험이 가장 높은 것은?

① 드라이클리닝설비
② 농작물 건조기
③ 가습기
④ 전동기

해설 정전기로 인한 화재폭발을 방지 위한 조치가 필요한 설비
정전기에 의한 화재, 폭발 등의 위험이 있는 경우 접지를 하거나, 도전성 재료를 사용하거나 가습 및 점화원이 될 우려가 없는 제전장치를 사용하는 등 정전기 발생을 억제하거나 제거하기 위한 필요 조치 실시
- 위험물을 탱크로리·탱크차 및 드럼 등에 주입하는 설비
- 탱크로리·탱크차 및 드럼 등 위험물저장설비
- 인화성 액체를 함유하는 도료 및 접착제 등을 제조·저장·취급 또는 도포(塗布)하는 설비
- 위험물 건조설비 또는 그 부속설비
- 인화성 고체를 저장하거나 취급하는 설비
- 드라이클리닝설비, 염색가공설비, 모피류 등을 씻는 설비 등 인화성 유기 용제를 사용하는 설비
- 유압, 압축공기, 고전위정전기 등을 이용하여 인화성 액체, 인화성 고체를 분무, 이송하는 설비
- 고압가스를 이송하거나 저장·취급하는 설비
- 화약류 제조설비
- 발파공에 장전된 화약류를 점화시키는 경우 사용하는 발파기

77 다음 ( ) 안의 알맞은 내용을 나타낸 것은?

폭발성 가스의 폭발등급 측정에 사용되는 표준용기는 내용적이 (㉮)cm³, 반구상의 플렌지 접합면의 안길이 (㉯)mm의 구상용기의 틈새를 통과시켜 화염일주 한계를 측정하는 장치이다.

① ㉮ 6000, ㉯ 0.4
② ㉮ 1800, ㉯ 0.6
③ ㉮ 4500, ㉯ 8
④ ㉮ 8000, ㉯ 25

해설 폭발등급(explosion class, 爆發等級)
폭발등급은 표준용기에 의한 폭발시험에 의해 화염일주(火炎逸走)를 발생할 때의 최소치에 따라 분류
* 표준용기 : 폭발성 가스의 폭발등급 측정에 사용되는 표준용기는 내용적이 8000cm³, 반구상의 플렌지 접합면의 안길이 25mm의 구상용기의 틈새를 통과시켜 화염일주 한계를 측정하는 장치이다.

78 내압방폭구조의 필요충분조건에 대한 사항으로 틀린 것은?

① 폭발화염이 외부로 유출되지 않을 것
② 습기침투에 대한 보호를 충분히 할 것
③ 내부에서 폭발한 경우 그 압력에 견딜 것
④ 외함의 표면온도가 외부의 폭발성가스를 점화되지 않을 것

해설 내압(d) 방폭구조
용기내부에서 폭발성가스 또는 증기가 폭발하였을 때 용기가 그 압력에 견디며 또한 접합면, 개구부 등을 통해서 외부의 폭발성 가스·증기에 인화되지 않도록 한 구조(점화원 격리)
(* 방폭형 기기에 폭발성 가스가 내부로 침입하여 내부에서 폭발이 발생하여도 이 압력에 견디도록 제작한 방폭구조 이며, 전기설비내부에서 발생한 폭발이 설비주변에 존재하는 가연성 물질에 파급되지 않도록 한 구조)

79 KS C IEC 60079-0에 따른 방폭에 대한 설명으로 틀린 것은?

① 기호 "X"는 방폭기기의 특정사용조건을 나타내는 데 사용되는 인증번호의 접미사이다.
② 인화하한(LFL)과 인화상한(UFL) 사이의 범위가 클수록 폭발성 가스 분위기 형성 가능성이 크다.
③ 기기그룹에 따라 폭발성가스를 분류할 때 ⅡA의 대표 가스로 에틸렌이 있다.
④ 연면거리는 두 도전부 사이의 고체 절연물 표면을 따른 최단거리를 말한다.

정답 76.① 77.④ 78.② 79.③

해설 방폭기기 그룹에 따른 가스등급(Gas Group A, B, C)

	폭발등급	I	IIA	IIB	IIC
IEC	최대안전틈새	광산용	0.9mm 이상	0.5mm 초과 0.9mm 미만	0.5mm 이하
	해당 가스	메탄	프로판, 아세톤, 벤젠, 부탄	에틸렌, 부타디엔	수소, 아세틸렌

* 연면거리(沿面距離, Creeping Distance) : 전기적으로 절연된 두 도전부 사이의 고체 절연물 표면을 따른 최단거리(불꽃 방전을 일으키는 두 전극 간 거리를 고체 유전체의 표면을 따른 최단 거리)

80 가스 그룹 IIB 지역에 설치된 내압방폭구조 "d" 장비의 플랜지 개구부에서 장애물까지의 최소 거리(mm)는?

① 10 ② 20
③ 30 ④ 40

해설 내압 방폭구조 플랜지접합부와 장애물 간 최소이격거리

가스그룹	IIA	IIB	IIC
최소이격거리(mm)	10	30	40

* 내압(d) 방폭구조 : 용기 내부에서 폭발성 가스 또는 증기가 폭발하였을 때 용기가 그 압력에 견디며 또한 접합면, 개구부 등을 통해서 외부의 폭발성 가스·증기에 인화되지 않도록 한 구조(점화원 격리)

[제5과목] **화학설비 안전관리**

81 건축물 공사에 사용되고 있으나, 불에 타는 성질이 있어서 화재 시 유독한 시안화수소가스가 발생되는 물질은?

① 염화비닐 ② 염화에틸렌
③ 메타크릴산메틸 ④ 우레탄

해설 시안화수소(HCN : 청산가스)
극소량을 흡입해도 호흡계에 치명적인 영향을 줌
- 우레탄 단열재 → 화재 → 시안화수소가스 발생 → 질식

82 에틸알코올 1몰이 완전 연소 시 생성되는 CO_2와 H_2O의 몰수로 옳은 것은?

① CO_2 : 1, H_2O : 4
② CO_2 : 2, H_2O : 3
③ CO_2 : 3, H_2O : 2
④ CO_2 : 4, H_2O : 1

해설 화학양론(stoichiometry, 化學量論)
화학반응에서 반응물과 생성물의 양적 관계에 대한 이론. 화학반응 전후 원자의 개수와 양은 동일하게 보존

* 화학양론식
  $C_2H_6O + (③)O_2 → (①)CO_2 + (②)H_2O$
  [* $C_2H_5OH = C_2H_6O$가 O_2와 반응하여 완전연소하면 기본적으로 생성되는 화합물 : $CO_2 + H_2O$]

① 반응 전 C가 2개(C_2)임으로 반응 후에도 C가 2개이어야 함. CO_2의 C앞에 2를 붙여줌

② 반응 전 H가 6개(H_6)임으로 반응 후에도 H가 6개이어야 함. H_2O의 H앞에 3을 붙여줌[2개의 H(H_2)가 3이므로 전체 6개]

③ $C_2H_6O + (③)O_2 → 2CO_2 + 3H_2O$
반응 후의 O가 7개($2O_2 + 3O$)이므로 반응 전의 O도 7개이어야 함. 따라서 O_2 앞에는 3을 붙임
⇒ $C_2H_6O + 3O_2 → 2CO_2 + 3H_2O$: CO_2가 2몰, H_2O가 3몰

83 산업안전보건법령상 각 물질이 해당하는 위험물질의 종류를 옳게 연결한 것은?

① 아세트산(농도 90%) - 부식성 산류
② 아세톤(농도 90%) - 부식성 염기류
③ 이황화탄소 - 인화성 가스
④ 수산화칼륨 - 인화성 가스

해설 부식성 물질〈산업안전보건기준에 관한 규칙〉
가. 부식성 산류
  (1) 농도가 20퍼센트 이상인 염산, 황산, 질산
  (2) 농도가 60퍼센트 이상인 인산, 아세트산, 불산

정답 80.③ 81.④ 82.② 83.①

나. 부식성 염기류 : 농도가 40퍼센트 이상인 수산화나트륨, 수산화칼륨, 그 밖에 이와 같은 정도 이상의 부식성을 가지는 염기류

인화성 가스 〈산업안전보건기준에 관한 규칙〉
가. 수소   나. 아세틸렌
다. 에틸렌   라. 메탄
마. 에탄   바. 프로판
사. 부탄

84 물과의 반응으로 유독한 포스핀가스를 발생하는 것은?

① HCl
② NaCl
③ Ca_3P_2
④ $Al(OH)_3$

해설 인화칼슘(Ca_3P_2)
물이나 약산과 반응하여 포스핀(PH_3)의 유독성 가스 발생(제3류 위험물질)
* HCl(염화수소), NaCl(염화나트륨), $Al(OH)_3$(수산화알루미늄)

85 다음 중 인화성 물질이 아닌 것은?

① 디에틸에테르
② 아세톤
③ 에틸알코올
④ 과염소산칼륨

해설 과염소산칼륨($KClO_4$)
• 제1류 위험물 산화성고체
• 400℃ 이상으로 가열하면 염화칼륨(KCl)과 산소로 분해됨

86 메탄올에 관한 설명으로 틀린 것은?

① 무색투명한 액체이다.
② 비중은 1보다 크고, 증기는 공기보다 가볍다.
③ 금속나트륨과 반응하여 수소를 발생한다.
④ 물에 잘 녹는다.

해설 메탄올(CH_3OH)
무색투명한 액체로 비중은 0.79이고 물에 잘 녹으며 금속나트륨과 반응하여 수소를 발생한다.

87 공정안전보고서 중 공정안전자료에 포함하여야 할 세부내용에 해당하는 것은?

① 비상조치계획에 따른 교육계획
② 안전운전지침서
③ 각종 건물·설비의 배치도
④ 도급업체 안전관리계획

해설 공정안전자료의 세부 내용 〈산업안전보건법 시행규칙〉
제50조(공정안전보고서의 세부 내용 등)
1. 공정안전자료
  가. 취급·저장하고 있거나 취급·저장하려는 유해·위험물질의 종류 및 수량
  나. 유해·위험물질에 대한 물질안전보건자료
  다. 유해·위험설비의 목록 및 사양
  라. 유해·위험설비의 운전방법을 알 수 있는 공정도면
  마. 각종 건물·설비의 배치도
  바. 폭발위험장소 구분도 및 전기단선도

88 다음 표의 가스(A~D)를 위험도가 큰 것부터 작은 순으로 나열한 것은?

구분	폭발하한값	폭발상한값
A	4.0vol%	75.0vol%
B	3.0vol%	80.0vol%
C	1.25vol%	44.0vol%
D	2.5vol%	81.0vol%

① D-B-C-A ② D-B-A-C
③ C-D-A-B ④ C-D-B-A

해설 위험도 : 기체의 폭발위험 수준을 나타냄
$$H = \frac{U-L}{L}$$
여기서, H : 위험도
L : 폭발하한계 값(%)
U : 폭발상한계 값(%)

① A 위험도 = (75 − 4.0)/4.0 = 17.75
② B 위험도 = (80 − 3.0)/3.0 = 25.67
③ C 위험도 = (44 − 1.25)/1.25 = 34.2
④ D 위험도 = (81 − 2.5)/2.5 = 31.4

정답 84. ③ 85. ④ 86. ② 87. ③ 88. ④

89 메탄, 에탄, 프로판의 폭발하한계가 각각 5vol%, 3vol%, 2.5vol%일 때 다음 중 폭발하한계가 가장 낮은 것은? (단, Le Chatelier의 법칙을 이용한다.)

① 메탄 20vol%, 에탄 30vol%, 프로판 50vol%의 혼합가스
② 메탄 30vol%, 에탄 30vol%, 프로판 40vol%의 혼합가스
③ 메탄 40vol%, 에탄 30vol%, 프로판 30vol%의 혼합가스
④ 메탄 50vol%, 에탄 30vol%, 프로판 20vol%의 혼합가스

해설 혼합가스의 폭발하한값 : 순수한 혼합가스일 경우

$$L = \frac{100}{\frac{V_1}{L_1} + \frac{V_2}{L_2} + \cdots + \frac{V_n}{L_n}}$$

L : 혼합가스의 폭발한계(%) – 폭발상한, 폭발하한 모두 적용 가능
$L_1 + L_2 + \cdots + L_n$: 각 성분가스의 폭발한계(%) – 폭발상한계, 폭발하한계
$V_1 + V_2 + \cdots + V_n$: 전체 혼합가스 중 각 성분가스의 비율(%) – 부피비

① $L = 100/(20/5 + 30/3 + 50/2.5) = 2.94$vol%
② $L = 100/(30/5 + 30/3 + 40/2.5) = 3.13$vol%
③ $L = 100/(40/5 + 30/3 + 30/2.5) = 3.33$vol%
④ $L = 100/(50/5 + 30/3 + 20/2.5) = 3.57$vol%

90 열교환탱크 외부를 두께 0.2m의 단열재(열전도율 k = 0.037kcal/m · h · ℃)로 보온하였더니 단열재 내면은 40℃, 외면은 20℃이었다. 면적 1m²당 1시간에 손실되는 열량(kcal)은?

① 0.0037   ② 0.037
③ 1.37   ④ 3.7

해설 열전도량(q)
단열에서는 벽체를 통해 전달되는 단위면적당 열전도량(q)이 중요함. 열전도량(q)은 양쪽 표면의 온도차($t_1 - t_2$)에 비례하고 재료의 두께(d)에 반비례하며, 열전도율(λ)이 작을수록 단열 성능이 좋은 것이고 전달되는 열전도량도 작아짐

$$열전도량(q) = \frac{\lambda(t_1 - t_2)}{d} = \frac{0.037 \times (40-20)}{0.2}$$
$$= 3.7\text{kcal}$$

($t_1 - t_2$: 양쪽 표면의 온도차, d : 두께, λ : 열전도율)
* 열전도율 : 두께 1m, 면적 1m²인 재료의 양쪽 표면이 1℃의 온도차가 있을 때 1시간 동안 전달된 열량으로 측정(단위: kcal/mh℃)

91 다음 중 공기 중 최소 발화에너지 값이 가장 작은 물질은?

① 에틸렌   ② 아세트알데히드
③ 메탄   ④ 에탄

해설 최소발화에너지(MIE, Minimum Ignition Energy, 최소점화에너지, 최소착화에너지) : 물질을 발화시키는데 필요한 최저 에너지(최소발화에너지가 낮은 물질은 아세틸렌, 수소, 이황화탄소 등)

물질명	최소발화에너지
이황화탄소(CS_2)	0.009
수소(H_2)	0.019
아세틸렌(C_2H_2)	0.019
벤젠(C_6H_6)	0.20
에탄(C_2H_6)	0.25
프로판(C_3H_8)	0.26
메탄(CH_4)	0.28
에틸렌(C_2H_4)	0.096

92 반응기를 조작방식에 따라 분류할 때 해당되지 않는 것은?

① 회분식 반응기   ② 반회분식 반응기
③ 연속식 반응기   ④ 관형식 반응기

해설 반응기의 분류
(가) 반응기의 조작 방식에 의한 분류
① 회분식 반응기   ② 반회분식 반응기
③ 연속식 반응기
(나) 반응기의 구조 방식에 의한 분류
① 교반조형 반응기   ② 관형 반응기
③ 탑형 반응기   ④ 유동층형 반응기

정답 89.① 90.④ 91.① 92.④

93 위험물을 저장·취급하는 화학설비 및 그 부속설비를 설치할 때 '단위공정시설 및 설비로부터 다른 단위공정시설 및 설비의 사이'의 안전거리는 설비의 바깥 면으로부터 몇 m 이상이 되어야 하는가?

① 5
② 10
③ 15
④ 20

해설 안전거리 〈산업안전보건기준에 관한 규칙〉
제271조(안전거리)

구분	안전거리
1. 단위공정시설 및 설비로부터 다른 단위공정시설 및 설비의 사이	설비의 바깥 면으로부터 10미터 이상

94 열교환기의 열교환 능률을 향상시키기 위한 방법으로 거리가 먼 것은?

① 유체의 유속을 적절하게 조절한다.
② 유체의 흐르는 방향을 병류로 한다.
③ 열교환기 입구와 출구의 온도차를 크게 한다.
④ 열전도율이 좋은 재료를 사용한다.

해설 열교환기의 열 교환 능률을 향상시키기 위한 방법
① 열교환기 입구와 출구의 온도차를 크게 한다.(열교환하는 유체의 온도차를 크게 한다.)
② 유체의 흐르는 방향을 향류로 한다.
* 병류(cocurrent) : 고온 유체와 저온 유체가 같은 방향으로 흐르는 것
* 향류(countercurrent) : 유체가 반대 방향으로 흐르는 것

95 반응기를 설계할 때 고려하여야 할 요인으로 가장 거리가 먼 것은?

① 부식성
② 상의 형태
③ 온도 범위
④ 중간생성물의 유무

해설 반응기를 설계할 때 고려하여야 할 요인
① 상(Phase)의 형태(고체, 액체, 기체)
② 온도 범위
③ 부식성
④ 운전 압력
⑤ 열전달

96 사업주는 산업안전보건법령에서 정한 설비에 대해서는 과압에 따른 폭발을 방지하기 위하여 안전밸브 등을 설치하여야 한다. 다음 중 이에 해당하는 설비가 아닌 것은?

① 원심펌프
② 정변위 압축기
③ 정변위 펌프(토출축에 차단밸브가 설치된 것만 해당한다.)
④ 배관(2개 이상의 밸브에 의하여 차단되어 대기온도에서 액체의 열팽창에 의하여 파열될 우려가 있는 것으로 한정한다.)

해설 안전밸브 등의 설치 〈산업안전보건기준에 관한 규칙〉
제261조(안전밸브 등의 설치)
① 과압에 따른 폭발을 방지하기 위하여 폭발 방지 성능과 규격을 갖춘 안전밸브 또는 파열판을 설치하여야 하는 설비
 1. 압력용기(안지름이 150밀리미터 이하인 압력용기는 제외하며, 압력 용기 중 관형 열교환기의 경우에는 관의 파열로 인하여 상승한 압력이 압력용기의 최고사용압력을 초과할 우려가 있는 경우만 해당)
 2. 정변위 압축기
 3. 정변위 펌프(토출축에 차단밸브가 설치된 것만 해당)
 4. 배관(2개 이상의 밸브에 의하여 차단되어 대기온도에서 액체의 열팽창에 의하여 파열될 우려가 있는 것으로 한정)
 5. 그 밖의 화학설비 및 그 부속설비로서 해당 설비의 최고사용압력을 초과할 우려가 있는 것

정답 93. ② 94. ② 95. ④ 96. ①

97 디에틸에테르의 연소범위에 가장 가까운 값은?

① 2~10.4% ② 1.9~48%
③ 2.5~15% ④ 1.5~7.8%

해설 디에틸에테르($C_2H_5OC_2H_5$, $(C_2H_5)_2O$)
- 연소범위 1.9~48%
- 산소 원자에 에틸기가 두 개(디-, di-) 결합한 화합물
- 무색의 액체로 인화성(引火性)이 크며 마취제나 용제(溶劑)로 사용

98 에틸렌(C_2H_4)이 완전연소하는 경우 다음의 Jones식을 이용하여 계산할 경우 연소하한계는 약 몇 vol%인가?

$$\text{Jone식} : LFL = 0.55 \times C_{st}$$

① 0.55 ② 3.6
③ 6.3   ④ 8.5

해설 폭발하한계
$LFL = 0.55 \times C_{st} = 0.55 \times 6.53 = 3.6 \text{vol}\%$
여기서, C_{st} : 완전연소가 일어나기 위한 연료와 공기의 혼합기체 중 연료의 부피(%)

① 화학양론농도(C_{st}) = $\dfrac{1}{1+4.773 O_2} \times 100$

$= \dfrac{100}{(1+4.773 \times 3)} = 6.53 \text{vol}\%$

② 산소농도(O_2) = $n + \dfrac{m-f-2\lambda}{4} = 2 + \left(\dfrac{4}{4}\right) = 3$

(C_2H_4 : $n=2$, $m=4$, $f=0$, $\lambda=0$)
(* $C_nH_mO_\lambda Cl_f$ 분자식 → n : 탄소, m : 수소, f : 할로겐원자의 원자수, λ : 산소의 원자수)
[* $C_2H_4 + 3O_2 \rightarrow 2CO_2 + 2H_2O$]

99 다음 중 가연성 물질과 산화성 고체가 혼합하고 있을 때 연소에 미치는 현상으로 옳은 것은?

① 착화온도(발화점)가 높아진다.
② 최소점화에너지가 감소하며, 폭발의 위험성이 증가한다.
③ 가스나 가연성 증기의 경우 공기혼합보다 연소범위가 축소된다.
④ 공기 중에서 보다 산화작용이 약하게 발생하여 화염온도가 감소하며 연소속도가 늦어진다.

해설 가연성 물질과 산화성 고체가 혼합하고 있을 때 연소에 미치는 현상 : 산화성 고체(다량의 산소 함유)가 산소 공급원이 되어 최소점화에너지가 감소하며, 폭발의 위험성이 증가한다.

100 다음 중 전기화재의 종류에 해당하는 것은?

① A급 ② B급
③ C급 ④ D급

해설 화재의 종류

종류	등급	가연물	표현색	소화방법
일반화재	A급	목재, 종이, 섬유 등	백색	냉각소화
유류 및 가스화재	B급	각종 유류 및 가스	황색	질식소화
전기화재	C급	전기기기, 기계, 전선 등	청색	질식소화
금속화재	D급	가연성금속(Mg 분말, Al 분말 등)	무색	피복에 의한 질식

[**제6과목** 건설공사 안전관리]

101 건설업 산업안전보건관리비 계상 및 사용기준은 산업재해보상 보험법의 적용을 받는 공사 중 총 공사금액이 얼마 이상인 공사에 적용하는가? (단, 전기공사업법, 정보통신공사업법에 의한 공사는 제외)

① 4천만원 ② 3천만원
③ 2천만원 ④ 1천만원

해설 적용범위 〈건설업 산업안전보건관리비 계상 및 사용기준〉
제3조(적용범위) 총 공사금액 2천만 원 이상인 공사에 적용한다.

정답 97. ② 98. ② 99. ② 100. ③ 101. ③

102 흙막이 가시설 공사 중 발생할 수 있는 보일링(Boiling) 현상에 관한 설명으로 옳지 않은 것은?

① 이 현상이 발생하면 흙막이 벽의 지지력이 상실된다.
② 지하수위가 높은 지반을 굴착할 때 주로 발생된다.
③ 흙막이벽의 근입장 깊이가 부족할 경우 발생한다.
④ 연약한 점토지반에서 굴착면의 융기로 발생한다.

해설 보일링(boiling) 현상
투수성이 좋은 사질지반에서 흙파기 공사를 할때 흙막이벽 배면의 지하수위가 굴착저면보다 높아 굴착저면 위로 모래와 지하수가 부풀어 오르는 현상(굴착부와 배면부의 지하수위의 수두차)
〈형상 및 발생원인〉
① 이 현상이 발생하면 흙막이 벽의 지지력이 상실된다.
② 연약 사질토 지반에서 주로 발생한다.
③ 지반을 굴착 시, 굴착부와 지하수위 차가 있을 때 주로 발생한다.(지하수위가 높은 지반을 굴착할 때 주로 발생)
④ 흙막이벽의 근입장 깊이가 부족할 경우 발생한다.
⑤ 굴착저면에서 액상화 현상에 기인하여 발생한다.
⑥ 시트파일(sheet pile) 등의 저면에 분사현상이 발생한다.

103 산업안전보건법령에 따른 유해위험방지계획서 제출 대상 공사로 볼 수 없는 것은?

① 지상 높이가 31m 이상인 건축물의 건설공사
② 터널 건설공사
③ 깊이 10m 이상인 굴착공사
④ 다리의 전체길이가 40m 이상인 건설공사

해설 유해 · 위험방지계획서 제출대상 건설공사 〈산업안전보건법 시행령 제42조〉
1. 다음에 해당하는 건축물 또는 시설 등의 건설 · 개조 또는 해체 공사
  가. 지상높이가 31미터 이상인 건축물 또는 인공구조물
  나. 연면적 3만제곱미터 이상인 건축물
  다. 연면적 5천제곱미터 이상인 시설로서 다음의 어느 하나에 해당하는 시설
    1) 문화 및 집회시설(전시장 및 동물원 · 식물원은 제외한다)
    2) 판매시설, 운수시설(고속철도의 역사 및 집배송시설은 제외한다)
    3) 종교시설
    4) 의료시설 중 종합병원
    5) 숙박시설 중 관광숙박시설
    6) 지하도상가
    7) 냉동 · 냉장 창고시설
2. 연면적 5천제곱미터 이상인 냉동 · 냉장 창고시설의 설비공사 및 단열공사
3. 최대 지간(支間)길이(다리의 기둥과 기둥의 중심사이의 거리)가 50미터 이상인 다리의 건설등 공사
4. 터널의 건설등 공사
5. 다목적댐, 발전용댐, 저수용량 2천만톤 이상의 용수 전용 댐 및 지방상수도 전용 댐의 건설등 공사
6. 깊이 10미터 이상인 굴착공사

104 굴착과 싣기를 동시에 할 수 있는 토공기계가 아닌 것은?

① 트랙터 셔블(tractor shovel)
② 백호(back hoe)
③ 파워 셔블(power shovel)
④ 모터 그레이더(motor grader)

해설 굴착과 싣기를 동시에 할 수 있는 토공기계 : 셔블, 백호
* 모터그레이더 : 엔진이나 유압에 의해 주행할 수 있는 그레이더로 고무타이어의 전륜과 후륜 사이에 토공판(블레이드, blade)을 부착하여 주로 노면을 평활하게 깎아내는 작업을 수행(정지작업용 장비)

105 건설작업용 타워크레인의 안전장치로 옳지 않은 것은?

① 권과 방지장치
② 과부하 방지장치
③ 비상정지 장치
④ 호이스트 스위치

정답 102. ④ 103. ④ 104. ④ 105. ④

해설 **안전장치** 〈산업안전보건기준에 관한 규칙〉
제134조(방호장치의 조정)
① 양중기에 과부하방지장치, 권과방지장치(捲過防止裝置), 비상정지장치 및 제동장치, 그 밖의 방호장치[(승강기의 파이널 리미트 스위치(final limit switch), 속도조절기, 출입문 인터록(inter lock) 등을 말한다]가 정상적으로 작동될 수 있도록 미리 조정해 두어야 한다.

106 다음은 산업안전보건법령에 따른 항타기 또는 항발기에 권상용 와이어로프를 사용하는 경우에 준수하여야 할 사항이다. ( ) 안에 알맞은 내용으로 옳은 것은?

> 권상용 와이어로프는 추 또는 해머가 최저의 위치에 있을 때 또는 널말뚝을 빼내기 시작할 때를 기준으로 권상장치의 드럼에 적어도 ( ) 감기고 남을 수 있는 충분한 길이일 것

① 1회　　② 2회
③ 4회　　④ 6회

해설 **권상용 와이어로프 사용시 준수사항** 〈산업안전보건기준에 관한 규칙〉
제212조(권상용 와이어로프의 길이 등)
항타기 또는 항발기에 권상용 와이어로프를 사용하는 경우의 준수사항
1. 권상용 와이어로프는 추 또는 해머가 최저의 위치에 있을 때 또는 널말뚝을 빼내기 시작할 때를 기준으로 권상장치의 드럼에 적어도 2회 감기고 남을 수 있는 충분한 길이일 것

107 건설용 리프트의 붕괴 등을 방지하기 위해 받침의 수를 증가 시키는 등 안전조치를 하여야 하는 순간풍속 기준은?

① 초당 15미터 초과
② 초당 25미터 초과
③ 초당 35미터 초과
④ 초당 45미터 초과

해설 **리프트** 〈산업안전보건기준에 관한 규칙〉
제154조(붕괴 등의 방지)
② 순간풍속이 초당 35미터를 초과하는 바람이 불어올 우려가 있는 경우 건설작업용 리프트에 대하여 받침의 수를 증가 시키는 등 그 붕괴 등을 방지하기 위한 조치를 하여야 한다.

108 작업발판 및 통로의 끝이나 개구부로서 근로자가 추락할 위험이 있는 장소에서 난간등의 설치가 매우 곤란하거나 작업의 필요상 임시로 난간등을 해체하여야 하는 경우에 설치하여야 하는 것은?

① 구명구　　② 수직보호망
③ 석면포　　④ 추락방호망

해설 **개구부 등의 방호 조치** 〈산업안전보건기준에 관한 규칙〉
제43조(개구부 등의 방호 조치)
② 사업주는 난간등을 설치하는 것이 매우 곤란하거나 작업의 필요상 임시로 난간등을 해체하여야 하는 경우 기준에 맞는 추락방호망을 설치하여야 한다.

109 건설현장에서 작업으로 인하여 물체가 떨어지거나 날아올 위험이 있는 경우에 대한 안전조치에 해당하지 않는 것은?

① 수직보호망 설치　② 방호선반 설치
③ 울타리설치　　　④ 낙하물 방지망 설치

해설 **낙하물에 의한 위험의 방지** 〈산업안전보건기준에 관한 규칙〉
제14조(낙하물에 의한 위험의 방지)
② 사업주는 작업으로 인하여 물체가 떨어지거나 날아올 위험이 있는 경우 낙하물 방지망, 수직보호망 또는 방호선반의 설치, 출입금지구역의 설정, 보호구의 착용 등 위험을 방지하기 위하여 필요한 조치를 하여야 한다.

110 지반 등의 굴착작업 시 연암의 굴착면 기울기로 옳은 것은?

① 1 : 0.3　　② 1 : 0.5
③ 1 : 0.8　　④ 1 : 1.0

정답　106. ②　107. ③　108. ④　109. ③　110. ④

해설 굴착면의 기울기 기준 〈산업안전보건기준에 관한 규칙〉

지반의 종류	굴착면의 기울기
모래	1 : 1.8
연암 및 풍화암	1 : 1.0
경암	1 : 0.5
그 밖의 흙	1 : 1.2

비고 1. 굴착면의 기울기는 굴착면의 높이에 대한 수평거리의 비율

111 사면지반 개량공법에 속하지 않는 것은?

① 전기 화학적 공법
② 석회 안정처리 공법
③ 이온 교환 공법
④ 옹벽 공법

해설 비탈면 보호공법
(1) 사면 보호 공법
 (가) 사면을 보호하기 위한 구조물에 의한 보호 공법
  ① 현장타설 콘크리트 격자공
  ② 블록공
  ③ (돌, 블록) 쌓기공
  ④ (돌, 블록, 콘크리트) 붙임공
  ⑤ 뿜어붙이기공
 (나) 사면을 식물로 피복함으로써 침식, 세굴 등을 방지 : 식생공
(2) 사면 보강공법
 말뚝공, 앵커공, 옹벽공, 절토공, 압성토공, 소일네일링(Soil Nailing)공
(3) 사면지반 개량공법
  ① 주입공법   ② 이온 교환 공법
  ③ 전기화착적 공법   ④ 시멘트안정 처리공법
  ⑤ 석회안정처리 공법 ⑥ 소결공법

112 법면 붕괴에 의한 재해 예방조치로서 옳은 것은?

① 지표수와 지하수의 침투를 방지한다.
② 법면의 경사를 증가한다.
③ 절토 및 성토 높이를 증가한다.
④ 토질의 상태에 관계없이 구배조건을 일정하게 한다.

해설 토석 및 토사붕괴의 원인 〈굴착공사표준안전작업지침〉
(가) 외적 원인
 ① 사면, 법면의 경사 및 기울기의 증가
 ② 절토 및 성토 높이의 증가
 ③ 공사에 의한 진동 및 반복 하중의 증가
 ④ 지표수 및 지하수의 침투에 의한 토사 중량의 증가
 ⑤ 지진, 차량, 구조물의 하중 작용
 ⑥ 토사 및 암석의 혼합층 두께
(나) 내적 원인
 ① 절토 사면의 토질·암질
 ② 성토 사면의 토질 구성 및 분포
 ③ 토석의 강도 저하

113 강관틀비계를 조립하여 사용하는 경우 준수해야 할 기준으로 옳지 않은 것은?

① 수직방향으로 6m, 수평방향으로 8m 이내마다 벽이음을 할 것
② 높이가 20m를 초과하거나 중량물의 적재를 수반하는 작업을 할 경우에는 주틀 간의 간격을 2.4m 이하로 할 것
③ 길이가 띠장 방향으로 4m 이하이고 높이가 10m를 초과하는 경우에는 10m 이내마다 띠장 방향으로 버팀기둥을 설치할 것
④ 주틀 간에 교차 가새를 설치하고 최상층 및 5층 이내마다 수평재를 설치할 것

해설 강관틀비계 〈산업안전보건기준에 관한 규칙〉
제62조(강관틀비계) 강관틀 비계를 조립하여 사용하는 경우의 준수사항
2. 높이가 20미터를 초과하거나 중량물의 적재를 수반하는 작업을 할 경우에는 주틀 간의 간격을 1.8미터 이하로 할 것

114 동바리의 침하를 방지하기 위한 직접적인 조치로 옳지 않은 것은?

① 수평연결재 사용
② 받침목의 사용
③ 콘크리트의 타설
④ 말뚝박기

정답 111. ④ 112. ① 113. ② 114. ①

해설 동바리등의 안전조치 〈산업안전보건기준에 관한 규칙〉
제332조(동바리 조립시의 안전조치)
거푸집동바리등을 조립하는 경우에의 준수사항
1. 받침목이나 깔판의 사용, 콘크리트 타설, 말뚝박기 등 동바리의 침하를 방지하기 위한 조치를 할 것

115 비계의 높이가 2m 이상인 작업장소에 작업발판을 설치할 경우 준수하여야 할 기준으로 옳지 않은 것은?

① 작업발판의 폭은 30cm 이상으로 한다.
② 발판재료 간의 틈은 3cm 이하로 한다.
③ 추락의 위험성이 있는 장소에는 안전난간을 설치한다.
④ 발판재료는 뒤집히거나 떨어지지 않도록 2개 이상의 지지물에 연결하거나 고정시킨다.

해설 비계 작업발판의 구조 〈산업안전보건기준에 관한 규칙〉
제56조(작업발판의 구조)
비계의 높이가 2미터 이상인 작업장소에의 작업발판을 설치 기준
2. 작업발판의 폭은 40센티미터 이상으로 하고, 발판재료 간의 틈은 3센티미터 이하로 할 것

116 건설현장에 동바리 설치 시 준수사항으로 옳지 않은 것은?

① 파이프서포트 높이가 4.5m를 초과하는 경우에는 높이 2m 이내마다 2개 방향으로 수평 연결재를 설치한다.
② 동바리의 침하 방지를 위해 받침목의 사용, 콘크리트 타설, 말뚝박기 등을 실시한다.
③ 강재와 강재의 접속부는 볼트 또는 클램프 등 전용철물을 사용한다.
④ 강관틀 동바리는 강관틀과 강관틀 사이에 교차가새를 설치한다.

해설 동바리의 안전조치 〈산업안전보건기준에 관한 규칙〉
제332조의2(동바리 유형에 따른 동바리 조립 시의 안전조치)
동바리을 조립하는 경우에의 준수사항
1. 동바리로 사용하는 파이프 서포트의 경우
  가. 파이프 서포트를 3개 이상 이어서 사용하지 않도록 할 것
  나. 파이프 서포트를 이어서 사용하는 경우에는 4개 이상의 볼트 또는 전용철물을 사용하여 이을 것
  다. 높이가 3.5미터를 초과하는 경우에는 높이 2미터 이내마다 수평연결재를 2개 방향으로 만들고 수평연결재의 변위를 방지할 것

117 가설공사 표준안전 작업지침에 따른 통로발판을 설치하여 사용함에 있어 준수사항으로 옳지 않은 것은?

① 추락의 위험이 있는 곳에는 안전난간이나 철책을 설치하여야 한다.
② 작업발판의 최대폭은 1.6m 이내이어야 한다.
③ 비계발판의 구조에 따라 최대 적재하중을 정하고 이를 초과하지 않도록 하여야 한다.
④ 발판을 겹쳐 이음하는 경우 장선 위에서 이음을 하고 겹침길이는 10cm 이상으로 하여야 한다.

해설 통로발판 〈가설공사 표준안전 작업지침〉
제15조(통로발판)
통로발판을 설치하여 사용함에 있어서의 준수사항
3. 발판을 겹쳐 이음하는 경우 장선 위에서 이음을 하고 겹침길이는 20센티미터 이상으로 하여야 한다.
4. 발판 1개에 대한 지지물은 2개 이상이어야 한다.
5. 작업발판의 최대폭은 1.6미터 이내이어야 한다.
6. 작업발판 위에는 돌출된 못, 옹이, 철선 등이 없어야 한다.
7. 비계발판의 구조에 따라 최대 적재하중을 정하고 이를 초과하지 않도록 하여야 한다.

정답 115. ① 116. ① 117. ④

118 철골작업 시 철골부재에서 근로자가 수직방향으로 이동하는 경우에 설치하여야 하는 고정된 승강로의 최대 답단 간격은 얼마 이내인가?

① 20cm ② 25cm
③ 30cm ④ 40cm

해설 **승강로의 설치** 〈산업안전보건기준에 관한 규칙〉
제381조(승강로의 설치)
사업주는 근로자가 수직방향으로 이동하는 철골부재(鐵骨部材)에는 답단(踏段) 간격이 30센티미터 이내인 고정된 승강로를 설치하여야 하며, 수평방향 철골과 수직방향 철골이 연결되는 부분에는 연결작업을 위하여 작업발판 등을 설치하여야 한다.

119 다음은 산업안전보건법령에 따른 화물자동차의 승강설비에 관한 사항이다. ( ) 안에 알맞은 내용으로 옳은 것은?

> 사업주는 바닥으로부터 짐 윗면까지의 높이가 ( ) 이상인 화물자동차에 짐을 싣는 작업 또는 내리는 작업을 하는 경우에는 근로자의 추락 위험을 방지하기 위하여 해당 작업에 종사하는 근로자가 바닥과 적재함의 짐 윗면 간을 안전하게 오르내리기 위한 설비를 설치하여야 한다.

① 2m ② 4m
③ 6m ④ 8m

해설 **화물자동차 승강설비** 〈산업안전보건기준에 관한 규칙〉
제187조(승강설비)
사업주는 바닥으로부터 짐 윗면까지의 높이가 2미터 이상인 화물자동차에 짐을 싣는 작업 또는 내리는 작업을 하는 경우에는 근로자의 추가 위험을 방지하기 위하여 해당 작업에 종사하는 근로자가 바닥과 적재함의 짐 윗면 간을 안전하게 오르내리기 위한 설비를 설치하여야 한다.

120 인력으로 하물을 인양할 때의 몸의 자세와 관련하여 준수하여야 할 사항으로 옳지 않은 것은?

① 한쪽 발은 들어 올리는 물체를 향하여 안전하게 고정시키고 다른 발은 그 뒤에 안전하게 고정시킬 것
② 등은 항상 직립한 상태와 90도 각도를 유지하여 가능한 한 지면과 수평이 되도록 할 것
③ 팔은 몸에 밀착시키고 끌어당기는 자세를 취하며 가능한 한 수평거리를 짧게 할 것
④ 손가락으로만 인양물을 잡아서는 아니 되며 손바닥으로 인양물 전체를 잡을 것

해설 **인력으로 하물을 인양할 때의 준수사항** 〈운반하역 표준안전작업지침〉
제7조(인양) 하물을 인양할 때에의 준수사항
3. 인양할 때의 몸의 자세
  가. 한쪽 발은 들어 올리는 물체를 향하여 안전하게 고정시키고 다른 발은 그 뒤에 안전하게 고정시킬 것
  나. 등은 항상 직립을 유지하여 가능한 한 지면과 수직이 되도록 할 것
  다. 무릎은 직각자세를 취하고 몸은 가능한 한 인양물에 근접하여 정면에서 인양할 것
  라. 턱은 안으로 당겨 척추와 일직선이 되도록 할 것
  마. 팔은 몸에 밀착시키고 끌어당기는 자세를 취하며 가능한 한 수평거리를 짧게 할 것
  바. 손가락으로만 인양물을 잡아서는 아니 되며 손바닥으로 인양물 전체를 잡을 것
  사. 체중의 중심은 항상 양 다리 중심에 있게 하여 균형을 유지할 것
  아. 인양하는 최초의 힘은 뒷발쪽에 두고 인양할 것

정답 118. ③ 119. ① 120. ②

제3회 CBT 최종모의고사

[제1과목] **산업재해 예방 및 안전보건교육**

01 하인리히 재해 구성 비율 중 무상해사고가 600건이라면 사망 또는 중상 발생 건수는?

① 1   ② 2
③ 29 ④ 58

해설 하인리히의 1 : 29 : 300 재해법칙
[중상해 : 경상해 : 무상해사고]
- 사고 330건이 발생했을 때 무상해사고 300건, 경상해 29건, 중상해 1건의 재해가 발생한다는 이론
⇒ 무상해사고 600건/300 = 2배 발생
  사망 또는 중상 발생 건수 : 중상해 1 × 2배 = 2건

02 산업안전보건법령상 근로자에 대한 일반 건강진단의 실시 시기 기준으로 옳은 것은?

① 사무직에 종사하는 근로자 : 1년에 1회 이상
② 사무직에 종사하는 근로자 : 2년에 1회 이상
③ 사무직외의 업무에 종사하는 근로자 : 6월에 1회 이상
④ 사무직외의 업무에 종사하는 근로자 : 2년에 1회 이상

해설 건강진단의 실시 : 사무직 2년에 1회(그 외 1년에 1회), 특수건강진단 대상 업무는 유해인자별 정한 시기 및 주기에 따라 정기 적으로 실시

03 산업안전보건법령상 안전보건관리규정에 반드시 포함되어야 할 사항이 아닌 것은? (단, 그 밖에 안전 및 보건에 관한 사항은 제외한다.)

① 재해코스트 분석 방법
② 사고 조사 및 대책 수립
③ 작업장 안전 및 보건관리
④ 안전 및 보건 관리조직과 그 직무

해설 안전·보건관리규정 작성내용
① 안전·보건 관리조직과 그 직무에 관한 사항
② 안전·보건교육에 관한 사항
③ 작업장 안전관리에 관한 사항
④ 작업장 보건관리에 관한 사항
⑤ 사고 조사 및 대책 수립에 관한 사항
⑥ 위험성 평가에 관한 사항
⑦ 그 밖에 안전·보건에 관한 사항

04 근로자 1000명 이상의 대규모 사업장에 적합한 안전관리 조직의 유형은?

① 직계식 조직   ② 참모식 조직
③ 병렬식 조직   ④ 직계참모식 조직

해설 라인-스태프 혼합형(Line-staff, 직계참모식)
라인이 안전보건 업무를 주관·수행하고, 전문 스태프을 별도로 구성하여 안전보건 대책 수립 및 라인의 안전보건업무 지도·지원(우리나라 산업안전보건법에 의해 권장)
(※ 근로자 1,000인 이상 사업장에 적합)
① 라인형과 스태프형의 장점을 취한 절충식 조직형태이며 대규모(1,000명 이상) 사업장에 적용
② 안전스태프가 안전에 관한 업무를 수행하고 라인의 관리, 감독자에게도 안전에 관한 책임과 권한이 부여
③ 단점 : 명령계통과 조언 권고적 참여가 혼동되기 쉬움

05 무재해 운동의 3원칙에 해당되지 않는 것은?

① 무의 원칙   ② 참가의 원칙
③ 선취의 원칙 ④ 대책선정의 원칙

정답 01. ② 02. ② 03. ① 04. ④ 05. ④

해설 무재해운동의 (이념) 3대 원칙
① 무(zero)의 원칙 : 재해는 물론 일체의 잠재요인을 적극적으로 사전에 발견하고 파악, 해결함으로써 산업재해의 근 원적인 요소들을 제거(뿌리에서부터 산업재해를 제거)
② 선취(안전제일, 선취해결)의 원칙 : 잠재위험요인을 사전에 미리 발견하고 파악, 해결하여 재해를 예방
③ 참가의 원칙 : 근로자 전원이 참가하여 문제 해결 등을 실천

06 브레인스토밍 기법에 관한 설명으로 옳은 것은?

① 타인의 의견을 수정하지 않는다.
② 지정된 표현방식에서 벗어나 자유롭게 의견을 제시한다.
③ 참여자에게는 동일한 횟수의 의견제시 기회가 부여된다.
④ 주제와 내용이 다르거나 잘못된 의견은 지적하여 조정한다.

해설 브레인스토밍(brain-storming) 4원칙
① 비판금지 : 타인의 의견에 대하여 장, 단점을 비판하지 않음
② 자유분방 : 지정된 표현방식을 벗어나 자유롭게 의견을 제시
③ 대량발언 : 사소한 아이디어라도 가능한 한 많이 제시하도록 함
④ 수정발언 : 타인의 의견에 대하여는 수정하여 발표할 수 있음
* 브레인스토밍(brain-storming) : 6~12명의 구성원으로 타인의 비판 없이 자유로운 토론을 통하여 다량의 독창적인 아이디어를 이끌어내고, 대안적 해결안을 찾기 위한 집단적 사고기법(토의식 아이디어 개발 기법)

07 산업안전보건법령상 보호구 안전인증 대상 방독마스크의 유기화합물용 정화통 외부 측면 표시 색으로 옳은 것은?

① 갈색   ② 녹색
③ 회색   ④ 노랑색

해설 방독마스크 정화통(흡수관) 종류와 시험가스

종류	시험가스	정화통 외부측면 표시색
유기화합물용	시클로헥산(C_6H_{12})	갈색
할로겐용	염소가스 또는 증기(Cl_2)	회색

08 산업안전보건법령상 특정행위의 지시 및 사실의 고지에 사용되는 안전·보건표지의 색도기준으로 옳은 것은?

① 2.5G 4/10   ② 5Y 8.5/12
③ 2.5PB 4/10   ④ 7.5R 4/14

해설 안전·보건표지의 색채, 색도 기준 및 용도 〈산업안전보건법 시행규칙〉

색채	색도 기준	용도	사용례
빨간색	7.5R 4/14	금지	정지신호, 소화설비 및 그 장소, 유해행위의 금지
		경고	화학물질 취급장소에서의 유해·위험경고
노란색	5Y 8.5/12	경고	화학물질 취급장소에서의 유해·위험경고 이외의 위험경고, 주의표지 또는 기계방호물
파란색	2.5PB 4/10	지시	특정 행위의 지시 및 사실의 고지

09 산업안전보건법령상 안전보건표지의 종류와 형태 중 관계자 외 출입금지에 해당하지 않는 것은?

① 관리대상물질 작업장
② 허가대상물질 작업장
③ 석면취급·해체 작업장
④ 금지대상물질의 취급 실험실

해설 안전보건 표지의 종류와 형태 〈산업안전보건법 시행규칙〉
(1) 관계자외 출입금지표지
① 허가대상물질 작업장
② 석면취급·해체 작업장
③ 금지대상물질의 취급 실험실 등

정답 06. ② 07. ① 08. ③ 09. ①

10 작업자 적성의 요인이 아닌 것은?
① 지능 ② 인간성
③ 흥미 ④ 연령

해설 적성의 요인(적성의 기본요소)
① 지능 ② 직업 적성(기계적 적성과 사무적 적성)
③ 흥미 ④ 인간성(성격)

11 헤링(Hering)의 착시현상에 해당하는 것은?

①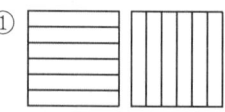

②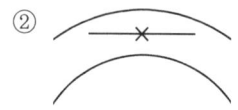

③

④

해설 착시현상(Illusions)
① 헤링(Hering)의 착시

② 헬호츠(Helmholz)의 착시
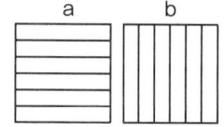

③ 쾰러(Köhler)의 착시
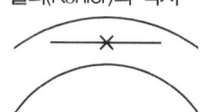

④ 뮬러-라이어(Müller-Lyer)의 착시
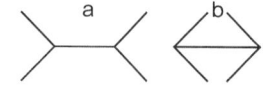

⑤ 졸러(Zöller)의 착시
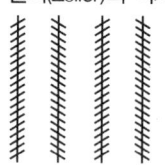

⑥ 포겐도르프(Poggendorf)의 착시
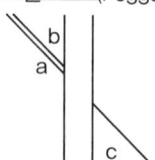

12 데이비스(K.Davis)의 동기부여 이론에 관한 등식에서 그 관계가 틀린 것은?
① 지식×기능 = 능력
② 상황×능력 = 동기유발
③ 능력×동기유발 = 인간의 성과
④ 인간의 성과×물질의 성과 = 경영의 성과

해설 데이비스(K. Davis)의 동기부여 이론(등식)
① 인간의 성과×물질의 성과 = 경영의 성과
② 지식(knowledge)×기능(skill) = 능력(ability)
③ 상황(situation)×태도(attitude) = 동기유발(motivation)
④ 인간의 능력(ability)×동기유발(motivation) = 인간의 성과(human performance)

13 레윈(Lewin.K)에 의하여 제시된 인간의 행동에 관한 식을 올바르게 표현한 것은? (단, B는 인간의 행동, P는 개체, E는 환경, f는 함수관계를 의미한다.)
① $B = f(P \cdot E)$
② $B = f(P+1)E$
③ $P = E \cdot f(B)$
④ $E = f(P \cdot B)$

해설 인간의 행동특성
(1) 레윈(Lewin.K)의 법칙
인간행동은 사람이 가진 자질, 즉 개체와 심리학적 환경과의 상호 함수관계에 있다고 정의함

정답 10.④ 11.④ 12.② 13.①

(2) B = f(P · E)
- B : behavior(인간의 행동)
- P : person(개체 : 연령, 경험, 심신 상태, 성격, 지능, 소질 등)
- E : environment(심리적 환경 : 인간관계, 작업환경 등)
- f : function(함수관계 : P와 E에 영향을 주는 조건)

14 매슬로우(Maslow)의 욕구 5단계 이론 중 안전욕구의 단계는?

① 제1단계 ② 제2단계
③ 제3단계 ④ 제4단계

해설 매슬로우(Abraham Maslow)의 욕구 5단계 이론
(1) 1단계 생리적 욕구(Physiological Needs) : 인간의 가장 기본적인 욕구(의식주 및 성적 욕구등)
(2) 2단계 안전의 욕구(Safety Needs) : 자기 보전적 욕구(안전과 보호, 경제적 안정, 질서 등)
(3) 3단계 사회적 욕구(Belonging and Love Needs) : 소속감, 애정욕구 등
(4) 4단계 존경의 욕구(Esteem Needs) : 다른 사람들로부터도 인정받고자하는 욕구(존경받고 싶은 욕구, 자존심, 명예, 지위 등에 대한 욕구)
(5) 5단계 자아실현의 욕구(Self-actualization Needs) : 잠재적 능력을 실현하고자 하는 욕구

15 학습을 자극(Stimulus)에 의한 반응(Response)으로 보는 이론에 해당하는 것은?

① 장설(Field Theory)
② 통찰설(Insight Theory)
③ 기호형태설(Sign-gestalt Theory)
④ 시행착오설(Trial and Error Theory)

해설 손다이크(Thorndike)의 시행착오설
시행과 착오의 과정을 통해 특정한 자극과 반응이 결합됨으로써 학습이 발생하는 것(맹목적 시행을 반복하는 가운데 자극과 반응이 결합하여 행동하는 것)

16 안전교육에 있어서 동기부여방법으로 가장 거리가 먼 것은?

① 책임감을 느끼게 한다.
② 관리감독을 철저히 한다.
③ 자기 보존본능을 자극한다.
④ 물질적 이해관계에 관심을 두도록 한다.

해설 학습에 대한 동기유발 방법
① 내적동기 유발방법
  ㉠ 학습자의 요구 수준에 맞는 적절한 교재의 제시
  ㉡ 지적호기심의 제고
  ㉢ 목표의 인식
  ㉣ 성취의욕의 고취
  ㉤ 흥미 등의 방법
② 외적동기 유발방법
  ㉠ 학습결과를 알게 하고 성공감, 만족감을 갖게 할 것
  ㉡ 적절한 상벌에 의하여 학습의욕을 환기시킬 것
  ㉢ 경쟁심을 이용할 것

17 다음의 교육내용과 관련 있는 교육은?

- 작업동작 및 표준작업방법의 습관화
- 공구·보호구 등의 관리 및 취급태도의 확립
- 작업 전후의 점검, 검사요령의 정확화 및 습관화

① 지식교육 ② 기능교육
③ 태도교육 ④ 문제해결교육

해설 단계별 교육내용
(1) 지식교육(제1단계) : 강의, 시청각교육을 통한 지식의 전달과 이해
(2) 기능교육(제2단계) : 시범, 견학, 실습, 현장실습교육을 통한 경험 체득과 이해
(3) 태도교육(제3단계) : 작업동작지도, 생활지도 등을 통한 안전의 습관화

18 학습자가 자신의 학습속도에 적합하도록 프로그램 자료를 가지고 단독으로 학습하도록 하는 안전교육 방법은?

① 실연법 ② 모의법
③ 토의법 ④ 프로그램 학습법

정답 14.② 15.④ 16.② 17.③ 18.④

해설 프로그램 학습법 : 학생이 자기 학습속도에 따른 학습이 허용되어 있는 상태에서 학습자가 프로그램 자료를 가지고 단독으로 학습하도록 하는 교육방법

19 산업안전보건법령상 안전보건교육 교육대상별 교육내용 중 관리감독자 정기교육의 내용으로 틀린 것은?

① 정리정돈 및 청소에 관한 사항
② 유해·위험 작업환경 관리에 관한 사항
③ 표준안전작업방법 및 지도 요령에 관한 사항
④ 작업공정의 유해·위험과 재해 예방대책에 관한 사항

해설 관리감독자교육 정기교육
- 산업안전 및 사고 예방에 관한 사항
- 산업보건 및 직업병 예방에 관한 사항
- 위험성 평가에 관한 사항
- 유해·위험 작업환경 관리에 관한 사항
- 산업안전보건법령 및 산업재해보상보험 제도에 관한 사항
- 직무스트레스 예방 및 관리에 관한 사항
- 직장 내 괴롭힘, 고객의 폭언 등으로 인한 건강장해 예방 및 관리에 관한 사항
- 작업공정의 유해·위험과 재해 예방대책에 관한 사항
- 사업장 내 안전보건관리체제 및 안전·보건조치 현황에 관한 사항
- 표준안전 작업방법 결정 및 지도·감독 요령에 관한 사항
- 현장근로자와의 의사소통능력 및 강의능력 등 안전보건교육 능력 배양에 관한 사항
- 비상시 또는 재해 발생 시 긴급조치에 관한 사항
- 그 밖의 관리감독자의 직무에 관한 사항

20 교육과정 중 학습경험조직의 원리에 해당하지 않는 것은?

① 기회의 원리 ② 계속성의 원리
③ 계열성의 원리 ④ 통합성의 원리

해설 학습경험(교육내용) 조직의 원리
① 계속성의 원리 : 학습자의 경험 속에 정착되기 위해서는 일정기간 반복학습이 이루어져야 한다는 원리
② 계열성의 원리 : 선행경험에 기초하여 다음의 교육내용이 전개되면서 점차적으로 심화되도록 조직하는 것이며, 계열성은 수준을 달리한 동일 교육내용의 반복적 학습을 뜻함
③ 통합성의 원리 : 여러 영역에서 학습하는 내용들이 학습과정에서 서로 통합되어 학습이 되도록 해야 한다는 원리
④ 균형성의 원리 : 여러 가지 학습경험들 사이에 균형이 유지되어야 한다는 원리
⑤ 다양성의 원리 : 학습자의 요구가 충분히 반영되어 다양하고 융통성 있는 학습활동을 할 수 있도록 조직
⑥ 건전성의 원리(보편성의 원리) : 건전한 민주시민으로서 가치관, 이해, 태도, 기능을 가질 수 있는 학습경험을 조직

[제2과목] **인간공학 및 위험성평가·관리**

21 인간-기계 시스템의 설계 과정을 [보기]와 같이 분류할 때 다음 중 인간, 기계의 기능을 할당하는 단계는?

| 1단계 : 시스템의 목표와 성능 명세 결정
| 2단계 : 시스템의 정의
| 3단계 : 기본설계
| 4단계 : 인터페이스설계
| 5단계 : 보조물 설계 혹은 편의수단 설계
| 6단계 : 평가

① 기본 설계
② 인터페이스 설계
③ 시스템의 목표와 성능명세 결정
④ 보조물 설계 혹은 편의수단 설계

해설 제3단계 - 기본설계
1) 인간·하드웨어·소프트웨어의 기능 할당
2) 인간 성능 요건 명세
  - 인간의 성능 특성(human performance requirements)
    ① 속도 ② 정확성 ③ 사용자 만족
    ④ 유일한 기술을 개발하는 데 필요한 시간
3) 직무 분석
4) 작업 설계

정답 19. ① 20. ① 21. ①

22. 인간공학의 궁극적인 목적과 가장 관계가 깊은 것은?

① 경제성 향상
② 인간 능력의 극대화
③ 설비의 가동률 향상
④ 안전성 및 효율성 향상

해설 인간공학에 대한 설명
인간의 특성과 한계 능력을 공학적으로 분석, 평가 하여 이를 복잡한 체계의 설계에 응용함으로 효율을 최대로 활용할 수 있도록 하는 학문 분야
① 인간공학이란 인간이 사용할 수 있도록 설계하는 과정(차파니스)
② 인간이 사용하는 물건, 설비, 환경의 설계에 작용된다.
③ 인간의 생리적, 심리적인 면에서의 특성이나 한계점을 고려한다.
④ 인간 기계 시스템의 안전성과 편리성, 효율성을 높인다.(* 인간공학의 궁극적인 목적)

23. 정보수용을 위한 작업자의 시각 영역에 대한 설명으로 옳은 것은?

① 판별시야 – 안구운동만으로 정보를 주시하고 순간적으로 특정정보를 수용할 수 있는 범위
② 유효시야 – 시력, 색판별 등의 시각 기능이 뛰어나며 정밀도가 높은 정보를 수용할 수 있는 범위
③ 보조시야 – 머리 부분의 운동이 안구운동을 돕는 형태로 발생하며 무리 없이 주시가 가능한 범위
④ 유도시야 – 제시된 정보의 존재를 판별할 수 있는 정도의 식별능력 밖에 없지만 인간의 공간좌표 감각에 영향을 미치는 범위

해설 정보수용을 위한 작업자의 시각 영역
(* 시야(Visual field) : 머리와 안구를 움직이지 않고 볼 수 있는 범위)
① 판별시야 : 시력, 색판별 등의 시각 기능이 뛰어나며 정밀도가 높은 정보를 수용할 수 있는 범위
② 유효시야 : 안구운동만으로 정보를 주시하고 순간적으로 특정정보를 수용할 수 있는 범위
③ 보조시야(주변시야) : 시감 색채계의 관측 시야의 주변 시야
④ 유도시야 : 제시된 정보의 존재를 판별할 수 있는 정도의 식별능력 밖에 없지만 인간의 공간좌표 감각에 영향을 미치는 범위

24. 의도는 올바른 것이었지만, 행동이 의도한 것과는 다르게 나타나는 오류는?

① Slip
② Mistake
③ Lapse
④ Violation

해설 인간의 오류모형
(가) 착오(Mistake) : 상황해석을 잘못하거나 목표를 잘못 이해하고 착각하여 행하는 경우
(나) 실수(Slip) : 상황이나 목표의 해석을 제대로 했으나 의도와는 다른 행동을 하는 경우
(다) 건망증(Lapse) : 여러 과정이 연계적으로 일어나는 행동에서 일부를 잊어버리고 하지 않거나 또는 기억의 실패에 의하여 발생하는 오류
(라) 위반(Violation) : 정해진 규칙을 알고 있음에도 고의로 따르지 않거나 무시하는 행위

25. A작업의 평균에너지소비량이 다음과 같을 때, 60분간의 총 작업시간 내에 포함되어야 하는 휴식시간(분)은?

- 휴식 중 에너지소비량 : 1.5kcal/min
- A작업 시 평균 에너지소비량 : 6kcal/min
- 기초대사를 포함한 작업에 대한 평균 에너지 소비량 상한 : 5kcal/min

① 10.3
② 11.3
③ 12.3
④ 13.3

해설 휴식시간

$$R(분) = \frac{60(E-5)}{E-1.5} (60분 기준)$$

E : 평균 에너지소비량(kcal/min)
- 작업 시 평균 에너지소비량 5kcal/min
- 휴식 시 평균 에너지소비량 1.5kcal/min

$$\Rightarrow \frac{(6-5)}{(6-1.5)} \times 60 = 13.3분$$

정답 22. ④ 23. ④ 24. ① 25. ④

26 다음 상황은 인간실수의 분류 중 어느 것에 해당하는가?

> 전자기기 수리공이 어떤 제품의 분해·조립 과정을 거쳐서 수리를 마친 후 부품 하나가 남았다.

① time error ② omission error
③ command error ④ extraneous error

해설 휴먼에러에 관한 분류 : 심리적 행위에 의한 분류 (Swain의 독립행동에 관한 분류)
① omission error(생략 에러) : 필요한 작업 또는 절차를 수행하지 않는데 기인한 에러(부작위 오류)
② commission error(실행 에러) : 필요한 작업 또는 절차를 불확실하게 수행함으로써 기인한 에러(작위 오류)
③ extraneous error(과잉행동에러) : 불필요한 작업 또는 절차를 수행함으로써 기인한 에러
④ sequential error(순서에러) : 필요한 작업 또는 절차의 순서 착오로 인한 에러
⑤ time error(시간에러) : 필요한 직무 또는 절차의 수행의 지연(혹은 빨리)으로 인한 에러

27 근골격계질환 작업분석 및 평가 방법인 OWAS의 평가요소를 모두 고른 것은?

| ㄱ. 상지 | ㄴ. 무게(하중) |
| ㄷ. 하지 | ㄹ. 허리 |

① ㄱ, ㄴ ② ㄱ, ㄷ, ㄹ
③ ㄴ, ㄷ, ㄹ ④ ㄱ, ㄴ, ㄷ, ㄹ

해설 OWAS(Ovako Working-posture Analysis System) 기법 : 작업자세에 의하여 발생하는 작업자 신체의 유해한 정도를 허리(Back), 상지(Arms), 하지(Legs), 손으로 움직이는 대상의 무게 또는 힘(load/Use of Force)의 4개의 요소를 평가

28 다음 중 좌식작업이 가장 적합한 작업은?
① 정밀 조립 작업
② 4.5kg 이상의 중량물을 다루는 작업
③ 작업장이 서로 떨어져 있으며 작업장 간 이동이 잦은 작업
④ 작업자의 정면에서 매우 높거나 낮은 곳으로 손을 자주 뻗어야 하는 작업

해설 작업유형에 따른 작업자세 〈근골격계질환 예방을 위한 작업환경 개선 지침〉
(1) 서서하는 작업형태(입식작업형태) : 작업 시 빈번하게 이동해야 하는 경우, 제한된 공간에서의 작업 중 힘을 쓰는 작업
(2) 입/좌식 작업형태 : 제한된 공간에서의 가벼운 작업 중 빈번하게 일어나야 하는 경우
(3) 앉아서 하는 작업형태(좌식작업형태) : 제한된 공간에서의 가벼운 작업 중 일어나기가 거의 없는 경우

29 양식 양립성의 예시로 가장 적절한 것은?
① 자동차 설계 시 고도계 높낮이 표시
② 방사능 사업장에 방사능 폐기물 표시
③ 청각적 자극 제시와 이에 대한 음성 응답
④ 자동차 설계 시 제어장치와 표시장치의 배열

해설 양식 양립성 : 청각적 자극 제시와 이에 대한 음성 응답 과업에서 갖는 양립성
- 과업에 따라 알맞은 자극-응답 양식의 조합
* 양립성(compatibility) : 외부의 자극과 인간의 기대가 서로 모순되지 않아야 하는 것으로 제어장치와 표시장치 사이의 연관성이 인간의 예상과 어느 정도 일치하는가 여부(공간적, 운동적, 개념적, 양식 양립성)

30 다음 중 열중독증(heat illness)의 강도를 올바르게 나열한 것은?

> ⓐ 열소모(heat exhaustion)
> ⓑ 열발진(heat rash)
> ⓒ 열경련(heat cramp)
> ⓓ 열사병(heat stroke)

① ⓒ < ⓑ < ⓐ < ⓓ
② ⓒ < ⓑ < ⓓ < ⓐ

정답 26. ② 27. ④ 28. ① 29. ③ 30. ③

③ ⓑ < ⓒ < ⓐ < ⓓ
④ ⓑ < ⓓ < ⓐ < ⓒ

해설 열중독증(heat illness)의 강도
열발진 < 열경련 < 열소모 < 열사병

31 자동차를 생산하는 공장의 어떤 근로자가 95dB(A)의 소음수준에서 하루 8시간 작업하며, 매 시간 조용한 휴게실에서 20분씩 휴식을 취한다고 가정하였을 때 8시간 시간가중평균(TWA)은? (단, 소음은 누적소음 노출량 측정기로 측정하였으며, OSHA에서 정한 95dB(A)의 허용시간은 4시간이라 가정한다.)

① 약 91dB(A)   ② 약 92dB(A)
③ 약 93dB(A)   ④ 약 94dB(A)

해설 시간가중평균(TWA) : 누적소음 노출지수를 8시간 동안의 평균 소음수준값으로 변환
① (누적)소음 노출지수

$$D(\%) = \left(\frac{C_1}{T_1} + \frac{C_2}{T_2} + \cdots + \frac{C_n}{T_n}\right) \times 100$$

[C : 노출된 총시간, T : 허용 노출 기준시간]

⇨ (누적)소음 노출지수

$$D(\%) = \left(\frac{5.333}{4}\right) \times 100 = 133\%$$

[$C = \frac{(40분 \times 8)}{60분} = 5.333$, $T = 4$]

② $TWA = 16.61 \log\left(\frac{D}{100}\right) + 90 \, dB(A)$
$= 16.61 \log\left(\frac{133}{100}\right) + 90 = 92 \, dB(A)$

32 작업면상의 필요한 장소만 높은 조도를 취하는 조명은?

① 완화조명   ② 전반조명
③ 투명조명   ④ 국소조명

해설 국소조명 : 작업면상의 필요한 장소만 높은 조도를 취하는 조명 방법
* 전반조명 : 실내 전체를 일률적으로 밝히는 조명방법으로 실내전체가 밝아지므로 기분이 명랑해지고 눈의 피로가 적어져서 사고나 재해가 적어지는 조명 방식

33 서브시스템 분석에 사용되는 분석방법으로 시스템 수명주기에서 ㉠에 들어갈 위험분석 기법은?

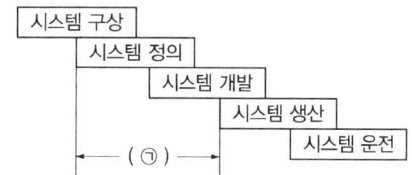

① PHA   ② FHA
③ FTA   ④ ETA

해설 시스템 수명단계(PHA와 FHA 기법의 사용단계)

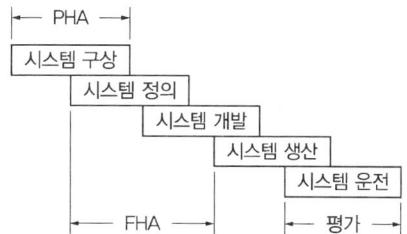

※ 결함 위험요인 분석(FHA : Fault Hazards Analysis)
: 분업에 의해 분담 설계한 서브시스템(subsystem) 간의 안전성 또는 전체 시스템의 안전성에 미치는 영향을 분석하는 방법

34 위험분석기법 중 고장이 시스템의 손실과 인명의 사상에 연결되는 높은 위험도를 가진 요소나 고장의 형태에 따른 분석법은?

① CA   ② ETA
③ FHA   ④ FTA

해설 위험도분석(CA, Criticality Analysis)
① 고장이 시스템의 손실과 인명의 사상에 연결되는 높은 위험도를 가진 요소나 고장의 형태에 따른 분석법
② 높은 고장 등급을 갖고 고장모드가 기기 전체의 고장에 어느 정도 영향을 주는가를 정량적으로 평가하는 해석 기법

정답 31. ② 32. ④ 33. ② 34. ①

35 그림과 같은 FT도에 대한 최소 컷셋(minimal cut sets)으로 옳은 것은? (단, Fussell의 알고리즘을 따른다.)

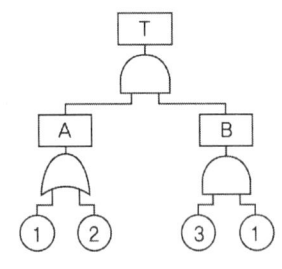

① {1, 2} ② {1, 3}
③ {2, 3} ④ {1, 2, 3}

해설 FT도에 대한 최소 컷셋(minimal cut sets)
T = A · B (A = ① + ②, B = ③ · ①)
T = (① + ②) · (③ · ①)
　= (①①③) + (①②③) ← 불 대수 A · A = A
* (①①③)은 (①③)
따라서 컷셋은 (①③)
　　　　　　(①②③)
미니멀 컷셋은 (①③)

36 FTA에 대한 설명으로 가장 거리가 먼 것은?
① 정성적 분석만 가능
② 하향식(top-down) 방법
③ 복잡하고 대형화된 시스템에 활용
④ 논리게이트를 이용하여 도해적으로 표현하여 분석하는 방법

해설 결함수분석법(FTA, Fault tree analysis)의 특징
정상사상인 재해현상으로부터 기본사상인 재해원인을 향해 연역적으로 분석하는 방법
(* 연역적 평가기법 : 일반적 원리로부터 논리의 절차를 밟아서 각각의 사실이나 명제를 이끌어내는 것)
① 톱다운(top-down) 접근방법
② 정량적, 연역적 분석방법(정량적 평가보다 정성적 평가를 먼저 실시한다.)
③ 논리기호를 사용한 특정사상에 대한 해석
④ 기능적 결함의 원인을 분석하는데 용이
⑤ 잠재위험을 효율적으로 분석
⑥ 복잡하고 대형화된 시스템의 신뢰성 분석에 사용 (소프트웨어나 인간의 과오 포함된 고장해석 가능)
⑦ 짧은 시간에 점검할 수 있고 비전문가라도 쉽게 할 수 있다.

37 FTA에서 사용되는 사상기호 중 결함사상을 나타낸 기호로 옳은 것은?

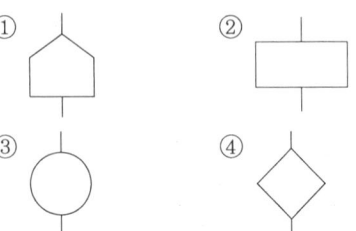

해설 논리기호

구분	기호	명칭	설명
1	□	결함사상	시스템분석에서 좀 더 발전시켜야 하는 사상(개별적인 결함사상) - 두 가지 상태 중 하나가 고장 또는 결함으로 나타나는 비정상적인 사상
2	○	기본사상	더 이상 전개되지 않는 기본사상(더 이상의 세부적인 분류가 필요 없는 사상)
3	⌂	통상사상	시스템의 정상적인 가동상태에서 일어날 것이 기대되는 사상(통상발생이 예상되는 사상) - 정상적인 사상
4	◇	생략사상	불충분한 자료로 결론을 내릴 수 없어 더 이상 전개할 수 없는 사상

38 다음에서 설명하는 용어는?

> 유해·위험요인을 파악하고 해당 유해·위험요인에 의한 부상 또는 질병의 발생 가능성(빈도)과 중대성(강도)을 추정·결정하고 감소대책을 수립하여 실행하는 일련의 과정을 말한다.

① 위험성 결정　② 위험성 평가
③ 위험빈도 추정　④ 유해·위험요인 파악

정답 35. ② 36. ① 37. ② 38. ②

해설 위험성 평가
유해·위험요인을 파악하고 해당 유해·위험요인에 의한 부상 또는 질병의 발생 가능성(빈도)과 중대성(강도)을 추정·결정하고 감소대책을 수립하여 실행하는 일련의 과정

39 HAZOP 기법에서 사용하는 가이드워드와 그 의미가 잘못 연결된 것은?

① Part of : 성질상의 감소
② As well as : 성질상의 증가
③ Other than : 기타 환경적인 요인
④ More/Less : 정량적인 증가 또는 감소

해설 HAZOP 기법에서 사용하는 가이드 워드와 의미
* 유인어(guide word) : 간단한 말로서 창조적 사고를 유도하고 자극하여 이상(deviation)을 발견하고 의도를 한정하기 위해 사용하는 것

가이드 워드(유인어)	의미
No 또는 Not	설계 의도의 완전한 부정
As Well As	성질상의 증가
Part of	성질상의 감소
More/Less	정량적인(양) 증가 또는 감소
Other Than	완전한 대체의 사용
Reverse	설계 의도의 논리적인 역

40 A사의 안전관리자는 자사 화학 설비의 안전성 평가를 실시하고 있다. 그 중 제2단계인 정성적 평가를 진행하기 위하여 평가 항목을 설계단계 대상과 운전관계 대상으로 분류하였을 때 설계관계 항목이 아닌 것은?

① 건조물
② 공장 내 배치
③ 입지조건
④ 원재료, 중간제품

해설 안전성평가의 6단계
(가) 제1단계 : 관계 자료의 작성 준비(관계 자료의 정비검토)
(나) 제2단계 : 정성적 평가
  1) 설계 관계
    ① 공장 내 배치
    ② 공자의 입지 조건
    ③ 건조물
    ④ 소방설비
  2) 운전 관계
    ① 원재료, 중간제품 등
    ② 수송, 저장 등
    ③ 공정기기
    ④ 공정(공정 작업을 위한 작업규정 유무 등)
(다) 제3단계 : 정량적 평가
(라) 제4단계 : 안전 대책
(마) 제5단계 : 재해 정보에 의한 재평가
(바) 제6단계 : FTA에 의한 재평가

제3과목 기계·기구 및 설비 안전관리

41 방호장치를 분류할 때는 크게 위험장소에 대한 방호장치와 위험원에 대한 방호장치로 구분할 수 있는데, 다음 중 위험장소에 대한 방호장치가 아닌 것은?

① 격리형 방호장치
② 접근거부형 방호장치
③ 접근반응형 방호장치
④ 포집형 방호장치

해설 방호장치의 종류
(1) 위험장소에 대한 방호장치 : 격리형 방호장치, 위치 제한형 방호장치, 접근 거부형 방호장치, 접근 반응형 방호장치
  - 작업자가 작업점에 접촉하지 않도록 기계설비 외부에 차단벽이나 방호망을 설치하는 것으로 가장 많이 사용
(2) 위험원에 대한 방호장치 : 감지형 방호장치, 포집형 방호장치
  * 포집형 방호장치 : 목재가공기계의 반발예방장치와 같이 위험장소에 설치하여 위험원이 비산하거나 튀는 것을 방지 하는 등 작업자로부터 위험원을 차단하는 방호장치(반발예방장치, 덮개)

정답 39.③ 40.④ 41.④

42 다음 중 산업안전보건법령상 안전인증대상 방호장치에 해당하지 않는 것은?

① 연삭기 덮개
② 압력용기 압력방출용 파열판
③ 압력용기 압력방출용 안전밸브
④ 방폭구조(防爆構造) 전기기계·기구 및 부품

해설 안전인증대상 방호장치
① 프레스 및 전단기 방호장치
② 양중기용(揚重機用) 과부하방지장치
③ 보일러 압력방출용 안전밸브
④ 압력용기 압력방출용 안전밸브
⑤ 압력용기 압력방출용 파열판
⑥ 절연용 방호구 및 활선작업용(活線作業用) 기구
⑦ 방폭구조(防爆構造) 전기기계·기구 및 부품
⑧ 추락·낙하 및 붕괴 등의 위험 방지 및 보호에 필요한 가설기자재로서 고용노동부장관이 정하여 고시하는 것
⑨ 충돌·협착 등의 위험 방지에 필요한 산업용 로봇 방호장치로서 고용노동부장관이 정하여 고시하는 것

43 A사업장의 조건이 다음과 같을 때 A사업장에서 연간재해발생으로 인한 근로손실일수는?

- 강도율 : 0.4
- 근로자 수 : 1000명
- 연근로시간 수 : 2400시간

① 480 ② 720
③ 960 ④ 1440

해설 강도율(Severity Rate of Injury ; S.R)
① 강도율은 근로시간 합계 1,000시간당 재해로 인한 근로손실일 수를 나타냄(재해 발생의 경중, 즉 강도를 나타냄)
② 강도율 = $\dfrac{\text{근로손실일수}}{\text{연근로시간수}} \times 1,000$

⇒ 근로손실일수 = $\dfrac{\text{강도율} \times \text{연근로시간수}}{1000}$
= $\dfrac{0.4 \times (1000\text{명} \times 2400\text{시간})}{1000}$
= 960일

44 산업재해의 분석 및 평가를 위하여 재해발생 건수 등의 추이에 대해 한계선을 설정하여 목표 관리를 수행하는 재해통계 분석기법은?

① 관리도 ② 안전 T점수
③ 파레토도 ④ 특성 요인도

해설 관리도(control chart)
재해 발생 건수 등의 추이를 파악하여 목표 관리를 행하는데 필요한 월별 재해 발생수를 그래프화 하여 관리선(한계선)을 설정 관리하는 방법

45 산업재해보상보험법령상 보험급여의 종류가 아닌 것은?

① 장례비 ② 간병급여
③ 직업재활급여 ④ 생산손실비용

해설 산업재해보상보험법령상 보험급여의 종류
① 요양급여 – 병원비용
② 휴업급여 – 평균임금의 70%
③ 장해급여 – 1~14급
④ 간병급여
⑤ 유족급여 – 사망 시
⑥ 상병보상연금
⑦ 장례비
⑧ 직업재활급여

46 산업안전보건법령상 프레스를 사용하여 작업을 할 때 작업시작 전 점검사항으로 틀린 것은?

① 방호장치의 기능
② 언로드밸브의 기능
③ 금형 및 고정볼트 상태
④ 클러치 및 브레이크의 기능

해설 작업시작 전 점검사항(프레스 등을 사용하는 작업을 할 때) 〈산업안전보건기준에 관한 규칙 별표3〉
① 클러치 및 브레이크의 기능
② 크랭크축·플라이휠·슬라이드·연결봉 및 연결 나사의 풀림 여부
③ 1행정 1정지기구·급정지장치 및 비상정지장치의 기능
④ 슬라이드 또는 칼날에 의한 위험방지 기구의 기능

정답 42.① 43.③ 44.① 45.④ 46.②

⑤ 프레스의 금형 및 고정볼트 상태
⑥ 방호장치의 기능
⑦ 전단기의 칼날 및 테이블의 상태

47 밀링 작업 시 안전수칙으로 옳지 않은 것은?

① 테이블 위에 공구나 기타 물건 등을 올려 놓지 않는다.
② 제품 치수를 측정할 때는 절삭 공구의 회전을 정지한다.
③ 강력 절삭을 할 때는 일감을 바이스에 짧게 물린다.
④ 상·하, 좌·우 이송장치의 핸들은 사용 후 풀어 둔다.

해설 밀링 작업 시 안전수칙
① 강력 절삭을 할 때는 공작물을 바이스에 깊게 물린다.
② 가공품을 풀어내거나 고정할 때 또는 측정할 때에는 기계를 정지 시킨다.
③ 상하 좌우 이송장치의 핸들은 사용 후 풀어 둔다.
④ 커터는 될 수 있는 한 컬럼에 가깝게 설치한다.

48 선반에서 절삭 가공 시 발생하는 칩을 짧게 끊어지도록 공구에 설치되어 있는 방호장치의 일종인 칩 제거 기구를 무엇이라 하는가?

① 칩 브레이커   ② 칩 받침
③ 칩 쉴드   ④ 칩 커터

해설 선반의 안전장치
(가) 칩 브레이크(Chip Breaker) : 선반 작업 시 발생되는 칩(chip)으로 인한 재해를 예방하기 위하여 칩을 짧게 끊어지도록 공구(바이트)에 설치되어 있는 방호장치의 일종인 칩 제거기구
* 칩 브레이커 종류
  ① 연삭형 ② 클램프형 ③ 자동조정식

49 산업안전보건법령상 연삭기 작업 시 작업자가 안심하고 작업을 할 수 있는 상태는?

① 탁상용 연삭기에서 숫돌과 작업 받침대의 간격이 5mm이다.
② 덮개 재료의 인장강도는 224MPa이다.
③ 숫돌 교체 후 2분 정도 시험운전을 실시하여 해당 기계의 이상 여부를 확인하였다.
④ 작업 시작 전 1분 정도 시험운전을 실시하여 해당 기계의 이상여부를 확인하였다.

해설 연삭작업의 안전대책
① 작업을 시작하기 전에 1분 이상, 연삭숫돌 교체한 후 3분 이상 시운전 후 이상여부 확인한다.
② 탁상용 연삭기의 덮개에는 워크레스트(작업받침대)와 조정편을 구비하여야 하며, 워크레스트는 연삭 숫돌과의 간격 을 3mm 이하로 조정할 수 있는 구조이어야 한다.
③ 덮개 재료는 인장강도 274.5MPa 이상이고 신장도가 14% 이상 이어야 하며, 인장강도의 값에 신장도의 20배를 더한 값이 754.5 이상이어야 한다.

50 프레스의 손쳐내기식 방호장치 설치기준으로 틀린 것은?

① 방호판의 폭이 금형 폭의 1/2 이상이어야 한다.
② 슬라이드 행정수가 300SPM 이상의 것에 사용한다.
③ 손쳐내기봉의 행정(Stroke) 길이를 금형의 높이에 따라 조정할 수 있고 진동폭은 금형폭 이상이어야 한다.
④ 슬라이드 하행정거리의 3/4 위치에서 손을 완전히 밀어내야 한다.

해설 손쳐내기식 방호장치 설치기준 〈방호장치 안전인증 고시〉
② 슬라이드 행정수가 120SPM 이하이고, 행정길이는 40mm 이상의 프레스에 사용한다.

51 프레스 작업에서 제품 및 스크랩을 자동적으로 위험한계 밖으로 배출하기 위한 장치로 틀린 것은?

① 피더   ② 키커
③ 이젝터   ④ 공기 분사 장치

해설 **프레스의 송급 및 배출장치**: 프레스 작업에서 금형 안에 손을 넣을 필요가 없도록 한 장치
- 작업자가 직접 소재를 공급하거나 꺼내지 않도록 언코일러(uncoiler), 레벨러(leveller), 피더(feeder) 등을 설치
  (1) 언코일러(uncoiler) : 말린 철판을 풀어주는 장치 (적재장치)
  (2) 레벨러(leveller) : 교정장치
  (3) 피더(feeder) : 롤 피더, 다이얼 피더, 퓨셔 피더 등(이송장치)
  (4) 이젝터(ejector) : 금형 안에 가공품을 밖으로 밀어내는 장치
  (5) 키커 장치(Kicter actuator) : 가공품을 금형에서 차내는 장치
  (6) 슈트, 공기 분사 장치

52. 다음 설명 중 ( ) 안에 알맞은 내용은?

> 산업안전보건법령상 롤러기의 급정지장치는 롤러를 무부하로 회전시킨 상태에서 앞면 롤러의 표면속도가 30m/min 미만일 때에는 급정지거리가 앞면 롤러 원주의 ( ) 이내에서 롤러를 정지시킬 수 있는 성능을 보유해야 한다.

① 1/2 ② 1/4
③ 1/3 ④ 1/2.5

해설 **급정지장치의 제동거리**

앞면 롤러의 표면속도(m/min)	급정지 거리
30 미만	앞면 롤러 원주의 1/3 이내
30 이상	앞면 롤러 원주의 1/2.5 이내

53. 동력전달부분의 전방 35cm 위치에 일반 평형보호망을 설치하고자 한다. 보호망의 최대 구멍의 크기는 몇 mm인가?

① 41 ② 45
③ 51 ④ 55

해설 **롤러기의 가드 설치방법**: 가드를 설치할 때 롤러기의 물림점(Nip Point)의 가드 개구부의 간격
(1) 위험점이 전동체가 아닌 경우(비 전동체)
  $Y = 6 + 0.15X$ ($X < 160mm$)
  (단, $X \geq 160mm$이면 $Y = 30$)
  Y : 개구부의 간격(mm)
  X : 개구부에서 위험점까지의 최단거리(mm)
(2) 위험점이 전동체인 경우
  $Y = 6 + 0.1X$ (단, $X < 760mm$에서 유효)
  ⇨ $Y = 6 + 0.1 \times 350mm = 41mm$

54. 산업안전보건법령상 압력용기에서 안전인증된 파열판에 안전인증 표시 외에 추가로 나타내어야 하는 사항이 아닌 것은?

① 분출차(%)
② 호칭지름
③ 용도(요구성능)
④ 유체의 흐름방향 지시

해설 **파열판의 추가표시** 〈방호장치 안전인증고시〉
가. 호칭지름
나. 용도(요구성능)
다. 설정파열압력(MPa) 및 설정온도(℃)
라. 분출용량(kg/h) 또는 공칭분출계수
마. 파열판의 재질
바. 유체의 흐름방향 지시

55. 산업안전보건법령상 프레스를 제외한 사출성형기·주형조형기 및 형단조기 등에 관한 안전조치 사항으로 틀린 것은?

① 근로자의 신체 일부가 말려들어갈 우려가 있는 경우에는 양수조작식 방호장치를 설치하여 사용한다.
② 게이트가드식 방호장치를 설치할 경우에는 연동구조를 적용하여 문을 닫지 않아도 동작할 수 있도록 한다.
③ 사출성형기의 전면에 작업용 발판을 설치할 경우 근로자가 쉽게 미끄러지지 않는 구조여야 한다.

정답 52.③ 53.① 54.① 55.②

④ 기계의 히터 등의 가열부위, 감전우려가 있는 부위에는 방호덮개를 설치하여 사용한다.

해설 **사출성형기** 〈산업안전보건기준에 관한 규칙〉
제121조(사출성형기 등의 방호장치)
① 사출성형기(射出成形機)·주형조형기(鑄型造形機) 및 형단조기 등에 근로자의 신체 일부가 말려들어 갈 우려가 있는 경우 게이트가드(gate guard) 또는 양수조작식 등에 의한 방호장치, 그 밖에 필요한 방호 조치를 하여야 한다.
② 게이트가드는 닫지 아니하면 기계가 작동되지 아니하는 연동구조(連動構造)여야 한다.

56 산업안전보건법령상 보일러 방호장치로 거리가 가장 먼 것은?

① 고저수위 조절장치
② 아웃트리거
③ 압력방출장치
④ 압력제한스위치

해설 **보일러 방호장치** : 압력방출장치, 압력제한스위치, 고저수위 조절장치, 화염 검출기 등
(1) 압력방출장치(안전밸브 및 압력릴리프 장치) : 보일러 내부의 압력이 최고사용 압력을 초과할 때 그 과잉의 압력을 외부로 자동적으로 배출시킴으로써 과도한 압력 상승을 저지하여 사고를 방지하는 장치
(2) 압력제한 스위치 : 상용운전압력 이상으로 압력이 상승할 경우 보일러의 파열을 방지하기 위하여 버너의 연소를 차단하여 열원을 제거함으로써 정상압력으로 유도하는 장치
(3) 고저수위 조절장치 : 보일러의 수위가 안전을 확보할 수 있는 최저수위(안전수위)까지 내려가기 직전에 자동적으로 경보가 울리고 안전수위까지 내려가는 즉시 연소실 내에 공급하는 연료를 자동적으로 차단하는 장치

57 다음 중 지게차의 작업 상태별 안정도에 관한 설명으로 틀린 것은? (단, V는 최고속도(km/h) 이다.)

① 기준 부하상태의 하역작업 시의 전후 안정도는 20% 이내이다.
② 기준 부하상태의 하역작업 시의 좌우 안정도는 6% 이내이다.
③ 기준 부하상태에서 주행 시의 전후 안정도는 18% 이내이다.
④ 기준 무부하상태의 주행 시의 좌우 안정도는 (15+1.1V)% 이내이다.

해설 **지게차의 안정도 기준**
① 기준 부하상태에서 주행 시의 전후 안정도는 18% 이내이다.
② 기준 부하상태에서 하역작업시의 좌우안정도는 최대하중상태에서 포크를 가장 높이 올리고 마스트를 가장 뒤로 기울인 상태에서 6% 이내이다.
③ 기준 부하상태에서 하역작업시의 전후안정도는 최대하중상태에서 포크를 가장 높이 올린 경우 4% 이내이며, 5톤 이상은 3.5% 이내 이다.
④ 기준 무부하상태에서 주행 시의 좌우안정도는 (15+1.1×V)% 이내이고, V는 구내최고속도(km/h)를 의미한다.

58 다음 중 크레인의 방호장치로 가장 거리가 먼 것은?

① 권과방지장치   ② 과부하방지장치
③ 비상정지장치   ④ 자동보수장치

해설 **양중기의 방호장치** 〈산업안전보건기준에 관한 규칙〉
제134조(방호장치의 조정)
① 양중기에 과부하방지장치, 권과방지장치(捲過防止裝置), 비상정지장치 및 제동장치, 그 밖의 방호장치[승강기의 파이널 리미트 스위치(final limit switch), 속도조절기, 출입문 인터록(inter lock) 등]가 정상적으로 작동될 수 있도록 미리 조정해 두어야 한다.

59 천장크레인에 중량 3kN의 화물을 2줄로 매달았을 때 매달기용 와이어(sling wire)에 걸리는 장력은 약 몇 kN 인가? (단, 매달기용 와이어(sling wire) 2줄 사이의 각도는 55° 이다.)

① 1.3   ② 1.7
③ 2.0   ④ 2.3

정답 56.② 57.① 58.④ 59.②

해설 2가닥 줄걸이의 각도 변화와 하중

$$장력 = \frac{\frac{W(중량)}{2}}{\cos\frac{\theta(2줄 사이의 각도)}{2}} = \frac{(3/2)}{\cos(55/2)} = 1.69 ≒ 1.7\text{kN}$$

60 물체의 표면에 침투력이 강한 적색 또는 형광성의 침투액을 표면 개구 결함에 침투시켜 직접 또는 자외선 등으로 관찰하여 결함장소와 크기를 판별하는 비파괴시험은?

① 피로시험 ② 음향탐상시험
③ 와류탐상시험 ④ 침투탐상시험

해설 **침투탐상검사**(PT, Penetrant Testing)
시험체 표면에 개구해 있는 결함에 침투한 침투액을 흡출시켜 결함지시 모양을 식별(물체의 표면에 침투력이 강한 적색 또는 형광성의 침투액을 표면 개구 결함에 침투시켜 직접 또는 자외선 등으로 관찰하여 결함장소와 크기를 판별하는 비파괴시험)
- 검사물 표면의 균열이나 피트 등의 결함을 비교적 간단하고 신속하게 검출할 수 있고, 특히 비자성 금속재료의 검사에 자주 이용되는 비파괴 검사법

제4과목 전기설비 안전관리

61 다음 차단기는 개폐기구가 절연물의 용기 내에 일체로 조립한 것으로 과부하 및 단락사고 시에 자동적으로 전로를 차단하는 장치는?

① OS ② VCB
③ MCCB ④ ACB

해설 **배선용차단기**(MCCB)
- 개폐기구가 절연물의 용기 내에 일체로 조립한 것으로 과부하 및 단락사고 시에 자동적으로 전로를 차단하는 장치
- 과전류에 의한 선로, 기기 등의 보호가 목적

62 동작 시 아크가 발생하는 고압 및 특고압용 개폐기·차단기의 이격거리(목재의 벽 또는 천장, 기타 가연성 물체로부터의 거리)의 기준으로 옳은 것은? (단, 사용전압이 35kV 이하의 특고압용의 기구 등으로서 동작할 때에 생기는 아크의 방향과 길이를 화재가 발생할 우려가 없도록 제한하는 경우가 아니다.)

① 고압용 : 0.8m 이상, 특고압용 : 1.0m 이상
② 고압용 : 1.0m 이상, 특고압용 : 2.0m 이상
③ 고압용 : 2.0m 이상, 특고압용 : 3.0m 이상
④ 고압용 : 3.5m 이상, 특고압용 : 4.0m 이상

해설 **아크를 발생시키는 기구와 목재의 벽 또는 천장과의 이격거리** : 고압용 1.0m 이상, 특고압용 2.0m 이상
- 고압 또는 특고압용 개폐기·차단기·피뢰기 기타 이와 유사한 기구로서 동작 시에 아크가 생기는 것과 목재의 벽 또는 천장 기타의 가연성 물체로부터 의 이격거리 : 고압용 1.0m 이상, 특고압용 2.0m 이상

63 산업안전보건기준에 관한 규칙 제319조에 의한 정전전로에서의 정전 작업을 마친 후 전원을 공급하는 경우에 사업주가 작업에 종사하는 근로자 및 전기기기와 접촉할 우려가 있는 근로자에게 감전의 위험이 없도록 준수해야 할 사항이 아닌 것은?

① 단락 접지기구 및 작업기구를 제거하고 전기기기 등이 안전하게 통전될 수 있는지 확인한다.
② 모든 작업자가 작업이 완료된 전기기기에서 떨어져 있는지 확인한다.
③ 잠금장치와 꼬리표를 근로자가 직접 설치한다.
④ 모든 이상 유무를 확인한 후 전기기기 등의 전원을 투입한다.

해설 **정전작업의 안전** 〈산업안전보건기준에 관한 규칙〉
제319조(정전전로에서의 전기작업)
③ 작업 중 또는 작업을 마친 후 전원을 공급하는 경우에의 준수사항

정답 60. ④ 61. ③ 62. ② 63. ③

1. 작업기구, 단락 접지기구 등을 제거하고 전기기기 등이 안전하게 통전될 수 있는지를 확인할 것
2. 모든 작업자가 작업이 완료된 전기기기 등에서 떨어져 있는지를 확인할 것
3. 잠금장치와 꼬리표는 설치한 근로자가 직접 철거할 것
4. 모든 이상 유무를 확인한 후 전기기기 등의 전원을 투입할 것

64 저압전로의 절연성능에 관한 설명으로 적합하지 않는 것은?

① 전로의 사용전압이 SELV 및 PELV일 때 절연저항은 0.5MΩ 이상이어야 한다.
② 전로의 사용전압이 FELV일 때 절연저항은 1MΩ 이상이어야 한다.
③ 전로의 사용전압이 FELV일 때 DC 시험전압은 500V이다
④ 전로의 사용전압이 600V일 때 절연저항은 0.5MΩ 이상이어야 한다.

해설 저압전로의 절연저항 수치

전로의 사용전압 V	DC시험전압 V	절연저항 MΩ
SELV 및 PELV	250	0.5 이상
FELV, 500V 이하	500	1.0 이상
500V 초과	1,000	1.0 이상

[주] 특별저압(extralowvoltage : 2차 전압이 AC 50V, DC 120V 이하)으로 SELV(비접지회로 구성) 및 PELV(접지회로 구성)은 1차와 2차가 전기적으로 절연된 회로, FELV는 1차와 2차기 전기저으로 절연되지 않은 회로

65 6600/100V, 15kVA의 변압기에서 공급하는 저압 전선로의 허용 누설전류는 몇 A를 넘지 않아야 하는가?

① 0.025　② 0.045
③ 0.075　④ 0.085

해설 누설전류의 한계(최대값)
① 단상 전력 $P = VI$
$I = \dfrac{P}{V} = \dfrac{15,000}{100} = 150\,A$

② 절연부분의 전선과 대지간의 절연저항은 사용전압에 대한 누설전류가 최대공급전류의 1/2,000이 넘지 않도록 해야 함.

누설전류 $I_g = I \times \dfrac{1}{2,000} = 150 \times \dfrac{1}{2,000} = 0.075A$

66 한국전기설비규정에 따라 사람이 쉽게 접촉할 우려가 있는 곳에 금속제 외함을 가지는 저압의 기계기구가 시설되어 있다. 이 기계기구의 사용전압이 몇 V를 초과할 때 전기를 공급하는 전로에 누전차단기를 시설해야 하는가? (단, 누전차단기를 시설하지 않아도 되는 조건은 제외한다.)

① 30V　② 40V
③ 50V　④ 60V

해설 누전차단기의 시설 〈한국전기설비규정〉
금속제 외함을 가지는 사용전압이 50V를 초과하는 저압의 기계 기구로서 사람이 쉽게 접촉할 우려가 있는 곳에 시설 하는 것에 전기를 공급하는 전로에 시설

67 전기기기, 설비 및 전선로 등의 충전 유무 등을 확인하기 위한 장비는?

① 위상검출기
② 디스콘 스위치
③ COS
④ 저압 및 고압용 검전기

해설 저압 및 고압용 검전기(검출용구)
전기기기, 설비 및 전선로 등의 충전 유무를 확인하기 위한 장비

68 교류 아크용접기의 사용에서 무부하 전압이 80V, 아크 전압 25V, 아크 전류 300A 일 경우 효율은 약 몇 % 인가? (단, 내부손실은 4kW이다.)

① 65.2　② 70.5
③ 75.3　④ 80.6

정답 64. ④　65. ③　66. ③　67. ④　68. ①

해설 효율 = $\frac{출력}{입력} \times 100 = \frac{출력}{출력+손실} \times 100$

$= \frac{7.5}{(7.5+4)} \times 100 = 65.2\%$

(* 출력 P = VI = 25V × 300A = 7500W = 7.5kW)

해설 보호여유도(%) = $\frac{충격절연강도 - 제한전압}{제한전압} \times 100$

$= \frac{(1050 - 752)}{752} \times 100$

$= 39.62 = 40\%$

69 다음 중 산업안전보건기준에 관한 규칙에 따라 누전차단기를 설치하지 않아도 되는 곳은?

① 철판·철골 위 등 도전성이 높은 장소에서 사용하는 이동형 전기기계·기구
② 대지전압이 220V인 휴대형 전기기계·기구
③ 임시배선이 전로가 설치되는 장소에서 사용하는 이동형 전기기계·기구
④ 절연대 위에서 사용하는 전기기계·기구

해설 **누전차단기의 설치** 〈산업안전보건 기준에 관한 규칙〉
제304조(누전차단기에 의한 감전방지)
① 다음의 전기 기계·기구에 대하여 누전에 의한 감전위험을 방지하기 위하여 해당 전로의 정격에 적합하고 감도가 양호하며 확실하게 작동하는 감전방지용 누전차단기를 설치하여야 한다.
  1. 대지전압이 150볼트를 초과하는 이동형 또는 휴대형 전기기계·기구
  2. 물 등 도전성이 높은 액체가 있는 습윤장소에서 사용하는 저압(1.5천볼트 이하 직류전압이나 1천볼트 이하의 교류 전압을 말한다)용 전기기계·기구
  3. 철판·철골 위 등 도전성이 높은 장소에서 사용하는 이동형 또는 휴대형 전기기계·기구
  4. 임시배선의 전로가 설치되는 장소에서 사용하는 이동형 또는 휴대형 전기기계·기구

70 피뢰기의 제한 전압이 752kV이고 변압기의 기준 충격절연강도가 1050kV이라면, 보호 여유도(%)는 약 얼마인가?

① 18   ② 28
③ 40   ④ 43

71 절연물의 절연불량 주요원인으로 거리가 먼 것은?

① 진동, 충격 등에 의한 기계적 요인
② 산화 등에 의한 화학적 요인
③ 온도상승에 의한 열적 요인
④ 정격전압에 의한 전기적 요인

해설 **절연불량의 주요 원인**
① 진동, 충격 등에 의한 기계적 요인
② 산화 등에 의한 화학적 요인
③ 온도상승에 의한 열적 요인
④ 높은 이상전압 등에 의한 전기적 요인

72 피뢰시스템의 등급에 따른 회전구체의 반지름으로 틀린 것은?

① Ⅰ등급 : 20m   ② Ⅱ등급 : 30m
③ Ⅲ등급 : 40m   ④ Ⅳ등급 : 60m

해설 피뢰 레벨(LPL : Lightning Protection Level)에 따른 회전구체 반경

구분	피뢰 레벨(LPL)			
	Ⅰ	Ⅱ	Ⅲ	Ⅳ
회전구체 반지름(m)	20	30	45	60

73 계통접지로 적합하지 않는 것은?

① TN계통   ② TT계통
③ IN계통   ④ IT계통

해설 **전기기기를 접지하는 방식**
TN-S, TN-C, TN-C-S, TT(Terra-Terra), IT(Insert-Terra) 방식이 있음
- TN(Terra-Neutral)접지방식
  : TN-S(Separator), TN-C(Combine), TN-C-S

정답 69.④ 70.③ 71.④ 72.③ 73.③

74 접지 목적에 따른 분류에서 병원설비의 의료용 전기전자(M·E)기기와 모든 금속부분 또는 도전바닥에도 접지하여 전위를 동일하게 하기 위한 접지를 무엇이라 하는가?

① 계통 접지
② 등전위 접지
③ 노이즈방지용 접지
④ 정전기 장해방지 이용 접지

해설 등전위 접지 : 병원설비의 의료용 전기전자(M·E)기기와 모든 금속부분 또는 도전바닥에도 접지하여 전위를 동일하게 하기 위한 접지
- 병원에 있어서의 의료 기기 사용 시 접지(의료용 전기전자(Medical Electronics) 기기의 접지방식)

75 설비의 이상현상에 나타나는 아크(Arc)의 종류가 아닌 것은?

① 단락에 의한 아크
② 지락에 의한 아크
③ 차단기에서의 아크
④ 전선저항에 의한 아크

해설 아크(Arc)
전기적 방전 때문에 전선 등에 불꽃이 발생하는 현상(단락, 지락에 의한 아크, 차단기에서의 아크 등)

76 정전기 재해방지에 관한 설명 중 틀린 것은?

① 이황화탄소의 수송 과정에서 배관 내의 유속을 2.5m/s 이상으로 한다.
② 포장 과정에서 용기를 도전성 재료에 접지한다.
③ 인쇄 과정에서 도포량을 소량으로 하고 접지한다.
④ 작업장의 습도를 높여 전하가 제거되기 쉽게 한다.

해설 배관 내 액체의 유속제한
① 저항률이 $10^{10}\Omega \cdot cm$ 미만의 도전성 위험물의 배관유속은 7m/s 이하로 할 것
② 에텔, 이황화탄소 등과 같이 유동대전이 심하고 폭발위험성이 높으면 배관유속을 1m/s 이하로 할 것
③ 물이나 기체를 혼합하는 비수용성 위험물의 배관 내 유속은 1m/s 이하로 할 것

77 다음 중 0종 장소에 사용될 수 있는 방폭구조의 기호는?

① Ex ia
② Ex ib
③ Ex d
④ Ex e

해설 방폭구조 선정

위험장소	방폭구조
0종 장소	본질안전 방폭구조(ia)
1종 장소	내압 방폭구조(d) 압력 방폭구조(p) 충전 방폭구조(q) 유입 방폭구조(o) 안전증 방폭구조(e) 본질안전 방폭구조(ia, ib) 몰드 방폭구조(m)
2종 장소	0종 장소 및 1종 장소에 사용 가능한 방폭구조 비점화 방폭구조(n)

78 내압방폭용기 "d"에 대한 설명으로 틀린 것은?

① 원통형 나사 접합부의 체결 나사산 수는 5산 이상이어야 한다.
② 가스/증기 그룹이 ⅡB일 때 내압 접합면과 장애물과의 최소 이격거리는 20mm 이다.
③ 용기 내부의 폭발이 용기 주위의 폭발성 가스 분위기로 화염이 전파되지 않도록 방지하는 부분은 내압방폭 접합부 이다.
④ 가스/증기 그룹이 ⅡC일 때 내압 접합면과 장애물과의 최소 이격거리는 40mm 이다.

정답 74. ② 75. ④ 76. ① 77. ① 78. ②

해설 내압 방폭구조 플랜지접합부와 장애물 간 최소이격거리

가스그룹	ⅡA	ⅡB	ⅡC
최소이격거리(mm)	10	30	40

* 내압(d) 방폭구조 : 용기 내부에서 폭발성 가스 또는 증기가 폭발하였을 때 용기가 그 압력에 견디며 또한 접합면, 개구부 등을 통해서 외부의 폭발성 가스·증기에 인화되지 않도록 한 구조(점화원 격리)
(* 방폭형 기기에 폭발성 가스가 내부로 침입하여 내부에서 폭발이 발생하여도 이 압력에 견디도록 제작한 방폭구 조이며, 전기설비내부에서 발생한 폭발이 설비주변에 존재하는 가연성 물질에 파급되지 않도록 한 구조)

79 방폭기기 그룹에 관한 설명으로 틀린 것은?

① 그룹 Ⅰ, 그룹 Ⅱ, 그룹 Ⅲ가 있다.
② 그룹 Ⅰ 의 기기는 폭발성 갱내 가스에 취약한 광산에서의 사용을 목적으로 한다.
③ 그룹 Ⅱ의 세부 분류로 ⅡA, ⅡB, ⅡC가 있다.
④ ⅡA로 표시된 기기는 그룹 ⅡB기기를 필요로 하는 지역에 사용할 수 있다.

해설 가스등급(Gas Group A, B, C)

	폭발등급	Ⅰ	ⅡA	ⅡB	ⅡC
IEC	최대 안전 틈새	광산용	0.9mm 이상	0.5mm 초과 0.9mm 미만	0.5mm 이하
	해당 가스	메탄	프로판, 아세톤, 벤젠, 부탄	에틸렌, 부타디엔	수소, 아세틸렌

80 다음 중 방폭 구조의 종류가 아닌 것은?

① 유압 방폭구조(k)
② 내압 방폭구조(d)
③ 본질안전 방폭구조(i)
④ 압력 방폭구조(p)

해설 방폭구조의 종류와 기호

내압 방폭구조	d	비점화 방폭구조	n
압력 방폭구조	p	몰드 방폭구조	m
안전증 방폭구조	e	충전 방폭구조	q
유입 방폭구조	o	특수 방폭구조	s
본질안전 방폭구조	ia, ib		

제5과목 화학설비 안전관리

81 위험물질에 대한 설명 중 틀린 것은?

① 과산화나트륨에 물이 접촉하는 것은 위험하다.
② 황린은 물속에 저장한다.
③ 염소산나트륨은 물과 반응하여 폭발성의 수소기체를 발생한다.
④ 아세트알데히드는 0℃ 이하의 온도에서도 인화할 수 있다.

해설 위험물질에 대한 설명
① 과산화나트륨(Na_2O_2) : 상온에서 물과 심하게 반응하여 수산화나트륨(NaOH)과 산소를 생성한다. 유기물이나 산화성 물질에 접촉하면 폭발 위험하다.(과산화나트륨에 물이 접촉하는 것은 위험하다.)
② 황린(P_4) : 공기 중에 발화함으로 물속에 보관(자연 발화하여 포스핀을 생성)
③ 염소산나트륨($NaClO_3$) : 물에 쉽게 용해되며 300℃ 이상 가열하면 산소와 염화나트륨으로 분해한다. 약간 흡습성이 있으며, 물, 알코올에는 녹고 산성 수용액에서는 강한 산화작용을 보인다.
④ 아세트알데히드(C_2H_4O) : 아세트알데히드는 0℃ 이하의 온도에서도 인화할 수 있다. 휘발성이 강한 무색 액체로, 자극적인 냄새가 난다.

82 다음 물질 중 물에 가장 잘 융해되는 것은?

① 아세톤　　② 벤젠
③ 톨루엔　　④ 휘발유

정답 79.④ 80.① 81.③ 82.①

해설 물에 융해 정도
① 아세톤 : 물이나 알코올에 잘 녹으며, 유기용매로서 다른 유기물질과도 잘 섞인다.
② 벤젠 : 물보다 밀도가 낮고 약한 수용성을 가져 물에 잘 녹지 않고 물에 뜬다.
③ 톨루엔 : 물보다 밀도가 낮으면서 물에 불용성이므로 물에 뜬다.

83 다음 가스 중 가장 독성이 큰 것은?
① CO
② $COCl_2$
③ NH_3
④ H_2S

해설 화재 시 발생하는 유해가스 중 가장 독성이 큰 것
: $COCl_2$(포스겐) – 허용농도 0.1ppm

물질명	화학식	노출기준(TWA)
황화수소	H_2S	10ppm
암모니아	NH_3	25ppm
일산화탄소	CO	30ppm
포스겐	$COCl_2$	0.1ppm

84 산업안전보건법령상 위험물질의 종류에서 "폭발성 물질 및 유기과산화물"에 해당하는 것은?
① 디아조화합물
② 황린
③ 알킬알루미늄
④ 마그네슘 분말

해설 폭발성 물질 및 유기과산화물 〈산업안전보건기준에 관한 규칙〉
: 자기반응성 물질(제5류 위험물)
가. 질산에스테르류   나. 니트로화합물
다. 니트로소화합물   라. 아조화합물
마. 디아조화합물   바. 하이드라진 유도체
사. 유기과산화물

85 다음 중 인화성 가스가 아닌 것은?
① 부탄
② 메탄
③ 수소
④ 산소

해설 인화성 가스 〈산업안전보건기준에 관한 규칙〉
가. 수소   나. 아세틸렌   다. 에틸렌
라. 메탄   마. 에탄   바. 프로판
사. 부탄

86 압축하면 폭발할 위험성이 높아 아세톤 등에 용해시켜 다공성 물질과 함께 저장하는 물질은?
① 염소
② 아세틸렌
③ 에탄
④ 수소

해설 아세틸렌 : 압축하면 폭발할 위험성이 높아 아세톤 등에 용해시켜 다공성 물질과 함께 저장함
① 아세틸렌을 용해가스로 만들 때 사용되는 용제 : 아세톤(* 용제(溶劑) : 물질을 녹이는 데 쓰는 액체)
② 아세틸렌이 아세톤에 용해되는 성질을 이용해서 다량의 아세틸렌을 쉽게 저장함. 이 방법에 의해서 저장하는 것을 용해아세틸렌이라고 함
③ 규조토에 스며들게 한 아세톤(아세톤에 잘 녹음)에 가압하여 녹여서 봄베로 운반

87 가연성 가스 및 증기의 위험도에 따른 방폭전기기기의 분류로 폭발등급을 사용하는데, 이러한 폭발등급을 결정하는 것은?
① 발화도
② 화염일주한계
③ 폭발한계
④ 최소발화에너지

해설 화염일주한계[안전간극(safe gap), MESG(최대안전틈새)]
내측의 가스 점화시 외측의 폭발성 혼합가스까지 화염이 전달되지 않는 한계의 틈
– 가연성 가스 및 증기의 위험도에 따른 방폭전기기기의 분류로 폭발등급을 사용하는데, 이러한 폭발등급을 결정하는 것

88 분진폭발의 발생 순시로 옳은 것은?
① 비산 → 분산 → 퇴적분진 → 발화원 → 2차폭발 → 전면폭발
② 비산 → 퇴적분진 → 분산 → 발화원 → 2차폭발 → 전면폭발
③ 퇴적분진 → 발화원 → 분산 → 비산 → 전면폭발 → 2차폭발
④ 퇴적분진 → 비산 → 분산 → 발화원 → 전면폭발 → 2차폭발

정답 83. ② 84. ① 85. ④ 86. ② 87. ② 88. ④

해설 **분진폭발**
① 가연성고체의 미분이나 가연성 액체의 액적에 의한 폭발
② 분진폭발의 발생 순서 : 퇴적분진 → 비산 → 분산 → 발화원 → 전면폭발 → 2차폭발

89 폭발을 기상폭발과 응상폭발로 분류할 때 기상폭발에 해당되지 않는 것은?

① 분진 폭발   ② 혼합가스폭발
③ 분무폭발   ④ 수증기폭발

해설 **폭발의 종류**
(가) 기상폭발 : 혼합가스(산화), 가스분해, 분진, 분무, 증기운 폭발
(나) 응상폭발(액상폭발) : 수증기, 증기폭발, 전선(도선)폭발, 고상간의 전이에 의한 폭발(전이에 의한 발열), 혼합위험에 의한 폭발(산화성과 환원성 물질 혼합시 폭발)
  * 응상(凝相, condensed phase) : 고체상태(고상) 및 액체상태(액상)의 총칭

90 처음 온도가 20℃인 공기를 절대압력 1기압에서 3기압으로 단열압축하면 최종온도는 약 몇 도인가? (단, 공기의 비열비 1.40이다.)

① 68℃   ② 75℃
③ 128℃   ④ 164℃

해설 **단열변화** : 외부와의 열출입 없이 기체가 팽창 또는 수축하는 것
  * 단열팽창 : 공기가 상승하면, 기압이 낮아지므로 부피가 팽창함(온도하강)
  * 단열압축 : 공기가 하강하면, 기압이 높아지므로 부피가 압축됨(온도상승)

$$\frac{T_2}{T_1} = \left(\frac{V_1}{V_2}\right)^{r-1} = \left(\frac{P_2}{P_1}\right)^{\frac{r-1}{r}}$$

[T : 절대온도(K), V : 부피(L), P : 압력(atm), r : 비열비]

$$\Rightarrow T_2 = T_1 \times \left(\frac{P_2}{P_1}\right)^{\frac{r-1}{r}} = (273+20) \times \left(\frac{3}{1}\right)^{\frac{1.4-1}{1.4}}$$
$$= 401K \rightarrow 128℃$$

* 절대온도(K) : 절대 영도에 기초를 둔 온도의 측정단위를 말한다. 단위는 K이다. 섭씨온도와 관계는 섭씨온도에 273를 더하면 된다.
[절대온도(K) : K = 섭씨온도(℃) + 273]

91 [보기]의 물질을 폭발 범위가 넓은 것부터 좁은 순서로 옳게 배열한 것은?

| H_2 C_3H_8 CH_4 CO |

① $CO > H_2 > C_3H_8 > CH_4$
② $H_2 > CO > CH_4 > C_3H_8$
③ $C_3H_8 > CO > CH_4 > H_2$
④ $CH_4 > H_2 > CO > C_3H_8$

해설 **물질을 폭발 범위**

구분	폭발하한계 (vol%)	폭발상한계 (vol%)	폭발 범위
수소(H_2)	4.0	75	75-4=71
프로판(C_3H_8)	2.1	9.5	9.5-2.1=7.4
메탄(CH_4)	5.0	15	15-5=10
일산화탄소(CO)	12.5	74	74-12.5=61.5

92 다음 중 왕복펌프에 속하지 않는 것은?

① 피스톤 펌프   ② 플런저 펌프
③ 기어 펌프   ④ 격막 펌프

해설 **왕복 펌프** : ① 피스톤 펌프 ② 플런저 펌프
                 ③ 버킷 펌프 ④ 격막 펌프
- 실린더 내의 피스톤, 버킷 등의 왕복운동으로 유체를 수송하는 용적형 펌프

93 가스누출감지경보기 설치에 관한 기술상의 지침으로 틀린 것은?

① 암모니아를 제외한 가연성가스 누출감지경보기는 방폭 성능을 갖는 것이어야 한다.
② 독성가스 누출감지경보기는 해당 독성가스 허용농도의 25% 이하에서 경보가 울리도록 설정하여야 한다.

정답 89. ④ 90. ③ 91. ② 92. ③ 93. ②

③ 하나의 감지대상가스가 가연성이면서 독성인 경우에는 독성가스를 기준하여 가스누출감지경보기를 선정하여야 한다.
④ 건축물 내에 설치되는 경우, 감지대상가스의 비중이 공기보다 무거운 경우에는 건축물 내의 하부에 설치하여야 한다.

[해설] 가스누출감지경보기의 선정기준, 구조 및 설치 방법
① 암모니아를 제외한 가연성가스 누출감지경보기는 방폭성능을 갖는 것이어야 한다.
② 하나의 감지대상가스가 가연성이면서 독성인 경우에는 독성가스를 기준하여 가스누출감지경보기를 선정하여야 한다.
③ 건축물 내에 설치되는 경우, 감지대상가스의 비중이 공기보다 무거운 경우에는 건축물 내의 하부에 설치하여야 한다.
④ 경보 설정점
  ㉠ 가연성물질용 가스누출감지경보기는 감지대상가스의 폭발하한계 25% 이하, 독성가스용 가스누출감지경보기는 해당 독성가스의 허용농도 이하에서 경보가 울리도록 설정하여야 한다.
  ㉡ 가스누출감지경보기의 감지부 정밀도는 경보 설정점에 대하여 가연성가스 누출감지경보기는 ±25% 이하, 독성가스 누출감지경보기는 ±30% 이하이어야 한다.

94 물질의 누출방지용으로써 접합면을 상호 밀착시키기 위하여 사용하는 것은?
① 개스킷   ② 체크밸브
③ 플러그   ④ 콕크

[해설] 개스킷
물질의 누출방지용으로서 접합면을 상호 밀착시키기 위하여 사용하는 패킹
제257조(덮개 등의 접합부) 〈산업안전보건기준에 관한 규칙〉
화학설비 또는 그 배관의 덮개·플랜지·밸브 및 콕의 접합부에 대해서는 접합부에서 위험물질 등이 누출되어 폭발·화재 또는 위험물이 누출되는 것을 방지하기 위하여 적절한 개스킷(gasket)을 사용하고 접합면을 서로 밀착시키는 등 적절한 조치를 하여야 한다.

95 건조설비의 구조를 구조부분, 가열장치, 부속설비로 구분할 때 다음 중 "부속설비"에 속하는 것은?
① 보온판   ② 열원장치
③ 소화장치   ④ 철골부

[해설] 건조설비의 구성 : 건조설비의 구조는 구조부분, 가열장치, 부속설비로 구성
① 구조부분 : 바닥콘크리트, 철골부, 보온판 등 기초부분, shell부, 몸체 등
② 가열장치 : 열원장치, 순환용 송풍기 등
③ 부속설비 : 전기설비, 환기장치, 온도조절장치, 안전장치, 소화장치 등

96 화염방지기의 설치에 관한 사항으로 ( )에 알맞은 것은?

> 사업주는 인화성 액체 및 인화성 가스를 저장 취급하는 화학설비에서 증기나 가스를 대기로 방출하는 경우에는 외부로부터의 화염을 방지하기 위하여 화염방지기를 그 설비 ( )에 설치하여야 한다.

① 상단   ② 하단
③ 중앙   ④ 무게중심

[해설] 화염방지기의 설치 〈산업안전보건기준에 관한 규칙〉
제269조(화염방지기의 설치 등)
① 사업주는 인화성 액체 및 인화성 가스를 저장 취급하는 화학설비에서 증기나 가스를 대기로 방출하는 경우에는 외부로부터의 화염을 방지하기 위하여 화염방지기를 그 설비 상단에 설치하여야 한다.
* 화염방지기(flame arrester) : 비교적 저압 또는 상압에서 가연성의 증기를 발생하는 유류를 저장하는 탱크에서 외부에 그 증기를 방출하기도 하고, 탱크 내에 외기를 흡입하기도 하는 부분에 설치하며, 가는 눈금의 금망이 여러 개 겹쳐진 구조로 된 안전장치(화염의 역화를 방지하기 위한 안전장치)

정답 94.① 95.③ 96.①

97 다음 중 인화점에 관한 설명으로 옳은 것은?

① 액체의 표면에서 발생한 증기농도가 공기 중에서 연소하한 농도가 될 수 있는 가장 높은 액체온도
② 액체의 표면에서 발생한 증기농도가 공기 중에서 연소상한 농도가 될 수 있는 가장 낮은 액체온도
③ 액체의 표면에 발생한 증기농도가 공기 중에서 연소하한 농도가 될 수 있는 가장 낮은 액체온도
④ 액체의 표면에서 발생한 증기농도가 공기 중에서 연소상한 농도가 될 수 있는 가장 높은 액체온도

해설 인화점(Flash Point) : 가연성 증기에 점화원을 주었을 때 연소가 시작되는 최저온도
- 액체의 경우 액체 표면에서 발생한 증기농도가 공기 중에서 연소 하한 농도가 될 수 있는 가장 낮은 액체온도(인화점이 낮을수록 위험하다.)

98 제1종 분말소화약제의 주성분에 해당하는 것은?

① 사염화탄소　　② 브롬화메탄
③ 수산화암모늄　④ 탄산수소나트륨

해설 분말소화약제의 종별 주성분
① 제1종 분말 : 탄산수소나트륨(중탄산나트륨, $NaHCO_3$)
→ BC화재
- 탄산수소나트륨(중탄산나트륨, $NaHCO_3$)을 주성분으로 하고 분말의 유동성을 높이기 위해 탄산마그네슘($MgCO_3$), 인산삼칼슘($Ca_3(PO_4)_2$) 등의 분산제를 첨가
② 제2종 분말 : 탄산수소칼륨(중탄산칼륨, $KHCO_3$)
→ BC화재
③ 제3종 분말 : 제1인산암모늄($NH_4H_2PO_4$) → ABC화재
- 메타인산(HPO_3)에 의한 방진효과를 가진 분말 소화약제 : 메타인산이 발생하여 소화력 우수
④ 제4종 분말 : 탄산수소칼륨과 요소($KHCO_3+(NH_2)_2CO$)의 반응물 → BC화재

99 CF_3Br 소화약제의 할론 번호를 옳게 나타낸 것은?

① 할론 1031　　② 할론 1311
③ 할론 1301　　④ 할론 1310

해설 할로겐화합물소화기(증발성 액체 소화기) 소화약제

소화약제	화학식
할론 1040	CCl_4
할론 1301	CF_3Br
할론 2402	$C_2F_4Br_2$
할론 1211	CF_2ClBr

100 다음 중 고체연소의 종류에 해당하지 않는 것은?

① 표면연소　　② 증발연소
③ 분해연소　　④ 예혼합연소

해설 고체 가연물의 일반적인 4가지 연소방식
1) 표면연소 : 고체의 표면이 고온을 유지하면서 연소하는 현상
 - 숯, 코크스, 목탄, 금속분
2) 분해연소 : 고체가 가열되어 열분해가 일어나고 가연성 가스가 공기 중의 산소와 타는 것
 - 석탄, 목재, 플라스틱, 종이, 합성수지, 중유
3) 증발연소 : 고체 가연물이 가열하여 가연성 증기가 발생. 공기와 혼합하여 연소범위 내에서 열원에 의하여 연소하는 현상
 - 황, 나프탈렌, 파라핀(양초), 왁스, 휘발유, 등
4) 자기연소 : 공기 중 산소를 필요로 하지 않고 자신이 분해되며 타는 것(연소에 필요한 산소를 포함하고 있는 물질이 연소하는 것)
 - 질화면(니트로셀룰로오스), TNT, 셀룰로이드, 니트로글리세린 등 제5류 위험물(폭발성 물질)
* 예혼합연소(豫混合燃燒) : 미리 공기와 혼합된 연료(혼합가스)가 연소 확산하는 연소 형태

정답 97.③ 98.④ 99.③ 100.④

제6과목 건설공사 안전관리

101 유해·위험방지계획서 제출 시 첨부서류로 옳지 않은 것은?

① 공사현장의 주변 현황 및 주변과의 관계를 나타내는 도면
② 공사개요서
③ 전체공정표
④ 작업인부의 배치를 나타내는 도면 및 서류

해설 유해·위험방지계획서 첨부서류 〈산업안전보건법 시행규칙 별표10〉
1. 공사 개요 및 안전보건관리계획
   가. 공사 개요서
   나. 공사현장의 주변 현황 및 주변과의 관계를 나타내는 도면(매설물 현황을 포함한다)
   다. 건설물, 사용 기계설비 등의 배치를 나타내는 도면
   라. 전체 공정표
   마. 산업안전보건관리비 사용계획
   바. 안전관리 조직표
   사. 재해 발생 위험 시 연락 및 대피방법

102 산업안전보건법령에 따른 건설공사 중 다리 건설공사의 경우 유해위험방지계획서를 제출하여야 하는 기준으로 옳은 것은?

① 최대 지간길이가 40m 이상인 다리의 건설등 공사
② 최대 지간길이가 50m 이상인 다리의 건설등 공사
③ 최대 지간길이가 60m 이상인 다리의 건설등 공사
④ 최대 지간길이가 70m 이상인 다리의 건설등 공사

해설 유해·위험방지계획서 제출대상 건설공사 〈산업안전보건법 시행령 제42조〉
1. 다음 각 목의 어느 하나에 해당하는 건축물 또는 시설 등의 건설·개조 또는 해체 공사
   가. 지상높이가 31미터 이상인 건축물 또는 인공구조물
   나. 연면적 3만제곱미터 이상인 건축물
   다. 연면적 5천제곱미터 이상인 시설로서 다음의 어느 하나에 해당하는 시설
      1) 문화 및 집회시설(전시장 및 동물원·식물원은 제외한다)
      2) 판매시설, 운수시설(고속철도의 역사 및 집배송시설은 제외한다)
      3) 종교시설
      4) 의료시설 중 종합병원
      5) 숙박시설 중 관광숙박시설
      6) 지하도상가
      7) 냉동·냉장 창고시설
2. 연면적 5천제곱미터 이상인 냉동·냉장 창고시설의 설비공사 및 단열공사
3. 최대 지간(支間)길이(다리의 기둥과 기둥의 중심사이의 거리)가 50미터 이상인 다리의 건설등 공사
4. 터널의 건설등 공사
5. 다목적댐, 발전용댐, 저수용량 2천만톤 이상의 용수전용 댐 및 지방상수도 전용 댐의 건설등 공사
6. 깊이 10미터 이상인 굴착공사

103 지하수위 상승으로 포화된 사질토 지반의 액상화 현상을 방지하기 위한 가장 직접적이고 효과적인 대책은?

① well point 공법 적용
② 동다짐 공법 적용
③ 입도가 불량한 재료를 입도가 양호한 재료로 치환
④ 밀도를 증가시켜 한계간극비 이하로 상대밀도를 유지하는 방법 강구

해설 웰포인트(well point)공법 : 사질토 지반 탈수공법
① 사질지반, 모래 지반에서 사용하는 가장 경제적인 지하수위 저하 공법
② 지중에 필터가 달린 흡수기를 1~2m 간격으로 설치하고 펌프로 지하수를 빨아올림으로써 지하수위를 낮추는 공법
③ 지하수위 상승으로 포화된 사질토 지반의 액상화 현상을 방지하기 위한 가장 직접적이고 효과적인 대책

정답 101. ④ 102. ② 103. ①

104 미리 작업장소의 지형 및 지반상태 등에 적합한 제한속도를 정하지 않아도 되는 차량계 건설기계의 속도 기준은?

① 최대 제한 속도가 10km/h 이하
② 최대 제한 속도가 20km/h 이하
③ 최대 제한 속도가 30km/h 이하
④ 최대 제한 속도가 40km/h 이하

해설 제한속도의 지정 〈산업안전보건기준에 관한 규칙〉
제98조(제한속도의 지정 등)
① 차량계 하역운반기계, 차량계 건설기계(최대제한속도가 시속 10킬로미터 이하인 것은 제외한다)를 사용하여 작업을 하는 경우 미리 작업장소의 지형 및 지반 상태 등에 적합한 제한속도를 정하고, 운전자로 하여금 준수하도록 하여야 한다.

105 크레인 등 건설장비의 가공전선로 접근 시 안전대책으로 옳지 않은 것은?

① 안전 이격거리를 유지하고 작업한다.
② 장비를 가공전선로 밑에 보관한다.
③ 장비의 조립, 준비 시부터 가공전선로에 대한 감전 방지 수단을 강구한다.
④ 장비 사용 현장의 장애물, 위험물 등을 점검 후 작업계획을 수립한다.

해설 크레인 등 건설장비의 가공전선로 접근 시 안전대책
(1) 가공전선로 아래 작업하는 건설장비는 이격거리를 지키기 위하여 붐대가 일정한도이상 올라가지 않도록 하는 등의 조치를 한다.
(2) 가급적 자재를 가공전선로 아래에 보관하지 않도록 한다.

106 다음 중 해체작업용 기계·기구로 가장 거리가 먼 것은?

① 압쇄기   ② 핸드 브레이커
③ 철제 햄머 ④ 진동롤러

해설 건물 해체용 기구
① 압쇄기 ② 대형 브레이커 ③ 철제해머
④ 핸드 브레이커 ⑤ 절단기(톱) ⑥ 잭

107 다음은 안전대와 관련된 설명이다. 아래 내용에 해당되는 용어로 옳은 것은?

> 로프 또는 레일 등과 같은 유연하거나 단단한 고정줄로서 추락발생 시 추락을 저지시키는 추락방지대를 지탱해 주는 줄모양의 부품

① 안전블록   ② 수직구명줄
③ 죔줄   ④ 보조죔줄

해설 수직구명줄〈보호구 안전인증 고시〉
수직구명줄이란 로프 또는 레일 등과 같은 유연하거나 단단한 고정줄로서 추락발생시 추락을 저지시키는 추락방지대를 지탱해 주는 줄모양의 부품을 말한다.

108 추락방지망 설치 시 그물코의 크기가 10cm인 매듭 있는 방망의 신품에 대한 인장강도 기준으로 옳은 것은?

① 100kgf 이상   ② 200kgf 이상
③ 300kgf 이상   ④ 400kgf 이상

해설 추락방지망의 인장강도(방망사의 신품에 대한 인장강도)
※ ( )는 방망사의 폐기 시 인장강도

그물코의 크기 (단위 : 센티미터)	방망의 종류(단위 : 킬로그램)	
	매듭 없는 방망	매듭 방망
10	240(150)	200(135)
5		110(60)

109 근로자의 추락 등의 위험을 방지하기 위한 안전난간의 설치요건에서 상부난간대를 120cm 이상 지점에 설치하는 경우 중간난간대를 최소 몇 단 이상 균등하게 설치하여야 하는가?

① 2단   ② 3단
③ 4단   ④ 5단

해설 안전난간 〈산업안전보건기준에 관한 규칙〉
제13조(안전난간의 구조 및 설치요건)
1. 상부 난간대, 중간 난간대, 발끝막이판 및 난간기둥으로 구성할 것

정답 104. ① 105. ② 106. ④ 107. ② 108. ② 109. ①

2. 상부 난간대는 바닥면·발판 또는 경사로의 표면(바닥면등)으로부터 90센티미터 이상 지점에 설치하고, 상부 난간대를 120센티미터 이하에 설치하는 경우에는 중간 난간대는 상부 난간대와 바닥면등의 중간에 설치하여야 하며, 120센티미터 이상 지점에 설치하는 경우에는 중간 난간대를 2단 이상으로 균등하게 설치하고 난간의 상하 간격은 60센티미터 이하가 되도록 할 것

110
유한사면에서 원형활동면에 의해 발생하는 일반적인 사면 파괴의 종류에 해당하지 않는 것은?

① 사면내파괴(Slope failure)
② 사면선단파괴(Toe failure)
③ 사면인장파괴(Tension failure)
④ 사면저부파괴(Base failure)

해설 사면의 붕괴형태의 종류(유한사면에서 원형활동면에 의해 발생 경우)
① 사면저부 붕괴 : 토질이 비교적 연약하고 경사가 완만한 경우(사면 기울기가 비교적 완만한 점성토에서 주로 발생)
② 사면선단 붕괴 : 비점착성 사질토의 급경사에서 발생(사면의 하단을 통과하는 활동면을 따라 파괴되는 사면 파괴)
③ 사면 내 붕괴 : 하부지반이 비교적 단단한 경우(사면경사가 53° 보다 급하면 발생한다.) – 얕은 표층의 붕괴
   * 유한사면 : 활동하는 토층의 깊이가 사면의 높이에 비해 비교적 큰 경우
   * 원호활동 : 지반 파괴 활동면의 형태가 원형으로 가정

111
발파작업 시 암질변화 구간 및 이상암질의 출현 시 반드시 암질판별을 실시하여야 하는데, 이와 관련된 암질판별기준과 가장 거리가 먼 것은?

① R.Q.D(%)
② 탄성파속도(m/sec)
③ 전단강도(kg/cm^2)
④ R.M.R

해설 암질의 판별 기준 〈터널공사표준안전작업지침-NATM공법〉
굴착공사(발파공사) 중 암질변화구간 및 이상암질 출현 시에는 암질판별시험을 수행하는 데 이 시험의 기준
① R.Q.D(Rock Quality Designation, 암질지수)
   암질의 상태를 나타내는 데 사용(%)
② R.M.R(Rock Mass Rating)
   현장이나 시추자료에서 구할 수 있는 6가지 변수에 의해 암반을 분류하고 평가(%)
③ 탄성파속도(seismic velocity, 彈性波速度)
   단단한 암석일수록 전달 속도가 빠름(kg/cm^2)
④ 일축압축강도(단축압축강도)
   암석시료 축방향으로 하중을 가하여 파괴가 일어날 때의 응력(km/sec)

112
강관비계를 사용하여 비계를 구성하는 경우 준수해야할 기준으로 옳지 않은 것은?

① 비계기둥의 간격은 띠장 방향에서는 1.85m 이하, 장선(長線) 방향에서는 1.5m 이하로 할 것
② 띠장 간격은 2.0m 이하로 할 것
③ 비계기둥의 제일 윗부분으로부터 31m 되는 지점 밑부분의 비계기둥은 2개의 강관으로 묶어세울 것
④ 비계기둥 간의 적재하중은 600kg을 초과하지 않도록 할 것

해설 강관비계의 구조 〈산업안전보건기준에 관한 규칙〉
제60조(강관비계의 구조)
강관을 사용하여 비계를 구성하는 경우의 준수사항
1. 비계기둥의 간격은 띠장 방향에서는 1.85미터 이하, 장선(長線) 방향에서는 1.5미터 이하로 할 것
2. 띠장 간격은 2.0미터 이하로 할 것
3. 비계기둥의 제일 윗부분으로부터 31미터되는 지점 밑부분의 비계기둥은 2개의 강관으로 묶어세울 것
4. 비계기둥 간의 적재하중은 400킬로그램을 초과하지 않도록 할 것

정답 110. ③ 111. ③ 112. ④

113 가설구조물의 문제점으로 옳지 않은 것은?

① 도괴재해의 가능성이 크다.
② 추락재해 가능성이 크다.
③ 부재의 결합이 간단하나 연결부가 견고하다.
④ 구조물이라는 통상의 개념이 확고하지 않으며 조립의 정밀도가 낮다.

해설 가설구조물의 문제점
① 추락, 도괴재해의 가능성이 크다.
② 부재의 결합이 간단하고 불안전한 결합이 되기 쉽다.
③ 구조물이라는 통상의 개념이 확고하지 않으며 조립의 정밀도가 낮다.

114 단관비계의 도괴 또는 전도를 방지하기 위하여 사용하는 벽이음의 간격기준으로 옳은 것은?

① 수직방향 5m 이하, 수평방향 5m 이하
② 수직방향 6m 이하, 수평방향 6m 이하
③ 수직방향 7m 이하, 수평방향 7m 이하
④ 수직방향 8m 이하, 수평방향 8m 이하

해설 강관비계의 벽이음에 대한 조립간격 기준

강관비계의 종류	조립간격(단위 : m)	
	수직방향	수평방향
단관비계	5	5
틀비계(높이가 5m 미만인 것은 제외한다.)	6	8

115 건설작업장에서 근로자가 상시 작업하는 장소의 작업면 조도기준으로 옳지 않은 것은? (단, 갱내 작업장과 감광재료를 취급하는 작업장의 경우는 제외)

① 초정밀작업 : 600럭스(lux) 이상
② 정밀작업 : 300럭스(lux) 이상
③ 보통작업 : 150럭스(lux) 이상
④ 초정밀, 정밀, 보통작업을 제외한 기타 작업 : 75럭스(lux) 이상

해설 근로자가 상시 작업하는 장소의 작업면 조도
〈산업안전보건기준에 관한 규칙〉

초정밀작업	정밀작업	보통작업	그 밖의 작업
750럭스(lux) 이상	300럭스(lux) 이상	150럭스(lux) 이상	75럭스(lux) 이상

116 가설통로의 설치기준으로 옳지 않은 것은?

① 경사가 15°를 초과하는 때에는 미끄러지지 않는 구조로 한다.
② 건설공사에 사용하는 높이 8m 이상인 비계다리에는 7m 이내마다 계단참을 설치한다.
③ 수직갱에 가설된 통로의 길이가 15m 이상일 경우에는 15m 이내 마다 계단참을 설치한다.
④ 추락의 위험이 있는 장소에는 안전난간을 설치한다.

해설 가설통로의 구조 〈산업안전보건기준에 관한 규칙〉
제23조(가설통로의 구조)
가설통로를 설치하는 경우의 준수사항
3. 경사가 15도를 초과하는 경우에는 미끄러지지 아니하는 구조로 할 것
4. 추락할 위험이 있는 장소에는 안전난간을 설치할 것
5. 수직갱에 가설된 통로의 길이가 15미터 이상인 경우에는 10미터 이내마다 계단참을 설치할 것
6. 건설공사에 사용하는 높이 8미터 이상인 비계다리에는 7미터 이내마다 계단참을 설치할 것

117 거푸집 해체작업 시 유의사항으로 옳지 않은 것은?

① 일반적으로 수평부재의 거푸집은 연직부재의 거푸집보다 빨리 떼어낸다.
② 해체된 거푸집이나 각목 등에 박혀있는 못 또는 날카로운 돌출물은 즉시 제거하여야 한다.
③ 상하 동시 작업은 원칙적으로 금지하여

정답 113.③ 114.① 115.① 116.③ 117.①

부득이한 경우에는 긴밀히 연락을 위하여 작업을 하여야 한다.
④ 거푸집 해체작업장 주위에는 관계자를 제외하고는 출입을 금지시켜야 한다.

[해설] 거푸집 해체 〈콘크리트공사표준안전작업지침〉
제9조(해체) 사업주는 거푸집의 해체작업을 하여야 할 때에는 다음 각 호의 사항을 준수하여야 한다.
3. 거푸집을 해체할 때에는 다음에 정하는 사항을 유념하여 작업하여야 한다.
　나. 거푸집 해체작업장 주위에는 관계자를 제외하고는 출입을 금지시켜야 한다.
　다. 상하 동시 작업은 원칙적으로 금지하여 부득이한 경우에는 긴밀히 연락을 위하며 작업을 하여야 한다.
　바. 해체된 거푸집이나 각목 등에 박혀있는 못 또는 날카로운 돌출물은 즉시 제거하여야 한다.
※ 일반적으로 연직부재의 거푸집은 수평부재의 거푸집보다 빨리 떼어낸다.(거푸집 해체 순서 : 기둥 → 벽체 → 보 → 슬래브)

118 콘크리트 타설작업을 하는 경우에 준수해야 할 사항으로 옳지 않은 것은?

① 당일의 작업을 시작하기 전에 해당 작업에 관한 거푸집동바리 등의 변형·변위 및 지반의 침하 유무 등을 점검하고 이상이 있으면 보수한다.
② 작업 중에는 거푸집동바리 등의 변형·변위 및 침하 유무 등을 감시할 수 있는 감시자를 배치하여 이상이 있으면 작업을 빠른 시간 내 우선 완료하고 근로자를 대피시킨다.
③ 콘크리트 타설작업 시 거푸집붕괴의 위험이 발생할 우려가 있으면 충분한 보강조치를 한다.
④ 콘크리트를 타설하는 경우에는 편심이 발생하지 않도록 골고루 분산하여 타설한다.

[해설] 콘크리트의 타설작업시 준수사항 〈산업안전보건기준에 관한 규칙〉
제334조(콘크리트의 타설작업) 콘크리트 타설작업을 하는 경우의 준수사항
2. 작업 중에는 감시자를 배치하는 등의 방법으로 거푸집 및 동바리의 변형·변위 및 침하 유무 등을 확인해야 하며, 이상이 있으면 작업을 중지하고 근로자를 대피시킬 것

119 부두·안벽 등 하역작업을 하는 장소에서 부두 또는 안벽의 선을 따라 통로를 설치하는 경우에는 폭을 최소 얼마 이상으로 하여야 하는가?

① 85 cm　　② 90 cm
③ 100 cm　　④ 120 cm

[해설] 화물취급 작업 〈산업안전보건기준에 관한 규칙〉
제390조(하역작업장의 조치기준) 부두·안벽 등 하역작업을 하는 장소에의 조치
2. 부두 또는 안벽의 선을 따라 통로를 설치하는 경우에는 폭을 90센티미터 이상으로 할 것

120 하역작업 등에 의한 위험을 방지하기 위하여 준수하여야 할 사항으로 옳지 않은 것은?

① 꼬임이 끊어진 섬유로프를 화물운반용으로 사용해서는 안 된다.
② 심하게 부식된 섬유로프를 고정용으로 사용해서는 안 된다.
③ 차량 등에서 화물을 내리는 작업 시 해당 작업에 종사하는 근로자에게 쌓여 있는 화물 중간에서 화물을 빼내도록 할 경우에는 사전 교육을 철저히 한다.
④ 부두 또는 안벽의 선을 따라 통로를 설치하는 경우에는 폭을 90cm 이상으로 한다.

[해설] 화물취급 작업 〈산업안전보건기준에 관한 규칙〉
제389조(화물 중간에서 화물 빼내기 금지)
차량 등에서 화물을 내리는 작업을 하는 경우에 해당 작업에 종사하는 근로자에게 쌓여 있는 화물 중간에서 화물을 빼내도록 해서는 아니 된다.

정답 118. ② 119. ② 120. ③

제 4 회 CBT 최종모의고사

[제1과목] 산업재해 예방 및 안전보건교육

01 하인리히의 재해구성비율 "1 : 29 : 300"에서 "29"에 해당하는 사고발생비율은?

① 8.8% ② 9.8%
③ 10.8% ④ 11.8%

해설 하인리히의 재해구성비율 1 : 29 : 300
[중상해 : 경상해 : 무상해사고]
총 사고발생건수 : 1 + 29 + 300 = 330건

무상해 사고	(300/330) × 100 = 90.9%
경상해	(29/330) × 100 = 8.8%
중상해(중상 또는 사망)	(1/330) × 100 = 0.3%

02 안전보건관리조직의 형태 중 라인-스태프(Line-Staff)형에 관한 설명으로 틀린 것은?

① 조직원 전원을 자율적으로 안전 활동에 참여시킬 수 있다.
② 라인의 관리, 감독자에게도 안전에 관한 책임과 권한이 부여된다.
③ 중규모 사업장(100명 이상 ~ 500명 미만)에 적합하다.
④ 안전 활동과 생산업무가 유리될 우려가 없기 때문에 균형을 유지할 수 있어 이상적인 조직형태이다.

해설 라인-스태프 혼합형(Line-staff)
라인이 안전보건 업무를 주관·수행하고, 전문 스태프를 별도로 구성하여 안전보건 대책 수립 및 라인의 안전보건업무 지도·지원(우리나라 산업안전보건법에 의해 권장)
(※ 근로자 1,000인 이상 사업장에 적합)
① 라인형과 스태프형의 장점을 취한 절충식 조직형태이며 대규모(1,000명 이상) 사업장에 적용
② 라인의 관리, 감독자에게도 안전에 관한 책임과 권한이 부여
③ 단점 : 명령계통과 조언 권고적 참여가 혼동되기 쉬움

※ 라인-스태프형 조직의 장단점

구 분	장 점	단 점
라인-스태프 혼합형 (1,000인 이상 사업장에 적합)	① 안전지식 및 기술 축적 가능 ② 안전지시 및 전달이 신속·정확 ③ 안전에 대한 신기술의 개발 및 보급이 용이 ④ 안전활동이 생산과 분리되지 않으므로 운용이 쉬움(조직원 전원을 자율적으로 안전활동에 참여시킬 수 있다.)	① 명령계통과 지도·조언 및 권고적 참여가 혼동되기 쉬움 ② 스태프의 힘이 커지면 라인이 무력해짐 ③ 스태프의 월권행위의 경우가 있으며, 라인이 스태프에 의존 또는 활용치 않는 경우가 있다.

03 산업안전보건법령상 중대재해의 범위에 해당하지 않는 것은?

① 1명의 사망자가 발생한 재해
② 1개월의 요양을 요하는 부상자가 동시에 5명 발생한 재해
③ 3개월의 요양을 요하는 부상자가 동시에 3명 발생한 재해
④ 10명의 직업성 질병자가 동시에 발생한 재해

해설 중대재해
산업재해 중 사망 등 재해 정도가 심하거나 다수의 재해자가 발생한 경우로서 다음 각 호의 어느 하나에 해당하는 재해를 말한다.
(1) 사망자가 1명 이상 발생한 재해
(2) 3개월 이상의 요양이 필요한 부상자가 동시에 2명 이상 발생한 재해
(3) 부상자 또는 직업성질병자가 동시에 10명 이상 발생한 재해

정답 01. ① 02. ③ 03. ②

04 산업안전보건법령상 협의체 구성 및 운영에 관한 사항으로 ( )에 알맞은 내용은?

> 도급인은 관계수급인 근로자가 도급인의 사업장에서 작업을 하는 경우 도급인과 수급인을 구성원으로 하는 안전 및 보건에 관한 협의체를 구성 및 운영하여야 한다. 이 협의체는 ( ) 정기적으로 회의를 개최하고 그 결과를 기록·보존하여야 한다.

① 매월 1회 이상 ② 2개월마다 1회
③ 3개월마다 1회 ④ 6개월마다 1회

해설 도급사업에 있어서 협의체 구성 및 운영(도급사업 안전 및 보건에 관한 협의체)
① 협의체는 도급인인 사업주 및 그의 수급인인 사업주 전원으로 구성
② 협의체는 매월 1회 이상 정기적으로 회의를 개최하고, 결과를 기록·보존하여야 함

05 타인의 비판 없이 자유로운 토론을 통하여 다량의 독창적인 아이디어를 이끌어내고, 대안적 해결안을 찾기 위한 집단적 사고기법은?

① Role playing
② Brain storming
③ Action playing
④ Fish Bowl playing

해설 브레인 스토밍(brain-storming)
다수의 팀원이 마음 놓고 편안한 분위기 속에서 공상과 연상의 연쇄반응을 일으키면서 자유 분망하게 아이디어를 대량으로 발언하여 나가는 방법(토의식 아이디어 개발 기법)
- 6~12명의 구성원으로 타인의 비판 없이 자유로운 토론을 통하여 다량의 독창적인 아이디어를 이끌어 내고, 대안적 해결안을 찾기 위한 집단적 사고기법

06 무재해 운동을 추진하기 위한 조직의 세 기둥으로 볼 수 없는 것은?

① 최고경영자의 경영자세
② 소집단 자주활동의 활성화
③ 전 종업원의 안전요원화
④ 라인관리자에 의한 안전보건의 추진

해설 무재해운동 추진의 3요소(3기둥)
(가) 최고경영자의 안전경영자세
(나) 관리감독자의 적극적인 안전보건 활동(안전관리의 라인화)
(다) 직장 자주 안전보건활동의 활성화(근로자)

07 보호구에 관한 설명으로 옳은 것은?

① 유해물질이 발생하는 산소결핍지역에서는 필히 방독마스크를 착용하여야 한다.
② 차광용보안경의 사용구분에 따른 종류에는 자외선용, 적외선용, 복합용, 용접용이 있다.
③ 선반작업과 같이 손에 재해가 많이 발생하는 작업장에서는 장갑 착용을 의무화한다.
④ 귀마개는 처음에는 저음만을 차단하는 제품부터 사용하며, 일정 기간이 지난 후 고음까지 모두 차단할 수 있는 제품을 사용한다.

해설 보호구에 관한 설명
① 유해물질이 발생하는 산소결핍지역에서는 송기마스크 또는 공기호흡기를 착용하여야 하며, 방독마스크는 산소농도가 18% 이상인 장소에 사용하여야 한다.
② 차광용보안경의 사용구분에 따른 종류에는 자외선용, 적외선용, 복합용, 용접용이 있다.
③ 선반작업과 같이 회전체에 의해 손에 재해가 많이 발생하는 작업장에서는 장갑 착용을 금지한다.
④ 귀마개는 등급에 따라 저음부터 고음까지 차음하는 것과 주로 고음을 차음하는 제품이 있다.

08 산업안전보건법령상 안전보건표지의 종류 중 경고표지의 기본모형(형태)이 다른 것은?

① 고압전기 경고 ② 방사성물질 경고
③ 폭발성물질 경고 ④ 매달린 물체 경고

정답 04.① 05.② 06.③ 07.② 08.③

해설 경고표지 기본모형(형태)

화학물질 취급장소 경고 (1~5, 14) - 마름모 모형	방사성물질 경고 등 (6~13, 15) - 삼각형 모형
1. 인화성물질경고	6. 방사성물질 경고
2. 산화성물질 경고	7. 고압전기 경고
3. 폭발성물질 경고	8. 매달린물체 경고
4. 급성독성물질 경고	9. 낙하물체 경고
5. 부식성물질 경고	10. 고온 경고
14. 발암성·변이원성·생식독성·전신독성·호흡기 과민성물질 경고	11. 저온 경고
	12. 몸균형 상실 경고
	13. 레이저광선 경고

09 안전인증 절연장갑에 안전인증 표시 외에 추가로 표시하여야 하는 등급별 색상의 연결로 옳은 것은? (단, 고용노동부 고시를 기준으로 한다.)

① 00등급 : 갈색 ② 0등급 : 흰색
③ 1등급 : 노란색 ④ 2등급 : 빨강색

해설 절연장갑의 등급별 색상

등급	00급	0급	1급	2급	3급	4급
색상	갈색	빨간색	흰색	노란색	녹색	등색

10 작업을 하고 있을 때 긴급 이상상태 또는 돌발사태가 되면 순간적으로 긴장하게 되어 판단능력의 둔화 또는 정지상태가 되는 것은?

① 의식의 우회 ② 의식의 과잉
③ 의식의 단절 ④ 의식의 수준저하

해설 부주의 원인
(1) 의식의 단절 : 지속적인 의식의 흐름에 단절이 생기고 공백의 상태가 나타나는 것. 특수한 질병이 있는 경우
(2) 의식의 우회 : 의식의 흐름이 옆으로 빗나가 발생하는 경우로 작업도중의 걱정, 고뇌, 욕구 불만 등에 의해 발생
(3) 의식수준의 저하 : 혼미한 정신 상태에서 심신이 피로나 단조로운 반복 작업 등의 경우에 일어나는 현상
(4) 의식의 과잉 : 작업을 하고 있을 때 긴급 이상상태 또는 돌발사태가 되면 순간적으로 긴장하게 되어 판단능력의 둔화 또는 정지상태가 되는 것. 의식이 한 방향으로만 집중, 지나친 의욕에 의해서 생기는 부주의 현상

11 인간의 동작특성 중 판단과정의 착오요인이 아닌 것은?

① 합리화 ② 정서불안정
③ 작업조건불량 ④ 정보부족

해설 인간의 착오요인(대뇌의 human error로 인한 착오요인)

인지과정 착오	판단과정 착오	조치과정 착오
① 생리·심리적 능력의 한계	① 자기 합리화	① 잘못된 정보의 입수
② 정보량 저장의 한계	② 정보부족	② 합리적 조치의 미숙
③ 감각 차단 현상	③ 능력부족	
④ 정서적 불안정	④ 작업조건 불량	

12 일반적으로 시간의 변화에 따라 야간에 상승하는 생체리듬은?

① 혈압 ② 맥박수
③ 체중 ④ 혈액의 수분

해설 생체리듬과 피로현상
1) 혈액의 수분과 염분량 : 주간에 감소하고 야간에 증가
2) 체온, 혈압, 맥박수 : 주간에 상승하고 야간에 저하
3) 야간에는 소화분비액 불량, 체중이 감소
4) 야간에는 말초운동 기능이 저하, 피로의 자각증상이 증가

13 헤드십의 특성이 아닌 것은?

① 지휘형태는 권위주의적이다.
② 권한행사는 임명된 헤드이다.
③ 구성원과의 사회적 간격은 넓다.
④ 상관과 부하와의 관계는 개인적인 영향이다.

정답 09. ① 10. ② 11. ② 12. ④ 13. ④

해설 헤드십(head-ship)
(가) 헤드십 : 임명된 지도자로서 권위주의적이고 지배적임
(나) 헤드십(head-ship)의 특성
1) 권한의 근거는 공식적이다.
2) 권한행사는 임명된 헤드이다.
3) 지휘형태는 권위주의적이다.
4) 상사와 부하와의 관계는 지배적이다.
5) 부하와의 사회적 간격은 넓다.(관계 원활하지 않음)

14 인간관계의 메커니즘 중 다른 사람의 행동 양식이나 태도를 투입시키거나 다른 사람 가운데서 자기와 비슷한 것을 발견하는 것은?

① 공감 ② 모방
③ 동일화 ④ 일체화

해설 집단에서의 인간관계 메커니즘(Mechanism)
(가) 일체화 : 심리적 결합
(나) 동일화(Identification) : 타인의 행동 양식이나 태도를 투입시키거나 타인에게서 자기와 비슷한 점을 발견
(다) 공감 : 동정과 구분
(라) 모방(imitation) : 인간관계 메커니즘 중에서 남의 행동이나 판단을 표본으로 하여 그것과 같거나 또는 그것에 가까운 행동 또는 판단을 취하려는 것(직접모방, 간접모방, 부분모방)

15 다음 설명에 해당하는 학습 지도의 원리는?

> 학습자가 지니고 있는 각자의 요구와 능력 등에 알맞은 학습활동의 기회를 마련해 주어야 한다는 원리

① 직관의 원리 ② 자기활동의 원리
③ 개별화의 원리 ④ 사회화의 원리

해설 학습(교육) 지도의 원리
① 직관의 원리 : 구체적 사물을 제시하거나 경험시킴으로써 효과를 볼 수 있다는 원리
② 자기활동의 원리(자발성의 원리) : 학습자 자신이 스스로 자발적으로 학습에 참여하는 데 중점을 둔 원리
③ 개별화의 원리 : 학습자 각자의 요구와 능력 등에 알맞은 학습활동의 기회를 마련하여 주어야 한다는 원리
④ 사회화의 원리 : 학교에서 배운 것과 사회에서 경험한 것을 교류시키고 공동 학습을 통해서 협력적이고 우호적인 학습을 진행하는 원리
⑤ 통합의 원리 : 학습을 총합적인 전체로서 지도하는 원리(동시학습원리)

16 Thorndike의 시행착오설에 의한 학습의 원칙이 아닌 것은?

① 연습의 원칙 ② 효과의 원칙
③ 동일성의 원칙 ④ 준비성의 원칙

해설 손다이크(Thorndike)의 시행착오설
시행과 착오의 과정을 통해 특정한 자극과 반응이 결합됨으로써 학습이 발생하는 것(맹목적 시행을 반복하는 가운데 자극과 반응이 결합하여 행동하는 것)
〈학습의 법칙〉
① 효과의 법칙(결과의 법칙) : 학습은 단순한 반복으로가 아닌 학습의 성취에 보상을 줌으로 강화
② 준비성의 법칙 : 학습할 준비가 되어 있어야 함
③ 연습의 법칙(빈도의 법칙) : 학습은 연습을 통해 향상되고 행동변화되며 장시간 유지됨

17 TWI의 교육 내용 중 인간관계 관리방법 즉 부하 통솔법을 주로 다루는 것은?

① JST(Job Safety Training)
② JMT(Job Method Training)
③ JRT(Job Relation Training)
④ JIT(Job Instruction Training)

해설 TWI(Training Within Industry)
직장에서 제일선 감독자(관리감독자)에 대해서 감독능력을 높이고 부하 직원과의 인간관계를 개선해서 생산성을 높이기 위한 훈련방법
① 작업방법(개선)훈련(JMT; Job Method Training) : 작업개선 방법
② 작업지도훈련(JIT; Job Instruction Training) : 작업지도, 지시(작업을 가르치는 기술)
③ 인간관계 훈련(JRT; Job Relations Training) : 인간관계 관리(부하통솔)
④ 작업안전 훈련(JST; Job Safety Training) : 작업안전

정답 14. ③ 15. ③ 16. ③ 17. ③

18 교육훈련기법 중 Off.J.T(Off the Job Training)의 장점이 아닌 것은?

① 업무의 계속성이 유지된다.
② 외부의 전문가를 강사로 활용할 수 있다.
③ 특별교재, 시설을 유효하게 사용할 수 있다.
④ 다수의 대상자에게 조직적 훈련이 가능하다.

해설 OJT 교육과 Off JT 교육의 특징

OJT 교육의 특징	Off JT 교육의 특징
㉮ 개개인에게 적절한 지도훈련이 가능하다.	㉮ 다수의 근로자에게 조직적 훈련이 가능하다.
㉯ 직장의 실정에 맞는 실제적 훈련이 가능하다.	㉯ 훈련에만 전념할 수 있다.
㉰ 즉시 업무에 연결될 수 있다.	㉰ 외부 전문가를 강사로 초빙하는 것이 가능하다.
㉱ 훈련에 필요한 업무의 지속성이 유지된다.	㉱ 특별교재, 교구, 시설을 유효하게 활용할 수 있다.
㉲ 효과가 곧 업무에 나타나며 결과에 따른 개선이 쉽다.	㉲ 타 직장의 근로자와 지식이나 경험을 교류할 수 있다.
㉳ 훈련 효과에 의해 상호 신뢰 이해도가 높아진다.(상사와 부하 간의 의사소통과 신뢰감이 깊게 된다.)	㉳ 교육 훈련 목표에 대하여 집단적 노력이 흐트러질 수도 있다.

19 안전교육 중 같은 것을 반복하여 개인의 시행착오에 의해서만 점차 그 사람에게 형성되는 것은?

① 안전기술의 교육
② 안전지식의 교육
③ 안전기능의 교육
④ 안전태도의 교육

해설 안전보건교육의 3단계 : 지식 – 기능 – 태도교육
(1) 지식교육(제1단계)
　강의, 시청각교육을 통한 지식의 전달과 이해

(2) 기능교육(제2단계)
　시범, 견학, 실습, 현장실습교육을 통한 경험 체득과 이해
　① 교육대상자가 그것을 스스로 행함으로 얻어짐
　② 개인의 반복적 시행착오에 의해서만 얻어짐
(3) 태도교육(제3단계)
　작업동작지도, 생활지도 등을 통한 안전의 습관화
　(올바른 행동의 습관화 및 가치관을 형성)

20 산업안전보건법령상 사업 내 안전보건교육의 교육시간에 관한 설명으로 옳은 것은?

① 일용근로자의 작업내용 변경 시의 교육은 2시간 이상이다.
② 사무직에 종사하는 근로자의 정기교육은 매반기 6시간 이상이다.
③ 일용근로자의 채용 시 교육은 4시간 이상이다.
④ 관리감독자의 지위에 있는 사람의 정기교육은 연간 8시간 이상이다.

해설 사업 내 안전·보건교육

교육과정	교육대상		교육시간
가. 정기 교육	사무직 종사 근로자		매반기 6시간 이상
	그 밖의 근로자	판매 업무에 직접 종사하는 근로자	매반기 6시간 이상
		판매 업무에 직접 종사하는 근로자 외의 근로자	매반기 12시간 이상
	※ 관리감독자		연간 16시간 이상
나. 채용 시의 교육	일용근로자		1시간 이상
다. 작업내용 변경 시의 교육	일용근로자		1시간 이상

정답 18. ① 19. ③ 20. ②

제2과목 인간공학 및 위험성평가·관리

21 인간-기계시스템 설계과정 중 직무분석을 하는 단계는?

① 제1단계 : 시스템의 목표와 성능명세 결정
② 제2단계 : 시스템의 정의
③ 제3단계 : 기본 설계
④ 제4단계 : 인터페이스 설계

해설 인간-기계 시스템의 설계
(가) 제1단계 – 시스템의 목표 및 성능 명세 결정
(나) 제2단계 – 시스템의 정의
(다) 제3단계 – 기본설계
　1) 인간·하드웨어·소프트웨어의 기능 할당
　2) 인간 성능 요건 명세
　　 – 인간의 성능 특성(human performance requirements)
　　　① 속도
　　　② 정확성
　　　③ 사용자 만족
　　　④ 유일한 기술을 개발하는 데 필요한 시간
　3) 직무 분석
　4) 작업 설계
(라) 제4단계 – 인터페이스(계면) 설계
(마) 제5단계 – 보조물(촉진물) 설계
(바) 제6단계 – 시험 및 평가

22 발생 확률이 동일한 64가지의 대안이 있을 때 얻을 수 있는 총 정보량은?

① 6bit　　② 16bit
③ 32bit　④ 64bit

해설 정보량$(H) = \log_2 n = \log_2 \frac{1}{p}$ $(p = \frac{1}{n})$
여기서, n : 대안의 수, p : 확률
$H = \log_2 64 = \frac{\log 64}{\log 2} = 6\,\text{bit}$

23 감각저장으로부터 정보를 작업 기억으로 전달하기 위한 코드화 분류에 해당되지 않는 것은?

① 시각코드　　② 촉각코드
③ 음성코드　　④ 의미코드

해설 작업 기억에서 일어나는 정보코드화
① 의미 코드화
② 음성 코드화
③ 시각 코드화
* 작업 기억(working memory) : 감각기관을 통해 입력된 정보를 일시적으로 보유하고 단기적으로 기억하며 능동적으로 이해하고 조작하는 작업장에서의 기능을 수행하는 단기적 기억

24 작업장의 설비 3대에서 각각 80dB, 86dB, 78dB의 소음이 발생되고 있을 때 작업장의 음압 수준은?

① 약 81.3dB　　② 약 85.5dB
③ 약 87.5dB　　④ 약 90.3dB

해설 소음이 합쳐질 경우 음압 수준
$\text{SPL}(\text{dB}) = 10\log(10^{A_1/10} + 10^{A_2/10} + 10^{A_3/10} + \cdots)$
$(A_1, A_2, A_3 : 소음)$
⇒ 전체소음 = $10 \log(10^8 + 10^{8.6} + 10^{7.8})$ = 87.49
= 87.5dB

25 인간의 위치 동작에 있어 눈으로 보지 않고 손을 수평면상에서 움직이는 경우 짧은 거리는 지나치고, 긴 거리는 못 미치는 경향이 있는데 이를 무엇이라고 하는가?

① 사정효과(range effect)
② 반응효과(reaction effect)
③ 간격효과(distance effect)
④ 손동작효과(hand action effect)

해설 사정효과(Range effect)
① 눈으로 보지 않고 손을 수평면상에서 움직이는 경우 짧은 거리는 지나치고 긴 거리는 못 미치는 경향이 있는데 이를 사정효과라 함
② 조작자는 작은 오차에는 과잉 반응을, 큰 오차에는 과소 반응하는 경향이 있음

정답 21. ③ 22. ① 23. ② 24. ③ 25. ①

26 음량수준을 평가하는 척도와 관계없는 것은?

① dB ② HSI
③ phon ④ sone

[해설] 음의 크기의 수준
① dB(decibel) : 소음의 크기를 나타내는 단위
② Phon : 1,000Hz 순음의 음압수준(dB)을 나타냄
③ sone : 40dB의 음압수준을 가진 순음의 크기를 1sone이라 함
* HSI(Horizontal Situation Indicator) : 항공분야의 수평자세 지시계. 디지털 신호 처리(DSP) 분야에서의 컬러 모델을 가리키며 Hue(색상), Saturation(채도), Intensity(명도)의 약자. 인간-시스템 인터페이스(human-system Interface)의 약자

27 정신작업 부하를 측정하는 척도를 크게 4가지로 분류할 때 심박수의 변동, 뇌 전위, 동공 반응 등 정보처리에 중추신경계 활동이 관여하고 그 활동이나 징후를 측정하는 것은?

① 주관적(subjective) 척도
② 생리적(physiological) 척도
③ 주 임무(primary task) 척도
④ 부 임무(secondary task) 척도

[해설] 생리적(physiological) 척도
정신작업 부하를 측정하는 척도를 크게 4가지로 분류할 때 심박수의 변동, 뇌 전위, 동공 반응 등 정보처리에 중추신경계 활동이 관여하고 그 활동이나 징후를 측정하는 것(인체에 작용한 스트레스의 영향으로 발생된 신체반응의 결과인 스트레인(strain)을 측정하는 척도)

28 일반적으로 은행의 접수대 높이나 공원의 벤치를 설계할 때 가장 적합한 인체 측정 자료의 응용원칙은?

① 조절식 설계
② 평균치를 이용한 설계
③ 최대치수를 이용한 설계
④ 최소치수를 이용한 설계

[해설] 인체계측자료의 응용원칙
(1) 최대치수와 최소치수(극단적) : 최대치수(거의 모든 사람이 수용할 수 있는 경우 : 문, 통로, 그네의 지지하중, 위험 구역 울타리 등)와 최소치수(선반의 높이, 조정 장치까지의 거리, 조작에 필요한 힘)를 기준으로 설계
(2) 조절범위(가변적, 조절식) : 체격이 다른 여러 사람들에게 맞도록 조절하게 만든 것(의자의 상하 조절, 자동차 좌석 의 전후 조절)
(3) 평균치를 기준으로 한 설계 : 최대치수와 최소치수, 조절식으로 하기 어려울 때 평균치를 기준으로 하여 설계(은행 창구나 슈퍼마켓의 계산대에 적용하기 적합한 인체 측정 자료의 응용원칙)

29 중량물 들기 작업 시 5분간의 산소소비량을 측정한 결과 90ℓ의 배기량 중에 산소가 16%, 이산화탄소가 4%로 분석되었다. 해당 작업에 대한 산소소비량(ℓ/min)은 약 얼마인가? (단, 공기 중 질소는 79vol%, 산소는 21vol%이다.)

① 0.948 ② 1.948
③ 4.74 ④ 5.74

[해설] 산소소비량 = (흡기 시 산소농도 21% × 흡기량) − (배기 시 산소농도% × 배기량)
① 공기의 성분은 질소 78.08%와 산소 20.95%, 그 외 이산화탄소 등으로 구성 : 일반적으로 공기 중 질소는 79%, 산소는 21%으로 계산
② $N_2\% = 100 - O_2\% - CO_2\%$

흡기량 = 배기량 × $\dfrac{(100 - O_2 - CO_2)}{79}$

※ 에너지소비량, 에너지가(價)(kcal/min)
 = 분당산소소비량(ℓ) × 5kcal
 (산소 1리터가 몸속에서 소비될 때 5kcal의 에너지가 소모됨)

⇒ 분당 산소소비량[ℓ/분]
 = (분당 흡기량×21%) − (분당 배기량×16%)
 = (18.23×0.21) − (18×0.16) = 0.948[ℓ/분]
① 분당 흡기량 = $\dfrac{(100-16-4)}{79} \times 18 = 18.227$
  = 18.23[ℓ/분]
② 분당 배기량 = $\dfrac{총배기량}{시간} = \dfrac{90}{5} = 18[ℓ/분]$

정답 26.② 27.② 28.② 29.①

30 건구온도 30℃, 습구온도 35℃ 일 때의 옥스포드(Oxford) 지수는 얼마인가?

① 20.75℃ ② 24.58℃
③ 32.78℃ ④ 34.25℃

해설 Oxford 지수
습건(WD)지수. 습구, 건구 가중 평균치(습구온도와 건구온도의 단순가중치를 나타냄)
WD = 0.85 · W(습구온도) + 0.15 · D(건구온도)
    = (0.85 × 35) + (0.15 × 30)
    = 34.25℃

31 적절한 온도의 작업환경에서 추운 환경으로 온도가 변할 때 우리의 신체가 수행하는 조절작용이 아닌 것은?

① 발한(發汗)이 시작된다.
② 피부의 온도가 내려간다.
③ 직장(直腸)온도가 약간 올라간다.
④ 혈액의 많은 양이 몸의 중심부를 위주로 순환한다.

해설 온도변화에 따른 인체의 적응
(1) 적정온도에서 추운 환경으로 바뀔 때의 현상
    ① 피부 온도가 내려간다.
    ② 피부를 경유하는 혈액 순환량이 감소한다.(혈액의 많은 양이 몸의 중심부를 순환한다.)
    ③ 직장(直腸) 온도가 약간 올라간다.
    ④ 몸이 떨리고 소름이 돋는다.
(2) 적정온도에서 더운 환경으로 바뀔 때의 현상
    ① 피부 온도가 올라간다.
    ② 많은 양의 혈액이 피부를 경유한다.
    ③ 직장 온도가 내려간다.
    ④ 발한이 시작한다.

32 산업안전보건기준에 관한 규칙상 '강렬한 소음 작업'에 해당하는 기준은?

① 85데시벨 이상의 소음이 1일 4시간 이상 발생하는 작업
② 85데시벨 이상의 소음이 1일 8시간 이상 발생하는 작업
③ 90데시벨 이상의 소음이 1일 4시간 이상 발생하는 작업
④ 90데시벨 이상의 소음이 1일 8시간 이상 발생하는 작업

해설 소음의 1일 노출시간과 소음강도의 기준 〈산업안전보건기준에 관한 규칙〉
제512조(정의)
1. "소음작업"이란 1일 8시간 작업을 기준으로 85데시벨 이상의 소음이 발생하는 작업을 말한다.
2. "강렬한 소음작업"이란 다음에 해당하는 작업을 말한다.
   가. 90데시벨 이상의 소음이 1일 8시간 이상 발생하는 작업
   나. 95데시벨 이상의 소음이 1일 4시간 이상 발생하는 작업
   다. 100데시벨 이상의 소음이 1일 2시간 이상 발생하는 작업

33 시스템 수명주기에 있어서 예비위험분석(PHA)이 이루어지는 단계에 해당하는 것은?

① 구상단계
② 점검단계
③ 운전단계
④ 생산단계

해설 시스템 안전달성을 위한 프로그램 진행단계(시스템의 수명주기 5단계)
(가) 제1단계 : 구상단계 – 시스템의 수명주기 중 PHA 기법이 최초로 사용되는 단계
(나) 제2단계 : 정의단계(사양결정단계)
(다) 제3단계 : 개발단계(설계단계) – 결함 위험요인 분석(FHA)
(라) 제4단계 : 생산(제작, 제조)단계
(마) 제5단계 : 운전(운영, 조업) – 단계시스템 안전 프로그램에 대하여 안전점검 기준에 따른 평가를 내리는 시점
* 예비위험분석(PHA : Preliminary Hazards Analysis) : 모든 시스템 안전 프로그램에서의 최초단계 분석 방법으로 시스템의 위험요소가 어떤 위험 상태에 있는가를 정성적으로 평가하는 분석 방법

정답 30. ④ 31. ① 32. ④ 33. ①

34 서브시스템, 구성요소, 기능 등의 잠재적 고장 형태에 따른 시스템의 위험을 파악하는 위험 분석 기법으로 옳은 것은?

① ETA(Event Tree Analysis)
② HEA(Human Error Analysis)
③ PHA(Preliminary Hazard Analysis)
④ FMEA(Failure Mode and Effect Analysis)

해설 **FMEA(Failure Mode and Effect Analysis, 고장형태와 영향분석)** : 시스템에 영향을 미치는 모든 요소의 고장을 형태별로 분석하고 영향을 검토하는 것. 전형적인 정성적, 귀납적 분석방법
- 서브시스템, 구성요소, 기능 등의 잠재적 고장 형태에 따른 시스템의 위험을 파악하는 위험 분석 기법

35 다음 FT도에서 최소 컷셋을 올바르게 구한 것은?

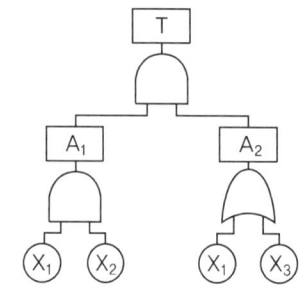

① (X_1, X_2)
② (X_1, X_3)
③ (X_2, X_3)
④ (X_1, X_2, X_3)

해설 **FT도의 최소컷셋**
$T = A_1 \cdot A_2 (A_1 = X_1 \cdot X_2,\ A_2 = X_1 + X_3)$
$T = (X_1 \cdot X_2) \cdot (X_1 + X_3)$
$ = (X_1\ X_1\ X_2) + (X_1\ X_2\ X_3)$ ← 불 대수 $A \cdot A = A$
따라서 컷셋 ($X_1\ X_2$)
　　　　　 ($X_1\ X_2\ X_3$)
　　최소컷셋 ($X_1\ X_2$)

36 FTA에서 사용하는 다음 사상기호에 대한 설명으로 옳은 것은?

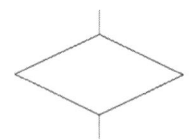

① 시스템 분석에서 좀 더 발전시켜야 하는 사상
② 시스템의 정상적인 가동상태에서 일어날 것이 기대되는 사상
③ 불충분한 자료로 결론을 내릴 수 없어 더 이상 전개할 수 없는 사상
④ 주어진 시스템의 기본사상으로 고장원인이 분석되었기 때문에 더 이상 분석할 필요가 없는 사상

해설 **생략사상**
불충분한 자료로 결론을 내릴 수 없어 더 이상 전개할 수 없는 사상

37 두 가지 상태 중 하나가 고장 또는 결함으로 나타나는 비정상적인 사상은?

① 톱사상
② 결함사상
③ 정상적인 사상
④ 기본적인 사상

해설 **논리기호**

기호	명칭	설명
▭	결함사상	시스템 분석에서 좀 더 발전시켜야 하는 사상(개별적인 결함사상) -두 가지 상태 중 하나가 고장 또는 결함으로 나타나는 비정상적인 사상

정답 34.④ 35.① 36.③ 37.②

38 기술개발과정에서 효율성과 위험성을 종합적으로 분석·판단할 수 있는 평가방법으로 가장 적절한 것은?

① Risk Assessment
② Risk Management
③ Safety Assessment
④ Technology Assessment

해설 Technology Assessment
기술개발과정에서 효율성과 위험성을 종합적으로 분석·판단할 수 있는 평가방법

39 시스템 안전분석 방법 중 HAZOP에서 "완전 대체"를 의미하는 것은?

① NOT
② REVERSE
③ PART OF
④ OTHER THAN

해설 HAZOP 기법에서 사용하는 가이드 워드와 의미
* 유인어(guide word) : 간단한 말로서 창조적 사고를 유도하고 자극하여 이상(deviation)을 발견하고 의도를 한정하기 위해 사용하는 것

가이드 워드 (유인어)	의미
No 또는 Not	설계 의도의 완전한 부정
As Well As	성질상의 증가
Part of	성질상의 감소
More/Less	성량적인(양) 증가 또는 감소
Other Than	완전한 대체의 사용
Reverse	설계 의도의 논리적인 역

40 화학설비에 대한 안정성 평가 중 정성적 평가 방법의 주요 진단 항목으로 볼 수 없는 것은?

① 건조물   ② 취급물질
③ 입지 조건   ④ 공장 내 배치

해설 화학설비에 대한 안전성평가의 6단계
(가) 제1단계 : 관계 자료의 작성준비
(나) 제2단계 : 정성적 평가
  1) 설계 관계
    ① 공장 내 배치
    ② 공자의 입지 조건
    ③ 건조물
    ④ 소방설비
  2) 운전 관계
    ① 원재료, 중간 제품 등
    ② 수송, 저장 등
    ③ 공정기기
    ④ 공정(공정 작업을 위한 작업규정 유무 등)
(다) 제3단계 : 정량적 평가
  1) 평가항목
    ① 취급물질
    ② 화학설비 용량
    ③ 온도
    ④ 압력
    ⑤ 조작
(라) 제4단계 : 안전 대책
(마) 제5단계 : 재해 정보에 의한 재평가
(바) 제6단계 : FTA에 의한 재평가

제3과목 기계·기구 및 설비 안전관리

41 연강의 인장강도가 420MPa이고, 허용응력이 140MPa이라면 안전율은?

① 1   ② 2
③ 3   ④ 4

해설 안전율 = $\dfrac{\text{인장강도}}{\text{허용응력}} = \dfrac{420}{140} = 3$

42 회전하는 부분의 접선방향으로 물려 들어갈 위험이 존재하는 점으로 주로 체인, 풀리, 벨트, 기어와 랙 등에서 형성되는 위험점은?

① 끼임점   ② 협착점
③ 절단점   ④ 접선물림점

해설 접선 물림점(Tangential point)
회전하는 부분의 접선방향으로 물려 들어갈 위험이 존재하는 점(풀리와 벨트, 스프로킷과 체인 등)

정답 38. ④ 39. ④ 40. ② 41. ③ 42. ④

43 도수율이 24.5이고, 강도율이 1.15인 사업장에서 한 근로자가 입사하여 퇴직할 때까지의 근로손일일수는?

① 2.45일　② 115일
③ 215일　④ 245일

해설 환산 강도율 : 한사람의 작업자가 평생작업시 발생할 수 있는 근로 손실일

* 환산강도율 = 강도율 × $\dfrac{평생근로시간(100,000)}{1,000}$
  = 강도율 × 100
* 평생근로시간은 별도 시간 제시가 없는 경우는 100,000시간으로 함(잔업 4,000시간 포함)
* 근로자 1명당 근로 시간수 : 1일 8시간, 1월 25일, 1년 300일(년간 2,400시간)
⇒ 환산강도율 = 강도율 × 100 = 1.15 × 100
　　　　　　 = 115일

44 산업현장에서 재해 발생 시 조치 순서로 옳은 것은?

① 긴급처리 → 재해조사 → 원인분석 → 대책수립
② 긴급처리 → 원인분석 → 대책수립 → 재해조사
③ 재해조사 → 원인분석 → 대책수립 → 긴급처리
④ 재해조사 → 대책수립 → 원인분석 → 긴급처리

해설 재해발생시 조치 순서
① 산업재해발생 → ② 긴급처리 → ③ 재해조사 → ④ 원인강구 → ⑤ 대책수립 → ⑥ 대책 실시 계획 → ⑦ 실시 → ⑧ 평가

45 재해사례연구 순서로 옳은 것은?

재해상황의 파악 → (㉠) → (㉡) → 근본 문제점의 결정 → (㉢)

① ㉠ 문제점의 발견, ㉡ 대책수립, ㉢ 사실의 확인
② ㉠ 문제점의 발견, ㉡ 사실의 확인, ㉢ 대책수립
③ ㉠ 사실의 확인, ㉡ 대책수립, ㉢ 문제점의 발견
④ ㉠ 사실의 확인, ㉡ 문제점의 발견, ㉢ 대책수립

해설 재해 사례 연구의 순서
(가) 전제조건 재해상황의 파악(5단계일 때)
(나) 제1단계 사실의 확인
(다) 제2단계 문제점의 발견
(라) 제3단계 근본 문제점의 결정
(마) 제4단계 대책 수립

46 산업안전보건법령상 안전인증대상기계등에 포함되는 기계, 설비, 방호장치에 해당하지 않는 것은?

① 롤러기
② 크레인
③ 동력식 수동대패용 칼날 접촉 방지장치
④ 방폭구조(防爆構造) 전기기계·기구 및 부품

해설 안전인증대상 기계 등〈산업안전보건법 시행령 제74조〉
① 기계 및 설비
　㉠ 프레스
　㉡ 전단기(剪斷機) 및 절곡기(折曲機)
　㉢ 크레인
　㉣ 리프트
　㉤ 압력용기
　㉥ 롤러기
　㉦ 사출성형기(射出成形機)
　㉧ 고소(高所) 작업대
　㉨ 곤돌라
② 방호장치
　㉠ 프레스 및 전단기 방호장치
　㉡ 양중기용(揚重機用) 과부하방지장치
　㉢ 보일러 압력방출용 안전밸브
　㉣ 압력용기 압력방출용 안전밸브
　㉤ 압력용기 압력방출용 파열판
　㉥ 절연용 방호구 및 활선작업용(活線作業用) 기구
　㉦ 방폭구조(防爆構造) 전기기계·기구 및 부품
　㉧ 추락·낙하 및 붕괴 등의 위험 방지 및 보호에

필요한 가설기자재로서 고용노동부장관이 정하여 고시하는 것
㉝ 충돌·협착 등의 위험 방지에 필요한 산업용 로봇 방호장치로서 고용노동부장관이 정하여 고시하는 것

47 다음 중 가공재료의 칩이나 절삭유 등이 비산되어 나오는 위험으로부터 보호하기 위한 선반의 방호장치는?

① 바이트
② 권과방지장치
③ 압력제한스위치
④ 쉴드(shield)

[해설] **쉴드(shield, 덮개)**
칩이나 절삭유의 비산방지를 위하여 이동 가능한 덮개 설치

48 연삭숫돌의 파괴원인으로 거리가 가장 먼 것은?

① 숫돌이 외부의 큰 충격을 받았을 때
② 숫돌의 회전속도가 너무 빠를 때
③ 숫돌 자체에 이미 균열이 있을 때
④ 플랜지 직경이 숫돌 직경의 1/3 이상일 때

[해설] **연삭작업에서 숫돌의 파괴원인**
① 숫돌의 회전속도가 너무 빠를 때
② 숫돌에 균열이 있을 때
③ 플랜지의 지름이 현저히 작을 때
④ 외부의 충격을 받았을 때
⑤ 회전력이 결합력보다 클 때
⑥ 숫돌의 측면을 사용할 때
⑦ 숫돌의 치수 특히 내경의 크기가 적당하지 않을 때

49 다음 중 드릴 작업의 안전사항으로 틀린 것은?

① 옷소매가 길거나 찢어진 옷은 입지 않는다.
② 작고, 길이가 긴 물건은 손으로 잡고 뚫는다.
③ 회전하는 드릴에 걸레 등을 가까이 하지 않는다.
④ 스핀들에서 드릴을 뽑아낼 때에는 드릴 아래에 손을 내밀지 않는다.

[해설] **드릴 작업 시 작업안전수칙**
① 회전기계에는 장갑 착용을 금지한다.
② 작은 일감은 바이스, 큰 일감은 클램프 등으로 고정하고 작업한다.
③ 옷소매가 긴 작업복은 착용하지 않는다.
④ 회전하는 드릴에 걸레 등을 가까이 하지 않는다.
⑤ 스핀들에서 드릴을 뽑아낼 때에는 드릴 아래에 손을 내밀지 않는다.

50 다음 중 금형 설치·해체작업의 일반적인 안전사항으로 틀린 것은?

① 고정볼트는 고정 후 가능하면 나사산이 3~4개 정도 짧게 남겨 슬라이드 면과의 사이에 협착이 발생하지 않도록 해야 한다.
② 금형 고정용 브래킷(물림판)을 고정시킬 때 고정용 브래킷은 수평이 되게 하고, 고정볼트는 수직이 되게 고정하여야 한다.
③ 금형을 설치하는 프레스의 T홈 안길이는 설치 볼트 직경 이하로 한다.
④ 금형의 설치용구는 프레스의 구조에 적합한 형태로 한다.

[해설] **금형의 설치, 해체, 운반 시 안전사항**
① 금형을 설치하는 프레스의 T홈 안길이는 설치 볼트 직경의 2배 이상으로 한다.

51 슬라이드가 내려옴에 따라 손을 쳐내는 막대가 좌우로 왕복하면서 위험점으로부터 손을 보호하여 주는 프레스의 안전장치는?

① 수인식 방호장치
② 양손조작식 방호장치
③ 손쳐내기식 방호장치
④ 게이트 가드식 방호장치

[해설] **손쳐내기식(Push Away, Sweep Guard) 방호장치**
슬라이드의 작동에 연동시켜 위험상태로 되기 전에 손을 위험 영역에서 밀어내거나 쳐내는 방호장치

정답 47. ④ 48. ④ 49. ② 50. ③ 51. ③

52 산업안전보건법령상 로봇의 작동범위 내에서 그 로봇에 관하여 교시 등 작업을 행하는 때 작업시작 전 점검 사항으로 옳은 것은? (단, 로봇의 동력원을 차단하고 행하는 것은 제외)

① 과부하방지장치의 이상 유무
② 압력제한스위치의 이상 유무
③ 외부 전선의 피복 또는 외장의 손상 유무
④ 권과방지장치의 이상 유무

해설 **산업용 로봇의 작업시작 전 점검사항** 〈산업안전보건기준에 관한 규칙 별표3〉
① 외부 전선의 피복 또는 외장의 손상 유무
② 매니퓰레이터(manipulator) 작동의 이상 유무
③ 제동장치 및 비상정지장치의 기능

53 산업안전보건법령상 보일러의 압력방출장치가 2개 설치된 경우 그 중 1개는 최고사용압력 이하에서 작동된다고 할 때 다른 압력방출장치는 최고사용압력의 최대 몇 배 이하에서 작동되도록 하여야 하는가?

① 0.5   ② 1
③ 1.05   ④ 2

해설 **압력방출장치** 〈산업안전보건기준에 관한 규칙〉
제116조(압력방출장치)
① 압력방출장치가 2개 이상 설치된 경우에는 최고사용압력 이하에서 1개가 작동되고, 다른 압력방출장치는 최고사용압력 1.05배 이하에서 작동되도록 부착하여야 한다.

54 상용운전압력 이상으로 압력이 상승할 경우 보일러의 파열을 방지하기 위하여 버너의 연소를 차단하여 정상압력으로 유도하는 장치는?

① 압력방출장치
② 고저수위 조절장치
③ 압력제한 스위치
④ 통풍제어 스위치

해설 **압력제한 스위치** : 상용운전압력 이상으로 압력이 상승할 경우 보일러의 파열을 방지하기 위하여 버너의 연소를 차단하여 열원을 제거함으로써 정상압력으로 유도하는 장치
* 제117조(압력제한스위치) 〈산업안전보건기준에 관한 규칙〉 보일러의 과열을 방지하기 위하여 최고사용압력과 상용압력 사이에서 보일러의 버너 연소를 차단할 수 있도록 압력제한스위치를 부착하여 사용하여야 한다.

55 용접부 결함에서 전류가 과대하고, 용접속도가 너무 빨라 용접부의 일부가 홈 또는 오목하게 생기는 결함은?

① 언더컷   ② 기공
③ 균열   ④ 융합불량

해설 **언더 컷(under cut)**
일반적으로 전류가 과대하고, 용접속도가 너무 빠르며, 아크를 짧게 유지하기 어려운 경우 모재 및 용접부의 일부가 녹아서 홈 또는 오목한 부분이 생기는 용접부 결함
- 용접 시 모재가 녹아 용착금속에 채워지지 않고 홈으로 남게 된 것. 비드(bead)의 가장자리에서 모재가 깊이 먹어들어 간 모양으로 된 것

56 공기압축기의 작업안전수칙으로 가장 적절하지 않은 것은?

① 공기압축기의 점검 및 청소는 반드시 전원을 차단한 후에 실시한다.
② 운전 중에 어떠한 부품도 건드려서는 안 된다.
③ 공기압축기 분해 시 내부의 압축공기를 이용하여 분해한다.
④ 최대공기압력을 초과한 공기압력으로는 절대로 운전하여서는 안 된다.

해설 **공기압축기의 작업안전수칙**
분해 시에는 공기압축기, 공기탱크 및 관로 안의 압축공기를 배출한 후에 분해한다.

정답 52.③ 53.③ 54.③ 55.① 56.③

57 산업안전보건법령에 따라 레버풀러(lever puller) 또는 체인블록(chain block)을 사용하는 경우 훅의 입구(hook mouth) 간격이 제조자가 제공하는 제품사양서 기준으로 몇 % 이상 벌어진 것은 폐기하여야 하는가?

① 3 ② 5
③ 7 ④ 10

해설 레버풀러(lever puller) 또는 체인블록(chain block)을 사용 〈산업안전보건기준에 관한 규칙〉
제96조(작업도구 등의 목적 외 사용 금지 등)
② 레버풀러(lever puller) 또는 체인블록(chain block)을 사용하는 경우의 준수사항
  5. 훅의 입구(hook mouth) 간격이 제조자가 제공하는 제품사양서 기준으로 10퍼센트 이상 벌어진 것은 폐기할 것

58 컨베이어(conveyor) 역전방지장치의 형식을 기계식과 전기식으로 구분할 때 기계식에 해당하지 않는 것은?

① 라쳇식 ② 밴드식
③ 슬러스트식 ④ 롤러식

해설 역전방지장치
일반적으로 정상 방향의 회전에 대해서 반대로 회전하는 것을 방지하는 장치이며 형식으로 라쳇식, 롤러식, 밴드식, 전기식(전자식)이 있음
① 기계식 : 라쳇식, 롤러식, 밴드식
② 전기식 : 스러스트 브레이크
* 라쳇식(ratchet) : 드럼에 부착된 발톱차의 치(齒)에 발톱을 걸리는데 따라 드럼의 역전을 발톱차를 통해서 발톱으로 억제
* 스러스트 브레이크(thrust brake) : 브레이크 장치에 전기를 투입하여 유압으로 작동하는 브레이크

59 다음 중 와이어로프의 구성요소가 아닌 것은?

① 클립 ② 소선
③ 스트랜드 ④ 심강

해설 와이어로프 구성(표기)
스트랜드(strand) 수×소선의 개수

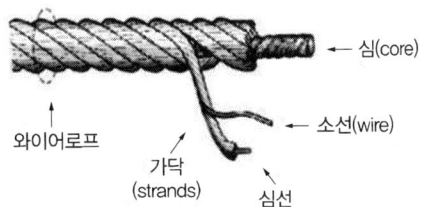

60 비파괴 검사 방법으로 틀린 것은?

① 인장 시험 ② 음향 탐상 시험
③ 와류 탐상 시험 ④ 초음파 탐상 시험

해설 비파괴 시험의 종류 구분
(1) 표면결함 검출을 위한 비파괴시험방법
  ① 외관검사 ② 침투 탐상시험
  ③ 자분(자기) 탐상시험 ④ 와류 탐상법
(2) 내부결함 검출을 위한 비파괴시험방법
  ① 초음파 탐상시험 ② 방사선 투과시험
  ③ 음향탐상시험(음향방출시험)

제4과목 전기설비 안전관리

61 감전사고로 인한 전격사의 메카니즘으로 가장 거리가 먼 것은?

① 흉부수축에 의한 질식
② 심실세동에 의한 혈액순환기능의 상실
③ 내장파열에 의한 소화기계통의 기능상실
④ 호흡중추신경 마비에 따른 호흡기능 상실

해설 감전되어 사망하는 주된 메커니즘
① 심장부에 전류가 흘러 심실세동이 발생하여 혈액순환 기능이 상실되어 일어난 것
② 뇌의 호흡중추 신경에 전류가 흘러 호흡기능이 정지되어 일어난 것
③ 흉부에 전류가 흘러 흉부수축에 의한 질식으로 일어난 것
④ 전격으로 동맥이 절단되어 출혈되어 일어난 것
⑤ 줄(Joule)열에 의해 인체의 통전부가 화상을 입어 일어난 것

62 50kW, 60Hz 3상 유도전동기가 380V 전원에 접속된 경우 흐르는 전류(A)는 약 얼마인가? (단, 역률은 80%이다.)

① 82.24 ② 94.96
③ 116.30 ④ 164.47

해설 **전류**
유효전력(삼상) : $P = \sqrt{3} \times$ 전압(V) $\times$ 전류(A) $\times$ 역률 $\cos\theta = \sqrt{3} VI\cos\theta$ [단위 : W, kW]

$\Rightarrow I = \dfrac{P}{(\sqrt{3} \times V \times 역률)} = \dfrac{50,000}{(\sqrt{3} \times 380 \times 80\%)}$
$= 94.96 A$

* 역률 : 피상전력에 대한 유효전력의 비율. 전기기기에 실제로 걸리는 전압과 전류가 얼마나 유효하게 일을 하는가 하는 비율을 의미함

63 산업안전보건기준에 관한 규칙 제319조에 따라 감전될 우려가 있는 장소에서 작업을 하기 위해서는 전로를 차단하여야 한다. 전로 차단을 위한 시행 절차 중 틀린 것은?

① 전기기기 등에 공급되는 모든 전원을 관련 도면, 배선도 등으로 확인
② 각 단로기를 개방한 후 전원 차단
③ 단로기 개방 후 차단장치나 단로기 등에 잠금장치 및 꼬리표를 부착
④ 잔류전하 방전 후 검전기를 이용하여 작업 대상기기가 충전되어 있는 지 확인

해설 **정전작업의 안전** 〈산업안전보건기준에 관한 규칙〉
제319조(정전전로에서의 전기작업)
② 전로 차단의 시행절차
1. 전기기기등에 공급되는 모든 전원을 관련 도면, 배선도 등으로 확인할 것
2. 전원을 차단한 후 각 단로기 등을 개방하고 확인할 것
3. 차단장치나 단로기 등에 잠금장치 및 꼬리표를 부착할 것
4. 잔류전하를 완전히 방전시킬 것
5. 검전기를 이용하여 작업 대상 기기가 충전되었는지를 확인할 것
6. 단락 접지기구를 이용하여 접지할 것

64 유자격자가 아닌 근로자가 방호되지 않은 충전전로 인근의 높은 곳에서 작업할 때에 근로자의 몸은 충전전로에서 몇 cm 이내로 접근할 수 없도록 하여야 하는가? (단, 대지전압이 50kV이다.)

① 50 ② 100
③ 200 ④ 300

해설 **유자격자가 아닌 근로자의 충전전로에서의 전기작업**
〈산업안전보건기준에 관한 규칙〉
제321조(충전전로에서의 전기작업)
① 사업주는 근로자가 충전전로를 취급하거나 그 인근에서 작업하는 경우에의 조치
7. 유자격자가 아닌 근로자가 충전전로 인근의 높은 곳에서 작업할 때에 근로자의 몸 또는 긴 도전성 물체가 방호되지 않은 충전전로에서 대지전압이 50킬로볼트 이하인 경우에는 300센티미터 이내로, 대지전압이 50킬로볼트를 넘는 경우에는 10킬로볼트당 10센티미터씩 더한 거리 이내로 각각 접근할 수 없도록 할 것

65 전기시설의 직접 접촉에 의한 감전방지 방법으로 적절하지 않은 것은?

① 충전부는 내구성이 있는 절연물로 완전히 덮어 감쌀 것
② 충전부가 노출되지 않도록 폐쇄형 외함이 있는 구조로 할 것
③ 충전부에 충분한 절연효과가 있는 방호망 또는 절연 덮개를 설치할 것
④ 충전부는 출입이 용이한 전개된 장소에 설치하고, 위험표시 등의 방법으로 방호를 강화할 것

해설 **직접 접촉에 의한 감전방지** 〈산업안전보건기준에 관한 규칙〉
제301조(전기 기계·기구 등의 충전부 방호)
① 전기기계, 기구 또는 전로등의 충전부분에 대하여 감전을 방지하기 위한 방호 방법
1. 충전부가 노출되지 않도록 폐쇄형 외함(外函)이 있는 구조로 할 것
2. 충전부에 충분한 절연효과가 있는 방호망이나 절연덮개를 설치할 것

정답 62. ② 63. ② 64. ④ 65. ④

3. 충전부는 내구성이 있는 절연물로 완전히 덮어 감쌀 것
4. 발전소·변전소 및 개폐소 등 구획되어 있는 장소로서 관계 근로자가 아닌 사람의 출입이 금지되는 장소에 충전부를 설치하고, 위험표시 등의 방법으로 방호를 강화할 것
5. 전주 위 및 철탑 위 등 격리되어 있는 장소로서 관계 근로자가 아닌 사람이 접근할 우려가 없는 장소에 충전부를 설치할 것

66 감전 등의 재해를 예방하기 위하여 특고압용 기계·기구 주위에 관계자 외 출입을 금하도록 울타리를 설치할 때, 울타리의 높이와 울타리로부터 충전부분까지의 거리의 합이 최소 몇 m 이상이 되어야 하는가? (단, 사용전압이 35kV 이하인 특고압용 기계기구이다.)

① 5m ② 6m
③ 7m ④ 9m

해설 울타리·담 등의 높이와 울타리·담 등으로부터 충전부분까지의 거리의 합계

사용전압의 구분	울타리·담 등의 높이와 울타리·담 등으로부터 충전 부분까지의 거리의 합계
35kV 이하	5m 이상
35kV 초과 160kV 이하	6m 이상
160kV 초과	6m에 160kV를 초과하는 10kV 또는 그 단수마다 12cm를 더한 값 이상

67 욕조나 샤워시설이 있는 욕실 또는 화장실에 콘센트가 시설되어 있다. 해당 전로에 설치된 누전차단기의 정격감도전류와 동작시간은?

① 정격감도전류 15mA 이하, 동작시간 0.01초 이하
② 정격감도전류 15mA 이하, 동작시간 0.03초 이하
③ 정격감도전류 30mA 이하, 동작시간 0.01초 이하
④ 정격감도전류 30mA 이하, 동작시간 0.03초 이하

해설 욕실 등 물기가 많은 장소에서의 인체감전보호형 누전차단기의 정격감도전류와 동작시간 : 정격감도전류 15mA, 동작시간 0.03초 이내
* 감전방지용 누전차단기의 정격감도전류 및 작동시간 : 30mA 이하, 0.03초 이내

68 교류 아크용접기의 허용사용률(%)은? (단, 정격사용률은 10%, 2차 정격전류는 500A, 교류 아크용접기의 사용전류는 250A이다.)

① 30 ② 40
③ 50 ④ 60

해설 허용사용률(%) = $\left(\dfrac{2차\ 정격전류}{실제\ 용접전류}\right)^2 \times 정격사용률 \times 100$

* 정격사용률 = $\dfrac{아크발생시간}{아크발생시간 + 무부하시간} \times 100$

⇒ 허용사용률 = $(500/250)^2 \times 10\% \times 100$
= 40%

69 누전차단기의 시설방법 중 옳지 않은 것은?

① 시설장소는 배전반 또는 분전반 내에 설치한다.
② 정격전류용량은 해당 전로의 부하전류 값 이상이어야 한다.
③ 정격감도전류는 정상의 사용상태에서 불필요하게 동작하지 않도록 한다.
④ 인체감전보호형은 0.05초 이내에 동작하는 고감도고속형이어야 한다.

해설 누전차단기의 시설방법
① 정격감도 전류 30mA 이하, 동작시간은 0.03초 이내일 것
② 누전차단기는 분기회로마다 설치를 원칙으로 한다.
 - 분기회로 또는 전기기계 기구마다 누전 차단기를 접속할 것
③ 파손이나 감전사고를 방지할 수 있는 장소에 접속할 것
④ 누전차단기는 배전반 또는 분전반 내에 설치하는 것을 원칙으로 한다.

정답 66.① 67.② 68.② 69.④

⑤ 지락보호전용 기능만 있는 누전차단기는 과전류를 차단하는 퓨즈나 차단기 등과 조합하여 접속할 것
⑥ 정격전류용량은 해당 전로의 부하전류 값 이상이어야 한다.
⑦ 정격감도전류는 정상의 사용상태에서 불필요하게 동작하지 않도록 한다.

70 우리나라의 안전전압으로 볼 수 있는 것은 약 몇 V 인가?

① 30
② 50
③ 60
④ 70

[해설] 안전전압
안전전압은 주위의 작업환경과 밀접한 관계가 있으며 (수중에서의 안전전압), 일반사업장의 경우 산업안전보건법에서 30V로 규정(일반 작업장에 전기위험 방지 조치를 취하지 않아도 되는 전압)

71 고압 및 특고압 전로에 시설하는 피뢰기의 설치장소로 잘못된 곳은?

① 가공전선로와 지중전선로가 접속되는 곳
② 발전소, 변전소의 가공전선 인입구 및 인출구
③ 고압 가공전선로에 접속하는 배전용 변압기의 저압측
④ 고압 가공전선로로부터 공급을 받는 수용장소의 인입구

[해설] 피뢰기의 설치장소
(1) 발전소, 변전소의 가공전선 입입구 및 인출구
(2) 가공전선로에 접속하는 배전용 변압기의 고압측 및 특별고압측
(3) 가공전선로의 지중전선로가 접속하는 곳
(4) 고압 또는 특고압 가공전선로로부터 공급을 받는 수용장소의 인입구(특별고압 수용가의 인입구)

72 다음 중 전기화재의 주요 원인이라고 할 수 없는 것은?

① 절연전선의 열화
② 정전기 발생
③ 과전류 발생
④ 절연저항값의 증가

[해설] 전기화재의 원인
① 단락(합선, Short) : 단락하는 순간 폭음과 함께 스파크가 발생하고 단락점이 용융됨
② 누전(지락)
③ 과전류 : 허용전류를 초과하는 전류
④ 스파크(Spark, 전기불꽃) : 개폐기로 전기회로를 개폐할 때, 퓨즈가 용단할 때 스파크 발생
⑤ 접촉부 과열 : 접촉이 불안전 상태에서 전류가 흐르면 접촉저항에 의해서 접촉부가 발열
⑥ 절연열화 : 절연물은 여러 가지 원인으로 전기저항이 저하되어 절연불량을 일으켜 위험한 상태가 됨
⑦ 낙뢰(벼락)
⑧ 정전기 스파크

73 배전선로에 정전작업 중 단락 접지기구를 사용하는 목적으로 가장 적합한 것은?

① 통신선 유도 장해 방지
② 배전용 기계 기구의 보호
③ 배전선 통전 시 전위경도 저감
④ 혼촉 또는 오동작에 의한 감전방지

[해설] 정전작업 중 단락 접지기구를 사용하는 목적
혼촉 또는 오동작에 의한 감전방지

74 정전기 재해를 예방하기 위해 설치하는 제전기의 제전효율은 설치 시에 얼마 이상이 되어야 하는가?

① 40%이상
② 50%이상
③ 70%이상
④ 90%이상

[해설] 제전기의 설치
① 제전기 설치하기 전후의 대전물체의 전위를 측정하여 제전의 목표값을 만족하는 위치 또는 제전효율이 90% 이상이 되는 위치
② 제전기 설치하기 전 대전물체의 전위를 측정하여 전위가 가능한 높을 위치
③ 정전기 발생원으로부터 가까운 위치로 하며 일반적으로 5~20cm 이상 떨어진 위치

정답 70.① 71.③ 72.④ 73.④ 74.④

75 정전기 화재폭발 원인으로 인체대전에 대한 예방대책으로 옳지 않은 것은?

① Wrist Strap을 사용하여 접지선과 연결한다.
② 대전방지제를 넣은 제전복을 착용한다.
③ 대전방지 성능이 있는 안전화를 착용한다.
④ 바닥 재료는 고유저항이 큰 물질로 사용한다.

해설 인체대전에 대한 예방대책
① 대전물체를 금속판 등으로 차폐
② 대전방지제를 넣은 제전복을 착용
③ 대전방지 성능이 있는 안전화를 착용
④ 손목접지대, 발접지대 착용
⑤ 바닥 재료는 고유저항이 큰 물질로 사용 금지(작업장 바닥은 도전성을 갖추도록 할 것)
　– 고유저항이 큰 물질일 경우 정전기의 축적 발생 가능

76 KS C IEC 60079-0의 정의에 따라 '두 도전부 사이의 고체 절연물 표면을 따른 최단거리'를 나타내는 명칭은?

① 전기적 간격
② 절연공간거리
③ 연면거리
④ 충전물 통과거리

해설 연면거리(沿面距離, Creeping Distance)
전기적으로 절연된 두 도선부 사이의 고체 절연물 표면을 따른 최단거리(불꽃 방전을 일으키는 두 전극 간 거리를 고체 유전체의 표면을 따른 최단 거리)
* 절연공간거리(clearance) : 두 도체간의 공간을 통한 최단거리

77 변압기의 최소 IP 등급은? (단, 유입 방폭구조의 변압기이다.)

① IP55　② IP56
③ IP65　④ IP66

해설 IP 등급(Ingress Protection Classification)
IEC 규정을 통해 외부의 접촉이나 먼지, 물(습기), 충격으로부터 보호하는 정도에 따라 등급을 분류. 첫 번째 숫자(6단계)는 고체나 분진에 대한 보호등급을 나타내고, 두 번째 숫자(8단계)는 액체, 물에 대한 등급을 나타냄
– 유입방폭구조 "o" 방폭장비의 최소 IP 등급 : IP66

78 방폭전기설비의 용기내부에서 폭발성가스 또는 증기가 폭발하였을 때 용기가 그 압력에 견디고 접합면이나 개구부를 통해서 외부의 폭발성가스나 증기에 인화되지 않도록 한 방폭구조는?

① 내압 방폭구조
② 압력 방폭구조
③ 유입 방포구조
④ 본질안전 방폭구조

해설 내압(d) 방폭구조
용기내부에서 폭발성가스 또는 증기가 폭발하였을 때 용기가 그 압력에 견디며 또한 접합면, 개구부 등을 통해서 외부의 폭발성 가스·증기에 인화되지 않도록 한 구조(점화원 격리)
(* 방폭형 기기에 폭발성 가스가 내부로 침입하여 내부에서 폭발이 발생하여도 이 압력에 견디도록 제작한 방폭구조 이며, 전기설비내부에서 발생한 폭발이 설비주변에 존재하는 가연성 물질에 파급되지 않도록 한 구조)

79 가스그룹이 ⅡB인 지역에 내압방폭구조 "d"의 방폭기기가 설치되어 있다. 기기의 플랜지 개구부에서 장애물까지의 최소 거리(mm)는?

① 10　② 20
③ 30　④ 40

해설 내압 방폭구조 플랜지접합부와 장애물 간 최소이격거리

가스그룹	ⅡA	ⅡB	ⅡC
최소이격거리(mm)	10	30	40

정답 75. ④　76. ③　77. ④　78. ①　79. ③

80 다음 중 방폭전기기기의 구조별 표시방법으로 틀린 것은?

① 내압방폭구조 : p
② 본질안전방폭구조 : ia, ib
③ 유입방폭구조 : o
④ 안전증방폭구조 : e

해설 방폭구조의 종류와 기호

내압 방폭구조	d	비점화 방폭구조	n
압력 방폭구조	p	몰드 방폭구조	m
안전증 방폭구조	e	충전 방폭구조	q
유입 방폭구조	o	특수 방폭구조	s
본질안전 방폭구조	ia, ib		

제5과목 화학설비 안전관리

81 산업안전보건법령상 위험물질의 종류를 구분할 때 다음 물질들이 해당하는 것은?

> 리튬, 칼륨·나트륨, 황, 황린, 황화인·적린

① 폭발성 물질 및 유기과산화물
② 산화성 액체 및 산화성 고체
③ 물반응성 물질 및 인화성 고체
④ 급성 독성 물질

해설 물반응성 물질 및 인화성 고체
  가. 리튬
  나. 칼륨·나트륨
  다. 황
  라. 황린
  마. 황화인·적린
  바. 셀룰로이드류
  사. 알킬알루미늄·알킬리튬
  아. 마그네슘 분말
  자. 금속 분말(마그네슘 분말은 제외한다)
  차. 알칼리금속(리튬·칼륨 및 나트륨은 제외한다)
  카. 유기 금속화합물(알킬알루미늄 및 알킬리튬은 제외한다)
  타. 금속의 수소화물
  파. 금속의 인화물
  하. 칼슘 탄화물, 알루미늄 탄화물

82 탄화칼슘이 물과 반응하였을 때 생성물을 옳게 나타낸 것은?

① 수산화칼슘 + 아세틸렌
② 수산화칼슘 + 수소
③ 염화칼슘 + 아세틸렌
④ 염화칼슘 + 수소

해설 탄화칼슘(CaC_2)
탄화칼슘(카바이트)은 물과 반응하여 아세틸렌가스를 발생하므로, 밀폐 용기에 저장하고 불연성가스로 봉입함
CaC_2(탄화칼슘) + $2H_2O$
→ $Ca(OH)_2$(수산화칼슘) + C_2H_2(아세틸렌)
* 물과 반응하여 수소가스를 발생시키는 물질 : Mg(마그네슘), Zn(아연), Li(리튬), Na(나트륨), Al(알루미늄) 등

83 자연발화 성질을 갖는 물질이 아닌 것은?

① 질화면   ② 목탄 분말
③ 아마인유 ④ 과염소산

해설 자연발화 성질을 갖는 물질
: 질화면, 목탄 분말, 아마인유
* 과염소산($HClO_4$) : 불연성이지만 다른 물질의 연소를 돕는 산화성 액체 물질에 해당

84 두 물질을 혼합하면 위험성이 커지는 경우가 아닌 것은?

① 이황화탄소 + 물
② 나트륨 + 물
③ 과산화나트륨 + 염산
④ 염소산칼륨 + 적린

해설 이황화탄소(CS_2)
물에는 조금밖에 녹지 않고 녹기 어려운 무색투명한 인화성 액체로서 가연성이 크고 독성이 강함. 공기 중에서 가연성 증기를 발생함으로 물속에 보관.

정답 80.① 81.③ 82.① 83.④ 84.①

* 물과의 접촉을 금지하여야 하는 물질 : ① 리튬(Li), ② 칼륨(K)·나트륨, ③ 알킬알루미늄·알킬리튬, ④ 마그네슘, ⑤ 철분, ⑥ 금속분, ⑦ 칼슘(Ca)
* 염소산칼륨 : 적린 또는 황과 혼합하는 경우 폭발적으로 연소속도를 증가시키게 됨

유해물질의 명칭		화학식	노출기준			
			TWA		STEL	
국문표기	영문표기		ppm	mg/m^3	ppm	mg/m^3
암모니아	Ammonia	NH_3	25	18	35	27
에탄올	Ethanol	C_2H_5OH	1,000	1,900		
염소	Chlorine	Cl_2	0.5	1.5	1	3

85 5% NaOH 수용액과 10% NaOH 수용액을 반응기에 혼합하여 6% 100kg의 NaOH 수용액을 만들려면 각각 몇 kg의 NaOH 수용액이 필요한가?

① 5% NaOH 수용액 : 33.3, 10% NaOH 수용액 : 66.7
② 5% NaOH 수용액 : 50, 10% NaOH 수용액 : 50
③ 5% NaOH 수용액 : 66.7, 10% NaOH 수용액 : 33.3
④ 5% NaOH 수용액 : 80, 10% NaOH 수용액 : 20

해설 NaOH(수산화나트륨) 수용액
$0.05x + 0.1y = 0.06 \times 100$ (5% NaOH 수용액의 양 : x, 10% NaOH 수용액의 양 : y)
$x + y = 100 \rightarrow y = 100 - x$
⇨ x값 : $0.05x + 0.1(100-x) = 6 \rightarrow 80kg$
y값 : $100 - 80 = 20kg$

86 다음 중 노출기준(TWA, ppm) 값이 가장 작은 물질은?

① 염소   ② 암모니아
③ 에탄올 ④ 메탄올

해설 유해물질의 노출기준 〈화학물질 및 물리적 인자의 노출기준〉
* 시간가중 평균 노출 기준(TWA, Time Weight Average) : 매일 8시간씩 일하는 근로자에게 노출되어도 영향을 주지 않는 최고 평균농도

유해물질의 명칭		화학식	노출기준			
			TWA		STEL	
국문표기	영문표기		ppm	mg/m^3	ppm	mg/m^3
메탄올	Methanol	CH_3OH	200	260	250	310
불소	Fluorine	F_2	0.1	0.2		

87 산업안전보건법령에 따라 유해하거나 위험한 설비의 설치·이전 또는 주요 구조부분의 변경 공사시 공정안전보고서의 제출시기는 착공일 며칠 전까지 관련기관에 제출하여야 하는가?

① 15일   ② 30일
③ 60일   ④ 90일

해설 공정안전보고서의 제출 시기 〈산업안전보건법시행규칙〉 제51조(공정안전보고서의 제출 시기)
유해하거나 위험한 설비의 설치·이전 또는 주요 구조부분의 변경공사의 착공일 30일 전까지 공정안전보고서를 2부 작성하여 공단에 제출하여야 한다.

88 다음 중 퍼지(purge)의 종류에 해당하지 않는 것은?

① 압력퍼지   ② 진공퍼지
③ 스위프퍼지 ④ 가열퍼지

해설 불활성화(inerting)의 퍼지(purge)방법 종류
불활성화를 위한 퍼지방법으로는 진공퍼지, 압력퍼지, 스위프퍼지, 사이펀퍼지의 4종류가 있다.
(* 불활성화란 불활성가스(N_2, CO_2, 수증기)의 주입으로 산소농도를 최소산소농도(MOC) 이하로 낮추는 것)

89 폭발한계와 완전연소조성 관계식인 Jones식을 이용하여 부탄(C_4H_{10})의 폭발하한계를 구하면 몇 vol%인가?

① 1.4   ② 1.7
③ 2.0   ④ 2.3

정답 85.④ 86.① 87.② 88.④ 89.②

해설 폭발하한계
$LFL = 0.55 \times C_{st} = 0.55 \times 3.12 = 1.7 vol\%$
[C_{st} : 완전연소가 일어나기 위한 연료와 공기의 혼합기체 중 연료의 부피(%)]

① 화학양론 농도(C_{st}) $= \dfrac{1}{1+4.773 O_2} \times 100$
$= 100/(1+4.773 \times 6.5) = 3.12\%$

② 산소농도(O_2) $= n + \dfrac{m-f-2\lambda}{4}$
$= 4 + (10/4) = 6.5$
(C_4H_{10} : n=4, m=10, f=0, λ=0)
(* $C_nH_mO_\lambda Cl_f$ 분자식 → n : 탄소, m : 수소, f : 할로겐원자의 원자수, λ : 산소의 원자수)
* $C_4H_{10} + 6.5O_2 \rightarrow 4CO_2 + 5H_2O$

90 다음 중 폭발 방호 대책과 가장 거리가 먼 것은?
① 불활성화 ② 억제
③ 방산 ④ 봉쇄

해설 폭발 방호(explosion protection) 대책
① 폭발봉쇄(containment)
② 폭발억제(suppression)
③ 폭발방산(venting)
④ 불꽃방지기(flame arrestor)
⑤ 차단(isolation)
⑥ 안전거리

91 분진폭발의 특징으로 옳은 것은?
① 연소속도가 가스폭발보다 크다.
② 완전연소로 가스중독의 위험이 작다.
③ 화염의 파급속도보다 압력의 파급속도가 빠르다.
④ 가스폭발보다 연소시간은 짧고 발생에너지는 작다.

해설 분진폭발의 특징
① 가스폭발에 비해 연소속도나 폭발압력은 작으나 연소시간이 길고 발생 에너지가 크기 때문에 파괴력과 연소정도가 크다.
② 가스폭발에 비하여 불완전 연소를 일으키기 쉬우므로 연소 후 가스에 의한 중독 위험이 있다.
③ 화염의 파급속도보다 압력의 파급속도가 크다.
④ 최초의 부분적인 폭발이 분진의 비산으로 2차, 3차 폭발로 파급되어 피해가 커진다.

92 다음 중 관의 지름을 변경하고자 할 때 필요한 관 부속품은?
① elbow ② reducer
③ plug ④ valve

해설 배관 및 피팅류
① 관의 지름을 변경하고자 할 때 필요한 관 부속품 : 리듀셔(reducer), 부싱(bushing)
② 관로의 방향을 변경 : 엘보우(elbow), Y자관, 티이(T), 십자관(cross)
③ 유로차단 : 플러그(Plug), 캡, 밸브(valve)

93 산업안전보건법령상 특수화학설비를 설치할 때 내부의 이상상태를 조기에 파악하기 위하여 필요한 계측장치를 설치하여야 한다. 이러한 계측장치로 거리가 먼 것은?
① 압력계 ② 유량계
③ 온도계 ④ 비중계

해설 특수화학설비 〈산업안전보건기준에 관한 규칙〉
제273조(계측장치 등의 설치)
위험물을 정한 기준량 이상으로 제조하거나 취급하는 특수화학설비를 설치하는 경우에는 내부의 이상 상태를 조기에 파악하기 위하여 필요한 온도계·유량계·압력계 등의 계측장치를 설치하여야 한다.

94 다음 중 증기배관내에 생성된 증기의 누설을 막고 응축수를 자동적으로 배출하기 위한 안전장치는?
① Steam trap ② Vent stack
③ Blow down ④ Flame arrester

해설 Steam trap(증기 트랩)
증기 배관 내에 생성하는 응축수를 제거할 때 증기가 배출되지 않도록 하면서 응축수를 자동적으로 배출하기 위한 장치

정답 90.① 91.③ 92.② 93.④ 94.①

95 산업안전보건법령상 단위공정시설 및 설비로부터 다른 단위공정 시설 및 설비사이의 안전거리는 설비의 바깥 면부터 얼마 이상이 되어야 하는가?

① 5m ② 10m
③ 15m ④ 20m

해설 안전거리 〈산업안전보건기준에 관한 규칙〉
제271조(안전거리)

구분	안전거리
1. 단위공정시설 및 설비로부터 다른 단위공정시설 및 설비의 사이	설비의 바깥 면으로부터 10미터 이상

96 산업안전보건법령에 따라 위험물 건조설비 중 건조실을 설치하는 건축물의 구조를 독립된 단층 건물로 하여야 하는 건조설비가 아닌 것은?

① 위험물 또는 위험물이 발생하는 물질을 가열·건조하는 경우 내용적이 $2m^3$인 건조설비
② 위험물이 아닌 물질을 가열·건조하는 경우 액체연료의 최대사용량이 5kg/h인 건조설비
③ 위험물이 아닌 물질을 가열·건조하는 경우 기체연료의 최대사용량이 $2m^3$/h인 건조설비
④ 위험물이 아닌 물질을 가열·건조하는 경우 전기사용 정격용량이 20kW인 건조설비

해설 건조설비를 설치하는 건축물의 구조 〈산업안전기준에 관한 규칙〉
제280조(위험물 건조설비를 설치하는 건축물의 구조)
다음에 해당하는 위험물 건조설비 중 건조실을 설치하는 건축물의 구조는 독립된 단층건물로 하여야 한다.
1. 위험물 또는 위험물이 발생하는 물질을 가열·건조하는 경우 내용적이 1세제곱미터 이상인 건조설비

2. 위험물이 아닌 물질을 가열·건조하는 경우로서 다음의 용량에 해당하는 건조설비
  가. 고체 또는 액체연료의 최대사용량이 시간당 10킬로그램 이상
  나. 기체연료의 최대사용량이 시간당 1세제곱미터 이상
  다. 전기사용 정격용량이 10킬로와트 이상

97 대기압하에서 인화점이 0℃ 이하인 물질이 아닌 것은?

① 메탄올 ② 이황화탄소
③ 산화프로필렌 ④ 디에틸에테르

해설 인화점(Flash Point) : 가연성 증기에 점화원을 주었을 때 연소가 시작되는 최저온도

물질	인화점	물질	인화점
이황화탄소 (CS_2)	-30℃	아세톤 (CH_3COCH_3)	-18℃
에틸알코올 (C_2H_5OH)	13℃	아세트산에틸 ($CH_3COOC_2H_5$)	-4℃
아세트산 (CH_3COOH)	41.7℃	등유	40℃
벤젠(C_6H_6)	-11.10℃	경유	50℃
메탄올 (CH_3OH)	16℃	디에틸에테르 ($C_2H_5OC_2H_5$, $(C_2H_5)_2O$)	-45℃

98 다음 중 C급 화재에 해당하는 것은?

① 금속화재 ② 전기화재
③ 일반화재 ④ 유류화재

해설 화재의 종류

종류	등급	가연물	표현색	소화방법
일반화재	A급	목재, 종이, 섬유 등	백색	냉각소화
유류 및 가스화재	B급	각종 유류 및 가스	황색	질식소화
전기화재	C급	전기기기, 기계, 전선 등	청색	질식소화
금속화재	D급	가연성금속(Mg 분말, Al 분말 등)	무색	피복에 의한 질식

정답 95. ② 96. ② 97. ① 98. ②

99 다음 중 가연성 가스의 연소형태에 해당하는 것은?

① 분해연소 ② 증발연소
③ 표면연소 ④ 확산연소

해설 **기체의 연소 형태**
1) 확산연소 : 가연성 가스가 공기 중의 지연성 가스와 접촉하여 접촉면에서 연소가 일어나는 현상(기체의 일반적 연소 형태)
   ① 기체연료인 프로판 가스, LPG 등이 공기의 확산에 의하여 반응하는 연소
   ② 아세틸렌, LPG, LNG
2) 예혼합연소(豫混合燃燒) : 미리 공기와 혼합된 연료(혼합가스)가 연소 확산하는 연소 형태

100 다음 중 질식소화에 해당하는 것은?

① 가연성 기체의 분출 화재시 주 밸브를 닫는다.
② 가연성 기체의 연쇄반응을 차단하여 소화한다.
③ 연료 탱크를 냉각하여 가연성 가스의 발생속도를 작게 한다.
④ 연소하고 있는 가연물이 존재하는 장소를 기계적으로 폐쇄하여 공기의 공급을 차단한다.

해설 **질식소화(일명, 희석소화)**
산소(공기)공급을 차단하여 연소에 필요한 산소농도 이하가 되게 하여 소화(가연성 가스와 지연성 가스가 섞여있는 혼합 기체의 농도를 조절하여 혼합기체의 농도를 연소 범위 밖으로 벗어나게 하여 연소를 중지시키는 방법)
① 연소하고 있는 가연물이 들어 있는 용기를 기계적으로 밀폐하여 공기의 공급을 차단하거나 타고 있는 액체나 고체 의 표면을 거품 또는 불연성 액체로 피복하여 연소에 필요한 공기의 공급을 차단시키는 방법의 소화방법
② 포말(거품), 이산화탄소(CO_2), 소화분말, 고체, 물 분무로 연소물을 덮는 방법(에어-폼)
③ 질식소화를 이용한 소화기 종류 : 포말소화기, 분말소화기, 탄산가스 소화기, 건조사 등

제6과목 건설공사 안전관리

101 흙의 투수계수에 영향을 주는 인자에 관한 설명으로 옳지 않은 것은?

① 포화도 : 포화도가 클수록 투수계수도 크다.
② 공극비 : 공극비가 클수록 투수계수는 작다.
③ 유체의 점성계수 : 점성계수가 클수록 투수계수는 작다.
④ 유체의 밀도 : 유체의 밀도가 클수록 투수계수는 크다.

해설 **흙의 투수계수에 영향을 주는 인자**
① 공극비 : 공극비가 클수록 투수계수는 크다.
② 포화도 : 포화도가 클수록 투수계수는 크다.
③ 유체의 점성계수 : 점성계수가 클수록 투수계수는 작다.
④ 유체의 밀도 및 농도 : 유체의 밀도가 클수록 투수계수는 크다.
⑤ 물의 온도가 클수록 투수계수는 크다.
⑥ 흙 입자의 모양과 크기

102 유해위험방지계획서를 고용노동부장관에게 제출하고 심사를 받아야 하는 대상 건설공사 기준으로 옳지 않은 것은?

① 최대 지간길이가 50m 이상인 다리의 건설등 공사
② 지상높이 25m 이상인 건축물 또는 인공구조물의 건설등 공사
③ 깊이 10m 이상인 굴착공사
④ 다목적댐, 발전용댐, 저수용량 2천만톤 이상의 용수 전용 댐 및 지방상수도 전용 댐의 건설등 공사

해설 **유해 · 위험방지계획서 제출대상 건설공사** 〈산업안전보건법 시행령 제42조〉
1. 다음 각 목의 어느 하나에 해당하는 건축물 또는 시설 등의 건설 · 개조 또는 해체 공사
   가. 지상높이가 31미터 이상인 건축물 또는 인공구조물
   나. 연면적 3만제곱미터 이상인 건축물

정답 99.④ 100.④ 101.② 102.②

다. 연면적 5천제곱미터 이상인 시설로서 다음의 어느 하나에 해당하는 시설
  1) 문화 및 집회시설(전시장 및 동물원·식물원은 제외한다)
  2) 판매시설, 운수시설(고속철도의 역사 및 집배송시설은 제외한다)
  3) 종교시설
  4) 의료시설 중 종합병원
  5) 숙박시설 중 관광숙박시설
  6) 지하도상가
  7) 냉동·냉장 창고시설
2. 연면적 5천제곱미터 이상인 냉동·냉장 창고시설의 설비공사 및 단열공사
3. 최대 지간(支間)길이(다리의 기둥과 기둥의 중심사이의 거리)가 50미터 이상인 다리의 건설등 공사
4. 터널의 건설등 공사
5. 다목적댐, 발전용댐, 저수용량 2천만톤 이상의 용수 전용 댐 및 지방상수도 전용 댐의 건설등 공사
6. 깊이 10미터 이상인 굴착공사

103
공사진척에 따른 공정율이 다음과 같을 때 산업안전보건관리비 사용기준으로 옳은 것은? (단, 공정율은 기성공정율을 기준으로 함)

| 공정률 : 70퍼센트 이상, 90퍼센트 미만 |

① 50퍼센트 이상   ② 60퍼센트 이상
③ 70퍼센트 이상   ④ 80퍼센트 이상

해설 공사진척에 따른 산업안전보건관리비 사용기준

공정률	50퍼센트 이상 70퍼센트 미만	70퍼센트 이상 90퍼센트 미만	90퍼센트 이상
사용 기준	50퍼센트 이상	70퍼센트 이상	90퍼센트 이상

104
도심지 폭파해체공법에 관한 설명으로 옳지 않은 것은?

① 장기간 발생하는 진동, 소음이 적다.
② 해체 속도가 빠르다.
③ 주위의 구조물에 끼치는 영향이 적다.
④ 많은 분진 발생으로 민원을 발생시킬 우려가 있다.

해설 도심지 폭파해체공법
① 장기간 발생하는 진동, 소음이 적다.(지속적 소음의 최소화)
② 해체 속도가 빠르다.(공사기간 단축, 공사비 절감)
③ 주위 구조물의 안전에 영향을 미칠 수 있다.
④ 많은 분진 발생으로 민원을 발생시킬 우려가 있다.(대량의 분진 발생)

105
장비가 위치한 지면보다 낮은 장소를 굴착하는 데 적합한 장비는?

① 트럭크레인
② 파워셔블
③ 백호
④ 진폴

해설 백호우(backhoe)
장비가 위치한 지면보다 낮은 장소를 굴착하는데 적합한 장비
– 단단한 토질의 굴삭이 가능하고 Trench, Ditch, 배관작업등에 편리, 수중굴착도 가능

106
차량계 건설기계를 사용하여 작업을 하는 경우 작업계획서 내용에 포함되지 않는 사항은?

① 사용하는 차량계 건설기계의 종류 및 성능
② 차량계 건설기계의 운행경로
③ 차량계 건설기계에 의한 작업방법
④ 차량계 건설기계 사용 시 유도자 배치 위치

해설 차량계 건설기계를 사용하는 작업의 작업계획서 내용
〈산업안전보건 기준에 관한 규칙〉
가. 사용하는 차량계 건설기계의 종류 및 성능
나. 차량계 건설기계의 운행경로
다. 차량계 건설기계에 의한 작업방법

정답 103. ③ 104. ③ 105. ③ 106. ④

107 타워크레인을 자립고(自立高) 이상의 높이로 설치할 때 지지벽체가 없어 와이어로프로 지지하는 경우의 준수사항으로 옳지 않은 것은?

① 와이어로프를 고정하기 위한 전용 지지프레임을 사용할 것
② 와이어로프 설치각도는 수평면에서 60° 이내로 하되, 지지점은 4개소 이상으로 하고, 같은 각도로 설치할 것
③ 와이어로프와 그 고정부위는 충분한 강도와 장력을 갖도록 설치하되, 와이어로프를 클립·샤클(shackle) 등의 기구를 사용하여 고정하지 않도록 유의할 것
④ 와이어로프가 가공전선에 근접하지 않도록 할 것

해설 **타워크레인의지지** 〈산업안전보건기준에 관한 규칙〉
제142조(타워크레인의지지)
③ 타워크레인을 와이어로프로 지지하는 경우의 준수사항
4. 와이어로프와 그 고정부위는 충분한 강도와 장력을 갖도록 설치하고, 와이어로프를 클립·샤클(shackle) 등의 고정기구를 사용하여 견고하게 고정시켜 풀리지 아니하도록 하며, 사용 중에는 충분한 강도와 장력을 유지하도록 할 것

108 달비계에 사용이 불가한 와이어로프의 기준으로 옳지 않은 것은?

① 이음매가 있는 것
② 와이어로프의 한 꼬임에서 끊어진 소선의 수가 7% 이상인 것
③ 지름의 감소가 공칭지름의 7%를 초과하는 것
④ 심하게 변형되거나 부식된 것

해설 **권상용 와이어로프의 사용 불가 기준준수사항** 〈산업안전보건기준에 관한 규칙〉
제63조(달비계의 구조)
1. 다음에 해당하는 와이어로프를 달비계에 사용해서는 아니 된다.
  가. 이음매가 있는 것
  나. 와이어로프의 한 꼬임에서 끊어진 소선(素線)의 수가 10퍼센트 이상인 것
  다. 지름의 감소가 공칭지름의 7퍼센트를 초과하는 것
  라. 꼬인 것
  마. 심하게 변형되거나 부식된 것
  바. 열과 전기충격에 의해 손상된 것

109 근로자에게 작업 중 또는 통행 시 전락(轉落)으로 인하여 근로자가 화상·질식 등의 위험에 처할 우려가 있는 케틀(kettle), 호퍼(hopper), 피트(pit) 등이 있는 경우에 그 위험을 방지하기 위하여 최소 높이 얼마 이상의 울타리를 설치하여야 하는가?

① 80cm 이상 ② 85cm 이상
③ 90cm 이상 ④ 95cm 이상

해설 **케틀(kettle), 호퍼(hopper), 피트(pit) 등의 울타리를 설치** 〈산업안전보건기준에 관한 규칙〉
제48조(울타리의 설치)
근로자에게 작업 중 또는 통행 시 전락(轉落)으로 인하여 근로자가 화상·질식 등의 위험에 처할 우려가 있는 케틀(kettle), 호퍼(hopper), 피트(pit) 등이 있는 경우에 그 위험을 방지하기 위하여 필요한 장소에 높이 90센티미터 이상의 울타리를 설치하여야 한다.

110 버팀보, 앵커 등의 축하중 변화상태를 측정하여 이들 부재의 지지효과 및 그 변화 추이를 파악하는데 사용되는 계측기기는?

① water level meter
② load cell
③ piezo meter
④ strain gauge

해설 **흙막이 가시설 공사시 사용되는 각 계측기 설치 및 사용목적**
① Strain gauge(변형률계) : 흙막이 가시설의 버팀대(Strut)의 변형을 측정하는 계측기(응력 변화를 측정하여 변형을 파악)
② Water level meter(지하수위계) : 토류벽 배면지반에 설치하여 지하수위의 변화를 측정하는 계측기

정답 107. ③ 108. ② 109. ③ 110. ②

③ Piezometer(간극수압계) : 배면 연약지반에 설치하여 굴착에 따른 과잉 간극수압의 변화를 측정하여 안정성 판단
④ Load cell(하중계) : Rock Bolt 또는 Earth Anchor에 하중계를 설치하여 토류벽의 하중을 계측하여 시공설계조사 와 안정도 예측(부재의 안정성 여부 판단)
- 버팀보, 앵커 등의 축하중 변화상태를 측정하여 이들 부재의 지지효과 및 그 변화 추이를 파악하는데 사용
  ㉠ 버팀대(strut)의 축 하중 변화 상태를 측정하는 계측기
  ㉡ 토류벽에 거치된 어스앵커의 인장력을 측정하기위한 계측기

111 안전대의 종류는 사용구분에 따라 벨트식과 안전그네식으로 구분되는데 이 중 안전그네식에만 적용하는 것은?

① 추락방지대, 안전블록
② 1개 걸이용, U자 걸이용
③ 1개 걸이용, 추락방지대
④ U자 걸이용, 안전블록

해설 안전대의 종류

종류	사용구분
벨트식	1개 걸이용
안전그네식	U자 걸이용
안전그네식	안전블록
	추락방지대

비고. 추락방지대 및 안전블록은 안전그네식에만 적용함.

112 흙 속의 전단응력을 증대시키는 원인에 해당하지 않는 것은?

① 자연 또는 인공에 의한 지하공동의 형성
② 함수비의 감소에 따른 흙의 단위체적 중량의 감소
③ 지진, 폭파에 의한 진동 발생
④ 균열내에 작용하는 수압증가

해설 흙속의 전단응력을 증대시키는 원인
① 외력(건물하중, 눈 또는 물)
② 함수비의 증가에 따른 흙의 단위체적 중량의 증가
③ 균열 내에 작용하는 수압 증가
④ 인장응력에 의한 균열 발생
⑤ 지진, 폭파 등에 의한 진동 발생
⑥ 자연 또는 인공에 의한 지하공동의 형성(씽크홀)

113 다음은 산업안전보건법령에 따른 시스템 비계의 구조에 관한 사항이다. ( ) 안에 들어갈 내용으로 옳은 것은?

> 비계 밑단의 수직재와 받침철물은 밀착되도록 설치하고, 수직재와 받침철물의 연결부의 겹침길이는 받침철물 전체길이의 ( ) 이상이 되도록 할 것

① 2분의 1
② 3분의 1
③ 4분의 1
④ 5분의 1

해설 시스템 비계 〈산업안전보건기준에 관한 규칙〉
제69조(시스템 비계의 구조)
시스템 비계를 사용하여 비계를 구성하는 경우에의 준수사항
1. 수직재·수평재·가새재를 견고하게 연결하는 구조가 되도록 할 것
2. 비계 밑단의 수직재와 받침철물은 밀착되도록 설치하고, 수직재와 받침철물의 연결부의 겹침길이는 받침철물 전체길이의 3분의 1 이상이 되도록 할 것

114 강관을 사용하여 비계를 구성하는 경우 준수해야할 사항으로 옳지 않은 것은?

① 비계기둥의 간격은 띠장 방향에서는 1.85m 이하, 장선(長線) 방향에서는 1.5m 이하로 할 것
② 띠장 간격은 2.0m이하로 할 것
③ 비계기둥의 제일 윗부분으로부터 31m되는 지점 밑부분의 비계기둥은 3개의 강관으로 묶어세울 것
④ 비계기둥 간의 적재하중은 400kg을 초과하지 않도록 할 것

정답 111. ① 112. ② 113. ② 114. ③

[해설] **강관비계의 구조** 〈산업안전보건기준에 관한 규칙〉
제60조(강관비계의 구조)
강관을 사용하여 비계를 구성하는 경우의 준수사항
3. 비계기둥의 제일 윗부분으로부터 31미터되는 지점 밑부분의 비계기둥은 2개의 강관으로 묶어세울 것
4. 비계기둥 간의 적재하중은 400킬로그램을 초과하지 않도록 할 것

115 건설현장에서 사용되는 작업발판 일체형 거푸집의 종류에 해당되지 않는 것은?

① 갱폼(gang form)
② 슬립폼(slip form)
③ 클라이밍 폼(climbing form)
④ 유로폼(euro form)

[해설] **작업발판 일체형 거푸집** 〈산업안전보건기준에 관한 규칙〉
제337조(작업발판 일체형 거푸집의 안전조치)
① 작업발판 일체형 거푸집 : 거푸집의 설치·해체, 철근 조립, 콘크리트 타설, 콘크리트 면처리 작업 등을 위하여 거푸집을 작업발판과 일체로 제작하여 사용하는 거푸집으로서 다음의 거푸집을 말한다.
1. 갱 폼(gang form)
2. 슬립 폼(slip form)
3. 클라이밍 폼(climbing form)
4. 터널 라이닝 폼(tunnel lining form)
5. 그 밖에 거푸집과 작업발판이 일체로 제작된 거푸집

116 거푸집동바리동을 조립 또는 해체하는 작업을 하는 경우의 준수사항으로 옳지 않은 것은?

① 재료, 기구 또는 공구 등을 올리거나 내리는 경우에는 근로자로 하여금 달줄·달포대 등의 사용을 금하도록 할 것
② 낙하·충격에 의한 돌발적 재해를 방지하기 위하여 버팀목을 설치하고 거푸집동바리 등을 인양장비에 매단 후에 작업을 하도록 하는 등 필요한 조치를 할 것
③ 비, 눈, 그 밖의 기상상태의 불안정으로 날씨가 몹시 나쁜 경우에는 그 작업을 중지할 것
④ 해당 작업을 하는 구역에는 관계 근로자가 아닌 사람의 출입을 금지할 것

[해설] **거푸집동바리등의 조립, 해체 작업시의 준수사항** 〈산업안전보건기준에 관한 규칙〉
제336조(조립 등 작업 시의 준수사항)
① 기둥·보·벽체·슬라브 등의 거푸집동바리등을 조립하거나 해체하는 작업을 하는 경우에의 준수사항
3. 재료, 기구 또는 공구 등을 올리거나 내리는 경우에는 근로자로 하여금 달줄·달포대 등을 사용하도록 할 것

117 사다리식 통로 등을 설치하는 경우 고정식 사다리식 통로의 기울기는 최대 몇 도 이하로 하여야 하는가?

① 60도   ② 75도
③ 80도   ④ 90도

[해설] **사다리식 통로 등의 구조** 〈산업안전보건기준에 관한 규칙〉
제24조(사다리식 통로 등의 구조)
① 사다리식 통로 등을 설치하는 경우의 준수사항
9. 사다리식 통로의 기울기는 75도 이하로 할 것. 다만, 고정식 사다리식 통로의 기울기는 90도 이하로 하고, 그 높이가 7미터 이상인 경우에는 바닥으로부터 높이가 2.5미터 되는 지점부터 등받이울을 설치할 것

118 산업안전보건법령에서 규정하는 철골작업을 중지하여야 하는 기후조건에 해당하지 않는 것은?

① 풍속이 초당 10m 이상인 경우
② 강우량이 시간당 1mm 이상인 경우
③ 강설량이 시간당 1cm 이상인 경우
④ 기온이 영하 5℃ 이하인 경우

[해설] **작업의 제한** 〈산업안전보건 기준에 관한 규칙〉
제383조(작업의 제한)
사업주는 다음에 해당하는 경우에 철골작업을 중지하여야 한다.
1. 풍속이 초당 10미터 이상인 경우
2. 강우량이 시간당 1밀리미터 이상인 경우
3. 강설량이 시간당 1센티미터 이상인 경우

정답   115. ④ 116. ① 117. ④ 118. ④

119 화물취급작업과 관련한 위험방지를 위해 조치하여야 할 사항으로 옳지 않은 것은?

① 하역작업을 하는 장소에서 작업장 및 통로의 위험한 부분에는 안전하게 작업할 수 있는 조명을 유지할 것
② 하역작업을 하는 장소에서 부두 또는 안벽의 선을 따라 통로를 설치하는 경우에는 폭을 50cm 이상으로 할 것
③ 차량 등에서 화물을 내리는 작업을 하는 경우에 해당 작업에 종사하는 근로자에게 쌓여 있는 화물 중간에서 화물을 빼내도록 하지 말 것
④ 꼬임이 끊어진 섬유로프 등을 화물운반용 또는 고정용으로 사용하지 말 것

해설 **하역작업장의 조치기준** 〈산업안전보건기준에 관한 규칙〉
제390조(하역작업장의 조치기준)
부두·안벽 등 하역작업을 하는 장소에 다음의 조치를 하여야 한다.
1. 작업장 및 통로의 위험한 부분에는 안전하게 작업할 수 있는 조명을 유지할 것
2. 부두 또는 안벽의 선을 따라 통로를 설치하는 경우에는 폭을 90센티미터 이상으로 할 것
3. 육상에서의 통로 및 작업장소로서 다리 또는 선거(船渠) 갑문(閘門)을 넘는 보도(步道) 등의 위험한 부분에는 안전 난간 또는 울타리 등을 설치할 것

120 화물을 적재하는 경우의 준수사항으로 옳지 않은 것은?

① 침하 우려가 없는 튼튼한 기반 위에 적재할 것
② 건물의 칸막이나 벽 등이 화물의 압력에 견딜 만큼의 강도를 지니지 아니한 경우에는 칸막이나 벽에 기대어 적재하지 않도록 할 것
③ 불안정한 정도로 높이 쌓아 올리지 말 것
④ 하중을 한쪽으로 치우치더라도 화물을 최대한 효율적으로 적재할 것

해설 **화물의 적재시 준수사항** 〈산업안전보건기준에 관한 규칙〉
제393조(화물의 적재)
화물을 적재하는 경우에의 준수사항
1. 침하 우려가 없는 튼튼한 기반 위에 적재할 것
2. 건물의 칸막이나 벽 등이 화물의 압력에 견딜 만큼의 강도를 지니지 아니한 경우에는 칸막이나 벽에 기대어 적재하지 않도록 할 것
3. 불안정할 정도로 높이 쌓아 올리지 말 것
4. 하중이 한쪽으로 치우치지 않도록 쌓을 것

정답 119. ② 120. ④

제 5 회 CBT 최종모의고사

[제1과목] 산업재해 예방 및 안전보건교육

01 어느 사업장에서 물적손실이 수반된 무상해 사고가 180건 발생하였다면 중상은 몇 건이나 발생할 수 있는가? (단, 버드의 재해구성비율 법칙에 따른다.)

① 6건　　② 18건
③ 20건　　④ 29건

[해설] 버드의 1 : 10 : 30 : 600 법칙
[중상 : 경상해 : 물적만의 사고 : 무상해, 무손실 사고]
물적손실이 수반된 무상해 사고(물적만의 사고)
180건/30 = 6배 ⇨ 중상 1 × 6배 = 6건

02 산업안전보건법령상 산업안전보건위원회의 사용자위원에 해당되지 않는 사람은? (단, 각 사업장은 해당하는 사람을 선임하여야 하는 대상 사업장으로 한다.)

① 안전관리자
② 산업보건의
③ 명예산업안전감독관
④ 해당 사업장 부서의 장

[해설] 산업안전보건위원회의 구성(노사 동수로 구성)

구성	내용
근로자 위원	1. 근로자대표 2. 근로자대표가 지명하는 1명 이상의 명예산업안전감독관(위촉되어 있는 사업장의 경우) 3. 근로자대표가 지명하는 9명 이내의 근로자(명예산업안전감독관이 지명되어 있는 경우 그 수를 제외)
사용자 위원	1. 사업의 대표자(사업장의 최고책임자) 2. 안전관리자 1명(안전관리전문기관에 위탁 시 해당 사업장 담당자) 3. 보건관리자 1명(보건관리전문기관에 위탁 시 해당 사업장 담당자) 4. 산업보건의(선임되어 있는 경우) 5. 해당 사업의 대표자가 지명하는 9명 이내의 사업장 부서의 장

03 라인(Line)형 안전관리 조직의 특징으로 옳은 것은?

① 안전에 관한 기술의 축적이 용이하다.
② 안전에 관한 지시나 조치가 신속하다
③ 조직원 전원을 자율적으로 안전활동에 참여 시킬 수 있다.
④ 권한 다툼이나 조정 때문에 통제수속이 복잡해지며, 시간과 노력이 소모된다.

[해설] 안전관리 조직(라인/스태프형 조직의 장단점)
※ 라인형(Line, 직계식) : 안전보건관리의 계획에서부터 실시에 이르기까지 생산 라인을 통하여 이루어지도록 편성된 조직(※ 근로자 100인 미만 사업장에 적합)

구 분	장 점	단 점
라인형 (100인 미만 사업장에 적합)	① 안전에 대한 지시, 전달이 용이 ② 명령계통이 간단, 명료 ③ 참모식보다 경제적	① 안전에 관한 전문지식이 부족하고 기술의 축적이 미흡(안전에 대한 정보 불충분) ② 안전정보 및 신기술 개발이 어려움 ③ 라인에 과중한 책임이 물림

정답 01. ① 02. ③ 03. ②

04 산업안전보건법상 안전관리자의 업무는?

① 직업성질환 발생의 원인조사 및 대책수립
② 해당 사업장 안전교육계획의 수립 및 안전교육 실시에 관한 보좌 및 지도·조언
③ 근로자의 건강장해의 원인조사와 재발방지를 위한 의학적 조치
④ 당해 작업에서 발생한 산업재해에 관한 보고 및 이에 대한 응급조치

해설 안전관리자의 업무
안전에 관한 기술적인 사항에 관하여 사업주 또는 안전보건관리책임자를 보좌하고 관리감독자에게 지도·조언하는 업무
① 산업안전보건위원회 또는 안전·보건에 관한 노사협의체에서 심의·의결한 업무와 해당 사업장의 안전보건관리규정 및 취업규칙에서 정한 업무
② 위험성평가에 관한 보좌 및 지도·조언
③ 안전인증대상기계 등과 자율안전확인대상기계등 구입 시 적격품의 선정에 관한 보좌 및 지도·조언
④ 해당 사업장 안전교육계획의 수립 및 안전교육 실시에 관한 보좌 및 지도·조언
⑤ 사업장 순회점검·지도 및 조치의 건의
⑥ 산업재해 발생의 원인 조사·분석 및 재발 방지를 위한 기술적 보좌 및 지도·조언
⑦ 산업재해에 관한 통계의 유지·관리·분석을 위한 보좌 및 지도·조언
⑧ 법 또는 법에 따른 명령으로 정한 안전에 관한 사항의 이행에 관한 보좌 및 지도·조언
⑨ 업무수행 내용의 기록·유지
⑩ 그 밖에 안전에 관한 사항으로서 고용노동부장관이 정하는 사항

05 다음 중 브레인 스토밍의 4원칙과 가장 거리가 먼 것은?

① 자유로운 비평
② 자유분방한 발언
③ 대량적인 발언
④ 타인 의견의 수정 발언

해설 브레인 스토밍(brain-storming) 4원칙
① 비판금지 : 타인의 의견에 대하여 장·단점을 비판하지 않음
② 자유분방 : 지정된 표현방식을 벗어나 자유롭게 의견을 제시
③ 대량발언 : 사소한 아이디어라도 가능한 한 많이 제시하도록 함
④ 수정발언 : 타인의 의견에 대하여는 수정하여 발표할 수 있음
  * 브레인 스토밍(brain-storming) : 6~12명의 구성원으로 타인의 비판 없이 자유로운 토론을 통하여 다량의 독창적인 아이디어를 이끌어내고, 대안적 해결안을 찾기 위한 집단적 사고기법(토의식 아이디어 개발 기법)

06 무재해운동의 기본이념 3원칙 중 다음에서 설명하는 것은?

> 직장 내의 모든 잠재위험요인을 적극적으로 사전에 발견, 파악, 해결함으로서 뿌리에서부터 산업재해를 제거하는 것

① 무의 원칙   ② 선취의 원칙
③ 참가의 원칙 ④ 확인의 원칙

해설 무재해운동의 (이념) 3대원칙
① 무(zero)의 원칙 : 재해는 물론 일체의 잠재요인을 적극적으로 사전에 발견하고 파악, 해결함으로써 산업재해의 근원적인 요소들을 제거(뿌리에서부터 산업재해를 제거)
② 선취(안전제일, 선취해결)의 원칙 : 잠재위험요인을 사전에 미리 발견하고 파악, 해결하여 재해를 예방(위험요인을 행동하기 전에 예지하여 해결)
③ 참가의 원칙 : 근로자 전원이 참가하여 문제 해결 등을 실천

07 산업안전보건법령상 보안경 착용을 포함하는 안전보건표지의 종류는?

① 지시표지   ② 안내표지
③ 금지표지   ④ 경고표지

해설 안전보건표지 종류
(3) 지시표지 : 1. 보안경 착용, 2. 방독마스크 착용, 3. 방진마스크 착용, 4. 보안면 착용, 5. 안전모 착용, 6. 귀마개 착용, 7. 안전화 착용, 8. 안전장갑 착용, 9. 안전복착용

정답 04.② 05.① 06.① 07.①

08 산업안전보건법령상 안전·보건표지의 색채와 사용사례의 연결로 틀린 것은?

① 노란색 - 화학물질 취급장소에서의 유해·위험 경고 이외의 위험경고
② 파란색 - 특정 행위의 지시 및 사실의 고지
③ 빨간색 - 화학물질 취급장소에서의 유해·위험 경고
④ 녹색 - 정지신호, 소화설비 및 그 장소, 유해행위의 금지

해설 안전·보건표지의 색채, 색도 기준 및 용도 〈산업안전보건법 시행규칙〉

색채	색도 기준	용도	사용례
빨간색	7.5R 4/14	금지	정지신호, 소화설비 및 그 장소, 유해행위의 금지
		경고	화학물질 취급장소에서의 유해·위험경고
노란색	5Y 8.5/12	경고	화학물질 취급장소에서의 유해·위험경고 이외의 위험경고, 주의표지 또는 기계방호물
파란색	2.5PB 4/10	지시	특정 행위의 지시 및 사실의 고지
녹색	2.5G 4/10	안내	비상구 및 피난소, 사람 또는 차량의 통행표지
흰색	N9.5		파란색 또는 녹색에 대한 보조색
검은색	N0.5		문자 및 빨간색 또는 노란색에 대한 보조색

09 다음 중 안전모의 성능시험에 있어서 AE, ABE종에만 한하여 실시하는 시험은?

① 내관통성시험, 충격흡수성시험
② 난연성시험, 내수성시험
③ 내관통성시험, 내전압성시험
④ 내전압성시험, 내수성시험

해설 안전모의 성능시험(기준)

항목	시험성능기준
내관통성	AE, ABE종 안전모는 관통거리가 9.5mm 이하이고, AB종 안전모는 관통거리가 11.1mm 이하이어야 한다.
충격흡수성	최고전달충격력이 4,450N을 초과해서는 안 되며, 모체와 착장체의 기능이 상실되지 않아야 한다.
내전압성	AE, ABE종 안전모는 교류 20kV에서 1분간 절연파괴 없이 견뎌야 하고, 이때 누설되는 충전전류는 10mA 이하이어야 한다.
내수성	AE, ABE종 안전모는 질량증가율이 1% 미만이어야 한다.
난연성	모체가 불꽃을 내며 5초 이상 연소되지 않아야 한다.
턱끈풀림	150N 이상 250N 이하에서 턱끈이 풀려야 한다.

10 적성요인에 있어 직업적성을 검사하는 항목이 아닌 것은?

① 지능   ② 촉각 적응력
③ 형태식별능력   ④ 운동속도

해설 직업적성 검사 항목
① 지능(IQ)   ② 형태식별능력
③ 운동속도   ④ 시각과 수동작의 적응력
⑤ 손작업 능력

11 부주의의 발생 원인에 포함되지 않는 것은?

① 의식의 단절   ② 의식의 우회
③ 의식수준의 저하 ④ 의식의 지배

해설 부주의의 원인
(1) 의식의 단절 : 지속적인 의식의 흐름에 단절이 생기고 공백의 상태가 나타나는 것. 특수한 질병이 있는 경우
(2) 의식의 우회 : 의식의 흐름이 옆으로 빗나가 발생하는 경우로 작업도중의 걱정, 고뇌, 욕구 불만 등에 의해 발생

정답 08.④ 09.④ 10.② 11.④

(3) 의식수준의 저하 : 혼미한 정신 상태에서 심신이 피로나 단조로운 반복작업 등의 경우에 일어나는 현상
(4) 의식의 과잉 : 작업을 하고 있을 때 긴급 이상상태 또는 돌발사태가 되면 순간적으로 긴장하게 되어 판단능력의 둔화 또는 정지상태가 되는 것. 의식이 한 방향으로만 집중, 지나친 의욕에 의해서 생기는 부주의 현상

(마) 모방(imitation) : 인간관계 메커니즘 중에서 남의 행동이나 판단을 표본으로 하여 그것과 같거나 또는 그것에 가까운 행동 또는 판단을 취하려는 것(직접모방, 간접모방, 부분모방)
(바) 암시(Suggestion) : 타인으로부터 판단이나 행동을 무비판적으로 근거 없이 받아들이는 것
(사) 역할학습 : 유희(시장 놀이 등)
(아) 투사(Projection 투출) : 자기 속에 억압된 것을 타인의 것으로 생각 하는 것(안 되면 조상 탓)

12 다음 중 헤드십(headship)에 관한 설명과 가장 거리가 먼 것은?
① 권한의 근거는 공식적이다.
② 지휘의 형태는 민주주의적이다.
③ 상사와 부하와의 사회적 간격은 넓다.
④ 상사와 부하와의 관계는 지배적이다.

해설 헤드십(head-ship)
(가) 헤드십 : 임명된 지도자로서 권위주의적이고 지배적임
(나) 헤드십(head-ship)의 특성
 1) 권한의 근거는 공식적이다.
 2) 권한행사는 임명된 헤드이다.
 3) 지휘형태는 권위주의적이다.
 4) 상사와 부하와의 관계는 지배적이다.
 5) 부하와의 사회적 간격은 넓다.(관계 원활하지 않음)

13 집단에서의 인간관계 메커니즘(Mechanism)과 가장 거리가 먼 것은?
① 분열, 강박
② 모방, 암시
③ 동일화, 일체화
④ 커뮤니케이션, 공감

해설 집단에서의 인간관계 메커니즘(Mechanism)
(가) 일체화 : 심리적 결합
(나) 동일화(Identification) : 타인의 행동 양식이나 태도를 투입시키거나 타인에게서 자기와 비슷한 점을 발견
(다) 공감 : 동정과 구분
(라) 커뮤니케이션(Communication) : 언어, 몸짓, 신호, 기호

14 상황성 누발자의 재해 유발 원인과 가장 거리가 먼 것은?
① 작업이 어렵기 때문이다.
② 심신에 근심이 있기 때문이다.
③ 기계설비의 결함이 있기 때문이다.
④ 도덕성이 결여되어 있기 때문이다.

해설 재해누발자의 유형
(가) 상황성 누발자 – 주변 상황
 ① 작업이 어렵기 때문에
 ② 기계·설비의 결함이 있기 때문에
 ③ 심신에 근심이 있기 때문에
 ④ 환경상 주의력의 집중 혼란

15 다음 중 안전교육의 기본 방향과 가장 거리가 먼 것은?
① 생산성 향상을 위한 교육
② 사고사례중심의 안전교육
③ 안전작업을 위한 교육
④ 안전의식 향상을 위한 교육

해설 안전교육의 기본방향
(1) 안전 작업(표준안전작업)을 위한 안전교육
(2) 사고 사례 중심의 안전교육
(3) 안전 의식 향상을 위한 안전교육

16 파블로프(Pavlov)의 조건반사설에 의한 학습이론의 원리가 아닌 것은?
① 일관성의 원리
② 계속성의 원리
③ 준비성의 원리
④ 강도의 원리

정답 12. ② 13. ① 14. ④ 15. ① 16. ③

해설 파블로프(Pavlov)의 조건반사설(반응설)
후천적으로 얻게 되는 반사작용으로 행동을 발생시키다는 것
〈조건반사설에 의한 학습이론의 원리〉
① 시간의 원리 : 조건자극(파블로프 개 실험의 종소리)은 무조건자극(음식물)과 시간적으로 동시에 혹은 조금 앞서서 주어야 한다는 것
② 강도의 원리 : 나중의 자극이 먼저의 자극보다 강도가 강하거나 동일하여야만 조건반사가 성립
③ 일관성의 원리 : 조건자극은 일관된 자극이어야 함
④ 계속성의 원리 : 자극과 반응 간에 반복되는 회수가 많을수록 효과가 있음

17 안전교육의 단계에 있어 교육대상자가 스스로 행함으로서 습득하게 하는 교육은?
① 의식교육
② 기능교육
③ 지식교육
④ 태도교육

해설 안전보건교육의 3단계 : 지식 – 기능 – 태도교육
(1) 지식교육(제1단계) : 강의, 시청각교육을 통한 지식의 전달과 이해
(2) 기능교육(제2단계) : 시범, 견학, 실습, 현장실습교육을 통한 경험 체득과 이해
  ① 교육대상자가 그것을 스스로 행함으로 얻어짐.
  ② 개인의 반복적 시행착오에 의해서만 얻어짐.
(3) 태도교육(제3단계) : 작업동작지도, 생활지도 등을 통한 안전의 습관화(올바른 행동의 습관화 및 가치관을 형성)

18 참가자에게 일정한 역할을 주어 실제적으로 연기를 시켜봄으로써 자기의 역할을 보다 확실히 인식할 수 있도록 체험학습을 시키는 교육방법은?
① Symposium
② Brain Storming
③ Role Playing
④ Fish Bowl Playing

해설 역할연기법(Role playing)
참가자에 일정한 역할을 주어 실제로 연기를 시켜봄으로써 자기의 역할을 보다 확실히 인식할 수 있도록 체험학습을 시키는 교육방법(절충능력이나 협조성을 높여 태도의 변용에도 도움)

① 집단 심리요법의 하나로서 자기 해방과 타인 체험을 목적으로 하는 체험활동을 통해 대인관계에 있어서의 태도변용이나 통찰력, 자기이해를 목표로 개발된 교육기법

19 안전교육방법 중 구안법(Project Method)의 4단계의 순서로 옳은 것은?
① 계획수립 → 목적결정 → 활동 → 평가
② 평가 → 계획수립 → 목적결정 → 활동
③ 목적결정 → 계획수립 → 활동 → 평가
④ 활동 → 계획수립 → 목적결정 → 평가

해설 킬페트릭의 구안법(project method)
학습자 스스로 계획하고 구상하여 문제를 해결하고 지식과 경험을 종합적으로 체득시키려는 학습 지도 방법
① 학습 목표 설정 → ② 계획 수립 → ③ 실행(활동) 또는 수행 → ④ 평가

20 산업안전보건법령상 사업 내 안전보건교육 중 관리 감독자 정기교육의 내용이 아닌 것은?
① 유해 · 위험 작업환경 관리에 관한 사항
② 표준안전작업방법 및 지도 요령에 관한 사항
③ 작업공정의 유해 · 위험과 재해 예방대책에 관한 사항
④ 기계 · 기구의 위험성과 작업의 순서 및 동선에 관한 사항

해설 관리감독자교육 정기교육
• 산업안전 및 사고 예방에 관한 사항
• 산업보건 및 직업병 예방에 관한 사항
• 위험성 평가에 관한 사항
• 유해 · 위험 작업환경 관리에 관한 사항
• 산업안전보건법령 및 산업재해보상보험 제도에 관한 사항
• 직무스트레스 예방 및 관리에 관한 사항
• 직장 내 괴롭힘, 고객의 폭언 등으로 인한 건강장해 예방 및 관리에 관한 사항
• 작업공정의 유해 · 위험과 재해 예방대책에 관한 사항
• 사업장 내 안전보건관리체제 및 안전 · 보건조치 현황에 관한 사항

정답 17. ② 18. ③ 19. ③ 20. ④

- 표준안전 작업방법 결정 및 지도·감독 요령에 관한 사항
- 현장근로자와의 의사소통능력 및 강의능력 등 안전보건 교육 능력 배양에 관한 사항
- 비상시 또는 재해 발생 시 긴급조치에 관한 사항
- 그 밖의 관리감독자의 직무에 관한 사항

[제2과목] 인간공학 및 위험성평가·관리

21 인간이 기계보다 우수한 기능이라 할 수 있는 것은? (단, 인공지능은 제외한다.)

① 일반화 및 귀납적 추리
② 신뢰성 있는 반복 작업
③ 신속하고 일관성 있는 반응
④ 대량의 암호화된 정보의 신속한 보관

해설 인간과 기계의 기능 비교

인간이 우수한 기능	기계가 우수한 기능
• 많은 양의 정보를 장기간 보관	• 암호화된 정보를 신속하게 대량 보관
• 관찰을 통한 일반화하여 귀납적 추리	• 관찰을 통해서 특수화하고 연역적으로 추리
• 과부하 상황에서는 중요한 일에만 전념	• 과부하 시에도 효율적으로 작동
• 원칙을 적용하여 다양한 문제를 해결하는 능력	• 명시된 절차에 따라 신속하고, 정량적 정보처리
	• 장시간 중량 작업, 반복 작업, 동시 작업 수행 기능
	• 장시간 일관성이 있는 작업을 수행

22 인간공학 연구방법 중 실제의 제품이나 시스템이 추구하는 특성 및 수준이 달성되는지를 비교하고 분석하는 연구는?

① 조사연구   ② 실험연구
③ 분석연구   ④ 평가연구

해설 평가연구 : 인간공학 연구방법 중 실제의 제품이나 시스템이 추구하는 특성 및 수준이 달성되는지를 비교하고 분석하는 연구방법

23 다음 현상을 설명한 이론은?

> 인간이 감지할 수 있는 외부의 물리적 자극 변화의 최소범위는 표준자극의 크기에 비례한다.

① 피츠(Fitts) 법칙
② 웨버(Weber) 법칙
③ 신호검출이론(SDT)
④ 힉-하이만(Hick-Hyman) 법칙

해설 웨버(Weber)의 법칙(Weber비)
인간이 감지할 수 있는 외부의 물리적 자극 변화의 최소범위는 기준이 되는 자극(표준 자극)의 크기에 비례하는 현상을 설명한 이론
- 물리적 자극을 상대적으로 판단하는 데 있어 특정 감각의 변화감지역은 사용되는 기준자극(표준자극) 크기에 비례

Weber비 $= \dfrac{\triangle I}{I}$

($\triangle I$: 변화감지역, I : 기준자극크기)

24 불필요한 작업을 수행함으로써 발생하는 오류로 옳은 것은?

① Command error
② Extraneous error
③ Secondary error
④ Commission error

해설 휴먼에러에 관한 분류
심리적 행위에 의한 분류(Swain의 독립행동에 관한 분류)
① omission error(생략 에러) : 필요한 작업 또는 절차를 수행하지 않는데 기인한 에러(부작위 오류)
② commission error(실행 에러) : 필요한 작업 또는 절차를 불확실하게 수행함으로써 기인한 에러(작위 오류)
③ extraneous error(과잉행동에러) : 불필요한 작업 또는 절차를 수행함으로써 기인한 에러
④ sequential error(순서에러) : 필요한 작업 또는 절차의 순서 착오로 인한 에러
⑤ time error(시간에러) : 필요한 직무 또는 절차의 수행의 지연(혹은 빨리)으로 인한 에러

정답 21. ① 22. ④ 23. ② 24. ②

25 촉감의 일반적인 척도의 하나인 2점 문턱값(two-point threshold)이 감소하는 순서대로 나열된 것은?

① 손가락 → 손바닥 → 손가락 끝
② 손바닥 → 손가락 → 손가락 끝
③ 손가락 끝 → 손가락 → 손바닥
④ 손가락 끝 → 손바닥 → 손가락

해설 2점 문턱값(two-point threshold)
: 촉감의 일반적인 척도의 하나
- 2점 문턱값이 감소하는 순서 : 손바닥 → 손가락 → 손가락 끝

26 신체활동의 생리학적 측정법 중 전신의 육체적인 활동을 측정하는데 가장 적합한 방법은?

① Flicker 측정
② 산소 소비량 측정
③ 근전도(EMG) 측정
④ 피부전기반사(GSR) 측정

해설 산소 소비량 측정
신체활동의 생리학적 측정법 중 전신의 육체적인 활동을 측정하는데 가장 적합한 방법
* 근전도(EMG, Electromyogram) : 근육활동의 전위차를 기록한 것. 국부적 근육 활동의 척도로 운동기능의 이상을 진단. 간헐적인 페달을 조작할 때 다리에 걸리는 부하를 평가하기에 가장 적당한 측정 변수

27 인체측정 자료를 장비, 설비 등의 설계에 적용하기 위한 응용원칙에 해당하지 않는 것은?

① 조절식 설계
② 극단치를 이용한 설계
③ 구조적 치수 기준의 설계
④ 평균치를 기준으로 한 설계

해설 인체계측자료의 응용원칙
(1) 최대치수와 최소치수(극단적) : 최대치수(거의 모든 사람이 수용 할수 있는 경우 : 문, 통로, 그네의 지지하중, 위험 구역 울타리 등)와 최소치수(선반의 높이, 조정 장치까지의 거리, 조작에 필요한 힘)를 기준으로 설계
(2) 조절범위(가변적, 조절식) : 체격이 다른 여러 사람들에게 맞도록 조절하게 만든 것(의자의 상하 조절, 자동차 좌석의 전후 조절)
(3) 평균치를 기준으로 한 설계 : 최대치수와 최소치수, 조절식으로 하기 어려울 때 평균치를 기준으로 하여 설계(은행 창구나 슈퍼마켓의 계산대에 적용하기 적합한 인체 측정 자료의 응용원칙)

28 작업공간의 배치에 있어 구성요소 배치의 원칙에 해당하지 않는 것은?

① 기능성의 원칙
② 사용빈도의 원칙
③ 사용순서의 원칙
④ 사용방법의 원칙

해설 부품(공간)배치의 원칙
(가) 중요성(기능성)의 원칙 : 부품의 작동성능이 목표 달성에 긴요한 정도에 따라 우선순위를 결정
(나) 사용빈도의 원칙 : 부품이 사용되는 빈도에 따라 우선순위를 결정
(다) 기능별 배치의 원칙 : 기능적으로 관련된 부품을 모아서 배치
(라) 사용순서의 배치 : 사용순서에 맞게 배치

29 동작경제의 원칙에 해당하지 않는 것은?

① 공구의 기능을 각각 분리하여 사용하도록 한다.
② 두 팔의 동작은 동시에 서로 반대방향으로 대칭적으로 움직이도록 한다.
③ 공구나 재료는 작업동작이 원활하게 수행되도록 그 위치를 정해준다.
④ 가능하다면 쉽고도 자연스러운 리듬이 작업동작에 생기도록 작업을 배치한다.

해설 동작경제의 3원칙(Barnes)
(가) 신체의 사용에 관한 원칙(Use of the Human Body)
(나) 작업장의 배치에 관한 원칙(Arrangement of workplace)

정답 25.② 26.② 27.③ 28.④ 29.①

(다) 공구 및 설비의 설계에 관한 원칙(Design of Tools and Equipment)
  1) 공구의 기능을 결합하여서 사용하도록 한다.
  2) 공구와 자재는 가능한 한 사용하기 쉽도록 미리 위치를 잡아 준다.

30 소음방지 대책에 있어 가장 효과적인 방법은?
① 음원에 대한 대책
② 수음자에 대한 대책
③ 전파경로에 대한 대책
④ 거리감쇠와 지향성에 대한 대책

해설 소음대책
1) 음원에 대한 대책(소음원 통제) : 소음방지대책 중 가장 효과적 방법
  ① 설비의 격리(소음원 밀폐, 제거)
  ② 적절한 재배치
  ③ 저소음 설비 사용
2) 소음의 격리
3) 차폐장치 및 흡음재 사용
4) 음향처리재 사용
5) 적절한 배치(layout)
6) 배경음악(BGM, Back Ground Music)
7) 방음보호구 사용 : 귀마개, 귀덮개 - 소극적 대책

31 온도와 습도 및 공기 유동이 인체에 미치는 열 효과를 하나의 수치로 통합한 경험적 감각지수로, 상대습도 100%일 때의 건구 온도에서 느끼는 것과 동일한 온감을 의미하는 온열조건의 용어는?
① Oxford 지수   ② 발한율
③ 실효온도   ④ 열압박지수

해설 실효온도(Effective Temperature)
온도와 습도 및 공기 유동이 인체에 미치는 열효과를 하나의 수치로 통합한 경험적 감각지수로, 상대습도 100%일 때의 건구 온도에서 느끼는 것과 동일한 온감
① 온도, 습도 및 공기 유동이 인체에 미치는 열효과를 나타낸 것
② 실제로 인체에 감각되는 온도로서 실감온도(감각온도)라고 함

③ 상대습도 100%일 때의 건구온도에서 느끼는 것과 동일한 온감(상대습도가 100%일때 건구와 습구의 온도는 같다.)
④ 측정 기준은 무풍상태, 습도 100%일 때의 건구온도계가 가리키는 눈금을 기준
※ 실효 온도(effective temperature)에 영향을 주는 인자 : ① 온도, ② 습도, ③ 공기유동(대류)

32 반사율이 85%, 글자의 밝기가 400cd/m²인 VDT화면에 350lux의 조명이 있다면 대비는 약 얼마인가?
① -6.0   ② -5.0
③ -4.2   ④ -2.8

해설 대비
표적의 광속발산도(휘도)와 배경의 광속발산도의 차
$$대비 = \frac{L_b - L_t}{L_b} \times 100$$
(L_b : 배경의 광속발산도, L_t : 표적의 광속발산도)
① 배경의 휘도(L_b)
  휘도(cd/m²) = (반사율 × 조도) / π
           = (0.85 × 350) / π = 94.7
② 표적의 휘도(L_t)
  표적의 전체 휘도(cd/m²) = 400 + 94.7 = 494.7
⇒ 대비 = {(94.7 - 494.7) / 94.7} × 100
       = -4.223 ≒ -4.2%

33 시스템 안전분석 방법 중 예비위험분석(PHA) 단계에서 식별하는 4가지 범주에 속하지 않는 것은?
① 위기상태   ② 무시가능상태
③ 파국적상태   ④ 예비조처상태

해설 예비위험분석(PHA)의 식별된 4가지 사고 카테고리(Category)
1) 파국적(Catastropic) : 사망, 시스템손실
2) 중대(위기적, Critical) : 심각한 상해, 시스템 중대 손상
3) 한계적(Marginal) : 경미한 상해, 시스템 성능 저하
4) 무시(Negligible) : 무시할수 있는 상처, 시스템 저하 없음

정답 30. ① 31. ③ 32. ③ 33. ④

* 예비위험분석(PHA : Preliminary Hazards Analysis) : 모든 시스템 안전 프로그램에서의 최초단계 분석 방법으로 시스템의 위험요소가 어떤 위험 상태에 있는가를 정성적으로 평가하는 분석 방법

34 Chapanis가 정의한 위험의 확률수준과 그에 따른 위험 발생률로 옳은 것은?

① 전혀 발생하지 않는(impossible) 발생빈도 : 10^{-8}/day
② 극히 발생할 것 같지 않는(extremely unlikely) 발생빈도 : 10^{-7}/day
③ 거의 발생하지 않는(remote) 발생빈도 : 10^{-6}/day
④ 가끔 발생하는(occasional) 발생빈도 : 10^{-5}/day

해설 Chapanis의 위험분석
① 발생이 불가능한 경우의 위험 발생률
 : impossible > 10^{-8}/day
② 거의 가능성이 없는 위험 발생률
 : extremely unlikely > 10^{-6}/day
③ 아주 적은 위험 발생률
 : remote > 10^{-5}/day
④ 가끔, 때때로의 위험 발생률
 : occasional > 10^{-4}/day
⑤ 꽤 가능성이 있는 위험 발생률
 : reasonably probable > 10^{-3}/day

35 다음 중 불(Bool) 대수의 정리를 나타낸 관계식으로 틀린 것은?

① $A \cdot A = A$
② $A + \overline{A} = 0$
③ $A + AB = A$
④ $A + A = A$

해설 불(Bool) 대수의 기본지수

$A + 0 = A$	$A + A = A$	$\overline{\overline{A}} = A$
$A + 1 = 1$	$A + \overline{A} = 1$	$A + AB = A$
$A \cdot 0 = 0$	$A \cdot A = A$	$A + \overline{A}B = A + B$
$A \cdot 1 = A$	$A \cdot \overline{A} = 0$	$(A+B) \cdot (A+C) = A + BC$

36 FT도에서 시스템의 신뢰도는 얼마인가? (단, 모든 부품의 발생확률은 0.1이다.)

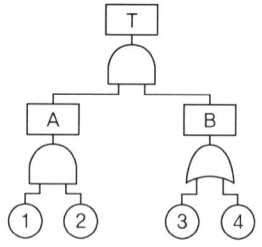

① 0.0033
② 0.0062
③ 0.9981
④ 0.9936

해설 시스템의 신뢰도
(1) T 사상의 발생 확률
 $T = A \cdot B (A = ① \cdot ②, B = ③ + ④)$
 $A = ① \cdot ② = 0.1 \times 0.1 = 0.01$
 $B = 1 - (1-③)(1-④) = 1 - (1-0.1)(1-0.1) = 0.19$
 $T = 0.01 \times 0.19 = 0.0019$
(2) 신뢰도 = 1 - 발생 확률 = 1 - 0.0019 = 0.9981

37 컷셋(Cut Sets)과 최소 패스셋(Minimal Path Sets)의 정의로 옳은 것은?

① 컷셋은 시스템 고장을 유발시키는 필요 최소한의 고장들의 집합이며, 최소 패스셋은 시스템의 신뢰성을 표시한다.
② 컷셋은 시스템 고장을 유발시키는 기본고장들의 집합이며, 최소 패스셋은 시스템의 불신뢰도를 표시한다.
③ 컷셋은 그 속에 포함되어 있는 모든 기본사상이 일어났을 때 정상사상을 일으키는 기본사상의 집합이며, 최소 패스셋은 시스템의 신뢰성을 표시한다.
④ 컷셋은 그 속에 포함되어 있는 모든 기본사상이 일어났을 때 정상사상을 일으키는 기본사상의 집합이며, 최소 패스셋은 시스템의 성공을 유발하는 기본사상의 집합이다.

정답 34. ① 35. ② 36. ③ 37. ③

해설 컷셋과 패스셋
(1) 컷셋(cut set) : 특정 조합의 모든 기본사상들이 동시에 결함을 발생하였을 때 정상사상(결함사상)을 일으키는 기본 사상의 집합(정상사상이 일어나기 위한 기본사상의 집합)
(2) 최소 컷셋(Minimal cut set) : 컷셋 가운데 그 부분 집합만으로 정상사상(결함 발생)을 일으키기 위한 최소의 컷셋(정상 사상이 일어나기위한 기본사상의 필요한 최소의 것)
(3) 패스셋(path set) : 시스템이 고장 나지 않도록 하는 사상의 조합
 - 최초로 정상사상이 일어나지 않는 기본사상의 집합(일정 조합 안에 포함되어 있는 기본사상들이 모두 발생하지 않으면 틀림없이 정상사상(top event)이 발생되지 않는 조합)
(4) 최소 패스셋(minimal path set) : 어떤 고장이나 실수를 일으키지 않으면 재해가 발생하지 않는 것으로 시스템의 신뢰 성을 표시하는 것
 - 시스템이 기능을 살리는데 필요한 최소 요인의 집합

38 그림과 같이 신뢰도 95%인 펌프 A가 각각 신뢰도 90%인 밸브 B와 밸브 C의 병렬밸브계와 직렬계를 이룬 시스템의 실패 확률은 약 얼마인가?

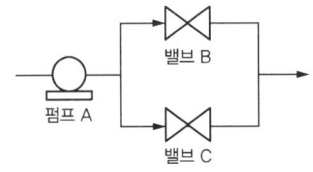

① 0.0091 ② 0.0595
③ 0.9405 ④ 0.9811

해설 시스템의 실패 확률(불신뢰도 $F(t) = 1 - R(t)$)
① 신뢰도 $R(t) = 0.95 \times \{1 - (1 - 0.9)(1 - 0.9)\}$
  $= 0.9405$
② 실패 확률 $= 1 - R(t) = 1 - 0.9405 = 0.0595$

39 다음은 불꽃놀이용 화학물질취급설비에 대한 정량적 평가이다. 해당 항목에 대한 위험등급이 올바르게 연결된 것은?

항목	A (10점)	B (5점)	C (2점)	D (0점)
취급물질	○	○	○	
조작		○		○
화학설비의 용량	○		○	
온도	○	○		
압력		○	○	○

① 취급물질 - I 등급, 화학설비의 용량 - I 등급
② 온도 - I 등급, 화학설비의 용량 - II 등급
③ 취급물질 - I 등급, 조작 - IV 등급
④ 온도 - II 등급, 압력 - III 등급

해설 위험 등급 구분

등급	점수	내용
위험 등급 I	합산점수 16점 이상	위험도가 높음
위험 등급 II	합산점수 11~15점	
위험 등급 III	합산점수 10점 이하	위험도가 낮음

⇨ ① 취급물질 : 10 + 5 + 2 = 17점
  ② 조작 : 5 + 0 = 5점
  ③ 화학설비의 용량 : 10 + 2 = 12점
  ④ 온도 : 10 + 5 = 15점
  ⑤ 압력 : 5 + 2 + 0 = 7점

40 산업안전보건법령상 유해위험방지계획서의 제출 대상 제조업은 전기 계약 용량이 얼마 이상인 경우에 해당되는가? (단, 기타 예외사항은 제외한다)

① 50kW ② 100kW
③ 200kW ④ 300kW

해설 유해위험방지계획서의 제출대상 사업으로서 전기계약용량 : 전기 계약용량이 300킬로와트 이상인 사업

정답 38. ② 39. ④ 40. ④

제3과목 기계·기구 및 설비 안전관리

41 기계설비의 안전조건인 구조의 안전화와 거리가 가장 먼 것은?

① 전압 강하에 따른 오동작 방지
② 재료의 결함 방지
③ 설계상의 결함 방지
④ 가공 결함 방지

[해설] **구조적 안전화** : 재료, 설계, 가공의 결함제거(방지)
① 강도의 열화를 생각하여 안전율을 최대로 고려하여 설계
② 열처리를 통하여 기계의 강도와 인성을 향상

42 회전하는 동작부분과 고정부분이 함께 만드는 위험점으로 주로 연삭숫돌과 작업대, 교반기의 교반날개와 몸체사이에서 형성되는 위험점은?

① 협착점   ② 절단점
③ 물림점   ④ 끼임점

[해설] **끼임점**(Shear Point)
회전하는 동작 부분과 고정 부분이 함께 만드는 위험점(연삭숫돌과 작업대, 반복 동작되는 링크기구, 교반기의 날개와 몸체사이, 풀리와 베드사이 등)

43 강도율 7인 사업장에서 한 작업자가 평생 동안 작업을 한다면 산업재해로 인한 근로손실일수는 며칠로 예상되는가? (단, 이 사업장의 연근로시간과 한 작업자의 평생근로시간은 100000시간으로 가정한다.)

① 500   ② 600
③ 700   ④ 800

[해설] **환산 강도율** : 한사람의 작업자가 평생작업시 발생할 수 있는 근로 손실일

환산 강도율 = 강도율 × $\dfrac{평생근로시간(100,000)}{1,000}$
= 강도율 × 100

⇒ 환산 강도율 = 강도율 × 100 = 7 × 100 = 700일

44 재해원인 분석기법의 하나인 특성요인도의 작성 방법에 대한 설명으로 틀린 것은?

① 큰뼈는 특성이 일어나는 요인이라고 생각되는 것을 크게 분류하여 기입한다.
② 등뼈는 원칙적에서 우측에서 좌측으로 향하여 가는 화살표를 기입한다.
③ 특성의 결정은 무엇에 대한 특성요인도를 작성할 것인가를 결정하고 기입한다.
④ 중뼈는 특성이 일어나는 큰뼈의 요인마다 다시 미세하게 원인을 결정하여 기입한다.

[해설] **특성요인도의 작성법**
① 특성(문제점)을 정한다.
 – 무엇에 대한 특성요인도를 작성하는가를 분명히 한다.
② 등뼈를 기입한다.
 – 특성을 오른쪽에 작성하고, 왼쪽에서 오른쪽으로 굵은 화살표(등뼈)를 기입한다.
③ 큰뼈를 기입한다.
 – 특성이 생기는 원인이라고 생각되는 것을 크게 분류하면 어떤 것이 있는가를 찾아내어 그것을 큰뼈로서 화살표로 기입한다.
④ 중뼈, 잔뼈를 기입한다.
 – 큰뼈의 하나하나에 대해서 특성이 발생하는 원인이 되는 것을 생각하여 중뼈를 화살표로 기입하고, 같은 방법으로 잔뼈를 기입한다.
⑤ 기입누락이 없는가를 체크한다.
⑥ 영향이 큰 것에 표시를 한다.
⑦ 필요한 이력을 기입한다.

45 재해조사에 관한 설명으로 틀린 것은?

① 조사목적에 무관한 조사는 피한다.
② 조사는 현장을 정리한 후에 실시한다.
③ 목격자나 현장 책임자의 진술을 듣는다.
④ 조사자는 객관적이고 공정한 입장을 취해야 한다.

[해설] **재해조사시 유의사항**
① 가급적 재해 현장이 변형되지 않은 상태에서 실시하여 사실을 있는 그대로 수집한다.
② 객관적인 입장에서 공정하게 조사하며, 조사는 2인 이상이 한다.

정답 41.① 42.④ 43.③ 44.② 45.②

③ 사람, 기계설비, 양면의 재해요인을 모두 도출한다.
④ 과거사고 발생 경향 등을 참고하여 조사한다.
⑤ 목격자의 증언 등 사실 이외의 추측의 말은 참고로만 한다.
⑥ 조사는 신속하게 행하고, 긴급 조치하여 2차 재해의 방지를 도모한다.

46 산업안전보건법령상 유해·위험 방지를 위한 방호 조치가 필요한 기계·기구가 아닌 것은?
① 예초기   ② 지게차
③ 금속절단기 ④ 금속탐지기

[해설] 유해·위험방지를 위한 방호조치가 필요한 기계·기구
〈산업안전보건법 시행규칙 제98조〉
1. 예초기 : 날접촉 예방장치
2. 원심기 : 회전체 접촉 예방장치
3. 공기압축기 : 압력방출장치
4. 금속절단기 : 날접촉 예방장치
5. 지게차 : 헤드 가드, 백레스트(backrest), 전조등, 후미등, 안전벨트
6. 포장기계 : 구동부 방호 연동장치

47 다음 중 절삭가공으로 틀린 것은?
① 선반   ② 밀링
③ 프레스   ④ 보링

[해설] 절삭(切削, cutting)가공
금속 등의 재료를 절삭 공구를 사용하여 소정의 치수로 깎거나 잘라 내는 가공(선반, 밀링, 보링 등)

48 산업안전보건법령상 숫돌 지름이 60cm인 경우 숫돌 고정 장치인 평형 플랜지의 지름은 최소 몇 cm 이상인가?
① 10   ② 20
③ 30   ④ 60

[해설] 플랜지의 지름
• 플랜지의 지름은 숫돌직경의 1/3 이상인 것이 적당함
• 플랜지의 지름 = 숫돌의 지름 × 1/3 = 60 × 1/3 = 20mm

49 500rpm으로 회전하는 연삭숫돌의 지름이 300mm일 때 회전속도(m/min)는?
① 471   ② 551
③ 751   ④ 1025

[해설] 숫돌의 원주속도 $= \dfrac{\pi \times 300 \times 500}{1,000} = 471\,\text{m/min}$

※ 원주속도(V)
$= \dfrac{\pi DN}{1,000}\,(\text{m/min}) = \pi DN(\text{mm/min})$
여기서, D : 지름(mm), N : 회전수(rpm)

50 산업안전보건법령상 프레스기를 사용하여 작업을 할 때 작업시작 전 점검사항으로 틀린 것은?
① 클러치 및 브레이크의 기능
② 압력방출장치의 기능
③ 크랭크축·플라이휠·슬라이드·연결봉 및 연결나사의 풀림 유무
④ 프레스의 금형 및 고정 볼트의 상태

[해설] 작업시작 전 점검사항
프레스 등을 사용하여 작업을 할 때 〈산업안전보건기준에 관한 규칙〉
가. 클러치 및 브레이크의 기능
나. 크랭크축·플라이휠·슬라이드·연결봉 및 연결나사의 풀림 여부
다. 1행정 1정지기구·급정지장치 및 비상정지장치의 기능
라. 슬라이드 또는 칼날에 의한 위험방지 기구의 기능
마. 프레스의 금형 및 고정볼트 상태
바. 방호장치의 기능
사. 전단기(剪斷機)의 칼날 및 테이블의 상태

51 프레스기의 안전대책 중 손을 금형 사이에 집어넣을 수 없도록 하는 본질적 안전화를 위한 방식(no-hand in die)에 해당하는 것은?
① 수인식   ② 광전자식
③ 방호울식   ④ 손쳐내기식

[해설] **프레스에 대한 방호방법**
(1) No-hand in die 방식(본질적 안전화) : 금형 안에 손이 들어가지 않는 구조
   ① 안전한 금형의 사용
   ② 안전울을 부착한 프레스
   ③ 전용프레스 사용
   ④ 자동프레스의 도입
(2) hand in die 방식 : 금형 안에 손이 들어가는 구조
   ① 가드식 방호장치
   ② 손쳐내기식 방호장치
   ③ 수인식 방호장치
   ④ 양수 조작식 방호장치
   ⑤ 광전자식 방호장치

52 보일러 부하의 급변, 수위의 과상승 등에 의해 수분이 증기와 분리되지 않아 보일러 수면이 심하게 솟아올라 올바른 수위를 판단하지 못 하는 현상은?
① 프라이밍 ② 모세관
③ 워터해머 ④ 역화

[해설] **프라이밍(priming)** : 보일러 과부하로 수위가 급상승하거나 기계적 결함으로 보일러수가 끓어 수면에 격심한 물방울이 비산하고 증기부가 물방울로 충만하여 수위가 불안전하게 되는 현상(보일러 부하의 급변, 수위의 과상승 등에 의해 수분이 증기와 분리되지 않아 보일러 수면이 심하게 솟아올라 올바른 수위를 판단하지 못하는 현상)

53 산업안전보건법령상 금속의 용접, 용단에 사용하는 가스 용기를 취급할 때 유의사항으로 틀린 것은?
① 밸브의 개폐는 서서히 할 것
② 운반하는 경우에는 캡을 벗길 것
③ 용기의 온도는 40℃ 이하로 유지할 것
④ 통풍이나 환기가 불충분한 장소에는 설치하지 말 것

[해설] **가스의 용기를 취급할시 유의사항**
제234조(가스등의 용기)
금속의 용접·용단 또는 가열에 사용되는 가스등의 용기를 취급하는 경우의 준수사항
5. 운반하는 경우에는 캡을 씌울 것

54 산업안전보건법령상 보일러에 설치해야하는 안전장치로 거리가 가장 먼 것은?
① 해지장치
② 압력방출장치
③ 압력제한스위치
④ 고·저수위조절장치

[해설] **보일러 방호장치**
압력방출장치, 압력제한스위치, 고저수위 조절장치, 화염 검출기 등
(1) 압력방출장치(안전밸브 및 압력릴리프 장치) : 보일러 내부의 압력이 최고사용 압력을 초과할 때 그 과잉의 압력을 외부로 자동적으로 배출시킴으로써 과도한 압력 상승을 저지하여 사고를 방지하는 장치
(2) 압력제한 스위치 : 상용운전압력 이상으로 압력이 상승할 경우 보일러의 파열을 방지하기 위하여 버너의 연소를 차단하여 열원을 제거함으로써 정상 압력으로 유도하는 장치
(3) 고저수위 조절장치 : 보일러의 수위가 안전을 확보할 수 있는 최저수위(안전수위)까지 내려가기 직전에 자동적으로 경보가 울리고 안전수위까지 내려가는 즉시 연소실 내에 공급하는 연료를 자동적으로 차단하는 장치

55 산업안전보건법령상 목재가공용 둥근톱 작업에서 분할날과 톱날 원주면과의 간격은 최대 얼마 이내가 되도록 조정하는가?
① 10mm ② 12mm
③ 14mm ④ 16mm

[해설] **분할날의 설치조건**
① 톱날과의 간격은 12mm 이내 : 분할날과 톱날 원주면과 거리는 12mm 이내로 조정, 유지할 수 있어야 한다.
② 톱날 후면날의 2/3 이상 방호 : 분할날은 표준 테이블면(승강반에 있어서도 테이블을 최하로 내릴 때의 면)상의 톱 뒷날의 2/3 이상을 덮도록 하여야 한다.
③ 분할날 두께는 둥근톱 두께의 1.1배 이상(톱날의 치진폭보다 작아야 한다.)

정답 52.① 53.② 54.① 55.②

56 일반적으로 전류가 과대하고, 용접속도가 너무 빠르며, 아크를 짧게 유지하기 어려운 경우 모재 및 용접부의 일부가 녹아서 홈 또는 오목한 부분이 생기는 용접부 결함은?

① 잔류응력 ② 융합불량
③ 기공 ④ 언더컷

해설 언더컷(under cut) : 일반적으로 전류가 과대하고, 용접속도가 너무 빠르며, 아크를 짧게 유지하기 어려운 경우 모재 및 용접부의 일부가 녹아서 홈 또는 오목한 부분이 생기는 용접부 결함
- 용접시 모재가 녹아 용착금속에 채워지지 않고 홈으로 남게 된 것. 비드(bead)의 가장자리에서 모재가 깊이 먹어들어 간 모양으로 된 것

57 산업안전보건법령상 크레인에 전용탑승설비를 설치하고 근로자를 달아 올린 상태에서 작업에 종사시킬 경우 근로자의 추락 위험을 방지하기 위하여 실시해야 할 조치 사항으로 적합하지 않은 것은?

① 승차석 외의 탑승 제한
② 안전대나 구명줄의 설치
③ 탑승설비의 하강시 동력하강방법을 사용
④ 탑승설비가 뒤집히거나 떨어지지 않도록 필요한 조치

해설 탑승의 제한 〈산업안전보건기준에 관한 규칙〉
제86조(탑승의 제한)
① 크레인을 사용하여 근로자를 운반하거나 근로자를 달아 올린 상태에서 작업에 종사시켜서는 아니 된다. 다만, 크레인에 전용 탑승설비를 설치하고 추락 위험을 방지하기 위하여 다음의 조치를 한 경우에는 그러하지 아니 하다.
 1. 탑승설비가 뒤집히거나 떨어지지 않도록 필요한 조치를 할 것
 2. 안전대나 구명줄을 설치하고, 안전난간을 설치할 수 있는 구조인 경우에는 안전난간을 설치할 것
 3. 탑승설비를 하강시킬 때에는 동력하강방법으로 할 것

58 양중기 과부하방지장치의 일반적인 공통사항에 대한 설명 중 부적합한 것은?

① 과부하방지장치와 타 방호장치는 기능에 서로 장애를 주지 않도록 부착할 수 있는 구조이어야 한다.
② 방호장치의 기능을 변형 또는 보수할 때 양중기의 기능도 동시에 정지할 수 있는 구조이어야 한다.
③ 과부하방지장치에는 정상동작상태의 녹색램프와 과부하 시 경고 표시를 할 수 있는 붉은색램프와 경보음을 발하는 장치 등을 갖추어야 하며, 양중기 운전자가 확인할 수 있는 위치에 설치해야 한다.
④ 과부하방지장치 작동 시 경보음과 경보램프가 작동되어야 하며 양중기는 작동이 되지 않아야 한다. 다만, 크레인은 과부하 상태 해지를 위하여 권상된 만큼 권하시킬 수 있다.

해설 양중기의 과부하장치에서 요구하는 일반적인 성능기준 〈방호장치 의무안전인증 고시. 별표 2〉
마. 방호장치의 기능을 제거 또는 정지할 때 양중기의 기능도 동시에 정지할 수 있는 구조이어야 한다.
* 과부하방지장치 : 하중이 정격을 초과하였을 때 자동적으로 상승이 정지되는 장치

59 산업안전보건법령상에서 정한 양중기의 종류에 해당하지 않는 것은?

① 크레인[호이스트(hoist)를 포함한다]
② 도르래
③ 곤돌라
④ 승강기

해설 양중기 종류 〈산업안전보건기준에 관한 규칙〉
제132조(양중기)
1. 크레인[호이스트(hoist)를 포함]
2. 이동식 크레인
3. 리프트(이삿짐운반용 리프트의 경우에는 적재하중이 0.1톤 이상인 것으로 한정)
4. 곤돌라 5. 승강기

정답 56.④ 57.① 58.② 59.②

60 산업안전보건법령상 고속회전체의 회전시험을 하는 경우 미리 회전축의 재질 및 형상 등에 상응하는 종류의 비파괴검사를 해서 결함 유무를 확인해야 한다. 이때 검사 대상이 되는 고속회전체의 기준은?

① 회전축의 중량이 0.5톤을 초과하고, 원주속도가 100m/s 이내인 것
② 회전축의 중량이 0.5톤을 초과하고, 원주속도가 120m/s 이상인 것
③ 회전축의 중량이 1톤을 초과하고, 원주속도가 100m/s 이내인 것
④ 회전축의 중량이 1톤을 초과하고, 원주속도가 120m/s 이상인 것

해설 비파괴검사의 실시 〈산업안전보건기준에 관한 규칙〉
제115조(비파괴검사의 실시)
고속회전체(회전축의 중량이 1톤을 초과하고 원주속도가 초당 120미터 이상인 것으로 한정한다)의 회전시험을 하는 경우 미리 회전축의 재질 및 형상 등에 상응하는 종류의 비파괴검사를 해서 결함 유무(有無)를 확인하여야 한다.

제4과목 전기설비 안전관리

61 인체저항을 500Ω이라 한다면, 심실세동을 일으키는 위험한계에너지는 약 몇 J인가? (단, 심실세동전류값 $I = \dfrac{165}{\sqrt{T}}$ [mA]의 Dalziel의 식을 이용하며, 통전시간은 1초로 한다.)

① 11.5   ② 13.6
③ 15.3   ④ 16.2

해설 위험한계에너지
감전전류가 인체저항을 통해 흐르면 그 부위에는 열이 발생하는데 이 열에 의해서 화상을 입고 세포 조직이 파괴됨

줄(Joule)열 $H = I^2RT$ [J]
$= (\dfrac{165}{\sqrt{T}} \times 10^{-3})^2 \times R \times T$
$= (\dfrac{165}{1} \times 10^{-3})^2 \times 500 \times 1 = 13.6 J$

* 심실세동전류
$I = \dfrac{165}{\sqrt{T}}$ mA ⇨ $I = \dfrac{165}{\sqrt{T}} \times 10^{-3}$ A

62 전류가 흐르는 상태에서 단로기를 끊었을 때 여러 가지 파괴작용을 일으킨다. 다음 그림에서 유입차단기의 차단순위와 투입순위가 안전수칙에 가장 적합한 것은?

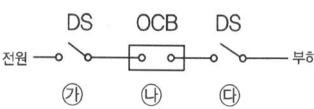

① 차단 : ㉮ → ㉯ → ㉰,
　투입 : ㉮ → ㉯ → ㉰
② 차단 : ㉯ → ㉰ → ㉮,
　투입 : ㉯ → ㉰ → ㉮
③ 차단 : ㉰ → ㉯ → ㉮,
　투입 : ㉰ → ㉮ → ㉯
④ 차단 : ㉯ → ㉮ → ㉰,
　투입 : ㉰ → ㉮ → ㉯

해설 개폐조작의 순서
1) 전원 투입순서 : ㉰ → ㉮ → ㉯
　- 단로기(DS)를 투입한 후 차단기(VCB) 투입
2) 전원 차단순서 : ㉯ → ㉰ → ㉮
　- 차단기(VCB)를 개방한 후 단로기(DS) 개방
※ 단로기(D.S : Disconnecting Switch) : 단로기는 개폐기의 일종으로 수용가 구내 인입구에 설치하여 무부하 상태의 전로를 개폐하는 역할을 하거나 차단기, 변압기, 피뢰기 등 고전압 기기의 1차 측에 설치하여 기기를 점검, 수리할 때 전원으로부터 이들 기기를 분리하기 위해 사용
　- 부하전류를 차단하는 능력이 없으므로 부하전류가 흐르는 상태에서 차단하면 매우 위험

정답 60.④ 61.② 62.④

63 누전사고가 발생될 수 있는 취약 개소가 아닌 것은?

① 나선으로 접속된 분기회로의 접속점
② 전선의 열화가 발생한 곳
③ 부도체를 사용하여 이중절연이 되어 있는 곳
④ 리드선과 단자와의 접속이 불량한 곳

해설 **누전사고가 발생될 수 있는 취약 개소**
① 나선으로 접속된 분기회로의 접속점
② 전선의 열화가 발생한 곳(전선 피복의 절연성능이 크게 저하된 전선)
③ 리드선과 단자와의 접속이 불량한 곳

64 감전사고를 일으키는 주된 형태가 아닌 것은?

① 충전전로에 인체가 접촉되는 경우
② 이중절연구조로 된 전기 기계·기구를 사용하는 경우
③ 고전압의 전선로에 인체가 근접하여 섬락이 발생된 경우
④ 충전 전기회로에 인체가 단락회로의 일부를 형성하는 경우

해설 **이중절연구조**
전동기계·기구에 의한 감전사고를 예방하기 위해 충전부와 외함 사이에 충전부에 대한 기능절연(기초절연)과 보호절연(부가절연)이 추가 되어 2중으로 된 절연의 구조

65 감전사고 방지대책으로 틀린 것은?

① 설비의 필요한 부분에 보호접지 실시
② 노출된 충전부에 통전망 설치
③ 안전전압 이하의 전기기기 사용
④ 전기기기 및 설비의 정비

해설 **감전사고 방지대책**
① 전기기기 및 설비의 정비
② 안전전압 이하의 전기기기 사용
③ 설비의 필요부분에 보호접지의 실시
④ 노출된 충전부에 절연 방호구를 설치, 작업자는 보호구를 착용
⑤ 유자격자 이외는 전기기계·기구에 전기적인 접촉 금지
⑥ 사고회로의 신속한 차단(누전차단기 설치)
⑦ 보호절연
⑧ 이중절연구조

66 300A의 전류가 흐르는 저압 가공전선로의 1선에서 허용 가능한 누설전류(mA)는?

① 600
② 450
③ 300
④ 150

해설 **누설전류**
절연부분의 전선과 대지간의 절연저항은 사용전압에 대한 누설전류가 최대공급전류의 1/2,000이 넘지 않도록 해야 함
누설전류 Ig = I × 1/2,000 = 300 × 1/2,000
= 0.15 A = 150mA

67 누전차단기의 구성요소가 아닌 것은?

① 누전검출부
② 영상변류기
③ 차단장치
④ 전력퓨즈

해설 **누전차단기의 구성요소**
① 누전검출부
② 영상변류기
③ 차단장치
④ 트립코일

68 활선 작업 시 사용할 수 없는 전기작업용 안전장구는?

① 전기안전모
② 절연장갑
③ 검전기
④ 승주용 가제

해설 **절연용 안전장구**
① 절연용 보호구 : 전기 안전모(절연모), 절연장갑(절연고무장갑), 절연용 고무소매, 절연화(안전화), 절연복(절연상의, 하의, 어깨받이) 등
② 저압 및 고압용 검전기(검출용구) : 전기기기, 설비 및 전선로 등의 충전 유무를 확인하기 위한 장비

정답 63. ③ 64. ② 65. ② 66. ④ 67. ④ 68. ④

69 교류아크 용접기에 전격 방지기를 설치하는 요령 중 틀린 것은?

① 이완 방지 조치를 한다.
② 직각으로만 부착해야 한다.
③ 동작 상태를 알기 쉬운 곳에 설치한다.
④ 테스트 스위치는 조작이 용이한 곳에 위치시킨다.

해설 전격 방지기를 설치하는 요령
① 직각으로 부착 할 것 단, 직각이 어려울 때는 직각에 대해 20도 를 넘지 않을 것
② 이완 방지 조치를 한다.
③ 동작 상태를 알기 쉬운 곳에 설치한다.
④ 테스트 스위치는 조작이 용이한 곳에 위치시킨다.

70 전로에 지락이 생겼을 때에 자동적으로 전로를 차단하는 장치를 시설해야 하는 전기기계의 사용전압 기준은? (단, 금속제 외함을 가지는 저압의 기계 기구로서 사람이 쉽게 접촉할 우려가 있는 곳에 시설되어 있다.)

① 30V 초과   ② 50V 초과
③ 90V 초과   ④ 150V 초과

해설 누전차단장치의 설치 〈한국전기설비규정〉
금속제 외함을 가지는 사용전압이 50V를 초과하는 저압의 기계 기구로서 사람이 쉽게 접촉할 우려가 있는 곳에 시설하는 것에 전기를 공급하는 전로

71 전기설비에 접지를 하는 목적으로 틀린 것은?

① 누설전류에 의한 감전방지
② 낙뢰에 의한 피해방지
③ 지락사고 시 대지전위 상승유도 및 절연강도 증가
④ 지락사고 시 보호계전기 신속동작

해설 전기설비에 접지를 하는 목적
① 누설전류에 의한 감전방지
② 낙뢰에 의한 피해방지(전기 기기의 손상 방지)
③ 기기 및 배전선에서 이상 고전압이 발생하였을 때 대지전위를 억제하고 절연강도를 경감
④ 지락사고 시 보호계전기 신속동작(계전기의 신속하고 확실한 동작확보)
 - 송배전선, 고압 모선 등에서 지락사고의 발생 시 보호 계전기를 신속하게 작동시킴

72 개폐기로 인한 발화는 스파크에 의한 가연물의 착화화재가 많이 발생한다. 이를 방지하기 위한 대책으로 틀린 것은?

① 가연성증기, 분진 등이 있는 곳은 방폭형을 사용한다.
② 개폐기를 불연성 상자 안에 수납한다.
③ 비포장 퓨즈를 사용한다.
④ 접속부분의 나사풀림이 없도록 한다.

해설 스파크에 의한 화재를 방지하기 위한 대책
① 개폐기를 불연성의 외함 내에 내장시킬 것
② 통형퓨즈를 사용할 것
③ 가연성 증기, 분진 등 위험한 물질이 있는 곳에는 방폭형 개폐기를 사용할 것
④ 접촉부분의 산화, 나사풀림으로 접촉저항이 증가하지 않도록 할 것
⑤ 과전류 차단용 퓨즈는 포장 퓨즈로 할 것
⑥ 유입개폐기는 절연유의 열화 정도와 유량에 주의하고 유입개폐기 주위에 내화벽을 설치할 것

73 절연물의 절연계급을 최고허용온도가 낮은 온도에서 높은 온도 순으로 배치한 것은?

① Y종 → A종 → E종 → B종
② A종 → B종 → E종 → Y종
③ Y종 → E종 → B종 → A종
④ B종 → Y종 → A종 → E종

해설 전기절연재료의 허용온도(절연물의 절연계급)

종별	Y	A	E	B	F	H	C
최고허용온도 [℃]	90	105	120	130	155	180	180 이상

정답 69.② 70.② 71.③ 72.③ 73.①

74 정전기 방지대책 중 적합하지 않은 것은?

① 대전서열이 가급적 먼 것으로 구성한다.
② 카본 블랙을 도포하여 도전성을 부여한다.
③ 유속을 저감 시킨다.
④ 도전성 재료를 도포하여 대전을 감소시킨다.

해설 정전기 재해의 방지대책(대전된 정전기의 제거방법)
① 대전하기 쉬운 금속부분에 접지한다.(금속 도체와 대지 사이의 전위를 최소화하기 위하여 접지한다.)
② 도전성을 부여하여 대전된 전하를 누설시킨다.(도전성 재료를 도포하여 대전을 감소 : 카본 블랙을 도포하여 도전성을 부여)
③ 작업장 내 습도를 높여 방전을 촉진한다.(작업장 내에서 가습한다.)
④ 작업장 내의 온도를 높여 방전을 촉진시킨다.
⑤ 배관 내 액체가 흐를 경우 유속을 제한한다.)
⑥ 대전서열이 가급적 가까운 것으로 구성 : 고분자 대전서열에서 "0(테릴렌)"을 기준으로 정(+) 또는 부(−) 쪽으로 멀어질수록 정전기는 강해짐

75 정전기 재해의 방지를 위하여 배관 내 액체의 유속 제한이 필요하다. 배관의 내경과 유속 제한 값으로 적절하지 않은 것은?

① 관내경(mm): 25, 제한유속(m/s): 6.5
② 관내경(mm): 50, 제한유속(m/s): 3.5
③ 관내경(mm): 100, 제한유속(m/s): 2.5
④ 관내경(mm): 200, 제한유속(m/s): 1.8

해설 배관 내 액체의 유속제한
저항률 10^{10} Ω·cm 이상인 위험물의 배관 내 유속은 표 값 이하로 할 것. 단, 주입구가 액면 밑에 충분히 침하할 때까지의 배관 내 유속은 1m/s 이하로 할 것

관 내경		유속 (m/s)	관 내경		유속 (m/s)
inch	mm		inch	mm	
0.5	10	8	8	200	1.8
1	25	4.9	16	400	1.3
2	50	3.5	24	600	1.0
4	100	2.5			

76 다음은 무슨 현상을 설명한 것인가?

> 전위차가 있는 2개의 대전체가 특정거리에 접근하게 되면 등전위가 되기 위하여 전하가 절연공간을 깨고 순간적으로 빛과 열을 발생하며 이동하는 현상

① 대전 ② 충전
③ 방전 ④ 열전

해설 방전 : 대전체가 가지고 있던 전하를 잃어버리는 것
- 전위차가 있는 2개의 대전체가 특정거리에 접근하게 되면 등전위가 되기 위하여 전하가 절연공간을 깨고 순간적으로 빛과 열을 발생하며 이동하는 현상

77 다음에서 설명하고 있는 방폭구조는?

> 전기기기의 정상 사용 조건 및 특정 비정상 상태에서 과도한 온도 상승, 아크 또는 스파크의 발생위험을 방지하기 위해 추가적인 안전조치를 취한 것으로 Ex e라고 표시한다.

① 유입 방폭구조 ② 압력 방폭구조
③ 내압 방폭구조 ④ 안전증 방폭구조

해설 안전증 방폭구조(e)
전기기구의 권선, 에어캡, 접점부, 단자부등과 같이 정상적인 운전 중에 불꽃, 아크 또는 과열이 생겨서는 안 될 부분에 대하여 이를 방지하거나 온도 상승을 제한하기 위하여 전기기기의 안전도를 증가시킨 구조로 내압방폭구조보다 용량이 적음(점화원 격리와 무관 : 전기설비의 안전도 증감)
- 정상운전 중에 폭발성 가스 또는 증기에 점화원이 될 전기불꽃, 아크 또는 고온 부분 등의 발생을 방지하기 위하여 기계적, 전기적 구조상 또는 온도상승에 대해서 특히 안전도를 증가시킨 구조

78 KS C IEC 60079-6에 따른 유입방폭구조 "o" 방폭장비의 최소 IP 등급은?

① IP44 ② IP54
③ IP55 ④ IP66

정답 74.① 75.① 76.③ 77.④ 78.④

해설 IP 등급(Ingress Protection Classification)
IEC 규정을 통해 외부의 접촉이나 먼지, 물(습기), 충격으로부터 보호하는 정도에 따라 등급을 분류. 첫 번째 숫자(6단계)는 고체나 분진에 대한 보호등급을 나타내고, 두 번째 숫자(8단계)는 액체, 물에 대한 등급을 나타냄
- 유입방폭구조 "o" 방폭장비의 최소 IP 등급: IP66

79 가연성 가스가 있는 곳에 저압 옥내전기설비를 금속관 공사에 의해 시설하고자 한다. 관 상호 간 또는 관과 전기기계기구와는 몇 턱 이상 나사조임으로 접속하여야 하는가?

① 2턱　② 3턱
③ 4턱　④ 5턱

해설 전선관의 접속
가스증기위험장소의 금속관(후강)배선에 의하여 시설하는 경우 관 상호 및 관과 박스 기타의 부속품, 풀박스 또는 전기기계기구와는 5턱 이상(나사산이 5산 이상) 나사 조임으로 접속하는 방법에 의하여 견고하게 접속하여야 함

80 방폭인증서에서 방폭부품을 나타내는 데 사용되는 인증번호의 접미사는?

① G　② X
③ D　④ U

해설 X 또는 U 기호
① X 기호: 특별 사용 조건을 나타내기 위해 사용하는 기호
② U 기호: 방폭 부품을 나타내는데 사용되는 기호

제5과목 화학설비 안전관리

81 위험물안전관리법령상 제1류 위험물에 해당하는 것은?

① 과염소산나트륨　② 과염소산
③ 과산화수소　④ 과산화벤조일

해설 제1류 위험물 산화성 고체

위험물		
유별	성질	품명
제1류	산화성 고체	1. 아염소산염류 2. 염소산염류 3. 과염소산염류(*과염소산칼륨, 과염소산나트륨, 과염소산암모늄) 4. 무기과산화물 5. 브롬산염류 6. 질산염류 7. 요오드산염류 8. 과망간산염류 9. 중크롬산염류 10. 그 밖에 총리령으로 정하는 것 11. 제1호 내지 제10호의 1에 해당하는 어느 하나 이상을 함유한 것

82 산업안전보건기준에 관한 규칙에서 정한 위험물질의 종류에서 "물반응성 물질 및 인화성 고체"에 해당하는 것은?

① 질산에스테르류
② 니트로화합물
③ 칼륨 · 나트륨
④ 니트로소화합물

해설 물반응성 물질 및 인화성 고체
가. 리튬
나. 칼륨 · 나트륨
다. 황
라. 황린
마. 황화인 · 적린
바. 셀룰로이드류
사. 알킬알루미늄 · 알킬리튬
아. 마그네슘 분말
자. 금속 분말(마그네슘 분말은 제외한다)
차. 알칼리금속(리튬 · 칼륨 및 나트륨은 제외한다)
카. 유기 금속화합물(알킬알루미늄 및 알킬리튬은 제외한다)
타. 금속의 수소화물
파. 금속의 인화물
하. 칼슘 탄화물, 알루미늄 탄화물

정답 79. ④ 80. ④ 81. ① 82. ③

83 공기 중 아세톤의 농도가 20ppm(TLV 500 ppm), 메틸에틸케톤(MEK)의 농도가 100 ppm(TLV 200ppm)일 때 혼합물질의 허용농도(ppm)는? (단, 두 물질은 서로 상가작용을 하는 것으로 가정한다.)

① 150
② 200
③ 270
④ 333

해설 혼합물의 허용농도(TLV)
$$= \frac{C_1 + C_2 + \cdots + C_n}{R} = \frac{(200+100)}{0.9} = 333\,\text{ppm}$$

– 혼합물인 경우의 노출기준(위험도, R)
$$R = \frac{C_1}{T_1} + \frac{C_2}{T_2} + \cdots + \frac{C_n}{T_n}$$

→ 노출지수 $R = \frac{200}{500} + \frac{100}{200} = 0.9$

C : 화학물질 각각의 측정치(*위험물질에서는 취급 또는 저장량)
T : 화학물질 각각의 노출기준(*위험물질에서는 규정 수량)

* 상가작용(相加作用) : 두 가지 이상의 약물을 함께 투여하였을 때에, 그 작용이 각 작용의 합과 같은 현상

84 불연성이지만 다른 물질의 연소를 돕는 산화성 액체 물질에 해당하는 것은?

① 히드라진
② 과염소산
③ 벤젠
④ 암모니아

해설 과염소산($HClO_4$)
흡습성이 매우 강한 무색의 액체이고 강한 산(酸)이다. 물과 혼합하면 다량의 열을 발생한다.
– 불연성이지만 다른 물질의 연소를 돕는 산화성 액체 물질에 해당

85 아세톤에 대한 설명으로 틀린 것은?

① 증기는 유독하므로 흡입하지 않도록 주의해야 한다.
② 무색이고 휘발성이 강한 액체이다.
③ 비중이 0.79이므로 물보다 가볍다.
④ 인화점이 20℃이므로 여름철에 인화 위험이 더 높다.

해설 아세톤(acetone) – 화학식 CH_3COCH_3
① 인화점 –20℃, 에테르 냄새를 풍기는 무색의 휘발성 액체이다.
② 물이나 알코올에 잘 녹으며, 유기용매로서 다른 유기물질과도 잘 섞인다.
③ 인화성이 강하고 폭발성이 높기 때문에 화기에 주의해야 하며 장기적인 피부 접촉은 심한 염증을 일으킬 수 있다. 독성물질에 속한다.(증기는 유독함으로 흡입하지 않도록 주의해야 한다.)
④ 일광이나 공기에 노출되면 과산화물을 생성하여 폭발성으로 된다.
⑤ 비중이 0.79이므로 물보다 가볍다.

86 화학물질 및 물리적 인자의 노출기준에서 정한 유해인자에 대한 노출기준의 표시단위가 잘못 연결된 것은?

① 에어로졸 : ppm
② 증기 : ppm
③ 가스 : ppm
④ 고온 : 습구흑구온도지수(WBGT)

해설 유해물질대상에 대한 노출기준의 표시단위 (화학물질 및 물리적 인자의 노출기준)
제11조(표시단위)
① 가스 및 증기의 노출기준 표시단위는 피피엠(ppm) 또는 세제곱미터당 밀리그램(mg/m^3)을 사용한다.
② 분진 및 미스트 등 에어로졸의 노출기준 표시단위는 세제곱미터당 밀리그램(mg/m^3)을 사용한다. 다만, 석면 및 내화성세라믹섬유의 노출기준 표시단위는 세제곱센티미터당 개수(개/cm^3)를 사용한다.
③ 고온의 노출기준 표시단위는 습구흑구온도지수(WBGT)를 사용하며 다음 각 호의 식에 따라 산출한다.

87 가연성 가스 A의 연소범위를 2.2~9.5vol%라 할 때 가스 A의 위험도는 얼마인가?

① 2.52
② 3.32
③ 4.91
④ 5.64

해설 위험도 : 기체의 폭발위험 수준을 나타냄.

$H = \dfrac{U-L}{L}$ ⇒ 위험도 $= \dfrac{(9.5-2.2)}{2.2} = 3.32$

[H : 위험도, L : 폭발하한계 값(%), U : 폭발상한계 값(%)]

88 다음 [표]를 참조하여 메탄 70vol%, 프로판 21vol%, 부탄 9vol%인 혼합가스의 폭발범위를 구하면 약 몇 vol%인가?

가스	폭발하한계 (vol%)	폭발상한계 (vol%)
C_4H_{10}	1.8	8.4
C_3H_8	2.1	9.5
C_2H_6	3.0	12.4
CH_4	5.0	15.0

① 3.45~9.11 ② 3.45~12.58
③ 3.85~9.11 ④ 3.85~12.58

해설 혼합가스의 폭발범위(순수한 혼합가스일 경우)

$L = \dfrac{100}{\dfrac{V_1}{L_1} + \dfrac{V_2}{L_2} + \cdots + \dfrac{V_n}{L_n}}$

여기서, L : 혼합가스의 폭발한계(%) – 폭발상한, 폭발하한 모두 적용 가능

$L_1 + L_2 + \cdots + L_n$: 각 성분가스의 폭발한계(%) – 폭발상한계, 폭발하한계

$V_1 + V_2 + \cdots + V_n$: 전체 혼합가스중 각 성분가스의 비율(%) – 부피비

(* C_4H_{10} : 부탄, C_3H_8 : 프로판, C_2H_6 : 벤젠, CH_4 : 메탄)

① 혼합가스의 폭발하한계
 $= \dfrac{100}{(70/5 + 21/2.1 + 9/1.8)} = 3.45\,vol\%$

② 혼합가스의 폭발상한계
 $= \dfrac{100}{(70/15 + 21/9.8 + 9/8.4)} = 12.58\,vol\%$

⇒ 혼합가스의 폭발범위는 3.45~12.58

89 다음 중 분진 폭발의 특징으로 옳은 것은?
① 가스폭발보다 연소시간이 짧고, 발생에너지가 작다.
② 압력의 파급속도보다 화염의 파급속도가 빠르다.
③ 가스폭발에 비하여 불완전 연소의 발생이 없다.
④ 주의의 분진에 의해 2차, 3차의 폭발로 파급될 수 있다.

해설 분진폭발의 특징
① 가스폭발에 비해 연소속도나 폭발압력은 작으나 연소시간이 길고 발생 에너지가 크기 때문에 파괴력과 연소정도가 크다.
② 가스폭발에 비하여 불완전 연소를 일으키기 쉬우므로 연소 후 가스에 의한 중독 위험이 있다.
③ 화염의 파급속도보다 압력의 파급속도가 크다.
④ 최초의 부분적인 폭발이 분진의 비산으로 2차, 3차 폭발로 파급되어 피해가 커진다.

90 다음 중 분진이 발화 폭발하기 위한 조건으로 거리가 먼 것은?
① 불연성질 ② 미분상태
③ 점화원의 존재 ④ 산소 공급

해설 분진이 발화 폭발하기 위한 조건
가연성, 미분상태, 공기 중에서의 교반과 유동, 점화원의 존재이다.

91 열교환기의 정기적 점검을 일상점검과 개방점검으로 구분할 때 개방점검 항목에 해당하는 것은?
① 보냉재의 파손 상황
② 플랜지부나 용접부에서의 누출 여부
③ 기초볼트의 체결 상태
④ 생성물, 부착물에 의한 오염 상황

해설 열교환기의 보수에 있어서 일상점검항목
① 보온재 및 보냉재의 파손상황
② 도장의 노후 상황

정답 88.② 89.④ 90.① 91.④

③ flange부 등의 외부 누출여부
④ 기초부 및 기초 고정부 상태(기초볼트의 체결정도 등)
* 부식의 형태 및 정도는 일상점검(외관)으로 파악하기 어려움

92 다음 중 폭발한계(vol%)의 범위가 가장 넓은 것은?

① 메탄
② 부탄
③ 톨루엔
④ 아세틸렌

해설 물질을 폭발 범위

구분	폭발하한계 (vol%)	폭발상한계 (vol%)	비고
메탄(CH_4)	5.0	15	
부탄(C_4H_{10})	1.8	8.4	
톨루엔($C_6H_5CH_3$)	1.3	6.7	
아세틸렌(C_2H_2)	2.5	81	폭발 범위 78.5

93 안전밸브 전단·후단에 자물쇠형 또는 이에 준하는 형식의 차단밸브 설치를 할 수 있는 경우에 해당하지 않는 것은?

① 자동압력조절밸브와 안전밸브 등이 직렬로 연결된 경우
② 화학설비 및 그 부속설비에 안전밸브 등이 복수방식으로 설치되어 있는 경우
③ 열팽창에 의하여 상승된 압력을 낮추기 위한 목적으로 안전밸브가 설치된 경우
④ 인접한 화학설비 및 그 부속설비에 안전밸브 등이 각각 설치되어 있고, 해당 화학설비 및 그 부속설비의 연결배관에 차단밸브가 없는 경우

해설 차단밸브의 설치 금지 〈산업안전보건기준에 관한 규칙〉
제266조(차단밸브의 설치 금지)
안전밸브 등의 전단·후단에 차단밸브를 설치해서는 아니 된다. 다만, 다음에 해당하는 경우에는 자물쇠형 또는 이에 준하는 형식의 차단밸브를 설치할 수 있다.
1. 인접한 화학설비 및 그 부속설비에 안전밸브 등이 각각 설치되어 있고, 해당 화학설비 및 그 부속설비의 연결배관에 차단밸브가 없는 경우
2. 안전밸브 등의 배출용량의 2분의 1 이상에 해당하는 용량의 자동압력조절밸브(구동용 동력원의 공급을 차단하는 경우 열리는 구조인 것으로 한정한다)와 안전밸브 등이 병렬로 연결된 경우
3. 화학설비 및 그 부속설비에 안전밸브 등이 복수방식으로 설치되어 있는 경우
4. 예비용 설비를 설치하고 각각의 설비에 안전밸브 등이 설치되어 있는 경우
5. 열팽창에 의하여 상승된 압력을 낮추기 위한 목적으로 안전밸브가 설치된 경우
6. 하나의 플레어 스택(flare stack)에 둘 이상의 단위공정의 플레어 헤더(flare header)를 연결하여 사용하는 경우로서 각각의 단위공정의 플레어헤더에 설치된 차단밸브의 열림·닫힘 상태를 중앙제어실에서 알 수 있도록 조치한 경우

94 산업안전보건법령상 대상 설비에 설치된 안전밸브에 대해서는 경우에 따라 구분된 검사주기마다 안전밸브가 적정하게 작동하는지 검사하여야 한다. 화학공정 유체와 안전밸브의 디스크 또는 시트가 직접 접촉될 수 있도록 설치된 경우의 검사주기로 옳은 것은?

① 매년 1회 이상
② 2년마다 1회 이상
③ 3년마다 1회 이상
④ 4년마다 1회 이상

해설 안전밸브 또는 파열판 설치 〈산업안전보건기준에 관한 규칙〉
제261조(안전밸브 등의 설치)
③ 설치된 안전밸브에 대해서는 다음의 구분에 따른 검사주기마다 검사한 후 납으로 봉인하여 사용하여야 한다.
1. 화학공정 유체와 안전밸브의 디스크 또는 시트가 직접 접촉될 수 있도록 설치된 경우 : 2년마다 1회 이상
2. 안전밸브 전단에 파열판이 설치된 경우 : 3년마다 1회 이상
3. 공정안전보고서 제출 대상으로서 고용노동부장관이 실시하는 공정안전보고서 이행상태 평가결과가 우수한 사업장의 안전밸브의 경우 : 4년마다 1회 이상

정답 92.④ 93.① 94.②

95 위험물을 산업안전보건법령에서 정한 기준량 이상으로 제조하거나 취급하는 설비로서 특수화학설비에 해당되는 것은?

① 가열시켜 주는 물질의 온도가 가열되는 위험물질의 분해온도보다 높은 상태에서 운전되는 설비
② 상온에서 게이지 압력으로 200kPa의 압력으로 운전되는 설비
③ 대기압 하에서 300℃로 운전되는 설비
④ 흡열반응이 행하여지는 반응설비

해설 **특수화학설비** 〈산업안전보건기준에 관한 규칙〉
제273조(계측장치 등의 설치)
위험물을 정한 기준량 이상으로 제조하거나 취급하는 다음에 해당하는 화학설비(특수화학설비)를 설치하는 경우에는 내부의 이상 상태를 조기에 파악하기 위하여 필요한 온도계·유량계·압력계 등의 계측장치를 설치하여야 한다.
1. 발열반응이 일어나는 반응장치
2. 증류·정류·증발·추출 등 분리를 하는 장치
3. 가열시켜 주는 물질의 온도가 가열되는 위험물질의 분해온도 또는 발화점보다 높은 상태에서 운전되는 설비
4. 반응폭주 등 이상 화학반응에 의하여 위험물질이 발생할 우려가 있는 설비
5. 온도가 섭씨 350도 이상이거나 게이지 압력이 980 킬로파스칼 이상인 상태에서 운전되는 설비
6. 가열로 또는 가열기

96 수분을 함유하는 에탄올에서 순수한 에탄올을 얻기 위해 벤젠과 같은 물질은 첨가하여 수분을 제거하는 증류 방법은?

① 공비증류   ② 추출증류
③ 가압증류   ④ 감압증류

해설 **공비증류**
공비혼합물 또는 끓는점이 비슷하여 분리하기 어려운 액체혼합물의 성분을 완전히 분리시키기 위해 쓰이는 증류법
– 수분을 함유하는 에탄올에서 순수한 에탄올을 얻기 위해 벤젠과 같은 물질은 첨가하여 수분을 제거하는 증류 방법

97 다음 중 물질의 자연발화를 촉진시키는 요인으로 가장 거리가 먼 것은?

① 표면적이 넓고, 발열량이 클 것
② 열전도율이 클 것
③ 주위 온도가 높을 것
④ 적당한 수분을 보유할 것

해설 **자연발화가 가장 쉽게 일어나기 위한 조건**
: 고온, 다습한 환경
① 발열량이 클 것
② 주변의 온도가 높을 것
③ 물질의 열전도율이 작을 것
④ 표면적이 넓을 것
⑤ 적당량의 수분이 존재할 것

98 다음 물질 중 인화점이 가장 낮은 물질은?

① 이황화탄소   ② 아세톤
③ 크실렌   ④ 경유

해설 **인화점(Flash Point)** : 가연성 증기에 점화원을 주었을 때 연소가 시작되는 최저온도

물질명	인화점
이황화탄소(CS_2)	-30℃
크실렌	29℃
아세톤(CH_3COCH_3)	-18℃
경유	50℃

99 물의 소화력을 높이기 위하여 물에 탄산칼륨(K_2CO_3)과 같은 염류를 첨가한 소화약제를 일반적으로 무엇이라 하는가?

① 포 소화약제
② 분말 소화약제
③ 강화액 소화약제
④ 산알칼리 소화약제

해설 **강화액 소화약제**
물 소화약제의 단점을 보완하기 위하여 물에 탄산칼륨(K_2CO_3) 등을 녹인 수용액으로 부동성이 높은 알칼리성 소화약제(물의 소화력을 높이기 위하여 물에 탄산칼륨과 같은 염류를 첨가한 소화약제)

100 가연성물질의 저장 시 산소농도를 일정한 값 이하로 낮추어 연소를 방지할 수 있는데 이때 첨가하는 물질로 적합하지 않은 것은?

① 질소
② 이산화탄소
③ 헬륨
④ 일산화탄소

해설 불연성 가스(연소하지 않는 가스)
헬륨(He), 이산화탄소(CO_2), 질소(N_2, 화학공장에서 많이 사용하는 불연성 가스), 아르곤(Ar), 네온(Ne)

[제6과목] 건설공사 안전관리

101 다음 중 유해위험방지계획서 제출 대상 공사가 아닌 것은?

① 지상높이가 30m인 건축물 건설공사
② 최대지간길이가 50m인 교량건설공사
③ 터널 건설공사
④ 깊이가 11m인 굴착공사

해설 유해·위험방지계획서 제출대상 건설공사 〈산업안전보건법 시행령 제42조〉
1. 다음에 해당하는 건축물 또는 시설 등의 건설·개조 또는 해체 공사
   가. 지상높이가 31미터 이상인 건축물 또는 인공구조물
   나. 연면적 3만제곱미터 이상인 건축물
   다. 연면적 5천제곱미터 이상인 시설로서 다음의 어느 하나에 해당하는 시설
      1) 문화 및 집회시설(전시장 및 동물원·식물원은 제외한다)
      2) 판매시설, 운수시설(고속철도의 역사 및 집배송시설은 제외한다)
      3) 종교시설
      4) 의료시설 중 종합병원
      5) 숙박시설 중 관광숙박시설
      6) 지하도상가
      7) 냉동·냉장 창고시설
2. 연면적 5천제곱미터 이상인 냉동·냉장 창고시설의 설비공사 및 단열공사
3. 최대 지간(支間)길이(다리의 기둥과 기둥의 중심사이의 거리)가 50미터 이상인 다리의 건설등 공사
4. 터널의 건설등 공사
5. 다목적댐, 발전용댐, 저수용량 2천만톤 이상의 용수 전용 댐 및 지방상수도 전용 댐의 건설등 공사
6. 깊이 10미터 이상인 굴착공사

102 표준관입시험에 관한 설명으로 옳지 않은 것은?

① N치(N-value)는 지반을 30cm 굴진하는 데 필요한 타격횟수를 의미한다.
② N치 4~10일 경우 모래의 상대밀도는 매우 단단한 편이다.
③ 63.5kg 무게의 추를 76cm 높이에서 자유낙하하여 타격하는 시험이다.
④ 사질지반에 적용하며, 점토지반에서는 편차가 커서 신뢰성이 떨어진다.

해설 표준관입시험(SPT, Standard Penetration Test)
보링공을 이용하여 로드 끝에 표준샘플러를 설치하고 무게 63.5kg의 해머를 76cm의 높이에서 자유낙하시킨 타격으로 30cm 관입시키는 데 필요로 하는 타격회수 N을 측정하여 토층의 경연을 조사하는 원위치 시험임

① N치는 지반특성을 판별 또는 결정하거나 지반구조물을 설계하고 해석하는데 활용된다.(N치가 클수록 토질이 밀실)

사질토에서의 N값	모래의 상대밀도
0 ~ 4	몹시 느슨
4 ~ 10	느슨
10 ~ 30	보통
30 ~ 50	조밀
50 이상	대단히 조밀

103 건설공사의 산업안전보건관리비 계상 시 대상액이 구분되어 있지 않은 공사는 도급계약 또는 자체사업 계획상의 총 공사금액 중 얼마를 대상액으로 하는가?

① 50%
② 60%
③ 70%
④ 80%

정답 100.④ 101.① 102.② 103.③

해설 산업안전보건관리비의 계상방법
(1) 공사내역이 구분되어 있는 경우
산업안전보건관리비 = 대상액(재료비 + 직접노무비) × 요율
(2) 공사내역이 구분되어 있고, 대상액이 5억 원~50억 원 미만인 경우
산업안전보건관리비 = 대상액(재료비 + 직접노무비) × 요율 + 기초액(C)
(3) 재료를 발주자가 제공(관급)하거나 완제품의 형태로 제작 또는 납품되어 설치되는 경우
  ① 산업안전보건관리비 = 대상액[재료비(관급자재비 및 사급자재비 포함) + 직접노무비] × 요율
  ② 산업안전보건관리비 = 대상액[재료비(사급자재비 포함) + 직접노무비] × 요율 × 1.2배
  ③ 계산 후 "①〉②"이나 "①〈②"이면 작은 금액으로 산정(1.2배를 초과할 수 없다.)
(4) 공사내역이 구분되어 있지 않은 경우
  ① 대상액 = 총공사금액 × 70%
  ② 산업안전보건관리비 = 대상액(총공사금액 × 70%) × 요율(+ 기초액(C))

104 굴착기계의 운행 시 안전대책으로 옳지 않은 것은?

① 버킷에 사람의 탑승을 허용해서는 안 된다.
② 운전반경 내에 사람이 있을 때 회전은 10rpm 정도의 느린 속도로 하여야 한다.
③ 장비의 주차 시 경사지나 굴착작업장으로부터 충분히 이격시켜 주차한다.
④ 전선이나 구조물 등에 인접하여 붐을 선회해야 할 작업에는 사전에 회전반경, 높이제한 등 방호조치를 강구한다.

해설 굴착기계의 운행 시 안전대책
운전반경 내에 근로자를 출입시키지 않는다.

105 클램쉘(Clam shell)의 용도로 옳지 않은 것은?

① 잠함안의 굴착에 사용된다.
② 수면아래의 자갈, 모래를 굴착하고 준설선에 많이 사용된다.
③ 건축구조물의 기초 등 정해진 범위의 깊은 굴착에 적합하다.
④ 단단한 지반의 작업도 가능하며 작업속도가 빠르고 특히 암반굴착에 적합하다.

해설 클램쉘(Clam shell)
좁은 장소의 깊은 굴식에 효과적. 정확한 굴식과 단단한 지반의 작업은 어려움. 수중굴착 공사에 가장 적합한 건설기계
〈클램쉘(Clam shell)의 용도〉
① 잠함안의 굴착에 사용된다.
② 수면하의 자갈, 실트 혹은 모래를 굴착하고 준설선에 많이 사용한다.
③ 건축구조물의 기초 등 정해진 범위의 깊은 굴착에 적합하다.
④ 교량 하부공사의 정통(井筒)침하 작업에 사용하면 유리하다.
⑤ 높은 깔대기에 재료를 투입할 때, 콘크리트 배치 플랜트 등에 사용한다.

106 옥외에 설치되어 있는 주행크레인에 대하여 이탈방지장치를 작동시키는 등 그 이탈을 방지하기 위한 조치를 하여야 하는 순간풍속에 대한 기준으로 옳은 것은?

① 순간풍속이 초당 10m를 초과하는 바람이 불어올 우려가 있는 경우
② 순간풍속이 초당 20m를 초과하는 바람이 불어올 우려가 있는 경우
③ 순간풍속이 초당 30m를 초과하는 바람이 불어올 우려가 있는 경우
④ 순간풍속이 초당 40m를 초과하는 바람이 불어올 우려가 있는 경우

해설 폭풍에 의한 이탈 방지〈산업안전보건기준에 관한 규칙〉
제140조(폭풍에 의한 이탈 방지)
순간풍속이 초당 30미터를 초과하는 바람이 불어올 우려가 있는 경우 옥외에 설치되어 있는 주행 크레인에 대하여 이탈 방지 장치를 작동시키는 등 이탈 방지를 위한 조치를 하여야 한다.

정답 104. ② 105. ④ 106. ③

107 재해사고를 방지하기 위하여 크레인에 설치된 방호장치로 옳지 않은 것은?

① 공기정화장치
② 비상정지장치
③ 제동장치
④ 권과방지장치

해설 **안전장치** 〈산업안전보건기준에 관한 규칙〉
제134조(방호장치의 조정)
① 양중기에 과부하방지장치, 권과방지장치(捲過防止裝置), 비상정지장치 및 제동장치, 그 밖의 방호장치[(승강기의 파이널 리미트 스위치(final limit switch), 속도조절기, 출입문 인터록(inter lock) 등]가 정상적으로 작동될 수 있도록 미리 조정해 두어야 한다.

108 근로자의 추락 등의 위험을 방지하기 위한 안전난간의 구조 및 설치 요건에 관한 기준으로 옳지 않은 것은?

① 상부난간대는 바닥면·발판 또는 경사로의 표면으로부터 90cm 이상 지점에 설치할 것
② 발끝막이판은 바닥면 등으로부터 10cm 이상의 높이를 유지할 것
③ 난간대는 지름 1.5cm 이상의 금속제 파이프나 그 이상의 강도를 가진 재료일 것
④ 안전난간은 구조적으로 가장 취약한 지점에서 가장 취약한 방향으로 작용하는 100kg 이상의 하중에 견딜 수 있는 튼튼한 구조일 것

해설 **안전난간** 〈산업안전보건기준에 관한 규칙〉
제13조(안전난간의 구조 및 설치요건)
6. 난간대는 지름 2.7센티미터 이상의 금속제 파이프나 그 이상의 강도가 있는 재료일 것
7. 안전난간은 구조적으로 가장 취약한 지점에서 가장 취약한 방향으로 작용하는 100킬로그램 이상의 하중에 견딜 수 있는 튼튼한 구조일 것

109 그물코의 크기가 5cm인 매듭방망일 경우 방망사의 인장강도는 최소 얼마 이상이어야 하는가? (단, 방망사는 신품인 경우이다.)

① 50kg ② 100kg
③ 110kg ④ 150kg

해설 **추락방지망의 인장강도**(방망사의 신품에 대한 인장강도)
※ ( )는 방망사의 폐기 시 인장강도

그물코의 크기 (단위 : 센티미터)	방망의 종류(단위 : 킬로그램)	
	매듭 없는 방망	매듭 방망
10	240(150)	200(135)
5		110(60)

110 추락의 위험이 있는 개구부에 대한 방호조치와 거리가 먼 것은?

① 안전난간, 울타리, 수직형 추락방망 등으로 방호조치를 한다.
② 충분한 강도를 가진 구조의 덮개를 뒤집히거나 떨어지지 않도록 설치한다.
③ 어두운 장소에서도 식별이 가능한 개구부 주의 표지를 부착한다.
④ 폭 30cm 이상의 발판을 설치한다.

해설 **개구부 등의 방호 조치** 〈산업안전보건기준에 관한 규칙〉
제43조(개구부 등의 방호 조치)
① 작업발판 및 통로의 끝이나 개구부로서 근로자가 추락할 위험이 있는 장소에는 안전난간, 울타리, 수직형 추락방망 또는 덮개 등의 방호 조치를 충분한 강도를 가진 구조로 튼튼하게 설치하여야 하며, 덮개를 설치하는 경우에는 뒤집히거나 떨어지지 않도록 설치하여야 한다. 이 경우 어두운 장소에서도 알아볼 수 있도록 개구부임을 표시하여야 한 다.
② 난간 등을 설치하는 것이 매우 곤란하거나 작업의 필요상 임시로 난간 등을 해체하여야 하는 경우 제42조제2항 각 호의 기준에 맞는 추락방호망을 설치하여야 한다. 다만, 추락방호망을 설치하기 곤란한 경우에는 근로자에게 안전대를 착용하도록 하는 등 추락할 위험을 방지하기 위하여 필요한 조치를 하여야 한다.

정답 107. ① 108. ③ 109. ③ 110. ④

111 굴착공사에 있어서 비탈면붕괴를 방지하기 위하여 실시하는 대책으로 옳지 않은 것은?

① 지표수의 침투를 막기 위해 표면배수공을 한다.
② 지하수위를 내리기 위해 수평배수공을 설치한다.
③ 비탈면 하단을 성토한다.
④ 비탈면 상부에 토사를 적재한다.

해설 굴착공사 비탈면붕괴 방지대책
① 적절한 경사면의 기울기를 계획하여야 함(굴착면 기울기 기준 준수)
② 경사면의 기울기가 당초 계획과 차이가 발생되면 즉시 재검토 하여 계획을 변경시켜야 함
③ 활동할 가능성이 있는 토석은 제거하여야 함
④ 경사면의 하단부에 압성토 등 보강공법으로 활동에 대한 저항 대책을 강구(비탈면 하단을 성토함)
⑤ 말뚝(강관, H형강, 철근콘크리트)을 타입하여 강화
⑥ 지표수와 지하수의 침투를 방지
 ㉠ 지표수의 침투를 막기 위해 표면배수공을 한다.
 ㉡ 지하수위를 내리기 위해 수평배수공을 한다.
⑦ 비탈면 상부의 토사를 제거하여 비탈면의 안전성 유지

112 터널 지보공을 조립하는 경우에는 미리 그 구조를 검토한 후 조립도를 작성하고, 그 조립도에 따라 조립하도록 하여야 하는데 이 조립도에 명시하여야할 사항과 가장 거리가 먼 것은?

① 이음방법
② 단면규격
③ 재료의 재질
④ 재료의 구입처

해설 터널 지보공의 조립도 〈산업안전보건기준에 관한 규칙〉
제363조(조립도)
① 터널 지보공을 조립하는 경우에는 미리 그 구조를 검토한 후 조립도를 작성하고, 그 조립도에 따라 조립하도록 하여야 한다.
② 조립도에는 재료의 재질, 단면규격, 설치간격 및 이음방법 등을 명시하여야 한다.

113 비계의 부재 중 기둥과 기둥을 연결시키는 부재가 아닌 것은?

① 띠장 ② 장선
③ 가새 ④ 작업발판

해설 비계의 부재 중 기둥과 기둥을 연결시키는 부재
① 띠장 : 비계기둥에 수평으로 설치하는 부재
② 장선 : 쌍줄비계에서 띠장 사이에 수평으로 걸쳐 작업발판을 지지하는 가로재
③ 가새 : 기둥의 상부와 다른 기둥 하부를 대각선으로 잇는 경사재로서 강관비계 조립시 비계기둥과 띠장을 일체화하고 비계의 도괴에 대한 저항력을 증대시키기 위해 비계 전면에 설치

114 비계의 높이가 2m 이상인 작업장소에 설치하는 작업발판의 설치기준으로 옳지 않은 것은? (단, 달비계, 달대비계 및 말비계는 제외)

① 작업발판의 폭은 40cm 이상으로 한다.
② 작업발판재료는 뒤집히거나 떨어지지 않도록 하나 이상의 지지물에 연결하거나 고정시킨다.
③ 발판재료 간의 틈은 3cm 이하로 한다.
④ 작업발판의 지지물은 하중에 의하여 파괴될 우려가 없는 것을 사용한다.

해설 비계 작업발판의 구조 〈산업안전보건기준에 관한 규칙〉
제56조(작업발판의 구조)
2. 작업발판의 폭은 40센티미터 이상으로 하고, 발판재료 간의 틈은 3센티미터 이하로 할 것
6. 작업발판재료는 뒤집히거나 떨어지지 않도록 둘 이상의 지지물에 연결하거나 고정시킬 것

115 말비계를 조립하여 사용하는 경우 지주부재와 수평면의 기울기는 얼마 이하로 하여야 하는가?

① 65° ② 70°
③ 75° ④ 80°

정답 111.④ 112.④ 113.④ 114.② 115.③

해설 말비계 〈산업안전보건기준에 관한 규칙〉
제67조(말비계)
말비계를 조립하여 사용하는 경우에의 준수사항
1. 지주부재(支柱部材)의 하단에는 미끄럼 방지장치를 하고, 근로자가 양측 끝부분에 올라서서 작업하지 않도록 할 것
2. 지주부재와 수평면의 기울기를 75도 이하로 하고, 지주부재와 지주부재 사이를 고정시키는 보조부재를 설치할 것
3. 말비계의 높이가 2미터를 초과하는 경우에는 작업 발판의 폭을 40센티미터 이상으로 할 것

116 동바리등을 조립하는 경우에 준수하여야 하는 기준으로 옳지 않은 것은?

① 동바리로 사용하는 파이프 서포트를 이어서 사용하는 경우에는 3개 이상의 볼트 또는 전용철물을 사용하여 이을 것
② 동바리로 사용하는 강관은 높이 2m이내마다 수평연결재를 2개 방향으로 만들 것
③ 받침목의 사용, 콘크리트 타설, 말뚝박기 등 동바리의 침하를 방지하기 위한 조치를 할 것
④ 동바리로 사용하는 파이프 서포트를 3개 이상 이어서 사용하지 않도록 할 것

해설 동바리등의 안전조치 〈산업안전보건기준에 관한 규칙〉
제332조의2(동바리 유형에 따른 동바리 조립 시의 안전조치)
동바리등을 조립하는 경우에의 준수사항
1. 동바리로 사용하는 파이프 서포트의 경우
  가. 파이프 서포트를 3개 이상 이어서 사용하지 않도록 할 것
  나. 파이프 서포트를 이어서 사용하는 경우에는 4개 이상의 볼트 또는 전용철물을 사용하여 이을 것

117 가설통로 설치에 있어 경사가 최소 얼마를 초과하는 경우에는 미끄러지지 아니하는 구조로 하여야 하는가?

① 15도 ② 20도
③ 30도 ④ 40도

해설 가설통로의 구조 〈산업안전보건기준에 관한 규칙〉
제23조(가설통로의 구조)
가설통로를 설치하는 경우의 준수사항
3. 경사가 15도를 초과하는 경우에는 미끄러지지 아니하는 구조로 할 것

118 콘크리트 타설 시 거푸집 측압에 관한 설명으로 옳지 않은 것은?

① 기온이 높을수록 측압은 크다.
② 타설속도가 클수록 측압은 크다.
③ 슬럼프가 클수록 측압은 크다.
④ 다짐이 과할수록 측압은 크다.

해설 콘크리트의 측압
콘크리트 타설시 기둥, 벽체에 가해지는 콘크리트 수평방향의 압력. 콘크리트의 타설높이가 증가함에 따라 측압이 증가하나 일정높이 이상이 되면 측압은 감소
① 거푸집 수밀성이 클수록 측압이 커진다.(거푸집의 투수성이 낮을수록 측압은 커진다.)
② 다짐이 좋을수록 측압이 커진다.
③ 부어넣기 빠를수록 측압이 커진다.
④ 외기의 온·습도가 낮을수록 측압은 크다.
⑤ 슬럼프가 클수록 측압이 커진다.

119 부두 등의 하역작업장에서 부두 또는 안벽의 선에 따라 통로를 설치하는 경우, 최소 폭 기준은?

① 90cm 이상
② 75cm 이상
③ 60cm 이상
④ 45cm 이상

해설 하역작업장의 조치기준 〈산업안전보건기준에 관한 규칙〉
제390조(하역작업장의 조치기준)
부두·안벽 등 하역작업을 하는 장소에의 조치
2. 부두 또는 안벽의 선을 따라 통로를 설치하는 경우에는 폭을 90센티미터 이상으로 할 것

정답 116. ① 117. ① 118. ① 119. ①

120 항만하역작업에서의 선박승강설비 설치기준으로 옳지 않은 것은?

① 200톤급 이상의 선박에서 하역작업을 하는 경우에 근로자들이 안전하게 오르내릴 수 있는 현문(舷門) 사다리를 설치하여야 하며, 이 사다리 밑에 안전망을 설치하여야 한다.
② 현문 사다리는 견고한 재료로 제작된 것으로 너비는 55cm 이상이어야 한다.
③ 현문 사다리의 양측에는 82cm 이상의 높이로 울타리를 설치하여야 한다.
④ 현문 사다리는 근로자의 통행에만 사용하여야 하며, 화물용 발판 또는 화물용 보판으로 사용하도록 해서는 아니 된다.

해설 항만하역작업시 안전 〈산업안전보건기준에 관한 규칙〉
제397조(선박승강설비의 설치)
① 사업주는 300톤급 이상의 선박에서 하역작업을 하는 경우에 근로자들이 안전하게 오르내릴 수 있는 현문(舷門) 사다리를 설치하여야 하며, 이 사다리 밑에 안전망을 설치하여야 한다.
② 현문 사다리는 견고한 재료로 제작된 것으로 너비는 55센티미터 이상이어야 하고, 양측에 82센티미터 이상의 높이로 방책을 설치하여야 하며, 바닥은 미끄러지지 않도록 적합한 재질로 처리되어야 한다.
③ 현문 사다리는 근로자의 통행에만 사용하여야 하며, 화물용 발판 또는 화물용 보판으로 사용하도록 해서는 아니 된다.

정답 120. ①

산업안전기사 필기

정가 ǁ 38,000원

지은이 ǁ 성 영 선
펴낸이 ǁ 차 승 녀
펴낸곳 ǁ 도서출판 건기원

2023년 11월 27일 제1판 제1인쇄발행
2025년 1월 20일 제2판 제1인쇄발행
2025년 11월 28일 제3판 제1인쇄발행

주소 ǁ 경기도 파주시 연다신길 244(연다산동 186-16)
전화 ǁ (02)2662-1874~5
팩스 ǁ (02)2665-8281
등록 ǁ 제11-162호, 1998. 11. 24

• 건기원은 여러분을 책의 주인공으로 만들어 드리며, 출판 윤리 강령을 준수합니다.
• 본 수험서를 복제·변형하여 판매·배포·전송하는 일체의 행위를 금하며, 이를 위반할 경우 저작권법 등에 따라 처벌받을 수 있습니다.

ISBN 979-11-5767-900-3 13530